Handbuch des
Eisenbahnmaschinenwesens.

Unter Mitwirkung von

Julius Alexander, Kgl. Eisenbahnbauinspektor, Vorstand der Werkstätteninspektion, Stendal; **G. Bode,** Kgl. Eisenbahnbauinspektor, Vorstand der Werkstätteninspektion 4, Berlin; **V. G. Bosshardt,** Inspektor der k. k. Österreichischen Staatsbahnen, Wien; **J. Brotan,** Inspektor und Werkstättenvorstand der k. k. Österreichischen Staatsbahnen, Gmünd; **O. Busse,** Direktor der Maschinenabteilung in der Generaldirektion der Kgl. Dänischen Staatsbahnen, Kopenhagen; **Emil Cimonetti,** k. k. Baurat im k. k. Eisenbahnministerium, Wien; **Georg Dinglinger,** Kgl. Eisenbahnbauinspektor a. D., Berlin; **Emil Fränkel,** Kgl. Regierungs- und Baurat, Dezernent im Kgl. Eisenbahnzentralamt, Berlin; **Robert Garbe,** Kgl. Preuß. Geh. Baurat, Mitglied des Kgl. Eisenbahnzentralamtes, Berlin; **Roman Freiherr von Gostkowski,** Professor an der k. k. Techn. Hochschule, Lemberg; **C. Guillery,** Kgl. Baurat, München; **Gustav Hammer,** Regierungsbaumeister im Kgl. Eisenbahnzentralamt, Berlin; **Friedrich Ibbach,** dipl. Ingenieur, Eisenbahnassessor der Kgl. Bayerischen Staatseisenbahnen, München; **J. Jahn,** Professor an der Kgl. Techn. Hochschule, Danzig; **Paul Janzon,** Oberingenieur der Berliner Werkzeugmaschinenfabrik A.-G. vormals L. Sentker, Berlin; **Hermann von Littrow,** Oberinspektor der k. k. Österreichischen Staatsbahnen, Triest; **E. Metzeltin,** Kgl. Regierungsbaumeister a. D., Hannover; Dr.-Jng. **M. Oder,** Professor an der Kgl. Techn. Hochschule, Danzig; **Richard Petersen,** Oberingenieur der Continentalen Gesellschaft für elektrische Unternehmungen, Berlin; **Adolf Prasch,** k. k. Regierungsrat, Wien; **M. Richter,** Oberingenieur, Hannover; **Joh. Rihosek,** k. k. Baurat im k. k. Eisenbahnministerium, Wien; **Heinrich Ruthemeyer,** Regierungsbaumeister im Kgl. Eisenbahnzentralamt, Berlin; **Dr. R. Sanzin,** Privatdozent, Ingenieur der k. k. priv. Südbahn-Gesellschaft, Wien; **F. X. Saurau,** k. k. Baurat im k. k. Eisenbahnministerium, Wien; **Chr. Ph. Schäfer,** Geh. Baurat der Kgl. Eisenbahndirektion, Hannover; **W. Stahl,** Oberbaurat der Großherzogl. Badischen Staatsbahnen, Karlsruhe; **Ernst Weddigen,** Kgl. Eisenbahnbauinspektor, Vorstand der Werkstätteninspektion, Breslau; **J. Wittenberg,** Oberinspektor der k. k. priv. Südbahn-Gesellschaft, Budapest; **E. C. Zehme,** Privatdozent an der Kgl. Techn. Hochschule, Berlin,

herausgegeben von

Ludwig Ritter von Stockert,
Professor an der k. k. Technischen Hochschule in Wien.

II. Band

Zugförderung.

Springer-Verlag Berlin Heidelberg GmbH

1908.

Zugförderung.

Unter Mitwirkung von

Julius Alexander, Kgl. Eisenbahnbauinspektor, Vorstand der Werkstätten-inspektion, Stendal; **V. G. Bosshardt,** Inspektor der k. k. Österreichischen Staatsbahnen, Wien; **C. Guillery,** Kgl. Baurat, München; **Friedrich Ibbach,** dipl. Ingenieur, Eisenbahnassessor der Kgl. Bayerischen Staatseisen-bahnen, München; **Hermann von Littrow,** Oberinspektor der k. k. Öster-reichischen Staatsbahnen, Triest; Dr.-Ing. **M. Oder,** Professor an der Kgl. Techn. Hochschule, Danzig; **Richard Petersen,** Oberingenieur der Continentalen Gesellschaft für elektrische Unternehmungen, Berlin; **Dr. R. Sanzin,** Privat-dozent, Ingenieur der k. k. priv. Südbahn-Gesellschaft, Wien; **F. X. Saurau,** k. k. Baurat im k. k. Eisenbahnministerium, Wien; **Chr. Ph. Schäfer,** Geh. Baurat der Kgl. Eisenbahndirektion, Hannover; **W. Stahl,** Oberbaurat der Großherzogl. Badischen Staatsbahnen, Karlsruhe; **J. Wittenberg,** Oberinspektor der k. k. priv. Südbahn-Gesellschaft, Budapest.

herausgegeben von

Ludwig Ritter von Stockert.
Professor an der k. k. Technischen Hochschule in Wien.

Mit 591 Textabbildungen.

Springer-Verlag Berlin Heidelberg GmbH

1908.

ISBN 978-3-662-40674-8   ISBN 978-3-662-41156-8 (eBook)
DOI 10.1007/978-3-662-41156-8

Softcover reprint of the hardcover 1st edition 1908

Inhaltsverzeichnis.

Berichtigung.

Auf Seite 188 in der Unterschrift zu Abb. 60 lies: **Bauart Fürnstein**, statt Bauart Fürnkranz.

Auf Seite 374, Zeile 10, lies: **Abgabe von Kohlensäure bzw. Aufnahme von Sauerstoff ab**geschieden hat, statt Aufnahme von Kohlensäure oder Sauerstoff abgeschieden hat.

Leistungsfähigkeit der Lokomotiven. Zugwiderstände.

Von

Dr. R. Sanzin,

Privatdozent, Ingenieur der Südbahn, Wien.

A. Leistungsfähigkeit der Lokomotiven.

1. Einleitung.

Zur Beurteilung der Leistungsfähigkeit von Lokomotiven werden neben den für Dampfmaschinen im allgemeinen gebräuchlichen Maßen auch andere verwendet, die durch die Eigenheiten im Lokomotivbetrieb bedingt sind.

Die Bezeichnung der Leistung in indizierten oder Kolben-Pferdestärken ist bei Lokomotiven ebenso wie bei feststehenden Dampfmaschinen in Verwendung. Da jedoch bei Ausübung der Höchstleistung dieselbe selten für ein größeres Geschwindigkeitsgebiet konstant ist, muß bei Nennung der Leistung auch die Fahrgeschwindigkeit bezeichnet werden, für welche sie gilt. Die indizierte Leistung N_i in Pferdestärken entspricht einer Zugkraft Z_i, die als indizierte Zugkraft bezeichnet wird.

Häufig wird die Leistung am Umfang der Triebräder angegeben. Sie stellt die indizierte Leistung N_i vermindert um die Effektverluste infolge der Widerstände in der Lokomotivdampfmaschine dar. Die Leistung am Umfang der gekuppelten Räder N_u oder die dazugehörige Zugkraft Z_u kann nicht unmittelbar gemessen werden. Sind W_i die Widerstände in der Lokomotivdampfmaschine in Kilogramm, bezogen auf den Umfang der gekuppelten Räder, so ist

$$Z_u = Z_i - W_i.$$

Der Wirkungsgrad[1]) der Lokomotivdampfmaschine ist hiernach

$$\eta = \frac{Z_u}{Z_i} = \frac{Z_i - W_i}{Z_i}.$$

Der Wert Z_u ist bei Berechnung der größten Zugkraft wichtig, da er durch die nutzbare Reibung der Lokomotive beschränkt ist.

---

[1]) Über die Größe dieses Wirkungsgrades siehe im Abschnitt B. 4. „Widerstand der Lokomotiven".

Endlich wird die Leistung der Lokomotive noch nach der am Zughaken des Tenders ausgeübten Zugkraft Z_z angegeben. Die derselben entsprechende Leistung in Pferdestärken N_z kommt der geförderten Zuglast allein zugute. Der Wert von Z_z wechselt bei ein und derselben Fahrgeschwindigkeit und Anstrengung je nach der Neigung, auf welcher sich die Lokomotive befindet, da der Anteil an Zugkraft, welchen die Lokomotive für Überwindung einer Steigung für sich bedarf, von dem Grad derselben abhängig ist. Desgleichen wird bei einer Beschleunigung die Zugkraft Z_z kleiner, bei einer Verzögerung größer sein, da im ersten Fall, gleiches Z_i stets vorausgesetzt, für die Beschleunigung der Lokomotive eine bestimmte Zugkraft erforderlich ist. Es empfiehlt sich daher, die Zugkraft am Tenderzughaken Z_z auf wagerechte Strecke und den Beharrungszustand zu beziehen.

Die Zugkraft Z_z kann durch Dynamometer tatsächlich gemessen werden.

Der Wirkungsgrad der ganzen Lokomotive ist

$$\eta_1 = \frac{Z_z}{Z_i} = \frac{Z_i - W_i - W_f}{Z_i},$$

wenn W_f den Widerstand von Lokomotive und Tender in Kilogramm ausdrückt. Dieser Wirkungsgrad ändert sich mit dem Neigungsverhältnis, auf welchem die Lokomotive sich befindet. Er ist am Gefälle vorteilhafter als auf der Steigung.

Beim Vergleich der Lokomotivleistungen für hohe Fahrgeschwindigkeiten ist jedoch zu berücksichtigen, daß die Lokomotive an der Spitze des Zuges auch den Hauptanteil des Luftwiderstandes zu überwinden hat, der nicht als Lokomotivwiderstand, sondern als unvermeidlicher, auf den ganzen Zug entfallender Widerstand aufzufassen ist. Der Wirkungsgrad der ganzen Lokomotive ist daher

$$\eta_1' = \frac{Z_i + L - W_i - W_f}{Z_i},$$

wenn L den gesammten Luftwiderstand an der Brust der Lokomotive in Kilogramm vorstellt.

In Abb. 1 sind für die $^2/_4$ gekuppelte Verbund Schnellzuglokomotive der österreichischen Südbahn die Leistungen N_i, N_u und Z_z, sowie die entsprechenden Zugkräfte Z_i, Z_u und Z_z für Fahrgeschwindigkeiten bis zu 100 km/st eingezeichnet.

Aus dem Schaubild ist leicht zu entnehmen, wie verschieden die Leistungen bei den einzelnen Fahrgeschwindigkeiten sind, und wie notwendig die Angabe der Fahrgeschwindigkeit bei Nennung einer bestimmten Zugkraft oder Leistung erscheint.

Um diese umständlichen Bezeichnungen der Lokomotivleistungen zu vermeiden, die leicht zu Verwechslungen Anlaß geben, wurde mehrfach versucht, andere Maßeinheiten einzuführen.

So wird die Lokomotivleistung mitunter auch in sec/kg/m ausgedrückt, was bei längeren Berechnungen eine Erleichterung bedeutet.

Als Maßeinheit hat Roman Abt seinerzeit die Lokomotivstärke vorgeschlagen. Es ist dies jene Lokomotivleistung, welche zur Erzeugung einer Zugkraft von einer Tonne auf dem Weg von einem Kilometer im

Zeitraum einer Stunde nötig ist. Aus der Lokomotivstärke ist daher sehr leicht die Zuglast, Fahrgeschwindigkeit und Steigung festzustellen. Es hat jedoch auch diese Maßeinheit keine Verbreitung gefunden.[1])

Auf einzelnen nordamerikanischen Eisenbahnen ist die Gepflogenheit anzutreffen, die Leistung einer bestimmten Lokomotivbauart als Einheit anzusehen und die Leistungen der übrigen Lokomotiven durch diese Einheit auszudrücken. Im Verhältnis dieser Wertziffer werden auch die Zugbelastungen bestimmt. Es erscheint jedoch kaum möglich, die eigenartigen Leistungsverhältnisse verschiedener Lokomotivbauarten durch eine einzige Kennziffer genügend genau darzustellen.

2. Die Zugkraft mit Rücksicht auf die nutzbare Reibung.

Bei Bestimmung der größten Zugkraft Z_1, welche mit Rücksicht auf die nutzbare Reibung der Trieb- und Kuppelräder erreicht werden kann, ist zu beachten, daß die am Umfang der Räder wirkenden Zugkräfte während einer Umdrehung veränderlich sind. Tritt für eine mittlere Zugkraft Z_1 eine größte Zugkraft Z_m auf, so muß diese der Gleichung

$$Z_m = f_m Q$$

entsprechen, in welcher f_m der Adhäsionskoeffizient (Reibungswert) und Q das Adhäsionsgewicht der Lokomotive sind.

Das Verhältnis von $\dfrac{Z_m}{Z_1}$ ändert sich mit der Anzahl der Dampfzylinder, den Kurbelwinkeln und dem Verhältnis des Kurbelhalbmessers zur Schubstangenlänge.

An zweizylindrigen Lokomotiven mit Kurbelwinkeln von 90^0 erscheint die größte Umfangskraft bei Stellungen von beiläufig 45^0 gegen die Wagerechte, und wenn beide Kurbeln dem Kolben zugekehrt sind. Für diese Stellung ergibt sich angenähert

$$\frac{Z_m}{Z_1} = \frac{\pi}{4}\left(\sqrt{2} + \frac{r}{L}\right),$$

wenn r der Kurbelhalbmesser und L die Schubstangenlänge bedeutet. Ist $\dfrac{r}{L} = 0\cdot2$, wie meist als Mittelwert angenommen werden kann, so ergibt sich für $\dfrac{Z_m}{Z_1} = 1\cdot25$.

An vierzylindrigen Lokomotiven mit gegenläufigen Kolben und Verstellung der beiden Maschinengruppen um 90^0 erhält man denselben Wert, falls sämtliche Dampfzylinder gleichkräftig sind. Verbundlokomotiven ergeben gleichmäßigere Umfangskräfte als Zwillingslokomotiven.

Dreizylindrige Lokomotiven, deren Kurbeln unter 120^0 verstellt sind, ergeben den günstigsten Gleichförmigkeitsgrad.

Beim Entwurf neuer Lokomotivbauarten empfiehlt es sich, die Umfangskräfte mit tunlichster Berücksichtigung aller Einflüsse zeichnerisch darzustellen und hieraus das Verhältnis der größten und der kleinsten Umfangskraft zur mittleren zu entnehmen. Dieselbe Darstellung kann auch

----

[1]) Glasers Annalen 1884, Bd. XV, S. 9.

benutzt werden, die erste Anzugkraft der Lokomotive in jeder beliebigen Kurbelstellung aufzufinden.

Bei Bestimmung der nutzbaren Reibung der Lokomotive müßte also eigentlich die größte Umfangskraft an den gekuppelten Achsen bekannt sein. Man begnügt sich jedoch gewöhnlich mit einem mittleren Reibungswert f, der bei einem Reibungsgewicht Q die Zugkraft

$$Z_1 = fQ$$

am Umfang der gekuppelten Räder liefert. Die größte Umfangskraft Z_m erfordert indessen einen Reibungskoeffizienten f_m, der aus der Gleichung

$$f_m = f\left(\frac{Z_m}{Z_l}\right)$$ erhalten werden kann.[1])

Der Reibungskoeffizient ändert sich nach dem Zustand der Schienen und Radreifen in so bedeutendem Maße, daß die Einflüsse der Kurbelstellung, Dampfzylinderzahl und des Verhältnisses der Schubstangenlänge zum Kurbelhalbmesser nur selten fühlbar werden. Diese Einflüsse werden überhaupt nur bei geringen Geschwindigkeiten bemerkbar, bei größeren erscheinen sie durch die Massenwirkung größtenteils ausgeglichen.

Der Adhäsionskoeffizient f ändert sich nach dem Zustand der Schienen und Radreifen etwa zwischen den äußersten Grenzen von 0·080 und 0·350. Die unterste Grenze wird bei fettigen, leicht mit Schnee oder Reif bedeckten Schienen beobachtet. Der Höchstwert kommt bei sehr trockenem Wetter, bestaubten oder besandeten Schienen vor.

Für den gewöhnlichen Betrieb wird f meist zwischen 0·135 bis 0·180 gewählt. Für das Befahren anhaltender Steigungen sind die geringen Werte in Betracht zu ziehen. Für Lokomotiven, welche ihre größte Zugkraft nur auf kurze Zeit auszuüben haben, kann f 0·170 bis 0·180, ausnahmsweise sogar 0·200 betragen. Dies gilt namentlich für das Anfahren und das Überwinden kürzerer Steigungen.

Tunnels, lange tiefe Einschnitte und Gleisbögen von geringem Halbmesser, für welche keine genügende Ermäßigung der Steigung vorgesehen ist, können die Adhäsion bedeutend vermindern. So sinkt f auf einzelnen oberitalienischen Gebirgsstrecken mit langen eingleisigen Tunnels, in welchen Gegenbögen von 300 m Halbmesser liegen, auf 0·125, obschon dieselben 4/4 gekuppelten Lokomotiven auf günstigeren Strecken Werte bis 0·160 erzielen.

Im allgemeinen läßt sich beobachten, daß neuere Lokomotiven mit großen Dampferzeugern und wirtschaftlichen Maschinen weit größere Reibungswerte ergeben, als ältere Lokomotiven mit weniger leistungsfähigen Kesseln und Dampfzylindern, die an der Reibungsgrenze sehr große, unwirtschaftliche Füllungen nötig machen. Es ist möglich, die neueren Lokomotiven stärker zu beanspruchen, da deren große Kessel durch das unvermeidliche Gleiten der Triebräder nicht so leicht in Not geraten als die älteren Lokomotiven; es läßt sich also ein größerer Reibungswert erzwingen. So werden z. B. die älteren $4/4$-gekuppelten Zwillingslokomotiven der österreichischen Gebirgsbahnen mit Zuglasten, entsprechend einem Reibungswert von 0·150, verwendet, während die neuen $4/5$- und $5/5$-

---

[1]) Siehe auch: J. Jahn, „Der Antriebsvorgang bei Lokomotiven". Zeitschr. Ver. deutsch. Ing. 1907, S. 1046.

gekuppelten Verbundlokomotiven unter ganz gleichen Verhältnissen 0·165 erzielen.

Bemerkenswert ist, daß bei geringen Geschwindigkeiten das Rädergleiten weit unangenehmer zur Wirkung gelangt als bei größeren Geschwindigkeiten. Bei kleinen Geschwindigkeiten scheint die Masse des Zuges nicht die genügende Energie zu besitzen, um den Zug über kurze Strecken von besonders niedrigem Reibungswert hinwegzubringen, so daß fortgesetztes Rädergleiten zum Stillstand führt.

Die geringste Fahrgeschwindigkeit, welche aus diesem Grunde auf steilen Gebirgsbahnen noch anzuwenden wäre, scheint erfahrungsgemäß bei 0·7 bis 0·8 Triebachsumläufen in der Sekunde zu liegen.

In Nordamerika werden die Dampfzylinder der Lokomotiven für sehr große Reibungswerte bestimmt, welche bei Personenzuglokomotiven etwa 0·250, an Güterzuglokomotiven 0·235 betragen. Im Betrieb werden dauernd Werte von 0·180 bis 0·200 erzielt, welche jedoch bei gesteigertem Rädergleiten eine viel größere Abnutzung von Lokomotive und Gleis voraussetzen als auf den mitteleuropäischen Eisenbahnen.

Auf Gebirgsbahnen ist der Gebrauch der Sandstreuvorrichtungen selbst auf lange Strecken unerläßlich, wenn infolge ungünstiger Witterung oder anderer Zufälligkeiten die nutzbare Reibung unter das gewöhnliche Maß sinkt. Die gewöhnliche Belastung der Züge soll daher so ermittelt sein, daß unter mittleren Verhältnissen der Gebrauch des Sandes unterbleibt.

Der Reibungswert kann unter diesen Voraussetzungen im Mittel an Lokomotiven neuerer Bauart wie folgt angenommen werden:

Zusammenstellung I.

	Auf anhaltenden Steigungen	Vorübergehend
Personen- und Schnellokomotiven	0·150 bis 0·160	0.170 bis 0·200
Güterlokomotiven	0 155 ,, 0·175	0·165 ,, 0·180
Gebirgslokomotiven . . . , ...	0·145 ,, 0·165	0·165 ,, 0·170

Auf ungünstigen Strecken gelten die geringeren, auf günstigen die höheren Werte.

Für Tenderlokomotiven können dieselben Werte benützt werden, doch soll das Reibungsgewicht bei entsprechend verminderten Vorräten in Rechnung gezogen werden.

Nach den in Zusammenstellung I an erster Stelle angeführten Adhäsionskoeffizienten können die gewöhnlichen Dauerleistungen auf den stärksten vorkommenden, anhaltenden Steigungen gerechnet werden. Die sich hierbei ergebenden Zugkräfte Z_1 am Umfang der Triebräder sollen, namentlich an Lokomotiven für Hügelland und Gebirgsstrecken, bereits durch tunlichst wirtschaftliche Füllungsgrade erzielt werden, da sie oft lange Zeit hindurch auszuüben sind.

Die größten Zugkräfte, welche bei Anwendung des höchsten Füllungsgrades noch erzielt werden können, müssen mindestens den Werten entsprechen, welche in Zusammenstellung I für vorübergehende Anstrengungen angegeben sind. Vorteilhafter ist es, Dampfzylinderabmessungen und größte Füllung so zu wählen, daß ein sicheres Anziehen der Lokomotive in allen Kurbelstellungen möglich wird.

Schließlich sei bemerkt, daß die Abhängigkeit der Adhäsion gegenwärtig noch nicht genau bekannt ist, da es kein Mittel gibt, die am Umfang der Triebräder tatsächlich herrschende Zugkraft zu messen. Bei der Berechnung dieser Zugkraft aus der Leistung an den Kolben oder am Tenderzughaken ist die Kenntnis des Lokomotivwiderstandes nötig, und zwar im ersten Fall die sog. innere oder Maschinenreibung, im letzteren Fall der Widerstand der Lokomotive als Fahrzeug. Meistens ist die Größe ·dieser Werte nicht bekannt und die Berechnung von Z_1 wenig zuverlässig.

3. Wirkungen des Dampfes in den Zylindern.

Die mittlere Zugkraft Z_i, in kg, welche während einer Triebachsumdrehung bei einem mittleren nützlichen Dampfdruck von p_i, in kg/qcm, in einem Dampfzylinder erzielt wird, ist

$$Z_i = \frac{p_i\, d^2\, h}{2\, D},$$

wenn d der Durchmesser des Kolbens, h der Kolbenhub und D der Durchmesser des Laufkreises der Triebräder in cm ist.

Für Zwillingslokomotiven gilt demnach

$$Z_i = \frac{p_i\, d^2\, h}{D}.$$

Für zweizylindrige Verbundlokomotiven erhält man

$$Z_i = \frac{h}{2\, D} \left(p_i\, d^2 + p_i{}'\, d_1{}^2\right),$$

wenn p_i der mittlere nützliche Dampfdruck im Hochdruck-, $p_i{}'$ im Niederdruckzylinder, und d der Durchmesser des Hochdruck-, d_1 der Durchmesser des Niederdruckkolbens ist.

Die Leistung in Pferdestärken, welche dieser Zugkraft entspricht, wird als indizierte bezeichnet. Sie entspricht der Gleichung

$$N_i = \frac{Z \cdot v}{75} = \frac{Z\,V}{270},$$

wenn v in m/sec oder V in km/st gegeben ist.

Die indizierte Leistung in Pferdestärken wird häufig als Nennleistung der Lokomotive, namentlich bei höheren Fahrgeschwindigkeiten, benutzt und stellt die Dampfarbeit ohne irgend welche Widerstandsverluste dar.

Für eine bestimmte Lokomotive sind die Größen d, h und D bekannt. Die indizierte Zugkraft ändert sich dann nur mit dem mittleren nützlichen Dampfdruck p_i in den Dampfzylindern. Dieser Wert ist in erster Linie vom angewendeten Füllungsgrad, von der Regleröffnung, dem Kesseldruck und der Umlaufzahl der Triebachse abhängig. Außerdem nehmen hierauf aber auch die Querschnittsverhältnisse an den Dampfein- und -ausströmkanälen, den Dampfrohren, am Blasrohr usw. Einfluß. Auch die Güte der Steuerung, namentlich die Größe der Kanalöffnung, die Beziehungen zwischen Füllung und Kompression, sowie die Größe der schädlichen Räume sind für p_i mitbestimmend. Die rechnerische Bestimmung dieser Einflüsse ist schwierig und zum Teil noch nicht vollkommen klargelegt.

Bezeichnet an einer Lokomotive mit einfacher Dampfdehnung:

p den Kesseldruck,
p_1 den mittleren Druck im Schieberkasten,
p_0 den Druck im Dampfzylinder bei Beginn der Füllung,
p_a den Druck im Dampfzylinder am Ende der Füllung,
p_e den Druck im Dampfzylinder am Ende der Expansion,
p_z den Druck im Dampfzylinder am Hubende,
p_t den geringsten Gegendruck während der Ausströmung,
p_n den Gegendruck am Ende der Ausströmung,
p_c den Druck am Ende der Kompression,
p_b den mittleren Blasrohrdruck,

so lassen sich folgende Erfahrungswerte und Beziehungen angeben:

Der Druckunterschied $p - p_1$ entspricht den Widerständen im Regler und in den Dampfeinströmrohren.

Bei Gebrauch des Reglers wird in der Dampfleitung ein Widerstand erzeugt, um durch Änderung des Schieberkastendruckes die Zugkraft willkürlich zu verändern. Die Größe des Wärmeverlustes, welche durch das Einschalten eines solchen Widerstandes entsteht, ist an Lokomotiven noch nicht genügend genau ermittelt worden. Der Verlust ist jedoch keinenfalls empfindlich, da ein Teil der Wärme offenbar wieder zur Verdampfung des mechanisch mitgerissenen Wassers oder vielleicht unter Umständen zu einer geringen Überhitzung des Dampfes Verwendung findet. Im Betrieb hat sich die gelinde Anwendung des Reglers bei Führung der Lokomotiven nicht ungünstig erwiesen. Namentlich scheint dies in Fällen zu gelten, wo bei mittleren Geschwindigkeiten die Lokomotiven nicht voll ausgenützt werden. Allzu kleine Füllungen bei ganz geöffnetem Regler bringen dann verschiedene Nachteile mit sich.

Bei vollkommen geöffnetem Regler bleibt noch immer eine gewisse Querschnittsverminderung im Reglerkopf vorhanden, die auch in diesem Falle einen Druckunterschied zwischen Kessel und Schieberkasten erwarten läßt. Von Einfluß ist derselbe jedoch nur bei sehr hohen Fahrgeschwindigkeiten. Das vollkommene Öffnen des Reglers wird daher bei sehr hohen Fahrgeschwindigkeiten nötig, wenn gleichzeitig die größte Leistung zu erzielen ist. Lokomotiven mit verhältnismäßig kleinem Dampfzylinderinhalt verlangen im allgemeinen größere Regleröffnungen, damit tunlichst geringe Füllungen erzielt werden. Andererseits verlangen Lokomotiven mit verhältnismäßig großen Dampfzylindern einen stärkeren Gebrauch des Reglers, da allzu kleine Füllungen in bezug auf Dampfverbrauch und Gangart der Lokomotive unvorteilhaft sind.

In Zusammenstellung II sind für die $^2/_1$-gekuppelte Verbundschnellzuglokomotive, Bauart de Glehn, der französischen Nordbahn die Werte $\frac{p - p_1}{p}$ für verschiedene Regleröffnungen angeführt. Diese Lokomotive besitzt einen Flachregler mit einer größten Öffnung von 100·4 qcm. Die Dampfeinströmungen haben einen Durchmesser von 80 mm. Die Schieberkasten haben einen verhältnismäßig großen Rauminhalt. Die angeführten Werte gelten für Füllungen von 40 bis 70 % im Hochdruckzylinder. Bei einem Wechsel der Füllung ändert sich der Schieberkastendruck nur wenig.

Zusammenstellung II.

Umläufe der Triebachse in der Sekunde	Regler ganz geöffnet	Regler 90	60	50 geöffnet	20—45 $^0/_0$
1		0·000	0·009	0 032	0·052	0·082
2	$\dfrac{p - p_1}{p}$	0·000	0·018	0·060	0 100	0·153
3		0 006	0·032	0·088	0 148	0·236
4		0 018	0·055	0 137	0·210	0·333
5		0·042	0·091	0·185	0·282	0·458

Diese Werte sind sehr günstig, da die Lokomotive für das Schnellfahren sorgfältig ausgebildet ist.

An einer $^3/_3$-gekuppelten Güterzuglokomotive mit Dampfzylindern von 480 mm Durchmesser und 610 mm Hub, 80 qcm Reglerquerschnitt bei voller Eröffnung und Dampfeinströmrohren von 70 mm Durchmesser ergab sich bei voller Eröffnung des Reglers und Füllungen von 20 bis 30 $^0/_0$ folgender Druckabfall:

Umläufe der Triebachse in der Sekunde	1	2	3	4
$\dfrac{p - p_1}{p}$	0·075	0 130	0·225	0·455

Der Schieberkastendruck ist nicht konstant, er schwankt vielmehr während einer Triebachsumdrehung mehr oder weniger. Die Schwankungen nehmen mit der Größe der Füllung und der Fahrgeschwindigkeit zu und sind bei geringem Schieberkasteninhalt und Dampfeinströmrohren von geringem Durchmesser stärker. Die Druckschwankung beträgt in ungünstigen Fällen 2·5 bis 3·0 kg/qcm. Diese Druckschwankungen werden dadurch hervorgerufen, daß während der Füllung der Dampf nicht genügend rasch durch die Einströmrohre vom Kessel her folgen kann und der dem Schieberkasten entnommene Dampf eine Druckverminderung hervorruft. Derartige Druckabfälle im Schieberkasten während der Einströmung sind stets mit einem entsprechend stärkeren Druckabfall während der Einströmung im Dampfzylinder verbunden.

Nach Schließen des Dampfeinströmkanales erlangt der Schieberkastendruck rasch wieder seine mittlere Größe; er steigt häufig auch auf kurze Zeit darüber hinaus. Diese Erscheinung ist auf die Massenwirkung des nachströmenden Dampfes zurückzuführen, der nach Abschluß des Einströmkanales im Schieberkasten zurückbehalten werden muß.

Bei Füllungen von mehr als 50 $^0/_0$ sind besonders starke Druckabfälle im Schieberkasten zu befürchten, da dann durch einige Zeit in beiden Dampfzylindern Einströmung herrscht und die Nachströmung des Dampfes in dem stets gemeinsamen Reglerrohr unter sehr hoher Geschwindigkeit vor sich geht. Bei Zwillinglokomotiven kommen Füllungen von mehr als 50 $^0/_0$ auf die Dauer nicht vor, dagegen häufiger bei vierzylindrigen Verbundlokomotiven. Diese Lokomotiven haben daher möglichst große Hochdruckschieberkästen und weite Dampfeinströmrohre zu erhalten.

Wie schon bemerkt, hängt mit dem Verhalten des Schieberkastendruckes während der Einströmung auch der Druck während der Füllung
im Dampfzylinder zusammen. Der letztere Druck ist um den Widerstand geringer, welcher bei Durchströmen des vom Schieber mehr oder
weniger verdeckten Einströmkanales auftritt. Gegen Ende der Einströmung ist bei größeren Fahrgeschwindigkeiten ein stärkerer Druckabfall zu
erkennen, der teils auf die Drosselung beim allmählichen Schließen des
Kanales zurückzuführen ist, teils dadurch erklärt wird, daß bei zunehmender Geschwindigkeit des Kolbens der einströmende Dampf nicht rasch
genug folgen kann.

Der Druckabfall während der Einströmung im Dampfzylinder hängt,
wie bereits bemerkt, von der Größe des Schieberkastendruckes, und somit
wie dieser von dem Inhalt der Schieberkästen und dem Querschnitt der
Dampfeinströmrohre und Reglereröffnung ab. Außerdem sind die Widerstände zwischen Schieberkasten und Dampfzylinder für denselben maßgebend. So spielen Kanalquerschnitt, Kanallänge und die Eröffnung der
Kanäle durch den Schieber eine erste Rolle.

Der Druck p_o im Dampfzylinder bei Beginn des Hubes ist bei richtiger Bemessung der Voreinströmung und Kompression nur unbedeutend
kleiner als der mittlere Schieberkastendruck. Es ist für die obenerwähnte
$^2/_4$-gekuppelte Schnellzuglokomotive der französischen Nordbahn der Druckabfall bei 3, 4 und 5 Triebachsumdrehungen in der Sekunde nur 0·6, 0·7
und 0·9 kg/qcm.

Der Druckabfall während der Füllung ist nach J. Nadal[1] folgendermaßen zu berechnen.

Ist $p_o - p_a$ der Druckabfall während der Einströmung, so kann derselbe mit Hilfe des Koeffizienten α aus der Gleichung

$$p_o - p_a = \alpha p_o$$

bestimmt werden.

Für α ist nach der oben angeführten Quelle zu setzen:

Zusammenstellung III.

Umläufe der Triebachse in der Sekunde	Füllung in %					
	10	20	30	40	50	60
2	0·17	0·13	0·10	0·08	0·06	0·05
3	0·22	0·18	0·14	0·11	0·08	0·07
4	0·28	0·24	0·20	0·16	0·13	0·10
5	0·35	0·30	0·26	0·21	0·16	0·12

Diese Werte setzen einen schädlichen Raum von 8% des vom Kolben
durcheilten Zylinderinhaltes voraus und gelten für Dampfzylinder, deren
Einströmkanäle einen Querschnitt von 10% der Kolbenfläche besitzen.
Die Linie des Dampfdruckes während der Einströmung kann als Gerade
zwischen p_o und p_a angesehen werden, obschon tatsächlich die Linie gegen
Ende der Füllung stärker abfällt.

---

[1] Rendement des locomotives, Revue générale des chemins de fer, September 1901.

Nach Leitzmann kann für Zwillinglokomotiven bei einer Füllung von $18\,^0/_0$ der Druckabfall $p_o - p_a$ nach folgenden Werten von $\dfrac{p_o - p_a}{p_o}$ bestimmt werden:

Umläufe der Triebachse in der Sekunde	1	2	3	4
$\dfrac{p_o - p_a}{p_o}$	0·038	0·096	0·163	0·242

Die Dampfdehnung vollzieht sich in den Zylindern der Lokomotiven ähnlich wie bei den feststehenden Dampfmaschinen mehr oder weniger vollkommen.

Da die Dampfzylinder der Lokomotiven nicht so gut geschützt werden können als die der feststehenden Maschinen ist der Wärmeverlust infolge Strahlung und Leitung etwas größer. Die Temperatur der Zylinderwandungen verhält sich daher im Mittel niedriger als an feststehenden Maschinen.

Bei Eintritt des Dampfes im Zylinder erfolgt eine Wärmeentziehung. Die Dehnung erfolgt daher zuerst nach einer Linie, welche rascher abfällt als die Adiabate. Sobald der Dampf einen Druck erreicht hat, dessen Temperatur mit der Temperatur der Zylinderwand übereinstimmt, so verläuft die Dampfdruck-Schaulinie auf kurze Zeit ähnlich einer Adiabate. Bei der weiteren Expansion erlangt der Dampf eine geringere Temperatur als die Zylinderwand, und es tritt bei teilweiser Wiederverdampfung des früher niedergeschlagenen Wassers Wärme von den Zylinderwänden zum Dampf über. Diese Wärmemenge ist indessen nur ein geringer Anteil jener, welche zu Beginn der Expansion auf die Zylinderwand übergeleitet wurde, da der größere Teil durch Strahlung und Leitung nach außen in Verlust geriet.

Die Dampfdrucklinie hebt sich nunmehr wieder über die adiabatische Linie der spezifischen Dampfmenge und nähert sich der isotermischen Linie, erreicht und überschreitet dieselbe auch zuweilen.

Die Linie der Dampfdehnung ist daher verwickelt und schwer vorauszubestimmen. Für die Berechnung des mittleren nützlichen Dampfdruckes genügt es daher, wenn angenommen wird, daß die Dampfdehnung nach der Mariotteschen Linie verläuft.

Die Größe der Abweichung der Dampfdehnung von der Mariotteschen Linie wechselt mit den Füllungsgraden und der Umlaufzahl der Triebachse.

Die Linie der Dampfdehnung liegt um so höher, je größer die Umlaufzahl ist, da der Wärmeverlust durch Leitung und Strahlung für die Zeiteinheit konstant bleibt. Die Verluste für eine Umdrehung sind daher bei zunehmender Geschwindigkeit geringer. Bei kleinen Füllungen ergibt sich die Linie der Dampfdehnung ebenfalls höher als bei großen, da bei den damit verbundenen Dampfdehnungen von großer Dauer die Wiederverdampfung im größeren Maße auftreten kann, als bei großen Füllungen, wo die Dampftemperatur am Ende der Dehnung möglicherweise größer sein kann als die Temperatur der Zylinderwand.

Für eine Schnellzuglokomotive älterer Bauart mit Dampfzylindern von 420 mm Durchmesser, 600 mm Hub und 11 kg/qcm Überdruck fand Leitzmann folgende Abweichungen der tatsächlichen Dehnungslinie von der Mariotteschen. Wenn p_e den wirklichen Druck am Ende der Expansion angibt und p_e' der Dampfdruck für dasselbe Dampfvolumen nach der Mariotteschen Linie, ist die Abweichung $p_e - p_e'$. Das positive Vorzeichen deutet an, daß der tatsächliche Druck höher, das negative, daß der tatsächliche Druck tiefer liegt als der Wert p_e'.

Zusammenstellung IV.

Füllung in $^0/_0$	Umläufe der Triebachse in der Sekunde	1	2	3	4
10		$+ 0\cdot010$	$+ 0\cdot013$	—	—
15		$- 0\cdot025$	$- 0\cdot027$	$+ 0\cdot050$	$+ 0\cdot175$
20		$- 0\cdot050$	$- 0\cdot050$	$+ 0\cdot005$	$+ 0\cdot080$
25		$- 0\cdot070$	$- 0\cdot070$	$- 0\cdot030$	$+ 0\cdot025$
30	$\dfrac{p_e - p_e'}{p_e}$	$- 0\cdot085$	$- 0\cdot083$	$- 0\cdot048$	$- 0\cdot015$
40		$- 0\cdot105$	$- 0\cdot107$	$- 0\cdot085$	$- 0\cdot060$
50		$- 0\cdot110$	$- 0\cdot117$	$- 0\cdot075$	—
60		$- 0\cdot110$	$- 0\cdot102$	—	—
70		$- 0\cdot100$	$- 0\cdot072$	—	—
75		—	$- 0\cdot058$	—	—

An Verbundlokomotiven sind wegen der geringeren Temperaturgefälle auch die Temperaturunterschiede zwischen Dampf und Zylinderwand geringer. Die Dehnungslinien liegen daher höher als an Zwillingslokomotiven. Die bessere Ausnützung des Dampfes ist zum Teil auch hierauf zurückzuführen.

Die polytropische Kurve, welche durch den Punkt bei Beginn der Dehnung gelegt werden kann und welche sich der tatsächlichen Dehnungslinie tunlichst anschmiegt, zeigt im Hochdruckzylinder im Mittel einen Exponenten von 1·03 bis 1·15, im Niederdruckzylinder einen solchen von 0·90 bis 0·98. Die kleineren Exponenten treten bei geringen Füllungen und Fahrgeschwindigkeiten auf.

Der Einfluß der verschiedenen Verhältnisse auf die Form der Dehnungslinie ist indessen so schwierig festzustellen, daß nur sehr eingehende Untersuchungen Erfolg versprechen. Die geringe Zuverlässigkeit der Dampfdruckindikatoren bei sehr hohen Umlaufzahlen ist mit Ursache, daß in mancher Beziehung noch Aufklärungen fehlen.

Die Vorausströmung ist im allgemeinen so zu bemessen, daß bei den gebräuchlichsten Füllungen der Arbeitsverlust während der Vorausströmung nicht größer ist als der Gewinn durch die tiefere Lage der Gegendrucklinie. Bei kleinen Fahrgeschwindigkeiten sind stets Verluste infolge zu starker Vorausströmung, bei großen Fahrgeschwindigkeiten infolge zu später Vorausströmung zu erwarten.

Der Druck p_z bei Lage des Kolbens am Hubende gibt über die Wirkung der Vorausströmung Aufschluß.

Nach Leitzmann ist für die mehrfach erwähnte Schnellzuglokomotive der Druck am Hubende wie folgt:

Zusammenstellung V.

Füllung in %	Umläufe der Triebachse in der Sekunde			
	1	2	3	4
10	0·03	0·12	0·20	0·31
15	0·08	0·20	0·38	0·57
20	0·14	0·34	0·60	0·90
25	0·22	0·54	0·92	1·25
30	0·34	0·78	1·20	1·25
40	0·70	1·43	2·00	—
50	1·18	2·20	—	—
60	1·86	3·10	—	—
70	2·88	—	—	—
75	3·50	—	—	—

Nach Umkehr des Kolbens sinkt die Druckschaulinie weiter. Bei geringen Geschwindigkeiten und größeren Füllungen erreicht sie bald ihren geringsten Wert, den sie bis zu Beginn der Kompression beibehält. Bei größeren Geschwindigkeiten und geringeren Füllungen, die kleinere Kanaleröffnungen zufolge haben, sinkt die Linie langsam und erreicht ihren geringsten Wert erst meistens kurz vor der Hubmitte. Von da an steigt dieselbe wegen der allmählichen Verengung des Ausströmkanales wieder an bis zum Beginn der Kompression.

Nach Nadal kann für eine mittelstarke Zwillings-Schnellzuglokomotive mit einem Blasrohrquerschnitt von 200 qcm der geringste Gegendruck p_t für mittlere Füllungen wie folgt angenommen werden:

Triebachsumdrehungen in der Sekunde 2 $p_t = 1·2$ kg/qcm

„   „ „   „   3   1·3 „

„   „ „   „   4   1·5 „

„   „ „   „   5   1·8 „

Dieser geringste Gegendruck läßt sich bei der Anwendung von Kolbenschiebern mit genügend großem Durchmesser und Schieberhub noch vermindern.

Lange und gekrümmte Ausströmungsrohre vermögen den Gegendruck sehr zu steigern und sind oft die Ursache, warum sonst vorteilhaft gebaute Schnellzuglokomotiven bei sehr hohen Fahrgeschwindigkeiten nicht entsprechen.

Vor dem Schließen des Ausströmkanales durch den Schieber steigt der Gegendruck wieder an, weil der Dampf vor dem rückkehrenden Kolben bei abnehmendem Querschnitte der Ausströmung nicht mehr in genügendem Maße entweichen kann.

Nach Nadal erlangt der Gegendruck im Augenblicke des Abschlusses der Ausströmung unter den vorhin gemachten Voraussetzungen folgende Werte:

Triebachsumdrehungen in der Sekunde 2 $p_n = 1·4$ kg/qcm

„   „ „   „   3   1·6 „

„   „ „   „   4   1·8 „

„   „ „   „   5   2·1 „

Die Kompression beginnt mit dem Druck p_n, es ist somit stets geboten, den Gegendruck während der Ausströmung nicht zu sehr ansteigen zu lassen, weil sonst die Kompression schon bei höherem Druck beginnt und namhafte Arbeitsverluste bringen kann.

Im allgemeinen ist die Kompression an allen schneller fahrenden Lokomotiven größer als wünschenswert, und man bemüht sich, dieselbe mit Hilfe verschiedener Mittel tunlichst herabzustimmen.

Die Größe des Kompressionsverhältnisses ist stets in Abhängigkeit von der herrschenden Füllung.

Große Füllungen bringen geringe Kompressionen, kleine Füllungen große Kompressionen mit sich.

An Zwillingslokomotiven werden bei hohen Fahrgeschwindigkeiten im Beharrungszustande kleinere Füllungen nötig. Es ist sorgfältig zu untersuchen, ob bei diesen Füllungen die Kompressionen nicht schon größere Arbeitsverluste verursachen.

Der Verlauf der Kompressionslinie ist sehr verschieden und wegen der großen Zahl der Einflüsse schwer festzustellen. Bei kleinen Fahrgeschwindigkeiten und kleinen Füllungen liegt die tatsächliche Kompressionslinie tiefer als die Mariottesche Linie, bei großen Fahrgeschwindigkeiten und großen Füllungen höher. Für Entwürfe des Dampfdruckschaubildes zur Feststellung des mittleren, nützlichen Dampfdruckes genügt es, die Kompressionslinie durch eine Mariottesche Linie darzustellen.

Bei Beginn der Voreinströmung steigt der Dampfdruck weiter an und erreicht in der Nähe der Lage des Kolbens am Hubende den Druck p_o. Das Verfahren dieser Vorgänge aus den Weg - Druck - Schaubildern der gewöhnlichen Indikatoren ist schwierig, da die Bewegung der Trommel in der Nähe der äußersten Kolbenlagen eine sehr geringe ist. Vorteilhafter ist daher die Untersuchung dieser Vorgänge durch Zeit - Druck - Schaubilder, bei welchen die Bewegung der Trommel durch ein Uhrwerk erfolgt.

Mit Hilfe dieser Erfahrungswerte ist es möglich, Dampfdruckschaubilder für eine entworfene Lokomotive bei verschiedenen Fahrgeschwindigkeiten festzustellen. Man erhält auf diese Art nicht nur den Wert des mittleren, nützlichen Dampfdruckes in den Dampfzylindern, sondern es ist auch möglich, den Dampfverbrauch, die Beanspruchung der einzelnen Maschinenteile, die Umfangskräfte u. a. zu untersuchen.

Der mittlere, nützliche Dampfdruck hängt nach den vorstehenden Erörterungen von sehr vielen Umständen ab und erscheint selbst für ganz ähnliche Lokomotiven verschieden.

In folgender Zusammenstellung VI ist der mittlere, nützliche Dampfdruck für eine $^2/_4$-gekuppelte Schnellzuglokomotive mit Zwillingszylindern von 425 mm Durchmesser und 600 mm Hub, 12·5 kg/qcm Überdruck im Kessel und gewöhnlichen Flachschiebern angeführt. Der Regler war 0·8 geöffnet, was einem Querschnitt von 160 qcm entspricht.

Das Kompressionsverhältnis, das man bei gewöhnlichen Steuerungen für Zwillingslokomotiven für die verschiedenen Füllungsverhältnisse erreicht, ist im Mittel wie folgt:

Füllung	10	20	30	40	50	60	$70^0/_0$
Kompression	42	35	28	23	18	14	$10^0/_0$

An Schnellzuglokomotiven für besonders hohe Fahrgeschwindigkeiten kann durch Anwendung einer größeren negativen inneren Überdeckung der Beginn der Kompression noch etwas später eingeleitet werden. Bestenfalls lassen sich dann beiläufig folgende Kompressionsverhältnisse erzielen:

Füllung	10	20	30	40	50	60	$70^0/_0$
Kompression	38	31	25	19	15	11	$8^0/_0$

Im Verein mit größeren schädlichen Räumen gelingt es, die Arbeitsverluste auch bei kleinen Füllungen und großen Fahrgeschwindigkeiten hierbei tunlichst herabzumindern. Doch macht sich bei größeren Füllungen an solchen Lokomotiven ein gesteigerter Dampfverbrauch geltend, da die schädlichen Räume nicht mit genügend hoch gespanntem Dampf angefüllt werden.

Zusammenstellung VI.

Füllung		Umdrehungen der Triebachse in der Sekunde				
		1	2	3	4	5
40 $^0/_0$		8·00	7·75	7·30	6·80	6·05
30 $^0/_0$	$p_i =$	6·70	6·45	5·95	5·35	4·55
20 $^0/_0$		4·85	4·65	4·20	3·65	2·90
10 $^0/_0$		2·80	2·60	2·20	1·65	0·95

Für eine Lokomotive neuerer Bauart, welche als Schnellzuglokomotive besonders gut ausgebildet erscheint, gelten die Werte in der folgenden Zusammenstellung VII. Der Kesselüberdruck ist 13·0 kg/qcm. Die Dampfzylinder haben 440 mm Durchmesser bei 660 mm Hub. Die Schieber sind Kolbenschieber mit innerer Einströmung.

Zusammenstellung VII.

Füllung		Umdrehungen der Triebachse in der Sekunde				
		1	2	3	4	5
40 $^0/_0$		8·80	8·50	8·05	7·50	6·75
30 $^0/_0$	$p_i =$	7·10	6·80	6·25	5·95	5·10
20 $^0/_0$		5·40	5·15	4·80	4·10	3·35
10 $^0/_0$		3·20	2·95	2·55	1·95	1·25

An Güterlokomotiven, welche allerdings selten bei mehr als 3 Triebachsumdrehungen in der Sekunde Verwendung finden, ist die Abnahme des mittleren nützlichen Dampfdruckes bei zunehmender Fahrgeschwindigkeit besonders ausgesprochen. Die Dampfrohr- und Kanalquerschnitte sind an diesen Lokomotiven in der Regel sehr gering bemessen und geben zu besonders starken Druckabfällen Veranlassung.

Die Bestimmung des mittleren, nützlichen Dampfdruckes an Verbundlokomotiven ist schwierig, da bei denselben noch mehr Einflüsse zu berücksichtigen sind als an Zwillingslokomotiven. Es kann daher hier auf die Einzelheiten nicht eingegangen werden und es sind nur als Beispiel die mittleren, nützlichen Dampfdrucke für eine Zwei- und eine Vier-Zylinderverbundlokomotive angeführt.[1])

Die mittleren, nützlichen Dampfdrücke, bezogen auf 1 qcm Kolbenfläche des Hochdruckzylinders, sind in folgender Zusammenstellung VIII für den Hoch- und Niederdruckzylinder einer zweizylindrigen Verbundlokomotive von 14·0 kg/qcm Kesselüberdruck und einem Zylinderverhältnis von 1 : 2·45 enthalten. Der schädliche Raum des Hochdruckzylinders ist 12, jener des Niederdruckzylinders 8 $^0/_0$. Der Inhalt des Aufnehmers ist nahezu gleich dem Inhalt des Niederdruckzylinders. Die Schieber sind gewöhnliche Flachschieber ohne Überströmkanäle. Die Steuerung ist so angeordnet, daß der Niederdruckzylinder Füllungen erhält, die um 10 $^0/_0$ größer sind als der Hochdruckzylinder.

---

[1]) Leitzmann, Die Berechnung der Verbundlokomotiven und ihres Dampfverbrauchs. Zeitschr. Ver. deutsch. Ing. 1897, S. 1355.

Zusammenstellung VIII.

Füllung in %	Hochdruckzylinder	30	40	50	60
	Niederdruckzylinder	40	50	60	70

Triebachsumläufe in der Sekunde		Hochdruckzylinder			
2		3·45	4·95	6·20	7·35
3	$p_i =$	2·80	4·40	5·80	7·05
4		1·90	3·55	5·15	6·40
5		0·65	2·45	4·00	5·35

Triebachsumläufe in der Sekunde		Niederdruckzylinder			
2		3·65	5·05	6·35	7·20
3	$p_i =$	3·15	4·70	6·05	7·05
4		2·50	4·20	5·65	6·70
5		1·70	3·45	5·00	6·25

Hiernach kann die Zugkraft für jeden Dampfzylinder besonders oder auch gemeinsam bestimmt werden.

Da der mittlere, nützliche Dampfdruck des Niederdruckzylinders auf 1 qcm Kolbenfläche des Hochdruckzylinders bezogen ist, können diese Werte auch gleich für die Beurteilung der Gleichkräftigkeit der beiden Kolben benützt werden. Es ist zu entnehmen, daß bei 3 Umdrehungen in der Sekunde und dem Füllungsverhältnis von 60/70 % Gleichkräftigkeit vorhanden ist. Bei derselben Füllung und Umlaufzahlen von weniger als 3 ist der Niederdruckzylinder, in allen übrigen Fällen der Hochdruck zylinder kräftiger. Das Füllungsverhältnis 30/40 % liefert bei größeren Umlaufzahlen so geringe mittlere, nützliche Dampfdrücke, daß deren Verwendung auf die Dauer zu vermeiden ist.

Der Druck im Aufnehmer wechselt zwischen 4·6 und 5·0 kg/qcm. Der größere Druck tritt bei Anwendung der größeren Füllungen ein.

Ferner sind noch für eine vierzylindrige Verbund-Schnellzuglokomotive mit 16·0 kg/qcm Kesselüberdruck und einem Verhältnis der Zylinderinhalte von 1:3·0 die mittleren, nützlichen Dampfdrücke in der Zusammenstellung IX enthalten. Auch in diesem Fall erhält der Niederdruckzylinder Füllungen, die um 10 % größer sind als die im Hochdruckzylinder. Die schädlichen Räume sind am Hochdruckzylinder 14, am Niederdruckzylinder 9 %.

Diese Werte entsprechen beiläufig den besten Schnellzuglokomotiven, welche zurzeit im Betriebe stehen.

Zusammenstellung IX.

Füllung im	Hochdruckzylinder	30 %	40 %	50 %	60 %
	Niederdruckzylinder	40 „	50 „	60 „	70 „

Triebachsumläufe in der Sekunde		Hochdruckzylinder			
2		4·80	6·45	8·05	9·10
3	$p_i =$	4·42	6·15	7·80	8·95
4		3·80	6·60	7·30	8·55
5		2·60	4·70	6·50	7·85

Triebachsumläufe in der Sekunde		Niederdruckzylinder			
2		3·50	5·45	6·80	8·30
3	$p_i =$	3.20	5·10	6·60	8·00
4		2·60	4·50	5·90	7·35
5		0·85	2·85	4·02	6·05

Gleichkräftigkeit der beiden Kolben ist im ganzen Bereich nicht vorhanden. Der Hochdruckzylinder bleibt stets kräftiger. Die Gleichkräftigkeit könnte durch Vergrößerung des Niederdruckzylinderinhalts angestrebt werden.

Der Aufnehmerdruck wechselt zwischen 4·5 und 5·5 kg/qcm.

Dampfverbrauch.

Die Feststellung des Dampfverbrauchs für die Pferdestärke und Stunde ist an der Hand der Dampfdruckschaubilder vorzunehmen.

Der rechnungsmäßige Dampfverbrauch für einen Kolbenhub ist in kg

$$q = V \left[\left(\frac{s_1}{s} + m \right) \gamma_1 - \left(\frac{s_2}{s} + m \right) \gamma_2 \right] \quad \text{wenn:}$$

V das Volumen des Dampfzylinders in cbm,

$\dfrac{s_1}{s}$ das Füllungsverhältnis,

$\dfrac{s_2}{s}$ das Kompressionsverhältnis,

m das Volumen des schädlichen Raumes in $^0/_0$ des Dampfzylinderinhaltes,

γ_1 das spezifische Gewicht des Dampfes vom Drucke p_a am Ende der Einströmung,

γ_2 das spezifische Gewicht des Dampfes vom Drucke p_n am Ende der Ausströmung bedeutet.

Infolge der in den Dampfzylindern auftretenden Kondensation treten Dampfverluste ein, welche in obiger Gleichung keine Berücksichtigung finden. Nach J. Nadal[1]) ist die an die Zylinderwände verloren gegangene Wärmemenge dem Temperaturgefälle proportional. Die für die Flächeneinheit verlorene Wärmemenge k entspricht der Gleichung:

$$k = l \, (T_1 - T_2)$$

wenn l ein Koeffizient, T_1 die Temperatur des Dampfes von mittlerem Einströmdrucke und T_2 die Temperatur des Dampfes von mittlerem Ausströmdrucke ist.

Den Wert von l gibt Nadal für eine Geschwindigkeit von 3 Umläufen in der Sekunde bei den meistens zusammengehörigen Füllungs- und Kompressionsverhältnissen wie folgt an:

Zusammenstellung X.

Füllung $^0/_0$	Kompression $^0/_0$	Koeffizient l
10	42	0·30
20	35	0·36
30	28	0·42
40	23	0·45
50	18	0·48
60	14	0·50
70	10	0·52

[1]) „Rendement des locomotives“, Revue générale des chemins de fer, September 1901.

Für andere Umlaufzahlen kann der Koeffizient l' durch die Gleichung

$$l' = l \sqrt{\frac{3}{n}}$$

erlangt werden, wenn n die Umlaufzahl in der Sekunde bedeutet.

Um die bei einem Kolbenhub an den Zylinderwänden verlorene Wärmemenge zu bestimmen, ist die Fläche des schädlichen Raumes f und beiläufig die halbe Zylindermantelfläche $\dfrac{d\,\pi\,s_1}{2}$ mit dem Werte k zu multiplizieren. Man erhält daraus

$$K = k\left(f + \frac{d\,\pi\,s_1}{2}\right).$$

Die Fläche des schädlichen Raumes läßt sich bei der gebräuchlichen Zylinderkolbenform leicht als ein Vielfaches der Kolbenfläche ausdrücken. Ist $i\,\dfrac{\pi\,d^2}{4}$ die Oberfläche des schädlichen Raumes, so erhält man

$$K = k\left(i\,\frac{\pi\,d^2}{4} + \frac{d\,\pi\,s}{2}\right) = V\left(\frac{i}{s} + \frac{2\,s_1}{d\,s}\right),$$

wenn V der Inhalt des Dampfzylinders in cbm ist.

Die durch Kondensation verlorene Wärmemenge K entspricht einem Dampfgewichte von

$$q_1 = r\left(\frac{i}{s} + \frac{2\,s_1}{s\,d}\right)\frac{K}{V_0},$$

wenn r die Verdampfungswärme für den Druck p_1 ist.

Für einen Kolbenhub ist somit ein Dampfgewicht von $q + q_1$ kg nötig.

Der gesamte Dampfverbrauch in der Stunde ist für eine zweizylindrige Lokomotive mit einfacher Dampfdehnung in Kilogramm

$$Q = 3600 \cdot n \cdot \pi \cdot h\,d^2\left(\frac{q + q_1}{V}\right),$$

wenn n die Umlaufzahl der Triebachsen in der Sekunde, h den Hub, d den Durchmesser der Dampfzylinder in Meter bedeutet.

Der Dampfverbrauch für die indizierte Pferdestärke und Stunde ist aus der Gleichung

$$\left(\frac{Q}{N_i}\right) = \frac{3600 \cdot 75\left(\dfrac{q + q_1}{V}\right)}{p_i}$$

zu bestimmen.

Der Wert $\left(\dfrac{q + q_1}{V}\right)$ ist für Lokomotiven ähnlicher Bauart bei denselben Füllungen und Umlaufzahlen wenig verschieden.

Dampfverluste infolge von Kondensation in den Einströmrohren und im Schieberkasten, sowie Verluste durch Undichtheiten an den Schiebern, Kolben und Stopfbüchsen sind hierbei unberücksichtigt. Diese Verluste sind jedoch an guten Lokomotiven im Vergleich zum gesamten Dampfverbrauch so gering, daß sie hier weggelassen werden können.

Berechnet man nach diesen Grundsätzen den Dampfverbrauch für die öfter erwähnte $^2/_4$-gekuppelte Zwillingslokomotive von 425 mm Zylinderdurchmesser und 600 mm Kolbenhub, so erhält man für $\left(\dfrac{q + q_1}{V}\right)$ folgende Werte:

Zusammenstellung XI.

Umläufe der Triebachse in der Sekunde	Füllung			
	10%	20%	30%	40%
$n = 2$	1·168	1·993	2.852	3·577
3	0·940	1·704	2·537	3·227
4	0·736	1·455	2·225	2·999
5	0·516	1·205	1·925	2·678

Der gesamte Dampfverbrauch $\frac{Q}{V}$ in der Stunde ist für beide Dampfzylinder:

Zusammenstellung XII.

Umläufe der Triebachse in der Sekunde	Füllung			
	10%	20%	30%	40%
$n = 2$	2·863	4·731	6·990	8·778
3	3·454	6·267	9·328	11·880
4	3·613	6·902	10·900	14·715
5	3·162	7·385	11·790	16·430

Der Dampfverbrauch für die indizierte Pferdestärke und Stunde $\frac{Q}{N_i}$ ist bei Annahme der in Zusammenstellung VI enthaltenen mittleren nützlichen Dampfdrucke:

Zusammenstellung XIII.

Umläufe der Triebachse in der Sekunde	Füllung			
	10%	20%	30%	40%
$n = 2$	12·13	11·21	11·93	12·47
3	11·52	10·96	11·52	11·93
4	11·94	10·76	11·23	11·92
5	14·63	11·23	11·43	11·95

Diese Werte gelten für einen Kesselüberdruck von 12·5 kg/qcm und der Annahme, daß die Oberfläche des schädlichen Raumes fünfmal so groß ist als die Kolbenfläche ($i = 5$).

Die Berechnung des Dampfverbrauches an Verbundlokomotiven geht nach Nadal in gleicher Weise wie an Zwillingslokomotiven vor sich. Die Abkühlungsverluste sind in jedem Dampfzylinder für sich zu rechnen. Für den Aufnehmer, welcher meistens in der Rauchkammer liegt, sind Wärmeverluste nicht in Abzug zu bringen.

Für die zweizylindrige Verbundlokomotive mit einem Verhältnis der Zylinderinhalte von 1:2·45 und 14·0 kg/qcm Kesselüberdruck, deren mittlere, nützliche Dampfdrucke in Zusammenstellung XIV enthalten sind, ergeben sich folgende Werte von $\frac{Q}{N_i}$.

Zusammenstellung XIV.

Füllung im Hochdruckzylinder	30 %	40 %	50 %	60 %
Niederdruckzylinder	40 „	50 „	60 „	70 „
Triebachsumläufe in der Sekunde				
3	9·70	8·86	8·88	9·16
4	11·46	9·48	9·25	9·49
5	17·65	11·11	10·08	10·03

Der geringste Dampfverbrauch tritt bei einer Füllung von $40/50\,^0/_0$ und drei Triebachsumläufen in der Sekunde ein.

Für die vierzylindrige Verbundlokomotive mit einem Verhältnis der Zylinderinhalte von $1:3\cdot00$ und mit $16\cdot0$ kg/qcm Kesselüberdruck ist der Dampfverbrauch für die indizierte Pferdestärke und Stunde wie folgt:

Zusammenstellung XV.

Füllung im	Hochdruckzylinder	$30\,^0/_0$	$40\,^0/_0$	$50\,^0/_0$	$60\,^0/_0$
	Niederdruckzylinder	40 ,,	50 ,,	60 ,,	70 ,,
Triebachsumläufe in der Sekunde					
3		9·13	8·40	8·45	8·75
4		10·45	8·95	8·67	8·95
5		14·55	10·10	9·38	9·52

Die diesen Lokomotiven entsprechenden mittleren nützlichen Dampfdrücke sind in Zusammenstellung IX enthalten.

Aus obigen Werten von $\dfrac{Q}{N_i}$ geht hervor, daß der Dampfverbrauch der neuesten Verbundlokomotiven selbst bei den größten Zuggeschwindigkeiten recht günstig genannt werden muß. Bei Ausübung der Höchstleistungen kommen hauptsächlich nur die Füllungen von $40/50$ und $50/60\,^0/_0$ in Betracht.

Die Werte für den spezifischen Dampfverbrauch, welche als Mittel für ganze Fahrten gefunden werden, weichen im allgemeinen von den angeführten Werten nicht bedeutend ab.

Bei Ausübung der Höchstleistung einer Lokomotive müssen bei bestimmter Fahrgeschwindigkeit gewisse Füllungen in Anwendung kommen, die wieder einen bestimmten Dampfverbrauch für die Pferdestärke und Stunde zufolge haben. Der Dampfverbrauch bei der Höchstleistung zeigt daher einen ganz bestimmten Verlauf. Er ist beispielsweise für die $^2/_4$-gekuppelte Verbundschnellzuglokomotive der österreichischen Südbahn aus Zusammenstellung XVI zu entnehmen.

Zusammenstellung XVI.

Fahr-geschwindigkeit km/st	Füllung im Hochdruckzylinder $^0/_0$	Indizierte Leistung PS	Dampfverbrauch für 1 PS und Stunde kg
45	54·0	770	9·4
50	51·0	800	9·3
60	48·0	850	9·3
70	46·5	890	9·8
80	46·0	925	10·3
90	46·5	945	10·9
100	48·0	935	11·6

Über das Verhältnis zwischen Füllung und indizierte Zugkraft dieser Lokomotive gibt auch Abb. 5 Aufschluß, aus welcher sowohl für den gewöhnlichen als auch für den angestrengten Zustand die Werte der Füllungen im Hochdruckzylinder entnommen werden können. Die Schaulinien gelten für $13\cdot0$ kg/qcm Kesseldruck und $0\cdot8$ geöffneten Regler.

2*

Berechnung der Dampfzylinder.

Bei Berechnung der Dampfzylinderabmessungen ist namentlich auf folgende Umstände zu achten:

1. Die Zylinderabmessungen müssen so gewählt sein, daß auch die geringste Zugkraft, welche beim ersten Anziehen der Lokomotive möglicherweise auftritt, genügt, um den Zug in Bewegung zu setzen. Für Personen- und Schnellzüge ist diese Untersuchung wesentlich wichtig, da diese Züge straff gekuppelt sind und Zeitverluste infolge Schwierigkeiten beim ersten Anfahren tunlichst vermieden werden müssen. Es ist vorteilhaft, die größten Füllungen der Lokomotiven mit 80 bis 90% anzunehmen, wobei ein zuverlässiges Anziehen auch ohne allzugroße Zylinderabmessungen erzielt wird. Auch Einkerbungen in den Schieberlappen haben sich in dieser Hinsicht vorteilhaft erwiesen.

2. Die Untersuchungen der Füllungs- und Dampfverbrauchsverhältnisse sind namentlich bei voller Ausnützung der Adhäsion und der Kesselleistung vorzunehmen. Alle Lokomotiven, welche längere Zeit die nutzbare Reibung voll beanspruchen, sollen hierbei auch eine günstige Dampfverwertung aufweisen. Es gilt dies namentlich für Gebirgs- und Güterzuglokomotiven, aber auch für Schnell- und Personenzuglokomotiven, welche längere Steigungen zu befahren haben. Hierbei ist wohl zu beachten, daß die Ausnutzung der nutzbaren Reibung bei gewissen Lokomotivbauarten bis in hohe Fahrgeschwindigkeiten reicht, wo die Dampfdruck- und Dampfverbrauchsverhältnisse von der Fahrgeschwindigkeit bereits wesentlich abhängig sind.

Häufig stellt sich an Lokomotiven auf stärkeren Steigungen die Leistungsfähigkeit sehr ungünstig heraus, weil allzugroße Füllungsgrade mit ungünstigem Dampfverbrauch notwendig werden.

3. Endlich sind die Dampfzylinderabmessungen auch mit Rücksicht auf die größte zulässige Fahrgeschwindigkeit und die dabei auftretende größte Beanspruchung zu untersuchen. Die Leistung der Lokomotive ist dann von der Dampflieferung des Kessels abhängig. Die hierfür notwendige Füllung und der zugehörige Dampfverbrauch für die Pferdestärke und Stunde stellt sich von selbst ein. Für Schnellzuglokomotiven, welche namentlich hohe Fahrgeschwindigkeiten erzielen sollen, ist diese Untersuchung am wichtigsten.

Bei Fahrgeschwindigkeiten von mehr als vier Triebachsumdrehungen in der Sekunde wirken allzu kleine Füllungen schädlich, da dann bereits große Drosselverluste auftreten. Es sind dann Füllungen von weniger als 15 bis 18% im Zwilling- und weniger als 26 bis 30% im Hochdruckzylinder der Verbundlokomotiven tunlichst zu vermeiden und eher geringere Zylinderinhalte zu wählen.

Ist die Lokomotive für eine ganz bestimmte Aufgabe gebaut, so trachtet man sie für dieselbe am vorteilhaftesten auszubilden, indem für dieselbe die wirtschaftlichste Füllung in Anwendung kommt.

4. Leistungsfähigkeit des Kessels.

Als Kesselleistung einer Lokomotive bezeichnet man jene größte Leistung, welche mit Rücksicht auf die Dampferzeugung des Kessels noch dauernd geboten werden kann.

Eine genaue Berechnung der größten Kesselleistung ist bei den verwickelten Verhältnissen zwischen Zugwirkung, Verbrennung und Verdampfung nur auf Grund eingehender Untersuchungen möglich.

Gewöhnlich wird die Kesselleistung nur aus Erfahrungswerten gerechnet. Man verwendet hierbei den Wert $\dfrac{N}{H}$, in welcher N die indizierte Leistung in Pferdestärken und H die gesamte feuerberührte Heizfläche des Kessels in qm vorstellt.

Mit dem Wert $\dfrac{N}{H}$ werden alle Erscheinungen und Vorgänge zusammengefaßt, die bei der Dampferzeugung und der Dampfverwertung vor sich gehen. Er enthält daher nicht nur die Güteverhältnisse der Feuerung und Kesselanlage, sondern auch der Lokomotivmaschine. Der Wert $\dfrac{N}{H}$, der auch spezifische Leistungsfähigkeit des Kessels genannt wird, wechselt innerhalb weiter Grenzen. Er ist namentlich von der Güte des verwendeten Brennstoffes, von der Zugwirkung, von dem Verhältnis der Rostfläche zur Heizfläche, vom Kesseldruck, von der Bauart der Maschine, ob Zwilling oder Verbund und noch vielen anderen Umständen abhängig.

Der Wert $\dfrac{N}{H}$ ist übrigens auch an ein und derselben Lokomotive nicht konstant, sondern wechselt mit der Umdrehungszahl der Triebachsen in der Zeiteinheit.

Im allgemeinen ist eine Zunahme des Wertes $\dfrac{N}{H}$ bei steigender Fahrgeschwindigkeit festzustellen. Das Anwachsen ist anfangs stärker, nimmt jedoch später ab. Bei Umlaufzahlen von $3 \cdot 5$ bis $4 \cdot 5$ Umdrehungen in der Sekunde erscheint meist der Höchstwert von $\dfrac{N}{H}$. Bei noch größeren Umlaufzahlen ist ein mehr oder weniger rasches Abnehmen der Leistung zu bemerken.

Man hat empirische Gleichungen aufgestellt, um die Abhängigkeit der spezifischen Leistung von der Umlaufzahl der Triebachsen darzustellen.

Ältere Gleichungen dieser Art zeigen die Grundformen:

$$\frac{N}{H} = a\sqrt{n} \quad \text{oder}$$

$$\frac{N}{H} = a + b\sqrt{n}$$

a und b sind Erfahrungswerte, n die Anzahl der Triebachsumdrehungen in der Sekunde. Diese Grundformen drücken jedoch den Eintritt des Höchstwertes bei einer bestimmten Umlaufzahl nicht aus. Sie liefern daher bei sehr großen Fahrgeschwindigkeiten zu große Werte.

Eine Gleichung, welche die Eigenheiten des Wertes $\dfrac{N}{H}$ gut zum Ausdruck bringt, wurde von M. Richter in Bingen a. Rh.[1]) aufgestellt. Sie lautet in der Grundform:

$$\frac{N}{H} = 0 \cdot 775\,(a - 0 \cdot 6\,n)\,\sqrt{n}.$$

---

[1]) Dinglers Polytechn. Journ. 1904, Heft 4.

a ist der Erfahrungswert, den Richter für Zwillingslokomotiven mit 6·5, für zweizylindrige Verbundlokomotiven mit 7·0, für vierzylindrige Verbundlokomotiven mit 7·5 angibt. n ist die Anzahl der Triebachsumdrehungen in der Sekunde. Nach dieser Gleichung, welche die besten erreichbaren Werte liefert, tritt die Höchstleistung an Zwillingslokomotiven bei 3·6, an zweizylindrigen Verbundlokomotiven bei 3·9, an vierzylindrigen Verbundlokomotiven bei 4·2 Triebachsumdrehungen in der Sekunde ein.

Die Größe der Leistung ein und derselben Lokomotive ist von der Stellung und dem Querschnitt des Blasrohres, von der Größe der Dampfzylinder, der Güte der Steuerung usw. empfindlich abhängig.

Das Zusammenwirken dieser verschiedenen Verhältnisse ist gegenwärtig noch wenig untersucht und man bleibt bei der Wahl der Kesselabmessungen neuer Lokomotiven auf die oben erörterten Erfahrungswerte von $\dfrac{N}{H}$ angewiesen.

In der folgenden Zusammenstellung XVII sind die Werte $\dfrac{N}{H}$ für eine Reihe von Lokomotiven angegeben und die besonderen Verhältnisse hierbei hervorgehoben. Vergleichsweise sind auch die Werte nach der Gleichung von Richter angeführt.

Zusammenstellung XVII.

Triebachsumläufe in der Sekunde	Zwilling[3] ³/₅ gekupp. Güterzug-Lokomotive Preußische St.-B. Feuerberührte Heizfläche 116·0 qm Kesseldruck 12·0 kg/qcm	Zwilling[1] ⁴/₅ gekupp. Güterzug-Lokomotive Pennsylvania-Bahn Feuerberührte Heizfläche 248·6 qm Kesseldruck 14·5 kg/qcm	Zweizylinder[2] ³/₄ gekupp. Verbund-Schnellzug-Lokomotive Preußische St.-B. Feuerberührte Heizfläche 118·0 qm Kesseldruck 12·0 kg/qcm	Zweizylinder[3] ³/₄ gekupp. Verbund-Schnellzug-Lokomotive Österr. Südbahn Feuerberührte Heizfläche 141·6 qm Kesseldruck 13·0 kg/qcm	Vierzylinder[4] ²/₄ gekupp. Verbund-Schnellzug-Lokomotive Französ. Nordbahn Serve-Rohre Feuerberührte Heizfläche 175·5 qm Kesseldruck 15·0 kg/qcm	Nach der Formel von M. Richter (Höchstwert für Schnellzug-Lokomotiven) Zwillingslokomotive	Nach der Formel von M. Richter Zweizylinder-Verbundlokomotiven	Nach der Formel von M. Richter Vierzylinder-Verbundlokomotive
1·0	2·80	3·24	2·74	—	—	4·56	4·95	5·34
1·5	3·38	3·92	3·93	—	—	5·25	5·70	6·20
2·0	3·80	4·26	4·84	5·65	—	5·80	6·30	6·90
2·5	4·20	4·38	5·52	6·00	5·57	6·13	6·68	7·32
3·0	4·58	4·55	6·10	6·34	5·92	6·31	6·98	7·64
3·5	—	—	6·52	6·64	6·29	6·40	7·12	7·85
4·0	—	—	6·86	6·64	6·55	6·35	7·12	7·90
4·5	—	—	—	—	6·61	6·25	7·05	7·88
5·0	—	—	—	—	6·48	6·06	6·93	7·79

An der Lokomotive beeinflußt bis zu einem gewissen Grade der Dampfverbrauch selbständig die Dampferzeugung. Der den Dampfzylindern entströmende Dampf erzeugt in der Rauchkammer die Zugwirkung. Nach dem Maße dieser Zugwirkung stellt sich die Verbrennung ein. Von der Verbrennung hängt die Verdampfung ab, so daß die Dampflieferung

---

[1]) Nach den Versuchen auf der Lokomotivprüfanlage in St. Louis.
[2]) Nach „Berechnung der Fahrzeiten aus den Zugkräften der Dampflokomotiven" von E. Spirgatis.
[3]) Nach „Untersuchungen über die Leistungen einer Lokomotive und Feststellung der günstigsten Belastungen für dieselbe", Sanzin, Allg. Bauzeitg. 1905.
[4]) Nach „Experiences en service courant sur locomotive compound à grade vitesse du chemin de fer au Nord", Barbier, Revue générale 1897.

des Kessels sich nach dem Dampfverbrauch richtet. Eine Steigerung im Dampfverbrauch hat daher eine Vergrößerung der Dampferzeugung zufolge. Dies gelingt jedoch nur bis zu einem gewissen Anstrengungsgrade des Kessels. Darüber hinaus ist eine weitere Steigerung der Dampferzeugung dauernd nicht möglich.

Die größte Anstrengung des Kessels, welche dauernd noch erzielt werden kann, ist für die Beurteilung der Leistungsfähigkeit der Lokomotive sehr wichtig.

In erster Linie spielt dabei die Zugwirkung eine wichtige Rolle. Sie wird durch die Luftverdünnung in der Rauchkammer gemessen.

Je nach der Lokomotivbauart, nach Stellung und Querschnitt des Blasrohres, nach Form und Querschnitt des Schlotes, nach Querschnitt und Länge der Feuerrohre, nach Höhe und Beschaffenheit der Brennstoffschichte am Rost und noch vielen anderen Verhältnissen wechselt die Rauchkammerluftverdünnung.

An ein und derselben Lokomotive nimmt die Luftverdünnung mit der Fahrgeschwindigkeit, mit der Größe der Füllung und der Regleröffnung zu.

In folgender Zusammenstellung sind die Rauchkammerluftverdünnungen für eine $^2/_4$-gekuppelte Schnellzuglokomotive mit Zwillingsdampfzylindern von 425 mm Zylinderdurchmesser, 600 mm Hub, 160 qcm Blasrohrquerschnitt und eine mittlere Brennstoffhöhe von 120 mm enthalten; die Regleröffnung ist 0·8 der größten, der Kesselüberdruck 12·5 kg/qcm.

Zusammenstellung XVIII.

Triebachs-umdrehungen in der Sekunde	Luftverdünnung in mm Wassersäule. Füllung:				
	16%	20%	25%	30%	40%
1·0	50	60	68	72	76
1·5	66	84	98	103	—
2·0	83	106	125	132	—
2·5	94	126	150	158	—
3·0	106	142	158	182	—
3·5	114	158	—	—	—
4·0	120	170	—	—	—

Im allgemeinen werden im Güterzugdienst Luftverdünnungen von 50 bis 80 mm, im Schnell- und Personenzugdienst 100 bis 150 mm angewendet. Bei Verwendung schwerer Kohle in genügend großen Stücken kann die Luftverdünnung auch auf 200 bis 250 mm gesteigert werden. Derartige Luftverdünnungen werden im Falle besonderer Anstrengungen selbständig erzielt, indem bei hohen Fahrgeschwindigkeiten und großen Füllungen die Blasrohrwirkung entsprechend steigt.

Bei geringen Fahrgeschwindigkeiten, also kleineren Umlaufzahlen, ist die Zugwirkung, wie auch aus obiger Zusammenstellung zu entnehmen ist, gering. Lokomotiven, welche andauernd mit kleinen Fahrgeschwindigkeiten fahren, müssen daher Blasrohre mit geringerem Querschnitt erhalten, als solche, welche mehr bei großen Fahrgeschwindigkeiten Verwendung finden.

Lokomotiven mit engen Blasrohren sind bei höheren Fahrgeschwindigkeiten wegen der hohen Gegendrücke in den Dampfzylindern weniger wirtschaftlich. Es wirkt auch die allzustarke Zugwirkung wegen des dann unvermeidlichen großen Luftüberschusses schädlich. Es ist daher vorteilhaft, Lokomotiven, die mit wechselnden Fahrgeschwindigkeiten betrieben werden, mit veränderlichen Blasrohren auszurüsten. Bei geringeren Fahrgeschwindigkeiten kann die Zugwirkung nach Bedarf gesteigert werden, während bei großen Fahrgeschwindigkeiten, wo die notwendige Luftverdünnung ohnehin leicht geboten erscheint, mit ganz geöffnetem Blasrohr gefahren werden kann.

Soll die Zugwirkung an einer Lokomotive gesteigert werden, so ist zunächst zu trachten, ohne Änderung des Blasrohrquerschnittes durch Wahl einer anderen Stellung und Form von Blasrohr oder Schlot die Rauchkammerluftverdünnung zu verbessern. Erst wenn kein anderes Mittel übrig bleibt, soll das Blasrohr verengt werden. Der Arbeitsverlust infolge Erhöhung des Gegendruckes ist nicht unbedeutend und kann mitunter den durch bessere Zugwirkung erzielten Gewinn aufwiegen.

Auch die Anwendung von Stegen über dem Blasrohr ist als äußerstes Hilfsmittel anzusehen.

Leichte Kohlenarten verlangen eine schwächere Zugwirkung. Um die gesamte Verdampfung der Lokomotive genügend groß zu erhalten, müssen dann entsprechend große Rostflächen Anwendung finden. Braunkohle verlangt meist Luftverdünnungen unter 100 bis 120 mm Wassersäule. Bei der Verbrennung von Kohlenklein muß häufig noch tiefer herab gegangen werden.

Bemerkenswerte Aufschlüsse erhält man, wenn die Luftverdünnung nicht nur in der Rauchkammer, sondern auch in der Feuerbüchse und im Aschenkasten gemessen wird.

Der Zusammenhang zwischen Rauchkammerluftverdünnung und der tatsächlich durchgesaugten Gasmenge ist theoretisch schwierig festzulegen. Dagegen ist es möglich, zwischen der Rauchkammerluftverdünnung und der Lebhaftigkeit der Verbrennung am Rost ziemlich zuverlässige Beziehungen aufzustellen.

Ist h die Luftverdünnung in der Rauchkammer in Millimeter Wassersäule und B die verbrannte Kohlenmenge auf 1 qm Rostfläche in der Stunde in Kilogramm, so läßt sich die empirische Gleichung

$$h = a\,B^2$$

aufstellen, a ist ein Erfahrungswert, der z. B. für die preußischen Schnellzuglokomotiven 0·0007 lautet. Die hierbei verwendete schwere Stückkohle von 7500 WE verbrennt dabei mit einem Luftüberschuß von 30 bis 70 %. Für österreichische Schnellzuglokomotiven ist bei Verwendung von Ostrauer Lokomotivkohle mit rund 6250 WE und 30 bis 50 % Luftüberschuß $a = 0·00055$ zu setzen. Der Wert a nimmt mit der Zunahme des Verhältnisses $\dfrac{\text{Heizfläche}}{\text{Rostfläche}}$ ab und wechselt zwischen den äußersten Werten 0·0003 und 0·0009.

Die größte Verbrennung B, welche auf 1 qm Rostfläche und Stunde erzielt werden kann, hängt somit von den Eigenschaften der Kohle und der Rauchkammerluftverdünnung ab. Sie wechselt daher wie die letztere mit der Fahrgeschwindigkeit.

Die Ausnutzung der Wärme im Lokomotivkessel ist verhältnismäßig günstig. Bei mittleren Rostbeanspruchungen ist der Wirkungsgrad oft besser als er an feststehenden Kesselanlagen erzielt werden kann und bei der stärksten vorkommenden Beanspruchungen fällt er nur selten unter 0·60.

Die Wärmeverluste entstehen durch hohe Temperatur der Rauchgase, durch Rückstände von unverbrannten Kohlenteilchen im Aschenkasten und in der Rauchkammer, durch unvollkommene Verbrennung (Bildung von CO), durch Leitung, Strahlung und Rauch.

Aus der chemischen Zusammensetzung der Rauchgase lassen sich sehr interessante Schlüsse über die einzelnen Verluste ziehen, wodurch auch wertvolle Winke für die Behandlung des Feuers bei Anwendung verschiedener Kohlenarten erlangt werden können.

Eisenbahnbauinspektor Strahl[1]) hat festgestellt, daß die $^2/_4$-gekuppelte Verbundschnellzuglokomotive der preußischen Staatsbahnen bei einer Fahrgeschwindigkeit von rund 80 km/st und Verwendung einer Kohle von 7500 WE die Aufteilung der gesamten in der Kohle enthaltenen Wärme wie folgt ist:

20·3 $^0/_0$ Wärmeverlust durch Abgase,

5·0 $^0/_0$ „   durch Rückstände im Aschenkasten, in der Rauchkammer und durch Funkenflug,

5·0 $^0/_0$ Wärmeverlust durch Leitung, Strahlung und Rauch,

69·7 $^0/_0$ Wärme, verwertet zur Dampferzeugung,

100·0 $^0/_0$

Hierbei wurden auf 1 qm Rostfläche und Stunde bei 100 bis 120 mm Wassersäule 400 kg Kohle verbrannt. Die Rauchkammertemperatur war 350, die Flammentemperatur in der Feuerbüchse rund 1500° C. Die Lokomotive arbeitete mit 50 $^0/_0$ Luftüberschuß.

Sehr abhängig ist der Wirkungsgrad der Kesselanlage von der Rostbeanspruchung, da bei Steigerung derselben die Rauchkammertemperatur zunimmt und der Wärmeverlust durch Funkenflug und Mitreißen unverbrannter Kohlenteilchen rasch anwächst. Die größte wirtschaftliche Rostbeanspruchung hängt daher nicht nur von der Bauart des Kessels, sondern auch von der Schwere und Korngröße des Brennstoffes ab.

Ein richtiges Bild über die Verwertung der Wärme im Kessel kann erst erlangt werden, wenn die Untersuchungen auf verschiedene Rostbeanspruchungen ausgedehnt werden. Der Verfasser hat den Kessel einer $^2/_4$-gekuppelten Schnellzuglokomotive der österr. Südbahn in dieser Richtung untersucht. Die Hauptabmessungen des Kessels sind:

Feuerberührte Heizfläche der Rohre . . . 110·60 qm
„   „   „ Feuerbüchse . 8·60 „
Gesamte feuerberührte Heizfläche . . . . 119·20 „
Rostfläche . . . . 2·33 „
Anzahl der Feuerrohre 191
Länge „   „ . . . . 4100 mm
Durchmesser der Feuerrohre . . . . . . 50/45 „
Kleinster Querschnitt der Rohre . . . . . 0·2053 qm
Freie Rostfläche . . . . 1·1284 „
Kesselüberdruck . . . . 12·0 at

---

[1]) Glasers Annalen 1904, 1. Sept., S. 81. „Rauchgasanalysen und Verdampfungsversuch an Lokomotiven".

Die Luftverdünnungen, welche in der Rauchkammer erlangt wurden, sind in Zusammenstellung XVIII aufgenommen. In der folgenden Zusammenstellung XIX ist die Verteilung der Wärme enthalten. Sie gilt für Verfeuerung einer Schwarzkohle von 6250 WE, welche sich für den Lokomotivbetrieb besonders gut eignet. Die angeführten Verdampfungsziffern wurden für die Verwandlung von Speisewasser von 10° C in Dampf von 12·0 kg/qcm Überdruck gefunden, wozu 654·6 WE für 1 kg Dampf nötig sind. Gleichzeitig sind die Rauchkammerluftverdünnungen angegeben, die für die Erzeugung der Rostbeanspruchungen nötig werden.

Zusammenstellung XIX.

	Rostbeanspruchung kg/qm und Stunde.				
	200	300	400	500	600
Rauchkammerluftverdünnung, mm Wassersäule ..	22	50	88	138	198
Verdampfungsziffer	8·00	7·22	6·53	5·99	5·59
Wärme-Verteilung					
Wärmeverlust durch Abgase . . . . %	11·5	18·7	24·6	28·4	30·0
„ „ Rückstände . . . . %	0·7	1·7	3·0	4·9	7·5
„ „ Leitung, Strahlung u. Rauch %	4·0	4·0	4·0	4·0	4·0
Wärme, verwertet zur Dampferzeugung . . . . %	83·8	75·6	68·4	62·7	58·5

Der Wirkungsgrad der gesamten Kesselanlage ist somit 0·838, 0·756, 0·684, 0·627 und 0·585, je nachdem die Rostbeanspruchung von 200 bis 600 kg/qm Rostfläche und Stunde steigt. Von der verfeuerten Kohle kommt nur ein Teil zur Verbrennung; das Verhältnis der Wärmemengen dieser beiden Teile entspricht dem Wirkungsgrad der Feuerungsanlage. Er beträgt in diesem Fall 0·993, 0·983, 0·970, 0·951 und 0·925, kann jedoch bei Brennstoffen, welche eine stärkere Zugwirkung nicht vertragen, auch auf 0·800 fallen. Der Wirkungsgrad der Dampferzeugung ist das Verhältnis der Wärmemenge jener Kohle, welche tatsächlich zur Verbrennung kommt, zu jener, welche zur Dampfbildung verwertet wird. Er lautet für obiges Beispiel 0·844, 0·769, 0·705, 0·659 und 0·632. Das Produkt aus dem Wirkungsgrad der Feuerungsanlage und dem Wirkungsgrad der Dampferzeugung gibt den Wirkungsgrad der gesamten Kesselanlage. Während der Wirkungsgrad der Feuerungsanlage nach den Eigenschaften des Brennstoffes in weiten Grenzen wechselt, bleibt der Wirkungsgrad der Dampferzeugung bei demselben Kessel ziemlich gleich.

Die Beanspruchung der Heizfläche wechselt im Lokomotivbetrieb zwischen 40 und 50 kg Dampf auf 1 qm Heizfläche und Stunde und erreicht nicht selten auch 60 kg.

Die größte Dampfmenge, welche im Kessel in der Stunde erzeugt wird, hängt nach den erörterten Beziehungen zwischen Zugwirkung, Verbrennung und Verdampfung wesentlich von der Fahrgeschwindigkeit ab, Die Dampferzeugung wächst mit der Fahrgeschwindigkeit, erst rascher, später weniger rasch. Ein Ansteigen ist aber selbst noch bei den höchsten Fahrgeschwindigkeiten zu beobachten.

Bei Lokomotiven mit Rostfläche von mehr als 3·5 qm tritt namentlich bei Verwendung weniger hochwertiger Kohlen eine so starke Beanspruchung des Heizers ein, daß auch dieser für die Begrenzung der Höchstleistung maßgebend erscheint. Dauert die stärkste Beanspruchung nicht über eine bis zwei Stunden, so kann die Verfeuerung von $2\cdot0$ bis $2\cdot5$ t Kohle in der Stunde noch von einem Heizer besorgt werden. Darüber hinaus ist die Verwendung von zwei Heizern empfehlenswert. Der zweite Heizer ist in Belgien und auf einigen Eisenbahnen in Nordamerika eingeführt.

Die Nässe des Dampfes ist früher meist überschätzt worden. Sie dürfte gewöhnlich höchstens 3 bis $5^0/_0$ betragen. Bei Untersuchung der $^4/_5$-gekuppelten Güterzuglokomotive der Pennsylvaniabahn auf der Lokomotivprüfanlage in St. Louis wurde die Dampfnässe kalorimetrisch festgestellt und im Dampfdom eine größte Dampfnässe von $1\cdot25$, im Schieberkasten von $1\cdot42\,^0/_0$ gefunden, obschon die Beanspruchung der Heizfläche bis $60\cdot5$ kg/qm und Stunde gesteigert wurde. Für die preußische $^2/_4$-gekuppelte Schnellzuglokomotive ergibt sich nach Strahl eine Dampfnässe von $4\cdot7\,^0/_0$, wenn die Heizfläche mit rund 60 kg/qm und Stunde beansprucht wird.

Der Wärmeverlust durch mitgerissenes Wasser ist für 1 kg Dampf
$$n\,(q_1 - q_0),$$
wenn n der Gehalt des Dampfes an mitgerissenen Wasser, q_1 die Flüssigkeitswärme des Kesselwassers beim Kesseldruck und q_0 die Flüssigkeitswärme bei der Speisewassertemperatur ist.

5. Messung der Lokomotivleistungen.

Die meisten Messungen sind im Lokomotivbetrieb schwierig, da die Anbringung und Ablesung der Meßvorrichtungen umständlich ist und die Zugkraft und Widerstandsverhältnisse selten längere Zeit gleich bleiben.

Es ist von vorne herein auf die Einflüsse der Massenwirkungen des ganzen Zuges bei Geschwindigkeitsänderungen Rücksicht zu nehmen, da der Beharrungszustand nur selten auf längere Zeit erreicht werden kann.

Zur Feststellung der Lokomotivleistungen wird der Dampfdruckindikator verwendet. Bei der hohen Umlaufzahl der Lokomotivdampfmaschine müssen Indikatoren mit besonders leichten Kolben und Schreibhebelwerk ausgewählt werden. Die Bewegung der Papiertrommel erfolgt am vorteilhaftesten zwangläufig durch Zahnrad und Zahnstange mit einem Gegenhebel vom Kreuzkopf. Sehr leichte Trommeln können auch durch die Schnur angetrieben werden. Der Indikator soll tunlichst nahe an dem Dampfzylinder angebracht sein. Die Rohre sollen so weit als möglich und sanft gekrümmt sein. Die Verwendung eines Indikators für den Raum vor und hinter den Kolben, sowie für verschiedene Dampfzylinder ist anzustreben. Es ist überhaupt bei einer Versuchsreihe möglichst derselbe Indikator zu benützen, um die unvermeidlichen Ungenauigkeiten stets in demselben Maße zu erhalten.

Da Indikatoren mit selbständigem Papierwechsel wegen des großen Trommelgewicht bei größeren Umlaufzahlen unbrauchbar sind, bleibt der Papierwechsel von Hand am vorteilhaftesten. Die Zahl der Schaubilder ist dabei allerdings beschränkt. Für die Person, welche den Indikator bedient, sind namentlich bei größerer Fahrgeschwindigkeit entsprechende Schutzvorrichtungen nötig.

Der Auto-Indikator der französischen Westbahn[1] zeichnet die Dampf-

---

[1] Revue générale des chemins de fer, E. Brillié, September 1896 und Mai 1898.

druckschaulinie auf einen langen Papierstreifen auf, welcher durch ein Uhrwerk mit gleichbleibender Geschwindigkeit bewegt wird. Diese Zeit-Druck-Schaulinie bedarf einer Umzeichnung, um in die gebräuchliche Form der Kolbenweg-Druck-Schaulinie gebracht zu werden. Dies ist umständlich, es ist jedoch möglich, eine ungewöhnlich große Zahl von Schaubildern aufzunehmen, und eine Bedienung des Indikators unnötig.

Bei genaueren Untersuchungen empfiehlt es sich noch, die Druckveränderungen in dem Schieberkasten und bei Verbundlokomotiven im Aufnehmer zu untersuchen. Es genügt, wenn durch entsprechende Rohrschaltungen ein und derselbe Indikator hierfür benutzt werden kann.

Im Augenblick der Aufnahme eines Indikatorschaubildes ist auch die Fahrgeschwindigkeit, die hierbei herrschende Beschleunigung oder Verzögerung, der Kesseldruck, die Füllung, Reglereröffnung, die Stellung des Blasrohres usw. festzustellen.

Bei Verwertung der Ergebnisse der Dampfdruckschaubilder ist namentlich zu unterscheiden, ob die Leistung dauernd oder nur vorübergehend ausgeübt wurde. Vorübergehend lassen sich bedeutend größere Kesselbeanspruchungen erzielen, deren Anwendung auf die Dauer unmöglich erscheint.

Zur Feststellung der Zugkräfte am Tenderzughaken werden sog. Dynamometer verwendet. Dieselben sind entweder in eigene Meßwagen eingebaut, oder sie werden als Verbindungsglied der Zughaken zwischen Tender und Zug hergestellt. Die ersteren können entsprechend besser ausgebildet sein und besorgen die Aufzeichnung der Zugkraft in vollkommener Weise. Dynamometer, welche in die Zugvorrichtung eingehängt werden, sind wegen ihrer beschränkten Länge weniger gut auszubilden und die selbsttätige Aufzeichnung leidet in der Regel durch die starken Erschütterungen.

Zur Messung der ausgeübten Zugkraft wird entweder die Deformation von Federn oder der hydraulische Druck in Preßzylindern verwendet.

Federdynamometer haben den Nachteil, daß die schädlichen Bewegungen der Lokomotive in der Fahrrichtung auf dieselben ziemlich stark einwirken und die Aufzeichnung undeutlich machen. Blattfedern hindern wegen der größeren inneren Reibung derartige Schwingungserscheinungen besser als Spiralfedern, doch ist die Genauigkeit der Messung an Blattfedern geringer als an Spiralfedern. Es muß möglich sein, trotz Anwendung der Dynamometer eine bleibende Spannung zwischen den Puffern von Tender und dem ersten Fahrzeug des Zuges herzustellen, um die störenden Bewegungen tunlichst zu hindern. Je nach der Stärke der verwendeten Lokomotive soll diese Spannung 1 bis 4 t betragen, ohne daß die Ergebnisse der Versuche deswegen an Genauigkeit leiden.

Mit Rücksicht auf die bedeutenden Beanspruchungen der Zugvorrichtungen durch Massenwirkungen bei starken Geschwindigkeitsänderungen (Anfahren, Bremsen usw.) müssen die Dynamometer verhältnismäßig stark sein und eine Zerreißfestigkeit von mindestens 25 bis 30 t besitzen. Es genügt jedoch, wenn die Meßvorrichtungen eine größte Zugkraft von 12 bis 15 t anzeigen, da größere Zugkräfte selbst von den stärksten Gebirgslokomotiven nicht geboten werden. Es ist vorteilhaft, die Federn der Dynamometer so einzubauen, daß sie leicht ausgewechselt werden können. Die

Einsenkung der Federn kann dann mit Rücksicht auf die Stärke der erprobten Lokomotive verändert werden.

Trotz der wichtigen Aufschlüsse, welche man durch Versuche mit Dynamometern über die Leistungsfähigkeit der Lokomotiven und den Widerstand der Wagenzüge erhält, sind solche nur bei wenigen europäischen Eisenbahnverwaltungen eingeführt. Die großen nordamerikanischen Eisenbahnverwaltungen besitzen dagegen ausnahmslos Dynamometerwagen, die bei den Untersuchungen der einzelnen Lokomotivbauarten systematisch Verwendung finden. Außer der London- und Nord-West-Bahn in England haben nur einige der großen französischen Eisenbahnverwaltungen eigene Meßwagen mit Dynamometern. Auf den übrigen europäischen Bahnen sind nur hie und da einhängbare Dynamometer zu finden.

Bei allen Untersuchungen an Lokomotiven, namentlich aber bei der Aufnahme von Indikator-Schaubildern und bei Messungen mit Dynamometern, wird eine genaue, fortlaufende Aufzeichnung der Fahrgeschwindigkeit notwendig. Sehr vorteilhaft kann hierbei der bereits vielfach verwendete Geschwindigkeitsmesser Bauart Haushälter Verwendung finden. Wenn die Geschwindigkeit von dieser Vorrichtung auch nur als mittlere Geschwindigkeit für bestimmte Zeiträume (12 oder 3 Sekunden) angezeigt wird, so kann doch aus dem Fahrschaubild bei Berücksichtigung der Eigenheiten die tatsächliche Fahrgeschwindigkeit jederzeit genau festgestellt werden. Die notwendigen Korrekturen müssen auf einer eigenen Probefahrt erlangt werden.

Unter gewissen Umständen reicht dieser Geschwindigkeitsmesser allerdings nicht aus. Es ist dann am vorteilhaftesten, elektrische Meßvorrichtungen anzuwenden, welche die Radumdrehungen oder bestimmte Streckenpunkte auf einem mit der Zeit fortschreitenden Papierstreifen aufzeichnen.[1] Derartige Vorrichtungen sind namentlich bei raschen Geschwindigkeitsänderungen, z. B. Anfahr-, Auslauf- oder Bremsversuchen unentbehrlich. Das Ablesen der Zeiten zwischen den Hektometerzeichen durch Beobachter ist bei Fahrgeschwindigkeiten über 80 km/st sehr unsicher und nur dann durchführbar, wenn mindestens drei unabhängige Beobachter zu Gebote stehen.

Für Untersuchungen am Kessel eignet sich der neuerdings vorzüglich ausgebildete Orsat-Fischer-Apparat, welcher es gestattet, Rauchgasanalysen mit genügender Genauigkeit in kurzen Pausen vorzunehmen. Diese Meßvorrichtung kann entweder im Führerhaus oder auch an der Rauchkammer selbst untergebracht werden, wenn für Sicherheit des Beobachters entsprechend vorgesorgt wird. Hand in Hand mit diesen Versuchen werden auch Messungen über die Luftverdünnung in der Rauchkammer und häufig auch in der Feuerbüchse und im Aschenkasten vorgenommen. Es genügen hierfür U-förmige Glasrohre, die mit farbigem Wasser halb gefüllt werden. Die Verlegung dieser Meßvorrichtungen in das Führerhaus darf ohne Bedenken erfolgen, da bei dichten Rohrleitungen eine Beeinträchtigung der Anzeigen nicht zu befürchten ist.

Zur Messung der Temperatur in der Rauchkammer können entweder gewöhnliche Quecksilberthermometer oder solche mit Stickstofffüllung Ver-

---

[1] Organ Fortschr. des Eisenbahnwesens 1905, 1. Heft, „Schnellfahrversuche mit Dampflokomotiven".

wendung finden, je nachdem Temperaturen bis 360° C oder darüber zu erwarten sind. Wegen der Gebrechlichkeit lassen sich übrigens Quecksilberthermometer besser durch elektrische Pyrometer ersetzen.

Zur Messung der Temperatur in der Feuerbüchse gelangen meistens Pyrometer nach Le Chatelier in Verwendung.

Der Wasserverbrauch der Lokomotiven wird meistens aus den Wasserständen im Tender festgestellt. Das ist verhältnismäßig unsicher, da nach der Stellung des Tenders die Anzeige wechselt und die Wasserverluste durch das Schlabberventil und Undichtheiten in der Leitung nicht berücksichtigt werden. Wassermesser, welche sich in die Druckrohre der Injektoren einbauen ließen, wären daher bei Versuchsfahrten sehr wünschenswert. Auch geeichte Zwischenbehälter, aus welchen die Injektoren saugen, wären für genaue Wassermessungen geeignet.

Ebenso ist bisher keine einfache Vorrichtung bekannt geworden, mit welcher sich mit genügender Genauigkeit die Dampfnässe feststellen läßt.

So schwierig es auch ist, im Lokomotivbetrieb genaue und umfangreiche Untersuchungen anzustellen, so kann man dieselben doch nicht entbehren, und ihre Wichtigkeit wird allenthalben mehr und mehr erkannt.

6. Berechnung der Zugbelastungen.

Für eine wirtschaftliche Ausnützung der Lokomotivkraft ist es notwendig, für jede Lokomotivbauart je nach Bahnneigung und Fahrgeschwindigkeit bestimmte größte Zugbelastungen aufzustellen, bei welchen die von der Lokomotive dauernd gebotene größte Zugkraft eben ausgeübt werden muß.

Die Berechnung der Zugbelastungen ist von besonderer Wichtigkeit für die Wirtschaftlichkeit und Gestaltung des Betriebes. Es ist ebenso nachteilig, starke Lokomotiven mit geringen Zugbelastungen verkehren zu lassen, wie dieselben dauernd zu überanstrengen. Bei dem ungemein großen Anpassungsvermögen der Dampflokomotive ist jedoch die Wahl der vorteilhaftesten Beanspruchung durchaus nicht so einfach, als meistens angenommen wird. Häufig bleiben Beanspruchungen, welche tief unter der wirtschaftlichen Grenze liegen, ebenso unbekannt, als Überanstrengungen, welche bereits für die Instandhaltung der Lokomotiven von Nachteil sind.

Bisher wurde die Berechnung der Zugbelastungen im allgemeinen ziemlich einfach vorgenommen. Man begnügte sich mit der Annahme einer bestimmten, konstanten Kesselleistung, die aus der Heizfläche, seltener aus der Rostfläche des Kessels gerechnet wurde. Für die Zugkraft, welche während der Ausnützung des Reibungsgewichtes in Rechnung kommt, wurden im allgemeinen Reibungswerte von 0·14 bis 0·17 angenommen. Die Zugkraft erschien meist auf den Umfang der Triebräder bezogen, und der Maschinenwiderstand wurde nicht besonders berücksichtigt. In dem Bereich des Vereins deutscher Eisenbahnverwaltungen wurde der Zugwiderstand für Lokomotive und Wagen meist gemeinsam nach der bekannten alten Formel von Clark bestimmt. Es gibt jedoch auch Eisenbahnverwaltungen, welche den Widerstand für alle Geschwindigkeiten konstant annehmen. Nur wenige Berechnungsarten trennen den Widerstand von Lokomotive und Wagenzug.

Entsprechend diesen verschiedenartigen Berechnungsweisen ergaben sich auch die Zugbelastungen bei den einzelnen Eisenbahnverwaltungen sehr abweichend. Nach den Erfahrungen im Betrieb mußten die Rechnungsergebnisse zwar mitunter Veränderungen erfahren. Es handelte sich jedoch hierbei meist nur um besonders starke Überschätzungen der Lokomotivleistungen, während die Unterschätzungen unbekannt blieben. Die fehlerhafte Berechnung der Zuglast wird häufig durch die bei Berechnung der Fahrzeiten in Anwendung kommenden Zeitzuschläge ausgeglichen, die meistens Erfahrungswerte sind.

Beim Bestreben, die Fahrgeschwindigkeit zu steigern und die Lokomotiven ihrer Leistungsfähigkeit entsprechend am vorteilhaftesten auszunützen, mußte man allenthalben einsehen, daß die einfachen, alten Berechnungsarten nicht mehr genügten. Es war schwierig, dieselben mit den Ergebnissen von Probefahrten in Übereinstimmung zu bringen, bei welchen die Lokomotiven allem Anschein nach in vorteilhaftester Weise beansprucht wurden.

Im Gebiet des Vereins deutscher Eisenbahnverwaltungen ist man gegenwärtig bestrebt, die älteren Berechnungsarten weiter auszubilden, um den gesteigerten Anforderungen und den höheren spezifischen Leistungen der Lokomotiven zu entsprechen. Die fehlerhaften Grundlagen der alten Berechnungsarten bleiben jedoch nicht selten bestehen. Überhaupt wird die Berechnung der Zuglasten häufig als eine schematische Bureauarbeit angesehen und ganz außer acht gelassen, daß ihre Grundlagen rein mechanisch-technischer Natur sein müssen.

Die Aufgabe einer zweckmäßigen Berechnungsart ist hauptsächlich, den wirklich ausgeübten Lokomotivleistungen und den auftretenden Zugwiderständen tunlichst nahe zu kommen. Die vorteilhaftesten Grundlagen hierfür bilden daher stets Versuchsfahrten, bei welchen Zugkraft und Zugwiderstand genau und unmittelbar gemessen werden. Daß die Versuchsfahrten keine ungewöhnlichen Glanzleistungen sein sollen, braucht hier wohl nicht hervorgehoben zu werden. Vereinzelte Versuchsfahrten liefern Werte, die leicht zu Trugschlüssen Veranlassung geben können.

Als Beispiel sei hier die Berechnung der Zuglasten für die $^2/_4$-gekuppelte zweizylindrige Verbund-Schnellzuglokomotive der österreichischen Südbahn durchgeführt.

Die Leistungen dieser Lokomotive sind in Abb. 1 und in Zusammenstellung XVI enthalten. Sie wurden auf einer großen Zahl von Dienst- und Versuchsfahrten ermittelt. Die angeführten Werte gelten für mittlere Verhältnisse bei Anwendung einer Schwarzkohle von rund 6500 WE.

In Zusammenstellung XVII ist die indizierte Leistung dieser Lokomotive bezogen auf 1 qm feuerberührte Heizfläche angeführt.

Diese Werte weichen von den in der Eisenbahntechnik der Gegenwart, Die Lokomotiven, Seite 73, angegebenen etwas ab. Die österreichische Lokomotive leistet auf 1 qm feuerberührte Heizfläche bei kleinen Fahrgeschwindigkeiten mehr, bei großen etwas weniger als die ziemlich ähnliche $^2/_4$-gekuppelte zweizylindrige Verbundschnellzuglokomotive der preußischen Staatsbahnen.

Wie bereits schon im Abschnitt „Kesselleistung" hervorgehoben wurde, ist die Größe der Höchstleistung bei verschiedenen Fahrgeschwindigkeiten sehr von der Bauart der Lokomotive abhängig. Es wird selten möglich, die spezifischen Leistungen einer Lokomotivbauart auch für eine andere zu verwenden, ohne größere Abweichungen befürchten zu müssen.

In Abb. 1 sind die der indizierten Leistung entsprechenden Zugkräfte für die betrachtete $^2/_4$-gekuppelte Schnellzuglokomotive dargestellt. Bei geringen Fahrgeschwindigkeiten ist die nutzbare Reibung am Umfang der Triebräder als Grenze für die größte ausübbare Zugkraft maßgebend. Für diese Lokomotivbauart hat sich ein Reibungswert von 0·15 für den Beharrungszustand bei geringeren Fahrgeschwindigkeiten als zweckmäßig erwiesen. Die Zugkraft am Umfang der Triebräder ist daher $Z_u = 2900 \cdot 0\cdot15 = 4350$ kg. Die indizierte Zugkraft Z_i ist um die Maschinenreibung

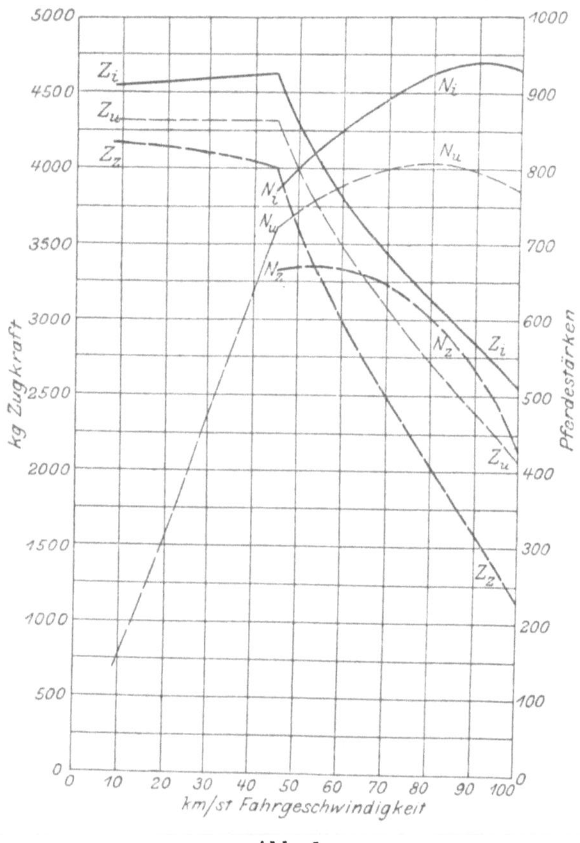

Abb. 1.

größer. Dieselbe wurde für diese Lokomotivbauart nach folgender Gleichung gefunden, welche für eine Tonne Lokomotiv- und Tendergewicht gilt:

$$2\cdot2 + 0\cdot025\,V.$$

Für ein Lokomotiv- und Tendergewicht von 90 t erhält man bei 45 km/st Fahrgeschwindigkeit eine Maschinenreibung von 300 kg, so daß die indizierte Zugkraft Z_i 4350 + 300 = 4650 kg beträgt. In ähnlicher Weise können die übrigen Werte der indizierten Zugkraft zwischen 0 und 45 km/st Fahrgeschwindigkeit ermittelt werden. Bei der Fahrgeschwindigkeit von 45 km/st schneiden sich die beiden Äste der Zugkraftschaulinie.

Bei dieser bereits erwähnten kritischen Geschwindigkeit ist sowohl die nutzbare Reibung wie auch der Kessel voll ausgenutzt. Auf stärkeren Steigungen erfolgt daher die Förderung am zweckmäßigsten mit dieser Fahrgeschwindigkeit.

Wird von der indizierten Zugkraft der Gesamtwiderstand von Lokomotive und Tender abgezogen, so erhält man Z_z die Zugkraft am Tenderzughaken auf wagerechter Strecke und im Beharrungszustand.

Der Widerstand von Lokomotive und Tender wurde für die untersuchte Lokomotive nach der Gleichung

$$w\,\mathrm{kg/t} = 3\cdot8 + 0\cdot025\,V + 0\cdot001\,V^2$$

gefunden. Nach Abzug des gesamten Widerstandes $W = w \cdot (L + T)$ von Z_i wurde Z_z gefunden und in Abb. 1 dargestellt.

Die Zugkraft am Tenderzughaken auf wagerechter Strecke und im Beharrungszustande bildet ebenfalls eine vorteilhafteste Grundlage für die Bestimmung der Zugbelastungen.

Bei vollständiger Verwertung der ganzen von der Lokomotive gebotenen Zugkraft entspricht die Gleichung

$$Z_z = w_w\,Q \pm i\,(L + T + Q),$$

wenn Q die Zugbelastung oder das Wagengewicht in t,

  L das Gewicht der Lokomotive im Dienst,

  T das Gewicht des Tenders im Dienst,

  w_w der spezifische Widerstand des Wagenzuges in kg/t und

  $\pm i$ der Widerstand der Steigung in kg/t ist.

Das positive Vorzeichen gilt für Steigungen, das negative für Gefälle. Soll auch noch eine Beschleunigung oder Verzögerung in Rechnung

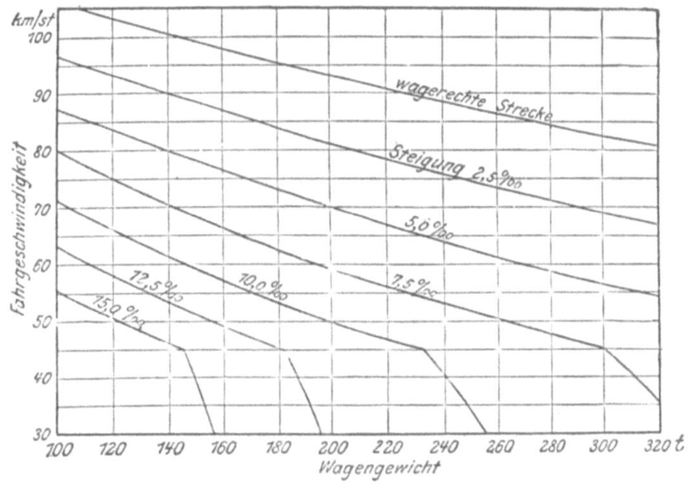

Abb. 2.

gezogen werden, so ist statt $\pm i$ der Betrag $(\pm i \pm b)$ einzusetzen. b in kg/t bezeichnet die für eine Tonne Gesamtzuggewicht notwendige Beschleunigungs- oder Verzögerungskraft für eine Beschleunigung oder Verzögerung von

$$\gamma\ \mathrm{m/sec^2} = \frac{b}{110\cdot1} = 0\cdot00908\,b.$$

Das positive Vorzeichen gilt für Beschleunigung, das negative für Verzögerung.

Eine Zugbelastung für bestimmte Fahrgeschwindigkeit ist aus der Gleichung

$$Q\ \mathrm{t} = \frac{Z_z - (\pm i \pm b)\,(L + T)}{w_w \pm i \pm b}$$

zu bestimmen. Falls der Widerstand von Gleisbögen zu berücksichtigen ist, muß für i der Wert der „maßgebenden" Steigungen eingesetzt werden.

In Abb. 2 sind die Zugbelastungen für Fahrgeschwindigkeiten von 20 bis 100 km/st und Steigungen von 0 bis 15 $^0/_{00}$ zeichnerisch dargestellt, welche sich für die besprochene Lokomotive ergeben. Der Widerstand des Wagenzuges wurde nach der Gleichung

$$w_w \, \mathrm{kg/t} = 1{\cdot}6 + 0{\cdot}0184\,V + 0{\cdot}00046\,V^2$$

bestimmt, welche für zweiachsige Schnellzugwagen der österreichischen Südbahn durch Auslaufversuche erlangt wurde.

Die Darstellung in Abb. 2 ist bereits als Belastungstafel zu bezeichnen. Sie ist geeignet, die Zugbelastungen aufzufinden, welche bei gegebener Steigung und Fahrgeschwindigkeit am vorteilhaftesten sind. Häufig werden die Belastungstafeln nicht zeichnerisch, sondern ziffernmäßig aufgestellt. Der Abb. 2 entspricht dann folgende Zusammenstellung XX.

Zusammenstellung XX.

Fahrgeschwindigkeit km/st	Steigung ⁰/₀₀						
	0·0	2·5	5·0	7·5	10·0	12·5	15·0
30	—	—	—	—	253	195	155
35	—	—	—	322	248	192	152
40	—	—	—	310	241	187	148
45	—	—	—	300	232	182	145
50	—	—	—	263	200	156	122
55	—	—	313	227	170	133	102
60	—	—	275	197	146	111	—
65	—	342	268	166	125	—	—
70	—	290	232	142	104	—	—
75	—	247	200	120	—	—	—
80	328	208	140	101	—	—	—
85	275	172	113	—	—	—	—
90	227	140	—	—	—	—	—
95	183	108	—	—	—	—	—
100	100	—	—	—	—	—	—
105	105	—	—	—	—	—	—

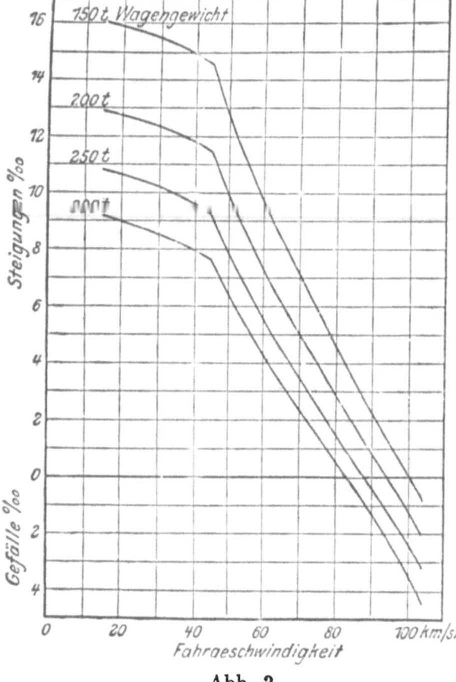

Abb. 3.

Mit Rücksicht auf die größte in einem Streckenabschnitt herrschende Steigung wird in der Regel die größte Zugbelastung bestimmt, welche verwendbar ist. Diese Belastung ist dann über den ganzen Streckenabschnitt zu führen und bei wechselnden Bahnneigungen wird es notwendig werden, die Fahrgeschwindigkeit entsprechend zu ändern, um auch dann noch die Leistungsfähigkeit der Lokomotive tunlichst vollkommen auszunützen. Zum Auffinden der Fahrgeschwindigkeiten, welche bei bestimmter Zugbelastung auf den verschiedenen Steigungen in Anwendung kommen müssen, ist folgende Darstellung geeignet.

Ist für eine bestimmte Zugbelastung und Geschwindigkeit

die Steigung zu ermitteln, auf welcher der Beharrungszustand noch eingehalten werden kann, so gibt die Gleichung

$$i = \frac{Z_z - w_w Q}{L + T + Q}$$

Aufschluß. Die Schaulinien in Abb. 3 sind nach dieer Gleichung ermittelt. Sie gelten für Zugbelastungen von 100, 150, 200, 250 und 300 t. Diese Darstellung, welche auch in Zusammenstellung XXI wiedergegeben ist, eignet sich besonders gut zum Entwurf der Fahrpläne, da für bestimmte Zuglasten die Fahrgeschwindigkeiten auf beliebigen Steigungen und Gefällen festgestellt werden können.

Zusammenstellung XXI.

Zugbelastung t		100	150	200	250	300	400
Steigung	16 °/₀₀	53·0	17·0	—	—	—	—
	15 ,,	56·0	37·5	—	—	—	—
	14 ,,	58.5	46·5	—	—	—	—
	13 ,,	61·5	49·5	11·5	—	—	—
	12 ,,	64·5	52·5	37·0	—	—	—
	11 ,,	68·0	55·5	46·5	—	—	—
	10 ,,	71·0	59·5	50·0	34·5	—	—
	9 ,,	74·5	63·0	53·5	46·0	18·5	—
	8 ,,	78·0	66·5	57·0	50·0	39·5	—
	7 ,,	83·0	70·5	61·0	54·0	48·0	10·0
	6 ,,	88·0	74·5	66·0	58·0	52·5	35·0
	5 ,,	93·5	79·0	70·0	63·0	57·0	47·0
	4 ,,	99·0	82·5	74·0	67·0	62·0	53·5
	3 ,,	105·5	86·5	79·0	72·0	67·0	58·5
	2 ,,	110·0	91·5	84·0	77·0	72·0	64·0
	1 ,,	114·5	96·0	89·0	82·0	77·5	69·5
Wagerechte Strecke		119·0	100·0	93·0	87·5	83·0	75·0
Gefälle	1 °/₀₀	—	106·5	98·0	93·0	89·5	82·0
	2 ,,	—	111·0	102·0	98·5	94·5	87·5
	3 ,,	—	115·5	107·5	102·0	98·5	93·5
	4 ,,	—	120·0	112·0	108·5	104·0	99·0
	5 ,,	—	—	116·5	113·0	110·0	105·5
	6 ,,	—	—	121·0	117·5	114·5	110·0

Ist z. B. für eine Strecke mit einer längeren, größten Steigung von $10^0/_{00}$ die vorteilhafteste Zugbelastung zu suchen, so wäre zunächst aus Abb. 2 oder Zusammenstellung XX zu entnehmen, daß auf der Steigung von $10^0/_{00}$ bei 45 km/st Fahrgeschwindigkeit eine Zuglast von 232 t gefördert werden kann. Es wäre zwar möglich, die Zuglast noch größer zu wählen, aber die Fahrgeschwindigkeit würde dann unverhältnismäßig gering sein, weil bei Fahrgeschwindigkeiten von weniger als 45 km/st bereits die nutzbare Reibung der Lokomotive ganz ausgenützt erscheint. 232 oder rund 230 t wäre also für Personenzüge die zweckmäßigste Belastung. Für Schnellzüge mag die Geschwindigkeit von 45 km/st zu gering erscheinen. Würde für dieselben eine Belastung von nur 200 t gewählt, so würde die Fahrgeschwindigkeit auf $10^0/_{00}$ 50 km/st betragen. Um nun zu ermitteln, mit welchen Geschwindigkeiten diese Last auf anderen Neigungen gefördert werden kann, dient Abb. 3 und Zusammenstellung XXI. Aus dieser ist zu entnehmen, daß z. B. auf einer Steigung von 2, 3, 5 und $8^0/_{00}$

mit 84, 79, 70 und 57 km/st Fahrgeschwindigkeit gefahren werden kann.

Im folgenden Abschnitt über die Berechnung der Fahrzeiten werden diese beiden Belastungstafeln noch mehrfach Verwendung finden.

Bei der Berechnung der Belastungstafeln macht sich häufig der Mangel an entsprechenden Widerstandswerten für die Lokomotiven unangenehm fühlbar, da dieselben ziemlich schwierig festzustellen sind. Es ist jedoch auch möglich, die Belastungstafeln in vollkommen richtiger Weise mit Umgehung des Lokomotivwiderstandes festzustellen. Es ist dann von der Zugkraft am Tenderzughaken auszugehen. Diese Kraft kann entweder mit einem Dynamometer gemessen werden, oder sie kann auch ziemlich zuverlässig aus der Zuglast, deren Widerstand, der Bahnneigung und den Geschwindigkeitsverhältnissen gerechnet werden, falls kein besseres Maß für die Lokomotivleistung in Anwendung kommen kann. Die Zugkraft am Tenderzughaken ist für wagerechte Strecke und Beharrungszustand auszurechnen und man erhält hierfür Schaulinien nach Art der Linie Z_z in Abb. 1. Die weiteren Berechnungen zur Feststellung der Zuglasten erfolgen ganz in derselben Weise wie im vorstehenden Beispiel. Soll die Zugkraft am Tenderzughaken gerechnet werden, so ist die Beobachtung der Fahrgeschwindigkeit sehr wichtig, um die Einflüsse der Masse des Zuges bei Geschwindigkeitsänderungen zu berücksichtigen. Der Widerstand der Wagenzüge, der bei dieser Berechnungsart geschätzt werden muß, schließt zwar einen Irrtum nicht aus, doch lassen sich zurzeit die Widerstände der Wagen entsprechend deren Bauart ziemlich genau schätzen, da eine große Menge von zuverlässigen Widerstandswerten vorliegt. Zuverlässiger ist es jedoch, stets mit tatsächlich gemessenen Leistungen und Widerständen zu rechnen.

Die Belastungstafeln für Güterzuglokomotiven müssen in bezug auf Fahrgeschwindigkeit besonders genaue Unterteilung erfahren, da die Zuglasten bei diesen Lokomotiven von der Fahrgeschwindigkeit empfindlich abhängig sind. Die Güterzuglokomotiven werden größtenteils in der Nähe der kritischen Geschwindigkeit am vorteilhaftesten beansprucht. Es ist daher die Zugförderung namentlich auf Gebirgsstrecken mit Rücksicht hierauf einzurichten.

In der folgenden Zusammenstellung sind die Zuglasten für eine $^4/_4$-gekuppelte Schlepptenderlokomotive von 53·4 t Reibungs- und 87·0 t Gesamtgewicht für eine maßgebende Steigung von 25·0 $^0/_{00}$ angegeben.

Zusammenstellung XXII.

Zuggeschwindigkeit km/st	Zugbelastung t
10	237
12	236
14	234
16	232
18	230
20	211
22	194
24	179
26	165
28	152
30	140

Die kritische Fahrgeschwindigkeit der Lokomotive ist 18 km/st und die hierbei geförderte Zuglast 230 t. Bei geringeren Fahrgeschwindigkeiten kann die Belastung nur unbedeutend vergrößert werden. Fährt man statt mit 18 mit 10 km/st, so könnte man um nur 7 t mehr Zuglast fördern, ein Maß, das zu klein ist, um eine Rolle zu spielen. Soll jedoch statt mit einer Fahrgeschwindigkeit von 18 km/st eine solche von 20 km/st in Anwendung kommen, so muß die Zugbelastung von 231 auf 211 t, d. i. um 19 t vermindert werden. Dies ist ein beachtenswerter Betrag und die Steigerung der Fahrgeschwindigkeit um 2 km/st muß von entsprechendem Wert sein, um die Verminderung der Zuglast wirtschaftlich erscheinen zu lassen. Fährt man statt mit 18 mit 22 km/st, so sinkt die Belastung bereits um 36 t.

Es ist nicht wirtschaftlich, mit geringeren Fahrgeschwindigkeiten als mit der kritischen zu fahren, da man wesentliche Ersparnisse an Kohlen- oder Wasserverbrauch nicht zu erwarten hat und die Fahrzeiten entsprechend anwachsen.

Auf eingleisigen Gebirgsstrecken ergibt sich häufig die Notwendigkeit, zu ermitteln, ob nicht durch Steigerung der Fahrgeschwindigkeit die Leistungsfähigkeit der Strecke erhöht zu werden vermag. Das Produkt aus der täglichen Zugzahl und der Zugbelastung muß bei der günstigsten Fahrgeschwindigkeit ein Maximum werden. Stets stellt sich die kritische Geschwindigkeit der untersuchten Lokomotivbauart auf der Höchststeigung als die vorteilhafteste heraus.

Besonders sorgfältige Ausbildung erfahren die Belastungstafeln der nordamerikanischen Bahnen. Dieselben werden auf Grund ausführlicher Versuche über Zugkraft, Zugwiderstand, Brennstoff und Wasserverbrauch usw. angelegt. Neuerdings bauen einige Eisenbahnverwaltungen sogar eigene Meßwagen mit eingebauten Dynamometern, um die Versuche rascher und vollkommener durchführen zu können. Auch der Bau der feststehenden Lokomotivprüfanlagen wurde hauptsächlich in der Absicht gefördert, dieselben bei der Ausbildung der Lokomotivbelastungstafeln vorteilhaft verwenden zu können.

Da der Unterschied der Widerstände von beladenen und leeren Wagenzügen ziemlich verschieden ist, berücksichtigen die meisten nordamerikanischen Eisenbahnen in ihren Belastungstafeln die Zuglasten für beladene und leere Wagen. Bestehen die Züge aus beladenen und leeren Wagen, so ist die Belastung nach deren Gewichtsverhältnis zueinander zu regeln. Bei der weitgehenden Ausnützung der Lokomotivzugkraft auf den nordamerikanischen Eisenbahnen ist diese Maßregel ganz am Platz, da der Widerstand der leeren Wagen bis zu 30 % mehr beträgt als der beladenen. Auch auf den europäischen Bahnen würde sich eine derartige Unterscheidung namentlich dort als wünschenswert ergeben, wo beladene und leere Züge hauptsächlich nur in bestimmten Richtungen verkehren.

Die Belastungstafeln werden entweder zeichnerisch nach Art von Abb. 2 oder häufiger in Tabellenform nach Zusammenstellung XX von den Eisenbahnverwaltungen in den Dienstbüchern aufgenommen. Neben den maßgebenden Steigungen sind entweder die betreffenden Streckenabschnitte, für welche sie gelten, genannt, oder es sind diese in eigenen Zusammenstellungen enthalten. Streckenabschnitte mit derselben maßgebenden Steigung werden als eine Belastungssektion bezeichnet. Statt der Fahrgeschwindigkeiten sind mitunter auch die Zuggattungen angegeben, für welche die Belastungen Geltung haben. Bei manchen Eisenbahnverwaltungen findet man für Personen- und Güterzüge getrennte Belastungstafeln.

Das Bestreben die Belastungstafeln möglich einfach zu gestalten, um sie auch dem minder Gebildeten verständlich zu machen, verleitet häufig dieselben weniger vollkommen auszubilden und sie in bezug auf Geschwindigkeit und Steigung nicht genügend zu unterteilen. Ein derartiger Vorgang ist unwirtschaftlich, da die Lokomotiven dann zeitweise überanstrengt oder nicht genügend ausgenützt sind.

Bei Eisenbahnverwaltungen, welche eine größere Zahl von Lokomotivbauarten besitzen, gestalten sich die Belastungstafeln sehr umfangreich, da eine Belastungstafel selten für mehrere Lokomotivbauarten gleichzeitig Anwendung finden kann.

Da der Brennstoff auf die Leistungsfähigkeit der Lokomotiven von wesentlichem Einfluß ist, wird es bei Verwendung von verschiedenen Kohlenarten oft nötig, die Belastungen auch hierfür zu unterteilen. Häufig werden für einen Brennstoff von mittlerer Güte die Belastungen allein eingesetzt. Für Bestimmung der Belastungen mit anderen Kohlenarten dienen dann Koeffizienten.

Während auf einigen Eisenbahnen nur eine bestimmte Belastung vorgesehen ist, führen andere eine größte, mittlere und kleinste, die je nach den Witterungsverhältnissen in Anwendung zu kommen hat. Es bestehen sogar Vorschriften, welche den Grad der Verminderung der Zugbelastung genau nach der Temperatur und dem Wetter bestimmen, während bei anderen Eisenbahnverwaltungen die Verminderung oder Erhöhung der vorgeschriebenen Belastung vom Verkehrsbeamten im Einvernehmen mit dem Lokomotivführer je nach den herrschenden Witterungsverhältnissen veranlaßt werden kann.

Die Belastungstafeln haben auch noch jene Grenzbelastungen zu enthalten, welche bei bestimmten Lokomotivbauarten mit beschränktem Wasservorrat notwendig werden, wenn die Wasserstationen nicht in genügender Entfernung voneinander liegen.

Für den Vorspann und Schiebedienst bestehen ebenfalls häufig Belastungsgrenzen, welche nicht aus der Leistungsfähigkeit der Lokomotiven allein entspringen. So darf die Zug- oder die Druckkraft mit Rücksicht auf die Zug- und Stoßvorrichtungen ein bestimmtes Maß nicht überschreiten, das zurzeit bei den verschiedenen Eisenbahnverwaltungen für die Zugvorrichtungen 6500 bis 10 000, für die Stoßvorrichtungen 10 000 bis 15 000 kg beträgt.

Die Zugbelastungen nach der Achsenzahl zu regeln ist nur mehr im geringen Maße auf ganz ebenen Strecken in Verwendung, da das Gewicht, welches auf eine Achse entfällt, zu verschieden ist und der Fehler, welcher bei Beurteilung des Widerstandes der Steigung begangen wird, zu groß ausfallen kann.

Die Achsenzahl der Züge wird häufig beschränkt, um deren Länge mit Rücksicht auf die Länge der Stationsgleise, die Bremsung usw. zu begrenzen. Wegen der wechselnden Länge der Fahrzeuge ist jedoch die Achsenzahl auch in dieser Hinsicht nicht immer zuverlässig und es empfiehlt sich die Zuglänge in Längeneinheiten zwischen Markpflöcken in den Haupt-Bahnhöfen zu messen. Im Kapitel „Zugförderung auf Steilrampen" sind ausführliche Berechnungen von Belastungstafeln enthalten.

7. Berechnung der Fahrzeiten.

Im engsten Zusammenhang mit der Bestimmung der Zuglasten steht die Berechnung der Fahrzeiten. Sie ist ebenfalls von hervorragender Wichtigkeit für die Wirtschaftlichkeit und Gestaltung des Zugförderdienstes, da sie die Grundlage für die Bildung der Fahrpläne darstellt.

Die Berechnung der Fahrzeiten erfolgt nach verschiedenen Arten. Ein Teil derselben entbehrt der richtigen Grundlagen und ihre Verwendbarkeit ist daher nur beschränkt. Bei den gesteigerten Anforderungen, welche zurzeit im Zugförderdienst entsprochen werden muß, haben sich einzelne der alten Berechnungsarten als unbrauchbar erwiesen, so daß sie verlassen werden mußten.

Von den älteren Berechnungsarten ist namentlich die der Frankfurt-Bebraer Eisenbahn bemerkenswert, da sie im Jahre 1880 vom Ministerium der öffentlichen Arbeiten in Preußen für sämtliche preußische Eisenbahnverwaltungen in wenig geänderter Form vorgeschrieben wurde und später auch auf anderen Eisenbahnen Mitteleuropas ausgedehnte Verwendung fand.

Zur Bestimmung der Zugbelastungen fand auf der Frankfurt-Bebraer Eisenbahn die Clarksche Widerstandsgleichnng in der Form

$$w = 2{\cdot}25 + \frac{(0{\cdot}278\,V)^2}{80}$$

für Lokomotive und Wagenzug gemeinsam Verwendung. Die Leistung der Lokomotive war konstant mit 340 PS angenommen. Bei Zugrundelegung eines Wagengewichtes von 150 und eines Gesamtzuggewichtes von 199 t ergaben sich folgende zusammengehörige Werte von Steigung und Fahrgeschwindigkeit:

Zusammenstellung XXIII.

Steigung ⁰/₀₀	Fahrgeschwindigkeit km/st
3·17 (1:315)	55·0
4·00 (1:250)	52·0
5·00 (1:200)	48·5
6·67 (1:150)	43·0
10·00 (1:100)	34·5
11·11 (1:90)	32·0
12·50 (1:80)	29·6

Die Fahrgeschwindigkeit von 55·0 km/st wurde für Personenzüge als Grundgeschwindigkeit angesehen und die virtuelle Länge für Steigungen bis zu 3·17 ⁰/₀₀ gleich der wirklichen Streckenlänge angenommen. Für größere Steigungen wurde die virtuelle Länge mit Hilfe von Koeffizienten bestimmt, welche das Verhältnis der Grundgeschwindigkeit zur Geschwindigkeit auf der betreffenden Steigung darstellen.

Neben den Koeffizienten für die Bestimmung der virtuellen Länge

der Personenzüge bestanden eigene für Schnellzüge, welche bei 110 t
Wagengewicht, 159 t Gesamtzuggewicht und einer Lokomotivleistung von
360 PS auf der Steigung von $1{\cdot}90\,^0/_{00}$ (1:525) eine Grundgeschwindigkeit
von 70 km/st einzuhalten hatten.

In der folgenden Zusammenstellung sind die Koeffizienten für die Bestimmung der virtuellen Länge für Personen- und Schnellzüge nach Angabe der Frankfurt-Bebraer Eisenbahn angeführt. Die Grundgeschwindigkeit der Personenzüge ist 55, der Schnellzüge 70 km/st. Für Steigungen
von mehr als $5{\cdot}00\,^0/_{00}$ kommen für Schnellzüge statt 110 nur 100 t Wagengewicht in Rechnung.

Zusammenstellung XXIV.

Steigung $^0/_{00}$	Personenzug		Schnellzug	
	Geschwindig-keit km/st	Koeffizient	Geschwindig-keit km/st	Koeffizient
1·90 (1:525)	—	—	70·0	1·00
2·50 (1:400)	—	—	67·2	1·05
3·17 (1:315)	55·0	1·00	65·0	1·10
4·00 (1:250)	52·0	1·05	61·7	1·14
5·00 (1:200)	48·5	1·15	58·1	1·20
6·67 (1:150)	43·0	1·30	55·0	1·30[1])
10·00 (1:100)	34·5	1·60	45·7	1·50[1])
11·11 (1:90)	32·0	1·70	—	—
12·50 (1:80)	29·6	1·80	39·8	1·75[1])

Die Fahrzeit zwischen zwei Stationen wurde bestimmt, indem die
betreffende wirkliche Streckenlänge nach deren Steigungsverhältnis mit
dem Koeffizienten multipliziert wurde. Nach der so erhaltenen virtuellen
Länge wurde die Fahrzeit mit Rücksicht auf die Grundgeschwindigkeit gerechnet. Setzte sich ein Streckenabschnitt aus wechselnden Neigungen
zusammen, so mußte für jede die virtuelle Länge besonders bestimmt
werden.

Um die Zeitverluste für das Anfahren und Anhalten zu berücksichtigen setzte die Frankfurt-Bebraer Eisenbahn für jedes Anfahren und Anhalten, je eine Minute, und ebenso für die Durchfahrt durch Stationen je
eine Minute Zuschlag fest.

Obschon die Koeffizienten für die Bestimmung der virtuellen Länge
auf der Frankfurt-Bebraer Eisenbahn nur unter ganz bestimmten Voraussetzungen erfolgte, wurden sie doch später auf anderen preußischen Eisenbahnen unverändert angenommen. Sie wurden sogar für Güterzüge verwendet und häufig entschloß man sich nicht einmal zu einer entsprechenden
Abstufung in bezug auf die Neigungsverhältnisse.

Als die vorausgesetzten Grundgeschwindigkeiten von 55 und 70 km/st
nicht mehr genügten, war man gezwungen neue Koeffizienten zur Bestimmung der virtuellen Längen aufzustellen, man hielt sich jedoch dabei
meist an die soeben beschriebene Rechnungsart und wandte nur andere
Widerstände und Lokomotivleistungen an. So erlangte jede Eisenbahnverwaltung für jede Zuggattung und Lokomotivbauart andere virtuelle
Längen. Je nach Zuglast, Lokomotivbauart und Steigungsverhältnisse

---

[1]) Bei 100 t Wagengewicht.

mußten auch die Zeitzuschläge für das Anfahren und Anhalten genauer abgestuft werden, da ein Zuschlag von einer Minute nicht immer ausreichte.

Seit Mai 1903 besteht auf den deutschen Eisenbahnverwaltungen eine neue vom Reichseisenbahnamte herausgegebene, vom Geh. Regierungsrat Prof. von Borries entworfene Berechnung der Fahrzeiten von Personen- und Schnellzügen. Dieselbe ist im Wesen der vorstehenden ähnlich, da die Grundgeschwindigkeit und die Rechnung mit virtuellen Längen beibehalten ist. Die letztere ist jedoch mit dem Ausdruck Betriebslänge bezeichnet. Um diese zu erlangen sind Streckenzuschläge zu machen, die von der Steigung, Zuglast und Lokomotivzugkraft abhängig sind.

Als Grundlage[1]) für die Zuschläge zur Bestimmung der Betriebslängen sind die Zugkräfte der $^2/_4$-gekuppelten zweizylindrigen Verbund-Schnellzuglokomotive B. XI. der bayrischen Staatsbahnen benützt. Die auf 1 qm Heizfläche bezogenen Leistungen und Zugkräfte der Lokomotive sind von der Fahrgeschwindigkeit wie folgt abhängig:

Zusammenstellung XXV.

Fahrgeschwindigkeit km/st	Leistung PS/qm	Zugkraft kg/qm
30	3.61	32·5
40	4·30	·29·0
50	4·73	25·5
60	5·04	22·7
70	5·32	20·5
80	5·57	18·8
90	5·72	17·2
100	5·80	14·7

Leistung und Zugkraft sind auf den Umfang der Triebräder bezogen, die Heizfläche ist als feuerberührte anzusehen.

Der Widerstand des gesamten Zuges ist nach der Erfurter Formel:

$$w \text{ kg/t} = 2·4 + \frac{V^2}{1300}$$

vorausgesetzt.

Als Ausgangspunkt der in Abb. 4 dargestellten Tafel zur Bestimmung der Streckenzuschläge ist die Grundgeschwindigkeit gewählt, welche auf wagerechter Strecke eine so große Zuglast voraussetzt, daß die Lokomotivzugkraft ausgenützt erscheint. Für diese mit 100 $^0/_0$ bezeichnete Belastung ist kein Streckenzuschlag nötig, so lange auf wagerechter Strecke gefahren wird. Auf einer stärkeren Steigung erfordert derselbe Zug jedoch eine geringere Geschwindigkeit, welche durch einen Streckenzuschlag berücksichtigt wird, der an der vertikalen Achse in Abb. 4 abgelesen werden kann.

Die Ermittlung der Schaulinien in Abb. 4 erfolgt nach folgenden Grundlagen:

Bei Anwendung der Grundgeschwindigkeit V_0 in km/st ist der Widerstand für eine Tonne des ganzen Zuges w_0 kg. Sichert die Lokomotive bei der Geschwindigkeit V_0 eine Zugkraft Z_0, so ist bei einem gesamten

---

[1]) Organ Fortschr. des Eisenbahnwesens 1905. S. 149.

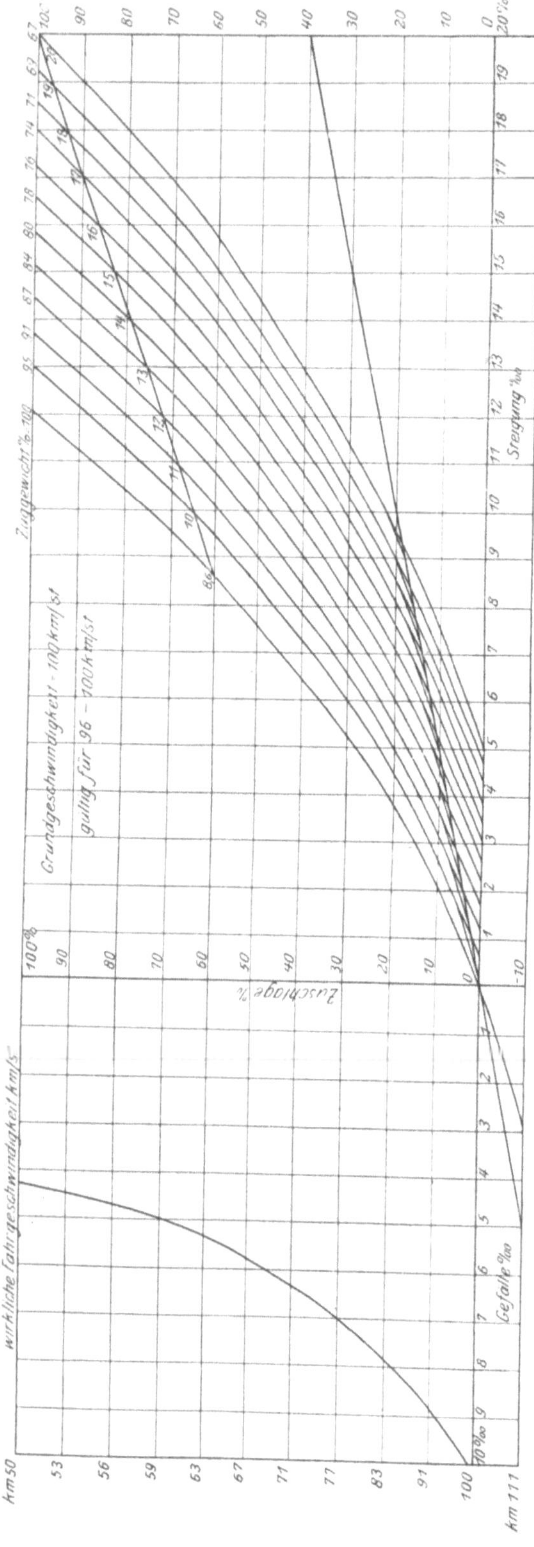

Zuggewichte Q die auf eine Tonne entfallende Zugkraft $z_0 = \dfrac{Z_0}{Q}$.

Soll die Zugkraft der Lokomotive ganz ausgenützt werden, so muß $w_0 = z_0 = \dfrac{Z_0}{Q}$ sein; die Größe w_0 in kg/t wird vom Ursprung nach links aufgetragen.

Wird nun dieselbe Zuglast Q auf einer Steigung x befördert, so stellt sich statt der Grundgeschwindigkeit V_0 eine kleinere V ein. Will man aber auch bei dieser Geschwindigkeit die Grundgeschwindigkeit für die Rechnung beibehalten, so muß die Strecke entsprechend verlängert gedacht werden. Ist s der Streckenzuschlag, so erscheint die Gleichung

$$V_0 = V(1 + s) \quad \text{oder}$$
$$s = \frac{V_0}{V} - 1.$$

Die Streckenzuschläge s sind vom Ursprung auf der vertikalen Achse nach oben eingetragen.

Bei der Geschwindigkeit V ist eine andere Zugkraft Z und z vorhanden. Die letztere muß der Gleichung

$$z = w + x$$

entsprechen. Da nun w von der vertikalen Achse nach links und z wieder nach rechts aufgetragen erscheint, erhält man rechts von der vertikalen Achse die Werte von x in $^0/_{00}$.

Für ein Zuggewicht Q_1, das geringer ist als Q, erhält man dagegen

$$z = \frac{Z}{Q} \quad \text{und} \quad z_1 = \frac{Z}{Q_1},$$

$$\frac{z}{z_1} = \frac{w + x}{w + x_1} = \frac{Q_1}{Q}.$$

Hiernach ergibt sich eine andere Linie, die nicht durch den Ursprung 0 geht und um den Wert x_1 rechts von der vertikalen Achse liegt.

In Abb. 4 sind die Belastungen in Prozent der Grundbelastung angegeben.

Für die Grundbelastung, welche in Abb. 4 für 100 km/st gilt, erscheint bei einer Steigung von $5\,^0/_{00}$ ein Streckenzuschlag von 28, auf $10\,^0/_{00}$ ein solcher von $74\,^0/_0$.

Für eine Belastung, die $80\,^0/_0$ der größten Zuglast ausmacht, erscheint bei einer Steigung von $5\,^0/_{00}$ 11, auf $10\,^0/_{00}$ $42\,^0/_0$ Zuschlag.

Die Tafel der Berechnungsart nach von Borries ist für Lokomotiven jeder Stärke zu verwenden. Es ist nur vorausgesetzt, daß die Änderung der Leistung mit der Zuggeschwindigkeit in derselben Weise erfolgt, als bei der zugrunde gelegten bayrischen Schnellzuglokomotive.

Bei Verwendung dieser Berechnungsart für irgend eine Lokomotivbauart muß mindestens ein zuverlässiger Zugkraftwert derselben als Ausgangspunkt bekannt sein.

Betreffs der Zeitverluste infolge des Anfahrens und Anhaltens hat diese Berechnungsart keinen Fortschritt zu verzeichnen. Es ist nur angegeben, daß für je einmaliges Anhalten und Anfahren bei Grundgeschwindigkeiten von 50 bis 65 2, 68 bis 79 2·5 und für mehr als 80 km/st 3 Minuten zuzuschlagen sind. Je 0·5 dieser Zuschläge sind für das Anhalten zu rechnen. Für Geschwindigkeitsverminderungen von V auf V_1 km/st schlägt von Borries Zeiträume von $\dfrac{(V - V_1)^2}{3000}$ Minuten hinzu.

Für Wegelängen von 1000 m, deren Geschwindigkeitsverminderung 20 bis 25, 30 bis 35 und 50 bis 55 km/st beträgt, wären Zeitverluste von 0·5, 1·0, 1·5 und 2·0 Minuten zu rechnen.

Es werden also auch nach dieser Berechnungsart auf den Streckenabschnitten gleicher Neigung konstante Fahrgeschwindigkeiten vorausgesetzt und die Zeitverluste infolge Anfahren, Anhalten und für Geschwindigkeitsermäßigungen durch nachträgliche Zuschläge berücksichtigt. Solange die durchfahrenen Strecken genügend lang sind und nicht stark wechselnde Neigungen vorkommen, erscheint diese Berechnungsart ganz zuverlässig. Unter schwierigen Verhältnissen jedoch, wo häufige Aufenthalte und Geschwindigkeitsermäßigungen auf ungünstigen Neigungsverhältnissen vorkommen oder wo die größte zulässige Fahrgeschwindigkeit in den einzelnen Streckenabschnitten wechselt, ist die genannte Berechnungsart ebenso wie die meisten übrigen auf ähnlichen Grundlagen beruhenden von geringem Wert. Sie ist zu wenig übersichtlich, läßt die tatsächliche Fahrgeschwindigkeit nicht rasch genug erkennen, berücksichtigt die Verluste bei Geschwindigkeitsveränderungen nicht usw.

In solchen Fällen führt allein eine Darstellung des tatsächlichen Fahrschaubildes auf mechanisch-technischer Grundlage zum Ziel. Dasselbe kann als Zeitgeschwindigkeit-˙ oder Weggeschwindigkeit-Schaubild erhalten werden. Die Entwicklung ist zwar nicht einfach, doch bringt sie so namhafte Vorteile mit sich, daß ihre Anwendung in allen schwierigen Fällen zu empfehlen ist.

Zergliedert man ein Fahrschaubild, so sind im allgemeinen drei Zustände zu beobachten, das Anfahren, der Beharrungszustand und die Bremsung. Setzt sich die Strecke aus verschiedenen Bahnneigungen zusammen, so müßte die Fahrgeschwindigkeit auf jeder Neigung eine andere sein. Es vergeht jedoch eine gewisse Zeit, bis der neue Beharrungszustand jedesmal erreicht wird. Sind die einzelnen Bahnneigungen kurz, so wird der Beharrungszustand überhaupt nicht erreicht. Hieraus geht bereits die Unzuverlässigkeit der vorhin beschriebenen Berechnungsart hervor, die nur konstante Geschwindigkeiten für alle Bahnneigungen voraussetzt.[1]

Der wichtigste Teil der Ermittlung des Fahrschaubildes ist die Bildung der Anfahrschaulinie. Beim Anfahren bietet die Lokomotive einen Überschuß an Zugkraft, der für die Beschleunigung der ganzen Masse des Zuges Verwendung findet. Je nach Verlauf der Zugkraft und des Widerstandes mit der Geschwindigkeit ist die Größe der beschleunigenden Kraft verschieden. Sie ist im allgemeinen bei geringen Fahrgeschwindigkeiten groß und nimmt bei zunehmender Geschwindigkeit ab. Jene Geschwindigkeit, bei welcher die Beschleunigungskraft Null wird, hat als Beharrungsgeschwindigkeit zu gelten. Diese kann theoretisch aber erst nach unendlich langer Anfahrzeit erreicht werden, falls die Bahnneigung konstant vorausgesetzt ist. Eine Scheidung des Anfahrabschnitts vom Beharrungszustand wäre daher auf diese Art unmöglich.

Der Verfasser hat daher eine Berechnungsart entworfen, welche zwei verschiedene Anstrengungen der Lokomotive voraussetzt. Die gewöhnliche Beanspruchung gilt hauptsächlich für den Beharrungszustand und kann lange Zeit hindurch verlangt werden. Außerdem ist eine gesteigerte Beanspruchung vorausgesetzt, welche auf kürzere Dauer beim Anfahren, bei der Überwindung kurzer Steigungen oder beim Erreichen einer neuen Beharrungsgeschwindigkeit Anwendung findet. Es lassen sich diese beiden Beanspruchungen auch tatsächlich im Betrieb beobachten, und es ist daher vorteilhaft, sie einer Berechnung zugrunde zu legen, welche den wirklichen Verhältnissen möglichst entsprechen soll.

In Abb. 5 ist die Zugkraft der mehrfach erwähnten $^3/_4$ gekuppelten Verbundschnellzuglokomotive der österreichischen Südbahn dargestellt. Schaulinie I stellt die indizierte Zugkraft für eine gewöhnliche Beanspruchung bei Dauerleistungen dar. Bei Geschwindigkeiten von 0 bis 45 km/st ist die Zugkraft durch die nutzbare Reibung beschränkt. Entsprechend einem Reibungswert von 150 kg/t stellt sich die Zugkraft am Umfang der gekuppelten Räder auf 4320 kg. Für Geschwindigkeiten von mehr als 45 km/st ist die Kesselleistung maßgebend.

Schaulinie II stellt die indizierte Zugkraft im angestrengten Zustand der Lokomotive dar. Für Fahrgeschwindigkeiten von 0 bis 47·5 km/st gilt jetzt ein Reibungswert von 170 kg/t, der am Umfang der gekuppelten Räder eine Zugkraft von 4900 kg erzeugt. Für Geschwindigkeiten von mehr als 47·5 km/st kommt eine Kesselleistung in Rechnung, welche um 15 % größer ist als jene, welche der gewöhnlichen Beanspruchung entspricht.

---

[1]) Über Fahrzeitenberechnung siehe auch: Siehling, Organ Fortschr. des Eisenbahnwesens 1906, S. 56.

Die gesteigerte Beanspruchung kann die untersuchte Lokomotive auf
höchstens 8 bis 10 Minuten ertragen, wenn nach derselben die gewöhnliche Beanspruchung auf längere Zeit folgen soll. Ist nach der Anstreng-

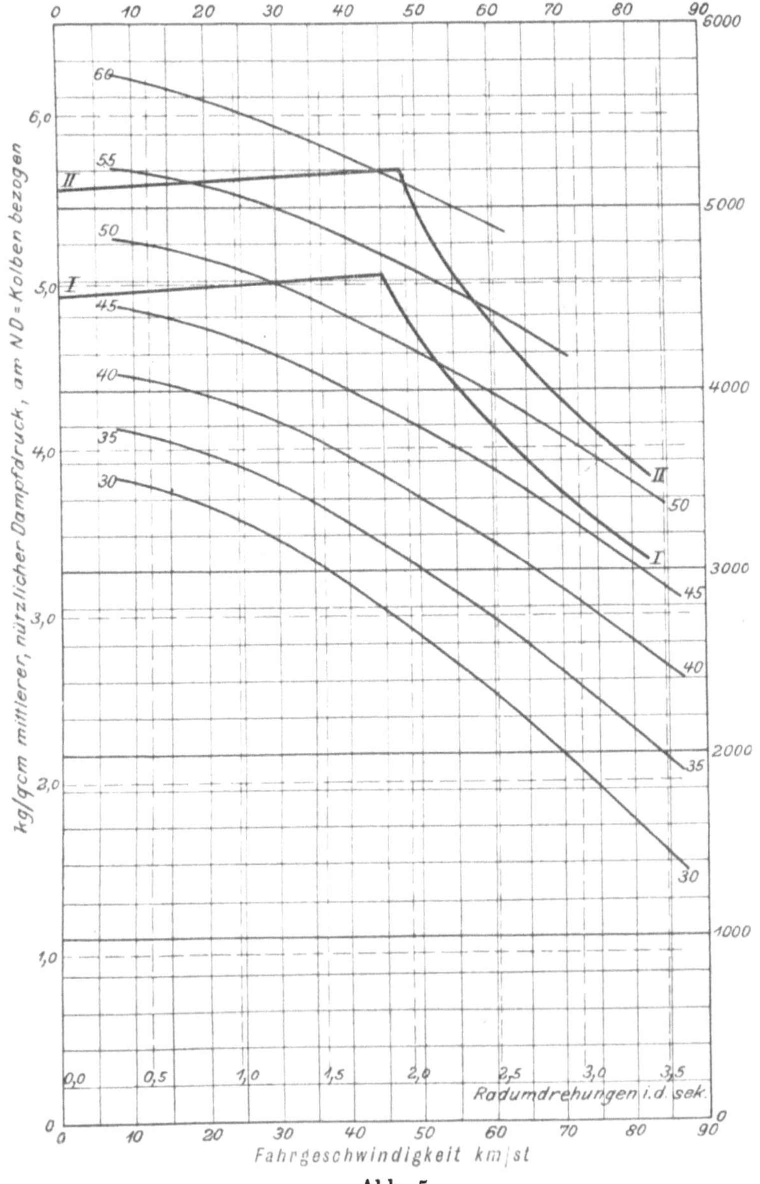

Abb. 5.

ung ein längerer Zeitraum für Erholung geboten, so kann die Anstrengung auch wohl eine größere Dauer besitzen. Es gelingt indessen, selbst
die schwersten Züge in 8 bis 10 Minuten in den Beharrungszustand zu
bringen.

Nennt man die indizierte Zugkraft, welche im angestrengten Zustand
geboten werden kann, Z_i', so ergibt sich nach der Gleichung

$$Z_z' = Z_i' - W_{L+T}$$

die Zugkraft am Tenderzughaken, wenn der Widerstand von Lokomotive und Tender von der indizierten Zugkraft abgezogen wird. Z_z' gilt ebenso wie früher Z_z für wagerechte Strecke und den Beharrungszustand und kann für ein und dieselbe Lokomotive durch eine Schaulinie festgelegt werden.

Fährt man vom Stillstand bis zu einer Fahrgeschwindigkeit auf wagerechter Strecke an, so ist die Beschleunigungskraft für den ganzen Zug

$$B \text{ kg} = Z_z' - W,$$

wenn W der gesamte Widerstand des Wagenzuges ist. Zur Beschleunigung des ganzen Zuggewichtes $(L + T + Q)$ ist die Kraft B nötig, und die Beschleunigungskraft in kg/t ergibt sich aus der Gleichung

$$b \text{ kg/t} = \frac{Z_z' - W}{L + T + Q}.$$

Findet das Anfahren auf einer Steigung von $i\,^0/_{00}$ statt, so erscheint, wenn der spezifische Widerstand des Wagenzuges w_w ist, die Gleichung

$$b \text{ kg/t} = \frac{Z_z' - w_w Q}{L + T + Q} - i.$$

Ist M die Masse des ganzen Zuges, so ist

$$M = \frac{L + T + Q}{g},$$

wenn g die Beschleunigung der Schwerkraft darstellt. Für eine Beschleunigung von γ m/sec^2 des ganzen Zuges ist eine Kraft

$$B \text{ kg} = \frac{L + T + Q}{g}\, \gamma$$

notwendig.

Bezieht man, wie üblich, die Beschleunigungskraft auf 1 t Gesamtzuggewicht, so erhält man

$$b \text{ kg/t} = \frac{\gamma}{g}.$$

Nun ist aber nicht allein die Masse des ganzen Zuges geradlinig zu beschleunigen, sondern es sind außerdem die umlaufenden Radmassen zu berücksichtigen, die einen weiteren Anteil an Beschleunigungskraft beanspruchen. Dieser Anteil ist 6 bis 10 $^0/_0$ der gesamten für die geradlinige Beschleunigung notwendigen Kraft. Es ist also im Mittel zu setzen

$$b \text{ kg/t} = 1 \cdot 08 \frac{\gamma}{g} = 110 \cdot 1\, \gamma$$

oder

$$\gamma \text{ m/sec}^2 = 0 \cdot 00908\, b = 0 \cdot 00908 \left(\frac{Z_z' - w_w Q}{L + T + Q} - i \right).$$

Die Größen von w_w und Z_z sind während der ganzen Anfahrzeit veränderlich, während die übrigen Größen für einen bestimmten Fall als konstant anzusehen sind. Genauer ist die Art der Veränderung nur für die Widerstandslinie bekannt, für welche die bekannten Grundformen zur Anwendung kommen. Der Verlauf der Zugkraftschaulinie Z_z ist jedoch schwer mathematisch festzulegen, da sie von zu vielen nicht genau bekannten Verhältnissen abhängt. Aber selbst wenn ihre Veränderlichkeit durch Gleichungen auszudrücken wäre, ist wenig Aussicht vorhanden, die Anfahrschaulinie einfach auf mathematische Grundlagen darzustellen, da man zu sehr schwierigen Formen gelangt. Es wurde vom Verfasser daher versucht, eine zeichnerische Darstellung zu verwenden, welche zwar theoretisch nicht ganz einwandfrei ist, jedoch sehr rasch die Anfahrschaulinie zu zeichnen gestattet.

In Abb. 6 ist durch die Schaulinien die Größe der beschleunigenden Kraft b in kg/t für mehrere Steigungsverhältnisse dargestellt. Konstruktiv ist die Bildung der Zeit-Geschwindigkeit-Schaulinie aus der Schaulinie b unmöglich. Ersetzt man jedoch die Schaulinie b durch eine Reihe von lothrechten Geraden, welche innerhalb bestimmter Fahrgeschwindigkeiten konstante Beschleunigung bedeuten, so kann die Zeit-Geschwindigkeit-Schaulinie aus geraden Linien zusammengesetzt werden. Wählt man genügend kleine Geschwindigkeitsgebiete, innerhalb welcher die Beschleunigung konstant angenommen wird, so erlangt man durchaus zuverlässige Werte. Für geringe Geschwindigkeiten empfehlen sich Abstufungen von 10 zu 10 km/st, für größere jedoch solche von 5 zu 5 km/st.

In Abb. 7 sind Anfahrschaulinien zu den Beschleunigungskraftlinien in Abb. 6 entworfen. Es sind diese Schaulinien für einen Zug von 300 t

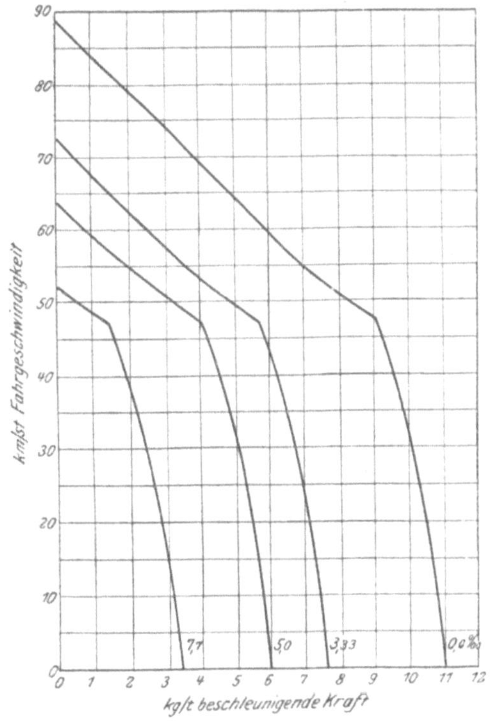

Abb. 6.

Wagengewicht auf Steigungen von 0·0, 3·3, 5·0 und 7·7 °/₀₀ bei Verwendung der erwähnten $^2/_4$-gekuppelten Verbundschnellzuglokomotive erhalten worden. In ähnlicher Weise kann für jede Zugbelastung und jedes Steigungsverhältnis die Anfahrschaulinie sehr einfach bestimmt werden. Dienen die Anfahrschaulinien für die Berechnung der Fahrzeiten, so kann sofort eine Schar von Anfahrschaulinien für alle in Betracht kommenden Neigungen entworfen werden.

Nach Entwurf der Zeit-Geschwindigkeit-Schaulinien sind die Zeit-Weg-Schaulinien festzustellen, damit die Anfahrwege erlangt werden können. Die Zeit-Weg-Schaulinie erhält man durch fortlaufende Bestimmung der Fläche unter der Zeit-Geschwindigkeit-Schaulinie. Es ist auch möglich, eine Weg-Geschwindigkeit-Schaulinie darzustellen, doch ist dieselbe nicht so gut verwendbar als die Zeit-Geschwindigkeit-Schaulinie.[1]

---

[1] Siehe auch: „Das Anfahren der Eisenbahnzüge". Wittenberg. Organ Fortschr. des Eisenbahnwesens 1906 und: „Rechnerische Bestimmung der Anfahr-Schaulinie" von Kummer. Schweiz. Bauzeitg. 1904.

In Abb. 8 sind für drei verschiedene Lokomotivbauarten die Anfahr-schaulinien für einen Zug von 250 t Wagengewicht auf einer gleichmäßigen Steigung von $3.5\,^0/_{00}$ dargestellt, um die Eigenheiten der verschiedenen Bauarten in dieser Hinsicht zum Ausdruck zu bringen.

In folgender Zusammenstellung sind die Zeit-, Weg- und Geschwindig-keitsverhältnisse beim Anfahren, sowie die Hauptabmessungen der drei Lokomotiven enthalten:

Zusammenstellung XXVI.

Lokomotivbauart		$^2/_3$-gek. Schlepp-tenderlokomo-tive mit Zwil-lingszylindern (Ältere Bauart)	$^2/_1$-gek. Schlepp-tenderlokomo-tive, Zweizylind.-Verbund	$^3/_5$-gek. Tender-lokomotive, Zweizylinder-Verbund
Anfahrweg	m	3620	4625	2875
Anfahrzeit	sec	390	380	244
Geschwindigkeit im Behar-rungszustand	km/st	45·0	69·5	62·0
Mittlere Anfahrgeschwindig-keit	km/st	32·5	43·8	42·4
Mittlere Anfahrbeschleunigung	m/sec²	0·032	0·051	0·071
Gesamt-Dienstgewicht	t	65·7	92·1	66·5
Reibungsgewicht	t	26·4	28·6	42·0
Wasserb. Heizfläche	qm	117·2	156·0	106·1
Rostfläche	qm	1·66	3·0	2·0
Kesseldruck	kg/qm	10·0	13·0	14·0

Neben den Anfahr-Schaulinien sind auch noch Zeit-Geschwindigkeit-Schaulinien zu entwerfen, welche auftreten, wenn der Zug mit einer größeren Geschwindigkeit auf eine Steigung gelangt, als die Beharrungs-

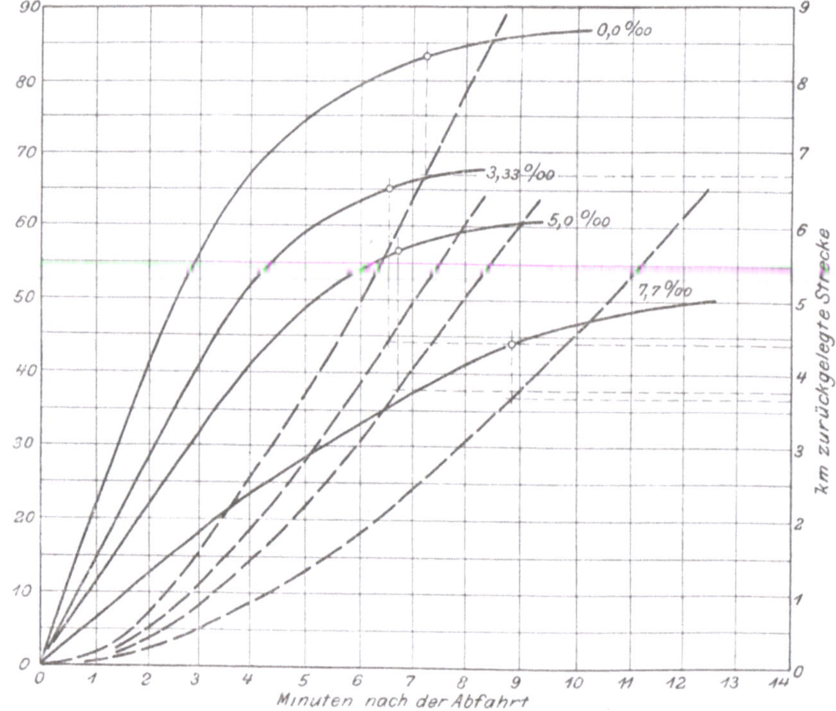

Abb 7.

geschwindigkeit nach der Lokomotivleistung auf dieser Steigung ist. Es
kommt dies einem **Anlauf** gleich, und die Geschwindigkeit nähert sich auf
der Steigung der Beharrungsgeschwindigkeit assymtotisch. Neben der

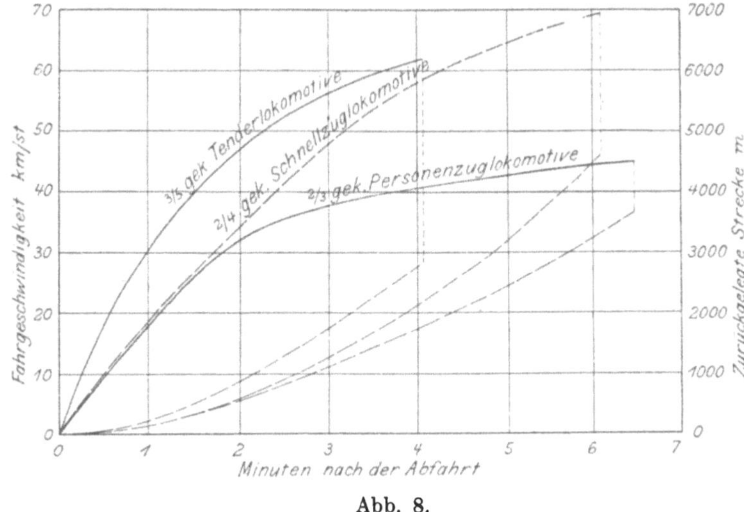

Abb. 8.

Massenwirkung des Zuges spielt hier auch der Umstand mit, daß beim
allmählichen Sinken der Geschwindigkeit die Lokomotivleistungen sich der
Geschwindigkeit entsprechend ändern. Der Entwurf dieser Zeit-Geschwin-

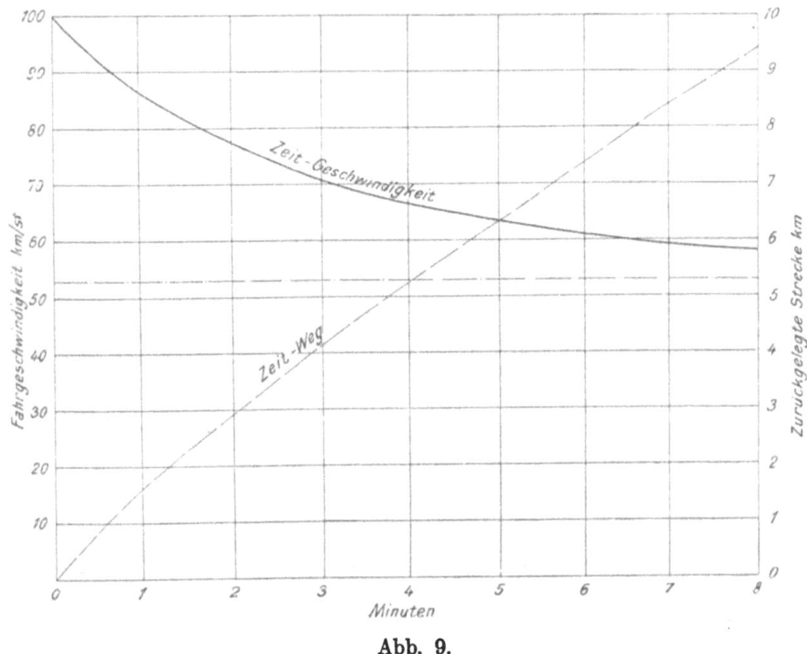

Abb. 9.

digkeit-Schaulinien erfolgt in gleicher Weise, wie der Anfahr-Schaulinien,
nur wird für dieselben nicht die angestrengte, sondern vorteilhafter die gewöhnliche Beanspruchung der Lokomotive zugrunde gelegt.

In Abb. 9 sind diese Schaulinien für einen Zug von 300 t Wagengewicht, wagrechte Strecke und die $^2/_4$-gekuppelte Verbundschnellzuglokomotive der österreichischen Südbahn entworfen.

Mitunter können größere Steigungen durch Anlauf noch gut überwunden werden, die andernfalls, namentlich wenn sie im Anfahrabschnitt liegen, eine Verminderung der Belastung erforderlich machen würden.

Mit diesen Behelfen ist es möglich, für jede, wie immer geartete Strecke die Fahrschaubilder und daraus die Fahrzeiten mit äußerster Genauigkeit und mit Rücksicht auf eine vollkommene Ausnützung der Lokomotive darzustellen.

In Abb. 10 ist für eine ausgesprochen günstige Strecke mit einer größten . Steigung von 2·5 $^0/_{00}$ das Fahrschaubild für die $^2/_4$-gekuppelte

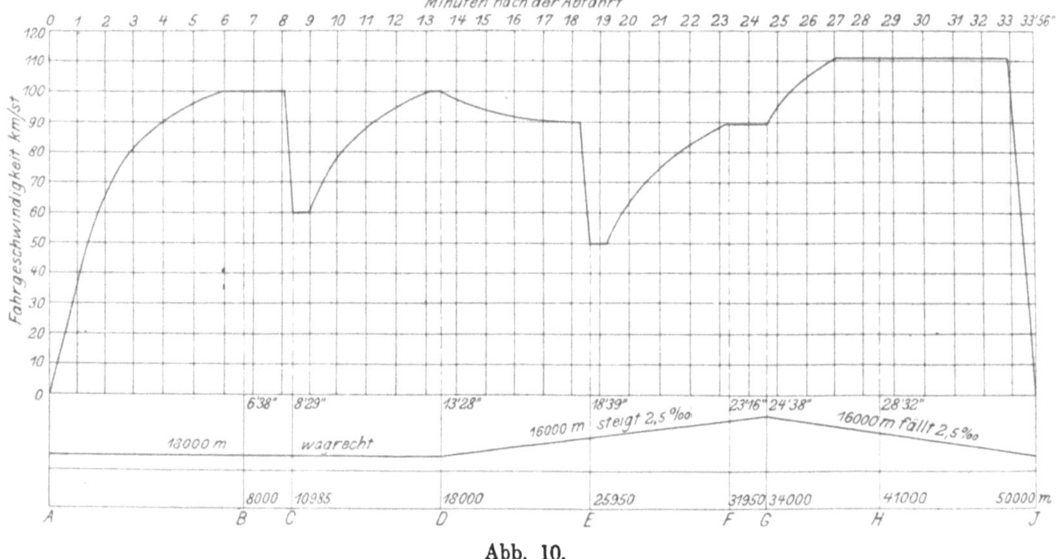

Abb. 10.

Schnellzuglokomotive und ein Wagengewicht von 150 t entworfen. Auf der 50·0 km langen Strecke sind an zwei Stellen Geschwindigkeitsermäßigungen auf 60 und 50 km/st für eine Länge von je 500 m vorgeschrieben.

Das Fahrschaubild in Abb. 10 ist aus den Linien in Abb. 7 und 9 zusammengesetzt, während die Fahrgeschwindigkeiten für den Beharrungszustand aus der Belastungstafel Abb. 3 entnommen sind.

Für dieses Fahrschaubild gelten die bereits erörterten Grundsätze. Während der Anfahrzeit ist die Lokomotive angestrengt beansprucht, und auch beim Übergang von einer stärkeren in eine geringere Steigung wird die gesteigerte Beanspruchung so lange angewendet, bis der neue Beharrungszustand erreicht ist.

Für den Bremsabschnitt ist der Einfachheit wegen eine gleichmäßige Verzögerung von 0·5 m/sec² angenommen, die einer gewöhnlichen Betriebsbremsung entsprechen mag.

Die Fahrzeit für die 50·0 km lange Strecke ist 33' 56" die 88·31 km/st mittlere Fahrgeschwindigkeit ergibt. Bleiben die Geschwindigkeitsermäßigungen weg, so vermindert sich die Fahrzeit auf 32' 21" und die mittlere Geschwindigkeit steigt auf 92·84 km/st.

In Abb. 11 ist für dieselbe Lokomotive für 300 t Wagengewicht das
Fahrschaubild für eine Strecke mit
wechselnden Neigungen bis 5 °/₀₀
dargestellt. Die Fahrgeschwindigkeit wechselt ziemlich bedeutend,
und verleiht dem Schaubild eine
Form, welche kaum in einer andern
als der zeichnerischen Darstellung
festgelegt werden kann. Die mittlere
Fahrgeschwindigkeit der 65·93 km
langen Strecke ist 75·54 km/st.

Diese Fahrschaubilder sind lediglich mit Rücksicht auf die Leistungs-
und Widerstandsverhältnisse entworfen und stellen Fahrzeiten vor,
auf welche bei bester Ausnützung
der Lokomotiven unter mittleren
Verhältnissen gerechnet werden kann.

Um die Erstellung der Fahrpläne
aus diesen Fahrschaubildern vorzunehmen, sind die entsprechenden
Grundlagen zu beachten, nach welchen
die Aufnahme von ganzen oder von
Bruchteilen von Minuten zulässig ist.

Die Abrundung der einzelnen
Fahrzeiten muß so erfolgen, daß
der Gesamtverlust an Fahrzeit möglichst gering ausfällt. Zwischen den
tatsächlich erzielten Durchfahrtszeiten in den Zwischenstationen und
den fahrplanmäßigen soll kein zu
großer Unterschied herrschen. Ebenso
sollen die rechnungsmäßigen mittleren Fahrgeschwindigkeiten in den
einzelnen Streckenabschnitten von
den tatsächlichen, im Schaubilde ermittelten, nicht zu sehr abweichen,
womöglich auch nicht größer sein
als die höchste zulässige Fahrgeschwindigkeit in diesem Streckenabschnitt. Dies alles ist bei Ausbildung der Fahrpläne in ganzen
Minuten nur bei reichlicher Abrundung der Fahrzeiten nach oben
möglich. Die Zeitverluste sind um
so geringer, je kleiner die Bruchteile
der Minuten im Fahrplan sind.

In Zusammenstellung XXVII sind
unter I die tatsächlichen Durchfahrts-

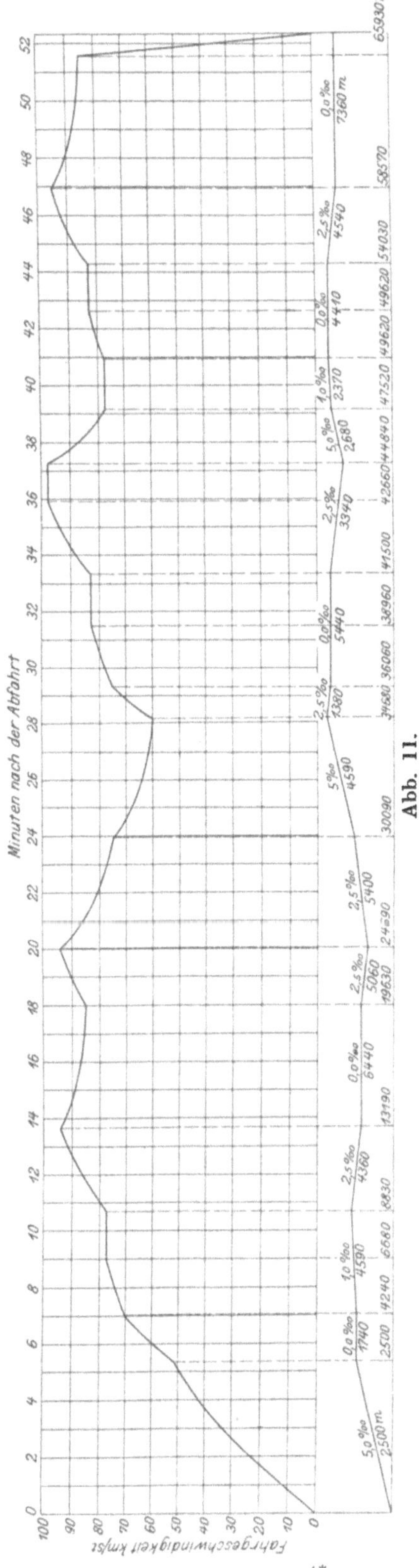

und Fahrzeiten für die einzelnen Stationen und Streckenabschnitte aus dem Fahrschaubild für einen Zug von 150 t Wagengewicht in Abb. 10 enthalten. Es sind auch die tatsächlichen mittleren Fahrgeschwindigkeiten für die einzelnen Streckenabschnitte, sowie die hierin höchsten erreichten Fahrgeschwindigkeiten eingetragen.

Zusammenstellung XXVII.

		I. Aus dem Fahrschaubild Abb. 10.				II.			III.		
Streckenabschnitt	Länge des Abschnittes in km	Fahrzeit vom Anfangspunkt	Fahrzeit für den Streckenabschnitt	Tatsächliche mittlere Fahrgeschwindigkeit für den Streckenabschnitt	Tatsächliche höchste Fahrgeschwindigkeit für den Streckenabschnitt	Fahrzeit vom Anfangspunkt	Fahrzeit für den Streckenabschnitt	Rechnungsmäßige mittlere Fahrgeschwindigkeit für den Streckenabschnitt	Fahrzeit vom Anfangspunkt	Fahrzeit für den Streckenabschnitt	Rechnungsmäßige mittlere Fahrgeschwindigkeit für den Streckenabschnitt
AB	8·000	6′ 38″	6′ 38″	72·36	100·0	7′	7′	68·58	$6^1/_2$′	$6^1/_2$	73·77
BC	2·985	8′ 29″	1′ 51″	96·84	100·0	8′	1′	179·10	$8^1/_2$′	2	89·52
CD	7·015	13′ 28″	4′ 59″	84·44	100·0	13′	5′	85·37	$13^1/_2$′	5	85·37
DE	7·950	18′ 39″	5′ 11″	92·02	100·0	19′	6′	79·52	$18^1/_2$′	5	95·40
EF	8·050	24′ 38″	5′ 59″	80·71	89·5	25′	6′·	80·53	$24^1/_2$′	6	80·53
FG	7·000	28′ 32″	3′ 54″	107·68	111·0	29′	4′	104·98	$28^1/_2$′	4	104·98
GH	9·000	33′ 56″	5′ 24″	104·97	111·0	34′	5′	108·00	34′	$5^1/_2$	98·18
						Fahrzeitverlust 0′ 4″			Fahrzeitverlust 0′ 4″		

Fertigt man zunächst den Fahrplan in ganzen Minuten so an, daß die der tatsächlichen Durchfahrtszeit zunächstliegende Minute eingesetzt wird, so erhält man die Werte unter II. Der gesamte Fahrzeitverlust beträgt nur 4″. Die einzelnen Durchfahrtszeiten liegen aber bis zu 30″ vor oder nach der tatsächlichen, und im Streckenabschnitt BC erscheint die rechnungsmäßige mittlere Fahrgeschwindigkeit mit dem ungewöhnlichen Wert von 179·10 km/st, während die tatsächliche nur 96·84 km/st beträgt. Will man diese störende Erscheinung vermeiden, so ist die Fahrzeit im Abschnitt BC auf 2′ zu erhöhen. Der Gesamtverlust an Fahrzeit ist dann 1′ 4″.

Erscheint es unstatthaft, daß die tatsächlichen Durchfahrtszeiten früher erfolgen, als sie im Fahrplan erscheinen, so ist es notwendig, die Fahrzeiten nach oben in ganzen Minuten abzurunden. Die Verluste an Fahrzeit sind dann entsprechend hoch.

Günstiger ist die Anwendung von Bruchteilen von Minuten, obschon deren Verwendung im Dienst umständlich erscheint.

In Zusammenstellung XXVII sind unter III die Fahrzeiten für halbe Minuten erstellt. Die tatsächlichen Durchfahrtszeiten können dann um höchstens 15″ vor den fahrplanmäßigen liegen. Ferner ist zu erkennen, daß die mittleren Fahrgeschwindigkeiten des Fahrplanes mit den tatsächlichen bereits viel besser übereinstimmen.

Im gleichen Maße wie für schnellfahrende Züge, welche lange Strecken ohne Aufenthalt zurücklegen, ist auch für Lokal- und Vorortzüge die Ausbildung der Fahrpläne von großer Wichtigkeit. Bei dieser Zuggattung sind ebenfalls die Fahrzeiten zwischen den Endstationen tunlichst zu verringern, um den Verkehr der durchgehenden Züge nicht zu sehr zu behindern. Da in der Regel auch eine große Zahl von Aufenthalten den Erfordernissen entsprechend abgestuft zu berücksichtigen ist, erscheint

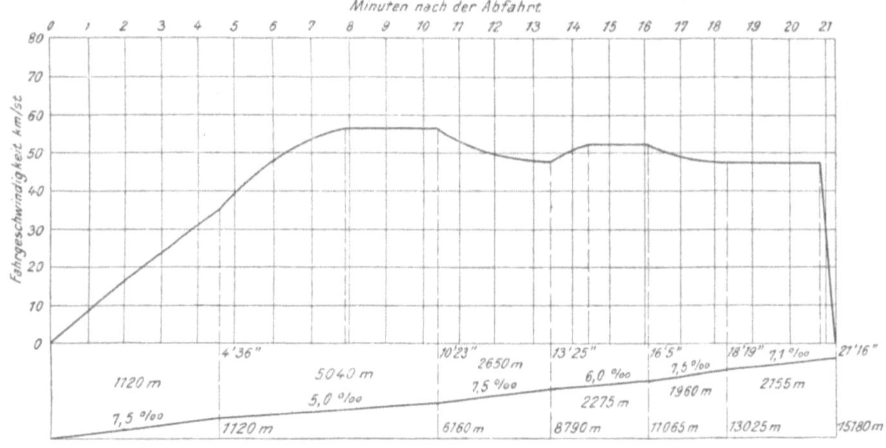

Abb. 12.

die Abfassung der Fahrpläne in Bruchteilen von Minuten nicht minder wünschenswert.

Endlich ist noch in Abb. 12 für eine längere Steigungsstrecke das Fahrschaubild für einen Zug von 300 t entwickelt. Das Anfahren auf der Steigung von 7·5 °/₀₀ gestaltet sich langwierig.

B. Zugwiderstände.

1. Allgemeines.

Die Zugwiderstände sind für den Eisenbahnbetrieb von besonderer Wichtigkeit, da sie die Grundlage für die Bestimmung des Arbeitsaufwandes bilden. Die Zugwiderstände werden daher bei allen zugfördertechnischen Berechnungen benötigt.

Um ein oder mehrere Eisenbahnfahrzeuge auf wagerechter, gerader Strecke mit gleichbleibender Fahrgeschwindigkeit zu fördern, ist am Zughaken des ersten Fahrzeuges eine bestimmte Kraft auszuüben. Diese Kraft entspricht dem Eigenwiderstande der Fahrzeuge.

Der Eigenwiderstand ist durch die rollende Reibung der Räder auf den Schienen, der Reibung der Achsschenkel in den Lagern und den Luftwiderstand erzeugt.

An Lokomotiven treten noch die Widerstände im Triebwerk und in den Steuerungsteilen hinzu.

Die Eigenwiderstände werden allgemein auf das Eigengewicht der Fahrzeuge bezogen. Die so erhaltenen spezifischen Eigenwiderstände sind meist in kg/t ausgedrückt.

In Gleisbögen erhöht sich der Widerstand der Fahrzeuge. Er wächst mit der Abnahme des Gleisbogenhalbmessers, ist jedoch von der Bauart des Fahrzeuges wesentlich abhängig. Auch der Krümmungswiderstand wird auf das Eigengewicht der Fahrzeuge bezogen. Er wird meist für sich bestimmt und dem Eigenwiderstand für die gerade Strecke zugefügt.

Der Widerstand der Schwerkraft bei Befahren einer Steigung von $i\,^0/_{00}$ ist mit genügender Genauigkeit durch i kg für jede Tonne Eigengewicht ausgedrückt[1]). Auf Gefällen wirkt die in der Bahnrichtung liegende Komponente der Schwerkraft im Sinne der Bewegung.

Endlich kann auch die für eine Beschleunigung des Fahrzeuges aufgewendete Kraft als Zugwiderstand angesehen werden. Ist M die geradlinig bewegte Masse des Fahrzeuges, m die auf den Radumfang bezogene umlaufende Masse der Räder, Achsen usw., so ist die für eine Beschleunigung γ m/sec² notwendige Kraft

$$B\,\mathrm{kg} = (M + m)\,\gamma.$$

m ist meistens zwischen 6 bis 10 $^0/_0$ von M, so daß man statt $(M + m)$ auch 1·06 bis 1·10 M setzen kann. Bei der Annahme von m gleich 8 $^0/_0$ von M erhält man

$$B\,\mathrm{kg} = 1{\cdot}08\,\frac{G}{g}\,\gamma,$$

wenn G das Gewicht der Fahrzeuge in Tonnen und g die Erdbeschleunigung der Schwerkraft ist.

Bezieht man auch diese Kraft auf das Eigengewicht, so erhält man

$$b\,\mathrm{kg/t} = 110{\cdot}1\,\gamma.$$

γ läßt sich leicht aus der Tangente an die Zeit-Geschwindigkeit-Schaulinie entnehmen.

Bei Verzögerungen ist die Massenwirkung im Sinne der Bewegung wirksam.

Der auf eine Tonne entfallende spezifische Gesamtwiderstand setzt sich daher allgemein aus

$$w + w_r \pm i \pm b$$

zusammen, wobei

w der Eigenwiderstand,

w_r der Krümmungswiderstand,

i der Widerstand der Steigung und

b der Widerstand für Beschleunigung ist.

Die Abhängigkeit des Widerstandes von der Fahrgeschwindigkeit wurde schon früher kannt. Pambour, Harding, Gooch, Redtenbacher und Clark stellten bereits 1834 bis 1850 Widerstandsgleichungen der Grundform

$$a + b\,V + c\,V^2 \quad \text{und}$$
$$a + b\,V^2$$

auf. Namentlich die erstere Grundform ist gegenwärtig noch vielfach in Verwendung und dürfte nach den neuesten Untersuchungen auch theoretisch begründet sein.

Mitunter wurde auch die Grundform

$$a + b\,\mathrm{V}$$

angewendet. Diese kann jedoch nur innerhalb bestimmter Geschwindigkeitsgrenzen annähernd entsprechen, da die Widerstandsschaulinie entschieden mit wachsender Geschwindigkeit ein zunehmendes Ansteigen zeigt.

---

[1]) Genauer $w\,\mathrm{kg/t} = \dfrac{i}{\sqrt{1+\dfrac{i^2}{10^6}}}$

Da die Widerstandsgleichungen häufig nur dem Zweck dienen, die gefundenen Erfahrungswerte in eine handliche Form zu bringen, ist die Grundform der angewendeten Gleichung von geringerer Bedeutung als häufig angenommen wird. Tatsächlich läßt sich innerhalb gewisser Grenzen für eine bestimmte Widerstandsschaulinie durch jede der drei angeführten Grundformen befriedigende Übereinstimmung erzielen. Allein maßgebend und wertvoll bleiben die Versuchswerte selbst. Dies wäre beim Vergleich verschiedener Widerstandsbestimmungen stets zu bedenken. Es ist auch wichtig, zu beachten, innerhalb welcher Grenzen die Widerstände nach einer bestimmten Formel Geltung besitzen, damit nicht für eine Fahrgeschwindigkeit die Widerstände errechnet werden, für welche sie gar nicht erprobt wurden.

Nach Versuchen der Eisenbahndirektion Köln im Jahre 1884 wurde sogar die Grundform

$$a + b\,V + c\,V^2 + d\,V^3$$

zur Darstellung der Widerstandsschaulinie für notwendig erachtet[1]). Die Versuche umfassen übrigens nur ein geringes Geschwindigkeitsgebiet und die Verwendung des Gliedes $d\,V^3$ ist kaum gerechtfertigt.

Erwähnenswert ist noch, daß J. A. Apinall der Lancashire und Yorkshire Bahn in England bei Versuchen mit Drehgestellwagen für die Widerstände die Grundform

$$a + b\,V^{3/2}$$

wählte.

2. Bestimmung des Widerstandes.

Die einfachste Bestimmung des Widerstandes einzelner Fahrzeuge und ganzer Züge erfolgt durch Ausläufe.

Durch genaue Beobachtung und Aufzeichnung der Fahrgeschwindigkeit der auf langen gleichmäßigen Neigungsverhältnissen sich selbst überlassenen Fahrzeuge läßt sich der Widerstand derselben bestimmen.

Ist γ die zu einem bestimmten Zeitpunkt herrschende Beschleunigung oder Verzögerung, so ist die auf die Gewichtseinheit einwirkende beschleunigende oder verzögernde Kraft

$$b = \frac{\gamma}{g},$$

wobei g die Beschleunigung der Erdschwere ist.

Wird nun als Gewichtseinheit die Tonne angenommen und b in kg ausgedrückt, so ergibt sich wie oben

$$b = 110{\cdot}1\,\gamma,$$

wobei γ in m/sec^2 einzusetzen ist.

Bewegt sich der Zug oder das einzelne Fahrzeug auf wagerechter Strecke, so wird er, sich selbst überlassen, nach einer gewissen Zeit zum Stillstand kommen. Wird während der Bewegung die verzögernde Kraft stets genau bestimmt, so erhält man aus derselben unmittelbar den Widerstand

$$w = b = 110{\cdot}1\,\gamma.$$

---

[1]) Organ Fortschr. des Eisenbahnwesens 1885. Seite 39.

Erfolgt der Auslauf auf einem Gefälle, so wirkt die Schwerkraft dem Widerstand entgegen. Man erhält

$$w = i + b,$$

wenn i in $^0/_{00}$ gegeben ist. Ist die Wirkung des Gefälles geringer als der Widerstand, so wird zwar der Auslauf länger als auf wagerechter Strecke, es tritt aber endlich doch Stillstand ein. Ist das Gefälle $i = w$ dem Wider-

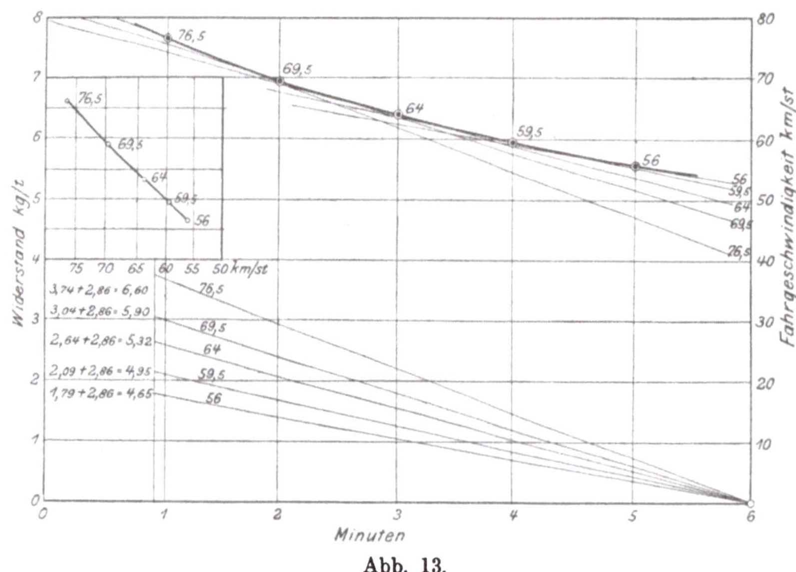

Abb. 13.

stand, so befindet sich der Zug im Beharrungszustand. Ist endlich der Widerstand kleiner als die Wirkung des Gefälles, so tritt Beschleunigung ein und es gilt die Gleichung

$$w = i - b.$$

Da die Versuche auch auf Steigungen vorgenommen werden können, gilt daher allgemein

$$w = \pm i \pm b.$$

Da die Messung bei starker Geschwindigkeitsänderung unsicher ist, erweisen sich Auslaufversuche, welche auf Gefällen nahe dem Widerstandswert stattfinden, am vorteilhaftesten.

Derartige Versuche können leicht im täglichen Betrieb ohne besondere Vorbereitung angestellt werden. Zur Aufnahme der Fahrgeschwindigkeit können die aufzeichnenden Geschwindigkeitsmesser Verwendung finden, oder es werden die Zeiten zwischen den Hektometersteinen fortlaufend gemessen und hieraus die Zeitgeschwindigkeit und Zeit-Beschleunigungsschaulinien entworfen. Die Anordnung eines anzeigenden Umdrehungszählers an einer Lokomotivachse erleichtert letztangeführten Vorgang wesentlich. In Abb. 13 ist die Widerstandsermittlung nach einem Auslauf zeichnerisch dargestellt[1]), welcher auf einem Gefälle von 2·86$^0/_{00}$ mit einem Schnellzug erlangt wurde.

---

[1]) Über die Auslaufsregellinie siehe Organ Fortschr. des Eisenbahnwesens 1899. Wittenberg. Bestimmung des Widerstandes der Züge mittels des Geschwindigkeitsmessers.

Der erhaltene Widerstand ist der spezifische Widerstand des
ganzen Zuges. Will man aus diesem den Widerstand der Lokomotive
und der Wagen getrennt erhalten, so müssen eigene Versuche mit der
Lokomotive allein angestellt werden. Aus der Gleichung

$$w_w = \frac{w\,(L + T + Q) - w_l\,(L + T)}{Q}$$

erhält man dann den spezifischen Widerstand der Wagen.

Widerstandsversuche mit Wagengruppen allein sind nicht einwandfrei,
da der Luftwiderstand an der Stirn des ersten Wagens bedeutend größer
ist als im geschlossenen Zug, wo dieser Widerstand von der Lokomotive
zu überwinden ist.

Bei allen Versuchen mittels Ausläufen ist die Erscheinung vorhanden,
daß der Wagenzug die Lokomotive schiebt, da diese einen größeren spezifischen Widerstand hat als der Wagenzug. Durch die geringere Kuppelungs-
spannung laufen die Fahrzeuge etwas unruhiger und hierdurch mag vielleicht eine geringe Erhöhung des Widerstandes gegenüber der Fahrt unter
Dampf eintreten.

Die Verhältnisse, welche an den Lokomotiven bei der Fahrt unter
Dampf und im Leerlauf herrschen, sind im Abschnitt über den Lokomotivwiderstand enthalten.

Um den Widerstand einzelner Fahrzeuge bei geringer Fahrgeschwindigkeit zu erlangen, genügt auch die Beobachtung des im Auslauf zurückgelegten Weges.

Findet der Auslauf auf wagerechter Strecke statt, so erhält man den
gesamten Widerstand des Fahrzeuges

$$W = \frac{\frac{1}{2}\,(M + m)\,v^2}{s}.$$

In dieser Gleichung ist M die geradlinig bewegte Masse, m die auf
den Radumfang bezogene Masse der umlaufenden Teile des Wagens, v die
Fahrgeschwindigkeit in m/sec bei Beginn des Auslaufes und s der im Auslauf zurückgelegte Weg in m. Auf einem Gefälle verlängert sich der
Auslauf entsprechend und ist die Wirkung der Schwerkraft von W in Abzug
zu bringen.

Das Ingangsetzen des Fahrzeuges kann durch eine Lokomotive oder
durch eine Rampe von stärkerem Gefälle erzeugt werden.

Derartige Versuche empfehlen sich nur für Widerstandsermittlungen
bei geringer Fahrgeschwindigkeit, da man trotz der Geschwindigkeitsänderung von v bis Null nur einen einzigen Widerstandswert erhält, der
nur annähernd für die Fahrgeschwindigkeit $\frac{v}{2}$ vorausgesetzt werden kann.

Vorrichtungen, welche für die Bestimmung der Zugwiderstände häufig
Verwendung finden, sind die Zugkraftmesser oder Dynamometer. Sie
sind entweder als selbständige Zugvorrichtungen zwischen Lokomotive und
Wagenzug eingeschaltet, oder in das Untergestell eines eigenen Versuchs-
wagens eingebaut.

Der Zugkraftmesser gibt die von der Lokomotive am Tenderzughaken
ausgeübte Zugkraft an. Unter gewissen Verhältnissen kann aus diesen
gemessenen Zugkräften der Bewegungswiderstand der geförderten Fahrzeuge

erlangt werden. Nur auf wagerechter Strecke und im Beharrungszustand
ist die durch den Zugkraftmesser festgestellte Kraft gleich dem Bewegungswiderstand des angehängten Wagenzuges. Anderenfalls ist der wirkliche Bewegungswiderstand W aus der gemessenen Zugkraft Z_z durch die
Gleichung

$$W = Z_z - Q\,(\pm\,i \pm b)$$

zu bestimmen. In dieser ist Q das Gewicht des Wagenzuges, i der Widerstandswert der Bahnneigung in kg/t und b die beschleunigende oder verzögernde Kraft in kg/t. Die positiven Vorzeichen gelten für eine Steigung
und für Beschleunigung, die negativen für Gefälle und Verzögerung. Der
Wert b ist aus der Gleichung

$$b = \frac{(M + m)\,\gamma}{Q}$$

zu erlangen, wenn γ die Beschleunigung oder Verzögerung in m/sec² ist,
welche im Augenblick herrscht, wo die Zugkraft Z_z gemessen wurde.

Es muß daher bei derartigen Versuchen die Fahrgeschwindigkeit sehr

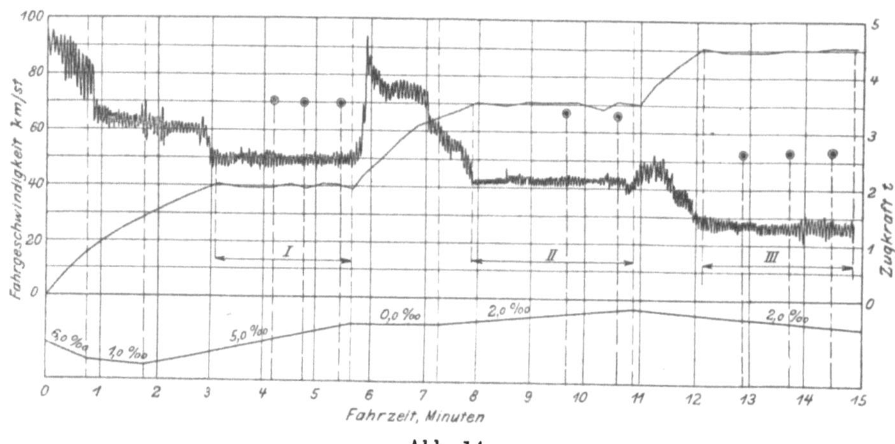

Abb. 14.

genau gemessen und gleichzeitig mit der Zugkraft aufgezeichnet werden.
Durch die Zuckerscheinungen der Lokomotiven werden die Messungen
häufig erschwert. Die mittleren Zugkräfte für bestimmte Abschnitte erleiden jedoch dadurch keine Veränderung.

Es ist selten möglich, erschöpfende Widerstandsbestimmungen gleichzeitig mit Leistungsversuchen an Lokomotiven zu verbinden. Bei den letzteren
wird der Beharrungszustand meist nur selten und nicht genügend lang
beibehalten, um einwandfreie Widerstandswerte zu erlangen. Es empfiehlt
sich daher, Widerstandsversuche auf eigenen Fahrten anzustellen und hierbei
die Lokomotivleistungen außer Betracht zu lassen. Hierzu gehören sehr
starke Lokomotiven und eine geschickte Bedienung, um die verlangten
Fahrgeschwindigkeiten genügend lange beibehalten zu können. In Abb. 14
ist eine derartige Versuchsfahrt dargestellt. Es wurde von vornherein
bestimmt, daß die langen Steigungen von 5 und 2⁰/₀₀ mit 40 und 70 km/st
und das Gefälle von 2⁰/₀₀ mit 90 km/st Fahrgeschwindigkeit zu befahren
sind. Es gelten daher auch nur die Abschnitte I, II und III des Zug-
kraftschaubildes für die Widerstandsbestimmung. Auf den übrigen Ab-

schnitten würde man wegen dem raschen Wechsel der Fahrgeschwindigkeit und ·der Neigungsverhältnisse nur unzuverlässige Aufschlüsse erlangen.

Für die Bestimmung des Widerstandes der Lokomotiven eignet sich der Zugkraftmesser nur wenig. Die gezogene Lokomotive muß natürlich untätig bleiben, so daß man den Widerstand des Leerlaufes erhält. Bei höheren Fahrgeschwindigkeiten ist der größte Teil des Luftwiderstandes durch die führende Lokomotive übernommen, so daß der Wert solcher Versuchsergebnisse beeinträchtigt erscheint.

Weit erfolgreicher ist es, den Lokomotivwiderstand aus der Differenz zwischen der indizierten Zugkraft und der Zugkraft am Tenderzughaken zu bestimmen. Die indizierte Zugkraft kann durch den Indikator, die Zugkraft am Tenderzughaken durch den Dynamometer bestimmt werden. Der Kraftunterschied wurde innerhalb von Lokomotive und Tender aufgebraucht, wobei die Wirkung der Neigungsverhältnisse und Geschwindigkeitsänderungen von wesentlichem Einfluß sind.

Da Dampfdruckschaubilder nur innerhalb bestimmter Zeiträume aufgenommen werden können, die Aufzeichnung der vom Dynamometer gemessenen Zugkraft aber meist fortlaufend stattfindet, muß die Zeit der Aufnahme der Dampfdruckschaubilder am Zugkraftschaubild möglichst genau erfolgen. Gleichzeitig sind die Geschwindigkeitsverhältnisse aufzunehmen.

Ist Z_i die indizierte Zugkraft, Z_z die am Tenderzughaken gemessene Zugkraft, so erhält man den Widerstand von Lokomotive und Tender aus der Gleichung

$$W = Z_i - Z_z - (L + T)\,(\pm i \pm b).$$

Hierbei ist $L + T$ das Gewicht von Lokomotive und Tender, i und b der Widerstandswert für Steigung und Beschleunigung in kg/t, wie bereits weiter oben erörtert wurde.

Auch hier ist tunlichst zu trachten, den Beharrungszustand möglichst lange beizubehalten um unsichere Bestimmungen von b zu vermeiden.

In Abb. 14 ist durch die Punkte die indizierte Zugkraft Z_i dargestellt, welche auf den Versuchsstrecken bestimmt wurde und nach Abzug der Zugkraft Z_z und der Berichtigung für Steigung und Beschleunigung den Lokomotivwiderstand gibt. Ein Autoindikator ist in einem solchen Fall besonders vorteilhaft.

Bei Verwendung des Indikators allein erlangt man den Widerstand des ganzen Zuges, einschließlich von Lokomotive und Tender. Auch hier sind entsprechende Berichtigungen wegen Steigung und möglicherweise vorkommenden Geschwindigkeitsänderungen vorzunehmen. Der Widerstand des ganzen Zuges ist dann

$$W = Z_i - (L + T + Q)\,(\pm i \pm b),$$

wobei dieselben Bezeichnungen wie weiter oben gelten. Eine Trennung des Widerstandes der Lokomotive von jenem der Wagen ist hierbei nicht möglich.

Wird endlich die Lokomotive bei einer Fahrt ohne Zug indiziert, so erhält man den Widerstand von Lokomotive und Tender. Die entsprechende Gleichung lautet

$$W = Z_i - (L + T)\,(\pm i \pm b).$$

Sind die verfügbaren Steigungen nur gering und läßt man der leichteren Messung wegen auch keine größere Beschleunigung zu, so kann die indizierte Zugkraft Z_i bei solchen Versuchen nur einen geringen Betrag erreichen. Man ist daher gezwungen, bei einem solchen Versuch mit geringerem Kesseldruck, kleineren Reglereröffnungen oder Füllungen zu fahren, als dies bei einer gewöhnlichen Fahrt vor einem Zug der Fall ist. Es ist daher auch zu befürchten, daß der Widerstand bei der Versuchsfahrt ein anderer ist, als bei der Anstrengung im regelmäßigen Dienst. Um Z_i möglichst steigern zu können und der Wirklichkeit nahe zu kommen, empfiehlt es sich, die Versuche auf den stärksten Steigungen vorzunehmen, welche zur Verfügung stehen.

Man kann auch sehr starke Beschleunigungen zulassen, wenn man eigene, sehr genaue Vorrichtungen besitzt, welche das Maß der Beschleunigung im Augenblick des Indizierens aufnehmen. Bei der Anwendung von Indikatoren, welche fortlaufend Schaubilder aufnehmen, im Verein mit sehr genauen Beschleunigungsmessern kann man in sehr hübscher Weise den Lokomotivwiderstand gleich über ein ganzes Geschwindigkeitsgebiet erlangen. Derartige Versuche hat der Verfasser mehrfach angestellt.

Endlich kann der Widerstand auch mit Hilfe des dynamischen Pendels bestimmt werden. Dieser Vorgang ist von Desdouits[1]) angegeben, bisher aber wenig verwendet worden. Er besteht in der Hauptsache aus einem schweren Pendel, das bei Beschleunigungen und Verzögerungen Ausschläge macht. Aus den Ausschlägen kann sehr genau die Größe der Beschleunigung oder Verzögerung und damit auch der Widerstand bestimmt werden. Bei Anwendung eines Pendels können auch sehr rasche Vorgänge genau aufgenommen werden. Es kann z. B. beim plötzlichen Schließen des Reglers aus dem Verhalten des Pendels nicht nur auf den Widerstand des Versuchszuges, sondern auch auf die bis dahin ausgeübte Zugkraft geschlossen werden. Es dürfte sich empfehlen, dieser interessanten Vorrichtung mehr Beachtung zu schenken.

3. Widerstand der Wagen.

Der Eigenwiderstand der Wagen ist durch die rollende Reibung der Räder auf den Schienen, der Reibung der Achsschenkel in den Lagern und den Luftwiderstand erzeugt.

Die Größe der rollenden Reibung ist nur wenig bekannt. Jedenfalls erscheint ihr Anteil am gesamten Eigenwiderstand sehr gering. Zum Widerstand der rollenden Reibung gehört auch der Widerstand, welcher beim Überfahren der Schienenstöße auftritt, und jene Reibungsverluste, welche durch unebene Lage der Gleise entstehen. Die Güte des Oberbaues sollte daher für diese Eigenwiderstände besonders maßgebend sein. Da jedoch die Gesamtwiderstände auf sehr gutem und sehr schlechtem Oberbau kaum erkennbare Unterschiede liefern, läßt sich schließen, daß der Widerstand der rollenden Reibung nur einen sehr kleinen Teil der Gesamtwiderstände ausmacht.

Werden Widerstandsversuche an Wagen mit sehr kleiner Fahrgeschwindigkeit angestellt, so daß der Luftwiderstand nahezu verschwindet, so erhält man den sogenannten Grundwiderstand. Dieser umfaßt nur den Widerstand der rollenden Reibung und den Widerstand der Achsstummel in den Lagern.

---

[1]) Etudes dynamometriques. Annales des Ponts et Chaussées 1886, Heft 3,

Der Grundwiderstand von Wagen der gebräuchlichen Bauart wechselt etwa zwischen 1·8 und 3·0 kg/t. Er ist für starre Schmiere größer als für Öllager. Auch der spezifische Lagerdruck und das Verhältnis der Durchmesser der Achsstummel zum Raddurchmesser ist auf diese Größe von Einfluß.

Bei den Versuchsfahrten mit elektrischen Schnellbahnwagen auf der Strecke Marienfelde—Zossen wurde der Widerstand der rollenden Reibung und der Widerstand der Lagerreibung zusammen für vierachsige Drehgestellwagen von 38 t Gewicht nach der Gleichung

$$w \text{ kg/t} = 1\cdot3 + 0\cdot0067\ V$$

gefunden. Der Widerstand wächst also in sehr geringem Maße proportional der Fahrgeschwindigkeit.

Für die sechsachsigen elektrischen Motorwagen lautet die entsprechende Gleichung

$$w \text{ kg/t} = 1\cdot8 + 0\cdot0067\ V.$$

Letztere Gleichung gilt für Fahrgeschwindigkeiten von 45 bis 200 km/st.

Bemerkenswert ist, daß bei einer Fahrgeschwindigkeit von 6 bis 8 km/st der Widerstand zumeist den geringsten Wert erreicht. Bei noch kleineren Fahrgeschwindigkeiten wächst der Widerstand wieder an und erreicht bei den geringsten Fahrgeschwindigkeiten wider verhältnismäßig hohe Werte. Es ist hierauf auch die Erscheinung zurückzuführen, daß für das erste Anziehen, selbst bei nur sehr geringer Beschleunigung, verhältnismäßig große Zugkräfte notwendig werden und daß bei Auslaufversuchen der Stillstand sehr rasch und unvermittelt eintritt, wenn die Fahrgeschwindigkeit auf 6 bis 8 km/st sinkt.

Die Ursache, warum bei Fahrgeschwindigkeiten unter 6 bis 8 km/st der Widerstand wieder so bedeutend wächst, dürfte auf die ungenügende Schmierung bei der geringen Umlaufgeschwindigkeit der Stummel und auf die ungenügende lebendige Kraft der Fahrzeuge zurückzuführen sein, gewisse Unebenheiten des Gleises und in den Laufflächen der Räder und Stummel zu überwinden. Indessen ist diese Erscheinung noch wenig aufgeklärt.

Der Luftwiderstand bildet einen großen Teil des Gesamtwiderstandes, sobald die Fahrgeschwindigkeit 30 bis 40 km/st überschreitet. Der Luftwiderstand verhält sich auch an den Eisenbahnfahrzeugen nach denselben Grundsätzen, die bereits aus der Ballistik lange bekannt sind. Bei den bereits mehrfach erwähnten Versuchsfahrten mit elektrischen Schnellbahnwagen auf der Strecke Marienfelde—Zossen wurden auch in dieser Richtung bemerkenswerte Ergebnisse gesammelt.

Bei diesen Versuchsfahrten waren zur Messung des Luftdruckes die Stirnwände sowie die seitlichen Abrundungen und Abschrägungen der Wagen an verschiedenen Stellen durchbohrt und durch diese Durchbohrungen sind kurze Messingrohre von innen eingesetzt worden. An diese Rohrstutzen wurden Gummischläuche angeschlossen und nach den im Innern des Wagens nebeneinander befestigten Wasserstandsgläsern geführt. Letztere bestanden aus einfachen kommunizierenden Röhren von etwa 5 mm lichter Weite, an denen ein in Millimeter geteilter Maßstab angebracht war.

Um die während der Versuchsfahrten herrschende Luftströmung in

Rechnung ziehen zu können, wurden Windrichtung und Windgeschwindigkeit an jedem Tag vor Beginn und nach Beendigung der Versuchsfahrten mittels einer empfindlichen Windfahne und eines Anemometers beobachtet.

Mit Hilfe dieser Einrichtungen ist es gelungen, bei den Versuchsfahrten mit den elektrischen Schnellbahnwagen die Größe des Luftdruckes auf den zur Fahrrichtung senkrecht stehenden Flächen für Geschwindigkeiten bis zu 210 km/st zu ermitteln. Die nach dieser Richtung hin angestellten außerordentlich zahlreichen Messungen haben das von Newton aufgestellte Gesetz bestätigt, wonach der Luftwiderstand mit dem Quadrat der Geschwindigkeit wächst.

Der Luftdruck auf 1 qm ebene Fläche, welche zur Fahrrichtung senkrecht steht, ist bei vollkommener Windstille

$$p = 0 \cdot 0052 \, V^2 \,^1)$$

wenn V in km/st gegeben ist.

Ist Gegenwind von bekannter Geschwindigkeit in Rechnung zu ziehen, so ist V um diesen Betrag zu erhöhen. Beträgt z. B. die Fahrgeschwindigkeit 100 km/st und herrscht der Fahrrichtung entgegen ein Wind von 18 km/st Geschwindigkeit, so beträgt V 118 km/st. Statt eines Luftdruckes von nur 52 kg/qm bei 100 km/st, stellt sich dann ein solcher von 72 kg/qm ein.

Um den ganzen Luftwiderstand eines Fahrzeuges zu erhalten, bedarf es der Kenntnis derjenigen Fläche F, welche senkrecht zu ihrer Fahrrichtung fortbewegt den gleichen Luftwiderstand erleiden würde, wie das ganze Fahrzeug. Diese Fläche hat v. Loeßl als Äquivalentfläche bezeichnet.

Falls das Fahrzeug nur eine ebene Wand vom Querschnitt F darstellen würde, wäre die Äquivalentfläche gleich dem tatsächlichen Querschnitt zu setzen. Da die Fahrzeuge in der Regel jedoch eine größere Länge besitzen, verschiedene Flächen sich decken und mancherlei Formen aufweisen, kann die Äquivalentfläche größer oder auch kleiner als der tatsächliche größte Querschnitt des Fahrzeuges sein. An den Schnellbahnwagen ergab sich die Äquivalentfläche ziemlich nahe der tatsächlichen Querschnittsfläche. Die Verminderung des Luftwiderstandes an der Vorderfläche durch Abschrägungen und Abrundungen wurde durch die große Länge der Wagen mit verschiedenen, wenn auch nicht bedeutenden Unebenheiten aufgewogen.

Die Äquivalentfläche für den Versuchswagen der Allgemeinen Elektrizitätsgesellschaft war mit ebener Vorderwand und an die Leitung gedrehtem Stromabnehmer 11·1 qm. Durch Abdrehen des Stromabnehmers (Stellung in der Wagenmitte) konnte der Widerstand verringert werden, so daß die Äquivalentfläche auf 9·6 qm vermindert wurde. Später erhielt der Wagen keilstumpfförmige Vorbauten, welche den Widerstand noch weiter verringerten, so daß die Äquivalentfläche auf 8·8 qm sank.

Die Studiengesellschaft veranstaltete auch Versuchsfahrten mit zwei Drehgestell - Gepäckwagen neuer Bauart der preußischen Staatsbahnen, welche ein Eigengewicht von je 38 t besaßen. Diese wurden von Dampflokomotiven angeschoben und laufen gelassen. Bei diesen Versuchen,

---

¹) Oder $p = 0 \cdot 067 \, v^2$, wenn v in m/sec gegeben ist. Dieser Wert ist bedeutend geringer als er sich für die Beaufortsche Winddruckskala ergibt, wo $p = 0 \cdot 1225 \, v^2$ ist.

welche bis zu 90 km/st Fahrgeschwindigkeit reichten, ergab sich für einen Wagen eine Äquivalentfläche von 7·5 qm, für beide zusammen eine solche von 9·5 qm, so daß für den nachfolgenden Wagen die Äquivalentfläche 2·0 qm betrug. Die Gesamtwiderstände dieser Wagen sind in folgender Zusammenstellung angeführt.

Zusammenstellung XXVIII.

$$w = 1\cdot3 + 0\cdot067\,V + \frac{0\cdot0052\,F\,V^2}{G}.$$

Ein einzelner Gepäckwagen:	Zwei Gepäckwagen:
$F = 7\cdot5$ qm	$F = 9\cdot5$ qm
$G = 38$ t	$G = 76$ t
$w = 1\cdot3 + 0\cdot0067\,V + 0\cdot001\,V^2$	$w = 1\cdot3 + 0\cdot0067\,V + 0\cdot00065\,V^2$

$V =$	$w =$	$w =$
0 km/st	1·30 kg/t	1·30 kg/t
10 ,,	1·47 ,,	1·43 ,,
20 ,,	1·83 ,,	1·69 ,,
30 ,,	2·40 ,,	2·09 ,,
40 ,,	3·17 ,,	2·61 ,,
50 ,,	4·14 ,,	3·26 ,,
60 ,,	5·30 ,,	4·04 ,,
70 ,,	6·67 ,,	4·95 ,,
80 ,,	8·24 ,,	6·00 ,,
90 ,,	10·00 ,,	7·17 ,,
100 ,,	11·91 ,,	8·47 ,,

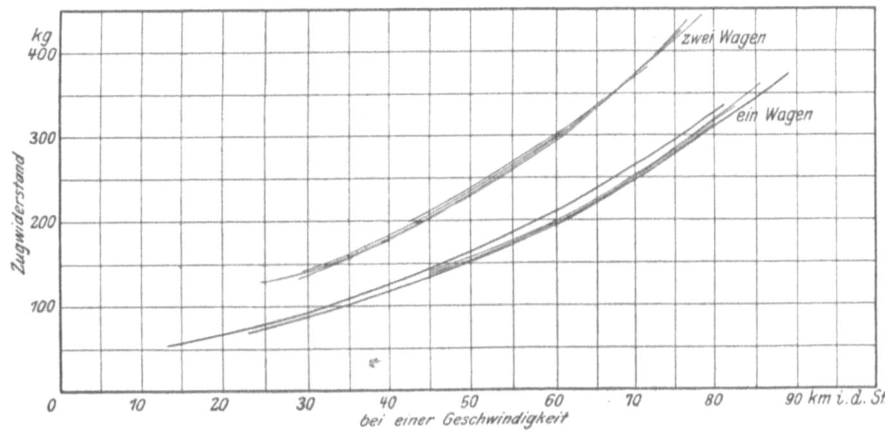

Abb. 15.

Der Gesamtwiderstand der beiden Wagen ist in Abb. 15 dargestellt.

Die Bestimmung der Äquivalentflächen ist nur durch Versuche möglich.

Im Zusammenhang mit den erwähnten Schnellbahnfahrten fanden auch Pendelversuche mit verschiedenen Wagenformen im kleinen Maßstab statt, welche natürlich nur Vergleichswerte liefern können.

Setzt man den Widerstand des senkrecht zur Fahrrichtung abgeschnittenen Fahrzeuges (Zuschärfungswinkel 180°) gleich 1, so erhält man für einen Zuschärfungswinkel von 150⁰ . . . 0·935

     „   „ 120⁰ . . . 0·848

     „   „   90⁰ . . . 0·742

     „   „   60⁰ . . . 0·635

     „   „   30⁰ . . . 0·458

     „   „   15⁰ . . . 0·388

Für eine halbzylindrische Abrundung erhält man 0·617, für eine elliptische 0·581 usw.

Hinsichtlich der Äquivalentfläche wäre noch zu bemerken, daß bei den Schnellfahrversuchen die Äquivalentfläche eines dem Kraftwagen folgenden vierachsigen Drehgestellwagen von 33 t Gewicht ebenfalls mit 2 qm festgestellt wurde.

Prof. Frank hat derartige Äquivalentflächen für verschiedene Fahrzeuge angegeben.

Über die Wirkung der Seiten und Dachflächen der Wagen haben weder die Schnellfahrversuche noch die Untersuchungen mit pendelnden Modellen erschöpfende Aufschlüsse gebracht.

Zusammenstellung XXIX.

Widerstand eines Schnellbahnwagens.

F Äquivalentfläche 9·8 qm

G Gesamtgewicht 80·0 t

$$w = 1{\cdot}8 + 0{\cdot}0067\,V + \frac{0{\cdot}0052\,F\,V^2}{G} = 1{\cdot}8 + 0{\cdot}0067\,V + 0{\cdot}00064\,V^2$$

$V =$		$w =$	
0	km/st	1·80	kg/t
10	„	1·93	„
20	„	2·19	„
30	„	2·58	„
40	„	3·09	„
50	„	3·74	„
60	„	4·51	„
70	„	4·52	„
80	„	6·43	„
90	„	7·59	„
100	„	8·87	„
110	„	10·35	„
120	„	11·82	„
130	„	13·49	„
140	„	15·37	„
150	„	17·21	„
160	„	19·26	„
170	„	21·45	„
180	„	23·81	„
190	„	26·18	„
200	„	28·74	„
210	„	31·43	„

Es hat sich im Betrieb erwiesen, daß neuere Personen- und Schnellzugwagen von größerem Eigengewicht geringere Widerstände ergeben als ältere Fahrzeuge.

So hat sich namentlich ein größerer Unterschied in den Widerständen bemerkbar gemacht, als statt der älteren zweiachsigen Schnellzugwagen vierachsige Drehgestellwagen in Verwendung kamen.

Dieser Umstand ist für die Zugförderung von besonderem Wert, da der Schnellzugdienst durch große Zuglasten und hohe Fahrgeschwindigkeiten ohnehin sehr erschwert ist.

Da den größten Teil des Widerstandes der Luftwiderstand ausmacht, sind Verbesserungen hauptsächlich in dieser Richtung vorzunehmen. Der Roll- und Achsschenkelwiderstand beträgt nur einen kleinen Teil des Gesamtwiderstandes.

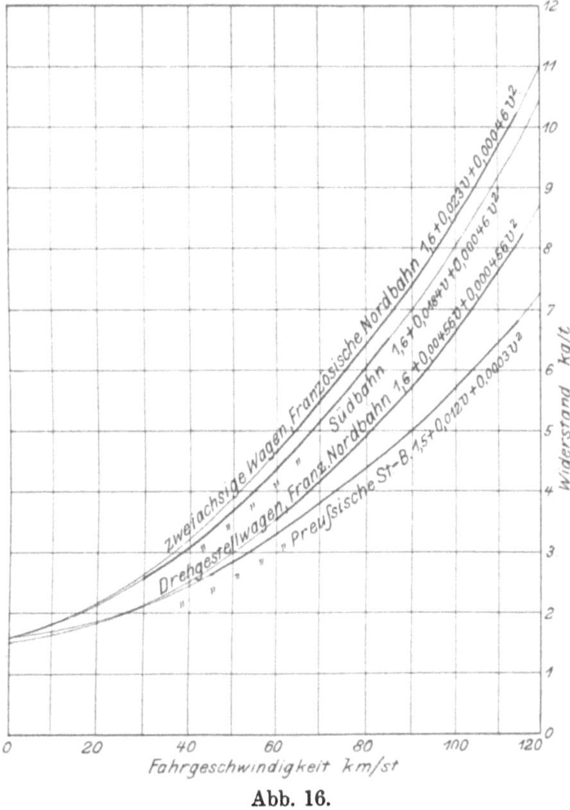

Abb. 16.

Versuche der französischen Nordbahn.

In den Jahren 1891 bis 1895 stellte die französische Nordbahn an neueren Schnellzugwagen sehr umfangreiche Versuche an, die von Barbier wissenschaftlich verarbeitet wurden. Diese Versuchsergebnisse wurden auch von anderen Eisenbahnverwaltungen vielfach verwendet und besitzen auch zurzeit noch Wert.

Es wurden hierbei zweiachsige Schnellzugwagen erprobt, deren Eigengewicht 10 bis 11 t betrug. Die Züge hatten ein gesamtes Wagengewicht von 120 bis 210 t. Für Fahrgeschwindigkeiten von 60 bis 115 km/st ergaben sich folgende Widerstandsgleichungen:

$$w = 1{\cdot}6 + 0{\cdot}023\,V + 0{\cdot}00046\,V^2$$

oder

$$w = 1{\cdot}6 + 0{\cdot}46\,V\left(\frac{V+50}{1000}\right).$$

Hieraus ergeben sich die Werte:

$$V = 60 \text{ km/st} \qquad w = 4\cdot64 \text{ kg/t}$$

$$70 \text{ „} \qquad 5\cdot46 \text{ „}$$
$$80 \text{ „} \qquad 6\cdot38 \text{ „}$$
$$90 \text{ „} \qquad 7\cdot40 \text{ „}$$
$$100 \text{ „} \qquad 8\cdot50 \text{ „}$$
$$110 \text{ „} \qquad 9\cdot70 \text{ „}$$
$$120 \text{ „} \qquad 10\cdot98 \text{ „}$$

Die entsprechende Widerstandsschaulinie ist in Abb. 16 enthalten.

Die bei weiteren Versuchen erprobten Drehgestellwagen gehörten der Internationalen Schlafwagen-Gesellschaft und hatten ein Eigengewicht von rund 30 t. Das gesamte Gewicht der Wagen betrug 206 t. Für diese Fahrzeuge wurden die Widerstandsgleichungen

$$w = 1\cdot6 + 0\cdot00456\,V + 0\cdot000456\,V^2$$

oder

$$w = 1\cdot6 + 0\cdot456\,V \left(\frac{V + 10}{1000} \right)$$

gefunden, welche ebenfalls zwischen 60 und 115 km/st Fahrgeschwindigkeit gelten.

Hieraus ergeben sich die Werte:

$$V = 60 \text{ km/st} \qquad w = 3\cdot52 \text{ kg/t}$$
$$70 \text{ „} \qquad 4\cdot15 \text{ „}$$
$$80 \text{ „} \qquad 4\cdot88 \text{ „}$$
$$90 \text{ „} \qquad 5\cdot70 \text{ „}$$
$$100 \text{ „} \qquad 6\cdot62 \text{ „}$$
$$110 \text{ „} \qquad 7\cdot62 \text{ „}$$
$$120 \text{ „} \qquad 8\cdot72 \text{ „}$$

Bei diesen Versuchen ergab sich die Eigentümlichkeit, daß auf den Gefällstrecken der Widerstand etwas größer erschien als auf den Steigungen. Zwischen den Ergebnissen auf Steigungen von $5\,^0/_{00}$ und Gefällen von $5\,^0/_{00}$ ergab sich ein Unterschied von 0.9 kg/t.

Bei den späteren Versuchen der französischen Nordbahn, die mit Drehgestellwagen dieser Eisenbahnverwaltung stattfanden und welche Züge von 300 t Wagengewicht betrafen, wurde festgestellt, daß obige Gleichung etwas zu große Werte liefert. Für Fahrgeschwindigkeiten über 80 km/st waren die Werte um rund $13\,^0/_0$ zu vermindern.

Versuche von Leitzmann.

Leitzmann hat im Jahre 1903 Versuche mit Fahrzeugen der preußischen Staatsbahnen angestellt. Die Widerstandermittlung erfolgte durch Ausläufe. Für einen Zug von 20 zweiachsigen Schnellzugwagen von rund 12 t Eigengewicht ergab sich der Widerstand nach der Gleichung

$$w = 1\cdot3 + 0\cdot00405\,V + 0\cdot00068\,V^2.$$

Versuche mit vierachsigen Abteilwagen von rund 30 t Eigengewicht verhielten sich nach der Gleichung

$$w = 1\cdot2 + 0\cdot0067\,V + 0\cdot00045\,V^2.$$

Beide Versuche erstreckten sich über Fahrgeschwindigkeiten von 40 bis 90 km/st.

Bei späteren Versuchen mit Drehgestellwagen der preußischen Staatsbahnen, welche 36 bis 40 t Eigengewicht hatten, wurde die Widerstandsgleichung

$$1{\cdot}5 + 0{\cdot}012\,V + 0{\cdot}0003\,V^2$$

ermittelt. (Abb. 16.) Diese soll bis zu Fahrgeschwindigkeiten von 130 km/st entsprechen.

Hieraus ergeben sich die Werte:

$$V = 60 \text{ km/st} \qquad w = 3{\cdot}30 \text{ kg/t}$$

70 ,,	3·81 ,,
80 ,,	4·38 ,,
90 ,,	5·01 ,,
100 ,,	5·70 ,,
110 ,,	6·45 ,,
120 ,,	7·26 ,,

v. Borries hat auf Grund dieser Ergebnisse eine Gleichung

$$w = 1{\cdot}5 + 0{\cdot}012\,V + \left(\frac{0{\cdot}3}{q} + 0{\cdot}2\right)\frac{V^2}{1000}$$

aufgestellt, in welcher q das Gewicht des Wagens bedeutet. Hierdurch ist der Erscheinung entsprochen, daß bei zunehmendem Wagengewicht der spezifische Widerstand abnimmt, weil der Anteil des Luftwiderstandes sich verringert.

Versuche auf der Österr. Südbahn.

Seit dem Jahre 1902 stellte der Verfasser verschiedene Versuche über den Widerstand von Schnell- und Personenzugwagen auf der Südbahn an.

Die Widerstände werden an ganzen fahrplanmäßigen Zügen durch Ausläufe auf Gefällen von 4·0 bis 7·7$^0/_{00}$ ermittelt. Durch Abzug des Lokomotivwiderstandes, der auf eigenen Ausläufen ermittelt wurde, vom Gesamtzugwiderstande wurde der Widerstand der Wagen erlangt.

Für vierachsige Drehgestellwagen von 31 bis 35 t Eigengewicht und 12·5 bis 13·3 m Drehzapfenentfernung konnte innerhalb der Fahrgeschwindigkeiten von 30 bis 80 km/st eine Abweichung der Widerstände von der Gleichung nach Barbier

$$w = 1{\cdot}6 + 0{\cdot}0456\,V + 0{\cdot}000\,456\,V^2$$

nicht bemerkt werden.

Dagegen ergab sich für die zweiachsigen Schnellzugwagen der Südbahn, welche 13·3 bis 15·4 t Eigengewicht und freie Lenkachsen von 6·0 bis 7·5 m Radstand besitzen, der Widerstand nach der Gleichung

$$w = 1{\cdot}6 + 0{\cdot}0184\,V + 0{\cdot}00046\,V^2$$

oder

$$w = 1{\cdot}6 + 0{\cdot}46\,V\,\frac{V + 40}{1000}.$$

Hieraus ergeben sich die Werte:

$$V = 30 \text{ km/st} \qquad w = 2{\cdot}57 \text{ kg/t}$$

40 ,,	3·07 ,,
50 ,,	3·67 ,,
60 ,,	4·36 ,,
70 ,,	5·14 ,,
80 ,,	6·02 ,,

Auch diese Gleichung gilt zwischen 30 und 80 km/st Fahrgeschwindigkeit. (Abb. 16.)

Versuche mit Güterzügen.

Versuche der französischen Nordbahn.

Im Jahre 1882 fanden auf der französischen Nordbahn Versuche über den Widerstand von Güterzügen statt. Die Züge bestanden zum größten Teil aus beladenen Kohlenwagen von 6 bis 8 t Eigengewicht und 10·0 t Ladegewicht. Die Versuchszüge hatten ein gesamtes Wagengewicht von 400 bis 600 t.

Die Bestimmung des Widerstandes wurde durch einen Dynamometer vorgenommen.

Aus den Ergebnissen wurde von M. de Laboriette die Gleichung

$$w = 1{\cdot}45 + 0{\cdot}0008\,V^2$$

abgeleitet. Sie gilt für Fahrgeschwindigkeiten zwischen 25 und 55 km/st. M. de Laboriette hat übrigens selbst auch die Gleichung

$$w = 0{\cdot}07\,V$$

aufgestellt, welche genügend genaue Werte liefern soll.

In der folgenden Zusammenstellung sind die tatsächlich beobachteten Werte den Ergebnissen dieser beiden Gleichungen gegenübergestellt:

Zusammenstellung XXX.

Fahrgeschwin-digkeit km/st	Beobachteter Widerstand kg/t	$1{\cdot}45 + 0{\cdot}0008\,V^2$ kg/t	$0{\cdot}07\,V$ kg/t
25	1·9	1·95	1·75
35	2 4	2·43	2·45
45	3·1	3·07	3 15
55	3·9	3·87	3·85

Sonst sind Widerstandswerte für Güterzüge spärlich vorhanden. Aus unzusammenhängenden Versuchen geht hervor, daß der Widerstand der Güterzüge innerhalb weiter Grenzen veränderlich sein kann. Dies ist mit Rücksicht auf das verschiedene Gesamtgewicht und die wechselnde Zusammenstellung von gedeckten und offenen, beladenen und unbeladenen Wagen auch zu erwarten.

Die weiter unten besprochenen Widerstandsgleichungen von Frank nehmen auf diese verschiedenartige Zusammensetzung Rücksicht. Hiernach erhält man für einen Zug, der halb aus gedeckten, halb aus offenen, und halb aus beladenen und halb aus unbeladenen Wagen besteht die Gleichung

$$w = 2{\cdot}5 + 0{\cdot}0005\,V^2,$$

welche somit als Mittelwert für Güterzüge gelten kann.

Unter ungünstigen Verhältnissen, d. h. wenn gedeckte und offene Güterwagen abwechselnd eingeteilt sind und unbeladene Wagen vorherrschen, können die Widerstände auch die Werte der Gleichung

$$w = 2{\cdot}5 + 0{\cdot}001\,V^2$$

erreichen, wobei jedoch eine Übereinstimmung nur bis zur Fahrgeschwindigkeit von 50 km/st zu erwarten ist.

Für mittlere Verhältnisse kann die Gleichung

$$w = 1{\cdot}8 + 0{\cdot}001\,V^2$$

ausreichen, wenn Fahrgeschwindigkeiten unter 50 km/st vorkommen und die Bestimmung des Lokomotivwiderstandes getrennt erfolgt.

Die Widerstandsschaulinien nach diesen Gleichungen sind in Abb. 17 enthalten.

4. Widerstand der Lokomotiven.

Besonders schwierig sind die Widerstandsverhältnisse der Lokomotiven. Zu dem gewöhnlichen Laufwiderstand als Fahrzeug treten die Widerstände im Triebwerk infolge der Dampfdrücke und der Massenwirkungen, sowie die Widerstände der Steuerungsteile. Je nach Bauart, namentlich nach der Zahl der gekuppelten Achsen, ändert sich der Widerstand in weiten Grenzen. Er ist nicht nur von der Fahrgeschwindigkeit, dem Zustande der Lokomotive und der Strecke, sondern auch von der Größe der ausgeübten Zugkraft abhängig. Er ist bei der Fahrt unter Dampf ein anderer als im Leerlauf.

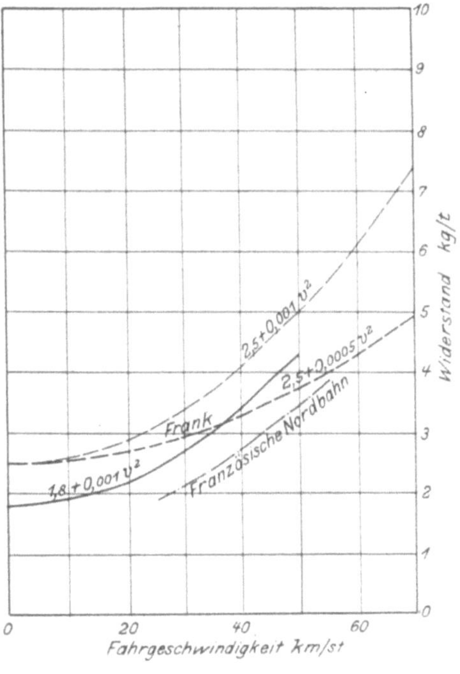

Abb. 17.

Der Laufwiderstand der Lokomotiven bei abgenommenen Schubstangen und ausgeschalteter Steuerung verhält sich wie der Laufwiderstand eines anderen Fahrzeuges. Die Reibung der Achsstummel in den Lagern und die rollende Reibung ist jedoch wegen den meist höheren spezifischen Drücken größer als an den Wagen.

Der Luftwiderstand der Lokomotive an der Spitze des Zuges ist namentlich bei größeren Fahrgeschwindigkeiten bedeutend. Obschon dieser Widerstand dem nachfolgenden Zuge zugute kommt, wird derselbe in der Regel zur Gänze dem Lokomotivwiderstande zugerechnet. Der Luftwiderstand setzt sich zusammen aus dem Widerstand an der Vorderseite und den andern senkrecht auf die Fahrrichtung stehenden Flächen, dem Widerstand an den Seitenflächen und endlich aus dem Widerstande durch die Wirbelbildungen der Räder. Über die Größe der einzelnen Widerstände hatte man bisher nicht viel Aufschlüsse. Erst neuerdings sind durch die Schnellfahrversuche auf der Strecke Marienfelde—Zossen einige Aufklärungen erlangt worden.

Widerstand des Triebwerkes.

Der Widerstand des Triebwerkes, der Steuerung[1]) und der Laufwiderstand der angetriebenen Achsen geben zusammen die Reibungsverluste bei der Kraftübertragung zwischen den Kolben bis zum Umfang der

---

[1]) Über den Widerstand der Schieber siehe Apinall, The friction of slide valves, Proc. Inst. Civil Eng. 1889.

gekuppelten Räder. Ist W_i dieser Widerstand, so erhält man die ausgeübte Zugkraft am Umfang der Triebräder

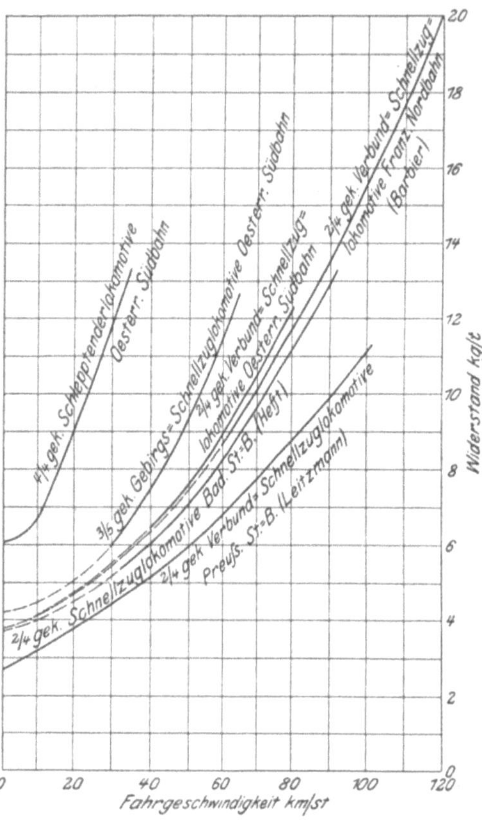

Abb. 18.

$$Z_u = Z_i - W_i,$$

wenn Z_i die indizierte Zugkraft darstellt. Der maschinelle Wirkungsgrad der Lokomotivmaschine ist dann:

$$\eta = \frac{Z_u}{Z_i} = \frac{Z_i - W_i}{Z_i}.$$

Die Größe von W_i ist sehr veränderlich. Sie hängt zunächst von der Größe der ausgeübten Zugkraft ab, mit der sie im allgemeinen wächst. Bei einem großen Hebelverhältnis

$$\frac{\text{Kolbenhub}}{\text{Triebraddurchmesser}}$$

ist der Reibungsverlust stets geringer als bei einem kleinen, da die Zapfendrücke bei ersterem vorteilhafter sind. Genauere Aufschlüsse über die Widerstandsverhältnisse dieser Art dürften die feststehenden Lokomotivprüfanlagen bringen, da diese allein erlauben, die Reibungsverluste zwischen der indizierten Zugkraft und der Zugkraft am Umfange der gekuppelten Räder zu messen.

Bei Erprobung der $^4/_5$-gekuppelten Zwilling-Lokomotive Bauart Consolidation der Pennsylvania-Bahn auf der Prüfanlage in St. Louis gelegentlich der Ausstellung im Jahre 1904 konnten folgende Werte festgestellt werden:[1]

Zusammenstellung XXXI.

Fahr-geschwindig-keit km/st	Füllung %	Indizierte Zugkraft kg	Widerstand der Maschine kg	Widerstand kg / Reibungsgewicht t	Wirkungs-grad der Maschine
10·8	22·4	9 290	2170	27·6	0·767
10·8	30·5	11 510	2060	26·2	0·822
24·8	22·8	7 170	1470	18·7	0·795
21·8	20·9	7 385	1335	17·0	0·819
21·3	29·2	10 020	1920	24·1	0·808
21·6	39·3	11 800	1800	22·9	0·848
32·0	31·3	10 150	1600	20·4	0·808
32·8	33·9	8 800	1600	20·4	0·818
43·0	22·2	5 140	1200	15·3	0·766
42·2	28·0	6 195	1675	21·3	0·729
41·1	35·3	6 530	1580	20·1	0·758
43·0	42·1	5 450	1300	16·5	0·761

[1]) Locomotive tests and Exhibits, Saint Louis 1905.

Da diese Lokomotive ein besonders schweres Triebwerk hat und große spezifische Drücke in den Lagern auftreten, sind die Widerstände verhältnismäßig groß.

Die Widerstände wechseln übrigens selbst unter gleichen Verhältnissen bedeutend, so daß eine gesetzmäßige Veränderung des Widerstandes mit der Fahrgeschwindigkeit oder ausgeübten Zugkraft nicht zu erkennen ist. Dasselbe zeigte sich bei den übrigen untersuchten Lokomotiven.

Prof. Goß fand auf der Prüfanlage der Purdue-Hochschule in Lafayette an einer $^2/_4$-gekuppelten Schnellzuglokomotive von mäßigen Abmessungen folgende Widerstandsverhältnisse:[1])

Zusammenstellung XXXII.

Fahr-geschwindig-keit km/st	Füllung		
	25%	33%	41%
	Maschineller Wirkungsgrad		
24·1	0 880	0·926	—
40 2	0 857	0 915	0·945
56 3	0 845	**0·906**	0·927
72·4	0 833	0·899	—
88 5	0·767	**0·843**	—

Diese Werte zeigen eine gewisse Gesetzmäßigkeit, indem der Wirkungsgrad mit zunehmender Fahrgeschwindigkeit und abnehmender Füllung wächst. Dasselbe ist aus den folgenden auf das Reibungsgewicht bezogenen Widerstandswerten zu entnehmen:

Zusammenstellung XXXIII.

Fahr-geschwindig-keit km/st	Füllung		
	25%	33%	41%
	Widerstand kg / Reibungsgewicht t		
24·1	7·5	9.65	—
40·2	10 8	14·10	18·8
56·3	13·6	17·50	22·1
72·4	14·5	18·80	—
88 5	15 1	18·80	—

Die fett gedruckten Werte kommen annähernd für die Höchstleistungen in Betracht.

Prof. Goß hat für die Bestimmung des Maschinenwiderstandes, ähnlich wie an feststehenden Maschinen auch den Vorgang gewählt, die mittlere nützliche Dampfspannung zu bestimmen, welche für den Leerlauf der Lokomotive auf der Prüfanlage nötig wird. Prof. Goß gibt hierfür den Mittelwert $p_i = 0·27$ kg/qcm an. Den gesamten Widerstand des Triebwerkes erhält man daher für eine Zwilling-Lokomotive aus der Gleichung

$$W = \frac{0·27\, d^2\, h}{D},$$

wenn d der Zylinderdurchmesser, h der Kolbenhub und D der Triebraddurchmesser in cm ist.

---

[1]) The Purdue-Exponent 1899, Nr. 28.

Der Gesamtwiderstand.

Zur Bestimmung des Gesamtwiderstandes der Lokomotiven können Auslaufversuche Verwendung finden. Die Lokomotive übt jedoch hierbei keine Zugkraft aus, und der Maschinenwiderstand ist ein anderer als bei der Fahrt unter Dampf.

Soll der Widerstand der Lokomotive bei der Fahrt unter Dampf auf der Strecke ermittelt werden, so erfolgt dies am vorteilhaftesten durch gleichzeitige Anwendung von Dampfdruckindikator und Zugkraftmesser. Der erstere dient zur Feststellung der indizierten Zugkraft, der letztere zur Feststellung der Zugkraft am Tenderzughaken. Durch Abzug der letzteren Zugkraft von der ersteren und Berücksichtigung von Kraftwirkungen durch Bahnneigungen und Geschwindigkeitsänderungen nach der auf Seite 59 angegebenen Gleichung erhält man den gesamten Widerstand der Lokomotive.

Widerstandsversuche.

Die französische Nordbahn hat den Widerstand ihrer $^2/_4$-gekuppelten Schnellzuglokomotiven auf diese Art ermittelt.[1]

Die vierzylindrigen Verbundlokomotiven Bauart de Glehn haben 48·93 t Dienstgewicht, Triebräder von 2114 mm und Laufräder von 1040 mm Durchmesser. Die dreiachsigen Tender haben mit halben Vorräten 25·7 t Gewicht, so daß das mittlere Gesamtgewicht rund 75 t beträgt. Die äußerste Umrißlinie der Lokomotive und des Tenders umschließt eine Fläche von 7·9 qm. (Abb. 18.)

Die Widerstände lassen sich durch folgende Gleichungen darstellen:

$$w = 3\cdot8 + 0\cdot027\,V + 0\cdot0009\,V^2$$

oder

$$w = 3\cdot8 + 0\cdot9\,V\left(\frac{V + 30}{1000}\right).$$

Hieraus ergeben sich die Werte:

$V =$ 60 km/st	$w =$ 8·65 kg/t
70 ,,	10·10 ,,
80 ,,	11·70 ,,
90 ,,	13·50 ,,
100 ,,	15·50 ,,
110 ,,	17·65 ,,
120 ,,	20·00 ,,

Bei den späteren Versuchen mit $^2/_5$-gekuppelten Lokomotiven hat sich eine größere Abweichung von den Widerständen nach obigen Gleichungen nicht herausgestellt.

In gleicher Weise hat Dr. Hefft den Widerstand der $^2/_4$-gekuppelten Schnellzuglokomotive der badischen Staatsbahnen festgestellt.

Diese Lokomotive hat innere Zwillingszylinder, Triebräder von 2100, Laufräder von 1000 mm Durchmesser, die Rauchkammer ist vorn mit einer Windschneide versehen. Die Lokomotive hat 47·43 t Dienstgewicht, und der vierachsige Tender ein mittleres Gewicht von 30 t.[2]

Aus 270 Versuchswerten, die zwischen 32 und 91 km/st Fahrgeschwindigkeit lagen, wurden folgende Gleichungen aufgestellt:

---

[1] Revue générale des chemins de fer 1898, Heft 3, 6 und 7.
[2] Organ Fortschr. des Eisenbahnwesens 1906, Seite 49.

$$w = 3{\cdot}7 + 0{\cdot}023\,V + 0{\cdot}00088\,V^2$$

oder

$$w = 3{\cdot}7 + 0{\cdot}88\,V\,\frac{V + 25{\cdot}7}{1000}\,.$$

Die Lokomotive wurde auch mit einem leichteren dreiachsigen Tender erprobt, ohne daß sich jedoch eine bemerkenswerte Veränderung des Widerstandes herausstellte. (Abb. 18.)

Sonst sind nur wenige unzusammenhängende Widerstandswerte bekannt, die bei gleichzeitiger Messung der indizierten und der am Tenderzughaken 'ausgeübten Zugkraft bestimmt wurden.

J. Nadal hat in seiner Studie „Experiences sur le rendement des locomotives" den Widerstand fünf verschiedener Lokomotiven angegeben.[1] Es wurde hierbei jedoch nur die indizierte Zugkraft unmittelbar gemessen. Der Widerstand des Wagenzuges wurde nach erprobten Widerstandsgleichungen gerechnet und von der indizierten Zugkraft in Abzug gebracht. Die hieraus erhaltenen Widerstandsgleichungen, welche bis rund 100 km/st Fahrgeschwindigkeit gelten, lauten:

Zwillinglokomotiven:

$^2/_4$-gekuppelte Bauart Orleans, Dienstgewicht 70 t $\quad w = 3{\cdot}8 + 0{\cdot}7\ V\left(\dfrac{V + 70}{1000}\right)$

$^2/_4$-   „   Drehgestellok.   „   92 „ $\quad w = 3{\cdot}8 + 0{\cdot}66\ V\left(\dfrac{V + 40}{1000}\right)$

$^2/_5$-   „   Atlanticlok.   „   98 „ $\quad w = 3{\cdot}8 + 0{\cdot}66\ V\left(\dfrac{V + 40}{1000}\right)$

Verbundlokomotiven:

$^2/_4$-gekuppelte Bauart Vauclain, Dienstgewicht 80 t $\quad w = 4{\cdot}0 + V\left(\dfrac{V + 30}{1000}\right)$

$^3/_5$-   „   „   de Glehn   „   92 „ $\quad w = 4{\cdot}0 + V\left(\dfrac{V + 30}{1000}\right)$

Die preußischen Staatsbahnen haben mehrfach Widerstandsversuche an Lokomotiven vorgenommen. Die Ergebnisse wurden von Leitzmann, v. Borries und Frank verarbeitet.

Im Jahre 1903 wurden mit gewöhnlichen $^2/_4$-gekuppelten zweizylindrigen Verbundschnellzuglokomotiven interessante Versuche ausgeführt. Die Lokomotiven wurden nicht allein betriebsfähig, sondern auch mit entfernten Schiebern und abgenommenen Schubstangen besonders erprobt, um die Einflüsse der verschiedenen Teile zu erkennen.

Im vollkommen betriebsfähigen Zustand ergab die Lokomotive, deren mittleres Dienstgewicht rund 80 t war und deren Querschnitt 9 qm betrug, nach Leitzmann die Widerstandsgleichung

$$w = 2{\cdot}7 + 0{\cdot}0455\,V + 0{\cdot}000385\,V^2.$$

Bei der Fahrt ohne Schieber war der Widerstand etwas geringer, und er fiel um einen weiteren Betrag, als auch die Schubstangen abgenommen wurden. (Abb. 18.)

Nach v. Borries war der Widerstand im betriebsfähigen Zustand

$$w = 2{\cdot}7 + 0{\cdot}045\,V + 0{\cdot}0004\,V^2.$$

---

[1] Revue générale des chemins de fer 1904, Heft 9.

Nach Ausschaltung von Triebwerk und Steuerung
$$w = 1{\cdot}5 + 0{\cdot}027\,V + 0{\cdot}0004\,V^2,$$
so daß für das Triebwerk der Wert
$$w = 1{\cdot}2 + 0{\cdot}018\,V$$
entfiel. Ist das Gewicht auf den Triebachsen 30 t und das Gesamtgewicht 80 t, so erhält man den spezifischen Widerstand des Triebwerks,
$$\frac{80}{30}\left(1{\cdot}2 + 0{\cdot}018\,V\right) = 3{\cdot}2 + 0{\cdot}048\,V,$$
in welchem jedoch der Laufwiderstand der gekuppelten Achsen nicht enthalten ist.

Für dieselbe Lokomotive schlägt v. Borries die Widerstandsgleichung
$$w = 4{\cdot}0 + 0{\cdot}027\,V + 0{\cdot}0007\,V^2$$
vor, die für die Fahrt unter Dampf gelten soll.

Prof. Frank stellt den Leerlaufwiderstand obiger Lokomotive durch die Gleichung
$$w = 2{\cdot}5 + 0{\cdot}00067\,V^2$$
dar.

Diese Widerstandsversuche reichen bis rund 100 km/st Fahrgeschwindigkeit.

Im Jahre 1901 stellte Leitzmann den Widerstand einer $^3/_5$-gekuppelten Schnellzuglokomotive Bauart de Glehn fest.[1]) Sie hatte rund 90 t Dienstgewicht und Triebräder von 1750 mm Durchmesser.

Der Widerstand verhielt sich nach der Gleichung
$$w = 3{\cdot}1 + 0{\cdot}00153\,V^2.$$

Endlich hat Leitzmann im Jahre 1904 den Widerstand von drei Schnellzuglokomotiven verschiedener Bauart durch Ausläufe festgestellt, welche zwischen Hannover und Spandau eingehenden Proben unterzogen waren.

Diese Lokomotiven sind: $^2/_5$-gekuppelte vierzylindrige Verbundschnellzuglokomotive Bauart v. Borries mit 103 t Gesamtgewicht. Die Widerstandsgleichung, welche bis 100 km/st reicht, ist
$$w = 2{\cdot}7 + 0{\cdot}0416\,V + 0{\cdot}000687\,V^2.$$
$^2/_5$-gekuppelte vierzylindrige Verbundschnellzuglokomotive Bauart de Glehn mit 113 t Gesamtgewicht. Die Widerstandsgleichung ist
$$w = 3{\cdot}5 + 0{\cdot}0228\,V + 0{\cdot}000625\,V^2.$$

Endlich ergab die $^2/_4$-gekuppelte Heißdampflokomotive mit 96·5 t Gesamtgewicht einen Widerstand von
$$w = 4{\cdot}0 + 0{\cdot}0278\,V + 0{\cdot}000875\,V^2.$$

Sämtliche Lokomotiven hatten Triebräder von 1980 mm Durchmesser und vierachsige Tender.

Endlich seien die Widerstände einiger Lokomotiven der österreichischen Südbahn angeführt, welche vom Verfasser durch Ausläufe ermittelt wurden.

Die Widerstandswerte sind teilweise in Gleichungen gefügt, teilweise unmittelbar angegeben, wenn das Geschwindigkeitsgebiet, innerhalb welchem sie bekannt sind, für die Bildung einer Gleichung nicht ausreicht.

---

[1]) Verhandl. zur Beförder. des Gewerbefleißes 1902, Oktober.

Die Widerstände wurden für folgende Lokomotiven bestimmt:

$^2/_4$-gekuppelte zweizylindrige Verbundschnellzuglokomotive mit Triebrädern von 2140 mm Durchmesser und einem mittleren Dienstgewicht von 90 t. Der von der äußersten Umrißlinie umschlossene Querschnitt beträgt rund 10·4 qm. (Abb. 18.) Die folgenden Widerstandsgleichungen gelten für Fahrgeschwindigkeiten zwischen 40 und 80 km/st:

$$w = 3·8 + 0·025\, V + 0·001\, V^2$$

oder

$$w = 3·8 + V\,\frac{V + 25}{1000}.$$

Hieraus ergeben sich die Werte:

$V = 40$ km/st	$w = 6·40$ kg/t
50 ,,	7·55 ,,
60 ,,	8·90 ,,
70 ,,	10·45 ,,
80 ,,	12·20 ,,

Die hieraus erhaltenen Widerstandswerte sind nur wenig größer als für die $^2/_4$-gekuppelte Schnellzuglokomotive der französischen Nordbahn.

$^2/_4$-gekuppelte Zwillingschnellzuglokomotive älterer Bauart mit Triebrädern von 1730 mm Durchmesser und einem mittleren Dienstgewicht von 80 t. Die von der äußersten Umrißlinie umschlossene Querschnittsfläche der Lokomotive beträgt rund 9·3 qm. Für Fahrgeschwindigkeiten zwischen 35 und 80 km/st wurden die Widerstandsgleichungen

$$w = 3·8 + 0·015\, V + 0·00075\, V^2$$

oder

$$w = 3·8 + 0·75\, V\,\frac{V + 20}{1000}$$

gefunden. Die hieraus bestimmten Widerstandswerte sind verhältnismäßig gering:

$V = 40$ km/st	$w = 5·60$ kg/t
50 ,,	6·42 ,,
60 ,,	7·40 ,,
70 ,,	8·52 ,,
80 ,,	9·80 ,,

$^2/_5$-gekuppelte vierzylindrige Verbundschnellzuglokomotive mit dreiachsigem Tender. Die Triebräder haben 2140 mm Durchmesser, das mittlere Dienstgewicht ist 100 t. Der Versuch fand mit einer neuen, noch uneingefahrenen Lokomotive statt, die gefundene Gleichung, welche für Geschwindigkeiten von 65 bis 115 km/st gilt, lautet

$$3·2 + 0·026\, V + 0·00055\, V^2$$

oder

$$3·2 + 0·55\, V\,\frac{V + 47}{1000}.$$

Hieraus ergeben sich die Werte:

$V = 65$ km/st	$w = 7·21$ kg/t
70 ,,	7·72 ,,
80 ,,	8·80 ,,
90 ,,	10·00 ,,
100 ,,	11·30 ,,
110 ,,	12·72 ,,
115 ,,	13·42 ,,

$^3/_5$-gekuppelte Zwillingschnellzuglokomotive für Gebirgsstrecken mit dreiachsigem Tender. Die Triebräder haben 1540 mm Durchmesser. Das gesamte mittlere Dienstgewicht ist rund 90 t. Die von der äußersten Umrißlinie umschlossene Querschnittsfläche ist 9·0 qm. Für Fahrgeschwindigkeiten zwischen 30 und 65 km/st wurden folgende Mittelwerte erhalten, welche jedoch mit Rücksicht auf den geringen Geschwindigkeitsunterschied nicht in eine Gleichung gekleidet wurden: (Abb. 18.)

$V = 30$ km/st	$w = 6·00$ kg/t
35 ,,	6·70 ,,
40 ,,	7·50 ,,
45 ,,	8·65 ,,
50 ,,	9·25 ,,
55 ,,	10·40 ,,
60 ,,	11·40 ,,
65 ,,	12·65 ,,

$^4/_5$-gekuppelte zweizylindrige Verbundgebirgslokomotive für Schnell- und Personenzüge Bauart Consolidation. Die Triebräder besitzen einen Durchmesser von 1300 mm. Das Dienstgewicht ist rund 100 t. Die äußerste Umrißlinie umschließt einen Querschnitt von 10·7 qm.

Nach vielen Auslaufversuchen wurden die Gleichungen

$$w = 6·5 + 0·135\,V + 0·00065\,V^2$$

oder

$$w = 6·5 + 0·65\,V\,\frac{V + 20·9}{1000}$$

erhalten.

Die Widerstandswerte lauten:

$V = 15$ km/st	$w = 8·99$ kg/t
20 ,,	9·46 ,,
30 ,,	11·14 ,,
40 ,,	12·94 ,,
50 ,,	14·87 ,,
55 ,,	15·89 ,,

Mit Rücksicht auf die vierfache Kuppelung, den großen Querschnitt und den geringen Durchmesser der Triebräder sind die Widerstände geringer, als zu erwarten wäre. Obige Gleichungen gelten für Fahrgeschwindigkeiten zwischen 15 und 55 km/st.

$^4/_4$-gekuppelte Zwilling-Güterzuglokomotive älterer Bauart mit Triebrädern von 1126 mm Durchmesser. Die Lokomotiven wiegen samt dem dreiachsigen Tender im Dienst rund 80 t. Die Widerstände sind mit Rücksicht auf die geringen Geschwindigkeitsunterschiede, ebenso wie bei der folgenden Lokomotive, nicht in eine Gleichung geformt. (Abb. 18.)

Sehr kleine Geschwindigkeit	$w = 6·1$ kg/t
$V = 5$ km/st	6·2 ,,
10 ,,	6·7 ,,
20 ,,	9·1 ,,
30 ,,	11·8 ,,
35 ,,	13·3 ,,

$^5/_5$-gekuppelte zweizylindrige Verbundlokomotive für Güterzugdienst auf Gebirgsstrecken mit Triebrädern von 1300 mm Durchmesser. Samt dem dreiachsigen Tender wiegt die Lokomotive im Dienst rund 100 t.

Die Widerstände sind:

Sehr kleine Geschwindigkeit $\quad w = 6\cdot00$ kg/t

$V = 10$ km/st $\qquad\qquad\quad 8\cdot70$ „

$\qquad\quad 20$ „ $\qquad\qquad\quad 11\cdot95$ „

$\qquad\quad 30$ „ $\qquad\qquad\quad 15\cdot30$ „

$\qquad\quad 40$ „ $\qquad\qquad\quad 19\cdot95$ „

Endlich hat der Verfasser an einer $^3/_8$-gekuppelten Güterzuglokomotive mit Schlepptender Versuche angestellt, welche den gesamten Widerstand bei der Fahrt unter Dampf ergaben.

Es wurden hierbei die Lokomotive auf einer starken Steigung allein bei Anwendung eines Autoindikators fortlaufend indiziert und gleichzeitig die Geschwindigkeitsänderungen genau aufgenommen.

Hierbei konnte der Widerstand bei verschiedenen Füllungen über ganze Geschwindigkeitsgebiete erlangt werden.

Die Lokomotive hat Triebräder von 1226 mm Durchmesser, 42 t Reibungsgewicht und 71 t Gesamtgewicht.

Es ergaben sich folgende Werte für den spezifischen Gesamtwiderstand von Lokomotive und Tender:

Zusammenstellung XXXIV.

Fahrgeschwin-digkeit	Füllung				
	20 %	25 %	30 %	35 %	40 %
	Widerstand				
km/st	kg/t	kg/t	kg/t	kg/t	kg/t
10	5·31	5·10	**5·12**	5·35	5·80
20	6·24	6·02	**6·11**	6·34	6·78
30	7·25	7·05	**7·16**	7·45	7·88
40	8·34	8·14	**8·23**	8·58	9·06
50	9·50	9·28	**9·38**	9·75	10·35

Der Höchstleistung entsprechen angenähert die fettgedruckten Werte.

Mit derselben Lokomotive wurden auch einige Auslaufversuche unternommen, um den Unterschied der Widerstände nach diesen beiden Vorgängen zu ermitteln. Als Mittelwerte erlangte man folgende Widerstände:

Fahrgeschwindigkeit $\qquad\qquad$ Widerstand

$\quad$ 10 km/st $\qquad\qquad\qquad\quad 5\cdot3$ kg/t

$\quad$ 20 „ $\qquad\qquad\qquad\qquad 5\cdot7$ „

$\quad$ 30 „ $\qquad\qquad\qquad\qquad 6\cdot5$ „

$\quad$ 40 „ $\qquad\qquad\qquad\qquad 7\cdot4$ „

$\quad$ 50 „ $\qquad\qquad\qquad\qquad 8\cdot3$ „

Der Widerstand nach dem Auslaufversuch ist hiernach nur wenig kleiner als jener bei Ausübung der Höchstleistung.

Zusammensetzen der Lokomotivwiderstände.

Um vorläufig, so lange eingehende Versuche noch nicht vorliegen, den Widerstand der Lokomotiven möglichst ihrer Bauart entsprechend bestimmen zu können, schlägt der Verfasser folgenden Vorgang vor:

Man zergliedert den Widerstand in

1. Luftwiderstand W_1,

2. Widerstand der Laufachsen an Lokomotive und Tender W_2 und

3. Widerstand der gekuppelten Achsen einschließlich des Widerstandes im Triebwerk und den Steuerungsteilen W_3.

1. Für den gesamten Luftwiderstand der Lokomotive hat die Gleichung

$$W_1 = \lambda F V^2$$

zu gelten, in welcher λ ein Erfahrungswert, F die Äquivalentfläche und V die Fahrgeschwindigkeit in km/st ist.

Für λ hat man bei den Versuchen der Studiengesellschaft nach obigen Mitteilungen 0·0052 gefunden. Hier empfiehlt es sich, wegen der unregelmäßigeren Flächen der Dampflokomotiven etwa 0·006 zu setzen. Statt der Äquivalentfläche kann mit ziemlicher Wahrscheinlichkeit die Querschnittsfläche der Lokomotive benutzt werden, welche von der äußersten Umgrenzungslinie der Lokomotive umfaßt wird.

2. Der Widerstand der Lokomotiv- und Tenderlaufachsen dürfte im allgemeinen von jenen der Wagenachsen wenig abweichen. Für die Schnellbahnwagen der Studiengesellschaft wurde der spezifische Achswiderstand nach der Gleichung

$$w = 1{\cdot}5 + 0{\cdot}012\, V$$

gefunden. Für die spezifisch wohl stärker belasteten Lokomotiv- und Tenderlaufachsen dürfte die Gleichung

$$w = 1{\cdot}8 + 0{\cdot}015\, V$$

richtiger sein. Man erhält daher den gesamten Widerstand der Laufachsen nach der Gleichung

$$W_2 = L\,(1{\cdot}8 + 0{\cdot}015\, V),$$

wenn L das Gewicht auf den Laufrädern von Lokomotive und Tender ist.

3. Am schwierigsten ist der Widerstand der gekuppelten Achsen zu bestimmen. Ähnlich wie bei den Laufachsen dürfte eine Beziehung

$$w = a + b_1 V$$

auch für gekuppelte Achsen gelten. Da bei den Kräftewirkungen im Triebwerk die Umdrehungszahl wahrscheinlich einen größeren Einfluß ausübt als die Fahrgeschwindigkeit, so wäre die Gleichung

$$w = a + \frac{b\,V}{D}$$

angebrachter, in welcher D der Durchmesser in m ist. Es steigt an Lokomotiven mit kleinem Triebraddurchmesser der Widerstand viel rascher mit der Geschwindigkeit, als an solchen mit größerem Triebraddurchmesser.

Nach einigen Versuchen mit Tenderlokomotiven und vom Tender getrennten Schlepptenderlokomotiven lassen sich beiläufig folgende Werte von a angeben:

$$
\begin{aligned}
&\text{bei 2 facher Kuppelung } a = 5{\cdot}5\\
&\text{ „ 3 „ \quad „ \quad\quad 7{\cdot}0}\\
&\text{ „ 4 „ \quad „ \quad\quad 8{\cdot}0}\\
&\text{ „ 5 „ \quad „ \quad\quad 8{\cdot}8}
\end{aligned}
$$

Diese Ziffern geben somit gleichzeitig den spezifischen Widerstand von $^2/_2$-, $^3/_3$-, $^4/_4$- und $^5/_5$-gekuppelten Lokomotiven bei sehr geringer Fahrgeschwindigkeit an.

Der gesamte Widerstand der gekuppelten Achsen ist dann

$$W_3 = L_2\left(a + \frac{b\,V}{D}\right)$$

Für den Erfahrungswert b kann vorläufig nur der Wert 0·1075 angegeben werden, er gilt für die $^3/_3$-gekuppelte Schlepptenderlokomotive der österreichischen Südbahn, deren Widerstände weiter oben eingehend behandelt wurden. Es ist jedoch wahrscheinlich, daß der Erfahrungswert b nicht sehr veränderlich ist.

Man erhält also den gesamten Widerstand der Lokomotive

$$W \text{ kg} = W_1 + W_2 + W_3$$

oder

$$W \text{ kg} = 0·006\, FV^2 + L_1\,(1·8 + 0·015\,V) + L_2\left(a + \frac{b}{D}\,V\right),$$

wobei

L_1 das Gewicht auf den Lokomotiv- und Tenderlaufachsen und
L_2 das Gewicht auf den gekuppelten Achsen in t ist.

Das gesamte Lokomotiv- und Tendergewicht ist dann

$$L = L_1 + L_2$$

und der spezifische Widerstand der Lokomotive

$$w \text{ kg/t} = \frac{0·006\, FV^2 + L_1\,(1·8 + 0·015\,V) + L_2\left(a + \frac{0·1075}{D}\,V\right)}{L}.$$

Werden die einzelnen Glieder ausgerechnet, so erhält man eine Gleichung von folgender Grundform

$$w = \alpha + \beta V + \gamma V^2.$$

Zusammenstellung XXXV.

	$^2/_4$-gekuppelte	$^2/_5$-gekuppelte	$^3/_5$-gekuppelte	$^4/_4$-gekuppelte
	Schnellzuglokomotive mit Schlepptender			Tender-lokomotive
$F =$	8·0	9 0	9·0	6·0 qm
$L_1 =$	50·0	78 0	55·0	— t
$L_2 =$	30·0	32·0	45·0	50·0 t
$L =$	80·0	110·0	100·0	50·0 t
$D =$	2·1	2·1	1·75	1·2 m
$W =$	$3·19 + 0·0286\,V$ $+ 0·0006\,V^2$	$2·88 + 0·0255\,V$ $+ 0·00049\,V^2$	$4·14 + 0·0359\,V$ $+ 0·00054\,V^2$	$8·0 + 0·0895\,V$ $+ 0·00072\,V^2$
Fahrgeschwindigkeit km/st				
0	3·19	2·88	4·14	8·00
10	3·54	3·18	4·55	8·97
20	4·00	3·59	5·07	10·08
30	4·59	4·09	5·70	11·33
40	5·29	4·68	6 44	12·73
50	6·12	5·38	7·29	14·28
60	7·07	6·17	8·24	15·96
70	8·13	7·07	9·30	—
80	9·32	8·06	10·47	—
90	10·72	9·14	11·74	—
100	12·05	10·33	13·13	—

Diese Methode kann unter gewissen Umständen, wenn die Widerstände der untersuchten Lokomotive nicht genau bekannt sind, gute Anhaltspunkte bieten. Namentlich ist ihr Gebrauch bei Voranschlägen vorteilhaft, da sie auf die Bauart der untersuchten Lokomotiven möglichst Rücksicht nimmt.

Beispielsweise sind hier die Widerstände von vier Lokomotiven verschiedener Bauart ermittelt und in Zusammenstellung XXXV enthalten.

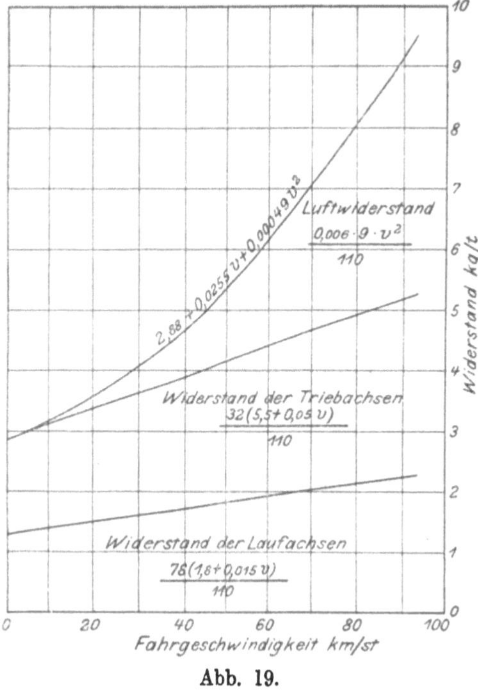

Abb. 19.

Häufig erscheint es nötig, die am Umfang der Triebräder tatsächlich ausgeübte Zugkraft festzustellen. Man erhält diese Zugkraft, wenn man von der indizierten Zugkraft die Widerstandsverluste in der Lokomotivmaschine abzieht. Hierzu gehört auch der Laufwiderstand der gekuppelten Achsen, welcher im Ausdruck

$$W_i\,\mathrm{kg} = L_2 \left(a + \frac{0{\cdot}1075}{D}\,V \right)$$

mit enthalten ist.

Ist Z_i die indizierte Zugkraft, so erhält man die Zugkraft am Umfang der Triebräder aus der Gleichung

$$Z_u = Z_i - W_i.$$

Der restliche Lokomotivwiderstand entspricht der Gleichung

$$W_a\,\mathrm{kg} = 0{\cdot}006\,F\,V^2 + L_1$$
$$(1{\cdot}8 + 0{\cdot}015\,V)$$

und enthält nur den Luftwiderstand und den Widerstand der Laufachsen.

Ist Z_z die Zugkraft am Tenderzughaken, so ist auf wagerechter Strecke und im Beharrungszustand

$$Z_z = Z_u - W_a$$

und

$$Z_z + W_a = Z_i - W_i.$$

Da die Zugkraft am Umfang der gekuppelten Räder von der nutzbaren Reibung der Lokomotive abhängig ist, erscheint diese Teilung des Lokomotivwiderstandes mitunter wünschenswert.

In Abb. 19 sind für eine $^2/_5$-gekuppelte Schnellzuglokomotive mit Schlepptender die einzelnen Widerstände aneinandergereiht.

Eine Darstellung der in Zusammenstellung XXXV enthaltenen Widerstandsgleichungen ist in Abb. 20 enthalten.

5. Widerstand ganzer Züge.

Es wären nun auch noch jene Widerstandsgleichungen zu erörtern, welche den Widerstand ganzer Eisenbahnzüge, d. h. von Lokomotive und Wagen gemeinsam behandeln.

Derartige Gleichungen wurden früher sehr umfangreich benützt, sind jedoch gegenwärtig nur mehr bei oberflächlichen Untersuchungen in Anwendung. Man zieht es gegenwärtig vor, den Widerstand der Lokomotiven und Wagen, wo immer tunlich, getrennt zu behandeln.

Zu den gebräuchlichsten Gleichungen dieser Art gehören die in der Clarkschen[1]) Grundform gefaßten Gleichungen

$$w = 2{\cdot}4 + 0{\cdot}001\,V^2$$

und

$$w = 2{\cdot}4 + 0{\cdot}00077\,V^2 \quad \text{oder}$$

$$w = 2{\cdot}4 + \frac{V^2}{1300}.$$

Die erstere, von den bayrischen Staatsbahnen aufgestellte Gleichung wurde bei Versuchen mit älteren zweiachsigen Wagen und verhältnismäßig geringen Zuglasten gefunden. Ihre Verwendung ist daher nur innerhalb gewisser Grenzen zuverlässig. Für Fahrbetriebsmittel neuerer Bauart gilt sie annähernd, wenn das Gewicht der Wagen das doppelte Gewicht der Lokomotive nicht übersteigt, jedoch nur bis zu einer Fahrgeschwindigkeit von rund 70 km/st.

Die letztere, als Erfurter Formel bekannte Widerstandsgleichung ist unter dem Eindruck entstanden, daß die ältere bayrische Formel für Fahrbetriebsmittel neuerer Bauart und für höhere Fahrgeschwindigkeiten zu große Werte liefert. Sie gilt für zweiachsige Personenwagen, für Zuglasten, die etwa das dreifache des Lokomotivgewichtes betragen und bis 100 km/st Fahrgeschwindigkeit.

Für Drehgestellwagen würden beide Gleichungen zu große Werte liefern.

Für Güterzüge und Fahrgeschwindigkeiten von weniger als 50 km/st kann die Gleichung

$$w = 2{\cdot}4 + 0{\cdot}001\,V^2$$

gute Mittelwerte liefern.

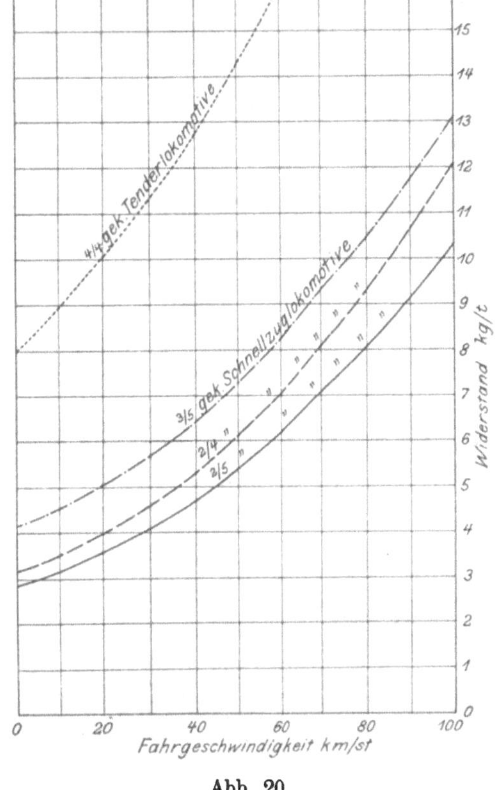

Abb. 20.

Da es häufig nötig ist, den spezifischen Widerstand des ganzen Zuges festzustellen und der Widerstand von Lokomotive und Wagen getrennt gegeben ist, so ist zur Bestimmung des ersteren die Gleichung

$$w = \frac{w_l\,(L + T) + w_w\,Q}{L + T + Q}$$

nötig; in derselben ist

---

[1]) Die Clarksche Gleichung lautet in der ursprünglichen, in „Railway machinery" angegebenen Form $w = 3{\cdot}63 + 0{\cdot}001\,V^2$.

w der spezifische Widerstand des ganzen Zuges,

w_l „   „   „   der Lokomotive und Tender,

w_w „   „   „   der Wagen,

L das Gewicht der Lokomotive,

T „   „   des Tenders,

Q „   „   der Wagen.

Von den Untersuchungen, welche sich auf ganze Züge beziehen, sind namentlich jene von Prof. Frank hervorzuheben.

Bemerkenswert sind auch die Versuche von Prof. Goß über den Luftwiderstand nach Modellversuchen, obschon unmittelbar brauchbare Werte hieraus nicht abgeleitet werden können.

Versuche von Prof. Frank.

Prof. Frank hat eine große Zahl von Widerstandsversuchen unternommen und die Ergebnisse derselben in der Literatur vielfach behandelt.

Die ersten auf der Strecke Courcelles—Metz veranstalteten Auslaufversuche auf einem Gefälle von $5\,^0/_{00}$ führten zur Aufstellung der Grundgleichung

$$W \text{ kg} = a\,Q + \lambda\,F\,V^2,$$

welche Prof. Frank auch beibehalten hat. In dieser Gleichung ist Q das Gewicht des Fahrzeuges in t, F die dem Luftwiderstand ausgesetzte Querschnittsfläche des Fahrzeuges in qm, V die Fahrgeschwindigkeit in km/st und a und λ Erfahrungswerte. Für λ setzt Prof. Frank den vollen Luftwiderstandswert von $0{\cdot}00945$.

Frank trennt somit in seiner Widerstandsgleichung den vom Gewicht der Fahrzeuge abhängigen Widerstand der rollenden Reibung und der Achsreibung vollständig vom Luftwiderstand.

Bei den oben genannten Versuchen ergaben sich folgende Erfahrungswerte:

Für $^2/_3$-gekuppeite Schlepptenderlokomotiven $a = 3{\cdot}2$ kg/t

„ $^3/_3$-   „   „ $a = 3{\cdot}8$ bis $3{\cdot}9$ „

„   Wagen $a = 2{\cdot}5$ „

Die maßgebende Querschnittsfläche, welche später auch als Äquivalentfläche bezeichnet wurde, stellte sich für die Lokomotiven wie folgt heraus:

Personenzuglokomotiven $F = 7{\cdot}0$ qm

Güterzuglokomotiven $F = 8{\cdot}0$ qm.

Für einen ganzen Wagenzug kann die entsprechende maßgebende Querschnittsfläche aus der Summe der maßgebenden Flächen der einzelnen Wagen zusammengesetzt werden, indem

$$F = \Sigma f.$$

Hierbei haben sich folgende Werte ergeben:

Für den ersten Wagen hinter dem Tender $f = 1{\cdot}7$ qm

„   jeden Personen- oder gedeckten Güterwagen $0{\cdot}5$ „

„   offene beladene Güterwagen $0{\cdot}4$ „

„   „   leere   „ $1{\cdot}0$ „

„   jeden gedeckten Wagen, der einem offenen folgt $1{\cdot}0$ „

Bei späteren Versuchen hat Frank auch den Stoßwiderstand bestimmt und diesen von dem Gewicht des Fahrzeuges abhängig gefunden. Er ist für 1 t Zuggewicht

$$0{\cdot}000142\,V^2 \text{ kg}.$$

Setzt sich ein Zug aus Wagen gleicher Bauart zusammen, so ist

$$F = n f,$$

wenn n die Anzahl der Wagen im Zug ist. Der Mehrbetrag an Luftwiderstandsfläche für den ersten Wagen kann dem Lokomotivquerschnitt zugezählt werden. Ist für ein gesamtes Wagenzuggewicht Q das Gewicht eines Wagens

$$q = \frac{Q}{n},$$

so erhält man den spezifischen Widerstand des Wagenzuges

$$w = a + \left(0 \cdot 00142 + \frac{\lambda \cdot f}{q} \right) V^2.$$

Für a setzt Frank auch gegenwärtig noch meist $2 \cdot 5$ kg/t. f ist an Personenwagen neuerer Bauart $0 \cdot 3$ bis $0 \cdot 5$ qm.

Nach Einsetzen dieser Werte erhält man schließlich eine Form, welche der alten Clarkschen Grundform entspricht. Frank hat in dieser Richtung fast alle neueren Versuchsergebnisse untersucht und u. a. folgende Gleichungen aufgestellt:

Widerstand eines Wagenzuges, bestehend aus Personenwagen von 15 t Eigengewicht

$$w = 2 \cdot 5 + 0 \cdot 0004 \, V^2,$$

für Drehgestellwagen von 30 t Eigengewicht

$$w = 2 \cdot 5 + 0 \cdot 0003 \, V^2,$$

für leere, gedeckte Güterwagen von 8 t Gewicht

$$w = 2 \cdot 5 + 0 \cdot 00055 \, V^2,$$

für beladene, gedeckte Güterwagen von 18 t Gewicht

$$w = 2 \cdot 5 + 0 \cdot 00033 \, V^2,$$

für beladene, offene Güterwagen von 15 t Gewicht

$$w = 2 \cdot 5 + 0 \cdot 00027 \, V^2,$$

für leere, offene Güterwagen von 5 t Gewicht

$$w = 2 \cdot 5 + 0 \cdot 0019 \, V^2,$$

für einen Wagenzug, der halb aus gedeckten, halb aus offenen Güterwagen besteht, die halb beladen, halb leer sind (mittleres Wagengewicht $11 \cdot 5$ t)

$$w = 2 \cdot 5 + 0 \cdot 0005 \, V^2.$$

Endlich hat Prof. Frank die Ergebnisse von Auslaufversuchen von $^2/_4$-gekuppelten Schnellzuglokomotiven der Eisenbahndirektion Hannover durch folgende Gleichungen dargestellt:

$$4 \cdot 0 + 0 \cdot 00085 \, V^2$$

für die dienstfähige Lokomotive und

$$2 \cdot 5 + 0 \cdot 00067 \, V^2$$

bei herausgenommenen Schiebern.

Versuche von Prof. Goß.

Prof. Goß hat an der Purdue-Hochschule in Lafayette bemerkenswerte Modellversuche über den Luftwiderstand gemacht.[1])

In einem $18 \cdot 29$ m langen rohrartigem Gefäß mit quadratischem Querschnitt von 508 mm innerer Breite und Höhe wurden Modelle von Eisen-

---

[1]) Locomotive Performance. W. Goß. 1907.

bahnfahrzeugen aufgestellt, welche bei 114 mm Höhe, 85 mm Breite und 306 mm Länge beiläufig $^{1}/_{32}$ der natürlichen Größe oder $^{1}/_{1024}$ des Querschnittes gewöhnlicher Wagen besassen.

Jedes Modell war mit einem kleinen Dynamometer versehen, das die Kraft angab, welche im wagerechten Sinne auf das Modell ausgeübt wurde.

Durch den Behälter wurde mit Hilfe eines Flügelventilators Luft gepreßt und die auf die Wagenmodelle ausgeübte Kraft gemessen. Es wurde also die in Wirklichkeit herrschende Erscheinung verkehrt und die Luft gegen feststehende Körper bewegt.

Die Luftgeschwindigkeit wurde durch eine Pitotsche Röhre gemessen und hiernach die Gleichung für den Luftwiderstand

$$w \ \mathrm{kg/qm} = 0{\cdot}0047 \, V^2$$

gefunden, in welcher V in km/st gegeben ist. Der Koeffizient dieser Gleichung ist nur wenig kleiner als jener (0·0052), welcher bei den Schnellbahnversuchen in Berlin erhalten wurde. Die Versuche von Prof. Goß reichten bis zu einer Luftgeschwindigkeit von 170 km/st.

Es wurde nur die beschriebene Art von Wagenmodellen erprobt, einzeln und in Gruppen von 2, 3, 4, 10 und 25 Fahrzeugen hintereinander. Der Wirklichkeit entsprechend waren die Modelle durch einen Zwischenraum von 76 mm voneinander getrennt.

Es wurden folgende interessanten Beobachtungen gemacht:

Der Luftwiderstand eines einzelnen Fahrzeuges ist viel geringer als das Produkt aus dem Querschnitt desselben und dem spezifischen Luftdruck nach der Pitotschen Röhre. Diese Erscheinung ist auf die Bildung eines ruhenden Luftkegels oder Keiles an der Vorderseite zurückzuführen.

Bei Versuchen mit mehreren Fahrzeugen wurde festgestellt, daß naturgemäß der Widerstand des ersten Fahrzeuges am größten ist. Der Luftwiderstand des ersten Fahrzeuges stellte sich rund zehnmal so groß heraus, als an einem Fahrzeug in der Mitte des Zuges.

Das zweite Fahrzeug im Zug hat von allen den geringsten Luftwiderstand. Diese Erscheinung dürfte auf Wirbel- oder Wellenbildung zurückzuführen sein. Ob dieselbe bei Fahrzeugen in wirklicher Größe im gleichen Maß vorhanden ist, konnte bisher nicht festgestellt werden.

Endlich hat sich gezeigt, daß der letzte Wagen im Zug wieder einen verhältnismäßig größeren Widerstand besitzt, der durch die Saugewirkung des Hinterendes bedingt ist. Der Widerstand des letzten Fahrzeuges ist rund 2·6 mal so groß als der eines Fahrzeuges in der Mitte des Zuges.

Der Querschnitt eines wirklichen Fahrzeuges, das 32 mal größer ist als ein Modell, umfaßt genau 10·0 qm. Berechnet man die Äquivalentflächen, welche für diesen Gesamtquerschnitt nach der Luftwiderstandsgleichung

$$w \ \mathrm{kg/qm} = 0{\cdot}0047 \, V^2 \, F$$

wirksam werden, so erhält man folgende Werte:

Ein einzelnes Fahrzeug	$F =$ 4·80	qm
2 Fahrzeuge	5·18	,,
3 ,,	5·70	,,
4 ,,	6·36	,,
10 ,,	8·09	,,
25 ,,	13·80	,,

Aus diesen Werten von F ist zu entnehmen, daß erst ein Zug von beiläufig 15 Fahrzeugen einen so großen Luftwiderstand besitzt, daß die Äquivalentfläche gleich dem tatsächlichen Querschnitt der Fahrzeuge zu setzen ist.

Außerdem haben sich für die einzelnen Fahrzeuge in einem Zug folgende Äquivalentflächen ergeben:

Für das erste Fahrzeug eines Zuges $f = 4{\cdot}00$ qm
,, ,, zweite ,, ,, ,, $0{\cdot}32$,,
,, ,, letzte ,, ,, ,, $1{\cdot}04$,,
,, jedes Fahrzeug, das zwischen dem
zweiten und letzten Fahrzeug läuft $0{\cdot}40$,,

Die Äquivalentfläche des ganzen Zuges läßt sich zusammensetzen aus den Äquivalentflächen der einzelnen Fahrzeuge

$$F = 4{\cdot}00 + 0{\cdot}32 + (n - 3)\,0{\cdot}40 + 1{\cdot}04,$$

wenn n die Anzahl sämtlicher Fahrzeuge im Zuge ist. Diese Gleichung gilt für Züge von mindestens 3 Fahrzeugen, wobei das dritte Glied der Gleichung verschwindet.

Die Versuche haben nur mit Modellen nach der einen beschriebenen Wagenbauart stattgefunden. Prof. Goß ist jedoch der Ansicht, daß man für Lokomotive und Tender eines wirklichen Zuges angenäherte Werte erhält, wenn man die Lokomotive als erstes, den Tender als zweites Fahrzeug betrachtet, so daß für beide zusammen die Äquvalentfläche $4{\cdot}32$ qm gilt.

Diese Ergebnisse liefern geringere Widerstandswerte als sie sich bei den Versuchen der Studiengesellschaft für elektrische Schnellbahnen in Berlin ergeben haben, doch sind die Verhältnisse der verschiedenen Äquivalentflächen zueinander beachtenswert.

Überhaupt ist die von Prof. Goß angewendete Ermittlung zweckentsprechender als etwa durch Pendelversuche usw.

6. Der Krümmungswiderstand.

In den Gleisbögen erhöht sich der Widerstand der Fahrzeuge aus folgenden Gründen.

Auf das Fahrzeug wirkt zunächst die Fliehkraft ein. Entspricht die Überhöhung h der angewendeten Fahrgeschwindigkeit v nach der Gleichung

$$h = \frac{b\,v^2}{g\,R},$$

in welcher b die Entfernung der Radstützpunkte einer Achse, g die Erdbeschleunigung und R der Gleisbogenhalbmesser ist, so erhöht sich der Schienendruck an sämtlichen Rädern um denselben Betrag; eine seitliche störende Kraft tritt in den Achsen nicht auf.

Ist die Fahrgeschwindigkeit größer, als sie der vorhandenen Überhöhung entsprechen würde, so verstärkt der nicht ausgeglichene Teil der Fliehkraft den Schienendruck der am äußeren Strang laufenden Räder und ruft gleichzeitig eine Kraft hervor, welche bestrebt ist, die Spurkränze an die äußere Schiene anzupressen.

Ist jedoch die Fahrgeschwindigkeit kleiner, als sie der vorhandenen Überhöhung entsprechen würde, so erhöht sich der Schienendruck der inneren Räder und es tritt außerdem eine Kraft auf, welche die Spurkränze gegen die innere Schiene zu drücken bestrebt ist.

Soll ein Räderpaar nur mit rollender Reibung durch einen Gleisbogen gehen, so muß die Achse stets radial laufen und die beiden Laufkreise der Räder entsprechend ihrem Bogenhalbmesser verschiedenen Durchmesser besitzen.

Läuft die Achse nicht radial, so tritt selbst bei richtigem Verhältnis der Laufkreisdurchmesser ein schiefes Abgleiten der Räder auf den Schienen ein, das man sich aus einem stückweisen geraden Abrollen und axialen Verschieben zusammengesetzt denken kann. Das axiale Verschieben des Räderpaares hat der äußere Schienenstrang durch den äußeren Spurkranz zu erzeugen. Die hierbei wirksame Kraft ist bedeutend. Sie übertrifft bei mittleren Fahrgeschwindigkeiten die Wirkung der Fliehkraft wesentlich und erzeugt zum größten Teil den Krümmungswiderstand.

Durch Abdrehen der Radreifen nach einer Kegelfläche erreicht man für gewisse Achsen und bestimmte Krümmungshalbmesser die erwünschten verschiedenen Laufkreisdurchmesser. Ein tatsächlicher Erfolg ist jedoch nur innerhalb enger Grenzen zu erwarten, da die seitliche Verschiebung des Räderpaares, welches die Veränderung der Laufkreise herbeiführt, von sehr verschiedenen Umständen abhängt. Außerdem besitzen die Radreifen bei mittlerer Abnützung, die eigentlich vorauszusetzen ist, nahezu zylindrische Form. Gewöhnlich werden daher die benützten Laufkreise dem Halbmesser der beiden Schienenstränge nicht entsprechen. Es muß dann eines der beiden Räder in der Ebene des Laufkreises gleiten. Es dürfte dies bei dem weniger belasteten Rad stattfinden.

Bei Fahrzeugen mit verhältnismäßig großen Radständen und festen Achsen kann auch ein Zwängen der Räder in den Gleisbögen eintreten, wodurch der Widerstand noch gesteigert wird.

Endlich üben auch die Kräfte in den Zug- und Stoßvorrichtungen auf die Achse ein, wodurch die an sich verwickelten Vorgänge zwischen Rad und Schiene noch unklarer werden.

Theoretische Untersuchungen über den Krümmungswiderstand sind daher wenig erfolgreich gewesen. Elementare Versuche über den Wert der rollenden und gleitenden Reibung bei den Vorgängen zwischen Rad und Schiene, beim Durchfahren eines Gleisbogens liegen nur in spärlichem, ganz ungenügendem Maße vor.[1])

Es sind aber auch nur wenige Versuche mit einzelnen Fahrzeugen und ganzen Zügen angestellt worden und namentlich für Fahrzeuge neuerer Bauart fehlen Erfahrungswerte.

Umfangreiche Versuche über den Krümmungswiderstand wurden im Jahre 1876 von v. Röckl auf den Bayrischen Staatsbahnen angestellt.

Es wurden hierbei Lokomotiven und Wagen verschiedener Bauart in eigens für den Versuch angelegten Gleisbögen von 100 bis 1000 m Halbmesser erprobt. Die Feststellung des Widerstandes erfolgte durch Beobachtung der Geschwindigkeitsabnahme der abgestoßenen Fahrzeuge.

Aus 2442 Versuchswerten, die sich größtenteils auf steifachsige Wagen von rund 4 m Radstand bezogen haben, wurde die Gleichung

---

[1]) Theoretische Arbeiten über Kurvenwiderstand enthalten: Redtenbachers Gesetze des Lokomotivbaues 1855; Hoffmann, Organ Fortschr. des Eisenbahnwesens 1880, S. 199; Boedecker, Wirkungen zwischen Rad und Schiene 1887.

$$w = \frac{650 \cdot 4}{R - 55}$$

abgeleitet, in welcher R den Krümmungshalbmesser in Meter bezeichnet. Die Geschwindigkeit bei diesen Versuchen reicht bis 40 km/st. Eine wesentliche Abhängigkeit des Krümmungswiderstandes von der Fahrgeschwindigkeit konnte nicht festgestellt werden.

Die Widerstandsgleichung von Röckl wurde vielfach angenommen, um für Gebirgsbahnen jenen Betrag zu ermitteln, um welchen die Höchststeigung in den Gleisbögen zu ermäßigen ist, damit der Gesamtwiderstand unverändert bleibt[1]).

Man hat die Röcklsche Gleichung später mehrfach abgeändert, jedoch die handliche Grundform beibehalten.

So sind die Gleichungen

$$w = \frac{650}{R - 60} \quad \text{und}$$

$$w = \frac{600}{R - 50}$$

für Hauptbahnen und

$$w = \frac{500}{R - 30}$$

für regelspurige Nebenbahnen vielfach angewendet.

Um den Einfluß von Krümmungen auf den Widerstand der Züge festzustellen, wurden im Jahre 1884 auch auf den Sächsischen Staatsbahnen Versuche durchgeführt.

Diese fanden bei Anwendung eines Zugkraftmessers statt, so daß die Wagen im gewöhnlichen, gezogenen Zustand untersucht wurden.[2])

Die Fahrzeuge wurden zunächst auf der geraden Strecke bei sehr geringer Fahrgeschwindigkeit (rund 5 km/st) erprobt und hierbei der Grundwiderstand festgestellt.

Es ergaben sich hierbei für steifachsige Wagen folgende Grundwiderstände:

Offener Güterwagen, Radstand 3 m   1·0 kg/t
Personenwagen,   ,,   5 ,,   1·6 ,,
Offener Güterwagen,   ,,   7 ,,   1·5 ,,

Hierauf wurden dieselben Wagen in Gleisbögen bei ebenfalls sehr geringer Fahrgeschwindigkeit erprobt und folgende zusätzliche Krümmungswiderstände gefunden:

Halbmesser der Gleisbögen	800	400	283	170 m
Offener Güterwagen, Radstand 3 m	0·6	1·2	1·8	3·5 kg/t
Personenwagen, ,, 5 ,,	1·3	2·7	4·0	7·6 ,,
Offener Güterwagen, ,, 7 ,,	2·1	4·6	6·6	12·9 ,,

Aus diesen Widerstandswerten wurde die Gleichung

$$W = 21 \, \frac{4L + L^2}{R - 45}$$

[1]) In Bayern und Österreich wurde die Röcklsche Gleichung gesetzlich für den Ausgleich der Neigungsverhältnisse auf Gebirgsbahnen vorgeschrieben. Italien hat die abgeänderte Form $\frac{600}{R-50}$ angenommen.

[2]) F. Hoffmann, Organ Fortschr. des Eisenbahnwesens 1885, S. 174.

gebildet, in welcher L der Radstand steifachsiger Fahrzeuge und R der Gleisbogenhalbmesser in Meter ist.

Es wurden ferner Wagen mit freien Lenkachsen von 5 und 7 m Radstand erprobt. Der Grundwiderstand in der geraden Strecke war

Personenwagen,   Radstand 5 m   1·1 kg/t
Offener Güterwagen,   „   7 „   1·4 „

Der zusätzliche Krümmungswiderstand war für die Lenkachswagen bedeutend geringer als für die steifachsigen Wagen und ergab folgende Werte:

Halbmesser der Gleisbögen   800   400   283   170 m
Personenwagen,   Radstand 5 m   0·7   0·9   1·0   1·8 kg/st
Offener Güterwagen,   „   7 „   0·7   1·2   1·5   2·0 „

Aus diesen Widerstandswerten wurde die Gleichung

$$w = \frac{40\,L}{R} + 0\text{·}4$$

gebildet, in welcher wie oben L der Radstand und R der Krümmungshalbmesser in m ist.

Bei den weiteren Versuchen wurden die Widerstände auch bei höheren Fahrgeschwindigkeiten untersucht. Aus diesen geht hervor, daß die Fahrgeschwindigkeit auf den Krümmungswiderstand einen entscheidenden Einfluß nicht ausübt, daß daher im allgemeinen der zusätzliche Krümmungswiderstand für alle Fahrgeschwindigkeiten gleich groß angenommen werden kann.

Aus diesen Versuchen geht hervor, daß die Röcklsche Formel

$$w = \frac{650\text{·}4}{R - 55}$$

für steifachsige Wagen von rund 4 m Radstand Werte liefert, welche mit den Versuchsergebnissen der Sächsischen Staatsbahn gut übereinstimmen.

Fahrordnung der Züge.

Von

V. G. Bosshardt,

Inspektor der k. k. österr. Staatsbahnen, Wien.

1. Einleitung.

Die Fahrordnung[1]) bezweckt die Regelung aller Zug- und Lokomotivfahrten nach Ort und Zeit und ist die gesetzliche Vorbedingung für
derlei Fahrten überhaupt.

Die Gesamtheit aller für die Bedürfnisse einer Bahn vorgesehenen
und nach einheitlichen Grundsätzen aufgestellten Fahrordnungen bildet
den Fahrplan. Die Anzahl der in einem Fahrplan vorgesehenen Fahrordnungen hängt von den gegebenen Verkehrsbedürfnissen ab, soll aber
mindestens dem gewöhnlichen Bedarf und darüber hinaus den vorauszu-
sehenden, fallweise eintretenden gesteigerten Anforderungen entsprechen.
Im Gegensatz zu einem derartigen, nur die nächstgelegenen Bedürfnisse
deckenden Fahrplan steht der Maximalfahrplan, der die Höchstzahl der
in Verkehr zu setzenden Züge enthält und somit die vom Betriebstand-
punkte erreichbare höchste Leistungsfähigkeit der betreffenden Bahn darstellt.

Je nach Zweck und Bestimmung der betreffenden Bahnstrecke sind
im Fahrplan entweder Personen- und Güterzüge oder nur eine dieser
Zuggattungen enthalten, während der Fahrplan bei minder entwickelten
Verkehrsbedürfnissen durch gemischte Züge beiden Anforderungen gerecht zu werden sucht.

Im ersteren Falle sind für die Gesamtanordnung des Fahrplans die
Bedürfnisse des Personenverkehrs bestimmend, und der Güterzugfahrplan muß im Rahmen der durch die Personenzüge gegebenen Verkehrs-
bedingungen, unter möglichster Wahrung seiner Sonderbedürfnisse, entworfen werden.

Es kommen demnach beide Verkehrsformen — obwohl ein einheit-
liches Ganzes bildend — im Fahrplan getrennt zum Ausdruck, weshalb

---

[1]) In Deutschland, insbesondere bei den preußischen Staatseisenbahnen, versteht
man unter „Fahrordnung" die Bestimmungen über die Benutzung der Bahnhofgleise
durch ein- und ausfahrende Züge, durch wechselnde Zug- und Verschiebelokomotiven usw.

In Österreich ist im oben angegebenen Sinn zwischen „Fahrordnung" und „Fahrplan" zu unterscheiden, und sind diese Bezeichnungen im folgenden überall dort, wo sie
angewendet werden, in diesem Sinne zu verstehen.

auch dementsprechend im engeren Sinne zwischen Personenzugfahrordnung und Güterzugfahrordnung zu unterscheiden ist.

Innerhalb beider Verkehrsformen sind dann wieder die einzelnen Zuggattungen in ihrem Verhältnis untereinander zu berücksichtigen, woraus sich wieder neue, die Fahrplananordnung bestimmende und komplizierende Umstände ergeben.

Die Schwierigkeit der Fahrplankonstruktion nimmt in dem Maße zu, je reicher derselbe nach Zuggattungen gegliedert ist, und wird im direkten Verhältnis zur Abnahme dieser Gliederung erleichtert.

Fahrpläne mit einheitlichen Zuggattungen — entweder nur Personen- oder nur Güterzüge enthaltend — bilden naturgemäß vereinzelte Ausnahmen und sind in der Regel auf Sonderzwecken dienende Bahnstrecken beschränkt (z. B. Stadtbahnen, die nur zur Vermittlung des Personenverkehrs dienen, Schlepp- und Verbindungsbahnen für den Güterverkehr usw.).

Da in jedem Fahrplan die jeweilige oder überhaupt erreichbare Betriebsleistung durch die Anzahl der vorgesehenen Züge ausgedrückt ist, erscheint dadurch auch die Grundlage für die gesamte Betriebseinteilung gegeben, und muß dieselbe demnach aus dem Fahrplan heraus und in Anpassung an denselben entwickelt werden.

Für die Aufstellung des Fahrplanes kommen in Betracht:

a) die volkswirtschaftlichen Grundlagen des Verkehrsgebietes,
b) die gesetzlichen Bestimmungen des Landes und
c) die betriebstechnischen Verhältnisse und Vereinbarungen der Bahnverwaltung.

2. Grundlagen für die Aufstellung des Fahrplanes.

a) Volkswirtschaftliche Grundlagen.

Neben den jeweiligen und überhaupt erreichbaren Betriebsleistungen sollen im Fahrplan auch die volkswirtschaftlichen Bedürfnisse möglichst vollkommen zum Ausdruck gelangen. Diese Beziehungen zwischen Volkswirtschaft und Fahrplan sind von gleicher Bedeutung wie jene der Tarife. Beide — Fahrpläne und Tarife — sind die Ausdrucksmittel der Eisenbahnpolitik und demnach von größter, volkswirtschaftlicher Bedeutung.

Mit diesen Mitteln ist die Möglichkeit gegeben, innerhalb des vorhandenen Eisenbahnnetzes bestimmenden Einfluß auf die Beförderungswege auszuüben und deren Benützung systematisch den staats- und volkswirtschaftlichen Interessen anzupassen. Wir können demzufolge auch nur von einer bedingungsweisen Freiheit der Schienenwege sprechen, denn in Wirklichkeit sind sie überall dort, wo eine zielbewußte Eisenbahnpolitik betrieben wird, neben den natürlichen, in der Volkswirtschaft tätigen Gesetzen auch noch jenen, den Gesamtzwecken und Bedürfnissen des Staates entsprechenden, unterworfen. Diese Gesetze kommen zunächst in der planmäßigen Anlage und Ausgestaltung des Eisenbahnnetzes und in weiterer Folge in der Verteilung der Verkehrsmassen innerhalb desselben zum Ausdruck. So werden z. B. in Staaten mit stark ausgeprägter zentralistischer Verwaltung und planmäßiger Bevorzugung der Hauptstadt die Tarife und Fahrpläne im Personen- und sogar auch im Güterverkehr derart aufgestellt, daß sämtliche Verkehre der Hauptstadt zuströmen. Dieselbe wird dadurch, ebenso wie sie den Mittelpunkt des politischen und Verwaltungslebens bildet, auch zum Mittelpunkt des gesamten Verkehrslebens. Auf dieselbe Weise können die Verkehrsbeziehungen einzelner Staaten untereinander beeinflußt, Transporte auf bestimmte Wege geleitet oder abgelenkt, neue gewonnen werden usw.

Dieser flüchtige Überblick zeigt, von welchem Belang die zielbewußte Regelung der Verkehrswege — welche Tätigkeit unter dem Ausdruck „Eisenbahnpolitik" zusammengefaßt werden kann — für die Staats- und Volkswirtschaft ist.

Wenn durch die Tarife der eine oder der andere Verkehrsweg begünstigt werden soll, muß demselben der Fahrplan, entsprechend den sich hiernach ergebenden Bedingungen, durch mehr oder minder reiche Gliederung und Zugzahl, sowie durch Herstellung günstiger Verbindungen angepaßt werden. Neben diesen Einflüssen der Eisenbahnpolitik kommen dann noch die örtlichen Produktionsverhältnisse und Verkehrsbedürfnisse in Betracht. Auch hier können die Eisenbahnen durch den Fahrplan und den auf demselben beruhenden Betrieb in hohem Grad fördernd oder hemmend wirken.

Im allgemeinen sind die Verkehrsbedürfnisse von den volkswirtschaftlichen Verhältnissen (Bevölkerungszahl, Erwerbs- und Verbrauchsverhältnissen usw.) abhängig.

Die letzteren sind in industriellen Gebieten in der Regel am höchsten, in den ausschließlich oder vorzugsweise auf die Bodenwirtschaft beschränkten Gegenden hingegen am wenigsten entwickelt. Es kann jedoch auch im letzteren Fall eine rasche Veränderung der volkswirtschaftlichen Verhältnisse dann eintreten, wenn diese Gebiete zugleich Fundorte von zur Bildung von Industrien geeigneten Produkten sind (z. B. Kohlen-, Erdöl- oder Erzlager usw.). Das Vorkommen derartiger Neben- oder Hauptprodukte von Industrien ist stets geeignet, den wirtschaftlichen Charakter von bis dahin rein landwirtschaftlichen Gebieten in der kürzesten Zeit, unter Voraussetzung entsprechender Verkehrsmittel, vollständig zu verändern und Verkehrsbedürfnisse von nie geahnter Höhe hervorzurufen.

Derartige Vorbedingungen können als „latente" bezeichnet werden, da sie erst durch das Angebot von Verkehrsmitteln frei werden und dann zur vollen, volkswirtschaftlichen Bedeutung gelangen.

Die richtige Erkenntnis und Bewertung der latenten Vorbedingungen ist bei der Anlage neuer Bahnen, der Einrichtung ihres Betriebes und für deren Erträgnisse von entscheidender Bedeutung.

Das Freiwerden latenter Vorbedingungen kann aber auch auf bestehenden Bahnlinien durch Zurückhalten des Verkehrsangebotes verhindert oder verzögert und dadurch die volkswirtschaftliche Entwicklung in hohem Grad ungünstig beeinflußt werden.

Genau so wie im gesamten wirtschaftlichen Leben kommt also auch bei den Eisenbahnen das Gesetz von Angebot und Nachfrage zur vollen Geltung. Das bloße Angebot eines Verkehrsweges allein vermag jedoch bei Abwesenheit der notwendigen Vorbedingungen nichts zutage zu fördern. Wo anscheinend die gegenteilige Erscheinung wahrnehmbar ist, war tatsächlich die Nachfrage bereits in den latenten Vorbedingungen vorhanden.

Allen diesen Verhältnissen soll der Fahrplan Rechnung tragen, d. h. es soll die Verkehrsnachfrage bei dessen Entwurf im vollen Umfang erkannt sein. Der Fahrplan wird also stets das Spiegelbild der tatsächlich bestehenden und auch der in der nächsten Zeit zu gewärtigenden volkswirtschaftlichen Verhältnisse darzustellen haben.

Je nach dem Charakter dieser Verhältnisse werden die Bedürfnisse des Personen- oder Güterverkehrs im verschiedenen Verhältnis zum Ausdruck gelangen.

Der Einfluß der volkswirtschaftlichen Verhältnisse ist auch für die Gliederung des Fahrplans bestimmend. Je entwickelter diese Verhältnisse sind, desto reicher wird die Gliederung innerhalb der Personen und Güter befördernden Züge zum Ausdruck kommen.

Nach der Wichtigkeit und Verschiedenheit der angestrebten Zwecke müssen dann im Fahrplan Zuggruppen gebildet werden, deren unterscheidendes Merkmal ihre verschiedene Geschwindigkeit bildet. Die schnellst verkehrenden Züge werden naturgemäß für die größten Entfernungen und zur Herstellung möglichst rascher Verbindungen mit den wichtigsten Verkehrsmittelpunkten in Betracht kommen. Im Umkreis der letzteren bilden sich in der Regel beschränkte Gebiete mit besonderen, im Vergleich zu den allgemeinen, erhöhten Verkehrsbedürfnissen, denen im Fahrplan Rechnung getragen werden muß. Hiernach hat man also zwischen den Bedürfnissen des Fern- und des Ortsverkehrs zu unterscheiden. Diese Bedingungen können sowohl für den Personen- als auch für den Güterverkehr Geltung haben, so daß also auch der letztere eine mehr oder minder reiche Gliederung aufweisen kann.

Diese Gliederung kann auch durch die Art der zu befördernden Güter und die dabei zu berücksichtigenden besonderen Bedürfnisse beeinflußt werden. Bestimmte Massengüter werden dann mit geschlossenen Zügen, deren Fahrordnungen den besonderen Bedürfnissen angepaßt sind, befördert. Auf diese Weise kommt im Fahrplan nicht nur das Maß des Verkehrsbedürfnisses, sondern auch die Vielseitigkeit der volkswirtschaftlichen Verhältnisse zum Ausdruck. Wenn die zu befördernden Güter in solchen Massen vorhanden sind, daß ihre Sonderbeförderung mit entsprechend angepaßten Zügen möglich ist, ergeben sich daraus, trotz der größeren Gliederung des Fahrplans, betriebstechnisch günstige Umstände. Für jede Gattung dieser Güter bestehen dann in der Regel gemeinsame Zielstationen, nach denen die betreffenden Züge, ohne Rücksicht auf den Zwischenverkehr, geleitet werden können. Der Wagenumlauf wird dadurch beschleunigt, die Manipulationen werden vereinfacht. Derartige Gliederungen des Zugverkehrs kommen in der Regel in bestimmten Industriegebieten und im Bereich großer Hafenstädte vor.

Bei den letzteren kommt dann noch die vielfach im Interesse des Schiffsverkehrs gebotene und durch die den Sonderzwecken angepaßte Gliederung des Güterdienstes ermöglichte Beschleunigung der Zu- und Abfuhr in betracht.

Die gleichen Gesichtspunkte gelten für die Beförderung der Einzelgüter (Stückgutverkehr). Je reicher entwickelt die volkswirtschaftlichen Verhältnisse sind, um so mehr gemeinsame Bezug- und Aufgabestationen ergeben sich dann. Es kann dann die Verladung und Beförderung planmäßig geregelt und dadurch eine Abkürzung der Beförderungszeit und Vereinfachung der örtlichen Verrichtungen erzielt werden.

Auch für diese Bedürfnisse muß im Fahrplan vorgesorgt werden, so daß also neben den Zügen für die Beförderung der Massengüter auch noch die für die Beförderung der Einzelgüter in betracht kommen.

In jedem Falle bildet das Vorhandensein entsprechender Massen der in betracht kommenden Güter und entsprechender Handels- und Industriemittelpunkte die unerläßliche Voraussetzung für die Unterteilung des Güterverkehrs nach Arten. In dem Maße, als diese Voraussetzungen mangeln, nimmt dementsprechend auch die Gliederung des Fahrplans ab. Die Beförderung der verschiedenartigsten Güter erfolgt dann mit gemeinsamen Zügen, deren Fahrordnung demzufolge, da den verschiedenartigsten Bedürfnissen Rechnung getragen werden muß, wesentlich schwerfälliger wird. Die unterste Stufe dieses Entwicklungsganges bilden die Lokal- und Sekundärbahnen, bei denen, entsprechend der geringen Entwicklung der volkswirtschaftlichen Verhältnisse in den von ihnen durchzogenen Gebieten, schließlich jede Gliederung des Fahrplans entfällt und die gesamten Verkehrsbedürfnisse (Personen- und Güterdienst) nur durch eine Zuggattung befriedigt werden.

Die mehr oder minder mannigfaltige Gliederung der Fahrpläne ist also immer nur eine Folge der größeren oder geringeren Entwicklung der volkswirtschaftlichen Verhältnisse.

Dieselben Gesetze kommen auch im Personenzugfahrplan zum Ausdruck. Außerdem wird hier aber noch die Gliederung durch besondere soziale oder kulturelle Bedürfnisse beeinflußt. So müssen z. B. für die Beförderung von Arbeitern im Umkreis größerer Industrieorte besondere Züge im Fahrplan vorgesehen werden, ebenso muß den besonderen Bedürfnissen von Kurorten, Sommerfrischen usw. entsprechend Rechnung getragen werden.

Neben allen diesen Umständen kommt schließlich noch die Beförderungsdauer und das Entstehen gewisser Zeiträume mit besonderen, erhöhten oder verminderten Verkehrsbedürfnissen zu erörtern.

Bei hoch entwickelten Handels- und Industrieverhältnissen wird die anzustrebende Zeitersparnis die Einrichtung aller Verkehrsmittel derart beeinflussen, daß gegenüber den hieraus erwachsenden Vorteilen selbst die allfällige Erhöhung der Beförderungskosten in den Hintergrund treten kann.[1]) Bei der Erhöhung der Verkehrsgeschwindigkeiten kommen übrigens auch noch die dadurch erreichbaren betriebstechnischen Vorteile in betracht (rascherer Wagenumlauf und dadurch verminderter Wagenbedarf, Erhöhung der Leistungsfähigkeit räumlich beschränkter Bahnhofsanlagen). Trotzdem ist festzuhalten, daß die volkswirtschaftlichen Bedingungen der Anordnung des Betriebes Inhalt und Form verleihen und grundlegend für die Bildung des Fahrplans sind. Auf dieselben Ursachen ist die Unterscheidung von Zeiträumen mit verschiedenen Verkehrsbedürfnissen zurückzuführen. In bestimmten Zeitabschnitten wechseln Erzeugungs- und Verbrauchsbedürfnisse. Gleichlaufend damit ändern sich auch

---

[1]) In England verkehren die Güterzüge vielfach nahezu mit derselben Geschwindigkeit wie die Personenzüge. Das Bedürfnis raschen Warenumsatzes ist dort in solchem Maße entwickelt, daß die Höhe der Beförderungskosten gegenüber den Nachteilen einer verzögerten Beförderung vollständig in den Hintergrund tritt. Begünstigt wird diese Erscheinung allerdings durch den Zusammenhang mit dem Schiffsverkehr und die verhältnismäßig kurzen Beförderungsstrecken.

die Bedürfnisse des Personen- und Güterverkehrs. Aus diesen Verhältnissen heraus haben sich die zwei Fahrplanzeiträume — Sommer- und Winterfahrplan — entwickelt, mittels welcher den verschiedenen Beförderungsbedürfnissen durch entsprechende Anordnung des Zugverkehrs Rechnung getragen wird.

Innerhalb dieser Zeitabschnitte können sich dann noch kleinere Zeiträume mit abweichenden, durch örtliche Verhältnisse bedingten Bedürfnissen ergeben (z. B. Kohlenverkehr im Herbst, Rübentransporte für Zuckerfabriken, Ernteausfuhr usw.), die wieder entsprechend berücksichtigt werden müssen. In allen diesen Einzelheiten ist der natürliche Zusammenhang der volkswirtschaftlichen Verhältnisse mit den Fahrplänen zu ersehen. Die volle und richtige Erkenntnis dieses Zusammenhanges bildet die erste und unerläßliche Voraussetzung einer richtigen Fahrplanaufstellung und Betriebsanordnung. Der fortwährende Umbildungsprozeß der wirtschaftlichen Verhältnisse bedingt auch gleichlaufend damit sich vollziehende Änderungen der Fahrpläne, deren Rückwirkung dann auch in der Betriebsanordnung und in weiterer Folge in der Vermehrung und Ausgestaltung der Bahnanlagen zum Ausdruck kommt. Dem volkswirtschaftlichen Leben werden dadurch immer wieder aufs neue belebende Kräfte zugeführt, die ihrerseits wieder eine vermehrte Rückwirkung auf den Betriebsmechanismus ausüben, Verbesserungen des Fahrplans bedingen und die Hebung des Verkehrs zur Folge haben werden.

b) Gesetzliche Bestimmungen.

Dieselben sind in Österreich in der „Eisenbahnbetriebsordnung" und in den „Grundzügen der Vorschriften für den Verkehrsdienst"[1]), in Deutschland in der „Eisenbahn-Bau- und Betriebsordnung" enthalten.

Die wesentlichsten Bestimmungen sind folgende:

α) In Österreich:

Die Züge werden eingeteilt in:

A. Gewöhnliche Züge (fahrplanmäßig täglich verkehrende).

B. Außergewöhnliche Züge, und zwar:

1. Erforderniszüge — im Fahrplane für Bedarfsfälle vorgesehen. (Hierher gehören auch die Militärzüge.)

2. Abgeteilte Züge — im Fahrplan nicht vorgesehen, werden mit Fahrzeiten und Aufenthalten des zu teilenden Zuges im bestimmten Raumabstand in Verkehr gesetzt.

3. Sonderzüge — bei besonderen Anlässen nach fallweise aufgestellter Fahrordnung.

4. Dienstzüge (Hilfs- und Schneepflugfahrten usw.) — bei außergewöhnlichen Anlässen ohne Fahrordnung.

---

[1]) Die „Eisenbahnbetriebsordnung" enthält die allgemeinen gesetzlichen Vorschriften für den Bahnbetrieb, die Verpflichtungen der Bahnverwaltungen und ihrer Angestellten, die Kontrolle seitens der Regierungsbehörden und endlich die Verpflichtungen der mit den Eisenbahnen in Beziehung tretenden Personen. Die „Grundzüge" sind für Haupt- und Lokalbahnen gesondert aufgestellt. Die anzuwendenden Signale sind einheitlich durch die Signalvorschriften geregelt.

Alle im Fahrplan vorgesehenen Züge müssen mit Ordnungsnummern versehen sein.

(System: Ungerade Nummern für Züge in der Richtung vom Anfangspunkt der Bahnlinie, gerade Nummern für die Züge in der entgegengesetzten Fahrtrichtung.)

Zur Feststellung der Kreuzungen und des Vorfahrens der Züge ist für sämtliche Züge eine „Rangordnung" festgesetzt, die gleichzeitig mit der Einteilung der Züge nach ihrer Bestimmung, sowie mit dem System der Zugnumerierung in der folgenden Zusammenstellung ersichtlich ist.

Einteilung der Züge nach ihrer Bestimmung	Zug-	Rang-
	Nummer	
Hofzüge	—	1, 2
Schnell-, Expreß- und Luxuszüge	1—10	3, 4
Personenzüge (Post- und Lokalpersonenzüge)	11—50	5, 6
Sekundärpersonenzüge (Omnibuszüge), gemischte Züge	51—60	7, 8
Militärzüge . . . . ·	61—70	9, 10
Gütereilzüge	61—70	11, 12
Güterzüge	71—99	13, 14
Lokomotivzüge	Mit Nummern und Buchstaben	15, 16
Arbeitszüge	Mit Buchstaben	17, 18

Bei den Zugnummern ist noch zu bemerken, daß die einzelnen Bahnlinien durch den Zugnummern vorgesetzte Serien von Hundertern oder Tausendern gekennzeichnet werden. Züge mit der niedrigeren Rangnummer haben den Vorrang vor jenen mit der höheren. (Z. B. Züge mit der Rangnummer 1 stehen im Vorrang gegenüber jenen der Rangnummer 2 usw.)

Für die Fahrplanaufstellung ist weiter festgesetzt:

Bei Kreuzungen (Zusammentreffen von zwei in entgegengesetzter Richtung verkehrenden Zügen)[1] muß auf eingleisigen Bahnen zwischen der Ankunft des einen Zuges und der Abfahrt des Gegenzuges ein Zeitraum von mindestens einer Minute in den Fahrordnungen vorgesehen sein.

Für die in gleicher Richtung verkehrenden Züge ist das Fahren im Raumabstand vorgeschrieben.

Die auf den einzelnen Linien zulässige größte Fahrgeschwindigkeit wird von der Aufsichtsbehörde festgesetzt.

Eine Herabminderung der zulässigen Geschwindigkeit hat einzutreten:

1. Bei Zügen mit 2 Lokomotiven an der Spitze des Zuges. (Zulässige Höchstgeschwindigkeit 65 km/st.)

2. Bei Zügen mit verkehrt stehender Lokomotive (Schlepptender voraus) an der Spitze des Zuges (Höchstgeschwindigkeit 45 km/st).

3. Bei Zügen, welchen nachgeschoben wird (Höchstgeschwindigkeit 35 km/st).

---

[1] Kreuzungen können auf eingleisigen Bahnen nur in den Stationen, auf doppelgleisigen Strecken auch zwischen zwei Stationen — also auf der offenen Strecke — erfolgen. Wenn ein Zug einen anderen, in derselben Richtung verkehrenden Zug einholt, und vor dem eingeholten Zug weiterfährt, wird dieses Zusammentreffen „Vorfahren" — in Deutschland „Überholung" — genannt.

4. Bei geschobenen Zügen (Lokomotive am Zugende), Höchstgeschwindigkeit 25 km/st.

Für das Befahren der Weichen gelten im allgemeinen folgende Bestimmungen:

Nicht versicherte oder verläßlich verschlossene Weichen dürfen von Schnell- und Personenzügen in gerader Richtung mit höchstens 40, in die Ablenkung gestellte Weichen mit höchstens 30 km/st befahren werden.

Vollkommen versicherte oder verläßlich gesperrte Weichen können von Schnell- und Personenzügen im ersteren Falle mit höchstens 60, im letzteren mit höchstens 40 km/st befahren werden.

Güterzüge dürfen Weichen gegen die Spitze in gerader Richtung mit 20, bei Fahrten in die Ablenkung mit 10 km/st befahren.

β) In Deutschland.

Im allgemeinen sind zu unterscheiden:

A. Regelmäßig verkehrende Züge — im Fahrplan für den täglichen oder den Verkehr an bestimmten Tagen vorgesehene Züge.

B. Nicht regelmäßig verkehrende Züge, und zwar:

Bedarfszüge (auch Lokomotivzüge) — im Fahrplan für den Bedarfsfall vorgesehen.

Hierher gehören auch die Vor- und Nachzüge[1]) mit im Fahrplan vorgesehenen Fahrordnungen.

Sonstige Vor- und Nachzüge werden mit Fahrzeiten und Aufenthalten jener Züge in Verkehr gesetzt, vor oder nach denen sie zur Einleitung gelangen.

Sonderzüge — mit fallweise aufgestellter Fahrordnung.

Nach ihrer Bestimmung werden die Züge eingeteilt:

Schnellzüge (D-Züge, Luxus- und Expreßzüge).

Personenzüge, Militär-, Vieh- und Eilgüterzüge, Güterzüge, Arbeitszüge, Hilfszüge, Probezüge.

Zur Kennzeichnung ist die Numerierung der Züge vorgeschrieben. (Gerade und ungerade Nummern zur Unterscheidung der Fahrtrichtung.)

Außerdem wird die Zuggattung der Nummer beigesetzt. Vor- und Nachzüge werden mit der Nummer des Hauptzuges und dem Zusatz „Vorz." oder „Nz." bezeichnet. Mehrere Vor- oder Nachzüge sind ihrer Anzahl entsprechend als 1., 2., 3. usw. „Vorz." oder „Nz." zu bezeichnen.

Hinsichtlich des Rangverhältnisses ist im allgemeinen folgendes festgesetzt:

Sonderzüge Allerhöchster und Höchster Herrschaften haben den Vorrang vor den übrigen Zügen, die Schnellzüge vor den Personen- und Güterzügen, die Personenzüge vor den Güterzügen. Dringliche Hilfszüge gehen allen anderen Zügen vor.

Bei den preußisch-hessischen Staatsbahnen ist hinsichtlich der Rangordnung noch zwischen Personenzügen, Militärzügen, Vieh- und Eilgüterzügen, Fern-, Durchgangs- und Nahgüterzügen, Arbeitszügen und Probezügen zu unterscheiden.

---

[1]) Nachzüge entsprechen den in Österreich üblichen zweiten Teilen der Züge. Dagegen gelangen in Österreich keine Vorzüge zur Einleitung und sind dementsprechend auch in den Vorschriften nicht vorgesehen.

Für in gleicher Richtung verkehrende Züge ist die Zugfolge im Raumabstand vorgeschrieben.[1]

Die Fahrgeschwindigkeiten[2] sind im allgemeinen wie folgt begrenzt:

1. Personenzüge { ohne durchgehende Bremse 60 km/st
{ mit durchgehender Bremse 100 km/st

Unter besonders günstigen Umständen kann von der Landesaufsichtsbehörde noch eine höhere Geschwindigkeit bewilligt werden.

2. Güterzüge . . . . 45 km/st

Unter besonders günstigen Verhältnissen mit Genehmigung der Aufsichtsbehörde 60 km/st.

3. Arbeitszüge . . . . 45 km/st

4. Einzelne Lokomotiven . . . . . . 50 km/st

(Allenfalls noch höhere Geschwindigkeit, bis zur Grenze der Leistungsfähigkeit zulässig.)

Für Probefahrten ist die Geschwindigkeit unbegrenzt. Ferner ist noch festgesetzt:

Im Gefälle von:	Zulässige Höchstgeschwindigkeit:
$3\,^0/_{00}$	120 km/st
$5\,^0/_{00}$	105 km/st
$7{\cdot}5{-}10{\cdot}0\,^0/_{00}$	95—85 km/st
$12{\cdot}5{-}17{\cdot}5\,^0/_{00}$	80—70 km/st
$20{\cdot}0{-}25{\cdot}0\,^0/_{00}$	65—55 km/st

In Krümmungen mit dem Halbmesser von:	
1300 m	120 km/st
1200—1000 m	115—105 km/st
900—700 m	100—90 km/st
600—400 m	85—75 km/st
300—180 m	65—45 km/st

Für Züge, deren führende Lokomotive mit dem Tender voranfährt, ist die Höchstgeschwindigkeit mit 45, für geschobene Züge (Lokomotive am Zugende) mit 25, beziehungsweise bei unbewachten Wegübergängen mit 15 km/st festgesetzt.

Für das Befahren von Weichen, Drehbrücken usw. werden die zulässigen Höchstgeschwindigkeiten von der zuständigen Aufsichtsbehörde bestimmt und dem Personal besonders mitgeteilt.

c) Betriebstechnische Grundlagen.

Für die Fahrplanaufstellung sind auch die vorhandenen Bahnanlagen und Betriebsmittel bestimmend.

Zunächst kommt hier die ein- oder zweigleisige Anlage der Bahn in Betracht, und in weiterer Folge müssen die Aufnahmeverhältnisse der

---

[1] Auf Nebenbahnen nur dann, wenn mit mehr als 15 km/st gefahren wird.

[2] Auf Nebenbahnen im allgemeinen für Personenzüge 30 km/st, auf vollspurigen Bahnen mit eigenem Bahnkörper und bei Anwendung durchgehender Bremsen 40 km/st und mit Genehmigung der Landesaufsichtsbehörde 50 km/st.

Stationen[1]), die durch ihre Gleisanlagen gegeben sind, berücksichtigt werden.

Bei doppelgleisigen Bahnen kann eine Begegnung (Kreuzung) der in entgegengesetzter Richtung verkehrenden Züge sowohl in den Stationen, als auch an jedem beliebigen Punkt der offenen Strecke erfolgen, während Überholungen von in gleicher Richtung verkehrenden Zügen nur in den Stationen stattfinden können.

Im Gegensatz hierzu können auf eingleisigen Strecken Zugbegegnungen (Kreuzungen und Überholungen) nur in den Stationen erfolgen.

Die Anzahl der Züge, die in einer Station gleichzeitig aufgenommen werden können, ist durch die Anzahl der für den Zugverkehr daselbst vorgesehenen Gleise gegeben, wobei alle für Manipulationszwecke (Magazins-, Rangier-, Heizhausgleise usw.) vorgesehenen Nebengleise unberücksichtigt zu bleiben haben.

Beim Zusammentreffen personenführender Züge muß deren Aufstellung und die Möglichkeit ungefährdeten Zu- und Abganges der Reisenden dann im Fahrplan besonders berücksichtigt werden, wenn in der betreffenden Station getrennte Bahnsteige, Übergangstege oder Personentunnels nicht vorgesehen sind und demnach das Aus- und Einsteigen der Reisenden mit Gleisüberschreitungen verbunden ist.

Die Aufeinanderfolge der in gleicher Richtung verkehrenden Züge wird derart geregelt, daß die Strecke in Abschnitte geteilt wird, deren jeder einzelne nur von einem Zuge befahren werden darf. Die Einfahrt in einen Raumabschnitt darf also nur dann erfolgen, wenn derselbe von keinem Zuge besetzt ist, beziehungsweise wenn ein vorher darin befindlicher Zug den betreffenden Raumabschnitt bereits verlassen hat. Diese Raumabschnitte können aus der ganzen, zwei Stationen verbindenden Strecke oder durch Unterteilung derselben durch Einschaltung von Block- oder Zugmeldeposten[2]) gebildet werden.

Im ersteren Falle erfolgt dann die Fahrt im Stations-, im letzteren im Block- oder Zugmeldepostenabstand.

Die anzuwendenden Fahrzeiten hängen von der Leistungsfähigkeit der zu verwendenden Lokomotiven, den Belastungs- und Streckenverhältnissen ab.

Sie werden dementsprechend für die einzelnen Zuggattungen unter Berücksichtigung der gesetzlich zulässigen Höchstgrenzen ermittelt.

Die bei der Berechnung angenommene Geschwindigkeit wird „Grundgeschwindigkeit" genannt und stellt diejenige Geschwindigkeit dar, welche der Zug auf der wagerechten, geraden oder leicht gekrümmten Strecke anwenden muß, um die Fahrzeit einzuhalten. Die Grundgeschwindigkeit

---

[1]) Alle allgemeinen Bestimmungen über Stationen gelten auch für Betriebsausweichen.

[2]) Jeder Raumabschnitt ist beiderseits durch Mastsignale begrenzt. Dieselben können derart eingerichtet sein, daß das Signal für die Einfahrt in einen Streckenabschnitt unter Verschluß des nächsten Postens steht, solange der vorliegende Streckenabschnitt besetzt ist. Eine derartig eingerichtete Strecke heißt Blockstrecke, die einzelnen Raumabschlußposten werden Blockposten genannt. Wenn diese Abhängigkeit der Signale nicht vorhanden ist und zur gegenseitigen Verständigung über die Bewegung der Züge in den Raumabschnitten nur telegraphische oder telephonische Verständigung vorgesehen ist, werden derartig eingerichtete Posten „Zugmeldeposten" genannt.

wird in der Regel niedriger, als die größte zulässige Geschwindigkeit angenommen, um die Einbringung von Verspätungen zu ermöglichen.

Die unter Zugrundelegung der größten zulässigen Geschwindigkeit auf die gleiche Weise, wie vorher angegeben, ermittelten Fahrzeiten werden „kürzeste Fahrzeiten" genannt und sollen zur Einbringung von Verspätungen eingehalten werden. Man hat demnach zwischen den fahrplanmäßigen und den kürzesten Fahrzeiten zu unterscheiden. Die Fahrplanaufstellung hat stets unter Zugrundelegung der ersteren Fahrzeiten zu erfolgen.

Die Aufenthalte der einzelnen Züge sind in den Stationen den Bedürfnissen entsprechend festzusetzen, wobei insbesondere auch auf die nur aus betriebstechnischen Gründen notwendig werdenden Manipulationen (z. B. Lokomotivpflege, Umsetzen von Zügen zum Zweck der Überholung bei mangelnder direkter Einfahrt usw.) Rücksicht zu nehmen ist. Außerdem sollen die Aufenthalte tunlichst so bemessen werden, daß deren Kürzung in Verspätungsfällen möglich wird.

Die Gesamtfahrzeit eines Zuges setzt sich aus seinen Fahrzeiten und Aufenthalten zusammen. Bei richtig aufgestellter Fahrordnung muß die Gesamtfahrzeit zur Abfahrtzeit gerechnet die Ankunftzeit in der Zugendstation ergeben.

In beiden Fahrtrichtungen soll möglichst die gleiche Zugzahl eingerichtet werden. Ungleiche Zugzahlen bedingen Leerfahrten und mindere Personalausnützung. Dem raschen Wagenumlauf soll im Fahrplan möglichst Rechnung getragen werden, da der Wagenumlauf im direkten Verhältnis zur Verlängerung oder Verminderung der Umlaufzeiten zu- oder abnimmt.

Ebenso muß im Fahrplan räumlich beschränkten Anlagen durch rasche Abfuhr der Wagen Rechnung getragen werden, da hierdurch deren Leistungsfähigkeit erhöht wird und Stockungen hintangehalten werden.

Als Grundsatz hat demnach im allgemeinen zu gelten, daß im Fahrplan ebenso alle sich bietenden Vorteile wahrgenommen werden, als auch getrachtet werden soll, alle Nachteile, die sich aus den Anlagen oder sonstigen Verhältnissen ergeben, durch möglichst zweckmäßige Anordnung auszugleichen.

d) Fahrplanbehelfe.

Die Ankunft- und Abfahrtzeiten sind in den Fahrplänen in „Mitteleuropäischer Zeit"[1] angegeben. Für den öffentlichen und den Dienstgebrauch werden verschieden angeordnete Fahrpläne aufgelegt.

Die Fahrpläne für den öffentlichen Gebrauch sind Auszüge aus den Dienstfahrplänen und enthalten die für den Personenverkehr notwendigen Angaben. Man hat dabei zwischen den Aushangfahrplänen und den verkäuflichen Fahrplanbüchern (Kursbüchern) zu unterscheiden. Beide werden für den Geltungbereich der einzelnen Bahnverwaltungen aufgelegt. Außerdem werden die Fahrpläne sämtlicher Bahnverwaltungen des Landes von

---

[1] Die Mitteleuropäische Zeit (1 Stunde vor Greenwich) wird in Deutschland, Luxemburg, Österreich-Ungarn, Norwegen, Schweden, Dänemark, Italien, Schweiz, Serbien und der westlichen Türkei angewendet.

7*

der hierzu berufenen staatlichen Behörde[1]) zusammengestellt und als amtliches Kursbuch für den allgemeinen Gebrauch aufgelegt. Die amtlichen Kursbücher enthalten zumeist neben den eigenen auch noch auszugweise oder vollständige Fahrpläne der angrenzenden Schiffahrt- und Postverbindungen, so daß sie ein mehr oder minder vollständiges Handbuch der gesamten Verkehrsmittel bilden (Österreichisches Kursbuch, Deutsches Reichskursbuch usw.).

Außerdem werden öffentliche Fahrpläne für den Viehverkehr aufgelegt, in denen die für die Beförderung lebender Tiere vorteilhaftesten Gütereilzugverbindungen ersichtlich gemacht sind. Bei den Dienstfahrplänen ist zwischen den bildlichen und den Dientfahrplanbüchern zu unterscheiden.

Die Fahrpläne werden auch zeichnerisch entworfen und hiernach die „bildlichen Fahrpläne“ für den Gebrauch der verschiedenen Dienststellen aufgelegt. Hierbei werden in einem bestimmten, einheitlich festgesetzten Maßstab[2]) die Stationsabstände wagerecht, die Tagesstunden von 12 Uhr nachts bis 12 Uhr nachts — also 24 Stunden umfassend — senkrecht aufgetragen. In dem dergestalt gebildeten Netz werden dann die einzelnen Züge, ihrem Lauf entsprechend, eingezeichnet. An beiden Seiten des Orts- und Zeitnetzes sind dann noch Tabellen mit betriebstechnischen Angaben, Skizzen der Gleisanlagen, Richtungs- und Neigungsverhältnisse usw. angeordnet.

In den Dienstfahrplanbüchern sind die Fahrordnungen der einzelnen Züge, in Tabellenform zusammengestellt, enthalten. Die Form und Inhaltsanordnung der Dienstfahrplanbücher sind einheitlich geregelt.

Aus den folgenden, den k. k. österreichischen Staatsbahnen entnommenen Mustern ist die in Österreich übliche Anordnung der Fahrordnungstabellen der Dienstfahrpläne zu ersehen.

Muster I.

Fahrordnungstabelle für eine doppelgleisige Hauptbahnstrecke.

Schnellzug Nr. 1.   (Rang 3.)

Grundgeschwindigkeit 80 km. — Mit Wagen I. und II. Klasse.

Entfernung in Kilom.	Stationen	Fahrzeit Min.	Ankunft Uhr	Ankunft Min.	Aufenthalt Min.	Abfahrt Uhr	Abfahrt Min.	Trifft den Zug Nr.	Kürzeste Fahrzeit	Bremsprozente
·	**Amstetten**	·	Nachts 10	47	·	10	51	70, 330 } 16, 84	·	
7·1	Mauer-Oehling . .	9	·	·	·	11	00		8	
4·0	Aschbach	4	·	·	·	11	04	} 166	4	
8·7	St. Peter-Seitenst. .	7	·	·	·	11	11	} 184	7	
6·4	**Haag**	6	·	·	·	11	17	83	6	
13·4	**St. Valentin** . . .	12	·	·	·	11	29	183, 85, 1166 } 192	12	
7·0	**Enns**	6	11	35	1	11	36	67, 88	6	

---

[1]) In Österreich wird das amtliche Kursbuch vom Postkursbureau des k. k. Handelsministeriums, in Deutschland vom Kursbureau des Reichs-Postamts zusammengestellt und herausgegeben.

[2]) In Österreich üblicher Maßstab: 1 Stunde = 10 mm, 1 km = 2 mm. In Deutschland 1 Stunde = 15 bis 30 mm, 1 km = 2 bis 4 mm.

Muster II.

Fahrordnungstabelle für eine eingleisige Hauptbahnstrecke.

Schnellzug Nr. 901. (Rang 3.)

Grundgeschwindigkeit 80 km. — Mit Wagen I., II. und III. Klasse.

Stationen	Entfernung in Kilometern		Fahr-zeit	An-kunft		Auf-ent-halt	Abfahrt		Trifft den Zug Nr.	Kürzeste Fahrzeit	V
	einzeln	zusam.	Min.	Uhr	Min.	Min.	Uhr	Min.			%
Amstetten	.	.	Nachts			.	11	17		.	.
Ulmerfeld	7·7	7·7	9	.	.	.	11	26		8	$\frac{75}{46}$
Rosenau	9·6	17·3	10	.	.	.	11	36		9	$\frac{70}{48}$
Waidhofen a. d. Y. .	6·1	23·4	7	11	43	2	11	45	912	7	$\frac{60}{46}$
Oberland	8·8	32·2	20	.	.	.	12	05		15	$\frac{57}{48}$
Gaflenz	2·2	34·8	3	.	.	.	12	08	974	3	$\frac{60}{46}$
Weyer	6·4	40·8	7	.	.	.	12	15		7	„

Muster III.

Fahrordnungstabelle für eine Lokalbahnstrecke.

Entfernung in km	Stationen	Rang	6	Fährt auf Gls. Nr.	6	Fährt auf Gls. Nr.	6	Fährt auf Gls. Nr.	Kürzeste Fahrzeit
		Tageszeit	Abends		Nachm.		Früh		
		Gattung und Nummer	P. Z. 3016 II. III.		P. Z. 3018 II. III.		P. Z. 3026 II. III.		
.	Lambach . . . . ab		7·32 (2825) (16)	.	(2577) (2516) 1·35 (2817) (18) (70)	.	6·55 (83)	.	.
3·5	Stadl-Paura . . . . . an / ab		7·40 / 7·41	2	1·43 / 1·44	2	7·03 / 7·06	2	8
1·9	Fohlenhof P. H. . . . an / ab		△ 7·47	.	△ 1·50	.	△ 7·12	.	5
1·6	Wimsbach . . . . . . an / ab		7·52 / 7·54	1	1·55 / 2·00	1	7·17 / 7·20	1	4
2·0	Au P. H. . . . . . . an / ab		△ 8·01	.	△ 2·07	.	△ 7·27	.	6
1·7	Blankenberg P. H. . . an / ab		△ 8·06	.	△ 2·12	.	△ 7·32	.	5
1·2	Feldham-K. P. H. . . an / ab		△ 8·11	.	△ 2·17	.	△ 7·37	.	4
2·9	Vorchdorf-E. . . . . . an		8·20 (Yf)	1	2·26	1	7·46 (Yb)	1	8

Die Anordnung der deutschen Dienstfahrplanbücher ist aus folgenden, den Vorschriften für die preußischen Staatsbahnen entnommenen Mustern IV und V zu ersehen:

Muster IV.

1. ❺ Schnellzug 1.—3. Klasse.

(Berlin)—Brieg—Oderberg.

Grundgeschwindigkeit 80 km in der Stunde von Ratibor bis Oderberg, sonst 75 km.

1	2	3	4	5	6	7	8	9	10	11	12	13
Ent-fernung	Stationen	Fahrzeit	An-kunft	Auf-enthalt	Ab-fahrt	Kreuzung mit Zug	Über-holung des Zuges	durch Zug	Kürzeste Fahrzeit	Es sind von 100 Wagen-achsen zu bremsen	Lastachsen hat zu befördern	
km		M.	U. M.	M.	U. M.				M. | M.			
											S 3	P 4
1,45	**Brieg**	16	6 50	2	6 52	·	·	·	2 | 11½	74 (100)		
7,93	Briegischdorf .		——	—	6 54	·	6261	·	5	„		
5,68	Lossen		——	—	7 02	·	·	·	4½	„		
4,52	Löwen		7 08	1	7 09	·	·	·	3¾	„	38	
7,80	Arnsdorf . . .		——	—	7 14	·	·	·	4¾	„		
10,43	Dambrau . . .	24	——	—	7 21	·	·	·	4¾ | 17½	„		
2,32	Sczepanowitz .		——	—	7 30	·	·	·	6½	„		
3,58	**Oppeln**		7 33	3	7 36	·	271	·	2½	„		

Muster V.

8753. Nahgüterzug.

Grundgeschwindigkeit 25 km von Gleiwitz bis Preiswitz und von Pallowitz bis Sohrau, 15 km von Preiswitz bis Orzesche und 20 km von Orzesche bis Pallowitz.

1	2	3	4	5	6	7	8	9	10	11	12	13
Ent-fernung	Stationen	Fahrzeit	An-kunft	Auf-enthalt	Ab-fahrt	Kreuzung mit Zug	Über-holung des Zuges	durch Zug	Kürzeste Fahrzeit	Es sind von 100 Wagen-achsen zu bremsen	Lastachsen hat zu befördern	
km	.	M.	U. M.	M.	U. M.				M. | M.			
											T 3	
2,29	**Gleiwitz Gs.** . .	8	——	—	7 38	·	·	·	5	7 (30)		
5,61	Sosnitza . . .		7 46	6	7 52	884	·	·	13 | 17	17(25)		
1,35	Preiswitz Dorf	21	——	—	8 09	·	·	·	4	„		
4,76	Preiswitz . . .		8 13	24	8 37	874	·	·	20	15(15)	33	
2,97	Chudow	45	——	—	8 52	·	·	·	8	„		
2,74	Ornontowitz		——	—	9 10	·	·	·	| 39	„		
3,30	**Orzesche** . . .		9 22	38	10 00	·	·	·	11	18(20)	33	
2,91	Zawada . . .	19	——	—	10 10	·	·	·	10 | 19	„	70	
7,09	Pallowitz . . .		10 19	15	10 34	·	·	·	9	17(25)	63	
	Sohrau OS. . .	20	10 54	—	——	876	·	·	18			
33,02		113		83								

Die den Dienstfahrplanbüchern beigegebenen Zeichenerklärungen und Vorbemerkungen sind gleichfalls einheitlich geregelt.

Das folgende Muster VI zeigt die bei den österreichischen, Muster VII die bei den preußischen Staatsbahnen übliche Anordnung.

Muster VI

(Österr. Staatsbahnen).

Zeichenerklärung.

1. ┃ Doppelgleise.

2. ▐ Nachtzeit von 6 Uhr abends bis 5 Uhr 59 Minuten früh.

3. Das Zeichen $\times$ bedeutet das bedingte Anhalten in den Stationen und Haltestellen.

4. Der Buchstabe a bedeutet einen Aufenthalt nur zum Aussteigen von Reisenden.

5. Der Buchstabe e bedeutet einen Aufenthalt nur zum Einsteigen von Reisenden.

6. Das Zeichen † bedeutet das nur aus Verkehrsrücksichten bedingte Anhalten.

7. Das Zeichen $\triangle$ bedeutet das unbedingte Anhalten kürzer als eine Minute.

8. In der Rubrik $\dfrac{V}{^0/_0}$ bedeutet:

V die auf der größten Neigung der Belastungssektion mit Rücksicht auf die Bremsung zulässige Maximalfahrgeschwindigkeit in Kilometern pro Stunde;

$^0/_0$ das in der betreffenden Belastungssektion anzuwendende Bremsausmaß in Prozenten der Bruttolast.

Anmerkung.

Die Züge verkehren nach mitteleuropäischer Zeit.

Muster VII

(Preußische Staatsbahnen).

Vorbemerkungen.

1. Die Zeiten von $6^{\underline{00}}$ abends bis $5^{\underline{59}}$ morgens sind durch Unterstreichen der Minutenzahlen gekennzeichnet.

2. In der Spalte Aufenthalt bedeutet:

$\times$ der Zug hält nach Bedarf,

a ,, ,, ,, nur zum Aussteigen,

e ,, ,, ,, ,, ,, Einsteigen,

$+$,, ,, ,, ,, aus Betriebsrücksichten.

3. Die für die Beförderung von unverpackten einsitzigen Zweirädern freigegebenen Schnellzüge sind mit ⊕, die nur in beschränktem Umfange freigegebenen Schnellzüge sind mit ⊟ bezeichnet.

4. Die Durchfahrzeiten auf den Stationen stimmen nur annähernd.

5. In Spalte 11 der Fahrpläne ist die Zahl der Bremsachsen ohne Klammer angegeben, die auf der betreffenden Strecke für 100 Wagenachsen erforderlich sind. Die in Spalte 11 eingeklammerten Zahlen bedeuten die für die Berechnung der Bremsachsen maßgebende Geschwindigkeit in Kilometern für die Stunde.

6. Die Bremsachsen werden nach den in der Spalte 11 des Fahrplans angegebenen Bremsachsenzahlen mit Hilfe der Bremstafel berechnet.

7. Die Strecken, auf denen der letzte Wagen eine bediente Bremse haben muß, sind in Spalte 11 durch eine senkrechte sägeförmige Linie ⸿ bezeichnet.

8. Die im Kopf der einzelnen Züge angegebene Grundgeschwindigkeit bezeichnet diejenige Geschwindigkeit in der Stunde, mit der der Fahrplan berechnet ist. Es ist dies die Geschwindigkeit des Zuges in der wagerechten geraden Strecke, die der planmäßigen Fahrzeit entspricht. Die Geschwindigkeit ermäßigt sich bei der Ab- und Anfahrt des Zuges, in stärkeren Neigungen, schärferen Krümmungen und aus anderen örtlichen Gründen.

9. Auf zweigleisigen Strecken unterbleibt die Ausfüllung der Spalte 7. Bei Sonderzügen für Allerhöchste und Höchste Herrschaften sind jedoch in diese Spalte die Begegnungen mit anderen Zügen einzutragen.

10. In Spalte 12 und 13 sind unter dem Abschlußstrich des Kopfes die Lokomotivzugkraftgruppen bezeichnet, denen die Lokomotiven des betreffenden Zuges angehören. Die Zugehörigkeit der Lokomotiven zu den verschiedenen Zugkraftgruppen ist aus dem am Schlusse der Vorbemerkungen befindlichen Verzeichnis ersichtlich.

11. Die Zahlen in Spalte 12 und 13 geben die Anzahl der Lastachsen an, welche von den betreffenden Lokomotiven bis zu der Station, mit der die Zahl in einer Zeile steht, in der Regel befördert werden müssen.

Zu Muster VII ist noch zu bemerken, daß dort noch weitere Bestimmungen über die Berechnung der Zugbelastung vorgesehen sind.

In den österreichischen Dienstfahrplanbüchern sind auch Zusammenstellungen über das Fahren in Raumdistanz (Stations-, Block- oder Zugmeldepostendistanz) enthalten, deren Anordnung aus dem folgenden Muster VIII zu ersehen ist.

Muster VIII.

Darstellung des Fahrens in Raumdistanz in der Strecke	Lage im Kilometer	In Stationsdistanz	In Zugmeldepostendistanz	In Blockdistanz	Der Schlüssel zu Zugmeldeposten Nr. ist verwahrt im Wächterhause Nr.
Seltzthal	139·219				
Zugmeldeposten Nr. 1	143·340				Wächterhaus 130
Rottenmann	146·920				
Zugmeldeposten Nr. 1	151·340				Wächterhaus 137
Trieben	156·497				
Zugmeldeposten Nr. 1	161·378				
Treglwang	165·183				
Zugmeldeposten Nr. 1	168·080				
Wald	171·697				
Zugmeldeposten Nr. 1	175·166				
Kalwang	178·774				
Zugmeldeposten Nr. 1	182·891				
Mautern	186·673				
Zugmeldeposten Nr. 1	190·407				
Seiz	194·403				

Zu jedem Dienstfahrplanbuch gehört ferner ein „Anhang", in dem die wichtigsten Angaben über die Bahneinrichtungen, Lokomotiven, Fahrzeuge usw. in einheitlich vorgeschriebener, tabellarischer Form enthalten sind.

Dieser Anhang zu dem Dienstfahrplane bildet ein wichtiges Hilfsbuch für den Zugdienst und für die Fahrplanaufstellung.

Bei den k. k. österreichischen Staatsbahnen werden außerdem noch „Ergänzungshefte" aufgelegt, welche die verschiedenen, in den „Anhängen" nicht enthaltenen, mit jedem Fahrplanzeitraum sich ändernden Angaben über den Zugdienst in einheitlich geordneter Form enthalten.

Insbesondere sind hierbei zu erwähnen die Zusammenstellung über die normalen Einfahrgleise der gewöhnlich verkehrenden Züge in den einzelnen Stationen der eingleisigen Strecken, dann das Verzeichnis über die Stationen mit Sicherungsanlagen (in der Anordnung ähnlich den auf den preußischen Staatsbahnen üblichen „Allgemeinen Fahrordnungen"), in denen die Signalbilder der einzelnen Stationen ersichtlich gemacht sind.

Für die Bahn- und Weichenwächter (Block- und Zugmeldeposten) werden besondere Dienstfahrpläne auf besonders aufgelegten, einheitlich angeordneten Tabellen verfaßt. In denselben sind die Züge mit Angabe ihrer Nummern und näheren Bezeichnung (Schnell-, Personen-, Güterzüge usw.), in ihrer zeitlichen Aufeinanderfolge von Mitternacht bis Mitternacht und mit den Abfahrt- und Ankunftzeiten der in Betracht kommenden Stationen ersichtlich gemacht.

In Österreich werden diese in Aushangform zur Ausgabe gelangenden Dienstfahrpläne „Reihenfolge der Züge" genannt, während sie in Deutschland als „Streckenfahrpläne", wenn sie für Bahnwärter, und als „Bahnhoffahrordnungen" bezeichnet werden, wenn sie für Stationsbeamte, Weichensteller usw. aufgestellt werden.

3. Die Aufstellung des Fahrplanes.

a) Entwurf des Fahrplanes.

Der Entwurf der Fahrpläne erfolgt durch Einzeichnung der Zugfahrten in das bildliche Fahrplannetz. Hierbei werden die Züge auf Grund der ermittelten, bezw. bekannten Fahrzeit nach Ort und Zeit eingezeichnet, so daß also jeder einzelne Zug in seinem ganzen Laufe als eine, je nach der Fahrgeschwindigkeit mehr oder minder steil liegende Linie erscheint. Die einzelnen Zuggattungen werden dann noch zur besseren Übersichtlichkeit durch verschiedenartige Ausführung der Linien gekennzeichnet.

Für den Entwurf sind zunächst alle festliegenden Verkehrszeiten gegebener Anschlußzüge bestimmend.

Ferner sind als festliegend noch alle jene Züge anzusehen, deren Lage aus besonderen Gründen unverrückbar gegeben ist.

Im übrigen hängt die Lage der Züge und das Maß ihrer Anpassungsfähigkeit von dem Unterschied der fahrordnungmäßigen (planmäßigen) und kürzesten Fahrzeiten, sowie von jener der Höchst- und Mindestaufenthaltszeiten ab. Die auf diesem Wege erreichbare Veränderung einer gegebenen Zugslage wird Spannung genannt. Die größte erreichbare Spannung eines Zuges beträgt demnach:

$$S = (F - f) + (A - a)$$

worin S die höchste erreichbare Kürzung der Gesamtfahrtdauer (Fahrzeit einschließlich Aufenthalte), F die normale, f die kürzeste Fahrzeit, A die Maximal- und a die Minimalzeit aller Aufenthalte bezeichnet.

In Abb. 1 ist die konstruktive Entwicklung der größten Zugspannung ersichtlich.

Zug A_1 nimmt in der Station A den Anschluß vom Zuge a auf und vermittelt in der Station E den Anschluß an den Zug b.

Zug C_1 nimmt in der Station E den Anschluß des Zuges c auf und vermittelt in der Station A den Anschluß an Zug d.

Demnach stehen die Züge a—A_1 und b, sowie Züge c—C_1 und d in gegenseitiger Abhängigkeit.

Dieses Abhängigkeitsverhältnis nimmt in dem Maße zu, in welchem sich der vorgesehene Anschlußzeitabstand der in Betracht kommenden Züge in den Anschlußstationen A und E dem geringsten, unbedingt erforderlichen Ausmaße nähert.

Wenn die Fahrordnungen bereits auf diesem Mindestausmaß des An-schlußzeitabstandes aufgestellt sind, würde selbst die geringste Verschiebung

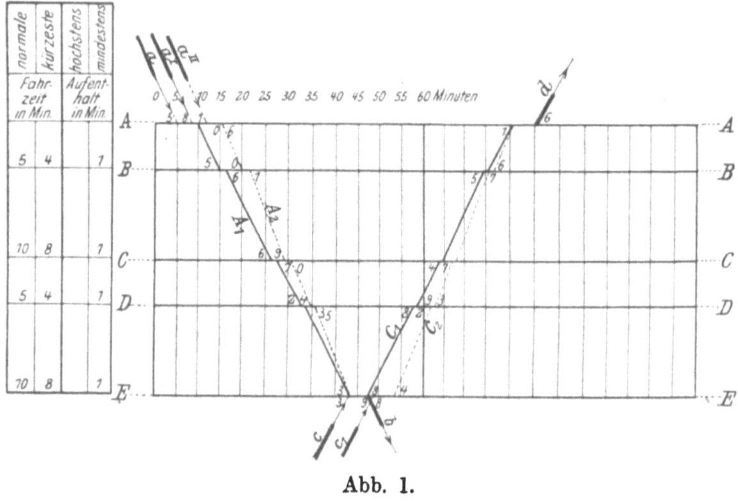

Abb. 1.

auch nur eines dieser Züge bereits auf die anderen übertragen, sofern sie nicht durch größere Spannung eines der beteiligten Züge ausgeglichen werden kann.

Wenn also — wie in Abb. 1 dargestellt — die Anschlußzeitabstände der Züge a—A_1—b im Mindestausmaß von 5 Minuten bemessen sind, so beträgt der größte, erreichbare Spielraum für eine etwaige Verlegung des Zuges a nach a^{II} — 6 Min., wobei Zug A_1 bereits in die Lage A_2, d. i. in die gespannteste gebracht werden muß.

In Übereinstimmung damit bildet Zug C_2 die gespannteste Lage des Zuges C_1, wenn der Anschlußzug c in die Lage c_1 gebracht wird und Zug d als unverrückbar gegeben ist.

Jede geringere Verschiebung des Anschlußzuges erleichtert unter den angenommenen Voraussetzungen die neue des von ihm beeinflußten Zuges, dem dann noch ein entsprechender Spielraum zum Ausgleich von Ver-spätungen verbleibt.

Da die äußerste Spannung eines Zuges jede Möglichkeit zum Ausgleiche von Verspätungen nimmt, ist deren Anwendung, die sich praktisch stets als Quelle von Unregelmäßigkeiten erweist, unzweckmäßig und soll mit allen Mitteln die Verteilung des Ausgleiches bei mehreren beteiligten Zügen angestrebt werden.

Bei Aufstellung der Fahrordnungen eingleisiger Bahnen überträgt sich jede Änderung eines Zuges auf sämtliche Kreuzungs- und Überholungszüge (vgl. Abb. 2).

In derselben Weise sind beim Entwurf von Fahrplänen für neu zu eröffnende Bahnlinien die Anschlußverbindungen bereits bestehender angrenzender Bahnen, ihrer Wichtigkeit und Bedeutung entsprechend, zu berücksichtigen und können diese Verbindungen dann von entscheidender Bedeutung für die zu entwerfenden Züge werden.

Im allgemeinen erfolgt der Entwurf des Fahrplans derart, daß zunächst die Schnell- und Personenzüge in das Netz eingezeichnet werden. Für deren Lage bilden die Verbindungen mit den Zügen angrenzender

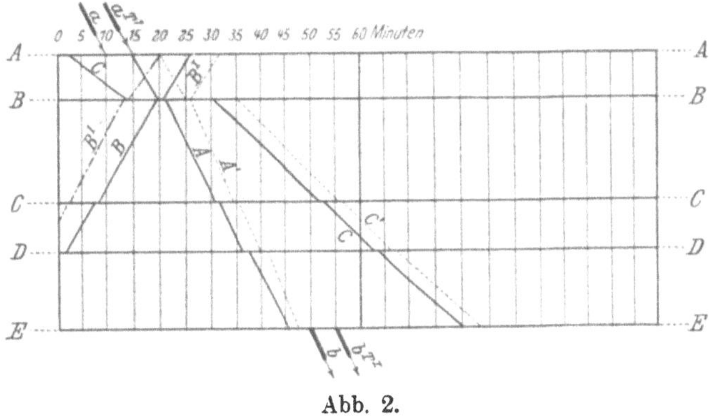

Abb. 2.

Bahnen feste Punkte, da eine Verlegung von Zügen fremder Bahnverwaltungen nur in den unvermeidlichsten Fällen angesprochen werden kann und auch dann nicht immer erreichbar ist.

Die Wahl der Abfahrtzeiten von den Ausgangstationen ist in der Regel — wenn es sich nicht um ganz neu einzuführende Züge handelt — durch die Gewöhnung der Bevölkerung und die Rücksichtnahme auf die örtlichen Verhältnisse derart gegeben, daß sich hier nur ein geringer Spielraum bietet.

Für die Zuglinie ergeben sich dadurch zwei feste Punkte — die Abfahrtzeit in der Ausgang- und die Ankunftzeit in der Endstation. Innerhalb dieser beiden Punkte muß nun die Zuglage derart gesucht werden, daß allen sonstigen Bedingungen entsprochen wird. Auf eingleisigen Bahnen wird diese Aufgabe noch durch die Rücksichtnahme auf Kreuzungen und Überholungen (Vorfahren) erschwert, während bei doppelgleisigen Bahnen vornehmlich nur die letzteren in Betracht kommen.

Nach dergestalt erfolgter Einlegung der Schnell- und Personenzüge ergeben sich hiernach wieder bestimmende Ankunft- und Abfahrtzeiten für alle Anschlußzüge der in die Hauptlinie einmündenden Nebenlinien. Nach fertig gestelltem Entwurf der personenführenden Züge werden zunächst die gewöhnlich verkehrenden Gütereil- und Güterzüge, unter

sorgfältiger Rücksichtnahme auf die mit denselben zu befriedigenden Bedürfnisse, eingezeichnet. Schließlich werden dann die Bedarfsgütereil- und
Güterzüge und endlich die notwendigen Lokomotivzüge entworfen.

Die Einhaltung dieser Reihenfolge im Entwurf ermöglicht die größte
Rücksichtnahme auf die Eigenart und die Sonderbedürfnisse der in Betracht
kommenden regelmäßigen Züge. Diese Rücksichtnahme wird um so schwieriger, je geringer der auf dem bildlichen Fahrplannetz verbleibende Raum

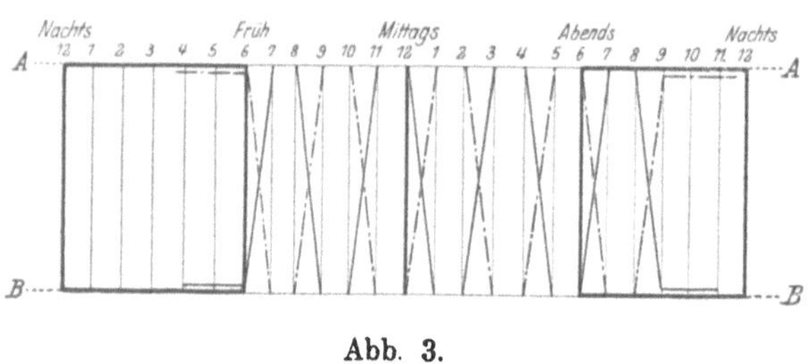

Abb. 3.

ist, ebenso wie auch
in der Wirklichkeit die
Möglichkeit zur Ein-
leitung weiterer Züge
im Verhältnis zur An-
zahl der bereits in Ver-
kehr gesetzten Züge
abnimmt. Man ent-
wirft deshalb die Be-
darfszüge zuletzt, weil

bei denselben weniger Einzelbedürfnisse vorherrschen und ihre Anpassung
an die durch den gewöhnlichen Verkehr gegebenen Verhältnisse gewärtigt
und gefordert werden kann.

Nachdem die Zuglage bestimmend für den Bedarf an Begleitmann-

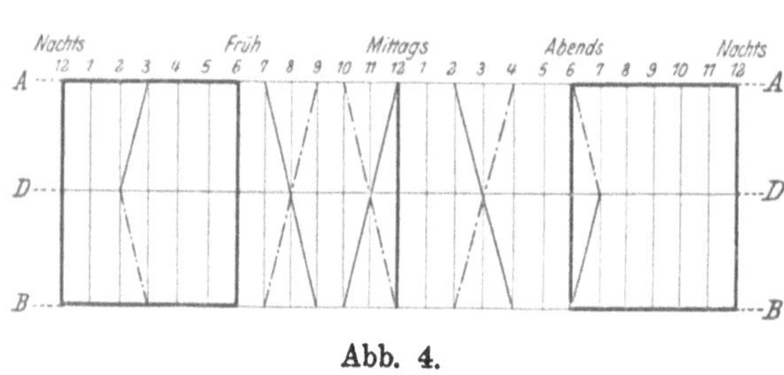

Abb. 4.

schaften, Lokomotiven
und Wagen ist, sollen
die Züge, soweit als
möglich, derart einge-
legt werden, daß die
Einbeziehung mög-
lichst vieler Züge in
die Leistung einer
Lokomotive, Zugrotte
(Zugbegleiterpartie)

und eines Wagensatzes (Wagengarnitur) ermöglicht wird.

In Abb. 3 ist das dabei anzustrebende Schema ersichtlich.

Wenn die Begleitmannschaften, Lokomotiven und Wagen in einer
Zwischenstation untergebracht sind, ergibt sich die in Abb. 4 dargestellte
Lösung.

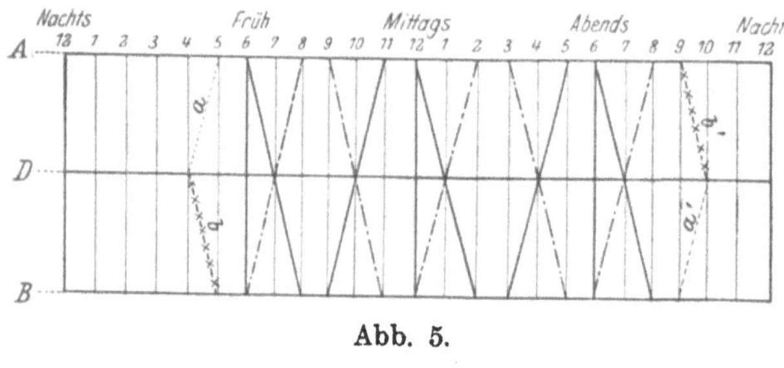

Abb. 5.

In Abb. 4 beginnt
und schließt der Ver-
kehr beider Fahrtrich-
tungen in D. Soll je-
doch in beiden Fahrt-
richtungen Beginn und
Schluß des Verkehres
in A und B erfolgen,
so ergibt sich die in
Abb. 5 dargestellte

Lösung, wonach die Fahrten a, a' und b, b' unvermeidliche Leerfahrten
sind, deren Wegfall die Verlegung der Stationierung von Begleitmannschaften, Lokomotiven und Wagen von D nach A und B bedingen würde.

Aus den angeführten Beispielen ergibt sich, daß

1. der Zugbildungsplan die gleiche Zugzahl in beiden Fahrtrichtungen erfordert und

2. ein etwa bestehender Unterschied bei der Fahrplanaufstellung durch einzulegende Leerzüge berücksichtigt, bezw. ausgeglichen werden muß.

Dieser Ausgleich eines bestehenden Unterschiedes in der Zugzahl kann jedoch auch durch Zu - oder Rücksendung der Lokomotive und Wagen mit geeigneten Gegenzügen erfolgen.

Da die Umkehrzeiten für den Lokomotiven - und Personal -, insbesondere aber für den Wagenbedarf bestimmend sind, so folgt daraus, daß dieser Bedarf im Verhältnis zur Größe des Stillagers zu- oder abnimmt.

Von besonderer Wichtigkeit ist dies im Nahverkehr, wobei überdies noch größere Stillager die Beweglichkeit des Verkehrs beeinflussen. Die Bemessung der Umkehrzeit, welche der Fahrplankonstruktion zugrunde zu legen ist, hängt von den Anlagen und Hilfsmitteln ab.

Die bei der Durchführung sich ergebende Manipulation muß also bei der Fahrplankonstruktion vollkommen bestimmt und dann auch für die praktische Ausführung bindend sein.

In Abb. 6 ist ein derartiger Fahrplan dargestellt. Die Zugfolge sowie die Umkehrzeit in A und B sind mit je fünf Minuten angenommen.

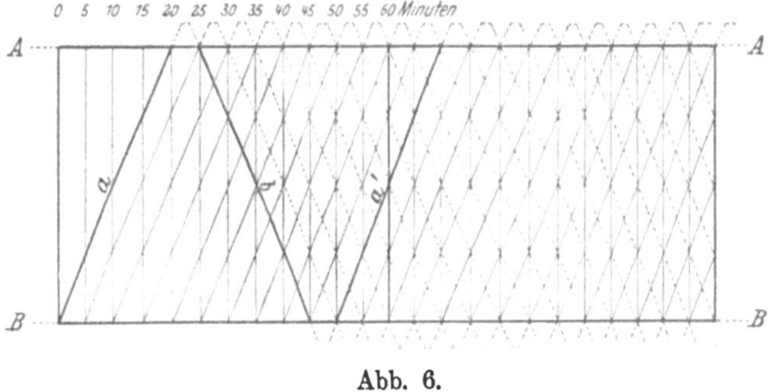

Abb. 6.

Hiernach ergibt sich, daß der Wagensatz (Garnitur) des ersten Zuges a als Zug b zurückkehrt und demnach wieder als Zug a' nach A in Verkehr gesetzt werden kann.

Der Zeitabstand — vom Beginne der Inbetriebsetzung bis zur neuerlichen Verwendung — in der Richtung nach A beträgt demnach:

$$Z = f + f^1 + m + m',$$

d. i. die Summe der Gesamtfahrzeiten für die Hin- und Rückfahrt vermehrt um die Summe der Umkehrzeiten in den beiden Zugendstationen.

Die Anzahl der erforderlichen Wagensätze für die Aufrechthaltung gleich geregelten Verkehrs beträgt:

$$x = \frac{Z}{i},$$

worin Z wie vorher den Zeitabstand für die Wiederverwendung der ersten Garnitur und i den Zeitraum der Zugfolge bedeutet.

In dem in Abb. 6 dargestellten Beispiele kehrt jede Garnitur sofort um, und da Zugfolge- und Umkehrzeiten gleich sind, ergibt sich hiernach die Anwendung, daß stets nur ein Zug in der Endstation ist.

Wenn jedoch die Umkehrzeiten größer als die Zugfolgezeiten sind, kommen mehr Züge in den Endstationen zusammen.

In Abb. 7 ist eine Zugfolge von fünf Minuten und eine Umkehrzeit von je zehn Minuten für die Stationen A und B angenommen.

Dadurch kommen bereits drei Züge in den Endstationen zusammen, während sich das Gesamterfordernis an Wagensätzen, das im vorhergehen·den Beispiele zehn betrug, auf zwölf erhöht.

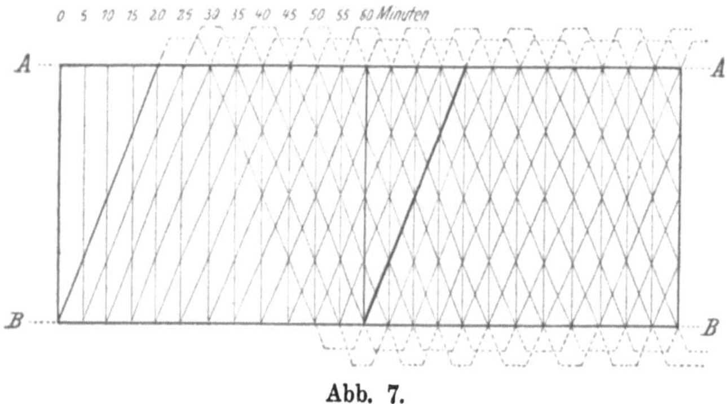

Abb. 7.

Sind die Umkehrzeiten in A und B verschieden, so ergibt sich das in Abb. 8 ersichtliche Verhältnis.

Hierin ist die Umkehrzeit in A mit zehn Minuten beibehalten, während jene in B mit fünf Minuten und die Zugfolge unverändert mit fünf Minuten angenommen ist. Hiernach ergibt sich, daß die Verhältnisse in A unverändert geblieben sind, während in B nunmehr nur zwei Züge zusammenkommen und die erforderlichen Wagensätze auf elf vermindert sind.

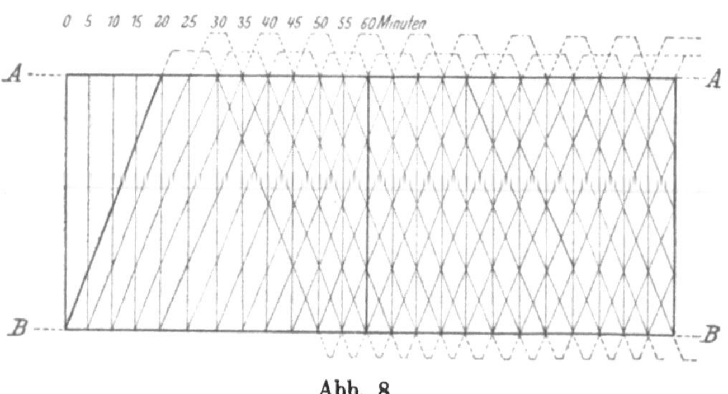

Abb. 8.

Würde unter den gleichen Verhältnissen die Umkehrzeit in B auf zwanzig Minuten erhöht, so würde sich ein Bedarf von vierzehn Wagensätzen ergeben.

Aus den vorangegangenen Beispielen ergibt sich, daß

1. die Ausnützung des Materials (Wagensätze, Lokomotiven usw.) zunächst von dem zurückzulegenden Weg und in weiterer Folge von den Umkehrzeiten in den Zugendstationen abhängt und im direkten Verhältnis zu deren Größe zu- oder abnimmt;

2. das Zusammentreffen von Zügen von den Umkehrzeiten abhängt, und daß diese um so kürzer bemessen werden müssen, je beschränkter die jeweilig vorhandenen Anlagen sind;

3. die Leistungsfähigkeit beschränkter Anlagen durch raschen Zugumlauf erhöht werden kann.

Die Einhaltung dieser Bedingungen erfordert die genaue Beurteilung aller in den Zugendstationen vorzunehmenden Manipulationen, der hierzu erforderlichen Hilfsmittel und der hierzu erforderlichen Zeit, so daß also gleichzeitig mit dem Fahrplanentwurf auch die Anordnung des Verkehrs verbunden werden muß.

Der Einfluß der Einlegung von Zügen verschiedener Geschwindigkeit in einem nach den angeführten Beispielen eingerichteten Nahverkehr ist in der folgenden Abb. 9 ersichtlich gemacht.

Hieraus ergibt sich, daß durch die Einschaltung von Zügen verschiedener Geschwindigkeit eine Vergrößerung des Zeitabstandes der Umkehrzüge in beiden Fahrtrichtungen eintritt, welche im Verhältnis des Unterschiedes der Fahrzeiten zu- oder abnimmt.

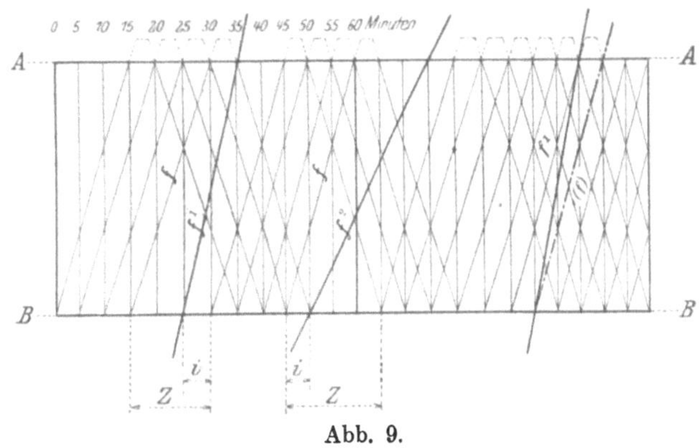

Abb. 9.

Die Vergrößerung des Zeitabstandes, die durch den eingelegten, mit verschiedener Geschwindigkeit verkehrenden Zug verursacht wird, ist gleichbedeutend mit einer Lücke im Verkehr der Umkehrzüge und wird demnach immer störend einwirken.

Diese Lücke kann dadurch vermindert werden, daß der einzulegende, schneller verkehrende Zug in der betreffenden Teilstrecke so verlangsamt wird, daß er mit gleicher Geschwindigkeit wie die übrigen Züge verkehrt. (Vgl. Abb. 9.)

Bei langsamer verkehrenden Zügen könnte ein ähnlicher Ausgleich nur durch deren Beschleunigung bis zur Geschwindigkeit der Umkehrzüge erzielt werden, was jedoch naturgemäß in den seltensten Fällen erreichbar sein wird.

Daraus ergibt sich der wichtige Grundsatz, daß in für den Nahverkehr berechneten Fahrplänen die strenge Einhaltung gleicher Fahrgeschwindigkeiten zur ungestörten Aufrechthaltung der gleichmäßigen Aufeinanderfolge der Züge unbedingt notwendig ist. Für den Entwurf von Stadtbahnfahrplänen ist die strenge Einhaltung dieses Grundsatzes eine unerläßliche Voraussetzung für die notwendige Einhaltung systematisch geregelter Zugfolgezeiten. Die Züge verlieren in einem derartigen Verkehr ihren Einzelcharakter, und an dessen Stelle tritt vollständige Gleichmäßigkeit aller verkehrenden Züge.

Derselbe Grundsatz findet beim Entwurf von Fahrplänen für Massenbeförderung Anwendung (Kriegs- und Manöverfahrpläne, Kohlenverkehr usw.).

Für die Fahrplanaufstellung auf eingleisigen Bahnen sind folgende allgemeine Grundsätze zu beachten:

1. Die Zugfolge ist bei gleicher Verkehrsdichte in beiden Fahrtrichtungen zunächst durch die längste (ungünstigste) in Betracht kommende Kreuzungsstrecke (Stationsentfernung) bestimmt.

2. Der Zugfolgeabstand kann bis zur äußersten Grenze der Raumabschnittsentfernungen verringert werden, wobei jedoch die größere Zugdichte einer Fahrtrichtung entweder größere Stillager (Kreuzungsaufenthalte) bei den Gegenzügen oder eine Verringerung der Anzahl derselben bedingt.

Der Ausgleich in der Zugzahl kann dann durch Umkehr der Verhältnisse zu geeigneter Zeit hergestellt werden.

3. Ungleiche Fahrgeschwindigkeiten bedingen Stillager der mit geringerer Geschwindigkeit verkehrenden Züge und kommen auch in der Vergrößerung der Zugfolgezeiten zum Ausdruck.

4. Die Umkehrzeiträume bestimmen sich durch die Reihenfolge der ankommenden und abgehenden Züge.

5. Mit der Anzahl der in einer Station zur Kreuzung (auch Überholung) gelangenden Züge nehmen die Aufenthalte in den betreffenden Stationen zu.

6. Größere Aufenthalte, als durch die Konstruktion bedingt, äußern entweder ihre Rückwirkung auf die Gegenzüge oder können eine noch weiter gehende Vergrößerung der Aufenthalte durch das dann notwendige Abwarten von Gegenzügen bedingen.

Innerhalb dieser Bedingungen hat sich die Fahrplankonstruktion zu bewegen, und es sind solche Zuglagen zu suchen, welche die — auch in wirtschaftlicher Beziehung — günstigsten Voraussetzungen für die Verkehrsabwicklung gewährleisten.

Die gleichen Grundsätze kommen auch in den Güterzugfahrplänen zum Ausdrucke.

Für die Gesamtanlage des Güterzugfahrplanes sind die Verkehrsbedürfnisse, d. i. die voraussichtliche Menge der täglich zu befördernden Last, bestimmend. Hiervon hängt die Anzahl der einzulegenden Güterzüge und diese wieder von der besseren oder minderen Ausnützung der Zugkraft ab.

Insbesondere muß der Güterzugfahrplan für Strecken mit größeren, örtlichen Steigungen, sowie jener für Gebirgsstrecken unter steter Berücksichtigung dieses Gesichtspunktes entworfen werden.

Im übrigen werden die einzulegenden Güterzüge möglichst zweckmäßig innerhalb des von den Personenzügen freigelassenen Raumes zu verteilen sein, und ihre Lage wird sich demzufolge vornehmlich durch jene der ersteren Züge bestimmen. Jede Fahrplankonstruktion beruht im wesentlichen auf einer möglichst zweckmäßigen Ausnützung des Zeit und Raum darstellenden Liniennetzes.

Diese Ausnützung wird, wie in den vorgeführten Beispielen entwickelt wurde, am vollkommensten bei Zügen mit gleicher Geschwindigkeit und gleichen Aufenthalten erreicht.

Je größer die Geschwindigkeiten und je geringer die Aufenthalte sind, um so näher können die Züge einander gerückt werden, beanspruchen demnach weniger Raum, so daß also deren mehr eingelegt werden können, während die mit geringerer Geschwindigkeit und größeren Aufenthalten verkehrenden dementsprechend mehr Raum beanspruchen und deshalb auch deren mögliche, einzulegende Anzahl im Verhältnis zu der geringeren Fahrgeschwindigkeit und der Größe der Aufenthalte abnimmt.

Da aber ferner, wie entwickelt wurde, die Einlegung von Zügen mit verschiedener Geschwindigkeit in der Regel einen Raumverlust durch die größeren Kreuzungs- oder Überholungsaufenthalte bei den mit geringerer Geschwindigkeit verkehrenden Zügen bedingt, so folgt daraus, daß deren Anzahl auch im Verhältnis zur Anzahl der eingelegten, schneller verkehrenden Züge abnimmt.

Je dichter also der Personenzugverkehr, bezw. der Personenzugfahrplan ist, um so mehr wird die Möglichkeit der Einlegung von Güterzügen eingeengt. Dies kann so weit gehen, daß durch längere Zeiträume überhaupt kein Raum für Güterzüge verbleibt. Besteht dann noch das Bedürfnis nach einem möglichst dichten Güterzugverkehr, so muß dieser in den verbleibenden Pausen des Personenzugverkehrs um so mehr zusammengedrängt werden, was wieder die möglichste Kürzung der Aufenthalte, sowie die tunlichste Spannung der Fahrzeiten erfordert.

Den sonstigen Bedürfnissen des Güterverkehrs muß durch entsprechende Gliederung der vorgesehenen Züge und durch die Herstellung der erforderlichen Anschlüsse entsprochen werden.

Die Aufenthaltsbedürfnisse der einzelnen, sowie die Verhältnisse der Anschlußstationen müssen unter Rücksichtnahme auf die zu Gebote stehenden Hilfsmittel und deren möglichst wirtschaftliche Ausnützung sorgfältig erwogen werden.

b) Rücksichten auf die Betriebswirtschaft.

Unter Betriebswirtschaft versteht man im allgemeinen die zweckmäßige Anordnung des gesamten Betriebsdienstes behufs möglichster Herabminderung der Gestehungskosten. Das Maß des hierbei Erreichbaren wird durch die Anordnung des Fahrplans günstig oder ungünstig beeinflußt.

α) Die Zugausnützung.

Die Ausnützung der Zugkraft stellt das Verhältnis zwischen der Leistungsfähigkeit der Lokomotiven und der Bruttolast der Züge dar.

Die letztere findet in der ersteren ihre Begrenzung, weshalb die ermittelte Leistungsfähigkeit der Lokomotiven auch als „Belastungsgrenze" bezeichnet werden kann. Die Leistungsfähigkeit der Lokomotiven wird auf Grund ihrer Konstruktion, unter Berücksichtigung der Geschwindigkeit, der Neigungs- und Richtungsverhältnisse und der sonstigen örtlichen Bedingungen (Brückenkonstruktionen usw.) ermittelt und festgestellt.

Die Belastungsgrenzen sind demnach in den einzelnen Streckenabschnitten (Belastungssektionen) verschieden.

Im allgemeinen haben folgende Bestimmungen zu gelten:

1. Bei den Österreichischen Bahnen.

Da die Leistungsfähigkeit der Lokomotiven nicht nur von ihrer Bauart, sondern auch von ihrem Zustand, sowie von den Witterungsverhältnissen abhängig ist, wird dieselbe für jeden in Betracht kommenden Streckenabschnitt in drei Abstufungen unter der Bezeichnung „maximale, normale und reduzierte Belastung" festgesetzt, wobei die Leistungsfähigkeit in Tonnen angegeben wird.

Die Anwendung dieser Belastungsabstufungen wird durch folgende Bestimmungen geregelt:

1. Die „Maximallast" bezeichnet jene Zugbelastung, welche bei günstiger Witterung und bei einer Temperatur von mehr als $+ 5°$ R bei gut belastetem Zuge und vollkommen dienstfähiger Lokomotive genommen werden kann, ohne die regelmäßige Fahrzeit überschreiten zu müssen, und welche daher stets eingehalten werden soll.

2. Die „Normallast" bezeichnet jene Belastung des Zuges, unter welche bei leistungsfähiger Lokomotive und bei einer Temperatur von $+5°$ bis $—10°$ R nicht herabgegangen werden darf, bei welcher die regelmäßigen Fahrzeiten unbedingt einzuhalten, beziehungsweise in Verspätungsfällen tunlichst zu kürzen sind. Die Normallast soll stets nach Maßgabe der hierzu erforderlichen Bedingungen im Einvernehmen mit dem Lokomotivführer bis zur Maximallast ergänzt werden.

3. Bei ungünstiger Witterung oder bei einer Temperatur von $— 10°$ bis $— 15°$ R oder wenn wegen Nebel, Reif, Glatteis, Schneefall usw. ein anhaltendes Räderschleifen zu befürchten ist, tritt an die Stelle der Normallast die „reduzierte Last", unter welche nicht herabgegangen werden soll und bei welcher die regelmäßige Fahrzeit einzuhalten, beziehungsweise in Verspätungsfällen tunlichst zu kürzen ist.

4. Wenn Güter- oder Gütereilzüge überwiegend aus leeren Wagen bestehen, ist in Berücksichtigung des vermehrten Widerstandes das Eigengewicht der leeren Wagen um je eine Tonne erhöht in Rechnung zu ziehen.

5. Bei Verwendung von zwei ziehenden Lokomotiven kann jene Belastung geführt werden, die der Leistungsfähigkeit beider Lokomotiven entspricht.

6. Die Belastung einer Schiebelokomotive ist genau so groß, wie jene einer ziehenden in Rechnung zu ziehen.

7. Bei Verwendung verkehrt stehender Lokomotiven ist die Belastung um 10 vom Hundert zu vermindern.

8. Kalte Lokomotiven werden mit ihrem Eigengewicht in Rechnung gezogen.

2. Bei den Preußischen Staatsbahnen.

Die zulässigen Belastungsgrenzen sind in Lastachsen festgesetzt. Im übrigen gelten folgende Bestimmungen:

1. Die Zahlen in Spalte 12 und 13 der Fahrordnungstabellen in den Dienstfahrplanbüchern (vgl. Muster IV und V), geben die Anzahl der Lastachsen an, welche von den betreffenden Lokomotiven bis zu der Station, mit der die Zahl in einer Zeile steht, in der Regel befördert werden sollen. Bei besonders günstigem Wetter ist die Zugbelastung um $^1/_{10}$ der angeführten Lastachsenzahlen zu erhöhen, ohne daß der Loko-

motivführer eine Vorspannlokomotive beanspruchen darf. Bei besonders ungünstiger Witterung — Schneetreiben, Glatteis, starkem Seiten- und Gegenwind — kann die Zugbelastung für eine Lokomotive bis auf $^3/_4$ der Lastachsenzahl vermindert werden. Ferner darf bei Güterzügen die Zugbelastung bis um $^1/_{10}$ der angegebenen Lastachsenzahl erhöht werden, um nicht einzelne Wagen auf den Stationen stehen zu lassen, wenn die dadurch verlängerte Fahrzeit durch vorzeitiges Abfahren von den Stationen ausgeglichen werden kann und dadurch ein Aufenthalt für die nachfolgenden oder kreuzenden Schnell- und Personenzüge nicht entsteht. Die durch die Eisenbahn-Bau- und Betriebsordnung für die verschiedenen Zuggattungen vorgeschriebene höchste Zahl von Laufachsen darf indessen niemals überschritten werden.

2. Ob hiernach eine Vorspannlokomotive erforderlich ist, bleibt dem pflichtmäßigen Ermessen des Lokomotivführers überlassen. Dieser hat zu prüfen, ob bei den bestehenden Witterungsverhältnissen die Schwere des Zuges die Einhaltung der fahrplanmäßigen Fahrzeit ermöglicht. Der Lokomotivführer trägt jedoch auch die Verantwortung dafür, wenn er ungerechtfertigter Weise eine Vorspannlokomotive beansprucht hat. Lehnt ein Lokomotivführer die Beförderung der angegebenen Lastachsen ab, so ist seitens des Zugführers ein diesbezüglicher Vermerk im Fahrbericht aufzunehmen. Befördern zwei Lokomotiven einen Zug, so ist die Zugkraft jeder derselben mit $^5/_6$ der in den Spalten 12 und 13 angegebenen Zahlen in Ansatz zu bringen.

3. Bei Berechnung der Lastachsen ist in folgender Weise zu verfahren:

a) Die Einheit der Zuglast ist die Zugachse.

b) In Personen- und Schnellzügen zählt jede Achse als Lastachse.

c) In Güter-, Eilgüter- und gemischten Zügen zählen:

1. die Achsen leerer Güterwagen als halbe Lastachsen,

2. die Achsen der Personen-, Post- und Gepäckwagen, sowie der mit Stückgut beladenen Güterwagen als Lastachsen.

Ferner sind beladene Güterwagen mit einem Ladegewicht bis zu

<pre>
12·5 t gleich 2 Lastachsen
15   t   „   3   „
20   t   „   4   „
25   t   „   5   „
30   t   „   6   „
</pre>

und Güterwagen von 15 t und mehr Ladegewicht, sobald ihre Ladung nicht 12·5 t übersteigt, als 2 Lastachsen anzurechnen.

Werden in einem Zuge kalte Lokomotiven befördert, so sind die Triebstangen abzunehmen und zählt dann eine Lokomotivachse als 2 Lastachsen, eine Tenderachse als 1 Lastachse.

Mit den angeführten Bestimmungen wird angestrebt, daß die Zugbelastung sich möglichst der festgesetzten und jeweilig anzuwendenden Belastungsgrenze nähert oder diese erreicht, da hiervon der wirtschaftliche Erfolg abhängig ist.

Die Belastungsgrenzen sind bei den personenführenden Zügen naturgemäß enger als bei den Güterzügen gezogen, weshalb auch rücksichtlich der Ausnützung bei beiden Zuggattungen verschieden vorgegangen wird.

8*

β) **Personenführende Züge.**

Im allgemeinen wird bei diesen Zügen das Bestreben darauf gerichtet sein, aus Gründen der Sicherheit und der leichten Beweglichkeit des Verkehres mit einer möglichst beschränkten Wagenanzahl das Auslangen zu finden.

Dies erfordert die bestmögliche Ausnützung der Wagen bezw. der im Zuge vorhandenen Sitzplätze. Es wird sich hier also nicht so sehr darum handeln, die festgesetzten Belastungsgrenzen zu erreichen, als vielmehr darum, durch die möglichste Ausnützung der Wagen unter dieser Grenze zu bleiben.

Die Wagensätze (Normalgarnituren) werden demzufolge meist unter diesen Grenzen gehalten und der verbleibende Unterschied bis zur Belastungsgrenze kann dann noch durch Mehrbeigabe von Wagen nach Maßgabe des Bedürfnisses ausgenützt werden.

Die möglichste Platzausnützung muß im Verhältnis zur Annäherung an die Belastungsgrenze gesteigert werden, um allfällige Überschreitungen derselben und damit die notwendige Beigabe von Vorspannlokomotiven oder die Zugteilung auf die unvermeidlichen Fälle zu beschränken.

Daraus folgt also:

1. Die Selbstkosten steigen mit der Zunahme der toten Last und diese nimmt im Verhältnis der unausgenützten Sitzplätze zu.

2. Die volle Ausnützung der Zugkraft ist nur dann notwendig, wenn durch die Anzahl der zu befördernden Reisenden die Beigabe einer, der Belastungsgrenze entsprechenden Anzahl von Personenwagen gerechtfertigt ist.

3. Die Ausnützungsverluste, welche sich durch die naturgemäß geringere Besetzung der Luxuswagen (I. Wagenklasse, Salon-, Schlafwagen usw.) ergeben, müssen so weit als möglich durch möglichste Besetzung der übrigen Personenwagen ausgeglichen werden.

γ) **Güterzüge.**[1])

Im Gegensatze zu den Personenzügen muß bei den Güterzügen die möglichste Ausnützung der Leistungsfähigkeit der Lokomotiven, d. h. der jeweilig anzuwendenden Belastungsgrenzen grundsätzlich angestrebt werden.

Diese Ausnützung ist vollkommen, wenn das Gesamtgewicht des Zuges, beziehungsweise der berechneten Lastachsen, die festgesetzte Belastungsgrenze ganz erreicht, während der etwa verbleibende Unterschied den Ausnützungsverlust darstellt.

Da die Belastungsgrenzen der einzelnen Belastungssektionen verschieden sind, müßte zur Erreichung der vollkommenen Ausnützung, je nach den Unterschieden der in den einzelnen Sektionen festgesetzten Belastungsgrenzen, dementsprechend Last zu- oder abgestellt werden (vgl. Abb. 10).

Eine derartige Manipulation ist aus naheliegenden Gründen ausgeschlossen. Die Ausnützung der Zugkraft ist also derart einzurichten, daß jeder Zug von der Ausgangstation für die weitest gelegenen Stationen der

---

[1]) Den in diesem Abschnitt angeführten Beispielen ist das in Österreich übliche System der Belastungsgrenzen in Tonnen zugrunde gelegt. Das Grundsätzliche der Beispiele gilt selbstverständlich auch dann, wenn anstatt der Tonnen — Lastachsen angenommen werden.

betreffenden Strecke so belastet wird, daß er diese Gesamtbelastung unverändert beibehalten kann.

Demnach wird im allgemeinen innerhalb der Belastungssektionen die
niedrigste Belastungsgrenze die maßgebende für die Zugausnützung
mit direkter Last sein.

Nach dem in Abb. 10 dargestellten Beispiele wird demnach die mit
450 t festgesetzte Belastungsgrenze der
Sektion $C—D$ für die Zugbelastung von
der Ausgangstation für die ganze
Strecke $A—E$ bestimmend sein.

Hiernach beträgt die Ausnützung,
bezw. der Ausnützungsverlust in den
einzelnen Belastungssektionen:

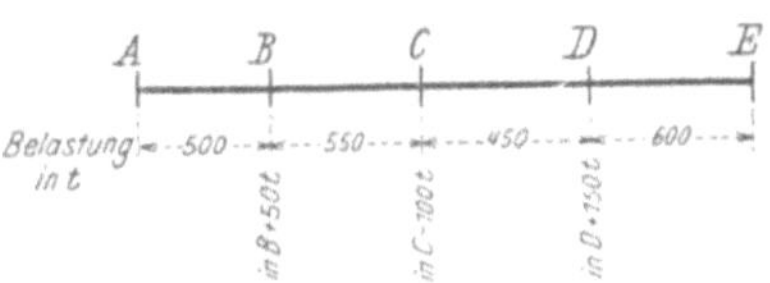

Abb. 10.

Sektion:	Ausnützung der Zugkraft	Ausnützungs-verlust
	in $^0/_0$	
$A—B$	90·0	10·0
$B—C$	81·8	18·2
$C—D$	100·0	—
$D—E$ . . . . : . .	75·0	25·0
Gesamtdurchschnitt	86·7	13·3

Der sich danach ergebende Ausnützungsverlust kann als „unvermeidlicher“ bezeichnet und unter günstigen Verhältnissen teilweise durch die
Beigabe von etwa in Zwischenstationen vorhandener Last ausgeglichen
werden.

Der unvermeidliche Ausnützungsverlust nimmt im Verhältnis des Unterschiedes der für die einzelnen Sektionen festgesetzten Belastungsgrenzen
zu, kann jedoch durch Anwendung von Vorspann- oder Schiebelokomotiven
teilweise, nach Umständen sogar ganz ausgeglichen werden.

Hierbei ist es jedoch von Wichtigkeit, den Mehrbedarf an Lokomotiven bei Erzielung bestmöglicher Leistung auf das unvermeidliche Maß
zu beschränken.

In dem in Abb. 11 und der
zugehörigen Zusammenstellung I
dargestellten Beispiele sind folgende Fälle berücksichtigt:

1. Führung des Zuges mit
nur einer Lokomotive über Berg
auf der Strecke $B—C$.

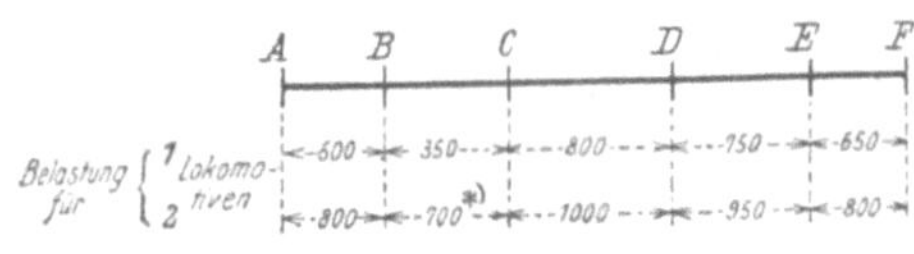

Abb. 11.

Hierbei ergibt sich die geringste Bruttoleistung, sowie der niedrigste
Ausnützungskoeffizient der Zugkraft.

2. Beigabe einer Schiebelokomotive über die örtliche Steigung auf der
Strecke $B—C$. Ergebnis: vermehrte Lastabfuhr und Erhöhung des Aus-
nützungskoeffizienten.

3. Der Zug wird von der Ausgangstation A bis zum Höhepunkte der
Rampe mit zwei, weiter mit nur einer Lokomotive geführt, zeigt weitere
Erhöhung der Lastabfuhr und erhebliche Steigerung in der Ausnützung
der Zugkraft.

Zusammenstellung I zu Abb. 11.

Belastungssektion	Belastungsgrenze für 1	Belastungsgrenze für 2	Anzahl der verwendeten Lokomotiven	Erreichbare Höchstbelastung mit direkter Last für die ausgewiesene Anzahl Lokomotiven in Tonnen	Ausnützung der Zugkraft in Prozenten	Anzahl der verwendeten Lokomotiven	Erreichbare Höchstbelastung mit direkter Last für die ausgewiesene Anzahl Lokomotiven in Tonnen	Ausnützung der Zugkraft in Prozenten	Anzahl der verwendeten Lokomotiven	Erreichbare Höchstbelastung mit direkter Last für die ausgewiesene Anzahl Lokomotiven in Tonnen	Ausnützung der Zugkraft in Prozenten
	Lokomotiven in Tonnen										
$A—B$	500	800	1	350	70·0	1	500	100·0	2	650	81·2
$B—C$	350	700	1	350	100·0	2	500	71·4	2	650	92·8
$C—D$	800	1000	1 ·	350	43·7	1	500	62·5	1	650	81·2
$D—E$	750	950	1	350	49·6	1	500	66·6	1	650	86·6
$E—F$	650	800	1	350	53·8	1	500	76·9	1	650	100·0
			Gesamtdurchschnitt (Fall 1)		62·8	Gesamtdurchschnitt (Fall 2)		75·4	Gesamtdurchschnitt (Fall 3)		88·3

Fall 3 würde demnach die wirtschaftlichste Lösung darstellen. Es erübrigt jedoch noch eine vierte, mögliche Lösung — das Vorschieben von Last an den Fuß der Rampe — auf ihren wirtschaftlichen Erfolg zu prüfen. Das diesbezügliche Ergebnis ist in den folgenden Zusammenstellungen II und III ersichtlich.

Zusammenstellung II zu Abb. 11.

Belastungssektion	Belastungsgrenze für 1	Belastungsgrenze für 2	Anzahl der verwendeten Lokomotiven	Erreichbare Höchstbelastung mit direkter Last für die ausgewiesene Anzahl von Lokomotiven in Tonnen	Ausnützung der Zugkraft in Prozenten	Anmerkung
	Lokomotiven in Tonnen					
$A—B$	500	800	1	500	100·0	[1] Ergänzt aus dem Vorschubbrutto
$B—C$	350	700	2	650[1]	92·8	
$C—D$	800	1000	1	650	81·2	
$D—E$	750	950	1	650	86·6	
$E—F$	650	800	1	650	100·0	
				Gesamtdurchschnitt	92·1	

Zusammenstellung III (Fall 4) zu Abb. 11.

Nach Fall	erforderliche Anzahl Züge	Bezeichnung	in der Strecke $A—B$	in der Strecke $B—C$	in der Strecke $C—F$	Abbeförderte Last in Tonnen
			erforderliche Lokomotiven			
4	1	Vorschubzug	2	·	· ·	600
	4	direkte Züge	4	8	4	2000
	—	Summe	6	8	4	2600
3	4	direkte Züge	8	8	4	2600

Aus Zusammenstellung II ergibt sich bei gleicher Leistung, wie im Falle 3, eine erhebliche Steigerung der Ausnützung.

Da jeder für eine Lokomotive voll belastete Zug in der Vorschubstation im Höchstfalle seine Belastung mit 150 t ergänzen kann, müssen bei regelmäßiger Einteilung mit einem Vorschubzug mindestens 600 t an den Fuß der Rampe gebracht werden, welche Last zur Ergänzung der Belastung von 4 direkten Zügen ausreicht.

Hiernach ergibt sich die in Zusammenstellung III ausgewiesene Leistung, sowie der dazugehörige Lokomotivbedarf, welch letzterer im Vergleich zu Fall 3 ein Mindererfordernis von zwei Lokomotiven aufweist. Daraus folgt also, daß in dem angenommenen Fall Vorschieben von Last sich als zweckmäßigste Lösung erweisen würde.

Die Gesamtleistung entspricht im allgemeinen dem aus der Zuganzahl und der Zuglast gebildeten Produkt

$$X = z \cdot B.$$

Hierin bezeichnet X die Gesamtbruttoleistung, z die Anzahl der Züge und B deren gleiche Einzelbelastung, welche im Höchstfalle die für die Gesamtstrecke maßgebende Belastungsgrenze erreichen kann.

Die Last b^1, die einem direkten Zug in der Vorschubstation beigegeben werden kann, entspricht dem Unterschied zwischen der für die Gesamtstrecke maßgebenden Belastungsgrenze B und der Belastung b, mit der die Züge bis zur Vorschubstation fahren.
Sohin ist

$$b^1 = B - b.$$

Die Gesamtmenge der vorgeschobenen Last, welche mit einer bestimmten Anzahl von Zügen abzubefördern ist, entspricht wieder dem aus der Zugzahl und der beizugebenden Ergänzungslast gebildeten Produkt.
Demnach ist

$$z \cdot b^1 = z (B - b).$$

Die Gesamtmenge der bis zur Vorschubstation beförderten Last entspricht dem Wert:

$$x = z \cdot b.$$

Die erreichbare Leistung der Gesamtstrecke entspricht der bis zur Vorschubstation beförderten, vermehrt um die vorgeschobene Last.
Demnach beträgt die erreichbare Gesamtleistung:

$$(X) = z \cdot b + z \cdot b^1.$$

Die Abfuhr der vorgeschobenen Last erfolgt um so rascher, je größer der Unterschied zwischen der maßgebenden Belastungsgrenze der Gesamtstrecke und jener ist, welche bis zur Vorschubstation Anwendung zu finden hat.

Wenn die Belastung der direkten Züge vermindert und die Vorschublast vermehrt wird, sinkt zwar die durchschnittliche Gesamtausnützung dieser Züge, die erzielte Leistung bleibt jedoch dieselbe.

Bei zweckmäßig eingerichteter Verkehrsanordnung wird demnach der Vorschubdienst derart einzurichten sein, daß:

1. tunlichst viel Last vorgeschoben wird,
2. deren Abfuhr möglichst beschleunigt und
3. ein Mehrbedarf an Lokomotiven vermieden wird.

Die allfällige hierdurch bedingte Minderausnützung der direkten Züge in der vor der Rampe gelegenen Belastungssektion ist belanglos und wird durch die bessere Ausnützung der Vorschubzüge zum größten Teile ausgeglichen.

Es erübrigt nunmehr noch, die Bedingungen für die Anwendung von drei Lokomotiven über die örtliche Steigung zu untersuchen.

Unter Anwendung des in Abb. 11 dargestellten Beispieles und der Annahme, daß die Leistungsgrenze für drei Lokomotiven in der örtlichen Steigung 1000 t beträgt, ergeben sich die in der folgenden Zusammenstellung V ersichtlichen Werte für die Belastungsgrenzen und die erreichte Ausnützung.

Zusammenstellung IV zu Abb. 11.

Annahme	erforderliche Anzahl Züge	Bezeichnung	in der Strecke			Abbeförderte Last in Tonnen
			$A-B$	$B-C$	$C-F$	
			erforderliche Lokomotiven			
direkte Züge 400 t, Ergänzungslast 250 t	1	Vorschubzug	1	.	.	500
	2	direkte Züge	2	4	2	800
	1	Vorschubzug	1	.	.	500
	2	direkte Züge	2	4	2	800
Zusammen	2 / 4	Vorschubzüge direkte Züge	6	8	4	2600
Bedarf und Leistung nach Fall 4, Zus. III	1 / 4	Vorschubzug direkte Züge	6	8	4	2600
Daher mehr	1	Vorschubzug	.	.	.	.
direkte Züge 350 t, Ergänzungslast 300 t	1	Vorschubzug	2	.	.	600
	2	direkte Züge	2	4	2	700
	1	Vorschubzug	2	.	.	600
	2	direkte Züge	2	4	2	700
Zusammen	2 / 4	Vorschubzüge direkte Züge	8	8	4	2600
Bedarf und Leistung nach Fall 4, Zus. III	1 / 4	Vorschubzug direkte Züge	6	8	4	2600
Daher mehr	1	Vorschubzug	2	.	.	.

Aus Zusammenstellung V geht hervor, daß die Lösung a im gegebenen Falle überhaupt nicht in Betracht kommt und daß sich nach Lösung b eine geringere Ausnützung, sowie ein Mehrbedarf an Lokomotiven und nur die geringe Mehrleistung von 150 t ergibt.

Schließlich kann diese Mehrleistung bei zweckmäßiger Anordnung des Lastvorschubdienstes unter Verwendung einer geringeren Anzahl von Lokomotiven nicht nur ausgeglichen, sondern sogar noch übertroffen werden. Dies ergibt sich aus folgendem:

Nach Lösung b beträgt die erreichbare Höchstleistung mit einem Zuge 800 t; mit vier Zügen können demnach 3200 t befördert werden.

Zusammenstellung V zu Abb. 11.

Belastungs-sektion	a*) drei Lokomotiven über Berg, sonst eine Lokomotive		b die ganze Strecke zwei, über Berg drei Lokomotiven		Anmerkung
	Bela-stungs-grenze	Aus-nützung in %	Bela-stungs-grenze	Aus-nützung in %	
$A{-}B$	500	.	800	100·0	*) Hierbei kommt die Aus-nützung nicht in Betracht, weil die maßgebende Lei-stungsgrenze der Sektion E bis F geringer als jene für zwei Lokomotiven in der Sek-tion $B{-}C$ ist.
$B{-}C$	1000	.	1000	80·0	
$C{-}D$	800	.	1000	80·0	
$D{-}E$	750	.	950	84·2	
$E{-}F$	650†)	.	800†)	100·0	
Gesamtdurchschnitt	.	.		88·8	†) Maßgebende Belastungs-grenze für die Ausnützung mit direkter Last.
Ergebnis nach Zus. II	.	.		92·1	
im Falle b verglichen mit Ergebnis der Zus. II			mehr	.	
			weniger	3·3	

Der Lokomotivbedarf beträgt dann:

$$\text{Sektion } AB \dots 8$$
$$\text{,,} \qquad BC \dots 12 \left.\right\} \text{Lokomotiven.}$$
$$\text{,,} \qquad CF \dots 8$$

Nach Zusammenstellung II beträgt die Höchstleistung eines direkten Zuges 650 t.

Mit fünf Zügen können demnach 3250 t befördert werden, wobei sich folgender Lokomotivenbedarf ergibt:

$$\text{Sektion } AB \dots 7^1)$$
$$\text{,,} \qquad BC \dots 10 \left.\right\} \text{Lokomotiven.}$$
$$\text{,,} \qquad CF \dots 5$$

Der gleichen, bezw. sogar um ein geringes Ausmaß höheren Leistung steht demnach ein Mindererfordernis von:

$$1 \text{ Lokomotive in Sektion } AB$$
$$2 \text{ Lokomotiven ,, \quad ,, \qquad } BC$$
$$3 \quad\quad ,, \quad\quad ,, \quad\quad ,, \qquad CF$$

gegenüber.

Aus den Ergebnissen der Zusammenstellung V folgt:

zu *a.* Die Verwendung von drei Lokomotiven über Berg ist nur dann zweckmäßig, wenn die maßgebende Belastungsgrenze für eine Lokomotive jener für drei in der örtlichen Steigung gleich ist, bezw. derselben nahe kommt oder sie übertrifft.

zu *b.* Die Verwendung von drei Lokomotiven über Berg und Bei-gabe einer Vorspannlokomotive in der restlichen Strecke ist dann wirt-schaftlich, wenn die Belastungsgrenze für drei Lokomotiven in der ört-lichen Steigung jener für zwei Lokomotiven in der anschließenden Strecke gleich ist, bezw. derselben nahekommt oder sie übersteigt.

Es erübrigt nunmehr noch die Zweckmäßigkeit der Verwendung von drei Lokomotiven über Berg und Beigabe einer Vorspannlokomotive in einem Teile der anschließenden Strecke zu untersuchen.

---

[1]) Einschließlich zweier Lokomotiven für Lastvorschieben.

Ein diesen Voraussetzungen entsprechendes Beispiel ist in Abb. 12 und der folgenden Zusammenstellung VI ersichtlich.

Zusammenstellung VI zu Abb. 12.

Belastungssektion	a Direkte Züge, ohne Vorschublast, über Berg zwei, sonst eine Lokomotive		
	Belastung	Anzahl der Lokomotiven	Ausnützung in %
A—B	560	1	93·3
B—C	560	2	100·0
C—D	560	1	70·0
D—E	560	1	62·2
E—F	560	1	56·0
F—G	560	1	58·9
Gesamtdurchschnitt			73·4

Belastungssektion	β Direkte Züge, mit Vorschublast ergänzt, über Berg drei, sonst eine Lokomotive		
	Belastung	Anzahl der Lokomotiven	Ausnützung in %
A—B	600	1	100·0
B—C	800	3	95·2
C—D	800	1	100·0
D—E	800	1	88·8
E—F	800	1	80·0
F—G	800	1	84·2
Gesamtdurchschnitt			91·0

Belastungssektion	γ Direkte Züge, mit Vorschublast ergänzt, über Berg drei, bis D zwei, sonst eine Lokomotive		
	Belastung	Anzahl der Lokomotiven	Ausnützung in %
A—B	600	1	100·0
B—C	840	3	100·0
C—D	840	2	84·0
D—E	840	1	93·3
E—F	840	1	84·0
F—G	840	1	88·4
Gesamtdurchschnitt			91·6

Hieraus folgt:

1. Lösung α kommt wegen mangelhafter Zugausnützung und geringer Bruttoleistung nicht in Betracht.

2. Die Lösungen β und γ zeigen fast die gleiche Ausnützung, wobei sich jedoch zu gunsten der letzteren ein Unterschied in der beförderten Last ergibt.

3. Die Mehrleistung der Lösung γ steht jedoch in keinem Verhältnis zum Mehrbedarf an Lokomotiven, so daß sich im gegebenen Falle die sich nach β ergebende Lösung als zweckmäßigste erweisen würde.

4. Bei zweckmäßiger Verwendung einer Vorspannlokomotive in einem an die Rampe grenzenden Streckenteil muß

$$L \leq L' \text{ und } L' \leq Lm$$

sein.

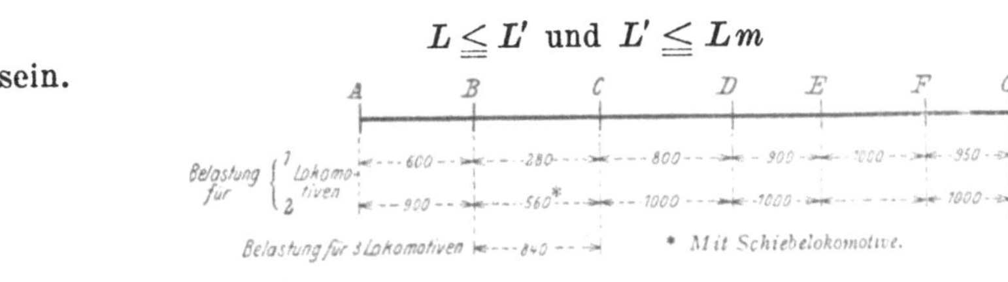

Abb. 12.

Hierin bezeichnet:

L die Belastungsgrenze für drei Lokomotiven über Berg,

L' jene für zwei Lokomotiven in der für den Vorspanndienst in Betracht kommenden Teilstrecke,

Lm die maßgebende Belastungsgrenze für eine Lokomotive in der verbleibenden Strecke.

Wenn $L > L'$ ist, kann dieser Nachteil auch durch geteilte Führung des Zuges über Berg ausgeglichen werden.

Dies wird sich insbesondere bei steil ansteigenden Rampen als vorteilhaft erweisen und ist ein derartiges Beispiel in Abb. 13 und der zugehörigen Zusammenstellung VII angeführt.

Zusammenstellung VII zu Abb. 13.

Belastungs-sektion	a			b		
	Ein Zug — über Berg mit drei, von B—E mit zwei, sonst mit einer Lokomotive			Ein Zug — über Berg geteilt mit drei, bis E mit zwei, ab dort mit einer Lokomotive		
	Belastung	Anzahl der Lokomotiven	Ausnützung in %	Belastung	Anzahl der Lokomotiven	Ausnützung in %
A—B	400	1	100·0	650	2	92·8
B—C	400	2	57·1	650	2	92·8
C—D	400	3	95·2	420[1] / 230	3	100·0 / 82·1
D—E	400	2	57·1	650	2	92·8
E—F	400	1	61·5	650	1	100·0
Gesamtdurchschnitt			74·1	Gesamtdurchschnitt		93·4

[1] Der Zug wird am Ende der Rampe geteilt, in D wieder vereinigt. Der erste Teil — 420 t — wird mit drei Lokomotiven über Berg gebracht, wovon dann zwei nach C zurückkehren, um den zweiten Teil — 230 t — über Berg zu bringen.

Durch die geteilte Führung des Zuges über Berg wird im gegebenen Falle die Beförderung von 650 t Last ohne Mehrbedarf an Lokomotiven ermöglicht.

Die angeführten Beispiele erschöpfen selbstverständlich nicht die Reihe der möglichen Fälle, sie dürften jedoch zur Genüge den einzuschlagenden Weg zeigen.

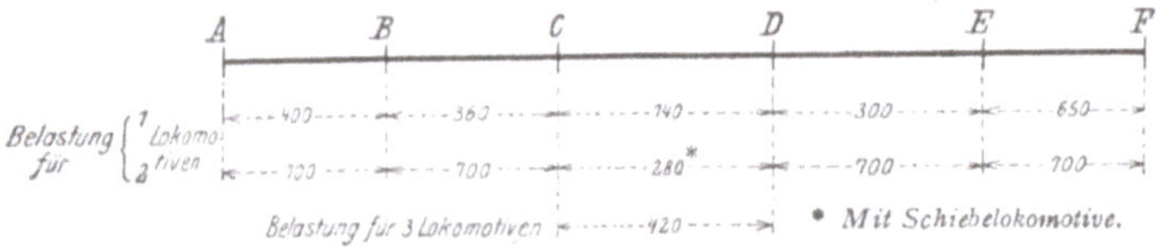

Abb. 13.

Im allgemeinen bildet die möglichste Ausnützung der Zugkraft eine unerläßliche Voraussetzung für die Betriebswirtschaft und ist von geradezu entscheidender Bedeutung auf Strecken mit schwierigen Neigungs- und Richtungsverhältnissen. Dementsprechend muß auch die Zuweisung der Lokomotiven unter sorgfältiger Berücksichtigung der Streckenverhältnisse erfolgen.

c) Rücksichten auf die Personalwirtschaft.

Die Verantwortung für die Aufrechterhaltung und Durchführung der Fahrordnung der Züge trägt mit der Zugbegleitungsmannschaft auch das Stationspersonal. Es ist deshalb auch notwendig, auf die Diensteinteilung dieser beiden Gattungen von Bediensteten näher einzugehen.

Die Anzahl des für die einzelnen Dienstposten erforderlichen Personals hängt im allgemeinen von dem Umfang und der Eigenart des Dienstes, von den besonderen örtlichen Verhältnissen und im übrigen von den die Dienst- und Ruhezeiten regelnden Bestimmungen[1] ab. Durch die letzteren werden die Höchstgrenzen für die Dauer der dienstlichen Inanspruchnahme unter Bedachtnahme auf alle billigen Rücksichten festgesetzt.

Der Wechsel zwischen Dienst- und Ruhezeit soll derart geregelt werden, daß die Dienstantritts- und Ablösungszeiten sich in den einzelnen Zeitabschnitten möglichst wiederholen.

Diensteinteilungen, deren Dienst- und Ruhezeiten sich nach einer bestimmten Anzahl von Tagen in derselben Aufeinanderfolge wiederholen, werden „Dienstturnus" genannt.

Die Dienstzeit ist jene Zeit, innerhalb welcher die Bediensteten gehalten sind, die dienstlichen Verrichtungen auszuüben, bzw. für dieselben bereit sein müssen.

Die Dienstzeit (Diensttour) wird durch dienstfreie Zeitabschnitte nicht als unterbrochen erachtet, wenn dieselben nicht ein gewisses, festgesetztes Mindestmaß erreichen.

---

[1] In Österreich gelten die vom k. k. Eisenbahnministerium erlassenen „Vorschriften für die Bemessung der Dienst- und Ruhezeiten für das im exekutiven Verkehrsdienst verwendete Personal". Im Deutschen Reich sind die Dienst- und Ruhezeiten durch die von den Bundesregierungen angenommenen „Bestimmungen über die planmäßige Dienst- und Ruhezeit der Eisenbahnbeamten" einheitlich geregelt.

Im allgemeinen wird jene Form der Diensteinteilung am zweckmäßigsten sein, deren Dienstzeiten den festgesetzten Höchstgrenzen gleich oder möglichst nahe kommen, und zwar deshalb, weil die Dauer der Dienstzeit für die Anzahl des erforderlichen Personals bestimmend ist.

Bei der Aufstellung der Diensteinteilungen ist zunächst zwischen dem Stations- und Fahrpersonal (Zugbegleitungspersonal) zu unterscheiden, und zwar deshalb, weil gänzlich verschiedene Bedingungen für die Dienstausübung vorliegen und dementsprechend auch abweichende Bestimmungen für die Bemessung der Leistung aufgestellt sind.

α) **Stationspersonal.**[1]

Die fallweise zu berücksichtigenden Dienstposten können entweder solche sein, welche eine beständige, Tag und Nacht dauernde Besetzung erfordern, so daß für eine regelmäßige Ablösung vorgesorgt werden muß, oder solche, bei welchen die Besetzung nur in den Tages- und einigen anschließenden Nachtstunden erforderlich ist, und bei welchen demzufolge die regelmäßige Ablösung entfallen kann.

Endlich können noch nur zeitweilig besetzte Posten vorkommen.

Die Posten können während der Dienstzeit nur durch einen oder durch mehrere Bedienstete besetzt sein.

Im ersteren Falle werden sie dann „einfach“, im letzteren Falle „doppelt“, „dreifach“ usw. besetzte Posten genannt, je nachdem zwei, drei oder mehr Bedienstete auf demselben Posten gleichzeitig den Dienst versehen müssen.

1. Diensteinteilung für Posten ohne regelmäßige Ablösung.

Dieselbe stellt die einfachste Form der Diensteinteilungen vor. Die Dienstzeit des Bediensteten entspricht der täglichen Verkehrsdauer, d. h. dem Bediensteten wird die tägliche Dienstleistung von Beginn bis Schluß des Verkehrs vorgeschrieben.

Je nach der täglichen Dauer und der Inanspruchnahme wird dann eine zeitweilige Ablösung erforderlich. Dieselbe kann entweder von einem in der betreffenden Station befindlichen Bediensteten an den festgesetzten Tagen geleistet werden, wobei dessen anderweitige Ausnützung in der übrigen Zeit eine notwendige Voraussetzung bildet, oder aber die Ablösung kann durch einen Bediensteten einer anderen Station, der zu diesem Zweck regelmäßig oder zeitweilig entsendet wird, geleistet werden.

Bei den in Rede stehenden Diensteinteilungen erfordert jeder einfach zu besetzende Posten im allgemeinen einen Bediensteten, welcher Bedarf sich verdoppelt oder vervielfacht, je nachdem es sich um doppelt oder mehrfach besetzte Posten handelt.

Die Ablösung kann frühestens jeden zweiten Tag erforderlich sein, wird sich aber bei derartigen Stationen vermöge der geringeren dienstlichen Inanspruchnahme in der Regel erst nach größeren Zeiträumen als notwendig erweisen.

Im ersteren Falle erfordert jeder einfach besetzte Posten zwei Be-

---

[1] Nur im engeren Sinne, soweit dasselbe am Verkehrsdienst beteiligt ist.

Die als Beispiele angeführten Diensteinteilungen sind unter vorzugsweiser Anlehnung an die in Österreich bestehenden Verhältnisse gewählt und gleichmäßig für alle Bediensteten des Stationsdienstes anwendbar.

dienstete, welche in der Dienstzeit miteinander abwechseln. Hiernach ergibt sich die in Abb. 14 ersichtliche Diensteinteilung:

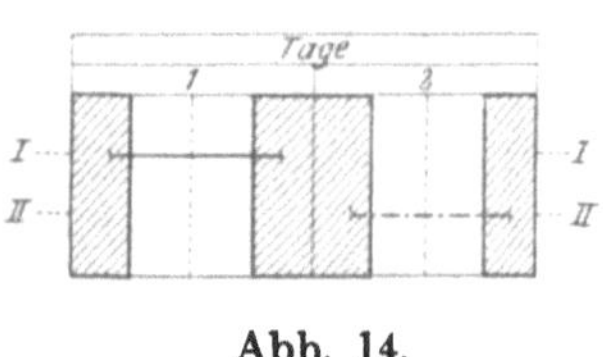

Abb. 14.

Wenn die Ablösung jeden dritten Tag erfolgen soll, erfordern zwei einfach besetzte Posten einen Ablöser und ergibt sich dann die in Abb. 15 dargestellte Diensteinteilung.

Bei Freigabe eines jeden vierten Tages wird demnach ein Ablöser für drei, bei Freigabe eines jeden fünften Tages ein solcher für vier Posten usw. erforderlich sein.

Die Posten, deren Ablösung durch einen gemeinsamen Ablöser erfolgen soll, können auch in verschiedenen Stationen sein.

In diesem Falle wird der ablösende Bedienstete die aufeinanderfolgenden Dienstzeiten in den betreffenden Stationen übernehmen, um

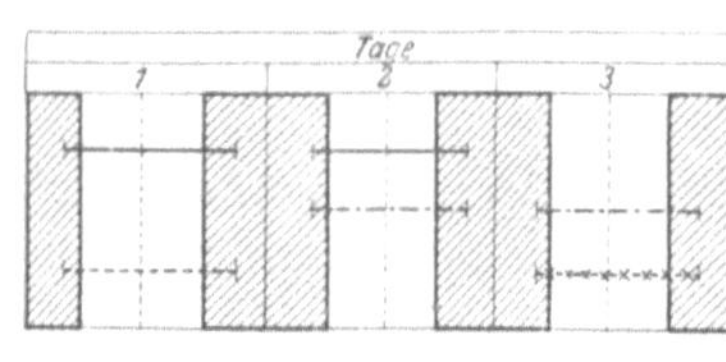

Abb. 15.

nach Leistung der letzten Ablösung in seine Station zurückzukehren und nunmehr hier selbst in den Genuß des freien Tages zu treten.

Endlich kann noch der Fall eintreten, daß mit Rücksicht auf die dienstliche Inanspruchnahme eine Teilung der Dienstzeit, d. h. eine regelmäßige Ablösung innerhalb derselben geboten erscheint.

Hiernach wird sich im allgemeinen ein Bedarf von zwei Bediensteten für einen einfach besetzten Posten ergeben.

Die Diensteinteilung wird am zweckmäßigsten durch Teilung der Diensttour in zwei Hälften, wovon eine die Vormittags-, die andere die Nachmittagsstunden umfaßt, erfolgen. (Halbtagturnus.)

Da bei einer derartigen Einteilung der eine Bedienstete stets vormittags, der andere stets nachmittags dienstfrei wäre, müssen die Touren in angemessenen Zeiträumen gewechselt werden.

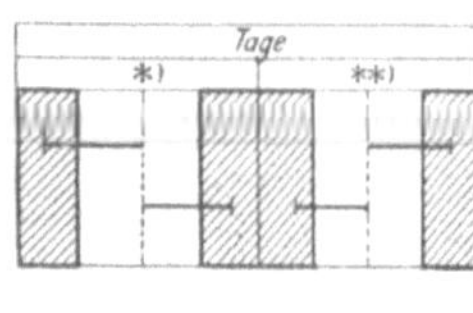 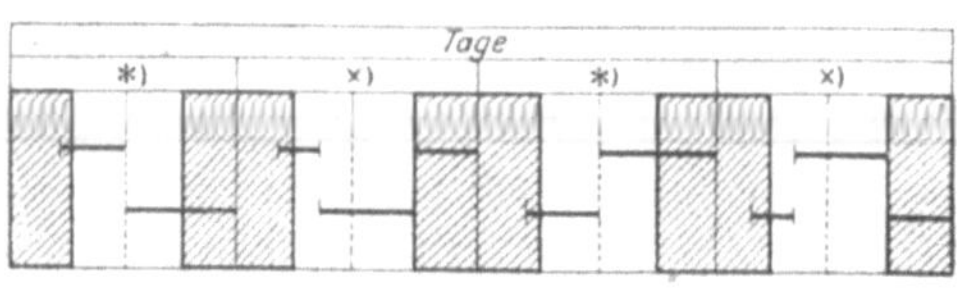

Abb. 16.   Abb. 17.

Hiernach ergibt sich die in Abb. 16 ersichtliche Diensteinteilung.

Wenn die dienstfreie Zeit, welche sich beim Übergang von der Nachmittags- in die Vormittagsdienstzeit ergibt, sich als unzureichend erweisen würde, kann der Wechsel auch in der in Abb. 17 dargestellten Weise erfolgen.

Wenn bei halbtägiger Diensteinteilung nach einer Anzahl von Tagen regelmäßig ein ganz dienstfreier Tag gewährt werden soll, so erfordert dies einen Mehraufwand an Personal, der sich in denselben Grenzen wie beim ganztägigen Dienst bewegt.

Demzufolge wird bei Freigabe eines jeden dritten Tages ein Ablöser für zwei, bei Freigabe eines jeden vierten Tages ein Ablöser für drei Posten usw. erforderlich.

Die sich ergebende Diensteinteilung ist in Abb. 18 dargestellt.

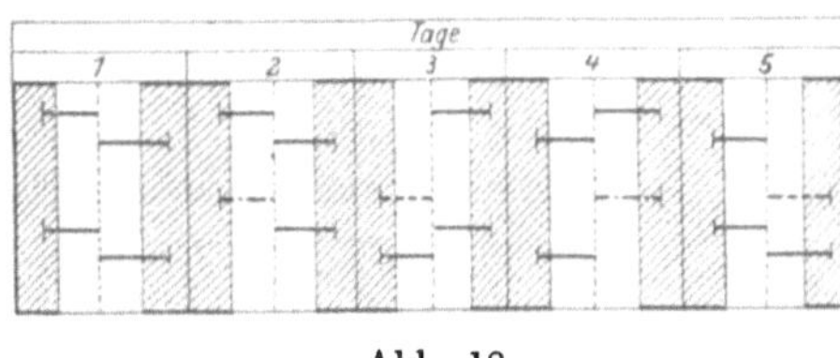

Abb. 18.

2. Diensteinteilung für ständig (Tag und Nacht) besetzte Posten mit regelmäßiger Ablösung.

Bei ständiger Dienstausübung erfordert jeder einfach besetzte Posten mindestens zwei Bedienstete, welche sich in die Dienstausübung bei in der Regel gleicher Bemessung der Dienst- und Ruhezeiten teilen.

Die Dienstzeit kann hierbei verschieden festgesetzt werden, wird sich jedoch in der Regel zwischen acht und sechzehn Stunden mit gleich bemessenen Ruhezeiten bewegen.[1]

Hierbei kommen jedoch nur Diensttouren von 8, 12 und 16 Stunden in Betracht, da sich Diensttouren mit 9, 10, 11, 13, 14 und 15stündiger Dauer wegen der ungünstigen Ablösezeiten als wenig zweckmäßig erweisen.

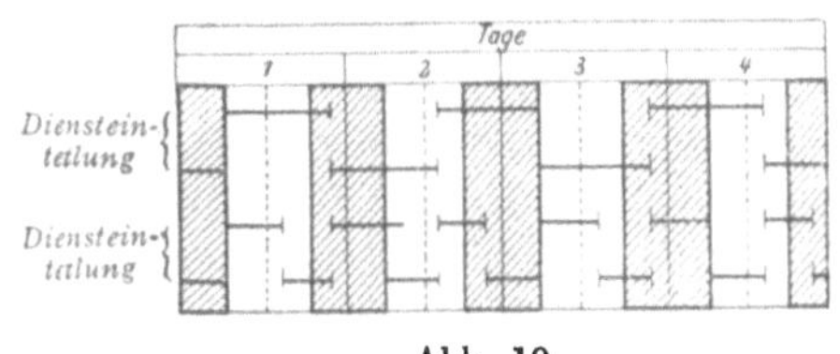

Abb. 19.

Für die Diensteinteilung mit 8- und 16stündigen Dienstzeiten ergibt sich der in Abb. 19 dargestellte Turnus.

Bei der 12stündigen Diensteinteilung erfordert der Wechsel der Tag- und Nachtdiensttouren eine in regelmäßigen Zeitabständen sich wiederholende Einschaltung längerer Dienstzeiten und ist eine derartige Lösung in Abb. 20 dargestellt.

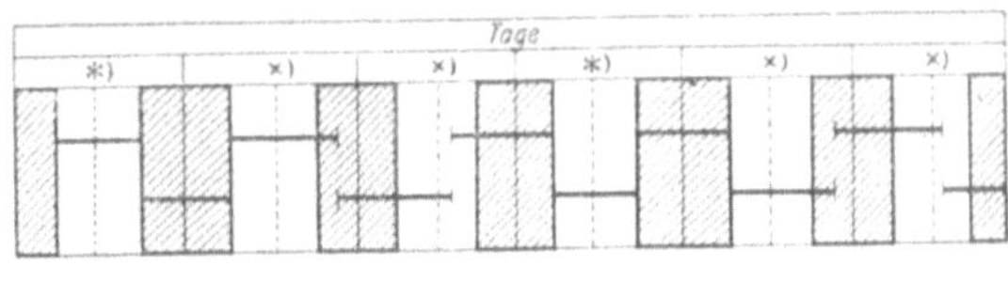

Abb. 20.

Endlich können noch zur Ermöglichung des Überganges vom Tag- zum Nachtdienst dienstfreie Tage eingeschaltet werden, was jedoch stets eine Erhöhung des Personalbedarfs bedingt.

Der zur Ablösung erforderliche Bedienstete wird hierbei je nach der Aufeinanderfolge der freien Tage für mehrere Posten verwendet (bei Frei-

---

[1] Nach den zurzeit in Österreich bestehenden Vorschriften.

gabe eines jeden dritten Tages — ein Ablöser für zwei, bei Freigabe eines jeden vierten Tages ein solcher für drei Posten usw.[1])

Eine dementsprechende Diensteinteilung ist in Abb. 21 ersichtlich.

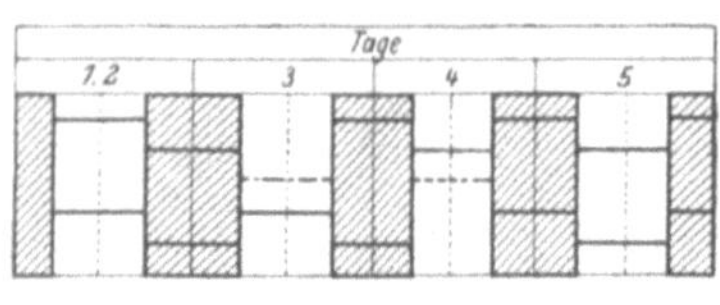

Abb. 21.

Die Diensteinteilungen können auch mit ungleichen Dienst- und Ruhezeiten aufgestellt werden. Insbesondere werden die letzteren in allen Stationen, in welchen die Dienstabwicklung mit besonderer Anstrengung verbunden ist, entsprechend größer als die Dienstzeiten zu bemessen sein. Jeder derartige Unterschied kommt selbstverständlich in einem erhöhten Personalbedarf zum Ausdruck. Für ständig besetzte und regelmäßig abzulösende Posten beträgt der Mindestbedarf zwei Bedienstete, wobei die Dienst- und Ruhezeiten gleich bemessen sind.

Dieser Bedarf erhöht sich auf drei Bedienstete, wenn die Ruhezeit doppelt so groß wie die Dienstzeit festgesetzt wird und steigt im Verhältnis zu jeder noch weitergehenden Erhöhung der Ruhezeit.

Der letztere Fall kommt jedoch praktisch nicht oder doch nur als vereinzelte Ausnahme vor, so daß in der Regel der Bedarf für jeden einfach besetzten Posten durch die Mindestanzahl von zwei und Höchstanzahl von drei Bediensteten begrenzt wird.

Der Bedarf von drei Bediensteten als Grundlage der aufzustellenden Diensteinteilungen wird jedoch wieder nur auf die verkehrsreichsten und besonders schwierige Verhältnisse aufweisenden Stationen zu beschränken sein. Dagegen wird es sich mehrfach als notwendig erweisen, Diensteinteilungen aufzustellen, bei welchen die Ruhezeit zwar nicht doppelt so groß als die Dienstzeit, jedoch mäßig höher als die letztere vorgesehen ist.

Als geeigneter Mittelwert für die Aufstellung derartiger Diensteinteilungen wird sich dann die Zugrundelegung eines Bedarfs von 2·5 Bediensteten ergeben, weil es dann möglich sein wird, unter Aufrechthaltung vollständig gleich bemessener Dienstzeiten zwei Posten in eine Diensteinteilung zusammenzufassen, wofür sich dann ein Gesamtbedarf von fünf Bediensteten ergeben wird.

Im allgemeinen wird der Personalbedarf bei Aufstellung der Diensteinteilungen im voraus nach der Formel

$$P = \frac{T + R}{T}$$

ermittelt werden können. Hierin bezeichnet: P den gesuchten Personalbedarf, T die für die Turnusaufstellung in Aussicht genommene Dauer der Dienst- und R jene der Ruhezeit.

---

[1]) Der Übergang vom Tag- zum Nachtdienst findet bei den königlich preußischen Staatsbahnen bei Anwendung zwölfstündiger Dienst- und Ruhezeit auch in der Weise statt, daß auf je eine Woche Tagdienst eine 24stündige Unterbrechung eingeschaltet wird, worauf dann wieder eine Woche aufeinanderfolgender Nachtdienste sich anschließt usw. Auch in Österreich ist die Aufeinanderfolge von sieben Nachtdiensten zulässig, wird aber wohl nirgends angewandt.

Hieraus ergibt sich dann auch:

$$T = \frac{R}{P-1} \quad \text{und} \quad R = T\,(P-1).$$

Bei gleichmäßiger Aufeinanderfolge der Dienst- und Ruhezeiten ergeben sich hiernach die in der folgenden Zusammenstellung VIII ersichtlichen Diensteinteilungen, von welchen jedoch die unter Lauf. Nr. 1 und 2 erscheinenden, mit Rücksicht auf die häufigen und ungünstigen Ablösezeiten, in den seltensten Fällen Anwendung finden dürften.

Zusammenstellung VIII.

Lauf. Nr.	Der Turnus ist aufgestellt im regelmäßigen Wechsel von		Anzahl der Turnustage	Ablösezeiten
	Dienst-	Ruhe-		
	zeit in Stunden			
1	6	9	5	6^{00} 12^{00} 3^{00} $\underline{6^{00}}$ $\underline{9^{00}}$ $\underline{12^{00}}$ $\underline{3^{00}}$
2	8	12	5	6^{00} 10^{00} 2^{00} $\underline{6^{00}}$ $\underline{10^{00}}$ $\underline{2^{00}}$
3	12	18	5	6^{00} 12^{00} $\underline{6^{00}}$ $\underline{12^{00}}$
4	16	24	5	6^{00} 2^{00} $\underline{10^{00}}$

Es sind endlich noch Diensteinteilungen möglich, in denen die Ruhezeit geringer als die Dienstzeit bemessen wird.

Da in diesem Fall für einen dauernd besetzten Posten höchstens zwei Bedienstete erforderlich sind, kann durch derartige Diensteinteilungen erreicht werden, daß mit 1·5 Bediensteten auf einem, bezw. drei Bediensteten auf zwei Posten das Auslangen gefunden wird. Die Anwendung derartiger Diensteinteilungen wird aber naturgemäß auf Strecken mit geringem Verkehr beschränkt bleiben.

Im übrigen lassen sich für die Wahl der aufzustellenden Diensteinteilungen keine festen Regeln aufstellen, da zunächst immer die örtlichen Umstände berücksichtigt werden müssen, wobei jedoch die wirtschaftlichen Rückwirkungen nicht außer acht gelassen werden dürfen.

Im Interesse der Einheitlichkeit wird es sich stets empfehlen, überall, wo annähernd gleiche Verhältnisse bestehen, grundsätzlich gleichartige Diensteinteilungen aufzustellen. Zu diesem Zwecke wird es zweckmäßig sein, die in Betracht kommenden Dienststellen in eine Gruppe zusammenzufassen und dementsprechend einheitliche Diensteinteilungen aufzustellen. Auf diesem Wege erhält man eine beschränkte Anzahl von Diensteinteilungstypen, wodurch deren Einführung erleichtert, überdies aber der erziehliche Vorteil der Gewöhnung des Personals an einheitliche Dienstformen erreicht wird.

β) **Zugbegleitungspersonal.**

Die Fahrdiensteinteilung des Zugbegleitungspersonals (Zugbegleiterturnus) umfaßt sämtliche, von diesem Personal in einer bestimmten Zeit zu begleitende Züge nebst der gewährleisteten freien Zeit in geordneter Reihenfolge.

Sie erstreckt sich demnach auf eine Reihe von Tagen, nach deren Ablauf der Dienst wieder mit dem ersten Tage begonnen wird (Turnus). Die Anzahl der im Turnus vorgesehenen Tage wird also zugleich die Anzahl der Rotten (Partien[1]) bezeichnen, welche erforderlich sind, wenn sämtliche Diensttouren an einem Tage geleistet werden müssen.

Die Dienstleistung setzt sich aus der Fahrtdauer bei der Hin - und Rückfahrt und dem notwendigen Aufenthalt in der Endstation des Begleitdienstes zusammen. Die letztere kann, muß aber nicht die Zugendstation sein, da bei längerer Fahrtdauer ein entsprechender Wechsel des Personals eintritt.

Die Fahrdiensteinteilung wird durch die Fahrordnung vorbereitet und kann durch dieselbe erleichtert oder erschwert werden. (Mangel an Gegenzügen, ungünstige Umkehrintervalle usw.).

Da das Personal in bestimmten Stationen (Domizilstationen) aufgestellt wird, muß der Turnus derart aufgestellt werden, daß die Rückkehr in die Domizilstation gesichert erscheint. Die maßgebenden Ruhezeiten müssen naturgemäß in die Domizilstation verlegt werden, während die Aufenthalte in den Endstationen nur auf das unvermeidliche Ausmaß zu beschränken sind.

Die Rückkehr kann entweder „im Dienste", d. h. durch Verwendung der betreffenden Partie zur Begleitung eines geeigneten Gegenzuges oder „ohne Dienst" erfolgen, in welchem Falle die Partie nur in einer Fahrtrichtung einen Zug im Dienst begleitet, in der Gegenrichtung aber mit einem, bereits von einer anderen Partie begleiteten Zug befördert wird, ohne bei demselben eine dienstliche Verrichtung auszuüben (sogenannte „Regiefahrt").

---

[1] Die Zusammensetzung der Begleitmannschaften ist je nach der Zuggattung verschieden. Die Begleitmannschaft steht unter Befehl des Zugführers. Die demselben regelmäßig zugewiesenen Schaffner und Bremser bilden im Verein mit dem befehligenden Zugführer die Zugrotte. Außer Schaffnern und Bremsern kann in den Zugrotten auch ein Packmeister (Manipulations- oder Gepäckskondukteur) eingestellt werden.

Die Anzahl der den Personenzügen beizugebenden Begleitmannschaften hängt von der Art der vorzunehmenden Fahrkartenüberprüfung, der Besetzung usw. ab. Packmeister werden beim regelmäßigen Vorkommen größerer Mengen von Reisegepäck, Eilgut usw. beigegeben.

Die Zusammensetzung der Begleitmannschaft bei den Güterzügen hängt von der Anzahl der erforderlichen besetzten Bremsen ab, die wieder von den Neigungs- und Richtungsverhältnissen der befahrenen Strecke abhängig ist. Im allgemeinen werden die Güterzugrotten einschließlich des Zugführers aus 4 bis 6 Mann gebildet. Der etwaige Mehrbedarf an Bremsern wird durch entsprechend stationierte Bremser gedeckt (Bergbremser).

Endlich kann auch noch der Fall eintreten, daß die Partie „aufgeteilt“ zurückgesendet wird, d. h. daß die Mannschaft der geschlossen angekommenen Partie einzeln oder gruppenweise mit anderen Zügen im Dienste in der Gegenrichtung fährt.

Die Fahrdiensteinteilung wird in der Regel getrennt nach der Gattung der zu begleitenden Züge (Turnus für personenführende und für Güterzüge) aufgestellt, sie hat für die gesamte zum Partienverband gehörige Mannschaft Gültigkeit und ist für deren Zusammenstellung bestimmend (Partien für die Begleitung personenführender und solche für Güterzüge).

Außerdem werden noch nach Bedarf Fahrdiensteinteilungen für einzelne, nicht in Partien eingeteilte Zugbegleiter aufgestellt (Manipulationskondukteure, Bergbremser usw.).

Die Fahrdiensteinteilungen können auch nach Strecken getrennt oder für mehrere Strecken zusammengefaßt aufgestellt werden.

Die Aufstellung der Fahrdiensteinteilungen erfolgt im allgemeinen derart, daß für jeden von der Domizilstation ausgehenden oder, wenn dieselbe eine Wechselstation des Begleitpersonales bildet, dort durchfahrenden Zug ein entsprechender Gegenzug für die Begleitung bezw. für die Fahrt ohne Dienst in der Gegenrichtung gewählt wird. Die Dienstleistung setzt sich demnach aus der Verbindung aufeinander folgender Zugpaare zusammen, von deren Fahrt- und Aufenthaltsdauer es wieder abhängt, ob mehrere an einem Tage aneinandergereiht und von derselben Partie begleitet werden können.

Fahrtdauer und Aufenthalt in der Endstation bis zur Übernahme des Gegenzuges müssen im richtigen Verhältnis stehen, d. h. je länger die Fahrtdauer ist, um so größer muß der Aufenthalt schon mit Rücksicht auf die notwendige Erholung von der vorangegangenen Dienstleistung werden.

Die Dauer des Aufenthaltes bis zur Rückkehr der in Dienst gestellten Zugbegleiterrotten nimmt demnach im Verhältnis zur Fahrtdauer zu und wird sich deshalb im allgemeinen bei Güterzügen ungünstiger als bei den personenführenden Zügen stellen. In den Abb. 22, 23 und 24 ist dieser Einfluß veranschaulicht, sowie der Vorgang bei Entwurf der Fahrdiensteinteilungen ersichtlich gemacht.

Abb. 22 stellt den Fahrplan dar, während in den Abb. 23 und 24 die sich hiernach ergebenden Fahrdiensteinteilungen ersichtlich sind.

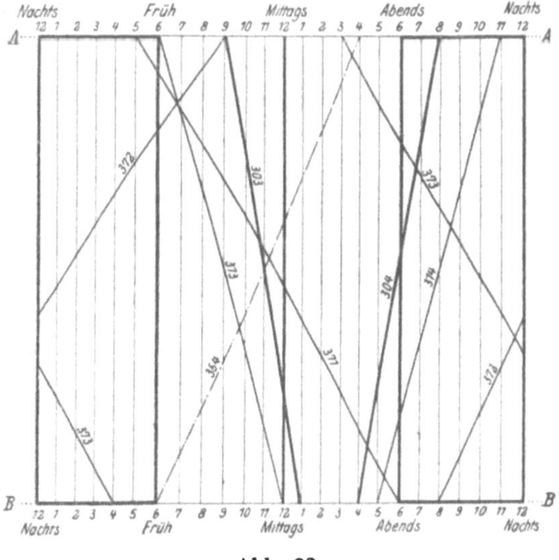

Abb. 22.

Als Bedarf ergeben sich zwei Rotten für die Begleitung der Personenführenden und fünf Rotten für die Begleitung der Güterzüge. Dieser

Bedarf bleibt in der Fahrdiensteinteilung für die Personenzüge (Abb. 24) un-
geändert, wenn man bei Zug Nr. 313 den Zug Nr. 314 und bei Zug Nr. 303
den Zug Nr. 304 als Gegenzug einstellen würde. Dagegen würde jede

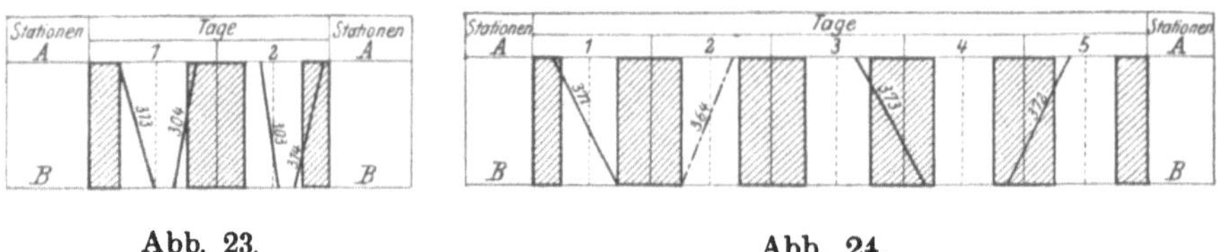

Abb. 23.   Abb. 24.

Änderung in der Zusammenstellung der Zugfolge in der Güterzugfahr-
diensteinteilung sofort zu einem Mehrbedarf führen.

Im allgemeinen erfolgt die Einteilung der Gegenzüge derart, daß die
Begleitrotten in der Reihenfolge ihrer Ankunft wieder von der Endstation
abgehen, so daß also die zuerst angekommene Rotte einen derartigen
Gegenzug erhält, daß sie vor der zweiten, diese wieder vor der dritten
usw. in Dienst gestellt wird.

Auf diese Weise werden für die zuletzt eintreffenden Rotten die
Übernachtungen und die Begleitung der ersten Frühzüge verbleiben.

Hiervon wird nur dann abzugehen sein, wenn zwingende Gründe
vorliegen.

Jenen Rotten, welche nur in einer Fahrtrichtung im Dienste verwendet
werden, ist in der Fahrdiensteinteilung stets die Fahrt ohne Dienst mit
dem nächsten, personenführenden Zuge vorzuschreiben, weil hierdurch die
Dauer ihrer Abwesenheit vom Domizil gekürzt und demnach auch ihre
frühere Wiederverwendung ermöglicht wird.

Die Fahrdiensteinteilungen für Partien, welche auf Linien ohne Nachtverkehr verwendet werden, nähern sich in ihrer Anordnung den allgemeinen,
für den Stationsdienst vorgesehenen Diensteinteilungen.

Der Begleitdienst bei den Zügen stellt in diesem Falle eine gewisse
Zeitdauer dar, wobei es dann von dem Maß der dienstlichen Inanspruchnahme abhängt, wie oft eine Ablösung bezw. ein dienstfreier Tag zu be-
willigen sein wird.

Die Durchführung wird dann am einfachsten damit erfolgen, daß für
jede Partie ein Ablöseschaffner aufgestellt wird, der jeden einzelnen, in

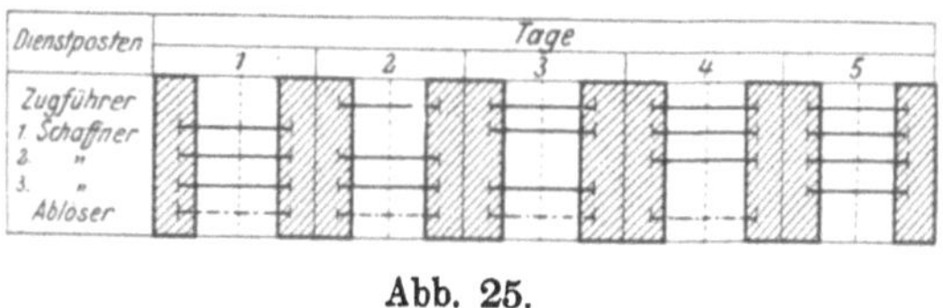

Abb. 25.

der Rotte eingeteilten Zugbegleiter an aufeinander-
folgenden Tagen ablöst.
(Vgl. Abb. 25).

In gleicher Weise kann
selbstverständlich auch ein
Ablöser für zwei und mehr
Rotten aufgestellt werden,
wobei sich nur die Anzahl der freien Tage im Verhältnis zur Anzahl der
abzulösenden Bediensteten vermindert. Ebenso ist es möglich, auch beim
Zugbegleitungspersonal unter gewissen Voraussetzungen Halbtagdienst,
bezw. Halbtagfahrdiensteinteilungen mit im regelmäßigen Wechsel einander
folgenden Vor- und Nachmittagdiensttouren einzurichten, wobei dann nach
Bedarf auch ganz dienstfreie Tage eingeschaltet werden können.

Hierbei wird sich der Personalbedarf in denselben Grenzen wie beim Stationspersonal bewegen. (Vgl. Abb. 18).

Demnach wird, wenn der dienstfreie Tag als dritter in der Diensteinteilung eingeschaltet wird, für je zwei Rotten, bei Einschaltung als vierter Tag für drei usw. eine Rotte als Vermehrung entfallen.

Derartige Fahrdiensteinteilungen können mit Vorteil im Nahverkehr, bei Zügen mit gleicher oder wenig verschiedener Fahrtdauer angewendet werden. Selbst vorkommende Übernachtungen bilden für eine derartige Fahrdiensteinteilung kein Hindernis, weil sie mit den Nachmittagsdienstfahrten unschwer in Verbindung gebracht werden können.

Neben der zweckmäßigen Verwendung des Personals bieten derartige Fahrdiensteinteilungen diesem noch den Vorteil einer streng geregelten, stets gleichmäßigen Dienst- und Ruhezeit.

Im Zusammenhange mit der Aufstellung der Fahrdiensteinteilungen erfolgt die Festsetzung der zur Durchführung des Verkehres erforderlichen Anzahl Zugbegleiter. Durch die Fahrdiensteinteilungen, in welchen nicht nur die regelmäßigen, sondern auch die häufiger zur Einleitung gelangenden Erfordernis- und die zeitweilig verkehrenden Züge enthalten sein sollen, erscheint jedoch nur die Anzahl, nicht aber die Stärke der Partien bestimmt. Die letztere ist im allgemeinen vom Zuggewicht, bezw. der zu deckenden Bremslast, der Wagenanzahl usw. abhängig und wird dementsprechend festgesetzt. Ergibt sich hierbei ein abweichender Bedarf bei den einzelnen Zügen, so wird die normale Stärke der Partien nach dem, bei allen Zügen bestehenden Mindestbedarf festgesetzt.

Für die bei den einzelnen Zügen als Verstärkung beizugebenden Zugbegleiter wird dann eine eigene Fahrdiensteinteilung aufgestellt, in welcher alle, einen derartigen Mehrbedarf aufweisenden Züge aufzunehmen sind. Da in gleicher Weise Sonderfahrdiensteinteilungen für sonstige, einzeln verwendete Zugbegleiter (Manipulationskondukteure usw.) erstellt werden, setzt sich der Gesamtbedarf an Zugbegleitern aus den, nach den einzelnen Turnussen sich ergebenden Bedarfsziffern zusammen.

Der auf diese Weise festgestellte Gesamtbedarf erhöht sich dann noch um jene Anzahl Zugbegleiter, welche zur Deckung der durch Kranke, Beurlaubte usw. entstehenden Abgänge erforderlich sind.

Diese Ergänzung des Gesamtstandes wird der erforderliche „Reservestand" genannt. Die Feststellung des Reservestandes kann nur annähernd auf grund statistischer Aufschreibungen erfolgen.[1]

Wenn mit dem Reservestand auch der Bedarf für zeitweilig verkehrende Erforderniszüge gedeckt werden soll, so wird dieses Erfordernis entweder unter Zugrundelegung einer Fahrdiensteinteilung für diese Züge ermittelt und dann der Reservestand dementsprechend erhöht oder es wird diese Erhöhung annähernd, dem voraussichtlichen Bedarf entsprechend, bemessen.

Zur Voraussetzung einer sparsamen und zweckmäßigen Betriebswirtschaft gehört auch eine dementsprechend wirtschaftliche Gebahrung in den Stationen. Die Wahrung derselben obliegt neben der Leitung und Beaufsichtigung des gesamten Dienstes den Stationsvorständen.

---

[1] Bei einem größeren Stand an Begleitmannschaften bewegt sich die erforderliche Reserve für Beurlaubte und Kranke erfahrungsgemäß zwischen 5 bis 10 vom Hundert des in Partien eingeteilten Personals.

Der erforderliche Stand an Bediensteten und Arbeitern wird von den zuständigen Behörden festgesetzt und den Stationen zugewiesen. Neben diesen ständigen Bediensteten kommen dann noch fallweise Aushilfen in Betracht, die auf die unvermeidlichsten Fälle beschränkt werden sollen.

Hierüber lassen sich selbstverständlich keine festen Regeln aufstellen. Für die zur Aufsicht und Kontrolle berufenen höheren Dienststellen bietet die Statistik eine Handhabe zur Beurteilung der Stationswirtschaft.

4. Durchführung des Fahrplanes.

Die Durchführung des Fahrplanes gehört zu den Aufgaben des Verkehrsdienstes.

Insofern im Verkehrsdienste Vorbereitung und Ausführung des Zugverkehrs unterschieden werden kann, dient der Fahrplan einerseits als Unterlage für die wirtschaftlichste Zugbildung, anderseits als Grundlage für den regelmäßigen Zugverkehr.

a) Die Zugbildung.

Die Zusammenstellung der Züge erfolgt in den „Zugbildungs-stationen" nach einem bestimmten Zugbildungsplan.

Im Personenzugverkehr wird die Anzahl der erforderlichen Wagen den erfahrungsmäßigen Bedürfnissen entsprechend festgesetzt.

Diese Wagen bilden den Wagensatz (Garnitur) des betreffenden Zuges. Die Zeit, welche die Wagen bis zur Rückkehr in die ursprüngliche Zugbildungstation benötigen, wird Umlaufzeit genannt. Die Umlaufzeit setzt sich aus dem Hin- und Rücklauf zusammen, umfaßt demnach zwei Züge, für die derselbe Wagensatz verwendet wird und bei denen also gleichartige Bedürfnisse vorausgesetzt werden müssen.

Beträgt die Umlaufzeit weniger als einen Tag, so kann derselbe Wagensatz noch für weitere Züge verwendet werden. Die Vereinigung bestimmter Züge zum Hin- und Rücklauf der Wagensätze wird „Umlaufplan" genannt.

Unter den gleichen Gesichtspunkten kann auch der Umlauf einzelner Wagen geregelt werden. Solche Wagen werden „Kurswagen" genannt und kommen dieselben vornehmlich im Fernverkehr vor.

Die Umlaufzeit, vermehrt um die zur Reinigung der Wagen erforderliche Zeit, entspricht dem Gesamtbedarf an Wagensätzen für die in den Umlaufplan einbezogenen Züge. Hierzu sind dann noch die notwendigen Reserven für Verstärkungen der Wagensätze, Reparaturen usw. zu berücksichtigen.

Hinsichtlich der Wagenausnützung überhaupt wird das Bestreben im allgemeinen stets darauf gerichtet sein, möglichst große Einzelleistungen zu erzielen, d. h. mit jedem Wagen möglichst viele Umläufe unter tunlichster Ausnützung des Wagenraumes und seiner Tragfähigkeit zurückzulegen.

Die erreichbare Leistung ist zunächst von der Länge des zurückzulegenden Weges, der Fahrgeschwindigkeit der betreffenden Züge und den Stehzeiten abhängig. Hieraus folgt, daß die erreichbare Leistung im Verhältnis zu diesen Umständen ab- oder zunimmt.

Das Eigengewicht der Wagen bildet, soweit deren Raum und Tragfähigkeit nicht durch die Ladung ausgenützt ist, die tote Last der Züge.

Die letztere steigt bei mangelhafter Wagenausnützung und diese kommt ihrerseits wieder im Mehrbedarf an Wagen zum Ausdruck.

Im Personenzugverkehre kann die Raumausnützung der Wagen durch die erfahrungsmäßig festgestellte Begrenzung der Wagenanzahl wesentlich gefördert werden, was von um so größerer Bedeutung ist, als hier das Verhältnis zwischen toter und produktiver Last von vornherein ein sehr ungünstiges ist.

Im Güterzugverkehre ist bei der Beförderung von Massengütern (Getreide, Kohle, Erz, Holz usw.) die volle Raum- und Gewichtsausnützung gewährleistet, während sie bei Beförderung von Einzel- oder „Stückgütern" nur im begrenzten Maße möglich ist.

Die Beigabe bestimmter Wagen zu den einzelnen Zügen kommt nur für den Personenzugverkehr in Betracht, während im Güterzugverkehre nur solche Züge, welche besonderen Zwecken dienen (z. B. Schotterzüge usw.) mit bestimmten Wagensätzen verkehren.

Die Anzahl der zu einem Satz vereinigten Wagen hängt von den erfahrungsmäßig festgestellten Bedürfnissen ab. Die sich hiernach ergebenden Wagensätze werden „Normal- oder Stockwagensätze" genannt und, wenn sie sich fallweise als unzulänglich erweisen, durch Beigabe von in bestimmten Stationen aufgestellten Wagen (Reservewagen) verstärkt.

Im letzteren Falle wird dann die Anzahl der regelmäßig beizugebenden Verstärkungswagen planmäßig verfügt, so daß dann auch diese Wagen, ebenso wie die Normal-Wagensätze im bestimmten Turnus laufen. Dieser Turnus kann mit jenem des Normal-Wagensatzes gleich sein, d. h. die Verstärkungswagen bleiben auf dem ganzen Umlauf bei dem Normal-Wagensatz oder aber sie laufen nur mit einzelnen Touren derselben, oder es kann auch deren Umlauf mit besonderem Umlaufplan geregelt werden.

Die in einzelnen Bedarfsfällen beigegebenen Verstärkungswagen werden — wenn nicht besondere Verfügungen vorliegen — in der Regel sofort mit geeigneten Zügen zurückgesendet. Die Anzahl der mit den Güterzügen zu befördernden Wagen hängt im allgemeinen von der vorhandenen Frachtmenge und der Leistungsfähigkeit der jeweilig vorhandenen Zuglokomotiven ab und soll so bemessen werden, daß die Zugkraft möglichst ausgenützt wird.

Hieraus folgt, daß bei Güterzügen eine möglichst große Wagenanzahl mit einem Zuge befördert, bei Personenzügen jedoch mit möglichst wenig Wagen das Auslangen gefunden werden soll.

Eine Übereinstimmung beider Verkehrsarten liegt also nur insofern vor, als unter allen Umständen der möglichst rasche Umlauf angestrebt und dadurch der Wagenbedarf tunlichst eng begrenzt wird.

b) Personenzugverkehr.

Der Wagenumlauf wird durch die Fahrordnung und die Steh- und Manipulationszeiten in den Zugend- und Ausgangstationen bestimmt.

Der bei der Ermittlung des Umlaufplanes einzuhaltende Vorgang ist aus den Abb. 26 und 27 ersichtlich.

In Abb. 26 ist der gegebene Fahrplan, welcher vier Zugpaare (acht

Züge) enthält, dargestellt. Aus der Verbindung der Züge beider Fahrtrichtungen ergibt sich der Umlauf der einzelnen Wagensätze.

Da von der Station A drei Züge (Nr. 1, 3 und 5) noch vor Eintreffen
des ersten, von B kommenden Zuges abgehen, werden hierfür drei Wagen-
sätze benötigt, während der vierte Zug (Nr. 7) mit dem Wagensatz des ersten, von B eintreffenden Zuges geführt wird.

In der Station B sind zwei Wagensätze für die Züge Nr. 2 und 4 erforderlich, während der Bedarf bei den Zügen Nr. 6 und 8 durch den von A eintreffenden Wagensatz der Züge Nr. 1 und 3 gedeckt erscheint.

Bei gleichzeitigem Beginn des Verkehres in den Stationen A

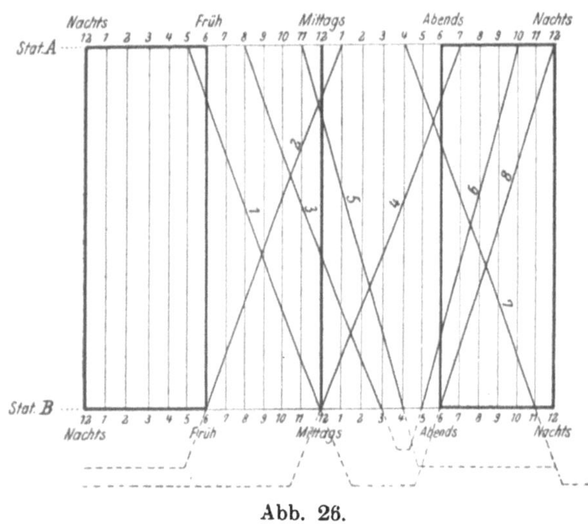

Abb. 26.

B und sind demnach in A drei. in B zwei, zusammen also fünf Wagensätze erforderlich.

In Abb. 27 ist der Umlauf der einzelnen Wagensätze tagweise in dem
Umlaufplan dargestellt.

Hiernach ergibt sich, daß mit einem Wagensatz ein fünftägiger Umlauf erforderlich ist, um den Bedarf für sämtliche acht Züge zu decken.

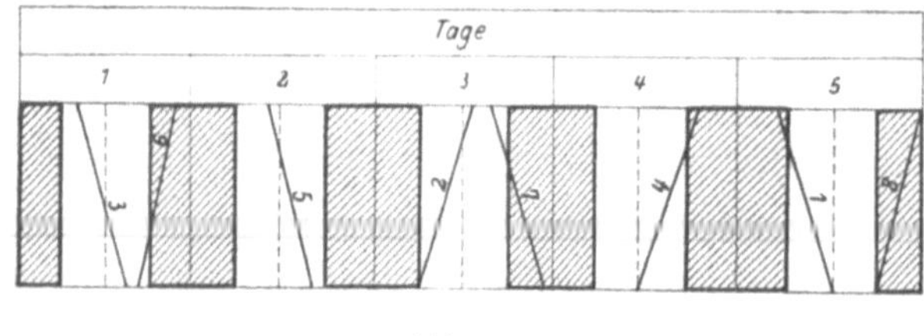

Abb. 27.

Da dieser Bedarf jedoch gleichzeitig an einem Tage zu decken ist, so sind
fünf Wagensätze erforderlich. Die Anzahl der Tage des Umlaufplans entspricht also dem Gesamtbedarf an Wagensätzen.

Die Verwendung ein und desselben Wagensatzes bleibt in der Regel
deshalb auf Züge gleichen Charakters beschränkt, weil die Bedürfnisse
der einzelnen Zuggattungen verschiedene sind und dementsprechend die
Beistellung von in der Bauart voneinander abweichenden Wagengattungen
notwendig wird.

Demzufolge werden in der Regel im Fernverkehre andere Wagensätze
als im Nahverkehre (Ortsverkehr) verwendet und findet im ersteren Verkehr wieder eine Trennung nach Schnell- und Personenzügen statt.

Außerdem kommen noch besondere Wagensätze für bestimmte Züge (Luxus-, Expreß-, D-Züge usw.) fallweise in Anwendung, so daß man zwischen dem Umlaufplan der Wagensätze für Schnell-, Personen- und Lokalzüge usw. zu unterscheiden haben wird.

Der Entwurf dieser einzelnen Umlaufpläne ist durch die Konstruktion des Fahrplanes gegeben und sollen hierbei alle zur Ermöglichung eines zweckmäßigen Wagenumlaufes notwendigen Vorbedingungen berücksichtigt werden.

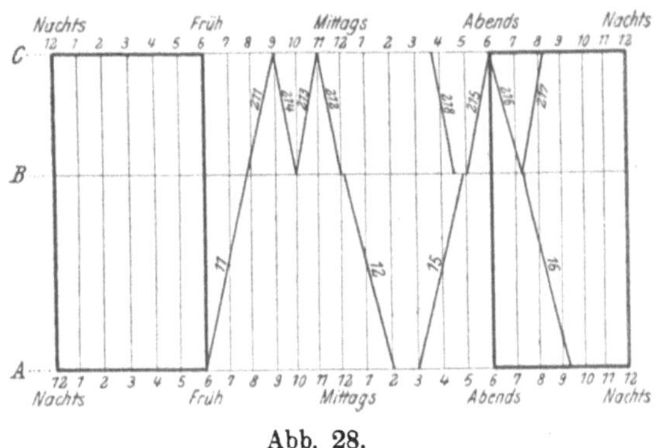

Abb. 28.

Der Lauf der Wagensätze wird entweder auf bestimmte Strecken beschränkt oder es kann auch der Übergang auf abzweigende Bahnlinien (direkter Übergang) erfolgen, wobei nicht nur das Umsteigen der Reisenden

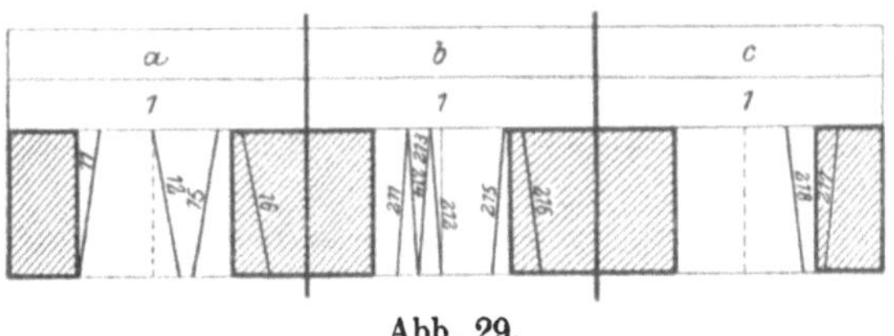

Abb. 29.

vermieden, sondern unter Umständen auch ein Minderbedarf an Wagensätzen erreicht werden kann.

Ein diesbezügliches Beispiel ist in den Abb. 28 bis 30 dargestellt.

In Abb. 28 ist der Fahrplan der beiden in Betracht kommenden Linien dargestellt, während Abb. 29 den Umlaufplan bei getrenntem Wagenlauf, Abb. 30 jenen für direkten Übergang darstellt.

Eine Einschränkung des Wagenbedarfes ist ferner auch durch streckenweise Teilung der in Verwendung stehenden Wagensätze und

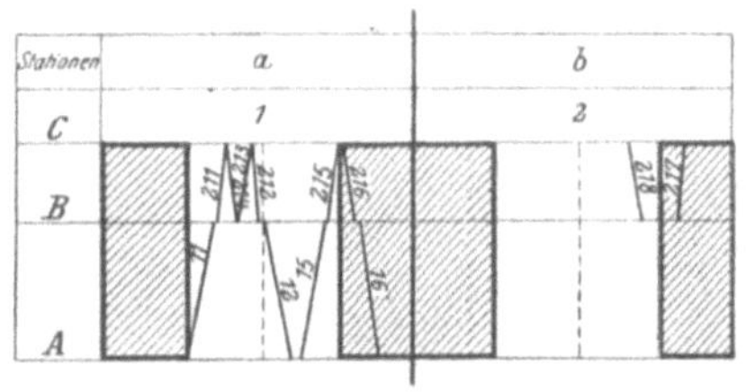

Abb. 30.

getrennten Umlaufplan der auf diese Weise erhaltenen halben Wagensätze dann möglich, wenn die Frequenzverhältnisse der betreffenden Streckenabschnitte eine derartige Anordnung ermöglichen.

In den Abb. 31 bis 32 ist ein einschlägiges Beispiel ersichtlich gemacht.

Abb. 31 stellt die Fahrordnung, Abb. 32 den Umlaufplan dar.

Erforderlich sind zwei Wagensätze, deren Teilung bezw. Wiederver-

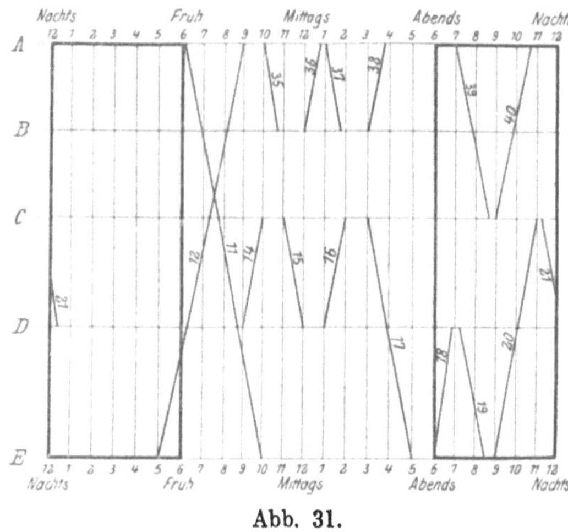

einigung in D erfolgt. Der Vorgang ist folgender:

Der Wagensatz des Zuges Nr. 11 wird in der Ausgangstation A derart zusammengestellt, daß die Teilung in der Station D durch einfaches Abhängen erfolgen kann.

Die vorderen Wagen gehen von D mit Zug Nr. 11 bis E, von wo sie als Zug Nr. 12 bis D rollen, hier mit den anderen daselbst zurückgebliebenen Wagen vereinigt und mit Zug Nr. 12 bis A geführt werden.

Abb. 31.

Die vereinigten Wagensätze werden demnach in folgendem Umlauf verwendet:

für Zug Nr. 11 bis 12 in der Strecke $A—D$,
„   „   „   35, 36, 37, 38 in der Strecke $A—B$,
„   „   „   39 bis 40 in der Strecke $B—C$.

Der erste, in der Station D zurückgebliebene halbe Wagensatz wird mit nachstehendem Umlaufplan verwendet:

für Zug Nr. 14, 15, 16, 21 in der Strecke $C—D$,
„   „   „   17 bis 20 in der Strecke $C—E$,
„   „   „   18 bis 19 in der Strecke $E—D$.

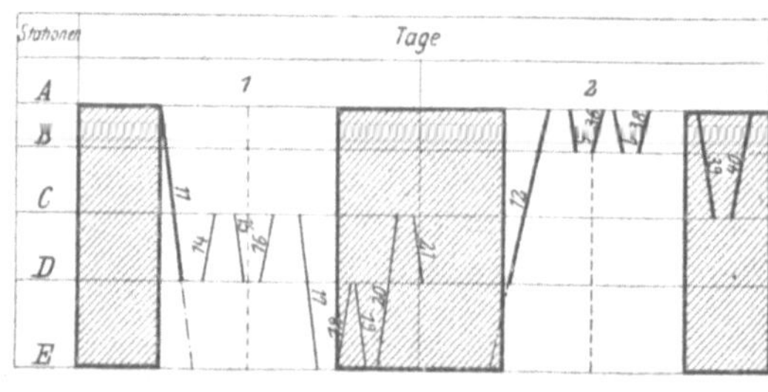

Abb. 32.

Der zweite halbe Wagensatz wird für die Züge Nr. 11 bis 12 in der Strecke $D—E$ verwendet.

Voraussetzung für eine derartige Anordnung sind die besonderen Frequenzverhältnisse bei den mit halben Wagensätzen zu befördernden Zügen; der Gewinn besteht in der Ausnützung der in D überzählig werdenden Wagen, bezw. in der Ersparnis eines eigenen Wagensatzes für jene Züge, welche mit den überzähligen Wagen geführt werden.

c) Güterzugverkehr.

Die Wagenausnützung im Güterzugverkehr wird einerseits durch möglichste Steigerung der Wagenladung innerhalb der durch den Wagenraum und die Tragfähigkeit gegebenen Grenzen, andererseits durch möglichst raschen Wagenumlauf und tunlichste Kürzung der Manipulationszeiten (Be- und Entladezeiten usw.) angestrebt.

Die Erreichung des ersteren Zieles — der Raum- und Gewichtsausnützung — bedarf vornehmlich hinsichtlich der Beförderung der Einzelgüter (Stückgüter) besonderer Vorkehrungen, während solche bei der Beförderung von Massengütern (bezw. Wagenladungsgütern überhaupt), bei welchen die tunlichste Ausnützung jedes einzelnen Wagens schon von den Parteien angestrebt wird, entfallen.

Bei der Beförderung von Stückgütern ist die Raum- und Gewichtsausnützung an sich nur in den seltensten Fällen vollständig erreichbar; sie wird aber noch dadurch beeinträchtigt, daß diese Güter aus volkswirtschaftlichen Gründen mit möglichster Beschleunigung befördert werden sollen.

Das letztere Moment wird deshalb in der Regel vorangestellt und auf Kosten der Raum- und Gewichtsausnützung begünstigt, d. h. es werden, wo erforderlich, die Mindestgrenzen dieser Ausnützung herabgesetzt. Dadurch kann sich ein Mehrbedarf an Wagen ergeben, der um so erheblicher sein wird, je niedriger die Ausnützungsgrenze gezogen wird.

Es kann also der Fall eintreten, daß dem Vorteil der rascheren Beförderung der Nachteil geringerer Ausnützung der Wagen und demzufolge ein Mehrbedarf an Wagen gegenübersteht.

Die zu lösende Aufgabe besteht also darin, eine möglichste Abkürzung der Beförderungszeit bei gleichzeitiger tunlichst hoher Gewichts- und Raumausnützung zu erreichen.

Hierfür sind besondere, den örtlichen und allgemeinen Verkehrsverhältnissen sorgfältig angepaßte Vorschriften erforderlich.

Die Grundzüge, nach welchen bei Erstellung dieser Vorschriften vorgegangen wird, sind im wesentlichen folgende:

1. Der angestrebte Zweck möglichst rascher Beförderung wird am vollständigsten erreicht, wenn bei möglichster Raum- und Gewichtsausnützung in einem Wagen nur Güter für dieselbe Bestimmungsstation verladen werden (Bildung sog. „Ortswagen").

2. Kann dieser Bedingung nicht entsprochen werden, muß getrachtet werden, daß Güter von verschiedenen Aufgabestationen für dieselbe Bestimmungsstation in denselben Wagen verladen werden.

Zu diesem Behufe werden die Stationen in „Ladegruppen" eingeteilt und jede Ladegruppe bildet gemeinsam ihre Ortswagen.

3. Wenn Ortswagen nicht gebildet werden können, kann die Verladung der Güter auch für mehrere Stationen erfolgen, welche dann jedoch derselben Ladegruppe angehören müssen („Gruppenwagen").

4. Die Einteilung der Stationen in Ladegruppen erfolgt getrennt nach den Verkehrsrichtungen, wobei die Stationen der Abzweigelinien in der Regel eine Ladegruppe bilden.

Ebenso können auch mehrere Stationen der Hauptlinie zu Ladegruppen vereinigt werden, sofern sie über eine Hauptumladestation hinaus liegen.

5. Wenn auch die Bildung von Gruppenwagen nicht möglich ist, wer-

den Umladewagen von den Stationen gebildet, aus welchen dann die Güter in den Hauptumladestationen ausgeladen und zur Ergänzung der Orts- oder Gruppenwagen verwendet werden.

6. Sogenannte „Restgüter", d. s. solche Güter, welche nicht in Ortswagen verladen werden können, werden in den turnusmäßig vorgesehenen Sammelwagen verladen bzw. zugeladen.

7. Den Hauptumladestationen obliegt die Rangierung bzw. Umladung der dahin bestimmten Umladewagen.

Als Hauptumladestationen werden solche größere Abzweigestationen bestimmt, in welchen die Rangierung (Umladung) der einlangenden Stückgutwagen ohne größeres Stillager erfolgen kann.

Alle Abzweigestationen, welche nicht als Hauptumladestationen bestimmt sind, heißen Nebenumladestationen und obliegt denselben die Rangierung (Umladung) jener, für die betreffende Nebenlinie einlangenden Stückgutwagen, soweit nicht deren direkter Übergang möglich ist.

In ähnlicher Weise kann die Beförderung der Eilgüter nach einem bestimmten Plane erfolgen und dadurch die Beförderungszeit gekürzt und der Wagenbedarf verringert werden.

Die Beförderung der Massengüter soll gleichfalls unter dem Gesichtspunkte des raschen Wagenumlaufs erfolgen.

Dies erfordert zunächst die Trennung des Fern- und Nahverkehrs. Der erstere Verkehr wird durch direkte, der letztere durch die Manipulationsgüterzüge bedient. Hierdurch wird bei den direkten Güterzügen die Einschränkung der Aufenthalte in Zwischenstationen und damit eine Kürzung der Fahrtdauer ermöglicht. Der angestrebte Zweck einer möglichst raschen Beförderung wird dann erreicht, wenn die direkten Züge vornehmlich mit Last für die weitestgelegenen und tunlichst für dieselben Verkehrslinien ausgenützt werden.[1])

Dies hindert jedoch nicht, daß denselben auch Last für Unterwegs-Abzweigestationen (bezw. Linien), sofern letztere nicht in die Zone des Nahverkehres fallen, beigegeben wird, wenn hierdurch eine bessere Zugausnützung erreicht und der Ersatz der abfallenden Last durch neue möglichst direkte Last gesichert erscheint.

Die genaue Durchführung dieses Grundsatzes erfordert die Aufstellung eigener Lastabfuhrpläne (Bruttodispositionen). Als Beispiel zeigt Abb. 33 die schematische Darstellung der Linie, die zugehörige Zusammenstellung IX den hierfür aufzustellenden Lastabfuhrplan.

---

[1]) Bei der hier ins Auge gefaßten Einteilung sind die einfacheren österreichischen Verhältnisse berücksichtigt. Wesentlich reicher ist — entsprechend der höheren volkswirtschaftlichen Entwicklung — der Güterzugverkehr im Deutschen Reich gegliedert. Bei den Preußischen Staatsbahnen ist diese Gliederung folgende:

a) Ortsgüterzüge für den Verkehr der Zwischenstationen und für Stückgutverkehr.
b) Durchgangsgüterzüge für den Verkehr auf größere Entfernungen.
c) Ferngüterzüge zur Beförderung von Massengütern, welche möglichst ohne Umbildung bis zur Zielstation verkehren.
d) Schleppzüge zum Sammeln der Frachten einzelner Ladestellen und Zuführung derselben nach den Zugbildungsstationen.

Im Vergleich mit den österreichischen Verhältnissen entsprechen die unter a angeführten Züge den Manipulationszügen, die Gruppen b und c fallen zusammen und entsprechen den Transitgüterzügen, die Gruppe d mangelt zumeist gänzlich.

Zusammenstellung IX.

Die Zugbildungs-station (Dispositions-station)	darf dem für		Anmerkung
	$K—L$	$K\cdots M$	
	bestimmten Zuge beigeben		
A	Last für $K\,L$, allenfalls zur Ergänzung der Ausnützung noch Last für die Nebenlinien	Last für $K\,M$, auch Ergänzung, wie neben angegeben	Höchste erreichbare Ausnützung mit direkter Last für die ganze Strecke $A—K$ = 600 t
B	Last für $K\,L +$ Last für $D\,E$ bis zur Grenze einer Gesamtbelastung von 800 t, allenfalls Last für $D\,E$, $F\,G$ und $F\,H$ im Höchstausmaße von 800 bezw. 700 t	Last für $K\,M$, auch Ergänzung wie neben angegeben	Die Anzahl der von A ausgehenden für die Verkehrsrichtungen $K—L$ und $K—M$ bestimmten Züge ist nach den erfahrungsmäßigen Bedürfnissen festzusetzen.
D	Last für $K\,L +$ Last für $F\,G$ und $F\,H$ bis zur Grenze einer Gesamtbelastung von 700 t	Last für $K\,M$, auch Ergänzung wie neben angegeben	
F	Last für $K\,L$	Last für $K\,M$	

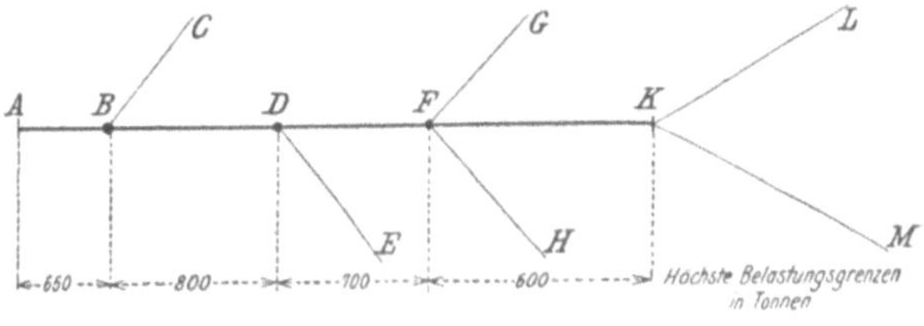

Abb. 33.

Hieraus folgt:

1. Die Ausnützung direkter Züge mit Last für Unterwegs-Abzweigestationen ist innerhalb der sich ergebenden Unterschiede zwischen den zu berücksichtigenden Belastungsgrenzen nicht nur möglich, sondern im Interesse der Ausnützung geboten.

2. Die Ergänzung mit direkter Last ist in den Zwischen-Abzweigestationen nur insoweit möglich, als der Zug nicht schon von der Ausgangstation bis zur maßgebenden Belastungsgrenze ausgenützt ist.

3. Wenn die Züge bereits ganz mit direkter Last ausgenützt von der Ausgangstation abgehen, muß für die Abbeförderung der in den Zwischen-Abzweigestationen sich ergebenden Last durch Einleitung weiterer direkter Züge vorgesorgt werden.

Die rascheste Beförderung wird durch Zusammenstellung der Züge mit Last für einheitliche Richtungen des Fernverkehres erzielt, weil dann die Abfuhr mit geschlossenen Zügen von der Übergangstation K nach L oder M erfolgen kann. Wenn für eine derartige Ausnützung der Züge jedoch nicht genügend einheitliche direkte Last vorhanden ist, müssen die Züge — wenn nicht die Ausnützung von deren Zugkraft hintangesetzt wird — mit Last für die anderen Fernverkehrstrecken (im gegebenen Falle mit Last für die Strecken $K—L$ und $K—M$) ergänzt werden.

In einem derartigen Falle geht der Vorteil der raschen Abfuhr von K verloren und der Dienst nimmt den Charakter eines Vorschubdienstes bis zur Übergangstation an, d. h. in der letzteren muß nunmehr die Last für beide Verkehrsstrecken so lange gesammelt werden, bis sie in genügender Menge zur Abfuhr mit weiteren direkten Zügen vorhanden ist.

Soll dies vermieden werden, so erübrigt nur der Ausweg, die Last in gleicher Weise in A zu sammeln, um sie dann geschlossen mit einheitlich zusammengestellten Zügen abzuführen.

Hieraus folgt also, daß bei einer derartigen Verkehrsanordnung in jedem Falle ein längeres Stillager der Wagen und damit auch eine Erhöhung des Wagenbedarfes bezw. eine Verzögerung des Wagenumlaufes, unvermeidlich ist.

Der erstere Umstand ist von höchster Bedeutung bei starkem Verkehre (Exportverkehr usw.), weil als dessen charakteristische Begleiterscheinung immer Wagenmangel, sowie Überfüllung der Übergangsplätze eintritt, während bei schwächerem Verkehre diese Begleiterscheinungen fehlen.

Daraus folgt, daß der Grundsatz raschester Abfuhr und möglichst beschleunigten Wagenumlaufes mit Zunahme des Verkehrs an Bedeutung gewinnt und dann sogar auf Kosten der Zugausnützung gefördert werden muß, wobei jedoch nicht übersehen werden darf, daß der letztere Umstand bei zu weit getriebener Hintansetzung der Zugausnützung wieder in erhöhtem Lokomotiv- und Personalbedarf fühlbar wird.

Im allgemeinen wird bei starkem Verkehre die Zufuhr eine derartige sein, daß die Wahrung des Zugcharakters hinsichtlich der Verkehrsstrecken weniger Schwierigkeiten als bei schwächerem Verkehre begegnen wird. Immerhin können sich auch dann einzelne Verkehrsstrecken als schwächer erweisen, und die für dieselben bestimmte Fracht sowie etwaige Rückstände an Last sind dann zweckmäßig zur Ergänzung der Belastung direkter Züge, eventuell auch zur Ergänzung der Ausnützung von Sammelgüterzügen (Manipulationszügen), zu verwenden und in geeignete Stationen vorzuschieben, um dort mit entsprechenden direkten Zügen weiterbefördert zu werden. Hiernach wird sich allerdings eine Verzögerung des Wagenumlaufes rücksichtlich eines Teiles ergeben, der aber durch die vollständige Erreichung des angestrebten Zweckes bei der Mehrheit des übrigen rollenden Materials, durch die bessere Ausnützung der Zugkraft und durch die Verminderung des Lokomotiv- und Personalbedarfes seinen Ausgleich finden wird.

Je schwächer der Verkehr ist, um so mehr Schwierigkeiten können sich ergeben, Züge mit Last für einheitliche Verkehrsrichtungen aufrecht zu halten.

Durch das Sammeln der Last können sich dann Stillager ergeben, deren Ausgleich auch durch die rascheste Weiterbeförderung kaum mehr erreichbar wird.

Es wird deshalb auch hier der Lastabfuhrplan derart aufzustellen sein, daß der Zweck raschesten Wagenumlaufes hinsichtlich der stärksten Verkehrsrichtungen möglichst vollständig erreicht, die übrige Last aber zweckmäßig aufgeteilt wird.

Die Bedienung des Nahverkehres und die Beförderung der Sammelgüter erfolgt, wie bereits erwähnt, mit den Manipulationsgüterzügen. Die in diesen Zügen, welche mit entsprechenden Aufenthalten in allen Stationen in die Fahrordnung eingelegt werden, sich ansammelnde direkte Last wird in geeigneten Zugumbildungstationen auf die direkten Züge überstellt und derart der Ausgleich in der Beförderungszeit hergestellt.

Mit diesen allgemeinen Gesichtspunkten ist der Rahmen für die Aufstellung und Durchführung des Fahrplanes gegeben, dessen ganzer Aufbau und Endzweck auf den volkswirtschaftlichen Verhältnissen beruht. Die genaue Kenntnis derselben und der Aufgaben und Ziele der Volkswirtschaft sind demnach wichtige Vorbedingungen für die zweckentsprechende Einrichtung des Betriebsdienstes einer Eisenbahn, der mit zu den Ausdrucksmitteln der Volkswirtschaft gehört.

Literatur.

„Unterhaltung und Betrieb der Eisenbahnen". Herausgegeben von Blum, von Borries und Barkhausen. Wiesbaden 1902. C. W. Kreidels Verlag.

„Betrieb und Verkehr der preußischen Staatsbahnen" von Wilhelm Cauer Berlin 1897. Verlag von Julius Springer.

„Grundzüge des Betriebsdienstes auf den preußisch-hessischen Staatsbahnen" von R. Struck. München 1907. · Verlag von R. Oldenbourg.

„Grundzüge für die ökonomische Anordnung des Verkehrsdienstes" von V. G. Bosshardt. Wien 1903. Verlag von Alfred Hölder.

„Eisenbahn-Bau- und Betriebsordnung" (für das Deutsche Reich). Berlin 1905. Verlag von Julius Springer.

„Grundzüge der Vorschriften für den Verkehrsdienst auf Hauptbahnen" (für Österreich). Wien 1904. k. k. Hof- und Staatsdruckerei.

„Eisenbahnbetriebsordnung" (Österreich). Wien 1902, k. k. Hof- und Staatsdruckerei.

„Preußische Gesetze für Eisenbahnbeamte" von J. Gehrcke. Dresden 1903. Verlag von Gerhard Kühtmann.

Heizhausanlagen.

Von

F. X. Saurau,

K. K. Baurat im Eisenbahnministerium, Wien.

1. Zweck der Lokomotivschuppen.

In den Lokomotivschuppen (auch Maschinenhäuser, Lokomotivdepotstationen, Lokomotivremisen, Heizhäuser usw. genannt), werden die dienstfreien Lokomotiven vor den Unbilden der Witterung geschützt und zur nächsten Dienstleistung vorbereitet.

Die Lokomotiven werden nach beendeter Dienstleistung und nach erfolgter Versorgung mit Betriebsmaterial in die Schuppen gestellt, hier untersucht, gereinigt, und wenn wahrgenommene Gebrechen in kurzer Zeit behoben werden können, erforderlichenfalls daselbst ausgebessert. Hier werden auch die vorgeschriebenen Untersuchungen der Maschinenbestandteile vorgenommen und die Lokomotiven zur Abfuhr in die Hauptwerkstätten bereitgestellt. Die Dienstlokomotiven werden angeheizt, abgeschmiert und mit ihren Mannschaften besetzt den Verkehrsbeamten zur Weiterverwendung zeitgerecht übergeben.

Bei großen Anlagen werden für die Ausführung der Ausbesserungen eigene Werkstätten und zur Unterbringung der Kanzleiräumlichkeiten getrennte Dienstgebäude, sowie für die Lokomotivmannschaften Übernachtungshäuser gebaut, welchen Baulichkeiten sich auch noch Vorratsmagazine zur Unterbringung der Betriebsmaterialien anschließen.

Kleinere Schuppenanlagen (Heizhaus-Exposituren) erhalten Anbauten, in welchen die erforderlichen Werkstätten, Dienst- und Vorratsräume untergebracht sind.

Anlagen, welche den Lokomotiven nur vorübergehend Unterkunft zu bieten haben, werden entsprechend ihrem untergeordneten Zwecke einfacher ausgestattet.

2. Lage und allgemeine Erfordernisse.

Die Lage der Lokomotivschuppen richtet sich nach den örtlichen Verhältnissen und der Größe des Bahnhofes.

Im allgemeinen werden Lokomotivschuppen auf kleineren Bahnhöfen behufs leichterer Dienstesabwicklung nächst den Zugaufstellungsgleisen, in großen Bahnhofsanlagen entfernter von denselben und nur durch Zustellgleise mit ihnen verbunden, angeordnet.

Sind in einer Hauptstation, die Anlagen für den Personen- und Güterverkehr getrennt, so werden zweckmäßig auch die Lokomotiven ihrer Verwendung entsprechend in gesonderten Schuppenanlagen unterzubringen sein, deren Lage derart zu wählen ist, daß alle Lokomotiven ungehindert und auf möglichst kurzen Wegen von und zu den Zügen gelangen können.

Bei Benutzung von Verkehrsgleisen für diese Fahrten wird die glatte Lokomotiv-Ab- und Zufuhr stets behindert und werden daher namentlich in großen Bahnhofsanlagen eigene Verbindungsgleise den Betriebsdienst wesentlich erleichtern.

Um Durchquerungen der Hauptgleise möglichst zu vermeiden, sind die Heizhausanlagen grundsätzlich auf derjenigen Seite der Bahn zu errichten, auf welcher der größte Teil der Lokomotiven abgestellt und ausgewechselt wird.

Befinden sich verbaute Stadtteile und Bedienstetenwohnungen in der Nähe der Stationsgebäude, so ist die vollkommene Trennung der Zugförderungs- von den Verkehrsanlagen besonders zu empfehlen.

Die gesonderte Lage der Zugförderungsbahnhöfe bietet die ganz bedeutenden Vorteile, daß die Entwicklung der übrigen Bahnhofsanlagen nicht behindert wird, der eigenen Vergrößerung nichts im Wege steht und den Klagen der Anwohner über Rauch- und Lärmbelästigung begegnet ist.

Während bei den früheren ungenügenden Verständigungsmitteln eine abseitige Lage der Heizhäuser dem Verkehrsbeamten den Dienst erschwerte, trifft dies heute nicht mehr zu, da auch bei weniger entfernten Anlagen alle Anordnungen und Bestellungen telegraphisch oder telephonisch erfolgen.

Die Fahrten vom und zum Heizhaus bilden, selbst wenn die Anlage einige Kilometer vom Bahnhof entfernt ist, keinen nennenswerten Zeit- und Materialverlust, weil sie zur Auffrischung des Feuers und Erhöhung des Dampfdruckes bzw. zur Herabminderung des letzteren und zur Tenderwassererwärmung ausgenützt werden können.

Erfordert jedoch der Betrieb am Ausgangspunkte eines dichten Zugverkehres, z. B. in großen Städten und wichtigen Eisenbahnknotenpunkten oder bei Vororte- und Stadtbahnen, die Bereithaltung einer großen Anzahl Lokomotiven nächst den Zugabfahrtsgleisen, so wird die Errichtung selbst größerer Lokomotivschuppen in der Nähe der Verkehrsanlagen und selbst in der Umgebung bebauter Stadtteile schwer zu umgehen sein.

Im Bereiche der Schuppenanlage sollen mit Rücksicht auf die rasche Zu- und Abstellung alle Fahrten der heimkehrenden und in den Dienst tretenden Lokomotiven zu und von den Heizhäusern möglichst wenig Verschubbewegungen erfordern.

Bei allen größeren Anlagen soll mindestens ein getrenntes Ein- und Ausfahrtsgleis für die Lokomotiven vorhanden sein. Bei neueren großen Anlagen findet man auch zwei Ein- und zwei Ausfahrtsgleise. Jeder Wechsel der Fahrtrichtung innerhalb des Heizhausbereiches soll möglichst vermieden werden, weshalb die Schlackengruben, Kohlengossen, Sandhäuser und Wasserkrane so anzuordnen sind, daß das Untersuchen und Ausrüsten mit Kohle, Wasser und Sand auf dem Einfahrtsgleis gleichzeitig erfolgen kann.

Von den einführenden Gleisen sollen zu den ausführenden Gleisen Verbindungen hergestellt werden, um es zu ermöglichen, daß einzelne Lokomotiven sofort nach erfolgter Ausrüstung zu neuen Dienstleistungen herangezogen werden können, ohne daß hiedurch die anderen Lokomotiven in ihrer Einfahrt behindert werden.

Unmittelbar vor den Schuppen, auf den Einfahrtsgleisen zu denselben, sind ausreichend lange Putzgruben und wenn nicht ausschließlich Tenderlokomotiven in Betracht kommen, entsprechend große Drehscheiben anzuordnen.

Die Größe der Anlagen hängt von der Anzahl der zugewiesenen, die Anzahl der gedeckten Stände von der Anzahl der gleichzeitig dienstfreien Lokomotiven ab.

Die größte Anzahl der gleichzeitig einzustellenden Lokomotiven wird an der Hand der Lokomotiv-Dienstpläne ermittelt. — Ist auf der Strecke Nachtverkehr nicht eingeführt, dann wird für die Unterbringung aller vorhandenen Lokomotiven Vorsorge zu treffen sein.

Muß zu gewissen Jahreszeiten ein großer Teil der zugewiesenen Lokomotiven außer Dienst gestellt werden, wie dies z. B. auf den Stadtbahnen und bei gewissem Saisonverkehr vorkommen kann, dann werden für diesen Teil der Lokomotiven gedeckte Abstellgleise ohne Arbeitsgruben vollkommen genügen.

Bei Ermittlung der nötigen Anzahl und der Abmessungen gedeckter Standgleise wird auf den Ausbesserungsstand der Lokomotiven, der mit $10\,^0/_0$ des ganzen Lokomotivstandes angenommen werden kann, auf die allgemeine stete Verkehrszunahme und auf die immer wachsenden Baulängen der Lokomotiven Rücksicht zu nehmen sein.

Bei allen Lokomotivschuppenbauten soll als Grundsatz gelten, daß bei zweckentsprechender äußerer und innerer Ausstattung die einfachste und billigste Ausführung zu wählen ist.

In jedem Lokomotivschuppen soll für eine beschleunigte Beseitigung des Dampfes und des Rauches ausreichend Vorsorge getroffen werden. Die Rauchabzüge sollen mit abschließbaren Klappen versehen sein und an ihrem unteren Ende derart verstellbare Vorrichtungen besitzen, daß auch bei verschiedenen Lokomotivschornsteinhöhen ein geschlossener Rauchabzug erreicht wird.

Bei runden Schuppen sollen die Rauchabzüge am äußeren, geräumigeren und helleren Umfang angebracht sein, weil dann beim Vorwärtseinfahren diejenigen Teile der Lokomotiven, wo sich Zylinder und Schieber befinden, für die Untersuchung leichter zugänglich und besser beleuchtet sind. — Auch auf den übrigen Seiten der Lokomotiven soll genügender Raum vorhanden sein, um kleine Ausbesserungen an Ort und Stelle durchführen zu können.

Im Winter empfiehlt sich eine zweckmäßige Beheizung der Schuppenräume.

Die Arbeitsgruben sollen den Abstieg von beiden Seiten der eingestellten Lokomotiven auf Trittstufen ermöglichen und gute Entwässerung besitzen.

Der Fußboden soll in Schienenoberkantenhöhe angelegt und zwischen je zwei Gruben gewölbt ausgeführt werden, um eine gute Wasserabführung zu erreichen.

Im Innern des Gebäudes sollen zwischen je zwei Ständen versenkt angelegte Wasserausläufe zum Füllen der Kessel und Tender, zum Auswaschen usw. zur Verfügung stehen.

Die Umfassungswände sollen behufs besserer Wärmehaltung aus dichtem Material hergestellt sein.

Die Verwendung von Holzbestandteilen über den Standpunkten der Lokomotivschornsteine ist zu vermeiden.

In jedem größeren Lokomotivschuppen sollen Vorrichtungen zum Auswaschen der Lokomotivkessel mit warmem Wasser, ebenso Versenkvorrichtungen zum leichten Untersuchen und Auswechseln der Radsätze vorhanden sein.

Für eine ausgiebige Verwendung pneumatischer oder elektrischer Werkzeuge und mechanischer Hebevorrichtungen soll durch Einführung von Preßluftleitungen bzw. durch Einleitung des elektrischen Stromes Vorsorge getroffen werden.

In jedem Schuppen soll bei einer genügenden Anzahl von Auslaufbrunnen Trinkwasser zur Verfügung stehen.

Ausreichende Feuerlöschvorrichtungen sind stets notwendig, da das rechtzeitige Herausschaffen der nicht angeheizten Lokomotiven mit großen Schwierigkeiten verbunden ist. Es wird deshalb schon aus diesem Grunde allein bei großen Lokomotivschuppen die Anbringung zweier Drehscheiben oder Schiebebühnen zu empfehlen sein. Auch soll das den Hydranten zugeführte Betriebswasser einen für Löschzwecke genügenden Druck besitzen.

Schließlich wird mit Rücksicht auf die Dienst- und Ruhezeiten des Lokomotivpersonals in oder in der Nähe der Lokomotivschuppen für Schlaf-, Aufenthalts- und Diensträume vorzusorgen sein.

Große Anlagen sollen zur Erleichterung der Aufsicht mit wenigen, aber großen Schuppen ausgestattet werden.

3. Grundrißformen.

Nach der Grundrißform unterscheidet man dreierlei Bauarten von Lokomotivschuppen:

    a) Rechteckige,

    b) Kreisförmige und

    c) Ringförmige Lokomotivschuppen.

a) Rechteckige Lokomotivschuppen.

Bei der rechteckigen Form der Lokomotivschuppen liegen die Lokomotivstände parallel zueinander und die Einfahrt der Lokomotiven erfolgt über Weichenstraßen, Drehscheiben oder Schiebebühnen.

Diese Form wird häufig zur Unterbringung einer kleinen Anzahl Lokomotiven (1 bis 10) gewählt, wenn voraussichtlich eine baldige Erweiterungsbedürftigkeit nicht zu erwarten ist.

Für eine größere Anzahl Lokomotiven wird die rechteckige Form meist in Verbindung mit Schiebebühneneinbauten dort angewendet, wo beschränkte Platzverhältnisse oder geringe Mittel eine besonders gute Raumausnützung erheischen.

Das rechteckige Heizhaus soll behufs Einschränkung der Lokomotivverschiebungen bei einseitiger Einfahrt nur zwei hintereinander aufgestellte Lokomotiven, und wenn auf beiden Seiten Einfahrten vorhanden sind, höchstens vier Lokomotiven auf jedem Gleis aufnehmen können und nur bei sehr geregelten Betriebsverhältnissen Aufstellungsgleise für drei bzw. für sechs Lokomotiven erhalten.

Kommen Drehscheiben oder Schiebebühnen zur Anwendung, so erfordert das Ein- und Ausfahren der Lokomotiven im allgemeinen mehr
Zeit als bei Schuppenanlagen mit reinen Weichenausfahrten.

Um das Umdrehen, sowie das Ein- und Ausfahren der Lokomotiven
zu beschleunigen, sollen bei der Rechteckform womöglich auf jeder Ein-
fahrtseite eigene Drehscheiben eingebaut werden, was auch den weiteren
Vorteil in sich birgt, daß bei Ausbesserungen und Betriebsstörungen der
einen Drehscheibe noch die andere zur Verfügung steht.

An Stelle von Drehscheiben wurden in früherer Zeit auch Drehkurven
oder Triangeln verwendet, bei welchen zwar eine gewisse Betriebssicherheit
gewährleistet, das Ein- und Ausdrehen der Lokomotiven jedoch mit großen
Umständlichkeiten verbunden war. Derartige Einrichtungen kommen
heute nicht mehr vor.

Bei motorisch angetriebenen Drehscheiben und Schiebebühnen muß im
Versagungsfall die Fortbewegung mittels Handantrieb möglich sein.

Die Heimat der rechteckigen Bauform ist England, sie wird auch in
der Schweiz sowie in Deutschland häufig angewendet.

<table>
<tr><td>Abb. 1. Rechteckschuppen
mit Weichenzugang.</td><td>Abb. 2. Rechteckschuppen
mit Schräggleisen.</td></tr>
</table>

Man unterscheidet:

1. Schuppen mit außenliegendem Weichenzugang (Abb. 1). Diese
Form der Anlage wird zumeist für eine kleinere Anzahl unterzubringender Lokomotiven gewählt. Es ist zweckmäßig, für je zwei hintereinander stehende Lokomotiven ein besonderes Ausfahrtstor anzuordnen,
und nur bei beiderseitiger Ausfahrt die Länge der Schuppengleise auf
vier Lokomotivstände auszudehnen.

Stehen für den Bau des Schuppens schmale langgestreckte Grund-
stücke zur Verfügung, welche nur an einem Ende zugänglich sind, so wird
die Form mit Schräggleisen (Abb. 2) vorteilhaft Anwendung finden.

2. Schuppen mit außenliegender Drehscheibe. Für eine größere
Anzahl unterzubringender Lokomotiven verwendbar.

a) Mit einer oder mit zwei Drehscheiben (Abb. 3). Im letzteren
Falle kann eine Drehscheibe vorteilhaft seitwärts angeordnet werden, um
die Lokomotiven, die nicht umgewendet zu werden brauchen, nicht über-
flüssigerweise über die Drehscheibe zu führen.

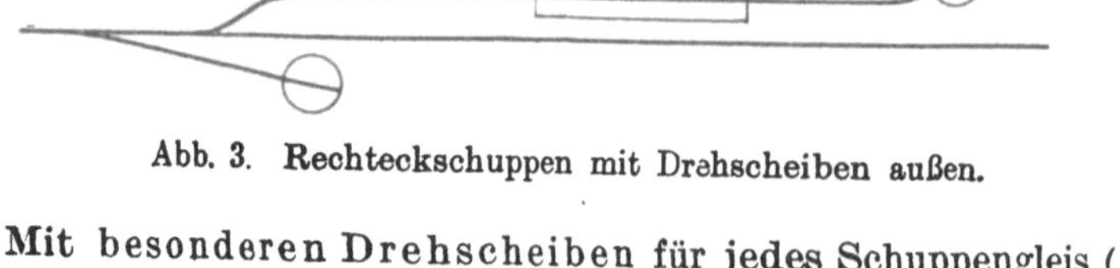

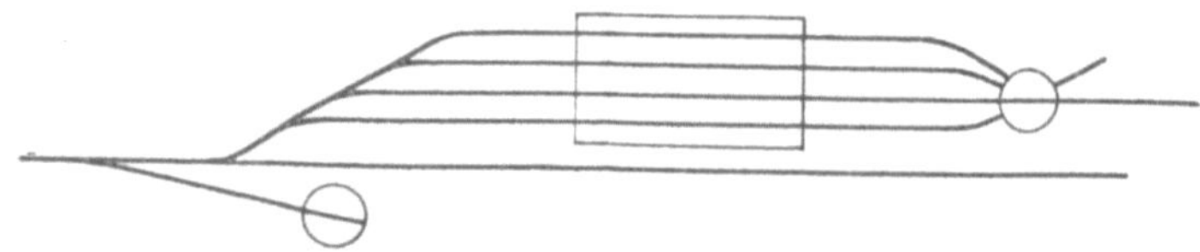

Abb. 3. Rechteckschuppen mit Drehscheiben außen.

b) Mit besonderen Drehscheiben für jedes Schuppengleis (Abb. 4).
Erfordern eine größere Gleisentfernung und erhöhte Anlagekosten; sie
kommen heute nicht mehr zur Ausführung.

3. Schuppen mit innenliegenden Drehscheiben:

a) mit stirnseitigen Einfahrten (Abb. 5). Weist Merkmale der kreisförmigen Schuppen auf (vgl. Abb. 13).

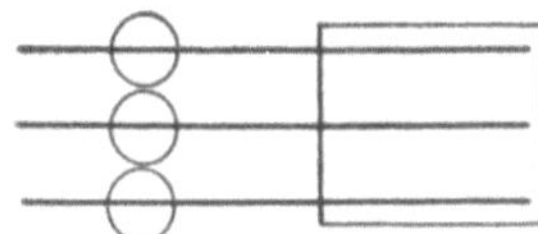

Abb. 4.
Rechteckschuppen mit Drehscheiben außen.

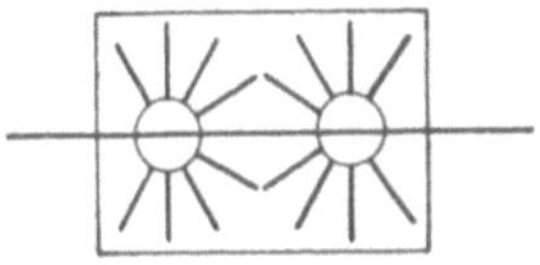

Abb. 5.
Rechteckschuppen mit Drehscheiben innen.

Diese Form wird selten und dann aus dem Grunde gewählt, um die Vorteile des runden Heizhauses mit jenen des viereckigen zu verbinden. Sie erfordert geringere Erhaltungskosten, weil die Drehscheiben vor den Witterungseinflüssen geschützt sind, und bietet durch das Vorhandensein mehrerer Drehscheiben erhöhte Betriebssicherheit.

Große Anlagen dieser Art können dadurch wesentlich ausgestaltet werden, daß neben den mittleren Einfahrtsgleisen seitlich eigene Ausfahrtsgleise angelegt werden (vgl. Abb. 118).

b) Mit Zufahrt von der Langseite (Abb. 6). Wurden seinerzeit nur für kurzgestellte Lokomotiven gebaut.

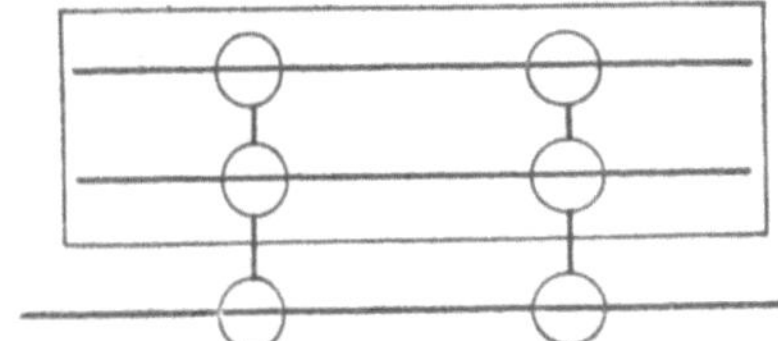

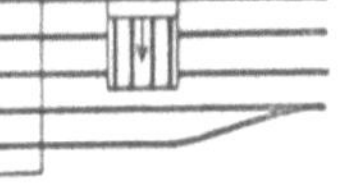

Abb. 6.
Rechteckschuppen mit Drehscheiben innen.

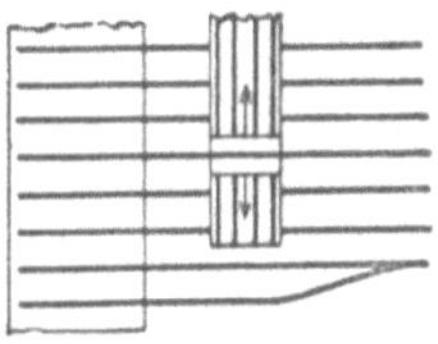

Abb. 7.
Rechteckschuppen mit Schiebebühne außen.

4. Schuppen mit außenliegender Schiebebühne (Abb. 7). Werden nur für eine größere Anzahl von Lokomotiven gebaut. Diese Bauart hat den Nachteil, daß bei geöffneten Flügeltoren ein Teil der vorhandenen Gleislängen verloren geht. Neben den Schiebebühnenausfahrten wird zumeist auch für eine oder zwei unmittelbare Lokomotivausfahrten vorgesorgt, deren Absperrtore für gewöhnlich verschlossen gehalten werden.

Die Länge der Lokomotivstände soll bei einseitiger Ausfahrt höchstens zwei Lokomotivlängen, bei doppelseitiger Ausfahrt höchstens vier Lokomotivlängen entsprechen.

5. Schuppen mit innenliegender Schiebebühne sind ebenfalls nur für eine größere Anzahl Lokomotiven empfehlenswert.

Weil die Schiebebühne geschützt liegt, erfordern derartige Anlagen geringere Unterhaltungskosten. Für die Länge der Standgleise gilt das Vorhergesagte.

a) Mit einer Schiebebühne (Abb. 8). Am vorteilhaftesten dann, wenn nur eine Lokomotive auf ein Gleis entfällt, doch sind derartige Anlagen mit Gleislängen für zwei Lokomotiven auch noch zweckmäßig.

b) Mit zwei und mehr Schiebebühnen (Abb. 9 und 10). Bei großer Lokomotivzahl werden zwei und mehr parallel liegende Schiebebühnen angelegt, wodurch für die in den mittleren Abteilungen zwischen je zwei

Bühnen abgestellten Lokomotiven eine zweifache Ausfahrtmöglichkeit geschaffen wird.

Die Gleislängen der Seitenflügel (S) werden zumeist für je zwei, im Mittelbau (M) für je drei bis vier Lokomotiven berechnet.

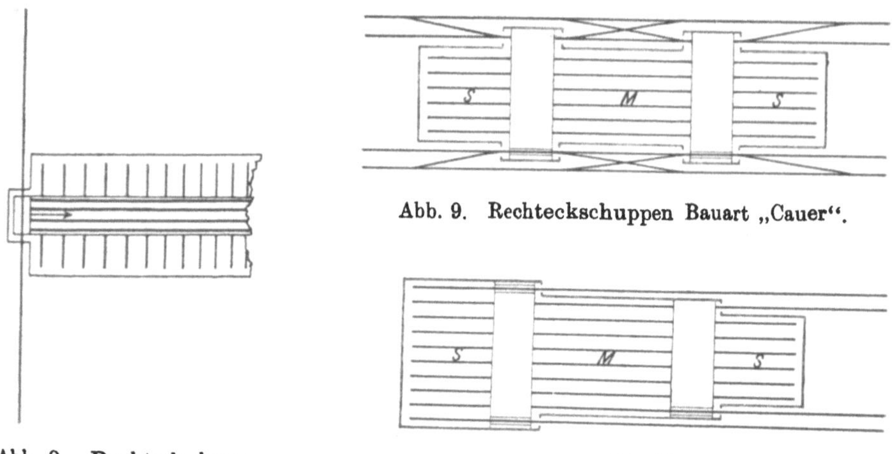

Abb. 9. Rechteckschuppen Bauart „Cauer“.

Abb. 8. Rechteckschuppen
mit Schiebebühne innen.

Abb. 10.
Rechteckschuppen mit Schiebebühnen innen.

Form Abb. 9 (Cauersche Anordnung) behält bei einer beliebigen Zahl anzureihender Schiebebühnen die gleiche Breite und hat von beiden Seiten zugängliche Weichenverbindungen. Zur Erreichung eines entsprechenden Weichenwinkels müssen die Abstellgleise zwischen je zwei benachbarten Schiebebühnen zur Aufstellung von wenigstens drei Lokomotiven (rund 70 m) lang gemacht werden. — Durch die Anordnung beiderseitiger Gleisanlagen ist die getrennte Ein- und Ausfahrt der Lokomotiven stets ermöglicht, daher ist auch bei Vergrößerungen der Anlage der Verkehr der Lokomotiven ohne die geringste Störung durchzuführen.

Bei der Form Abb. 10 erfolgt die Zufahrt nur von einer Richtung, weshalb die Zahl der Stände mit jeder weiteren Schiebebühne um zwei abnimmt und die Erweiterungsfähigkeit der Anlage begrenzt ist.

c) Rechteckige Heizhäuser mit Schiebebühnen, welche überdies von den Stirnseiten durch Weichenanlagen zugänglich gemacht werden, sind in bezug auf Betriebssicherheit und leichte Zugänglichkeit wohl als die idealste Form viereckiger Schuppenanlagen anzusehen, können jedoch wegen des großen erforderlichen Platzes nur selten in Betracht gezogen werden.

b) Kreisförmige Lokomotivschuppen.

Bei den geschlossenen kreisförmigen Lokomotivschuppen, auch „Rotunden“, „Kreisschuppen“, „Zentral-“, „Rundschuppen“ oder „Vieleckschuppen“ genannt, sind die Umfassungswände zumeist vieleckförmig gebrochen und die Lokomotivgleisachsen verlaufen zum Mittelpunkt der grundsätzlich überdeckten Drehscheibe.

Eine solche Anlage erfordert keine Entwicklung der Ein- und Ausfahrtsgleise und kann daher auf jedem entlegenen abgeschlossenen Platz des Bahnhofes angewendet werden.

Rundschuppen werden für eine von vornherein feststehende Loko-

motivzahl und in der Regel zur Aufnahme von 18—30 Lokomotiven gebaut und derart ausgeführt, daß auf jedem der Sterngleise meist nur eine
Lokomotive Platz hat. Ausnahmsweise findet man einen Teil der Stände
von größerer Länge und zur Aufnahme einer großen und einer kleinen oder
zweier kleinen Lokomotiven geeignet, in welchem Falle diese Schuppen
auch bis zu 40 Lokomotiven zu fassen vermögen.

Die im Durchmesser gegenüberliegenden Gleisachsen ermöglichen eine
leichtere Anordnung der Ein- und Ausfahrten.

Bis zu einer Anzahl von 18 Lokomotiven wird man zumeist mit
einem einzigen Einfahrtstor das Auslangen finden, steigt jedoch die Anzahl der Lokomotiven oder erfordern die Verkehrsverhältnisse zu gewissen

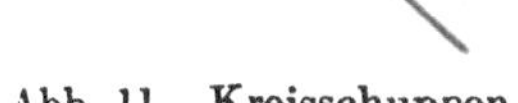
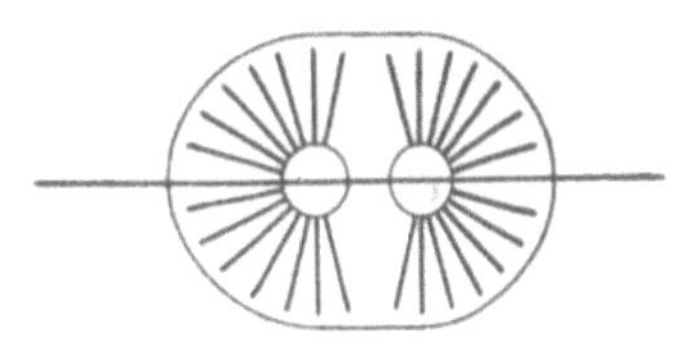

Abb. 11. Kreisschuppen.   Abb. 12.   Kreisschuppen mit 2 Drehscheiben.

Zeiten besonders starke Lokomotivbewegungen, dann werden getrennte
Ein- und Ausfahrten, manchmal auch mehrere Einfahrtstore angelegt,
wobei allerdings ebensoviele Aufstellungsplätze verloren gehen.

Nachstehend einige der häufigsten Ausführungen dieser Grundform:

1. Mit einer Drehscheibe (Abb. 11). Bei den Einfahrten findet
man häufig kleine gedeckte Vorbauten.

2. Mit zwei Drehscheiben (Abb. 12). Erfolgt das Ein- und Ausdrehen der Lokomotiven durch eine einzige Drehscheibe nicht entsprechend
rasch, so wird die Anordnung mit zwei nebeneinander liegenden Drehscheiben angewendet.

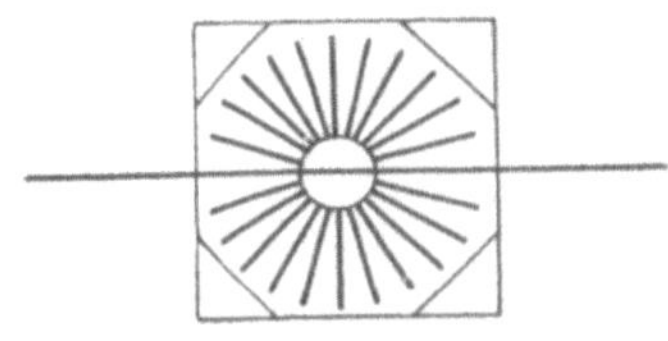
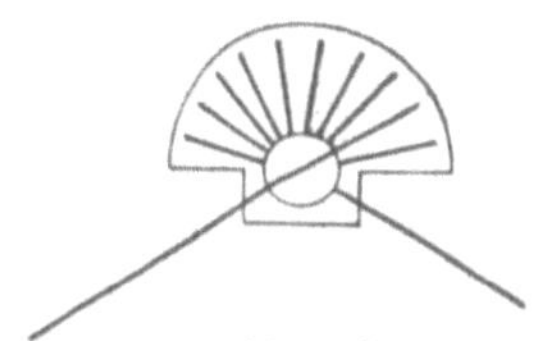

Abb. 13.   Kreisschuppen mit quadratischen   Abb. 14.
Umfassungsmauern.   Halber Rundschuppen.

3. Mit quadratischen Umfassungsmauern (Abb. 13). Will man
die vieleckigen Umrisse durch billigere quadratische ersetzen, dann sind
die verbleibenden Eckräume zu kleinen Werkstätten und Vorratsräumen
gut auszunützen.

4. Halbe Rundschuppen (Abb. 14), bei welchen die in einem
Halbkreise untergebrachten Lokomotivstände mit der dazu gehörigen Drehscheibe gemeinsam unterdacht sind.

c) Ringförmige Lokomotivschuppen.

Auch diese heute gebräuchlichste Grundform ist kreisförmig und wird
gleich wie die Rotunde zumeist mit Umfassungsmauern in gebrochener
Linie ausgeführt.

Die Lokomotivstände sind in einem ringförmigen Bau zumeist gegen den Mittelpunkt einer nicht überdeckten Drehscheibe geführt, und jedem Lokomotivstande entspricht ein Heizhaustor. Nur bei den Ringschuppen mit verschlungenen Gleisen werden je zwei Standgleise durch ein Heizhaustor geleitet.

Es empfiehlt sich, ein bis zwei Lokomotivstände mit von der Drehscheibe unabhängigen Durchfahrtsgleisen zu verbinden.

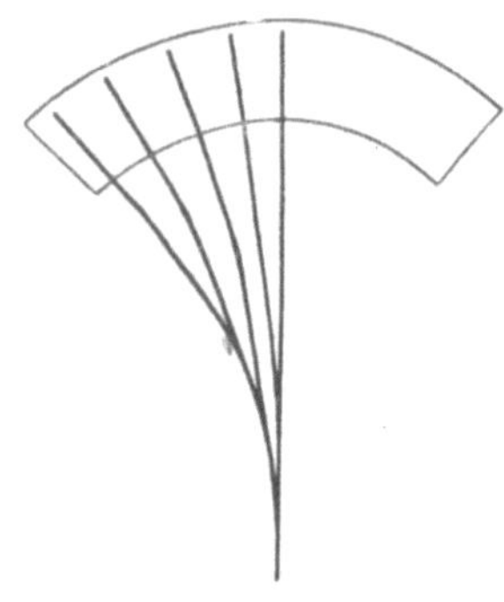

Abb. 15.
Ringschuppen mit Weichenverbindung.

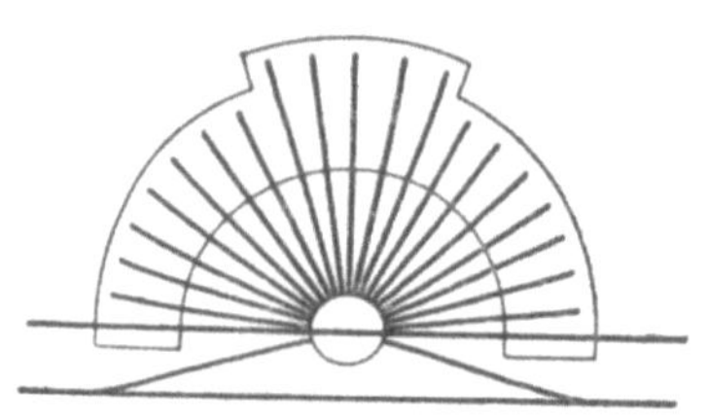

Abb. 16.
Ringschuppen.

Derartige Schuppen sollen höchstens 30 Lokomotiven aufnehmen, weil eine einzige Drehscheibe für eine größere Anzahl von Lokomotiven nicht mehr den Anforderungen eines lebhafteren Betriebes entsprechen kann und auch bei einer größeren Anzahl von Ständen der Halbmesser zu groß ausfällt.

Die Drehscheiben sollen in rauhem Klima durch Aufstellung von Schneewänden gegen die offenen Stellen vor Verschneiungen geschützt werden.

Man unterscheidet:

1. Ringschuppen mit Weichenverbindung (Abb. 15). Sie kommen selten vor und werden auch gegenwärtig nicht mehr gebaut.

2. Ringschuppen mit einer Drehscheibe (Abb. 16). Die Lokomotivstände können wie bei den Rotunden gleiche Länge haben oder man kann auch hier eine gewisse Anzahl von Ständen zur Aufstellung längerer Lokomotiven oder

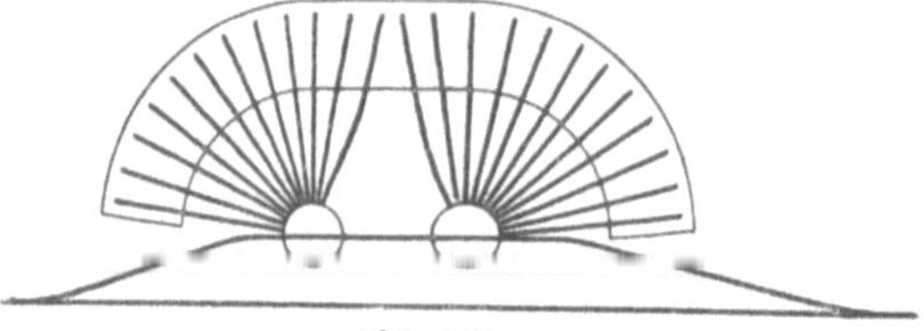

Abb. 17.
Hufeisenförmiger Ringschuppen.

zur Unterbringung je zweier kleiner Lokomotiven entsprechend verlängern.

3. Hufeisenförmige Schuppen mit zwei Drehscheiben (Abb. 17). Sind für eine größere Anzahl von Lokomotiven zu gebrauchen und der guten Übersicht wegen, sowie aus Gründen der Betriebssicherheit empfehlenswert, da im Falle der Untauglichkeit einer Drehscheibe eine zweite zur Verfügung steht.

4. Mit verschlungenen Gleisen (nach Vieregge) (Abb. 18). Bei dieser Ringform sind je zwei Standgleise gleichgerichtet und gehen je zwei benachbarte Gleise eines Ausschnittes durch ein Heizhaustor. Die zur Drehscheibe führenden Gleise werden durch Einschaltung von Krümmungen so geführt, daß sich bei der Drehscheibe je zwei Schienen vereinigen.

Diese Heizhäuser weisen wegen ihrer verhältnismäßig großen bebauten Fläche höhere Baukosten auf.

5. **Mit geschlossenem Kreisring** (Abb. 19). Diese an das Rundhaus erinnernde Form kommt bei uns selten vor und hat den Nachteil, daß für die vielen untergebrachten Lokomotiven nur eine den Unbilden des Wetters ausgesetzte Drehscheibe zur Verfügung steht.

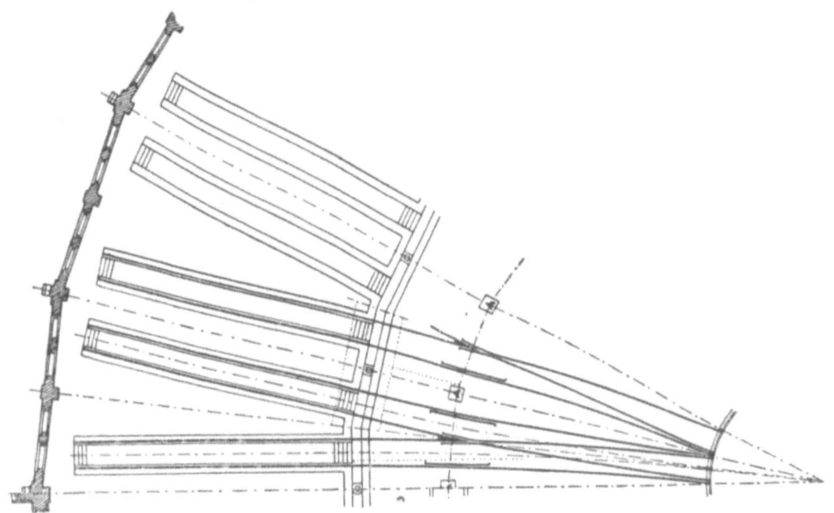

Abb. 18. Ringschuppen mit verschlungenen Gleisen.

Hingegen wird sie in Amerika fast ausschließlich ausgeführt, was schon durch die dort allgemein gebräuchliche Bezeichnung: „Roundhouse", für Lokomotivschuppen schlechtweg, zum Ausdruck kommt.

Bei den beiden Heizhaustoren gehen für die Ein- und Ausfahrten zwei Lokomotiv-Aufstellungsgleise verloren.

d) Verbindung runder und rechteckiger Schuppenformen.

Außer den genannten Grundformen gibt es verschiedene Zusammenstellungen von rechteckigen, ringförmigen und kreisförmigen Grundrißformen, deren gebräuchlichste in den Abb. 20 und 21 dargestellt sind.

Bei denselben werden die Lokomotiven teils durch Drehscheiben und Schiebebühnen, oder Drehscheiben und Weichenanlagen ein- und ausgebracht.

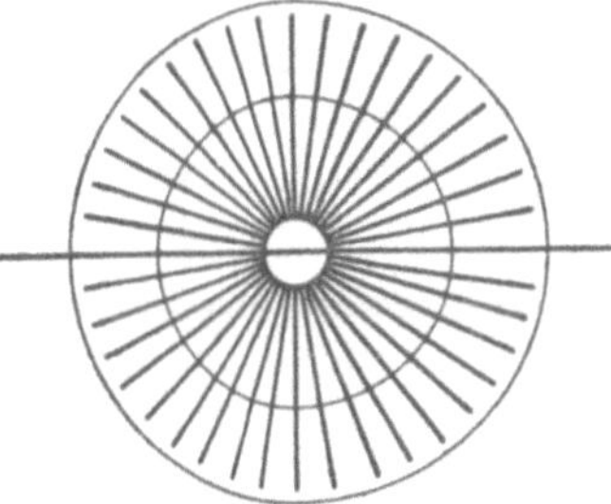

Abb. 19.
Geschlossener Ringschuppen.

4. Vor- und Nachteile der einzelnen Bauarten.

Die rechteckigen Lokomotivschuppen brauchen gegenüber den Rund- und Ringheizhäusern die geringste gesamte und kleinste bebaute Fläche für den Stand und nebenbei eine geringe Anzahl von Ein- und Ausfahrtstoren. Sie werden daher in den meisten Fällen billiger zu stehen kommen und wegen der guten Raumausnützung auch leichter zu beheizen sein.

Weil die für gute Instandhaltung der Heizhaustore auflaufenden Kosten einen wesentlichen Teil der Gesamterhaltungskosten bilden, werden die letzteren bei viereckigen Schuppen bedeutend geringer sein als bei anderen Grundrißformen mit mehr Toren.

Wenn verschieden lange Lokomotiven unterzubringen sind, haben die Rechteckschuppen den Vorteil, daß der Aufstellungsplatz besser ausgenutzt wird als bei Rundhäusern, deren Standlänge zumeist der längsten Loko-

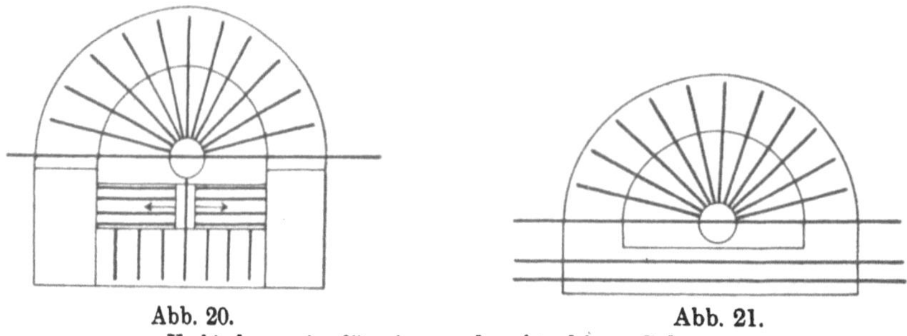

Abb. 20.   Abb. 21.
Verbindung ringförmiger und rechteckiger Schuppen.

motive entspricht, nur muß dann für eine größere Anzahl oder eine besondere Art von Rauchabzügen Vorsorge getroffen werden, um die Lokomotivschornsteine immer unter Rauchabzüge stellen zu können.

Diesen Vorteilen stehen als Nachteile gegenüber:

Das Ein- und Ausfahren der Lokomotiven wird um so umständlicher, je mehr Lokomotiven in dem Schuppen hintereinander Aufstellung finden.

Während in runden Schuppen jede Lokomotive so lange auf ihrem Standplatz bleibt, bis sie wieder gebraucht wird, können in rechteckigen Heizhäusern, besonders bei unregelmäßigen Verkehrsverhältnissen, die einzelnen Lokomotiven im Gebrauchsfalle nur durch Verschiebung anderer Lokomotiven hervorgeholt werden.

Rechteckige Heizhäuser ohne Schiebebühnenanordnung lassen sich wegen der erforderlichen Gleisentwicklungen nicht so leicht auf jedem verfügbaren Platze unterbringen wie Rotunden und Ringhäuser, die jede beliebige Stellung zu den Hauptgleisen einnehmen können.

Die gewöhnlichen rechteckigen Heizhäuser sind im Winter bei geschlossenen Toren rauchig, weil die Lokomotiven behufs Raumausnützung beim Anheizen nicht immer entsprechend genau unter die Rauchabzüge gestellt werden können; bei beiderseits geöffneten Toren sind sie zugig.

Bei rechteckigen Heizhäusern mit Schiebebühnen erfordert die Fortbewegung der Lokomotiven verhältnismäßig großen Kraft- und Zeitaufwand und es müssen bei abseits gelegenen Drehscheiben zum Wenden der Lokomotiven eigene Fahrten unternommen werden.

Auch wird die Überwachung der Arbeiter in rechteckigen Schuppen schwierig, sobald die Zahl der nebeneinanderlaufenden Gleise drei übersteigt.

Der den runden Schuppen anhaftende Nachteil, daß beim Untauglichwerden der Drehscheibe alle im Heizhaus befindlichen Lokomotiven eingesperrt werden, verursacht heutzutage keine ernsten Bedenken, da einerseits die neuen Drehscheibenausführungen bedeutend betriebssicherer und die Überwachung sowie Schulung der Heizhaus- und der Lokomotivmannschaften eine bessere geworden ist, andererseits in großen Anlagen für eine gewisse Anzahl von Lokomotiven durch Verlängerung der Standgleise eigene Ausfahrten mit Umgehung der Drehscheiben geschaffen werden können.

Größere Sicherheit bieten allerdings Anlagen mit mehreren Schiebebühnen, da im Versagungsfalle einer Bühne nur ein Teil der Lokomotiven eingeschlossen wird, und durch Ausfüllen der Grube mit Holzstücken und Schwellen über die anderen gangbaren Schiebebühnen oder durch Nottore auch einem Teile der abgesperrten Lokomotiven die Ausfahrt ermöglicht werden kann.

Rund-Heizhäuser haben gegenüber den ringförmigen Schuppen den Vorteil, daß ihre Drehscheiben den Einflüssen der Witterung nicht ausgesetzt sind, was namentlich in Gegenden mit rauhen und schneereichen Wintern zu berücksichtigen ist. Sie sind sehr übersichtlich, gestatten die leichteste Überwachung der Arbeiter und benötigen infolge ihrer allseitigen Zugänglichkeit die geringste Entwicklung der Zufahrtsgleise.

Durch die von der Schuppenform unabhängige Lage der Drehscheibenzufahrten ist es auch möglich, diese Form auf verhältnismäßig kleinen und beliebig gelegenen Plätzen zur Anwendung zu bringen, wenn dieselben nur einer gewissen Breite entsprechen.

Als Nachteile können angeführt werden die hohen Baukosten und die Schwierigkeiten der Beheizung trotz einer geringen Anzahl von Toren.

Während ringförmige Heizhäuser eine Erweiterung ohne Betriebsstörung gestatten, ist bei Rundhäusern jede Vergrößerung ausgeschlossen.

Bei ringförmigen Heizhäusern ist eine bessere Tagesbeleuchtung des inneren Raumes durch Toroberlichten leicht zu erreichen, während bei Rotunden mit hohen Kuppeln der Mittelraum bei Tag stets mangelhaft erhellt sein wird.

5. Wahl der Bauart und Anlagekosten.

Die Grundrißform der Lokomotivschuppen ist in erster Linie durch den zur Verfügung stehenden Platz in Verbindung mit der vorhandenen Gleisanordnung bedingt und soll an keine bestimmte Type gebunden werden.

In jedem einzelnen Falle wird auf Grund der Form, Ausdehnung und Beschaffenheit des Geländes, unter voller Berücksichtigung der Anzahl der unterzubringenden Lokomotiven und einer etwa in naher Zukunft erforderlichen Erweiterung die Grundrißform zu wählen sein. Hierbei wird eine zweckmäßige Verbindung mit den Stationsanlagen stets zu berücksichtigen sein.

Für kleine Anlagen und bei verhältnismäßig schmalen Plätzen wird zumeist der rechteckigen Form der Vorrang gebühren, namentlich dann, wenn auf einem Abstellgleis höchstens vier Lokomotiven zur Aufstellung gelangen können.

Dieser Form wird wegen ihrer Betriebssicherheit in manchen Fällen auch aus strategischen Rücksichten der Vorzug einzuräumen sein.

Für mittlere Anlagen werden vielfach Ringheizhäuser in Erwägung zu ziehen sein, während bei großen Anlagen stets alle Formen in Betracht gezogen werden müssen.

So werden für größere Anlagen — wie bereits erwähnt — rechteckige

Schuppen mit Schiebebühnenzufahrten oder Rotunden namentlich dann vorteilhaft, wenn die zur Verfügung stehenden Bauplätze klein sind.

Etwaige besondere Rücksichten auf die Bedienung des Verkehrs, die Versorgung mit Wasser und Kohle werden beim Entwurfe der Anlage eine wesentliche Rolle spielen. Ebenso kann das Klima der Gegend entscheidend für die Wahl der Grundform werden, wenn auf gute Beheizung oder auf hohe luftige Räume besonderes Gewicht gelegt werden muß. Für Gegenden mit strengen Wintern werden z. B. die leicht erwärmbaren rechteckigen Schuppen und nicht die schlecht beheizbaren Rotunden zu empfehlen sein.

Aber auch die Höhe der Platz- und Baukosten, namentlich bei Vorhandensein ungünstigen Baugrundes, z. B. in einem Senkungsgebiete, werden die Wahl der Form in vielen Fällen maßgebend beeinflussen. Die Höhe der Kosten ist einerseits von dem Ausmaß der erforderlichen Gesamtfläche und dem Grundpreis derselben, anderseits von dem Betrage der eigentlichen Baukosten bedingt.

1. Der Bedarf an Gesamtfläche ist bei Ringschuppen am größten, bei rechteckigen Grundrißformen mit Schiebebühnenanlagen am kleinsten.

Letzteren zunächst kommen die Kreisschuppen, weil sie, wie bereits erwähnt, wenig Platz zur Entwicklung der Ein- und Ausfahrtsgleise benötigen.

Bei Ringschuppen, bei welchen die Bodenfläche des Schuppens wegen der gewöhnlich unausnutzbaren Zwickelflächen als Rechteck in Rechnung zu ziehen ist, wächst die erforderliche Gesamtfläche, abgesehen von der Anzahl der unterzubringenden Lokomotiven, stets mit der Abnahme des Winkels zwischen den Mittellinien zweier benachbarter Lokomotivstände (Mittelstandswinkel), d. h. mit der Zunahme des Halbmessers.

Der innere Raum zwischen Drehscheibe und Schuppen, der bei dieser Form in demselben Verhältnis wächst, kann als nutzbarer Platz nur insofern in Betracht kommen, als innerhalb des Ringes nur jedes zweite Gleis zur vorübergehenden Unterbringung von Lokomotiven verwendet werden kann.

Demgegenüber kann bei der rechteckigen Bauform der unverbaute Raum für die Weichenstraßen bei einer Vergrößerung der Anlage in den meisten Fällen der gleiche bleiben.

2. Die bebaute Fläche ist bei rechteckigen Anlagen, auf den Lokomotivstand bezogen, die geringste, bei Kreisschuppen dagegen die größte.

Dieselbe wird bei den ringförmigen Heizhäusern mit zunehmendem Halbmesser und kleinerem Mittelpunktswinkel pro Lokomotivstand abnehmen, bei Kreisschuppen hingegen zunehmen.

Man rechnet an bebauter Fläche auf einen Lokomotivstand für die einzelnen Grundformen ohne Berücksichtigung der außenliegenden Drehscheiben und Schiebebühnen rund:

1. Bei gewöhnlichen rechteckigen Schuppen . . . . . .   90 qm
2. Bei rechteckigen Schuppen mit außenliegender Schiebebühne und bei ringförmigen Schuppen . . . .   100—110 qm'
3. Bei rechteckigen Schuppen mit innenliegender Schiebebühne . . . .   110—120 qm
4. Bei ganzen Kreisschuppen . . . .   120—130 qm
5. Bei halben Kreisschuppen . . . .   über 130 qm

Die Kosten eines qm bebauter Fläche können für gewöhnliche Grundmauertiefen und bei Nichtberücksichtigung der An- und Nebenbauten, sowie mit Vernachlässigung der Gleise, Drehscheiben und Platzkosten, für alle Grundformen mit 40—120 K (30—100 M.), im Durchschnitt daher mit etwa 60 K (50 M.) angegeben werden.

Auf den Lokomotivstand berechnet, betragen diese reinen Baukosten: Bei ringförmigen Schuppen mit gemeinsamer Rauchabführung 7000—9000 K (5800—7500 M.), bei rechteckigen Heizhäusern um 10—20 $^0/_0$ weniger, bei Rotunden um ebensoviel mehr.

Im allgemeinen werden, auf den Stand bezogen, mit zunehmender Lokomotivzahl bei rechteckigen Schuppen die Platz- und die Baukosten, bei Ringschuppen die Baukosten und bei Kreisschuppen die Platzkosten abnehmen.

6. Bauliche Durchbildung der Lokomotivschuppen.

a) Grundbau.

Die Grundmauern der Lokomotivschuppen sollen wegen der häufigen Bodenerschütterungen durch die ein- und ausfahrenden Lokomotiven besonders kräftig ausgeführt werden und womöglich bis auf gewachsenen Boden reichen.

Auf unsicherem Baugrund muß eine entsprechende Druckverteilung durch Verbreiterung der tragenden Grundfläche bewirkt werden.

b) Lokomotivstände.

Bei der Anlage der Lokomotivstände ist vor allem darauf Rücksicht zu nehmen, daß die erforderlichen Arbeiten an den Lokomotiven von allen Seiten frei von jeder Raumbeengtheit ausgeführt werden können. Aus dieser Forderung ergeben sich folgende Bestimmungen zur Ermittlung der Bautiefen und Baubreiten der Lokomotivschuppen:

1. Die Standlänge hängt im allgemeinen von der Länge der einzustellenden Lokomotiven samt Schlepptender ab und soll mit Rücksicht auf die zunehmenden Längen der neuen Lokomotiven, sowie wegen der häufigen Notwendigkeit, die Lokomotiven von ihrem Standplatze etwas nach vor- oder rückwärts zu stellen, nicht zu karg bemessen werden.

Hierbei soll als Länge der Lokomotiven stets die Entfernung der rückwärtigen Puffer von der Spitze des vorne befestigten Schneepfluges genommen werden.

Nachdem die Lokomotivschornsteine stets unter die Rauchabzugtrichter gestellt werden müssen, wird auch auf den weiteren Umstand Rücksicht zu nehmen sein, daß bei den einzelnen Lokomotivbauarten die Entfernung der Schornsteinmittel von den vorderen Pufferenden verschieden groß ist.

Das Ausputzen der Siederohre kann entweder bei geöffneten Fenstern und Toren oder mit Hilfe zusammenlegbarer Rohrwischer und in neuerer Zeit auch mit Dampf- oder Luftdruckapparaten, die ebenfalls wenig Raum erfordern, geschehen und braucht daher nicht berücksichtigt zu werden.

Die Baulänge bzw. Bautiefe der Lokomotivschuppen ergibt sich somit:

a) Für rechteckige Schuppen aus der Summe der Baulängen der auf einem Gleis aufzustellenden Lokomotiven, vermehrt um die Zwischenräume von 0·5 m bis 1·0 m zwischen je zwei hintereinander stehenden Lokomotiven und um die beiderseitigen Kopfabstände der Stirnwände von je 2 m bis 3 m. Das gleiche Maß nimmt man für den Abstand von einer Schiebebühnengrube.

Die innere Länge des Schuppens wird also für zwei auf einem Gleis unterzubringende Lokomotiven von je 18 m Länge mindestens $(2 \times 18) + 0{\cdot}5 + (2 \times 2) = 40{\cdot}5$ m betragen.

b) Für kreisrunde Schuppen aus der Baulänge der größten einzustellenden Lokomotive, vermehrt um die Abstände von den Drehscheiben bzw. Umfassungswänden von je 1·5 bis 2 m und den Halbmesser der eingebauten Drehscheibe.

c) Für ringförmige Schuppen wie zuvor, jedoch vermindert um den Drehscheibenhalbmesser.

Zur Unterbringung einer 18 m langen Lokomotive wird daher eine Schuppentiefe von wenigstens $18 + (2 \times 1{\cdot}5) = 21$ m zu empfehlen sein.

Müssen in runden Schuppen an Stelle einer großen Lokomotive zwei Tenderlokomotiven auf einem Stande untergebracht werden, so ist die Standlänge mit Berücksichtigung einer Lokomotiventfernung von 0·5—1 m nach den vorhin erläuterten Grundsätzen zu berechnen.

In Europa betragen die Standlängen höchstens 24—25 m, während man in Amerika schon solche von 28 m und darüber vorfindet.

2. Die Standbreite soll

a) bei rechteckiger Bauart und der üblichen Spurweite 5—6 m betragen.

Die Entfernung der Schuppenwände von den benachbarten Gleismitten ist mit 3—4 m zu bemessen und letzteres Maß namentlich dann einzuhalten, wenn an den Seitenwänden Werkbänke aufgestellt werden.

b) Bei runden Schuppen soll zwischen den äußersten Umrissen zweier nebeneinander stehender Lokomotiven ein freier Raum von wenigstens 0·5 m Breite verbleiben, welches Maß womöglich auf 1 m auszudehnen ist, sofern dies die übrigen Verhältnisse gestatten.

Die Enden der Aufstellgleise laufen in runden Schuppen entweder frei aus oder es können, um ein Überfahren derselben zu verhüten, an den Schienenenden starke Querbäume oder gußstählerne Prellböcke angeschraubt werden.

c) Fußboden.

In Lokomotivschuppen soll der Fußboden möglichst dauerhaft, widerstandsfähig und feuersicher sein. Derselbe muß sich auf einfache Weise reinigen lassen und dem Wasser leichten Abfluß gewähren, weshalb er auch zumeist schienengleich angelegt wird. Ein Fußboden in Schienenunterkantenhöhe bezweckt die leichtere Zugänglichkeit gewisser tiefer gelegener Lokomotivteile, erschwert jedoch das Anlegen der Brechstangen (Beißer) bei Vornahme von Lokomotivbewegungen. Der Fußboden kann aus Steinplatten oder aus hochkantigen, in Zementmörtel verlegten Klinkern bestehen. In manchen Gegenden werden Eichenklötze, hie und da auch ausgemusterte Bahnschwellen verwendet.

Heute macht man zumeist Betonböden, die zur Hintanhaltung von Sprüngen und Rissen vorteilhaft in Felder von 6—8 qm Größe geteilt und mit Dachpappe ausgefugt werden. Dieselben lassen sich gut reinigen, haben jedoch den Nachteil, daß sie durch Aufsaugen des Tropföles der Lokomotiven schlüpfrig werden. Man hat diesem Übelstand durch Beimengung von Eisenfeil- und Drehspänen mit teilweise gutem Erfolg abzuhelfen versucht.

Ein guter Fußboden wird erreicht, wenn man auf einen gestampften Boden eine Schicht Schlacke und darüber eine Lage breitet, die aus 1 Teil

Portlandzement, 4 Teilen Sand und $7^1/_2$ Teilen Bruchsteinen besteht. Dieser so vorbereitete Boden wird mit Mörtel (aus Zement mit gleich viel Sand gemischt) überzogen.

Längs der Außenwände werden im Interesse der bei den Werkbänken beschäftigten Arbeiter Dielenböden empfohlen.

Der Fußboden soll zwischen den Gleisen mit einer Überhöhung von etwa 2 cm überwölbt werden, um dem Wasser Ablauf zu gewähren.

Zur Schonung des Fußbodens längs der Schuppengleise leisten umgekehrt verlegte alte Eisenbahnschienen (Abb. 22) gute Dienste.

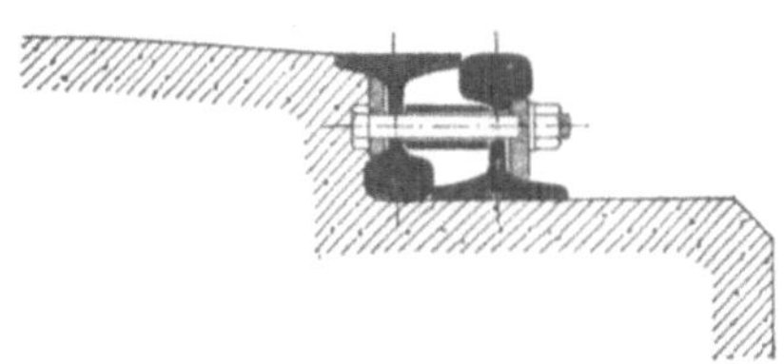

Abb. 22.
Fußbodenabgrenzung mit Schienen.

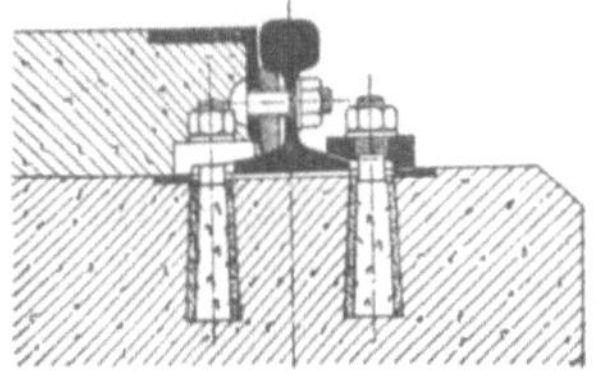

Abb. 23.
Fußbodenabgrenzung mit Winkeleisen.

Zu demselben Zwecke kann auf verhältnismäßig billige Weise die Begrenzung des Fußbodens längs der Schienen mit Winkeleisen (Abb. 23) oder nach Abb. 24 durch zwei Reihen granitener Randsteine erfolgen. Endlich werden auch Langschwellen angewendet, doch leiden dieselben durch das Auflegen der Brechstangen.

In größeren Anlagen findet man häufig an den Enden eines der Lokomotivstandgleise Steinquadern zur Auflage für Hebeböcke eingelassen.

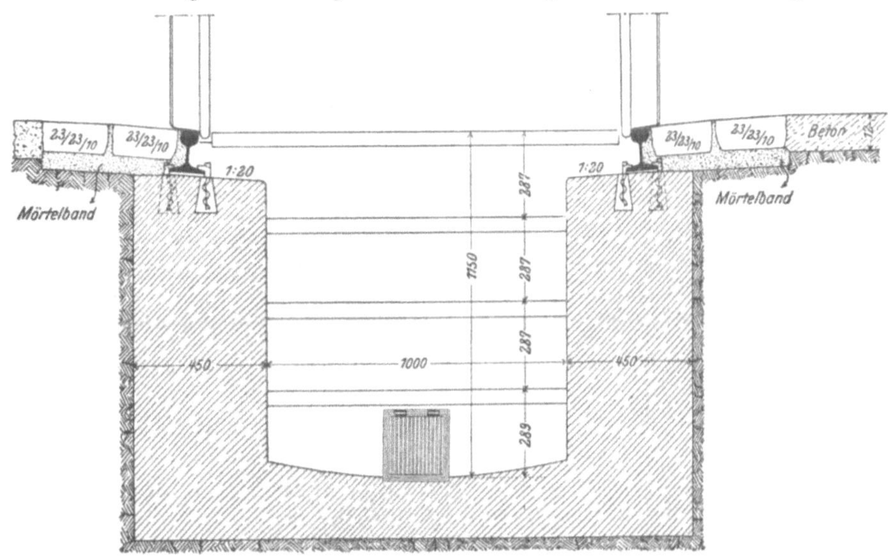

Abb. 24. Fußbodenabgrenzung mit Randsteinen.

d) Umfassungswände.

Die Umfassungswände werden aus Ziegel- (je nach der Art des Dachstuhles in $1^1/_2$—2 Ziegelstärken) oder in Bruchstein-Rohbau, aus Stein und in neuester Zeit aus Stampfbeton (Mischung 1:8, etwa 30 cm) oder

Eisenbeton (10—15 cm stark) ausgeführt. Nur für sehr kleine Schuppenbauten oder z. B. für vorübergehende Wandabschlüsse wendet man Fachwerkwände an.

Die den Einfahrtsgleisen gegenüber liegenden Wandteile sollen von den Hauptbindern des Dachstuhles nicht auf Druck beansprucht werden, damit bei etwaigem Überfahren der Gleise und Einfahren der Wände die Dachunterstützungen keinen Schaden erleiden.

Alle Mauerkanten sollen bis auf 2 m Höhe durch eingelassene Eisenwinkel vor Beschädigungen geschützt werden.

Bei Eisenbetonwänden kann erforderlichenfalls durch einen entsprechenden Belag der Innenflächen eine bessere Wärmehaltung erzielt werden.

e) Arbeitsgruben.

Arbeitsgruben werden stets gut fundiert, an beiden Enden mit Absteigstufen versehen und ihre Sohle zur Beschleunigung des Wasserabflusses im Gefälle angelegt.

Die Arbeitsgruben werden aus Bruchstein oder Backsteinen gemauert und mit Steinplatten abgedeckt, heute häufiger aus Stampfbeton mit Winkeleisen verstärkt oder ganz aus Eisenbeton hergestellt. Abb. 25 zeigt den Querschnitt der Arbeitsgruben aus Eisenbeton im Heizhause Arad der Arad-Csanader Eisenbahn.

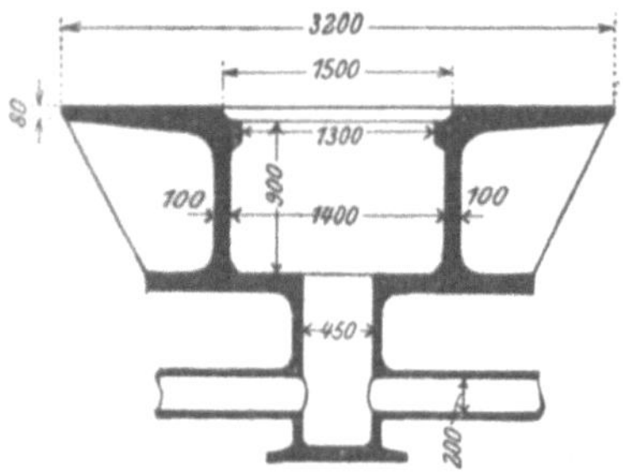
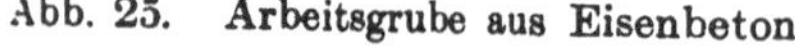
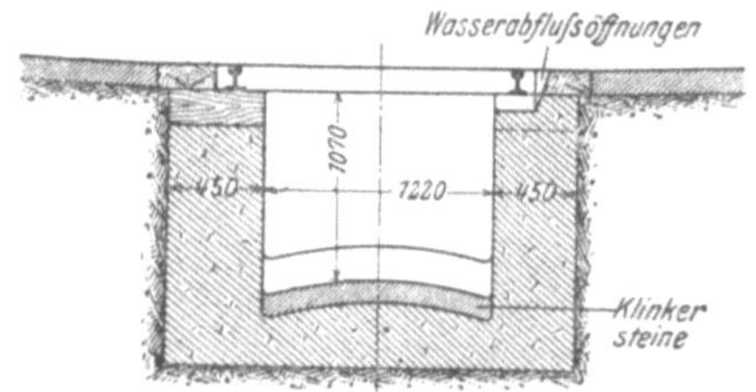

Abb. 25. Arbeitsgrube aus Eisenbeton. Abb. 26. Querschnitt einer Arbeitsgrube.

Die Länge der Arbeitsgruben wird ungefähr gleich der Pufferentfernung der längsten in Betracht kommenden Lokomotiven, die Tiefe 700 bis 1200 mm unter Schienenunterkante und die lichte Breite 1 bis 1·2 m ausgeführt.

In Amerika wird der Boden meist gewölbt, so daß der mittlere Teil des Bodens erhöht ist und die Arbeiter auf trockenen Boden zu stehen kommen (Abb. 26). Dort werden häufig bei einzelnen Lokomotivständen die Arbeitsgruben ganz weggelassen.

In reckteckigen Heizhäusern werden die Gruben zwischen den Lokomotivständen durch übertragbare Stege überbrückt.

f) Entwässerung.

Die Entwässerung der Arbeitsgruben erfolgt zumeist in der halben Länge, seltener an einem Kopfende, durch Kanäle (Abb. 27).

Die Führung der Kanäle in der Mitte der Schuppen hat den Vorteil, daß die Abführung des Wassers aus den benachbarten Hydrantenschächten in den Hauptkanal durch kurze Verbindungsrohre bewerkstelligt werden kann.

Die Einlaßöffnungen sind über Schlammfängen anzubringen und mit einem Gitter zu schließen. Der Querschnitt der Entwässerungskanäle muß so bemessen sein, daß er die rasche Abführung der größten in Betracht kommenden Wassermenge ermöglicht.

Für das Reinigen dieser Kanäle muß durch Einsteigschächte vorgesorgt werden.

Die Abwässer werden vorerst durch Ölfänge geleitet und sodann offenen Wasserläufen, Bahngräben, städtischen Kanalleitungen oder Sickergruben zugeführt. Ölfänge sind insbesondere dort nötig, wo die Abwässer in Sickergruben abgeleitet werden und in der Nähe derselben Trinkwasserbrunnen bestehen; sie müssen stets häufig gereinigt werden. Das Wasser der Dachtraufen ist hinter den Ölfängen in die Ableitungskanäle einzuführen.

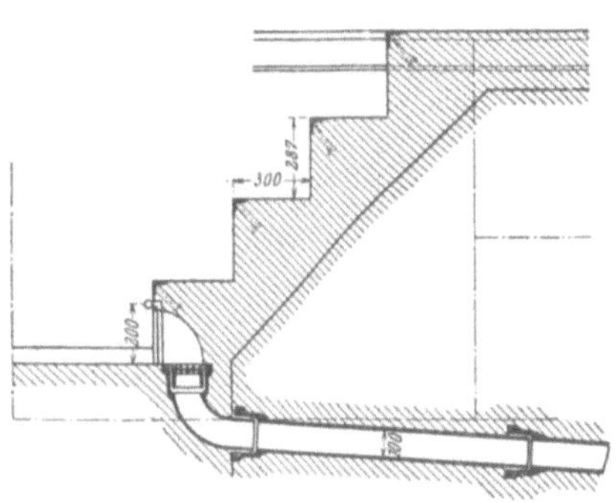

Abb. 27. Entwässerungskanal.

g) Tore.

Die Toröffnungen sollen nach den „Techn. Vereinb. d. V. D. Eisenb.-V." mindestens 3·35 m breit und 4·80 m hoch über Schienenoberkante gehalten werden.

Die lichte Torweite wird jedoch in neuester Zeit zumeist größer und mit 3·80—4 m angeordnet.

Heizhaustore sind in der Regel gut versteifte, zweiflügelige Tore, deren obere, gerade, polygonal oder halbkreisförmig abgeschlossene Hälften zur besseren Beleuchtung des Schuppenraumes vorteilhaft mit Oberlicht versehen werden.

Sie werden zumeist aus Holz und Eisen hergestellt, lassen sich nach außen öffnen und sollen kräftige Beschläge und Verschlußvorrichtungen erhalten.

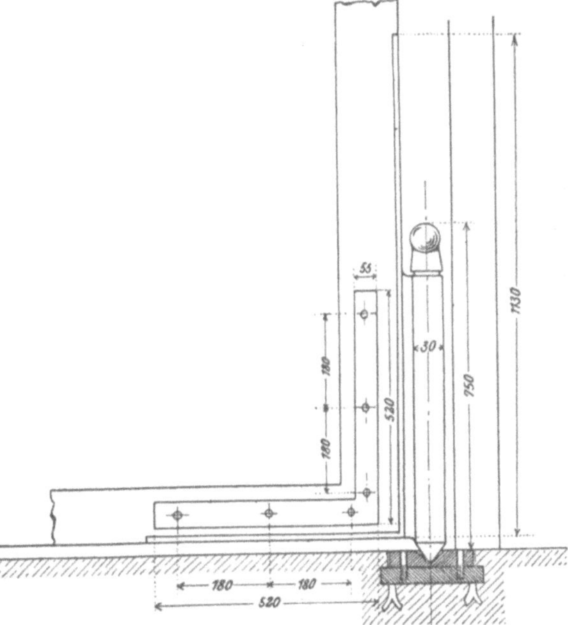

Abb. 28. Lagerung der Heizhaustore.

Die Drehung der Tore geschieht vorteilhaft um zwei Drehzapfen, von welchen der untere in einer zweiteiligen Stahlpfanne sich bewegt, deren obere Hälfte auswechselbar ist und deren untere Hälfte in einen Betonquader gelagert ist. Solcherart gelagerte Tore gehen sehr leicht und entlasten die Torpfeiler (Abb. 28).

Die gebräuchlichsten Verschlüsse sind Schubriegel mit Türschloß oder Winkelhebel mit Ruder.

Geöffnete Tore sollen stets gegen Windstöße durch starke Ringe, Ketten oder Haken versichert werden können.

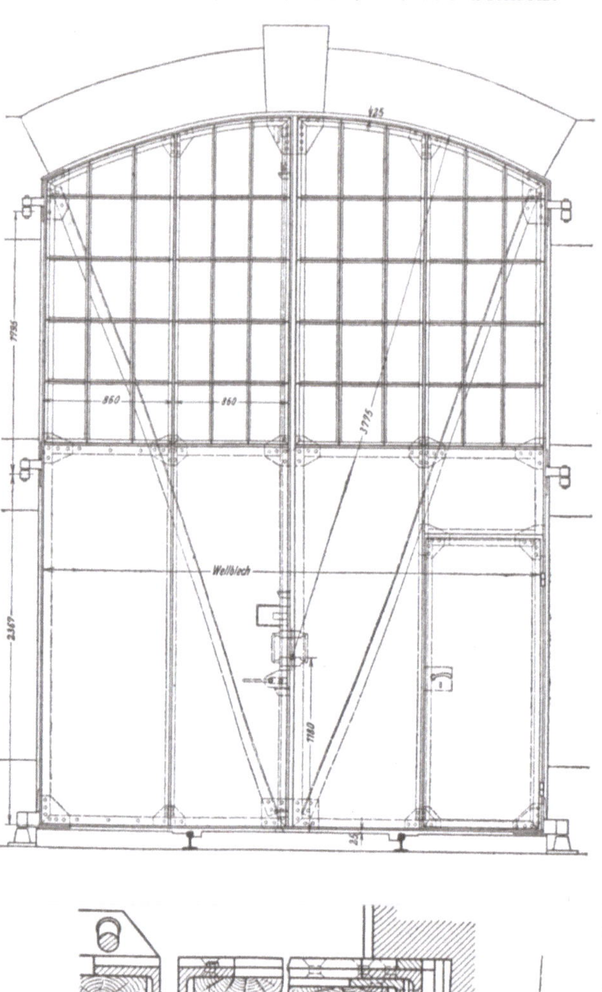

Die außerhalb befindlichen Toranschläge sind entweder hölzerne Prellpfosten oder bestehen aus einem 1 m hohen Eisenschienenstück, das in einen Betonblock eingelassen wird.

In neuerer Zeit werden Rollverschlüsse aus Wellblech angewendet, welche sich jedoch nicht überall bewähren, weil sie wärmedurchlässig, schwieriger auszubessern und im Winter schwer gangbar zu erhalten sind. Außerdem haben sie mit allen eisernen Toren den Nachteil gemein, daß die unteren Randteile schnell abrosten. Auch können in Wellblechverschlüsse Fensterlichten nicht eingeschnitten werden, weshalb über den Toren eigene Fenster angebracht werden müssen. Sie stellen sich jedoch billig, da der Anschaffungspreis eines hölzernen Tores samt Beschlägen, Einglasung und Anstrich etwa 630 K (520 M.) beträgt, während demgegenüber ein gleich großer Rollbalkenverschluß nur auf rund 300 K (250 M.) zu stehen kommt.

Abb. 29 u. 30. Heizhaustor.

Gut haben sich eiserne Tore bewährt, welche außen bis auf 2·5 m Höhe mit verzinktem Wellblech beschlagen und innen mit Föhrenholz verschalt sind.

Derartige, im oberen Teile als Fenstergitter ausgebildete Tore werden vorzugsweise in Bayern gebaut (Abb. 29 und 30).

Kommen Schiebetore zur Anwendung, was aber selten der Fall ist, so werden sie aus Holz gemacht und auf Rollen aufgehängt.

Erwähnt wird noch ein in Amerika ausgeführter Versuch, die Schuppentore mittels Druckluft zu heben. Die aus Holz und Glas verfertigten Tore werden durch einen Luftzylinder gehoben, während ihre Abwärtsbewegung durch das eigene Gewicht erfolgt und durch die ausströmende Druckluft geregelt wird. Derartige Tore erfordern große Schuppenhöhen und beste Instandhaltung. In den südlichen Staaten Nordamerikas trifft man nicht selten Schuppen ohne Tore.

In den beiden äußersten Heizhaustoren sind eigene Schlupftüren zur Benützung durch die Heizhausbediensteten herzustellen.

h) Fenster.

Die Fenster sollen zwischen den Ständen möglichst hoch und breit angeordnet werden und nach unten bis zur Oberkante der Werkbänke reichen. Die Rahmen werden aus Holz, Gußeisen, am besten jedoch aus Schmiedeeisen hergestellt und durch eiserne Sprossen in kleine Quadrate geteilt. Einzelne dieser Quadrate sollen bewegliche Luftflügel erhalten.

Die Füllungen bestehen zumeist aus gewöhnlichem Fensterglas oder aus Drahtglas. Letzteres ist gut lichtdurchlässig und besonders widerstandsfähig, weshalb bei dessen Anwendung die freitragende Breite der Fenster größer gewählt werden kann.

Gewöhnliche Fensterscheiben sind oberhalb der Werkbänke durch vorgestellte eiserne Drahtgitter zu schützen.

Deckenlichter sind immer in Eisen einzurahmen. —

In neuerer Zeit werden die Fenster ohne Rahmen aus Glasbausteinen ausgeführt und haben dann die Vorteile guter Wärmehaltung, gleichmäßiger Lichtverteilung und der leichten Auswechselbarkeit gebrochener Teile. Auch verhindern sie den von der Arbeit ablenkenden Ausblick ins Freie.

Diesen Vorteilen stand bisher als einziger Nachteil die schwierige Anbringung der Luftflügel gegenüber, doch werden heute schon als Luftflügel verwendbare Formstücke der Glasbausteine angefertigt.

1 qm fertiger Verglasung bei Anwendung von Glasbausteinen kostet etwa 20 K (18 M.).

Es ist zu empfehlen, bei hohen Fenstern die unteren zwei Drittel der Fensterfläche aus Glasbausteinen und das obere Drittel aus Drahtglas mit einstellbaren Luftflügeln auszuführen.

i) Dächer.

Für rechteckige Schuppen sind einfache Satteldächer, für Rundhäuser leichte Kuppelkonstruktionen, welche entweder den ganzen Raum oder nur den Raum über der Drehscheibe überdecken, für ringförmige Schuppen flache Satteldächer oder Pultdächer mit nach außen abfallenden Dachflächen zu empfehlen.

Bei kleinen Spannweiten sind freitragende Dachstühle vorzuziehen, ob sie nun aus Holz oder Eisen gemacht werden; bei größeren Spannweiten werden hölzerne Dachstühle mit Mittelsäulen leichter und billiger als eiserne.

Der Einwand der minderen Feuersicherheit hölzerner Dachstühle ist nicht stichhältig, da die Überwachung in Heizhäusern ständig und zuverlässig erfolgt und daher mit den stets vorhandenen Löschgeräten und mit dem verfügbaren Druckwasser beim Ausbruch eines Brandes sofort wirksam eingeschritten werden kann.

Holz bietet gegen Dampf und Rauchgase genügende Widerstandsfähigkeit, wenn es einen mehrmaligen Überzug, z. B. einer mit Ton und Kreide versetzten Wasserglaslösung, erhält. Die angeblich größeren Erhaltungskosten können mit Rücksicht auf den bedeutend höheren Anschaffungspreis der Eisendachstühle nicht in Betracht kommen. Auch der geltend gemachte Nachteil einer Verkehrsbehinderung durch die aufgestellten Säulen ist im Hinblick auf die erwähnten Vorteile von keiner Bedeutung.

Bei uns dürfen Holzteile über den Aufstellungsorten der Lokomotiv-Schornsteine erst in einer Höhe von 5·80 m über Schienenoberkante verwendet werden.

Im allgemeinen sollen in den höheren Partien behufs Hintanhaltung unnötiger Rußablagerungen, Gesimse und Horizontalflächen möglichst vermieden werden.

Bei allen Dachstuhlausführungen ist darauf Rücksicht zu nehmen, daß an mehreren Stellen Flaschenzüge angebracht werden können, um mittels derselben das Abnehmen der Rauchfänge, Domdeckel usw. zu erleichtern.

Die Innenverschalung der Dachflächen besteht aus Holzdielen, Gipsdielen oder Korkplatten.

Das Deckungsmaterial ist verschieden: Schiefer, Ziegel, häufig auch verschiedene Arten der Dachpappe und in neuester Zeit Eternit oder „Asbest-Zement-Schiefer".

Metalldeckungen leiden durch die in den Verbrennungsgasen enthaltene schwefelige Säure.

Falzziegel sind zwar billiger, erfordern auch keine Unterhaltungskosten, sind jedoch schwer und werden ebenso wie Holzzement vorzugsweise für Gegenden, die häufig von starken Stürmen (Bora) heimgesucht werden, in Betracht zu ziehen sein.

Dachrinnen sollen zur Vermeidung von Vereisungen stets in das Innere der Schuppen verlegt werden.

k) Beleuchtung.

Die natürliche Tagesbeleuchtung erfolgt durch Seitenfenster, Oberlichten, sattelförmige Dachaufsätze und Kuppellichter.

Bei über 15 m breiten viereckigen Gebäuden ist die Lichtzufuhr durch Deckenlichter nötig, welche jedoch den Nachteil haben, daß sie schwer dicht zu halten sind und durch Ruß bald geschwärzt werden. Deckenlichter machen überdies die Räume im Sommer unerträglich heiß und verursachen im Winter bei häufig erforderlichen Schneeabkehrungen erhebliche Schwierigkeiten.

Die künstliche Beleuchtung der Vorplätze soll wo möglich durch Bogenlampen erfolgen; falls elektrische Kraft nicht zur Verfügung steht, kommen Azetylen, gewöhnliches Leuchtgas oder Gasglühlicht und Petroleumbeleuchtung in Betracht.

In den Innenräumen der Schuppen sind vor allem die vom Personal meist benutzten Wege entlang der äußeren und inneren Umfassungswände, sowie alle Putzgrubenübergänge gut zu beleuchten.

Hierfür ist bei Rundhäusern und viereckigen Schuppen Bogenlicht, bei Ringschuppen Glühlicht zu empfehlen.

In ringförmigen Heizhäusern unter 18 m innerer Tiefe sind für die

Beleuchtung des Zwischenraumes zwischen je zwei Lokomotivständen eine abwechselnd mit zwei sechzehnkerzigen Glühlampen (Gasbrenner oder Auerlampen) vollkommen ausreichend (Abb. 31). Für über 18 m tiefe Schuppen genügen zwei ebensolche Lampen mit einer in Abb. 32 angedeuteten Anordnung für jeden Zwischenraum.

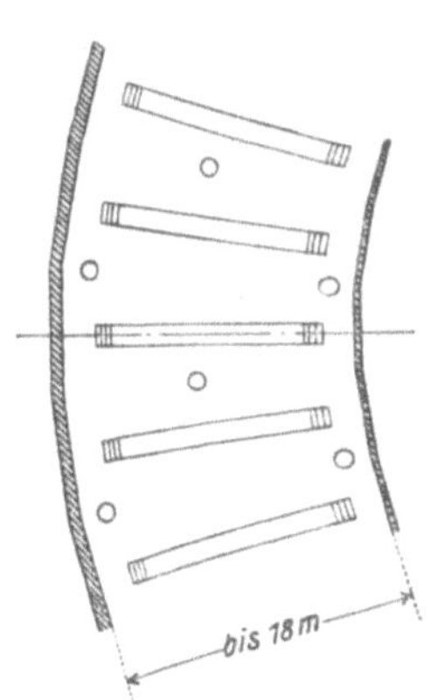

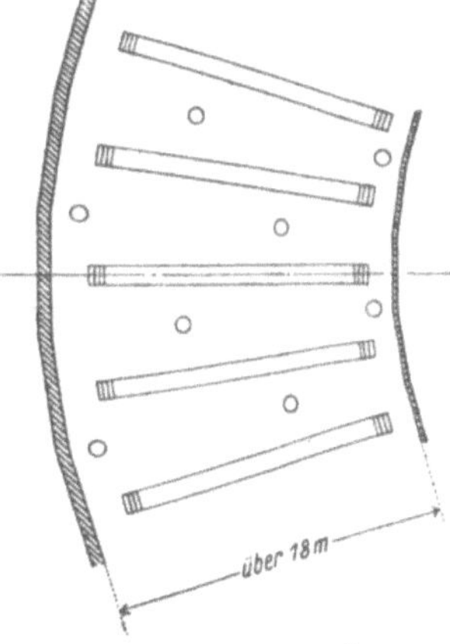

Abb. 31. Lampenanordnung. Abb. 32. Lampenanordnung.

Bogenlampen sind womöglich einzeln, Glühlampen standweise ausschaltbar einzurichten.

Bei entsprechend billigen Strompreisen erwachsen durch die Ausnützung der elektrischen Kraft zur Ausführung der notwendigen Ausbesserungsarbeiten an den Feuerbüchsen, für das Durchleuchten der Kessel und für die Arbeiten in den Feuergruben weitere Vorteile.

Bei Verwendung von Gasglühlicht sind die Glühkörper stets in frei hängenden Laternen unterzubringen. Schnittbrenner sollen in geschlossenen Glaslaternen vor Verunreinigung und Verlegung durch Ruß geschützt werden. Gasbeleuchtung ist gegenüber der elektrischen Beleuchtung feuergefährlicher und überdies luftverschlechternd.

Für Heizhäuser mit geringem Verkehr genügen auch Petroleumlampen.

An Stelle des Gasglühlichtes kann auch Petroleumglühlicht in Betracht kommen.

l) Beheizung.

Die Erwärmung der Schuppen durch die angeheizten Lokomotiven genügt selten und wurde schon im Beginne des Eisenbahnbaues durch Aufstellung von Öfen und durch Verwendung übertragbarer Kokskörbe und kleiner Eisenöfen unterstützt.

Auch heutzutage wird noch vielfach, in kleinen Anlagen fast durchgehends, die Ofenheizung mit sogenannten Kanonenöfen angewendet. Diese gußeisernen Öfen, die zugleich als Sandtrockenöfen ausgebildet werden, haben etwa 1 m Durchmesser und 2—3 m Höhe. Man rechnet auf je zwei Lokomotivstände einen Ofen.

Große Schuppenanlagen werden jedoch mit zentralen oder Sammelheizungen eingerichtet, welche mit Dampf oder heißer Luft betrieben werden.

Die Vorteile derartiger Zentralheizanlagen sind die gleichmäßige Erwärmung des Raumes, der billige Betrieb infolge besserer Ausnützung und Verwendung minderwertigen Brennmaterials, sowie die geringen Unterhaltungskosten und die große Dauerhaftigkeit der Einrichtungen.

Sie werden meist derart ausgeführt, daß die Wärme in Rohren zugeleitet wird, welche längs der äußeren Umfassungswand und entlang der
Arbeitsgruben verlegt sind. Letztere Dampfrohre, welche zum Schutze
vor Beschädigungen in das Grubenmauerwerk einzulassen sind, werden in
erster Linie das Eis und den Schnee von den unteren Lokomotivteilen
zum Abschmelzen bringen und dadurch eine schnellere Inangriffnahme
der Reinigungs- und Ausbesserungsarbeiten ermöglichen.

In Europa überwiegt die Dampf-, in Amerika die Heißluftbeheizung.

1. Dampfheizanlagen. a) Durch die Ausnützung des Dampfes der in
den Schuppen abgestellten Lokomotiven können 4—6 Stände von einer abgestellten Lokomotive geheizt werden. Der Abdampf wird durch Vermittlung von Kupplungsschläuchen
den Heizkörpern zugeführt. Diese
bestehen zumeist aus Rippenheizkörpern und aus glatten, schweißeisernen, längs der Arbeitsgruben
seitlich angebrachten Rohren von
etwa 50 mm l. W.

Die Heizrohre eines Lokomotivstandes sind geschlossene, mit stetigem Gefälle zur Ableitung des
Niederschlagwassers verlegte Heizschlangen, die durch Absperrventile
einzeln ausgeschaltet werden können.

Die Kosten stellen sich bei
Schuppen mit 20—30 Ständen für
den Stand auf etwa 400 K (334 M.).

Aus Abb. 33[1]) ist die Rohrführung im Lokomotivschuppen in
Halle a. S. zu ersehen.

Zur Dampfabgabe können ältere,
abgestellte Lokomotiven ständig
herangezogen werden.

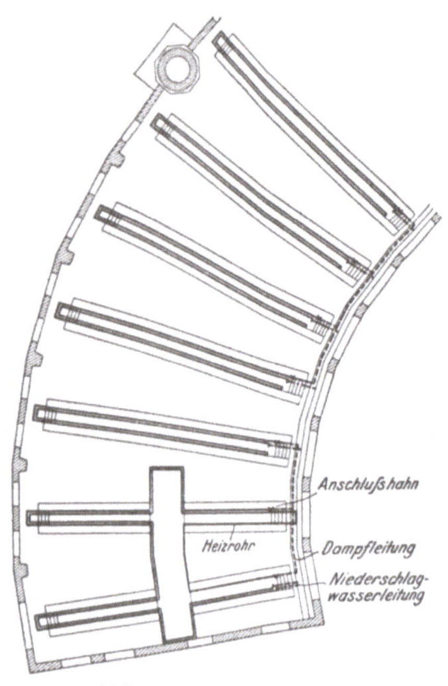

Abb. 33. Dampfheizung
im Lokomotivschuppen zu Halle a. S.

b) Vereinzelt wurden auch unterirdisch Heißwasser-Heizanlagen ausgeführt. Die Kosten dieser Anlagen stellen sich höher und betragen bei einer
Lokomotivständezahl von 10—20 Lokomotiven zwischen 600—700 K
(500—580 M.) für den Stand.

2. Heißluftheizanlagen werden hauptsächlich in Amerika, und zwar
nach dem System der Sturtevant-Gesellschaft ausgeführt (Abb. 34).

Die Luft wird durch einen mit Dampf erwärmten Schlangenrohrofen
(Kalorifer) erhitzt und mittels eines Flügelrades durch gemauerte Kanäle
in den Schuppen gepreßt. Die Kanäle messen im Querschnitt ungefähr
$2 \times 1\cdot5$ m. Die aus verzinktem Eisenblech hergestellten Luftverteilungsrohre haben 500 mm l. W. und verjüngen sich mit zunehmender Entfernung bis auf etwa 100 mm l. W. Der Hauptheizkanal dient gleichzeitig
zur Aufnahme aller anderen Rohrleitungen. Die Temperatur der Heißluft
schwankt zwischen 50 und 70° C.

---

[1]) aus dem Organ Fortschr. des Eisenbahnwesens 1906.

Die zu erwärmende Luft wird nahe dem Fußboden entweder ganz dem Schuppen entnommen oder zum Teil mit frischer Außenluft gemengt und entströmt frisch vorgeheizt aus den Verteilungsrohren in einer Höhe von 3—4 m über dem Fußboden. Im letzteren Falle muß die gleich große Luftmenge durch eigene Lüftungskamine wieder abgeführt werden.

Diese Heizung hat daher den Vorteil, daß sie zugleich als Lüftung wirkt, was im Sommer bei ausschließlicher Zuführung von kühler Außenluft in erhöhtem Maße zur Wirkung gebracht werden kann.

Das Flügelrad muß so leistungsfähig sein, daß es imstande ist, in etwa 20 Minuten die Luft im Heizhause zu erneuern.

Rotundenräume sind schwieriger zu beheizen und müssen in kalten Gegenden zur leichteren Erwärmung durch starke Mauern unterteilt werden. Jede solche Abteilung faßt 6—8 Lokomotivstände und muß bei Nichtbenützung ausgeschaltet werden können.

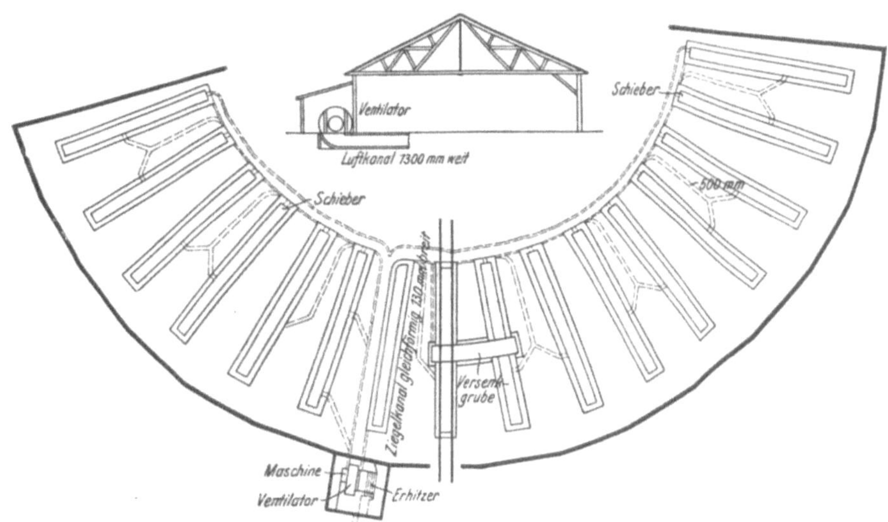

Abb. 34.　Heißluftheizanlage.

Bei Lokomotivschuppen rechnet man gewöhnlich mit Außentemperaturen bis zu — 30⁰ C und fordert eine Innenwärme von + 10 bis 14⁰ C.

Bei Anwendung der gemeinsamen Rauchabführung kann auch bei strenger Kälte das Heizen der Heizhäuser ganz erspart werden, wenn die Rauchabzugkanäle im Schuppenraume frei geführt werden.

In diesem Falle ist bei besonders tiefen Temperaturen in ringförmigen Schuppen eine stärkere Beheizung durch Aufstellung je eines Ofens an den beiden Enden des Schuppens zu empfehlen, um eine bemerkbar werdende Minderdurchwärmung der Stirnwandpartien auszugleichen.

m) Lüftung.

Für eine gute Lüftung der Schuppenräume ist stets vorzusorgen, um die Rauchgase und den Abdampf der Lokomotiven in kürzester Zeit zu entfernen. Dies ist nicht allein aus gesundheitlichen Rücksichten geboten, sondern auch notwendig, um die Holz- und Eisenteile besser zu erhalten und die Verglasungen vor Rußbelag möglichst zu schützen.

Zur Lüftung dienen die Schornsteine, bewegliche Fensterteile, Dachlaternen mit Jalousien, Lüftungsklappen (Abb. 35) und vereinzelt mechanisch angetriebene Luftflügel. Manchmal werden Lüftungsaufsätze längs des **ganzen** Dachfirstes in etwa 2—5 m Breite und 1 m Höhe geführt.

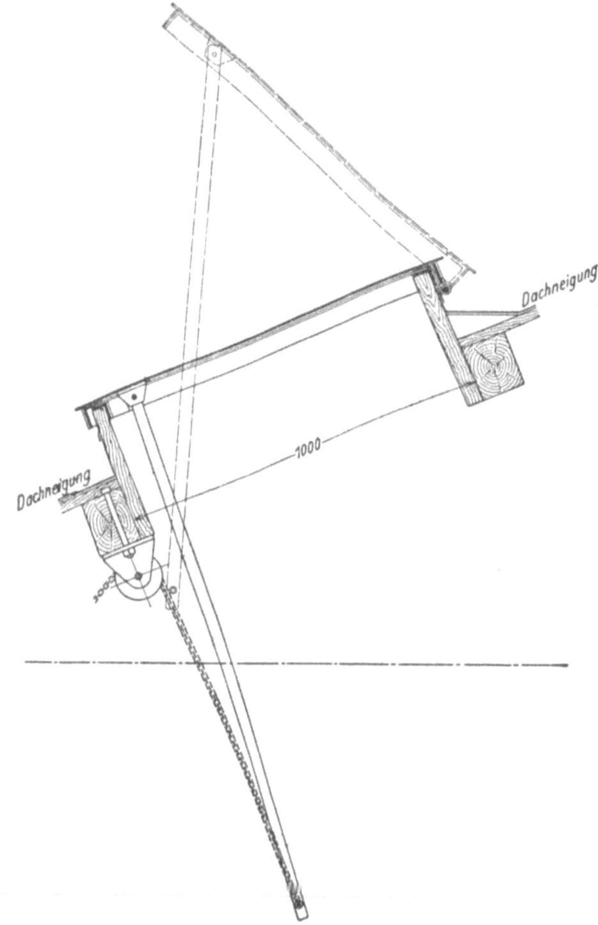

Abb. 35. Lüftungsklappe.

Bei nicht zentraler Rauchabführung soll für jeden Lokomotivstand eine Lüftungsfläche von 4—6 qm gerechnet werden. Diese Vorrichtung ist stets über den Lokomotivständen und nicht über den Zwischenräumen anzubringen; bei zentralen Rauchabführungen genügt auf 3 bis 5 Stände eine stellbare Klappe von etwa 0·5 qm Größe.

Bei Rotunden befindet sich die Lüftungslaterne in der Mitte und wird aus einer zylindrischen oder prismatischen Umfassungswand mit kegelförmigem Dach gebildet.

Die Jalousien können entweder unbeweglich oder durch Drahtzüge von unten einstellbar eingerichtet werden.

Das Bild eines Lüftungsschlauches, wie er sich für schneereiche Gegenden empfiehlt, zeigt Abb. 36.

n) Rauchfänge.
(Schornsteine, Rauchabzüge usw. genannt.)

Heute werden Rauch und Dampf nur mehr vereinzelt in alten Schuppen ohne Vermittlung von Abzugrohren durch laternenartige Dachaufsätze abgeführt und erfolgt fast überall die Ableitung durch Rauchfänge, welche, über jedem Lokomotiv-stand angebracht, Fortsetzungen der Lokomotivschornsteine darstellen. Dieselben müssen, wenn sie bei jeder Windrichtung wirksam sein sollen, über Dachfirst reichen. Sie werden bei runden Schuppen am inneren und äußeren Umfange 3—4 m von den Umfassungswänden entfernt angebracht, doch genügt in Anbetracht dessen, daß die Lokomotiven stets entsprechend eingedreht werden können, auch ein Rauchabzug per Lokomotivstand vollkommen.

Die Rauchabzüge bekommen zum Schutze gegen Regen Blechhauben und werden aus den verschiedensten Materialien verfertigt. Schornsteine aus Steingut oder aus Gußeisen mit Emaille-überzug widerstehen zwar den Rauchgasen, zerspringen jedoch leicht und sind schwer, während solche aus Zinkblech oder Eisenblech leichter sind, jedoch unter der Einwirkung der Rauchgase leiden.

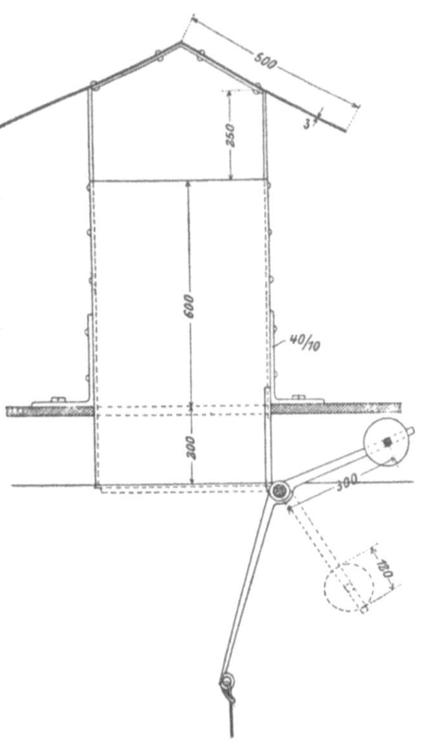

Abb. 36. Lüftungsschlauch.

Wird auf geringes Gewicht ein besonderer Wert gelegt, so können Rauchabzüge aus Asbest trotz ihres höheren Anschaffungspreises empfohlen werden. In Amerika kommen hölzerne Rauchabzüge häufig vor und haben sich dann besonders gut bewährt, wenn sie mit Asbest bekleidet wurden.

Weil die einfahrenden Lokomotiven nicht immer genau unter dem Mittel der Rauchabzüge zum Stehen gebracht werden können, erweitert man die Rauchabzüge unten zu kreisrunden oder ovalen Trichtern.

An Stelle dieser trichterförmigen Erweiterungen können bei rechteckigen Schuppen längs der ganzen Länge, bei Rundschuppen entlang der Lokomotivstände sich erstreckende Tröge angebracht werden, deren Seitenwände bis unter Dach reichen und dadurch einzelne Kammern bilden, aus welchen der Rauch durch aufgebaute Schornsteine leicht abzuleiten ist.

Diese Form der Rauchabführung ist in England zu Hause und wird dort bei rechteckigen Schuppen häufig angetroffen (Abb. 37 und 38)[1].

Die Rauchabzüge erhalten 0·3—0·5 m inneren lichten Durchmesser und müssen umso größer und höher angeordnet werden, je mehr das zum

---

[1] aus Glasers Annalen 1905.

Anbrennen der Lokomotiven verwendete Material zum Qualmen neigt. Sie werden mit schmiedeeisernen Zugstangen am Dache aufgehängt und müssen von dem Holzwerk des Daches durch einen Luftraum getrennt bleiben.

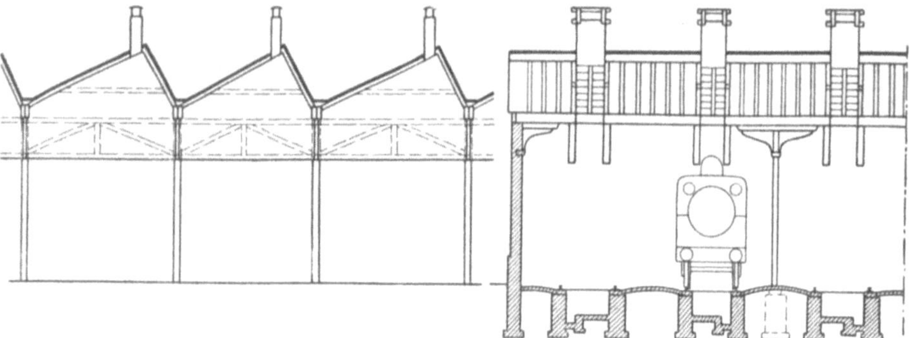

Abb. 37 und 38. Rauchabführung.

Der untere Rand der Rauchabzugrohre (Trichter, Mantel) soll die oberen Kanten der Lokomotivschornsteine um 100—200 mm überragen.

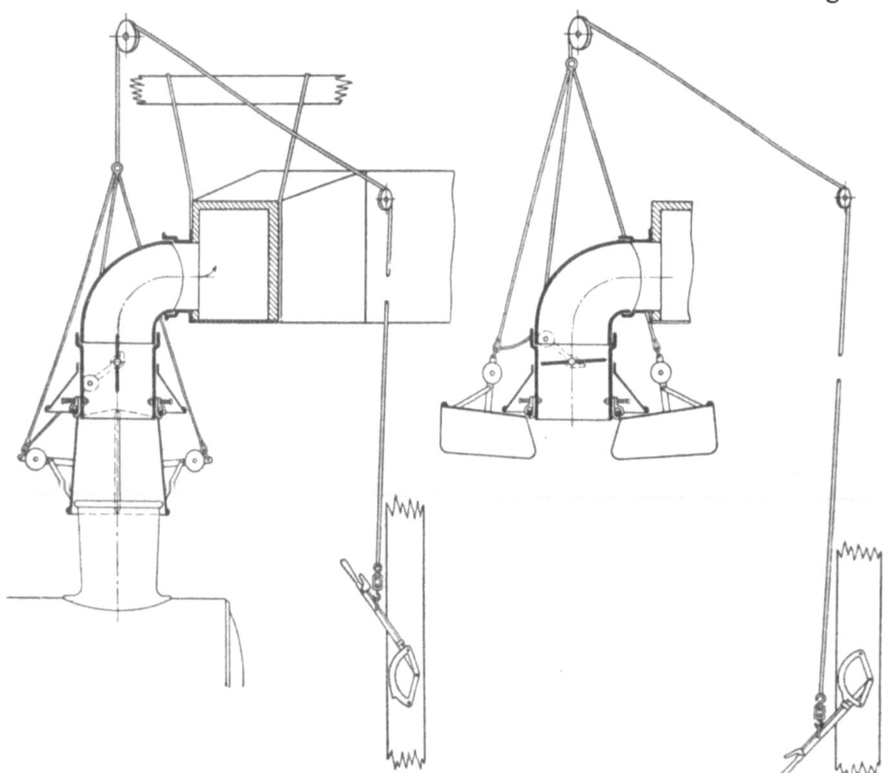

Abb. 39 und 40. Rauchabzug mit Fabelschen Patentklappen.

Die Rauchabzugrohre sollen stets Abschlußklappen besitzen, damit im Winter das Entweichen der warmen Luft verhindert werden kann. Diese gußeisernen Klappen sollen in gewöhnlicher Stellung das Abzugrohr schließen und erst beim Einfahren der Lokomotiven sich selbsttätig öffnen.

An den Rauchabzugtrichter (Rauchmantel) können sich Klappen anschließen, die den Zweck haben, den Abschluß zwischen Lokomotivschornstein und Trichter zu vermitteln.

Ein möglichst dichter Abschluß zwischen Lokomotivrauchfang und
Rauchabzugrohr wird mit Hilfe der Fabelschen Patentklappen erreicht.

In den Abb. 39, 40 und 41 sind derartige Klappen für zylindrische
und für Kobelrauchfänge abgebildet.

Die zwei- bzw. vierteiligen Klappen sind aus Schmiedeeisen und
werden mittels Stellhebel von Hand aus betätigt. Sie sind mit eigenartigen Lagern an dem gußeisernen Muffenrohr befestigt. Diese Lager
haben bewegliche Deckel, so daß die Rauchklappen sich aushängen, wenn
das Hochziehen derselben vor dem Einfahren der Lokomotiven unterlassen worden wäre.

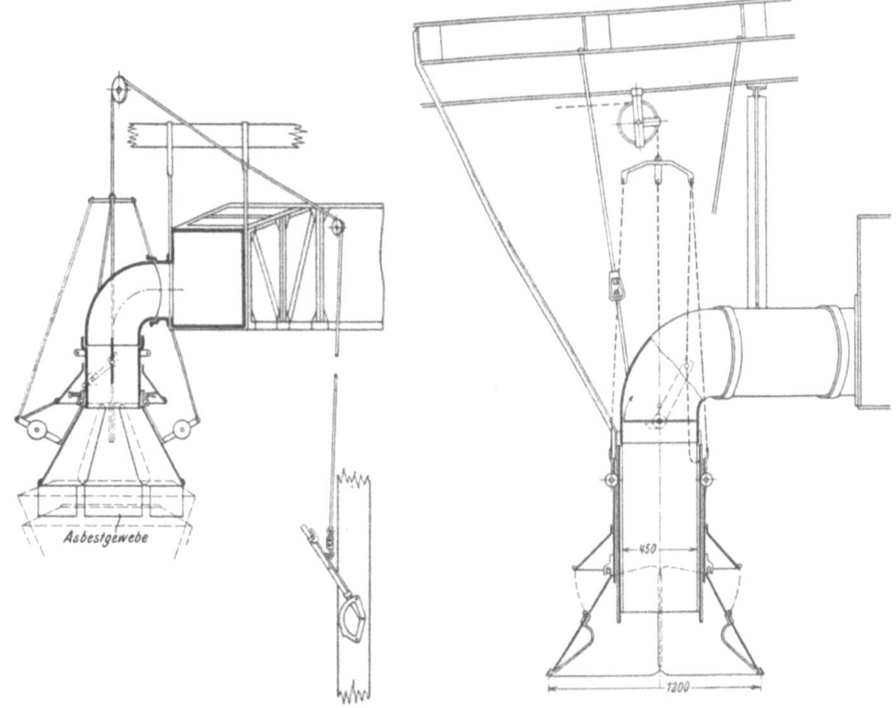

<table>
<tr><td>Abb. 41.
Rauchabzugklappen für Kobelrauchfänge.</td><td>Abb. 42. Hochziehbarer Anschluß-
trichter mit Klappen.</td></tr>
</table>

Bei großen Höhenunterschieden in den Lokomotivrauchfängen werden
die Klappen durch Asbestgewebe verlängert.

Die Länge der Flügel wird derart bemessen, daß noch ein guter Abschluß stattfindet, wenn auch der Lokomotivschornstein etwas aus dem
Trichtermittel zu stehen kommt. Müssen auf ein und demselben Abstellgleis Lokomotiven abgestellt werden, deren Schornsteine Höhenunterschiede
von über 0·5 m aufweisen, so werden hochziehbare Anschlußtrichter mit
Klappen gebaut, die ebenfalls einen guten Abschluß gewährleisten (Abb. 42,
Fabelscher Patenttrichter für gemeinsame Rauchabführung).

Auf ähnliche Weise hat Ingenieur Spiegelhalter in Miskolcz (Ungarn)
mit Hilfe zweier die Lokomotivrauchfänge umfassender halbrunder Rohr-

stücke diese Frage gelöst. Das Schließen der zweiteiligen Blechhaube kann von unten durch Ziehen einer Drahtschnur bewerkstelligt werden, während das Öffnen selbsttätig bei jeder Bewegung der Lokomotive durch Auslösung eines Gegengewichtes und einer Schraubenfeder erfolgt.

Abb. 43. Rauchabzugtrichter Bauart „Spiegelhalter" (geschlossen).

Abb. 44. Rauchabzugtrichter Bauart „Spiegelhalter" (geöffnet).

Abb. 43 und Abb. 44 zeigen ein Modell dieser Vorrichtung in geschlossener und geöffneter Stellung.

Alle anderen Vorrichtungen mit aufgehängten beweglichen Blechklappen (Abb. 45) oder teleskopartig verschiebbaren Rauchabzügen (Abb. 46) haben sich entweder wegen ihres unvollständigen Anschlusses an die Lokomotivschornsteine oder wegen baldiger Verstopfung des Mechanismus mit Ruß und Schmierkrusten nicht bewährt.

o) Zentrale Rauchabführung.

In großen Städten, in der Nähe bebauter Stadtteile, in Badeorten, Sommerfrischen usw. können die Rauchgase, anstatt durch einzelne niedere Schornsteine, die den Rauch in die unmittelbare Nachbarschaft ergießen, durch einen gemeinsamen hohen Schornstein abgeleitet werden, von welchem der Rauch auf einen weiten Umkreis verteilt und an dessen langen Wandungen ein großer Teil der Rußteilchen abgesetzt wird.

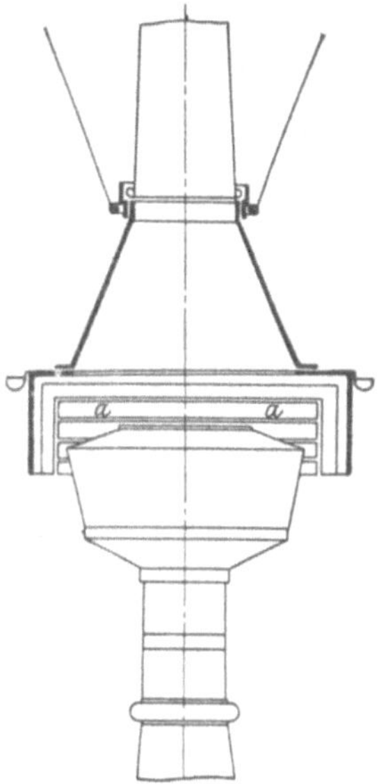

Abb. 45.
Rauchabzug mit Blechklappen.

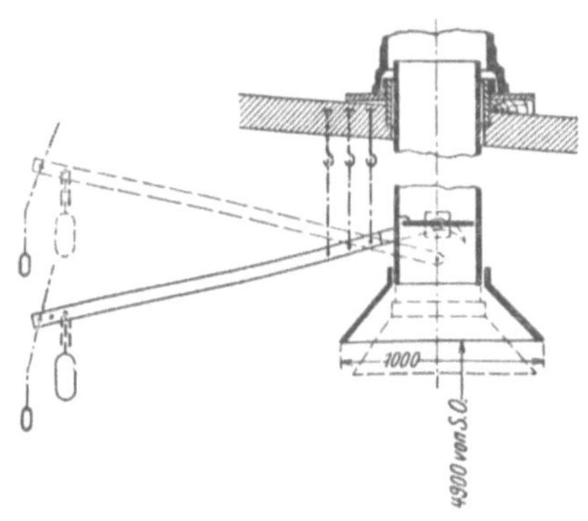

Abb. 46.
Verschiebbarer Rauchabzug.

Die ersten Ausführungen dieser zentralen Rauchabführungen, auch gemeinsame oder einheitliche Rauchabführungen genannt, haben sich infolge fehlerhafter Ausführungen und insbesondere wegen des mangelhaften Anschlusses der Lokomotivschornsteine nicht besonders bewährt. Erst in letzterer Zeit, namentlich durch die Ausführungen der Firma Fabel in München, wurden vollkommen befriedigende Ergebnisse erreicht.

Die zentrale Rauchabführung besteht im wesentlichen in der Überleitung der den Lokomotiven entströmenden Rauchgase in einen Sammelkanal und von diesem durch einen hohen Schornstein ins Freie. Der Anschluß der Rauchtrichter an den Sammelkanal geschieht durch gußeiserne Röhren mit einem lichten Durchmesser von 400—500 mm.

Die älteren Ausführungen der Sammelkanäle wurden nach dem Moniersystem gebaut, zeigten jedoch den Nachteil, daß die Wände bald rissig wurden und von der durch den feuchten Rußschlamm zerfressenen Drahtarmierung abbröckelten.

Die neuesten Ausführungen werden als schmiedeeiserne Gitterträger ausgebildet, deren Decken und Seitenwände mit feuerfesten, gut isolierenden,

6—8 mm starken Asbestplatten, auch Asbestzementplatten oder aus noch besser isolierenden Kunsttuffsteinplatten ausgekleidet werden. Diese Rauchkanäle werden von Binder zu Binder aufgehängt und belasten wegen ihres geringen Gewichtes von nur 60 bis 75 kg für den laufenden Meter die Dachstühle sehr gering. Sie sind bei einem Querschnitt von beiläufig 700×500 mm schliefbar und erhalten zur leichteren Reinigung Rußabfallrohre.

Zwei derartige Sammelkanäle nehmen die Rauchgase von je 7 bis 9 Lokomotivständen auf und vereinigen sich zu einem gemeinsamen Kanal, der in einen gemauerten Kamin von 30 bis 40 m Höhe und 1·20 bis 1·30 m oberen lichten Durchmesser mündet.

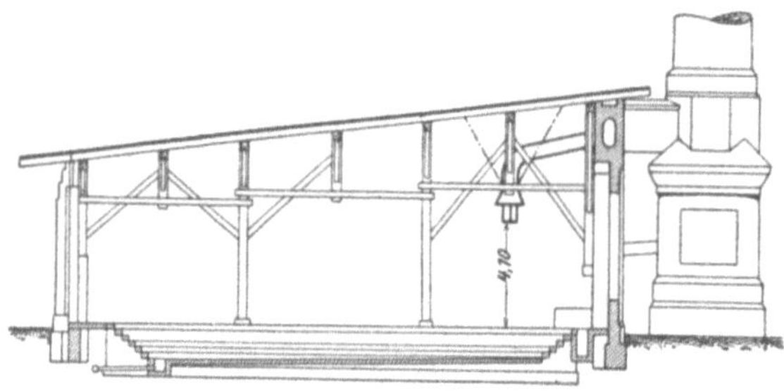

Abb. 47. Lokomotivschuppen mit zentraler Rauchabfuhr, Querschnitt.

Die wesentlichsten Vorteile der einheitlichen Rauchabführung sind:

1. Eine weitaus geringere Rauchbelästigung der Umgebung und vollkommene Rauchfreiheit im Inneren des Heizhauses.

2. Ein besserer Zug im Schornstein und demzufolge schnelleres Anheizen der Lokomotiven.

3. Der Fortfall der Schuppenbeheizung, vorausgesetzt, daß die Rauchkanäle frei geführt und die Rauchabzüge mit Abschlußklappen versehen werden.

4. Geringe Erhaltungskosten.

Zur Lüftung sind bei zentralen Rauchabführungen nur für je 3 bis 5 Stände stellbare Klappen von etwa 0·5 qm Querschnitt erforderlich.

Zentrale Rauchabführungen können bei jeder Form der Schuppen eingebaut werden, Abb. 104 zeigt z. B. einen viereckigen Lokomotivschuppen mit zwei an den Seitenwänden aufgebauten Schornsteinen, wie er am Schlesischen Güterbahnhof in Berlin errichtet wurde.

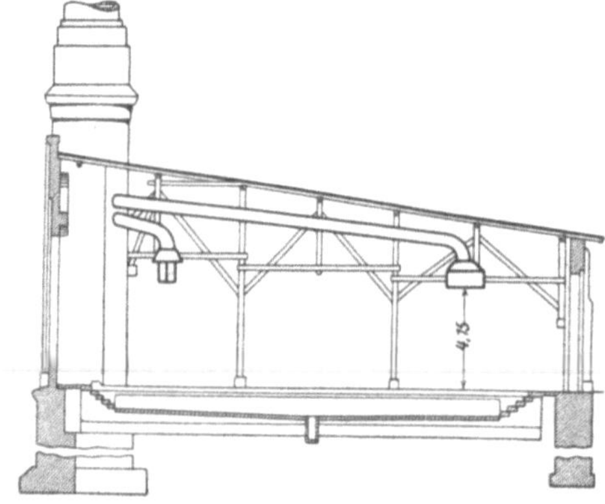

Abb. 48. Zentrale Rauchabführung im Lokomotivschuppen zu Leipzig.

Bei runden Schuppen mit nach innen geneigten Pultdächern wird der Sammelkanal längs der äußeren Umfassungswand geführt (Abb. 47.)[1]

Beim Lokomotivschuppen in Leipzig wurden die Sammelkanäle aus Eisenkästen mit Kunsttuffsteinwandungen ausgeführt und der eine der beiden Schornsteine mit der äußeren Umfassungsmauer bündig angeordnet (Abb. 48)[2].

---

[1] aus dem Organ Fortschr. des Eisenbahnwesens 1904.
[2] aus dem Organ Fortschr. des Eisenbahnwesens 1904.

Die Kosten der Einrichtung betragen für den Stand einschließlich der Baukosten für einen 36 m hohen Schornstein bei einer 18 ständigen Anlage mit Anwendung der Fabelschen Rauchabzüge und Sammelkanäle etwa 1000 bis 1500 K (800 bis 1200 M.). Bei nachträglichem Einbau der zentralen Rauchabführung sind die Kosten etwas höher.

Zur Vermeidung hoher Rauchkamine und zur Reinigung des Rauches werden auch Wasserbrausen verwendet, welche die Rußflocken in einer im Sammelkanal eingebauten Kammer niederschlagen.

Unter Umständen kann von dem Bau eines Schornsteines ganz abgesehen werden, da die Wasserbrausen eine derart starke Abzugbewegung erzeugen, daß auch der nötige Zug zum Anbrennen der Lokomotiven vorhanden ist. Die vom Ruße gereinigten Rauchgase können in diesem Falle durch einfache Blechkamine abgeleitet werden.

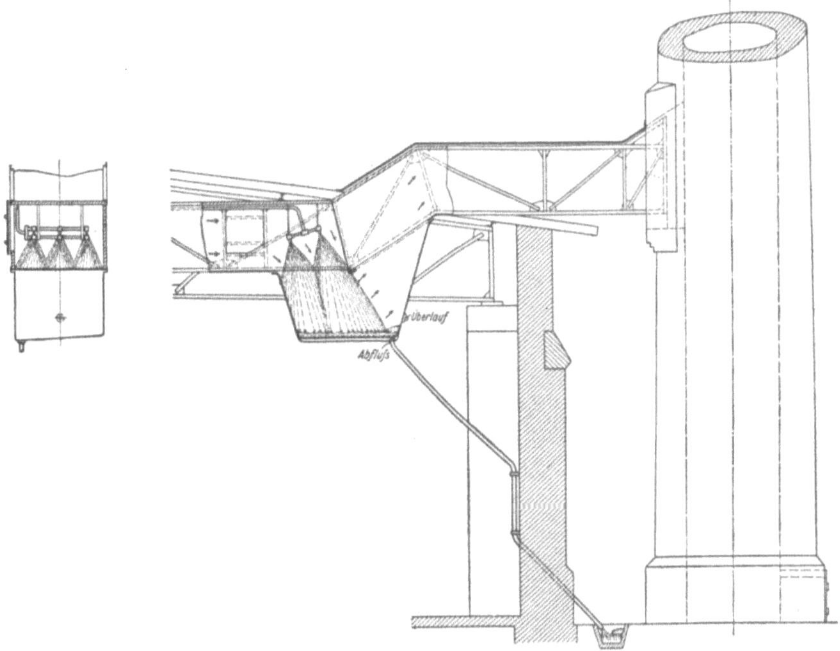

Abb. 49 und 50.   Rauchwäsche im Lokomotivschuppen zu Koblenz.

Eine derartige Anlage ist von O. Fabel in München für die beiden Lokomotivschuppen in Coblenz mit zusammen 38 Standgleisen mit Erfolg ausgeführt worden. Sie wurde daselbst wegen der besonders empfindlichen Nachbarschaft gebaut, und um sie vor Frost und Witterungseinflüssen zu schützen, im Inneren des Schuppens angeordnet (Abb. 49 und 50).

Der Ruß wird durch Wasser von beiläufig 4 at Druck, welches aus 12 Strahldüsen ausströmt, in einem eigenen, innen mit Blei gefütterten Kasten niedergeschlagen. Eine aus anderen Materialien bestehende Innenverschalung würde in kürzester Zeit vom Rauch und Wasser zerstört werden.

Der Wasserverbrauch beträgt für Lokomotivstand und Stunde nicht ganz 3 cbm, der Preis des Apparates für einen Schuppen rund 720 K (600 M.).

7. Maschinelle Einrichtung der Lokomotivschuppen.

a) Wasser-, Dampf- und Preßluftleitungen.

1. **Wasserleitungen.** In jedem Lokomotivschuppen wird Nutzwasser zum Auswaschen und Füllen der Kessel und Tenderkästen benötigt. Das Wasser wird durch ein Hauptrohr von etwa 150 mm l. W. zugeführt, welches frei unter dem Fußboden oder in Kanälen, manchmal mit Benutzung der Wasserabfuhrkanäle verlegt ist, und von welchem Rohre von 60—70 mm l. D. zu den einzelnen Abzapfstellen abzweigen. Werden die Wasserrohre unter Betonböden verlegt, so ist es zweckmäßig, zur schnellen Auffindung von Rohrbruchstellen in Entfernungen von beiläufig 20 m alte Siederohrstücke in den Boden bis zu den Leitungsrohren einzuschlagen und mit Sand zu füllen. Bei diesen Rohrstutzen austretendes Wasser wird das Vorhandensein, sowie die Stelle der Rohrbeschädigung anzeigen.

Zwischen je zwei Lokomotivständen sind in gemauerten Schächten Schlauchhähne (Feuerhähne, Hydranten) anzubringen, an welche ein beliebig langer Kautschuk- oder Hanfschlauch zum Auswaschen und Füllen angeschraubt werden kann.

Das Wasser kommt entweder aus eigenen, den Bedarf des Schuppens einige Tage deckenden, 5 bis 10 m hoch gestellten Behältern oder aus neben den Schuppen errichteten Wassertürmen und heute auch häufig aus fremden Wasserleitungen. Das Wasser soll den an die Feuerhähne angeschraubten Spritzschläuchen mit einem Druck entströmen, der es ermöglicht, beim Ausbruch eines Brandes die höchsten Stellen des Dachstuhles zu bestreichen. Sämtliche Schlauchanschlüsse sollen mit den landesüblichen Feuerwehrgewinden versehen werden.

In älteren Schuppen trifft man noch bei jedem dritten oder vierten Lokomotivstand freistehende Säulenkrane zum ausschließlichen Füllen der Tenderwasserbehälter, „Füllständer" oder „Füllkrane" genannt. In neuen Schuppen werden sie nicht mehr aufgestellt, weil heute das Ausrüsten der Lokomotiven mit Betriebswasser fast ausschließlich vor der Einfahrt in die Schuppen erfolgt.

An geeigneten Stellen der äußeren Umfassungswand sollen Waschbecken und Ausläufe zur Entnahme von Trinkwasser angebracht werden.

In Amerika findet man außer den Nutz- und Trinkwasserleitungen in der Regel noch Warmwasserleitungen, um das warme Wasser aus den Kesseln der heimgekehrten Lokomotiven in eigene Behälter abzuführen und es daselbst zur Vorwärmung frischen Wassers zu verwerten.

2. **Die für die Abfuhr** des Abdampfes der Lokomotiven bestimmten Dampfleitungen tragen im Winter auch zum Heizen der Schuppen bei. Ist jedoch eine derartige Ausnutzung des Abdampfes entbehrlich, so leitet man ihn am besten durch eigene Rohre über Dach ins Freie.

Auch die Ablaßhähne der Lokomotivzylinder werden mit eigenen Rohren verbunden, um den Dampf und das Wasser aus den Zylindern und Schieberkästen in die Arbeitsgruben abzuführen.

Außerdem gibt es Frischdampfleitungen zum Auswaschen der Kessel mittels Körtingscher Bläser, sowie zum Ausblasen der Heizrohre.

3. **Druckluftleitungen** zum Anschluß von Preßluftwerkzeugen und zur Prüfung der Leitungen der mit Luftdruckbremsen eingerichteten Lokomotiven, sowie zum beschleunigten Anheizen der Lokomotiven.

b) Vorrichtungen zur Beschleunigung des Anheizens der Lokomotiven.

Am besten kann ein beschleunigtes Anheizen der Lokomotive durch die Einrichtung des Schuppens mit der zentralen Rauchabfuhr erzielt werden, weil durch die hohen Schornsteine und luftdichten Abschlüsse der Rauchhauben stets ein entsprechend starker Zug erreicht wird; wo dieselbe nicht eingeführt ist, kann man Petroleumbrenner in die Rauchkammer stellen oder mittels fahrbarer Bläser, die von Hand bedient werden, Luft durch den Rost blasen.

Auch wurden Versuche gemacht, den Abdampf abgestellter Lokomotiven in die Hilfsgebläse abzuleiten. Hierzu gehören Schläuche oder gelenkige Rohrverbindungen, welche einerseits an das Hilfsgebläsewechsel, andererseits an das Dampfheizventil angekuppelt werden können (Gebauers Heizergehilfe). Der erforderliche Dampf kann auch einem Stabilkessel entnommen werden.

Wo Druckluft zur Verfügung steht, kann dieselbe an Stelle des Dampfes vorteilhaft Verwendung finden. Ist billiges Leuchtgas vorhanden, so wird ein schnelleres Anbrennen mit über und unter dem Rost eingeführten Gasbrennern zu versuchen sein.

Allen diesen Vorrichtungen behufs besserer Ausnützung der Lokomotiven wird namentlich in Amerika ein besonderes Augenmerk zugewendet.

c) Auswaschvorrichtungen.

In allen Lokomotivschuppen müssen Vorrichtungen zum Auswaschen der Lokomotivkessel vorhanden sein.

Wird kaltes Wasser zum Auswaschen verwendet, so wird dasselbe entweder durch eigene Druckpumpen zugeführt, gewöhnlich jedoch den Hydranten durch Vermittlung eines Kautschukschlauches entnommen. Diese Schläuche unterliegen einer starken Abnutzung und sind kostspielig; sie werden daher behufs längerer Haltbarkeit mit Spagatschnüren umwickelt und erhalten von Meter zu Meter Entfernung Holzringe aufgesteckt, oder es werden die zumeist am Boden schleifenden mittleren Teile des Schlauches aus alten Siederohrstücken zusammengestellt.

Behufs größerer Schonung der Kessel und rascherer Indienststellung der Lokomotiven sollte jedoch in allen Schuppen das Auswaschen und Wiederfüllen der Lokomotivkessel mit warmem Wasser geschehen.[1]

1. Warmauswaschen mit Zuhilfenahme einer anderen Lokomotive. Am häufigsten erfolgt die Zufuhr warmen Wassers durch Betätigung des Injektors einer anderen in Dampf stehenden Lokomotive, wobei das Wasser in gewöhnlicher Weise bei abgesperrtem Speisekopf aus dem Tender entnommen und der Auswaschschlauch an das Feuerspritzenstück der Lokomotive angeschraubt wird.

Bei einem Kesseldruck von 9 bis 10 at wird ein kräftiger, vollkommen entsprechender Wasserstrahl erreicht.

Als Auswaschschläuche können in diesem Falle nur starke Kautschukschläuche mit Umhüllung verwendet werden, da Hanfschläuche erfahrungsgemäß dem hier vorkommenden Druck auf die Dauer nicht gewachsen sind. Da diese im Preise hochstehenden Schläuche im Betriebe bald brüchig

---

[1] vgl. Bd. II. Wittenberg, Heizhausdienst.

und unbrauchbar werden, ist es zweckmäßig, längs des Schuppens eine eiserne Rohrleitung von etwa 50 mm l. W. (z. B. Vakuumrohre) mit entsprechenden Anschlußstellen bei jedem Lokomotivstand anzulegen (Abb. 51).

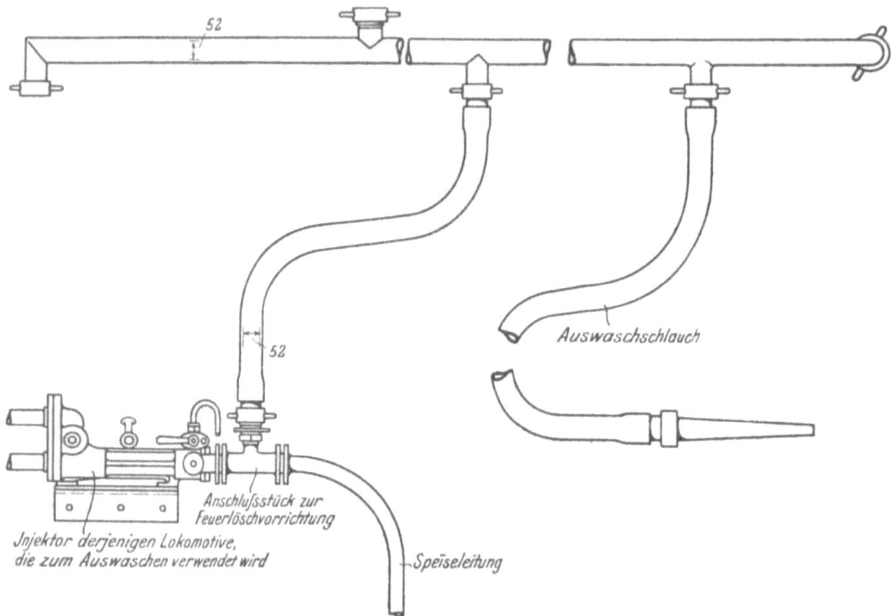

Abb. 51. Vorrichtung zum Warmauswaschen der Lokomotivkessel.

Hierdurch können mit Hilfe eines nur 7 bis 8 m langen Schlauches die Lokomotiven an jedem beliebigen Punkte des Heizhauses gewaschen und umständliche Verschiebungen erspart werden.

Die Temperatur des Auswaschwassers erreicht bei 10 at Kesseldruck und 10 grädigem Tenderwasser 55 bis 60° C.

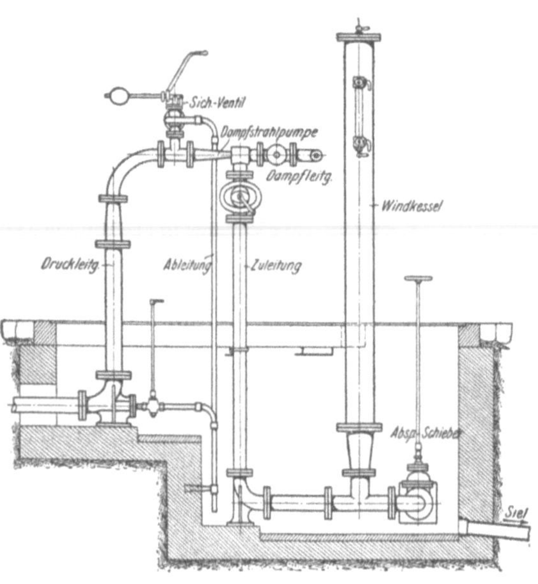

Abb. 52. Auswaschvorrichtung von G. Noell.

Die kurzen Auswaschschläuche bestehen aus Kautschuk mit einer Drahteinlage und werden behufs größerer Schonung mit Rebschnüren umwickelt.

Die Einrichtungskosten für einen Lokomotivschuppen von 20 Ständen mit 2 Stück 10 m langen Kautschukschläuchen und einem Vorratsschlauch können mit rund 1000 K (830 M.) veranschlagt werden.

2. Warmauswaschen mit Dampfstrahlapparaten. Beim Warmauswaschen mit eigenen Dampfstrahlsaugern, z. B. nach Patent Noell in

Würzburg (Abb. 52), wird der Dampf zur Betätigung der Vorrichtung entweder einer alten Lokomotive oder einer eigens zu diesem Zwecke aufgestellten Bereitschaftslokomotive und fallweise auch Stabilkesseln entnommen, das zugeführte Druckwasser dabei auf 60 bis 70° C erwärmt und mit einem Druck von 3 bis 4 at einer Rohrleitung zugeführt, die über 6 bis 7 Stände reicht und in einem Kanal mit Riffelblechabdeckung verlegt ist (Abb. 53, Urheberrecht gesetzlich gewahrt).

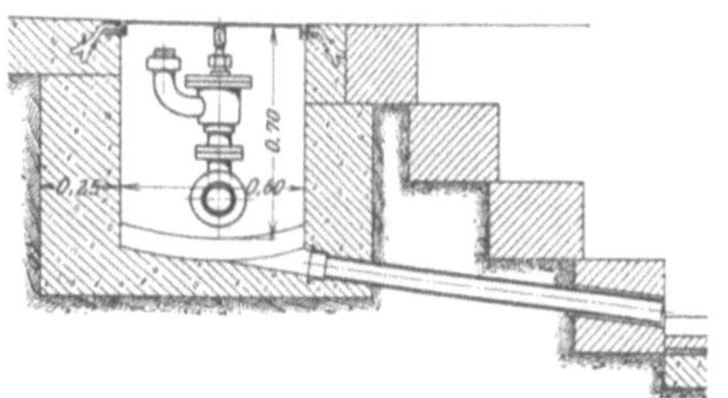

Abb. 53. Warmwasserkanal.

Ebenso kann auch das Füllen der Lokomotivkessel mit warmem Wasser von der Kesselwaschleitung aus erfolgen.

Eine derartige Kesselwascheinrichtung für 5 Schlauchanschlüsse einschließlich von etwa 40 laufenden Metern Mannesmannröhren von 90 mm l. W. samt Dampfstrahlpumpe, Absperrschieber und Dampfschlauch, Windkessel und Manometer, sowie Aufstellung am Verwendungsorte (ausschließ-

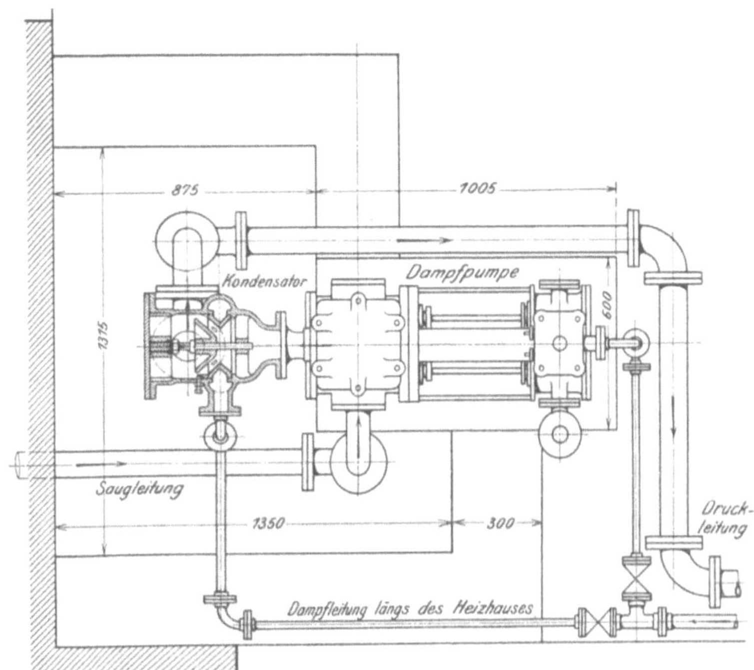

Abb. 54.   Auswaschvorrichtung von J. A. Hilpert.

lich Erd-, Maurer- und Steinhauerarbeiten), wie sie von der Firma G. Noell u. Co. in Würzburg bereits des öfteren für die Kgl. Bayerischen Staatsbahnen ausgeführt wurde, kostet für den Stand rund 360 K (300 M.).

3. Warmauswaschen mit Benutzung eines Kondensators. In einer von der Maschinenfabrik J. A. Hilpert in Wien ausgeführten Anlage wird das kalte Druckwasser mit Zuhilfenahme eines Kondensators auf die Temperatur von 50 bis 60° C vorgewärmt (Abb. 54).

Der Dampf kann einer abgestellten Lokomotive entnommen und durch eine längs des Heizhauses verlegte Rohrleitung zu einer Dampfpumpe geführt werden. Das hier erzeugte Druckwasser (4 bis 5 at) kommt ·von der Pumpe in einen eingebauten Kondensator und wird in demselben mit zuströmendem Dampf in Berührung gebracht und vorgewärmt. Dieser Dampf kann derselben Zuleitung oder einer anderen Lokomotive entnommen werden. Bei elektrisch angetriebenen Pumpen wird nur Dampf für den Kondensator benötigt. Die Ausführung einer derartigen Anlage mit einer Pumpenleistung von 18 cbm in der Stunde kommt einschließlich einer Rohrleitung von 80 m Länge und der Rohranschlüsse auf rund 2400 K (1900 M.).

4. Warmauswaschen mit Benutzung eigener Heizkessel. In anderen Heizhausanlagen werden in zumeist unter dem Fußboden angelegten Räumlichkeiten mehrere Heizkessel in Verbindung mit einem geschlossenen Behälter zur Aufnahme des Niederschlagwassers und des Abdampfes der abgestellten Lokomotiven aufgestellt. Das hier vorgewärmte Wasser wird in andere unter dem Dache aufgestellte Behälter gepumpt und von dort den Auswaschschläuchen zugeführt.

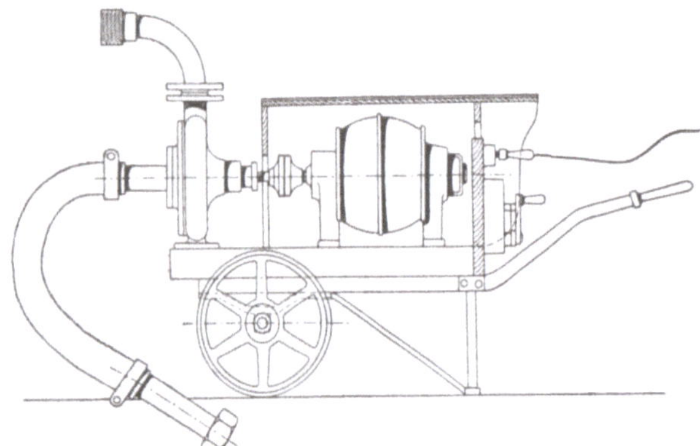

Abb. 55. Auswaschpumpe von Wittenberg und Schilhan.

5. Warmauswaschen nach Patent Wittenberg und Schilhan. Mit verhältnismäßig einfachen Mitteln erreichen Wittenberg und Schilhan in Budapest denselben Zweck. Während der Einfahrt und Abstellung der Lokomotiven auf ihren Stand wird das Tenderwasser durch Zurücklassen des Dampfes auf etwa 60 bis 65° C erwärmt. Nachdem der Dampf gänzlich entfernt ist, kann behufs rascherer Abkühlung dem Kessel von oben kaltes Wasser zugeführt und durch den Ablaßhahn das Wassergemisch wieder abgelassen werden. Ist durch dieses Verfahren der Kessel auf 60 bis 70° C abgekühlt, wird eine fahrbare Pumpe (Abb. 55) mit Hilfe eines Anschlußstückes und eines billigen Hanfschlauches sowohl mit der Lokomotive als mit dem Tenderwasserkasten verbunden und die zweckmäßig elektrisch betriebene Pumpe in Bewegung gesetzt. Der geförderte Wasserstrahl wird unter einem Druck von 2 bis 5 at zum Auswaschen verwendet.

Nach erfolgtem Auswaschen wird der Kessel mittels der Pumpe mit dem warmen Tenderwasser gefüllt.

Pumpe samt Karren wiegen zusammen nur 180 bis 250 kg und können von einem Arbeiter leicht von Lokomotive zu Lokomotive gefahren werden.

Die Bedienung der Pumpe wird durch die Auswascher selbst besorgt.

Die ganze Arbeit bis zur Wiederindienststellung der Lokomotive nimmt etwa 5 Stunden in Anspruch und betragen bei elektrischem Betrieb der Pumpe die Stromkosten für das Auswaschen und Füllen eines mittelgroßen Lokomotivkessels bei einem Preise von rund 30 h per 1 KW-Stunde mit anderthalbstündiger Laufdauer der Pumpe etwa 50 h.

Die Pumpe wird in drei Ausführungen verwendet:

a) Zentrifugalpumpen von 1400 bis 1500 Umdrehungen im Gewichte von 200 bis 250 kg mit einer Leistung von 8 bis 10 cbm in der Stunde unter einem Druck von 2 at. Sie geben beim Füllen der Kessel 16 bis 24 cbm in der Stunde — hierbei ist nur ein Druck von $0 \cdot 2$ bis $0 \cdot 5$ at erforderlich — und haben wie die folgenden Turbinenpumpen elektrischen Antrieb.

b) Turbinenpumpen von der doppelten Tourenzahl bei denselben Leistungen. Dieselben sind leichter und wiegen nur 150 bis 170 kg und brauchen unter einem Druck von 2 at bloß $1 \cdot 6$ PS. Sie können auch durch Anschluß von mehreren Turbinenstufen auf höheren Druck gebracht werden, ohne daß hierdurch das Gewicht wesentlich erhöht wird.

c) Zentrifugalpumpen von 1400 bis 1500 Umdrehungen mit einem Benzinmotor als Antrieb.

Das Auswaschen kann auch außerhalb des Schuppens an jeder beliebigen Stelle der Gleisanlage und gleichzeitig bei so vielen Lokomotiven vorgenommen werden, als Auswaschpumpen zur Verfügung stehen.

Nach dem Gesagten liegt der Vorzug des Verfahrens in dem kostenlosen Beschaffen warmen Wasch- und Füllwassers, in den geringen Anlage- und Betriebskosten und in der Freizügigkeit der Anwendung.

Bei Verwendung gegabelter Schläuche mit einem Anschluß an den Tender und einem anderen an den Hydranten der Wasserleitung, kann man das Tenderwasser auch auf $70-80^\circ$ erhitzen. Beim Waschen schließt man den Hydranten an und kühlt durch entsprechendes Einstellen desselben die Temperatur des Waschwassers, während man zur Kesselfüllung nach Sperrung des Hydrantenzulaufes das sehr warme Tenderwasser zur Verfügung hat.

Der Preis einer fahrbaren Elektropumpe einschließlich der Patentgebühren beträgt 3500 K (2900 M.).

6. Raymersche Wasserwechselvorrichtung. Die „Raymersche" Vorrichtung nützt die Wärme des schmutzigen Kesselwassers, sowie des Dampfes der abgestellten Lokomotiven aus, um in einem Behälter frisches Wasser vorzuwärmen, welches dann mit Hilfe einer Zentrifugalpumpe und eines Rohrverteilers, genannt „Manifold", wieder in die Lokomotivkessel zurückgeführt wird.

Stehen nicht genügend kalt zu machende Lokomotiven zur Verfügung, dann wird zur Vorwärmung des frischen Füllwassers ein eigener Dampfkessel benützt. Der Wasserwechsel dauert je nach der Größe des Kessels 20—25 Minuten. Es wird als wünschenswert bezeichnet, während dieser Zeit Feuer im Lokomotivkessel zu unterhalten.

Der Kessel wird unter einem Druck von 5—7 at mit Wasser von $150-165^\circ$ C gefüllt, und betragen die Temperaturschwankungen im Kessel nicht mehr als 20° C.

In Abb. 56 ist eine derartige im Heizhause Mc Kees Rock der Pittsburg- und Lake Erie-Eisenbahn mit Erfolg im Betriebe stehende Anlage dargestellt. Wie aus der Abbildung ersichtlich, werden durch das Rohr B das Wasser und der Dampf aus dem Lokomotivkessel in den Abblasebehälter T geleitet. Der Dampf geht aus diesem geschlossenen Gefäß in den offenen Röhrenkondensator F und von hier in die Luft.

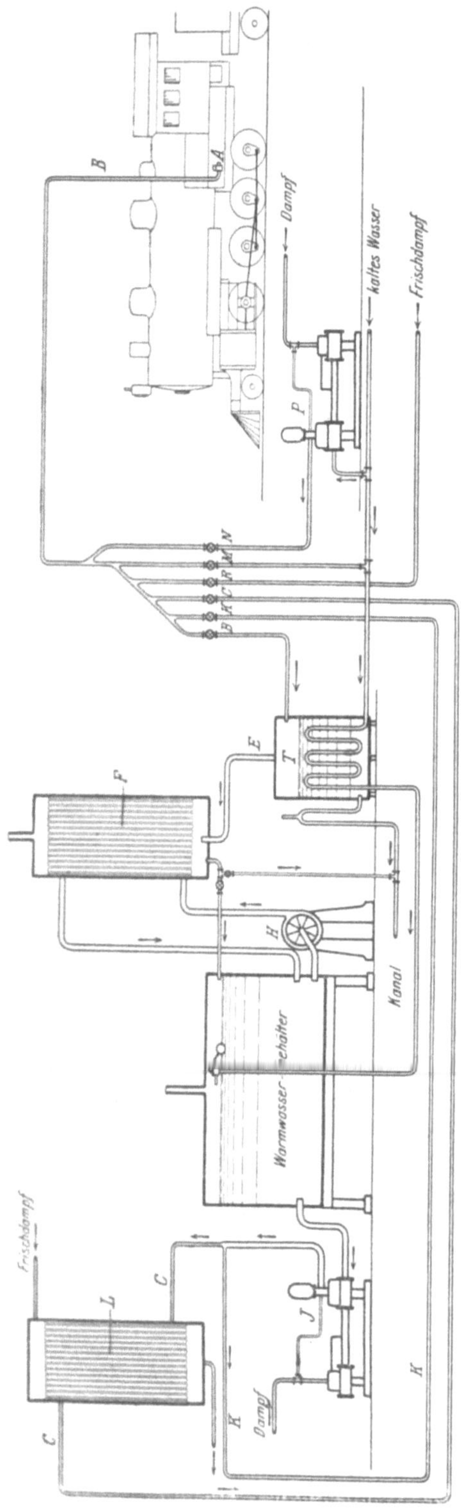

Abb. 56. Raymersche Wasserwechselvorrichtung.

Die durch das Abkühlen des überhitzten Wassers und Dampfes im Abblasebehälter frei werdende Wärmemenge wird eine weitere Verdampfung des Wassers veranlassen; der so gebildete Dampf entweicht ebenfalls durch den Kondensator.

Das Speisewasser wird im Abblasebehälter T vorgewärmt und gelangt in einen unterhalb des Kondensators aufgestellten Warmwasserbehälter, dessen Wasserstand durch einen Schwimmer selbsttätig in gleichbleibender Höhe erhalten wird. Eine Zentrifugalpumpe H pumpt das Wasser aus diesem Warmwasserbehälter in den Kondensator F und wieder zurück. Auch alles im Kondensator F niedergeschlagene Wasser wird behufs vollkommener Ausnützung der Wärme in den Warmwasserbehälter abgeleitet. Die Warmwasserpumpe J saugt das Warmwasser aus dem Warmwasserbehälter und treibt es teilweise durch das Rohr K und teilweise mittels eines Abzugrohres C durch den Frischdampfkondensator L zu den Ventilen des „Manifold", durch deren entsprechende Einstellung es seiner Bestimmung zugeführt werden kann. Die „Manifolds" werden an den Schuppenwänden angebracht, und zwar je einer für jede Grube, auf welcher Wasserwechsel vorgenommen werden soll.

So ein Multiplex-Rohrsystem hat je eine eigene Rohrleitung für Frischdampf, überhitztes und warmes Wasser, für Kaltwasser und für Probedruckwasser von der Füllpumpe.

Diese Art des Wasserwechsels hat insbesondere für jene Linien Bedeutung, wo wegen der schlechten Beschaffenheit der Speisewässer ein sehr häufiger manchmal sogar täglicher Wasserwechsel erwünscht ist.

Das Vorwärmen anzuheizender kalter Kessel mit Frischdampf kann mit Hilfe einer solchen Anlage in der Zeit von etwa 10 Minuten erfolgen.

Als Vorteile dieses Verfahrens werden angeführt:

a) der Fortfall aller schädlichen Kesselspannungen beim Füllen und Entleeren der Kessel;

b) die bessere Instandhaltung der Lokomotiven;

c) die bessere Instandhaltung der Heizhäuser, weil der Boden rein und trocken, die Luft rauch- und dampffrei bleibt;

d) die Wirtschaftlichkeit durch die Rückgewinnung der Wärme des Schmutzwassers zum Vorwärmen des frischen Speisewassers;

e) die leichte Durchführung von Kesseldruckproben;

f) eine bessere Ausnützung der Lokomotiven;

g) seltener notwendiges Auswaschen der Kessel; dasselbe braucht erst in Zeiträumen von 20 bis 45 Tagen vorgenommen zu werden.

7. Warmauswaschen nach dem amerikanischen Tank-System. In Amerika wird auch in anderer Weise die im Dampf- und Warmwasser der abgestellten Lokomotiven enthaltene Wärme zum Vorwärmen des Auswaschwassers ausgenützt. Nach dem Einfahren der Lokomotiven auf ihre Standplätze werden das Wasser und der Dampf durch eigene Rohrleitungen in einen unterirdisch angebrachten zweiteiligen Behälter (Tank) von 8000 bis 10000 Gallonen (34 bis 45 cbm) Inhalt abgelassen. Mit Hilfe einer Pumpe wird das hier vorgewärmte Reinwasser zum Auswaschen und Füllen der Kessel verwendet. Das Auswaschwasser soll hierbei selten über 40^0 C Wärme erreichen und nicht immer in ausreichender Menge zur Verfügung stehen.

Um die Auswascher vor Zugluft zu schützen, kann die Errichtung geschützter Auswaschstände empfohlen werden.

d) Räderversenkvorrichtungen.

Die Senkvorrichtungen (Achssenken) haben den Zweck einzelne Räderpaare oder ganze Drehgestelle, ohne die Lokomotive oder den Tender aufheben zu müssen, in eine Grube zu versenken, um sie hier zu untersuchen, oder, wenn notwendig, auswechseln zu können.

Werden Schuppengleise mit Versenkvorrichtungen ausgestattet und sollen durch die Aufstellung schadhafter Lokomotiven die Standgleise ihrem eigentlichen Zwecke nicht entzogen werden, so können in runden Schuppen die betreffenden Aufstellgleise durch Toröffnungen in der äußeren Umfassungsmauer verlängert und auf diesen so entstandenen Gleisstutzen die Versenkvorrichtungen eingebaut werden.

Gewöhnlich reicht die quer zur Gleisrichtung hergestellte Grube über zwei benachbarte Gleise, damit die Räder auf einem Gleise versenkt und auf dem anderen wieder gehoben werden können.

Es können jedoch auch mehrere Gleise durch eine Versenkgrube miteinander verbunden und auf diese Art mehr als eine Lokomotive gleichzeitig in Arbeit genommen werden.

Für einen Schuppen von 20 bis 25 Ständen wird mit einer über zwei Gleise reichenden Versenkvorrichtung das Auslangen gefunden werden können.

In Amerika, wo wegen der bedeutend größeren Ausnützung der Lokomotiven die Räder häufig ausgetauscht werden müssen, richtet man die Schuppen gewöhnlich mit mehreren Versenkvorrichtungen ein. So sind im Heizhause zu East-Altoona vier Versenkgruben, und zwar je eine Versenkvorrichtung für Drehgestelle und Lokomotiv-Rädersätze und zwei Versenkvorrichtungen für Trieb- und Kuppelachsen.

Im Heizhaus zu Elkhart sind sechs Versenkgruben vorhanden, davon drei zur Untersuchung der Drehgestelle und drei zur Auswechslung und Untersuchung der Trieb- und Kuppelachsen. Die Gruben der Versenkvorrichtungen werden in Beton ausgeführt und stets gut entwässert.

Von den Räderhöfen und Räderaufstellungsgleisen sollen die Räderpaare leicht und schnell zu den Versenkgleisen gerollt werden können.

Die Versenkvorrichtung selbst besteht gewöhnlich aus einem Wagen mit Senktisch, auf welchem ein Stück Gleis angebracht ist und welcher mit Hilfe eines Windwerkes gehoben und gesenkt werden kann.

Bei manchen Ausführungen werden die Achsen der Räderpaare nicht durch einen Tisch, sondern durch zwei Gabeln gestützt, die ebenfalls auf dem Rollwagen befestigt sind und ebenso mittels Schnecke und Schraubenspindeln gehoben und gesenkt werden können. Oder es werden in jenen Arbeitsgruben, welche zum Senken der Räderpaare herangezogen werden, Hebewinden dauernd aufgestellt.

Der Antrieb des Windwerkes kann von Hand aus, hydraulisch oder elektrisch erfolgen.

Ebenso kann die Vor- und Rückwärtsbewegung des Rollwagens am Grubenboden von Hand aus oder mechanisch geschehen. Bei Verwendung mechanischer Bewegungsvorrichtungen ist stets auch für Handbetrieb vorzusorgen.

Achswechselvorrichtungen sollen derart ausgeführt werden, daß die Bedienungsmannschaft sämtliche Arbeiten von oben verrichten kann.

Die Hubgeschwindigkeit soll 0·5 bis 0·75 m/min betragen.

1. Hydraulische Räderwinde, Patent G. Noell & Co. in Würzburg. Abb. 57 (Urheberrecht gesetzlich gewahrt) zeigt die Konstruktion einer bei den Kgl. Bayerischen Staatsbahnen mehrfach ausgeführten, hydraulisch betriebenen Räderwinde von 5000 kg Tragkraft von G. Noell & Co. in Würzburg.

Zum Ablassen und Heben der Räderpaare mit Rädern bis zu 2200 mm Laufkreisdurchmesser ist bei vollständiger Ausnützung des 1300 mm betragenden Hubes der Winde ein nur einmaliges Umstecken der Tragsäulenkeile nötig.

Das Umstecken der Tragsäulen selbst behufs Erreichung verschiedener Stangenkopfabstände erfolgt durch einfaches Schwenken der Stangenoberteile um 180°. Unmittelbar unter den Kröpfungen der Stangenoberteile befinden sich zwei untereinander verbundene schmiedeeiserne Halslager.

Das Festhalten der Tragsäulen in ihren Stellungen geschieht mittels Steckkeilen. Die gußeiserne Tragbühne ist mit dem Tauchkolben fest verschraubt. Der Tauchkolben aus Mannesmannrohr ist in einen gußeisernen Zylinder geführt, dessen Kopf aus Stahlformguß die Stopfbüchse mit Rotgußfutter aufnimmt und zugleich als Tragkörper für die Stangenköpfe mit dem schmiedeeisernen Wagengestelle verbunden ist.

Unmittelbar unter der Stopfbüchsenkammer befindet sich ein Entlüftungsventil; am unteren Zylinderende eine Entleerungsschraube.

Vom Zylinder zweigt ein aufwärts führendes Rohr ab, durch eine Hochdruckabsperrung mit Handrad verschließbar.

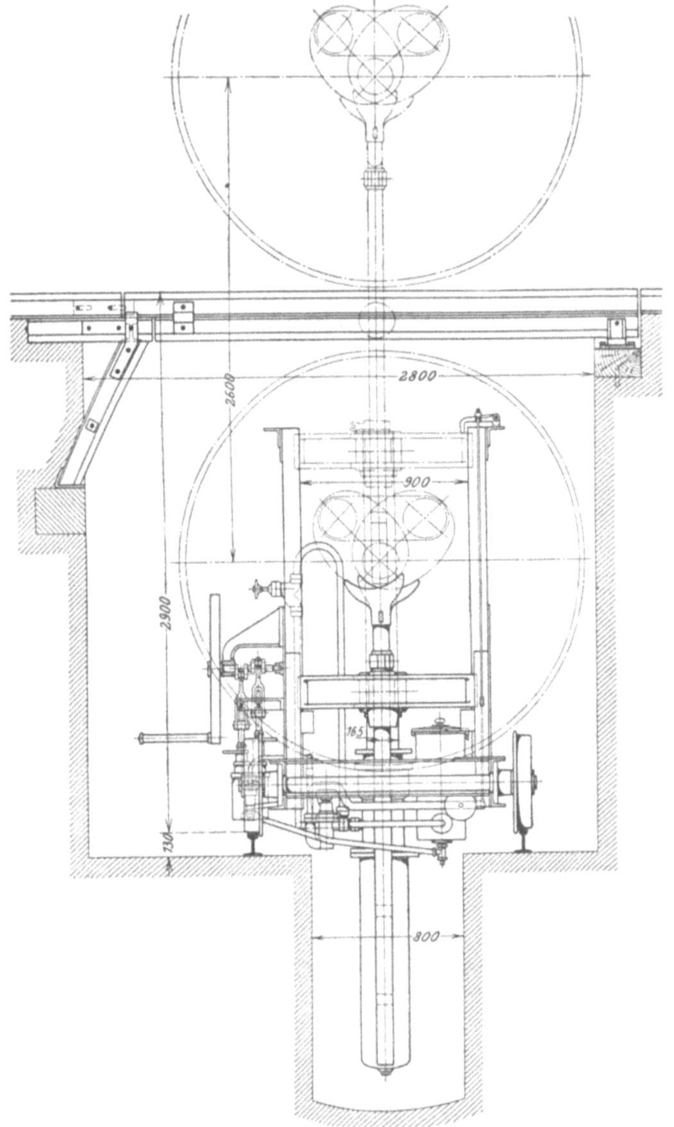

Abb. 57. Hydraulische Räderwinde von G. Noell & Co.

Ein an das untere Ende der Absperrung geschraubtes Rohr läßt beim Senken der Tragbühne das Druckwasser in einen verschlossenen gußeisernen Behälter zurückströmen.

Die vom Führungszylinder beim Heben ausgehende Druckwirkung auf Pumpventile und Rohre wird mittels eines Rückschlagventiles verhindert.

Die Pumpe selbst ist doppeltwirkend mit zwei Tauchkolben von 60 mm Durchmesser versehen, die solche von 30 mm Durchmesser umschließen.

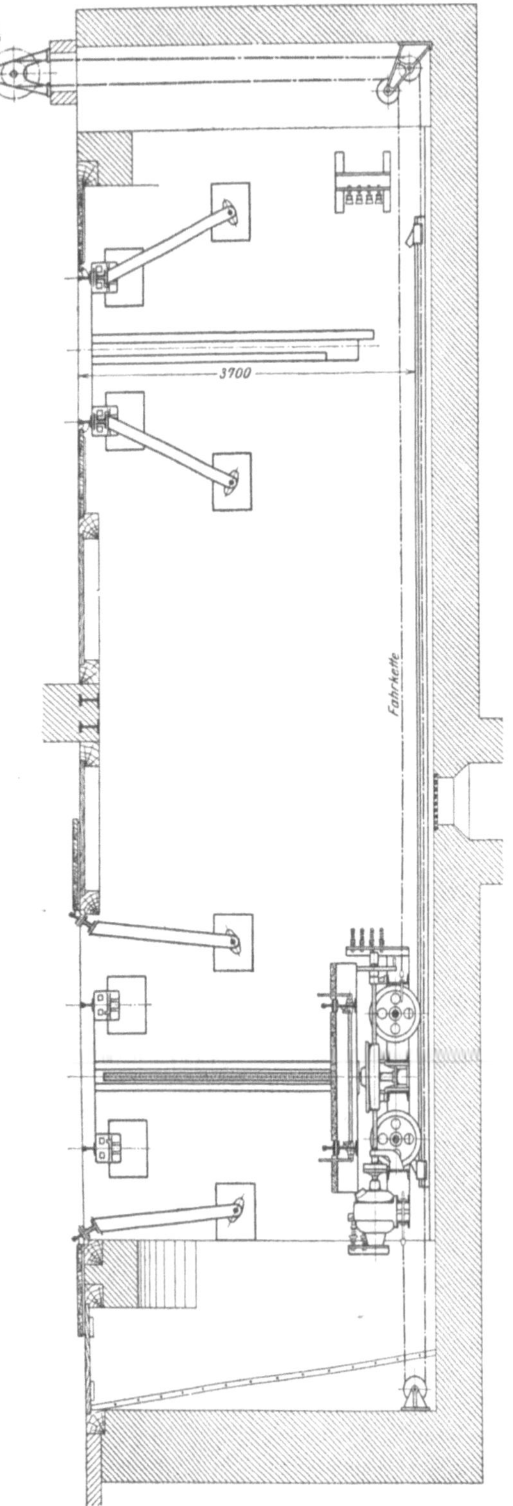

Abb. 58. Elektrische Räderwinde.

Es kann nun durch Drehen eines Hebels jeder innere mit seinem äußeren Tauchkolben verbunden, oder umgekehrt jeder innere von seinem äußeren Tauchkolben gelöst und so bei geringer Belastung eine höhere, bei großer eine geminderte Hubgeschwindigkeit erzielt werden.

Zum Heben der größten Last von 5000 kg auf die Gesamthöhe von 1300 mm werden 6·3 Minuten benötigt, während bei Anwendung der großen Pumpenkolben 1425 kg in nur 1·6 Minuten gehoben werden.

Das Senken der Last geschieht durch mehr oder minder weites Öffnen der Absperrung und kann dadurch eine Senkgeschwindigkeit bis zu 0·3 m erreicht und die Hubhöhe in 4 bis 5 Sekunden zurückgelegt werden.

Der Preis einer derartigen Räderwinde beträgt ungefähr 3200 K (2680 M.).

2. Räderversenkvorrichtung der Simmeringer Maschinenfabrik. In Abb. 58 ist eine von der Simmeringer Maschinen- und Waggonbaufabrik in Wien ausgeführte, elektrisch betriebene Räderversenkvorrichtung zum Ausbinden von Rädern bis 2200 mm Durchmesser dargestellt.

Der elektrische Motor sitzt auf dem Rahmen eines Wagens. Mit der Motorwelle ist durch eine

Kupplung die Schneckenwelle verbunden, die mit Metallbüchsen und Kugeln gelagert ist.

Die Schnecke ist aus gehärtetem Stahl hergestellt und läuft spielfrei mit dem Schneckenrade, dessen Kranz aus Phosphorbronze geschnitten ist. Die Schneckenräder sind auf zwei eingängigen Hubspindeln aus Martinstahl aufgekeilt. Auf jeder Spindel läuft eine Mutter aus Phosphorbronze auf und nieder, die in Stahlgußglocken gelagert sind, welche den Senktisch tragen.

Der Tisch ist mit vier kräftigen Riegeln ausgestattet, welche in Höhe der oberen Schienen durch zwei Hebel eingeschoben werden und in dieser Stellung die beiden Spindeln gegenüber der auffahrenden Lokomotive vollständig entlasten. Die Riegel stützen sich auf die kräftigen gußeisernen Tragstützen, welche je mit vier Schrauben im Mauerwerk verankert sind.

Der Fahrantrieb erfolgt mittels einer Zugkette, welche am Wagen an beiden Seiten mittels Schrauben befestigt und mittels Umlenkrollen zu der oben stehenden Winde geführt ist.

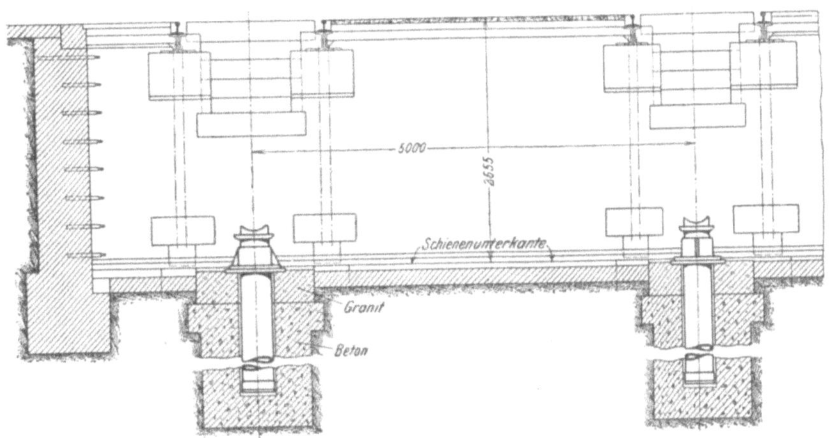

Abb. 59. Hydraulische Versenkzylinder der Gotthardbahn.

Fährt die Lokomotive auf den Tisch auf, welcher genügend stark ist, um zwei Achsdrücke von je 14 t aufzunehmen, dann werden die Lager der auszubindenden Achse geöffnet, der Tisch ein wenig gehoben, die Riegel zurückgeschoben und der Tisch in seine tiefste Stellung gesenkt, was durch ein Klingelwerk angezeigt wird.

Hierauf wird der Tisch mit der Handwinde zum zweiten Gleis gefahren, dort gehoben und verriegelt und die Räderpaare abgerollt.

Die Träger werden zum Schluß wieder eingelegt und mit den Zufahrtsschienen verriegelt.

Der Preis einer derartigen Senkvorrichtung beträgt einschließlich der Führungen, Tragstützen, Umlenkrollen und elektrischen Ausrüstung rund 12000 K (10000 M.).

3. Räderversenkvorrichtung der Gotthardbahn in Bellinzona. Abb. 59 stellt die Einrichtung zum Wechseln der Achsen im Heizhaus zu Bellinzona dar. Dieselbe reicht über drei Gleise und hat ebensoviele hydraulisch betriebene, an die Hochdruckwasserleitung angeschlossene Hebezylinder eingebaut.

e) Krane und Hebezeuge.

Zum Abheben und Überführen schwerer Lokomotivbestandteile werden Dreh- oder Laufkrane angebracht, doch dies meistens nur dann, wenn sich bei großen Heizhausanlagen besondere Betriebswerkstätten nicht befinden.

Allgemein finden sich Lokomotivhebeböcke vor, die zum Ausbinden der Lokomotiven und Tender benützt werden.

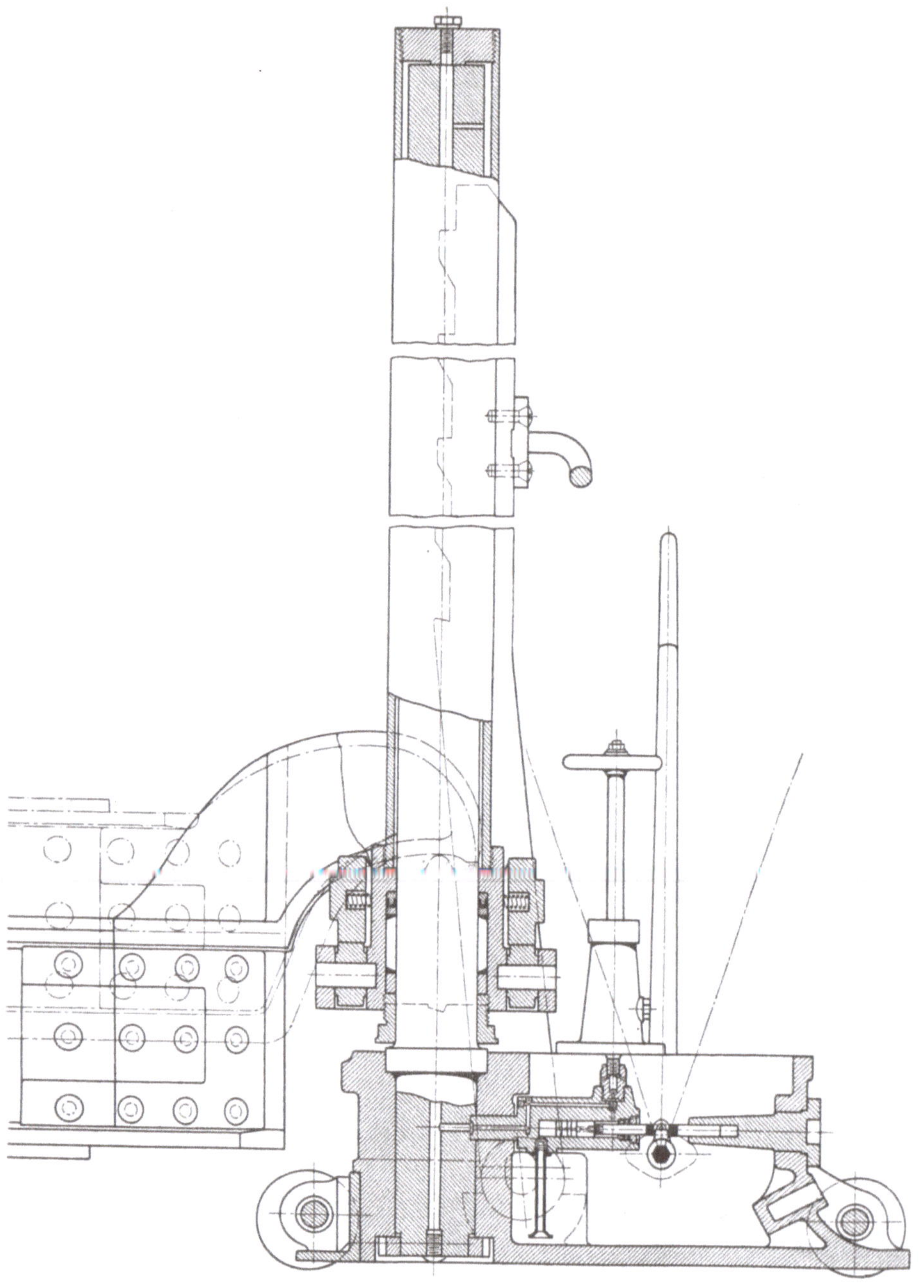

Abb. 60. Hydraulischer Hebebock, Bauart „Fürnkranz".

Bei den älteren Ausführungen dieser Hebeböcke erfolgt der Antrieb durch Schraubenwinden, bei neuen Ausführungen hydraulisch oder elektrisch.

Die Hubgeschwindigkeit beträgt gewöhnlich 5 bis 7 cm in der Minute.

Ein Satz besteht aus vier Böcken und zwei Trägern, zumeist für eine Tragkraft von 40 bis 60 Tonnen berechnet.

1. Hydraulischer Hebebock, Patent „Fürnstein". In Abb. 60 ist ein hydraulischer Hebebock, Patent „Fürnstein", der Simmeringer Maschinenfabrik für 15 Tonnen Tragkraft und Lokomotivräder von 2200 mm Durchmesser abgebildet.

Die Träger, welche die Lokomotivlast aufzunehmen haben, sind aus Walzeisen und haben kräftige Stahlgußpratzen angenietet. Diese liegen auf den Schneiden von Ringen, um eine Biegung der Säule zu verhindern.

Die Ringe liegen wieder auf Schneiden der Stopfbüchse. In diese eingeschraubt ist der Druckzylinder. Die Säule ist mit einem Konus in die gegossene Wanne eingepreßt.

In dieser Wanne, welche als Reservoir dient, steckt eine Differentialpumpe aus Phosphorbronze, welche von zwei Handhebern betätigt wird. Ein Rückschlagventil verhindert das Ausströmen des Druckwassers.

Das Senken der Last erfolgt durch Öffnen des Ablaßventils mittels des Griffrades.

Jeder Bock ist mit einer sicher wirkenden Sperrvorrichtung, bestehend aus zwei Zahnstangen, ausgerüstet, welche ein unbeabsichtigtes Niedergehen der Last in jeder Lage verhindern, wodurch ein Undichtwerden oder sonstiges Gebrechen unschädlich wird.

Die leichte Umstellbarkeit der Böcke wird mit Hilfe von außer Mittel gelagerten Laufrollen erreicht, welche während des Arbeitsvorganges nicht belastet sind und durch eine einfache Drehung der Achsen eingeschaltet werden können.

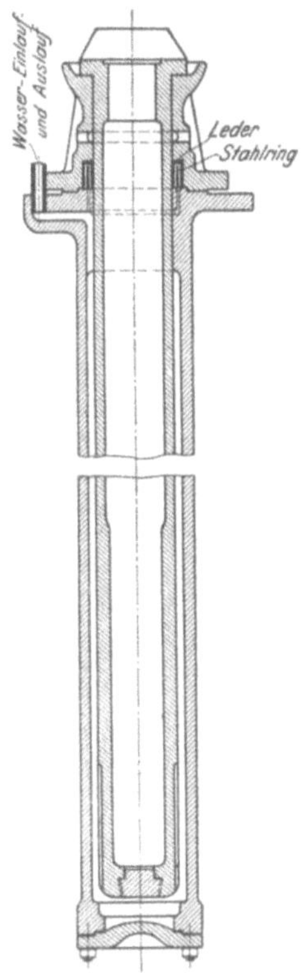

Abb. 61. Hydraulische Winde der Gotthardbahn.

Diesen Hebeböcken werden folgende Vorteile zugeschrieben:

a) Der Wirkungsgrad beim Heben beträgt rund $75^0/_0$ gegenüber einem Wirkungsgrad von etwa $25^0/_0$ der Schraubenhebeböcke.

b) Beim Senken ist ein Arbeitsaufwand nicht erforderlich und kann dieses mit beliebiger Geschwindigkeit geschehen.

c) Die mechanische Sperrvorrichtung ergibt eine große Betriebssicherheit.

d) Die Hebeböcke sind leicht verschiebbar und können an jedem Orte aufgestellt werden.

Ein Satz dieser Hebeböcke für 50 bis 60 Tons Tragkraft stellt sich auf etwa 7000 bis 9000 K. (5700 bis 7300 M.).

2. Hydraulische Winde der Gotthardbahn. Abb. 61 zeigt eine hydraulische Winde, wie sie die Gotthardbahn zum Auswechseln von Achsen in ihren Heizhäusern verwendet. Bei hydraulischem Hebezeug

empfiehlt es sich, zur Verhinderung des Einfrierens anstatt reinen Wassers ein Gemisch von Wasser und Glyzerin zu nehmen.

Die elektrisch angetriebenen Hebeböcke werden unter sich und mit dem Motor durch Gallsche Ketten oder ausziehbare Wellen mit Hoockschen Gelenken verbunden.

Überdies soll in jedem Heizhause eine Anzahl Schraubenwinden und Flaschenzüge verschiedener Tragkraft vorhanden sein.

f) Drehscheiben.

Drehscheiben sind, abgesehen von der Bauart der Schuppen, in allen Zugbeförderungsanlagen notwendig, um die Lokomotiven in die richtige Fahrtstellung zu bringen. Selbst bei ausschließlicher Verwendung von Tenderlokomotiven werden namentlich in schneereichen Gegenden Drehscheiben gute Dienste leisten, weil bei Änderung der Fahrtrichtung die an den Lokomotiven befestigten Schneepflüge nicht umgestellt zu werden brauchen.

In durchgehenden Gleisen ist bei den meisten Eisenbahnverwaltungen der Einbau von Drehscheiben unzulässig.

Lokomotivdrehscheiben sind zumeist nicht die Grube voll bedeckende Scheiben (Vollscheiben), sondern Teilscheiben, welche die Grube etwas über Gleisbreite zur Aufnahme der Lokomotiven und zur Anlage schmaler Laufstege füllen.

Sie müssen in den Lokomotivschuppenanlagen mindestens so groß sein, um auf denselben die längsten der in Betracht kommenden Lokomotiven mit angekuppelten Tendern umdrehen zu können.

Die Fahrschienenlänge muß mit Rücksicht auf die Schwerpunktslage sowie die Länge des Gesamtradstandes der größten Lokomotive ermittelt werden, jedenfalls aber letzteren wenigstens $^1/_2$ m überragen. Es ist jedoch zu empfehlen, bei neuen Anlagen die Drehscheiben wegen der zunehmenden Radstände der Lokomotiven, sowie behufs leichteren Auffahrens mit größeren Durchmessern auszuführen.

Während in Europa die größten Drehscheiben einen Durchmesser von 22 m erreichen, findet man in Amerika heute bereits Durchmesser von 30 m. Auf Hauptbahnen kann nach dem Entwurf der neuen technischen Vereinbarungen der deutschen Eisenbahnverwaltungen in den Dampflokomotivstationen für Drehscheiben ein Durchmesser von 20 m empfohlen werden.

Werden Drehscheiben mit der Zeit zu klein, so kann man sich notdürftig durch getrenntes Umdrehen von Lokomotive und Tender oder durch Verlängerung der Drehscheiben mittels Auflaufschienen behelfen. Drehscheiben sollen mit nicht zu hoher Inanspruchnahme der Materialien berechnet und aus bestem Material hergestellt werden.

Beispielsweise wurde bei den vom österr. Eisenbahnministerium aufgelegten Grundplänen der Lokomotivdrehscheiben mit 20 m Durchmesser für die Längsträger eine größte Materialinanspruchnahme von 770 kg pro 1 qcm angenommen. Bei dieser Berechnung sind zum Gewicht der schwersten Lokomotive $1^1/_2$ t für jede Achse zugeschlagen und dadurch bereits künftige weitere Gewichtszunahmen der Lokomotiven berücksichtigt worden.

Laufkränze und Mittelsäulen sollen gut unterbaut und die Gruben wirksam entwässert werden, weil Drehscheiben ganz besonders gegen Senkungen gesichert sein sollen.

Um das im Winter am Drehscheibenmechanismus sich bildende Eis und den in [der Grube angehäuften Schnee rascher zum Schmelzen zu bringen, kann rund um den oberen Rand der Grubeneinfassung ein Eisenrohr befestigt und in dasselbe zeitweise der Abdampf heimgekehrter Lokomotiven geleitet werden.

Alle Drehscheiben sollen vor dem Auffahren der Lokomotiven festgehalten werden. Dieses Festhalten geschieht bei allen Scheiben gegen das Verdrehen durch Einschubriegel oder Einwurfklinken. Größere Scheiben sollen außerdem zur Hintanhaltung von Stößen in vertikaler Richtung durch eigene Entlastungsvorrichtungen geschützt werden.

Die Stellung der Drehscheibe wird durch Signalscheiben · und bei Dunkelheit durch deutlich sichtbare Signallichter erkenntlich gemacht. Die Stellung dieser Signale wird. mit der Verriegelung der Scheibe zumeist in zwangsläufige Abhängigkeit gebracht.

Das Wenden der Drehscheiben wird gewöhnlich von Hand mit den Tummel- oder Drehbäumen und mit Hilfe seitwärts angebrachter Drehvorrichtungen besorgt; der Platz um die Drehscheibe soll schienengleich angelegt und bei Nacht gut beleuchtet werden.

Auf gut gangbaren Scheiben sollen auch in schlechter Jahreszeit die schwersten Lokomotiven von nur zwei Arbeitern in etwa 2 Minuten gewendet werden können. Ein leichter Gang der Drehscheiben wird durch möglichst gute Belastung der Mittelzapfen erreicht, worauf schon bei der Bauausführung und später im Betriebe durch annähernd gleiche Verteilung der Lokomotivgewichte auf beide Seiten, d. h. möglichste Verlegung des Schwerpunktes der Lokomotive über den Drehpunkt der Scheibe, Rücksicht zu nehmen ist.

Heute wird man in großen Anlagen bei der häufigen Inanspruchnahme der Drehscheiben, sowie wegen der steten Zunahme des Lokomotivgewichtes dem mechanischen Antrieb den Vorzug einräumen und die Drehscheiben entweder durch Dampf, Preßluft oder Gasmaschinen, oder, wenn elektrische Energie zur Verfügung steht, elektrisch antreiben.

Gasolin- und Dampfmotoren bringt man auf einer Plattform an, auf welcher sich auch die Hütte für den Maschinisten befindet. Die Kosten einer solchen Einrichtung belaufen sich auf 5000 bis 7000 K (4200 bis 6000 M.).

Bei Drehscheiben mit Druckluftantrieb erfolgt die Bewegung durch ein umstellbares Mooresches Triebwerk mit einer endlosen Kette, welche in der Drehscheibengrube außerhalb der Laufschiene herumführt. Auf der 24 m großen Drehscheibe in Trenton N. J. erfolgt eine Umdrehung im belasteten Zustande bei 5 bis 6 at Preßluftdruck in einer Minute.

Bei elektrischem Antrieb sind zweierlei Ausführungen zu unterscheiden.

1. Drehscheiben, bei welchen der Elektromotor ein Vorgelege antreibt, das vermittels eines in den Zahnkranz am Umfang der Scheibe eingreifenden Triebrades die Drehung der Scheibe hervorbringt.

Mittels eines derartigen 5 pferdigen Motors kann eine belastete Drehscheibe in 90 Sekunden umgedreht werden.

Diese Ausführung hat den Nachteil, daß der ohnehin geringe Raum auf der Drehscheibe noch weiter eingeengt wird und daß die elektrischen Teile nicht entsprechend geschützt sind.

2. Drehscheiben, bei welchen der Antrieb mit Hilfe eines Vorspannwagens oder Schleppers besorgt wird (Abb. 62 und 63). Der 10 pferdige Motor treibt in diesem Fall mittels eines Zahnradvorgeleges ein Triebrad, das auf einer Schiene der Drehscheibengrube läuft. Der Strom wird vorteilhaft unterirdisch durch Kabel zugeführt und kann der Schlepper durch den auf der Scheibe angebrachten Kontroller nach vor- oder rückwärts und mit veränderlicher Geschwindigkeit in Tätigkeit gesetzt werden.

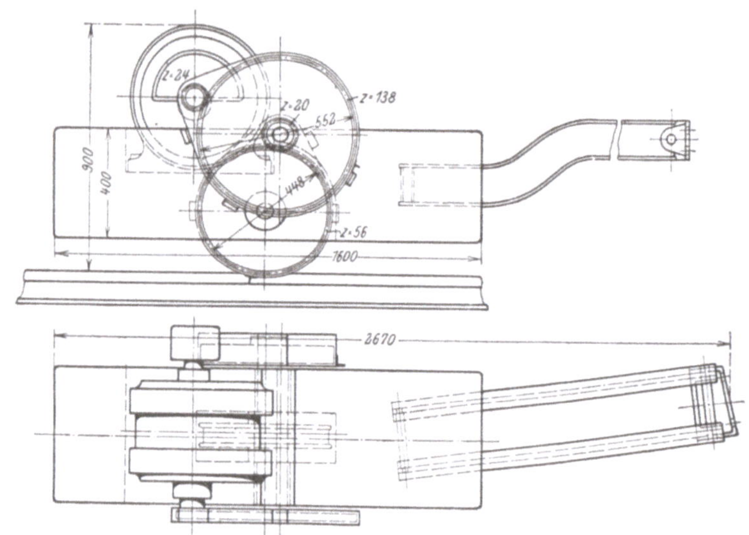

Abb. 62 und 63.   Elektrischer Schlepper für Drehscheiben.

Diese Bauart hat sich bewährt und verdient den Vorzug, weil das Umdrehen auch mit einem vom elektrischen Antrieb vollkommen unabhängigen Handantrieb erfolgen kann, der Platz auf der Scheibe nicht beengt wird und die elektrischen Teile der Zuleitung und Einrichtung geschützt sind. Auch kann diese Vorrichtung an jeder alten Drehscheibe in kurzer Zeit nachträglich angebracht werden. Die Umdrehungsdauer bei belasteter Drehscheibe schwankt zwischen 45 und 70 Sekunden; die Strombetriebskosten betragen bei häufiger Benützung und einem Strompreis von beispielsweise 20 h für die KW-Stunde gleich etwa 2 K für den Tag.

Die Kosten einer derartigen Einrichtung betragen für neue Drehscheiben rund 4000 bis 6000 K (3200 bis 4800 M.).

Empfehlenswert ist es, auf der Drehscheibe ein Gangspill anzubringen, um mit demselben kalte Lokomotiven an einem Zugseil aus dem Schuppen bzw. in denselben zu bringen, weil diese Arbeiten bei Nichtvorhandensein derartiger Vorrichtungen sehr umständlich sind und die Drehscheiben unverhältnismäßig lange Zeit dem Betriebe entziehen. Das Gangspill kann entweder vom Drehscheibenmotor oder mittels eines eigenen Motors (*A*), auch mit Hilfe einer Handwinde (*B*), in Bewegung gesetzt werden. In Abb. 64 ist je eine derartige Vorrichtung für elektrischen und für Handbetrieb angedeutet.

g) Schiebebühnen.

Wie bei den Drehscheiben der Durchmesser richtet sich hier die Breite der Schiebebühne nach der Baulänge der längsten Lokomotive einschließlich ihres Schlepptenders.

Schiebebühnen werden auf 2 bis 6 versenkten oder unversenkten Laufgleisen gebaut und im ersteren Falle so flach als möglich versenkt, da tiefe Gruben den Verkehr erschweren, im Freien leicht verschneien und sich bald mit stehendem Wasser füllen, weshalb auch in Hauptgleisen versenkte Bühnen unzulässig sind.

Bei unversenkten Bühnen werden zwar diese Nachteile vermieden, doch müssen die Bühnengleise, um über die Fahrgleise der Bühne hinwegzugehen, mindestens 45 mm höher liegen und müssen die Fahrbetriebsmittel auf rampenartigen Zungen auffahren. Zur Umstellung von Lokomotiven werden sie selten ausgeführt.

Die Wangen versenkter Bühnen sollen mit Stufen versehen sein; die Grubenfläche ist abzupflastern oder zu asphaltieren, besser zu betonieren.

Zur Fortbewegung der Schiebebühnen, welche im belasteten Zustande mit einer Fahrgeschwindigkeit von 20 bis 45 m (in Amerika bis 70 m) in der Minute erfolgt, werden überwiegend Gas- und Dampfmaschinen verwendet. Draht-

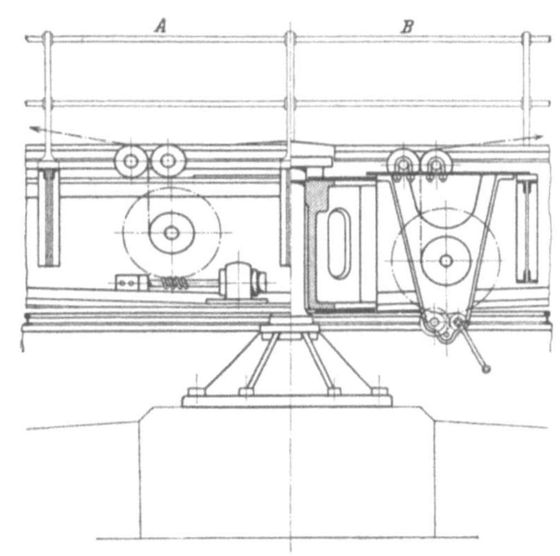

Abb. 64. Drehscheibe mit Gangspill.

seilantriebe sind wegen der großen Reibungsverluste nicht zu empfehlen, werden jedoch ausgeführt, um eigene Kessel- und Maschinenwärter zu ersparen. Gegenwärtig werden bei Vorhandensein einer elektrischen Stromquelle stets elektrische Antriebe mit unterirdischer Stromzuleitung gewählt.

Große Anlagen haben oft zwei und mehr Schiebebühnen, darunter eine für Handbetrieb.

Der Schiebebühnenraum wird je nach den Witterungsverhältnissen und den verfügbaren Mitteln überdacht oder ungedeckt belassen.

h) Abwaggleise.

In jedem Heizhaus soll ein Lokomotivstand zum Abwiegen der Lokomotiven eingerichtet werden. Dieses Abwaggleis muß besonders gut unterbaut und wagerecht gelegt werden.

Zur Aufstellung der Ehrhardtschen Wagen soll das Pflaster in einer Breite von 0·9 m beiderseits des Gleises in Schienenunterkantenhöhe gelegt werden.

Genauere Abwägungen gestatten Brückenwagen mit geteilten Bühnen, weil sie ein gleichzeitiges und voneinander unabhängiges Abwiegen sämtlicher Radbelastungen ermöglichen. Derartige Wagen sollen in einem eigenen Anbau untergebracht werden.

Bei der Einrichtung von Schenck wird die Abwage mittels Wagen vorgenommen, welche in einer Grube fahrbar angeordnet sind.[1]

i) Sandtrockenöfen.

Der Lokomotivsand soll stets getrocknet, ausgesiebt und wenn erforderlich, gewaschen in Verwendung genommen werden.

Zur Trocknung werden in Europa überwiegend Heizöfen oder eigene in den Heizhäusern aufgestellte Sandtrockenöfen verwendet.

Die Trocknung in den für diesen Zweck eingerichteten Kanonenöfen hat den Nachteil, daß die Heizung derselben auch in der warmen Jahreszeit erfolgen muß und daß die Lokomotiven durch den bei der Sandgebarung entstehenden Staub verunreinigt werden.

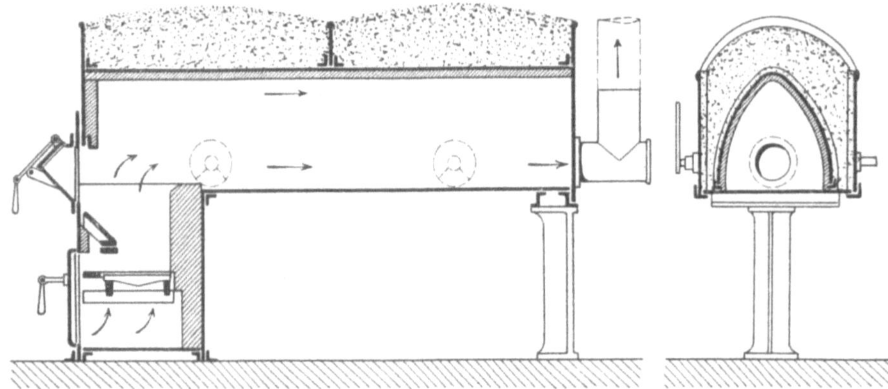

Abb. 65 und 66. Bavaria-Sandtrockenofen.

Aus diesem Grunde soll namentlich in großen Lokomotivschuppenanlagen die Sandgebarung grundsätzlich nach außen verlegt werden, wie dies z. B. in Amerika auch überwiegend geschieht.

1. Bavaria-Sandtrockenofen. Die Abb. 65 und 66 zeigen den aus Schmiedeeisen hergestellten Bavaria-Sandtrockenofen, dessen besondere Vorteile im schnellen Trocknen, staubfreien Entleeren und leichten Sieben des Sandes, sowie im rauchfreien Heizen bei geringem Kohlenverbrauch liegen. Die tägliche Leistung eines Ofens von gewöhnlichen Abmessungen schwankt zwischen 2 bis 3 cbm, das Gewicht zwischen 600 bis 800 kg.

2. Johnscher Dauerbrandofen. Der in Abb. 67 dargestellte Johnsche Dauerbrandofen wird mit von Staub gereinigter Rauchkammerlösche und Holz gefeuert. Die Beschickung mit Lösche und Sand ist handsam und leistet der Ofen, wenn er nebenbei zum Aufwärmen der Speisen Verwendung findet, dem Dienstpersonale Vorteile, ohne daß hierdurch seine allgemeine Wärmeabgabe nachteilig beeinflußt würde.

Der Ofen verdampft stündlich 5 bis 10 kg Wasser und ist imstande, bei dieser Leistung in derselben Zeit etwa 60 kg Sand zu trocknen.

---

[1] vgl. Bd. III. Fränkel, Werkstättenanlagen.

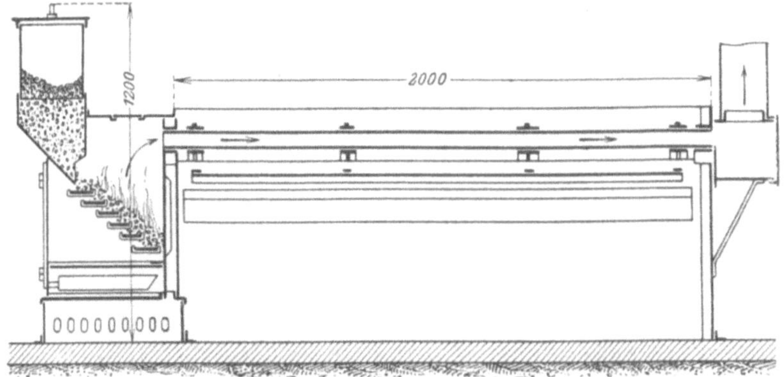

Abb. 67. Johnscher Dauerbrandofen.

Die stündlichen Kosten der Bedienung des Ofens betragen einschließlich des Siebens und Bestellens von Lösche und Sand rund 11 h (9 Pf.), wenn der betreffende Arbeiter nebenbei noch andere Arbeiten verrichtet.

Der Ofen wiegt 500 kg und kostet 500 bis 600 K (425 bis 510 M.).

3. Soll der **Abdampf der Lokomotiven** zum Sandrösten ausgenützt werden, so kann dies sehr einfach auf die Art gemacht werden, daß der Dampf in Schlangenrohren durch den in einem Holzkasten befindlichen feuchten Sand geleitet wird.

An den Seiten und Stirnwänden der Schuppen werden zur Aufbewahrung des getrockneten Sandes Sandkästen aufgestellt.

k) Ausrüstung.

Unter den Fenstern der Schuppen werden Werk- und Feilbänke mit Schraubstöcken zur Verrichtung kleiner Schlosserarbeiten angebracht.

In Heizhäusern, welchen Betriebswerkstätten nicht angegliedert sind, sollen mindestens 1 Bohrmaschine, 1 Drehbank und 1 kleine Hobelmaschine, wenn möglich mit motorischem Antrieb, aufgestellt werden. Außerdem soll eine Probe-

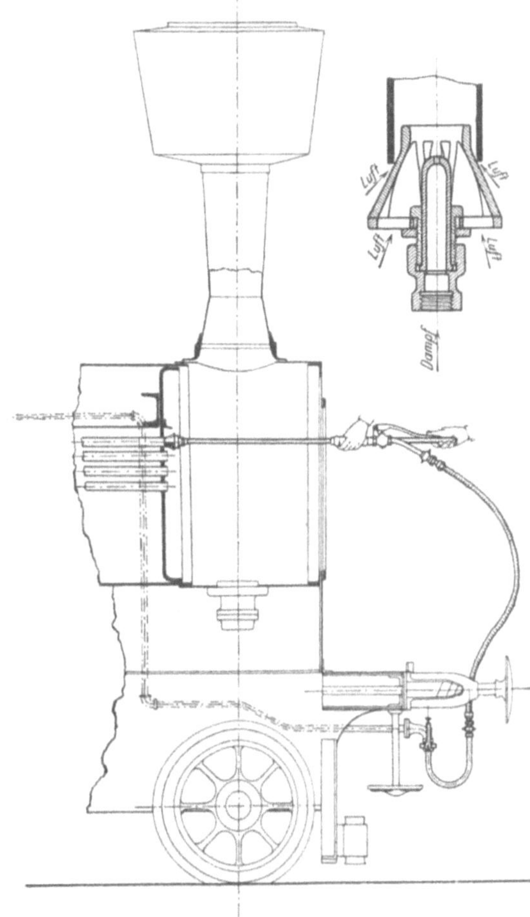

Abb. 68 u. 69. Siederohr-Fegeapparat „Ramoneur".

druckpumpe, ein Schleifstein, eine Hebelblechschere, ein Schmiedefeuer, eine Feldschmiede, sowie eine entsprechende Anzahl von Schlosser-, Schmiede-, Kessel- und Kupferschmiede-, Klempner-, Tischler-, Glaser- und Maurer-Werkzeugsätzen vorhanden sein.

Gerüstböcke und Brechstangen (Beißer) müssen stets in größerer Anzahl zur Verfügung stehen.

Zum Reinigen der Siederohre von Ruß und Flugasche empfiehlt es sich, für je 15 bis 20 Lokomotiven einen mit Luft- oder Dampfdruck zu betreibenden Fegeapparat anzuschaffen. Eine Vorrichtung letzterer Art wurde unter dem Namen „Ramoneur" auf den Markt gebracht und ist in den Abb. 68 und 69 dargestellt. Beim „Ramoneur" wird mit Dampf, z. B. durch Ausnutzung des Dampfes abgestellter Lokomotiven, warme Luft aus der Umgebung des Kessels angesaugt und das Gemenge von Luft und Dampf durch die Rohre getrieben. Die Reinigung eines Kessels mit 210 Siederohren erfolgt in ungefähr 12 Minuten; der Preis der Einrichtung, inbegriffen den flexiblen Metallschlauch, beträgt 320 K (260 M.).

Andere Apparate entfernen die in den Feuerrohren angelegten Aschenreste durch die Saugwirkung einer an die Rohrmündung anschließbaren Dampfdüse (Patent Haczewski in Kolomea),

Feuerlöschgeräte sollen in vollkommen gut erhaltenem und gebrauchsfähigem Zustande vorhanden sein.

Für gebrauchte, leicht entzündliche Putzwolle sind entweder unter dem Fußboden Gruben anzulegen oder im Schuppen eigene Blechkästen (auch von Drahtnetz) aufzustellen.

Eine Vorrichtung zum Auskochen und Ausbrennen der Lagerbüchsen, Blasrohrköpfe usw. ist ebenso notwendig wie im Winter eine Anzahl tragbarer Kokskörbe für das Aufwärmen von Dampfstrahlpumpen der im Freien stehenden Lokomotiven.

8. An- und Nebenbauten.

Kanzleiräumlichkeiten für Maschinenmeister, Werkmeister und Lokomotivführer, ebenso Umkleideräume mit Waschvorrichtungen und Kleiderkästen sollen sets in Anbauten oder nahe anschließenden Nebenbauten untergebracht werden und nicht notdürftig im Innern der Schuppen.

Anbauten kommen zwar billiger als ganz getrennte Nebenbauten, haben jedoch den Nachteil, daß sie dem Lokomotivaufstellungsraum das Licht entziehen und sehr häufig einer späteren Erweiterung des Schuppens hinderlich im Wege stehen.

Ist man gezwungen, Anbauten herzustellen, so werden sie bei Ringschuppen am besten an jener Stirnwand angebracht, an welcher eine Erweiterung des Gebäudes voraussichtlich ausgeschlossen ist.

Getrennte Gebäude können durch gedeckte Gänge mit den Schuppen verbunden werden.

a) Betriebswerkstätten.

Die den Heizhäusern angegliederten Werkstätten, Betriebswerkstätten genannt, sollen womöglich derart eingerichtet werden, daß in denselben, mit Ausnahme großer Kesselarbeiten sowie allge-

meiner Ausbesserungen und Rekonstruktionen, alle anderen zur
Erhaltung der Lokomotiven notwendigen Arbeiten ausgeführt
werden können.

Bauausführung und Ausstattung der Betriebswerkstätten sind an anderer Stelle besprochen.[1])

b) Putz- und Untersuchungsgruben.

Putzgruben (auch Entleerungs-, Lösche-, Feuer- oder Aschengruben
genannt) dienen zur Entleerung der in den Aschenkästen und Rauchkammern der Lokomotiven angesammelten Rückstände, sowie zur Untersuchung und Schmierung der Achslager und unteren Maschinenbestandteile vor der Einfahrt der Lokomotiven in die Schuppen und unmittelbar
nach der Ausfahrt der dienstbereiten Lokomotiven aus den Schuppen.

Die Putzgruben werden, sowie die Arbeitsgruben, aus feuerfestem
Material, Bruchsteinen, Ziegelmauerwerk oder Beton und Eisen möglichst
dauerhaft hergestellt und sollen stets mit ausreichender Wasserabführung
versehen werden.

Mit Rücksicht auf die bei den Putzgruben aufgestellten Wasserkrane
muß die Länge jeder Grube so bemessen sein, daß die längste in Betracht
kommende Lokomotive in beiden Fahrtstellungen während der Wasser-
nahme ausgeputzt werden kann.

In Amerika baut man zweierlei Putzgruben, längere auf den Heiz-
hauseinfahrtsgleisen für Aschkastenlösche (Cinder Pit), und kürzere über
den Ausfahrtsgleisen (Ash Pan Pit) zur Aufnahme der während des
Anheizens gebildeten Asche.

In größeren Anlagen werden Putzgruben zur gleichzeitigen Benützung
durch 2 bis 4 Lokomotiven in einer Länge bis zu 80 m gebaut.

Die Putzgruben sollen stets von beiden Stirnseiten durch 2 bis 3
Stufen zugänglich gemacht werden und auch entlang der beiden Längs-
seiten vorteilhaft mit Absätzen versehen sein, damit die Lokomotivmannschaften zu den höher gelegenen Triebwerksteilen der Lokomotiven langen
können.

Putzgruben werden möglichst nahe den Schuppen angelegt, damit die
Lokomotiven nach erfolgter Reinigung des Feuers und der Aschenkasten
zum Schutze der Feuerrohre und Kesselwände so schnell als möglich in
geschützte Räume abgestellt werden können.

Die Entfernung der Rückstände aus den Gruben erfolgt zumeist noch
durch Ausschaufeln, doch kommen in neuerer Zeit in größeren Anlagen
auch mechanische Hebevorrichtungen und versenkte Gleise zur Anwendung.

Allgemeiner haben sich derartige Vorrichtungen bereits in Amerika
eingebürgert.

In großen Heizhausanlagen sollte stets für schnelle und
billige Entfernung der Putzgrubenlösche durch Einführung
mechanischer Vorrichtungen oder durch Anlage versenkter
Gleise vorgesorgt werden.

Hierbei wird insbesondere eine derartige Anordnung der Entleerungs-
gruben, Wasserkrane, Kohlengossen und Sandhäuser zweckmäßig sein,
bei welcher die Lokomotiven gleichzeitig gereinigt und mit
Wasser, Kohle und Sand ausgerüstet werden können.

---

[1]) vgl. Bd. III. Fränkel, Werkstättenanlagen.

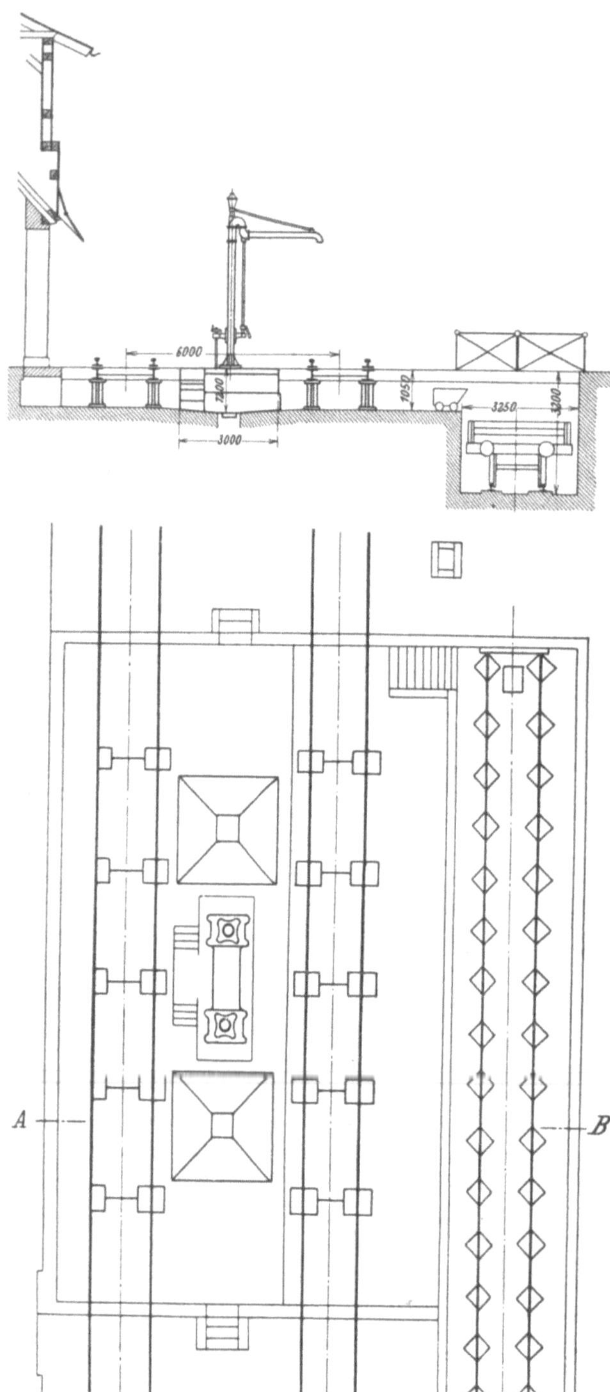

Abb. 70 u. 71. Anlage zur Lösche-Verführung in Knittelfeld.

Eine derartige Anlage hat sich im Heizhause Knittelfeld der österreichischen Staatsbahnen sehr gut bewährt und ist in Abb. 70 und 71 dargestellt.

Die auf Rollen laufenden Aschenkarren werden unter die Aschenkästen der Lokomotiven gestellt, mit Rückständen vollgefüllt, von Arbeitern zu den benachbarten versenkten Gleisen gerollt und dort in die bereitstehenden Löschewagen entleert. Die gefüllten Löschewagen werden von dem gegen die Ausfahrt flach ansteigenden Gleis mit Lokomotivkraft entfernt und durch leere ersetzt.

Ähnliche Anlagen sind aus den Abb. 72 bis 74[1]) und 75, 76[2]) ersichtlich[3]).

Besonders erwähnt zu werden verdient die Anlage zu East Altoona (Abb. 120), bei welcher die Lokomotiven bei der Einfahrt vorerst auf eigens für Untersuchungszwecke gebaute Gruben, genannt „Inspection Pit" (Abb. 77 bis 82)[4]), gelangen. Zu diesem Zwecke sind zu Beginn der beiden nebeneinander laufenden Lokomotiveinfahrtsgleise zwei Gruben von

<hr>

[1]) aus Proceeding Am. R. Master Mech. Assoc.
[2]) aus The Railroad Gazette 1906.
[3]) vgl. Bd. II, Ibbach, Bekohlungsanlagen.
[4]) aus The Railroad Gazette 1906.

23 m Länge gegenüberliegend eingebaut, welche in der Mitte durch einen
unterirdischen Gang in Verbindung stehen. Sie sind aus Beton, durch
mehrere Stufen zugänglich und sollen später mit Schuppen aus Eisen und

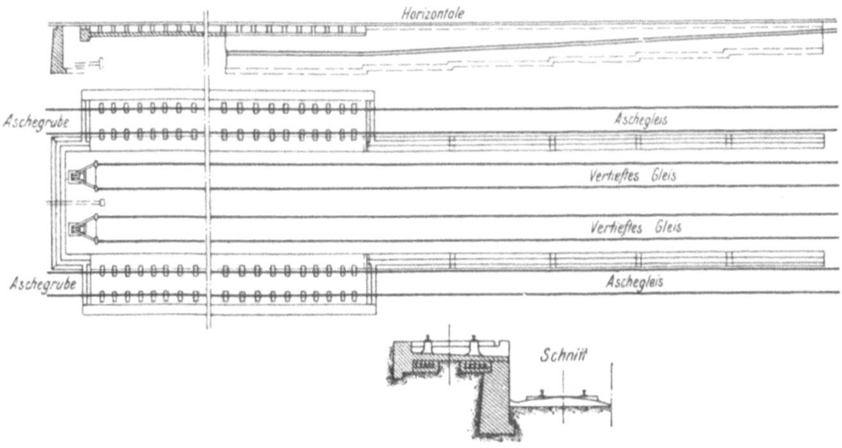

Abb. 72 bis 74. Versenkte Gleisrampe zur Lösche-Verführung.

Glas überbaut werden. Erst nach hier erfolgter Untersuchung kommen
die Lokomotiven auf die eigentlichen Putzgruben. Längs jeder dieser vier
je 73 m langen Gruben läuft ein Gleis zur Aufnahme der Löschewagen.

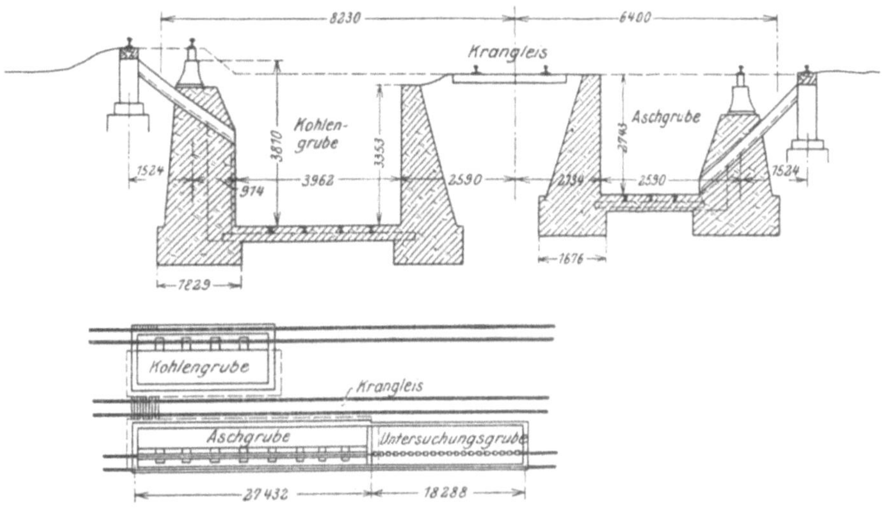

Abb. 75 u. 76. Lösche-Verladung mit Hebekran.

Alle vier Gleise überspannt ein Brückenkran, welcher entlang der
Aschengruben hin und her bewegt werden kann. Auf dem Boden der
Putzgruben ist ein schmalspuriges Gleis auf Holzschwellen für den Verkehr der Aschenkarren verlegt. Ihre vollen Eimer werden, nachdem die
gereinigten Lokomotiven das Ausputzgleis verlassen haben, durch den Kran
gefaßt und in die Löschewagen entleert.

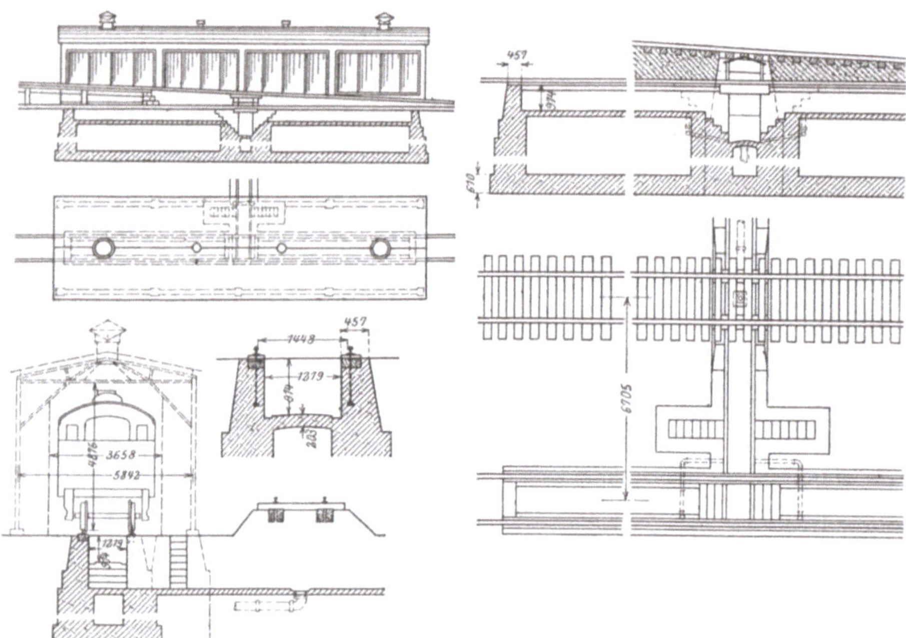

Abb. 77 bis 82. Lokomotiv-Untersuchungsgrube im Heizhause zu East-Altoona.

c) Wasserkrane und Gasfüllständer.

Bei den Putzgruben sowie an anderen geeigneten Stellen der Gleisanlagen sind zum Ausrüsten der heimkehrenden Lokomotiven Wasserkrane
und zum Füllen der Gasbehälter der Lokomotiven Füllständer anzubringen.[1]

d) Sandhäuser.

Eigene Sandhäuser (Sandtürme) zur Einlagerung und Ausgabe des
Lokomotivsandes bestehen bei uns noch selten, desto allgemeiner sind
sie in Nordamerika an den Schuppeneinfahrtsgleisen anzutreffen.

Sie sind zumeist viereckige, massiv aufgemauerte, einstöckige Gebäude, die einen Flächenraum von 25 bis 30 qm bedecken.

Der frische Sand wird aus den Waggons in den Trockenraum des
Sandhauses mit Handkarren überführt oder mittels des Greifers eines
Wagenkranes übertragen. Von dort wird er im getrockneten Zustande
durch ein Becherwerk in einen größeren Verschlag und von diesem mittels
Preßluft in den eigentlichen Trockensandbehälter gedrückt. Letzterer
wird meist höher gestellt, damit der Sand von dort durch die eigene
Schwere in die Sandkästen der Lokomotiven fallen kann.

Zur Messung der ausgegebenen Sandmengen wird der Sand vor dem
Ausguß durch besondere selbstaufzeichnende Ventile geleitet.

Zum Trocknen des Sandes können die bekannten Limonschen oder
die bereits beschriebenen „Bavaria"- und Johnschen Sandtrockenöfen Verwendung finden.

In Amerika werden zum Trocknen des Sandes auch gußeiserne Öfen
oder zylindrische, 3 bis 4 m lange und geneigt gelagerte Trommeln aus
Eisenblech verwendet. Unter der Trommel brennt ein Herdfeuer, dessen

---

[1] vgl. Bd. II. Schäfer, Wasserspeisung.

Flammen die langsam von Hand aus gedrehte Trommel umstreichen.
Der am oberen Ende eingebrachte nasse Sand fließt unten trocken ab.

Wo man Auspuffdampf von Stabildampfmaschinen oder den Abdampf
abgestellter Lokomotiven zur Verfügung hat, werden zum Trocknen des

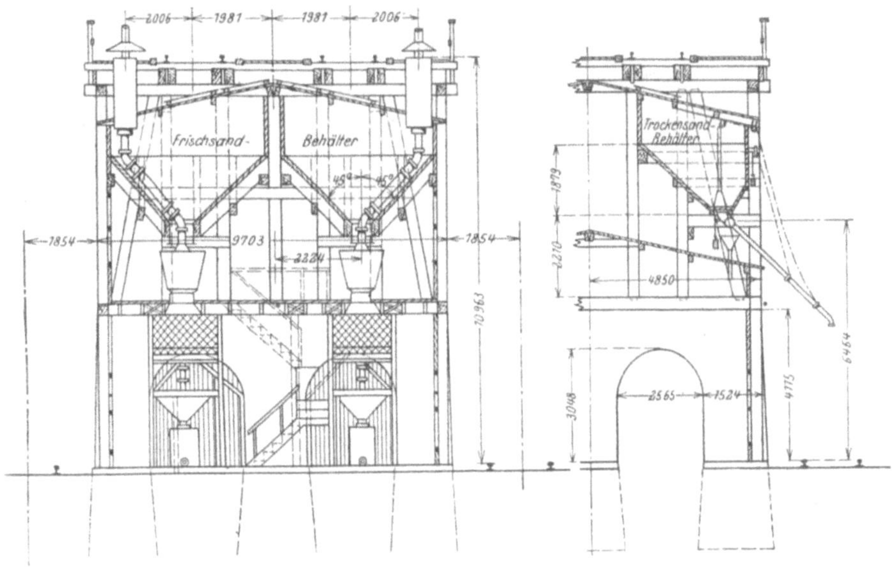

Abb. 83 und 84. Sandhaus im Heizhause zu East-Altoona.

Sandes eigene Dampftrockner benützt. Diese Apparate bestehen aus Eisen-
trichtern, durch welche eine größere Anzahl von Dampfrohren hindurchgeführt wird.

Im Heizhause zu East Altoona wurden die beiden letzten Kohlen-
schuppenabteilungen zu einem Sandhaus umgestaltet, welchem der nasse Sand
oben zugeführt wird (Abb. 83 und 84).[1]) Durch Falltüren fällt der Sand

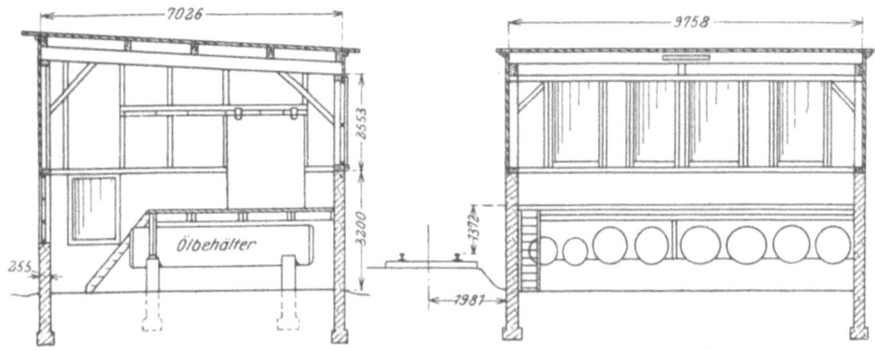

Abb. 85 und 86. Ölhaus im Heizhause zu Hammond.

in zwei Naßsandbehälter, unter welchen ein Dampftrockenapparat für eine
stündliche Leistung von etwa 900 kg aufgestellt ist. Der nasse Sand
umgibt während des Röstens ein gußeisernes, mit kleinen Löchern versehenes Schlangenrohr zur Ableitung des beim Trocknen gebildeten Dampfes

---

[1]) aus The Railroad Gazette 1906.

und Dunstes ins Freie. Von hier fällt der getrocknete Sand durch doppelte
Drahtnetze in einen Behälter und wird aus demselben mittels Preßluft zu
dem oben angebrachten Trockensandbehälter emporgehoben, um schließlich
von hier durch ein aufklappbares, mittels Schirm gegen Regen geschütztes
Rohr in die Lokomotivsandkästen entleert zu werden.

e) Ölhäuser.

Ölhäuser (Ölmagazine) sollen in allen größeren Heizhausanlagen zur
Lagerung und Ausgabe des Schmier-, Brenn- und Heizöles unweit der
Einfahrtsgleise errichtet werden.

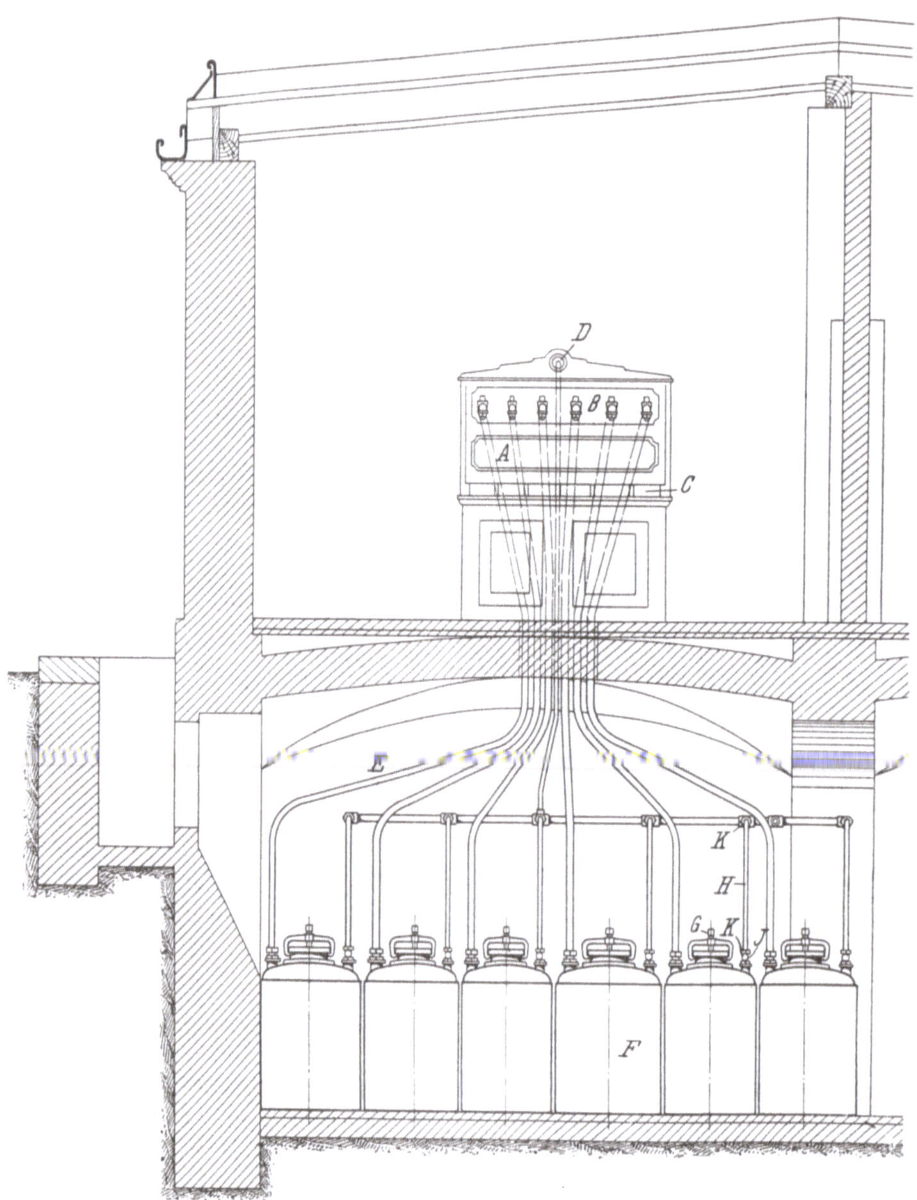

Abb. 87. Öldruck-Einrichtung der Österr. Staatsbahnen.

Dieselben werden in Mauerwerk oder aus Wellblech, besonders vorteilhaft jedoch aus Eisenbeton ausgeführt und sollen eine feuersichere Einlagerung des Öles ermöglichen.

In Österreich dürfen nach der Ministerialverordnung vom Jahre 1901 Mineralöle mit einer Entflammungstemperatur unter 21° C in Mengen von nicht mehr als 150 kg, aber mehr als 15 kg, und Mineralöle mit einer Entflammungstemperatur von über 21° C in Mengen von nicht mehr als 1500 kg, aber mehr als 300 kg, nur in Kellern oder im Erdgeschoß gelegenen Räumen gelagert werden, welche eine gute Entlüftung und weder Abflüsse (Gerinne) nach außen (Straßen, Höfe), noch Heiz- oder künstliche Beleuchtungsanlagen haben. Der Fußboden des zur Lagerung dienenden Teiles dieser Räume muß aus undurchlässigem, unverbrennlichem Material hergestellt und mit einer ebensolchen ununterbrochenen

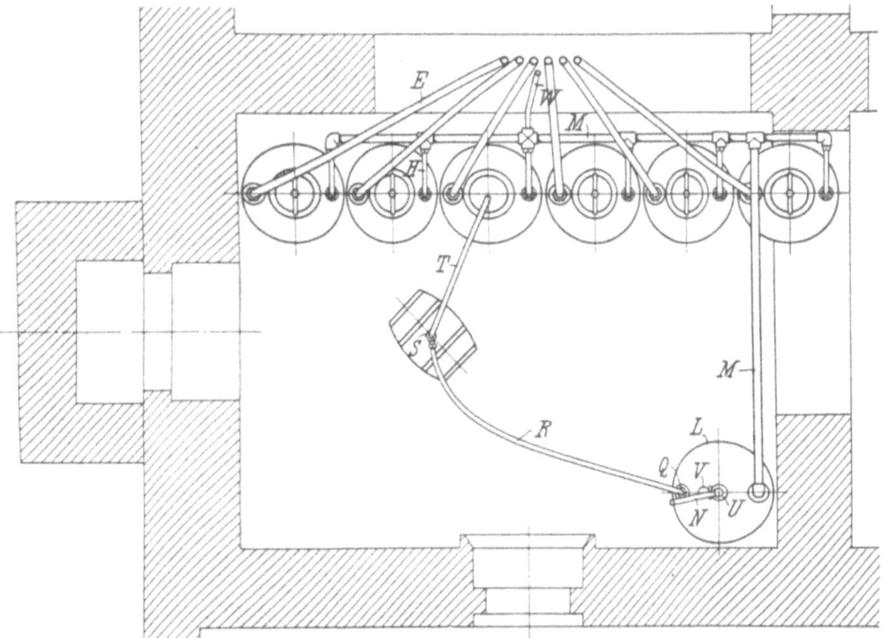

Abb. 88. Öldruck-Einrichtung auf den Österr. Staatsbahnen.

Umfassung von solcher Höhe versehen sein, daß der Raum zwischen den Umfassungswänden mit Einschluß des Rauminhaltes einer etwa vorhandenen Sammelgrube ausreicht, die gesamte Menge der dort aufbewahrten Mineralöle im Falle des Auslaufens aufzunehmen. Feuer oder Licht darf innerhalb dieser Räume nicht angezündet, auch darf daselbst nicht geraucht werden; ebenso ist das Einbringen von Zündmaterialien in den Lagerhof untersagt.

Behufs leichter Zugänglichkeit sollen die Ölhäuser stets an einem Zufahrtsgleis derart gebaut werden, daß die in Waggons anlangenden Ölfässer ohne Schwierigkeiten mit Hilfe von Kranen, Aufzügen und Rampen in die tiefer gelegenen Vorratsräume geschafft werden können, falls ihre Entleerung nicht besser von außen unmittelbar in die unten aufgestellten zylindrischen Gefäße oder viereckigen Behälter durchführbar ist.

In dem etwas erhöht gebauten oberen Geschoss wird ein größerer Raum für die Ölausgabe und ein kleineres Zimmer zur Unterbringung des mit der Ausgabe betrauten Beamten vorgesehen.

Das Öl kann mittels kleiner Handpumpen oder durch Anwendung von Druckluft aus den unteren größeren Vorratsbehältern in die oben im Ausgaberaume aufgestellten Ausgabekästen gedrückt werden.

In Abb. 85 und 86[1]) ist das Ölhaus des Lokomotivschuppens zu Hammond in Nordamerika und in den Abb. 87 u. 88 die Zusammenstellung einer mit Druckluft betriebenen Öldruckeinrichtung der Armaturen- und Maschinenfabrik Aktien-Ges. vormals J. A. Hilpert in Wien, die sich bei den österreichischen Staatsbahnen bewährt hat, zur Darstellung gebracht. Die Luft wird mittels einer durch Vorgelege angetriebenen Luftdruckpumpe in einem tiefer aufgestellten Druckwindkessel (700 mm weit, 2100 mm hoch) auf annähernd 2 at zusammengedrückt. Dieser durch ein Sicherheitsventil genau einstellbare Druck dient zum Überführen des Öles von unten zu dem oben aufgestellten Ausgabetisch und kann bei Anwendung eines sogenannten Stechkranes (Abb. 89) auch zum Entleeren der vollen Fässer in die schmiedeeisernen Behälter (etwa 750 mm breit und 2100 mm hoch) verwendet werden.

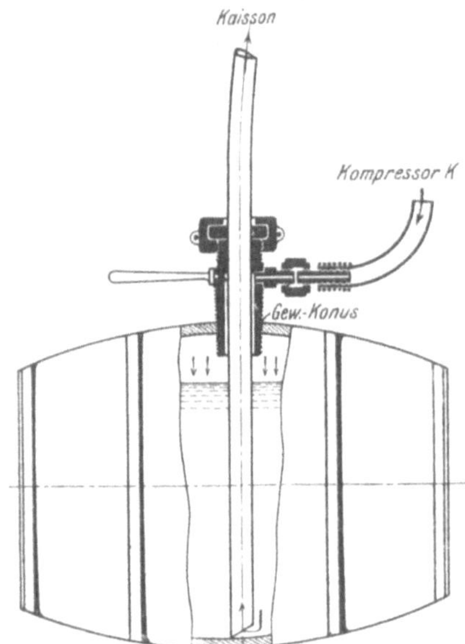

Abb. 89. Stechkrahn zur Ölentleerung.

Der Ausgabetisch ist bei einer Breite von 6 m mit einer entsprechenden Anzahl (hier mit sechs) Auslaufhähnen versehen.

Ein derartiger Apparat mit dreipferdigem Gleichstrom-Nebenschluß-motor und liegendem Luftkompressor für 5 at Kompression und 27 cbm stündlicher Leistung, zur getrennten Ausgabe von sechs verschiedenen Ölen bestimmt, kommt auf rund 5000 K (4100 M.) zu stehen.

Eine ähnliche Einrichtung für den Ölkeller der Betriebswerkstätte in Regensburg ist in den Abb. 90 und 91 veranschaulicht. Hier werden die Ölsorten mit Flügelhandpumpen (Abb. 92) von 70 Liter minutlicher Leistung in den oben befindlichen Magazinraum gedrückt.

Der Inhalt der Ölfässer kann in einem solchen Falle auf einem außen aufgestellten Entleerungsständer durch Trichter und Rohrleitungen in die unten aufgestellten Behälter entleert werden. Abb. 93 und 94 zeigen diese in dem Heizhause zu Freilassing mit Erfolg eingeführte Einrichtung.

f) Kohlen- und Holzschuppen.

Kohlen- und Holzschuppen werden zur Aufbewahrung des Unterzündholzes und behufs trockener Lagerung gewisser Kohlengattungen aufgestellt.

---

[1]) aus The Railroad Gazette 1906.

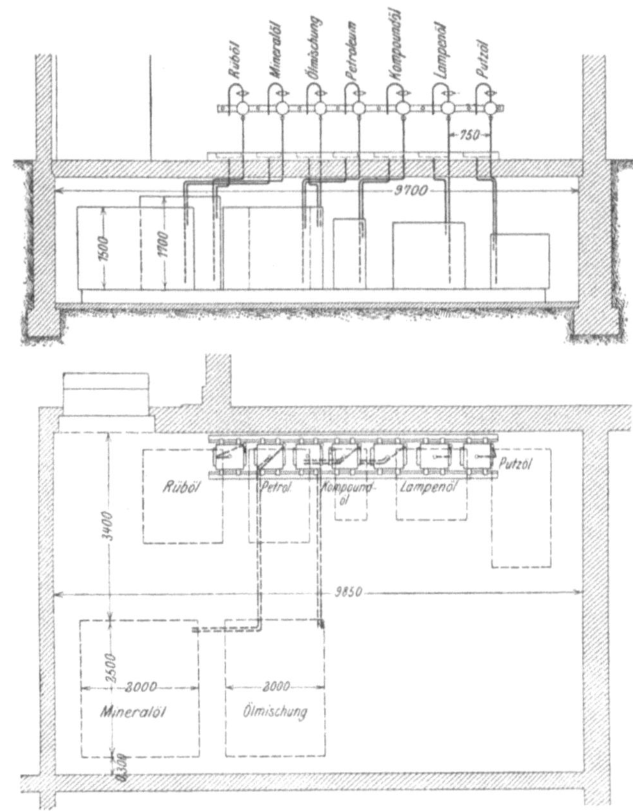

Abb. 90 und 91. Ölkeller in der Betriebswerkstätte Regensburg.

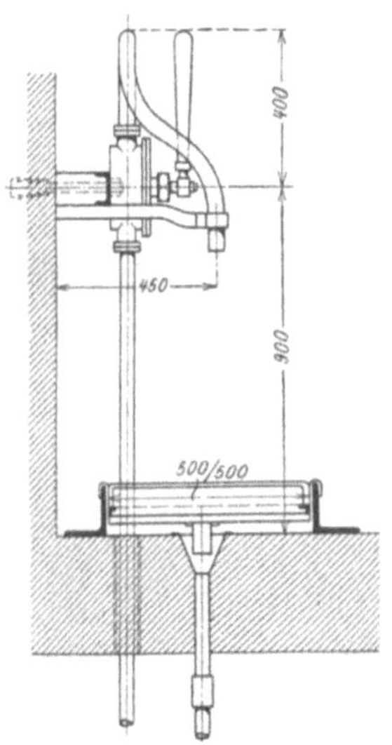

Abb. 92.
Hand-Flügelpumpe.

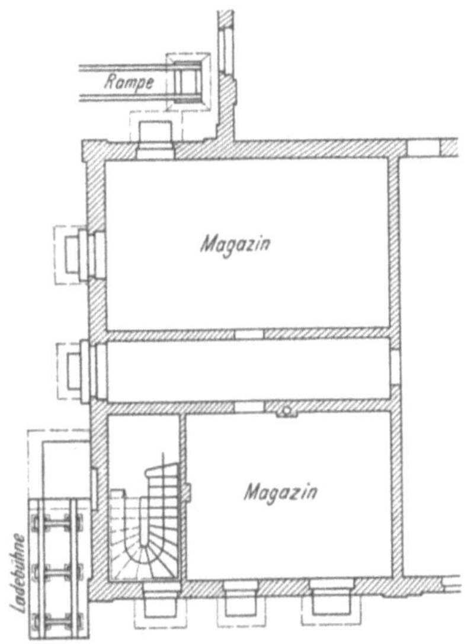

Abb. 93.
Ölkeller in der Betriebswerkstätte Freilassing.

Zur Lagerung großer Kohlenvorratsmengen werden Kohlenlagerplätze im Freien angelegt; dieselben sollen bei einseitiger Zufahrt 3 bis 4 m und mit beiderseitigen Zufahrtsgleisen höchstens 6 m breite, gepflasterte und mit Bordwänden von ungefähr 1 m Höhe begrenzte Plätze (Kohlenbansen) sein, deren Zufuhrgleise grundsätzlich an beiden Enden mit den Stationsgleisen in Verbindung zu stehen haben. Zur Verteilung der Kohle auf Plätzen selbst findet man häufig feldbahnartige Schmalspurgleise mit an den Kreuzungsstellen eingelegten Wendeplatten, auf welchen die Kohle in $^1/_2$ bis 2 Tonnen fassenden Hunten verführt wird.

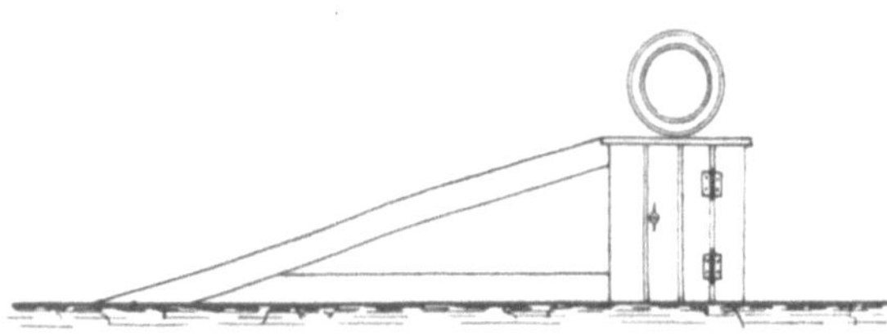

Abb. 94. Entleerungsständer für Ölfässer.

Wegen der Gefahr der Selbstentzündung soll die Höhe der Kohlenfiguren nicht über 2·5 m betragen, und bei länger lagernder Kohle müssen Entlüftungsschläuche, z. B. durch Einstecken alter Siederöhren in die Kohlenhaufen, geschaffen werden.

Eine gute und billige Pflasterung der Kohlenlagerplätze kann nach dem auf den Linien der ungarischen Südbahn bewährten Muster mit einer Mischung von 1 Teil Steinkohlenteer und 9 Teilen Aschenkastenlösche erreicht werden.

Nach erfolgter Einsäumung des gut gestampften Platzes durch hochkantig gestellte Ziegelstücke wird die beschriebene, gut durchmengte Masse im kalten Zustande in einer Stärke von 8 cm in flacher Wölbung aufgelegt, gestampft und zum Schluß mit heißem Steinkohlenteer überzogen.

Derartig hergestellte Pflasterungen kommen für 1 qm auf 1·25 bis 1·50 K (1 bis 1·25 M.).

Die Kohlenwände werden zweckmäßig aus wagerecht verlegten alten Brustbäumen oder Pfosten, die sich an aufgestellte alte Schienenstücke oder auf in Beton gebettete Schwellen stützen, hergestellt.

Der Preis für den laufenden Meter beträgt für beide Ausführungsarten etwa 8 K (7 M.).

Zum Schutze der Kohlenarbeiter vor den Unbilden der Witterung sind nächst den Kohlenplätzen und Brennstoffabgabestellen hölzerne, im Winter beheizbare, leicht übertragbare Schuppen aufzustellen und mit Tischen und Bänken auszustatten.

g) Lampisterien.

Zur Reinigung und Füllung sowie Aufbewahrung der Lampen und Beleuchtungsgegenstände werden eigene feuersichere Räume benützt und vorteilhaft nächst den Ölmagazinen angelegt.

h) Materialvorratsräume.

Materialvorratsräume zur Aufbewahrung von Putz- und Dichtungsmaterial, Bestandteilen und Ausrüstungsgegenständen für Lokomotiven und Wagen usw. sind reichlich zu bemessen, feuersicher auszubauen und zur ordnungsmäßigen Schichtung mit Stellagen auszustatten. Für diesen Zweck hat vor drei Jahren die Arad-Csanader Eisenbahn mit verhältnismäßig geringen Baukosten in Arad und anderen Stationen ihres Netzes nach Plänen des Professors Dr. Zielinski in Budapest helle und geräumige Gebäude aus Eisenbeton errichtet, die auch in den oberen

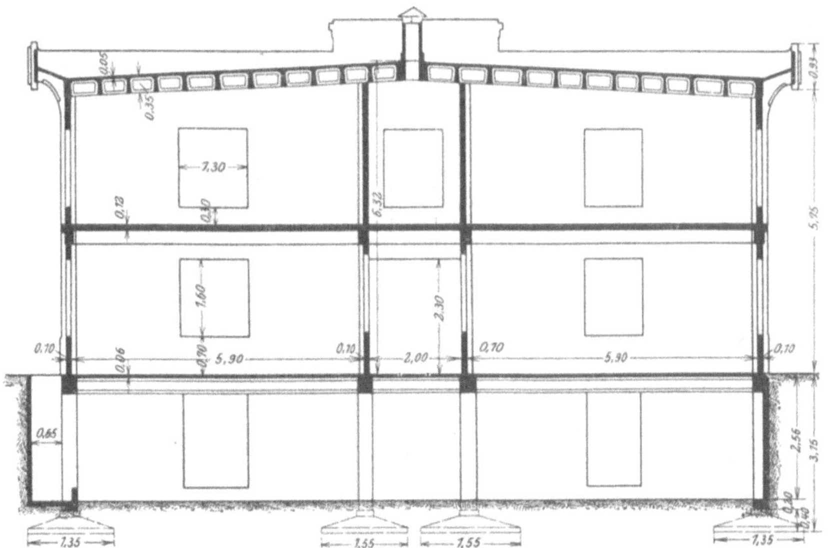

Abb. 95. Material-Magazin in Arad, Querschnitt.

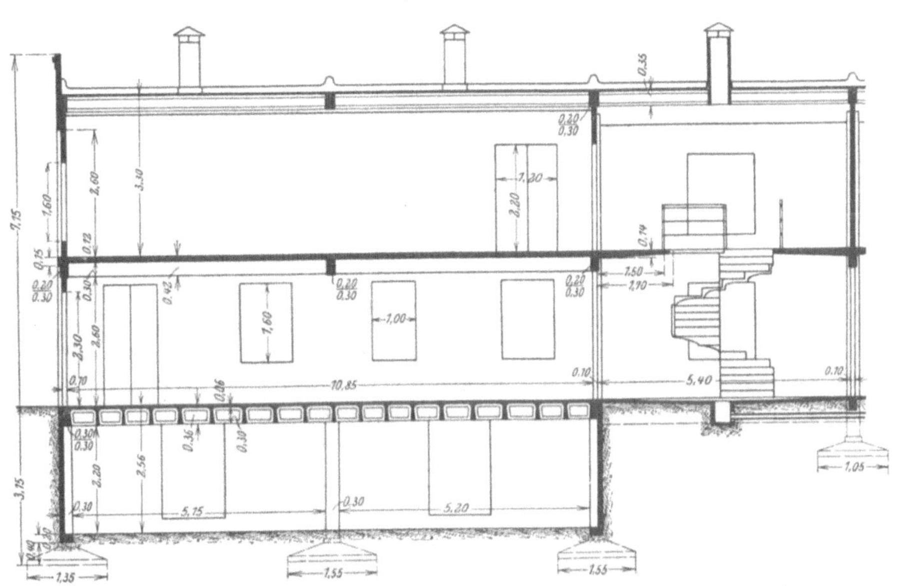

Abb. 96. Material-Magazin in Arad, Längsschnitt.

Geschossen zur Lagerung schwerer Gegenstände anstandslos ausgenützt werden und in welchen bereits durch mehrere Winter das Auslangen ohne jede Heizeinrichtung gefunden werden konnte (Abb. 95 und 96).

Außer größeren Vorratsmagazinen ist zur raschen Ausgabe geringer Materialmengen während der Nachtzeit die Anlage kleiner Handmagazine empfehlenswert.

i) Verladevorrichtungen.

Zur Verladung der Räderpaare und anderer schwerer Lokomotivbestandteile werden Verladekrane frei aufgestellt, zur Einlagerung der Ver-
brauchsgegenstände Wandkrane ausgeführt. Aus Abb. 97 ist eine diesbezügliche Vorrichtung zu entnehmen, die sich in Freilassing in Bayern
bewährt hat.

Die Materialvorräte können auch mittels Wanddrehkranen von den
Bahnwagen in die Magazine eingebracht werden.

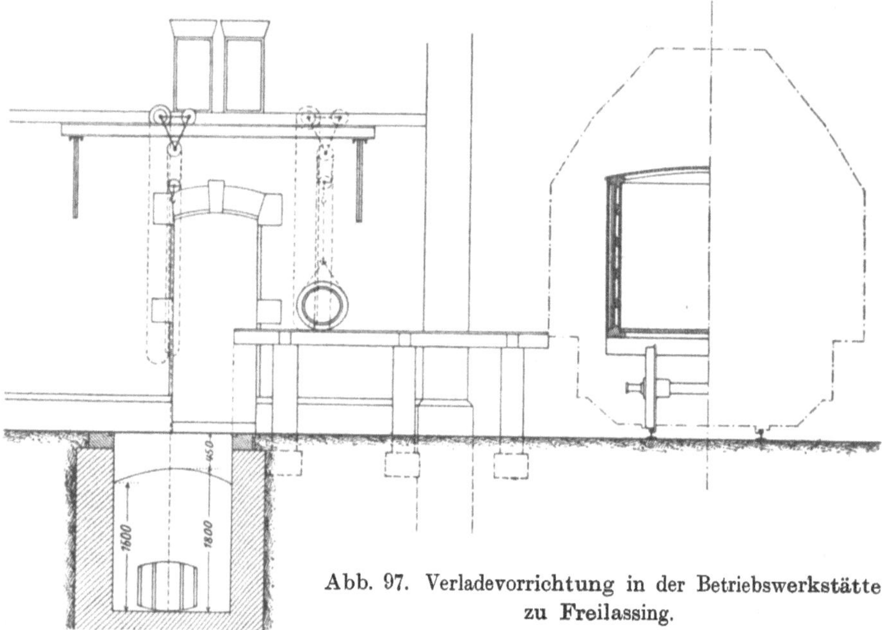

Abb. 97. Verladevorrichtung in der Betriebswerkstätte
zu Freilassing.

k) Kanzleigebäude.

Kanzlei-(Verwaltungs-)Gebäude sollen in der Nähe der Schuppen
und Betriebswerkstätten gelegen sein und ebenso wie die anderen Gebäude
den dienstlichen und gesundheitlichen Anforderungen entsprechen.

Hierbei wird für einzeln in Kanzleien untergebrachte Beamte 12 qm
Bodenfläche, für gemeinsam unterzubringende Beamte und Schreibkräfte
8 bis 10 qm Fläche per Mann zu rechnen sein.

l) Übernachtungshäuser.

Zeitgemäße Heizhausanlagen erhalten für das Lokomotivpersonal,
welches seinen Dienst entweder spät beendet oder früh zu beginnen hat,
eigene Übernachtungsgebäude.

Die Schlafräume sollen nicht zu große, kasernenartige Säle zur Aufnahme zahlreicher Personen, sondern kleinere mit 2 bis 4 Betten eingerichtete reine Zimmer sein, die ausreichend und ununterbrochen lüftbar
einzurichten sind. Man rechnet gewöhnlich bei Schlafzimmern auf einen
Mann 5 bis 6 qm Bodenfläche und 15 bis 20 cbm Luftraum.

Die zusammengehörigen Führer und Heizer sollen in einem Raum
gemeinschaftlich übernachten können, um bei ihrem Kommen und Gehen
nicht die Nachtruhe anderer zu stören.

Einzelzellen-Anlagen, die dieser Anforderung am besten entsprechen, kommen im Hinblick auf die meist begrenzten Mittel zu teuer und sind daher noch selten zu finden.

Gleichzeitig wird in diesen Gebäuden für ausreichende, gut lüftbare und heizbare Räumlichkeiten zum Aufenthalt des Lokomotivpersonals in den Dienstpausen vorzusorgen sein.

Für das in den Übernachtungshäusern einkehrende Lokomotivpersonal sollen Badeeinrichtungen, Wasch-, Koch- und Speiseräume vorhanden sein; ebenso sollen stets Trinkwasser und gekochtes Wasser, Kleiderschränke und in eigenen Kammern Kleiderrechen zum Trocknen nasser Kleidung zur Verfügung stehen.

Sämtliche Räumlichkeiten sollen auch bei Nacht beheizbar sein und werden am besten mit Niederdruckdampfheizungen eingerichtet.

Bei der Plan-Aufstellung ist auf eine spätere Erweiterungsmöglichkeit Rücksicht zu nehmen.

m) Wohngebäude.

Für den Maschinenmeister (Lokomotivaufseher), für die Maschinisten der Betriebsmaschinen der Werkstätte und Schiebebühnen, sowie für einen Kesselheizer werden häufig Dienstwohnungen im Schuppengebäude selbst oder in einem unmittelbar benachbarten Dienstgebäude eingerichtet.

In Schuppengebäuden oder in unmittelbar benachbarten Dienstgebäuden für Lokomotivführer, Heizer und Schlosser Dienstwohnungen einzurichten, kann nicht empfohlen werden.

n) Aborte.

Abortanlagen müssen zugfrei gebaut, heizbar eingerichtet und mit Wasserspülung versehen werden, sollen sie den gesundheitlichen Anforderungen entsprechen. Gewöhnlich wird auf 25 bis 30 im Lokomotivschuppen beschäftigte Arbeiter ein Abortspiegel entfallen.

9. Neuere Heizhausanlagen.

a) Neuer ringförmiger Lokomotivschuppen der Österr. Staatsbahnen.

Die größeren Baulängen der neuen Lokomotiven, sowie die Steigerung der Materialpreise veranlaßte die österreichische Staatsbahnverwaltung im Jahre 1907 neue Pläne für Lokomotivschuppen mit größeren Bautiefen und leichteren Dachstühlen auszuarbeiten.

In Abb. 98 und 99 sind Querschnitt und Grundriß der Ringschuppen, Bauart 1907, abgebildet.

Der Grundriß des Schuppens ist bei Verwendung der normalen Herzspitzstücke für einen Mittelpunktswinkel von 7^0 12′ zwischen je zwei Lokomotivständen und für eine lichte Torweite von 4·00 m bei einer Entfernung von 35·830 m vom Mittelpunkt bis zur inneren Schuppenwand aufgestellt.

Die innere Lichtraumtiefe, welche bei den alten Schuppen 21 m betrug, wurde auf 23·5 m vergrößert und dadurch für die neuen Personen- und Güterlokomotiven Raum geschaffen, aber auch für einen entsprechenden Zwischenraum zwischen den eingestellten Lokomotiven und den Umfassungswänden vorgesorgt.

Der so entworfene Schuppen gewährt Raum zur Aufnahme von 22 Lokomotiven.

An Stelle des früheren eisernen ist ein hölzerner Dachstuhl getreten, der überdies behufs leichterer Ausführung von zwei Holzpfeilern unterstützt wird.

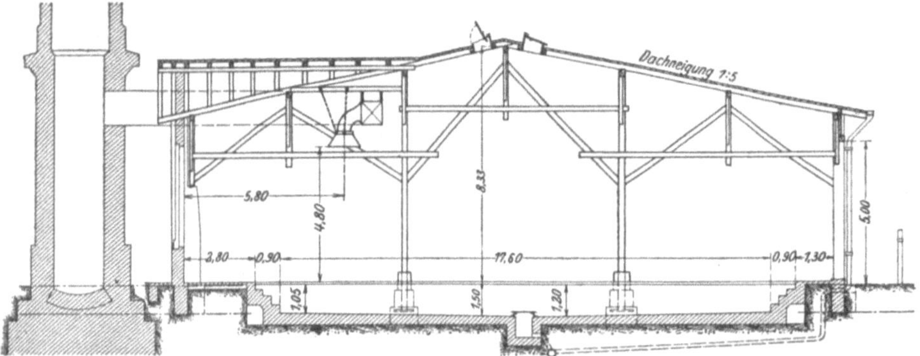

Abb. 98. Neuer ringförmiger Lokomotivschuppen der Österr. Staatsbahnen, Querschnitt.

Die Umfassungswände bestehen aus Stampfbeton (30 cm), verstärkt durch Pfeiler aus ebensolchem Material in Abständen von 7·54 m.

Der Entwurf ist für zentrale Rauchabführung mit zwei hohen Schornsteinen (35 bis 40 m) zur Ableitung der Rauchgase aus dem Sammelkanal eingerichtet. Die Baukosten des Schuppens betragen pro Lokomotivstand einschließlich der zentralen Rauchableitung ungefähr 7000 bis 7500 K (5800 bis 6200 M.), d. i. rund 50 K (40 M.) für 1 qm Bodenfläche.

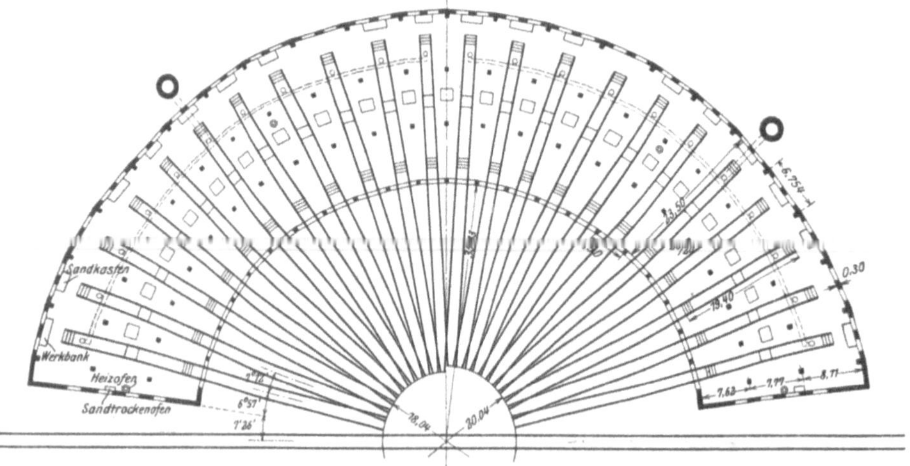

Abb. 99. Neuer ringförmiger Lokomotivschuppen der Österr. Staatsbahnen, Grundriß.

b) Ringschuppen der Österreichischen Staatsbahnen in Laun (Böhmen).

Das Heizhaus der k. k. Staatsbahnen in Laun wurde im Jahre 1905 anläßlich der Erweiterung der dortigen Hauptwerkstätte gebaut (Abb. 100 und 101).

Die Lokomotiven gelangen auf dem Einfahrtsgleis zu der 62 m langen Putzgrube, die derart neben dem elektrisch betriebenen Kohlenaufzug an-

gelegt ist, daß die Lokomotiven gleichzeitig von Feuerrückständen gereinigt und mit Wasser und Kohle ausgerüstet werden können. Von dort
erfolgt die Einfahrt der Lokomotiven in den Schuppen über das Zufahrtsgleis und eine 18 metrige Drehscheibe. Zur Ausfahrt der Lokomotiven
ist ab Drehscheibe ein besonderes Ausfahrtsgleis vorhanden.

Für den Bau wurde zwecks leichterer Zugänglichkeit eine aus 25 Ab-
schnitten zusammengesetzte Ringform gewählt.

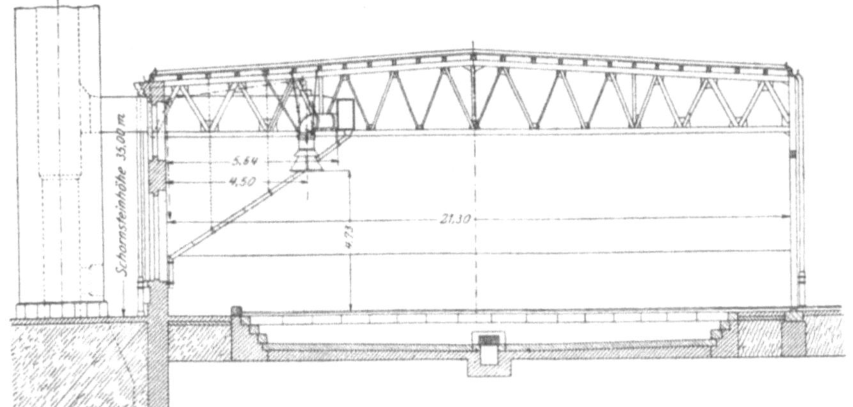

Abb. 100. Lokomotivschuppen zu Laun, Querschnitt.

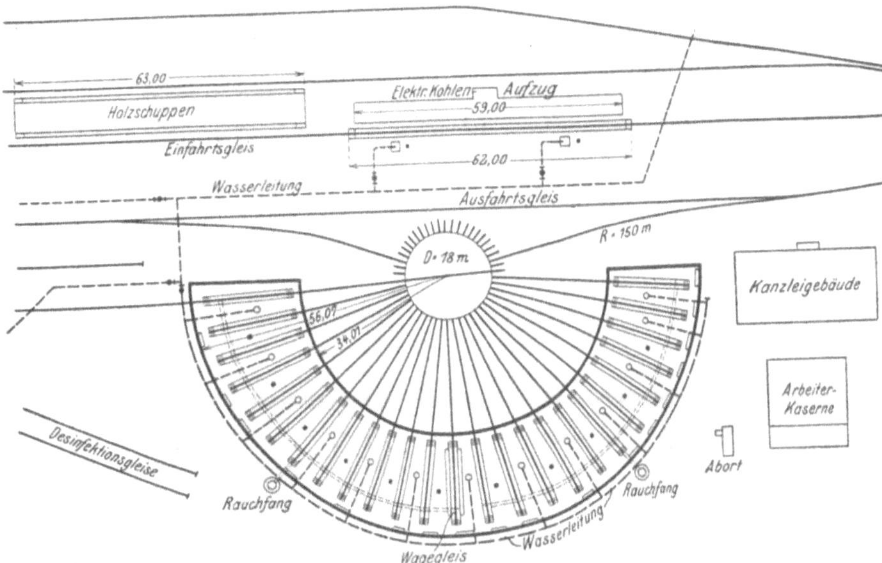

Abb. 101. Lokomotivschuppen zu Laun, Grundriß.

Die Lichtraumtiefe des Schuppens beträgt 21·25 m und der innere Halbmesser 34·01 m. Alle 25 Lokomotivstände sind mit 18 m langen Arbeitsgruben von 0·90 bis 1·00 m Tiefe ausgestattet.

Zur Schaffung eines gut gelagerten Lokomotiv-Abwaggleises ist eine
der mittleren Arbeitsgruben auf tiefere Grundmauern gestellt worden.

Die Umfassungswände des Schuppens sind aus Ziegelmauerwerk, die

Arbeitsgruben, Drehscheibenfundamente und das Pflaster des Schuppens aus Beton hergestellt.

Eine den Schuppen außen umfassende Ringleitung führt durch 13 Abzugrohre das Betriebswasser ebensovielen zwischen den Lokomotivständen versenkt eingebauten Hydranten zu.

Die Abwässer gelangen durch einen die Arbeitsgruben halbkreisförmig verbindenden Kanal zunächst in ein Klärbassin und von da in den Egerfluß.

Der Dachstuhl ist eine einfache freitragende Fachkonstruktion aus Eisen; zur Dachdeckung wurde Holzzement und zur inneren Schalung Bretterbedielung verwendet.

Die hölzernen Heizhaustore sind 3·80 m breit und 4·80 m hoch.

An der Außenwand des Schuppens befinden sich 46 Fenster, 50 zur Lüftung dienende umklappbare, an der Innenwand über den Toren 25 feste Oberlichter und an jeder Stirnwand sechs Fenster mit je zwei zu öffnenden Oberlichten.

Die Verglasung sämtlicher Fenster und Oberlichter besteht aus Tafelglas in Schmiedeeisenrahmen.

Die von der Firma „Dietrich Sasse's Se" in Wien ausgeführte zentrale Rauchabführung zeigt zwei gleiche, von einander vollkommen getrennte Rauchabzugkanäle, die in je einen 35 m hohen Rauchschlot münden. Über jedem Lokomotivstand befinden sich vertikal verschiebbare Rauchabzugtrichter mit Klappen nach Patent Fabel. Diese derart ausgebildete zentrale Rauchabführung hat sich in Laun bestens bewährt, da der Schuppen samt Umgebung rauchfrei erhalten wird, das Anheizen der Lokomotiven schneller als sonst erfolgt und eine besondere Beheizung des Schuppens im Winter größtenteils entbehrlich ist. Es wurde daher auch von der Aufstellung besonderer Öfen abgesehen, bei tiefen Außentemperaturen können die vorhandenen Sandtrockenöfen zur Aushilfe herangezogen werden.

Die Einrichtung erfordert nicht nennenswerte Erhaltungskosten und genügt es zum anstandslosen Betrieb, wenn die Rauchführungskanäle und Rohre zeitweise vom Ruß gereinigt werden.

Die Kosten dieser gemeinsamen Rauchableitung einschließlich der beiden Schornsteine betrugen auf den Lokomotivstand bezogen 1360 K (1100 M.).

Die Beleuchtung des Schuppens erfolgt durch elektrische Glühlampen.

Die Baukosten für den Lokomotivstand (die zentrale Rauchableitung mit inbegriffen) beliefen sich auf 8000 K (6600 M.) oder für 1 qm bebauter Fläche auf 65 K (54 M.).

Im Heizhause zu Laun, dem wegen der unmittelbar benachbarten Hauptwerkstätte eine eigene Betriebswerkstätte nicht angegliedert ist, werden nur laufende Ausbesserungen ausgeführt.

Neben dem Schuppen befindet sich ein zweistöckiges Verwaltungsgebäude mit 15 Kanzleiräumlichkeiten, einem Speisesaal, einem Schulzimmer, vier Übernachtungs- und zwei Badezimmern, sowie Magazinen für Inventar- und Materialvorräte; außerdem besitzt das Gebäude geräumige Kellerräumlichkeiten zur Lagerung von Öl und anderen Verbrauchsmaterialien.

In einem ebenerdigen, hinter dem Verwaltungsgebäude stehenden kleineren Hause sind die Aufenthaltsräume für die Auswascher, Kohlenarbeiter und Putzer vorgesehen.

c) Ringschuppen der Arad-Csanader Eisenbahn in Arad (Ungarn).

Das erste ganz in Eisenbeton erbaute Heizhaus in Österreich-Ungarn hat die Arad-Csanader Eisenbahn durch den Professor der technischen Hochschule in Budapest, Dr. Zielinski, in der Station Arad ausführen lassen.

Dasselbe wurde zur Unterbringung von kleinen Lokomotiven und Triebwagen (Motorwagen) gebaut und erhielt auch dementsprechend Arbeitsgruben in zweierlei Abmessungen.

Aus der Abb. 102 sind das flache, durch eine Säulenreihe gestützte Dach und die Hauptabmessungen ersichtlich. Die Lichtraumtiefe beträgt 18 m, der innere Halbmesser 24 m, die Anzahl der Lokomotivstände 24.

Der Boden ist gegen die Arbeitsgruben geneigt angelegt, und dessen Betonkörper mit Eisenfeil- und Drehspänen versetzt.

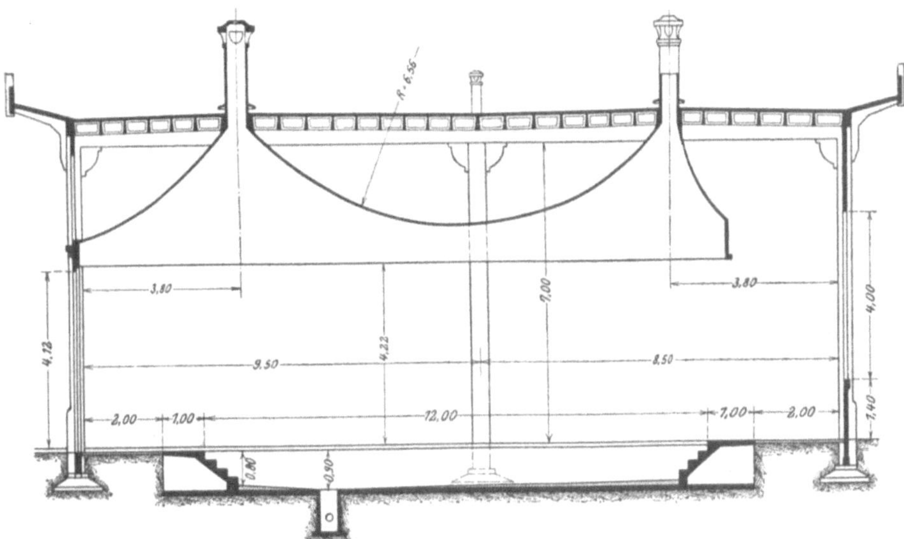

Abb. 102. Lokomotiv- und Triebwagen-Schuppen zu Arad, Querschnitt.

Der Boden der Arbeitsgruben ist von beiden Seiten gegen die Abflußöffnungen geneigt angeordnet, und der Wasserabfluß erfolgt durch einen anschließenden, im Halbkreis verlegten Betonröhrenkanal.

Als Material sämtlicher Mauern, Pfeiler, Arbeitsgruben, Rauchabzugstrichter, der Drehscheibengrube usw. wurde Eisenbeton verschiedener Mischung verwendet.

Die gegen die Mitte und die beiden Seiten sehr flach abfallende Dachdecke ist mit Pixolinüberstrich versehen. Das Dach kann durch eine an der äußeren Stirnwandseite angebrachte Wendeltreppe bestiegen werden.

Die Rauchabführung über den Lokomotivständen erfolgt durch an Vorsprüngen der inneren Wand aufliegende, sonst frei herabhängende Rauchabzugtröge, die durch ihre bogenförmige Form dem Rauche eine bessere Führung in die Schornsteine vermitteln sollen.

Die 3·70 m weiten und 4·12 m hohen Heizhaustore sind ganz aus Holz und zur Entlastung der Torsäulen unten in Stahlpfannen gelagert.

Die Beheizung der beiden seitlichen Triebwagenabteilungen erfolgt durch Niederdruck-Warmwasserheizung mit je einem an der Außenwand vertieft eingebauten Zentralheizofen und durch sechs gewöhnliche Eisenöfen im mittleren Raum.

Der Schuppen wird heute noch mit Azetylengas beleuchtet, doch soll schon demnächst elektrisches Licht eingeführt werden.

Der Schuppen entspricht vollkommen den Betriebserfordernissen und steht bereits seit drei Jahren in Benutzung, ohne besondere Erhaltungskosten verursacht zu haben.

Die Baukosten betrugen ohne Drehscheibe und Drehscheibengleise für den Stand 5000 K (4150 M.) oder für 1 qm verbauter Bodenfläche 68 K (56 M.).

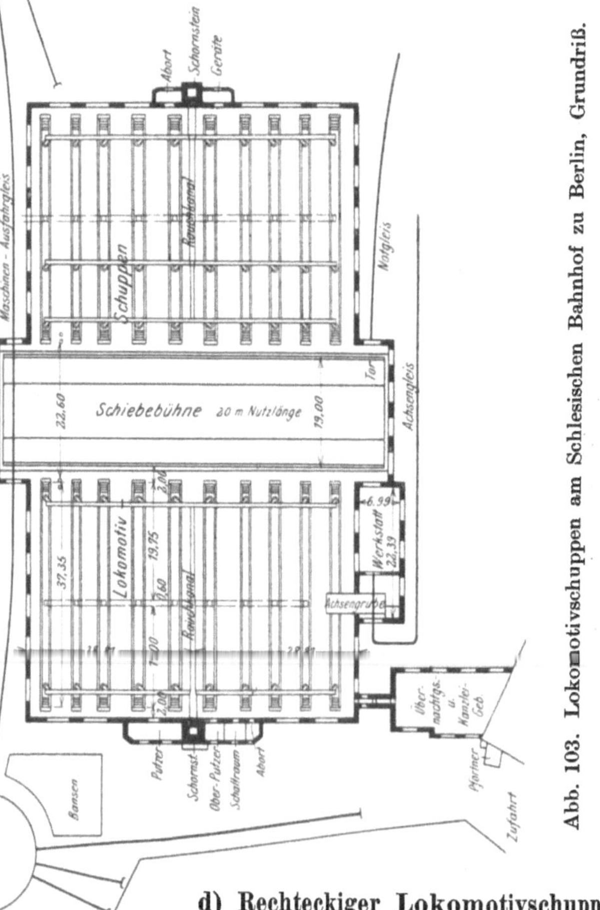

Abb. 103. Lokomotivschuppen am Schlesischen Bahnhof zu Berlin, Grundriß.

d) Rechteckiger Lokomotivschuppen der Preußischen Staatsbahnen am Schlesischen Güterbahnhof in Berlin.

Am Schlesischen Güterbahnhof in Berlin geht eine Lokomotivschuppenanlage für die Aufnahme von 60 Tenderlokomotiven oder 40 großen Schlepptenderlokomotiven ihrer Vollendung entgegen.

Zur Unterbringung dieser Anzahl von Lokomotiven stand — wie aus Abb. 103 ersichtlich — ein verhältnismäßig kleiner Platz zur Verfügung und schon aus diesem Grunde allein mußte die rechteckige Grundrißform gewählt werden.

Der mittlere Teil des ganz aus Ziegelrohmauerwerk hergestellten Gebäudes dient zur Aufnahme der 20 m langen, elektrisch betriebenen Schiebebühne. In beiderseitigen Anbauten sind eine kleine Betriebswerkstätte, sowie Aufenthaltsräume für Oberheizer, Putzer usw. untergebracht.

Die bebaute Grundfläche des Schuppens einschließlich der erwähnten Anbauten, sowie der beiden Schornsteine für die zentrale Rauchabfuhr beträgt 6530 qm, gleich 110 qm für den Lokomotivstand.

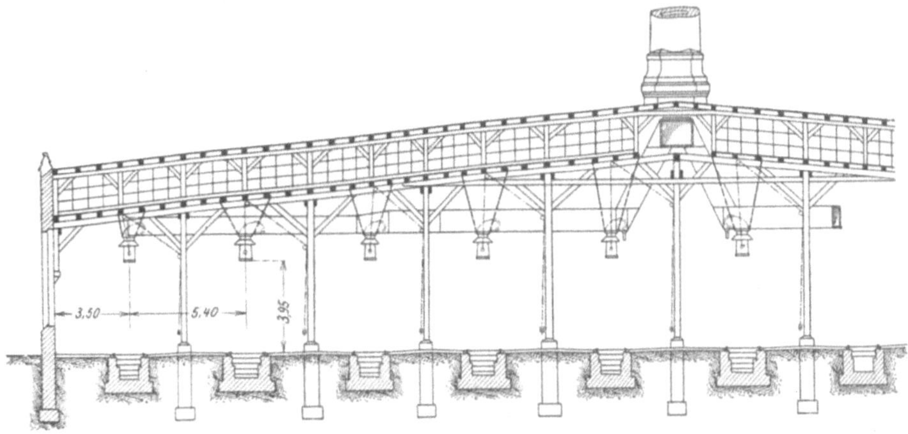

Abb. 104. Lokomotivschuppen am Schlesischen Bahnhof zu Berlin, Querschnitt.

Dachstuhl und Pfeiler sind aus Holz und zum Schutze gegen Feuersgefahr mit weißer Asbestfarbe gestrichen. Das Dach wurde in Abteilungen von wechselnder Höhe gegliedert und die Höhenunterschiede zwischen den benachbarten Dächern zu Fensterflächen ausgenutzt (Abb. 104).

Der Fußboden besteht durchgehends aus kleinen Klinkerziegeln; längs der Arbeitsgruben sind Langhölzer zum Ansetzen der Brechstangen gelegt.

Jede Schuppenhälfte enthält 10 Arbeitsgruben von 37·35 m Länge, über welche entweder je zwei große oder je drei kleine Lokomotiven aufgestellt werden können.

Die Rauchabzugtrichter der zentralen Rauchabführung sind auch dementsprechend in zwei und drei Querreihen angebracht. Die Absaugung des Rauches erfolgt durch zwei an den Stirnwandseiten 40 m hoch gebaute Schornsteine.

Um den kräftigen Abzug der Fabelschen Patenttrichter mildern zu können, was für in Bereitschaft stehende Lokomotiven aus ökonomischen Gründen und zur Hintanhaltung des Siederohrrinnens zu empfehlen ist, wurden an den Einstellvorrichtungen Reguliersegmente angebracht, die es ermöglichen, die Patenttrichter so einzustellen, daß der Rohrquerschnitt etwas gedrosselt bleibt und der Abzug durch Zutritt kalter Luft geschwächt wird.

Die eisernen Tore sind mit Holz verschalt und haben in der oberen Hälfte gewöhnliche Fensterverglasung.

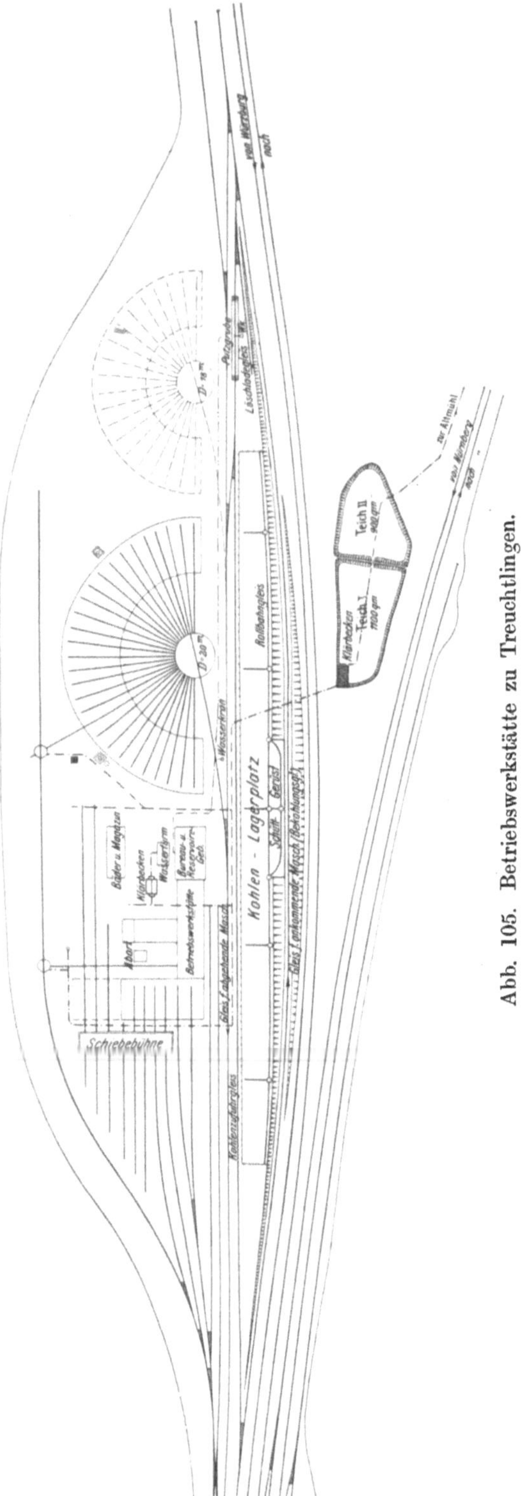

Abb. 105. Betriebswerkstätte zu Treuchtlingen.

Die gemeinsame Rauch-
abführung machte die Ein-
richtung einer Zentral-
heizungsanlage überflüssig.
dem Bedürfnis entsprechend
werden erforderlichenfalls
eiserne Öfen aufgestellt.
Nur die beiden Abort-
räume haben bereits be-
sondere Heizung.

Jede Schuppenhälfte ist
mit je zwei Sandtrocken-
öfen, Bauart „De Simon
Fluhme & Cie.", versehen.

Als Achsensenkvorrich-
tung ist ein hydraulisch be-
triebener feststehender Hebezylinder in die der Werk-
stätte benachbarte Arbeitsgrube eingebaut.

Die Beleuchtung des
Schuppens wird durch 55
Seriensparlampen der Sie-
mens-Schuckertwerke, für
3 bzw. 4 Ampere, in aus-
reichender Weise bewirkt.

Die Kosten des Baues,
einschließlich der zentralen
Rauchabführung, jedoch ausschließlich der Schiebebühne,
Achsensenke, Beleuchtungs-
einrichtung und der beiden
Sandöfen, stellen sich auf
7800 K (6500 M.) für einen
Lokomotivstand, oder auf
70 K (58 M.) für 1 qm be-
bauter Fläche.

e) Ringschuppen der Bayerischen Staatsbahnen in Treuchtlingen (Bayern).

In der im Jahre 1906
der Benutzung übergebenen
umgebauten Zugförderungs-
anlage der kgl. Bayerischen
Staatsbahnen in Treucht-
lingen ergänzen die ein-
fahrenden Lokomotiven zu-
nächst ihre Kohlenvorräte
auf einem versenkten Gleis,

fahren sodann zu den Putzgruben und Kranen, um die Aschkasten- und
Rauchkammerrückstände abzuwerfen und Wasser zu nehmen, und gelangen
schließlich über die Drehscheibe in den Schuppen. (Abb. 105). Hier sind die
Ein- und Ausfahrtsgleise nur zum Teil getrennt angeordnet, weil das un-

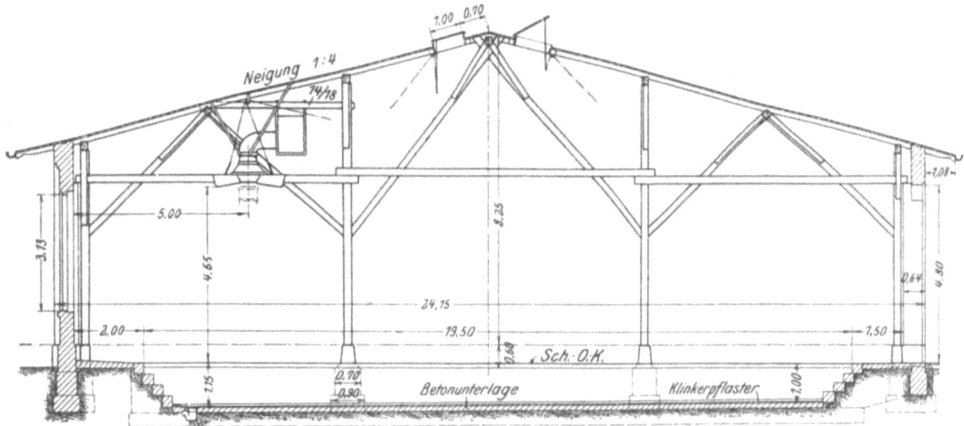

Abb. 106. Lokomotivschuppen zu Treuchtlingen, Querschnitt.

mittelbar zur Drehscheibe führende Gleisstück gemeinschaftlich für ein-
und ausfahrende Lokomotiven benutzbar gemacht wurde, um dadurch
auf Grund der bisher in Bayern gemachten Erfahrungen Fehlstellungen
der Drehscheibe sicherer zu begegnen.

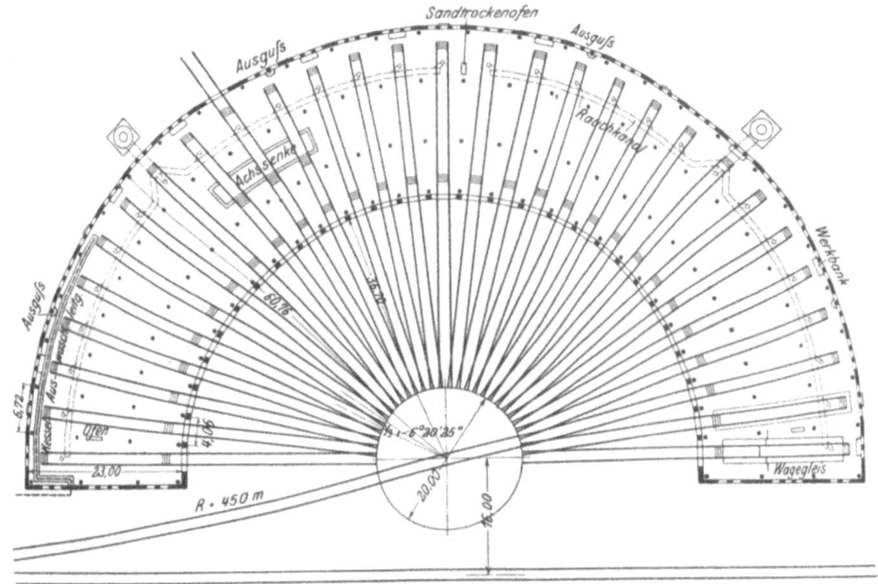

Abb. 107. Lokomotivschuppen zu Treuchtlingen, Grundriß.

    Die Drehscheibe hat einen Durchmesser von 20·005 m und genügen
zur Umdrehung der schwersten Lokomotiven zwei Mann.
    Die Abb. 106 und 107 zeigen die halbringförmige, bei den Bayerischen
Staatsbahnen übliche Form der Lokomotivschuppen.

Der Halbmesser des um das innere Vieleck umschriebenen Kreises beträgt 36·708 m bei normaler $^1/_9$ Kreuzung, 4·06 m Seitenlänge und 3·40 m Torlichtbreite.

Der Schuppen ist zur Aufnahme von 29 Lokomotiven bestimmt und hat eine Lichtraumtiefe von 23·00 m zwischen den inneren Mauerflächen.

Die Arbeitsgruben aus Beton haben eine Länge von 19·50 m zwischen den Kanten der obersten Stufen, gleich der Pufferentfernung der längsten zur Einstellung gelangenden Lokomotiven.

Die Wasserabführung geschieht mittels direkter Abläufe, deren je zwei benachbarte sich vor den Toren in einem Ölfang vereinigen. Das Dachwasser und das Wasser aus der Räderablaßgrube sind an die Entwässerung angeschlossen. Die Abwässer werden zunächst in zwei Niederschlagbecken und behufs Klärung durch zwei Teiche geleitet, um von hier gereinigt einem Flusse zugeführt zu werden.

Die Grundmauern sind aus Bruchstein in Portlandzement-Kalkmörtel, die Sockel größtenteils Zyklopenmauerwerk, der Aufbau einschließlich der Torpfeiler ist aus Backsteinen in Kalkmörtel, außen in Rohbau, innen verputzt.

Die Stufen der Arbeitsgruben und Torschwellen sind aus Kalkstein.

Der Betonfußboden ist in Schienenoberkantenhöhe mit leichtem Gefälle gegen die Arbeitsgruben gelegt und durch künstliche Fugen in größere Platten geteilt.

(Unterbeton, 16·5 cm stark, besteht aus 1 Teil Zement, 3 Teilen gewaschenem Sand und $4^1/_2$ Teilen Kalkkleingeschläge; Estrichüberzug von 1·5 cm Dicke aus 1 Teil Portlandzement und 1 Teil scharfkantigem Quarzsand.)

Zum Ansetzen der Winden und Hebeeisen sowie wegen des dem Betonpflaster schädlichen Tropföles und behufs leichteren Auswechselns der Schienen wurden die Gleise mit zwei Reihen in Beton verlegter Granitplatten (0·23 × 0·23 × 0·10 m) eingesäumt.

Auf jeden Stand kommen drei Fenster mit schmiedeeisernen Kreuzen 1·16 m breit und 3·13 m hoch, in welchen einzelne Teile zum Öffnen eingerichtet sind. Die Einglasung besteht aus $^4/_4$ starkem Glas.

Die 3·40 m × 4·80 m im Lichten großen zweiflügeligen Tore bestehen aus Formeisen und sind im unteren Teil auf 2·55 m Höhe außen mit verzinktem Wellblech, innen mit Föhrenholz verschalt, im oberen Teil als Fenstergitter ausgebildet und mit $^6/_4$ starkem Glas eingeglast.

In jedem sechsten Tor sind einflügelige Türen in die Wellblechverkleidung eingebaut.

Der Dachstuhl ist ganz in Fichtenholz und durch vier auf Steinsockeln stehende Säulen unterstützt. Die Dachdeckung besteht aus zweilagiger gesandeter Asphalt-Dachpappe mit Zwischenstrich von Klebemasse. Die obere Verschalung ist einfach überfalzt; Innenverschalung ist nicht vorhanden, da die obere Verschalung bei zentraler Rauchabführung die Wärme genügend hält.

Zwei gemauerte Kamine mit quadratischen Postamenten und runden Säulen von 36 m Gesamthöhe über Schienenunterkante und 1·20 m oberem lichten Durchmesser nehmen die beiderseitigen Sammelkanäle der gemeinsamen Rauchabführung für 14 bzw. 15 Lokomotivstände auf.

Die Sammelkanäle bestehen aus schmiedeeisernen Kastenfachwerkträgern, deren seitliche und obere Wände mit gebrannten Kieselgurplatten (40 mm stark), und deren Böden mit 1·5 mm starkem Eisenblech und Zementasbestplatten (3 mm stark) ausgekleidet sind. Sämtliche Fugen sind mit Kieselgurmasse gedichtet.

An die Rauchsammelkanäle schließen die Fabelschen Rauchabzugtrichter mit beweglichen Flügelklappen und Drosselklappenverschluß an. Von den Rauchsammelkanälen führen einzelne Rußabfallrohre an den Dachbindersäulen herunter.

Die Kosten dieser zentralen Rauchabfuhr betrugen für den Lokomotivstand einschließlich der Schornsteine und Rußabfallrohre 1200 K (1000 M.).

Die innere Beleuchtung der ganzen Anlage erfolgt durch Gas, die Außenbeleuchtung elektrisch. Zur Innenbeleuchtung des Schuppens kommen 2 bzw. 3 Gasglühlichtlampen auf den Stand.

Für die Beheizung des Schuppens genügen infolge der Einrichtung mit der zentralen Rauchableitung zwei bei den Endständen aufgestellte Bavariaöfen.

Zur Entlüftung sind am First des Daches über jedem Lokomotivstand von unten durch Kettenzug zu öffnende Lüftungsklappen (0·72 × 0·92 m) angebracht, welche in regelmäßigem Wechsel je zur Hälfte auf der inneren und äußeren Dachhälfte liegen, so daß ihre Benützung der Windrichtung angepaßt werden kann.

Ein Endstand des Heizhauses ist als Abwaggleis eingerichtet.

Zur Kesselauswaschung ist für sechs Stände eine eigene Leitung mit Dampfstrahlapparat angelegt, der von einer Lokomotive gespeist wird.

In dem Schuppen ist ein Sandtrockenofen, Patent Fabel, und eine über drei Gleise sich erstreckende Versenkgrube mit einer Räderablaßwinde der Firma Noell in Würzburg vorhanden.

Die Baukosten des Heizhauses einschließlich der zentralen Rauchabführung und der inneren Gleise, jedoch ohne Wasserleitung, Beleuchtung und Entwässerung, Räderversenkvorrichtung und Werkbänke betrugen für einen Lokomotivstand 6000 K (5000 M.).

Nächst dem Lokomotivschuppen und durch entsprechende Zufahrtsgleise mit dem Bahnhof verbunden, sind in einem eigenen Gebäude die Betriebswerkstätte, die Kanzleien und Magazine untergebracht.

Die Werkstätte besteht in diesem Falle aus einer Montierungshalle mit 2 Lokomotiv- und 4 Wagen-Ausbesserungsständen, einer Dreherei und einer Schmiede.

Anstoßend an die Dreherei befinden sich zwei Magazinräume, wovon der kleinere für Ölabgabe bestimmt ist.

Die verschiedenen Ölsorten werden auf einem Entleerungsständer vor dem Gebäude mit Trichtern und Leitungen den Ölfässern entnommen und in verschiedene eiserne Behälter geführt, welche in einem besonders hierfür eingerichteten Kellerteile unterhalb der Kanzleiräume stehen. Von hier wird das Öl mit Handpumpen durch Röhrenleitungen in den Ausgaberaum gedrückt. An der Außenwand des Ölkellers ist ein Schacht angelegt, durch welchen mittels eines Wanddrehkranes Putzwolle, Säcke und dergleichen Materialien vom Bahnwagen unmittelbar eingebracht werden können.

Dieser die Magazine enthaltende Gebäudeteil ist so gebaut, daß er zur Vergrößerung der Dreherei ohne weiteres herangezogen werden kann.

Die an die Vorratsräume anschließenden Kanzleien des Verwaltungs-gebäudes enthalten folgende Räumlichkeiten:

1 Zimmer für den Vorstand (23 qm Bodenfläche),
1   „   „ „   „ -Stellvertreter (15·5 qm Bodenfläche),
1 technisches Bureau für 3 Arbeitsplätze (37·5 qm Bodenfläche),
1 Zimmer für Rechnungs- und Verwaltungsbeamte mit 3 Arbeits-plätzen (28 qm Bodenfläche),
1 Zimmer für 3 Hilfsarbeiter (25 qm Bodenfläche),
1 Unterrichtszimmer (36·5 qm Bodenfläche),
1 Zimmer zum Auflegen der Meldebücher und Amtsblätter für das Personal (15·5 qm Bodenfläche).

Das Übernachtungsgebäude besteht aus dem
1) Erdgeschoß, welches enthält:
    4 Räume von je 14·5 qm Bodenfläche für je zwei Bereitschafts-führer und Heizer,
    1 Raum zum Ablegen der Dienstkleider und zur Hinterstellung der Handkoffer der in Treuchtlingen wohnenden Führer,
    1 Waschzimmer mit 3 großen Waschbecken aus Feuerton mit Zu-lauf von Warm- und Kaltwasser,
    1 Aufenthaltsraum für Führer und Heizer, mit einem Gasherd zum Kochen und Wärmen der Speisen.
2) 1. Obergeschoß, in welchem sich befinden:
    9 Übernachtungsräume von je 12·5 qm Bodenfäche und 55 cbm Luftraum mit je 3 Betten,
    1 Waschzimmer mit 5 Tischen wie im Erdgeschoß,
    1 Trockenraum für die Kleider.
3) 2. Obergeschoß mit Reservoirräumen und der Hausmeisterwoh-nung.

Die Fußböden der Übernachtungsräume sind mit Linoleum belegt, Türen und Fenster, sowie die Wände (auf 2 m Höhe) haben waschbaren Emailfarbenanstrich, sämtliche Räume Niederdruckdampfheizkörper und Abluftkanäle.

In den Schlafzimmern befinden sich Eisenbetten, Tische und Stühle, Kleiderhaken, Spucknäpfe und Gasglühlichtbrenner mit Abblendvorrich-tungen.

Die Waschzimmer und Aborte haben glasierte Wandverkleidungen und Plattenbelag am Fußboden.

Für das Übernachtungsgebäude ist eine eigene Niederdruckdampf-heizung mit einem schmiedeeisernen Heizkessel von 14 qm Heizfläche vor-gesehen.

Der Baderaum ist in einem Nebengebäude untergebracht. Den Be-amten steht ein Wannenbad, den Bediensteten und Arbeitern ein Wannen-bad und drei Brausezellen mit 5 getrennten Ankleideräumen zur Ver-fügung. Das Bad wird an Sonn- und Feiertagen mit Gas beheizt.

f) Ringschuppen der Schweizer Bundesbahnen in Brig (Schweiz).

Das 15 ständige Heizhaus in Brig am nördlichen Ende des Simplon-Tunnels hat für drei Lokomotivstände eine innere Bautiefe von 21·5 m und für die übrigen Stände eine solche von 19·25 m erhalten (Abb. 108 und 109).

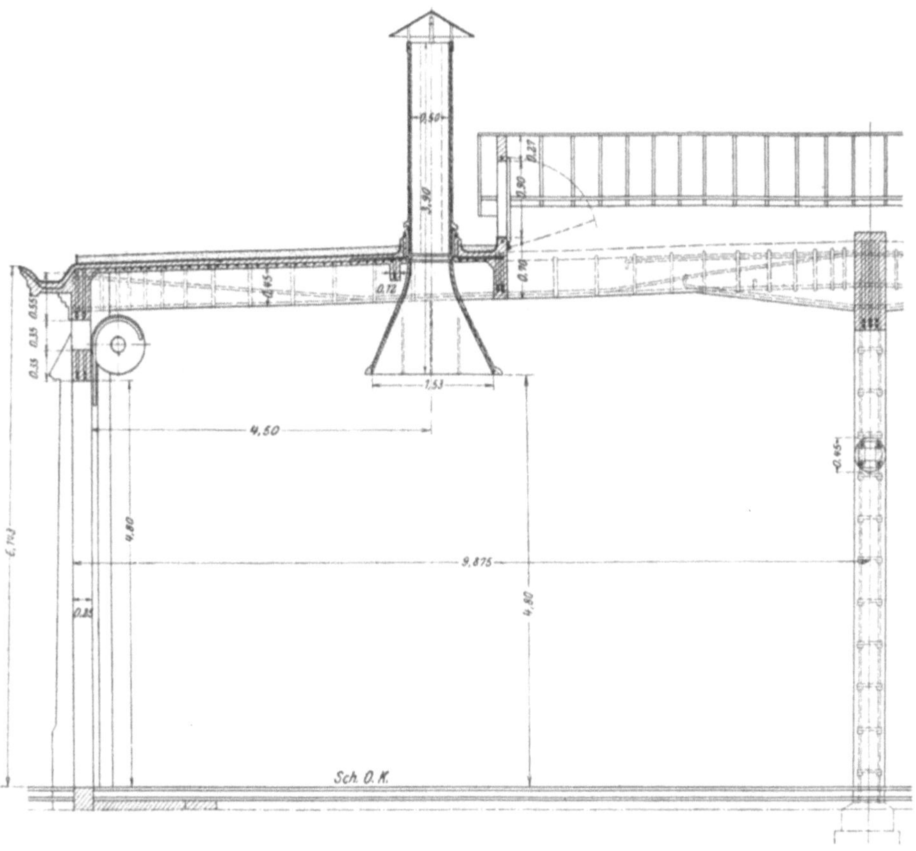

Abb. 108. Lokomotivschuppen zu Brig, Querschnitt.

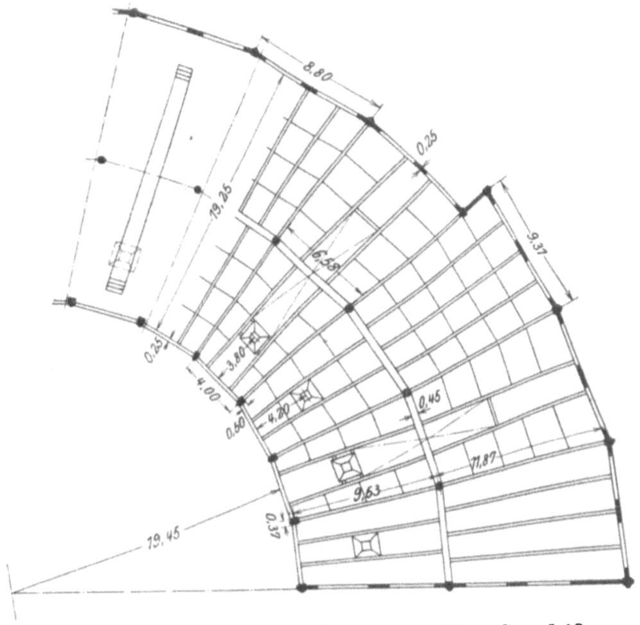

Abb. 109. Lokomotivschuppen zu Brig, Grundriß.

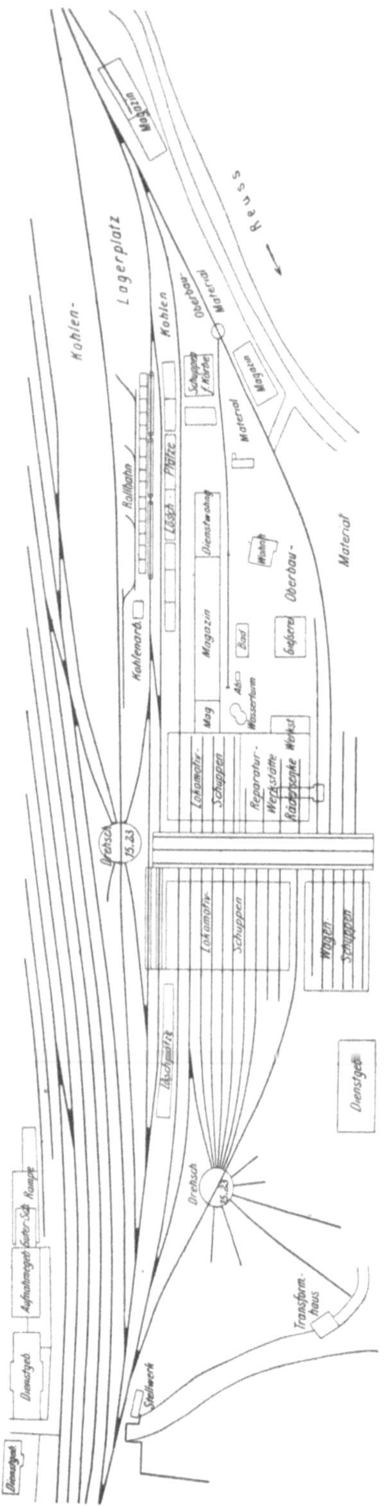

Abb. 110. Betriebswerkstätte zu Erstfeld.

Der Schuppen wurde ganz aus Eisenbeton nach dem System Hennebique auf einer 4 m hohen Aufschüttung gebaut.

Die Torpfeiler und Mittelsäulen aus Eisenbeton haben eine Stärke von 50/50 cm, beziehungsweise einen Durchmesser von 45 cm. Träger aus demselben Material verbinden die oberen Teile der Pfeiler und Säulen zu Rahmen. Gesimse und Giebel wurden an Ort und Stelle in Gipsformen gegossen. Die Toröffnungen mit einer lichten Weite von 4 m und einer lichten Höhe von 4·80 m haben Wellblechverschlüsse.

Die Schornsteine sind aus Betonguß fertig aufgesetzt worden. Das Dach ist mit einer 15 mm starken Asphaltschichte und einer 10 cm hohen Kieslage überdeckt.

Die Herstellungskosten betrugen für den Lokomotivstand ungefähr 6000 K (5000 M.).

g) Rechteckiger Lokomotivschuppen der Gotthardbahn in Erstfeld (Schweiz).

In den Abb. 110, 111 und 112 ist die Anordnung der Zugförderungsanlage der Gotthardbahn in Erstfeld, sowie der zuletzt erfolgten Zubauten abgebildet.

Das in der unmittelbaren Nähe des Bahnhofes aufgestellte Heizhaus ist in rechteckiger Form ausgeführt und durch Anschlußgleise mit dem Bahnhof verbunden. Die Zu- und Ausfahrt der Lokomotiven zu und aus dem Schuppen erfolgt teils durch direkte Verbindungsgleise, teils mittels Drehscheibe und Schiebebühne. Erstere ist eine Balancier-Drehscheibe und für Handbetrieb, die Schiebebühne hingegen für Dampfbetrieb eingerichtet.

Die ganze Anlage hat Raum für 32 Lokomotiven; der in den folgenden Ausführungen näher besprochene Zubau reicht für 8 Lokomotiven mit Pufferentfernungen von 15 bis 20 m.

Die Arbeitsgruben erstrecken sich längs der ganzen Länge der Heizhaus-

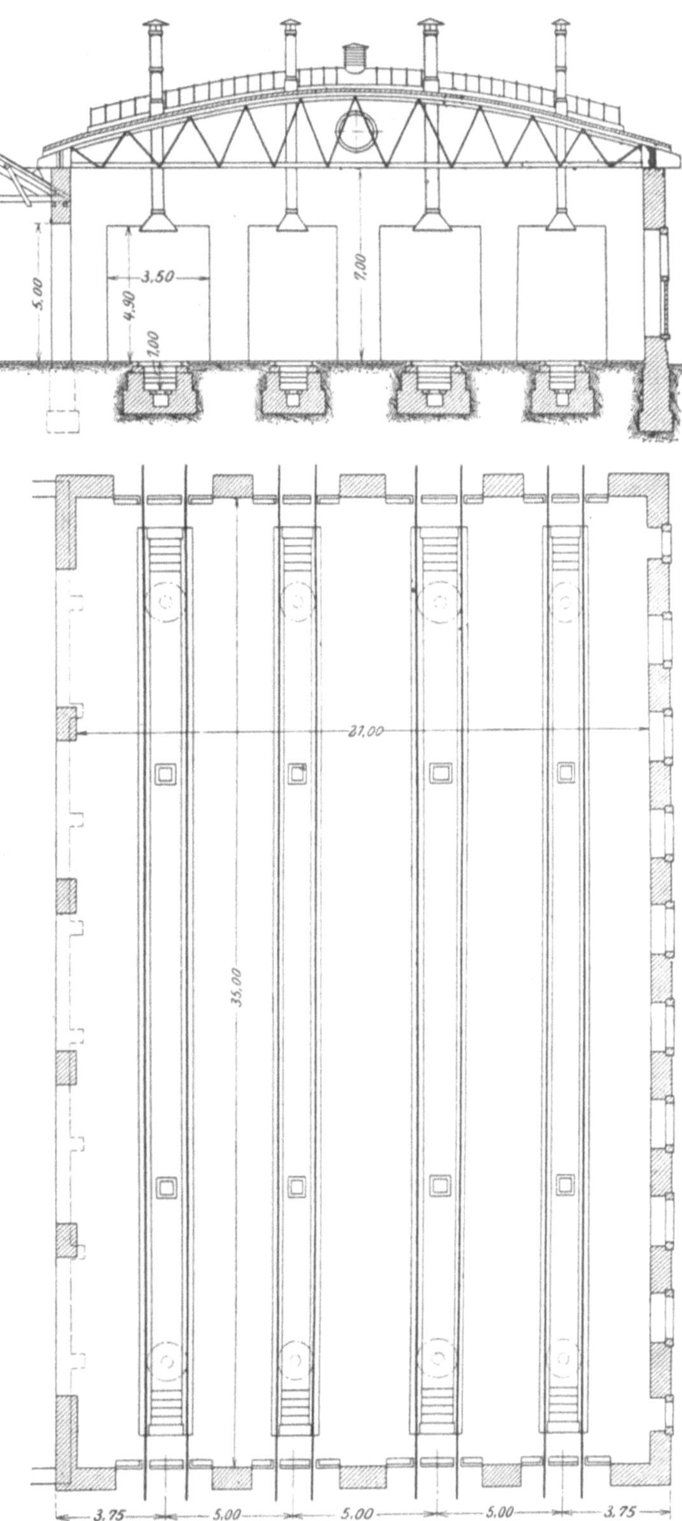

Abb. 111 u. 112. Lokomotivschuppen zu Erstfeld, Querschnitt und Grundriß.

gleise mit einer Tiefe zwischen 0·8 bis 1·0 m und haben an zwei Stellen kleine Wasserschächte eingebaut, von welchen die Wasserabführung durch ein Kanalisationsnetz aus Zementrohren erfolgt. Die Gleisentfernung zwischen benachbarten Lokomotivständen beträgt 5 m. Die Umfassungsmauern sind in Bruchstein-Mauerwerk (Granitstein), der Fußboden aus Granitplatten ausgeführt.

Der eiserne Dachstuhl ist mit einer Stützweite von 21·8 m frei tragend ausgeführt und besitzt Holzzementdeckung.

Für den Rauchabzug ist über jedem Lokomotivstand ein offener, gußeiserner Schlot angebracht, dessen Unterkantenhöhe über Schienengleiche 4·6 m und dessen ganze Höhe bis zur Oberkante 11 m beträgt.

Die Heizhaustore sind aus Wellblech und haben eine lichte Weite von 3·5 m. Die 4 m hohen und 2 m breiten Fenster haben eiserne Rahmen mit beweglichen Lüftungsflügeln im oberen Teil und Fensterglasfüllung.

Die Beleuchtung erfolgt mittels elektrischer Bogen- und Glühlampen, die Erwärmung ohne besondere Heizeinrichtungen durch die in Dampf abgestellten Lokomotiven.

Für Lüftung ist durch die erwähnten Flügel und durch vier das Heizhaus durchquerende Dachreiter vorgesorgt.

Zum Sandtrocknen sind besondere Öfen, zum Auswechseln der Räderpaare eine hydraulische Versenkvorrichtung vorhanden.

Das Kesselauswaschen erfolgt zum Teil kalt mit Hilfe des vorhandenen Druckwassers von 4 bis 8 at Druck, und teilweise warm mit Benützung eines Dampfinjektors.

Die Baukosten beliefen sich — auf einen Lokomotivstand bezogen — auf etwa 9500 K (8000 M.).

Dem Heizhaus zu Erstfeld ist eine kleine Werkstätte beigegeben, welche über 4 Ausbesserungsstände verfügt, gut eingerichtet ist und durch einen 15 pferdigen Elektromotor betrieben wird.

Zur Unterbringung der Aufsichtsbeamten ist in Erstfeld ein besonderes Dienstgebäude gebaut, in welchem sich zugleich die Aufenthalts-, Ruhe- und Schlaflokale für das Lokomotivpersonal, ein Waschraum und die Aborte befinden. Außerdem ist in Erstfeld eine Badeanstalt zur gemeinsamen Benützung des Aufsichts-, Fahr-, Heizhaus- und Stationspersonals vorhanden.

h) Ringschuppen der Schwedischen Staatsbahnen in Falköping (Schweden).

Die Königlich Schwedischen Staatsbahnen bauen gegenwärtig in Falköping ein Heizhaus nach Plänen, die durch die Abb. 113, 114 und 115 veranschaulicht sind.

Behufs besserer Beheizung ist der Schuppenraum durch 40 cm starke Ziegelwände in Abteilungen geteilt.

Die Rauchabführung erfolgt zentral durch einen eingebauten 20 m hohen Kamin für sechs Lokomotivstände zweier benachbarter Abteilungen mit der in Abb. 114 dargestellten Rauchkanalverzweigung. Die Rauchabzugtrichter sind vertikal verschiebbar eingerichtet. Die Erwärmung des Heizhauses erfolgt durch Dampf. In zwei Gruben sind hydraulische Hebewinden eingebaut.

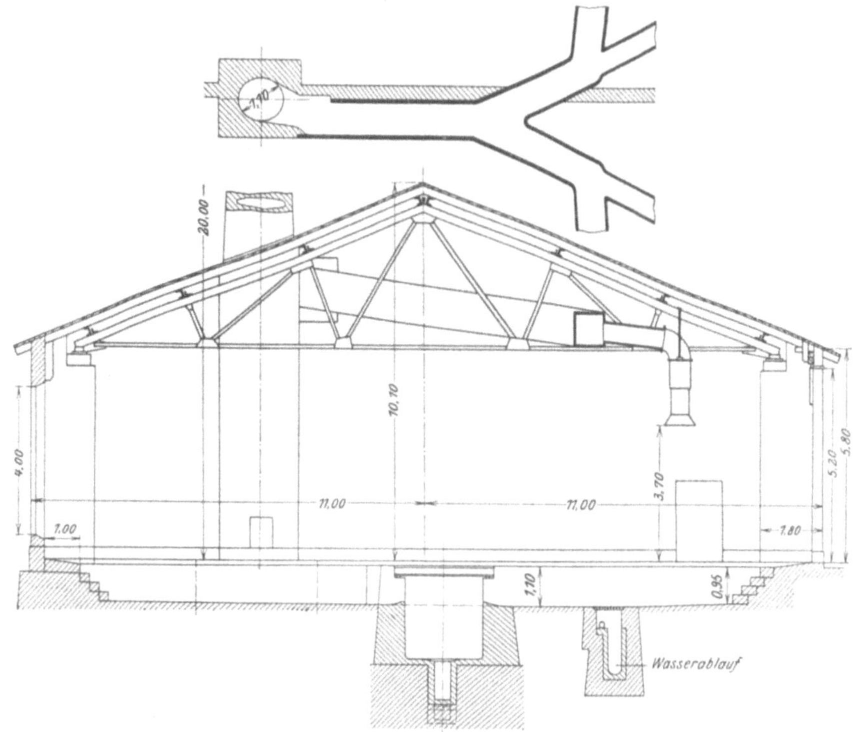

Abb. 113 und 114. Lokomotivschuppen zu Falköping, Querschnitt.

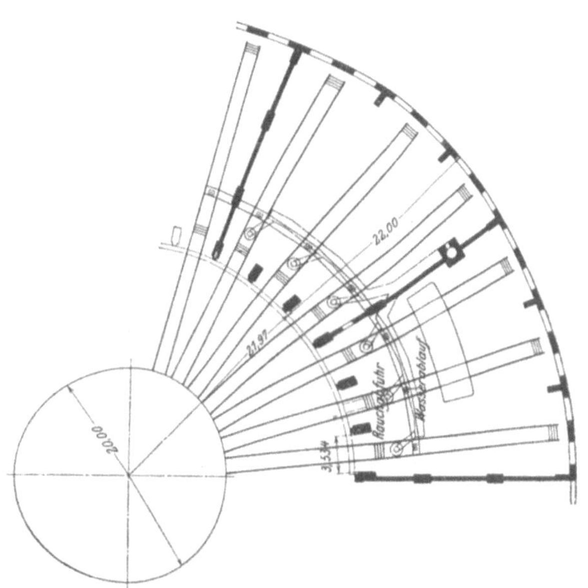

Abb. 115. Lokomotivschuppen zu Falköping, Grundriß.

i) Rundschuppen der Französischen Ostbahn in Noisy-le-Sec (Frankreich).

Die Französische Ostbahn hat in Noisy-le-Sec eine Zugförderungsanlage errichtet, die zwei durch Gebäude miteinander verbundene Rotunden für je 32 Lokomotiven enthält und im Bedarfsfalle durch ein drittes in gleicher Weise anschließbares Rundhaus vergrößert werden kann (Abb. 116 und 117).[1])

Die Rotunden haben bei einem Durchmesser von 70 m Drehscheiben von 17 m eingebaut und sind von hohen eisernen Kuppeln überwölbt.

Die Kuppel reicht bis zum Fußboden und ist unabhängig von den Umfassungsmauern in beweglichen Schuhen gelagert.

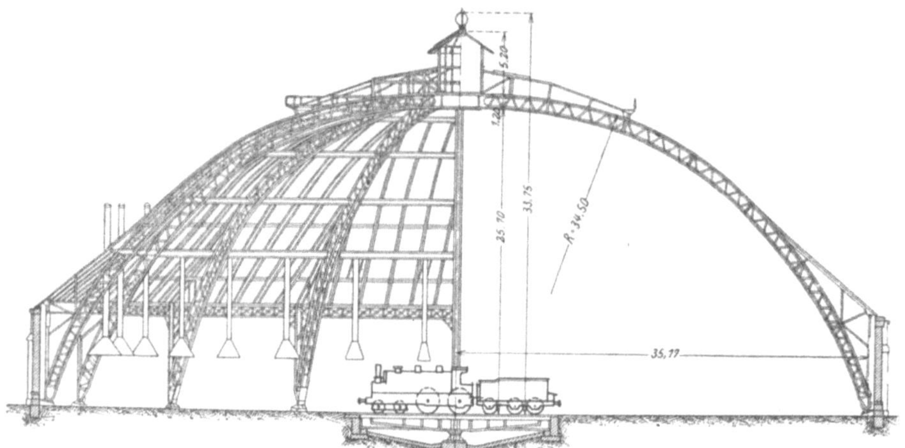

Abb. 116. Lokomotivschuppen zu Noisy-le-Sec, Querschnitt.

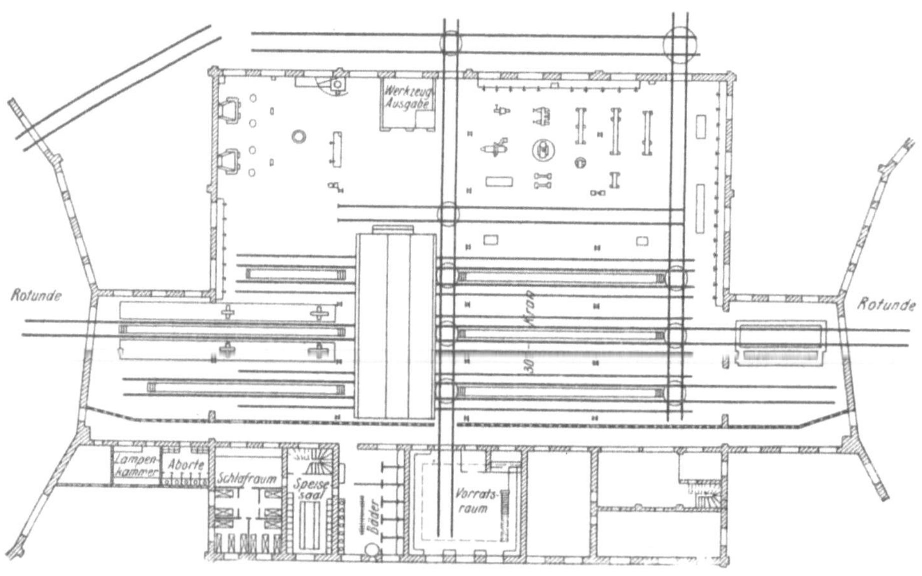

Abb. 117. Lokomotivschuppen zu Noisy-le-Sec, Grundriß.

Zur Ableitung des Rauches ist am äußeren Umfang über jedem Lokomotivstand ein Abzugtrichter angebracht.

In dem Verbindungsbau zwischen den beiden Heizhäusern sind außer einer Betriebswerkstätte auch Kanzleien, Magazin- und Übernachtungsräume, sowie Speise- und Badezimmer untergebracht.

____

[1]) aus Engineering 1901.

k) Rechteckiger Lokomotivschuppen der Great Westbahn in Paddington (London).

Die große Westbahn hat zur Unterbringung ihrer eigenen, sowie der wendenden fremden Lokomotiven ein großes Heizhaus einige Kilometer vom Bahnhof Paddington gebaut, welches durch seine Bauart die Vor- und Nachteile der rechteckigen und runden Grundformen in sich vereinigt (Abb. 118 und 119).

Die Lokomotiven gelangen von den Ausrüstgleisen über die beiden mittleren geraden Einfahrtsgleise in den Schuppen von nahezu quadratischem Grundriß. Der gedeckte Schuppenraum zerfällt durch die vier eingebauten Drehscheiben (mit je 28 Sterngleisen) in vier

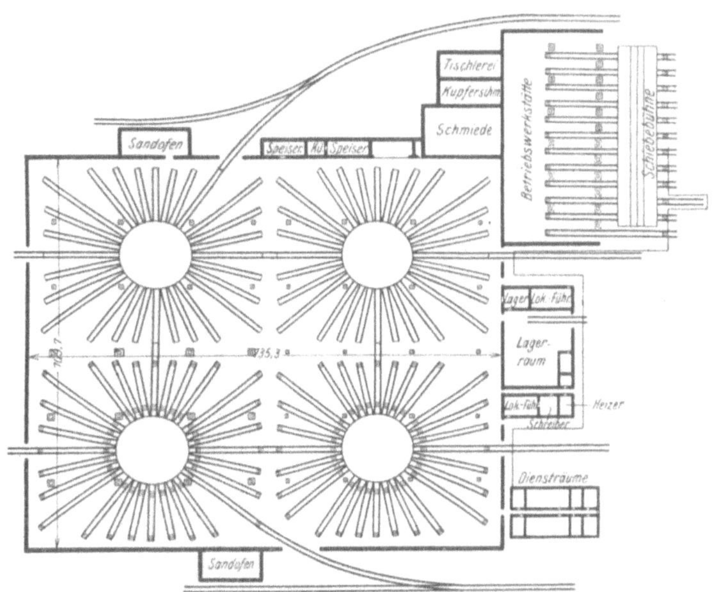

Abb. 118. Lokomotivschuppen zu Paddington, Grundriß.

gleiche Abteilungen, in welchen die Lokomotiven je nach ihrer Länge auf die verschieden langen Abstellgleise eingedreht werden. Die Ausfahrt erfolgt durch zwei eigene, im Bogen verlaufende Ausfahrtsgleise.

Der große Schuppenraum (110 × 135 m) wird von fünf auf Säulen gestützten Polonceaudachstühlen überdeckt.

Für den Rauchabzug sind über jeder Arbeitsgrube Schornsteine angebracht.

Wie aus der Abbildung ersichtlich, gehen bei dieser Anordnung acht Stände für die freie Durchfahrt verloren und verbleiben von den 112 gedeckten Ständen nur **104** jederzeit verfügbar.

Der Schuppen, sowie die vorgebauten Dienst- und Werkstättengebäude sind in Ziegelrohbau ausgeführt.

Der Betrieb der Drehscheiben, sowie die Beleuchtung erfolgt elektrisch.

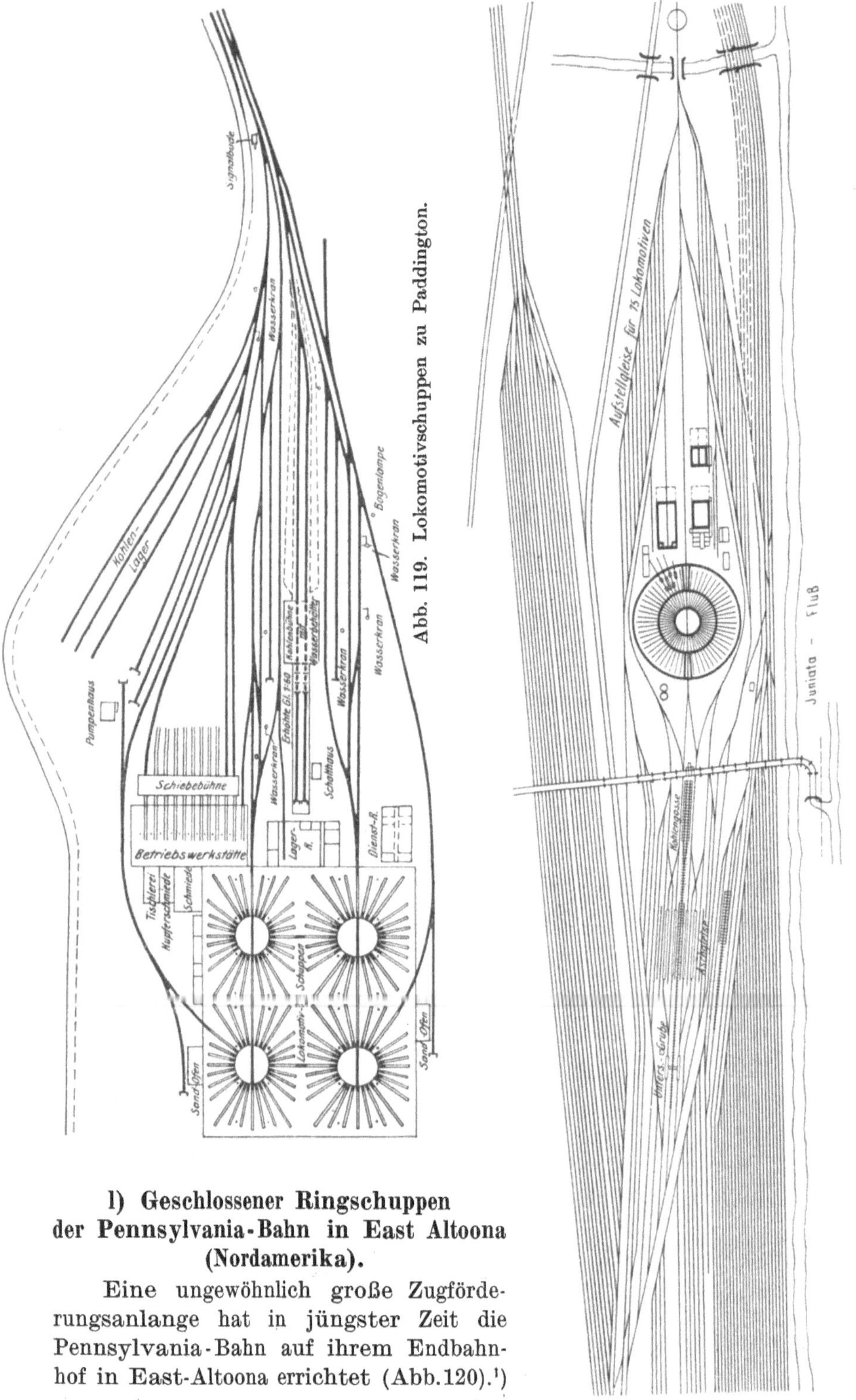

1) Geschlossener Ringschuppen der Pennsylvania-Bahn in East Altoona (Nordamerika).

Eine ungewöhnlich große Zugförderungsanlange hat in jüngster Zeit die Pennsylvania-Bahn auf ihrem Endbahnhof in East-Altoona errichtet (Abb. 120).[1]

---

[1] aus The Railroad Gazette 1906.

Der eingebaute ringförmige Schuppen wurde sowohl zur vorübergehenden Unterbringung als zur Ausbesserung der dort täglich einlaufenden 300 Lokomotiven errichtet.

Als Aufstellungsplatz für die dienstbereiten Lokomotiven dienen Gleisanlagen hinter dem Schuppen.

Das Rundhaus (Abb. 121 und 122)[1]) hat einen größten Durchmesser von 120 m und in der Mitte eine 30 metrige Drehscheibe eingebaut, die mit einem $12^1/_2$ pferdigen Elektromotor angetrieben wird.

Die Grundmauern sind aus Beton und wegen des angeschütteten Bodens, auf dem der Schuppen steht, besonders tief angelegt.

Der Schuppen enthält 50 Einstellgleise (27·5 m lang) und zwei durchgehende Gleise zur Ein- und Ausfahrt der Lokomotiven.

Das Gerippe des Rundhauses ist aus Eisen, die äußeren Umfassungswände sind aus Ziegelmauerwerk, die inneren Einfahrtstore aus Holz mit ausreichenden Glasfüllungen hergestellt. Die Tore werden mittels Preßluft gehoben und sinken erforderlichenfalls durch ihr eigenes Gewicht wieder herab.

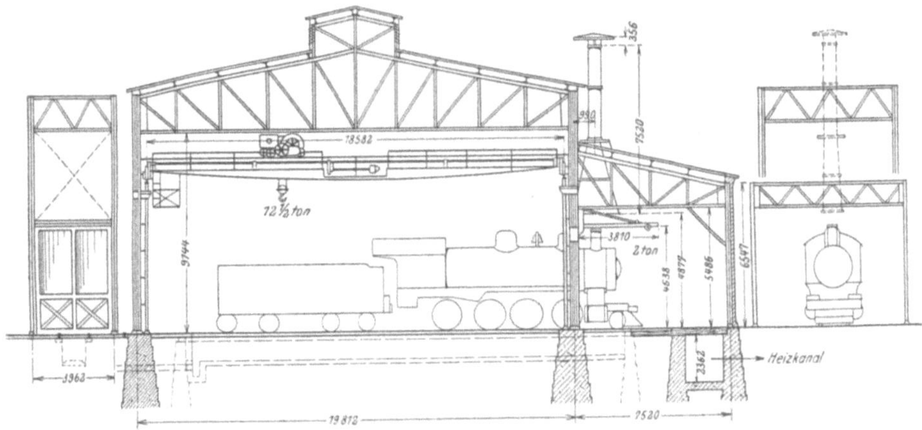

Abb. 121 u. 122. Lokomotivschuppen zu East-Altoona, Querschnitt.

Der Boden ist mit Brettern belegt, welche auf Holzschwellen genagelt sind. Die besonders geformten Prellblöcke am Ende der Standgleise sind aus Stahlguß.

Der innere Teil der Schuppens wurde mit einem bis zur Dachtraufe $10^1/_2$ m hohen Aufbau versehen, um Platz zur Aufstellung eines schweren, rund herum laufenden Hebekranes zu gewinnen.

Am äußeren Umfang ist der Schuppenbau entsprechend der Lokomotivschornsteinhöhe ausgeführt und mißt bis zur Dachrinne nur 7·6 m.

Die ganze Bautiefe zwischen Außen- und Innenwänden beträgt 27·5 m, ist daher zur Aufstellung auch der längsten Lokomotiven reichlich bemessen.

Die Arbeitsgruben sind 20 m lang, 0·9 bis 1·0 m tief und mit beiderseitigen Rinnen zum Ablauf des Wassers versehen.

Auf jeder Mittelsäule zwischen den Arbeitsgruben ist ein Kran mit einem 1 t-Kettenaufzug behufs bequemer Verführung der schweren Maschinenbestandteile angebracht.

---

[1]) aus The Railroad Gazette 1906.

Die Lüftung des bis zu den Dachträgern außergewöhnlich hohen Schuppenraumes wird durch die am Dachfirst sich ringsherum hinziehende Laterne noch weiter gefördert.

Die Rauchabzüge sind außerhalb der mittleren Säulenreihe angeordnet und reichen über Firsthöhe. Die untere Öffnung des Abzugtrichters ist länglich gebaut und ermöglicht einen guten Rauchabzug, auch dann, wenn die Lokomotivschornsteine nicht ganz genau unter der Mitte des Rauchmantels zu stehen kommen.

Die Beheizung erfolgt nach dem Sturtevant-System mittels vorgewärmter Luft. Die Heißluftkanäle werden gleichzeitig zur Aufnahme verschiedener Rohrleitungen für Dampf, Druckluft, Druckwasser usw. benützt.

Der Schuppen besitzt vier Versenkvorrichtungen und zahlreiche Einrichtungen zur Ausführung der Ausbesserungsarbeiten mit Hilfe von Preßluft-Werkzeugen.

m) Zugförderungsanlage der Chicago- and Nordwest-Eisenbahn in Clinton, Jowa (Nordamerika).

In Abb. 123[1]) ist die Entwicklung einer Zugförderungsanlage in Clinton, Jowa, in einigen Linien dargestellt, welche zwei getrennte Strecken mit einem Bedarf von täglich 200 bis 350 Lokomotiven zu bedienen hat.

Je einem der beiden für 50 Stände berechneten Rundhäuser sind die Personenzugs- und Lastzugslokomotiven jeder Strecke zugewiesen.

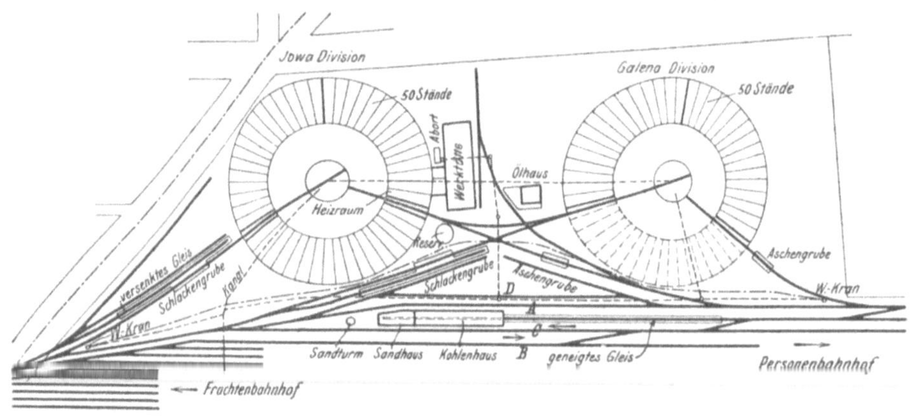

Abb. 123.   Heizhausanlage zu Clinton, Jowa.

Die vom östlich gelegenen Personenbahnhof kommenden Personenzugslokomotiven fahren nach erfolgter Kohlen- und Sandversorgung auf dem Gleis „A" zu dem westlichen Wasserkran, nehmen hier Wasser und gelangen von da zu der am westlichen Ende gelegenen Einfahrtsweiche.

Je nachdem sie in eines der beiden Rundhäuser gehören, werden sie auf das betreffende Einfahrtsgleis gebracht, auf den hier befindlichen Putzgruben gereinigt und in ihr Heizhaus geführt.

Aus jedem Rundhaus führen in östlicher Richtung besondere Ausfahrtsgleise, auf welchen sich kürzere Putzkanäle zur Reinigung der während des Anbrennens gebildeten Rückstände befinden.

---

[1]) aus The Railroad Gazette 1902.

Die vom **westlich** gelegenen Güterbahnhof heimkehrenden Lokomotiven müssen über die Zugförderungsgleise auf dem Gleis „B" ihre Fahrtrichtung ändern, um zum Kohlengleis „C" zu gelangen.

Nach hier vollzogener Versorgung mit Kohle und Sand fahren sie ebenso wie die Personenlokomotiven über die westliche Einfahrtsweiche in ihr Heizhaus.

Die Ausfahrt der Güterlokomotiven erfolgt wie die der Personenlokomotiven, nur müssen dieselben, um auf den westlich gelegenen Frachtenbahnhof zu kommen, vom Ausfahrtsgleis vorerst über das Gleis „A" oder, wenn dasselbe durch Personenlokomotiven verstellt sein sollte, über das Umfahrtsgleis „D" zur westlichen Ausfahrt gelangen.

Nachdem zur Beförderung der Personenzüge andere Kohlensorten als zur Förderung der Güterzüge verfeuert werden, bevorrätigt der Kohlenschuppen auf der Seite des Gleises „A" für die Personenlokomotiven bessere Kohlen als auf der Seite des Gleises „C", wo die Güterlokomotiven ausrüsten.

Beide Heizhäuser sind durch ein besonderes Gleis auch unmittelbar miteinander verbunden, außerdem führt ein besonderes Gleis an dem Ölhaus vorüber zur Werkstätte.

10. Schlußbemerkungen.

Aus den vorstehenden Ausführungen ist ersichtlich, daß die Fortschritte auf dem Gebiete der Technik und Hygiene sowohl die Bauart als auch die Einrichtungen der Lokomotivschuppen wesentlich beeinflußt haben.

Die alten, mit Dampf und Rauch erfüllten Heizhäuser, in welchen eine glatte Dienstabwicklung meistens mit Schwierigkeiten verbunden ist, weichen an allen Orten Neuanlagen mit hellbeleuchteten, im Winter gut durchwärmten, ruß- und dunstfreien Hallen, in welchen mit allen modernen Hilfsmitteln, als mechanischen Einrichtungen, Druckwasser, Dampf, Preßluft und elektrischen Anlagen, unterstützt durch leistungsfähige Hebe- und Senkvorrichtungen die Indienststellung und die Ausbesserung der Lokomotiven erleichtert und beschleunigt wird.

Das Fahrpersonal hat in allen größeren Neuanlagen nach beendetem Dienste eigene Bäder, Wasch-, Speise- und Leseräumlichkeiten zur Verfügung und erhält zur Übernachtung gut eingerichtete Schlafzimmer zugewiesen.

Wenn diese Fortschritte bisher nicht überall erreicht sind, so ist doch bei den meisten Eisenbahnverwaltungen das ernstliche Bestreben zu erkennen, nach Maßgabe der verfügbaren Mittel auch auf diesem Gebiete den Anforderungen der Zeit zu entsprechen.

Der wiederholte Hinweis auf Amerika wurde durch die in letzterer Zeit gerade auf diesem Gebiete des Eisenbahnwesens auf nordamerikanischen Bahnen erzielten Fortschritte veranlaßt. Die Ursache dieser Erscheinung ist einesteils in dem vorherrschenden Streben nach größter Ausnützung der Lokomotiven, andererseits in der fruchtbaren Tätigkeit der „Vereinigung amerikanischer Zugförderungsvorstände" (Master Mechanicus Association) zu suchen. In den sich jährlich wiederholenden Kongressen dieses Vereines werden die Erfolge aller neuen Erfindungen, die Ergebnisse neuer Bau-

und Betriebsweisen, sowie wichtige Materialerprobungen eingehend erörtert und dann in Jahrbüchern der Öffentlichkeit übergeben.

Es wäre zu begrüßen, wenn auch durch die europäischen Eisenbahnverwaltungen in gleicher Weise wiederkehrende Versammlungen der unmittelbar im praktischen Dienste stehenden Zugförderungs- und Heizhausvorstände veranlaßt und deren Ergebnisse durch leicht zugängliche Veröffentlichungen den Fachkreisen bekannt gemacht würden.

Literatur.

Heusinger von Waldegg, „Handbuch für spezielle Eisenbahntechnik“.
W. Flattich, „Über Gesamtanordnung der Bahnhöfe und Stationen“.
E. Schmitt, „Bahnhöfe und Hochbauten auf Lokomotiveisenbahnen“.
H. Bartels, „Betriebseinrichtungen auf amerikanischen Eisenbahnen“.
Büte und v. Borries, „Die nordamerikanischen Eisenbahnen in techn. Beziehung“.
Röll, „Enzyklopädie des Eisenbahnwesens“.
„Eisenbahn-Technik der Gegenwart“.
„Jahrbücher der Vereinigung amerik. Zugförderungs-Vorstände.“

Heizhausdienst.

Von

J. Wittenberg,

Oberinspektor der k. k. priv. Südbahn-Gesellschaft, Budapest.

Der Heizhausdienst umfaßt alle jene Vorkehrungen, die zu treffen sind, um für die Bewegung der Züge aller Art auf offener Strecke und in den Stationen die erforderliche Zugkraft (Lokomotiven) stets zur Verfügung zu haben. Dazu gehört die Unterbringung, die Untersuchung, die Instandhaltung und die Bereithaltung der Lokomotiven, insbesondere aber die notwendigen Vorbereitungen für den Fahrdienst. Den Ausgangspunkt der Dienstleistung bildet die Vorbereitung der Lokomotiven für die Fahrt.

1. Anbrennen der Lokomotiven.

Arten des Anbrennens. Die unmittelbare Vorbereitung der Lokomotive zur Fahrt beginnt im Heizhause mit dem Anbrennen, Anheizen. Zu diesem Zwecke wird der ganze Rost, bis auf eine Stelle, wo das eigentliche Anbrennen erfolgt, mit gröberer Kohle beschickt. Ist der Rost sehr groß, oder steht Grobkohle nicht zur Verfügung, so bedeckt man bei manchen Bahnen den Rost mit grober Schlacke und erst diese mit einer Schicht Kohle. Auf der leergebliebenen Stelle wird öliges Werg entflammt und die Flamme durch harzreiches Holz genährt. Dieses Feuer wird mit leicht entzündbarer Kohle, Lignit oder leichteren Braunkohlen beschickt und erst später, sobald dasselbe kräftiger geworden ist, erfolgt das Bedecken mit gewöhnlicher Kohle.

Wird harzreiches Kiefern- oder Kienholz verwendet, so genügt schon 0·03 bis 0·05 cbm zur Entzündung. Je weniger harzreich das Holz, desto mehr benötigt man zum Anbrennen, damit die Flamme das Bedecken mit Kohle zulasse, ohne zu erlöschen. Ebenso steigt diese Menge, wenn leicht entzündbare Kohle nicht zur Verfügung steht, so daß unter Umständen selbst 0·12 cbm Holz erforderlich ist. An manchen Orten wird der Rost ganz mit Kohle bedeckt, das Holzfeuer über demselben entzündet und mit Pressluft angefacht.

Statt Holz wird auch — besonders in England — glühende Kohle verwendet, die in Flammöfen bereit liegt. Hierzu eignet sich nur backende Kohle, damit während des Erglühens und Bereitliegens nicht zu viel verbrenne. Der Transport zu den Lokomotiven erfolgt hier auf sehr großen Schaufeln, die ganze Rotten von Arbeitern auf den Schultern tragen. Bei einigen

Bahnen Nordamerikas wird seit Jahren mit Rohpetroleum angebrannt. Dies erfolgt durch ein Preßluftgebläse, welches das Petroleum zerstäubt und eine mächtige, die ganze Feuerbüchse erfüllende Flamme erzeugt welche die Kohle zur Entzündung bringt. Es wird angegeben, daß hierzu durchschnittlich $1^1/_2$ Gallone — etwa 7 Liter — erforderlich sind, was dort ungefähr 3 bis 7 Cents (15 bis 35 Heller) kostet. Bei diesem Verfahren sind Rohrleitungen für Preßluft und Rohöl erforderlich; die letzteren müssen stets entleert werden, um Feuersgefahr zu vermeiden. Man findet ferner Anlagen, wo die Kohle mit Leuchtgas angebrannt wird, das aus einem beweglichen Schlauche mit langer Flamme in die Feuerbüchse geführt wird. Schließlich ersetzt man das Holz auch durch Harzkuchen oder ähnliche leicht entzündliche Stoffe. Die Wahl dieser Mittel hängt wohl in erster Linie von den örtlichen Preisen der verwendbaren Materialien ab. Man kann aber behaupten, daß im allgemeinen meist Holz verwendet wird.

Die Menge der zum Anheizen erforderlichen Kohle hängt in erster Linie von der Rostfläche ab, ferner davon, ob eine warme oder eine kalte Lokomotive angebrannt werden soll. Für einen mittleren Lokomotivkessel mit rund 5 cbm Wasserinhalt und etwa 13 Tonnen Kesselgewicht benötigt man für das Anheizen bis zu dem Zeitpunkte, da Dampf von 1 Atmosphäre gebildet ist, bei einer Anfangstemperatur von 10 bis 20° C mindestens 100 Kalorien für Kilogramm Wasser und 10 Kalorien für 1 Kilogramm Kessel, somit im ganzen etwa 650 000 Kalorien. Unter der Annahme einer Mittelkohle von fünffacher Verdampfung, also etwa 3000 verwendbaren Kalorien, ergibt dies 220 kg Kohle und entsprechend weniger, je nach der Temperatur des Wassers zu Beginn des Feuerns. Dies entspricht auch tatsächlich mittleren Verhältnissen. Bei großen Rosten wird diese Ziffer wesentlich größer, denn der Rost muß vollständig bedeckt sein. Es bildet dies einen Nachteil der großen Roste, denn am Schlusse der Fahrt muß der Rost auch bedeckt bleiben, und dieser Rest bleibt für eine andere Verwendung meist unverwertbar.

D a u e r   d e s   A n b r e n n e n s. Wenn keine besonderen Hilfsmittel angewendet werden, so dauert das Anbrennen bei kalten Lokomotiven 3 bis 4 Stunden, bei warmen die Hälfte dieser Zeit. Bei kalten Lokomotiven dauert es lange, bis sich die Rauchgase in solcher Menge entwickeln, daß sie beim Passieren des Rohrbündels genügend warm bleiben, um im Rauchfange hinreichenden Luftzug zu erzeugen. Der schwache Zug wird sodann, wenn er schon die Hindernisse der Funkensiebe samt Zubehör im Rauchkasten überwunden hat, durch den Zwischenraum zwischen Lokomotiv- und Heizhaus-Rauchfang wesentlich gestört und die Gase strömen hier statt ins Freie ins Heizhaus und erfüllen es mit Rauch, insbesondere bei stürmischem Wetter, das den Abzug hemmt. Aus diesem Grunde verbessern bewegliche Rauchfänge oder solche mit Klappenverschluß (System Fabel, Spiegelhalter) durch Abschluß des Zwischenraumes zwischen Lokomotiv- und Heizhaus-Rauchfang die Zugverhältnisse und sollen die Anbrenndauer kalter Maschinen um nahezu eine Stunde verkürzen. Sehr gut wirken auch die bei neueren Heizhäusern angebrachten Zentralschornsteine.

Zunächst kommt dann die Verwendung von Hilfsbläsern in Betracht, wenn Leitungen mit Preßluft vorhanden sind, die an die Hilfsbläser der Lokomotiven angeschlossen werden können, und schließlich die Hilfsgebläse mit Dampf.

Inanspruchnahme des Kessels. Bei allen diesen Mitteln ist die Inanspruchnahme des Kessels durch Verzerrung infolge Temperaturunterschiedes der Platten an verschiedenen Stellen des Kessels beträchtlich.

Die Versuche des Vereins der Industriellen von Manchester aus dem Jahre 1890 zeigten, daß beim Anbrennen eines Flammrohrkessels der Dampfdruck schon mehr als eine Atmosphäre betragen kann, während die Temperatur des Wassers am Kesselbauche 25^0 C nicht übersteigt. Versuche von Bach aus dem Jahre 1900 an einem Lokomobilkessel zeigen bei einer Anfangstemperatur von 18^0 C schließlich eine Temperaturdifferenz von 141^0 C zwischen dem Wasser am Bauche des Kessels und in der Nähe des Wasserspiegels[1]).

Die hieraus erwachsende beträchtliche Inanspruchnahme des Kessels soll im folgenden nur angedeutet werden, da Berechnungen, wie sie z. B. Höffinghoff[2]) durchgeführt und die bei einer Lokomotive weit über die Elastizitätsgrenze hinausgehende Spannungen ergeben, zu viele Voraussetzungen enthalten. Überdies ist die elastische Deformation des Lokomotivkessels bei verschiedenartigen Inanspruchnahmen auch nicht annähernd bestimmt worden.

Kupfer hat einen Elastizitätmodul von 1070000 und einen Ausdehnungskoeffizienten von $\dfrac{1}{58\,200}$ für 1^0 C. Wenn wir also die Dehnung von $\dfrac{1}{58\,200}$ verhindern, so ist die Inanspruchnahme

$$1\,070\,000 : 58\,200 = 18{,}2 \text{ kg/qcm.}$$

Für Stabeisen mit einem Modul von 2000000 bei einem Ausdehnungskoeffizienten von $\dfrac{1}{81\,200}$ beträgt dieser Wert 24,0 kg/qcm. Wenn also die Formänderung vollständig gehemmt werden könnte, so müßte Kupfer mit einer Elastizitätsgrenze von 390 kg/qcm bei einer Temperaturdifferenz von 22^0 C bis zu dieser Grenze beansprucht werden.

In der folgenden Zusammenstellung sind diese Werte für einige Materialien angegeben:

Verhalten einiger Materialien bei Temperaturdifferenzen.

Material	Elastizitätsgrenze		Temperaturdifferenz an der Elastizitätsgrenze ^{0}C	
	Zug	Druck	Zug	Druck
Kupfer	390	300	22^0	17^0
Stabeisen	1800	1800	75^0	75^0
Kesselplattenstahl	2500	2500	114^0	114^0
Gußstahl gehärtet	13000	13000	420^0	420^0

Hieraus ersieht man einerseits die Bedeutung der Temperaturdifferenzen und andererseits die Notwendigkeit, Deformationen zuzulassen, um die von ihnen erzeugten enormen Drücke zu entlasten.

----

[1]) Mitt. über Forschungsarbeiten Ver. deutsch. Ing. 1901, Heft 1, S. 71.
[2]) Zeitschr. Ver. deutsch. Ing. 1891, 5. Dezember.

Welche Formänderung erleidet nun ein Kessel beim Anbrennen? In Abb. 1 ist diese Formänderung für einen Torpedobootkessel — eigentlich ein großer Lokomotivkessel — auf Grundlage der Versuche von Yarrow[1]) dargestellt.

Die Dehnung beginnt hier zuerst im Niveau des Wasserspiegels etwa 5 Minuten nach erfolgtem Anbrennen; 15 Minuten später folgt jene der Bauchplatte, nachdem der Kessel in der Höhe des Wasserspiegels sich schon um 1,0 mm gedehnt hat. Die Dehnung des Kesselrückens beginnt erst, nachdem der Dampf sich zu bilden begonnen; vorher findet also keine Wärmeübertragung zwischen dem Wasser und den nicht von Wasser bedeckten Teilen des Kessels statt. Die Verzerrung des Kessels ist daher eine bedeutende. Dies zeigt Yarrow in folgender Weise: Drei Stehbolzen in den Seitenwänden des Stehkessels wurden durchbohrt und mit genau passenden Stiften versehen, deren Enden bis in die Nähe einer Platte reichten, welche neben dem Kessel, jedoch von diesem unabhängig, befestigt war. In dieser Platte waren Bohrungen angebracht, welche im kalten Zustande des Kessels

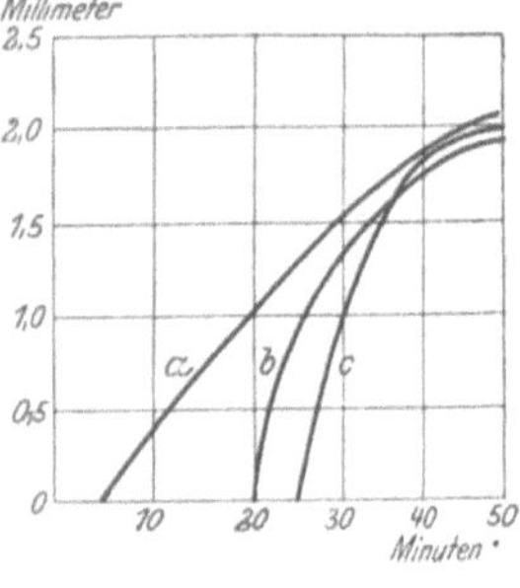

Abb. 1.
Formänderung eines Kessels beim Anbrennen.

a Wasserspiegel. *b* Kesselbauch. *c* Kesselrücken.

mit den Enden der Stifte konzentrisch waren (Abb. 2).

Zwei dieser hohlen Stehbolzen standen in einer Horizontalen in der obersten Stehbolzenreihe des Kessels und der dritte symmetrisch zu denselben in der untersten Reihe. Bei Beginn des Anbrennens ist die Lage der Stifte und Löcher konzentrisch, wie dies Stellung a) in Abb. 3 zeigt. Die Stellung der Stifte zur unveränderlich befestigten Platte zeigen die Teile b) c) d) e) in Abb. 3 je 15, 25, 40 und 50 Minuten nach erfolgtem Anheizen, wodurch die Verzerrung des Kessels augenscheinlich wird.

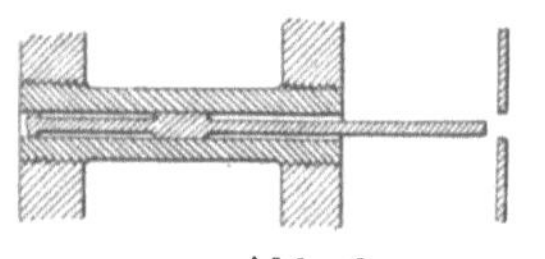

Abb. 2.
Beobachtungstifte.

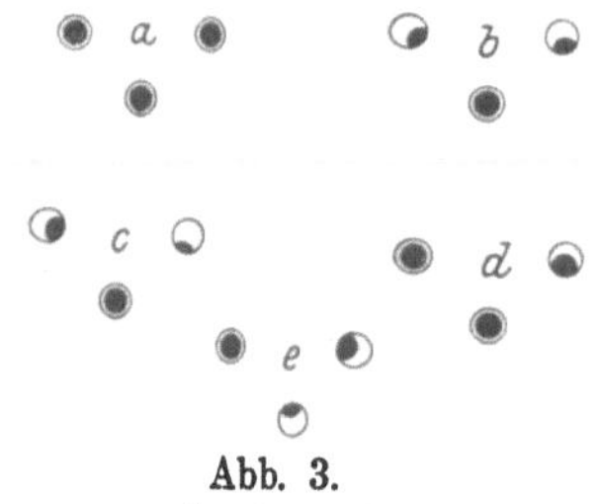

Abb. 3.
Verzerrung des Kessels während des Anheizens.

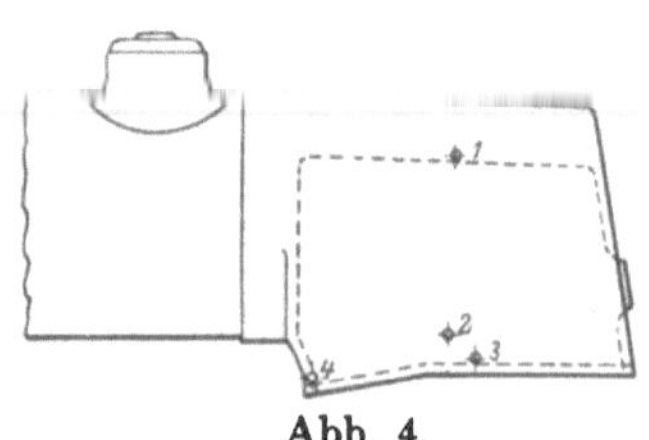

Abb. 4.
Versuchskessel von Wells.

Die Frage, welche Art des Anheizens für den Kessel am vorteilhaftesten sei, beantwortet Myron E. Wells[2]) durch eine Versuchsreihe aus dem Jahre 1905. An vier Stellen des Versuchskessels (Abb. 4), der mit einem Feuerschirm versehen war, befanden sich die Thermometer 1—4.

[1]) Engineering 1891, Bd. 51, S. 337.
[2]) M. E. Wells, Care of Locom.-Boilers, Chicago 1905.

Abb. 5 zeigt den Verlauf des gewöhnlichen Anbrennens. Das unterste Thermometer Nr. 3 zeigt erst nach $4^h\,40'$ Dampfbildung, nachdem der Hilfsbläser der Lokomotive nach $3^h\,40'$ in Tätigkeit gesetzt war. In Abb. 6 ist eine Wiederholung des Versuches dargestellt, mit dem Unterschiede, daß der Hilfsbläser inzwischen von $2^h\,20'$ bis $2^h\,40'$ in Tätigkeit

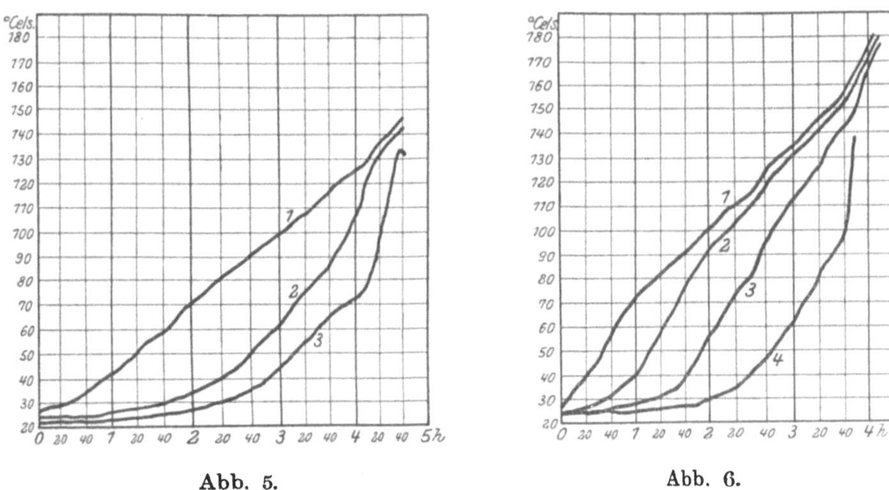

Abb. 5.　　　　　　　　　　　　　　　Abb. 6.

Langsames Anbrennen.

war. Die Abb. 7 und 8 zeigen das Anbrennen mit Hilfe eines Preßlufthilfsbläsers. Beim Falle 8 wurden um $1^h\,40'$ die Funkensiebe ausgeklopft, was die Zugbildung wesentlich steigerte.

Vergleichen wir den Verlauf der Temperaturkurven, die in den einzelnen Figuren mit den Nummern der betreffenden Thermometer bezeichnet sind, so finden wir beim langsamen Anheizen größere Temperaturdiffe-

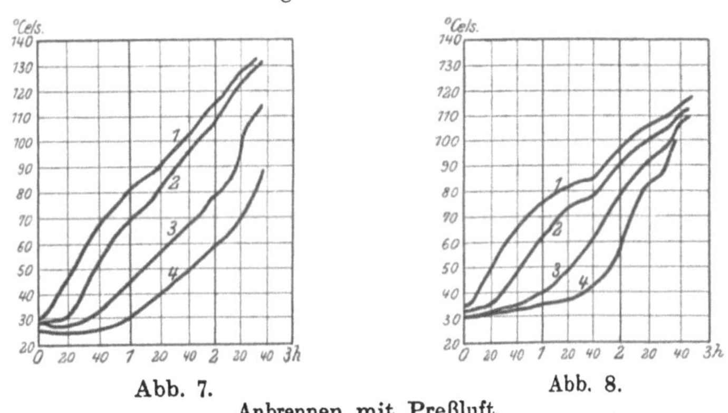

Abb. 7.　　　　　　　　　　　　　　　Abb. 8.

Anbrennen mit Preßluft.

renzen zwischen den einzelnen Thermometern als beim raschen Verlaufe des Anbrennens. In Abb. 5 ist die größte Abweichung zwischen 2^{40} und 3^{00} ungefähr 55^0, in Abb. 6 auf der Linie 2^{40} sogar 76^0, während in den Abb. 7 und 8 die größten Unterschiede bloß 50^0 bezw. 45^0 ausmachen. Auffallend ist die Wirkung des Hilfsbläsers im Falle 5 und 6, dessen Wirkung die Temperatur der untersten Wasserschichten rasch steigen läßt.

Diese Versuche sind außerordentlich lehrreich.

Bei Anwendung zugbeschleunigender Mittel scheint jedoch einige Vorsicht geboten, insbesondere beim Gebrauche des Hilfgebläses. In manchen Heizhäusern scheut man die Anwendung desselben und behauptet, daß es das Feuer verschlacke und Rohrrinnen erzeuge. Letztere Erscheinung ist wohl darauf zurückzuführen, daß die Kohlenschichte während des Anheizens noch nicht genug stark und gleichmäßig ist und einzelne Stellen leicht kalte Luft einströmen lassen. Es sei ferner bemerkt, daß bei Versuch 7 das Gewölbe aus der Feuerbüchse entfernt worden war.

In Abb. 9 ist der Verlauf eines Versuches dargestellt, bei dem durch den vorderen Ablaßhahn am Schlußringe des Stehkessels Dampf eingeblasen

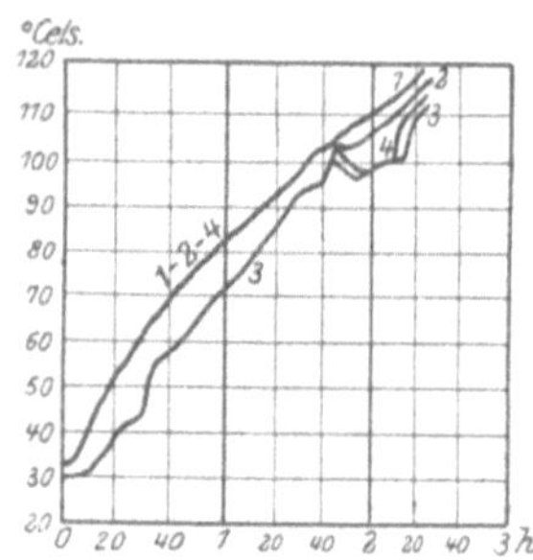

Abb. 9.
Anbrennen mit künstlichem
Wasserumlauf.

worden war. Man sieht hier die außerordentlich günstige Einwirkung der so entstandenen Wasserströmung, bei der die größten Temperaturunterschiede bloß 8° betragen und die Dampfbildung auch in der untersten Schichte schon nach 1^h 40′ beginnt.

Yarrow gibt an, daß er beim Anheizen eines kalten Kessels denselben behufs Vermeidung der Verzerrungen bis zur Decke mit Wasser fülle, und während des Anbrennens aus einem Ablaßhahne am tiefsten Punkte des Kessels langsam Wasser auslaufen lasse, bis die normale Höhe des Wasserspiegels erreicht sei.

Dieses Verfahren im Heizhause anzuwenden, halten wir für unzulässig, denn es birgt die Gefahr in sich, daß das Wasser bis zu einer gefährlichen Tieflage sinken könnte. Das wirksamste Mittel zur Vermeidung großer Anbrennspannungen bleibt das Füllen des Kessels mit warmem Wasser. Wir sehen aus dem Verlaufe der Kurven, daß etwa von 60° aufwärts auch die Temperatur am tiefsten Punkte rascher zunimmt und die Temperaturunterschiede verschwinden, bald nachdem an dieser Stelle 100° erreicht worden sind und die Dampfbildung beginnt.

Heizmeister. Das Anbrennen besorgen zweckmäßig ehemalige Lokomotivheizer, welche die Prüfung als Kesselwärter abgelegt haben. Der Heizmeister soll ein nüchterner, zuverlässiger Mann sein. Er hat den Kessel vor dem Anheizen auf seinen Wasserstand zu untersuchen, soll wissen, wo und wie jede Lokomotivtype anzubrennen ist, um rasch Zug zu erzeugen, und hat während des ganzen Verlaufes den Wasserstand im Kessel und etwaige Undichtheiten zu beobachten und zu melden. Einzelne Lokomotiven brauchen mehr Zeit zur Dampfentwicklung als andere und auch die Wetterverhältnisse nehmen darauf wesentlichen Einfluß. Mitunter ist es auch nötig, zur Anfachung des Feuers ein Funkensieb aus dem Rauchkasten zu entfernen, oder Werg in demselben anzuzünden.

2. Regelmäßige Revisionen.

Ein wichtiges Mittel zur Sicherung des Dienstes der Lokomotive ist die regelmäßige Untersuchung derselben.

Revision des Führers. Der Führer untersucht vor der Abfahrt den Kessel auf Wasserstand, Zustand des Feuers, Dichtheit der Feuerbüchse und Auswaschluken, Wirkung von Strahlpumpen und Hilfsbläser, ferner Aschkasten, Rauchkasten und Funkensiebe. Sodann folgt die Untersuchung des Kraftgestänges mit seinen Lagern, Keilen, Bolzen, Splinten und Schmiervorrichtungen, der Bremse samt Gestänge und Versicherungen und schließlich der Räder, Achslager und Tragfedern und im Winter der Dampfheizung. Der Führer leistet, mit Hammer und Franzosen in der Hand, die notwendige Nachhilfe und sichert so die folgende Fahrt. Dieselbe Untersuchung wiederholt sich nach beendeter Fahrt, um im Zusammenhange mit den auf der Strecke beobachteten Erscheinungen den Zustand der Lokomotive und die notwendigen Ausbesserungen festzustellen und anzugeben.

Lokomotivuntersuchungsschlosser. Bei dauernder Wechselbesetzung der Lokomotiven ist es notwendig, besondere Revisionsschlosser für die Untersuchung jeder ankommenden Lokomotive zu halten, um einerseits die gründliche Untersuchung sicherzustellen und andererseits jene des ankommenden Führers zu kontrollieren. Besondere Untersucher müssen ferner im Winter bei Schneewetter aufgestellt werden, wenn die Lokomotiven, mit Schnee und Eis bedeckt, im Heizhause eintreffen und erst nach mehreren Stunden die gründliche Untersuchung durchführbar ist. Es hat sich ferner sehr gut bewährt, die Revision des Führers vor Antritt der Fahrt einmal monatlich in Gegenwart der Heizhausleitung vornehmen zu lassen. Dies gibt Gelegenheit, den Zustand der Lokomotive im ganzen ohne besonderes Personal zu untersuchen und auf ihre sorgfältige Erhaltung hinzuwirken.

Periodische Revisionen. Bei den meisten Eisenbahnen sind regelmäßige Untersuchungen aller wesentlichen Teile der Lokomotive in bestimmten Zeitabschnitten vorgeschrieben und in einigen Staaten seitens der Behörde angeordnet. Sie dienen vornehmlich zur Untersuchung solcher Teile, welche vom Führer nicht leicht untersucht werden können oder die überhaupt schwer zugänglich sind, besonders aber jener, deren tadelloser Zustand für die Betriebssicherheit von Wichtigkeit ist. Diese Untersuchungen sind grundsätzlich in Gegenwart der Heizhausleitung durchzuführen, und man darf sich die Mühe, die insbesondere mit der Revision der Feuerbüchse verbunden ist, nicht verdrießen lassen. Bei entsprechender Übung kann auch ein ziemlich kräftiger Mann mit vorgestreckten Armen durch die Türöffnung in die Feuerbüchse gelangen; nötigenfalls ist der Aschkasten zu entfernen. Die Betriebssicherheit der Feuerbüchse ist ein Grunderfordernis der Sicherheit des Kessels, der gute Zustand von Feuerrohren, Rohrwänden und Stehbolzen die Grundlage des sicheren Betriebes und kann dem Urteile eines untergeordneten Kesselschmiedes allein nicht überlassen werden.

Das zu untersuchende Kraftgestänge muß abmontiert und in allen Teilen vollständig geputzt sein. Zur Untersuchung dient ein kleiner, leichter Stahlhammer, und ein leichter Hieb erzeugt im Gestänge Schwingungen, die Öl aus den Rissen treiben und dieselben als feine schwarze Striche auf silbernem Felde erscheinen lassen. Auf dem Grunde von scharfem Gewinde ist es schwer, ja fast unmöglich, Risse zu finden und ein stärkerer Hieb mit dem Hammer kann solche Schrauben zum Bruche bringen oder Anbrüche erzeugen. Auf geschmiedeten und unbearbeiteten Teilen, wie z. B. Bremsgestängen, zeigt eine Trennung des Rostes oder Anstriches die Bruchstelle. In zweifelhaften Fällen werden wichtige Teile mitunter ins Schmiedefeuer getan, wo bei Rotglut ein schwarzer Strich die Bruchstelle bezeichnet.

Die Tiefe der Risse in Platten oder starken Stangen wird durch Einmeißeln mit dem Kreuzmeißel festgestellt. Der feine, von demselben abgetrennte Span fällt an der Bruchstelle auseinander, solange dieselbe das Gefüge trennt. Anbrüche von geringer Tiefe können durch Abbohren der Bruchenden oder Ausfeilen des ganzen Bruches mit der Rundfeile mitunter dauernd am Fortschreiten verhindert werden. Denn die Größe der Inanspruchnahme steht bekanntlich im umgekehrten Verhältnisse zum Krümmungsradius des Querschnittüberganges und somit ist ein scharfer Anbruch die unmittelbare Veranlassung zum Weiterbrechen. Solche Stellen müssen fleißig wiederuntersucht werden.

Wie weit Brüche reichen dürfen, ohne die angebrochenen Teile und den Betrieb zu gefährden, darüber lassen sich durchaus keine festen Regeln aufstellen und die richtige Entscheidung hierüber ist nur ein Ergebnis langer Erfahrung bei genauer Kenntnis der einzelnen Lokomotivgattungen und ihrer Bestandteile. Dies hängt insbesondere von der Art der Bestandteile ab, ihrer Wichtigkeit, den Folgen eines etwa eintretenden Bruches und von dem Material, aus dem sie angefertigt sind. Anbrüche in hartem Stahl sind stets bedenklich, denn sie gehen häufig plötzlich durch den ganzen Querschnitt weiter. Besonders zu beachten sind Risse der Quere nach oder in scharfen Ecken. Leit- und Kuppelstangen sollen bei personenbefördernden Lokomotiven grundsätzlich nicht mit Anbrüchen im Dienste belassen werden. Ist man genötigt, bei Güterlokomotiven angebrochene Stangen im Betriebe zu erhalten, so sind die Enden der Bruchstellen zu bezeichnen — „anzukörnen" — und neben dem Bruch an einer passenden Stelle ein Kreuz in die Stange zu hauen, um die Stelle rasch finden und leicht kontrollieren zu können. Befinden sich diese Stellen auf der Unter- oder Hinterseite der Gestänge, so ist der Führer mit einem kleinen Spiegel auszurüsten, um die Stelle gut beobachten zu können. Gehen die Risse weiter, so ist die Stange auszuwechseln.

Bei Kesselplatten gilt an vielen Orten die Regel, es sei zulässig, sie im Betriebe zu behalten, wenn sie stellenweise bis auf $^2/_3$ ihrer Stärke abgezehrt sind, oder wenn Anbrüche bis zur Hälfte des Querschnitts reichen. Gegen diese oder sonst welche allgemeine Regeln kann nicht ernst genug Stellung genommen werden. Es gibt Lokomotivtypen, wo Rohrwandunterteile ganz unbedenklich bis zur Hälfte ihrer Stärke abbrennen dürfen, hingegen muß es geradezu als gefährlich angesehen werden, Anbrüche in horizontalen Umbügen der Feuerbüchsenplatten bis zur Hälfte der Plattenstärke im Betriebe zu lassen. Die Entscheidung, mit welchen Kesselschäden eine Lokomotive noch zuverlässig im Betriebe bleiben kann, ist in manchen Fällen nicht leicht, trotz theoretischer Schulung und praktischer Erfahrung. In zweifelhaften Fällen wird man selbstverständlich die Lokomotive aus dem Dienste ziehen und sich an die nächsthöhere Instanz wenden. Aber manche sind ängstlicher Natur und wollen schon bei geringfügigen Schäden die Lokomotive nicht mehr im Dienste lassen, andere entschließen sich schwer, besonders in Zeiten starken Verkehres, den Stand zu verringern, und es ist dann von großem Vorteil, einen zuverlässigen Berater zur Hand zu haben, der in den meisten Fällen entscheiden hilft.

Als ausgezeichneter Leitfaden in diesen Fällen dient die vom österr.

Ingenieur- und Architektenvereine im Jahre 1891 herausgegebene Arbeit „Schäden an Lokomotiv- und Lokomobilkesseln". Sie ist eine wahre Fundgrube zur Beurteilung der Schäden und der Art ihrer Behebung. Freilich wäre es dringend notwendig, diese Arbeit zeitgemäß zu ergänzen, da die großen Feuerbüchsen, die hohen Dampfdrücke und die allgemeine Einführung der Feuerschirme neue Schäden gezeitigt haben. Mit Rücksicht auf die Wichtigkeit dieses Behelfes wurde in unserem Dienstbereiche dieses Buch als Dienstbuch eingeführt, und jeder technische Beamte hat vor Antritt selbständiger Dienstleistung die vollständige Vertrautheit mit demselben nachzuweisen.

Die Untersuchung der Stehbolzen kann nur bei gefülltem Kessel mit Erfolg durchgeführt werden. Die Methode der Untersuchung mit zwei Hämmern, von denen der an einem Ende des Stehbolzens vorgehaltene auf den Hieb des zweiten Hammers aufs andere Stehbolzenende abspringen soll, ist wohl allgemein aufgegeben. Auch die Amerikaner haben sie nach den Versuchen der Pennsylvaniabahn aufgegeben und Stehbolzen mit Bohrungen eingeführt. Bei diesen Versuchen wurde ein Lokomotivkessel mit vollen Stehbolzen von einer Anzahl geübter Kesseluntersucher unabhängig voneinander nach der Zweihammermethode untersucht. Diese Ergebnisse wichen nach Zahl und Lage der gebrochenen Stehbolzen teilweise voneinander ab. Sodann wurden die Stehbolzen angebohrt und durch das Ausfließen des Wassers aus den Bohrungen festgestellt, daß die Zahl der gebrochenen um mehr als 30 % größer war, als die größte durch die Untersucher angegebene Ziffer. Die Bohrungen der im Betriebe gebrochenen Bolzen verlegen sich leicht oder sie werden vom Personale, ja selbst von Kesselschmieden verschlagen. Sie müssen daher vor der Untersuchung geöffnet werden, und zwar in horizontalen Reihen fortschreitend von unten nach oben, weil sonst das ausfließende Wasser die Untersuchung erschwert.

Bei allen Untersuchungen ist es zweckmäßig, in diesem Dienste besonders gut ausgebildetes Personal zu verwenden. Dieses kennt die Stellen, wo Anbrüche zu entstehen pflegen und arbeitet rasch und gründlich. Bei jedem Lokomotivtypus finden sich spezielle Schäden, ebenso bei den verschiedenen Kesseltypen.

Revisionstermine. Bei den Eisenbahnen Österreich-Ungarns liegen die Revisionstermine für die wichtigeren Bestandteile innerhalb der in nachfolgendem angegebenen Grenzen. Wir bemerken, daß die einzelnen Verwaltungen in der Regel für denselben Bestandteil unabänderliche Fristen vorschreiben.

Feuerbüchse	1—6 Monate
Sicherheitsarmatur	6 „
Strahlpumpen	3—6 „
Speiseköpfe, Wasserstand	3—6 „
Trieb- und Kuppelstangen	1—6 „
Kurbeln, Zapfen, Lager	1—6 „
Achsen und Räder	1—2 „
Drehgestelle	3—6 „
Zugvorrichtungen	1 „
Dampfschieber	3—6 „
Kolben samt Stangen	6 „
Bremsen	3—6 „

Da, wo die Behörden Untersuchungstermine vorschreiben, soll dies in der liberalsten Weise geschehen, um die Ausnützung verbesserter Bauarten nicht zu behindern. Den Eisenbahnen bleibe es dann überlassen, innerhalb dieser tunlichst weit gesetzten Grenzen für schwächere oder weniger zweckmäßige Konstruktionen kürzere Fristen festzusetzen. Das Trennen nach Typen ist schon deswegen notwendig, weil nichts so sehr demoralisiert, als das Bewußtsein, immer wieder vergebliche Arbeit zu leisten, die bald als unnütz, ja als schädlich angesehen und entsprechend durchgeführt wird. Sind Gestänge und Lager so gut gebaut, daß, praktisch genommen, Brüche nicht vorkommen, so sollten als Untersuchungsfristen jene Zeiträume gewählt werden, nach denen erfahrungsgemäß das Zusammenfeilen der Lager erforderlich ist, und die Untersuchungsschlosser haben dann auch diese Arbeit zu besorgen. Von diesen Gesichtspunkten geleitet, sind bei einer Verwaltung die Fristen für das Gestänge je nach der Type mit ein bis drei Monaten festgestellt. Gute Lagerkonstruktionen mit Büchseneinsätzen gestatten einen ungestörten Lauf von Räderdrehen zu Räderdrehen und könnten die Termine anstandslos auf diese Zeit oder höchstens auf sechs Monate gestellt werden.

Ähnliches gilt von der Untersuchungsfrist der Feuerbüchse je nach der Härte des Wassers, Größe der Rostfläche und Höhe des zulässigen Dampfdruckes.

Die Einhaltung der Fristen sollte nicht auf Tage genau verlangt werden, sondern für den Kalendermonat gelten, denn die Einhaltung auf den Tag genau bildet eine unnötige Erschwernis des Dienstes. Es ist deshalb zweckmäßig, den Stand der Lokomotiven fortlaufend in so viel gleiche Gruppen zu teilen, als die Frist Monate enthält, und monatlich stets die gleiche Zahl in leicht zu übersehender Folge zu revidieren.

Die Revision ist im Revisionsbuche der Schlosser monatlich vorzuschreiben und die gepflogene Durchführung sofort von dem untersuchenden Heizhausorgane an der betreffenden Stelle dieses Buches zu fertigen. Der Vollzug wird sodann im Heizhaus-Revisionsbuche eingetragen.

Manche Vorschriften verfügen die Untersuchung jedes Bestandteiles gelegentlich jeder Reparatur. Dies erschwert die Arbeit wesentlich, da man warten muß, bis jemand von der Leitung zur Untersuchung herbeigeholt wird. Es ist zweckmäßiger, den Arbeitern für Brüche, die sie an wichtigen Bestandteilen finden, Prämien auszusetzen und diese genau vorzumerken, um Mißbräuchen vorzubeugen.

3. Revisionen nach Unfällen.

Ganz besondere Sorgfalt erfordern die Untersuchungen nach Unglücksfällen — Entgleisungen, Zusammenstößen, Ausglühen von Feuerbüchsen usw. —, weil es sich hier nicht bloß um die Feststellung der Ursachen, sondern auch um disziplinare oder gerichtliche Strafen handelt.

Entgleisungen. Bei Entgleisungen wird seitens der Bahnerhaltung stets auf scharfe Spurkränze als Ursache gefahndet. Wir halten es für wichtig, hier ausdrücklich zu erklären, daß in unserer 25jährigen Praxis, von der wir 20 Jahre im Heizhause zugebracht, auch nicht ein einziger Fall dieser Art festgestellt wurde. In früheren Jahrzehnten, als die Radreifen aus viel weicherem Material hergestellt wurden, und in manchen Fällen einzelne

Radreifen innerhalb einer Revisionsfrist scharf liefen, hatte man Gelegenheit, dies zu beobachten. Hingegen sind Fälle bekannt geworden, in denen zu geringes Spiel der Vorderachsen oder zu scharfe Kupplung zwischen Lokomotive und Tender Entgleisungen verursacht haben. Krumme Achsen sind in der Regel Folge der Entgleisung, selten ihre Ursache, ebenso gebrochene Tragfedern, immerhin ist es möglich, daß durch Tragfederbruch entstandene Entlastungen zu Entgleisungen Anlaß geben. Gestörte Beweglichkeit von verschiebbaren Laufachsen, sowie verriebene Auflagerflächen bei Drehgestellen können auch hierzu Anlaß bieten. Man beachte ferner, ob die Lokomotive nicht einseitig gelaufen und ob nicht hängende Bestandteile, wie z. B. Bremsgestänge, Klötze usw. heruntergefallen waren, über welche die Lokomotive entgleisen konnte. Aus diesem Grunde sind bei den periodischen Untersuchungen die Versicherungen der hängenden Bremsenteile stets sorgfältig zu untersuchen.

Zusammenstöße. Die Schäden nach Zusammenstößen sind meist ziemlich augenfällig, aber es kommen auch Verschiebungen der Lokomotivrahmen vor, die im Heizhause nicht leicht festzustellen sind; daher soll eine derartig beschädigte Lokomotive stets in eine Hauptwerkstätte gesendet werden. Zu beachten sind ferner Beschädigungen der Kupplung zwischen Lokomotive und Tender und Anbrüche an Achslagergehäusen, die nicht selten erst später zutage treten.

Ausglühen der Feuerbüchse. Eine gefährliche Beschädigung, die aber immer wieder vorkommt, ist das Ausglühen einer Feuerbüchse. Man hat im Heizhause auch schon leere Kessel angebrannt, in der irrigen Meinung, sie seien gefüllt. Deshalb ist eine auffallende Bezeichnung leerer Kessel — etwa durch Tafeln, die vor die Feuertüre gehängt werden, oder durch Öffnen der Rauchkastentüren — von Wichtigkeit. Manchmal geben schlecht gehaltene Wasserstandshähne oder -Gläser hierzu Veranlassung. Es kommt auch vor, daß unbemerkt, während des Anbrennens, nachdem ordnungsgemäß der Wasserstand von dem Aufsichtsorgan festgestellt worden, eine Öffnung leckt oder ein schlecht eingeschraubter Auswaschbolzen herausgetrieben wird. Es ist ferner schon geschehen, daß Wasser durch den Speiskopf, in dem das Ventil hängen geblieben war, in den Tender hinüber gedrängt wurde und die Feuerbüchsendecke entblößt blieb. Fälle von Wassermangel während der Fahrt dürften, trotz der schwersten disziplinaren Strafen, häufiger sein, als man in der Regel glaubt. Wir haben stets den Kessel aufmachen lassen, wenn bei einer heimkehrenden Lokomotive Rinnen der Deckenanker beobachtet oder angegeben wurde. Die hierbei gemachten Beobachtungen haben in einigen Fällen unwiderleglich bewiesen, daß die Decken der Feuerbüchsen auf der Strecke ausgeglüht worden waren, und daß die Mannschaft dieser Lokomotiven sich nicht gescheut hatte, gefeuerte Kessel mit entblößten Decken zu speisen, ohne daß dabei die in manchen älteren Vorschriften vorausgesagte Explosion eingetreten wäre.

Die Merkmale des Ausglühens sind folgende: Vor allem löst sich der Rußbelag auf der Feuerseite der Heizflächen ab, hängt in Fetzen herab, und darunter wird die blanke, rote Platte sichtbar. Auf der Wasserseite hebt sich die Kesselsteinkruste ab und zerbröckelt. Ist die Decke durch Deckenbarren versteift, so geschieht in der Regel weiter nichts, wenn der Wasserstand noch die oberste Rohrreihe bedeckt, weil die Feuerbüchse sich frei in den Dampfraum dehnt. Bei Kesseln mit Deckenankern entsteht jedoch eine Pressung zwischen Feuerbüchse und Stehkessel, die um so größer wird, je tiefer der Wasserstand gesunken ist. Anfangs hat dies bloß eine Undichtheit der Decke zur Folge an der Stelle, wo die Deckenanker durchtreten, in weiterem Verlaufe öffnet sich die Fuge zwischen Decke und Rohrwandbörtel, schließlich brechen die Stege zwischen den obersten Rohrreihen in Zickzackform (Abb. 10).

Sind die Rohre gelötet, so schmilzt das Lot aus, und der Dampf bläst durch die Lötstellen. Es sind Fälle bekannt geworden, wo das Personal erst durch dieses Blasen auf die große Gefahr aufmerksam gemacht wurde, und wir sind der Ansicht, daß es nützlich ist, die Rohre der obersten Reihe nur mit angelöteten Stutzen herzustellen. Jedenfalls ist die Wirkung dieser zahlreichen Lötstellen zuverlässiger als jene der einen Bleischraube, gegen welche die Master Mechanics folgende Resolution beschlossen haben[1]:

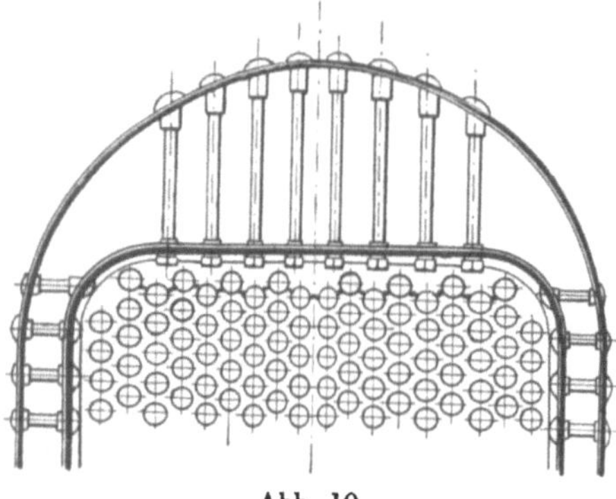

Abb. 10.
Art der Beschädigung bei ausgeglühten Rohrwänden.

„Es ist die Ansicht der Vereinigung der Master Mechanics, daß die Verwendung schmelzbarer Pfropfen in den Feuerbüchsendecken nicht geeignet ist, die Überhitzung derselben zu verhindern.‟

Das vom Wasser entblößte Feuerrohr wird wesentlich heißer als die übrigen, somit auch länger, und der Stutzen wird in die Rohrwand gepreßt, bei welcher Gelegenheit der Kesselstein von der Rohrlochkante scharf abgestreift wird. Kühlt der Kessel aus, so tritt das Rohr wieder zurück, und die Stellen, an welchen der Kesselstein abgestreift worden ist, bleiben als schwarze Streifen deutlich sichtbar.

Ausglühversuche. Im Hinblick auf die Beobachtungen an ausgeglühten Decken halten wir es für geboten, auf die schönen Versuche aufmerksam zu machen, welche die „Gesellschaft der Industriellen Manchesters‟ (Manchester Steam Users Association) im Jahre 1890 durchgeführt hat, um das Verhalten glühender Decken beim Einspritzen von kaltem Wasser klarzustellen. Diese Versuche wurden im „Engineering‟[2] in ausführlicher Weise veröffentlicht. Der knappe Raum, der uns zur Verfügung steht, erlaubt uns nur, die Hauptmomente mit einigen Worten zu streifen.

Ein gewöhnlicher Lancashire-Kessel mit zwei glatten Flammrohren wurde in der Mitte einer größeren freien Ebene eingemauert und in einiger Entfernung von demselben ein bombenfestes Beobachtungshäuschen errichtet. In demselben konnte Wasserstand und Dampfdruck des Kessels beobachtet werden, und es waren daselbst auch mit Gewichten belastete Zugdrähte vorhanden, die mit Schmelzpfropfen der Flammrohrdecken verbunden waren, somit das Ausschmelzen anzeigten. Schließlich konnte man von

[1] Am. Ass. Mast. Mech. 1899, S. 153.
[2] Experiments on red hot furnace crowns 1891, Bd. 51, S. 145 ff.

hier aus entweder in der gebräuchlichen Weise den Kessel speisen, oder durch eine besondere Leitung Wasser unmittelbar auf die Flammrohre spritzen. Die Temperatur des Speisewassers betrug 6° bis 9° C, und die Flammrohre wurden bis zur dunkeln Rotglut erhitzt. Die Ergebnisse waren kurz folgende. Sobald beide Sicherheitsventile abbliesen, entstand durch Einspritzen kalten Wassers bis zu 150 Liter per Minute niemals auch nur die geringste Druckerhöhung des Dampfes im Kessel und auch keine wesentliche Beschädigung der erglühten Platten. Als bloß ein Sicherheitsventil abblies, stieg der Dampfdruck beim Einspritzen in $1^1/_4$ Minuten um 0,4 Atm. und sank dann wieder. Waren beide Sicherheitsventile geschlossen, entwich also gar kein Dampf aus dem Kessel, so stieg der Druck in $^3/_4$ Minuten um 1,4 Atm., um dann wieder zu sinken.

Hieraus schließt der Bericht, es sei im Falle des Einspritzens von Wasser auf eine im Erglühen befindliche Decke unter gewöhnlichen Umständen keine Gefahr zu befürchten, wenn der Kessel hinreichend Dampf abgebe, also entweder eine Dampfmaschine treibe, oder wenn die Sicherheitsventile abbliesen. Im Gegenteil, die Temperatur der Platten sinke, und ihre Festigkeit nehme zu.

Wir wollen dies an einem Beispiele erläutern. Nehmen wir an, bei einer Lokomotive von 3 qm Rostfläche sei die 15 mm starke Decke bis 400° C erhitzt, bei welcher Temperatur die Festigkeit des Kupfers schon sehr gering ist. Bei einem Dampfdruck von 10 Atm. und einer Dampftemperatur von 180° C ist somit die Decke um 220° wärmer als der Dampf, und der dieser Temperaturdifferenz entsprechende Wärmeinhalt der Decke beträgt etwa 8000 Kalorien. Diese Wärmemenge genügt bloß zur Verdampfung von 15 kg Wasser. Eine Lokomotive dieser Art verbraucht normal etwa 100 Liter Wasser per Minute, und dieser Verbrauch kann durch Öffnen des Reglers und Vorlegen der Steuerung leicht verdoppelt werden. Hieraus ersieht man, daß 15 kg überschüssig gebildeter Dampf in $^1/_6$ bis $^1/_{12}$ Minute abgeführt werden kann. Und das Bilden der Dampfmenge liegt ja schließlich in der Hand des Führers, denn es kann nicht mehr Dampf gebildet werden, als man Wasser hineinspeist. Es muß also der Dampfdruck nicht zunehmen, wenn man während der Fahrt mit einem Injektor speist, da die größeren Injektoren gewöhnlich bloß 150 bis 180 Liter per Minute liefern.

Hieraus könnte man zwar im allgemeinen schließen, daß das Speisen während der Fahrt keine Druckzunahme erzeugen wird, aber nicht, daß es gänzlich ungefährlich und zu empfehlen sei. Die beobachteten Fälle lassen wohl darauf schließen, weisen aber auch darauf hin, daß — wenigstens bei Deckenankern — stets Rinnen der Deckenanker beobachtet wurde, was nur durch eine Verzerrung der Decke entstanden sein kann. Man kann sich ganz gut eine Grenztemperatur denken, insbesondere bei Kupfer, das schon bei 400° kaum mehr eine Festigkeit besitzt, jenseits deren bei jäher Abkühlung die Verzerrung mehr schadet, als die Abkühlung nützt. Daher sollte diese Frage ebenfalls im Wege des Versuches aufgeklärt werden, der unserer Ansicht nach ebenso harmlos verlaufen dürfte wie jener in Manchester.

Diese Frage zu entscheiden, ist durchaus nicht gleichgültig. Im allgemeinen wird nämlich Herausreißen des Feuers empfohlen. Das ist bei großen Rosten eine ziemlich langwierige Sache, insbesondere in einer Zeit, wo es auf einzelne Sekunden ankommt, und erfahrene Führer behaupten, das Decken des Feuers mit frischer Kohle oder Schotter sei viel empfehlenswerter. Andererseits nützt dies alles nichts bei den glühenden Feuerschirmen, die jetzt sehr verbreitet sind.

Anders steht der Fall, wenn die Lokomotive steht und kein Ventil abbläst, denn die hier beim Einspritzen entstehende Druckzunahme kann eine hart am Rande ihrer Festigkeit befindliche Decke zum Durchreißen bringen und eine Explosion herbeiführen. In einer Belehrung an die Kesselwärter sagt der Bericht des Vereins von Manchester ganz richtig folgendes: „Kein Kesselwärter hat das Recht, das Speisen des Kessels derartig zu vernachlässigen, daß daraus eine Gefahr entsteht. Hat er dies aber getan, so lassen sich die Dinge ohne Gefahr nicht wieder gut machen. Ein Kessel mit glühender Decke ist ein schwer zu behandelndes Instrument, und derjenige, der dies verschuldet, hat auch das Risiko zu tragen. Die regelmäßig empfohlene Methode, das Feuer herauszuziehen, ist keineswegs die sicherste, und oft genug sind hierbei die Wärter getötet worden.“

Wesentlich wäre es ferner, die Schmelzpfropfen — Bleischrauben — derartig herzustellen und anzubringen, daß sie mit Sicherheit jenen Zweck erfüllen, für den sie geplant sind. Die angeregten Versuche würden auch dafür einiges Material liefern können.

4. Reparaturen.

Die Ausbesserungsarbeiten im Heizhause haben in erster Linie die Erhaltung der Lauffähigkeit der Lokomotiven zum Zweck.

Umfang der Reparaturen. Die sog. laufenden Heizhausreparaturen umfassen im allgemeinen folgendes: Auswechseln ausgeblasener Packungen, Einschleifen von Wechseln und Ventilen, Aufwalzen rinnender Feuerrohre, Verstemmen von Nähten, Rissen und Flecken, sowie undichter Stehbolzen, Ausgießen und Zusammenfeilen von Stangenlagern, Ausbesserungen am äußeren Rohrwerke des Kessels, Hilfsbläser usw., am Rauchkasten und seinem Zubehör, ferner an Speisepumpen, Armaturen und Bremsen, endlich das Auswechseln von Tragfedern und Nebenteilen. Zur Durchführung dieser Reparaturen muß selbst das kleinste Heizhaus mit Mannschaft, Werkzeugen und Ersatzbestandteilen ausgerüstet sein.

Es empfiehlt sich aber, daß auch die Reparaturen der im Dampfe gehenden Bestandteile im Heizhause durchgeführt werden, denn die Beurteilung der Dichtheit von Schieber und Kolben ist nur unter Dampf möglich und die Erhaltung dieser Teile eine wichtige Frage für die Wirtschaftlichkeit des Kohlenverbrauches und die Arbeitsfähigkeit der Lokomotive.

Wenn man auch im allgemeinen zugibt, daß die Einrichtung eines Heizhauses und der Umfang der in demselben auszuführenden Reparaturen in erster Linie davon abhängt, ob es in unmittelbarer Nähe einer Hauptwerkstätte liegt oder nicht, so halten wir das oben Angeführte dennoch als das Mindestmaß des ökonomisch Zulässigen und Erforderlichen.

Eine andere Frage ist es, welcher Umfang der Reparaturen für die Abwicklung des Dienstes wünschenswert ist. Im Heizhause spielt die Zeit die wichtigste Rolle, und wenn eine Lokomotive nicht rechtzeitig für ihren

Dienst fertig wird, so werden stets unmittelbar und mittelbar Unannehmlichkeiten damit verbunden sein. Ist man imstande, im Zeitraume zwischen zwei Zügen die meisten Reparaturen durchzuführen, so wird jedenfalls mit weniger Lokomotiven das Auslangen gefunden, als wenn infolge geringer Hilfsmittel die Lokomotive behufs Vollendung der Arbeiten dem Dienste entzogen und durch eine andere ersetzt werden muß. Ist aber die Lokomotive schwer zu entbehren, so wird es vorkommen, daß man sie mit dem Fehler weiterlaufen läßt, und aus einem kleinen Übel wird ein großes. Derselbe Dienst mit mehr Lokomotiven geleistet, erfordert mehr Reparaturen; die dienstfähige Erhaltung einer kleineren Anzahl von Lokomotiven ist also vorteilhaft, und etwaige überzählige sollten als Reserve außer Dienst bleiben. Die Schlagfertigkeit des Heizhauses ist daher für die Wirtschaftlichkeit des Dienstes und seine Sicherheit von wesentlicher Bedeutung und sollte innerhalb zulässiger Grenzen mit allen Mitteln angestrebt werden. Dies gilt insbesondere dort, wo der Lokomotivstand knapp ist, und das ist nach unserer Erfahrung jetzt der häufigere Fall.

Konstruktion und typische Teile. Die rasche Durchführbarkeit der Reparaturen sollte auch ein wichtiges Erfordernis bei der Konstruktion der Lokomotive bilden. Bei älteren Typen kommt es vor, daß das Auswechseln einzelner Stehbolzen langwieriges Ab- und Aufmontieren erfordert und die Kosten der eigentlichen Arbeit verschwindend sind im Verhältnisse zu jenen der Nebenarbeiten. Es sollten daher auch womöglich für mehrere Typen gleiche Details, wie Tragfedern, Rohre, Achsbüchsen, Armaturteile usw. bestehen, um den Ersatz schadhafter Teile mit dem geringsten Stande an Reservebestandteilen zu ermöglichen. Man kann zwar nicht verlangen, daß nach dem Vorgange von Webb ganze Kessel selbst bei baulich sehr verschiedenen Typen völlig gleich sind, aber es erschwert den Heizhausdienst unnötig, wenn manche Konstrukteure, in dem Bestreben, stets zu ändern, diesen wirtschaftlichen Standpunkt so wenig berücksichtigen.

Arbeitsangabe. Die Raschheit der Heizhausarbeiten hat schon mit der Angabe der Reparaturen zu beginnen. Jede Lokomotive führt ihr eigenes, mit der Nummer der Lokomotive versehenes kleines Reparaturbuch mit sich, in das der Führer schon unterwegs die Reparaturen einschreibt, um sie gegebenenfalls nach der Untersuchung bei der Ankunft im Heizhause zu ergänzen. Erfordert die Reparatur eine bestimmte Aufstellung im Heizhause, z. B. verkehrte Stellung, Fahren auf die Versenkvorrichtung usw., so ist hiervon schon vor der Einfahrt die Leitung zu verständigen. Im Heizhause folgt sodann die Überprüfung seitens des zuständigen Organes, um die Zulässigkeit der Arbeit und ihren Umfang zu bestimmen. Dieser hängt nicht bloß von der Natur des Schadens ab, sondern auch davon, ob die Lokomotive im Falle dringenden Bedarfes mit demselben noch weiter laufen darf. Manchmal wird auch bestimmt, daß die angegebene Arbeit im Zusammenhange mit anderen zu gegebener Zeit besser auszuführen ist.

Sodann erfolgt die Anordnung der Durchführung im Wege der einzelnen Arbeitsgruppen und die Eintragung in die Reparaturbücher derselben. Der Gruppenführer schreibt den Namen des Arbeiters neben die Arbeitsangabe, merkt nach getaner Arbeit und gepflogener Übernahme die verwendete Zeit vor und bestätigt dies durch seine Unterschrift. Vor Beginn der Arbeit hat sich der Arbeiter zu erkundigen, wann die Lokomotive dienstbereit sein muß und hat, falls die rechtzeitige Vollendung auf Schwierigkeiten stößt, das Nötige anzusuchen.

Es ist zweckmäßig, im Reparaturbuch der Lokomotive die weggebliebene Arbeit vorzumerken. Diese Vormerkungen sind bei Wechselbesetzung ein guter Behelf für den übernehmenden Führer, der sich über die vorgenommenen Ausbesserungen orientieren und während der Fahrt hierauf bedacht sein kann. Ferner geben sie über wiederholt auftretende Schäden Auskunft und sind ein guter Behelf für Revisionsorgane auf der Strecke.

Heizhausreparaturen-Buch. Sehr zweckmäßig ist es ferner, im Heizhause ein Ausbesserungsbuch zu führen, in dem für jede Lokomotive auf einem besonderen Blatte die vorgenommenen Arbeiten eingetragen werden, unter Vormerkung des Führers, der sie angegeben, und des Arbeiters, der sie ausgeführt hat. Wir haben unter Hinweis auf die Menge oder Art der von einzelnen Führern angegebenen Reparaturen in zahlreichen Fällen gewisse Eigentümlichkeiten einzelner ausmerzen, sowie Zahl und Umfang der Arbeiten vermindern können, indem aus den Aufzeichnungen nachgewiesen wurde, daß manche Führer mit viel weniger Reparaturen ihre Lokomotiven vorzüglich imstande hielten. Hierbei kommen auch die Eigentümlichkeiten der Typen und der einzelnen Lokomotiven zum Ausdrucke, und man findet reiches Material, um bauliche Eigentümlichkeiten in ihrer Wirkung zu erkennen und ihre etwaige Abänderung zu beantragen und zu begründen. Auch für die Erklärung von großem Kohlenverbrauch oder besonderen Erhaltungskosten finden sich hier die Belege. Alle diese Vormerkungen hängen natürlich auch von dem Umfange des Heizhauses ab und sind bei einer kleinen Anzahl von Lokomotiven unnötig.

Arbeitergruppen. Zur regelrechten Abwicklung der Arbeit sind in größeren Heizhäusern gewöhnlich folgende Gruppen beschäftigt:

1. Schlosser für Arbeiten am Gestänge, Wechseln, Dichtungen usw., etwa zwei Mann für zehn Lokomotiven.
2. Kesselschmiede für Feuerbüchsen- und Rauchkastenarbeiten, deren Anzahl in erster Linie von der Beschaffenheit des Speisewassers abhängt. Obzwar die Arbeit in der Feuerbüchse in der Regel nur von einem Manne geleistet werden kann, so sind auch hier Gruppen von zwei Mann gebräuchlich, weil auch in der warmen Feuerbüchse gearbeitet werden muß, was ein Mann nicht lange aushält. Auch in Kesseln ohne Dampf ist die Temperatur selbst zwölf Stunden nach beendeter Fahrt höher als 60° C. Man kann im Durchschnitt auf 25 Lokomotiven eine Gruppe rechnen.
3. Schmiede für die Arbeiten an Zug- und Stoßvorrichtungen, Tragfedern, Bremsgestängen usw. — etwa zwei Mann für 40 Lokomotiven.
4. Kupferschmiede für das Rohrwerk und das Ausgießen der Lager, etwa zwei Mann für 50 Lokomotiven.
5. Ein Dreher für die Arbeiten auf der Drehbank für je 30 Lokomotiven.
6. Je ein Lampist für Signallichter und Schmierkannen und ein Tischler für Holzarbeiten für 50 Lokomotiven.

Außer dieser für die Ausführung der laufenden regelmäßigen Reparaturen ausreichenden Besatzung dienen noch andere Arbeiter zur Ausführung besonderer Arbeiten. Ist im Heizhause eine Versenkvorrichtung vorhanden, so ist es zweckmäßig, diese einer besonderen Gruppe zuzuweisen. Ebenso ist es zu empfehlen, bei großen Betrieben für einzelne wichtigere Arbeiten, wie z. B. Wiederherstellen heißgelaufener Lager, Abrichten von Schiebern, Füllen von Lagerunterteilen besondere Gruppen zu bestimmen. Ist der Betrieb groß genug, dann soll ein Werkführer die Arbeiter überwachen und die Arbeiten nach ihrer Vollendung überprüfen. In kleineren Betrieben ist dies Sache des Lokomotivaufsehers oder Vorstandes, und hier vereinfacht sich gar manches, da es nicht wirtschaftlich wäre, die oben angeführten sechs Arbeitsgruppen zu halten. In solchen Heizhäusern entwickeln sich dann die „Universalgenies", die Schlosser-, Kesselschmiede-, Dreher- und Kupferschmiedearbeiten leisten können und müssen.

Heizhauswerkstätten. Weil im Heizhause bei richtiger Leitung in erster Linie stets jene Lokomotiven ausgebessert werden, welche am meisten benötigt sind, wird hier den Bedürfnissen des Betriebes weit besser Rechnung getragen, als in den Hauptwerkstätten, welche von dem pulsierenden Strome des Verkehres in der Regel unberührt bleiben. Es werden daher in den Heizhäusern vieler Bahnen nicht bloß Rohre und Stehbolzen gewechselt und größere Flecke in den Feuerbüchsen angebracht, sondern auch Räder gewechselt und abgedreht, und auch sonstige größere Arbeiten geleistet. Die Hauptwerkstätte besorgt dann in erster Linie die großen Kessel- und Schmiedearbeiten, sowie die allgemeinen großen Reparaturen.

Die allgemeine Verbreitung städtischer Elektrizitätswerke und der niedrige Preis des Kraftstromes, der häufig bloß die Hälfte des Beleuchtungsstromes kostet, machen Anlage und Betrieb in der Regel sehr billig. Die außerordentliche Schmiegsamkeit der elektrischen Motoren, ihre geringen Erhaltungskosten und Gewichte lassen sie als wertvolle Hilfsmittel des Betriebes erscheinen, um die Arbeit zu beschleunigen, Arbeiterzahl und Kosten herabzusetzen. In Amerika hat in den Heizhäusern die Einführung pneumatischer Werkzeuge mit Rücksicht auf die allgemeine Verbreitung der Preßluftbremse große Verbreitung gefunden und auch eine Reihe neuer Hilfswerkzeuge geschaffen. Versenkvorrichtungen werden allgemein hydraulisch betrieben; auch in Amerika ist man hier vom pneumatischen Betrieb abgekommen.

Für die Einrichtung der Heizhauswerkstätten spricht auch der Zeitaufwand zum Transporte der Fahrzeuge oder ihrer Teile in die Hauptwerkstätte. Es wird z. B. oft möglich sein, Räderpaare in der Zeit abzudrehen, die für diesen Transport allein erforderlich ist. Mit Hilfe der Versenkvorrichtung ist das Ausbinden der Räderpaare leicht durchgeführt und oft genug können gleichzeitig Kessel- und sonstige Reparaturen durchgeführt werden. Dies hat den Vorteil, daß während der Kesselreparaturen die Rädersätze abgedreht werden können und die Lager nicht ausgegossen werden müssen, wie dies beim Wechsel der Rädersätze infolge Ungleichheit der Zapfendurchmesser häufig erforderlich ist. Sind sonstige Ausbesserungen nicht nötig, so ist der Räderwechsel jedenfalls das raschere Verfahren. In Amerika verbreitet sich gegenwärtig die Methode, bei abgenutzten Radreifen den ganzen Rädersatz mit Hilfe einer Gasolinvorrichtung mit neuen Radreifen zu versehen, was angeblich bloß zwölf Arbeitsstunden erfordern soll.

Die bei den großen Reparaturen beschäftigten Arbeitsgruppen bilden ein Schwungrad für die Leistungsfähigkeit, denn sie können bei Arbeitshäufungen im laufenden Betriebe zur Aushilfe herangezogen und in Perioden geringeren Verkehrs zu größeren Arbeiten verwendet werden.

Ausrüstung mit Arbeitsmaschinen. Die Ausrüstung der Hilfswerkstätte eines Südbahnheizhauses mit einem Stande von 75 Lokomotiven beträgt:

1 Räderdrehbank bis zu 1500 mm Raddurchmesser
1 Kolbendrehbank, 540 „ Spitzenhöhe
1 mittlere Drehbank, 450 „ „
1 Bolzendrehbank, 280 „ „
1 Mechaniker-Drehbank, 200 „ „
1 Hobelmaschine, 620 × 900 mm Arbeitsfläche
1 Shapingmaschine, 520 × 450 „ „
1 Bohrmaschine, 440 „ Ausladung
1 „ 300 „ „
2 elektrische Stehbolzenbohrer
1 „ Zylindernachbohrmaschine
1 „ Schieberspiegelfräser
1 hydr. Versenkvorrichtung über 3 Gleise mit elektr. Antrieb
1 Bandsäge
2 Sätze Hebeböcke von 25000 kg Tragkraft.

Der Verein der amerikanischen Zugförderungsinspektoren[1]) schlägt folgende Normalausrüstung vor:

1 Hobelmaschine, 1200 × 1200 × 200 mm
1 Drehbank, 600 mm Spitzenhöhe
1 Bohrpresse, 1000 „ Ausladung
1 „ 500 „ „
1 Bolzendrehbank 400 „ Spitzenhöhe
1 Shapingmaschine
1 Schmirgelschschleifvorrichtung
1 Bolzenschneidemaschine bis zu 50 mm Bolzendurchmesser
1 Bohrmaschine 900 „ Ausladung
1 hydraulische Presse zum Einpressen von Büchsen
1 Versenkvorricht. f. Triebräderpaare f. 2 Lokomot. gleichzeitig
1 „ „ ganze Drehgest. „ 2 „ „
1 „ „ Tenderräderpaare
2 Gasolin- od. Ölvorrichtungen z. Aufziehen v. Radreifen usw.
1 Vorrichtung zum Abrichten von Schieberspiegeln
1 „ „ Ausbohren „ Zylindern
1 „ „ „ „ Kolbenschiebergehäusen.

Mehrere Krane, die an den Wänden oder der Decke befestigt sind, um Luftpumpen, Kolben und Schieberdeckel und andere schwere Teile zu heben — 12 Differentialflaschenzüge und tunlichst viele kleinere Hilfsvorrichtungen. Schließlich wird noch eine kleine, auf einem Bahnwagen montierte Drehbank mit Luftantrieb zum genauen Einpassen von Bolzen an der Lokomotive empfohlen, und eine Vorrichtung zum zentrischen Abrichten von Kurbelzapfen.

---

[1]) Am. Ass. Mast. Mech. 1906, S. 358 ff.

5. Betriebsschäden.

In folgendem wollen wir einige der wichtigsten Betriebsschäden vorführen. Die schlimmsten sind in der Regel Kesselschäden, denn unter gegebenen Umständen sind sie am schwierigsten zu beseitigen und beeinträchtigen Betrieb und Leistungsfähigkeit der Lokomotive am meisten.

a) Rohrschäden.

Rohrrinnen. Von allen Betriebsschäden ist das Rohrrinnen eines der häufigsten und unangenehmsten Vorkommnisse. Wenn die Rohre, insbesondere in den oberen Partien der Rohrwand zu lecken beginnen, so setzt sich dies durch den Einfluß des sickernden Wassers auf die erhitzten Rohrbörtel alsbald nach abwärts fort. Der aus dem Wasser gebildete Dampf verringert die Luftverdünnung in der Feuerbüchse und die Leistungsfähigkeit des Kessels sinkt rasch. Dies verstärkt in der Regel das Rohrrinnen, es kann sich derart steigern, daß die Pumpen nicht imstande sind, das ausgetretene Wasser zu ersetzen, und die Lokomotive wird dienstuntauglich.

Befestigung der Rohre in der Wand. Um die ganze Erscheinung zu beurteilen, soll zunächst die Befestigung der Rohre in der Wand betrachtet werden. Der Stutzen des Rohres ist in die Rohrwand eingewalzt, d. h. künstlich plastisch vergrößert. Wird die Umgebung eines Rohres aus der Wand herausgesägt, bis dasselbe frei wird, so kann das Maß der Vergrößerung bestimmt werden. Yarrow bestimmte dieselbe bei Kupferrohren von 68 mm Durchmesser, die in eine Wand von 25 mm Stärke eingewalzt waren, mit 0·25 mm und bei Stahlrohren von den gleichen Abmessungen mit 0·12 bis 0·18 mm. Der Widerstand gegen das Herausziehen glatter Rohre ohne Börtel von 50 mm Durchmesser und 3 mm Wandstärke aus der Rohrwand beträgt nach den Versuchen der englischen Admiralität etwa 7000 kg[1]) und sinkt im Minimum auf 2500 kg. Zahlreiche Rohre rissen bei dem Versuche, sie aus der Wand herauszuziehen.

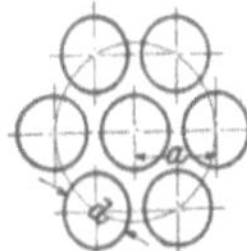

Abb. 11.
Rohranordnung.

Bekanntlich sind die Rohre in der Regel so angeordnet, wie dies Abb. 11 zeigt. Ein regelmäßiges Sechseck bildet somit das Element der Rohreinteilung. Nennen wir den Halbmesser des dem Sechseck umschriebenen Kreises a und den Rohrdurchmesser d, so ist die Fläche des Sechsecks

$$F = 6\,\frac{a^2}{4}\,\sqrt{3}.$$

Die Ecke des regelmäßigen Sechseckes schneidet von jedem äußeren Rohre einen Sektor von 120° aus, die 6 Ecken daher insgesamt 720°. Somit ist die Fläche f, die von dem Sechsecke dem Dampfdruck ausgesetzt bleibt,

$$f = F - 2\,d^2\,\frac{\pi}{4} = 6\,\frac{a^2}{4}\,\sqrt{3} - 2\,d^2\,\frac{\pi}{4}$$

$$f = 6\left(\frac{a^2}{4}\,\sqrt{3} - \tfrac{1}{3}\,d^2\,\frac{\pi}{4}\right).$$

Ist $a = 70$ mm, $d = 48$ mm, ein mittleres Durchschnittsmaß, so ist $f = 73$ qcm und der Dampfdruck selbst, bei 15 Atmosphären, 1100 kg.

---

[1]) Engineering 1893, Bd. 55, S. 1.

Dieser Druck wird von 3 Rohren getragen, also von einem Rohre 370 kg. Dies ergibt gegenüber den angeführten Werten für die Kraft zum Herausziehen des Rohres aus der Wand im Durchschnitt 19fache und mindestens 7fache Sicherheit.

Englische Versuche. Wie verhält sich nun diese Verbindung im Feuer? Nachdem bei den englischen Seemanövern vor Spithead im Jahre 1892 der größte Teil der mit Preßluft von 50 mm Druck betriebenen Torpedobootkessel wegen Rohrrinnen dienstuntauglich geworden, wurde diese Frage von der Admiralität in ausgedehnten Versuchen studiert und Durston fand bei einem Versuchskessel, in dessen Platten Legierungen von bestimmten Schmelzpunkten eingelassen waren, folgendes:

War der Kessel mit reinem Wasser gefüllt, so stieg die Temperatur auf der Feuerseite der Rohrwand bei einer Wassertemperatur von 180° C

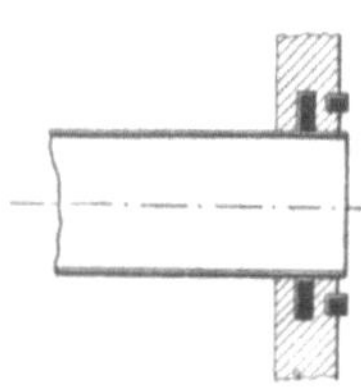

Abb. 12.
Rohrwand mit eingelassenen Schmelzpfropfen.

und 75 mm Luftdruck der Preßluft nie über 400° C, und alle Rohre blieben dicht. Wurde dem Kesselwasser Öl bis zu 3°/$_{00}$ des Kesselinhaltes zugesetzt, so stieg diese Temperatur und hielt sich zwischen 400 und 570° C. Bei einem weiteren Zusatze bis zu 5°/$_{00}$ stieg die Temperatur an der Außenfläche der Rohrwand auf 570° und etwas darüber, und nach einer Dauer des Versuches von 3 Stunden begannen die Rohre heftig zu rinnen. In die Mitte des Plattenquerschnittes wurden von einzelnen Rohrlöchern aus ebenfalls Pfropfen aus Legierungen eingelassen, Abb. 12, und diese zeigten, daß die mittlere Temperatur der Wand 360 bis 400° betrug, sobald die Außenfläche derselben sich auf 570° erwärmt hatte. Es waren ferner an mehreren Stellen Legierungspfropfen in der Wand unversehrt geblieben, jedoch an der Berührungsstelle mit dem Rohre abgeschmolzen, ein Beweis, daß das Rohr stets wärmer ist, als die Wand.[1]

In der wiederholt angeführten Versuchsreihe zeigt Yarrow, daß ein Rohr von $1^1/_2$ mm Wandstärke, das in eine Rohrwand von 50 mm Stärke eingewalzt ist, nach 18maligem Erhitzen und Abkühlen sich abzuheben

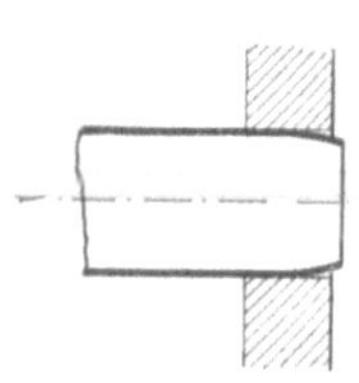

Abb. 13.
Ablösen des Rohres von der Rohrwand.

beginnt (Abb. 13), während ein Rohr von 3 mm Wandstärke in einer Rohrwand von 12 mm Stärke nach 40maligem Erhitzen und Abkühlen unverändert geblieben. Hieraus schließt er, daß zwischen Rohr und Wand ein Temperaturunterschied besteht, der um so größer wird, je dünner das Rohr im Verhältnis zur Wand ist.

Ursachen des Rohrrinnens. Werden diese Tatsachen zusammengefaßt und wird in Erwägung gezogen, daß der Stutzen jedes lecken Rohres von der Wand absteht, somit deformiert ist, so ergibt sich als Ursache des Rohrrinnens:

1. Die Überhitzung der Wand.

2. Zusammendrücken und Ablösen des heißesten Teiles des Rohres infolge Temperaturunterschiedes zwischen Rohr und Wand. Dieser Temperaturunterschied wächst mit der absoluten Höhe der Platten-

---

[1] Engineering 1893 Bl. 55, S. 396.

temperatur, und in demselben Maße, als der Stutzen abbrennt, also schwächer wird.

3. Je höher die Temperatur steht, desto empfindlicher wird der Kessel gegen Eindringen kalter Luft, denn die Rohre, welche am heißesten sind, kühlen am meisten ab, die Verbindung zwischen Rohr und Wand wird gelockert und das Wasser tritt aus.

4. Das Abkühlen einzelner Rohrpartien kann auch durch Speisen des Kessels bei geschlossenem Regulator entstehen. — Es ist durch Versuche erwiesen, daß in diesem Falle das Wasser großenteils zu Boden sinkt, weil es nicht durch den Strom der aufsteigenden Dampfblasen mit dem anderen vermischt wird. Hierdurch kühlen die unteren Rohrpartien ab, die Spannung zwischen Rohr und Wand, wie sie bei den erhitzten Rohren besteht, läßt nach und kann bis zur Lockerung der Verbindung führen.

Hieraus ergibt sich als erste Bedingung, um Rohrrinnen zu verhüten, das Tiefhalten der Temperatur der Heizflächen. Dies erzielen wir durch Verwendung weichen Wassers und Reinhalten der Rohrwand. Letzteres ist nicht leicht, weil nach den bisherigen Einrichtungen kaum dafür gesorgt ist, daß ein Wasserstrahl wirksam die Rohrwand erreichen und waschen kann.

Bei weichem Wasser und reinen Rohrwänden bleibt die Verbindung zwischen Rohr und Wand eine dauernde, und die elastische Wand folgt den Bewegungen der Rohre. Die Feuerung kann scharf forciert werden, ohne daß Rohrrinnen eintritt, und man kann auch nach beendeter Fahrt den Rost gänzlich reinigen und mit blanken Rosten anstandslos ins Heizhaus fahren. Denn ein solcher Lokomotivkessel verhält sich so wie der Kessel mit reinem Wasser bei den Versuchen Durstons, während der Kesselsteinbelag dieselbe Wirkung hat, wie das ölige Wasser, indem er die Wärmeübertragung stört und die Überhitzung der Wände zur Folge hat.

Hat man es aber mit härterem Wasser und Kesselsteinablagerungen zu tun, dann sollte, um die Temperatur niedrig zu halten, das Forcieren des Feuers — also Spannen des Blasrohres — nach Tunlichkeit vermieden werden. Das hängt aber zumeist von den Wetterverhältnissen und vom Brennmaterial ab, Dinge, die man wohl nicht in der Hand hat. Jedenfalls sollte man es vermeiden, schwache Lokomotiven zu überlasten und solche mit schwachen Rohren oder sonstigen Feuerbüchsenschäden mit schlechter Kohle auszurüsten.

Bei hartem Wasser kann es auch vorkommen, daß die Rohre an einzelnen Stellen des Kessels derartig überhitzt werden, daß der durch die Dehnung erzeugte Druck die Stutzen in der Wand zusammendrückt und auf diese Weise Rohrrinnen erzeugt. Elastische Rohre werden in dieser Hinsicht weniger empfindlicher sein als steife, und dies ist der Grund, warum Wellrohre, System Pogány, mit tieferen Rillen weniger zum Rohrrinnen neigen.

Ist man aber genötigt, zu forcieren, so achte man darauf, daß das Feuer stets lebhaft bleibe, damit die Pressung zwischen Rohr und Wand, die von der erhöhten Temperatur der scharf erhitzten Rohre herrührt, nicht sinke und zur Lockerung führe. Dies ist auch das gebräuchliche Mittel, um beginnendes Rohrrinnen zu stillen. Zum Schluß der Fahrt muß man dann allmählich den Dampfdruck sinken lassen und mit dem geringsten

Dampfdrucke ins Heizhaus fahren, damit der Druck das Wasser nicht durch die gelockerten Verbindungen treibe.

Das Überhitzen des Rohres tritt am leichtesten bei schwachen, abgebrannten Rohren ein. Bei einigen Verwaltungen werden daher Deckstutzen aus Mannesmanstahl (Abb. 14) verwendet, die über die Kupferstutzen

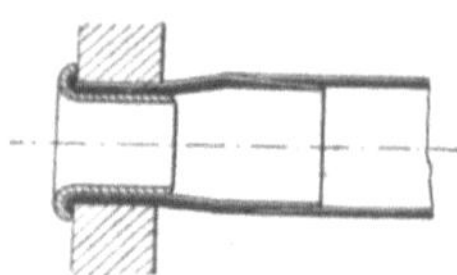

Abb. 14.
Deckstutzen für Feuerrohre.

der Rohre getrieben und aufgewalzt werden, nachdem diese 1 bis $1^1/_2$ mm von der Wandstärke verloren haben. Die Deckstutzen müssen über die Rohrwandinnenkante vorstehen, damit sie beim Aufwalzen das Rohr nicht abquetschen. Diese Stutzen verhindern das Rinnen nicht absolut, aber sie lassen keine Katastrophe eintreten, und der Schaden bleibt örtlich beschränkt. Verwendet man keine Deckstutzen, so müssen häufig Rohre wegen abgebrannter Enden ausgewechselt werden.

Kupferstutzen. Das Lösen der Verbindungen wird weiter durch den festen Zusammenhang zwischen Rohr und Wand verhindert. Aus diesem Grunde verwendet man hierzulande bei hartem Wasser Kupferstutzen und in Amerika zwischen Stahlrohr und Stahlwand Kupferhülsen. Der weiche Kupferstutzen paßt sich beim Aufwalzen vollständig der Wand an, bleibt wegen der besseren Wärmeübertragung kühler, hat eine bessere Adhäsion und kann öfter aufgewalzt werden, ohne hart zu werden. Ist das Rinnen bloß auf einige Rohre beschränkt, so gelingt es häufig, insbesondere bei Kupferstutzen, dasselbe durch Aufdornen mit dem Rohrdorn zu beheben. Dies geht freilich nur bis zu einer gewissen Länge der Feuerbüchse. Aus diesen Gründen werden in Gegenden mit harten Wässern trotz des hohen Preises und raschen Verschleißes Kupferstutzen verwendet, während bei besserem Wasser die billigeren und widerstandsfähigeren Stutzen aus Holzkohleneisen in Verwendung stehen. Eine österreichische Bahn verwendet in ihrem nördlichen Netze Eisenstutzen, kann aber in ihrem südlichen Netze die Kupferstutzen noch immer nicht aufgeben.

Rohrrinnen bei außerordentlicher Dampfbildung. In neuerer Zeit wird bei den großen amerikanischen Lokomotiven häufig über Rohrrinnen geklagt. Als Ursache wird angegeben, daß die enorme Dampfbildung einer Rohrwand, der Roste von 6 qm Fläche und darüber vorgelagert sind, den Wasserumlauf unmittelbar hinter der Wand störe, wodurch Dampfpelze entstünden, welche die Überhitzung der Wand förderten. Bei der Erklärung dieser Erscheinung bei Marinekesseln wurde darauf hingewiesen, daß eine Lokomotive bei 200 mm R. K. Vakuum und 50 mm Überdruck vor der Aschkastenklappe anstandslos fahren kann, während ein Schiffskessel bei 50 mm Druckluft versagt. Es wurde durch Versuche sehr schön gezeigt, daß Druckluft eine Stauung der Gase bei dem Eintritte in das Rauchrohr erzeugt, während bei Saugluft, wie sie das Blasrohr einer Lokomotive bildet, die Gase glatt ins Rohr eingeführt werden und die Flamme in die Mitte des Rohres eintreten kann, ohne die Ränder zu berühren, als ob sie von einem Luftmantel umgeben wäre. Bei den Durstonschen Versuchen zeigt die Wärmekurve eines Schiffskesselrohres — nach einem Wege der Gase von nur 50 mm, vom Eintritt ins Rohr gerechnet, — einen Wärmeabfall, der $^2/_{11}$ des Temperaturgefälles längs des ganzen Rohres ausmacht.

Dies erzeugt eine enorme Dampfentwicklung in der Nähe der Rohrwand, und die Abhilfe gegen das Rohrrinnen geschah schließlich durch Einführung von Schutzstutzen (Abb. 15), welche den Rohrteil unmittelbar hinter der Rohrwand isolierten und die Wärmeübertragung auf einen weiterabliegenden Teil verlegten.

Wenn nun die bei Schiffskesseln aufgetretenen Schäden trotz der großen Überlegenheit der Saugluft jetzt auch bei stark forcierten Lokomotiven beobachtet werden, so kann man daraus schließen, daß die außerordentliche Steigerung der Leistungsfähigkeit der Lokomotiven mit den bisherigen Maßen und Mitteln nicht mehr sicher erreicht werden kann und ein Abgehen von den bisherigen Grundsätzen des Kesselbaues erfordert. Gegenwärtig verbreitert man die Stege zwischen den Rohren bis auf 25 mm und behauptet, die Dampfleistung hätte dadurch nicht gelitten, trotzdem die Anzahl der unterzubringenden Rohre geringer geworden. Man beginnt auch Verbrennungskammern einzuführen, welche etwa 1 m tief von der Krebswand in den zylindrischen Kessel hineinragen, und so die Rohrenden gegen die unmittelbare Einwirkung der Flamme etwas schützen.

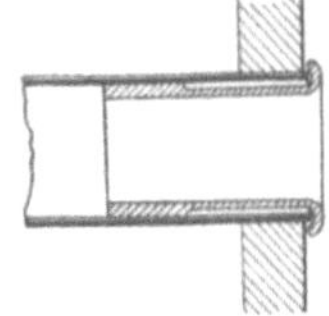

Abb. 15.
Schutzstutzen für Schiffskesselrohre.

Schließlich soll noch eines Falles aus der Praxis Erwähnung geschehen. Auf einer Strecke litten die Lokomotiven im allgemeinen sehr vom Rohrrinnen und es wurde angenommen, daß diese Erscheinung von der Beschaffenheit des Wassers einer bestimmten Wasserstation herrühre. Es stellte sich dann heraus, daß dieses Wasser tatsächlich Öl enthielt, welches aus der löcherigen Tropfschale der in den Brunnenschacht versenkten Pumpe ins Wasser geraten war. Durch die Ausbesserung der Schale war sofort abgeholfen. Aus diesem Grunde ist auch beim Schmieren der Regler im Innern der Kessel Vorsicht geboten.

Aufwalzen der Rohre. Nach dem Rohrrinnen müssen die abstehenden Rohre wieder angepaßt werden. Dies erfolgt in der Regel mittels der Rohrwalze. Früher war das sogenannte Federeisen in Verwendung, von dem man behauptete, es mache die Rohre oval. In Amerika und neuestens auch in England verbreitet sich jetzt der Prossersche Rohrdehner (Abb. 16). Er besteht aus 8 Segmenten, und ein passender Dorn treibt dieselben auseinander. Die Teile passen sich auch ovalen Löchern an, was die Rohrwalze nicht vermag. Man behauptet auch, die Arbeit werde rascher

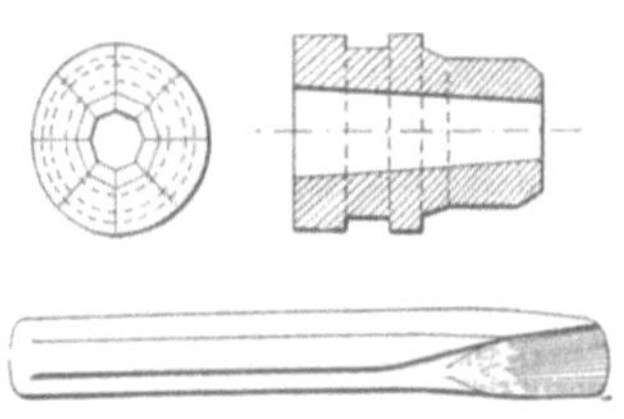

Abb. 16.
Prossers Rohrdehner.

geleistet, und es entstünden weniger Rohrstegbrüche als bei der Rohrwalze.

Rohrplatzen. Das Anlöten der Kupferstutzen, möge dies nun so erfolgen, daß der Stutzen das Stahlrohr umfaßt, oder in dasselbe eindringt, erzeugt stets eine Unterbrechungsstelle, die zu Gaswirbeln und somit zu örtlichen Angriffen des Materiales Anlaß bietet. Das Rohr wird geschwächt und es entsteht allmählich eine Öffnung, die sich unter dem Einflusse des ausströmenden Wassers oft plötzlich erweitert, so daß Dampf und Wasser in solchen Massen austreten, daß das Feuer ausgelöscht und der Kessel entleert wird. Dies nennt man Rohrplatzen.

Mitunter bricht auch der Kupferstutzen im vollen Querschnitte in der Nähe der Lötstelle entweder infolge Verbrennens beim Löten oder wegen eines Materialfehlers. Die Länge des Stutzens, also die Entfernung der Lötstelle von der Rohrwand, spielt auch eine wichtige Rolle.

Bei einzelnen Stahlrohren entstehen kleine Rostflecke, die mit der Zeit durchbrechen. Man hat sie, wohl mit Unrecht, auf Öltropfen zurückführen wollen. Nach hierortiger Beobachtung zeigt sich dieser Schaden bei einzelnen Rohrlieferungen, ist also als ein Materialfehler anzusehen.

In England verwenden die North Western, sowie die Lancashire & Yorkshire Ry. reine Kupferrohre, die meisten übrigen Bahnen Messingrohre ohne Lötung und ihre Befestigung in der Wand erfolgt durch eingetriebene Brandringe. Unmittelbar hinter diesen Brandringen treten auf der Unterseite der Rohre dieselben Erscheinungen auf, wie bei den angestutzten Rohren. Außerdem bilden sich auch Abzehrungen von größerer Ausdehnung, die ein teilweises Zusammenklappen des Rohrkörpers zur Folge haben.

Schließlich wäre noch die Verwendung schwefelhaltiger Kohle als Ursache des Durchbrennens, insbesondere bei Kupferstutzen, anzuführen.

Hieraus ist ersichtlich, daß auch das Alter, beziehungsweise der Abnutzungszustand, sowohl des Rohrkörpers, als auch des Stutzens für die Bildung der Rohrschäden maßgebend ist. Durch sorgfältige Beobachtung beim Reinigen der Rohre kann mancher Schaden rechtzeitig verhütet werden, insbesondere wenn für die Auffindung von fehlerhaften Rohren Prämien gezahlt werden. Für die zuverlässige Erhaltung eines betriebssicheren Zustandes ist es jedoch notwendig, nebst sorgfältiger Herstellung' der Rohre und Ausscheiden fehlerhafter oder zu leichter Rohre vor dem Einziehen eine genaue Nachweisung über das Alter der Rohre und Stutzen zu führen.

Evidenzführung der Rohre. Hier wird in folgender Weise vorgegangen: Wird ein neues Rohr angestutzt, so wird die Jahreszahl in den Stutzen hineingehauen und jeder neue Stutzen übernimmt diese Zahl. Diese gibt das Alter des Rohres an. Hierorts gilt die Regel, daß ein Rohr nach fünfjähriger Dienstleistung nur mehr in Güterlokomotiven verwendet werden darf.

Ferner wird für jede Lokomotive eine Rohrwandtafel angelegt, eigentlich eine Zeichnung des Rohrbündels. Sobald ein Rohr ausgewechselt wird, bezeichnet man dies mit einem farbigen Striche in der Zeichnung des betreffenden Rohres und nimmt für die gleichzeitig gewechselten Rohre dieselbe Farbe. Außerdem werden die vertikalen und horizontalen Rohrreihen mit Nummern versehen und die Doppelnummer jedes Rohres in die tabellarische Nachweisung neben der Zeichnung eingeschrieben, unter Bezeichnung der Farbe des Markierstriches und der Anzahl von Kilometern, die es bis zur Auswechslung zurückgelegt. Die farbigen Striche zeigen übersichtlich Rohre gleichen Alters und die kilometrischen Nachweisungen geben bald ein Bild der durchschnittlichen Lebensdauer an den verschiedenen Stellen der Rohrwand. Platzt aus einer Gruppe gleichen Alters mehr als ein Rohr, so werden aus derselben Stichproben genommen und bei ungünstigem Ergebnisse alle gleichalterigen ausgewechselt. Wird der ganze Rohrsatz gewechselt, so muß eine neue Rohrwandtafel angelegt werden.

b) Stegbrüche.

Ein Schaden, der insbesondere in den letzten Jahren bedeutend zugenommen hat und für die Dichtheit der Rohre von besonderer Bedeutung ist, besteht im Brechen der Stege zwischen den Rohrlöchern der Feuerbüchsrohrwand.

Art der Brüche. Es gibt zwei Arten von Stegbrüchen bei Kupferwänden. Die einen bilden sich in der Regel bloß in den senkrechten Randreihen und bilden in ihrer Fortsetzung eine gerade Linie. Als Ursache dieser Erscheinung wird der Schub des Rohrbündels oder zu geringe Entfernung der Rohrreihe von der Seitenwand angesehen. Da aber wiederholt beobachtet wurde, daß dieselbe Erscheinung manchmal beim Wechsel der Rohrwand auftritt, während sie bei früheren Rohrwänden nicht vorhanden war, so dürfte dieselbe in vielen Fällen auf Materialschäden zurückzuführen sein. Diese Art der Stegbrüche ist übrigens vereinzelt und leicht zu umgehen.

Jene Art von Stegbrüchen, die man jetzt als typische Erscheinung bei kupfernen Rohrwänden in Kesseln mit hohem Drucke, Deckenankern und großen Rostflächen bezeichnen kann, tritt fast niemals in den vertikalen Randreihen auf, sondern in den zweiten, dritten und vierten Reihen vom Rande, und zumeist in den oberen Rohren dieser Reihen. Die Richtung des Bruches ist stets geneigt, und die Bruchlinien der Rohre derselben Reihe bilden niemals Teile einer Geraden (Abb. 17). Diese Anbrüche werden bald undicht und veranlassen dann leicht Rohrrinnen.

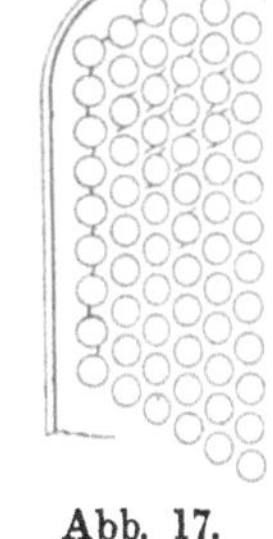

Abb. 17.
Stegbrüche
in Rohrwänden.

Ausbesserung. Die Ausbesserung erfolgt gewöhnlich durch Einschrauben von Rohrlochbüchsen und behebt den Schaden, wenn man nicht wartet, bis die Stege gänzlich durchbrechen.

Es ist von Wichtigkeit festzustellen, wieviel Rohrlochbüchsen beziehungsweise gebrochene Stege im Betriebe zugelassen werden dürfen. Die Veröffentlichung des österreichischen Ingenieur- und Architekten-Vereins gibt keine Begrenzung an und gestattet die Belassung im Betriebe, so lange die Dichtheit es zuläßt. Nach Werkstättenvorstand Mayr, Köln-Nippes[1]), werden bei den preußischen Staatsbahnen bis zu 40 Rohrlochbüchsen zugelassen. Wir sind der Ansicht, daß man die Art der Brüche unterscheiden sollte. Sind sie so gering, daß die behufs Ausbesserung eingezogene Büchse den Bruch ganz herausnimmt, so könnte die Zahl auch größer sein als 40. Sind aber die Stege gänzlich durchbrochen, insbesondere mehrere in einer Kette, so wird man sich kaum

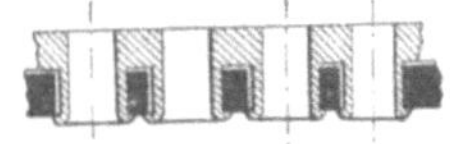

Abb. 18a.
Rohrwandausbesserung
nach Troske.

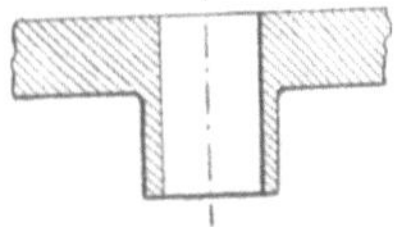

Abb. 18b.
Rohrwandfleck vor dem
Einziehen.

entschließen, so viele zuzulassen, es wäre denn, daß man die von Troske angegebene Reparatur anwendet (Abb. 18). Diese besteht eigentlich in einer Verdopplung der Rohrwand, die mittels Büchsen, welche aus der ur-

---

[1]) Organ Fortschr. des Eisenbahnwesens 1906, S. 169.

sprünglich 50 mm starken Kupferplatte herausgearbeitet wurden, verbunden sind. Diese Reparatur ist schwierig auszuführen und sehr kostspielig.

Ursachen. Stegbrüche wurden als Schäden von Bedeutung zuerst bei Lokomotiven mit Deckenankern beobachtet und sind früher bei Deckenbarren nicht vorgekommen. So bildete sich die Meinung, daß die Deckenanker, insbesondere wenn sie nahe an der Rohrwand angebracht waren, die Dehnung derselben nicht hinreichend zuließen. Es entstanden dann Konstruktionen, welche die freie Beweglichkeit der vorderen Deckenankerreihen ermöglichten, oder an ihre Stelle kurze Barren setzten.

Es gibt auch heute noch überzeugte Anhänger dieses Hilfsmittels und es ist möglich, daß es bei weichen Wässern auch entspricht. Bei harten Wässern aber haben wir keinen merklichen Erfolg beobachten können, ebensowenig wie Mayr im Gebiete der Werkstätte Köln-Nippes und wohl auch andere.

Einige Zeit waren wir der Ansicht, die von einzelnen englischen Bahnen noch jetzt beibehaltene ältere Anordnung der Rohrreihen, in der die Rohre keine geschlossenen vertikalen Reihen bilden, sei darin begründet, daß diese Anordnung gegen Stegbrüche widerstandsfähiger sei. Aber Johnson, Maschinendirektor der Midland-Bahn, konnte uns dies nicht bestätigen.

Schließlich haben wir die Überzeugung gewonnen, das Aufwalzen der Rohre und die damit verbundene Formänderung dränge die Masse der Rohrwand gegen die Ränder. Diese staut sich in den Ecken, die nicht so ausweichen können, wie die mittleren Partien, preßt die Löcher oval und bringt die Stege zum Bersten. In den mittleren Partien weicht die Rohrwand unter Umkrempelung des oberen Randes aus, während die Versteifung von Seitenwand und Decke dies in den Ecken nicht zuläßt. Wären die Deckenanker allein Ursache der Brüche, so müßten die Rohrstege in allen Reihen gleichmäßig anbrechen und nicht bloß in den seitlichen Reihen.

Verhütung der Stegbrüche. Hieraus ergeben sich für die Verhütung dieses Schadens dieselben Mittel wie zur Verhinderung des Rohrrinnens: Gutes Wasser, gute Kohle, Reinhalten der Rohrwand, geringes Forcieren und Schutz vor jähem Abkühlen. In zweiter Linie folgt die Verstärkung der Wand, damit sie nicht so leicht „fließe". Man verringert die Durchmesser der Rohrlöcher auf der Feuerbüchsenseite und erhält dadurch breitere Stege im allgemeinen, oder man beschränkt dies auf die vier Seitenreihen, endlich macht man für die Ecken eine andere Einteilung, um die Rohre weiter auseinanderzustellen. Die Dampfbildung leidet kaum durch Entfallen einiger Rohre, da die Gase weniger durch die oberen Reihen ziehen.

In Gebieten mit sehr harten Wässern, Kesselstein von geringer Wasserdurchlässigkeit oder großer Wärmeisolation (Magnesiaverbindungen) genügen diese Auskunftsmittel nicht. Wie Mayr berichtet, treten da bei den hohen Drücken selbst schon nach fünf Monaten Stegbrüche auf. Dies liegt wohl hauptsächlich in der raschen Abnahme der Zähigkeit des Kupfers bei Temperaturen über 200° C. Dies führte zur Verwendung von Flußeisen für den oberen, die Rohre enthaltenden Teil der Rohrwand durch Mayr. Wir würden statt der Stahlkupferrohrwand eine Stahlwand empfehlen, und den unteren Teil derselben durch einen Spiegelhalterschen Asbest-Kaolinbelag, der sich an mehreren Orten gut bewährt hat, schützen.

Ob die Stahlkupferwand dauernd die Stegbrüche verhindern wird, bleibt abzuwarten. In Amerika, wo fast ausschließlich Stahlfeuerbüchsen verwendet werden, ist nämlich die Erscheinung der Stegbrüche seinerzeit ebenso aufgetreten wie bei uns, und der große Verein der amerikanischen Zugförderungsvorstände (Am. Association Master Mechanics) hat schon im Jahre 1893 ein Komitee zum Studium dieser Frage eingesetzt. Der Bericht dieses Komitees[1]) gibt als Ursache der Stegbrüche die Starrheit oder zu geringe Beweglichkeit der Deckenanker an. Da wir uns seither von der Unhaltbarkeit dieser Auffassung bei unseren Kupferbüchsen überzeugt haben, die einen wesentlich größeren Ausdehnungskoeffizienten haben als jene aus Stahl, müssen wir auch die Annahmen des amerikanischen Berichtes vorläufig als unzutreffend erklären.

Die Einführung der Lokomotiven mit Rauchrohrüberhitzern hat das Bild der Rohrwand vollständig geändert, indem im oberen Teile derselben steife Rohre mit großen Durchmessern und Abständen auftreten. Es ist anzunehmen, daß hierdurch eine Änderung im Auftreten der Stegbrüche und in ihrer Lage eintreten wird. Bei der Verwickeltheit der Erscheinungen und Einflüsse wäre es aber gewagt, darüber von vornherein ein Urteil abzugeben.

c) Stehbolzenbrüche.

Bei unseren Feuerbüchsen aus Kupfer werden in der Regel kupferne Stehbolzen verwendet, denn sowohl Bronze als Schmiedeeisen sind viel härter als die Wand aus Kupfer, und beim Rinnen der Stehbolzen muß dann die Wand gestemmt werden, um wieder Dichtheit zu erzielen.

Auftreten der Stehbolzenbrüche. Die stetige Zunahme von Dampfdruck und Kesselleistung und die hieraus folgende Steigerung der Kesselwandtemperaturen bringt das Kupfer bei hartem Wasser alsbald an die Grenze der Zähigkeit und die Stehbolzen brechen insbesondere in der Richtung des Flammenzuges meist in der Wand.

Die Dehnung der langen Wände, die Formänderung bei der Erhitzung von stark eingezogenen Feuerbüchsen an der Stelle des Überganges, die Versteifung des Ganzen an jenen Stellen, wo außen am Stehkessel die Kesselträger befestigt sind und manches andere steigern weiter die Inanspruchnahme, die um so größer wird, je kürzer und stärker die Stehbolzen sind.

Es ist nachgewiesen worden, daß sich für Stehbolzen am besten solches Kupfer eignet, welches weicher ist als die Wand und das so plastisch ist, daß es die Gewinde derselben vollständig ausfüllt und so die beste Wärmeübertragung sichert. Es wird auch behauptet, daß abgerundete Gewinde das Brechen vermindern, weil sie einige Beweglichkeit gestatten.

Eigentümlichkeiten der Konstruktion, hartes Wasser und minderwertiges Material der Stehbolzen wirken mitunter zusammen, um das Brechen der Stehbolzen zu einer Kalamität erwachsen zu lassen. Unter solchen Umständen kann nur scharfe, stetige Kontrolle in Verbindung mit sofortigem Auswechseln gebrochener Stehbolzen auch der geringsten Zahl das periodische Auftreten schwerer Unannehmlichkeiten verhindern.

Es wird in der Regel gesagt, daß eine Gruppe von höchstens vier gebrochenen Stehbolzen anstandslos im Dienste bleiben darf. Wer, wie wir,

---

[1]) Proceedings Am. Ass. Mast. Mech. 1894, S. 25 ff.

erfahren hat, daß eine Lokomotive mit zwei nebeneinander befindlichen ge-brochenen Bolzen weggefahren, und daß bis zur Rückkunft um diese zwei herum weitere sechs brachen, somit acht Stehbolzen in einem Nest gebrochen waren, wird diesbezüglich vorsichtiger sein. Wie in vielen anderen Fällen ist auch hier der einzelne Fall maßgebend. In den oberen Horizontalreihen in der Nähe der versteifenden Deckenbüge können anstandslos auch mehr als vier Bolzen gebrochen im Dienste bleiben — diese Brüche gehen selten weiter. Hingegen im Zuge des Feuers, wo die Neigung besteht, die Köpfe auszu-sprengen, weiß man nie, ob nicht demnächst weitere Bolzen der Umge-bung brechen werden, oder ob sie nicht schon angebrochen sind, ohne daß der Bruch bis in die Bohrung reicht. In einem solchen Falle können allenfalls ein bis zwei gebrochene Bolzen im Dienste bleiben, wenn man sich so weit als möglich überzeugt hat, daß die Umgebung noch gesund ist.

Die Stelle, wo Brüche bei den einzelnen Typen am häufigsten sind, und die Art der örtlichen Verbreitung lernt man am raschesten, wenn man für die Stehbolzen ähnliche Tafeln anlegt wie für die Feuerrohre. In diese Tafeln werden auch Anbrüche und Runzeln in den Platten eingezeichnet, ebenso wie dort angebrachte Flecke. Sie sind in unserem Betriebe allgemein eingeführt.

Arbeit und Aufsicht. Zuverlässige Kesselschmiede sind in Heiz-häusern mit harten Wässern eine unerläßliche Bedingung des sicheren Be-triebes. Das Arbeiten in einer warmen Feuerbüchse ist unangenehm genug und unter dem Drucke der Hetze um die Fertigstellung einer dringend benötigten Lokomotive entwickeln sich manchmal merkwürdige Dinge. Es werden mitunter gebrochene spritzende Bolzen vernagelt, und man findet dann bei Revisionen Gruppen solcher Bolzen. Bei manchen Verwaltungen werden im Bruchgebiete der Stehbolzen hinter den einzelnen Stehbolzen Löcher im Rahmen ausgespart oder einzelne Bolzen eingezogen, die im Feuerzuge nicht so leicht brechen oder sehließlich abwechselnd eiserne und kupferne Bolzen angewendet, um das Brechen größerer Gruppen zu verhindern.

Wir müssen auf Grund jahrelanger Erfahrungen ernstlich betonen, daß jede Arbeit im Heizhause, insbesondere aber Kesselschmiedearbeit, nicht oft genug kontrolliert werden kann. Es ist unbequem, in eine warme Feuerbüchse zu kriechen. Aber wer dies nicht tun kann oder will, soll im Heizhause keine verantwortliche Stellung einnehmen. Dort, wo ein Kontrollorgan nicht hinein kann, darf auch keine Arbeit geleistet und kein Arbeiter hingestellt werden. Wissen einmal die Arbeiter, daß solche Arbeiten nicht kontrolliert werden, so ist die Güte und Zuverlässig-keit der Arbeit gänzlich in Frage gestellt.

Man greift im Falle eines Vertrauensbruches selbstverständlich zu den schärfsten Maßregeln, scheidet unzuverlässige Leute sofort aus und bildet so im Laufe der Jahre Rotten, die aus gänzlich zuverlässigen Leuten be-stehen. Aber nur die stete Kontrolle der Arbeit schafft jene Sicherheit, die bei Kesseln von so hohem Drucke und solcher Inanspruchnahme, wie sie bei Lokomotiven derzeit üblich sind, unbedingt erforderlich ist.

Die Schwierigkeit wächst, wenn die Konstruktion der Lokomotive das Auswechseln der Bolzen erschwert. Die neueren Typen mit gänzlich oberhalb des Rahmens stehendem Kessel sind in dieser Hinsicht wohl einwandfrei, aber jene mit Innenrahmen, wo zwischen Rahmen und Steh-kessel bloß 20 bis 25 mm Raum ist, um so schlimmer.

Beim Auswechseln empfiehlt es sich da nach der Bauart der North-London-Bahn hohle Bolzen ohne Köpfe zu verwenden, die von innen aufgepreßt, aufgewalzt werden können (Abb. 19).

Sind die Wände schwach und können nicht mehr lange im Betriebe bleiben, so kann man nach dem Vorgange von Fiala (Abb. 20a) Kappen verwenden, die den übrig gebliebenen Teil des Bolzens mit der Wand zuverlässig verbinden. Freilich werden dabei in die Wand Löcher von 50 bis 60 mm Durchmesser gebohrt. Sind nur ein bis zwei Bolzen gebrochen, und ist es unmöglich, sie in der gegebenen Zeit auszuwechseln, so haben wir für eine Fahrt den gebrochenen Bolzen in der Weise, wie es Abb. 20b zeigt, befestigt. Das ist zwar nicht konstruktiv, aber besser, als den Bolzen gebrochen im Dienst zu belassen, und verhindert auch die Verbreitung der Brüche auf die Bolzen der Umgebung.

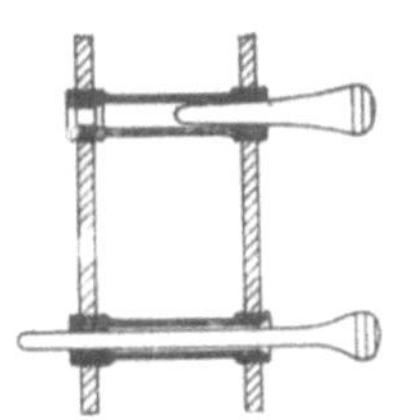

Abb. 19.
Hohle Stehbolzen der North London Bahn.

Eiserne Stehbolzen. Bei eisernen Stehbolzen, die bekanntlich nicht auf der Feuerbüchsenseite, sondern stets auf der Stehkesselseite brechen, spielt die Erhitzung keine Rolle, und es bleibt bloß die Inanspruchnahme infolge Dehnung der Platten. Nichtsdestoweniger ist auch in Amerika, wo sie fast ausschließlich verwendet werden, die Klage über zahlreiche Stehbolzenbrüche eine ständige.

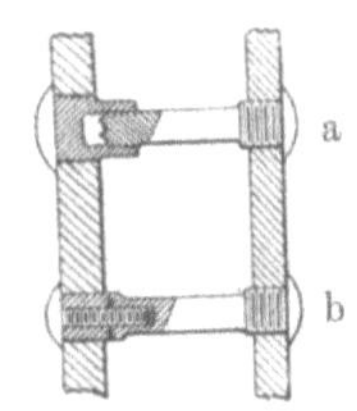

Abb. 20.
a) Bolzenreparatur nach Fiala.

b) Notreparatur gebrochener Stehbolzen.

Bewegliche Stehbolzen. In den letzten Jahren war man bestrebt, an jenen Stellen, wo gewöhnlich die meisten Brüche auftraten, bewegliche Stehbolzen zu verwenden, und, wie es scheint, mit Erfolg. Laut dem Bericht des Komitees der Master Mechanics[1] sind in den Vereinigten Staaten zur Berichtszeit bei 26 Bahnen in 3012 Lokomotiven 521435 bewegliche Stehbolzen in Verwendung, und viele Gesellschaften haben beschlossen, sie regelmäßig in Anwendung zu bringen.

Von der ursprünglichen Form Wehrenfennigs ausgehend, der allgemein als Schöpfer dieses Systems anerkannt wird, haben sich schließlich zwei Typen als die besten erhalten, Abb. 21a, 21b. Insbesondere der ersten Konstruktion wird nachgesagt, daß von den vielen in Verwendung stehenden bloß ein Stück gebrochen sei, und daß sie infolge des kurzen Vorsprunges der Mutter gegen Kesselsteinablagerungen wenig empfindlich sei, im Gegensatze zu den älteren Formen, wo in den langen und engen Zwischenräumen zwischen Bolzen und Gehäuse alsbald Kesselstein sich ablagerte und die Beweglichkeit vernichtete.

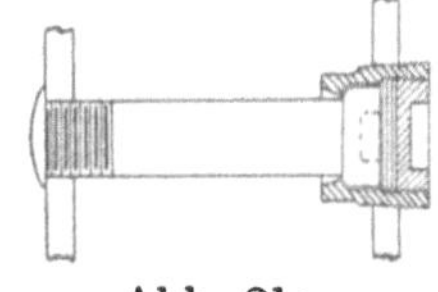

Abb. 21a.

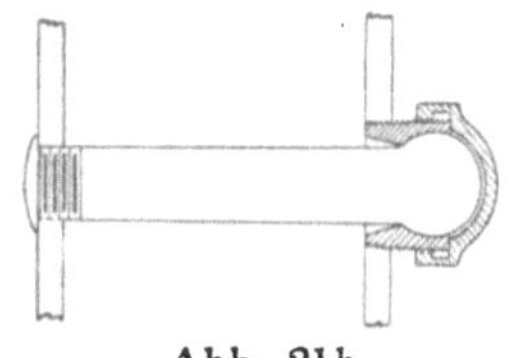

Abb. 21b.
Bewegliche Stehbolzen.

---

[1] Am. Ass. Mast. Mech. 1906, S. 65 bis 150.

Wenn man bedenkt, daß die beweglichen Bolzen viel teurer sind und bezüglich der Anbringung weit empfindlicher, weil durch das Anziehen der Kappe eine Spannung in die Kesselplatten gelegt wird, die bei minder geschickter Arbeit, von Bolzen zu Bolzen wechselnd, sehr verschieden sein kann, wenn ferner die Schwierigkeiten berücksichtigt werden, mit denen die Revision gegen Bruch verbunden ist, so muß man annehmen, daß man dies alles nur in Kauf nimmt, weil die Vorteile einer solchen Anordnung bedeutende sind.

Laut den amerikanischen Übernahmebedingungen soll das Stehbolzenmaterial, an einem Ende eingespannt und 200 mm von der Einspannstelle in einem Kreise von 3 mm Durchmesser geführt, mindestens 6000 Umdrehungen aushalten, und in einer Entfernung von 150 mm bei der gleichen Durchbiegung, je nach dem Durchmesser des Bolzens, 1800 bis 2500 Umdrehungen. Bei einem Vergleiche zwischen steifen und beweglichen Bolzen von 25 mm Durchmesser brachen die festen Bolzen nach 4000 bis 6900 Umdrehungen, während von drei beweglichen einer nach 21700 Umdrehungen gebrochen ist und die übrigen zwei selbst nicht nach 30000 bis 32000 Umdrehungen, weil unterdessen eine Lockerung zwischen Bolzen und Wand im Gewinde eingetreten war.

Schließlich soll noch der Bestrebungen Erwähnung geschehen, Stehkessel zu bauen, bei denen Stehbolzenbrüche überhaupt nicht mehr vorkommen sollen. Diese gehen von der Beobachtung aus, daß Bolzen von über 150 mm Länge selten brechen und die neuartige Anordnung des Stehkessels über den Rahmen gestattet, den Raum zwischen Feuerbüchse und Stehkessel viel größer zu wählen als bisher. Ob diese Bestrebungen Erfolg haben werden, wird die Zukunft lehren.

d) Heißlaufen.

Ursachen. Nächst den Kesselschäden erzeugt das Heißlaufen der Lager wohl die meisten Betriebsstörungen. Bei den hohen Tourenzahlen der umlaufenden Massen, in Verbindung mit den durch Gewicht oder Kräftespiel erzeugten großen Drücken, und dies alles häufig in einer Atmosphäre von aufgewirbeltem Staube, können nur Lager, die mit Weißmetall ausgegossen sind, dauernd betriebsfähig erhalten werden. Läuft nun das Lager aus irgend einem Grunde heiß, so schmilzt schließlich der Weißmetallausguß, und die Lokomotive wird dienstunfähig. Ist das Lagermetall Bronze, so liegt die Gefahr vor, daß die Lagerzapfen glühend werden, Schaden leiden oder gar brechen, was unter Umständen gefährliche Folgen haben könnte.

Die Ursachen des Heißlaufens sind in der Regel zweierlei, nämlich ungenaue Montierung, bezw. Anarbeitung, oder ungenügende Schmierung. Dauerndes Heißlaufen kann auch von ungenügenden Abmessungen der Teile oder von ungeeignetem Materiale herrühren — diese Erscheinungen fallen aber außer den Wirkungskreis des Heizhauses.

Einlaufen. Tritt eine Lokomotive aus großer Reparatur, so wird sie einer Probefahrt unterworfen oder zu einem langsam verkehrenden und häufig haltenden Zuge mit längeren Aufenthalten eingeteilt, damit alle notwendigen Nacharbeiten ohne Störung des Zugverkehres geleistet werden und bei der geringen Geschwindigkeit die Lager sich einlaufen können, ohne sich zu sehr zu erhitzen. Je vollkommener die Arbeit war, desto weniger wird nachzuholen sein und umgekehrt. Bei manchen Bahnen wird von vornherein reichliches Spiel gegeben und die Auflage der Lager beschränkt, um je weniger Reibungsfläche zu bieten. Je vollkommener die Montierung und Arbeit, desto reichlicher werden die Lagerflächen ausgenützt, denn dies gibt nicht bloß kleinere Auflagerdrücke sondern auch geringere Abnützung und somit dauernde Betriebsfähigkeit.

Gestängelager. Im Betriebe geben die Nacharbeiten an den Gestängelagern Anlaß zu Heißlaufen, insbesondere bei den Leitstangen. Nach einiger Zeit laufen sich die Lager bekanntlich aus und beginnen zu klopfen. Das entstandene Spiel wird durch das Zusammenfeilen der Lager wieder aufgehoben. Bei dieser Gelegenheit muß in der Auflagefläche in der Nähe der Lagerteilung etwas nachgeholfen werden, um das Klemmen zu verhindern, das Heißlaufen veranlassen könnte.

Kuppelstangenlager werden stets so zusammengefeilt, daß sie fest zusammenstehen. Dies geht bei Leitstangen nicht gut an und beim Zusammenkeilen des Lagers können leicht zu große Drücke oder Verziehungen entstehen. Das Leitstangenlager hat überdies den größten Druck aufzunehmen und die Ungleichheiten, die vom Rollen der Lokomotive in Krümmungen herrühren. Ganz besonders empfindlich sind schließlich die Leitstangenlager bei den großen Zapfen der Krummachsen bei inneren Zylindern.

Im Betrieb der Südbahn war längs des Plattensees eine Strecke von 80 km im Sande zurückzulegen, und bei Stürmen im Sommer gab es wiederholt Heißlaufen der Leitstangen. Diese Lokomotiven waren mit Reserveleitstangenlagern ausgerüstet, und heißgelaufene Lager wurden mitunter in 20 Minuten ersetzt. Durch Anpflanzungen ist seither der Sand gebunden worden. Einzelne russische Bahnen haben zum Schutze gegen Heißlaufen in Sandstrecken die Lagerschalen der Gestängelager als Haube ausgebildet, welche die Kurbelzapfen außen umschließt.

Abb. 22.
Weißmetallausguß.

Es ist auch gut, die Schale so zu formen, daß der Weißmetallausguß über den Borden bloß 2 bis 3 mm steht (Abb. 22), so daß im Falle des Ausschmelzens das Lager mit einiger Nachhilfe betriebsfähig bleibt, weil die entstandene Lücke unbedeutend ist.

Heißlaufende Kuppelstangenlager sind wohl nie gefährlich, und uns ist kein Fall eines Betriebsanstandes aus diesem Anlaß bekannt geworden.

Wird im Heizhaus das Heißlaufen eines Lagers angegeben, so wird dies es in der Regel neu aufgepaßt, d. h. die Lauffläche wird besser angepaßt. Bei minder empfindlichen Lagern kann dies mehreremal wiederholt werden; bei heiklichen jedoch ist es in der Regel besser, das Lager frisch auszugießen, denn das Weißmetall ändert bei wiederholtem Warmlaufen seine Struktur, und das Lager will nicht mehr kalt gehen. Da man im Heizhaus nicht die Zeit hat, mit jener Präzision auszumessen, wie dies in der Hauptwerkstätte geschehen kann, so hängt viel davon ab, daß der zu diesen Arbeiten verwendete Schlosser entsprechend geübt sei und die notwendigen feinen Sinne besitze, welche das Instrument ersetzen. Es ist daher angezeigt, diese Arbeit bloß von bestimmten, hierzu geeigneten Arbeitern ausführen zu lassen. Das Lager soll etwa 1 mm größer ausgebohrt werden, als es der Zapfendurchmesser erfordert, und es ist gut, nicht zu viel daran aufzupassen. Dies läßt hinreichend Raum für reichliches Ölen, und beim Heißlaufen wird ein solches Lager nicht sogleich klemmen.

Manche Zapfen laufen trotz aller Versuche dauernd heiß. Mitunter liegt die Ursache des Heißlaufens der Leitstangenlager in einer zu großen Voreilung der Schieber, in anderen Fällen im Material (harte Zapfen oder hartes Weißmetall). Manchmal wird das Leitstangenlager vom benachbarten Kuppelstangenlager heiß — und dieses wieder vom Zerren der Kuppelstange, weil die Entfernung der Kuppelkurbelzapfen und Achsmittel nicht gleich ist; dies kann wieder von verlaufenen Kurbelzapfen herrühren, bei denen die Mittelpunkte der Rosen nicht mit den Achsen der Kurbelzapfen zusammenfallen, so daß man beim Ausmessen dieser Entfernung getäuscht wird.

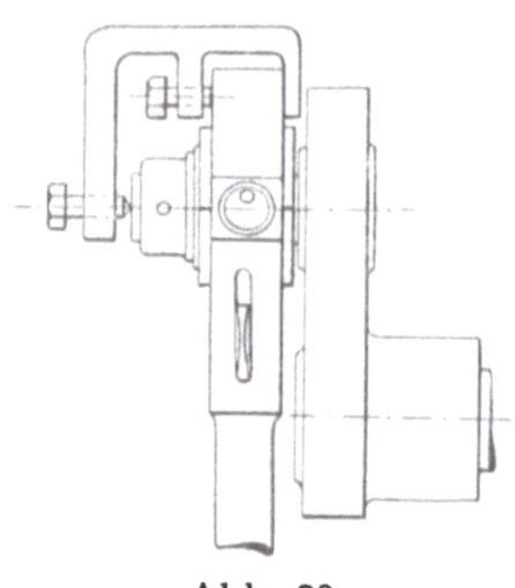

Abb. 23.
Bestimmung der Exzentrizität
der Zapfen.

Zur Ermittlung dessen, ob der auf der Kurbelzapfenrose bezeichnete Mittelpunkt jener der Zapfen ist, haben wir ein kleines Instrument verwendet (Abb. 23), das an den Kuppelstangenkopf befestigt, beim Schieben der Lokomotive mittels eines Stiftes einen Kreis auf die Rose zeichnet. Dieser Kreis ist mit dem Kurbelzapfen konzentrisch und der Mittelpunkt desselben sollte mit dem Körner zusammenfallen. In der Regel sollten freilich alle Kurbelzapfen bei jedem Räderdrehen zentrisch reguliert werden. Aber nicht alle Werkstätten üben dies regelmäßig, und bei weichem Materiale können sich die Zapfen rascher ablaufen.

Lokomotiven mit warmlaufenden Lagern sind regelmäßig mit besserem Öl in größerem Ausmaße zu versehen. In der warmen Jahreszeit ist dies nach Bedarf auf ganze Gruppen von Lokomotiven auszudehnen.

Bei krümmungsreichen Strecken ist eine gewisse Einstellbarkeit der Leitstangen erforderlich. Diese ist mit geringer Nachhilfe auf der Kreuzkopfseite leichter durchzuführen als auf der Kurbelzapfenseite, wo zu gleicher Beweglichkeit viel mehr vom Lager weggenommen werden müßte.

Im allgemeinen geben Verbundlokomotiven weniger Anstände mit dem Gestänge als die Zwillingslokomotiven, weil die Druckschwankungen wesentlich kleiner sind. Hingegen sind bei ihnen die Kreuzköpfe mehr dem Heißlaufen unterworfen, weil der Volldruck noch herrscht, während die Leitstange schon einen großen Winkel mit der Horizontalen bildet, somit die Vertikalkomponente ziemlich bedeutend ist. Bei den kleinen Füllungen der Zwillingslokomotiven bleibt die Vertikalkomponente im allgemeinen klein. Das Zusammenfeilen der Kreuzkopfführungen und die Schmierung derselben sind daher sorgfältig durchzuführen.

Schwingende Zapfen, die bloß eine Winkelbewegung zu erleiden haben, wie Kreuzkopf- und Steuerungsbolzen, sind im allgemeinen heiklicher, aber, gute an der Oberfläche stahlharte und reichlich bemessene Zapfen vorausgesetzt, sind sie bei guter Schmierung leicht zu erhalten. Bei einem Defekt fressen sie leicht und veranlassen Brüche des Gestänges.

Achslager. Eine wichtige Rolle spielt das Heißlaufen der Achslager. Im allgemeinen sind Schwierigkeiten mit Hauptachslagern nicht oft bekannt geworden. Trotz äußerer Rahmen und der damit im Zusammenhange stehenden geringen Auflagerflächen, wie sie zahlreiche ältere Lokomotiven Österreich-Ungarns zeigen, bestand die Schwierigkeit eher im raschen Auslaufen der Lager als im Heißlaufen. Hingegen ist dies in Amerika eine ständige Klage und Quelle von Betriebsstörungen. Ein hervorragender Ingenieur rühmt sich, es sei ihm gelungen, durch entsprechende Maßnahmen die Anzahl der heißlaufenden Hauptachslager soweit zu verringern, daß in einem Heizhause von 75 Lokomotiven bloß alle 2 Monate ein Liegenbleiben wegen ausgeschmolzener Hauptachslager vorgekommen sei. Dies rührt offenbar von den außergewöhnlich hohen Drücken auf die gekuppelten Achsen her, die dort jetzt schon 25 Tonnen und selbst mehr betragen, während bei uns infolge niedrigeren Höchstdruckes wegen der notwendigen Verteilung des Gewichtes eher die Truckgestellachsen zu schwer belastet sind und tatsächlich eher zum Heißlaufen neigen, trotz der bedeutenden Lagerflächen, die sie jetzt erhalten. Zur Verhütung des Heißlaufens ist die zuverlässige Schmierung von der Unterseite das wichtigste Mittel. Packungen in den Lagerunterteilen werden zwar an vielen Orten verwendet. Wir haben aber gefunden, daß selbst die vorzüglichste Packung mit der Zeit in der Richtung der Drehung mitgenommen wird und in dem vorderen Winkel des Unterteils einen harten Keil bildet, der die Schmierung stört. Dagegen helfen auch nicht die mit Haken versehenen Lagerunterteile. Auch setzen sie sich mit der Zeit, insbesonders Wollpackungen, die viel weniger elastisch sind, als solche aus Lindenspänen.

Die beste Schmierung sichert ein elastisches Polster aus dickem Gewebe mit reichlichen Saugdochten. Denn zur Herstellung der Packung, die nicht zu locker, aber auch nicht zu fest sein darf, braucht man besonders geschultes Personal, während ein gutes Polster, solange es in Ordnung bleibt, ganz zuverlässig ist. Freilich gehören hierzu auch Lagerunterteile von entsprechender Tiefe, die einen großen Ölvorrat aufnehmen und lange Federn zulassen, welche bei starker Spannung noch immer hinreichend elastisch bleiben. Bei niedrigen Unterteilen kommt es vor, daß die Federn in zusammengepreßtem Zustande gänzlich zusammenstehen und unelastisch sind.

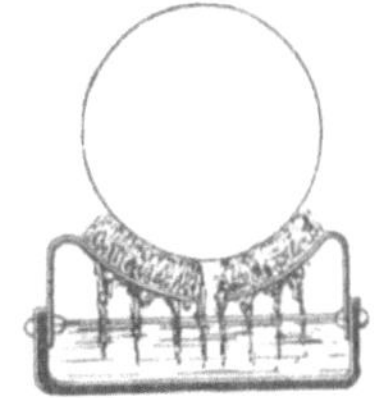

Abb. 24.
Schmierpolster der
Midland-Bahn.

Das beste Schmierpolster ist unseres Wissens jenes der Midland-Bahn (Abb. 24). Wir fanden es schon im Jahre 1893 in dem ausgezeichneten Wagenlager dieser Bahn, das seither im Wege des deutschen Hofzuges seinen Weg durch ganz Europa gemacht hat. Dasselbe ist zweiteilig, auf schmale Federplättchen angenäht, welche seitlich gegen den Achszapfen pressen, also gegen jene Partien, die direkt das Öl weiterführen.

Was aber immer das Mittel der Unterschmierung bilden möge, das wichtigste ist die regelmäßige Revision und der rechtzeitige Ersatz schlechter Packungen sowie ausgenützten Öles. Nach unseren Erfahrungen ist es erforderlich, die Lagerunterteile der Drehgestellager bei Eilzuglokomotiven monatlich einmal aufzumachen und das Öl zu ersetzen. Wenn dann der Lokomotivführer vorsichtig ist und bei Regenwetter das Wasser aus den Ölräumen des Oberteiles auspumpt und rechtzeitig die Saugdochte auswechselt, so kann man auf einen sicheren Betrieb mit Bestimmtheit rechnen. Ähnlich sind die Lager der Tender zu behandeln. Wenn trotz dem — wenn auch sehr selten — Heißlaufer bei den Achslagern vorkommen, so gehört das eben zu jenen Dingen im Betriebe, die man nicht erklären und schwer verhüten kann.

Wir müssen schließlich noch erwähnen, daß die amerikanischen Bahnen angesichts des häufigen Heißlaufens ihrer Lokomotiven Wasserleitungen von 20 mm Durchmesser anbringen, die von einer Abzweigung des Injektorzuflußrohres kaltes Wasser aus dem Tender führen. Diese Leitung hat Abzweigungen zu jedem Lager und führt entweder in den Raum zwischen Rad und Lagergehäuse oder in den Unterteil des Lagerkastens. Jede Abzweigung hat ein besonderes Ventil. Von den meisten Bahnen wird dieses Notauskunftsmittel als sehr wünschenswert angesehen, andere verschmähen es, fast alle stimmen aber darin überein, daß Wasser nicht in den Lageroberteil eingeführt werden darf, weil es das Öl verdrängt und die Schmierung verdirbt.

Auch bei uns kommt es vor, daß der Lokomotivführer während der Fahrt, sobald der Geruch es ihm verraten hat, daß ein Lager heiß geworden ist, die an die Injektorleitung angeschlossene Kohlenspritze darauf richtet — wenn es zu erreichen ist — und es gelingt mitunter, das Ausschmelzen des Lagers zu verhindern, auch ohne daß der Zug angehalten wird.

Bei heißlaufenden Lagern werden manchmal dem Schmieröl Beimengungen zugefügt, in früheren Zeiten Schwefelblüte, jetzt insbesondere Flockengraphit, der von mancher Verwaltung bevorzugt wird.

Von anderen wird die Anwendung von Starrschmiere besonders empfohlen und bei manchen Eisenbahnverwaltungen ist die Verwendung derselben ziemlich weit gediehen. Ist nämlich das Lager warm geworden, so schmilzt die Starrschmiere und die Schmierung des Lagers wird wesentlich erhöht. Genaue Messungen, welche Prof. Goß auf dem bekannten Prüffelde der Purdue-Universität vorgenommen hat, haben jedoch gezeigt, daß der Eigenwiderstand der Lokomotive bei Schmierung mit Starrschmiere bedeutend wächst. Die Hauptresultate sind folgende: Der mittlere Widerstand beträgt bei

$$32 \text{ km/st } 855 \text{ kg bei Starrschmiere und } 671 \text{ kg bei Öl,}$$
$$80 \quad \text{,,} \quad 785 \text{ ,, ,,} \qquad \text{,,} \qquad \text{,, } 300 \text{ ,, ,, ,,}$$
$$90 \quad \text{,,} \quad 790 \text{ ,, ,,} \qquad \text{,,} \qquad \text{,, } 340 \text{ ,, ,, ,,}$$

Der Eigenwiderstand ist somit bei höheren Geschwindigkeiten bei Starrschmiere nahezu doppelt so groß als bei Verwendung von Öl.

e) Schäden im Rauchkasten.

Die bisher behandelten Schäden sind insofern die wichtigsten, als sie die Hauptveranlassung zum Fehlerhaftwerden der Lokomotive auf der Strecke abgeben. Die Schäden am Blasrohr, Hilfsbläser und Undichtheiten im Rauchkasten bilden hingegen in den meisten Fällen die Ursache des schlechten Dampfens der Lokomotive, sowie von übermäßigem Brennmaterialverbrauche und sind somit jene Dinge, welche die stete Sorge und Plage der Lokomotivmannschaft ausmachen. Reparaturen an diesen Bestandteilen werden daher sehr häufig vom Lokomotivführer angegeben und sind um so unangenehmer, als man den Sitz des Übels manchmal schwer ermitteln kann.

Luftleere und Regleröffnung. Die Höhe des Vakuums im Rauchkasten — obzwar je nach der Type der Lokomotive, Art des Betriebes und des Brennmaterials verschieden — ist unter gegebenen Umständen ein empfindliches Maß für den Zustand der Maschine und ihre Inanspruchnahme. Wir haben daher schon seit dem Jahre 1900 unsere Lokomotiven mit einfachen Luftleermessern ausgerüstet und auf den Reglerquadranten die der Hebelstellung des Reglers entsprechende Öffnung des Reglerkopfes in Quadratzentimetern angemerkt, was wieder ein Maß der Drosselung des Dampfes gibt.

Die Öffnung des Reglers hat einen sehr bedeutenden Einfluß auf die Höhe der Luftleere, und beide Maße zusammengehalten ermöglichen rasches Orientieren des Personals bei wechselnder Besetzung. Ähnliches hat kürzlich auch Garbe in Berlin eingeführt, indem er bei seinen Heißdampflokomotiven Luftleermesser für den Rauchkasten und Manometer für den Schieberkasten vorgeschrieben hat.

Die Lokomotive ist um so besser, je kleiner das Vakuum ist, mit dem eine bestimmte Leistung erreicht wird und je kleiner Füllung und Regleröffnung zur Erzielung eines gegebenen Vakuums sind. Man kann auch künstlich das Vakuum im Rauchkasten steigern, wenn man die Aschkastenklappen mehr schließt oder sonst die Luftzufuhr beschränkt; dasselbe tritt bei Verwendung von Wellrohren ein. Aber dies hat aufs Feuer wenig Einfluß, weil die Menge der durchgesaugten Luft hierdurch nicht gesteigert wird.

Unter normalen Umständen erzeugt hohes Vakuum leicht Löcher im Feuer, reißt viel Brennmaterial in den Rauchkasten und kann bei sorglosem oder schwachem Feuer zuviel überschüssige Luft ansaugen. Kurzum, die Luftleere bestimmt den Wirkungsgrad des Kessels. Sinkt sie zu stark, d. h. kann man bloß durch Weiteröffnen des Reglers, Schließen der Blasrohröffnung usw. die nötige Luftleere erzeugen, so entwickelt der Kessel zu wenig Dampf und somit bestimmt die Luftleere auch die Leistungsfähigkeit der Lokomotive.

Störungen des Vakuums. Die Luftleere wird hauptsächlich durch Undichtheiten im Rauchkasten verringert. In erster Linie tritt dies ein, wenn bei schwerer Fahrt die Rauchkastenrückstände hoch anwachsen und die Rauchkastentüre zum Erglühen und Werfen gebracht wird. Dasselbe erfolgt auch bei fehlerhaften Einspritzvorrichtungen. Umgekehrt erzeugen Öffnungen im Rauchkasten durch die eingeströmte Luft mitunter Erglühungen im Rauchkasten. Alle Austrittsöffnungen von Rohren oder Hebeln aus dem Rauchkasten sind daher soweit als möglich dicht zu halten. Manchmal erzeugen undichte oder nicht gut geschlossene Klappen von Löschtrichtern schlimmen Dampfmangel.

Im Gegensatz hierzu stören verlegte Funkensiebe, trotz höheren Vakuums, die Luftzufuhr und die Mannschaft versucht häufig, dieselben auf der Strecke oder in den Stationen bei Beginn einer starken Steigung zu entfernen. Wo die Konstruktion es zuläßt, versucht man die Funkensiebe soweit herauszuziehen, als es geht, und eine scharfe Kontrolle muß hier nach dem Rechten sehen. Die Luftleere wird ferner gestört, wenn im Rauchkasten durch Undichtheiten eine Dampfausströmung stattfindet, z. B. durch Ausblasen von Einströmungsrohrflanschen, Undichtwerden der Rohre in der Rauchkastenrohrwand usw.

Die nächste Ursache schlechter Vakuumbildung ist bei Blasrohren mit beweglichen Klappen die einseitige Bewegung derselben, welche den Dampfstrahl von seiner richtigen Lage ablenkt oder, im Gegensatz hierzu, das Losewerden einzelner Klappen. Bei wechselnden Steigungsverhältnissen ist das bewegliche Blasrohr ein wichtiges Hilfsmittel zur Verminderung des Kohlenverbrauches oder zur Forcierung des Kessels. Die Klappen des Blasrohres verlegen sich aber bei stark rußenden Kohlensorten sehr leicht und werden dann oft unbeweglich. Der Mechanismus zur Bewegung derselben kann daher nicht einfach und kräftig genug gehalten sein. Denn schwach gebaute und komplizierte Mechanismen verziehen sich leicht oder werden von den Kesselschmieden nicht genau eingestellt, bringen daher mehr Schaden als Nutzen.

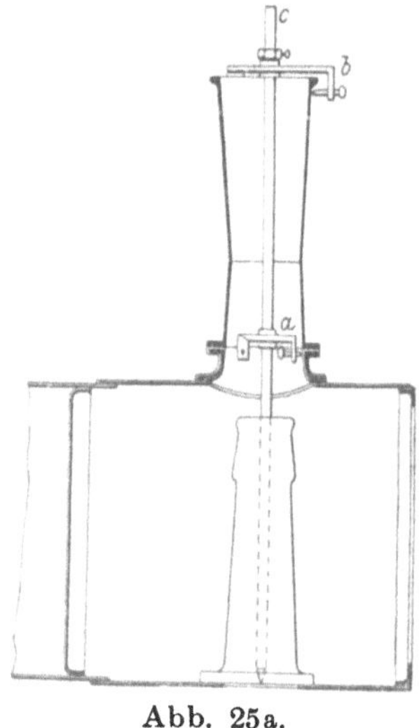

Abb. 25a.
Einstellung des Blasrohres.

Störungen in der Vakuumbildung erzeugen ferner Rußablagerungen auf den Klappen, die mitunter einseitig auftreten, und solche im Inneren der Blas- und Ausströmrohre. Diese können dann den Querschnitt bedeutend verringern und Reißen des Feuers erzeugen. Sie treten hauptsächlich bei langen, gekrümmten Ausströmungsrohren auf, insbesondere bei Verwendung vegetabilischer Öle zum Schmieren der Schieber und Kolben, die beim Leerlauf durch Ansaugen der Rauchgase verbrannt werden. Bei gewissen Lokomotivtypen müssen die Blas- und Ausströmrohre in bestimmten Zeiträumen ausgebrannt werden, um die Rußablagerungen zu entfernen.

Montierungsfehler. Die schlimmsten Störungen entstehen, wenn das Blasrohr nicht richtig montiert ist und der Dampfstrahl den Rauchfang nicht richtig trifft und ausfüllt. Man kann dies beurteilen, wenn man den Rauchfang von innen besichtigt und einseitige Rußablagerungen bezw. blank gefegte Stellen findet. Die Veranlassung hierzu ergibt sich im Heizhause beim Wechsel einer größeren Anzahl von Feuerrohren, der in der Regel mit dem Herausnehmen des Blasrohrs verbunden ist. Es kommt auch vor, daß unrichtig gestellte Blasrohre aus der Hauptwerkstätte geliefert werden — denn dies ist nicht leicht zu kontrollieren. In den letzten Jahren haben wir ein einfaches Instrument zur Einstellung der Blasrohre verwendet. Dies besteht

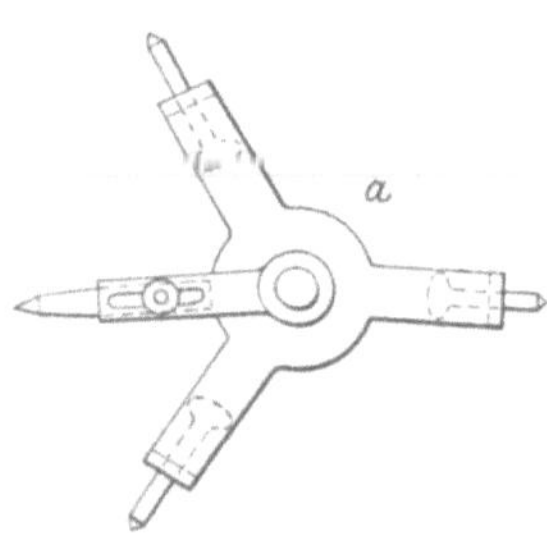

Abb. 25b.
Dreifuß für die Zentrierung
der Rauchfangachse.

aus einem geraden Rohre von etwa 30 mm Durchmesser, das an seinem unteren Ende mit einer Spitze versehen ist (Abb. 25a). Zwei Dreifüße mit verstellbaren Schrauben werden am oberen Ende des Rauchfangs und an seiner engsten Stelle so befestigt, daß sie zentrisch zum Rauchfange stehen. Der Rauchfang wird sodann so gestellt, daß die durch die Öffnungen der Dreifüße geschobene Stange den Mittelpunkt der Ausströmungsöffnung trifft, über die das Blasrohr zu stehen kommt. Schließlich wird das Blasrohr so montiert, daß die Stange den Mittelpunkt der oberen Öffnung trifft. Dann fällt die Achse von Blasrohr und Rauchfang zusammen. Diese Vorrichtung ist unabhängig von der Lage der Lokomotive und des Gleises.

Kombinierte Störungen. Störungen in der Dampferzeugung der Lokomotiven, die von einem Zusammenhange der oben angeführten Ursachen herrühren, sind nicht selten, und um so schwerer zu entdecken, als ein richtiges Meßinstrument für die Bewegung der Gase im Kessel fehlt. Es gibt beinahe in jedem Heizhause Lokomotiven, an denen alle Künste und Erfahrungen zuschanden werden. Zu deren Beseitigung müßte eigentlich in jedem größeren Bahnbetriebe ein Prüffeld vorhanden sein, mit Spezialisten zur Benützung desselben.

In seinem glänzenden Berichte über die Arbeiten auf dem Prüffelde der Chicago & North Western Ry.[1]) berichtet Herr auch über eine solche Lokomotive. Er fand nach mühevoller Arbeit schließlich „some slight disturbances in the front end" („einige kleine Abweichungen in der Rauchkasten-Ausrüstung"). Denn das Vakuummeter ist für diese Dinge kein genügend feines Instrument. Wir finden bei den Versuchen der hervorragendsten Forscher auf diesem Gebiete, Herr, Aspinall, Goß, im ganzen Rauchkasten bezw. Feuerkasten stets gleiches Vakuum, und doch hat jeder beobachtet, daß es auf keiner Rostfläche gleichmäßig brennt, daß dies bei jeder einzelnen Lokomotive anders ist, daß bei gewissen Typen stets die Seitenwände abbrennen und bei anderen hauptsächlich die untere Partie der Rohrwand am meisten leidet usw. Daß so feine Messungen auf der rollenden, fahrenden Lokomotive gewiß nicht vorgenommen werden können, ist vollständig klar, und es wird eine bedeutende Errungenschaft sein, wenn es gelingt, dies auf den jetzt im Entstehen begriffenen Prüffeldern mit Sicherheit festzustellen.

f) Schieber und Kolben.

Die Organe zur Verteilung und Betätigung des Dampfes sind Schieber und Kolben und die richtige Stellung der Steuerung; die Dampfdichtheit der genannten Teile sind für die Arbeit und Ökonomie der Lokomotive von hoher Wichtigkeit.

Schieberstellung. Für die Stellung der Schieber sind in der Regel in den Grundbüchern der Lokomotiven die nötigen Maße angegeben; diese gelten gewöhnlich für die Lokomotive im kalten Zustande. Gilt es aber, eine unrichtige Steuerung an einer warmen Lokomotive in Ordnung zu bringen, so werden bei Zwillingslokomotiven die Schieber in der Regel so gestellt, daß die einzelnen Schläge des Auspuffes gleich stark und in gleichen Zeitintervallen erfolgen. Bei normal gebauten Lokomotiven trifft das auch in der Regel zu; ist es nicht der Fall, so gibt der Lokomotivführer die richtige Stellung der Steuerung an. Denn die gleichmäßigen Schläge sichern auch gleichmäßiges Anfachen des Feuers, und das ist für die Kesselökonomie von Wichtigkeit. Gleich starke Schläge bedeuten auch in der Regel gleiche Füllungen, also nahezu gleiche Verteilung der Dampfarbeit. Beim Stellen der Schieber unter Dampf, was mit geübtem Ohr und bei Schieberstangen mit Schraubenspindeln leicht durchzuführen ist, wird die Schieberstellung so geregelt, daß man für den-

---

[1]) Proceedings Western Ry. Club 1896/97 Work on the Ch. & N. W. Testing Plant.

jenigen Hub, dessen Auspuff zu stark ist, die Schieber zurückzieht, so daß seine Voreilung und somit die Füllung kleiner wird. Es gibt zwei Ansichten über die Wahl der Füllung, die der Schieberstellung zugrunde zu legen ist. Die eine wählt die Füllung, mit der in der Regel gefahren wird, die andere jene, mit der angefahren wird. Gute Steuerungen sollen in beiden Fällen richtig arbeiten, aber die Wahl der Füllung hängt von örtlichen Verhältnissen ab. Dort, wo schwere Züge auf Steigungen anfahren sollen, ist die Anfahrfüllung die wichtigere, sonst wohl die in der Regel benützte.

Mit der Verwendung der Verbundlokomotive mußte man sich gewöhnen, von der alten Regel abzugehen, denn hier kann man bloß nach den gegebenen Baumaßen vorgehen.

Die Regel, daß bloß Schläge in gleichen Zeiträumen gutes Feuer geben, hat übrigens in einigen Dreizylindertypen eine Widerlegung erfahren. Verfasser hat sich bei einer Fahrt auf der Weyermannschen Lokomotive von Bern nach Lausanne überzeugt, daß diese Lokomotive sehr gut Dampf macht, trotzdem die Auspüffe, bei der Stellung der Kurbeln unter 120°, abwechselnd bei Winkelstellungen von 60° und 120° erfolgen. Diese Lokomotive ist bekanntlich eine Umkehrung der alten Webbschen Dreadnought-Type, hat einen inneren Hochdruckzylinder und zwei äußere Niederdruckzylinder und ist in vielen Ausführungen auf der Jura-Simplon-Bahn im Betriebe.

In letzter Zeit hat sich auch die Auffassung bezüglich der Ausführung der Schieberstange geändert. Während man im letzten Jahrzehnt bestrebt war, die alte Bauart mit der Keilverbindung zwischen Steuerung und Schieberstange auszumerzen und die Schraubenspindel einzuführen, die leicht jede Veränderung der Steuerung zuläßt, haben viele neuere Lokomotiven wieder die alte Keilverbindung, aber in größeren Abmessungen. Die Steuerung bleibt dann bei einmaliger Richtigstellung dauernd in Ordnung, wenn alle ihre Teile reichlich bemessen sind, denn durch die Stellung der Schieberstange kommen die Fehler aller Teile der Steuerung in ihrer Summe zum Ausdruck.

Das Stellen der Schieber in kaltem Zustande geschieht entweder bei ausgehängtem Kraftgestänge mittels des bekannten Bohrratschenmechanismus oder bei gänzlich aufmontierter Lokomotive durch Bewegen derselben mittels einer Winde. Bei dieser Gelegenheit werden die Voreilungen für die kleinste und größte Füllung festgestellt und dies bietet Gelegenheit, auch andere Fehler der Steuerung zu ermitteln. Man fängt damit an, daß man zuerst die Schiebermaße mittels einer Lehre kontrolliert, sodann jene der Kanäle und Spiegel. Denn es kommt vor — insbesondere bei älteren Lokomotiven —, daß hier Abweichungen vorhanden sind.

Schieberellipsen. In einigen besonders schwierigen Fällen genügt das Richtigstellen der Schieber nicht, aber auch nicht das Aufnehmen von Indikatordiagrammen, die bekanntlich, bei Lokomotiven in rascher Fahrt aufgenommen, auf besondere Genauigkeit keinen Anspruch machen können. Insbesondere in jenen Partien, die für den Gang der Lokomotive von besonderer Wichtigkeit sind — nämlich bezüglich des Voreilens und Voreinströmens — sind sie wegen der außerordentlich kleinen Bewegungen des Kolbens in der Nähe der Totpunkte kaum zu verwenden. Als wir daher bei einer Lokomotive die Ursache starker Hiebe im Mechanismus bei kleiner Füllung nicht ermitteln konnten, waren wir genötigt, behufs genauer Untersuchung der Steuerung eine Art Schieberellipsographen zusammenzustellen (Abb. 26).

Der Rahmen, in dem das Papier aufgespannt ist, wird horizontal vom Kreuzkopfe bewegt, zur Reduktion und Übertragung dient ein Mechanismus, ähnlich jenem der Heusingersteuerung, während die senkrechte Bewegung des zeichnenden Bleistiftes genau die Hälfte der Schieberbewegung wiedergibt. Durch die Kombination beider Bewegungen entsteht die Schieberellipse.

Die Amerikaner verwenden als Ellipsographen ein Normale der Vereinigung der Master Mechanics, das den Kolben und Schieberweg in natürlicher Größe wiedergibt.

Einfluß der Schmierung. Von erfahrenen Lokomotivführern wurde der große Einfluß der Schmierung der Schieber auf den Gang der Lokomotive stets hervorgehoben, in der Regel aber dem größeren Widerstande der mangelhaft geschmierten Schieber ein zu großer Einfluß zugeschrieben. Genauen Aufschluß über die Größe der Schieberreibung haben eigentlich erst die schönen Versuche Aspinalls gegeben, der in die Schieberstangen einer Loko-

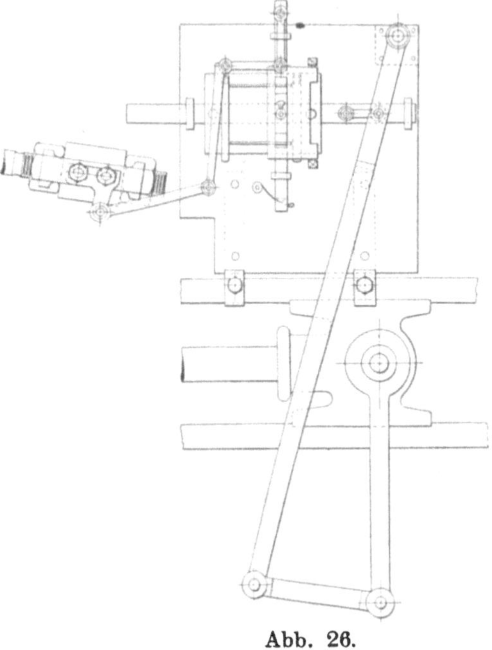

Abb. 26.
Ellipsograph.

motive kleine hydraulische Zylinder eingeschaltet und den Druck der Flüssigkeit mittels eines Indikators regelrecht gemessen hat. Je nach dem Zustande des Schieberspiegels und der Schmierung bewegten sich die Reibungswerte zwischen 450 und 780 kg und der Arbeitsverlust betrug ungefähr 2 bis $4^0/_0$ der indizierten Vollarbeit — somit viel weniger als man in der Regel annimmt.

Herr fand durch Versuche auf dem Prüffelde der Chicago & North Western Ry.[1]) den Einfluß mangelhafter Schmierung hauptsächlich darin, daß hierdurch ein Zurückbleiben des Schiebers teils durch Aufnehmen des toten Ganges der Steuerung, teils durch Federung derselben auftrete, welche die Füllung verringere. Während das Diagramm (Abb. 27) bei guter Schmierung 795 PS ergibt, vermindert sich die Leistung durch

Abb. 27.
Gut geschmierte
Schieber.

Abb. 28.
Schlecht geschmierte
Schieber.

schlechte Schmierung laut Abb. 28 auf 589 PS und der Unterschied macht volle 205 PS aus. Ähnliches merkt

---

[1]) Proceedings Western Ry. Club 96/97, S. 244.

man sogar beim Indizieren von Kolbenschiebern, die doch nahezu gänzlich ausbalanciert sind und einen sehr kleinen Reibungswiderstand haben[1]). Hierbei bemerkt Herr, daß das Gestänge der Steuerung ziemlich kräftig gewesen sei.

Für jemand, der keine ähnliche Erfahrungen gemacht hat, mag dies unglaublich klingen. Wir bemerken jedoch, daß wir keinen zuverlässigeren Forscher auf dem Gebiete des Lokomotivbetriebes kennen, als Herr, der eine Reihe der wertvollsten Arbeiten geliefert hat. Wir fanden übrigens eine Bestätigung seiner Darstellung, als kürzlich bei einem Triebwagen eine wesentliche Herabsetzung seiner Leistungsfähigkeit vorkam, ohne daß im Mechanismus irgend ein Fehler gefunden werden konnte, bis schließlich im Versagen der Schmierpresse die Ursache dafür ermittelt wurde. Es ist auch bekannt, daß in Elektrizitätswerken, die mit Schiebermaschinen arbeiten, das Parallelschalten der Dampfmaschinen mitunter durch Anwendung verschiedener Öle bei den einzelnen Maschinen leichter ermöglicht wird.

Dampfverluste. Die Dampfdichtheit der Schieber ist ein wichtiger Punkt der Ökonomie, wenn vielleicht auch nicht in dem Maße, als dies von der Lokomotivmannschaft und vielen Ingenieuren angenommen wird.

Versuche mit Schiebern, die seit dem letzten Abrichten unter 14 at Dampfdruck eine Leistung von mehr als 20 000 km vollbracht hatten, haben ergeben, daß der Verlust in der Stunde selten unter 130 kg und bei gänzlich verriebenen Gesichtern und sehr schlechter Erhaltung bis 1030 kg betragen hat. Letztere Ziffer kann wohl nicht als betriebsmäßig angenommen werden und dürfte bei normaler Erhaltung ein Verlust von 200 kg in der Stunde, und auch weniger, leicht zu erzielen sein. Denn die Dampflässigkeit der Schieber wird durch eigentümliches Blasen schon bei kleineren Undichtheiten leicht wahrgenommen und bei regelmäßiger Erhaltung bald beseitigt, weil sie einen größeren Kohlenverbrauch zur Folge hat.

Die angeführten Versuche wurden in der Weise gemacht, daß bei dicht abgeschlossenem Blasrohre an die offenen Zylinderhähne Rohre angeschlossen wurden, welche durch ein Wasserbad führten.

Die Undichtheit entsteht durch die Formänderung der Schieber, bezw.

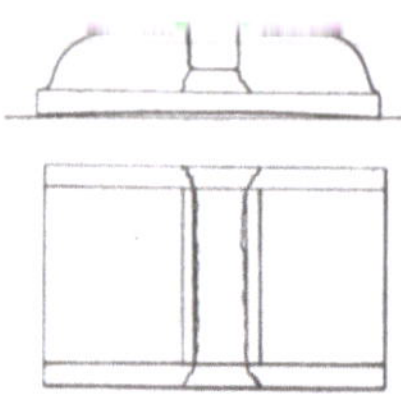

Abb. 29.
Konkav gebogener Schieber.

durch das Ausschleifen des Schieberspiegels, der bei den gebräuchlichen Zylinderfüllungen bloß auf einem Teil der Fläche vom Schieber bestrichen wird, während die ganze Fläche bloß beim Anfahren oder auf Steigungen benützt und abgenützt wird. Der Schieberspiegel wird konkav und die meisten Schieber konvex. Dies trifft freilich nicht in allen Fällen zu. Insbesondere haben wir beobachtet, daß Schieber von dem Querschnitte nach Abb. 29 sich hohl deformieren. Manche Schieber sind beim Anfahren undicht und werden unter höherem Druck dicht. Material des Schiebers und Schmierung spielen auch hier eine wichtige Rolle. Schieber, die bei Verwendung von Sichtölern bald undicht wurden, laufen mit der Schmierpresse lange Zeit

---

[1]) Am. Ass. Mast. Mech. 1906, S. 452.
[2]) Am. Ass. Mast. Mech. 1906, S. 282.

ohne Anstand, insbesondere wenn die Ölzuführungen unter die Schieber führen.

Es ist zu beachten, daß die Schieberwand niemals innerhalb der Kanalränder vorspringe, wie dies in Abb. 30 dargestellt ist. Denn der mittlere Teil des Schiebers, der über dem Einströmungskanal liegt, nützt sich bei kleinen Füllungen wenig ab, wirkt dann beim Vorlegen wie ein Wetzstein und schleift Nuten in den Spiegel.

Das Brechen der Schieber erfolgt meist in den Langseiten nächst dem Ende der Höhlungen (Abb. 31). In der Regel wird da nur eine gute Legierung Abhilfe schaffen können. Trotz der hohen Dampfdrücke hat sich in Europa das natürlichste Mittel gegen Brüche, die Entlastung der Schieber, nicht einbürgern können. In Amerika ist sie sehr verbreitet und mehr als $^2/_3$ der dortigen Schiebermaschinen sind damit ausgerüstet. Das hängt wohl damit zusammen, daß die Umsteuerungsschraube, die bei uns seit Jahren eingeführt ist, in Amerika keinen festen Fuß fassen konnte und die Umsteuerung mit dem Hebel bei den modernen Schieberdimensionen und Dampfdrücken ohne Entlastung der Schieber kaum möglich ist.

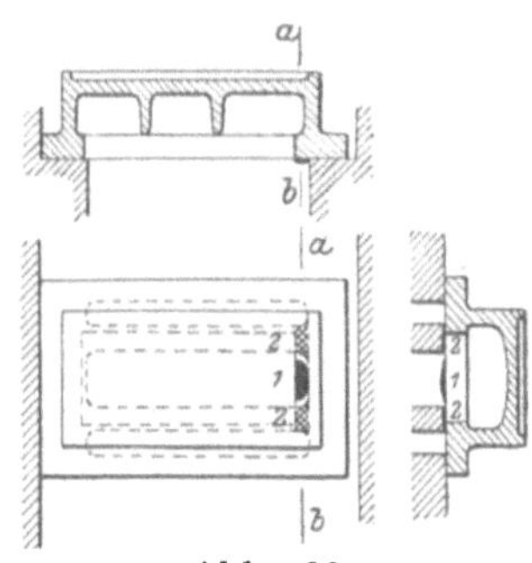

Abb. 30.
Schieber mit einwärts vorspringendem Rande.

Abb. 31.
Schieberanbrüche.

Kolbenschieber. Gegenwärtig tritt der Kolbenschieber sowohl hier als drüben in den Vordergrund und es macht den Eindruck, als ob er dauernd festen Fuß fassen wollte. In Europa wurde er vor kurzem zugleich mit der Heißdampflokomotive eingeführt, bei der Flachschieber nicht gut verwendet werden können, da sie sich in den hohen Temperaturen werfen. In Amerika hat die Vauclainlokomotive den Kolbenschieber ausbilden geholfen, so daß er mit dem entlasteten Schieber konkurrieren kann, obzwar Stimmen laut werden, daß ein guter entlasteter Schieber dem Kolbenschieber bei der Naßdampflokomotive überlegen sei.

Der Kolbenschieber hat bei Naßdampf einige schwere Mängel. Wenn Wasser in die Zylinder gelangt, hebt sich der Flachschieber, der gewöhnliche Kolbenschieber aber ist nicht zusammendrückbar, und in solchen Fällen sind die Zylinderdeckel in Gefahr, zertrümmert zu werden. Entlastungsventile, welche diese Gefahr beseitigen sollen, haben oft versagt, ein zuverlässiger zusammendrückbarer Kolbenschieber ist aber bisher nicht gebaut worden. Aus diesem Grunde haben manche Bahnen empfohlen, kürzere Wasserstandsgläser anzubringen, um die Lokomotivmannschaft zu zwingen, niedrig Wasser zu halten; ferner sollen Kolbenschieber bei schäumenden alkalischen Wässern oder bei Wässern, die nach dem bisher üblichen Verfahren ohne Barytzusatz weich gemacht werden, nicht verwendet werden, da solches Wasser leicht schäumt und mitgerissen wird.

Ein weiterer Übelstand, der für alle Kolbenschieber gilt und zwar sowohl bei Naßdampf wie bei Heißdampflokomotiven, ist der, daß man beim Absperren des Reglers die Steuerung nicht vorlegen darf, weil sonst das Gestänge der Steuerung gefährdet wird und Brüche der Kolbenschieberringe auftreten. Wird der Dampf abgesperrt, so saugt bei jedem Füllungsgrade die Lokomotive aus dem Rauchfange und die Schieberspiegelflächen beschlagen sich mit Ruß, besonders in jenen Teilen, die nicht vom Schieber bestrichen werden. Legen wir die Steuerung vor, so macht der Schieber einen längeren Weg und kommt auch auf jene Partien, die er bei der kleinen Füllung nicht bestrichen hat und die daher wenig geschmiert sind. Der Flachschieber weicht leicht aus, indem er sich hebt. Man hört ein bis zwei Sekunden lang einen knirschenden Ton und dann geht es wieder glatt. Der Kolbenschieber aber kann nicht ausweichen, hat plötzlich einen sehr bedeutenden Widerstand zu überwinden, und die Steuerung wird gezerrt. Aus diesem Grunde ist es bei Lokomotiven mit Kolbenschiebern allgemein verboten, nach dem Absperren des Reglers im Leerlaufe die Steuerung vorzulegen.

Ein hervorragender Fachmann hat die Theorie aufgestellt, man sollte überhaupt die Steuerung beim Leerlauf gar nicht vorlegen wollen, denn die Fahrt sei bei kleinerer Füllung glatter, die zu leistende Ansaugarbeit geringer, die Lokomotive werde also weniger gebremst. Diese Auffassung ist irrtümlich. Selbst beim Verschieben mit Flachschieberlokomotiven kann man bemerken, daß „die Steuerung auf die Mitte stellen" kräftiges Bremsen bedeutet, und daß die vorgelegte Steuerung langes Auslaufen zuläßt. Um so mehr gilt dies für Kolbenschieber und rasche Fahrt.

Der Flachschieber ergibt bei der Leerfahrt bloß eine kleine Kompression, die so lange steigt, bis der Druck der Gase das halbe Gewicht des einfachen Schiebers anhebt, während die Kompression beim Kolbenschieber vollständig zur Geltung kommt. Trotzdem erzeugt sie schon beim Flachschieber eine sehr starke Bremsung, die benutzt wird, um den Zug anzuhalten, ehe Gegendampf gegeben wird.

Überdies wird ein wesentlicher Teil der Ökonomie bei öfter haltenden Zügen in der Weise erzielt, daß man, das Moment des Zuges ausnützend, den Zug nach Absperren des Dampfes tunlichst lange mit wenig veränderter Geschwindigkeit auslaufen läßt und bloß einen kleinen Teil der lebendigen Kraft abbremst. Das macht bei der Fahrzeit einige Sekunden, beim Kohlenverbrauch jedoch mehrere Prozente. So ist es auch möglich, mäßige Gefälle, auf denen man ohne Dampf fährt, voll auszunutzen.

Schon bei der Einführung von Verbundlokomotiven mit einfachen Flachschiebern klagte die Lokomotivmannschaft darüber, daß die Züge nicht so auslaufen wollen wie bisher, was von den bedeutend größeren Kolbenflächen herrührt, trotzdem sie völliges Vorlegen der Steuerung gestatten. Die tatsächlichen Verhältnisse bei der Fahrt ohne Dampf zeigen die Diagramme in Fig. 32 nach den Versuchen der Chicago & North Western Ry. aus dem Jahre 1904 bei verschiedenen Geschwindigkeiten und Füllungen. Man ersieht hieraus ganz klar die hohe Bremswirkung bei kleinen Füllungen.

Um diesen Übelständen abzuhelfen, werden jetzt allgemein Entlastungsventile angewendet, welche bei einem gewissen Drucke die Gase entweichen lassen, in Verbindung mit Ventilen, welche durch Ansaugen frischer Luft die Bildung der Luftleere verhindern sollen. Besser noch wirken Druckausgleichvorrichtungen mit Umströmleitungen, die automatisch wirken, eine Verbindung zwischen den beiden Seiten des Zylinders herstellen und so die Bildung hoher Kompressiondrücke oder von Luftleere verhindern. Die

Wirkung einer solchen Vorrichtung zeigen die Diagramme in der Fig. 33,
die unter denselben Umständen aufgenommen wurden wie jene in der
Abb. 32. Mit Hilfe solcher Vorrichtungen und unter der Voraussetzung,
daß sie dauernd gut zu erhalten sind, ist also der Kolbenschieber eben-

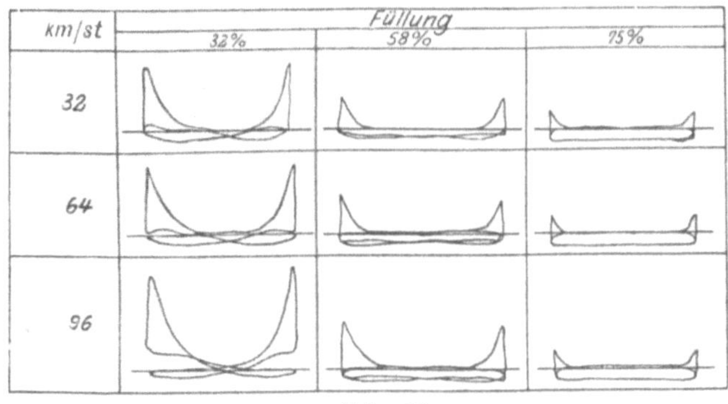

Abb. 32.
Indikatordiagramme bei Fahrten ohne Dampf.

sogut zu verwenden wie der alte Flachschieber. Eingehende Versuche
haben auch gezeigt, daß die Kolbenschieber moderner Bauart mit Feder-
ringen bei Naßdampflokomotiven nicht undichter sind als Flachschieber.
Und da nicht zu leugnen ist, daß sie trotz der Ringbrüche, die mitunter
vorkommen, leicht zu erhalten sind, daß die Steuerung viel weniger angestrengt wird und länger wohlerhalten bleibt, so ist es wahrscheinlich,

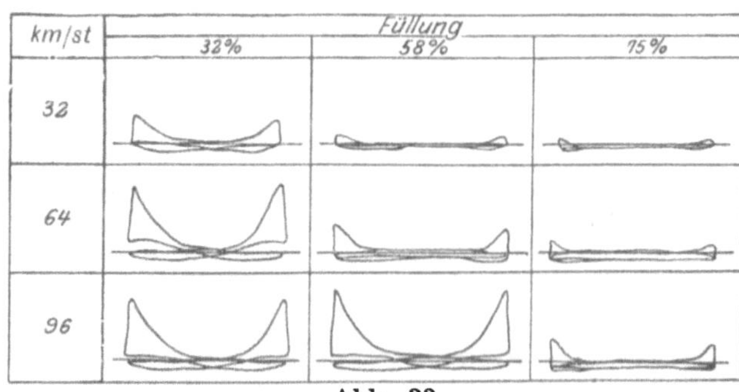

Abb. 33.
Fahrten ohne Dampf mit Umströmleitungen an den Zylindern.

daß sie auch bei großen Naßdampflokomotiven das Feld langsam erobern
werden. Über die Dampfverluste der Kolbenschieber bei Heißdampflokomotiven, die bisher bloß geschlossene eingeschliffene Ringe verwenden,
liegen Betriebsergebnisse nicht vor.

Ventile zum Ansaugen von Luft werden auch bei Flachschiebern verwendet; wir können aber nicht behaupten, daß wir eine auffallend gute
Wirkung bei denselben wahrgenommen hätten. Gut erhaltene und geschmierte Flach- und Kolbenschieber halten leicht 100 000 km ohne größere
Dampfverluste und erfordern somit Abrichten oder Nachbohren erst bei
größeren allgemeinen Reparaturen.

18*

Reißt unterwegs eine Schieberstange, so pflegt man das sofort an dem eigentümlich wiegenden Gang der Lokomotive zu erkennen; bricht der Schieber, so hört man ein starkes Geräusch im Feuerkasten, das vom ausströmenden Dampf herrührt.

Kolben. Um die Dampfkolben dicht zu erhalten, ist es vor allem notwendig, daß die Zylinder, welche sich bekanntlich infolge der Wirkung des Dampfdruckes auf die Kolbenringe an den Enden mehr abnutzen als in der Mitte, bei jeder größeren Reparatur, wenn die Abweichung der Durchmesser mehr als 2 mm beträgt, nachgebohrt werden. Daher sollten größere Heizhäuser mit Nachbohrvorrichtungen ausgerüstet sein. Ferner sollen die Dampfkolben genau zentrisch liegen; sohin sind Kreuzköpfe, Führungen und die Grundringe der Stopfbüchsen stets sorgfältig zu erhalten. Die Schlitze der einzelnen Ringe sollen mindestens um 60° voneinander entfernt, aber beide in der unteren Hälfte des Kolbens liegen. Werden die Ringe gewechselt oder die Zylinder nachgebohrt, so ist es von Vorteil, ein bis zwei Wochen hindurch dem Schmieröl Flockengraphit zuzusetzen. Dies hilft rasch die Unebenheiten abschleifen und gibt sehr schöne Gleitflächen. Verdichtung der Oberfläche der Kolbenringe durch Hämmern hat sich ebenfalls gut bewährt. Bei gut erhaltenen Zylindern und sorgfältiger Schmierung können die Kolbenringe ebensolange aushalten wie die Schieber. Undichtheit der Kolben äußert sich durch ein eigentümliches Blasen bei offener Feuertüre. Dasselbe hat aber einen anderen Charakter als das Blasen der Schieber; es ist nicht kontinuierlich und hat einen tiefen Ton, im Gegensatz zu dem mehr pfeifenden Ton, den der undichte Schieber hervorruft. Durch bestimmte Einstellungen der Schieber und Öffnen der Zylinderhähne kann dieses Gebrechen bekanntlich genau festgestellt werden.

Sind die Ringnuten ausgeschlagen, so werden sie mittels eines Futters aus Kupferblech repariert, oder die Ringe durch breitere ersetzt. Über eine gewisse Breite hinaus halten die Ringe nicht gut dicht. Dies rührt davon her, daß die Erzeugende der Zylinderflächen keine genaue Gerade ist. Schmale Ringe können sich besser anpassen.

Undichte Kolbenringe werden schwarz und bedecken sich und den Kolben mit der Zeit mit einer zähen Masse aus verbranntem Öl.

g) Strahlpumpen, Speiseköpfe usw.

Die volle Leistungsfähigkeit der Strahlpumpen ist ökonomisch von großer Bedeutung; denn das stetige Arbeiten der einen Strahlpumpe ist bloß in der Theorie richtig. In der Praxis achtet der Führer stets darauf, daß unmittelbar nach dem Feuern nicht gespeist werde, daß man die Dampfspannung schone, wenn man schwer fährt, hingegen die Situation ausnütze, wenn Gefällsverhältnisse und Fahrzeit es gestatten.

Schneidige Führer führen auch größere Belastung oder fahren kürzere Fahrzeit, wenn sie den Wasserstand im Kessel besser ausnützen können; sie müssen aber die Gewißheit haben, daß ihre Strahlpumpen gegebenenfalls den Verlust rasch und sicher ersetzen können. Speist die Strahlpumpe nicht reichlich genug, so muß sie auch arbeiten, wenn die übrigen Verhältnisse es nicht wünschenswert erscheinen lassen. Aus diesen Gründen sind die Führer bedacht, die Pumpen stets schlagfertig zu erhalten. Im Heizhause kann man dafür eigentlich wenig tun. Man achtet darauf, daß die Siebe im Tender und die Tender selbst stets rein bleiben und reinigt sie allmonatlich. Man untersucht die Einsätze der Strahlpumpe, die sich bei harten Wässern bald mit Kesselsteinkrusten bedecken, und löst dieselben in einem angesäuerten Bade mit nachfolgender reichlicher Wasserspülung. Man hält die Speiseköpfe in guter Ordnung, was jetzt bei den absperrbaren Bauarten sehr leicht ist. Dies alles kann nicht verhindern, daß bei den üblichen hohen Dampfdrücken die Düsen der Strahlpumpe sich verhältnismäßig rasch ausblasen, wodurch die Leistung bald herabgesetzt wird. Es bleibt dann nichts übrig, als dieselben auszuwechseln. Die Reparaturen an diesen Teilen werden wohl selten im Heizhause besorgt, weil sie heiklichster Art sind und spezielle Einrichtungen voraussetzen.

Das Hängenbleiben der Ventile an den Speiseköpfen ist bei harten Wässern nichts seltenes, da die Ablagerungen die Führungen verengen und Kesselsteinsplitter zwischen Ventil und Sitz das Schließen verhindern. Ist der Speisekopf nach alter Bauweise längs des Langkessels angebracht, so kann man, ohne während der Fahrt herauszutreten, nicht viel helfen. Da ist es von Wichtigkeit, daß das Rückschlagventil am Injektor dicht ist und die Packung vor demselben haltbar, damit sie nicht ausgeblasen werde. An diesen Stellen sollten daher stets Linsendichtungen angebracht sein. Bläst die Packung aus, so kann großer Wasserverlust eintreten. Da allgemein das Hinaustreten der Mannschaft während der Fahrt verboten ist, — und mit vollem Rechte dort, wo nicht besondere Einrichtungen dies ohne Gefahr zulassen —, so muß man die Lokomotive anhalten und versuchen, durch Klopfen das Hindernis zu entfernen oder den Speisekopf absperren.

Bei den neueren Bauweisen, wo nach englischer Art die mit den Speiseköpfen kombinierten Strahlpumpen an der Rückseite der Stehkessel angebracht sind, kann der Führer alle notwendigen Handgriffe rasch und gefahrlos während der Fahrt durchführen. Das im Kesselinneren befindliche Speiserohr ist keinerlei Druck ausgesetzt und die Strahlpumpen sind im Winter nicht dem Erfrieren unterworfen, wie die altartigen, wo bei niedrigen Temperaturen, selbst während der Fahrt, die Dampfventile immer ein wenig gelüftet werden müssen und beim Stillstand im Freien besondere Vorsichtsmaßregeln angewendet werden, um Frostschäden zu verhindern.

Wasserstand. Das Niveau des höchsten zulässigen Wasserstandes ist ein wichtiges Kriterium für die Güte einer Lokomotive und ihre Leistungsfähigkeit. Insbesondere beim Anfahren und beim Überwinden lokaler Steigungen ist die Wassermenge zwischen dem niedrigsten und höchsten Wasserstande — d. i. jenem, bei dem die Lokomotive bei der gebräuchlichen Füllung und Regulatoröffnung noch nicht spuckt, — das Schwungrad, in dem die verfügbare Zusatzenergie angesammelt ist.

Wie in den meisten anderen Dingen ist auch diesbezüglich fast jede Lokomotive ein Individuum, das sich von jeder anderen unterscheidet. Man hat verschiedene Annahmen zur Erklärung dieses Umstandes versucht. Die einen behaupten, der Zug der Gase sei von Einfluß und diejenigen Lokomotiven hätten Neigung zum Spucken, bei denen die Gase mehr durch die unteren Rohre gingen. Die Dampfentwicklung in den unteren Partien des Rohrbündels sei dann eine lebhaftere, die Dampfblasen machen einen längeren Weg und reißen Wasser mit. Andere sagen, die Dampfnässe hänge von der Fläche des Wasserspiegels ab, aus dem der Dampf tritt, man solle daher niedrig Wasser halten.

Tatsache ist, daß der Wasserspiegel um so höher gehalten werden kann, je weniger der Dampf auf dem Wege vom Stehkessel zu dem Dampfdome, wo die Dampfentnahme erfolgt, gestört wird. Wenn man einen Kessel innen untersucht, so bezeichnet die schwarze Partie an der höchsten Stelle des zylindrischen Kessels jenen Teil, der stets den Dampfraum bedeckt, und man ist oft erstaunt, wie klein dieser Raum ist — insbesondere bei den anerkannt guten Lokomotiven. Es ist bekannt, daß Lokomotiven mit dem glatten englischen Kessel, sowie mit dem Wagontopkessel sehr hoch Wasser halten können, im Gegensatz zu gewissen Belpairekesseln, wo zwischen Steh- und Langkessel eine starke Einschnürung besteht.

Bei dem geringen Querschnitte des Dampfraumes genügen zwei nebeneinander befindliche Flanschen der Strahlpumpendampfrohrleitungen, um den Dampfstrom zu stören und ins Wasser zu zwingen. Aus diesen Gründen sollte bei der Feststellung der Ursachen starken Wasserwerfens die Untersuchung stets beim Dampfraum beginnen.

Wasserabscheider sind ebenfalls von Nutzen und sollten regelrecht erhalten werden.

h) Vorsteckkeile, Splinte usw.

Der Heizhausüberwachungsdienst ist nicht zum geringsten Teile deshalb so mühsam und aufreibend, weil er sich auf die geringfügigsten Einzelheiten erstrecken muß, denn, wenn irgendwo, gilt im Maschinenbetriebe das Wort „Kleine Ursachen, große Wirkungen“. Die Konstruktion vervollkommt sich stetig, aber auch bei den vollendetsten Ausführungen liegt oft genug die Sicherheit nur darin, daß ein Bolzen, eine Mutter, ein Splint nicht versagt. Bekannt ist der große Unglücksfall auf einer französichen Bahn, wo bei der Lokomotive eines Eilzuges der Bolzen zwischen Vakuumzugstange und dem Hebel herausgefallen war. Der Zug konnte in der Kopfstation nicht angehalten werden und fuhr in ein Magazin, wobei viele Menschenleben zugrunde gingen. Hier hatte eigentlich nur ein kleiner Splint versagt.

Wiederholt sind Lokomotiven untauglich geworden, weil der Bolzen zwischen Reglerschieber und Zugstange herausfiel und der Regler nicht geöffnet werden konnte.

Vorsteckkeile und Splinte brechen in der Regel dadurch, daß zwischen ihnen und den zu sichernden Muttern, Platten usw. ein Spielraum gelassen wird. Die lose gewordene Mutter hämmert dann auf den Splint und wetzt ihn mit der Zeit durch. Daher sind die zu sichernden Teile durch Unterlagscheiben oder ähnliches so zu stellen, daß sie hart am Splinte anliegen und gar kein Spiel übrigbleibt. Es ist auch vorgekommen, daß lange Splinte benachbarter Bolzen einander bei der Drehbewegung gestoßen haben, so daß einer derselben hinausfallen konnte.

Die monatliche Revision des Erhaltungszustandes der Lokomotive in Gegenwart des Führers bietet Gelegenheit, diese und ähnliche Dinge zu beachten und auf die Einhaltung des Notwendigen beim Personale hinzuwirken.

6. Auswaschen der Lokomotivkessel.

Ist eine Lokomotive einige Zeit im Betriebe, so wird das Kesselwasser durch schlammige Niederschläge getrübt und es sammeln sich diese und kristallinische Ablagerungen auf den Kesselflächen. Je mehr schwebende

Teile im Wasser enthalten sind, desto mehr neigt es zum Spucken. Solches Wasser steigt auch bedeutend, wenn der Regler geöffnet wird und sinkt dementsprechend beim Absperren desselben. Aus diesen Gründen muß von Zeit zu Zeit der Kessel ausgewaschen werden, um Ablagerungen zu entfernen und reines Wasser zu erhalten.

Auswaschfristen. Die Leistung, nach welcher ein Lokomotivkessel zu waschen ist, hängt von verschiedenen Umständen ab. Bei ungereinigtem Wasser in erster Linie von der vorübergehenden Härte, denn die Kalziumkarbonate bilden zumeist die trübenden Schlammabsonderungen; in zweiter Linie von der bleibenden Härte, welche harte Krusten bildet und somit jene Ablagerungen, welche die Kesselschäden erzeugen. Gereinigtes Wasser wieder läßt keine Konzentration des Kesselwassers zu und der, wenn auch geringere Inhalt an Kesselsteinbildnern[1]) fällt fast gänzlich aus und trübt bald das Wasser. Überdies häufen sich die löslichen Natriumsalze an und erzeugen Spucken. Noch schlimmer ist es, wenn Soda in den Kessel eingeführt wird, um den ganzen Schlamm im Kessel zu fällen, und am allerschlimmsten, wenn alkalisches Wasser verwendet wird. Zu diesen Erscheinungen kommt die individuelle Eigenschaft der Kessel bezüglich der Höhe des Wasserstandes, den sie führen können, ohne zu spucken.

Zur Verminderung des Schäumens sind bei manchen Verwaltungen Abschaumhähne in Verwendung, welche es ermöglichen, während der Fahrt oder beim Stillstande Wasser aus der oberen Kesselpartie abzulassen. Bei anderen ist es Brauch, nach jeder Fahrt eine Wassermenge, die etwa der Höhe eines halben Wasserstandglases entspricht, durch einen unteren Ablaßhahn zu entfernen in der Annahme, daß auch Schlamm mitgenommen wird, was nach unserer Erfahrung nicht der Fall sein dürfte. Im großen und ganzen helfen diese Mittel nicht viel und sind kostspielig, weil hocherhitztes Wasser verschwendet wird.

Unter mittleren Verhältnissen ist es gebräuchlich, Güterlokomotiven nach etwa 1000, Personenlokomotiven nach etwa 1500 km Fahrt auszuwaschen. Nehmen wir für das Kilometer bei Güterzügen einen Verbrauch von 120 bis 150 l Wasser, bei Personenzügen 80 bis 100, so ergibt sich ein Wasserverbrauch von 120 bis 150 cbm von einem Auswaschen bis zum andern und bei der Annahme eines Kessels von 5 cbm Wasserinhalt eine 24 bis 30fache Konzentration des Wassers. Dieses Wasser kann somit nicht wieder verwendet werden, denn es ist trübe und bis zur Fällgrenze mit Kesselsteinbildnern beladen.

Kühlen des Kessels. Der auszuwaschende Kessel der Lokomotive soll vor allem abgekühlt werden. Zu diesem Zwecke sind alle brennbaren Reste vom Roste zu entfernen und der Dampf abzulassen. Dies erfolgt je nach der Art des Auswaschens verschiedenartig. In erster Linie durch Zurücklassen des Dampfes und teilweises Erwärmen des Tenderwassers, das für das Speisen des Injektors in der Regel nicht wärmer werden soll als 30°, durch Auslassen des Dampfes in den Heizhausraum, oder, wenn besondere Leitungen vorhanden sind, ins Freie oder schließlich in ein Wasserreservoir. Ist der Dampf entwichen, so ist das weitere Verfahren davon abhängig, ob mit kaltem oder warmem Wasser ausgewaschen wird.

---

[1]) Wehrenfennig, Über die Untersuchung und das Weichmachen des Kesselspeisewassers 1905, S. 37 ff.

Waschen mit kaltem Wasser. Nach dem älteren Verfahren bleibt
der Kessel in gefülltem Zustande noch etwa 12 Stunden stehen, dann wird
das Wasser abgelassen, das sich in diesem Zeitraume nicht viel abgekühlt
hat, und sodann muß der leere Kessel noch etwa 4 Stunden abkühlen, damit seine Temperatur auf 30 bis 40° sinkt. Hierauf erst wird der Kessel
mit kaltem Wasser gewaschen und gefüllt.

Nach dem neueren Verfahren wird der Kessel in der Weise abgekühlt,
daß man dem Kesselwasser kaltes Wasser aus einer Leitung zuführt. Die
Art der Zuführung und Kühlung ist mindestens ebenso wichtig wie die
Art der Erhitzung beim Anbrennen, denn die Temperaturdifferenzen in
den einzelnen Kesselteilen bestimmen das Maß der Anstrengung. Am
schlimmsten ist das Ein-
führen des kalten Wassers
beim Ablaßhahn, was jetzt
wohl nirgends mehr geübt
wird. In Abb. 36 ist der
Verlauf der Abkühlung des
Versuchskessels von M. E.
Wells[1]) (Abb. 34 u. 35) dargestellt. Die Ablesung erfolgte an Thermometern bei
den Punkten 1 bis 6. Die

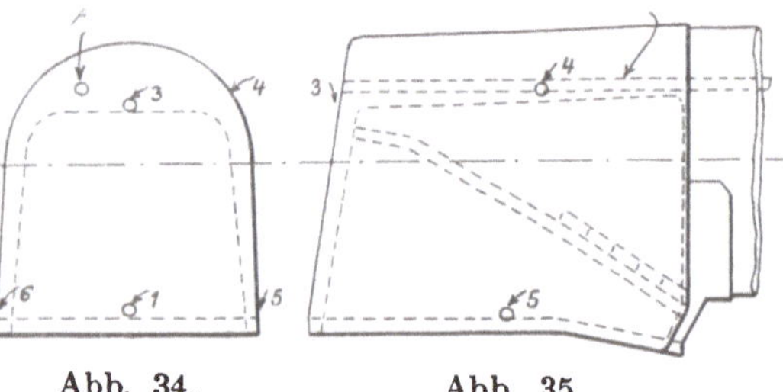

Abb. 34.   Abb. 35.
Versuche von M. E. Wells.

starken Linien der Thermometer 4 und 5 zeigen den Verlauf bei Einführung
des Wassers durch einen Speisekopf und Ablassen desselben beim Ablaßhahn
am Schlußringe der Krebswand. Es dauerte 2ʰ 20′ bis Kurve 5 auf 30° sank.
Die strichpunktierten Kurven zeigen die Abkühlung bei Einführung des
Wassers bei Punkt A in der
Höhe des normalen Wasser-
spiegels und Auslassen an
derselben Stelle wie oben.
Hier wurde dieselbe Temperatur nach 1ʰ 40′ erreicht, es
erfolgte somit die Abkühlung
um 1° C etwa in 1¹⁄₂ Mi-
nuten. Die Temperatur-
differenz zwischen dem oberen und unteren Teile des
Stehkessels, die im ersten
Falle 25 bis 30° C beträgt,
sinkt im zweiten Falle auf
10 bis 12°. Führt man also
das Wasser oben ein, so

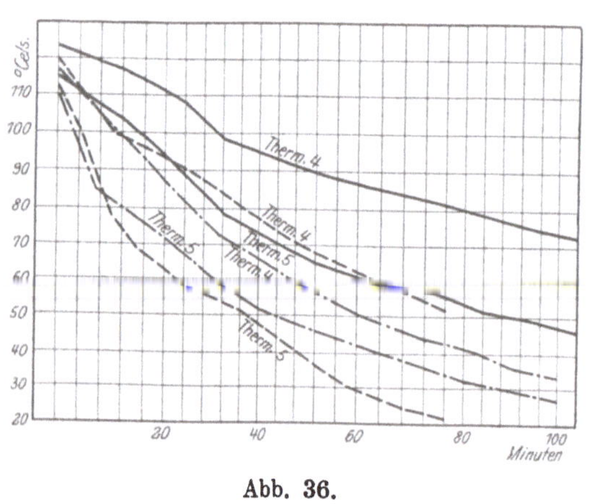

Abb. 36.

sinkt es rasch zu Boden, mischt sich mit dem warmen Wasser und erzeugt
gleichmäßigere Abkühlung.

Es muß beachtet werden, daß gewöhnlich soviel Wasser zuläuft als
abfließt, so daß der Wasserstand nahezu gleich bleibt. Es wurde aber
beobachtet, daß bei diesem Verfahren der Oberkessel, der mit dem Wasser
nicht in Berührung ist, sich sehr langsam abkühlt und somit große Span-

---

[1]) M. E. Wells, Care of Locom.-Boilers, Chicago 1905.

nungen entstehen. Als Illustration der dabei auftretenden Drücke diene der Versuch Mc Intoshs, der Lokomotivkessel in der Weise rasch anheizen wollte, daß er über das Wasser Dampf in den Oberteil einließ. Hierbei traten nach mehreren Proben Risse in den Nähten der Bauchtafeln auf[1]). Man hat natürlich diese Kräfte im Verhältnis der Temperaturdifferenzen zu vermindern. Es empfiehlt sich daher, den Kessel durch den Dom bis zur Domhöhe zu füllen und diesen Wasserstand bis zur völligen Abkühlung des Kessels beizubehalten.

Der Unterschied zwischen dem alten Verfahren und dem Abkühlen durch Mischen des Wassers liegt nicht bloß in dem großen Gewinn an Zeit sondern auch in folgendem. Das Wasser ist beim Ablassen noch sehr heiß und somit auch die nach Ablauf des Wassers bloßgelegten Kesselflächen. Infolgedessen backen die Schlammassen bald an und bilden starke Krusten, die unter Umständen nur mit Werkzeugen entfernt werden können, während beim Mischverfahren der Schlamm und sonstige lockere Niederschläge weich bleiben und leicht ausgewaschen werden können.

Waschen mit warmem Wasser. Unzweifelhaft sind durch das Auswaschen und das darauf folgende Anbrennen die kritischesten Punkte im Betriebe der Lokomotivkessel gebildet. Hier folgen die größten Anstrengungen der Kesselplatten unmittelbar aufeinander. Erwärmen und Abkühlen des Kessels erzeugen um so größere Temperaturdifferenzen — also Drücke —, je größer der Abstand ist zwischen der Temperatur des anzubrennenden Kessels und der Kochtemperatur des Wassers bezw. zwischen dieser und der Temperatur, auf welche der Kessel abgekühlt wurde. Deshalb war man seit jeher bestrebt, die Kessel mit warmem Wasser auszuwaschen, um diese Unterschiede so weit als möglich herabzusetzen. Denn wenn nicht sehr lange Zeiträume, etwa 24 Stunden oder mehr, zur Verfügung standen, welche das alte Verfahren bequem zuließen, war stets die Gefahr des Rohrrinnens bei der ersten Fahrt, insbesondere in Gebieten mit harten Wässern, vorhanden, und dort bestand die Gepflogenheit, Lokomotiven unmittelbar nach dem Auswaschen nicht für wichtige Züge zu verwenden. Außerdem wurden gewisse Kesselschäden, sowie die Verschärfung anderer auf die großen Spannungen beim Abkühlen und Anbrennen zurückgeführt und von der Anwendung warmen Wassers eine Milderung oder Besserung derselben erwartet.

Obzwar diese Dinge, besonders in Amerika, bei der allgemeinen Verbreitung von flußeisernen Feuerbüchsen als sehr wünschenswert erschienen, finden wir die Anwendung heißen Wassers zum Waschen und Füllen selbst im Jahre 1901 dort noch nicht allgemein verbreitet[2]), und die Kosten für das Erhitzen des Wassers werden als „prohibitive" bezeichnet. Das warme Wasser wurde teilweise aus dem Abdampf der abblasenden Lokomotive und anderer im Heizhause verwendeter Dampfmaschinen gewonnen. Wo nicht besondere Kessel zur Erhitzung des Wassers vorhanden waren, erreichte die Temperatur des Waschwassers selten mehr als 35°. Auch hierbei wird bemerkt, daß genügend warmes Wasser in solcher Menge, die es gestattet, den Auswaschdienst flott abzuwickeln, nicht zu beschaffen ist.

Ältere Verfahren führen bekanntlich Dampf in die Waschleitung ein,

---

[1]) Am. Ass. Mast. Mech. 1901, S. 296.
[2]) Am. Ass. Mast. Mech. 1901, S. 293.

aber auch dies erfordert große Dampfkessel, soll das Wasser auf 50 bis 60° erwärmt werden.

Schon vor zwei Jahrzehnten war bei der Südbahn das Auswaschen mit der Strahlpumpe bekannt. Diese Methode erfüllt alle Bedingungen, die an Temperatur, Druck und Wassermenge gestellt werden können, ist aber kostspielig und erfordert eine Lokomotive mit Bedienungsmannschaft, die mit dem Bläser arbeitet, somit viel Kohle verbraucht und leicht selbst Rohrrinnen erleidet. Aus diesem Grunde ist dieses Verfahren stets als Notverfahren benützt worden, wenn die Zeit zu knapp war, um regelmäßig zu waschen. In neuerer Zeit werden auch besondere Kesselanlagen ausgeführt, welche mittels der Strahlpumpe Wasser erhitzen und unter Druck in ein Rohrsystem pressen, an das die Auswaschschläuche angeschlossen werden. Sind die Rohrleitungen kurz, so erfüllen sie auch alle Anforderungen, bei längeren Leitungen aber nehmen Druck und Temperatur bald ab. Auch können mehrere Kessel, ist die Kesselanlage nicht sehr groß, nicht gleichzeitig behandelt werden. Der Kohlenverbrauch für 1 cbm Wasser beträgt etwa 25 kg Mittelkohle.

Nach einem vom Verfasser und Herrn Johann Schilhan ausgearbeiteten und seit 1904 in Verwendung stehenden Verfahren verwendet man den Abdampf der zu waschenden Lokomotive zum Vorwärmen des Wassers im Tender derselben, und eine fahrbare Motorpumpe von 150 bis 250 kg Gewicht, der das erwärmte Tenderwasser zufällt, dient zum Waschen und Füllen des Kessels. Hierbei ist zu beachten, daß nach der Ankunft der Lokomotive nicht mehr Wasser in den Tender gefüllt werde, als zum Waschen und Füllen notwendig ist und durch den Abdampf des Lokomotivkessels gut erwärmt werden kann.

Die Erfahrung hat gezeigt, daß bei einem Drucke des Waschwassers von 2 at etwa eine halbe Kesselfüllung genügt, um den Kessel auszuwaschen, und daß insgesamt $7\,^1/_2$ bis 8 cbm Wasser für den ganzen Vorgang bei einer Lokomotive größerer Type (mit etwa 5 cbm Wasserinhalt) erforderlich sind. Diese Wassermenge wird — bei Lokomotiven ohne Gewölbe — durch den Abdampf in der Feuerbüchse auf 60 bis 70° erhitzt und höher, wenn solche vorhanden sind. Beträgt der Dampfdruck zu Beginn des Dampfzurücklassens 10, beim Schlusse etwa $^1/_8$ at, und sinkt die Temperatur des Kessels samt Inhalt von 185° auf 105° C, so werden aus dem Wasser etwa 80° abgegeben und ebensoviel von der Metallmasse des Kessels, die ungefähr 13 t wiegt. Dies gibt annähernd 500000 Kalorien, also eine Temperaturerhöhung von 60° bei 8·3 cbm Tenderwasserinhalt. Hierbei sind die Kohlenreste auf dem Roste nicht berücksichtigt. Die glühenden Gewölbe haben einen sehr großen Wärmeinhalt, der so verwendet werden kann, daß man das Tenderwasser auf höhere Temperaturgrade erhitzt. Solches Wasser ist für das Füllen der Kessel sehr geeignet, aber nicht für das Waschen, weil mit Wasser von mehr als 60° nicht gut manipuliert werden kann. In diesem Falle wird das Saugrohr der Motorpumpe mit einer Abzweigung versehen, die an den Hydranten der Wasserleitung angeschlossen wird, und durch Einstellen des Hydrantenventiles wird die Temperatur des Waschwassers geregelt. Ähnlich geht man vor, wenn der Wasserinhalt der Tender klein ist, wie z. B. bei Tenderlokomotiven.

Abkühlen. Das Abkühlen des Kessels bei Verwendung warmen

Waschwassers richtet sich nach der Temperatur. Erfahrungsmäßig haben wir festgestellt, daß eine Temperaturdifferenz von 20° zwischen Kessel und Waschwasser ohne Anstand zulässig ist. Das feinste Reagens hierfür sind die Rohre, und eine Verzerrung des Kessels äußert sich vor allem im Rohrrinnen. Haben wir also Waschwasser von 60°, so brauchen wir den Kessel bloß auf 75 bis 80° abzukühlen. Die dazu erforderliche Zeit soll ungefähr zwei Minuten für den Grad der Abkühlung betragen, so daß hierfür bei dem gewählten Beispiele 40 bis 50 Minuten erforderlich wären. Ist aber die Abkühlung so gering, so können von derselben überhaupt keine großen Spannungen im Kessel erzeugt werden, und es ist dann nicht notwendig, das kalte Wasser durch den Dom einzuführen und den Kessel anzufüllen. Es genügt, wenn man es durch die obersten noch im Dampfraume befindlichen Luken des Steh- oder Langkessels einführt.

Ist die gewünschte Abkühlung erreicht, so wird das Wasser abgelassen, vorausgesetzt daß das Gewölbe genügend abgekühlt ist, weil sonst der heiße Mauerkörper Polsterungen an den Seitenwänden in der Nähe der Auflage erzeugen würde.

Wenn die Zeit nicht zu knapp ist, so läßt man den Kessel vier bis fünf Stunden abkühlen. In dieser Zeit kühlt der Kessel ganz gleichmäßig um etwa 15° bis 20° ab und das Tenderwasser um 5° bis 6°, so daß beide ohne weitere Abkühlung gut zusammenpassen. Die kompakte Masse des Tenderwassers kühlt durchschnittlich 1° in der Stunde ab, das Kesselwasser hingegen wird von dem durch die Rohre ziehenden Luftstrom drei- bis viermal so rasch abgekühlt. Während dieser Zeit kühlt auch das Gewölbe genügend ab.

Höhe des Druckes. Die Meinungen darüber, mit welchem Druck das Waschwasser in den Kessel zu pressen ist, gehen ziemlich weit auseinander und schwanken zwischen 1 und 6 at. Die Frage läßt sich auch allgemein nicht beantworten. Kühlen wir nach dem Mischverfahren ab, so daß der Kesselstein als Schlamm auftritt, so sind 2 at genug, insbesondere wenn Waschluken in genügender Anzahl und am richtigen Orte angebracht sind. Haben wir starke Kesselsteinkrusten und wenig Luken, so genügen wohl auch 6 at nicht. Wir sahen im Heizhause Bow der North-London-Bahn mit Wasser von 8 at waschen, das aus einem Akkumulator kam, der Rückdruck des ausfahrenden Strahles war so stark, daß zwei Mann das Auswaschrohr halten mußten.

Bei den Angaben über den Druck des Waschwassers muß man beachten, an welcher Stelle derselbe gemessen wird. Am Ende einer längeren Leitung, die Ecken und Krümmungen enthält, ist oft nur ein Bruchteil des Anfangsdruckes vorhanden. Man sollte daher eigentlich kurz vor der Düse des Auswaschschlauches messen, denn diese Angabe gibt das wirkliche Maß des zur Geltung kommenden Druckes.

Wichtig ist die Verteilung der Auswaschluken. Im allgemeinen werden an den senkrechten Bügen des Stehkessels rückwärts je zwei, vorn je eine Luke angebracht, und je drei auf den Seiten desselben im Dampfraume. Dies genügt bei den großen Feuerbüchsen nicht. Es sollten in dem Raume zwischen Gewölbe und Rost, wo das Feuer am schärfsten zieht, jederseits noch zwei Luken angebracht werden. Die Rohrwand, der schwächste Teil des ganzen Kessels, ist zumeist vollständig unzugänglich. Niemand glaubt ernstlich daran, daß aus den zwei bis vier Auswasch-

luken des Langkessels in der Nähe der Rohrwand ein Durchwaschen des
Rohrbündels auch mit 6 at Druck möglich sei. Manche Bahnen beginnen schon, vier Rohre im Bündel auszulassen und an der betreffenden
Stelle der Rauchkastenrohrwand Auswaschlöcher anzubringen, durch
welche lange Waschrohre bis zur Rohrwand geführt werden, um das Rohr-
bündel durchzuwaschen. Dies sollte weiter ausgebildet werden und in den
unteren Partien, wo die größten Ansammlungen von Kesselstein vorkommen und auch der Zug der Gase am schärfsten ist, etwa sechs bis acht,
und in den anderen Teilen noch weitere vier Rohre in dieser Weise ersetzt werden.

Waschvorrichtungen. Im allgemeinen werden Dampfpumpen als
Auswaschpumpen verwendet, die in dem Maschinenraume des Heizhauses
aufgestellt sind und das Wasser in die Rohrleitung pressen. Bei einigen
Bahnen werden hierbei Injektoren verwendet. Soll da eine Lokomotive
in 30 Minuten gewaschen werden — wie gewöhnlich verlangt wird —, so
sind für den Injektor etwa 200 000 Kalorien oder in einer Stunde 400 000 Kalorien zu leisten. Dies erfordert einen Kessel von mindestens 70 qm Heizfläche.

Die fahrbaren Pumpen — in der Regel von Elektromotoren getrie-
bene Zentrifugal- oder Turbinenpumpen — leisten unter Druck von 2 at
8 bis 10 cbm und beim Füllen, wo bloß $^1/_2$ at erforderlich ist, bei nahezu
derselben Leistung 15 bis 20 cbm. Der Kraftverbrauch beträgt hierbei $1^1/_2$
bis 3 PS, je nachdem, ob Turbinenpumpen oder Zentrifugalpumpen verwendet
werden. Durch Anwendung mehrstufiger Turbinenpumpen läßt sich der
Druck ohne große Gewichtszunahme bedeutend steigern.

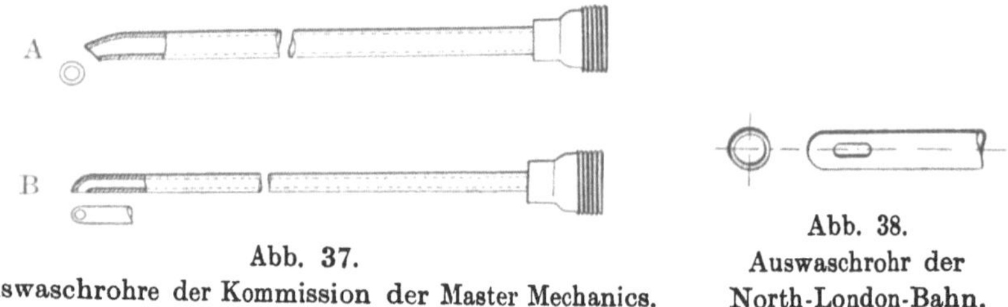

Abb. 37.
Auswaschrohre der Kommission der Master Mechanics.

Abb. 38.
Auswaschrohr der
North-London-Bahn.

Als besondere Einrichtung sind die fahrbaren Dampfpumpen der
italienischen Bahnen zu erwähnen. Dieselben führen einen stehenden
Kessel — ähnlich den gebräuchlichen Wasserstationstypen — samt Dampfpumpe auf einem kleinen vierrädrigen Bahnwagen, der von Gleis zu Gleis
geschoben wird und kaltes Wasser von den Hydranten erhält.

Zum erfolgreichen Auswaschen gehören auch praktisch geformte
Auswaschrohre und Düsen. In der Abb. 37 sind die bei amerikanischen
Bahnen in Verwendung stehenden Auswaschgeräte dargestellt.[1]

Sämtliche Rohre sind unten drehbar. *A* dient zum Waschen der
Feuerdecken und wird horizontal eingeführt. Form *B* dient zum Einführen des Wasserstrahls durch die Rauchkastenrohrwand bis zur rückwärtigen Rohrwand. Die North-London-Bahn verwendet zu diesem Zwecke
die Form, die Abb. 38 zeigt, bei der das Rohrende geschlossen ist und der
längliche Strahl des drehbaren Rohres durch die Öffnung quer heraustritt.

---

[1]) Am. Ass. Mast. Mech. 1895, S. 78.

Wassermenge. Wie bereits erwähnt, ist zum Waschen und Füllen eines Lokomotivkessels ein Wasserbedarf von etwa 1·5 bis 1·6 des Kesselinhaltes erforderlich. Hierzu kommt noch die zum Abkühlen des Kessels benötigte Wassermenge.

Ist Q_1 der Wasserinhalt des Kessels, Q_2 das Gewicht desselben, q das Gewicht des Wassers von t Graden, das in der Sekunde zufließt, x die Temperatur des Kessels samt Inhalt, a die spezifische Wärme des Wassers, b jene der Kesselplatten, so ist nach Verlauf einer Sekunde

die Temperatur: $\quad x' = \dfrac{aQ_1\,x + bQ_2\,x + a\,q\,t}{Q_1 + Q_2 + q}$.

a können wir für unsere Zwecke mit 1·0 annehmen, b mit 0·1, weil die spezifische Wärme des Kupfers 0·095 und jene des Schmiedeeisens 0·11 ausmacht. Setzen wir also $Q = Q_1 + 0·1\,Q_2$, so können wir dies als den Wasserwert des Kessels samt Inhalt betrachten und schreiben:

$$x' = \frac{Q\,x + q\,t}{Q + q}$$

oder

$$x' = \frac{Q\,x + q\,x + q\,t - q\,x}{Q + q} = x - \frac{q\,(x - t)}{Q + q}\,.$$

Da q, die sekundlich zufließende Menge gegenüber dem Kesselinhalte verschwindend klein ist, so können wir auch setzen:

$$x' = x \frac{q}{Q}\,(x - t)\,.$$

Das Temperaturgefälle in einer Sekunde ist somit $\dfrac{q}{Q}\,(x - t)$, und das

Differentiale desselben $dx = -\dfrac{q}{Q}\,(x - t)\,dT$.

Hieraus folgt $dT = -\dfrac{Q}{q}\,\dfrac{dx}{x - t}$, und somit ist die Zeit T, in der die

Temperatur auf x sinkt: $\quad T = -\dfrac{Q}{q}\,\ln\,(x - t) + C$

$$T^{x}_{x_1} = \frac{Q}{q}\,\ln\,\frac{x_1 - t}{x - t}\,.$$

Beginnen wir daher das Abkühlen mit $x_1 = 100^0$ und ist $Q = 1000$ kg, $q = 1$ kg, so ist $T'' = 2302\,\log\,\dfrac{100 - t}{x - t}$ die Zeit in Sekunden, und da in der Sekunde 1 kg Wasser zufließt, gibt das zugleich die Wassermenge, welche zur Abkühlung eines Kubikmeters Wasser erforderlich ist. Diese Werte sind in folgender Tabelle zusammengestellt.

Kühlwassermenge in Litern für 1 Kubikmeter.

Kühlwasser-Temperatur	Abgekühlt auf Grade C					
	80 ^{0}	70 ^{0}	60 ^{0}	50 ^{0}	40 ^{0}	30 ^{0}
10 ^{0}	250	400	590	810	1100	1490
15 ^{0}	260	440	630	880	1220	1730

Hieraus ist ersichtlich, daß der Kühlwasserbedarf beim Waschen mit kaltem Wasser etwa viermal so groß ist als beim Waschen mit warmem

Wasser. Bei unserem Kessel beträgt somit der Gesamtwasserbedarf bei warmem Waschen $8 + 6\cdot3 \times 0\cdot7 = 10\cdot5$ cbm und bei kaltem Waschen $8 + 6\cdot3 \times 1\cdot2 = 15\cdot6$ cbm.

Zeitaufwand. Als Zeitaufwand ist für das warme Waschen zu rechnen: 40 Minuten zum Kühlen, 80 Minuten zum Waschen und Füllen und etwa zwei Stunden zum Anbrennen, also insgesamt mindestens vier Stunden. Beim kalten Waschen nach dem Mischverfahren braucht man $2^1/_2$ Stunden zum Abkühlen, $1^1/_2$ Stunden zum Waschen und $3^1/_2$ Stunden zum Anbrennen, somit zusammen mindestens sieben Stunden. Im Betriebe ist der Zeitbedarf um 1 bis 2 Stunden größer, weil nicht immer alles sofort zur Verfügung steht.

Nach erfolgtem Auswaschen sind die Öffnungen sorgfältig zu verschließen, bei welcher Gelegenheit die Gewinde der Bolzen nicht mit Fett sondern mit Graphit und Petroleum zu schmieren sind. Von dem sorgfältigen und richtigen Abschluß der Öffnungen sollte man sich stets überzeugen bevor Dampf entwickelt ist, denn später können Undichtheiten oft nur unter Gefahr beseitigt werden.

Die Aufsichtsorgane sollen das Waschen regelmäßig beaufsichtigen, insbesondere sich überzeugen, daß alle Auswaschluken geöffnet werden. Monatlich einmal sollten alle Kessel nach dem Auswaschen auf die Reinheit der Flächen und etwaige Ablagerungen untersucht werden. Hierzu dient am besten eine drahtumhüllte Glühlampe von etwa fünf Kerzenstärken, denn im warmen Kessel brennt eine offene Flamme nicht. Die Auswascher sollen bahnseitig große Wasserstiefel und Hauben aus Wachstuch, noch besser ganze Anzüge aus Wachstuch erhalten. Der noch vor einigen Jahren bestandene Gebrauch, die Lokomotivmannschaft zum Auswaschen heranzuziehen, ist heute wohl allgemein fallen gelassen. Eine solche Einrichtung ist teuer und erfüllt den Zweck weit schlechter als die Durchführung dieser Arbeit durch hierfür besonders bestimmte Tagelohnarbeiter.

Eine Partie von zwei Mann kann sechs bis acht Lokomotiven in einer Schicht auswaschen.

Der Vollständigkeit halber müssen wir die Vorrichtung von Raymer erwähnen, welche seit dem Jahre 1903 im Heizhause McKees Rock der Pittsburg-Lake-Erie-Bahn zum raschen Wechseln des Wassers der Lokomotivkessel angewendet wird. Das zur Verfügung stehende alkalische Wasser schäumt nach vier bis fünf Tagen Lokomotivdienst schon so stark, daß es nicht mehr verwendet werden kann, hat aber noch wenig Kesselstein abgesetzt. Der Ersatz des Wassers erfolgt nun in der Weise, daß der Kessel bei etwa 5 at Druck in ein Reservoir entleert wird, das mit einem offenen Röhrenkondensator in Verbindung steht. Das Wasser aus der Hauptwasserleitung führt in einer Kühlschlange durch dieses Reservoir, wo es sich teilweise erwärmt, und wird sodann in einem Behälter gesammelt, dessen Wasserinhalt mittels einer Zentrifugalpumpe durch die Röhren des oben erwähnten Kondensators geleitet wird. Das so höher erwärmte Wasser fällt einer Dampfpumpe zu und wird von dieser wieder in den Lokomotivkessel gepreßt, nachdem es unterwegs durch den Dampf eines besonderen Stabilkessels auf etwa 150^0 erwärmt wurde. Der ganze Vorgang erfordert je nach der Größe des Kessels 22 bis 35 Minuten, und merkwürdigerweise wird unterdessen im Kessel Feuer gehalten. Durch das Feuer wird im Kessel ein Druck von etwa 5 at erhalten, und gegen diesen Druck wird das Wasser in den Kessel gepreßt. Wird dies alle vier bis fünf Tage wiederholt, so braucht man bloß nach 20 bis 40 Tagen auszuwaschen.[1] Dieses Verfahren gestattet, einen Teil des großen Wärmeinhaltes der Kesselfüllung wieder zu gewinnen, kann aber nur unter besonderen Umständen als zulässig erklärt werden. Es bleibt dunkel, wieso das Feuerhalten ohne Gefährdung des Kessels möglich ist.

7. Reinigung der Lokomotiven.

Innere Reinigung der Lokomotive. Bei Beendigung der Fahrt bleibt Schlacke auf dem Roste, Asch- und Rauchkasten sind mit Lösche und Asche gefüllt und die Funkensiebe teilweise mit Ruß und Kohlenteilchen bedeckt. Alle diese Feuerungsreste und Abfallprodukte müssen entfernt werden, bevor die Lokomotive neuerdings in Dienst tritt. Roste, Asch- und Rauchkasten werden in der Regel auf den Putzkanälen vor dem Eintritt ins Heizhaus gesäubert. Bei harten Wassern muß aber der Rost doch soweit mit glühendem Brennmaterial bedeckt bleiben, als es das gleichmäßige Warmhalten der Rohrwand erfordert, weil sonst Rohrrinnen eintritt. In diesem Falle ist der Rost nach dem Abkühlen der Lokomotive im Heizhause zu putzen. Vor dem Ausputzen sind Asch- und Rauchkasten reichlich zu benässen, um Staubbildung zu verhüten, die sonst Gestänge und Lager bedecken und zu Heißlaufen Anlaß geben könnte. Bei Mantelrauchfängen ist das sorgfältige Ausputzen der Rose zu beachten, denn Versäumnisse dieser Art können Dampfmangel zur Folge haben.

Im Heizhause selbst ist das Ausputzen der Feuerrohre von besonderer Wichtigkeit. Mitgerissene Kohlenteilchen verlegen einzelne Rohre, und dadurch kann bald ihre gänzliche Verstopfung herbeigeführt werden. Verlegung der Rohre vermindert nicht bloß die Heizfläche, sie gibt auch Veranlassung zum Rohrrinnen, weil verlegte Rohre nicht dieselbe Dehnung haben wie jene, welche von den Heizgasen durchzogen werden, und wenn man das regelmäßige Ausputzen versäumt, kann ihre Zahl bei leichtem Brennmaterial einen beträchtlichen Teil der Heizfläche ausmachen. Abgelagerte Lösche vermindert auch die Heizfläche einzelner, sonst noch offener Rohre, und bei Wellrohren sammelt sie sich leicht in den einzelnen Rillen. Aus diesen Gründen sollten die Rohre tunlichst nach jeder Fahrt gereinigt werden. Das wirksamste Werkzeug hierzu sind Rohre, die, von der Rauchkasten- oder Feuerseite eingeführt, mittels Preßluft oder Dampf die Ablagerungen ausblasen. Ein sehr praktisches Werkzeug dieser Art, das für beide verwendbar ist, beschreibt Garbe.[2] Jene Rohre, welche durch diese Mittel nicht geöffnet werden können, müssen mittels bohrerartig wirkenden Putzwerkzeugen gereinigt werden, was wesentlich mehr Zeit in Anspruch nimmt.

Von Zeit zu Zeit soll man sich überzeugen, ob alle Rohre offen sind. Dies geschieht am einfachsten in der Weise, daß man bei einer Lokomotive, die noch warm ist, mit einer brennenden Fackel oder Kerze in der Feuerbüchse an allen Rohrreihen langsam vorüberfährt. Die offenen Rohre saugen die Flamme hinein. Ist die Lokomotive kalt, so erzeugt man durch Entzünden einer großen Fackel im Rauchfange den nötigen Zug.

---

[1] Western Railway Club 1905, S. 71 ff.
[2] Die Dampflokomotiven der Gegenwart, Berlin 1907, S. 441.

Gelegentlich des Reinigens der Rohre sollen auch regelmäßig die **Funken**siebe mit gereinigt werden.

Manche Kohlensorten erzeugen Ansammlungen um die Rohrmündungen in der Feuerbüchse, „Schwalbennester", und können so die Dampfbildung wesentlich erschweren. Die Mannschaft ist dann mitunter genötigt, dieselben während der Fahrt mit Feuerhaken zu entfernen. Bei langen Rosten und Gewölben hat das seine Schwierigkeiten. In der Regel hilft hier nur die Mengung solcher Kohle mit anderen Kohlensorten.

Die Reinigung der „Serve"-Rohre ist bei vielen Kohlensorten sehr schwierig, und das ist ohne Zweifel der Grund ihres Mißerfolges an vielen Orten. Man hat uns in Frankreich angegeben, daß die Heizer während der Fahrt von Zeit zu Zeit eine Schaufel trockenen Sandes über dem Feuer in die Höhe werfen, der vom Zuge durch die Rohre mitgerissen wird und die Räume zwischen den Rippen durchscheuert.

Die besten Mittel zur Verhinderung des Mitreißens von Kohle und Lösche sind Wellrohre, Feuerschirme und der schwache Auspuff der Verbundlokomotive[1]).

Innere Reinigung des Lokomotivkessels. Kesselreparaturen, bei denen viele Rohre herausgenommen werden, besonders aber die Jahresrevisionen werden in der Regel mit einer gründlichen Reinigung des Kesselinnern vom Kesselsteinbelage verbunden. Dies geschieht nicht allein zu dem Zwecke, um die Kesselteile bloßzulegen und eine gründliche Untersuchung zu ermöglichen, sondern hauptsächlich zur Sicherstellung der Erhaltung des Kessels, insbesondere der feuerberührten Teile desselben. Auf Grund theoretischer Annahmen wird vielfach behauptet, daß selbst mäßige Kesselsteinbelage, wie sie nach längerem Betriebe entstehen, die Leistungsfähigkeit der Kessel bedeutend herabsetzen und als Hauptzweck der Reinigung wird die Wiederherstellung der vollen Kesselleistung angegeben. Wenn wir uns in bewußten Gegensatz zu dieser Auffassung stellen, so geschieht dies aus folgenden Gründen.

Heizhausleute von Erfahrung wissen, daß die Leistungsfähigkeit und Ökonomie einer regelmäßig erhaltenen Lokomotive auch in Gebieten von hartem Wasser mit der Verwendungszeit nicht merklich abnimmt. Wir haben wiederholt Kollegen, welche anderer Meinung waren, die Listen über Brennmaterialersparnisse der einzelnen Lokomotiven vorgelegt mit dem Ersuchen, sie mögen diejenigen bestimmen, welche nach ihrem Ermessen die jüngsten und die ältesten Rohre haben. Sie haben sich überzeugt, daß ihre Voraussetzung irrtümlich gewesen ist. In den achtziger Jahren des vorigen Jahrhunderts wurden bei uns, sowie auch allgemein, die Feuerrohre aus Messing durch Stahlrohre ersetzt. Messing hat eine höhere Leitungsfähigkeit als Eisen (15 : 10), auch haftet der Kesselstein fester an den Stahlrohren, während er von den Messingrohren leicht abgewaschen wird, so daß diese mit Ausnahme der unteren Partien zumeist blank im Kessel stehen. Man erwartete daher bei Verwendung von Stahlrohren eine wesentliche Verminderung der Leistungsfähigkeit und Ökonomie der Kessel, die aber nicht eingetreten ist.

Die Versuche, welche von Wiebe und Schwirhus in den Jahren 1895 und 1896 in der Physik. Techn. Reichsanstalt in Charlottenburg durchgeführt

---

[1]) Vgl. übrigens Bd. II, Alexander, Rauch- und Funkenverhütung.

wurden, haben, die Beobachtungen der Praxis vollinhaltlich bestätigt.[1]
Abb. 39 zeigt eine Gruppe von Ergebnissen für eine Borsigsche Kesselplatte
aus Martinstahl, die anfangs 30·5 mm stark gewesen (+), sodann auf 10·5
(O) und schließlich auf 7,5 mm Stärke abgehobelt wurde (⊙). Es wurden
auch Mischungen aus Zement und Sand, sowie aus gepulvertem Kesselstein
und dickflüssigem Öl in der Stärke von 5 bis $7\,^1/_2$ mm als Ersatz von Kesselstein auf die Platten aufgetragen, diese Ergebnisse sind mit ● bezeichnet.
Die Abszissen bedeuten die Temperatur der Flamme, die Ordinaten die
Kalorien, welche per Flächeneinheit an kochendes Wasser übertragen wur-

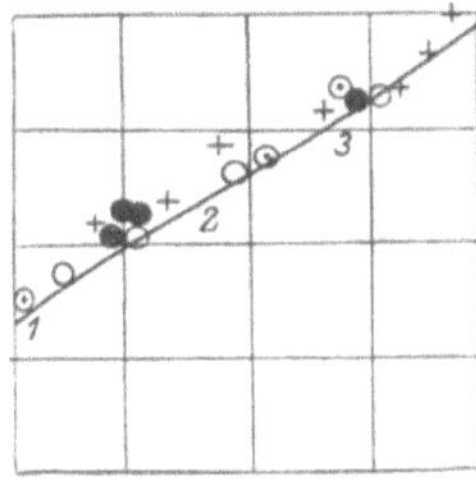

Abb. 39.
Wärmeübertragung einer Stahlplatte.

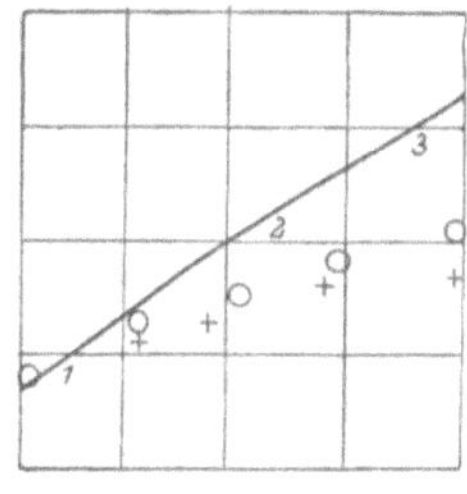

Abb. 40.
Wärmeübertragung einer Kupferplatte.

den. Wie man sieht, hatte weder die Stärke noch der Zustand der Oberfläche der Platten einen merklichen Einfluß auf ihre Wärmeübertragung.
Abb. 40 zeigt dasselbe für Kupferplatten von 30 (+) und 29·5 (O) mm
Stärke, und da die Lage der Diagonalen 1, 2, 3 in beiden Figuren dieselbe
ist — nicht aber die Lage der Grundlinie des Vierecks — so sieht
man, daß diese Kupferplatte weniger Wärme übertragen hat als die gleich
starke Eisenplatte.

Hieraus ist ersichtlich, daß die Leistungsfähigkeit eines Kessels nicht
von der Leitungsfähigkeit des Kesselmaterials allein abhängt und alle
hierauf beruhenden Schlüsse wie z. B. die jetzt verbreitete Ansicht, daß
die amerikanische Stahlfeuerbüchse weniger leistungsfähig sei als die
europäische Kupferbüchse, sind verfrüht. Es ist auch nicht gestattet, zu
diesem Zwecke den Wärmewiderstand der übereinander gelagerten Schichten
zu addieren.

Hingegen wird eine Platte bei derselben Leistung umso wärmer, je
größer ihr Wärmewiderstand ist, je mehr sie also von isolierenden Teilen
bedeckt ist. Und diese Temperatur ist für die Erhaltung des Kessels
von größter Bedeutung.

Äußere Reinigung der Lokomotive. Außer den angegebenen
Reinigungen, welche eigentlich für die Erhaltung der Leistungsfähigkeit
der Lokomotiven von Belang sind, wird auch eine eigentliche Reinigung
des Äußeren der Lokomotive vorgenommen, da sie gewöhnlich mit
Öl und Schmutz bedeckt im Heizhause eintrifft. Vor Jahrzehnten
war dies Sache des Lokomotivheizers. Mit der Zunahme der Ausnützung von Lokomotive und Mannschaft wurde die Arbeit geteilt und es
besteht jetzt in den meisten Fällen die Gepflogenheit, daß von dem Heizer

---

[1] Zeitschr. für Instrumentenkunde, Juli/August 1896, S. 235—240. — Engineering 1897, Bd. 63, S. 31.

die blanken, bewegten Teile geputzt werden, das übrige von Organen des Heizhauses. Dies ist insofern berechtigt, als der Heizer für etwaige beim Putzen gefundene Gebrechen im allgemeinen mehr Interesse und Verständnis hat als der weniger sachverständige Putzer, und beim Putzen des Kraftgestänges ist neben der Sauberkeit die damit verbundene Untersuchung dieser Teile das Hauptziel. In England, wo das Gestänge meist innen läuft und daher stark von Schmutz bedeckt wird, und in Amerika, wo die Ausnützung der Lokomotive aufs äußerste Maß gespannt wird und daher für das Putzen sehr wenig Zeit übrig bleibt, wird auch das Gestänge und somit die ganze Lokomotive von Organen des Heizhauses geputzt.

Das Putzen ist eine kostspielige, zeitraubende Arbeit und durchaus keine so leichte Sache, wie es auf den ersten Blick scheint. Bisher ist es nicht gelungen, mit mechanischen Mitteln brauchbare Ergebnisse zu erzielen, und mit Rücksicht darauf, daß der Schmutz an der Lokomotive klebt, dürften auch die modernen Saugluftputzvorrichtungen kaum brauchbare Resultate ergeben. Es bleibt nichts anderes übrig, als den Schmutz mit Werg, Jute, Spinnereiabfällen, billigen Tüchern usw. abzuwischen, was mit Hilfe von Putzöl wohl gelingt, wenn gute Lackierungen oder sonstige glatte Flächen zu reinigen sind. Ist die Lackierung aber gesprungen oder ersetzt dieselbe ein Anstrich, oder befindet sich außen eine große Anzahl von Röhren, Schraubenmuttern und sonstigen Teilen, zwischen denen sich der Schmutz festhält, dann wird das Putzen immer schwieriger und zeitraubender. Und von diesem Standpunkte beobachtet wäre es der Mühe wert, die äußere Anordnung der Lokomotive nach englischem Muster umzugestalten.

Die englische Lokomotive hat außen eine einfach geformte, glatte, hochlackierte Verschalung, unter der die meisten Rohre angebracht sind; das Putzen ist hier ein Kinderspiel im Verhältnisse zu der Arbeit an den bei uns bisher gebräuchlichen Typen. Man wird dagegen einwenden, daß die Rohrleitungen und ihre Verbindungen zugänglich sein müssen — aber wer oft mit Verdruß beobachtet hat, wie die Putzer eben auf diesem Rohrwerke herumtreten und es verbiegen und so unmittelbar zur Reparatur Anlaß geben, während gut montierte und verdichtete Rohre unter der Verschalung von einer Reparatur zur anderen unberührt bleiben, wird von der englischen Methode anders denken.

Das Putzen großer Lokomotiven älterer Anordnung kostet 1 bis $1\frac{1}{2}$ Tagschichten und könnte wirksam in 2 bis 3 Stunden nur durch Rotten von 6 bis 8 Mann geleistet werden. Man sieht also, welche Ersparnis an Geld und Zeit sich durch die englische Bauart erzielen ließe.

Da bei vielen Bahnen des Kontinents die Lackierung nicht mit jener Sorgfalt ausgeführt und behandelt wird wie in England und schadhafte Lackierungen sehr häufig vorkommen, wodurch das Putzen wesentlich erschwert ist, so wäre die Verwendung der in der Schweiz üblichen Verschalung aus tiefblauem, russischem Blech in Erwägung zu ziehen. Dieses Blech hält den Oxydüberzug sehr lange und ist sehr leicht zu putzen. Insbesondere für Güterlokomotiven, bei denen das Aussehen nicht so schwer wiegt und häufig sehr wenig Zeit fürs Putzen zur Verfügung steht, würde diese Verschalung allgemeine Verbreitung verdienen.

Für das Putzen der Räder und der zwischen denselben befindlichen

Teile, sowie des Drehgestelles werden in der Regel besondere Leute verwendet, weil diese Arbeit ganz besonders schmutzig macht. Die inneren Wände des Führerstandes verrauchen sich bald, ihr Anstrich sollte daher von Zeit zu Zeit erneuert werden.

Das Putzen und Sauberhalten der Lokomotiven ist ein allgemeines Zeichen der ihnen zugewendeten Sorgfalt und übt auf den Reinlichkeitssinn der Mannschaft eine ermunternde Wirkung aus. Man kann vom Personal keine besondere Freude an der Lokomotive erwarten, wenn man sie ihnen beim Dienstantritt ungepflegt und mit Schmutz bedeckt übergibt.

Es ist zweckmäßig, den Putzern für das Auffinden von Brüchen an Tragfedern und Bremsgestänge Prämien auszusetzen. Dies weckt ihren Beobachtungssinn und gibt dem Heizhause Gelegenheit, die tüchtigsten unter ihnen für die Auswahl als Aushilfsheizer herauszufinden.

8. Heizhauspersonal.

Die dem Heizhause unterstehende Mannschaft besteht aus dem Arbeiterstande des Heizhauses, dem Fahrpersonal der Lokomotiven und den technischen sowie Bureaubeamten für die technische und administrative Verwaltung des Heizhauses. An der Spitze des ganzen Personals steht der Vorstand, der einer höheren technischen Behörde verantwortlich ist.

a) Aufnahme des Personals.

Eine sehr wichtige Aufgabe der Heizhausleitung ist die Aufnahme, Auswahl und Ausbildung der für den Dienst erforderlichen Mannschaft. Denn hiervon hängt die erfolgreiche Durchführung des Dienstes ebenso ab wie von der richtigen Konstruktion und Zuteilung der für den betreffenden Dienstbereich geeigneten Lokomotiven. Das Heizhauspersonal hat in den meisten Fällen einen Dienst von großer moralischer und wirtschaftlicher Bedeutung ohne unmittelbare Aufsicht durchzuführen und soll daher jene moralischen und intelektuellen Eigenschaften besitzen, welche diese erfordern. Man ist zwar immer bemüht, die Mannschaft durch Belehrungen und Vorschriften entsprechend auszubilden, aber die wichtigsten Fälle sind oft jene, für welche keine Vorschrift besteht und auch keine gegeben werden kann. Hier ist also vor allem anderen der Ort, wo das englische Wahrwort „Männer, nicht Vorschriften" in erster Linie am Platze ist.

Arbeiterstand. Das Volk des Heizhauses, aus dem sich mit der Zeit die Gruppen für spezielle Verwendungen herausbilden, sind die Putzer, Kohlenarbeiter und Schlosser. Bei ihrer Aufnahme muß der Leitung ihre zukünftige Verwendung als Lokomotivheizer vor Augen schweben, denn diese bilden wieder die nächste Stufe für die weitere Auswahl. Spezielle Fälle — wie z. B. Feinmechaniker, Kupferschmiede, Elektriker — ausgenommen, sollte daher jeder Mann im Heizhause die vollkommene Eignung für den Heizerdienst besitzen. Diese Eigenschaften sind körperliche Rüstigkeit, gute Seh- und Hörorgane, keine hohe Körperstatur, ruhiges, besonnenes Wesen und vor allem Zuverlässigkeit. Leute, die zum normalen Sehen ein Augenglas verwenden müssen, sind unbedingt auszuschließen, denn der Dienst im Heizhause und auf der Lokomotive bringt leicht momentane Trübungen des Glases hervor, was in gewissen Fällen eine Gefährdung persönlicher Sicherheit zur Folge haben kann.

Alter. Da im Heizhause fortwährend Fahrbetriebsmittel in Bewegung sind und mit Rücksicht auf die Manipulation mit Dampf und Feuer an allen Seiten Gefahr droht, wenn man nicht seine Sinne sicher und ruhig beherrschen kann, sollten Leute unter 20 Jahren nicht aufgenommen und solche, die alkoholische Neigungen zeigen, unnachsichtlich aus dem Dienste entfernt werden. Die Ausbildung zum Heizer erfordert die volle Elastizität des Körpers und ist daher nur in jüngerem Alter mit Erfolg durchzuführen. Die Bahnanstalt hat das Recht, von jenen Leuten, die sie mit Mühe und Sorgfalt ausgebildet hat, tunlichst lange Dienste zu erwarten. Aus diesem Grunde sollte die obere Altersgrenze bei der Aufnahme von Tagelöhnern mit 30, bei Schlossern, die vor ihrer Verwendung als Heizer im Hinblicke auf ihre spätere Verwendung als Lokomotivführer noch eine anderweitige Ausbildung durchzumachen haben, mit 25 Jahren festgestellt werden.

Schulbildung. Der Bildungsgrad des Aufzunehmenden richtet sich nach den landesüblichen Schulverhältnissen. Das Mindestmaß für alle ist selbstverständlich Lesen und Schreiben in dem Maße, als dies für das Verständnis der Erlässe und Vorschriften notwendig ist. So wünschenswert auch ein tunlichst hohes Bildungsmaß sein mag, insbesondere bei jenen, die man als das Material für die künftigen Lokomotivführer ansieht, so ist es doch nicht zu empfehlen, mehr als das mittlere Bildungsmaß jener Schichte zu verlangen, aus der die Aufnahme erfolgt. Denn die höhere Schulbildung in diesen Kreisen rührt oft genug davon her, daß junge Leute, welche für eine Laufbahn bestimmt waren, bei der eine höhere Schulbildung erforderlich ist, infolge geringer Fähigkeiten nicht vorwärts kommen konnten, nach Absolvierung einiger Jahrgänge einer Schule ausschieden und erst dann ein Handwerk erlernten.

Es ist zweckmäßig, durch Aussetzung einer besseren Bezahlung den Zuzug der Bewerber zu erhöhen und unter diesen die Geeignetesten auszuwählen. Diese sind sodann von den Vorarbeitern und der Leitung sorgfältig im Auge zu behalten und minder Geeignete bald zu entfernen. Wenn genügendes Material zur Verfügung steht, so soll man in dieser Hinsicht ziemlich strenge verfahren. Denn zu Beginn der Laufbahn ist es für den Betreffenden ein Vorteil, wenn er aus einem Dienste entfernt wird, für den er nicht geeignet ist, und er ohne viel Zeitverlust in eine andere, passendere Laufbahn übertreten kann.

Aufnahme. Bei manchen Anstalten herrscht die Gepflogenheit, die Arbeiter von einer höheren Dienststelle aufnehmen zu lassen. Dies wird damit begründet, daß die Schaffung des Mannschaftsstandes eine der wichtigsten Aufgaben des Dienstes und daher einer höheren Dienststelle vorzuhalten sei. Wenn man auch diese Begründung gelten läßt, so muß doch zugestanden werden, daß die kurze Zeit, welche für die Aufnahme zur Verfügung steht, selbst dem erprobtesten Menschenkenner kein untrügliches Urteil erlaubt. Man kann einen Menschen erst dann sicher beurteilen, wenn man ihn längere Zeit unter verschiedenen Umständen an der Arbeit gesehen hat. Die Beurteilung, ob ein Mann dauernd im Dienste bleiben kann oder nicht, kann daher dem Heizhause nicht entzogen werden, wo er verwendet wird. Die vorgesetzte Behörde wird sich hingegen gelegentlich der Dienstreisen jedesmal die Neuaufgenommenen vorstellen lassen und die Gründe der Entlassung Untauglicher anhören, um das Gebahren des Heizhauses zu überwachen.

Jeder Neuaufgenommene ist dem Vorarbeiter der betreffenden Gruppe zu übergeben und mit den auf die Sicherheit der Person bezüglichen Vorschriften zu beteilen oder auf etwa ausgehängte Vorschriften dieser Art aufmerksam zu machen. Der Vorarbeiter wird ihn erst dann zu selbständiger Dienstleistung zulassen, wenn er sich von der Zuverlässigkeit und Sachkenntnis des Betreffenden überzeugt hat, und bleibt bis dahin für denselben in jeder Weise verantwortlich. Bei Verwendungen auf solchen Posten, welche die Sicherheit der Person berühren, soll sich der Heizhausleiter persönlich davon überzeugen, ob die Zuweisung zu selbständiger Verwendung zulässig ist. Bei dieser Gelegenheit soll die Kenntnis der einschlägigen Vorschriften nachgewiesen werden.

b) Der Heizer.

Die Kosten des Brennmaterials betragen im Durchschnitt etwa die Hälfte der gesamten Zugförderungsauslagen und bilden gewöhnlich den größten Einzelposten der Ausgaben des ganzen Eisenbahndienstes. Eine Reihe von Konstruktionen befaßt sich mit der Ökonomie der Kohle, die nicht bloß eine direkte Ersparnis bedeutet, sondern in demselben Maße die Steigerung der Leistungsfähigkeit der Lokomotive, oder zum mindesten die geringere Anstrengung derselben. Die Einführung des Verbundsystemes erhöhte durch den sanften Auspuff viel mehr den Kesseleffekt als jenen der Dampfmaschine, und wenn auch der letzte Fortschritt im Lokomotivbau, die Anwendung des überhitzten Dampfes, die bessere Ausnutzung des Dampfes erzielen will, so muß bei rationeller Ausnützung desselben auch der Kesseleffekt verbessert werden, weil der Kessel mehr geschont wird.

Einfluß des Heizens auf den Kesseleffekt. Die Erkenntnis, daß der Kesseleffekt durch Konstruktionen wenig beeinflußt werden kann und hauptsächlich von dem Heizer abhängt, hat schon Hirn dazu veranlaßt, der Ausbildung der Heizer besondere Aufmerksamkeit zuzuwenden, und auf seine Anregung veranstaltete die „Société de l'Encouragement de Mulhouse" schon vor Jahrzehnten jährliche Preisheizen zur Aneiferung und Auszeichnung der Heizer bei Stabilkesseln. Trotzdem der Stabilkessel von der Dampfmaschine sehr wenig abhängig ist und auch das verwendete Brennmaterial kaum größere Schwierigkeiten bietet, da bei stetigem, natürlichem Luftzuge gefeuert wird, findet man dennoch Abweichungen bis zu $20\,^0/_0$ zwischen den äußersten Werten der Ausnutzung bei solchen Heizern, die als Preiswerber gewiß zu den tüchtigsten in ihrem Berufe gehören.

Um wie viel mehr gilt dies für das Feuern des Lokomotivkessels, wo die Arbeit der Maschine unmittelbar das Feuer beeinflußt und entweder sehr hohes Vakuum bis zu 200 mm bilden oder auf Gefällen bis auf Null sinken läßt, wo vom Beginn bis zu Ende der Fahrt, je nach der Steigung, Geschwindigkeit, Wind und Wetter und Belastung des Zuges anders gefeuert werden muß. Häufig wechseln auch die Kohlensorten, die man auf den Kohlenstationen erhält. Schließlich spielen auch die Dimensionen des Rostes, an die der Heizer bis dahin gewöhnt war, eine wichtige Rolle, nicht minder das Individuum der Lokomotive mit den Eigentümlichkeiten des Zuges und der lokalen Verbrennung auf dem Roste. Nach all diesem wird man begreifen, daß die Erfahrung mit der Zeit bei uns die Überzeugung gereift hat, der Heizer sei in ökonomischer

Hinsicht der wichtigere Mann auf der Lokomotive. Ein guter Heizer kann ebensoviel sparen wie die beste Verbundlokomotive, und ein schlechter die beste Lokomotivkonstruktion zuschanden heizen.

Die technische Grundlage dieser praktischen Erfahrung scheint uns folgendes zu sein. Zwillingslokomotiven werden in der Regel mit Füllungsgraden von 20 bis $30\,^0/_0$ gefahren, Verbundlokomotiven mit 45 bis $60\,^0/_0$. Die einzelnen Führer weichen bezüglich dieser Daten um 5 bis $10\,^0/_0$ oder noch weniger voneinander ab, indem sie den Regler mehr öffnen oder schließen. Die Linie des Dampfverbrauchs, bezogen auf die Pferdekraft, ist aber bei diesen Füllungen eine ziemlich flache Kurve, die sich einer horizontalen Tangente anschmiegt. Dies gilt für die normalen Lokomotiven mit großen Kühlflächen für den einströmenden Dampf und großen schädlichen Räumen, weil bei geringen Füllungen die wesentlich vergrößerte Kondensation während der Einströmung den Nutzen der größeren Expansion zum größten Teile aufzehrt. Der Unterschied des Dampfverbrauchs bei derselben Lokomotivtype ist daher bei verschiedenen Führern nicht sehr bedeutend. Für das Feuer hingegen ist jeder Unterschied in der Öffnung des Reglers, der den Dampfverbrauch kaum beeinflußt, schon von Bedeutung und hierzu kommt die Art des Feuerns, welche große Differenzen im Kesseleffekt zur Folge hat, insbesondere bei wechselnder Steigung und oft wiederholtem Anfahren. Denn wenn für das Anfahren keine entsprechende Grundlage gegeben wird, kann das hohe Vakuum bei den großen Füllungen das Feuer zerreißen und die Feuerung sehr schwierig gestalten. Ein guter Heizer kann durch die Stärke des Feuers hier ebenso vorbauen, wie den Eigentümlichkeiten seines Führers, mit dem Blasrohr umzugehen, und den Eigenschaften seiner Lokomotive bezüglich der Zugsverhältnisse Rechnung tragen. Die Kunst des Feuerns ist um so höher zu schätzen, als die theoretische Grundlage ebenso einfach ist, wie die individuelle Anwendung schwierig. Dies gilt insbesondere für backende Kohlensorten mit großem Schlackengehalt von niedrigem Schmelzpunkte, wo ein geringes Versehen den Rost zu einem Schlackenhaufen verwandeln und sehr leicht Rohrrinnen hervorrufen kann.

Hier äußert sich unter schwierigen Umständen die Feinheit der Auffassung und die Beobachtungsgabe des Individuums, seine Ruhe und Energie, also jene Eigenschaften, welche einen tüchtigen Führer ausmachen. Und dies ist die Grundlage des alten Erfahrungssatzes, daß aus einem guten Heizer stets ein guter Führer wird. Die richtige Auswahl und Ausbildung der Heizer ist somit eines der wichtigsten Geschäfte im Zugförderungsdienste.

Ausbildung des Heizers. Die Anfangsgründe des Feuerns und die sonstigen Handgriffe und Signale lernt der Lehrling auf einer Verschublokomotive. Sodann wird er auf eine Güterlokomotive mit der kleinsten Rostfläche eingeteilt, wo er unter Aufsicht eines bewährten Heizers so lange verbleibt, bis er selbständig feuern kann.

Schon bei diesen geringen Anforderungen zeigt sich die individuelle Eignung. Einzelne können nach einigen Tagen ziemlich gut feuern, andere erlernen es überhaupt nicht, wieder andere sind auf der rollenden Lokomotive ängstlich und wollen nicht mehr aufsteigen. Die Ungeeigneten sollen tunlichst bald aus dem Heizhausdienst entfernt und die Geeigneten gesichtet und einer planmäßigen Ausbildung unterworfen werden.

Bei uns wurde diese Angelegenheit schon seit dem Jahre 1888 verfolgt und im Laufe von 11 Jahren ein bestimmtes Vorgehen entwickelt. Die Grundlage für dasselbe bildet der Kohlenverbrauch der Lokomotive für je 1000 Tonnenkilometer, der monatlich für jede einzelne Lokomotive berechnet und dem Heizhause mitgeteilt wird.

Das Heizhaus ordnet den Kohlenverbrauch nach Lokomotivtypen und Diensten und veröffentlicht dies auf einem Aushängebogen im Heizhause. In den einzelnen Gruppen steht die Lokomotive mit dem geringsten Verbrauche zu oberst, sodann folgen die anderen in der Reihenfolge des zunehmenden Verbrauchs unter Angabe der Namen von Führer und Heizer, so daß die Lokomotive mit dem größten Verbrauche zu unterst steht. Eine farbige Linie bezeichnet den mittleren Verbrauch der Gruppe, so daß die oberhalb befindlichen besser, die unterhalb befindlichen schlechter sind als das Mittel. Lokomotiven mit einer Leistung, die weniger als die Hälfte der mittleren Monatsleistung beträgt, werden ausgelassen. Bei sorgsamen Vergleichen findet man, daß der Unterschied zwischen den äußersten Enden oft $30^0/_0$ beträgt. Man findet auch bald heraus, daß einzelne Lokomotivführer auch mit verschiedenen Heizern ihre Stellung in der Reihenfolge behalten; das sind jene, die ihre Heizer in der Hand haben. Im allgemeinen aber bestimmt der Heizer die Stellung der Lokomotive in der Reihenfolge.

Auf Grundlage dieser Monatsausweise wird dann der Heizer der nächst größeren Lokomotivtype zugeteilt, wenn er in seiner Gruppe mehrere Monate hindurch eine gute Stellung errungen hat. Es wird jedoch besonderes Gewicht darauf gelegt, daß er bei jedem Übergange zu einem der besten Heizer der Gruppe so lange als Lehrling zugeteilt wird, bis er das Feuern bei dieser Type erlernt hat. Denn jede Type hat ihre Eigentümlichkeiten, und es ist viel zu kostspielig, den Heizer so lange allein feuern zu lassen, bis er selbst auf die verschiedenen Vorteile kommt. Die Mindestzeit beträgt eine Turnusdauer, damit er alle Züge und Strecken kennen lernt. Das Anlernen ist also bloß scheinbar kostspielig und hat in der Praxis gute Erfolge gezeitigt.

Kann ein Heizer selbst nach längerer Verwendung bei der einen Type keinen Erfolg erzielen, so wird ihm ein Unterrichtsheizer zugeteilt. Während dieser Zeit bezieht der Heizer bloß Lehrlingsfahrgelder und keine Prämien. Hat auch dies keinen dauernden Erfolg, so wird er zu der früheren Lokomotivgruppe zurückgeschickt. Manche Leute können über eine gewisse Rostfläche hinaus das Feuer nicht beherrschen, andere können den Dienst bei größerer Geschwindigkeit nicht leisten, wieder andere vertragen das Forcieren nicht, das mit gewissen Diensten verknüpft ist, und nach dem angegebenen Verfahren ordnen sich die Leute von selbst für die einzelnen Lokomotivtypen und Dienste.

Es ist klar, daß die Durchführung dieses Systems eine eingehende Kenntnis der einzelnen Lokomotiven und Führer zur Grundlage hat, und daß man den hieraus entspringenden unvermeidlichen Unterschieden nach Möglichkeit Rechnung tragen muß. Auch soll man Zurückgebliebenen Gelegenheit geben, durch Wechsel von Lokomotive und Führer ihre Fähigkeiten neuerlich zu beweisen. Unter allen Umständen wird eine billige Anwendung dieses Systems die Entwicklung vorhandener Fähigkeiten fördern und Gelegenheit bieten, bei der Verwendung der Leute eine gerechte Grundlage zu schaffen, welche von Meinungen und Auffassungen ziemlich unabhängig ist.

c) Der Unterrichtsheizer.

Das soeben entwickelte System gilt im Grunde genommen bloß für einfach besetzte Lokomotiven oder solche, bei denen verhältnismäßig wenig Wechselbesetzungen vorkommen, so daß der Kohlenverbrauch zum größten Teile dem regelmäßigen Führer und Heizer zugeschrieben werden kann. Bei doppelt besetzten Lokomotiven lassen sich die Leistungen der Einzelnen nicht mehr rechnerisch trennen und die Beurteilung auf Grundlage der statistischen Ergebnisse wird unmöglich, wenn mit Wechselbesetzung gefahren wird.

Die Amerikaner, welche zur Beurteilung der Lokomotive vor einigen Jahren ebenfalls das statistische System eingeführt haben, freilich zunächst auf Grundlage des Verbrauches per Lokomotivkilometer, helfen sich damit, daß sie den Kohlenverbrauch für jede einzelne Fahrt bestimmen. Dies geschieht in der Weise, daß jeder Tender normal bis zu einer gewissen Marke mit Kohle gefüllt und nach beendeter Fahrt bestimmt wird, wieviel Kohle aufgeladen werden muß, um die normale Füllung wieder zu erreichen. Oder es sind am Tender bestimmte Marken angebracht, an denen der Verbrauch unmittelbar abgelesen werden kann. Diese Bestimmungsweise ist bei unseren Verhältnissen nicht brauchbar, weil sie nur für eine gewisse Kohlensorte gilt, während bei uns in der Regel mit Kohlengemischen wechselnder Zusammensetzung gefeuert wird. Der Genauigkeitsgrad des Verfahrens dürfte überhaupt ein geringer sein.

Aufgabe des Unterrichtsheizers. Um also die Heizer und ihre Ausbildung stetig zu überwachen, muß ein bestimmtes Organ geschaffen werden, und dies ist der Unterrichtsheizer. Er hat alle Lehrlinge und solche, die beim Wechsel der Typen ausgebildet werden, ständig zu überwachen, beim Unterricht nach Bedarf einzugreifen und bezüglich der Leistungen der Heizer mit den Führern stets Fühlung zu halten. Er hat diejenigen auszuwählen, denen die Heizer zur Ausbildung zugewiesen werden sollen, denn es kommt hier nicht bloß auf die Tüchtigkeit des Heizers allein an, sondern auch auf seine Gemütsart und die Art, wie er mit den Lehrlingen umgeht. Schließlich soll er die Heizer im Heizhause auch in den wichtigsten Arbeiten und Instruktionen unterweisen.

Auswahl. Die Wahl des Unterrichtsheizers ist keine leichte und der Erfolg seiner Tätigkeit ist ganz an die Person gebunden. Er soll selbst noch Heizer, also verhältnismäßig jung sein, die Leute unterweisen, ohne sie zu kränken und den Führer der betreffenden Lokomotive zu verletzen. Er soll ferner der Leitung getreuen Bericht erstatten, dabei gänzlich objektiv bleiben und doch das Interesse des Dienstes wahren. Es ist zweckmäßig, zwei Unterrichtsheizer in Dienst zu stellen, die abwechselnd unterrichten und fahren, um stets durch eigene Erfahrung auf dem Laufenden zu bleiben. Das Heizhaus soll die Unterrichtsheizer durch Fahrten auf der Lokomotive fleißig kontrollieren, insbesondere in zweifelhaften Fällen. Eine weitere Kontrolle bilden die Lokomotivführer. Einen guten Heizer vermißt der Führer ungern und einzelne von ihnen sind förmlich gesucht, andere gemieden.

d) Der Lokomotivführer.

Der Lokomotivführer hat im ausübenden Eisenbahndienste das wichtigste Amt und die größte Verantwortung zu tragen. Die Wirksamkeit der besten Sicherungsanlagen versagt, wenn er die Signale nicht beachtet, und seine Zuverlässigkeit und Wachsamkeit bilden bei den meisten Bahnverwaltungen noch jetzt die Grundlage des sicheren Verkehrs. Er soll ein zuverlässiger, besonnener Mann von feinen Sinnen, schneller Auffassung, raschem Entschlusse und mutigem Charakter sein. Er soll die Lokomotive in allen ihren Teilen verstehen und die Strecke, auf der er fährt, sowie ihren Verkehr genau kennen.

Vorbildung. Bezüglich der Vorbildung des Lokomotivführers herrschen zwei Auffassungen. Die eine, welche auf der Entwicklung des Eisenbahnwesens beruht, entnimmt den Führer den Werkstättenschlossern der Eisenbahn, welche bei dem Bau oder der Reparatur von Lokomotiven längere Zeit gedient, oder bei dieser Arbeit in ähnlichen Betrieben beschäftigt waren.

Ursprünglich war es nämlich Sache des Führers, sämtliche im Heizhause vorkommenden Reparaturen an seiner Lokomotive mit Hilfe seines Heizers durchzuführen, ja bei einzelnen Bahnen ging er sogar mit seiner Lokomotive in die Hauptwerkstätte. Als für die Reparaturen besondere Schlosser aufgestellt wurden, erwartete man von dem Führer, daß er sich gegebenenfalls auf der Strecke selbst helfe, um seine Lokomotive wieder lauffähig zu machen. Bei der raschen Zunahme des Verkehrs ist aber eine Reparatur auf der Strecke in den seltensten Fällen das schnellste Auskunftsmittel und die zunehmenden Dimensionen und Gewichte der Einzelteile lassen dies auch selten noch zu.

Hingegen wird die Lokomotive immer komplizierter, und um ihre Wirkungsweise zu verstehen, genügt es durchaus nicht, an Stangen, Lagern und Steuerungsteilen Jahre hindurch beschäftigt gewesen zu sein. Vielmehr ist ein gewisser Bildungsgrad in dieser Hinsicht von größerer Wichtigkeit. Dazu kommt noch, daß die eingangs erwähnten Charaktereigenschaften, die angeboren sein müssen, eine wichtigere Rolle spielen als das Verständnis der Lokomotive, das erlernt werden kann. Aus diesem Grunde — möglicherweise auch unterstützt durch den Umstand, daß geeignete Schlosser nicht leicht in hinreichender Anzahl zu haben sind, — entnehmen viele große Verwaltungen die Lokomotivführer den Heizhausarbeitern im allgemeinen.

Die preußischen Staatsbahnen verlangen vom zukünftigen Führer, daß er Schlosser, Schmied oder Kupferschmied gewesen sei. Wenn auch die Gesetze einzelner Staaten dies nicht ausdrücklich verlangen, so ist doch diese Forderung auf dem europäischen Kontinent bisher ziemlich allgemein gewesen.

Langsam beginnt in dieser Hinsicht ein Umschwung einzutreten und auch in Deutschland werden Stimmen laut, welche die bisherige Auffassung nicht billigen.

In Ungarn ist man jetzt bei einem Übergangsstadium angelangt, indem man aus Heizhausarbeitern sog. Lokomotivwärter ausbildet, welche aber bisher bloß als Führer zu Verschubdiensten verwendet werden dürfen.

In dem Vaterlande der Lokomotive, in England, mit seinem muster-

haft abgewickelten großartigen Verkehr herrscht diesbezüglich die liberalste
Auffassung. Den Bildungsgang des englischen Führers schildert uns
C. H. Stretton in folgender Weise: „Der Junge von 18 Jahren beginnt als
Putzer im Heizhause. Nach etwa zwei Jahren feuert er einige Tage auf
einer Verschublokomotive. Findet der Führer, er sei ein geeigneter Mann,
so wird er vom Heizhausvorstand über die Regeln, wie eine Lokomotive anzuhalten ist, und anderes mündlich befragt. Dieser Mann wird
dann Aushilfsheizer, der aber weiter als Putzer arbeitet. Sodann kommt
er als regelmäßiger Heizer der Reihe nach zuerst auf eine Verschublokomotive, dann zu Kohlen-, Güter-, Eilgüter-, Personen- und Expreßzügen.“

„Lokomotivführer wird er in folgender Weise. Er wird zuerst unter
Aufsicht des Aufsichtsführers zum selbständigen Führer eines Kohlen-
zuges eingeteilt. Der Aufsichtsführer notiert die ganze Fahrt hindurch
ohne jedwede Bemerkung alles, was der Kandidat tut und unterläßt, und
bildet sich am Schlusse der Fahrt ein völlig klares Urteil über ihn. Fällt
dieses gut aus, so wird er schließlich vom Lokomotivsuperintendenten geprüft und wird dann Führer auf einer Verschublokomotive. Unter günstigen
Umständen kann er auf demselben Wege, wie als Heizer, bis zum Expreß-
führer vorrücken. Beginnt der Junge mit 18 Jahren, so ist er 50 Jahre
alt, bis er Expreßzugführer werden darf und dies kann er bis zum voll-
endeten 65. Jahre bleiben.“

„Einzelne der tüchtigsten Expreßzugführer werden im Alter von 55
Jahren oder darüber Heizhausvorsteher.“

Progressive Prüfungen. Der amerikanische Führer beginnt in derselben Weise wie der englische. Hat er entsprechende Bildung neben den
für den Dienst notwendigen Charaktereigenschaften, so wird er nach dem
jetzt allgemein angenommenen Systeme der progressiven Prüfungen, welches
von der Vereinigung der amerikanischen Unterrichtsführer in den Jahren
1894 bis 1904 ausgearbeitet wurde, ausgebildet.

Während der Ausbildungszeit von drei Jahren hat der Heizer nach
dem Schlusse eines jeden Jahres eine Prüfung abzulegen. Die Fragen,
welche den Gegenstand derselben bilden, werden dem Kandidaten zu Beginn eines jeden Jahres bekannt gegeben. Diese Fragen werden den
Fortschritten in Konstruktion und Betrieb der Lokomotive entsprechend
erweitert. Im Jahre 1904 war der Stand folgender:

Gegenstand des Studiums des ersten Jahres sind 49 Fragen. Sie umfassen die Pflichten des Heizers, physikalische Eigenschaften des Dampfes,
das Wichtigste über Kohle und Verbrennung, künstlichen Luftzug, Art
des Feuerns, Rauch usw. Ferner betreffen sie die Wirkung der Strahlpumpe, Feuerungsanstände, Rost und Hilfswerkzeuge. Außerdem wird die
Preßluftbremse in zwölf Fragen behandelt.

Im zweiten Jahre werden in 55 Fragen die Gegenstände des ersten
Jahres eingehender behandelt. Hierzu kommt die Konstruktion des Kessels,
der Wasserumlauf und die Anstände der Strahlpumpe. Lokomotiven mit
Ölfeuerung werden in weiteren 33 Fragen behandelt. Hierauf folgt eine
eingehende Darstellung des Schmierens der Lokomotive in 23 Fragen und
schließlich die Fortsetzung in der Behandlung der Preßluftbremse in elf
Punkten. Wie man sieht, verwendet man zwei Jahre zur Ausbildung des
Heizers.

Im dritten Jahre folgt das Studium der Lokomotive in allen ihren

Teilen in 103 Punkten bezüglich Konstruktion, Steuerung, Betriebsanständen und Reparaturen, ferner die besondere Behandlung der Verbundlokomotive in 63 Fragen. 24 Fragen betreffen die Dampfturbine samt Elektromotor für die Signallichter und schließlich 163 die Preßluftbremse.

Um die Art der Behandlung des Gegenstandes zu beleuchten, sollen einige Fragen aus der Gruppe der Verbundlokomotive angeführt werden:

56. Erklären Sie die Wirkungsweise einer Vauclain-Lokomotive mit einem gebrochenen Ringe am Hochdruckkolbenschieber — im Niederdruckteile.

57. Wie können Sie diese Schäden bestimmen?

58. Was ist der Unterschied zwischen einem vorderen und rückwärtigen Ringe?

59. Was für Nachteile hat das Umstellen einer Verbundlokomotive auf Zwillingswirkung für lange Strecken?

60. Warum muß beim Anfahren einer Verbundlokomotive stets Sand gegeben werden?

61. Ist es nachteilig, eine Verbundlokomotive mit kleiner Füllung zu fahren und warum?

Die Prüfungen am Schlusse des ersten und zweiten Jahres werden in kurzem Wege abgelegt, die des dritten Jahres vor der allgemeinen Prüfungskommission der betreffenden Bahn. Der Kandidat macht die Prüfung schriftlich und mündlich und muß mindestens $80\,^0/_0$ der Fragen beantworten. Fällt er, so hat er spätestens nach einem halben Jahre die Prüfung zu wiederholen; eine weitere Wiederholung ist nicht zulässig. Erst nach der dritten Prüfung erwirbt der Bewerber die Befähigung zum Lokomotivführer und wird in den regelmäßigen Stand der Bediensteten eingereiht.

Der Unterricht in der Wirkungsweise der Preßluftbremse wird bei allen Bahnen an der Hand von Modellen erteilt; im übrigen ist der Mann meist auf eigenes Lernen und die Erfahrung angewiesen. Hierbei muß bemerkt werden, daß die amerikanische volkstümliche Literatur zum Verständnisse der Lokomotive und ihres Betriebs einige sehr gute Bücher enthält. Nützt der Bewerber seine Zeit aus und verfolgt er die Sache tatsächlich das ganze Jahr hindurch, so kann man von diesem Systeme einen schönen Erfolg erwarten.

Unterrichtskurse. Nach unserer Auffassung sollte jede Bahnanstalt in den größeren Heizhäusern regelmäßige Unterrichtskurse abhalten, zu denen in erster Linie bewährte, intelligente Heizer zugelassen werden sollten, ganz unabhängig davon, ob sie Schlosser waren oder nicht. Das fortschreitende System der Amerikaner sollte auch hier die Grundlage bilden, denn auf diese Weise sondern sich die Leute nach dem Grade ihrer Intelligenz.

Das Heizen eingehend zu behandeln ist schon deswegen sehr wichtig, weil man bei den Schlossern im allgemeinen der Auffassung begegnet, daß dies eine untergeordnete, für bessere Leute gar nicht passende Beschäftigung sei. Dies ist vielleicht auch der Hauptgrund dafür, daß man unter den Heizern oft genug minderwertige findet. Wiederholt haben wir beobachtet, daß ausgezeichnete Schlosser nicht selten schwache Lokomotivführer geworden sind.

Die preußischen Staatsbahnen haben an den höheren Maschinenbauschulen in Altona, Dortmund und Posen im Jahre 1906 einen Kurs von zehn Monaten zur Heranbildung von Lokomotivpersonal versuchsweise errichtet. In demselben werden Handwerker der königlichen Eisenbahnwerkstätten oder solche, die in dieselben eintreten wollen, wöchentlich durch zehn Stunden unterrichtet. Der Erfolg dieser Schulen bleibt abzuwarten. Denn der Bildungsgrad des Lokomotivführers ist allerdings von großer, aber nicht von ausschlaggebender Bedeutung, und es wäre verfrüht, der in diesen Schulen erlangten Ausbildung zu großes Gewicht beizumessen.

Die praktische Ausbildung des Führers beginnt auf der Verschublokomotive; die Vorrückung erfolgt der Reihe nach zu Güter-, Personen- und Schnellzügen nach ähnlichen Grundsätzen, wie sie für den Heizer aufgestellt wurden. Auch hier ist es von besonderer Wichtigkeit, daß der Vorrückende bei jeder neuen Type und Stufe die Dauer eines Dienstplanes hindurch als dritter Mann einem der besten Führer dieser Gruppe beigegeben wird, um die wichtigsten Eigentümlichkeiten von Dienst und Lokomotivtype rasch zu erlernen.

Verwendung der Führer. Es ist zwar im allgemeinen wünschenswert, daß die Führer entsprechend ihrem Dienstalter zu den Personen- und Schnellzügen vorrücken. Dies läßt sich aber bei der besonderen Wichtigkeit dieser Dienste nicht immer durchführen. Die Feinheit der Sinne und die Raschheit in Auffassung und Entschluß spielen eine um so wichtigere Rolle, je größer die Fahrgeschwindigkeit des geführten Zuges ist. Mancher Mann, der eine Sache sehr gut macht, wenn man ihm Zeit läßt, wird nervös, wenn er augenblicklich handeln soll. Diese Eigenschaften bestimmen in erster Linie die Eignung zum Eilzugsführer, sowie auch Temperament und Freude am schnellen Fahren. Die Heizhausleitung soll, wenn die Zeit zur Vorrückung kommt, allen, die sonst berechtigt sind, Gelegenheit geben, sich zu bewähren. Denn einerseits kommen mitunter Überraschungen vor, andererseits verliert die Zurücksetzung ihren Stachel, wenn man den guten Willen der Leitung sieht und bloß den Tatsachen weichen muß.

Für die praktische Ausbildung ist es zweckmäßig, an Lokomotiven vorgekommene Schäden und Unfälle im Heizhause am Objekte zu erläutern und die Hilfsmittel zur Abhilfe zu erörtern. Es wirkt auch belehrend und erziehend, anderwärts vorgekommene Unfälle, die sich auf die Lokomotive und ihre Führung beziehen, mitzuteilen und bei den periodischen Wiederholungsprüfungen zu behandeln.

e) Der Unterrichtsführer.

Solange die Lokomotiven einfach besetzt sind, ist die Kontrolle von Lokomotive und Mannschaft durch direkte Beobachtung und die individuelle Statistik verhältnismäßig einfach und die Überwachung durch Untersuchung der Lokomotive im Heizhause und die Dienstfahrten der Heizhausleitung hinreichend. Bei einfacher Besetzung hat jeder Führer ein besonderes Interesse für seine Lokomotive und ist eher geneigt, mehr Eifer für ihre Erhaltung anzuwenden, als unbedingt notwendig ist. Bei doppelt und mehrfach besetzten Lokomotiven, insbesondere aber bei regelloser Wechselbesetzung, wird diese Kontrolle immer schwieriger und kann nur dann erfolgreich und gerecht durchgeführt werden, wenn man den Fahrdienst auf der Strecke fortwährend beobachtet. Zu diesem Zwecke dient der Unterrichtsführer.

Aufgabe des Unterrichtsführers. Zeigt eine Lokomotive übertriebenen Kohlenverbrauch oder besondere Anstände anderer Art, so hat der Unterrichtsführer dieselbe so lange zu begleiten, bis er die Ursache an der Lokomotive oder in der Mannschaft ermittelt hat. Er hat bei Versuchen, neuen Typen und sonstigen Neuerungen die Einführung der Mannschaft in der Anwendung und Behandlung derselben zu vermitteln. Er hat jedoch sein Hauptaugenmerk auf die Behandlung der Lokomotiven seitens der Mannschaft zu lenken, wo es not tut, einzugreifen und auf die stete Verbesserung des Lokomotivdienstes hinzuwirken. Er hat ferner auf die mangelhafte Ausnützung der Züge und sonstige Übelstände, welche den Zugförderungsdienst berühren, geeigneten Orts hinzuweisen.

Auswahl. Der Unterrichtsführer muß den Fahrdienst auf der Lokomotive in allen seinen Beziehungen aufs gründlichste verstehen und in der Behandlung der Leute ein Meister sein. Zu Unterrichtsführern werden daher die intelligentesten unter den tüchtigsten Führern ausgewählt, und ist der richtige Mann gefunden, so bildet er ein ausgezeichnetes Organ zur Ausbildung und Kontrolle des Fahrdienstes, ein wertvolles Bindeglied zwischen Leitung und Fahrpersonal.

Diese Einrichtung besteht in Europa erst seit wenigen Jahren, in Amerika jedoch seit dem Beginn der neunziger Jahre des vorigen Jahrhunderts. Der Verein der Unterrichtsführer bildete sich im Jahre 1892 (Traveling Engineers Association) und bildet ein angesehenes Glied in der Reihe der dortigen Vereinigungen zur Hebung des Eisenbahnmaschinendienstes. In ihrem Jahrbuche werden die aktuellen Fragen des Lokomotivdienstes in klarer und sachlicher Weise behandelt, und eine Abordnung des Vereins wird stets der Jahresversammlung der Master Mechanics zugezogen.

Für die Überwachung der Handhabung der automatischen Bremsen, sowie für den Unterricht, der damit verknüpft ist, werden zweckmäßig besondere Unterrichtsführer bestellt.

f) Der Lokomotivaufseher.

Der Lokomotivaufseher (Werkmeister) ist das Organ für die Anordnung des Fahrdienstes im Heizhause. Er hat die Diensteinteilung des Fahrdienstes täglich aufzustellen, die Mannschaft bei Dienstantritt und Heimkehr zu überwachen, die angegebenen Reparaturen zu überprüfen und für deren Überweisung an Werkführer oder Arbeiter Sorge zu tragen. Er bestimmt den Umfang der Arbeit, die mutmaßliche Dauer derselben und hat die Berührung mit dem Werkführer zu pflegen, damit die Lokomotiven zur Zeit des Bedarfes fertig sind. Er hat auch die Meldungen der Führer entgegenzunehmen und die Heizhausleitung von den Fällen, die eine weitere Untersuchung erfordern, zu verständigen.

Hieraus ist ersichtlich, daß er den Fahrdienst in allen Teilen vollständig beherrschen, jede Lokomotive und jeden Mann genau kennen soll. Er muß ferner die Tragweite jedes einzelnen Schadens genau erwägen können, in allen wichtigen und zweifelhaften Fällen die Leitung verständigen, und schließlich die Reparatur der Lokomotiven vollständig übersehen.

Den Lokomotivaufseher wählt man aus den besten älteren Führern, die Intelligenz und Takt besitzen, oder besser noch aus den älteren Unterrichtsführern. Sein Amt ist von besonderer Schwierigkeit und Tragweite. Der Lokomotivaufseher soll auch regelmäßig Lokomotivkontrollfahrten vornehmen und jede Lokomotive mindestens vierteljährlich einmal begleiten. Er bildet die nächste höhere Instanz nach dem Unterrichtsführer und greift dort ein, wo demselben die Ergründung eines schwierigen Anstandes nicht gelingt, oder wo dessen Angaben in manchen Fällen zu überprüfen sind.

g) Der Vorstand.

Die Hauptaufgaben des Heizhausvorstandes sind folgende: Auswahl, Ausbildung und Disziplinierung des Personals, Besetzung der Lokomotiven und Auswahl der für die einzelnen Dienste Geeigneten. Dies ist eines der wichtigsten Geschäfte im Heizhause und die Quelle von Erfolg oder Mißerfolg. Nicht bloß, daß dieselbe Lokomotive in anderen Händen etwas anderes werden kann, sondern auch derselbe Mann mag in der einen Verwendung sehr gut zu brauchen, in einer anderen nicht am Platze sein.

Die praktische Einführung und Durchführung von Neuerungen im Dienste ist eine Aufgabe, deren Schwierigkeit unerfahrenen Leuten ganz unbekannt ist, und der Prüfstein für den Wert des Praktikers. Es ist ebenso einfach, irgend eine Sache Männern von Bildung zu erläutern, wie es schwierig ist, Leuten mit einfacher Auffassung eine Aufklärung zu geben. Dabei muß man vorsichtig sein, darf sie nicht verletzen, um ihre gutwillige Mitwirkung nicht zu verlieren. Denn mit Verordnungen und Vorschriften allein ist ein brauchbarer Erfolg nicht zu erzielen.

Andererseits ist der Verkehr mit dem Fahrpersonal eine Quelle der Belehrung für die Leitung, denn die Richtigen in der Mannschaft sind Leute von feiner Beobachtungsgabe, die sich freilich nicht immer in leicht verständlicher Weise äußert. Wer sie aber begreift, wer ihre Aufmerksamkeit rege zu halten und sie zu lenken versteht, wird überrascht sein von der Fülle und Feinheit ihrer Beobachtungen. Hieraus entspringt in erster Linie die Anregung zu Änderungen und Verbesserungen. Man darf nie vergessen, daß George Stephenson und viele andere, die sehr Wertvolles geschaffen haben, Männer einfachen Sinnes mit offenem Kopfe waren, und daß die Quelle der modernen Naturwissenschaften die Beobachtung ist und bleibt.

Ebenso wie seine Leute, soll der Vorstand auch seine Lokomotiven kennen, denn sie sind alle Individuen und ihre richtige Verwendung die Grundbedingung des verläßlichen Fahrdienstes. Der Fahrdienst ist der wichtigste Teil des Maschinendienstes, und seine sorgsamste Überwachung und Pflege bilden die erste Sorge des Heizhausvorstandes.

Die Erhaltung der Lokomotiven, die rasche Einleitung der Reparaturen und die zweckmäßige Durchführung derselben mit dem geringsten Stande an reparaturbedürftigen Lokomotiven ist die nächste Aufgabe. Zu diesem Zwecke ist das Einvernehmen mit der Hauptwerkstätte zu pflegen, um planmäßig und dem Bedarf entsprechend für Reparaturen rechtzeitig vorsorgen zu können.

Der Vorstand soll die Schäden der Lokomotive in Ursache, Wirkung und Tragweite vollständig beherrschen. Denn er ist im Heizhause die letzte Instanz, die entscheidet, ob eine Lokomotive mit einem Gebrechen noch lauffähig ist oder nicht, und bei der Feststellung der Ursache von Anständen ist dies, sowie die genaue Kenntnis des Fahrdienstes die Grundlage für die Ermittelung der Wahrheit und die Verhängung von Disziplinarstrafen. Ist der Vorstand in dieser Hinsicht nicht vollständig orientiert, so wird es ihm schwer fallen, sich bei seinen Untergebenen die für den Dienst unerläßliche Autorität zu erhalten.

Im Heizhause gibt es verschiedene Vorrichtungen und Einrichtungen, die stets zu überwachen sind, damit sie nicht die Quelle von Unglücksfällen werden. Die unausgesetzte Beobachtung derselben bildet eine stete Sorge des Vorstandes, die wie ein Alp auf ihm lastet, wenn er nicht die Verantwortung richtig verteilt und in gewissen Zeiträumen regelmäßig alle Dienste revidiert und Versäumnisse rechtzeitig wahrnimmt.

Die Summen, die im Heizhause an Löhnen ausbezahlt werden, und die Kosten von Kohle und anderen Materialien sind so bedeutend, daß der Vorstand im Verrechnungswesen gänzlich erfahren sein muß, um Sicherheit und Ökonomie zu verbinden. Beanstandungen seitens der vorgesetzten Behörde kommen oft zu spät.

Der Heizhausvorstand hat schließlich die Leitung der Hilfeleistung bei Unfällen, Entgleisungen, Zusammenstößen usw. Raschheit der Auffassung und die Anwendung der richtigen Mittel sind hier von größter Bedeutung.

Der Pflichtenkreis des Vorstandes eines großen Heizhauses und die Bedeutung desselben in moralischer und ökonomischer Hinsicht sind daher so bedeutend, daß eine erfolgreiche Tätigkeit nur dann möglich ist, wenn alle Mitglieder der Leitung: Ingenieure, Lokomotivaufseher, Werkführer, Unterrichtsführer usw. einverständlich und mit gutem Willen mithelfen, und dies zu erzielen, ohne daß hierdurch die genaueste Durchführung des Dienstes und die Disziplin leidet, soll ehrliches Streben des Vorstandes sein. Denn für den richtigen modernen Dienst ist eines Mannes Auffassung und Erfahrung, mag er auch der erfahrenste und tüchtigste sein, viel zu wenig. Jeder geht gern mit, wenn wir seine Meinung in Dingen seines Wirkungskreises anhören und nach Gebühr zur Geltung kommen lassen, während ewiges Nörgeln und Besserwissen selbst die Besten mindestens gleichgültig macht. Der Vorstand muß aber auch mit allen anderen Leuten seines Hauses Fühlung halten und jeden anhören, sollen keine Mißstände einreißen. Dies alles macht den Dienst eines Heizhausvorstandes zu einem ebenso schwierigen, wie aufreibenden.

Vorbildung. Man möchte glauben, daß nach dem Erörterten die beste Ausbildung in Verbindung mit großer Erfahrung die Vorbedingung für die Stellung eines Heizhausvorstandes sein sollten. Tilp sagt auch: „Die hohe Verantwortlichkeit beim ausübenden Maschinendienste verlangt entsprechende Kräfte; lediglich empirisch gebildete Praktiker, wenn auch mit eminenter Erfahrung, werden die Grenze, wo Sicherheit, Zweckmäßigkeit und Sparsamkeit zusammentreffen, nicht immer erkennen.“ Und dennoch findet man bezüglich der Vorbildung der Heizhausvorstände weit auseinandergehende Auffassungen, die wohl zum Teile in der wechselnden Organisation des Zugsförderungsdienstes begründet sind.

Es muß hier bemerkt werden, daß kleine Heizhäuser bis zu einer Besetzung von etwa 25 Lokomotiven mit einfachem Dienste und kleinem Personal sehr wohl von tüchtigen, zuverlässigen Praktikern geleitet werden können. Bei den vorstehenden Ausführungen ist aber an Heizhäuser von mehr als 50 Lokomotiven gedacht, deren Personalbestand 200 Mann und mehr beträgt.

Es besteht vor allem ein Gegensatz zwischen Norddeutschland, wo die Heizhausvorstände Mittelschultechniker sind, und Süddeutschland samt Österreich-Ungarn, wo bisher für die großen Heizhäuser regelmäßig Hochschultechniker gewählt wurden. Dies hängt damit zusammen, daß eine Reihe von Diensten, die wir vom Heizhause verlangen, in Norddeutschland von den Maschineninspektionen geleistet werden. Frankreich bildet jetzt auch aus Mittelschultechnikern seine Depotvorstände (Heizhausleiter).

England und Amerika haben keine so genauen Unterschiede zwischen den Abstufungen des technischen Unterrichtes, aber der technische „Graduate" ist dort im Eisenbahndienste überhaupt auch jetzt noch eine seltene Erscheinung. Die North Eastern-Railway in England ist die einzige, die für jene Heizhäuser, die nicht an den Sitzen des District-Loco-Superintendent liegen, „Premium Apprentices", d. i. Leute von höherer Bildung, verwendet. Im allgemeinen werden dort die Vorstände aus den intelligentesten älteren Lokomotivführern oder Werkführern genommen, je nach der Auffassung der einzelnen Verwaltungen.

In Amerika ist der Heizhausdienst in zwei voneinander unabhängige Teile geteilt. Der Fahrdienst samt dem Fahrpersonal untersteht dem „Road foreman of Engines", der Ausbesserungsdienst dem „Roundhouse foreman". Beide stehen unter der unmittelbaren Aufsicht des „Master Mechanic", dem die Heizhäuser eines ganzen Distriktes untergeordnet sind. Im Gegensatz zu der landläufigen Auffassung herrscht dort ein sehr scharfer Kontrolldienst und dem Master Mechanic müssen die eingehendsten Rapporte bezüglich Ausnutzung, Reparatur und Kosten jeder einzelnen Lokomotive täglich übermittelt werden. Dasselbe System hat in England die „Great Eastern-Ry." angenommen.

Inwieweit die Rapporte den lebendigen Kontakt ersetzen können, entzieht sich unserer Beurteilung. Die Erfahrung lehrt, daß der Heizhausdienst auch bei unmittelbarem Sehen und Hören schwierig genug ist und bei der Abtrennung wichtiger Teile des Dienstes an auswärts gelegene, von noch so erfahrenen Männern verwaltete Inspektionen gewiß vieles verloren geht. Bei jenen Heizhäusern, die am Sitze der Inspektionen liegen, und das dürften die wichtigsten sein, mag sich dieses System vielleicht bewähren, die auswärtigen Heizhäuser bleiben aber zum größten Teile unter dem Einflusse ihrer Vorstände.

Ausbildung. Bezüglich der praktischen Ausbildung besteht bisher in Deutschland folgender Gebrauch: Der für die Betriebsaufsicht bestimmte Hochschultechniker arbeitet 6 bis 9 Monate in einer Hauptwerkstätte und 3 bis 8 Monate auf der Lokomotive. Der Mittelschultechniker arbeitet 1 Jahr in der Hauptwerkstätte, 15 Monate auf der Lokomotive, und weitere 9 Monate entweder im Heizhausdienste oder als Lokomotivführer.

Die Mittelschüler auf den französischen Bahnen kommen aus den „écoles des arts et métiers", arbeiten in der Regel 1 Jahr in den Werkstätten, 2 Jahre als Heizer, 2 bis 5 Jahre als Lokomotivführer und sodann bei einigen Bahnen 2 bis 3 Jahre als Unterrichtsführer „Chef-Mécanicien". Dann erst werden sie „Sous-Chefs" in den Heizhäusern und später Vorstände.

Der Bildungsgang der Hochschüler von der „école polytechnique" oder „centrale" ist im allgemeinen nicht festgestellt. Bei einer Bahn bestehen jedoch folgende Vorschriften:

1 Jahr Werkstätte, 4 Monate Arbeiter im Heizhause, 6 Monate Heizer, 6 Monate Führer und sodann Sous-Chef im Heizhause, bevor er zur Maschineninspektion zugeteilt wird.

Der englische Premium-Apprentice dient 3 bis 5 Jahre in der Werkstätte und zahlt hierfür 5 £ für das Jahr. Sodann kommt er auf die Lokomotive, wo er aber nur als Heizer fahren darf. Bei Expreßzügen darf er überhaupt nicht verwendet werden.

Möge aber die Vorbildung noch so hochwertig sein, so sollte doch kein Mann im Lokomotiv-Betriebs-, -Reparatur- oder -Konstruktionsdienste in Verwendung stehen, der nicht entsprechend lange auf der Lokomotive und im Heizhause praktischen Dienst gemacht hat. Hier lernt man die Lokomotive am besten kennen und beurteilen. Hier kann man auch sehen, in welchem Maße scheinbar völlig gleich gebaute Lokomotiven voneinander abweichen.

Unzweifelhaft wird der größte Betriebsfortschritt dann erreicht sein, wenn jede große Bahnverwaltung eine ortsfeste Lokomotivprüfanlage[1] besitzen wird, auf der die individuellen Verschiedenheiten der besten Lokomotiven festgestellt werden können, um sie auf die übrigen zu übertragen. Dies wäre eine Aufgabe, für welche nach der landläufigen Auffassung auch die bestqualifizierten Maschineningenieure nicht zu gut sind. Wir würden dort manches lernen, was wir auf der bewegten Lokomotive auf der Strecke zu ermitteln nicht imstande sind, und was wir aus den Angaben der besten Führer mehr vermuten als wissen. Hieraus würden sich auch wertvolle Winke für Konstruktionsänderungen und die soliden Grundlagen für den Fortschritt im Bau der Lokomotive ergeben. Und dies wäre auch die Brücke zwischen dem Konstruktions- und dem Betriebsingenieur, die bisher nicht besteht. Denn der Betriebsingenieur wird jetzt durchaus nicht so gewürdigt, wie es seiner Wichtigkeit entspricht. Der Betrieb hat infolgedessen auch keine Literatur von nennenswertem Umfange, sowohl zum Schaden für den Betrieb selbst als für den Fortschritt des Maschinenwesens im allgemeinen.

h) Der Bedarf an Mannschaft.

Außer den aufgezählten Heizhausdiensten bestehen noch manche andere, die von den örtlichen Verhältnissen und speziellen Aufgaben abhängen. In der Regel wird der Kohlendienst auch vom Heizhause besorgt. Derselbe verlangt, falls keine besonderen mechanischen Vorrichtungen vorhanden sind, sehr viele Arbeiter. Man rechnet auf den Mann und 24 Stunden 10 Tonnen Kohle im Auflade- und 20 Tonnen im Abladedienst. Der Kohlendienst vermittelt in der Regel den Ausgleich in Zeiten wechselnden Verkehres. Bei abnehmendem Verkehre verwendet man dafür die jüngsten Putzer und entläßt die überzähligen Kohlenarbeiter; bei zunehmendem Verkehre, wenn die Putzer zum Fahrdienst eingeteilt werden, nimmt man geeignete Kohlenarbeiter ins Heizhaus. Es ist zweckmäßig, Zeiten schwächeren Verkehres zum Anlernen von Heizern auszunützen. Man ist dann nicht genötigt, bei raschem Anwachsen des Verkehres ungenügend ausgebildetes

---

[1] Vgl. Bd. III: Richter, Prüfung der Lokomotiven.

Fahrpersonal zu verwenden, und vermeidet nach Tunlichkeit das mißliebige Entlassen der Arbeiter.

Bei einfach besetzten und gut ausgenützten Lokomotiven ist der Bedarf an Mannschaft für die besetzte Lokomotive etwa folgender:

Putzer	0·4 bis 0·5
Kohlenarbeiter	0·7 „ 0·8
Handwerker	0·4 „ 0·5
Vorheizer, Löschputzer, Auswascher usw.	0·3 „ 0·4
Fahrpersonal und Ausrüster	2·1 „ 2·2
Summe	3·9 bis 4·4

Rechnet man hierzu den Kranken- und Urlaubsstand, so kann man für die besetzte Lokomotive überhaupt 4 bis 5 Mann Besetzung rechnen.

Sind die Lokomotiven mehrfach besetzt und wird auch nachts geputzt und repariert, so ändert sich der Stand wesentlich. Dies läßt sich aber im allgemeinen nicht bestimmen.

Zum Vergleiche geben wir die Besetzung des Heizhauses Altoona der Pennsylvaniabahn, einer der bestgeleiteten in Amerika. In diesem Heizhause kommen täglich 200 Lokomotiven an.

	Tags	Nachts
Vorstand	1	—
Vertreter	1	—
Schreibbeamter	1	—
Laufjunge	1	—
Schlosservorarbeiter	1	1
Lokomotivuntersucher	2	2
Luftbremsenuntersucher	1	1
Feuerrohrdienstaufseher	1	1
Feuerrohrschmiede	18	10
Bremsenschlosservorarbeiter	1	1
Bremsenschlosser	23	13
Vorarbeiter der Auswascher	1	1
Auswascher	8	5
Schlossergruppenvorarbeiter	5	2
Schlosser	25	22
Putzervorarbeiter	1	1
Putzer	35	11
Werkzeugschlosser	2	—
Lampist	1	—
Vorarbeiter der Ausrüster	1	1
Ausrüster	8	8
Vorarbeiter der Löschputzer	1	1
Löschputzer	8	7
Rauchkastenputzer	2	2
Vorheizer	3	3
Sandtrockner	2	2
Hausknechte	9	6
Summe:	163	101

Hier fällt insbesondere die große Anzahl der bei den Luftbremsen verwendeten Arbeiter auf, insgesammt 38 Personen. Dies dürfte darin begründet sein, daß seit dem Jahre 1901 in Amerika auch die Güterzüge mit durchgehenden automatischen Bremsen ausgerüstet sind.

In der vorstehenden Aufzählung fehlen die zum Wagenuntersuchungs- und Wasserförderungsdienste verwendeten Leute, da dieser Dienst — als nicht unbedingt zum Heizhause gehörig — in der vorliegenden Arbeit nicht behandelt ist.

Die Zahl der verwendbaren Heizer sollte der Anzahl der zum Lokomotivführerdienst Berechtigten gleich sein. Dies ergibt das Höchstmaß der Leistungsfähigkeit für den Fahrdienst. Auch aus diesem Grunde empfiehlt es sich, daß tunlichst jedermann im Heizhause, der keine Fahrberechtigung und sonst keinen speziellen Dienst zu versehen hat, ein brauchbarer Heizer sei. Alle übrigen Bediensteten lassen sich zur Not aus den Werkstättenarbeitern und anderen wieder ersetzen. Die Zahl der Beschäftigten steigert sich im Winter, wo die Pflege der vereisten Lokomotiven mehr Leute erfordert und jede Handhabung durch die tiefen Temperaturen erschwert ist. Da bei der Bahnerhaltung die Zahl der Arbeiter im Winter bedeutend kleiner ist, so herrscht bei manchen Bahnen die Gepflogenheit, gut verwendbare Leute im Winter von der Bahnerhaltung fürs Heizhaus zu übernehmen und im Sommer wieder abzutreten.

9. Diensteinteilung.

Die Abwicklung des Dienstes erfolgt auf Grundlage der Diensteinteilung. Der Dienst der im Heizhause Beschäftigten wird durch allgemeine Vorschriften geregelt; daher wollen wir uns hier hauptsächlich mit der Diensteinteilung des Fahrpersonales beschäftigen. Für dieselbe sind maßgebend:

1. die Vorschriften über Dienst und Ruhezeit;
2. die Art der beförderten Züge;
3. die Anzahl der vorhandenen Lokomotiven;
4. die Länge der Strecke;
5. die Änderung des Verkehres;
6. Wasser und Kohle;
7. Einrichtungen des Heizhauses für Reparaturen und Auswaschen.

Dienstplan. Jedem Heizhause ist ein bestimmter Dienst und für denselben eine bestimmte Anzahl von Lokomotiven zugewiesen. Der Dienst umfaßt je nach der Lage und Wichtigkeit des Heizhauses das Verschieben in den Stationen, das Befördern der Güterzüge, der Personen- und Schnellzüge, sowie auch die Bereitschaften für dieselben. Die täglich verkehrenden regelmäßigen Züge werden in der Regel für längere Zeiträume bekannt gegeben und auf dieser Grundlage wird der Dienstplan für die Züge gleicher Art, oder für solche Züge, die von Lokomotiven der gleichen Gattung befördert werden — nach Gruppe und Bauart gesondert — festgestellt. Zu kleine Gruppen aufzustellen, ist in der Regel unwirtschaftlich, weil sich bei Einhaltung aller Vorschriften oft zu wenig Dienst für die einzelnen Mannschaften ergibt. Bei sehr großen Gruppen wieder verliert das Personal die genaue Kenntnis der Eigentümlichkeiten der einzelnen Züge. Sind die Gruppen gebildet, so sucht man aus dem Graphikon[1]) für jeden Zug den passenden Gegenzug und ordnet die Zugpaare in der Weise, daß die Mannschaft die vorgeschriebene oder durch den Dienst gebotene Ruhezeit findet. Hierzu ist es notwendig, die einzelnen Züge zu kennen, denn die Dienstzeit allein bestimmt die Anstrengung nicht. Einzelne Schnellzüge fahren besonders scharf oder sind schwer belastet — bei manchem Güterzuge ist der zu leistende

---

[1]) Siehe Bd. II, Bosshardt, Fahrordnung der Züge.

20*

Vorschub bedeutend, andere wieder machen häufig Verspätungen. Dies alles ist zu berücksichtigen und tunlichst so zu ordnen, daß auf schwere Fahrten entsprechende Pausen folgen und nach Möglichkeit schwere und leichtere Fahrten abwechseln.

Bisher war man der Ansicht, daß mit Rücksicht auf die Mannschaft die Zahl der aufeinanderfolgenden Nachtdienste nicht zu groß sein soll und bei vielen Bahnverwaltungen sind höchstens drei aufeinanderfolgende Nachtdienste zugelassen. Neuestens beginnt die Ansicht laut zu werden, daß kontinuierlicher Nachtdienst bis zu einer gewissen Grenze, dem eine gleiche Reihe von Tagdiensten folgt, besser sei als zu rascher Wechsel von Tag- und Nachtdienst. Dies mag theoretisch richtig sein. In der Praxis aber ist die auf den Nachtdienst folgende Tagesruhe bei den meisten Leuten, die Familie haben, wegen der Unruhe der Kinder viel weniger ausgiebig als die Nachtruhe, und deshalb die altbewährte Praxis bei dem Maschinenpersonal beliebter und zweckmäßiger.

In jedem Dienstplan ist für das Personal eine größere Ruhepause vorzusehen, die gleichzeitig für größere Ausbesserungen an der Lokomotive benutzt wird. Sind die Lokomotiven einfach besetzt und zeichnet man auf einer Tafel, die in Zeiträume von 24 Stunden eingeteilt ist, die Tage in der entsprechenden Zeitfolge nebeneinander, so ergibt die Anzahl der Zeiträume, welche alle Züge umfaßt, die Zahl der Tage, die der Dienstplan erfordert und diese Zahl ist zugleich maßgebend für das Erfordernis an Lokomotiven und Mannschaften.

Im allgemeinen ist in den Vorschriften die größte zulässige Dienstdauer — in der Regel von zehn bis zwölf Stunden — festgestellt. Dies gilt aber gewöhnlich bloß für Güterzüge. Im Schnellzugdienst wird wohl selten länger als vier bis fünf Stunden gefahren. In diesem Zeitraume werden 250 bis 300 km zurückgelegt und der Heizer hat bei schweren Zügen vier bis sechs Tonnen Kohle zu verfeuern, so daß er nach diesem Zeitraum nicht mehr viel leisten kann. Auch der Führer ist durch die angestrengte Aufmerksamkeit beim Passieren der vielen Signale und die unausgesetzte Beobachtung der Fahrbahn und seiner Lokomotive ziemlich erschöpft. Die Grenze der Leistung bei Personenzügen beträgt etwa sechs bis sieben Stunden, beim Güter- und Verschubdienste zehn bis zwölf Stunden. Spezielle Dienste müssen besonders beurteilt werden.

Seitdem die Vorschriften für die Ruhezeiten strenge gehandhabt werden, kommt es oft vor, daß einzelne Leute, die widerstandsfähiger sind oder andere Gründe haben mögen, bitten, man möchte ihnen mehr Dienst zuweisen, insbesondere in Zeiten starken Verkehrs. Da es kein Meßinstrument gibt, um die Müdigkeit oder Arbeitsfähigkeit eines Mannes zu prüfen, so müssen die Vorschriften als Norm betrachtet werden. Dies empfiehlt sich auch aus anderen Gründen. Die Beweggründe des Personals beim Bestreben, mehr Dienst zu leisten, sind nicht immer gut zu heißen. Einzelne wollen ihre Lokomotiven nicht anderen überlassen, andere möchten mehr verdienen usw. Tritt dann ein Unfall ein, so wird die Lage des Dienstführenden sehr schwierig, denn er dürfte bei dem Personal, das von dem Unfall betroffen ist, nicht immer die notwendige Deckung finden. Die Klage, daß man den Leuten nicht die notwendige Ruhe gewährt und sie zu übertriebenen Dienstleistungen zwingt, wird so oft grundlos erhoben, daß man in dieser Hinsicht nicht vorsichtig genug sein kann.

Wenn man auch bei Zeiten sehr starken Verkehrs, wo es nicht möglich ist, den Turnus einzuhalten, durch besondere Anschläge das Personal auffordert, seine Ansprüche an Ruhezeit gegebenenfalls geltend zu machen, ist man schließlich doch genötigt, eine spezielle Nachweisung für jeden Mann zu führen und jeden Tag dem Diensthabenden jene Leute namhaft zu machen, die für die Nacht oder für die folgenden 24 Stunden nicht in den Dienst gestellt werden dürfen.

In Zeiten außerordentlicher Anstrengungen, z. B. bei Schneeverwehungen, schweren Stürmen usw., sind die gewöhnlichen Ruhezeiten nicht hinreichend, und es ist dann Sache der Leitung, hier mit Einsicht vorzugehen. Trifft man da nicht das Richtige, so treten zahlreiche Krankmeldungen auf, und das demoralisiert den Dienst.

Zu dem eigentlichen Fahrdienste auf der Strecke kommt noch die Vorbereitungszeit vor dem Dienstantritt und die Zeit zum Untersuchen und Versorgen der Lokomotive am Schlusse der Fahrt, die in den eigentlichen Dienst einzurechnen sind. Die Vorbereitungszeit wird in der Regel mit einer Stunde angenommen, hängt aber von örtlichen Verhältnissen ab, die mitunter erfordern, daß die Lokomotiven viel früher aus dem Heizhause hinausfahren müssen. Eine Stunde ist auch tatsächlich erforderlich, wenn der Führer die Lokomotive sorgfältig untersuchen soll, insbesondere bei wechselnder Besetzung. Die Ausrüstezeit nach beendigtem Dienste hängt in erster Linie von den Bekohlungsvorrichtungen ab und davon, ob die Lokomotiven in gleichmäßigen Zeiträumen zur Kohle kommen, oder in größeren Gruppen. In letzterem Falle kann es auch mehrere Stunden dauern, bis die Lokomotive zum Ausrüsten kommt und das verbittert die Mannschaft am meisten, weil dadurch die Ruhezeit zwecklos verkürzt wird.

Ausrüster. Aus diesem Grunde werden jetzt bei den meisten Bahnen Ausrüstepartien aufgestellt (amerikanisch Hostler), welche die Lokomotive nach der Untersuchung durch den Führer auf dem Putzkanal übernehmen und für die Ausrüstung und Einstellung der Lokomotive im Heizhause Sorge tragen. Diese Einrichtung ist ebenso human als wirtschaftlich, weil sie die Ruhezeit der ganzen Mannschaft sicherstellt und so die volle Ausnützung derselben zum Dienste ermöglicht. In diesem Falle kann die Zeit zur Untersuchung und Übergabe der Lokomotive samt Meldung mit einer halben Stunde festgestellt werden und der Gesamtzuschlag zur Fahrzeit insgesamt mit $1^1/_2$ Stunden.

Art der Besetzung. Die Diensteinteilung wird am meisten durch die Anzahl der vorhandenen Lokomotiven und den Charakter des Verkehrs beeinflußt.

Ist bei normalem Verkehr und einfacher Besetzung der Lokomotiven die einmal vorkommende Steigerung verhältnismäßig gering und von kurzer Dauer, so genügt es, die vorhandenen Reservelokomotiven zu besetzen und den Dienst etwas straffer anzuziehen. Wiederholen sich diese Zunahmen in regelmäßigen Zeiträumen, so können die Reparaturen auf die verkehrsärmere Zeit verlegt werden. Hierdurch werden bei dem Anschwellen des Verkehrs mehr Lokomotiven verfügbar.

Ist aber die Zunahme verhältnismäßig groß und dauert sie längere Zeit, so ist das nächste Mittel die einfache Besetzung samt Aushilfspersonal oder der Einspringeturnus. Bei diesem werden die

Lokomotiven während der Ruhepausen der regelmäßigen Mannschaft durch Aushilfspersonal besetzt und zur Beförderung der Züge benutzt. Für das Aushilfspersonal soll nach Tunlichkeit ebenfalls ein regelmäßiger Dienstplan aufgestellt werden. Diese Besetzung kann auch bei ständigem Verkehr vorgenommen werden, wenn der Lokomotivstand für einfache Besetzung zu knapp ist. Der Vorzug dieses Systems liegt darin, daß die Lokomotive nur teilweise wechselnd besetzt ist und hauptsächlich einer bestimmten Partie angehört, die sich für sie interessiert.

Doppelbesetzung. Bei weiterer Zunahme des Verkehrs tritt an die Stelle des Aushilfspersonals das ständige zweite Personal, es wird damit die Doppelbesetzung der Lokomotive eingeführt. Diese Besetzungsweise ist nur dann ökonomisch, wenn die Dienstzeit der einzelnen Gruppen nicht zu lange dauert, weil sonst die Ruhezeit der außer Dienst gestellten zu groß und die Dienstleistung der Mannschaft zu gering ausfällt. Am besten entspricht die Doppelbesetzung beim Verschub-, Vorort- und Lokaldienst, wofür sie schon seit langer Zeit ziemlich allgemein eingeführt ist. Zunächst kommt sie für Schnell- und Personenzüge in Betracht bei Entfernungen, die wohl nicht größer sein können als 150 km, und schließlich für Güterzüge bis etwa 100 km Leistung. Bei kurzen Entfernungen können die Lokomotiven zweimal im Tage besetzt werden, bei größeren wechselt das Personal einmal täglich. Dies ist aber nur bei einer gewissen Dichte des Zugverkehrs möglich, wo jeder Zug bald einen Gegenzug findet und auch der Aufenthalt in der Heimatstation nicht mehr als vier bis sechs Stunden betragen muß.

Bei guter Kohle, die wenig Schlacke bildet und rasches Reinigen des Feuers nach Zurücklegen einer längeren Strecke zuläßt, kann die Lokomotive die Heimatstation mit gewechseltem Personal nach kurzem Aufenthalte passieren, was eine sehr weitgehende Ausnützung der Lokomotiven zuläßt. Das Zurücklegen langer Strecken ist daher in erster Linie von der Kohlensorte abhängig. Die Doppelbesetzung der Lokomotiven hat sich in den letzten Jahren auch bei ständigen Diensten sehr verbreitet, insbesondere beim Personenzugdienst, wo die Dienstdauer der Mannschaft selten mehr als sechs bis sieben Stunden täglich ausmacht, die Lokomotive also wenig ausgenützt ist. Man opfert damit den ohne Zweifel wertvollen Grundsatz der einmännigen Besetzung, aber es fällt nicht schwer, die Leute gut zu überwachen und die sorgfältige Erhaltung der Lokomotive seitens der Mannschaft durchzusetzen.

Wechselbesetzung. Ist der Dienst unregelmäßig, der Zugverkehr ungünstig, die Strecken lang und der Lokomotivstand gering, so bleibt schließlich nichts anderes übrig, als innerhalb der einzelnen Gruppen die allgemeine Wechselbesetzung einzuführen. Diese Besetzungsweise, die man nicht ganz richtig als die amerikanische — „Pool" — bezeichnet, wird von vielen Fachmännern angefeindet, von anderen gepriesen. Sie entsprang wohl anfangs dem Mangel an Lokomotiven, gelangte aber später auch zur grundsätzlichen Einführung.

Es wird vor allem hervorgehoben, daß das in den Lokomotiven angelegte Kapital viel geringer sei, und die etwaigen Mehrkosten an Erhaltung und Kohlen weitaus kleiner seien als die ersparten Zinsen. Das hierdurch ersparte Kapital diene zur Anschaffung neuer Lokomotiven und zur rascheren Außerdienststellung alter Typen, fördere also wieder die Wirtschaftlichkeit, die viel mehr leide, wenn mangels des erforderlichen

großen Kapitals für die etwa doppelte Anzahl neuer Lokomotiven die
alten unwirtschaftlichen im Dienste belassen werden müssen. Man behauptet ferner, daß die Wechselbesetzung mit entsprechenden Vorsichts-
maßnahmen und Einrichtungen, genauer Untersuchung der Lokomotiven
bei der Ankunft durch besondere Organe, Überwachung des Personals auf
der Strecke, weitgehende Versorgung des Heizhauses mit vorzüglichen
Werkzeugen und Arbeitern usw. einen vollen Erfolg zulasse. Der „Pool"
sichere die Ruhezeit des Personals und dieses komme stets ausgeruht
zum Dienste, während bei ständiger Besetzung die Mannschaft überhetzt
werde und das Interesse an Dienst und Maschine erlahme.

Im Gegensatz hierzu wird das System von anderen als das größte
Übel bezeichnet, das die Mannschaft demoralisiere, die Lokomotiven zugrunde richte und große Brennmaterialvergeudung sowie viele Gebrechen
zur Folge habe. Der Vorteil der größeren Leistung sei illusorisch, denn diese
dauere nur so lange, als die Lokomotiven noch in gutem Zustande seien. Später
verringern die massenhaft auftretenden Reparaturen und Anstände die
Leistungsfähigkeit und die Anzahl der Lokomotiven. Die Reparaturen im
Heizhause würden immer sorgloser gemacht, weil der Führer sie weniger
überwache und hauptsächlich bedacht sei, die Lokomotive zu Hause wieder
weiterzugeben, an die ihn gar kein Interesse mehr knüpfe. Bei Anständen den Schuldigen zu ermitteln, sei fast unmöglich, und hierdurch
würde die Disziplin gelockert und die Demoralisation befördert.

Dies sind die Ansichten der zwei feindlichen Lager in Amerika, die sich
einander heftig bekämpfen. Die „Vereinigung der Unterrichtsführer" hat auf
ihrem Kongresse im Jahre 1906 gegen den „Pool" Stellung genommen.

Die Vereinigung der „Master Mechanics" veröffentlichte in ihrem Jahrbuche von 1901 eine sehr schöne Studie über diese Frage der Ausnutzung
der Lokomotive.

In den folgenden diesem Berichte entnommenen Tabellen sind die
Leistungen bei verschiedenartigen Besetzungen und Streckenlängen als
Mittelwerte von 31 Hauptbahnsystemen angeführt:

I. Mittlere Monatsleistung im Personenzugdienst.

Besetzung	Strecke in Kilometern					Mittel-wert
	160	200	240	280	320	
Einfach	6400	6370	6750	6360	6400	6480
Einfach mit Einspringern . . .	7300	8600	8680	12560	—	9360
Doppelbesetzung	8800	10600	13500	15500	13040	12050
Doppelbesetzung mit Aushelfern	9670	—	14400	14400	—	12800
Pool	9600	8800	12600	—	14300	11500

II. Mittlere Monatsleistung im Güterzugdienst.

Besetzung	Strecke in Kilometern					Mittel-wert
	160	200	240	280	320	
Einfach	5230	5570	5760	6500	6400	5700
Einfach mit Einspringern . . .	7100	7200	6720	—	8000	7200
Doppelbesetzung	7260	1100	8720	—	12040	7840
Doppelbesetzung mit Aushelfern	—	—	9120	—	—	9120
Pool	6100	6400	6930	7840	10400	7250

Auf Grundlage dieser Tabellen sucht der Bericht nachzuweisen, daß der Pool nicht die beste Ausnützung ergibt, sondern daß die Doppelbesetzung, allenfalls mit Aushilfspersonal, demselben überlegen ist. Diese Statistik ist wohl, wie jede andere, nicht völlig einwandfrei. Pool wird dort gefahren, wo Doppelbesetzung nicht gut möglich ist, und hängt wesentlich von der Verkehrsdichte ab und der Voraussetzung, daß jeder Zug bald seinen Gegenzug findet. Die Werte sind also nicht direkt vergleichbar. Der Bericht schließt mit folgenden Worten: „Wir empfehlen den Pool nicht. Wo er aber eingeführt wird, soll dies auch in der richtigen Weise geschehen und alles angewendet werden, um die Lokomotiven in Ordnung zu erhalten. Dies erfordert mehr Leute zur Aufsicht und Instandhaltung und hängt vor allem von der Besetzung des Heizhauses und seiner Einrichtung ab. Wir sind der Ansicht, daß der richtige moderne Heizhausvorstand, der tüchtige Leute zur Verfügung hat, der mit allen Details vertraut ist, jede Lokomotive seines Standes kennt und die Arbeit richtig organisieren kann, für die Erhaltung der Lokomotiven wichtiger ist als irgend ein Mann im Maschinendienste. Er muß entsprechend unterstützt werden, und wenn irgendwo Abstriche gemacht werden müssen, sollte dies erst in letzter Linie bei der Heizhausausrüstung geschehen. Es wird bei vielen Bahnen auf bestimmte Organisationssysteme gepocht. Soll aber die Lokomotive rationell am besten ausgenützt werden, so ist das beste Talent, das wir finden können, an die Spitze des Heizhauses zu stellen." „Wir finden oft genug Heizhäuser mit ungenügenden Ausrüstungen und Besetzungen. Das Heizhaus ist es, das die Lokomotiven in Ordnung hält, und man sollte vor allem das Heizhaus mit den besten Werkzeugen und Arbeitern versehen, ehe man daran geht, mehr Lokomotiven anzuschaffen."

Unsere Ansicht in der Frage der Lokomotivbesetzung ist folgende: In erster Linie hängt das von dem Charakter des Verkehrs und der Strecken ab. Ist der Verkehr von stetiger Art mit wenig Veränderungen, so ist, je nach dem Lokomotivstande, einfache oder Doppelbesetzung, eventuell einfache Besetzung mit Einspringern zu verwenden. In manchen Fällen kann man einzelne geeignete Zuggruppen herausnehmen und doppelt besetzen, den anderen Teil einfach oder durch Einspringer ergänzen. Ist der Verkehr sprunghaft und die Dauer der größten Leistungen nicht zu lang, so kann man auch bis zum Pool schreiten, wenn man das Nötige vorkehrt. Denn es ist nicht wirtschaftlich, für einen Verkehr von kurzer Dauer viele Lokomotiven anzuschaffen, die dann lange Zeit hindurch nicht ausgenützt werden. Dies ist auch bei der Durchführung von Reparaturen zu berücksichtigen.

Sind aber die Perioden starken Verkehrs von längerer Dauer, so sollte der Lokomotivstand so groß gehalten werden, daß die Leistung der Vollperiode noch ohne Pool zu bewältigen ist. Denn sonst könnte bei unvorhergesehenen Umständen eine Stauung eintreten, die verhängnisvoll werden kann und deren Verlauf und Beseitigung schwere materielle und moralische Schäden in Gefolge hätte. Man sollte sich stets vor Augen halten, daß selbst bei der größten Leistung noch immer eine kleine Reserve übrig bleiben sollte, um das Unvorhergesehene decken zu können.

Läßt der Verkehr nach, so kehre man so rasch als möglich zur einfachen oder regelmäßigen Doppelbesetzung zurück, denn sie ist und bleibt die beste Gewähr für die regelmäßige, sorgfältige Erhaltung der Loko-

motiven und ihren wirtschaftlichen Betrieb und die natürliche Art, das
Interesse der Mannschaft an der Lokomotive rege zu erhalten.

Wasser und Kohle. Bei der Diensteinteilung spielen Wasser und
Kohle eine wichtige Rolle. Von der Härte des Wassers hängen die Kesselschäden ab, insbesondere aber das Rohrrinnen. In Gegenden mit harten
Wässern ist die Erhaltung der Dienstfähigkeit oft nur durch sorgfältige Behandlung des Kessels möglich, daher ist hier ein anstandsloser Betrieb bloß
bei regelmäßiger einfacher oder doppelter Besetzung zu erzielen. Hier sind
auch öfter größere Pausen im Dienste notwendig, um Rohre und Stehbolzen regelmäßig pflegen und die Kessel öfter auswaschen zu können. Die
Dauer des Auswaschens ist in dem 6. Abschnitte[1]) behandelt und beträgt
— je nach den vorhandenen Einrichtungen — mindestens bis 7 Stunden.
Es ist bemerkenswert, daß die Amerikaner hierfür 5 bis 14 Stunden ansetzen.

Bei sehr starkem Verkehre und knappem Lokomotivstand kommt
schließlich auch die Zeit zum Kohlenabfassen in Betracht, die je nach
den Einrichtungen sehr verschieden ist und, mit der Wartezeit auf den
Kohlenplätzen, auch mehrere Stunden betragen kann, die dann für die
Erhaltungsarbeiten fehlen. Über den Einfluß der Kohlensorte auf die Ausnützung wird an anderer Stelle gesprochen.[2])

Endlich ist die Abwicklung des Dienstes im Heizhause auch von
der Gleisanlage und der Anordnung der einzelnen Putz- und Ausrüstestellen
abhängig und schließlich sogar von der Beleuchtung derselben.

10. Ausnützung der Lokomotiven.

Nächst der richtigen Diensteinteilung — somit der Verwendung der
Lokomotiven im allgemeinen — spielt die Ausnützung der einzelnen Lokomotiven im Heizhausbetriebe die wichtigste Rolle.

Die Grundlage hierfür ist die sorgfältige Erhaltung der Lokomotiven, denn sie sichert die höchste Leistungsfähigkeit. Dies erzielt
man durch ein gut ausgerüstetes Heizhaus, sorgfältige Revision im Hause
und auf der Strecke und eingehendes Verfolgen des aus den Monats-
ausweisen ersichtlichen größeren Materialverbrauches und Beseitigen der
ermittelten Ursachen.

Arbeitsplan. Zur richtigen Erhaltung gehört auch ein hinreichender
Stand von Lokomotiven, diesen erhält das Heizhaus durch planmäßiges,
rechtzeitiges und rasches Reparieren und Hinwirken auf dasselbe Vorgehen
bezüglich der großen Reparaturen in der Hauptwerkstätte. Zu diesem
Zwecke werden in gewissen Zeiträumen — Viertel- oder Halbjahren —
im Einvernehmen mit der Hauptwerkstätte Arbeitspläne aufgestellt, bei
denen mit Berücksichtigung des periodisch wechselnden Bedarfes an Lokomotiven der verschiedenen Typen die Termine für die wahrscheinliche
Absendung und Fertigstellung derselben festgestellt werden. Die Grundlage dieser Beratungen bildet die genaue Kenntnis der Schäden der einzelnen Lokomotiven und die mutmaßliche Dauer ihrer wirtschaftlichen
Betriebsfähigkeit, ferner genaue Kenntnis des Verkehrs und seiner
Schwankungen. In ähnlicher Weise hat das Heizhaus hinsichtlich der in-

---

[1]) Vgl. S. 278 ff.
[2]) Vgl. Bd. II: Ibbach, Kohle und Bekohlungsanlagen.

ternen Reparaturen und Revisionen vorzugehen. Hierzu gehört die Beschaffung und Erhaltung der in Vorrat zu haltenden Reservebestandteile in hinreichender Menge und Art. Schließlich hat das Heizhaus auf Grund der Beobachtungen in Betrieb und Erhaltung Vorschläge zur Abänderung und Verbesserung von Konstruktionen, die sich nicht bewährt haben, zu erstatten.

Besetzung. Wichtig ist die richtige Besetzung der Lokomotiven und Ausbildung der Mannschaft insbesondere der Heizer. Diese Ausbildung erfolgt ununterbrochen, teils mit Rücksicht auf den fortwährenden Abfall, teils wegen der steten Zunahme des Verkehres und seiner Anforderungen.

Belastung der Züge. Die volle Belastung der Züge sichert die Ökonomie des Brennstoffes und verringert den Bedarf an Lokomotiven. Zu große Belastungen erfordern Vorspann oder Schublokomotiven, die auf Linien mit mäßigen Steigungen selten voll ausgenützt werden und stets Leerfahrten im Gefolge haben. Beides ist kostspielig und sollte mit allen zulässigen Mitteln vermieden werden. In erster Linie sollen daher die Lokomotivgattungen für das Heizhaus richtig gewählt sein, d. h. seinen Strecken- und Verkehrsverhältnissen entsprechen. Dies richtig zu treffen, bildet bei der Entwicklung und Änderung des Verkehres die unausgesetzte Sorge der Zugförderung. Noch mehr Schwierigkeiten bietet die richtige Ausnützung altgewordener Typen, denn diese können nicht so leicht ganz außer Betrieb gesetzt werden. Sehr brauchbare Typen sind jene modernen Lokomotiven, die sowohl in Personen- wie im Güterzugsdienst gleich gut verwendet werden können. Bei Bahnen mit periodischem Sommer- und Winterverkehr können sie dann das ganze Jahr hindurch benützt werden, während sonst besondere Personen- und Güterlokomotiven vorhanden sein müßten.

Genaue Kenntnis von Lokomotive und Strecke gestattet in Zeiten guter Witterung oft ganz erhebliche Erhöhung der Belastung. Dies ist auch dadurch zu erzielen, daß man für lokale Steigungen, die für die Belastung maßgebend sind, bessere Kohle anweist. Jeder praktische Mann weiß aus Erfahrung, daß die Adhäsion nicht selten im Dampfmangel ihre Grenzen findet und mehr Dampf oft höhere Adhäsion bedeutet. Dies alles ist zumeist Sache der Erfahrung, denn unter allen Umständen müssen für die Lokomotiven schädliche Überlastungen und solche, die vielleicht Störungen im Verkehre erzeugen könnten, vermieden, daher auch Wind und Wetter entsprechend berücksichtigt werden.

Fahrordnung[1]). Für die Ausnützung der Zugkraft ist die Fahrordnung von wesentlichem Belang. Unnötig lange Aufenthalte, ferner Aufenthalte in Stationen, wo dies nicht nötig ist, und die dann durch schnellere Fahrzeit hereingebracht werden müssen, stören die volle Ausnützung. Insbesondere sollte man wo möglich Aufenthalte schwerer Güterzüge in solchen Stationen vermeiden, die unmittelbar vor einer stärkeren Steigung oder nach einem Gefälle liegen. Denn beim Durchfahren solcher Stationen können größere Belastungen genommen, oder die Fahrzeiten wesentlich verkürzt werden. Gut liegende Fahrordnungen erleichtern die Aufstellung eines wirtschaftlichen Dienstplanes. Es kommt vor, daß infolge Verlegen

---

[1]) Vgl. auch Bd. II, Bosshardt, Fahrordnung der Züge.

eines Zuges um ein bis zwei Stunden mehr Lokomotiven in Dienst gestellt werden müssen. Dies bedeutet für eine Lokomotive, ohne Amortisation des Kapitals, eine jährliche Mehrausgabe von 8000 bis 9000 Kronen an Betriebskosten, die vielleicht durch geschicktere Behandlung der Fahrordnung vermieden werden könnte. In der Richtung des schwächeren Verkehrs sollten für die Güterzüge schnellere Fahrzeiten zugrunde gelegt werden, und für die rasche Rückkehr leerer Lokomotiven hinreichend Vorsorge getroffen sein, um sie je eher wieder zur Beförderung in der stärkeren Richtung verwenden zu können.

Die Art der Rückbeförderung leerer Lokomotiven hängt von mehreren Umständen ab.

Ist der Lokomotivstand knapp, so werden sie als abgeteilte Personenzüge gesandt, oder aber bei modernen Güterlokomotiven mit langem Radstande, die für höhere Geschwindigkeit geeignet sind, als Vorspann mit Personenzügen. Bei normalem Verkehr kehren sie als Vorspann von Güteroder Eilgüterzügen zurück. Viel ökonomischer ist es, die Lokomotiven kalt zu schicken. Vorspannfahrten, die wesentlich Leerfahrten ersetzen, sind kostspielig nicht etwa wegen des größeren Widerstandes der Lokomotive im Dampf sondern wegen des ungünstigen Wirkungsgrades der Lokomotive bei sehr kleiner Belastung. Die Füllung kann nicht kleiner sein als 10% bei Zwillingslokomotiven und etwa 30% bei Verbundlokomotiven. Selbst bei sehr kleiner Regleröffnung kondensiert ein großer Teil des Dampfes im Zylinder, so daß mittlere Lokomotiven auf mäßig geneigten Strecken bei Leerfahrten ungefähr 40 bis 45 kg Dampf per Kilometer verbrauchen — gegen 100 bis 120 kg bei Belastungen von 600 bis 700 t —, während der Dampfaufwand für die kalte Lokomotive 10 bis 12 kg Dampf im belasteten Zuge ausmacht. Ferner ist das Fahrgeld für die warme Lokomotive mehrfach größer als das des Begleiters der kalten Lokomotive und des im Schnell- oder Personenzuge zurückkehrenden Führers. Bei längeren Strecken mag der Führer in der Heimatsstation schon mehrere Stunden ruhen, ehe seine Lokomotive nach Hause kommt, und er kann sie kurz nach ihrer Rückkehr wieder selbst übernehmen. Schließlich kann die Lokomotive in der Umkehrstation innerhalb kürzester Zeit mit dem nächsten Güterzuge zurückgesandt werden, weil die Ruhe des eigenen Personales nicht abzuwarten ist. Sind die Lokomotiven mit praktischen Aufhängevorrichtungen für die Kurbelenden der Leitstangen mit offenen Köpfen eingerichtet, so kann das Kaltmachen von Führer und Heizer in 10 bis 15 Minuten besorgt werden. Alle diese Dinge sind aber bei kurzen Strecken von geringem Belang und ihre Wirtschaftlichkeit beginnt erst bei etwa 50 km.

Kontrolle der Ausnützung. Aus den vorstehenden Ausführungen ist zu entnehmen, daß bei der Abwicklung des Betriebes auf die Einteilung und die Ausnützung der Lokomotiven besondere Sorgfalt verwendet werden muß, denn es handelt sich hier sowohl um die auskömmliche Einteilung der vorhandenen Zugkräfte wie auch um bedeutende Summen. Daher ist es Sache des Heizhauses, über diesen Dienstzweig stete Kontrolle zu üben. Dies geschieht in erster Linie durch eigene Beobachtung auf der Strecke, Verkehr mit dem Personal und Revision der Stundenpässe. Bei kleineren Betrieben ist dies völlig zureichend. Bei größeren Betrieben jedoch muß täglich eine übersichtliche Zusammenstellung gemacht

werden, aus der das Wesentliche für die Ausnützung und sonstige wichtige
Momente zu entnehmen sind. Wir haben im Laufe der Jahre das folgende
Drucksorte entwickelt und benutzt:

Lokomotivdienst des Heizhauses . . . . am . . . .

| Lokomotiv-Type | Eigene Lokomotiven | | | | | Namen des | | Ab mit | | An mit | | Verspätung | | Leistung in Kilometern | Dauer der Reparatur | | Anmerkung |
| | Besetzt | Unbesetzt | Im Heizhause | In der Werkstätte | Ausgeliehen | Führers | Heizers | Zug Nr. | Belastung Tonnen | Zug Nr. | Belastung Tonnen | Zu Lasten der Zugförderung | Gesamte in der Endstation | | Von | Bis | |
	Nummer der Lokomotive																

Auf der Rückseite des Ausweises ist folgendes vermerkt:

I.

Summe der geleisteten Güterzugskilometer . . . .
Tagesleistung einer besetzten Lokomotive km . . . .

II.

Anzahl der besetzten Personenzugslokomotiven . . . .
Laut Dienstplan . . . .
Mehr besetzt . . . .
Anzahl der besetzten Güterzugslokomotiven . . . .
Laut Dienstplan . . . .
Mehr besetzt . . . .

III.

Unterbliebene regelmäßige Züge . . . .
Eingeleitete Erforderniszüge . . . .
Wechselnd besetzte Personenzugslokomotiven . . . .
„   „   Güterzugslokomotiven . . . .

IV.

Anzahl der Führer im Dienste . . . .
„   „   Lokomotivführer-Substituten . . . .
            Summe . . . .
Im Dienste als Heizer:
    Lokomotivführer-Substituten . . . .
    Schlosserheizer . . . .
    Aushilfsheizer . . . .
            Summe . . . .
Dienstfreie Führer . . . .
        Heizer . . . .

V. Vorspann und Leerfahrten.

Zug Nr.	Lok. Nr.	Von	Bis	Brutto T.	Überlast	Begründung

VI. Kontrollfahrten auf der Lokomotive.

Name	Zug	Lokomotive	Strecke	Anmerkung

VII.

Nummern der in Gegenwart der Mannschaft
    besichtigten Lokomotiven . . . .
Periodisch revidierte Lokomotiven . . . .
Ausgewaschene Lokomotiven nach Kilometerleistung . . . .

Die Amerikaner verfolgen die Ausnützung der Lokomotiven noch viel schärfer. Bekanntlich haben die Güterzüge dort keine ständige Fahrordnung sondern nur bestimmte Fahrzeiten zwischen den Stationen, und die Bewegung der Züge regelt der Train-Dispatcher. Das Heizhaus hat täglich von 6 Uhr morgens angefangen von Stunde zu Stunde bekannt zu geben, wie viel Lokomotiven es in der nächsten Stunde dienstbereit liefern kann. Auch im Heizhause selbst ist die Dauer jeder einzelnen Dienstleistung anzuweisen. Die Pennsylvaniabahn verwendet hierfür folgende Drucksorte:

Datum . . . . . .

      Heizhaus . . . .

Eingelaufene Lokomotive   Ausgelaufene Lokomotive

1	2	3	4	5	6	7	8	9	10	11	12	13	14	15	16	17	18	19	20	21	22	23
Lokomotive Nr.	Eingelaufen am	Lokomotiv-Type	Zug Nr.	Ankunft im Bahnhof	Ankunft am Putzkanal	Ankunft auf der Drehscheibe	Führer	Heizer	Lokomotive wieder zur Verfügung	Besondere Bemerkungen	Lokomotive Nr.	Strecke	Lokomotiv-Type	Zug Nr.	Abfahrt vom Bahnhof	Abfahrt von der Drehscheibe	Abfahrt vom Heizhauswechsel	Führer	Zeit des Avisierens	Heizer	Zeit des Avisierens	Bemerkungen

Berechnung der Zugförderungskosten für Dampf- und Elektrolokomotiven.

Von

W. Stahl,

Oberbaurat der Großh. Badischen Staatseisenbahnen, Karlsruhe.

1. Einleitung.

a) Aussichten des elektrischen Betriebes.

Der elektrische Betrieb hat auf Vollbahnstrecken bis jetzt wenig Eingang gefunden, obwohl durch die Zossener Versuche der Nachweis erbracht wurde, daß er hinsichtlich der zulässigen Fahrgeschwindigkeit dem Dampflokomotivbetrieb erheblich überlegen ist, und auch die Betriebsergebnisse bereits vorhandener elektrischer Bahnen, wie der in Oberitalien, durch den Simplontunnel, der Rheinuferbahn Köln-Bonn usw., erkennen lassen, daß er auch hinsichtlich der Sicherheit und Wirtschaftlichkeit dem Dampflokomotivbetrieb nicht nachsteht.

Die Gründe, die der allgemeinen Einführung des elektrischen Betriebes auf Vollbahnen entgegenstehen, sind in erster Reihe auf die hohe Ausbildung der Dampflokomotiven, die weitgehenden Anforderungen zu entsprechen vermögen, zurückzuführen. Dazu kommt aber auch noch eine gewisse Abneigung gegen die Einführung einer Neuerung im Eisenbahnbetrieb, zumal wenn diese noch nicht allgemein erprobt ist, wie dies mit einem gewissen Recht von dem elektrischen Bahnbetrieb gesagt werden darf. Denn tatsächlich finden wir den elektrischen Betrieb bis jetzt nur auf Nebenstrecken, wo er allerdings durchweg gute Resultate erzielte, dagegen ist er noch ausgeschlossen von den Hauptstrecken mit ihren besonderen Betriebsverhältnissen.

Die Zurückhaltung der Eisenbahnverwaltungen ist aber noch besonders dadurch erklärlich, daß dieselben mit Rücksicht auf die vorhandenen, mit großem Kostenaufwand beschafften Ausrüstungen für Dampfbetrieb nur wenn ganz besonders wichtige Gründe dafür sprechen, zu einer andern Betriebsweise übergehen können.

Unter diesen Verhältnissen ist anzunehmen, daß der elektrische Vollbahnbetrieb nur langsame Fortschritte machen wird; soviel ist aber jedenfalls sicher, daß er sich, seiner vielen Vorzüge wegen, das ihm im Eisenbahnbetriebe zukommende Gebiet auf die Dauer nicht streitig machen läßt. Es darf damit gerechnet werden, daß er jetzt schon in vielen Fällen bei der Projektierung neuer Linien mit dem Dampflokomotivbetrieb in Wettbewerb treten wird, und zwar in allen Fällen, wo es sich

um große Geschwindigkeiten und starke Belastung der Züge handelt.
Auf verkehrsreichen Stadt- und Vorortbahnen wird überhaupt nur der
Elektromotor mit seiner starken Anzugskraft und hohen Leistung in
Betracht kommen.

b) Eigenschaften des Dampflokomotivbetriebes und des elektrischen Betriebes.

Bei dem Dampflokomotivbetrieb wird die zur Fortbewegung eines
Zuges erforderliche mechanische Energie durch Verdampfen einer gewissen
Wassermenge im Lokomotivkessel erzeugt. Falls somit die Lokomotive
mit dem nötigen Brennmaterial und Speisewasser versehen ist, bedarf sie
zur Fortbewegung auf den Schienen weiterer Hilfsmittel nicht mehr, sie
ist dann als bewegliches Kraftwerk zu betrachten. Bei dem elektrischen
Betriebe wird dagegen die für die Fortbewegung der Lokomotive erforderliche elektrische Energie von außen, und zwar durch eine besondere Leitung,
den Fahrdraht, zugeführt, um in den Elektromotoren in Arbeit für die
Fortbewegung umgesetzt zu werden. ·Der gute Zustand dieser außerhalb
der elektrischen Lokomotive vorhandenen Einrichtung ist deshalb für
den elektrischen Bahnbetrieb von wesentlicher Bedeutung.

Beim Dampflokomotivbetrieb wird die Leistung der Lokomotive durch
die Größe der Heizfläche des Kessels begrenzt, der aus diesem Grunde
bei den neueren leistungsfähigen Schnellzuglokomotiven ganz außerordentliche Abmessungen erhält.

Beim elektrischen Betrieb ist die Leistung der Lokomotive derartigen
Einschränkungen nicht unterworfen, falls die Motoren ausreichend bemessen sind, indem durch die Fahrleitung die Zuführung der erforderlichen Energie auch für die höchsten Leistungen keine Schwierigkeiten
bietet.

Was das Lokomotivgewicht bei den einzelnen Betriebsweisen anbelangt, so wird sich beim Dampflokomotivbetrieb unter allen Umständen
ein sehr erhebliches Mehrgewicht ergeben, das bis zu $50^0/_0$ erreichen
kann, da bei diesem das erforderliche Brennmaterial und Speisewasser
mitzuführen ist, während der elektrische Betrieb tote Lasten in dieser
Form nicht kennt. Im übrigen wird das Gewicht der eigentlichen Maschine in beiden Fällen als nahezu gleich angenommen werden können,
doch werden sich in der Verteilung der Last auf die einzelnen Achsen
insofern Unterschiede ergeben, als bei der Dampflokomotive die Anzahl
der Triebachsen dem erforderlichen Reibungsgewicht angepaßt wird,
während beim elektrischen Betriebe hierfür die Anzahl der unterzubringenden Motoren maßgebend ist. Die hieraus sich ergebenden Unterschiede sind besonders charakteristisch bei den Lokomotiven für große
Leistung bei hohen Geschwindigkeiten. Während die Dampflokomotive
für diesen Zweck höchstens drei Triebachsen aufweist, kann die elektrische
Lokomotive deren bis zu sechs erhalten.

Bei den Dampflokomotiven wird die Reibung zwischen Rad und
Schienen zu $^1/_6$ bis $^1/_7$ der gesamten Triebachsenbelastung angenommen.
Beim elektrischen Betrieb kann, da die durch den Kurbelmechanismus
der Dampflokomotive bedingte Ungleichförmigkeit des Drehmomentes hier
nicht auftritt, hierfür ein größerer Wert angenommen werden, und zwar
ist es zulässig, diesen zu $^1/_4$ bis $^1/_5$ anzusetzen.

Gegenüber dem Dampfbetrieb wird dieser erhebliche Vorteil besonders bei Gebirgsbahnen sich zeigen, da diese unter gleichen Verhältnissen eine größere Neigung erhalten können.

Schon in vielen Fällen haben die mit Annahme des Dampflokomotivbetriebes sich ergebenden Anlagekosten die Ausführung von Gebirgsbahnen erheblich erschwert oder nicht ermöglicht. Die Voraussetzung des elektrischen Betriebes wird aber derartige Entwürfe in wirtschaftlicher Hinsicht günstiger stellen und deren Ausführung leichter ermöglichen.

c) Übergang vom Dampfbetrieb zum elektrischen Betrieb.

Beim Übergang vom Dampfbetrieb zum elektrischen Betrieb wird man die Einführung geschlossener Züge beibehalten, da nur dadurch ein starker Verkehr bewältigt werden kann. Dabei wird aber auch der einzelne Triebwagen, der den Lokalverkehr in der einfachsten Weise zu bedienen vermag, ohne daß er hohe Betriebsausgaben verursacht, noch Verwendung finden. Die Einführung der geschlossenen Züge kann in zweierlei Art erfolgen, und zwar entweder dadurch, daß an Stelle der bisherigen Dampflokomotive die elektrische Lokomotive tritt, oder auch dadurch, daß ein Teil der Fahrzeuge als Triebwagen ausgebildet und in entsprechender Weise im Zuge verteilt wird.

d) Eigenschaften des Elektromotors.

Der Elektromotor hat für den Bahnbetrieb die schätzenswerte Eigenschaft, daß er sehr leistungsfähig gebaut werden kann, wobei aber noch besonders in Betracht kommt, daß er auf kurze Zeit eine Steigerung auf das Doppelte der normalen Leistung zuläßt, ohne dabei überanstrengt zu werden. Der Einbau des Elektromotors läßt sich auch in einfacher Weise bewirken, ohne daß dabei die Triebwagen bzw. die elektrische Lokomotive außergewöhnliche Abmessungen oder hohe Gewichte erhalten. Elektrische Lokomotiven von 2000 und 4000 PS sind bereits in großer Anzahl in regelmäßigem Betriebe; beim Anfahren können sie das Doppelte leisten, so daß damit den schwersten Zügen eine Anfahrbeschleunigung erteilt werden kann, wie sie beim Dampflokomotivbetrieb nicht annähernd zu erreichen ist.

e) Vorort- und Stadtbahnen.

Diese Eigenschaft des Elektromotors wird besonders bei Vorort- und Stadtbahnen ausgenützt, bei welchen der rasch aufeinander folgenden Haltepunkte wegen die mittlere Fahrgeschwindigkeit verhältnismäßig niedrig ist. Für diese Verhältnisse ist der Triebwagen sehr geeignet, da er nach Bedarf in die Zugausrüstung eingestellt werden kann, so daß sich damit die Zugkraft beliebig steigern läßt. Auf diese Weise können beim elektrischen Stadt- und Vorortverkehr Anfahrbeschleunigungen von 0·75 m/sec ohne weiteres erreicht werden, während der Dampflokomotivbetrieb solche von höchstens 0·20 m/sec ermöglicht.

Da der elektrische Betrieb auch noch eine Erhöhung der Fahrgeschwindigkeit zuläßt, so kann durch Kürzung der Fahrzeiten eine raschere Zugfolge und damit eine Steigerung der Leistungsfähigkeit der Bahn erzielt werden.

Mit Vorteil wird deshalb der Elektromotor besonders da an Stelle der Dampflokomotive treten, wo eine Stadt- oder Vorortbahn an der

Grenze ihrer Leistungsfähigkeit angelangt ist, wenn eine Vermehrung der Gleise aus wirtschaftlichen oder sonstigen Gründen unterbleiben muß.

Ein sehr lehrreiches Beispiel bietet in dieser Hinsicht die Berliner Stadtbahn.[1]) Diese vermag jetzt während der Hauptverkehrsstunden den zu stellenden Anforderungen nicht mehr zu entsprechen, weshalb die Eisenbahnverwaltung bestrebt sein muß, in irgend einer Weise Abhilfe zu schaffen. Durch den Dampfbetrieb läßt sich aber eine dauernde Besserung der Verhältnisse nicht erreichen; eine Vermehrung der Gleise allein wäre unzureichend, da damit den Interessen des Verkehrs, der auf eine rasche Abwicklung abhebt, nicht voll gedient wird. Dagegen kann durch die Einführung des elektrischen Betriebes die Leistungsfähigkeit der Bahn auf das Doppelte gesteigert werden, indem dieser sowohl eine erhebliche Vermehrung der Sitzplätze der einzelnen Züge als auch eine erhebliche Kürzung der Fahrzeit ermöglicht, so daß die Zugfolge von $2^1/_2$ auf $1^1/_3$ Minuten abgekürzt werden kann. Dabei wird allerdings das derzeitige Zuggewicht von 184 t auf 274 t erhöht werden, wobei die erforderliche Zugkraft von 12 Elektromotoren, die in 4 Triebwagen untergebracht werden, ausgeübt wird. Das Anfahren eines derartig ausgerüsteten Zuges kann mit einer Beschleunigung von 0·75 m/sec erfolgen, wobei eine Höchstbelastung der Motoren von 2800 KW entsprechend einer Leistung von 3000 PS am Triebradumfang eintritt. Mit einer Dampflokomotive ließe sich diese Leistung nicht annähernd erzielen.

Der Elektromotor vermag somit auf Gebirgsbahnen und im Stadt- und Vorortverkehr den Wettbewerb mit der Dampflokomotive mit Erfolg aufzunehmen. Aber auch im Schnellzugverkehr hat er bereits eine ausgedehnte Verwendung gefunden; er wird sich dies Gebiet noch weiter sichern, da er gerade für diesen Zweig des Eisenbahnbetriebes besonders geeignet ist. Es braucht hierbei nicht gerade auf die Zossener Versuche hingewiesen werden, wo die beiden Versuchswagen die dem Dampflokomotivbetrieb stets unerreichbare Geschwindigkeit von 210 km/st erreicht haben; auch auf den amerikanischen elektrisch betriebenen Überlandbahnen verkehren Züge mit Geschwindigkeiten bis zu 100 km/st, sodaß sich hier bereits Betriebsverhältnisse entwickelt haben, die denen unseres Schnellzugbetriebes auf Vollbahnen vollkommen ähnlich sind. Die Führung dieser amerikanischen Züge erfolgt jedoch nicht mit elektrischen Lokomotiven sondern mit Triebwagen.

2. Elektrische Bahnsysteme.

Beim elektrischen Betriebe spielt neben der Größe der Triebkraft der einzelnen Zugausrüstungen die Art des verwendeten elektrischen Stromes eine große Rolle.

a) Der Gleichstrom für Straßenbahnen.

Die städtischen Straßenbahnen verwenden für ihren Betrieb Gleichstrom mit einer Spannung von 500 bis 700 Volt. Für Vollbahnen genügt diese nicht mehr, da hier schon zu Zeiten schwachen Verkehrs zu übertragende Leistungen von 3000 KW und mehr in Frage kommen, durch

---

[1]) Dr. Reichel über die Einführung des elektrischen Betriebes auf der Berliner Stadtbahn.

welche die oberirdische Fahrleitung eine unzulässige Belastung erfahren würde. Aber auch die Stromzuführung mittels dritter Schiene reicht unter diesen Verhältnissen nicht mehr aus, denn die in Betracht kommende große Strommenge bedingt immerhin noch einen zu hohen Spannungsverlust; zudem wird aber beim Vollbahnbetrieb von einer allgemeinen Einführung der dritten Schiene schon aus dem Grunde abgesehen werden müssen, weil sie die Bahnunterhaltung erschwert.

b) Der Gleichstrommotor für hohe Spannung.

Als ein wesentlicher Fortschritt ist es zu bezeichnen, daß es jetzt gelungen ist, Gleichstrommotoren für eine Betriebsspannung von 1500 bis 2000 Volt auszuführen, die mit vollkommener Betriebssicherheit arbeiten. Bei Hintereinanderschaltung zweier derartiger Motoren einer Lokomotive läßt sich somit die Betriebsspannung auf 3000 bis 4000 Volt erhöhen, so daß damit der Gleichstrom beim Bahnbetrieb in vielen Fällen wieder den Wettbewerb mit den übrigen Hochspannungssystemen aufzunehmen vermag.

Der Gleichstromreihenmotor läßt eine bequeme Regulierung der Zuggeschwindigkeit innerhalb weiter Grenzen zu und ermöglicht damit, die für bestimmte Betriebsverhältnisse erforderliche Anzahl von Lokomotivtypen auf ein sehr geringes Maß zu beschränken. Dies ist ein wesentlicher Vorteil des Gleichstromsystems, der nur noch dem Einphasensystem zukommt.

Ein weiterer Vorzug des Gleichstromes für den Bahnbetrieb liegt in seiner Aufspeicherungsfähigkeit, die es ermöglicht, den Betrieb auch bei sehr hohen Belastungsschwankungen noch günstig zu gestalten. Die bei hochgespanntem Gleichstrom hierfür erforderlichen Hochspannungsbatterien lassen sich genügend sicher isolieren, so daß deren Verwendung Bedenken nicht begegnen kann.

Als ein Nachteil macht sich bei Verwendung von Gleichstrom mit hoher Spannung allerdings der Umstand geltend, daß der Betriebsstrom nicht direkt zur Zugsteuerung verwendet werden kann. Es muß für dessen Erzeugung auf der Lokomotive ein besonderer Umformer vorgesehen werden, der dann auch den Strom für die Beleuchtung zu liefern hat.

Die direkte Verwendung des hochgespannten Gleichstromes für den elektrischen Bahnbetrieb kommt hauptsächlich bei Vorortbahnen in Betracht, die bei verhältnismäßig geringer Ausdehnung einen starken Verkehr aufweisen.

Beim Vollbahnbetrieb mit seinen ausgedehnten Linien bedingt die Verwendung von Gleichstrom die Errichtung einer größeren Anzahl von Unterstationen, die in einem gegenseitigen Abstand von 30 bis 40 km auf das ganze Netz verteilt sind. Diese enthalten neben Blitzschutzvorrichtungen alle Einrichtungen, welche einesteils die Umformung des von einem Kraftwerk auf große Entfernung zugeführten Drehstromes in Gleichstrom von hoher Spannung bewirken und anderenteils aber auch den Ausgleich der beim Bahnbetriebe auftretenden Belastungsschwankungen herbeiführen. Die Umformung des Drehstromes erfolgt in rotierenden Umformern, während der Ausgleich der Belastungsschwankungen von einer Hochspannungsbatterie übernommen wird, die mit einer Zusatzmaschine (System Pirani) derart in Verbindung steht, daß sie in der Lage ist, sowohl den augenblicklich erforderlichen Zuschuß an elektrischer Energie an das Netz abzugeben, als auch die zeitweise überschüssige Energie des Generators aufzuspeichern. Letzterer kann deshalb mit einer mittleren Belastung, die im allgemeinen beim Vollbahnbetrieb zu $^1/_2$ bis $^1/_5$ der auftretenden augenblicklichen Höchstbelastung betragen wird, arbeiten. Die hierbei zu wählende Schaltungsweise ist in Abb. 1 dargestellt. Die umkehrbare Batteriezusatzmaschine erhält Fremderregung durch eine besondere kleine Erregermaschine und ist mit dieser direkt gekuppelt. Der Antrieb erfolgt durch einen Elektromotor. Das Feld der Erregermaschine erhält zwei einander entgegengesetzte Wicklungen, eine Hauptstromwicklung, die von dem gesamten Verbrauchsstrom durchflossen wird, und eine Nebenschlußwicklung, die von einer möglichst konstanten Stromquelle erregt wird. Je nachdem nun der Strombedarf der Strecke sich gestaltet, wird die eine oder die andere Wicklung überwiegen, so daß das eine Mal die Spannung der Zusatzmaschine erhöht und damit das Auf-

laden der Batterie bewirkt wird, während das andere Mal Zusatzspannung zur Batterie gegeben wird, welche somit kräftig einspringen kann. Damit ist ein ausreichendes, den jeweiligen Betriebsverhältnissen entsprechendes Mitarbeiten der Batterie gesichert, was bei einfacher Parallelschaltung von Nebenschlußmaschine und Batterie nicht zu erreichen wäre.

Bei sehr starkem Verkehr reicht aber auch der Gleichstrom mit 3000 Volt Spannung nicht mehr aus. Die Unterstationen rücken dann sehr nahe zusammen, auch bietet die Zuführung des Stromes durch die Fahrleitung selbst bei Aufwendung großer Kupfermengen Schwierigkeiten, so daß es unter diesen Verhältnissen vorteilhaft ist, zu einem System überzugehen, das eine höhere Spannung in der Fahrleitung zuläßt. Als solches kommt das Drehstrom- und Einphasenstromsystem in Betracht.

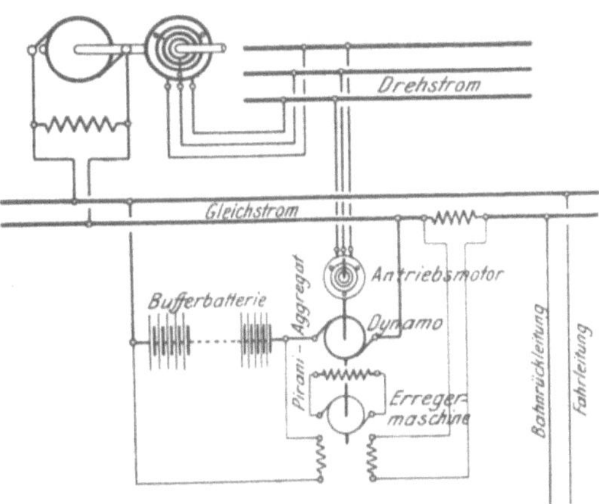

Abb. 1. Schaltungsschema einer Drehstrom-Gleichstrom-Umformstation mit Bufferung.

c) Der Drehstrom.

Der Drehstrom eignet sich besonders gut für die Kraftübertragung auf große Entfernungen. Er kann in ruhenden Apparaten, den Transformatoren, in einfachster Weise auf die für die Übertragung geeignete Spannung, die bis zu 60000 Volt betragen kann, umgeformt werden, so daß sich damit die Übertragung der elektrischen Energie auf größere Entfernungen ohne erhebliche Verluste bewirken läßt. Auch die Verteilung der elektrischen Energie auf ein ausgedehntes Verbrauchsgebiet ist bei Drehstrom leicht zu bewirken, da jede Spannungsverminderung, wo erforderlich, in der einfachsten Weise bewirkt werden kann. Der Drehstrommotor hat außerdem sehr wertvolle Eigenschaften, die ihn für die Übertragung elektrischer Energie auf große Entfernungen besonders geeignet machen. Er fällt verhältnismäßig leicht aus und hat auch ein großes Anzugsmoment.

Bei der Verwendung des Drehstromes für den Bahnbetrieb wird der in dem Elektrizitätswerk erzeugte hochgespannte Strom den auf dem ganzen Netz verteilten Transformatorenstationen zugeführt, in denen er eine Umformung auf die Betriebsspannung, die bis zu 5000 Volt betragen kann, erfährt, mit der er auf die Fahrleitung übergeht.

Diesen Vorzügen des Drehstromes stehen aber auch gewisse Nachteile gegenüber, die einer allgemeinen Einführung im Vollbahnbetrieb hinderlich sind.

Als Nachteil ist besonders hervorzuheben, daß die Fahrleitung aus zwei Drähten besteht, die verschiedene Pole besitzen. Die Ausbildung der Luftweichen wird dadurch umständlich, auch bietet die Isolierung bei höherer Spannung Schwierigkeiten. Indessen ist diese Frage für Betriebsspannungen von 3000 Volt und mäßige Fahrgeschwindigkeiten, wie die Ausführungen bei der Veltlinbahn und im Simplontunnel beweisen, als gelöst zu betrachten, doch wird die Anordnung der Gleichstrom- oder Einphasenstromfahrleitung, die einpolig ist, der bei Drehstrom üblichen hinsichtlich Einfachheit, Betriebssicherheit und bequemer Unterhaltung stets überlegen bleiben.

Als weiterer Nachteil des Drehstromsystems ist der Umstand hervorzuheben, daß der Drehstrommotor bei wechselnder Belastung seine Umdrehungszahl nicht ändert. Für die Zugförderung ist diese Eigenschaft des Motors nicht günstig, da sie mit der ersten Forderung des Eisenbahnbetriebes im Widerspruch steht, die verlangt, daß die Geschwindigkeit der Züge den Neigungsverhältnissen der Bahn anzupassen ist. Indessen wurde auch diese Schwierigkeit von der Firma Ganz & Co. in Budapest durch die Kaskadenschaltung und ferner von der Firma Brown, Boveri & Co. in Baden (Schweiz) durch Änderung der Polzahl der Motoren fast gänzlich beseitigt, indem durch diese Ausführungen erreicht wurde, daß der Geschwindigkeit der Züge bis zu vier Abstufungen gegeben werden können, so daß damit auch in dieser Hinsicht den Anforderungen des Vollbahnbetriebes, wenn auch nicht in der bei den übrigen Systemen vollkommenen Weise, entsprochen werden kann.

Auf einen Umstand ist beim Drehstromsystem noch aufmerksam zu machen, welcher die Verwendung dieser Stromart unter gewissen Verhältnissen in Frage stellen kann. Dem Betrieb geschlossener Züge mittels Triebwagen unter Verwendung der Vielfachsteuerung stellen sich nämlich Schwierigkeiten entgegen, welche sich nicht ohne weiteres überwinden lassen, da sie mit der Eigenschaft des Drehstrommotors, stets eine bestimmte Umdrehungszahl einzuhalten, im engsten Zusammenhang stehen. Damit ist aber der Drehstrom auf ein engbegrenztes Gebiet beschränkt, da auf die Verwendung von Triebwagen zur Führung geschlossener Züge seitens der Eisenbahnverwaltungen nicht wohl verzichtet werden kann.

Bei den vorhandenen Drehstrombahnen wird mit einer Spannung von 3000 Volt in der Fahrleitung gearbeitet, womit sich ein Vorzug des Drehstromsystems gegenüber dem Gleichstromsystem von gleicher Spannung in der Beherrschung eines Versorgungsgebietes nicht ergibt. Die Firma Brown, Boveri & Co. beabsichtigt aber in Zukunft die Fahrdrahtspannung auf 5000 Volt zu erhöhen, wodurch dann das Drehstromsystem eine gewisse Überlegenheit über das Gleichstromsystem von hoher (3000 bis 4000 Volt) Spannung erlangt.

In den Speisepunkten eines Versorgungsgebietes finden für die Umformung des Drehstromes nur ruhende Apparate, die Transformatoren, Verwendung, wenn nicht neben der Spannungsumformung gleichzeitig eine Pulsumformung oder Aufspeicherung erreicht werden soll, die nur mittels rotierender Umformer bewirkt werden kann.

Die Bufferung bietet bei Drehstromanlagen, nachdem die Schröder'schen Schaltungen bereits in vielen Fällen erprobt sind, keine Schwierigkeit mehr; sie gestaltet sich, falls der Drehstrom die erforderliche Pulszahl bereits hat, der Gleichstrombufferung gegenüber insofern einfacher, als die Verwendung einer Hochspannungsbatterie nicht erforderlich wird. Abb. 2 zeigt eine solche Schaltung für einen Speisepunkt. Die Einrichtung ist derart, daß die zugeführte Energiemenge nach erfolgter Umformung auf die Betriebsspannung nach Bedarf direkt auf die Fahrleitung übertritt, während der Überschuß mittels eines Drehstrom - Gleichstrom-Umformers zur Bufferung Verwendung findet. Die Wirkungsweise der Bufferbatterie bei Drehstrom unterscheidet sich aber wesentlich von der bei Gleichstrom. Während bei diesem Batteriestrom unmittelbar an das Netz abgegeben wird, ist hierzu bei Drehstrom

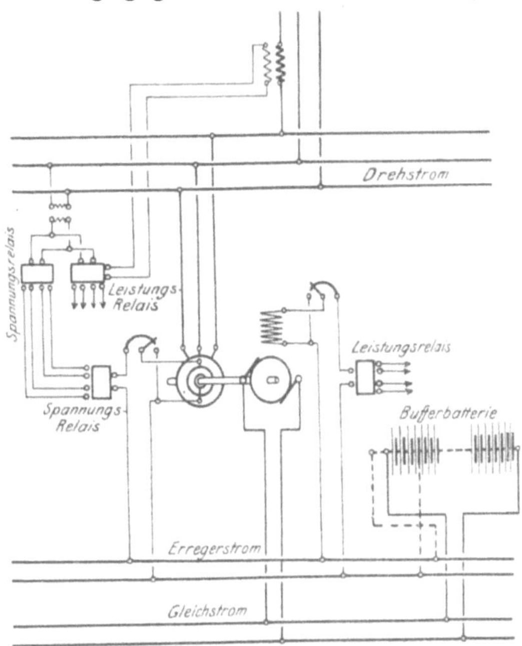

Abb. 2. Schaltungsschema einer Einphasen-Umformerstation mit Bufferung.

erst eine Umformung erforderlich. Bei größerem Energiebedarf der Strecke speist der Batteriestrom die Gleichstrom-Nebenschlußmaschine des Umformers, die dann als Motor arbeitet und durch den Drehstromgenerator den erforderlichen Mehrbedarf an Drehstrom deckt; bei geringerer Streckenbelastung arbeitet die Nebenschlußmaschine als Generator und liefert Gleichstrom, der in der Batterie aufgespeichert wird.

Die Mittel, welche bei Drehstrombufferung anzuwenden sind, um ein den jeweiligen Betriebsverhältnissen entsprechendes Mitarbeiten der Batterie zu erreichen, bestehen entweder auch hier wieder in der Zuhilfenahme einer Piranimaschine oder in der Anwendung einer sogenannten Schnellregulierung mittels Relais. Diese Schnellregulierung (Abb. 2) besteht darin, daß der besonders ausgebildete Nebenschluß-Regulator der Gleichstrommaschine von einem in den Wechselstromkreis eingeschalteten Leistungsrelais verstellt wird, wodurch sich die Spannung an den Ankerklemmen der Gleichstrommaschine erhöht, wenn diese als Dynamo zu arbeiten hat, und erniedrigt, wenn sie als Motor läuft. Entsprechend der höheren oder geringeren Spannung der Gleichstrommaschine ladet dann entweder die Maschine die Batterie auf oder wird, als Motor laufend, von letzterer gespeist. In ähnlicher Weise wird auch die Spannung des Drehstromgenerators geändert, nur mit dem Unterschied, daß die Beeinflussung des Erregerstromregulators durch ein Spannungsrelais anstatt eines Leistungsrelais erfolgt.

Die Batterie folgt bei dieser Anordnung den Belastungsschwankungen mit genügender Schnelligkeit, so daß die Maschinen des Kraftwerkes annähernd gleichmäßig beansprucht werden.

d) Der Einphasenstrom.

Das Einphasensystem hat mit dem Drehstromsystem den Vorteil der bequemen Fernleitung und Verteilung elektrischer Energie gemein.

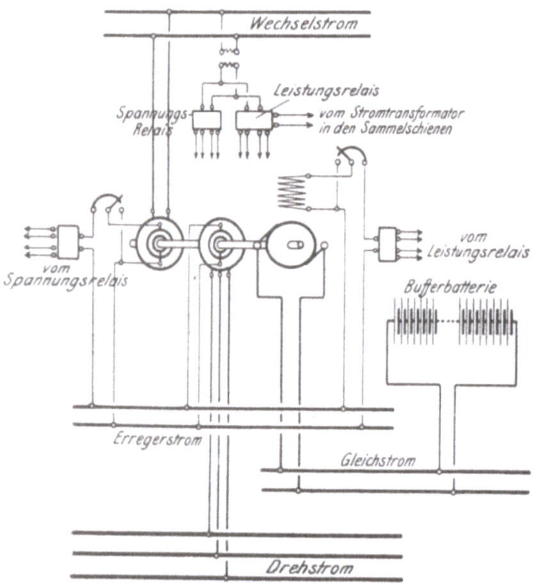

Abb. 3. Schaltungsschema einer Drehstrom-Einphasenstrom-Umformerstation mit Bufferung.

Der Einphasenstrom besitzt dem Drehstrom gegenüber aber mehrere Eigenschaften, die für den Bahnbetrieb besonders wertvoll sind. Die Fahrleitung wird beim Einphasenstrom als einfache Leitung ausgebildet; die Luftweichen lassen sich durch Zusammenführung der einzelnen Fahrleitungen herstellen, da sie sämtlich den gleichen Pol haben. Unter diesen Verhältnissen bietet die Isolierung der Fahrdrahtleitung auch bei erhöhter Betriebsspannung keine Schwierigkeiten.

Die Einphasenmotoren haben die Eigenschaft von Gleichstromreihenmotoren. Die Regulierung der Zuggeschwindigkeit bietet beim Einphasensystem keine Schwierigkeit, auch ist das Zusammenarbeiten der Motoren der einzelnen Triebwagen eines Zuges ohne weiteres gesichert, so daß auch die Vielfachsteuerung mit ihren, für die Zugbedienung großen Vorzügen Verwendung finden kann. Das Einphasensystem ist somit dem Drehstromsystem in mehreren Punkten überlegen.

Die beim Einphasenbetrieb angewendete höhere Betriebsspannung sichert ihm dem Drehstrom gegenüber noch einen weiteren Erfolg, da die geringe Fahrdrahtbelastung es dem Einphasenbetrieb ermöglicht, den weitestgehenden Anforderungen eines ausgedehnten und verkehrsreichen Bahnnetzes Rechnung tragen zu können. Die Betriebsspannung könnte ohne weiteres auf 15000 bis 20000 Volt erhöht werden, doch wird man sich mit Rücksicht darauf, daß für die Eisenbahnverwaltungen die Einführung einer Einheitsspannung wünschenswert erscheint, mit einer Spannung von 10000 Volt begnügen können, bei welcher auch noch im feuchten Tunnel eine genügende Isolierung der Fahrleitung möglich ist.

Die elektrische Bufferung läßt sich beim Einphasenbetrieb in gleicher Weise bewirken wie beim Drehstrom. Wird im Kraftwerk bereits Einphasenstrom von der erforderlichen Pulszahl geliefert, so stimmen die in den einzelnen Unterstationen zu treffenden Einrichtungen, wenn man von der Stromart absieht, mit den beim Drehstromsystem beschriebenen vollkommen überein.

Wird jedoch von dem Kraftwerk aus Drehstrom geliefert, welcher Fall wohl häufig auftreten wird, so ist zu dem diesen aufnehmenden asynchronen Drehstrommotor, der während der Bufferung seinen Charakter beibehalten wird, und der Gleichstrommaschine noch ein Einphasengenerator auf gemeinsamer Welle anzuordnen. Letzterem fällt dabei die Aufgabe zu, den ganzen für das Netz erforderlichen Einphasenstrom zu liefern, so daß er allen Belastungsschwankungen folgen muß. Die hierbei zu treffende Schaltungsweise ist aus Abb. 3 ersichtlich und bedarf im Hinblick auf die bei der Drehstrom-Umformung gemachten diesbezüglichen Ausführungen keiner weiteren Erklärung.

Die großen Vorzüge des Einphasenmotors sichern ihm beim elektrischen Vollbahnbetrieb eine führende Stellung. In Deutschland und Amerika hat er auf diesem Gebiet den Drehstrommotor vollständig verdrängt, nur in Italien besteht für diesen noch eine gewisse Vorliebe, obschon auch hier die Anwendung des Einphasensystems, wie einige neuere Ausführungen erkennen lassen, immer mehr Anerkennung findet.

3. Die Kosten der Stromerzeugung.

Für den elektrischen Betrieb auf Vollbahnen sind zur Beurteilung der Wirtschaftlichkeit in erster Linie die Kosten der Stromerzeugung maßgebend.

a) Belastungsverhältnisse beim Vollbahnbetrieb.

Im allgemeinen wird es sich beim Vollbahnbetrieb um ganz erhebliche Energiemengen handeln, welche jährlich erforderlich sind, daher ist anzunehmen, daß die Erzeugung unter den mit einem Großbetrieb verbundenen günstigen Bedingungen erfolgen kann. Diese Annahme ist aber infolge der eigenartigen Belastungsverhältnisse, unter denen die Bahnzentralen arbeiten, nicht allgemein gültig. Durch den unregelmäßigen Lauf der Eisenbahnzüge auf den einzelnen Linien nämlich wird zeitweise eine starke Beanspruchung des Kraftwerkes hervorgerufen, die noch durch das gleichzeitige Anfahren mehrerer Züge gesteigert werden kann. Während eines anderen Zeitabschnittes wiederum ruht der Zugverkehr oder wickelt sich in der Weise ab, daß nur ein geringer Energieverbrauch stattfindet, der das Werk schwach belastet. Die Belastungskurve einer Bahnzentrale nimmt deshalb einen sehr unregelmäßigen Verlauf, wie Abb. 4 erkennen läßt, welche die Belastung der für den elektrischen Betrieb in Aussicht genommenen 55·4 km langen Wiesentalbahn der Badischen Staatseisenbahnen darstellt. Die Kurve ist hauptsächlich durch die zahlreichen Spitzen, die den rasch wechselnden Energiebedarf erkennen lassen, gekennzeichnet. Während bei fraglicher Bahn die mittlere Tagesbelastung zu etwa 700 KW angenommen werden darf, steigert sich der Energiebedarf zeitweise auf den drei- bis vierfachen Betrag. Ähnlich liegen die

Verhältnisse bei größeren Bahnnetzen, wenn sich auch hier die Belastungs-schwankungen infolge des gegenseitigen Ausgleiches der einzelnen Verkehrs-mittelpunkte ·einigermaßen ausgleichen werden.   Immerhin wird aber allgemein damit zu rechnen sein, daß der Höchstwert des augenblicklichen Energiebedarfs auf verkehrsreichen Strecken das dreifache der für die mittlere Tagesarbeit erforderlichen Energiemenge beträgt.   Zu diesen Strecken sind alle Bahnlinien zu rechnen, die eine tägliche Leistung von mindestens 5 000 000 t/km aufweisen.   Auf Bahnen mit stärkerem Verkehr wird sich der Ausgleich noch etwas günstiger gestalten.

Eine Besserung der Belastungsverhältnisse durch Änderung der Kurs-lage der Züge herbeizuführen, ist im allgemeinen nicht zu erreichen, da diese wegen des Anschlusses auf den Verkehrsmittelpunkten festliegt.   Im allgemeinen wird eine Abflachung der Belastungskurve aber begünstigt durch schwer belastete Schnell- und Güterzüge, die große Strecken ohne anzuhalten durchlaufen, während wieder andere, häufig anhaltende Züge zur Erhöhung der Belastungsspitzen beitragen.   In dieser Hinsicht sind die Verhältnisse bei den deutschen Bahnen günstig, da hier durch den starken Schnellzugverkehr, der nur wenige Haltepunkte berücksichtigt, ferner durch die Ferngüterzüge für den Kohlentransport und das Leer-material ein Ausgleich der Belastungsschwankungen in ganz erheblichem Maße stattfindet.   Eingehende Untersuchungen in dieser Hinsicht be-rechtigen zu der Annahme, daß auf den verkehrsreichen Strecken der deutschen Eisenbahnen das Verhältnis von augenblicklicher Höchst-leistung und mittlerer Tagesbelastung dem Wert 2 ziemlich nahe kommt und diesen in einzelnen Fällen auch erreicht. Auf den Schweizer Bahnen liegen die Verhältnisse für den Ausgleich der Belastungsschwankungen ungünstiger, da auf diesen ein Schnellzug- und Güterverkehr, wie er sich auf deutschen Bahnen vorfindet, nur auf einzelnen Linien vorhanden ist. Die von der Schweizerischen Studienkommission für elektrischen Bahnbetrieb vorgenommenen Untersuchungen haben auch zu dem Ergebnis geführt, daß bei zweckmäßigem Zusammenfassen verschiedener Bahnstrecken zu Bahn-netzen mit mehr oder weniger großer Ausdehnung immer noch mit einer Verhältniszahl von 4 bis 5 zu rechnen ist, die nur unter ganz günstigen Verhältnissen auf 3 herabgeht.   Dieser Wert ist als Grenz-wert zu betrachten, er kann unter den bestehenden Verkehrsverhältnissen auch dann nicht unterschritten werden, wenn mehrere größere Verkehrs-mittelpunkte verbunden werden.

b) Größe der Kraftwerke.

Was nun die Größe der für Bahnbetrieb erforderlichen Kraftwerke anbelangt, so ist diese derart zu bemessen, daß den Belastungsschwan-kungen im Netz Rechnung getragen werden kann. Die gesamte im Jahr erforderliche Energiemenge läßt sich annähernd genau aus den von der Bahn geleisteten Brutto-t/km berechnen, und zwar darf hierbei für unsere Verhältnisse der Energieverbrauch für das t/km, am Fahrdraht gemessen, zu 30 WStd angenommen werden. Unter Berücksichtigung der Verluste in den Leitungen und den Transformatoren der einzelnen Speisepunkte erhält man damit schon einen gewissen Aufschluß über die erforderliche Leistung der einzelnen Kraftwerke, der aber noch zu ergänzen ist, durch eine Untersuchung des Energiebedarfs auf Grund des Fahrplanes und der

Belastungs- und Geschwindigkeitsverhältnisse der Züge für die einzelnen
Tagesstunden, um feststellen zu können, ob die Belastungskurve des
Netzes nicht zeitweise außergewöhnliche Spitzen aufweist. In dieser
Weise wurde die Belastungskurve (Abb. 4) der Wiesentalbahn der Badischen Staatseisenbahnen ermittelt, die erkennen läßt, daß die augenblicklichen Höchstwerte der Belastung das drei- bis vierfache der mittleren Tagesbelastung betragen. Für die Größe der Maschinenleistung
einer Bahnzentrale ist nun die bereits erwähnte Verhältniszahl, welche die
Belastungschwankungen charakterisiert und mit n bezeichnet werden möge,

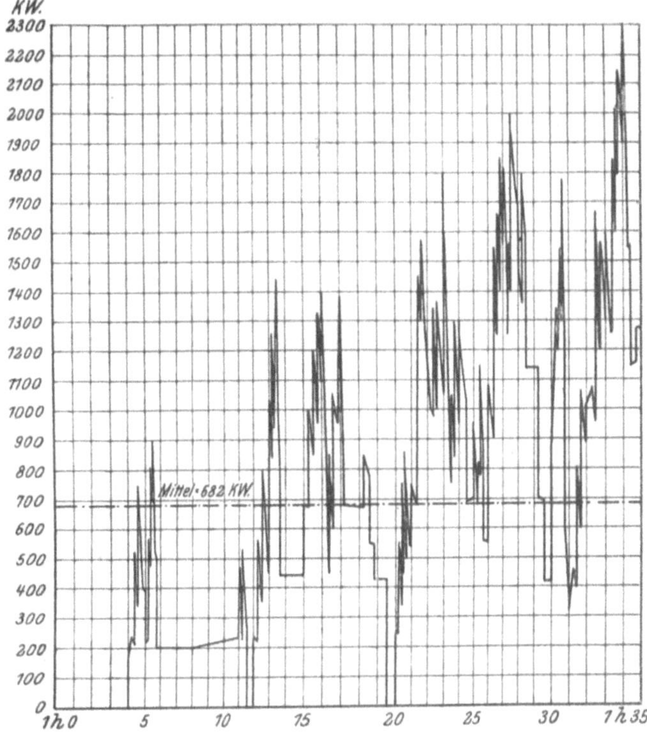

Abb. 4. Arbeitsverbrauch für die elektrische Zugförderung auf der Wiesentalbahn
während der ungünstigsten Betriebszeit 1h 0 — 1h 35.

in erster Reihe maßgebend. Bei 24-stündiger gleichmäßiger Belastung
eines Werkes und einem jährlichen Energiebedarf von A berechnet sich die
Leistung zu

$$N = \frac{A}{24 \cdot 365} = \frac{A}{8760} \text{ PS}.$$

So günstige Belastungsverhältnisse bestehen jedoch beim elektrischen
Bahnbetrieb nicht, es muß diese Leistung deshalb im allgemeinen um das
n-fache erhöht werden, damit das Werk die zeitweilig auftretende Spitzen-
arbeit leisten kann. Die Ausnutzung derartiger Werke ist somit verhält-
nißmäßig gering. Sie ist um so günstiger, je kleiner die Verhältniszahl n
ist, je weniger somit die augenblickliche Höchstbelastung sich von dem
Mittelwert entfernt. Man darf nun die Größe der Maschinenleistung
eines Werkes nicht einfach zu $n \cdot N$ annehmen, es ist vielmehr durch
einen kleinen Zuschlag noch der Schaffung genügender Reserve Rechnung

zu tragen. Diese sollte mit Rücksicht auf die Bedeutung, welche derartige Kraftwerke für die Sicherheit des Bahnbetriebes haben, nicht zu klein bemessen werden. Hierbei kann aber auch noch berücksichtigt werden, daß in den Maschineneinheiten von normaler Leistung insofern schon eine gewisse Reserve steckt, als sie bis zu $40\,^0/_0$ auf kurze Zeit überlastet werden können.

Für die Erzeugung elektrischer Energie bei Vollbahnbetrieb kommen in Betracht:

α) Dampfkraft,

β) Wasserkraft,

γ) Die Hoch- und Koksofengase.

c) Verteilung der Gesamtenergieerzeugung auf mehrere Werke.

Bei der Versorgung eines ausgedehnten Bahngebietes mit elektrischer Energie wird man die Energieerzeugung auf mehrere Werke verteilen, was bei der Größe der in Betracht kommenden Energiemenge im allgemeinen zulässig sein wird, ohne daß dadurch eine wesentliche Beeinträchtigung der Wirtschaftlichkeit des Betriebes zu befürchten ist. Auf diese Weise wird es möglich sein, den Betrieb auch dann noch aufrecht zu erhalten, falls in einem Werk eine vollständige Betriebsunterbrechung eintritt, da dann die übrigen Werke unter Beizug der vorhandenen Reserve den Ausfall noch zu decken vermögen.

d) Lage der Elektrizitätswerke.

Was nun die Lage der Werke anbelangt, so wird man sie tunlichst in den Schwerpunkt des Versorgungsgebietes verlegen, um für die Stromverteilung günstige Verhältnisse zu schaffen. Bei den Dampfkraftzentralen ist aber auch gleichzeitig Rücksicht auf die Kohlenbeschaffung sowie das Vorhandensein von Wasser zu nehmen. Diese Rücksicht wird eine ausschlaggebende Bedeutung dann erlangen, wenn es sich um Wahrung anderweitiger wichtiger Interessen handelt. Es kann z. B. die Ausnutzung großer, außerhalb des eigentlichen Verbrauchsgebietes gelegenen Torf- oder Braunkohlenlager durch die Dampfkraftwerke in Frage kommen, sowie auch die Verwendung minderwertigen Brennmaterials der Steinkohlenzechen, in welchem Falle die Werke an Ort und Stelle zu errichten sind, damit ein weiterer Transport des Brennmaterials nicht nötig fällt.

Die gleichen Verhältnisse liegen auch vor, wenn es sich um die Ausnutzung einer Wasserkraft oder die Verwendung von Hütten- und Koksofengasen handelt, in welchem Falle die Lage des Kraftwerkes im voraus schon bestimmt ist. Wenn derartige Umstände die Erzeugung billiger elektrischer Energie ermöglichen, so darf diese auch bei einer ungünstigen Lage des Kraftwerkes noch in Erwägung gezogen werden, da die Übertragung der Energie und deren Verteilung im Versorgungsgebiet bei den jetzt zulässigen hohen Spannungen ohne allzugroße Verluste erfolgen kann. Immerhin wird zu prüfen sein, ob auch im einzelnen Falle die Wirtschaftlichkeit der Stromlieferung noch gesichert ist.

α) Dampfkraftwerke.

Was die Ausgestaltung der Dampfkraftwerke anbelangt, so wird diese unter Zuhilfenahme aller Errungenschaften der Technik zu erfolgen haben, um den Betrieb möglichst sicher und wirtschaftlich zu gestalten. Auf eine

übersichtliche Anordnung und zweckmäßige Einrichtung der Maschinen-
und Kesselanlage sowie der Schaltanlage ist deshalb besonderer Wert zu
legen.

Bei der Größe der hier in Betracht kommenden Maschineneinheiten
und dem Umfang der Werke kann für den Antrieb der Stromerzeuger nur
die Dampfturbine in Betracht kommen, die einen geringen Dampfverbrauch
hat, geringer Wartung bedarf und den beim Bahnbetrieb auftretenden Belastungsschwankungen viel besser zu folgen vermag als die Kolbendampf-
maschine; auch erträgt sie eine ganz erhebliche Überlastung. Dabei ist
aber auf die Verwendung hoch überhitzten Dampfes und eine möglichst
vollkommene Oberflächenkondensation besonderer Wert zu legen.

Für die Dampferzeugung sind Wasserröhrenkessel mit großem Wasserraum in Aussicht zu nehmen und zwar in Einheiten von 350 bis 450 qm
Heizfläche, damit der Umfang des Kesselhauses mit dem des Maschinen-
hauses in Einklang gebracht werden kann, was bei dieser Bauart infolge
ihres geringen Raumbedarfs auch zu erreichen ist. Durch Verwendung
von Ekonomisern ist eine möglichst vollkommene Ausnutzung des Brennmaterials anzustreben.

Die Kessel sind mit automatischer Feuerung zu versehen, deren Fülltrichter das Brennmaterial selbsttätig von den hochgelegenen Bunkern
zufällt. Auf Anlage einer zweckmäßigen Kohlenförderung und geeigneten
Einrichtung für die Schlackenabfuhr ist noch besonderer Wert zu legen.

Um der Forderung nach weitgehender Betriebssicherheit Rechnung
zu tragen, empfiehlt es sich, die einzelnen Antriebsmaschinen mit den
dazu gehörigen Kesseln als selbständige Einheiten auszugestalten, die dann
vollkommen unabhängig voneinander sind und im Falle einer Störung
einzeln ausgeschaltet werden können, ohne daß dadurch der Betrieb des
übrigen Teils der Anlage dauernd beeinflußt wird.

Diese Trennung der Einheiten soll sich aber nicht allein auf den
maschinellen Teil der Anlage erstrecken, sie ist vielmehr auch beim elektrischen Teil in gleicher Weise durchzuführen. Dabei ist der Ausbildung
der Schaltanlage hinsichtlich Einfachheit, Übersichtlichkeit und möglichster
Betriebssicherheit besondere Beobachtung zu schenken.

Die Selbstkosten der Stromerzeugung eines derart angelegten Kraftwerkes lassen sich folgendermaßen berechnen.

Wir setzen dabei voraus, daß es sich um die Erzeugung von Wechselstrom von 25 Pulsen handelt, der für elektrischen Bahnbetrieb in erster
Reihe in Frage kommt. Bei den deutschen Eisenbahnen darf, wie bereits hervorgehoben, mit Belastungsschwankungen gerechnet werden, für welche die
augenblickliche Höchstleistung das zwei- bis dreifache der durchschnittlichen Leistung beträgt. Wir legen unserer Berechnung jedoch die Verhältniszahl 4 zugrunde, welche, besonders wenn noch die Überlastung der einzelnen Maschineneinheiten in Betracht gezogen wird, der Forderung weitgehender Reserve in vollem Maße Rechnung trägt.

Als Brennmaterial ist Ruhrkohle mit einem Heizeffekt von 7500 Kal.
in Aussicht genommen.

Bei voller Ausnutzung des Werkes würde jedes angeschlossene Kilowatt im Jahr

$$365 \cdot 24 = 8760 \text{ KWStd}$$

leisten. Da aber nach vorstehendem nur eine solche von $^1/_4$ zugrunde zu legen ist, so ermäßigt sich die jährliche Leistung einer Kilowatt-Maschineneinheit auf 2190 KWStd oder rund 2200 KWStd[1]).

Die Kosten des Kraftwerkes dürfen zu 350 M. für das angeschlossene Kilowatt angenommen werden. Rechnet man für Verzinsung, Unterhaltung und Erneuerung der Maschinen-, Kessel- und Schaltanlage samt Gebäude 10 % des Anlagekapitals, so ergibt sich als Anteil einer KWStd ein Betrag von

$$\frac{350 \cdot 0\text{·}1}{2200} = \quad \cdots \cdots \cdots \quad 1\text{·}6 \text{ Pf.}$$

Bei einem Dampfverbrauch von 8 kg für die Kilowattstunde und Annahme einer achtfachen Verdampfung, wie sie unter den vorliegenden Betriebsverhältnissen mit Ekonomisern bei Wasserrohrkesseln zu erreichen ist, ergibt sich damit ein Kohlenverbrauch von 1 kg, der bei einem Preis von 16 M. für die Tonne die Kilowattstunde mit $\cdots \cdots \cdots \cdots \cdots$ 1·6 „ belastet.

Hierzu kommt noch für die Bedienung und sonstige Ausgaben ein weiterer Betrag von $\cdots \cdots \cdots \cdots$ 0·4 „

so daß sich damit die Kosten der Stromerzeugung für die KWStd zu 3·6 Pf. berechnen.

Durch Ausbeutung von günstig gelegenen Braunkohlenlagern könnten die Kosten der Stromerzeugung auf etwa 2·6 Pf. herabgedrückt werden, da dies Brennmaterial bei direkter Verwendung an Ort und Stelle zum Preis von 1·8 M. für die Tonne zur Verfügung steht, wobei allerdings nur mit einer $2^1/_2$fachen Verdampfung gerechnet werden darf.

Diese Werte für die Kosten der Stromerzeugung lassen sich bei der Größe der in Betracht kommenden Werke und der sehr erheblichen Leistung, wie im Betriebe befindliche Anlagen beweisen, sicherlich erreichen.

Dabei ist aber noch zu berücksichtigen, daß so umfangreiche und leistungsfähige Anlagen wohl nicht allein dem elektrischen Bahnbetrieb dienen werden, daß sie vielmehr auch Strom für Kraft- und Lichtzwecke an Gemeinden und Genossenschaften, wenn auch zu einem mäßigen Preis, abgehen können, so daß immerhin noch mit einem bestimmten Unternehmergewinn gerechnet werden darf, wodurch das Gesamtergebnis nur günstig beeinflußt werden kann. Eine derartige Erweiterung der Tätigkeit der Bahnelektrizitätswerke wird aber auch noch den Vorteil haben, daß damit die Grundbelastung des Werkes und somit die Gesamtausnutzung verbessert wird, so daß sich dann auch die Belastungsschwankungen nicht mehr in dem ursprünglichen Maße bemerkbar machen.

Die Elektrotechnik hat auf die Entwicklung der verschiedenen Zweige des Maschinenbaues außerordentlich befruchtend gewirkt. Die Ausbildung der Dampfmaschine wurde durch sie wesentlich gefördert; diese hat nunmehr eine Vollkommenheit erreicht, daß sie den höchsten Anforderungen bezüglich der Wirtschaftlichkeit und Sicherheit des Betriebes zu entsprechen vermag, wie dies die Betriebsergebnisse der großen Dampfkraftwerke, der Elektrizitätswerke, dartun.

---

[1]) vgl. Pforr, Der elektrische Vollbahnbetrieb. Glasers Annalen 1902, Nr. 718.

β) **Wasserkraftwerke.**

Aber auch der Bau der hydraulischen Motoren hat durch die Elektrotechnik einen mächtigen Aufschwung genommen, nachdem erkannt war, welche große Vorteile die elektrische Kraftübertragung für die Ausnützung der Wasserkräfte bietet. Während unter den früheren Verhältnissen die Verwertung einer Wasserkraft vielfach aus dem Grunde ausgeschlossen war, weil an Ort und Stelle die Bedingungen für einen Fabrikbetrieb fehlten, sind wir heute in der Lage, die in einer Wasserkraftanlage erzeugte elektrische Energie auf weite Entfernungen ohne erheblichen Verlust zu übertragen, so daß es sich dadurch ermöglichen läßt, ihre Verwertung nach Orten zu verlegen, wo die Verkehrs- und Arbeitsverhältnisse der Entwicklung einer neuen Industrie günstig sind.

Für den elektrischen Betrieb der Vollbahnen haben die Wasserkräfte eine besondere Bedeutung gewonnen, da ihm die elektrische Energie zu billigem Preis zur Verfügung gestellt werden kann. Dabei hat die Ausnützung der Wasserkräfte für diesen Zweck auch noch eine große volkswirtschaftliche Bedeutung, indem dadurch die vorhandenen Kohlenvorräte der Erde, mit deren Erschöpfung in absehbarer Zeit gerechnet werden muß, geschont werden können.

Zur Ausnützung einer Wasserkraft ist es erforderlich, das Gefälle eines Flusses an einer Stelle zusammenzufassen, damit das Kraftwasser den hydraulischen Motoren unter möglichst hohem Druck zugeführt werden kann. Je nachdem es sich dabei um einen Fluß in der Niederung mit geringem Gefälle oder einen Fluß im Gebirge mit starkem Gefälle handelt, kann man unterscheiden zwischen Niederdruckanlagen und Hochdruckanlagen.

Die Ausnützung der Wasserkraft eines Flusses in der Niederung bedingt den Einbau umfangreicher und kostspieliger Wehrbauten im Flußbett, um das Gefälle an einer geeigneten Stelle für die Nutzbarmachung in einer Wasserkraftanlage zusammenzufassen. Das Gefälle ist bei derartigen Anlagen im allgemeinen gering, dagegen sind die Nutzwassermengen um so größer. Ein interessantes Beispiel bildet in dieser Hinsicht das Kraftwerk am Oberrhein bei Rheinfelden; hier werden durch Ausnützung eines Gefälles von 7 m 16000 PS gewonnen.

Bei den Hochdruckanlagen, die nur in Gebirgsgegenden in Betracht kommen, führt man das Nutzwasser mit schwachem Gefälle im offenen Kanal oder in einem Stollen einer geeigneten Stelle zu, von wo sich ein günstiger Absturz nach dem tiefgelegenen Kraftwerk ergibt.

Bei diesen Wasserkraftanlagen handelt es sich durchweg um größere Gefälle, während die Wassermengen verhältnismäßig gering sind. Sie haben den Niederdruckanlagen gegenüber insofern einen gewissen Vorzug, als die Turbinen mit den damit direkt gekuppelten Stromerzeugern geringe Abmessungen erhalten, so daß sich damit auch geringe Anlagekosten ergeben.

Bei Tag- und Nachtbetrieb und voller Ausnützung der Betriebsmaschine betragen bei diesen beiden Gruppen von Kraftanlagen die Selbstkosten der Stromerzeugung $\frac{1}{2}$ bis 2·5 Pf. für die KWStd. Dabei ist selbstverständlich vorausgesetzt, daß es sich in jedem einzelnen Fall um sehr leistungsfähige Werke handelt, wie solche für die Stromversorgung eines ausgedehnten Bahnnetzes in Betracht kommen.

Die volle Ausnützung einer Wasserkraftanlage ist jedoch nur der chemischen Industrie möglich, für welche solche Wasserkräfte deshalb sehr wertvoll sind. Beim Bahnbetrieb ist der hier vorliegenden ungünstigen Belastungsverhältnisse wegen nur eine verhältnismäßig geringe Ausnützung zu erreichen, weshalb sich derartige Wasserkraftanlagen für diese Betriebsweise weniger gut eignen, denn der größte Teil der vorhandenen Wassermenge müßte hierbei unausgenutzt abfließen. Die Selbstkosten einer Kilowattstunde können sich unter diesen Verhältnissen derart erhöhen, daß die Wirtschaftlichkeit des elektrischen Bahnbetriebes in Frage gestellt wird.

Dazu kommt aber noch, daß bei Wasserkraftwerken mit unregelmäßigem Wasserzufluß, die das natürliche Gefälle eines Flusses ausnutzen, im Winter mit Störungen durch Grundeis zu rechnen ist, infolgedessen der Betrieb eingeschränkt oder auch ganz eingestellt werden muß. Ebenso kann die bei Wasserklemmen eintretende Verminderung der Leistungsfähigkeit des Werkes die empfindlichsten Störungen hervorrufen. Da aber beim Bahnbetrieb die Stromlieferung in keiner Weise eine Einschränkung erleiden darf, muß das Wasserkraftwerk mit einer Dampfreserve ausgerüstet werden, welche im Notfalle den Betrieb zu übernehmen hat. Diese Reserve, welche reichlich zu bemessen ist, arbeitet jedoch nur ausnahmsweise im Jahr und dann teilweise wieder unter ungünstigen Verhältnissen. Dadurch werden aber die Kosten der Stromerzeugung noch weiter ungünstig beeinflußt.

Diese Verhältnisse können aber durch Akkumulierungsanlagen wesentlich verbessert werden. Die naheliegende Aufspeicherung des Wassers in einem Sammelweiher kommt im vorliegenden Falle aber nur bei den Hochdruckanlagen in Betracht, wo die örtlichen Verhältnisse für die Anlage von Stauweihern vielfach günstig sind. Für Niederdruckanlagen kann es sich nur um eine elektrische Aufspeicherung handeln.

Pumpanlagen, mit der das zeitweise überschüssige Nutzwasser auf einen hochgelegenen Sammelweiher zu pumpen wäre, um dann zu gelegener Zeit wieder für die Stromerzeugung Verwendung finden zu können, sind in vorliegendem Falle unzureichend und deshalb zu verwerfen.

Ist eine Bahnzentrale an eine Talsperre angeschlossen, so fällt dem Stauweiher bei der Stromerzeugung für den elektrischen Bahnbetrieb eine doppelte Aufgabe zu, er hat einmal die täglich auftretenden Belastungsschwankungen auszugleichen und dann aber auch das erforderliche Nutzwasser zur Zeit von Wasserklemmen, während welcher der Verbrauch größer ist als der Zufluß aus dem Niederschlaggebiet, bereit zu halten. Zur Lösung der ersten Aufgabe muß, wie beim Dampfkraftbetrieb, die Leistung der maschinellen Anlage des Kraftwerkes dem zeitweise auftretenden Höchstbedarf an elektrischer Energie angepaßt werden; diese muß somit, je nach den im Netz auftretenden Belastungsschwankungen, das drei- bis fünffache des normalen Energiebedarfs betragen.

Der Ausgleich des Nutzwassers während der verschiedenen Jahreszeiten durch den Stauweiher bedingt die Ansammlung einer hinreichend großen Wassermenge, damit das Kraftwerk auch während der vier bis fünf trockenen Sommermonate seinen Betrieb voll aufrecht erhalten kann. Im allgemeinen wird eine Talsperre, die der Erzeugung von elektrischer Energie für Kraft- und Lichtzwecke dient, diese zweite Aufgabe in vollem Maße zu erfüllen vermögen, wenn der Fassungsraum des Beckens 30 bis 40 $^0/_0$ der gesamten jährlichen Abflußmenge aufzunehmen vermag. Indessen ist zu beachten, daß die Größe des Fassungsraumes für eine bestimmte jährliche Abflußmenge wesentlich beeinflußt wird durch die Art der Verteilung der Niederschläge auf die einzelnen Jahreszeiten und die Betriebsweise der angeschlossenen Kraftwerke. Es wird sich immer empfehlen, in jedem einzelnen Fall diese Frage einer genauen Prüfung zu unterziehen, denn nur hierdurch kann verhindert werden, daß zu Zeiten reichlicher Niederschläge das Staubecken das zufließende Wasser nicht voll aufzunehmen vermag, und andernteils wieder zur Zeit der Wasserklemmen ein großer Mangel an Triebwasser eintritt.

Die Kosten des mit Hilfe einer Talsperre erzeugten elektrischen Stromes hängen unter sonst· gleichen Verhältnissen von der Höhe der Anlagekosten ab. Da die Sperren hauptsächlich in Gebirgstälern zur Ausführung gelangen, so werden auf die Anlagekosten in erster Reihe die örtlichen Verhältnisse, insofern durch diese die Größe des Abschlußwerkes und die Länge der Druckleitung nach dem Kraftwerk bedingt sind, von wesentlichem Einfluß sein. Aber auch die vorliegenden geologischen Verhältnisse spielen hierbei eine gewisse Rolle, indem diese im zerklüfteten Gestein zu umfassenden Dichtungsarbeiten Veranlassung geben können und auch sonst für die Fundierung des Abschlußwerkes und die Gewinnung geeigneten Baumaterials in der Nähe der Staumauer maßgebend sind. Mittelwerte für die Anlagekosten der Talsperren lassen sich unter diesen Umständen selbstverständlich nicht berechnen.

Bei den Kraftwerken, welche an Talsperren angeschlossen sind, darf für die Selbstkosten der Erzeugung elektrischer Energie nach den bei ausgeführten Anlagen sich zeigenden Ergebnissen ein Preis von 1 bis 3 Pf.[1] für die Kilowattstunde angenommen werden. Für Betriebe mit stark wechselnder Belastung und geringer Ausnutzung der Anlage, als welche die städtischen Elektritizitätswerke zu betrachten sind, darf dieser Preis, der im allgemeinen etwas höher sein wird als bei nicht akkumulierfähigen Wasserkraftanlagen, als außerordentlich günstig betrachtet werden, da er durch die Art der Verwendung des Stromes nicht mehr beeinflußt wird; für elektrischen Bahnbetrieb bewegt er sich innerhalb solcher Grenzen, daß eine Wirtschaftlichkeit dadurch im allgemeinen gesichert ist.

Auf eine Eigenschaft der Talsperren, die für den Bahnbetrieb besonders wertvoll ist, mag noch hingewiesen werden. Eine Bildung von Grundeis tritt nämlich in den Stauweihern nicht ein, infolgedessen ist auch während des Winters bei den angeschlossenen Kraftwerken eine Betriebsstörung aus diesem Grunde nicht zu befürchten. Eine Dampfreserve ist somit auch nicht erforderlich, falls das Werk in sich genügende Reserve besitzt. Die Dampfreserve wird aber auch bei Talsperren dann von großem Wert sein, wenn die Wasserkraft den steigenden Anforderungen mit der Zeit nicht mehr genügen kann. Eine derartig kombinierte Anlage wird einen weit wirtschaftlicheren Betrieb ermöglichen, als die Reserven, welche den nicht akkumulierbaren Wasserkraftanlagen über die Zeit der jährlichen Wasserklemmen hinwegzuhelfen haben. Während nämlich bei letzteren der Betrieb aufgenommen werden muß, sobald Wassermangel

---

[1] Unter besonders günstigen Verhältnissen, wie sie in den bayerischen Alpen vorliegen, können die Kosten einer KWStd auf $^1/_2$ Pf. herabgehen.

eintritt und naturgemäß anfänglich auch bei schwacher Belastung durchgeführt wird, kann bei den Dampfkraftanlagen, die in Verbindung mit Talsperren stehen, schon längere Zeit vorher, d. h. vor Eintritt des Wassermangels, die Wasserkraftanlage unterstützt werden, so daß sich damit jede gewünschte Entlastung des Stauweihers erzielen läßt. Dabei kann aber die Dampfkraftanlage längere Zeit hindurch vollbelastet ohne Unterbrechung arbeiten, so daß unter so günstigen Betriebsverhältnissen auch die Kosten der Stromerzeugung sehr geringe sein werden. Durch die Möglichkeit, die Betriebsdauer derartiger Dampfkraftanlagen beliebig verlängern zu können, ist es möglich, mit verhältnismäßig kleinen Maschineneinheiten auszukommen, so daß auch hierdurch wieder die Kosten der Stromerzeugung günstig beeinflußt werden.

Bei den nichtakkumulierbaren Wasserkraftanlagen, soweit diese nicht in das Gebiet des Hochgebirges fallen, ist während der Wintermonate ein großer Wasserzufluß vorhanden, was insofern günstig ist, als er größtenteils mit der Hauptbeleuchtungsperiode, also mit der Zeit des größten Kraftbedarfes der Elektrizitätswerke, zusammenfällt. Eine gute Ausnutzung derartiger Anlagen ist aber trotz dieser günstigen Verhältnisse nicht zu erreichen, da der regelmäßige Verlauf des Kraftbedarfs nicht vollständig dem jeweiligen Wasserstand angepaßt werden kann. Es können aber die Vorteile der Akkumulierung auch diesen Werken zuteil werden, wenn man sie mit Hochdruck-Anlagen, die an Staubecken angeschlossen sind, vereinigt. Die Aufspeicherung des Nutzwassers wird dabei in der Weise vor sich gehen, daß das Niederdruckwerk während der Wintermonate, somit zur Zeit des größten Wasserzuflusses, soweit als möglich die gesamte Arbeit übernimmt, so daß also beim Hochdruckwerk ein Wasserverbrauch kaum oder nur in geringer Menge stattfindet. Das dem Staubecken aus dem Niederschlaggebiet zufließende Wasser kann somit für die Sommermonate zurückbehalten werden. Für die Zeit der Wasserklemme hat aber das an die Talsperre angeschlossene Kraftwerk einzutreten, dem dann für den erweiterten Kraftbedarf das erforderliche Nutzwasser zur Verfügung steht.

Mit einer derartigen Verbindung zweier Werke verschiebt sich die Aufgabe der Talsperre vollständig. Während sie bei der einfachen Anlage in den Wintermonaten dem gesteigerten Kraftbedarf entsprechend eine große Nutzwassermenge abzugeben hat, sinkt dieser Verbrauch bei den vereinigten Werken ganz bedeutend, um sich erst während der Sommermonate wieder zu erheben. Es ergeben sich damit ähnliche Verhältnisse wie bei der Versorgung der Städte mit Trinkwasser, die Talsperren mit großem Fassungsraum bedingt. Für die vereinigte Anlage reicht deshalb ein Fassungsraum des Beckens von 30 bis 40 % der Niederschlagmenge auch nicht mehr aus, er muß, je nach den vorliegenden Verhältnissen, auf 50 bis 60 % erhöht werden.

Eine derartige Anlage wird z. B. im badischen Schwarzwald untersucht, wobei sich durch das Zusammenarbeiten von Hochdruckanlagen mit dem Flusse für die Stromerzeugung außerordentlich günstige Verhältnisse ergeben. Es darf angenommen werden, daß die Kosten der Stromerzeugung nach erfolgtem Ausbau dieses Werkes den Betrag von 1·5 Pf. für die Kilowattstunde nicht überschreiten werden.

γ) **Hoch- und Koksofengase.**

Die Verwendung der Hoch- und Koksofengase zur Erzeugung elektrischer Energie für Licht- und Kraftzwecke findet bereits eine ausgedehnte Verwendung. Da diese Gase bei den Hütten und Zechen vielfach in großer Menge zur Verfügung stehen, so könnten sie auch für den Bahnbetrieb nutzbar gemacht werden. Die Kosten einer KWStd stellen sich bei Verwendung derartiger Gase auf etwa 1·5 bis 2·5 Pf.

Ob aber mit der Verwendung von Hoch- und Koksofengasen für vorliegenden Zweck ein großer Erfolg zu erzielen sein wird, hängt einerseits davon ab, ob der Großgaskraftmotor in gleichem Maße wie die Dampfturbine die im Netze auftretenden Belastungsschwankungen auszugleichen vermag, und andererseits davon, ob auch die regelmäßige Lieferung dieser Gase unter allen Umständen gesichert ist.

e) **Zusammenstellung der Untersuchungsergebnisse.**

Die Ausführungen über die Kosten der Stromerzeugung beim Vollbahnbetrieb können somit dahin zusammengefaßt werden:

α) Die Dampfkraftzentralen vermögen den für den Vollbahnbetrieb erforderlichen elektrischen Strom zum Preise von 3·6 Pf. bei Verwendung von Ruhrkohlen und von 2·6 Pf. bei Verwendung von Braunkohlen zu erzeugen.

β) Bei Wasserkraftanlagen, welche das natürliche Gefälle der Flüsse ausnutzen und bei denen es sich um große Leistungen handelt, betragen die Selbstkosten einer Kilowattstunde bei Tag- und Nachtbetrieb und voller Belastung $^1/_2$ bis 2·5 Pf. Infolge der Nichtakkumulierbarkeit des Nutzwassers derartiger Anlagen erhöht sich dieser Preis nach Maßgabe der beim Bahnbetrieb auftretenden Belastungsschwankungen. Wasserkraftanlagen, die ihr Nutzwasser Talsperren aus genügend großen Staubecken entnehmen, erzeugen den für Bahnbetrieb erforderlichen elektrischen Strom zum Preise von 1·0 bis 3·0 Pf.

γ) Bei Verwendung von Hoch- und Koksofengase betragen die Kosten der Stromerzeugung 1·5 bis 2·5 Pf. für die Kilowattstunde.

f) **Einfluß der elektrischen Akkumulierung auf die Kosten der Stromerzeugung.**

Bei vorstehenden Untersuchungen wurde stets angenommen, daß die Größe der Maschinenleistungen der Werke den beim elektrischen Bahnbetrieb zeitweise auftretenden Höchstbelastungen angepaßt wird. Damit erhalten diese aber einen verhältnismäßig großen Umfang, es liegt deshalb nahe, zu prüfen, ob durch die elektrische Akkumulierung, die eine konstante mittlere Belastung des Werkes herbeizuführen vermag, unter diesen Verhältnissen das Betriebsergebnis nicht wirtschaftlicher gestaltet werden kann.

Diese Prüfung läuft im allgemeinen auf eine vergleichende Betriebskostenberechnung hinaus. Auf der einen Seite haben wir die großen Anlagekosten für die umfangreiche, aber wenig ausgenutzte, unwirtschaftlich arbeitende Maschinenanlage, und somit einen hohen jährlichen Aufwand für Verzinsung, Erneuerung und Unterhaltung, auf der anderen Seite dagegen die kleine der mittleren Belastung des Werkes angepaßte Maschinenanlage, welche geringe Anlage- und Betriebskosten erfordert, aber noch einen besonderen Aufwand für die elektrische Bufferung bedingt. Dieser darf, da es sich beim Bahnbetrieb im allgemeinen um erhebliche Leistungen handelt, je nach der in Betracht kommenden Stromart auf Grund von Betriebsergebnissen zu 2 bis 3 Pf. für die Kilowattstunde angenommen werden.

Für die Dampfkraftzentrale liegt im allgemeinen die Grenze, bei der sich die elektrische Bufferung als vorteilhaft erweist, ziemlich niedrig, da sich bei ihr die Vorteile, die eine Betriebsführung unter konstanter Belastung bietet, besonders bemerkbar machen. Falls beim elektrischen Bahnbetrieb die Höchstbelastungsschwankungen das vier- bis fünffache der durchschnittlichen Belastung betragen, darf bereits zur elektrischen Bufferung übergegangen werden; unter dieser Grenze ist es jedoch vorteilhafter, zum Ausgleich der Belastungsschwankungen eine genügend große Maschinenanlage zu verwenden.

Bei Wasserkraftanlagen, die an Talsperren angeschlossen sind, ist mit dem Arbeiten unter konstanter Belastung ein wesentlicher Erfolg nicht vorhanden, die elektrische Bufferung wird deshalb hier kaum in Betracht kommen können. Im allgemeinen werden somit die unter a bis γ für die einzelnen Betriebe angegebenen Strompreise durch die elektrische Bufferung kaum beeinflußt.

4. Die Kosten des elektrischen Vollbahnbetriebes.

Zum Vergleich der Kosten des Dampfbetriebes mit denen des elektrischen Betriebes werde vorerst von einigen Vorzügen des Elektromotors gegenüber der Dampfmaschine, wie große Leistung beim Anfahren, höhere Geschwindigkeit usw., abgesehen und nur vorausgesetzt, daß durch Einführung des elektrischen Betriebes die bisherige Betriebsweise keine Änderung erleidet, daß insbesondere der frühere Fahrplan beibehalten wird und beim Führen der Züge an Stelle der Dampflokomotive einfach nur die elektrische Lokomotive von gleicher Leistung tritt.

Bei der Betrachtung über die Höhe der Betriebskosten können somit alle Ausgabeposten ausgeschieden werden, welche bei den beiden Betriebsarten sich annähernd gleich hochstellen. Hierher gehören in erster Reihe der Aufwand für den Verwaltungsdienst, da dieser durch die Einführung des elektrischen Dienstes eine wesentliche Änderung nicht erleidet, dann die Kosten der Bahnhofsabfertigung und der Zugbegleitung. Für den Lokomotivdienst tritt beim elektrischen Betrieb insofern eine Vereinfachung ein, als ein Drehen der Maschine nicht erforderlich wird, auch entfällt hier der Aufwand für Wasser- und Kohlenfassen. Die Einrichtungen hierfür sollen jedoch gleichfalls vorgesehen werden und sollen sich auch ständig im betriebsfähigen Zustande befinden, damit im Bedarfsfalle der Dampfbetrieb bis zu einem gewissen Umfange zu jeder Zeit wieder aufgenommen werden kann.

Was die sonstigen Bahnanlagen anbelangt, so berührt die Einführung des elektrischen Betriebes weder das Aufnahmegebäude noch die sonstigen, dem Beförderungs- und Abfertigungsdienst dienenden Gebäude und Einrichtungen, welche eine Änderung dadurch nicht erleiden. Das gleiche gilt für die Gleisanlagen, die ohne weiteres für den elektrischen Betrieb nutzbar gemacht werden können. Es dürfen somit die Kosten für die Unterhaltung und Erneuerung dieser Anlagen bei beiden Betriebsarten gleich hoch vorausgesetzt werden; dieser Aufwand scheidet daher bei der vergleichenden Betriebskostenberechnung ebenfalls aus.

Beim elektrischen Betrieb ist aber noch die Fahrleitung mit der Streckenausrüstung zu berücksichtigen, die für Verzinsung, Erneuerung und Unterhaltung einen erheblichen Aufwand erfordert. Beim Dampflokomotivbetrieb steht diesem Ausgabeposten nichts Ähnliches gegenüber.

Unter dieser Voraussetzung hat sich die Berechnung der Briebskosten für beide Betriebsweisen auf folgende Punkte zu erstrecken:

a) Verzinsung, Unterhaltung und Erneuerung der Lokomotiven.
b) Aufwand für die Stromzuführung beim elektrischen Betrieb.
c) Aufwand für das Lokomotivpersonal.
d) Kosten des Brennmaterials beim Dampflokomotivbetrieb und des Stromes beim elektrischen Betrieb.
e) Kosten des Schmiermaterials.
f) Kosten des Putzmaterials.
g) Aufwand für Kesselwaschen, Reinigen und Anheizen und Beleuchtung der Lokomotiven.
h) Kosten des Speisewassers beim Dampflokomotivbetrieb.
i) Kosten der Zugbeheizung.

a) Kosten für Verzinsung, Unterhaltung und Erneuerung der Lokomotiven.

Der Aufwand für Verzinsung, Unterhaltung und Erneuerung der Lokomotiven ist beim elektrischen Betrieb geringer als beim Dampfbetrieb. Dies ist einesteils darauf zurückzuführen, daß für den elektrischen Betrieb eine geringere Anzahl Lokomotiven erforderlich ist als für den Dampfbetrieb und andernteils auch darauf, daß die Unterhaltungskosten der elektrischen Lokomotive bei gleicher Leistung geringer sind als die der Dampflokomotive.

Die Dampflokomotiven werden dem Dienst durch Wiederherstellungsarbeiten und die Vorbereitungen zur Fahrt, wie Wasser- und Kohlenfassen, Kesselwaschen und Reinigen usw., in weitgehendem Maße entzogen. Behufs Wiederherstellung befinden sich, wenn für die Schwankungen im Reparaturstand ein Zuschlag von $4^0/_0$ gemacht wird, etwa $24^0/_0$ der vorhandenen Lokomotiven in den Werkstätten, so daß somit nur etwa $76^0/_0$ derselben für den Betriebsdienst zur Verfügung stehen. Wenn wir die Dienstausteiler des Lokomotivpersonals einer Prüfung unterziehen, so ergibt sich für die einzelne Betriebslokomotive eine durchschnittliche Dienstzeit von 13 Stunden. Die Zeit, während welcher die Lokomotiven im eigentlichen Fahrdienst verwendet werden, ist aber noch wesentlich geringer, da für die Vorbereitungen zur Fahrt noch 4 Stunden anzusetzen sind. Es wird daher damit zu rechnen sein, daß nur

$$\frac{76 \cdot 9}{13} = \text{rund } 53^0/_0$$

der in den Dienst eingeteilten Lokomotiven auch gleichzeitig Verwendung finden. Da bei der elektrischen Lokomotive die Vorbereitungsarbeiten zur Fahrt in Wegfall kommen, diese vielmehr ohne weiteres stets dienstbereit ist, so ist dieser Prozentsatz für die Anzahl der erforderlichen elektrischen Lokomotiven maßgebend, wenn hierzu noch ein Zuschlag für Wiederherstellungsarbeiten gemacht wird. Bei der elektrischen Lokomotive sind diese aber wesentlich geringer als bei der Dampflokomotive, welche durch die häufigen Wiederherstellungen, und besonders die größeren an Maschine und Kessel vorzunehmenden Unterhaltungsarbeiten, sowie die regelmäßigen Revisionen oft außer Dienst stehen. Bei der elektrischen Lokomotive werden sich die Unterhaltungsarbeiten nach zurückgelegten 30000 bis 40000 km auf eine Untersuchung des Laufwerks und der elektrischen Einrichtungen beschränken, für welche eine Zeit von 8 bis 10 Tagen vorzusehen ist. Größere Außerdienststellungen werden nur ausnahmsweise infolge von Wiederherstellungsarbeiten vorkommen, und zwar hauptsächlich dann, wenn neben den regelmäßigen Unterhaltungsarbeiten noch umfangreichere Ausbesserungen, wie Neulackierung usw., vorzunehmen sind. Unter diesen Verhältnissen dürfen wir annehmen, daß beim elektrischen Betrieb durch Wiederherstellungsarbeiten nur $16^0/_0$ der vorhandenen Lokomotiven dem regelmäßigen Dienst entzogen werden, im Gegensatz zu $24^0/_0$ beim Dampfbetrieb, welcher Annahme noch eine Schwankung im Reparaturstand der elektrischen Lokomotive von $4^0/_0$ zugrunde liegt. Es sind somit beim Übergang zur elektrischen Betriebsweise

$$\frac{53}{0 \cdot 84} = 63^0/_0$$

der vorhandenen Dampflokomotiven durch elektrische zu ersetzen. Der Sicherheit halber möge dieser Prozentsatz auf $70^0/_0$ erhöht werden, so daß damit durch den elektrischen Betrieb auch noch unvorhergesehenen Anforderungen in weitgehendem Maße Rechnung getragen werden kann.

Der Preis einer Dampflokomotive beträgt zurzeit etwa 1·1 M. für das Kilogramm Leergewicht, während bei der elektrischen Lokomotive vorerst noch mit einem Preis von 1·9 M. zu rechnen ist. Die elektrische Lokomotive ist jedoch bei gleicher Leistungsfähigkeit wesentlich leichter als die Dampflokomotive, und zwar darf das Gewicht beider im Verhältnis von 2:3 angenommen werden unter der Voraussetzung, daß etwa zwei Drittel der vorhandenen Dampflokomotiven solche mit Schlepptender sind, was im allgemeinen auch zutreffen wird. Mit dieser Annahme ergibt sich, daß das Anlagekapital der elektrischen Lokomotiven und demgemäß auch der Aufwand für Verzinsung derselben nur das

$$\frac{10 \cdot 2 \cdot 19}{100 \cdot 3 \cdot 11} = 0 \cdot 81 \,\text{fache}$$

des beim Dampfbetrieb aufzuwendenden beträgt.

Was nun den Aufwand für Unterhaltung der Lokomotiven anbelangt, so wurde oben schon darauf hingewiesen, daß die elektrische Lokomotive durch Wiederherstellungsarbeiten weniger dem Dienst entzogen wird als die Dampflokomotive, es darf deshalb auch angenommen werden, daß bei ihr der jährliche Aufwand für Unterhaltung entsprechend geringer ist. Bei der Dampflokomotive schwanken die Unterhaltungskosten für das Kilometer je nach der Bauart der Lokomotiven und den besonderen Betriebsverhältnissen zwischen 8 und 30 Pf. für das zurückgelegte Kilometer, somit innerhalb sehr weiter Grenzen. Die Kosten werden unter gleichen Umständen bei der Vierzylindermaschine wegen der schonlicheren Einwirkung des Feuers auf die Feuerbüchse und die Siederöhren und der günstigen Verteilung der Antriebkräfte auf vier Zylinder geringer sein als bei der Zwillingsmaschine, dahingegen werden sich dieselben bei Lokomotiven, die hauptsächlich Gebirgsstrecken mit starker Neigung und. kleinen Krümmungshalbmessern befahren, höher stellen als bei Lokomotiven, welche nur für den Verkehr im Flachland bestimmt sind. Mit Rücksicht hierauf können für die Unterhaltungskosten der Dampflokomotiven nicht ohne weiteres Mittelwerte gegeben werden; dieser Aufwand hängt eben zu sehr von der Bauart der Lokomotive und den örtlichen Verhältnissen ab.

Beim elektrischen Betrieb sind im allgemeinen wenige Lokomotivtypen im Gebrauch, da eine bestimmte Bauart unter sehr veränderlichen Betriebsverhältnissen verwendet werden kann; dazu kommt noch die einfache Anordnung des Triebwerkes der elektrischen Lokomotive, das nur aus drehenden Teilen besteht, ferner die Leichtigkeit, mit der schadhafte Teile gegen vorhandene Ersatzstücke ausgewechselt werden können. Es sind somit Gründe genug vorhanden, welche die geringeren Unterhaltungskosten der elektrischen Lokomotiven den Dampflokomotiven gegenüber erklärlich erscheinen lassen. Der Unterschied kann durchschnittlich bis zu $40\,^0/_0$ betragen.

Bei höheren Geschwindigkeiten wird sich der Unterschied in den Unterhaltungskosten beider Lokomotivsysteme noch mehr zugunsten der elektrischen Lokomotive verschieben, indem dann die Unterhaltungskosten der Dampflokomotive sehr rasch anwachsen, während die der elektrischen Lokomotive hierdurch weniger beeinflußt werden.

Was schließlich noch den Aufwand für Erneuerung der Lokomotiven anbelangt, so liegen in dieser Hinsicht noch nicht genügende Erfahrungsresultate vor, um bestimmte Angaben machen zu können. Es darf aber angenommen werden, daß sich unter gleichen Verhältnissen die elektrische Lokomotive dauerhafter erweist als die Dampflokomotive, da ihre einzelnen Teile nicht in dem Maße Erschütterungen und Stößen ausgesetzt sind, wie bei dieser mit ihren hin und her gehenden Massen. Bei der Dampflokomotive treten auch durch die große Hitze im Feuerraum in verhältnismäßig kurzer Zeit umfangreiche Zerstörungen auf, welche bei der elektrischen Lokomotive überhaupt nicht vorkommen.

, Der Einfachheit wegen soll aber angenommen werden, daß die elektrische Lokomotive bis zu ihrer endgültigen Außerbetriebsetzung die gleiche Leistung von zurückgelegten Lokomotivkilometern erreicht wie die Dampflokomotive gleicher Gattung. Daraus ergibt sich aber tatsächlich eine geringere Lebensdauer der elektrischen Lokomotive als der Dampflokomotive in Hinsicht auf ihre größere Jahresleistung, welche die Betriebsführung mit einer geringeren Anzahl Lokomotiven ermöglicht. Der jährlich für Erneuerung der elektrischen Lokomotiven aufzuwendende Gesamtbetrag wird auch unter diesen Verhältnissen nicht höher sein als der für Dampflokomotiven aufzuwendende; der Gesamtaufwand kann vielmehr, ohne daß daraus eine besondere Bevorzugung der elektrischen Betriebsweise abgeleitet werden darf, als gleich hoch angenommen werden.

Fassen wir somit das Ergebnis unserer Untersuchung bezüglich der Kosten für Verzinsung, Unterhaltung und Erneuerung der Lokomotiven zusammen, so ergibt sich folgendes:

α) Der Aufwand für die Anschaffung und Verzinsung der Lokomotiven beträgt beim elektrischen Betrieb nur das 0·81fache des beim Dampfbetrieb erforderlichen; der Zinsfuß werde zu $3^3/_4\,^0/_0$ angenommen.

β) Die Kosten der Unterhaltung der elektrischen Lokomotive sind um etwa $40^0/_0$ geringer als die der Dampflokomotive.

γ) Der Aufwand für Erneuerung der elektrischen Lokomotive ist gleich jenem für Dampflokomotiven.

b) Die Kosten für die Stromzuführung.

Der Aufwand für Verzinsung, Erneuerung und Unterhaltung der Stromzuführung bildet den Teil der Kosten des elektrischen Betriebes, welchem beim Dampflokomotivbetrieb nichts Ähnliches gegenübersteht.

Dieser Aufwand wird selbstverständlich für die einzelnen Bahnsysteme verschieden ausfallen, er wird im allgemeinen bei den Systemen, welche mit hoher Spannung im Fahrdraht arbeiten, niedriger sein als bei den Niederspannungssystemen. Den weiteren Ausführungen werde die Verwendung von Einphasenstrom von 25 Pulsen zugrunde gelegt, der an den einzelnen Speisepunkten mit einer Spannung von 50000 bis 60000 Volt zur Verfügung steht. Von diesen erfolgt die Verteilung auf die einzelnen Transformatorenstationen, in denen der zugeführte Strom in ruhenden Apparaten, den Transformatoren, auf die Betriebsspannung umgeformt wird, mit der er dann auf die Fahrleitung übergeht (vgl. Abb. 7). Die Rückleitung des den Fahrzeugen zugeführten Stromes erfolgt durch die Fahrschienen.

Die Kosten der Speiseleitungen von den Elektrizitätswerken bis zu den einzelnen auf Bahngebiet gelegenen Speisepunkten können wir bei unseren Betrachtungen ausschalten, indem wir den Strompreis zugrunde legen, wie er sich unter Einrechnung der Kosten für Erzeugung und Übertragung bis zu diesen Punkten ergibt, so daß nur noch die Speiseleitungen zu berücksichtigen sind, welche die Verbindung der Transformatorenstationen unter sich herstellen.

Bei der Streckenausrüstung haben wir demgemäß zu unterscheiden:
α) die Umformeranlagen,
β) die Speiseleitungen,
γ) die Fahrleitung,
δ) die Schienenrückleitung.

α) Die Umformeranlagen.

Die Umformeranlagen (Transformatorenstationen) sind auf dem Netz so zu verteilen, daß sie tunlichst gleiche Leistung erhalten können. Diese darf bei Vollbahnen zu 3500 KW für jede einzelne Station bei zweigleisiger Bahn vorgesehen werden, wozu dann noch die Reserve in gleicher Höhe kommt. Da sich die Transformatoren auf kurze Zeit ganz erheblich überlasten lassen, so ist diese Leistung als ausreichend zu betrachten, wenn man für die mittlere Entfernung der Stationen 30 km zugrunde legt.

Die Umformerwerke erhalten ausreichenden Schutz gegen Blitzgefahr und Überspannung. Die Kosten einer derartigen Station belaufen sich auf etwa 150000 M. Auf das Kilometer Bahn entfällt somit ein Betrag von 5000 M., dem bei $12^0/_0$ für Verzinsung, Erneuerung und Unterhaltung ein jährlicher Aufwand von 600 M. entspricht.

β) Die Speiseleitungen.

Es empfiehlt sich, die Speiseleitungen, welche die Transformatorenstationen verbinden, beiderseits des Bahnkörpers zu führen, damit die

Möglichkeit gegeben ist, ein Leitungspaar behufs Untersuchung und Wiederherstellung außer Betrieb zu setzen. Das Ausschalten der einzelnen Leitungen erfolgt in den Schalträumen der Umformerstationen. Die Querschnitte der Speiseleitungen sind deshalb so zu bemessen, daß ein Leitungspaar ausreicht. Wenn für die Führung der Speiseleitungen die Fahrdrahtmaste verwendet werden, können die Kosten der Speiseleitung für das Kilometer zu 5500 M. angenommen werden, dies ergibt für Verzinsung, Erneuerung und Unterhaltung zu $7\,^0/_0$ einen jährlichen Aufwand von 385 M.

γ) Die Fahrleitung.

Die Fahrleitung ist beim Vollbahnbetrieb in bezug auf die mechanische Festigkeit wesentlich stärkeren Beanspruchungen unterworfen als beim gewöhnlichen Straßenbahnbetrieb mit seinen geringen Zuggeschwindigkeiten. Der zweckmäßigen Anordnung der Fahrleitung, der Art der Aufhängung ist deshalb besondere Sorgfalt zu widmen, da davon auch die Stromabnahme durch den schleifenden Bügel mehr oder weniger beeinflußt wird. Den weitgehendsten Anforderungen in dieser Hinsicht entspricht die in den letzten Jahren bekannt gewordene Vielfachaufhängung, wie sie von der Allgemeinen Elektrizitätsgesellschaft und den Siemens-Schuckertwerken ausgebildet wurde. Bei der Anordnung der letzteren Firma wird der Fahrdraht in Abständen von je 3 m an einem besonderen Tragdraht aufgehängt, während dieser selbst wieder in größeren Abständen von einem, eine Kettenlinie bildenden, Drahtseil getragen wird. Die Spannweite der Kette wird sehr groß genommen, sie kann bis zu 100 m betragen. Die Stützpunkte der Kette bilden kräftige Tragkonstruktionen, die in Bahnhöfen mehrere Gleise überspannen.

Die Befürchtung, daß durch die Vielfachaufhängung die Sichtbarkeit der Signale beeinträchtigt werden könnte, hat sich nicht als begründet erwiesen, indem diese Anordnung der Fahrleitung bei Aufstellung der Signale auf Bahnhöfen zu Unzuträglichkeiten nicht geführt hat.

Abgesehen von der großen mechanischen Festigkeit hat die Vielfachaufhängung den Vorteil, daß die Fahrleitung in einem bestimmten Abstand von den Schienen hinzieht, es verschwindet am Stützpunkt besonders der Knick, wie er sich bei der gewöhnlichen Aufhängung ergibt, weshalb der Bügel auch bei schwächerem Anpressen mit dem Fahrdraht stets in sicherer Berührung bleibt.

Um eine gleichmäßige Abnützung der Fahrleitung herbeizuführen, wird dieselbe in Zickzackform geführt, so daß der Berührungspunkt am Bügel ständig wechselt. In dieser Weise wurde die Fahrdrahtleitung der Vorortbahn Hamburg - Blankenese - Ohlsdorf und teilweise auch der Rheinuferbahn Bonn-Köln ausgeführt. Ältere Anordnungen der Vielfachaufhängung finden sich bereits bei der von der Allgemeinen Elektrizitätsgesellschaft in Berlin erbauten Stubaitalbahn sowie bei der Bahn Murnau-Oberammergau, deren Einrichtung die Siemens-Schuckertwerke geliefert haben. Die Kosten der Fahrleitung in der hier beschriebenen Ausführung dürfen zu 30 000 M. für das Kilometer zweigleisiger Bahn angenommen werden. Für Verzinsung, Erneuerung und Unterhaltung der Anlage ist ein etwas höherer Ansatz zu machen wie bei den Speiseleitungen, nämlich $7{\cdot}5\,^0/_0$. Es ergibt sich hierfür somit ein jährlich aufzuwendender Betrag von 2250 M. für das Kilometer.

δ) **Die Schienenrückleitung.**

Als Rückleitung dienen, wie bereits erwähnt, die Schienen der mit Fahrleitung ausgerüsteten Gleise, welche mit den einzelnen Kraftwerken und Unterwerken mittels blanker, verzinnter Kupferseile in Verbindung stehen. Die Stoßfugen der Schienen sind durch Kupferseile von 50 qmm Querschnitt überbrückt, ausserdem ist in Abständen von je 100 m eine Querverbindung mittels blanker Kupferleitungen vorgesehen, um eine gleichmäßige Belastung der Schienen zu erzielen. Jedes Gleis ist in Abständen von 150 m an Erdplatten angeschlossen, die im Grundwasser liegen, so daß größere Spannungsunterschiede zwischen Erde und Schienen nicht auftreten können. Die Kosten der Rückleitung einschl. der Weichenverbindungen betragen 4000 M. für das Kilometer, woraus sich mit $8\,^0/_0$ für Verzinsung, Erneuerung und Unterhaltung ein jährlich aufzuwendender Betrag von 320 M. für das Kilometer Bahn ergibt.

Damit berechnet sich der jährliche Gesamtaufwand für das Kilometer Streckenausrüstung zu

$$600 + 385 + 2250 + 320 = 3555 \text{ M.}$$

Wenn wir annehmen, daß über ein Kilometer Vollbahn jährlich 10 000 000 t rollen, was auf verkehrsreichen Strecken zutreffen wird, so entfällt auf 1000 t/km von dem jährlich für die Stromversorgung erforderlichen Kostenaufwand ein Betrag von 35·55 Pf. Die 1000 t/km erfordern an Strom jährlich

$$1000 \cdot 30 = 30\,000 \text{ Wattstunden oder 30 KWStd am Fahrdraht gemessen,}$$
$$35 \text{ KWStd am Speisepunkt gemessen.}$$

Es wird somit die Kilowattstunde durch die Einrichtung für die Stromversorgung mit jährlich $\dfrac{35 \cdot 55}{35} = 1 \cdot 0$ Pf. belastet.

c) **Aufwand für das Lokomotivpersonal.**

Beim elektrischen Vollbahnbetrieb genügt für die Führung der Lokomotiven ein Mann, da alle vorzunehmenden Hantierungen sehr einfach sind und wenig Kraft in Anspruch nehmen; der beim Dampfbetrieb noch erforderliche Heizer kommt beim elektrischen Betrieb somit in Wegfall. Die Ersparnis an Personalkosten kommt beim elektrischen Betrieb aber noch weiter dadurch zum Ausdruck, daß die elektrische Lokomotive stets dienstbereit ist und ein längeres Stilliegen wie beim Dampfbetrieb infolge der Vorbereitungsarbeiten nicht vorkommt, wenn nicht der Fahrplan dies bedingt. Das Personal wird somit besser ausgenützt, ohne dadurch überanstrengt zu werden.

Schließlich läßt sich in einzelnen Fällen beim elektrischen Betrieb das Personal noch weiter verringern infolge Fortfalls der für Vorspanndienste erforderlichen Mannschaft, da hierbei der Führer der vorderen Maschine von seinem Stand aus beide Maschinen bedienen kann.

Unter diesen Verhältnissen darf angenommen werden, daß die Anzahl der für den elektrischen Bahnbetrieb erforderlichen Mannschaften (aus 1 Mann bestehend) nur das 0·76fache der für Dampfbetrieb erforderlichen Mannschaften beträgt.

Bei Berechnung des Aufwandes für das Lokomotivpersonal kann das durchschnittliche Einkommen des Lokomotivführers zu 3000 M. und das des Heizers zu 2200 M. angenommen werden.

Damit beim elektrischen Betrieb die Bedienung der Lokomotive nur durch einen Mann nicht zu Unzuträglichkeiten führt, falls der Führer während der Fahrt plötzlich erkranken sollte, muß sich der Zugführer, der in der Führung der Lokomotive vollkommen auszubilden ist, während der Fahrt gleichfalls auf der Lokomotive aufhalten. Eine besondere Ausgabe erwächst dadurch dem elektrischen Betrieb aber nicht.

d) Kosten des Brennmaterials beim Dampfbetrieb und des Stromes beim elektrischen Betrieb.

Wenn der für den Bahnbetrieb erforderliche elektrische Strom von einem Dampfkraftwerk geliefert wird, so stehen zu seiner Erzeugung große, wirtschaftlich arbeitende Maschinen zu Verfügung, denen gegenüber die Dampflokomotive große Unvollkommenheiten besitzt. Dies berechtigt aber keineswegs zu der Annahme, daß der Aufwand für Brennmaterial beim Dampflokomotivbetrieb höher ist, als der für Lieferung der elektrischen Energie beim elektrischen Betrieb. Bei Beurteilung dieser Frage ist nämlich zu berücksichtigen, daß die Erzeugung der elektrischen Energie, ihre Übertragung und nachherige Umwandlung in mechanische Arbeit mit so hohen Verlusten verknüpft ist, denen gegenüber die unwirtschaftlich arbeitende Dampflokomotive noch Erfolge zu erringen vermag. Zur näheren Erläuterung dieser Verhältnisse werden in nachstehendem die Kosten der Förderung eines Zuges von 100 km/st Geschwindigkeit für beide Betriebsarten miteinander verglichen. Der Zug sei aus neun D-Wagen und einem vierachsigen Gepäckwagen zusammengesetzt und habe ein Gesamtgewicht von 350 t. Das mittlere Gewicht der Dampflokomotive nebst Tender betrage 120 t, das Gewicht der elektrischen Lokomotive 75 t.

Nach der Frankschen Formel berechnet sich der Widerstand w eines derartig zusammengesetzten elektrischen Zuges bei einer Geschwindigkeit von 100 km/st zu 2520 kg, die Leistung der Lokomotive beträgt somit

$$N = \frac{w \cdot v \, \text{km/st}}{270} = \frac{2520 \cdot 100}{270} = 933 \; \text{PS}$$

am Triebradumfang gemessen.

Für das Zugkilometer wird an elektrischer Energie verbraucht

$$\frac{933 \cdot 736}{0 \cdot 77 \cdot 1000 \cdot 100} = 8 \cdot 9 \; \text{KWStd}$$

am Stromabnehmer gemessen.

Der Wirkungsgrad der Lokomotive von $0 \cdot 77$ setzt sich zusammen aus dem Wirkungsgrad der Transformatoren, der Elektromotoren und der Zahnräder. Der Energieverbrauch für das Tonnenkilometer beträgt

$$\frac{8 \cdot 9 \cdot 1000}{425} = 20 \cdot 9 \; \text{WStd.}$$

Es werde angenommen, daß auf 70 km Streckenlänge eine Anfahrt entfällt, so ist hierzu noch ein Zuschlag von $2 \cdot 2$ WStd zu machen; berücksichtigt man ferner noch, daß der Verbrauch der auf der Lokomotive aufgestellten Luftpumpe und Gebläsemaschine etwa $2 \cdot 5 \, ^0/_0$ der erforderlichen Energiemenge beträgt, so ergibt sich für das Tonnenkilometer somit ein Gesamt-Energiebedarf von $23 \cdot 7$ WStd. Mit Steigerung der Geschwindigkeit tritt eine entsprechende Erhöhung des Energiebedarfes ein, wie die nachstehende Zusammenstellung erkennen läßt:

Geschwindigkeit	100	110	120	130	140	150	kmSt
Energieverbrauch	23·7	26·6	29·7	33.0	36·6	40·4	WStd.

Bei der Berechnung der Einzelwerte derselben wurden die Zugwiderstände der Abb. 5 entnommen.

Für eine überschlägliche Berechnung des Energiebedarfs einer Vollbahn darf für das Tonnenkilometer ein Durchschnittswert von 30 WStd angenommen werden. Dabei schwankt der Energieverbrauch der einzelnen Zuggattungen innerhalb weiter Grenzen. Während er bei häufig anhaltenden Personenzügen 45 WStd betragen kann, sinkt er bei Güterzügen wieder auf 18 WStd für das Tonnenkilometer.

Um einen Vergleich der Kosten des Energieverbrauchs beim elektrischen Betrieb mit den Kosten des Brennmaterialverbrauchs bei dem Dampflokomotivbetrieb zu ermöglichen, ist noch der Stromverbrauch für das Zugkilometer am Speisepunkt aufzustellen. Dieser beträgt, wenn der Wirkungsgrad der Streckentransformatoren und der Fahrleitung zu 0·88 angenommen wird,

$$\frac{425 \cdot 23 \cdot 5}{0 \cdot 88} = 11 \cdot 4 \text{ KWStd.}$$

Bei einem Strompreis von 2·5 Pf. für die Kilowattstunde ergibt sich damit ein Aufwand von 28·5 Pf. für das Zugkilometer.

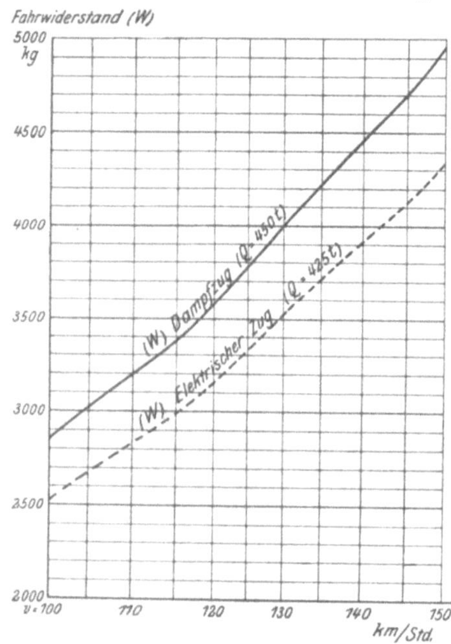

Abb. 5. Schaulinien über Fahrwiderstand nach der Formel von Frank.

Für den Dampfzug berechnet sich der Zugwiderstand w bei einer Zuggeschwindigkeit von 100 km/st zu 2850 kg, dem eine Leistung von

$$N_1 = \frac{w_1 \cdot v \, \text{km/st}}{270} = \frac{2850 \cdot 100}{270} = 1056 \text{ PS}$$

am Triebradumfang gemessen entspricht.

Der Kohlenverbrauch einer PS-Stunde darf zu 1·4 kg angenommen werden, es beträgt somit der Brennmaterialverbrauch für einen Zugkilometer

$$\frac{1056 \cdot 1 \cdot 4}{100} = 14 \cdot 8 \text{ kg,}$$

der bei einem Preis von 16 M. für die Tonne einen Aufwand von 23·7 Pf. verursacht.

Dieser Wert darf ohne weiteres mit dem Aufwand für die elektrische Energie, der zu 28·5 Pf. für das Zugkilometer bestimmt wurde, verglichen werden, da es sich in beiden Fällen um andauernde Leistungen handelt. Wir ersehen daraus, daß der Aufwand für Brennmaterial beim Dampflokomotivbetrieb geringer ist als der für die elektrische Energie beim elektrischen Betrieb, und zwar beträgt der Unterschied im vorliegenden Falle etwa 17%. Im regelmäßigen Betrieb wird das Ergebnis für den Dampflokomotivbetrieb etwas ungünstiger, da es noch durch die Verluste beim Anheizen, Stationieren usw. beeinflußt wird, doch darf beim Vollbahnbetrieb immerhin noch damit gerechnet werden, daß der Aufwand für Brennmaterial beim Dampflokomotivbetrieb etwa 5 bis 15% niedriger ist als der Aufwand für die Strombeschaffung beim elektrischen Betrieb, wenn ein Strompreis von 2·5 Pf. für die Kilowattstunde zugrunde gelegt wird.

e) u. f) Kosten des Schmiermaterials und Putzmaterials.

Beim Dampflokomotivbetrieb betragen die Kosten des Putz- und Schmiermaterials etwa 2 bis 2·2 Pf. für das Nutzkilometer, beim elektrischen Betrieb ermäßigen sie sich auf etwa die Hälfte.

g) Aufwand für Kesselwaschen, Reinigen, Anheizen und Beleuchten der Lokomotiven.

Der Aufwand für diese Arbeiten beträgt beim Dampflokomotivbetrieb 4 bis 4·5 Pf. für das Nutzkilometer. Beim elektrischen Betrieb ist der Aufwand für Reinigen der Lokomotive bereits in dem Unterhaltungsaufwand inbegriffen; für Beleuchtung ist ein Betrag von 0·05 Pf. für das Nutzkilometer vorzusehen.

h) Kosten des Speisewassers beim Dampflokomotivbetrieb.

Die Kosten der Speisewasserbeschaffung betragen etwa 0·5 Pf. für das Nutzkilometer.

i) Kosten der Zugbeheizung.

Beim elektrischen Betrieb wird die elektrische Heizung der Wagen auch für den Fall, daß billiger Strom zur Verfügung steht, große Kosten verursachen, welche sich noch erhöhen werden, wenn in vorhandene Wagen, die bereits mit der Einrichtung für die Dampfheizung versehen sind, die elektrischen Heizkörper einzubauen sind. Mit Rücksicht auf die hohen Betriebskosten sowie den weiteren Umstand, daß auch die Wagen fremder Verwaltungen auf die eigene Bahn übergehen, wird deshalb von der Einführung der elektrischen Heizung im allgemeinen abgesehen, es sei denn, daß besondere Gründe vorliegen, welche diese viele Annehmlichkeiten bietende Art der Beheizung der Wagen gerechtfertigt erscheinen lassen.

Wenn die Dampfheizung auch beim elektrischen Betrieb beibehalten wird, so sind die elektrischen Lokomotiven für die Dampferzeugung mit einem Kessel entsprechender Größe auszurüsten, der vom Führer zu bedienen ist. Die Kosten der Heizung betragen unter dieser Voraussetzung für das Nutzkilometer etwa 0·5 Pf.

Beim Dampflokomotivbetrieb wird der Dampf für die Heizung vom Lokomotivkessel geliefert; die Kosten sind deshalb bereits im Brennmaterialaufwand inbegriffen.

Aus diesen Ausführungen geht hervor, daß der elektrische Betrieb Ersparnisse hauptsächlich beim Aufwand für Verzinsung, Erneuerung und Unterhaltung der Lokomotiven sowie für das Lokomotivpersonal ermöglicht, weniger aber bei dem Aufwand für die Stromlieferung, falls nicht die elektrische Energie zu sehr niedrigem Preis zur Verfügung steht. Erheblich belastet werden die Betriebskosten beim elektrischen Betrieb durch die Aufwendungen für die Fahrleitung; dieser Aufwand fällt beim Dampfbetrieb vollständig weg. Die Stromzuführungskosten können bei Bahnen mit schwachem Verkehr das Betriebsergebnis derart ungünstig beeinflussen, daß ein wirtschaftlicher Erfolg durch den elektrischen Betrieb überhaupt nicht zu erzielen ist.

5. Vergleichung der Kosten des Dampflokomotivbetriebes und des elektrischen Betriebes auf der Hauptstrecke der Badischen Staatseisenbahnen Mannheim-Basel.

Die Untersuchungen des vorhergehenden Abschnittes geben im allgemeinen ein Bild über die Kosten der beiden Betriebsarten, des Dampflokomotivbetriebes und des elektrischen Betriebes, wenn sie auch genaue Zahlenwerte für die gesamten Kosten nicht zu liefern vermögen. Immerhin lassen derartige Untersuchungen erkennen, wodurch die Betriebskosten beeinflußt werden.

Im Anschlusse hieran wird es von Interesse sein, bei einer vorhandenen Bahnstrecke, und zwar der Hauptstrecke Mannheim-Basel der Badischen Staatseisenbahnen, eine Vergleichung der Kosten des Dampfbetriebes und elektrischen Betriebes vorzunehmen, da diese sich direkt an bestehende Betriebsverhältnisse anlehnen kann.

Die Untersuchung des Zugförderungsdienstes beider Betriebsweisen erstreckt sich auf die zurzeit mit Dampf betriebenen Linien:

Basel-Rastatt-Ettlingen-Karlsruhe-Mannheim . .	270 km
Schwetzingen-Heidelberg	10 „
Karlsruhe-Blankenloch-Schwetzingen-Mannheim .	61 „
Rastatt-Durmersheim-Karlsruhe	24 „
Karlsruhe-Eggenstein-Graben-Neudorf	21 „
	386 km

Der Untersuchung werden die Fahrpläne des Winterdienstes 1904/05 und die des Sommerdienstes 1905 zugrunde gelegt. Im Jahr 1905 waren täglich auf diesen Linien 588 Züge im Schnell-, Personen- und Güterzugverkehr zu befördern. Diesen Zugzahlen entsprechen

9 267 400 Nutzkm.
579 606 000 Achskm.
3 542 295 800 Brutto-t/km.

Dabei ist zu beachten, daß der Verschubdienst nur soweit Berücksichtigung finden kann, als er von den einzelnen Zuglokomotiven geleistet wird. Dagegen bleiben alle Leistungen der Verschublokomotiven auf allen größeren Bahnhöfen unberücksichtigt, da den vergleichenden Betriebskostenberechnungen die Annahme zugrunde liegt, daß nach Einführung des elektrischen Betriebes auf den in Betracht kommenden Strecken der Verschubdienst auf den großen Verschubbahnhöfen auch fernerhin durch Dampflokomotiven ausgeführt wird.

Die tägliche Belastung eines Kilometers der genannten Strecke beträgt durchschnittlich 10 000 000 t/km, woraus auf einen sehr lebhaften Verkehr geschlossen werden kann.

a) Dampflokomotivbetrieb.

Die Kosten des Dampflokomotivbetriebes werden in nachstehendem unter den in vorigem Abschnitt niedergelegten Gesichtspunkten aufgestellt.

α) Kosten für Verzinsung, Unterhaltung und Erneuerung der Lokomotiven.

Um den Aufwand für Verzinsung, Erneuerung und Unterhaltung der Dampflokomotiven bestimmen zu können, ist es nötig, die für den Betrieb der Hauptstrecke Mannheim-Basel erforderliche Anzahl von Dampflokomotiven festzustellen. Diese ist nicht ohne weiteres bekannt, da die Lokomotiven nicht allein auf dieser Strecke, sondern teilweise auch auf den Anschlußstrecken verkehren. Um in dieser Hinsicht richtige Werte zu erhalten, wurden die Diensteinteilungen der Dampflokomotiven derart entziffert, daß aus den Leistungen der Hauptbahn und der Anschlußstrecken kilometrische Verhältniszahlen ermittelt werden konnten, nach welchen die Teilung der Gesamtzahl der Lokomotiven erfolgte.

Zu den Dienstlokomotiven kommen dann noch die Lokomotiven der kalten Reserve und die zur Wiederherstellung den Werkstätten zugewiesenen Lokomotiven.

Es ergab sich damit die Anzahl der in den Dienst eingeteilten Lokomotiven zu . . . . 130 Stück

Für Sonderleistungen sowie für Ersatz und Wiederherstellung kommen in Betracht 50 % dieser Anzahl, d. i. . . . . 65 „

Somit beträgt die Gesamtzahl auf der Hauptstrecke Mannheim-Basel verwendeter Lokomotiven . . . 195 Stück

Diese Lokomotiven sind nicht einheitlicher Bauart, sie zerfallen in Schnellzuglokomotiven, Personenzuglokomotiven und Güterzuglokomotiven.

Über die Anlagekosten der Lokomotiven und die Kosten für deren Verzinsung gibt die nachstehende Tabelle 1 Aufschluß.

Tabelle 1.

Bezeichnung	Schnellzugdienst	Personen- und Lokalzugdienst	Güterzugdienst	Insgesamt
Anzahl der Lokomotiven	33	89·5	72·5	195
Anschaffungspreis der Lokomotiven . . . M.	2 370 700	5 231 600	3 893 760	11 496 060
Verzinsung zu 3·75 % M.	88 900	196 200	146 000	431 100

Der Aufwand für Verzinsung des Anlagekapitals beträgt somit 431 100 M.

Um den jährlichen Aufwand für Erneuerung berechnen zu können, war es nötig, die Lebensdauer der einzelnen Lokomotiven festzustellen. Diese ist außerordentlich verschieden. Während Lokomotiven älterer Bauart schon 30 Jahre im Betriebe sind und noch einige Jahre Dienst tun können, darf bei anderen Lokomotiven wieder nur mit einer Lebensdauer von kaum 10 Jahren gerechnet werden. Zu letzteren gehören die neueren $^2/_5$-gekuppelten Schnellzugmaschinen, die außerordentlich stark beansprucht werden und besonders bei der gesteigerten Geschwindigkeit einer raschen Zerstörung entgegengehen. Aus der Lebensdauer bestimmt sich die jährliche Erneuerungsquote, die so aufzufassen ist, daß der Anschaffungswert weniger dem Altmaterial erreicht wird, wenn für diese Quote bis Ende der Lebensdauer der Lokomotiven Zinseszins berechnet wird.

Der Altmaterialwert der Lokomotiven wurde dadurch bestimmt, daß eine zerlegte Lokomotive abgewogen und das Gewicht der einzelnen Materialien getrennt nach deren verschiedenen Altmaterialpreisen festgestellt wurde. Hiernach wurde das Gewicht der einzelnen Materialien für jede Lokomotivbauart im Verhältnisse des Gesamtgewichtes berechnet und der gegenwärtige Materialpreis nach dem Materialtarif in Rechnung gestellt.

Hieraus ergibt sich folgende Zusammenstellung für die Tilgung der Anschaffungskosten der Lokomotiven.

Tabelle 2.

Lokomotiv-Gattung	Lokomotiv-Anzahl	Anschaffgs.-Wert einer Lokomotive M.	Altmaterial-wert einer Lokomotive M.	Zu tilgender Geldwert für eine Lokom. Sp.3 — Sp.4	Zu tilgender Geldwert für alle Lokom. Sp.2×Sp.5	Abschreibungen Zeit (Lebensdauer) Jahre	Abschreibungen Anteil bei 3³/₄ % Zinseszins %	Abzuschreibender Betrag $\frac{\text{Sp.6 u. Sp.8}}{100}$ M.	Abzuschreibender Betrag auf die einzelnen Zugsgattungen M.	Lokomotiv-Gattung
1	2	3	4	5	6	7	8	9	10	11
II c	20	63 268	10 312	52 956	1 059 120	16·4	4·52	47 800	Schnellzüge 133 400 M.	II c
II d	13	85 026	15 774	69 252	900 276	9·2	9·52	85 600		II d
II b	7	54 529	9 945	44 584	312 088	19·7	3·52	10 980		II b
III a/b	13·5	50 122	7 737	42 385	572 198	30·5	1·80	10 300		III a/b
IV c	11·5	43 211	7 852	35 359	406 628	27·3	2·11	8 580	Lokal- u. Personenzüge 149 750 Mark	IV c
IV d	5·0	45 920	8 811	37 110	185 550	24·5	2·55	4 730		IV d
IV e	28·0	72 865	12 365	60 500	1 694 000	16·6	4·46	75 600		IV e
V b	2·5	33 818	6 071	27 747	69 363	30·5	1·80	1 250		V b
VI a	1·5	57 470	9 189	48 281	72 421	19·9	3·47	2 510		VI a
VI b	20·5	60 281	9 996	50 285	1 030 843	19·9	3·47	35 800		VI b
VII d	72·5	53 707	9 050	44 657	3 237 632	20·8	3·26	105 400	Güterzüge 105 400 Mark	VII d
	195				6 540 110			388 550	388 550	

Der Anteil für Erneuerung der Lokomotiven beträgt somit jährlich 388550 M.

Was nun noch den jährlichen Aufwand für die Kosten der Unterhaltung der Lokomotiven anbelangt, so mußte zu dessen Bestimmung in ähnlicher Weise vorgegangen werden, wie bei der Bestimmung der für den Betrieb der Hauptstrecken Mannheim-Basel erforderlichen Anzahl Lokomotiven. Zu den so ermittelten Unterhaltungskosten wurden 40 % der aufgewendeten Löhne als allgemeine Unkosten geschlagen.

Für die neuen Schnellzuglokomotiven, bei welchen die Wiederherstellungskosten bis jetzt einen Beharrungszustand noch nicht erreicht haben, wurden die voraussichtlich wahrscheinlichen Unterhaltungskosten durch Vergleichung mit ähnlich gebauten Lokomotiven bestimmt.

Die nachstehende Tabelle 3 gibt eine Übersicht über die jährlich aufzuwendenden Unterhaltungskosten.

Tabelle 3.

1	2	3	4
		Unterhaltungskosten der Lokomotiven und Tender	
Zuggattung	Geleistete Nutz-kilometer	für 1 Nutzkm.	insgesamt $\dfrac{\text{Sp. }2 \times \text{Sp. }3}{100}$
	Nutzkm.	Pf.	M.
Schnellzüge	2 634 700	14·6	384 700
Lokal- u. Personenzüge	3 001 900	13·5	405 200
Güterzüge	3 630 800	11·4	413 900
Insgesamt	9 267 400	13·0	1 203 800

Aus dieser Tabelle ergeben sich die Kosten der Unterhaltung der Lokomotiven im jährlichen Betrage von 1 203 800 M.

Der jährliche Aufwand für Verzinsung, Erneuerung und Unterhaltung der Lokomotiven beträgt somit

$$431 100 + 388 550 + 1 203 800 = 2023 450 \text{ M.}$$

β) Kosten der Stromzuführung

kommen nicht in Betracht.

γ) Aufwand für das Lokomotivpersonal.

Die Kosten des Lokomotivpersonals, welches im Jahr 1905 auf den Strecken Mannheim-Basel im Lokomotivförderungsdienst verwendet wurde, konnten aus den vorhandenen Nachweisungen nicht unmittelbar festgestellt werden, da dasselbe auch auf anderen Strecken den Dienst besorgte.

Zur Ermittlung der dienstplanmäßig erforderlichen, sowie der für Vertretungs-, Krankheits-, Urlaubsfälle und Sonderleistungen erforderlichen Mannschaft waren deshalb umfangreiche Vorbereitungen zu treffen, durch die festgestellt wurde, daß das Personal für Vertretungsfälle usw., der sogenannte Bereitschaftsstand, 21 % des gesamten Personalstandes ausmacht.

Bezüglich der Kosten des Personals wurde das Einkommen einer Mannschaft, bestehend aus Lokomotivführer und Heizer zu 5200 M. ermittelt und daraus unter Zugrundelegung der gesamten kilometrischen Leistungen der Jahresaufwand bestimmt. Diese Kosten belaufen sich jährlich auf 1 617 200 M.

Die nachstehende Tabelle 4 gibt einen genauen Überblick über diesen Aufwand.

Tabelle 4.

1	2	3	4	5	6
	Anzahl der erforder-lichen Mann-schaften	Jahreseinkommen		Geleistete Nutz-kilometer	Kosten der Mannschaften für 1 Nutzkm. $\dfrac{\text{Sp. }4 \times 100}{\text{Sp. }5}$
Zuggattung		einer Mann-schaft (2 M.) durchschn. M.	Insgesamt Sp. 2 × Sp. 3 M.		
		M.	M.	Nutzkm.	Pf.
Schnellzugdienst .	48·5	5200	252 200	2 634 700	9·6
Lokal- u. Personen-zugdienst	135·5	5200	704 600	3 001 900	23·5
Güterzugdienst . .	127	5200	660 400	3 630 800	18·2
Insgesamt	311	5200	1 617 200	9 267 400	17·5

δ) **Kosten des Brennmaterials.**

Für den Lokomotivdienst wurden im Jahr 1905 eine größere Anzahl Steinkohlensorten und Kohlenziegel mit Heizwerten von 6684 bis 7830 **Kal.** und Preisen von 13 bis 19 **M.** für die Tonne frei Staatsbahngleis verwendet. Der Verbrauch an Brennmaterial für die Strecke Mannheim-Basel wurde in der Weise ermittelt, daß für die einzelnen Gattungen von Lokomotiven der Verbrauch für das Nutzkilometer festgestellt wurde, woraus sich der für die Hauptstrecke Mannheim-Basel in Betracht kommende Verbrauch unter Berücksichtigung der für diese bekannten Gesamtnutzkilometer berechnen ließ.

Für die Kosten der einzelnen Brennmaterialsorten waren die Einheitspreise bekannt. Zu diesen mußten jedoch noch die Kosten für die Beförderung von der Einbruchsstelle bis zur Verwendungsstelle geschlagen werden, die für das t/km zu 1 Pf. anzunehmen sind, sowie auch die Kosten für sonstige Leistungen, wie Lagerung des Brennmaterials usw.

Wie aus der graphischen Darstellung Abb. 6 zu ersehen ist, war der Preis des Brennmaterials in den letzten Jahren großen Schwankungen unterworfen; es ist auch nicht zu erwarten, daß in dieser Hinsicht ein derartiger Beharrungszustand eintreten wird, wie er bei der Lieferung elektrischer ·Energie aus Wasserkraftanlagen besteht.

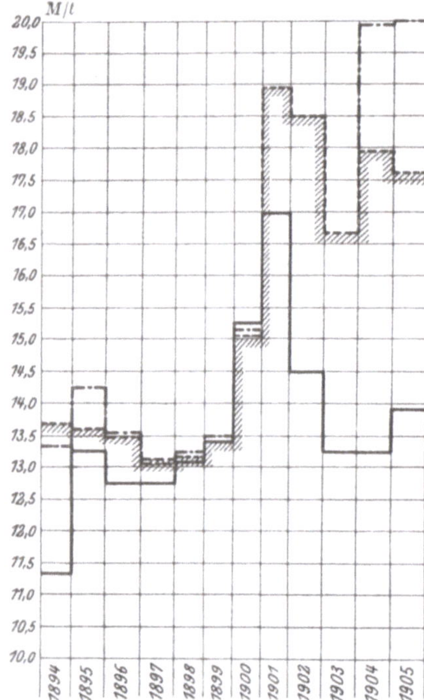

Abb. 6. Kohlenpreis-Schwankungen in den Jahren 1894 bis 1905.

Tabelle 5.

	1	2	3	4	5
	Bezeichnung	In Schnell- zügen	In Lokal- u. Personen- zügen	In Güter- zügen	Insgesamt
Kohlenverbrauch . . . . . t		37 680	41 130	61 720	140 530
Kohlenkosten . . . . . M.		671 850	708 450	1 060 200	2 440 500
Kosten des Anfeuerungs- materials . . . . . . M.		7 140	13 540	15 830	36 510
Kosten des Heizmaterials insgesamt . . . . . M.		678 990	721 990	1 076 030	2 477 010
Geleistete Nutzkm.		2 634 700	3 001 900	3 630 800	9 267 400
Kohlenverbr. für 1 Nutzkm. frei Tender . . . . . kg		14·3	13·7	17·0	15·2
Kosten der Heizstoffe für 1 Nutzkm. . . . . . Pf.		25·8	24·05	29·64	26·7

Die Darstellung läßt aber weiter erkennen, daß der Berechnung des Brennmaterials nicht die höchsten Kohlenpreise der letzten 10 Jahre zugrunde gelegt wurden. Es können deshalb noch sehr erhebliche Preissteigerungen beim Brennmaterial eintreten, wodurch das Ergebnis der Betriebskostenberechnung ganz wesentlich beeinflußt werden kann.

Über den Gesamtverbrauch an Brennmaterial auf der Hauptstrecke Mannheim-Basel gibt Tabelle 5 ein klares Bild. In dem hier festgestellten Verbrauch ist auch der Verbrauch für Zugheizung, Vorwärmung, Pulsometerbetrieb usw. inbegriffen, da sich hierfür eine Ausscheidung nicht ermöglichen ließ. Die Gesamtkosten für Brennmaterialverbrauch, wie sie der Betriebskostenberechnung zugrunde zu legen sind, betragen 2 477 010 M.

ε) Kosten des Schmiermaterials.

Die auf der Strecke Mannheim-Basel von den Lokomotiven verbrauchten Schmiermaterialien sind in nachstehender Tabelle 6 zusammengestellt.

Tabelle 6.

1	2	3	4
		Kosten	
Zuggattung	Geleistete Nutzkilometer	für 1 Nutzkm. Pf.	insgesamt $\dfrac{\text{Sp. } 2 \times \text{Sp. } 3}{100}$ M.
Schnellzugdienst . .	2 634 700	1·42	37 410
Lokal- und Personenzugdienst	3 001 900	1·06	31 820
Güterzugdienst . . .	3 630 800	1·15	31 590
Insgesamt	9 267 400	1·09	100 820

Die jährlich für Schmiermaterial aufzuwendenden Kosten betragen somit 100 820 M.

ζ) Kosten für Putz- und Dichtungsmaterial.

Bei Berechnung der Kosten für Putz- und Dichtungsmaterial wurde für die drei Zugdienstarten der mittlere Einheitspreis zugrunde gelegt, da ein wesentlicher Unterschied im Verbrauch für 1 Nutzkm. kaum besteht. Die Tabelle 7 gibt Aufschluß über die Kosten für Putz- und Dichtungsmaterial.

Tabelle 7.

1	2	3	4
		Kosten	
Bezeichnung	Geleistete Nutzkilometer	für 1 Nutzkm. Pf.	insgesamt $\dfrac{\text{Sp. } 2 \times \text{Sp. } 3}{100}$ M.
Schnellzüge. . . .	2 634 700	0·825	21 700
Lokal- u. Personenzüge	3 001 900	0·825	24 750
Güterzüge	3 630 800	0·825	30 000
Insgesamt	9 267 400	0·825	76 450

Die jährlich für Putz- und Dichtungsmaterial aufzuwendenden Kosten betragen somit 76 450 M.

η) **Kosten für Kesselwaschen, Reinigen, Anheizen und Beleuchten der Lokomotiven.**

Die Kosten für Kesselwaschen, Reinigen, Anheizen und Beleuchten der Lokomotiven werden weder für einzelne Lokomotiven noch für die einzelnen Strecken gebucht. Es wurden deshalb aus der von den einzelnen Betriebswerkstätten gelieferten Nachweisung Einheitspreise ermittelt, aus denen mit Hilfe der Gesamtleistungen der zugehörigen Lokomotiven die Kosten des Heizhausdienstes berechnet wurden. Nachstehende Tabelle 8 gibt hierüber Aufschluß.

Tabelle 8.

1	2	3	4
		Kosten	
Bezeichnung	Geleistete Nutz-kilometer	für 1 Nutzkm.	insgesamt Sp. 2 × Sp. 3 / 100
		Pf.	M.
Schnellzugdienst . .	2 634 700	4·3	113 000
Lokal- und Personen-zugdienst	3 001 900	4·3	129 000
Güterzugdienst . .	3 630 800	4·3	156 000
Insgesamt	9 267 400	4·3	398 000

Der jährliche Aufwand für Kesselwaschen, Reinigen, Anheizen und Beleuchten der Lokomotiven ist mit einem Betrag von 398 000 M. in Anrechnung zu bringen.

ϑ) **Kosten des Speisewassers.**

Die Gesamtkosten für den Speisewasserverbrauch auf der Strecke Mannheim-Basel wurden zu 37 400 M. ermittelt.

ι) **Die Kosten der Zugbeheizung**

sind in dem Aufwand für Brennmaterial inbegriffen.

Von einer Feststellung der Kosten der Zugbeleuchtung wurde abgesehen, da beim Übergang zum elektrischen Betrieb die vorhandene Gasbeleuchtung vorerst beibehalten wird. Auch die Kosten der Unterstellung der Lokomotiven wurden nicht in Betracht gezogen, trotzdem in dieser Hinsicht zugunsten des elektrischen Betriebes gerechnet eine Ersparnis an Betriebskosten nachweisbar wäre.

$\varkappa$) **Gesamtkosten.**

Die Gesamtkosten des Zugförderungsdienstes betragen beim Dampflokomotivbetrieb somit

α) für Verzinsung, Erneuerung und Unterhaltung
der Lokomotiven . . . . 2 023 450 M.
β) für Stromzuführung . . . . — ,,
γ) ,, Lokomotivpersonal . . . . 1 617 200 ,,
δ) ,, Brennmaterial . . . . 2 477 010 ,,
ε) ,, Schmiermaterial . . . . 100 820 ,,
ζ) ,, Putzmaterial usw. . . . . 76 450 ,,
η) ,, Kesselwaschen, Reinig. usw. der Lokomotiven 398 000 ,,
ϑ) ,, Speisewasser . . . . 37 400 ,,
ι) ,, Zugbeheizung . . . . — ,,

Summa: 6 730 330 M.

Die nachstehende Tabelle 9 gibt nochmals eine Erläuterung zu diesen Gesamtkosten.

Tabelle 9.

Ausgaben für	Schnellzug-dienst	Personen-zugdienst	Güterzug-dienst	Für alle Zug-dienste
	Lokomotivanzahl einschl. Reserve- u. Reparaturstand			
	33	89	73	195
Verzinsung, Erneuerung und Unterhaltung der Loko-motiven . . . . M.	431100	388550	1203800	2023450
Lokomotivpersonal . . M.	252200	704600	660400	1617200
Brennmaterial . . . M.	678990	721990	1076030	2477010
Schmiermaterial . . . M.	37410	31820	31590	100820
Putzmaterial . . . . M.	31700	24750	30000	76450
Kesselwaschen, Reinigen usw. der Lokomotiven M.	113000	129000	156000	398000
Speisewasser . . . . M.	10420	10950	16430	37400
Insgesamt: M.	1544420	2011660	3174250	6730330

Tabelle 10 gibt nochmals eine Gesamtübersicht, in der die Betriebs-ausgaben auch für den Nutzkilometer, Achskilometer und Brutto-Tonnen-kilometer ausgeschieden sind.

Tabelle 10.

Lokomotivanzahl	195
Anschaffungskosten der Lokomotiven u. Tender M.	11496060
Nutzkilometer	9202400
Achskilometer	579606000
Bruttotonnenkilometer	3542295800

Ausgaben für	Kosten			Schnellzug-dienst, Personen-zugdienst u. Güterzug-dienst zusammen
	für 1 Nutz-kilometer	für 1 Achs-kilometer	für 1 Brutto-Tonnen-kilometer	
	Pf.	Pf.	Pf.	M.
Verzinsung, Erneuerung und Unterhaltung der Loko-motiven	21·85	0·3493	0·05714	2023450
Lokomotivpersonal . . .	17·43	0·2789	0·0456	1617200
Brennmaterial	26·73	0·4280	0·0699	2477010
Schmiermaterial	1·09	0·0174	0·00285	100820
Putzmaterial	0·825	0·0132	0·002185	76450
Kesselwaschen, Reinigen usw. der Lokomotiven .	4·3	0·0687	0·01123	398000
Speisewasser	0·404	0·00645	0·001057	37400
Gesamtkosten im Jahre 1905	72·63	1·162	0·1900	6730330

b) Elektrischer Betrieb.

Für den elektrischen Betrieb der Vollbahnstrecke Mannheim-Basel der Badischen Staatseisenbahnen kann die erforderliche elektrische Energie in Form von Einphasenstrom von 25 Pulsen und 50 000 Volt Spannung von vier verschiedenen Wasserkraftwerken geliefert werden. Es wird angenommen, daß die Zuführung des elektrischen Stromes, wie aus Abb. 7 zu ersehen, an den vier Speisepunkten Rastatt, Offenburg, Emmendingen und Basel erfolgt. Der Speisepunkt in Basel wird an ein Rheinkraftwerk angeschlossen, dem, da es eine Akkumulierung nicht ermöglicht, die Aufgabe zufällt, die konstante Grundbelastung zu liefern, während die Ausgleichung der beim elektrischen Bahnbetrieb auftretenden Belastungsschwankungen den übrigen an Talsperren angeschlossenen Kraftwerken zufällt. Bei zweckmäßiger Ausbildung der Reguliervorrichtungen läßt sich ein gutes Zusammenarbeiten der einzelnen Werke bei so verschiedenartigen Anforderungen sicher erreichen. Die jährliche Zuführung an elektrischer Energie beträgt bei dem

Abb. 7. Entwurf für die Einführung des elektrischen Betriebes auf der Strecke Mannheim-Basel.

Speisepunkt Rastatt		etwa 50 Millionen KWStd	
,,	Offenburg	,, 40	,, ,,
,,	Emmendingen	,, 40	,, ,,
,,	Basel	,, 30	,, ,,

Die einzelnen Speisepunkte sind nicht gleichzeitig Transformatorenstationen, um diese derart auf der Strecke verteilen zu können, daß die Transformatoren durchweg die gleiche Größe erhalten. Die Standorte sind aus Abb. 7 zu ersehen.

Die von den Kraftwerken zu den Speisepunkten I bis IV geführten

Leitungen bleiben bei dieser Untersuchung außer Betracht, da angenommen wird, daß der Strom bei diesen zum Preis von 2·5 Pfg. für die KWStd zur Verfügung steht. Dagegen haben die beiderseits des Bahnkörpers entlang geführten Verteilungsleitungen, welche die einzelnen Transformatorenstationen unter sich verbinden, bei der Kostenberechnung volle Berücksichtigung zu finden.

Von den Transformatorenstationen geht der Strom nach erfolgter Umformung auf die Betriebsspannung von 10000 Volt auf die Fahrleitung über.

a) Kosten für Verzinsung, Unterhaltung und Erneuerung der Lokomotiven.

Die Anzahl der für den elektrischen Betrieb erforderlichen Lokomotiven beträgt 137 (70% der Dampflokomotiven), von diesen entfallen auf den

Schnellzugdienst	23 Stück
Personen- und Lokalzugdienst	63 ,,
Güterzugdienst	51 ,,

Die Schnellzuglokomotiven (Abb. 8) sind für Züge von 350 t Belastung und 110—120 km Geschwindigkeit in der Stunde bestimmt; sie ruhen auf zwei dreiachsigen Drehgestellen (Bauart Siemens - Schuckertwerke); auf jeder Achse sitzt ein Einphasenmotor von 325 PS Stundenleistung. Die Personenzuglokomotiven haben zweiachsige Drehgestelle, deren Achsen von Motoren von je 250 PS Stundenleistung angetrieben werden, so daß sie in der Lage sind, Züge von 350 t Belastung mit einer Geschwindigkeit von 90 km/st zu befördern. (Abb. 9.) Die Güterzuglokomotiven sind vierachsig ausgeführt und bestehen aus zwei Hälften (Bauart Allgemeine Elektrizitäts - Gesellschaft), die gelenkartig miteinander verbunden sind. (Abb. 10.)

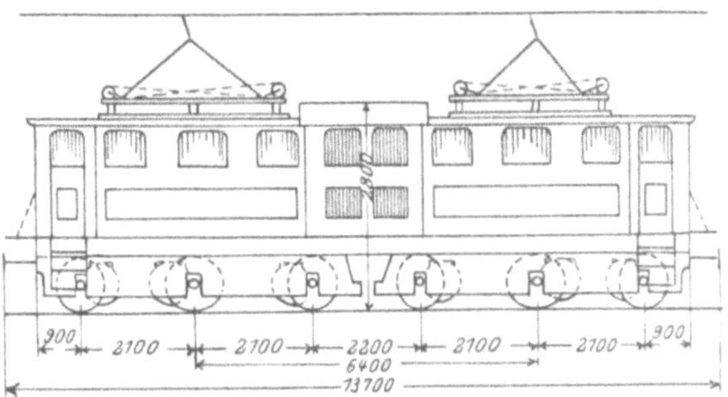

Abb. 8.   Elektrische Schnellzuglokomotive.

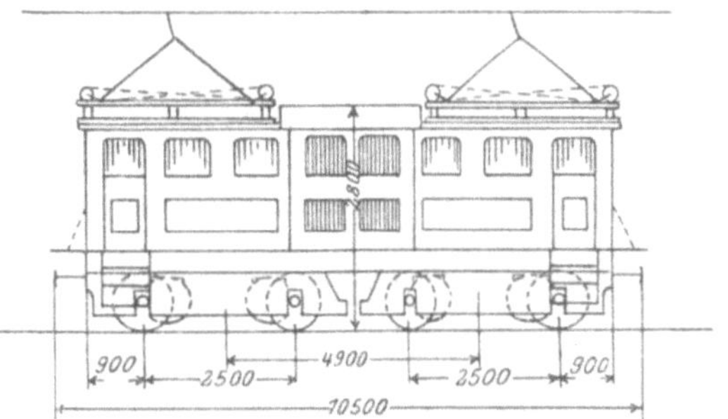

Abb. 9.   Elektrische Personenzuglokomotive.

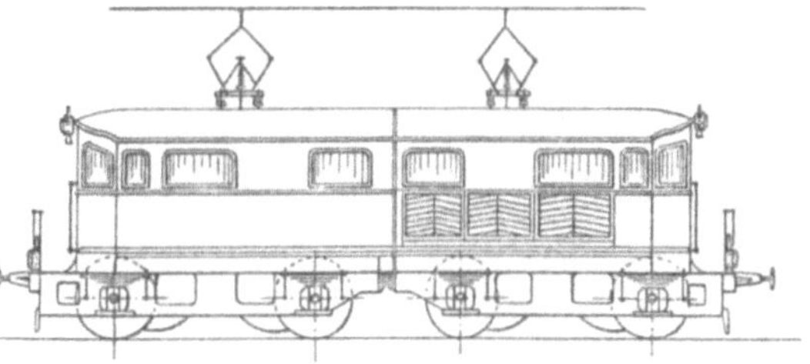

Abb. 10.   Elektrische Güterzuglokomotive.

Über die Höhe des Anlagekapitals für die Anschaffung der Elektrolokomotiven und über die Kapitalsverzinsung gibt nachstehende Tabelle 11 Aufschluß:

Tabelle 11.

Bezeichnung	Schnellzugdienst	Personen- und Lokalzugdienst	Güterzugdienst	Insgesamt
Anzahl der Lokomotiven .	23	63	51	137
	zu 165000 M.	zu 105000 M.	zu 100000 M.	
Anschaffungspreis der Lokomotiven . . . M.	3800000	6600000	5100000	15500000
Verzinsung zu 3·75% M.	144000	246000	190000	580000

Der Aufwand für Verzinsung des Anlagekapitals beträgt somit 580000 M.

Für die Erneuerung der Lokomotiven beträgt der Altmaterialwert 10% der Anschaffungskosten; der Abschreibungsanteil darf zu 2·67% angenommen werden. Hieraus ergibt sich folgende Zusammenstellung für die Tilgung der Anschaffungskosten der elektrischen Lokomotiven:

Tabelle 12.

Bezeichnung	Lokomotivanzahl	Anschaffungswert einer Lokomotive	Altmaterialwert einer Lokomotive	Zu tilgender Geldwert für eine Lokomotive	alle Lokomotiven	Abschreibungsanteil bei 3¾% Verzinsung	Abzuschreibender Betrag $\frac{Sp.6 \times Sp.7}{100}$
		M.	M.	Sp. 3 bis 4	Sp. 2×5	%	M.
1	2	3	4	5	6	7	8
Schnellzuglokomotiven	23	165000	16500	148500	3415500	2·67	91000
Personenzuglokomotiven	63	105000	10500	94500	5953500	2·67	159000
Güterzuglokomotiven	51	100000	10000	90000	4590000	2·67	122000
	137				13959000		372000

Der Anteil der Erneuerung beträgt somit jährlich 372000 M.

Die nachstehende Zusammenstellung gibt eine Übersicht über die jährlich aufzuwendenden Unterhaltungskosten der elektrischen Lokomotiven. Diese sind hierbei etwa 40% niedriger angenommen als die Unterhaltungskosten der Dampflokomotiven.

Tabelle 13.

1	2	3	4
		Unterhaltungskosten der Lokomotiven	
Bezeichnung	Geleistete Nutzkilometer	für 1 Nutzkm	insgesamt
		Pf.	M.
Schnellzuglokomotiven . .	2 634 700	8·8	230 820
Personenzuglokomotiven . .	3 001 900	8·1	243 120
Güterzuglokomotiven . . .	3 630 800	6·8	248 360
	9 267 400		722 300

Danach ergibt sich für die Kosten der Unterhaltung der Lokomotiven ein jährlicher Betrag von 722 300 M.

Der jährliche Aufwand für Verzinsung, Amortisation und Unterhaltung der Lokomotiven beträgt somit

$$580\,000 + 372\,000 + 722\,300 = 1\,674\,300 \text{ M.}$$

β) Kosten der Stromversorgung.

Auf Grund eingehender Untersuchungen ergibt sich für den elektrischen Betrieb der Vollbahnstrecke Mannheim-Basel ein jährlicher Energiebedarf von 87·9 Millionen KWStd, gemessen am Stromabnehmer.

Der Verlust in den Leitungen und Transformatoren darf zu $15^0/_0$ angenommen werden, so daß sich damit die jährlich den einzelnen Speisepunkten zuzuführende Energie zu 103 Millionen KWStd ergibt, wovon

auf Schnellzüge   30 Millionen
,, Personenzüge 14·5   ,,
,, Lokalzüge   7·5   ,,
,, Güterzüge   51   ,,   KWStd entfallen.

Der Strompreis beträgt an den Speisepunkten 2·5 Pf. für die KWStd, woraus sich der jährliche Aufwand für den Energiebezug zu 2 575 000 M. berechnet. Die mittlere Tagesbelastung der einzelnen Transformatorenstationen beträgt bei einer mittleren Phasenverschiebung von $\cos\varphi = 0.85$ etwa 1500 KVA; die augenblicklichen Höchstleistungen können das vierfache dieses Wertes, somit 6000 KVA erreichen. Da die Transformatoren vorübergehend $75^0/_0$ Überlastung aushalten, so sind somit für den regelmäßigen Betrieb 3500 KVA für jede Transformatorenstation erforderlich, wozu dann noch die erforderliche Reserve von $100^0/_0$ kommt. An Transformatorenleistung sind somit im Ganzen vorzusehen:

$$9\,(3500 + 3500) = 63\,000 \text{ KVA.}$$

Die Kosten für die gesamte Stromzuführung betragen 16 500 000 M., der jährliche Aufwand für Verzinsung, Erneuerung und Unterhaltung 1 271 374 M., wie dies in nachstehender Tabelle 14 noch näher erläutert ist.

Tabelle 14.

1	2	3	4	5
Bezeichnung	Anlagekosten M.	Verzinsung $3^3/_4\,^0/_0$ M.	Kosten der Unterhaltung M.	Rücklagen für Erneuerung M.
Elektrische Einrichtungen der Transformatorenstationen 63000 KVA Leistung	1134000	42525	36860 $(3^1/_4\,^0/_0)$	56700 $(5\,^0/_0)$
Gebäude für neun Unterwerke	450000	16875	4500 $(1\,^0/_0)$	4500 $(1\,^0/_0)$
Leitungsanlagen. 386 km Fahrleitung . . .	9650000			
Fahrleitung für 66 Bahnhöfe und Haltestellen mit rund 130 km Nebengleisen	1950000			
	11600000	435000	203010 $(1{\cdot}75\,^0/_0)$	232000 $(2\,^0/_0)$
Hochspannungsleitungen	1625000			
Umgehungsleitungen für 66 Bahnhöfe u. Haltestellen	500000			
Reserveteile, Montagewagen	775000			
	2900000	108750	36250 $(1{\cdot}25\,^0/_0)$	58000 $(2\,^0/_0)$
Unvorhergesehenes . .	416000	15600	8320	12480
	16500000	618750	288940	363680

$$1\,271\,370$$

Die für Verzinsung, Erneuerung und Unterhaltung aufzuwendenden Kosten im Betrage von 1271370 M. belasten die KWStd bezogenen Stromes mit 1·23 Pf.

Die Gesamtkosten der jährlichen Stromversorgung belaufen sich auf

$$2\,575\,000 + 1\,271\,370 = 3\,846\,370 \text{ M.}$$

γ) Aufwand für das Lokomotivpersonal.

Wie an anderer Stelle bereits ausgeführt, kann beim elektrischen Betrieb für die Führung der Lokomotive der zweite Mann in Wegfall kommen. Auch darf mit größeren Tagesleistungen des Personals gerechnet werden, weil der Führer durch die Bedienung der elektrischen Lokomotive weniger in Anspruch genommen wird, als bei der Dampflokomotive, und weil die elektrische Lokomotive dem Betrieb durch Nebenarbeiten wie Wasser- und Kohlenfassen, Herrichten des Feuers usw. nicht entzogen wird. Unter Berücksichtigung dieser Verhältnisse ergibt sich, daß der Dienst auf der Vollbahnstrecke Mannheim-Basel durch 237 Mannschaften (Führer) versehen werden kann, d. i. $24\,^0/_0$ weniger als beim Dampfbetrieb. Die jährlichen Einkünfte eines Führers können zu 3000 M. angenommen werden. Der gesamte Aufwand für das Lokomotivpersonal ergibt sich damit zu 711 000 M.

Die nachstehende Zusammenstellung gibt hierüber noch näheren Aufschluß:

Tabelle 15.

1	2	3	4	5	6
		Jahreseinkommen			Kosten des Lokomotiv-personals für 1 Nutzkm
Zuggattung	Anzahl der erforder-lichen Mann-schaften	einer Mannschaft (1 Mann)	Insgesamt Sp. 2 $\times$ Sp. 3	Geleistete Nutz-kilometer	Sp. 4 $\times$ 100 / Sp. 5
		M.	M.		Pf.
Schnellzug-dienst . .	29	3000	87 000	2 634 700	3·3
Personenzug-dienst . .	59	3000	177 000	2 155 200	8·2 ⎫
Lokalzug-dienst. . .	39	3000	117 000	846 700	13·8 ⎬ 9·8
Güterzug-dienst. . .	110	3000	330 000	3 630 800	9·05
Insgesamt	237	3000	711 000	9 267 400	7·55

δ) **Der Aufwand für den Bezug der elektrischen Energie** ist bereits in dem Aufwand für die Stromzuführung inbegriffen.

ε) u. ζ) **Kosten für Schmier- und Putzmaterial.**

Die Kosten für Schmier- und Putzmaterial ergeben sich aus folgender Zusammenstellung:

Tabelle 16.

Lokomotivgattung	Geleistete Nutzkilometer	Kosten	
		für 1 Nutz-kilometer Pf.	Insgesamt M.
Schnellzuglokomotiven	2 634 700	1·0	26 350
Personenzuglokomotiven	3 001 900	0·75	22 515
Güterzuglokomotiven	3 630 000	0·75	27 235
	9 267 000		76 100

Die jährlich für Schmier- und Putzmaterial aufzuwendenden Kosten betragen somit 76 100 M.

η) Kosten für Beleuchtung der Lokomotiven.

Die jährlichen Kosten für die Beleuchtung der elektrischen Lokomotiven setzen sich folgendermaßen zusammen:

α) Stromkosten . . . . 3000 M.
β) Kosten für Glühlampenersatz . . . . 1300 „
γ) Kosten für Unterhaltung der Beleuchtungs-
  ·einrichtung . . . . 700 „
                            Sa. 5000 M.

Damit ergibt sich als jährlicher Aufwand für Beleuchtung der Lokomotiven von 5000 M.

Die Kosten für Reinigung der elektrischen Lokomotiven sind bereits in dem Unterhaltungsaufwand inbegriffen.

ϑ) Für Beschaffung von Speisewasser

entstehen bei dem elektrischen Betrieb keine Kosten.

ι) Kosten der Zugbeheizung.

Für die Zugheizung ist bei Einführung des elektrischen Betriebes die Dampfheizung beizubehalten. Es sind deshalb die sämtlichen Schnellzuglokomotiven wie auch die Personen- und Lokalzuglokomotiven mit kleinen Dampfkesseln für die Dampferzeugung auszurüsten, deren Bedienung dem Führer obliegt. Die Kosten der Heizeinrichtung können für jede der 23 Schnellzuglokomotiven zu 2700 M. und für jede der Personen- und Lokalzuglokomotiven zu 1650 M. angenommen werden, so daß sich damit die Gesamtkosten berechnen zu 166 000 M.

Für Verzinsung, Erneuerung und Unterhaltung sind $13^0/_0$ der Anlagekosten vorzusehen, entsprechend einem Betrag von 21 590 M.

Der Berechnung der Kohlenkosten liegt ein Preis von 17·4 M. für die Tonne Kohle von 7800 Kalorien zugrunde. Der jährliche Gesamtaufwand für das Brennmaterial ergibt sich aus folgender Zusammenstellung:

Tabelle 17.

1	2	3	4	5	6	7
Zuggattung	Mittlere Zug-belastung	Erforderliche Wärmeeinheiten eines Zuges für 1 Stunde	Stündlicher Kohlenverbrauch einschl. Anheizen	Jährliche Heizstunden	Jährlicher Kohlenverbrauch	Jährlicher Brennmaterialienaufwand
	Achse	WE	kg	Std.	t	M.
Schnellzug .	32	125 000	30	20 000	600	10 440
Personenzug	16	75 000	18	27 000	487	8 475
Lokalzug . .	14	65 000	15·4	14 000	218	3 295
Im Ganzen				61 000	1305	22 710

Insgesamt betragen somit die Kosten für die Zugbeheizung

$$21\,590 + 22\,710 = 44\,300 \text{ M.}$$

κ) **Gesamtkosten.**

Entsprechend der für den Dampfbetrieb gegebenen Zusammenstellung der Betriebskosten ergibt sich für den elektrischen Betrieb folgende Tabelle 18:

Tabelle 18.

Ausgaben für	Schnellzug-dienst	Personen-zugdienst	Güterzug-dienst	Für alle Zugdienste
	Lokomotivanzahl einschl. Reserve u. Reparaturstand			
	23	63	51	137
Verzinsung, Erneuerung und Unterhaltung der Lokomotiven . . M.	465820	648120	560360	1674300
Lokomotivpersonal M.	87000	294000	330000	711000
Stromversorgung M.	1120400	822370	1903600	3846370
Schmier- und Putzmaterial . . M.	26350	22515	27235	76100
Reinigung und Beleuchtung der Lokomotiven . . M.	2000	1600	1400	5000
Heizung der Züge M.	20380	16525	7395	44300
	1722950	1804534	2829590	6357070

Die nachstehende Tabelle 19 gibt noch eine Gesamtübersicht der Betriebsausgaben für die Nutzkilometer, Achskilometer und Bruttotonnenkilometer:

Tabelle 19.

Ausgaben für	Kosten			Schnellzug-dienst, Personenzug-dienst und Güterzug-dienst zusammen
	für 1 Nutzkilometer	für 1 Achskilometer	für 1 Brutto-Tonnenkilometer	
	Pf.	Pf.	Pf.	M.
Verzinsung, Erneuerung und Unterhaltung der Lokotiven	18·07	0·2889	0·04854	1674300
Lokomotivpersonal .	7·67	0·1226	0·02061	711000
Stromversorgung . .	41·41	0·6661	0·10857	3846370
Schmier- und Putzmaterial	0·82	0·0131	0·00226	76100
Beleuchtung und Reinigung der Lokomotiven	0·054	0·0009	0·00014	5000
Heizung der Züge .	0·48	0·0077	0·00129	44300
Gesamtkosten	68·504	1·0983	0·18141	6357070

Lokomotivzahl 137
Anschaffungskosten der Lokomotiven und Stromver-
   sorgungsanlagen . . . . 15 500 000 M.
                       16 500 000 „
                       32 000 000 M.
Nutzkilometer 9 267 000
Achskilometer 579 606 000
Bruttotonnenkilometer 3 449 309 500
(Beim Dampfbetrieb) 3 542 295 800

Aus diesen Berechnungen ergibt sich eine jährliche Ersparnis des elektrischen Betriebes gegenüber dem Dampfbetrieb von

$$6\,730\,330 - 6\,357\,070 = 373\,250 \text{ M.}$$

d. i. rund $5 \cdot 7\,\%$.

6. Schlußbetrachtungen.

Die Feststellungen des vorstehenden Abschnittes beruhen auf Mittelwerten, wie sie sich bei Bearbeitung verschiedener gleichartiger Entwürfe durch die Elektrizitätsfirmen auf Grund der Betriebsergebnisse vorhandener Bahnen allmählich ausgebildet haben. Sie dürfen daher für die durchgeführte Vergleichsberechnung als vollkommen zutreffend bezeichnet werden.

Die Berechnung ergibt, wie dies auch nach den allgemeinen Betrachtungen im Abschnitt 4 im voraus anzunehmen war, daß bei einem Strompreis von 2·5 Pf. für die Kilowattstunde der Aufwand für Beschaffung der für den elektrischen Betrieb erforderlichen Energie nicht geringer ist, als der Aufwand für das beim Dampflokomotivbetrieb erforderliche Brennmaterial. Es zeigt sich hierbei im Gegenteil noch ein gewisser Mehraufwand zu ungunsten des elektrischen Betriebes von 77 090 M.

Es wird also auch hierbei wieder die alte Erfahrung bestätigt, daß der elektrische Betrieb im allgemeinen mit einem höheren Aufwand für die erforderliche Energie zu rechnen hat, als der Dampflokomotivbetrieb für Beschaffung des Brennmaterials. Denn nicht einmal der niedrige Preis von 2·5 Pf. für die Kilowattstunde, wie er nur bei Wasserkraftanlagen erzielt wird, ermöglicht es, dem elektrischen Betrieb den Wettbewerb mit dem Dampflokomotivenbetrieb bei dieser Betriebsausgabe aufzunehmen.

Die Stromkosten beeinfussen beim elektrischen Bahnbetrieb das Betriebsergebnis ganz erheblich, indem schon kleine Preisschwankungen einen erheblichen Mehraufwand bedingen können.

Die nachstehende Tabelle 20 gibt hierüber näheren Aufschluß:

Tabelle 20.

Strom- preis Pf.	Strom- verbrauch KWStd	Stromkosten M.	Sonstige elektrische Zug- förderungs- kosten M.	Kosten der elektrischen Zugförderung insgesamt M.	Kosten des Nutz- kilo- meters Pf.
1·75	103 000 000	1 802 500	3 782 070	5 584 570	59
2·0	103 000 000	2 060 000	3 782 070	5 842 070	62
2·25	103 000 000	2 317 500	3 782 070	6 099 570	65 .
2·50	103 000 000	2 575 000	3 782 070	6 357 070	68
2·75	103 000 000	2 832 000	3 782 070	6 614 070	70
3·0	103 000 000	3 090 000	3 782 070	6 872 070	73

Wenn z. B. der Betriebskostenberechnung ein Strompreis von 3 Pf. anstatt 2·5 Pf. für die Kilowattstunde zugrunde gelegt wird, so erhöht sich damit der jährliche Aufwand für die elektrische Energie um den sehr erheblichen Betrag von 515000 M.

Wesentliche Ersparnisse ermöglicht der elektrische Betrieb beim Lokomotivpersonal, dagegen ergibt sich eine solche wiederum nicht bei dem Aufwand für Verzinsung, Erneuerung und Unterhaltung der Lokomotiven, trotzdem die geringere Anzahl der elektrischen Lokomotiven nach den Ausführungen im Abschnitt 4 eine solche erwarten läßt. Dieses auffallende Ergebnis erklärt sich durch die zum voraus gemachte Annahme, daß der elektrische Betrieb an Stelle des vorhandenen Dampflokomotivbetriebes zu treten hat. Für den elektrischen Betrieb der Strecke Mannheim-Basel wurden nämlich neue und durchaus leistungsfähige Lokomotiven der Berechnung zugrunde gelegt, deren Anschaffungskosten bei den derzeitig hohen Löhnen und Materialpreisen selbstverständlich weit höher sind, als die der vorhandenen, zum Teil über 20 Jahre alten, und auch wenig leistungsfähigen Dampflokomotiven. Die Verhältnisse würden sich aber in dieser Hinsicht sehr zu gunsten des elektrischen Betriebes verschieben, wenn die Vergleichsrechnung für eine neue Bahn durchgeführt würde, da in diesem Falle der für Beschaffung der elektrischen Lokomotiven erforderliche Aufwand nur das 0·76fache des für Beschaffung der Dampflokomotiven erforderlichen ergeben würde. (Vergl. S. 340.) Während jetzt der Mehraufwand für anzuschaffende Lokomotiven beim elektrischen Betrieb

$$15\,500\,000 - 11\,496\,060 = \text{rund } 400\,000 \text{ M.}$$

beträgt, würde sich dieser unter dem anderen Gesichtspunkt in einen erheblichen Minderaufwand verwandeln, so daß sich damit die zu gunsten des elektrischen Betriebes sich ergebende Ersparnis noch um etwa 200000 M. erhöhen würde.

Bei Aufstellung der vergleichenden Betriebskostenberechnung wurden die Kosten für Hinterstellung der Lokomotiven nicht berücksichtigt, weil auch hierbei wieder mit den vorliegenden Verhältnissen gerechnet wurde, indem die vorhandenen Lokomotivschuppen auch für die Unterbringung der elektrischen Lokomotiven Verwendung finden können. Beim Bau einer neuen Linie lassen sich in dieser Hinsicht aber ebenfalls wesentliche Ersparnisse machen, da der für Unterbringung der elektrischen Lokomotiven erforderliche überdachte Raum wesentlich kleiner gehalten werden kann, als der beim Dampfbetrieb erforderliche.

Eine weitere Ersparnis läßt sich beim elektrischen Betrieb noch durch Einführung der elektrischen Zugbeleuchtung erzielen, für die billiger Strom zur Verfügung steht, während gleichzeitig die Stromzuführung von der Lokomotive aus in einfachster Weise erfolgen kann. Es wurde hiervon jedoch mit Rücksicht auf die vielen Wagen fremder Eisenbahnverwaltungen, die auf der Hauptstrecke Mannheim-Basel zu befördern sind, abgesehen.

Diesen weiteren Ersparnissen, die der elektrische Betrieb ermöglicht, stehen aber auch wieder Mehraufwendungen gegenüber, wie z. B. durch Verlegung der dem Bahnkörper entlang geführten Telegraphenleitungen, da diese von den Hochspannungsspeiseleitungen in ihrer jetzigen Lage gefährdet wären. Die Kosten hierfür können ganz erhebliche sein, da hierbei die Verlegung der Schwachstromleitungen als Kabel in Frage kommen kann.

Wenn nun aber trotzdem noch eine erhebliche Ersparnis zu gunsten des elektrischen Betriebes nachweisbar ist, so wird diese jedoch keineswegs derart sein, daß die Einführung dieser Betriebsweise auf den vorhandenen Bahnstrecken allgemein gerechtfertigt wäre, da, wie bereits an anderer Stelle ausgeführt, die Eisenbahnverwaltungen mit der Verwertung der vorhandenen Betriebsmittel rechnen müssen. Zudem genügt der Dampflokomotivbetrieb heute noch weitgehenden Anforderungen. Die $^2/_5$-gekuppelten Schnellzuglokomotiven sind in der Lage, Züge von 350 t Belastung mit 90 bis 100 km Geschwindigkeit zu führen, und reichen somit auch bei einem großen Verkehr noch aus. Allerdings machen sich Anzeichen dafür geltend, daß bei der gewaltigen Verkehrssteigerung der letzten Jahre eine Geschwindigkeit von 100 km/st für unseren heutigen Schnellzugdienst allmählich unzureichend wird, in welchem Falle der Dampflokomotive aber ihre Aufgabe wesentlich erschwert ist. Durch sehr ausgedehnte Versuche wurde festgestellt, daß der Dampfbetrieb noch weit höhere Geschwindigkeiten als die bis jetzt üblichen zuläßt, indem sich Schnellzuglokomotiven bei zweckentsprechender Bauart noch bei Geschwindigkeiten von 130 bis 140 km/st ruhig verhielten. Allerdings wurde durch diese Versuche aber auch der Beweis geliefert, daß sich der Dampflokomotivbetrieb bei den höheren Geschwindigkeiten außerordentlich unwirtschaftlich gestaltet. Wenn es möglich ist, mit $^2/_5$-gekuppelten Lokomotiven auf kurze Zeit Geschwindigkeiten bis zu 140 km/st zu erreichen, so ist zu berücksichtigen, daß die angehängte Last nur etwa 160 t betragen darf und daß der Kessel dabei derart überanstrengt wird, daß jeder derartige Versuch nach kurzer Zeit abgebrochen werden muß.

Die $^2/_6$-gekuppelte Schnellzuglokomotive der bayerischen Staatseisenbahnen, zurzeit wohl die leistungsfähigste Maschine ihrer Art in Deutschland, beförderte bei den am 1. und 2. Juli 1907 auf der Strecke München-Augsburg vorgenommenen Probefahrten einen Zug von 150 t mit einer durchschnittlichen Geschwindigkeit von 130 km/st und erreichte dabei auf längere Zeit eine Geschwindigkeit von 154·5 km, während bei den früheren in Deutschland vorgenommenen Versuchen mit Dampflokomotiven die Geschwindigkeit von 140 km nicht überschritten wurde. Aber auch bei diesem Versuch fällt die geringe angehängte Zuglast von nur 150 t auf.

Die heutige Schnellzuglokomotive verbraucht schon bei normaler Geschwindigkeit von 100 km fast die Hälfte der zur Verfügung stehenden Leistung für die eigene Fortbewegung, mit weiterer Steigerung der Geschwindigkeit wird das Ergebnis noch ungünstiger, die angehängte Nutzlast wird immer kleiner.

Die Gründe, welche die Eisenbahnverwaltungen bis jetzt veranlaßten, beim Dampflokomotivbetrieb von einer Steigerung der Fahrgeschwindigkeit von 100 km/st auf 130 bis 140 km/st abzusehen, finden durch diese Versuche ihre volle Erklärung. Die heutige Dampflokomotive ist eben bei der jetzigen Fahrgeschwindigkeit von 100 km/st an der Grenze der wirtschaftlichen Leistungsfähigkeit angelangt. Jede weitere Steigerung der Geschwindigkeit ist als Sportleistung zu betrachten und muß mit unverhältnismäßig hohen Opfern erkauft werden, sei es, daß dadurch die Anschaffung größerer Lokomotiven mit hohen Anschaffungs- und Unterhaltungskosten bedingt ist, oder eine weitgehende Verringerung der angehängten Last eintreten muß.[1]) Die Führung leichter Schnellzüge ist aber unwirtschaftlich, abgesehen davon, daß dadurch die Leistungsfähigkeit einer Bahn beeinträchtigt wird. Die Beschaffung schwerer Lokomotiven findet aber jetzt schon ihre Grenze an der Beschaffenheit des vorhandenen Oberbaues, der eine wesentliche Steigerung der zurzeit üblichen Achsbelastung der Lokomotive nicht zuläßt und die Eisenbahnverwaltungen werden sich schwer zu einem Umbau entschließen können, wenn sie im voraus die Überzeugung haben, daß der zu erzielende Erfolg immer ein zweifelhafter sein wird.

Hier hat nun der Elektromotor einzusetzen.

Die Berechnung der Zugwiderstände läßt sich auf Grund der von der Studiengesellschaft für elektrische Schnellbahnen bei den Zossener Versuchen gemachten Wahrnehmungen und der ausgedehnten Untersuchungen von Frank mit hinreichender Genauigkeit feststellen. Für einen Zug von 350 t Belastung wurde eine derartige Berechnung für die verschiedenen Geschwindigkeiten von 100 bis 150 km/st für beide Betriebsarten durchgeführt und das Ergebnis durch Schaulinien erläutert (Abb. 5). Dabei wurde angenommen, daß das Gewicht der Dampflokomotive mit Tender 120 t, das der elektrischen 75 t beträgt. Der Verlauf der Schaulinien läßt das rasche Anwachsen des Zugwiderstandes bei Erhöhung der Geschwindigkeit erkennen. Dementsprechend erhöht sich auch die Leistung der Dampflokomotive. Die nachstehende Tabelle gibt hierüber näheren Aufschluß:

Geschwindigkeit	100	110	120	130	140	150 km/st	
Leistung d. Lokom.	1056	1305	1595	1950	2310	2740 PS	Dampfbetrieb
	933	1150	1400	1700	2025	2410 PS	Elektr. Betrieb

Während die Leistung der Lokomotiven bei einer Geschwindigkeit von 100 km/st 1056 PS beträgt, wächst sie schon bei 130 km/st auf 1950 PS an, somit nahezu auf das Doppelte. Bei der elektrischen Zugausrüstung ist das Ansteigen des Kraftbedarfs nahezu dasselbe wie beim Dampfzug, und zwar steigt die Leistung der Elektromotoren von 933 PS auf 1700 PS.

Dieser Berechnung liegen normale Witterungsverhältnisse zugrunde, das Ergebnis kann deshalb infolge ungünstiger Witterung und besonders durch Seitenwind noch beeinflußt werden.

Eine Erhöhung der Geschwindigkeit der Schnellzüge von 100 km/st auf 130 km/st ermöglicht schon eine bedeutende Abkürzung der Fahrzeit, sie erhöht auch die Leistungsfähigkeit der Bahn, wenn die ursprüngliche Zugbelastung beibehalten wird, und vermag somit einer weiteren Steigerung des Verkehrs Rechnung zu tragen. Mit der heutigen Dampfschnellzuglokomotive läßt sich allerdings eine derartige Leistung nicht erzielen, da hierfür der Kessel nicht ausreicht. Bei der elektrischen Lokomotive besteht eine derartige Begrenzung der Leistungsfähigkeit nicht. Es wäre ohne weiteres möglich, nachdem Einphasenmotoren von 500 PS Leistung bereits ausgeführt sind, eine elektrische Lokomotive

---

[1]) von Borries, Schnellbetrieb auf Hauptbahnen. Elektrische Bahnen 1904, S. 242.

mit 6 solcher Motoren auszurüsten, die damit eine Leistung von 3000 PS erhält, welche beim Anfahren nahezu auf das Doppelte gesteigert werden kann. Die Zuführung der erforderlichen Energie für eine derartige Leistung bietet keine Schwierigkeiten, da die Betriebsspannung derart gewählt werden kann, daß einer zu hohen Belastung der Fahrleitung vorgebeugt wird. Die elektrische Lokomotive, welche die Führung von Schnellzügen mit einer Geschwindigkeit von 130 km/st bei einer Belastung von 350 t ermöglicht, wird keine außergewöhnliche Abmessung erhalten, das Gewicht selbst wird 80 t kaum überschreiten, so daß die Achsbelastung sehr gering ausfällt. Eine Steigerung der Betriebskosten wird nur durch den Mehraufwand an elektrischer Energie entstehen, dem aber eine ausschlaggebende Bedeutung hierbei nicht zukommt.

Beim Dampflokomotivbetrieb sind zur Führung eines derart beschleunigten Schnellzuges zwei der neueren Schnellzuglokomotiven erforderlich, wodurch aber die Betriebskosten eine ganz erhebliche Steigerung erfahren.

Es ergibt sich damit, daß bei weiterer Steigerung der zurzeit auf unseren Vollbahnen herrschenden Schnellzuggeschwindigkeit die Vorteile, die der elektrische Betrieb bietet, zur Geltung kommen werden. In welcher Weise dieser Betrieb einzurichten sein wird, kann jedoch vorerst noch nicht entschieden werden. Voraussichtlich wird den Lokomotiven die Führung der Züge zufallen, die weite Strecken zurückzulegen haben und unterwegs Wagen einstellen und aussetzen, während den Triebwagen die Führung der geschlossenen Züge vorbehalten bleibt.

Wie bereits in der Einleitung hervorgehoben wurde, vermag aber der Elektromotor den Wettbewerb mit der Dampflokomotive nicht nur hinsichtlich der Geschwindigkeit aufzunehmen, sondern auch hinsichtlich der Ausübung großer Zugkraft, wie sie der Betrieb auf Gebirgsstrecken erfordert; unerreicht ist aber seine Leistung ganz besonders beim Betrieb verkehrsreicher Stadt- und Vorortbahnen, wo er die Dampflokomotive wegen seiner größeren Anfahrbeschleunigung fast vollständig verdrängt hat.

Es darf somit angenommen werden, daß sich der elektrische Betrieb im Laufe der Zeit in erster Reihe da, wo die Verhältnisse für die Stromerzeugung günstig sind, somit in Gegenden, wo genügende Wasserkräfte zur Verfügung stehen, ein ausgedehntes Gebiet sichern wird, während er sich wieder in anderen Gegenden, wo diese günstigen Bedingungen fehlen, auf den Schnellverkehr sowie den Vorort- und Stadtverkehr beschränken dürfte. Dabei wird aber auch für die Dampflokomotive immer noch ausreichende Gelegenheit für eine erfolgreiche Betätigung übrig bleiben, besonders durch das Zusammenwirken beider Betriebsarten wird in vielen Fällen der Wirtschaftlichkeit des Betriebes am besten Rechnung getragen werden können. Bei den vielen Vorzügen, die der Elektromotor für den Vollbahnbetrieb besitzt, wird sich auch die Militärbehörde mit seiner Einführung befreunden können. Denn gerade die größere Leistungsfähigkeit der elektrischen Betriebsweise ist für die Truppenförderung von ganz besonderer Bedeutung. Die Sicherheit des elektrischen Betriebes steht der des Dampfbetriebes nicht nach. Was die Möglichkeit der Herbeiführung einer Betriebsunterbrechung anbelangt, so darf diese nicht überschätzt werden. Wohl ist es mit geeigneten Hilfsmitteln möglich, eine Trennung der unter Spannung stehenden Fahrleitung sowie der Speiseleitungen herbeizuführen, ein großer Schaden kann dadurch aber nicht angerichtet werden, da sich jede derartige Störung in kurzer Zeit beseitigen läßt.

Auch die Zerstörung einer dem Bahnbetrieb dienenden elektrischen Zentrale kann wesentliche Betriebsstörungen nicht herbeiführen, da die Stromlieferung der Sicherheit wegen mehreren Werken übertragen wird, die mit genügender Reserve ausgestattet sind, so daß auch bei Ausschaltung eines Werkes der Betrieb noch aufrecht erhalten werden kann. Die Sprengung einer Brücke wird unter solchen Umständen für die Durchführung des Betriebes größere Schwierigkeiten bieten als die Beschädigung eines Kraftwerkes.

Im übrigen wird für besondere Zwecke immer noch eine genügende Anzahl Güterzuglokomotiven zur Verfügung stehen, da an eine allgemeine Einführung des elektrischen Betriebes auf den deutschen Bahnen wohl nicht gedacht werden kann und auch auf den großen Verschubbahnhöfen die Ausübung des Dienstes nach wie vor durch Dampflokomotiven erfolgen dürfte.

Wasserspeisung.

Von

Ch. Ph. Schäfer,

Geh. Baurat, Hannover.

---

1. Wasserbedarf.

Nach den technischen Vereinbarungen über den Bau und die Betriebseinrichtungen der Haupteisenbahnen des Vereins Deutscher Eisenbahnverwaltungen sind Wasserstationen in solchen Entfernungen voneinander
und an solchen Stellen anzulegen, daß die reichliche Versorgung der Lokomotiven mit gutem Wasser gesichert ist.

Im Lokomotivschuppen soll nach § 63[5] der technischen Vereinbarungen
eine mit einem hochgelegenen Wasserbehälter zusammenhängende Rohrleitung liegen, die durch einen Schlauch mit jeder Lokomotive in Verbindung gebracht werden kann.

Für Schuppen, in welchen Wagen gereinigt werden, sind Wasserleitungen und Heizvorrichtungen zu empfehlen, vgl. § 64[1].

Wasserleitungen sollen mit Schlauchschrauben versehen sein, nach § 65
betreffend Feuerlöschgeräte.

Diese Bestimmungen sind auch in den Grundzügen für Nebeneisen-
bahnen enthalten.

Handelt es sich bei diesen Wasserstationen wesentlich um Beschaffung
von Lokomotivspeisewasser und sonstigem, nicht zu Genußzwecken dienen-
dem Wasser, so sind doch auch Wasserwerke, die gleichzeitig zur Versorgung mit Wasser für Genußzwecke und Brunnen, die ausschließlich
hierzu dienen, anzulegen, falls Trink- und Wirtschaftswasser von städtischen
Wasserwerken nicht bezogen werden kann.

Es wird daher in erster Reihe zu prüfen sein, wenn ein Wasserwerk
gebaut und eingerichtet werden soll, ob nur Lokomotivspeisewasser, oder
ob auch Trink- und Wirtschaftswasser zu beschaffen ist.

Der Wasserbedarf ist zu ermitteln für den Lokomotivbetrieb, für die
Werkstätten, für die Dampfkesselanlagen, Gasanstalten, Gas-, Spiritus-,
Benzin- und Petroleummotoren, Wagenreinigungsplätze, Bahnsteige,
Kohlenlager und Feuerlöschwasserpfosten, ferner für Genuß- und Wirt-
schaftszwecke.

Die für die Stunde verdampfte Wassermenge W berechnet sich nach
Busse zu

$$W\,\text{kg} = \frac{Hf\left(12 - \dfrac{Hf}{R}\right)}{0\cdot 025} + \frac{Hr\left(36 - \dfrac{Hf}{R}\right)\left(150 - \dfrac{Hr}{R}\right)}{100}\,,$$

wenn

Hf = Heizfläche der Feuerkiste,

Hr = Heizfläche der Rohre,

R = Rostfläche in Quadratmeter.[1]

Obgleich der Wasserbedarf für jede Lokomotivgattung und Zugstärke berechnet werden kann, so pflegt man doch in der Regel von der genauen Berechnung auf Flachland- und Hügellandstrecken um so mehr abzusehen, als die Verhältnisse zu verschiedenartig und dem Wechsel unterworfen sind. Den Bedarf für die Lokomotiven der Güterzüge nimmt man zu etwa 1·5 cbm für 10 km Fahrt, der Personen- und Schnellzüge zu etwa 1 cbm für 10 km Fahrt an, und zwar unter Vernachlässigung der virtuellen Längen der Strecke und heftigen Gegenwindes, bei dem eine Steigerung des Wasserverbrauchs von etwa 30% leicht vorkommt.

Steigungen vermehren diesen Verbrauch mit wesentlicher Ziffer nur bei Vorspann- und Nachschubdienst, wodurch leere Fahrten bedingt werden; vgl. auch Tilp, S. 68. Die Zugmaschine allein gleicht die größere Verdampfung der Bergfahrt größtenteils durch Minderverbrauch bei der Talfahrt, wenn auch nicht ganz, aus; die Talfahrt hat indes stets die geringste und gleiche Verdampfung, während die Verdampfung bei der Bergfahrt mit der Steigung und dem Verlangsamen der Fahrt wächst. Steigungen bedingen wegen der größeren Verdampfung ein Näherlegen der Wasserstationen, je nach der Größe des Fassungsraumes des Tenders.

Für jedes Auswaschen der Lokomotive rechnet man etwa 5 cbm, für jede Druckprobe etwa 6 cbm.

Für dauernde Spülung von Pissoirständen — § 53 der technischen Vereinbarungen des Vereins Deutscher Eisenbahnverwaltungen — nimmt man stündlich etwa 200 l für 1 m Spritzrohrlänge an, für eine Abortspülung etwa 10 l, für ein Wannenbad etwa 350 l; für jeden Schlauchverschluß eines Feuerpostens 500 l/Min., für Sprengung von Bahnsteigen 1·5 l/qm, für Trink- und Wirtschaftswasser in Dienstwohnungen täglich etwa 45 l auf jeden Bewohner, zum Tränken und Reinigen eines Pferdes 50 l, für eine Handfeuerspritze etwa 350 l/Min., für eine Dampffeuerspritze etwa 1000 l/Min., für Kohlenlagerplätze etwa 2 l/qm, für Kühlwasser eines Dieselmotors für die effektive Pferdestärke und Stunde etwa 15 l, für die Reinigung eines Viehwagens etwa 2 cbm, für die Reinigung eines Geflügelwagens 7—30 cbm.

Das Wasser der Druckwasseranlagen wird etwa alle 8 Tage erneuert und besonders berechnet für jede Anlage.

Von vornherein ist außer der Menge auch die Güte des Wassers durch chemische Untersuchung zu ermitteln, die eine Wassergewinnungsanlage bietet. Statt der Entnahme eines minderwertigen Wassers aus nahegelegenen Brunnen ist zu prüfen, ob die Herleitung besseren Wassers aus größeren Entfernungen dem Betriebsmaschinendienste und insbesondere der Unterhaltung der Lokomotiven nicht besser entspricht.

---

[1] Organ Fortschr. des Eisenbahnwesens 1906, S. 177.

Kann das Lokomotivspeisewasser Flüssen, Seen oder Teichen nicht entnommen werden, so ist durch Bohr- und Pumpversuche zu ermitteln, in welcher Tiefe und Ergiebigkeit Wasser zu erhalten ist.

Die Größenverhältnisse einer Wasserstation sind nach dem größten Wasserbedarf des zu versorgenden Bahnhofes in 24 Stunden zu bemessen.

Den hierfür gefundenen Wert rundet man in der Regel auf eine der Stufen 50, 100, 200, 300, 400; 600, 800, 1000 und 1500 cbm ab.

Zur Bestimmung des gegenseitigen Abstandes benachbarter Wasserstationen ist davon auszugehen, daß vollbelastete Schnellzuglokomotiven, je nach der Zahl und Lage der Zwischenstationen und je nach den Steigungsverhältnissen der Bahn nach 100 bis 180 km, Personenzuglokomotiven nach 60 bis 120 km, Güterzuglokomotiven nach 30 bis 60 km, Tenderlokomotiven nach 20 bis 40 km Fahrt ihren Wasservorrat ergänzen können. Bei Bahnen mit anhaltend starken Steigungen müssen vollbelastete Personenzuglokomotiven nach 50 km, Güterzuglokomotiven nach 25 km, Tenderlokomotiven nach 15 km Fahrt Wasser nehmen können.

Für die Beschaffung von Lokomotivspeisewasser kommen in Betracht — nach den Grundzügen für die Errichtung von Wasserstationen der Preußischen und Hessischen Staatsbahnen —: Oberflächengewässer (Wasserläufe, Seen, Teiche), Quellen, Brunnen und fremde Wasserwerke; Flußwasser enthält häufig mechanische Beimengungen, die durch Abklärung oder Filterung beseitigt werden müssen. Bei sehr unreinem Wasser kann es erforderlich sein, beide Einrichtungen miteinander zu verbinden. In den meisten Fällen genügen Packungen, die aus Steinen, sowie aus grobem und feinem Kies bestehen und in die Uferböschung eingebaut werden. Wasser aus Seen oder Teichen bedarf in der Regel keiner Reinigung.

Quellen sind, wenn möglich, so zu fassen, daß das Wasser dem Verbrauchsorte durch natürliches Gefälle zufließt. Da Quellen vielfach in ihrer Ergiebigkeit stark wechseln, so sind vor ihrer Fassung besonders sorgfältige Ermittelungen erforderlich.

Bei der Wasserbeschaffung durch Brunnen verwendet man Flach- und Tiefbrunnen, bei besonderen Wasserverhältnissen auch beide Arten von Brunnen zusammen, die, wenn möglich, durch Heberleitungen verbunden werden.

Die Brunnen können entweder als Schacht- oder Rohrbrunnen, oder auch als vereinigte Schacht- und Rohrbrunnen ausgeführt werden. Tiefbrunnen sind in der Regel als Rohrbrunnen herzustellen.

Es ist vielfach zweckmäßig, sie nach oben hin mit einem gemauerten, bequem zu besteigendem Schacht abzuschließen, der das Pumpwerk aufnimmt und soweit über Fußboden hinaufgeht, daß Tagewasser oder Schmutzwasser nicht in ihn hineinlaufen kann.

Wenn Wasser aus einem fremden Wasserwerke entnommen wird, so ist die mit Wassermesser versehene Zuflußleitung so anzuordnen, daß ein Übertreten des eisenbahnseitig geförderten Wassers in das fremde Rohr ausgeschlossen ist, wenn das fremde Rohr Trinkwasser führt.

Auf Bahnhöfen, die ihr gesamtes Wasser einem fremden Werke entnehmen, ist stets ein Wasserbehälter von angemessenem Inhalte vorzusehen.

Kesselspeisewasser ist gut, wenn in 1 l klaren Wassers nicht mehr als 150 mg Kesselsteinbildner enthalten sind. Wasser mit einem Gehalt

.von Kesselsteinbildnern von 150 bis 250 mg ist ziemlich gut, mit einem solchen von 250 bis 350 mg noch eben brauchbar, soll aber gereinigt werden.

Wasser mit mehr als 350 mg Kesselsteinbildnern auf 1 l muß, wo ein stärkerer Wasserverbrauch stattfindet, chemisch — in der Regel durch Zusatz von Soda und Ätzkalk — gereinigt werden.

Der Zusatz ist nach dem Ergebnisse einer chemischen Untersuchung zu bemessen.

Die Einzelheiten des Reinigungsverfahrens richten sich nach der Art der hierzu verwandten Anlagen und sind von Fall zu Fall im Benehmen mit dem Lieferer der Anlage festzusetzen.

Stark eisenhaltiges Wasser ist zu enteisenen.

Sehr saures Wasser wird zur Kesselspeisung nicht verwendet.

2. Reinigung des Wassers.

Die unterirdischen Niederschläge und das Regenwasser, das in Spalten und Ritzen des Erdbodens versickert, bilden das Grundwasser. Quellwasser ist zutage getretenes Grundwasser. Der Wasserdunst der Luft, die in den Erdboden dringt, schlägt sich in einer gewissen Tiefe nieder, wie der Tau auf der Erdoberfläche. Es bildet sich bei der Bildung von jedem Wassertröpfchen eine dem zu Wasser verdichteten Wasserdunst entsprechende minimale Luftverdünnung und frische, mit Wasserdunst geschwängerte Luft, der immer wieder ihr Wassergehalt entzogen wird, dringt nach.

Wir finden demgemäß das Grundwasser[1]) nicht allein in der Ebene und in der regenreichen Zeit, sondern auch auf hohen Bergen und in der Zeit, die arm an Regen ist. Die Hexenquellen und Moorlager auf der Brockenspitze z. B. werden gespeist aus unterirdischen Niederschlägen, da sie auch in trockener Jahreszeit nicht versiegen.

Die sog. Upminsterquelle in der ganz flachen Grafschaft Essex hat immer reichlich Wasser, es mag regnen oder anhaltende Dürre sein, obgleich sie 30 m hoch an der Spitze eines Hügels und 5 m unter dieser Spitze entspringt.

Auch die Wasserquellen oben auf dem 600 m hohen Tafelberge am Kap der Guten Hoffnung behalten immer ihr Wasser.

Das Wasser eines mitten in den Dünen verhältnismäßig hoch gelegenen Teiches, der zu Halleys Zeit auf Kap Horn außer dem Regen und Schnee hauptsächlich auch noch den unterirdischen Tauniederschlägen sein Wasser verdankt, erhielt schon vor Eintritt des Regens einen nicht unbedeutenden Zuwachs durch Tau, der sich im Dünensande niederschlug.

Der reichlich fließende Hexenbrunnen, 5 m unterhalb der Brockenhöhe, zeigt, wie energisch isoliert aufragende Berge als Kondensatoren der atmosphärischen Feuchtigkeit wirken.

Beim Durchlaufen des Wassers durch den Erdboden nimmt es lösliche Stoffe auf. Das Kohlendioxyd (Kohlensäure) bildet aus natürlichen festen Karbonaten und Kalkstein, Dolomit, im Wasser lösliche Bikarbonate, die vom Wasser mitgeführt werden. Die ältesten Schichten liefern das reinste Wasser, gips- und dolomithaltige Schichten das unreinste. Es finden

---

[1]) Vgl. Journal für Gasbeleuchtung u. Wasserversorgung 1906.

sich Kalk und Magnesia, Alkalien, Eisenoxidul und Tonerde, ferner Kohlen- und Schwefelsäure, sowie Salz- und Kieselsäure und Spuren von Salpetersäure, seltener Phosphorsäure. Organische Stoffe fehlen unter Umständen ganz. Quellen mit größeren Mengen von Mineralstoffen und Kohlensäure geben das natürliche Mineralwasser.

Als Oberflächenwasser bezeichnet man das Fluß- und Bachwasser, sowie das Teich- und Seewasser. Es ist weicher und deshalb zur Dampfkesselspeisung geeigneter als das Grundwasser, weil ein Teil der Bikarbonate der Erdalkalien und Eisenhydrooxyd sich in unlöslicher Form durch Aufnahme von Kohlensäure oder Sauerstoff abgeschieden hat. Die Menge der organischen Stoffe ist erheblich größer als im Grundwasser, bei dem meisten Flußwasser 0·1 bis 0·25 g im Liter.

Die Trübung des Oberflächenwassers rührt von Schwebestoffen, wie Lehm, Ton und Sand, her. Unter dem Einflusse der Sonnenstrahlen entwickeln sich grüne Algen, höhere Kryptogamen und Phanerogamen, genährt von Nitraten, Kalk, Magnesia und Kohlensäure, die sich im Wasser befinden.

Als Trinkwasser ist das Oberflächenwasser ohne weiteres nicht brauchbar.

Abkochen des Wassers ist ein bewährtes Verfahren, um die Infektionsgefahr möglichst zu beheben.

Die Anforderungen, die an Trinkwasser gestellt werden, verlangen vielfach Tiefbrunnen, die möglichst bakterienfreies, aber nicht selten eisenhaltiges Wasser liefern, das zum Gebrauch enteisent werden muß. Aber auch das Wirtschaftswasser soll enteisent werden, da das Eisen dem Kaffee, Tee usw. einen unangenehmen tintenartigen Geschmack gibt und das Wasser durch mitgerissene Eisenoxydflocken unappetitlich wird.

In den Wasserstationen, die nur Lokomotivspeisewasser liefern, ist ein erheblicher Eisengehalt des Wassers insofern überaus lästig, als ein Verschlammen der Sauge- und Druckröhren der Pumpen und der Leitungen zu den Wasserkranen und Hydranten nach und nach eintritt, weil sich aus dem löslichen Eisenoxydul unlösliches Eisenoxyd durch Aufnahme von Sauerstoff bildet und in den Röhren ablagert, und weil die Wucherungen der Crenothrix und verwandter Algenarten, denen Eisen Lebensbedingung ist, die Röhren verstopfen.

Das Bedürfnis zur Errichtung von Wasserreinigungs- und Enteisenungsanlagen tritt demnach auch für die Wasserversorgungsanlagen der Eisenbahnen auf.

Mit Ausnahme des destillierten Wassers enthält jedes zum Speisen der Lokomotivkessel verwandte Wasser größere oder geringere Mengen von Salzen in Lösung. Das Wasser wird verdampft und verläßt den Kessel, die vorher aufgelösten Salze dagegen lagern sich als Schlamm oder als feste Masse auf dem Boden und an den Wandungen des Kessels ab.

Durch diese Ablagerung wird die Ausnutzung des Brennmaterials beeinträchtigt und die Abnutzung der Kesselwände begünstigt. Da die Leitungsfähigkeit des Kesselsteines, der ein schlechter Wärmeleiter ist, 10 bis 50mal geringer ist als die des Eisenbleches, das die Wärme schneller und leichter aufnimmt, als es sie wieder an den Kesselstein und von da weiter an das Wasser abgeben kann, ist ein Glühen des Kesselbleches möglich und kann ein Verbrennen der dem Feuer am meisten ausgesetzten Platten entstehen. Da rotglühendes Eisen kaum noch ein Sechstel seiner Festigkeit bei gewöhnlicher Temperatur besitzt, so liegt die Gefahr des Zerreißens der Kesselwand nahe, wenn die Kesselsteinschicht zu stark geworden ist. Auch können sich Risse und Abblätterungen in einer starken Kesselsteinschicht bilden, wodurch Wasser mit dem glühenden Blech in Berührung kommt und so schnell verdampft, daß die Spannung in gefährlicher Weise wächst. Besonders bei lebhafter Dampfentwicklung werden zuweilen Teile von Schlamm vom Dampf mit fortgerissen und greifen Schieber, Ventile und Kolben der Maschine an.

Bezüglich der Kesselsteinbildung hat man am meisten gegen kohlensauren Kalk und schwefelsauren Kalk (Gips) anzukämpfen; in etwas geringerem Grade gegen kohlensaure Magnesia. Der doppeltkohlensaure Kalk, der in Wasser löslich ist, verliert beim Erwärmen Kohlensäure und wird dadurch einfach kohlensaurer Kalk, der unlöslich ist und sich als Schlamm ablagert. Zur Lösung von 1 Teil Gips sind 400 Teile Wasser erforderlich; bei Temperaturen über 100° C nimmt die Löslichkeit des Gipses immer mehr ab und wird nach Chandler bei 145° C (4 at) fast gleich Null.

Die Ausscheidung des Kesselsteins in Form von Schlamm im Kessel hat bei stehenden Kesseln vielfach, aber bei Lokomotivkesseln wenig Anwendung gefunden. Gölsdorf begünstigt die Fällung vorn im Kessel durch Einschalten eines mit Ablaßhahn versehenen Behälters an der Einmündung des Speiserohrs in den Kessel, vgl. Bulletin des intern. Kongr. Verb. Heft 9, 1907.

Nach dem Talmage-Verfahren werden die Lebenszeiten der Röhren um $35^{0}/_{0}$ vergrößert, Maschinenbeschädigungen und Kesselreparaturen um $58^{0}/_{0}$ vermindert. Die Ausnutzungsfähigkeit der Lokomotiven wird bei Maschinen mit mehrfacher Besetzung um $22^{0}/_{0}$, im übrigen um $8^{0}/_{0}$ vermehrt. Das Schäumen und Speien ist gänzlich beseitigt, gleichgültig, welche Art Wasser verwendet ist.

Die Kosten des Verfahrens betragen 54·7 Pf. für 100 km.

Das Talmage-Verfahren der Kesselwasserreinigung ist ein rein mechanisches. Der Apparat besteht zunächst aus einer Reihe durchlochter Röhren im Kesselinnern über der Decke und in dem Zwischenraum der Feuerbuchse etwa 200 mm über dem Bodenringe. Jedes Rohr ist mit einem durch den Dampfdruck gedichteten Ablaßhahn verbunden. An der Rückwand des Kessels ist ein großes Schmiergefäß (Sight-feed lubricator) angeordnet, das 5·67 l Öl enthält. Dieser Lubricator ist im Kessel unterhalb des Wasserspiegels befestigt, das entweichende Öl (ein besonders destilliertes Öl, Rubra genannt) fällt direkt in das Wasser, vermischt sich mit ihm und schlägt die festen Teile in Form eines öligen Schlammes auf den Boden nieder. Das Öl wirkt dabei so vollkommen, daß die Rohre nach einjährigem Betriebe nur einen Überzug von Kesselstein in Schreibpapierstärke aufweisen. Der gesamte angesammelte Schlamm im Kessel wird am Ende jeder Fahrt durch die Ablaßhähne entfernt. Der Kessel wird alle 20 oder 30 Tage ausgewaschen. Auf einer Strecke, auf der die Maschinen nach 1100 km ausgewaschen werden mußten, liefen die mit dem Apparat ausgerüsteten Maschinen 8000 km, ohne einer Auswaschung zu bedürfen.

Hinsichtlich der Wartung der Lokomotivkessel während und nach der Fahrt kennt Roesch keine andere Vorrichtung, die durch die Vereinigung aller guten und Vermeidung aller nachteiligen Eigenschaften so vollkommen ist, wie der Talmage-Reinigungsapparat.

Da nur bei langsamer Ausscheidung der Gips Krusten bildet, setzt man entweder Soda oder Chlorbarium zu, um seine rasche Ausscheidung zu bewirken. Bei Anwendung von Soda wird kohlensaurer Kalk ausgeschieden und schwefelsaures Natron bleibt in Lösung. Bei Anwendung von Chlorbarium wird schwefelsaurer Baryt gefällt und Chlorcalcium bleibt in Lösung. Vermöge seines hohen spezifischen Gewichtes (4·4) wird schwefelsaurer Baryt weniger leicht von dem Dampf fortgerissen als kohlensaurer Kalk, dessen spezifisches Gewicht nur 2·7 beträgt. Durch mechanische Wirkung verhindert der ausgeschiedene schwefelsaure Baryt den Rest des Gipses an der Kesselsteinbildung, wenn man etwas weniger Chlorbarium zusetzt, als zur Zersetzung sämtlichen Gipses notwendig ist.

Man löst eine bestimmte Menge Chlorbarium, z. B. 25 kg, in Wasser und gibt die ganze Probe auf einmal in den Kessel. Erzeugt Chlorbarium in einer Probe, die dem Kessel entnommen wird, einen Niederschlag, so ist alles in den Kessel gebrachte Chlorbarium verbraucht. Aus der Zeit, für welche die angewandte Menge Chlorbarium ausreichte, hat man mit Sorgfalt zu ermitteln, wieviel Chlorbarium man jeden Tag oder jede Woche zuzusetzen hat.

Wenn das Speisewasser kohlensaure Magnesia enthält, so bildet sich unlöslicher kohlensaurer Baryt und Chlormagnesium, das in Lösung bleibt. Wird nun der Kessel ausgeblasen, so verdampft der Rest des Wassers und das Chlormagnesium wird unter Bildung von freier Chlorwasserstoffsäure zersetzt. Man muß daher den Kessel allmählich erkalten lassen und dann das chlormagnesiumhaltige Wasser ablassen. Chlorbarium selbst greift die Kesselwandungen nicht an.

Um zu verhindern, daß sich kohlensaurer Kalk und Gips ausscheiden, hat Dr. Ritterbrandt einen Zusatz von Salmiak im Speisewasserbehälter vorgeschlagen. Es bildet sich dabei leicht lösliches Chlorcalcium.

Da jedoch die Umsetzung langsam vonstatten geht und das gleichzeitig gebildete kohlensaure Ammoniak den Nachteil hat, daß es sich mit dem Wasserdampf verflüchtigt und die Gelbguß- und Rotgußteile der Maschine angreift, hat das Verfahren dauernde Anwendung nicht gefunden. In Holland hat man wöchentlich zweimal je 50 g Salmiak in den Lokomotivkessel gegeben.

Hat man es nur mit kohlensauren Salzen zu tun, so kann man Salzsäure anwenden.[1]) Um die schädliche Einwirkung etwa überschüssiger Salzsäure auf die Kesselwandungen zu vermeiden, begnügte man sich damit, nur fünf Sechstel der nach der Rechnung erforderlichen Menge Salzsäure zuzusetzen. Der Wasserbehälter war zementiert. Die kohlensauren Erden werden in lösliche Chlormetalle übergeführt. Des Chlormagnesiums wegen wurde der Kessel nicht abgeblasen, sondern das Wasser nach dem Erkalten abgelassen.

Zur Ausfällung von kohlensaurem und schwefelsaurem Kalk wird Soda anwendbar. Es fällt dabei einfach kohlensaurer Kalk, während doppeltkohlensaures Natron und schwefelsaures Natron in Lösung gehen.

---

[1]) vgl. Berggeist 1865, Nr. 41, und 1866, Nr. 26, ferner Bergassessor Ludwig Roth „Die Kesselsteinbildung".

Ist der Gipsgehalt sehr gering und kohlensaurer Kalk und kohlensaure Magnesia vorherrschend, so kann man gelöschten Kalk in Form von Kalkwasser zugeben, wodurch sowohl der Kalk, als auch die Magnesia gefällt werden, da sich durch Zuführung von Ätzkalk aus dem löslichen doppeltkohlensauren Kalk einfach kohlensaurer Kalk bildet, der unlöslich ist.

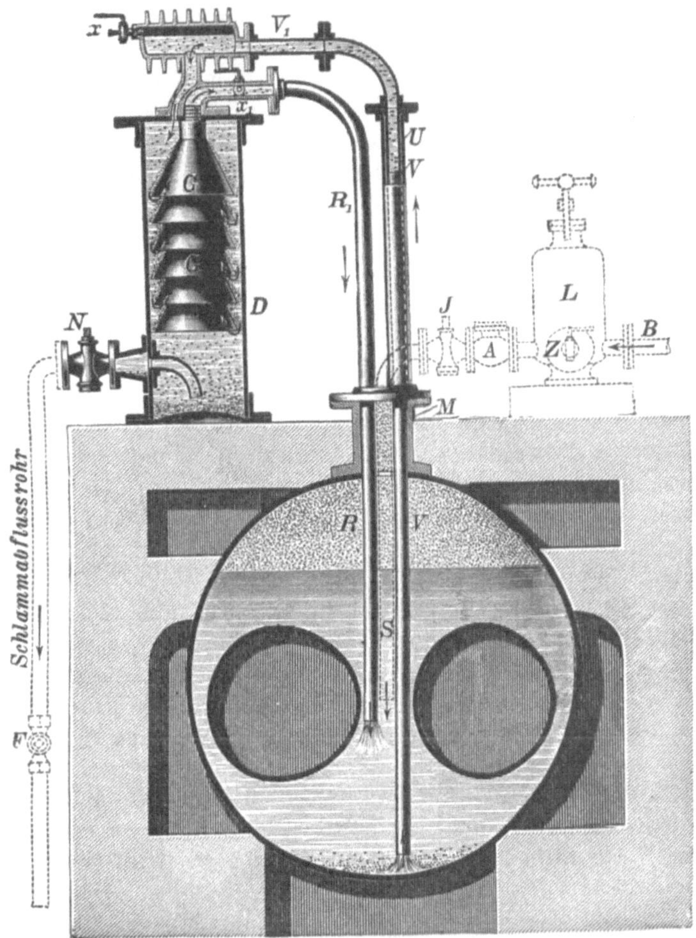

Abb. 1. Dampfkesselreiniger von Dervaux.
B und *S* Speiserohr, *A* und *J* Absperrventil mit Hahn, *Z* Ablaßhahn.

Abb. 1 zeigt den von Reisert in Köln vielfach gebauten Dervauxschen Patentkesselreiniger, der sich für einzelliegende Kessel in Werkstätten usw. in geeigneten Fällen bewährt hat.

Der Apparat besteht aus einem auf dem Kessel oder auf ein Wandkonsol aufgestellten Schlammfänger, der zu einem Klärbehälter mit Stromleitung ausgebildet und durch die Zirkulationsrohre *V* und *R* mit dem Kesselinnern verbunden ist. Das bis nahe auf den Kesselboden geführte Steigrohr *V* ist von einem Dampfumhüllungsrohr *U* konzentrisch umgeben, das eine Wärmeausstrahlung der Wassersäule *V* verhindert. Da nun der Druck im Steigerohr gegenüber dem Kesseldruck um das Gewicht der Wassersäule über dem Wasserspiegel im Kessel geringer ist, so bilden sich

Dampfbläschen, die die Wassersäule V leichter machen (als in dem Rück-fallrohr R) und den Auftrieb bewirken. Die Dampfbläschen werden im Rippenkopf C wieder kondensiert, so daß die rückströmende Wassersäule geschlossen bleibt.

Die Einführung der beiden Rohre in den Kessel kann auch an auseinanderliegenden Stellen stattfinden.

Der Wasserumlauf ist ein sehr lebhafter, so daß der Kesselinhalt täglich sehr oft den Apparat in der Pfeilrichtung durchströmt, die im Wasser schwimmenden Schlammteile aus dem Kessel in den Schlammfänger übergeführt und infolge der inneren Einrichtung sehr rasch abgelagert werden. Im Abscheidebehälter D befindet sich ein mit dem Rückstromrohr R_1 dicht verbundenes zentrales Rohr, über das in bestimmten Abständen eine Anzahl konischer Scheidewände GG gesteckt sind, die unter sich gleiche Abteilungen bilden. Diese Abteilungen stehen durch je eine, oben im engen Teil angebrachte Öffnung in dem zentralen Rohr, die unter sich alle gleich groß sind, mit ihm in Verbindung. Dadurch wird das aus dem Rohr V, V_1 einströmende schlammige Wasser in die Abteilungen gleichmäßig verteilt. Es tritt also durch die weiten Ringquerschnitte verhältnismäßig langsam ein und steigt in den Abteilungen sehr langsam in die Höhe, klärt sich, den Schlamm auf die schrägen Flächen absetzend, und tritt durch die Öffnungen so in das zentrale Rohr und schließlich durch das Rückstromrohr R geklärt in den Kessel zurück; der Schlamm dagegen rutscht, wenn er eine gewisse dicke Lage erreicht hat, nach unten und wird von Zeit zu Zeit durch den Hahn N abgelassen.

An den Schlamhahn N ist ein in den Aschenfall, einen Kanal, eine Grube oder in ein Faß ausmündendes Schlammrohr angeschlossen. Der an demselben befindliche Hahn F wird zuweilen der Bequemlichkeit halber noch angewandt, in welchem Falle der Hahn N geöffnet bleibt. Die Lufthähnchen x und x_1 dienen dazu, die Luft aus dem Apparat zu entfernen und zur Überwachung der Wirkung des Apparates.

Der Topf L ist in die Speiseleitung eingeschaltet und bezweckt die täglich notwendige Aufnahme der entsprechenden Mengen calc. und caust. Soda oder Natronlauge, die vorher annähernd bestimmt sind. In vielen Fällen kann die Einschaltung desselben in die bestehende Speiseleitung vorgenommen werden, dagegen empfiehlt es sich in anderen Fällen, das Speiserohr durch den Stutzen M einzuführen, wie auf der Abbildung dargestellt.

Der Topf L kann jedoch fortbleiben, wenn die Einführung von Soda usw. entweder durch Einbringen in den etwa vorhandenen Speisebehälter oder in die Saugeleitung der Speisepumpe bewerkstelligt werden kann. Im letzteren Falle stellt man an einen leicht zugänglichen Ort der Saugeleitung der Speisepumpe ein Gefäß (Eimer usw.), das mittels eines eintauchenden Röhrchens oder Schlauches mit dem Saugerohr zu verbinden ist, so daß während des Pumpens die in Lösung vorhandenen Chemikalien aufgesaugt werden.

Ein besonderer Vorzug des Apparates ist der, daß er keine beweglichen, leicht versagenden und sich abnutzenden Teile besitzt, überhaupt, daß er, wie es der Kesselbetrieb fordert, äußerst einfach ist. Ferner ist die Anwendung eines rasch verschlammenden und den Wasserumlauf hemmenden Filters vermieden.

Nur durch die chemische Untersuchung des Speisewassers wurde es möglich, die Mittel zur Verhütung des Kesselsteins zu ermitteln. Zwar hat schon im Jahre 1841 der englische Chemiker Clark vorgeschlagen, den Kesselstein im Speisewasserbehälter vor der Zuführung des Wassers zum Dampfkessel abzuscheiden und haben auch die Chemiker de Haën und Berenger und Stingl schon vor vielen Jahren Reinigungsverfahren angegeben. Allein einen durchschlagenden Erfolg hatten diese Verfahren lange Zeit nicht. Und doch handelte es sich nicht allein um die Wirtschaftlichkeit, sondern auch um die Sicherheit des Dampfkesselbetriebes und um einen bedeutenden Fortschritt, den der Dampfkesselbetrieb der Chemie verdankt. Erst in den letzten Jahrzenten wurde dem Gegenstande mehr und mehr Aufmerksamkeit zugewendet und wurden die Reinigungsverfahren von Berenger und Stingl, Dervaux, Reisert, des Rumeaux-Humboldt, Dehne, Schuhmacher und anderen für den Gebrauch so ausgebildet, daß sie mit Erfolg vielfach angewendet werden können. In erheblichem Maße haben die bekannten Arbeiten von Wehrenpfennig dazu beigetragen, richtige Ansichten über die Reinigung des Lokomotivspeisewassers zu verbreiten.

Nach Seite 222 des Organs für die Fortschritte des Eisenbahnwesens 1902 muß eine gute Wasserreinigungsanlage folgende Eigenschaften haben:

Sie muß die Anwendung der billigsten der in Betracht kommenden Stoffe, gebrannten Kalkes oder kalzinierter Soda und deren vollständige Ausnutzung ermöglichen; denn auch die Kosten der Weichmachung spielen eine große Rolle bei der Wasserreinigung.

In dem Reiniger muß gründliche Mischung des rohen Wassers mit den Fällmitteln stattfinden und dem Wasser muß genügend Zeit für die Einwirkung der Zusätze geboten werden, damit sich der chemische Vorgang im Wasser vollziehen kann, ehe es auf das Filter gelangt.

Es darf kein zu starker alkalischer Überschuß im gereinigten Wasser vorhanden sein, also müssen die Zusätze im Reiniger selbst durch die Steinbildner gebunden werden.

Der Reiniger muß vollständig selbsttätig arbeiten.

Die auf den badischen Eisenbahnen gemachten Erfahrungen decken sich vollständig mit denjenigen, welche im Bezirk der Königlichen Eisenbahndirektion Hannover und in anderen Bezirken gemacht worden sind. Insbesondere ist die innige Mischung der Zusätze mit dem Rohwasser und eine mäßige Wassergeschwindigkeit in dem Reiniger, die durch die Wahl nicht zu knapp bemessener Anlagen gesichert wird, insofern von großer Wichtigkeit, als eine Nachwirkung der Zusätze in den Rohrleitungen dadurch tunlichst vermieden wird und Verengungen der Leitungen — es sind schon mehrere Zentimeter starke Ablagerungen in den Leitungen vorgekommen — nach Möglichkeit hintangehalten werden.

Die Schlußfolgerungen des dreizehnten Ergänzungsbandes des Organs für die Fortschritte des Eisenbahnwesens — Seite 325 bis 331 — der Gruppe VII Nr. 5 lauten wie folgt:

Sämtliche Verfahren, kesselsteinbildendes Speisewasser durch Versetzung mit Kalk, Soda oder Ätznatron (in eigenen Misch- und Kläreinrichtungen) oder mit Soda bzw. Ätznatron in den Wasserstationsbehältern, den Tenderkästen oder im Kessel selbst (ohne besondere Einrichtungen) zum Gebrauche besser geeignet zu machen, haben eine wesentliche Enthärtung des Wassers und eine zufriedenstellende Verbesserung der Betriebsverhältnisse und der Kesselerhaltung herbeigeführt.

Der Grad der oben angeführten Verbesserungen ist abhängig:

a) von der Beschaffenheit des Rohwassers (seiner Veränderlichkeit, seinem Magnesiagehalt, seiner Temperatur);

b) von der Zeitdauer, während welcher die Chemikalien mit dem zu reinigenden Wasser in Berührung stehen;

c) von dem Drucke, unter welchem dies geschieht;

d) von der Gleichmäßigkeit des Gehaltes der Reagenzflüssigkeiten;

e) von der richtigen Zumessung derselben und

f) von der Verläßlichkeit der Wartung.

Unter allen Umständen ist ein günstiger Einfluß der Wasserreinigungs-Einrichtungen auf die Erhaltung der Feuerbüchsen, Rohre und Injektoren, auf die Ökonomie der Verbrennung der Kohle und auf die Jahresleistung der Lokomotiven wahrzunehmen; allerdings ist hierbei die öftere Erneuerung des Kesselwassers nötig.

Schließlich muß noch bemerkt werden, daß das mit Ätzkalk und Soda oder Baryt gereinigte Wasser als Trink- und Tränkwasser nicht einwandfrei erscheint.

Der selbsttätige Wasserreinigungsapparat D. R. P. Dervaux (Abb. 2), verbunden mit einem Reisertschen Filter D.R.P., besteht aus dem Kalksättiger von Dervaux S, dem Verteilungsapparat NPR, dem Reaktionsraum D und dem Reisertschen Patentfilter f.

Da Kalkmilch im Dauerbetriebe sich nicht in stets gleichmäßiger Menge anwenden läßt, so wird im Dervauxschen Kalksättiger die Eigenschaft des Kalkes benutzt, nach der er sich im Verhältnis 1:800, genauer 1:772, im Wasser löst, um gesättigtes Kalkwasser zu bereiten.

Durch den Hahn K und das zugehörige Trichterrohr wird die vor einer Arbeitsschicht durch Ablöschen und Verdünnen des Kalkes im Behälter J bereitete Kalkmilch unten in den Kalksättiger eingeführt, nachdem man unmittelbar vorher die ausgelaugten Kalkreste durch den Hahn L entfernt hat.

Ein stets gleichbleibender, genau eingestellter Wasserzulauf aus dem Regulierbehälter R fließt durch den Hahn V und das Rohr a unter die vorher eingeführte Kalkmasse und wirbelt diese stets auf. Das Wasser nimmt den Kalk mit in die Höhe, bis die Wassergeschwindigkeit infolge der zunehmenden Querschnittserweiterung des kegelförmigen Kalksättigers so gering wird, daß die Kalkteilchen, weil sie schwerer als das Kalkwasser sind, nicht mehr folgen. Das Kalkwasser verläßt den Kalksättiger, nachdem es sich vollständig mit Kalk gesättigt hat, durch das Rohr U, das zur Mischungsplatte führt.

Die zurücksinkenden Kalkteilchen werden immer wieder von der Wasserströmung erfaßt und bis zur völligen Erschöpfung ausgelaugt.

Im allgemeinen ist gutgebrannter Weißkalk, der sich rasch löscht, für die Wasserreinigung das geeignetste Material. Graukalk, der etwa 20 Min. zum Ablöschen nötig hat, kann unter Umständen brauchbar sein. Jedoch muß man sich immer davon überzeugen, daß die für den Kalksättiger eingewogene Kalkmenge genügt, um bis zum Schlusse der Betriebsperiode ein gleichmäßig starkes Kalkwasser zu liefern.

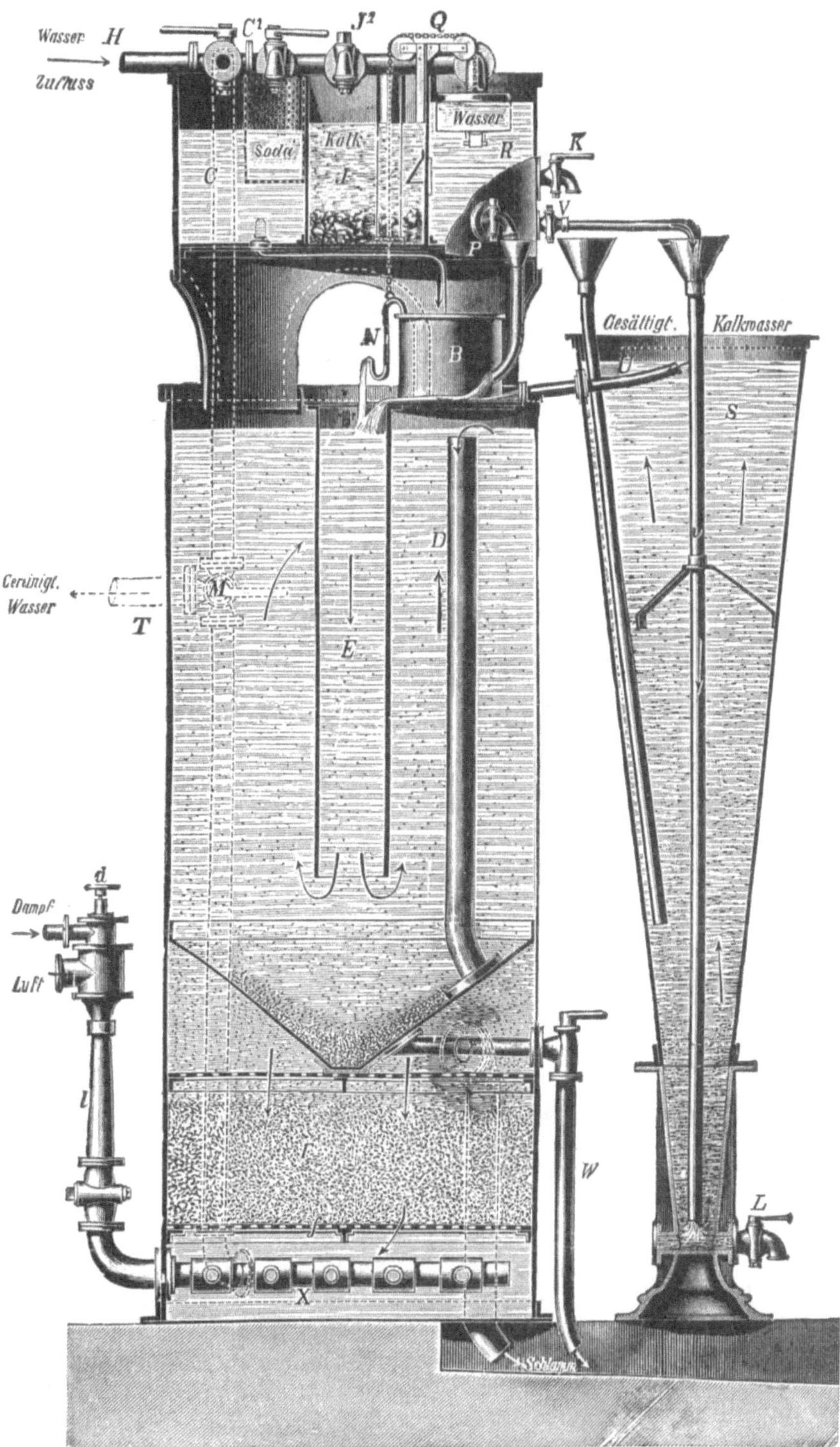

Abb. 2. Wasserreiniger Reisert-Dervaux.
C^1 und J^1 Hähne zu den Soda- und Ätzkalkbehältern,
Q Kette zum Syphon und Schwimmer.

Die Prüfung ist leicht vorzunehmen. Man entnimmt 10 ccm des Kalkwassers zu verschiedenen Tageszeiten und versetzt sie mit einem Tropfen Phenolphthaleinlösung, wodurch eine deutliche Rotfärbung entsteht. Dann läßt man aus einem Tropffläschchen eine bestimmte Säurelösung zufließen und zählt die Tropfen, die notwendig sind, um die Entfärbung der Probe zu bewirken. Je mehr Säure erforderlich ist, um so stärker ist das Kalkwasser.

Wasserkalk ist stets zu verwerfen wegen seines Gehaltes an Magnesia. Staubkalk ist ebenfalls verwerflich, weil er aus fein pulverigem Abfall besteht.

Azetylenschlamm hat nur etwa 40 $^0/_0$ wirksamen Ätzkalk und hängt sein Gehalt von seinem Feuchtigkeitsgrad ab. Von Nachteil ist außerdem die äußerst feine Verteilung dieses Materials und muß bei dem Bau des Kalksättigers auf dessen Verwendung Rücksicht genommen werden. Die Versuche mit Azetylenkalk sind daher nicht vollkommen befriedigend ausgefallen.

Es ist sehr zweckmäßig, vor der Überführung des gesättigten Kalkwassers in das Rohr E des Reaktionsraumes D für eine möglichst innige Mischung mit dem Rohwasser und mit der Sodalösung, die vermittels des Syphons N zugeführt wird, zu sorgen, indem man der Mischung vor ihrem Übertritt in das Rohr E kleine Hindernisse bereitet, die eine Durchwirbelung hervorbringen.

Im Reaktionsraum D sinkt zunächst die Mischung des Rohwassers mit dem Kalkwasser und der Sodalösung durch das Rohr E verhältnismäßig schnell, um dann dem großen Querschnitt des Reaktionsraumes entsprechend langsam zu steigen und einen großen Teil des aus dem löslichen doppeltkohlensauren Kalk durch den Zusatz von Ätzkalk und dem aus schwefelsaurem Kalk durch den Zusatz von kohlensaurem Natron gebildeten unlöslichen kohlensauren Kalke Zeit zu lassen, sich in dem Trichter abzulagern, von dem er durch das Rohr W zeitweise abgelassen wird.

Durch das Überlaufrohr fließt das Wasser über das Reisertsche Patentfilter f, um darauf durch das Rohr X und den Dreiweghahn M den Reinigungsapparat völlig klar zu verlassen und durch das Abzugsrohr T abgeführt zu werden.

Das Filtermaterial f braucht nur sehr selten erneuert zu werden.

Sein Reinigen (Auswaschen) beansprucht nur wenige (ca. 5) Minuten und hat je nach der Schlammenge etwa alle Tage ein- bis zweimal oder auch noch seltener zu geschehen.

Man verfährt dabei auf folgende Weise:

Zunächst öffne man den Schlammhahn und stelle den Dreiweghahn M so um, daß das dem Apparat zufließende Wasser anstatt in den Verteilungsapparat durch das Rohr C und unter das Filter gelangt, alsdann setze man den Luftdruckapparat l in Tätigkeit. Während nun die verteilt durch das Filter gedrückte Luft das Filtriermaterial gründlich aufwühlt und den Schlamm losreißt, nimmt ihn das rückströmende Wasser mit und führt ihn zum Schlammabzugsrohr fort. Nach etwa 2 bis 3 Minuten stellt man den Luftdruckapparat l wieder ab und läßt das Wasser noch so lange zurückströmen, bis es aus dem Schlammhahn nicht mehr schlammig austritt. Schließlich setzt man den Dreiweghahn M wieder in die ursprüngliche Lage zurück.

Die Apparate haben sich zur Reinigung aller, besonders in ihrer Zusammensetzung häufig wechselnder und stark schlammhaltiger Wasser, z. B. Flußwässer, bewährt. Ebenso sind sie auch zur Entfernung von Öl aus Kondenswasser mit bestem Erfolg angewendet worden.

Wenn gewünscht, lassen sie sich auf einfache Weise mit einer Vorwärmung verbinden. — In diesem Falle wird in dem Reaktionsraum D ein einfacher geschlossener Vorwärmer angebracht, bestehend aus zwei zylindrischen, konzentrisch angeordneten Mänteln, die außen von dem Wasser umspült werden, während durch den inneren ringförmigen Hohlraum Abdampf oder direkter Dampf geleitet wird.

Statt dieser offenen Anlagen werden auch sog. geschlossene Anlagen ausgeführt, bei denen das Rohwasser und der Verteilungsapparat höher als der höchste Wasserspiegel der Reinwasserbehälter gebracht werden und der Reaktionsbehälter in oben geschlossenem Zustande sich unter dem Reinwasserbehälter befindet.

Auch hat man den Reaktionsbehälter so hoch gemacht oder so hoch aufgestellt, daß das Wasser nach unten durch einen Reisertschen Filter und von da wieder nach oben zum Reinwasserbehälter geführt werden kann, so daß ein nochmaliges Pumpen des Wassers nicht erforderlich ist.

Das Ansammeln des gereinigten Wassers in einem Reinwasserbrunnen wird in vielen Fällen vorgezogen, weil die nachteilige Nachwirkung in den Rohrleitungen tunlichst vermindert wird.

Das Wasser der Leine, das auf Bahnhof Hainholz als Rohwasser verwendet wird, hat bei normalem Wasserstande durchschnittlich eine Gesamthärte von 25 französischen Härtegraden[1]) von denen 8^0 die sog. bleibende Härte bilden. Der Rest oder die sog. vorübergehende Härte wird durch Bikarbonate erzeugt.

Um nun zu prüfen, ob die Chemikalienzusätze ausreichen, wird das gereinigte Wasser täglich einer kurzen Prüfung unterworfen, die die Abwesenheit von Bikarbonaten und die genügende Weichmachung dartun muß. .

Die Abwesenheit von Bikarbonaten ist dann gewährleistet, wenn das zu ihrer Fällung verwendete Kalkwasser sicher ausreicht, so daß noch ein kleiner Überschuß desselben vorhanden ist. Um diesen festzustellen, wird das gereinigte Wasser mit Phenolphthaleinpapier versetzt, worauf eine Rotfärbung von Papier und Wasser erfolgt. Diese Rötung, die die alkalische Reaktion des Wassers anzeigt, kann jedoch sowohl von etwas überschüssigem Ätzkalk, als auch von etwas überschüssiger Soda herrühren. Um nun bei dieser Prüfung auf genügenden Kalkwasserzusatz den etwa vorhandenen Sodaüberschuß auszuschalten, wird die Probe nach der Rötung mit Chlorbariumlösung versetzt. Durch diesen Zusatz wird etwa vorhandene Soda ausgeschieden, während der Ätzkalk unverändert bleibt.

Wenn somit die Rötung bei Zusatz von Chlorbarium nicht verschwindet, so ist die Anwesenheit von etwas überschüssigem Ätzkalk

---

[1]) Unter einem französischen Härtegrad versteht man die Lösung von einem Teil $CaCO_3$ in 100000 Teilen Wasser, unter einem englischen die Lösung von einem Teil CaO in 70000 Teilen Wasser. 1 deutscher Härtegrad ist gleich 1 Gewichtsteil Kalk (CaO) in 100000 Gewichtsteilen Wasser und der gleichwertigen Menge Magnesia, und zwar entspricht 1 Gewichtsteil Magnesia 1·4 Gewichtsteilen Kalk. Ein deutscher Härtegrad ist gleich 1·25 englischen und gleich 1·79 französischen Härtegraden.

nachgewiesen. Da andererseits das Quantum des letzteren kein zu großes sein soll, ist die weitere Vorschrift gegeben, daß diese Kalkalkalität in 10 ccm gereinigten Wassers durch Zusatz von einem Tropfen Säure ($^1/_{10}$ n-Salzsäure) verschwindet.

Wenn diese Prüfung genügende und ausreichende Zuführung von Kalkwasser ergeben hat, so wird die Prüfung auf richtigen Sodazusatz durch Bestimmung der restlichen Härte des Wassers vorgenommen. Da es hierbei nur auf technische Genauigkeit ankommt, so wird die Härtebestimmung mittels Seifenspiritus von Boutron & Boudet und unter Zählung der zur Erzeugung des Seifenschaumes notwendigen Tropfen desselben vorgenommen.

In dieser Weise erfolgt bei normaler Beschaffenheit des Leinewassers die Reinigung mit Kalk und Soda.

Mechanisch beigemengte Verunreinigungen dieses Flußwassers werden, solange die Menge keine ungewöhnlich große ist, bei dem geschilderten Reinigungsprozeß ohne weiteres entfernt, weil die in dem Wasserreiniger entstehenden Kalziumkarbonat-Niederschläge diese ungelösten Verunreinigungen einhüllen und mit zu Boden nehmen, so daß nach Filtration ein klares Wasser erhalten wird.

Das Wasser ist jedoch nach der Filtration nicht klar, wenn nach anhaltendem Regen oder nach Schneeschmelze usw. die Leine eine große Menge feinster Schlammteilchen und Schlick mit sich führt, die infolge ihrer großen Menge und außergewöhnlichen Feinheit weder von dem Niederschlag im Apparat noch von dem Kiesfilter oder einem anderen Filter zurückgehalten werden können.

Da auch diese Schlickteilchen usw. bei den verschiedensten Verwendungszwecken des gereinigten Wassers, also auch bei der Kesselspeisung, eine so unangenehme Rolle spielen, so ist bei dem Apparat die Vorrichtung getroffen, in solchen Fällen die Wasserreinigung in etwas anderer Weise und mit teilweise anderen Chemikalien ausführen zu können.

Es kommt hinzu, daß durch die erwähnten Mengen Regenwasser usw. auch eine Verdünnung des Flußwassers stattfindet, so daß eben in den kritischen Zeiten die Härte noch heruntergeht. Das in solchen Fällen einzuschlagende Reinigungsverfahren läuft darauf hinaus, durch künstliche Zusätze in dem betreffenden Wasser absichtlich eine große Menge von voluminösen Niederschlägen zu erzeugen, die durch Flächenanziehung und Adhäsion die feinsten Teilchen einzuschließen vermag.

Ein solcher Niederschlag ist das Aluminiumhydrat und basische Aluminiumkarbonat, das entsteht, wenn man z. B. schwefelsaure Tonerde zur Wasserreinigung verwendet.

Sowohl die in natürlichem Wasser enthaltenen Bikarbonate, als auch die noch künstlich zuzusetzende Soda erzeugen diesen wirksamen Niederschlag. Zur Wasserreinigung wird eine durch Erfahrung festgestellte Menge schwefelsaurer Tonerde verwendet, deren Fällung durch die in dem Wasser vorhandenen Bikarbonate, und durch die zuzusetzende Soda, die außerdem noch die bleibenden Härtebildner abscheidet, erfolgt.

Was nun die chemische Prüfung bei dieser Art der Wasserreinigung betrifft, so erstreckt sie sich in erster Linie auf die Ermittelung der genügenden Weichheit und Alkalität des gereinigten Wassers.

Ob die Zuführung der schwefelsauren Tonerde genügt, wird daran erkannt, daß das Wasser nach der Filtration ein blankes Aussehen zeigt.

Es ist noch zu erwähnen, daß mit einer etwa notwendigen Erhöhung des Zusatzes von schwefelsaurer Tonerde auch gleichzeitig eine Erhöhung der Sodazuführung Hand in Hand gehen muß, um stets wieder die gewünschten Reaktionen zu erzielen.

Da in diesem Falle Kalk nicht zugeführt wird, so fällt bei der Prüfung auf Alkalität auch der Zusatz von Chlorbarium fort. Es genügt, wenn 10 g des gereinigten Wasser nach Zugabe von Phenolphthaleinpapier eine Rötung zeigen, die nach Zugabe eines Tropfens Säure wieder verschwindet. Gegebenenfalls kann der Überschuß an Soda sogar noch kleiner gehalten werden, indem schon durch einen Bruchteil eines Tropfens Säure die Rötung zum Verschwinden gebracht wird. Immerhin ist aber der Nachweis, daß die Rötung überhaupt eintritt, wenn auch schwach, erforderlich, um sicher zu gehen, daß das Wasser etwas alkalisch ist.

Die Vorbereitung schwer filtrierbaren Rohwassers durch chemische Klärmittel ist in Amerika und Holland seit langem üblich.[1]

Die schwefelsaure Tonerde verwandelt sich beim Zumischen zu Wasser, das ja immer Kalk enthält, mit diesem in schwefelsauren Kalk und flockiges Tonerdehydrat. Das Tonerdehydrat zieht wie ähnliche Fällmittel, während es sich flockig ausscheidet, Suspensionen aller Art, trübende Bestandteile des Wassers, Bakterien usw. an sich und entfernt sie, indem es zu Boden sinkt, zu großem Teile aus dem Wasser.

Das geklärte Wasser enthält die nicht zu Boden gerissenen noch suspendierten Trübungen und Bakterien an fein verteilte Tonerdeflocken gebunden und ist leicht und mit hoher Geschwindigkeit filtrierbar.

Außer dem Reiniger von Dervaux-Reisert sind solche von Desrumeaux-Humboldt, Dehne, Wehrenpfennig und viele andere im Gebrauche.

In der Reinigungsanlage für Lokomotivspeisewasser der Wasserstation Hildesheim wird aus einem vollständig unbrauchbaren Wasser ein brauchbares Wasser erzeugt.

Der Kalkzusatz erfolgt genau nach Angabe des Chemikers. Der Zusatz von Soda bleibt dagegen stets unter dem berechneten, um ein Spucken der Lokomotiven hintanzuhalten. Das Lokomotivkesselwasser wird zeitweise abgelassen.

In der Anlage ließ sich ein Aufzug vermeiden, da die Chemikalien unmittelbar vom Bahndamm in gleicher Höhe zu dem Verteilungsapparat gebracht werden können.

Auf der Santa Fé-Eisenbahn[2] wird nach Angaben des Vorsitzenden des Ausschusses für die Wartung der Lokomotivkessel, F. P. Roesch, das Lokomotivspeisewasser mit Soda und Kalk allgemein nach einem im Jahre 1905 eingeführten, von dem Vorsteher ihres chemischen Laboratoriums Powers angegebenen und beaufsichtigten Reinigungsverfahren behandelt. Im Personenzugdienste bleiben die Rohre achtzehn Monate bis zwei Jahre in Benutzung und im Güterzugdienst zwölf bis achtzehn Monate, während vor der Einführung des Verfahrens die Lebensdauer der

---

[1] Vergl. E. Götze, Journal für Gasbeleuchtung u. Wasserversorgung 1907, S. 128.
[2] Auszug aus einem auf der Jahresversammlung der Traveling Engineers Association in Chicago im August 1906 erstatteten Berichte.

Rohre durchschnittlich nur 6 Monate betrug und dabei zahlreiche Rohr- und Feuerbuchsschäden zu verzeichnen waren.

Den Hauptübelstand bei dieser Wasserbehandlung bildet die starke Vermehrung der schaumigen Ausscheidungen auf der Wasseroberfläche, die sich aber durch verständiges öfteres Öffnen der Ablaßhähne sowie Verwendung des Dearborn-Kesselsteinmittels beseitigen lassen.

Das Lokomotivpersonal wird darüber aufgeklärt, daß derart schaum-absonderndes Wasser zu viel alkalische Bestandteile, d. h. mehr als 3·43 g pro Liter enthält, und daß dann die Lösung nur durch Ablassen eines Teiles und Ersetzen durch reines Wasser verdünnt werden kann.

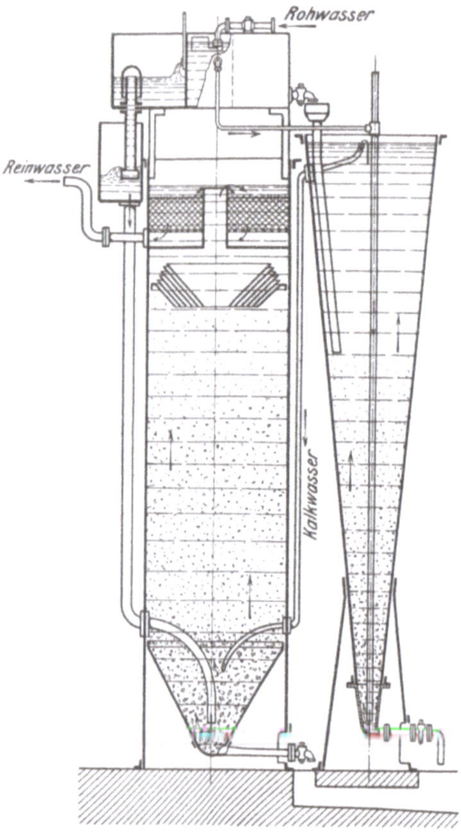

Abb. 3. Kalk-Baryt-Reiniger.

Zur Unterstützung des im unteren Teile der Feuerbuchse vorhandenen Ablaßventiles ist an passender Stelle über der Decke der Feuerbuchse ein Ablaßventil in Wasserspiegelhöhe angeordnet, das an ein durchlochtes Rohr im Kessel angeschlossen ist, weil das Wasser oben in weit höherem Maße als unten mit den diese Schaumbildung hervorrufenden Stoffen gesättigt ist. Im Gebrauche des Ablaßventiles gewandte Führer vermögen 1600 Meilen (2575 km) zurückzulegen, ohne einer Kesselspülung ihrer Lokomotive zu bedürfen.

Die Kosten des Reinigungsverfahrens stellen sich auf 3·2 Pf. für 1000 l.

Das Absperrventil wird durch ein Gestänge von Hand bedient, und zwar auch während der Fahrt.

Eins der wichtigsten Hilfs-mittel ist ein erstklassiges, zuverlässig wirkendes Ablaßventil, das leicht zu öffnen ist und durch den Dampfdruck abgedichtet wird. das nicht beständig tropft und auswechselbare Sitze hat, die mit leichter Mühe und geringen Kosten erneuert werden können, das der Führer ohne Bedenken während der Fahrt öffnen kann, da er weiß, daß seine Wirkung eine zuverlässige ist.

Abb. 3 zeigt die allgemeine Anordnung des der Firma Hans Reisert in Köln patentierten Kalk-Barytverfahrens der Wasserstation Nordstemmen.

Von dem Kalksättiger, Bauart Dervaux, der von der Firma Hans Reisert in Deutschland eingeführt ist, wird das gesättigte Kalkwasser oben abgeleitet, aber abweichend von dem Kalk-Sodaverfahren nicht oben, sondern unten in den Reiniger eingeführt, wo sich auch der von oben eingeschüttete kohlensaure Baryt befindet.

Infolge der oben am Verteilungsbehälter heberartig eingerichteten Syphonvorrichtung tritt das Rohwasser unterbrochen stoßweise unten in den Reiniger, um eine sehr kräftige Aufwirbelung des im Überschuß vorhandenen kohlensauren Baryts zu bewirken und ihn dadurch stets schwebend und in Mischung mit dem Rohwasser zu erhalten. Das Wasser wird von beiden Arten Härtebildnern (bleibende und vorübergehende Härte) befreit, steigt aufwärts und, nach Beendigung der Reaktion geklärt, durch den patentierten Klärschirm über ein Kies- oder Holzwollfilter, in dem die letzten schwebenden Teilchen ausgeschieden werden, und zwar von einfach kohlensaurem Kalk, der aus dem doppelt kohlensaurem Kalk durch Zusatz von gesättigtem Kalkwasser und aus dem schwefelsaurem Kalk durch Zusatz von kohlensaurem Baryt entstanden ist, sowie von unlöslichem schwefelsauren Baryt, der sich bei diesem Verfahren bildet, statt des löslichen, zum Spucken Veranlassung gebenden schwefelsauren Natrons.

Bei zu großer Filtergeschwindigkeit findet ein Ablagern von kohlensaurem Baryt in dem Reinwasserbehälter statt, da er im Filter nicht zurückgehalten wird. Da kohlensaurer Baryt giftig ist, so ist auch das nach diesem Verfahren gereinigte Wasser als Trinkwasser und zum Tränken von Tieren nicht einwandsfrei, abgesehen davon, daß Trinkwasser eine gewisse Härte haben soll.

Die Enteisenungsverfahren, die im Laufe der letzten Jahre bekannt geworden sind, erfordern keine Chemikalien und können wegen ihres geringen Preises auch den ärmsten Bevölkerungsteilen zugängig gemacht werden, soweit nicht Wässer in Frage kommen, die ihr Eisen überhaupt nicht abgeben.

Die vielen Versuche, die mit Alaun, Kalilauge, Soda und andern Alkalien gemacht werden, werden daher wenig verfolgt.

Die verschiedenen Enteisenungsverfahren können in drei Gruppen eingeteilt werden.

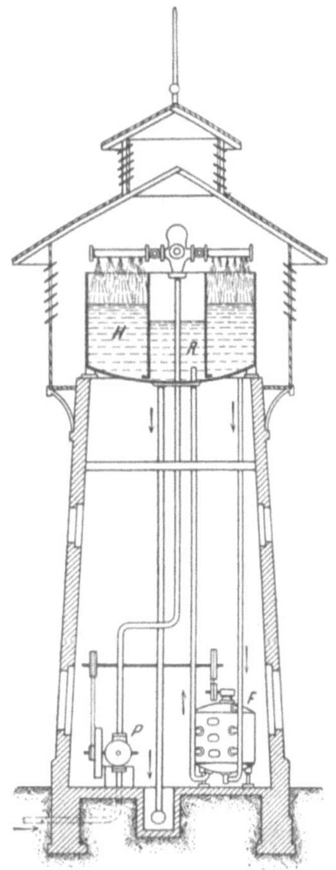

Abb. 4. Enteisenung von Dehne.

Die erste Gruppe umfaßt alle die Verfahren, bei denen eine möglichst ausgiebige Durchlüftung des Wassers erfolgt.

Die zweite Gruppe arbeitet ohne eigentliche Lüftung.

Die dritte Gruppe der Enteisener umfaßt die chemischen Verfahren, bei denen die Ausfällung des Eisens durch atomistische Umlagerung mit Hilfe der zugesetzten Chemikalien vollzogen wird.

Für die Enteisenungsanlagen der Eisenbahnanlagen kommen nur die beiden ersten Gruppen in Frage.

Nach Ausführung von Dunbar war Salbach der erste, der im Jahre 1868 zu Halle einen Lüfter aus grobgeschlagenem Kies aufbaute, über den er das eisenhaltige Wasser, um es zu enteisenen, herabrieseln ließ. Auch Piefke verschaffte dem Sauerstoff den nötigen Zutritt durch Rieseln des Wassers über Koks oder Steine. Oesten in Berlin stellte 1890 zuerst genaue Untersuchungen an.

Als Beispiel für die erste Gruppe kann die Enteisenung und Klärung größerer Wassermengen von A. G. Dehne in Halle a. S. dienen. (Abb. 4.)

Eine Pumpe P fördert das zu enteisenende Wasser über den Hochbehälter H, in den es dann durch Luftmischdüsen, fein verteilt, einbraust. Der Behälter wird möglichst voll gehalten. Das zu reinigende Wasser fließt von H zu dem geschlossenen Kiesfilter F, aus dem es geklärt nach dem Einsatz R des Hochbehälters steigt. Der Wasserstand in R ist nur wenige Zentimeter tiefer als in H, kann aber, wenn der Filter verschmutzt ist, unbeschadet bis zu 1 m sinken.

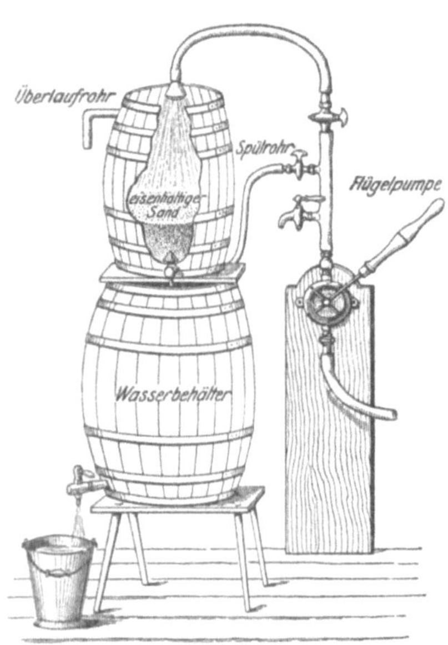

Abb. 5. Enteisenung von Dunbar.

Die Kiesfilter sind etwa alle 3 Tage zu reinigen durch Rückspülung und Ingangsetzen des Rührwerks.

Bei der von Prof. Dr. Dunbar angegebenen Anordnung[1]), die die zweite Gruppe vertritt, die ohne eigentliche Lüftung arbeitet, müssen drei Bedingungen erfüllt werden, wenn die Enteisenung ausreichend sein soll:

1. muß das Rohwasser durch die Prozedur des Aufbringens ein der Versuchsanordnung entsprechendes Minimalquantum Sauerstoff aufnehmen, ehe es in den Filter eintritt.

2. Der Filtersand muß eingearbeitet, d. h. mit Eisenschlamm umkrustet sein, damit das Eisenoxydhydrat als Sauerstoffüberträger wirkt;

3. muß durch Interpolation von Ruhepausen der Eisenschlamm okkludieren können.

Die Verhältnisse der Luftzufuhr und Luftbindung sind nach Dr. A. Lübbert hierdurch derart klar gelegt, daß die Konstruktion der Enteisener, die bisher nur auf Grund der Empirie erfolgen konnte, auf eine streng wissenschaftliche Basis zu stellen ist. Ganz besonders aber muß hervorgehoben werden, daß es auf Grund dieser schon im Jahre 1897 gewonnenen Feststellungen angängig geworden ist, Enteisenungsanlagen für Verhältnisse zu beschaffen, denen man bislang ratlos gegenüberstand. Die Feststellung der Tatsache, daß es nunmehr möglich sei, ohne besondere künstliche Lüftung auf einfachste Weise Wasser enteisenen zu können, mußte einen gewaltigen Schritt vorwärts bedeuten, da nunmehr auch kleinste Verhältnisse, wie Einzelwohnungen (z. B. Bahnwärterwohnungen) berücksichtigt werden konnten, eine Forderung, deren Bedeutung an der Summe von Arbeitskraft zu bemessen ist, die Wissenschaft und Technik für Lösung der Fragen bisher aufgewendet hatten.

____
[1]) Deutsche Vierteljahrsschrift für öffentliche Gesundheitspflege Bd. 37, 3. Heft.

Abb. 5 zeigt einen einfachen Enteisenungsapparat von Prof Dr. Dunbar.

Als wichtigste Regel für den Betrieb gilt, daß das Filterfaß über Nacht bei geöffnetem Hahn leer steht. Wenn der Eisengehalt 25 mg im Liter übersteigt und die Enteisenung eine vollständige bleiben soll, so ist das Filterfaß nur sechs- bis achtmal täglich zu füllen. Die Notwendigkeit der Reinigung des Filters zeigt sich durch die Verminderung der Stärke des aus dem Zapfhahn fließenden Wasserstrahles an, während die Güte des Wassers unverändert bleibt. Man nimmt die Reinigung ungefähr alle zwei bis vier Monate in der Weise vor, daß man nach Fortnahme des Verteilungsbleches bei geöffnetem Zapfhahn Rohwasser so reichlich auf den Filtersand gibt, daß das Faß oben überläuft, während mit einem Stabe der Sand tüchtig durchgerührt wird. Läuft das Waschwasser, das sich anfangs intensiv rotbraun färbt, andauernd klar ab, so wird der Sand geglättet und wieder mit dem Blech bedeckt.

Für größere Wassermengen ordnet Dunbar 1898 ein Tauchfilter an. Abb. 6 zeigt die nach Angaben von Dunbar gebaute Enteisenungsanlage für die Irrenanstalt Friedrichsberg.

Nach Schmidt und Bunte[1]) geht die Enteisenung, wenn es sich um Karbonate handelt, nach folgenden Gleichungen vor sich:

1) $6\,FeCO_3 + 3\,H_2O + 3\,O = Fe_2(OH)_6 + 2\,Fe_2(CO_3)_3,$

2) $2\,Fe_2(CO_3)_3 + 6\,H_2O = 2\,Fe(Fe_2(OH)_6 + 6\,CO_2.$

Das Eisenoxydkarbonat, das bei der Oxydation des Oxyduls entstehen

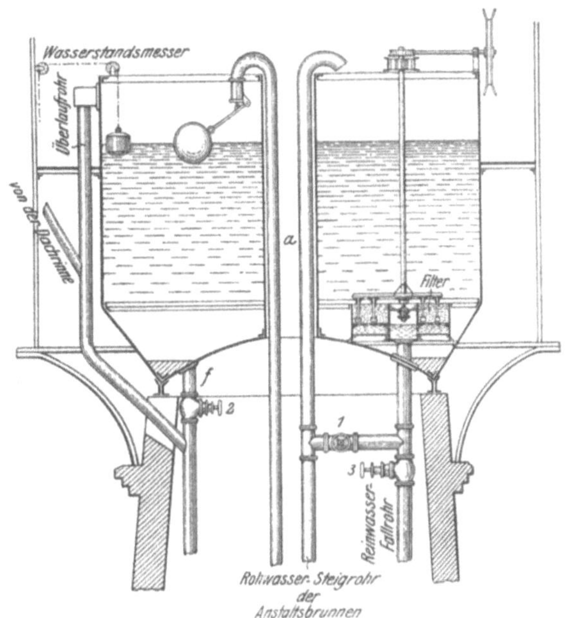

Abb. 6. Enteisenungsanlage Friedrichsberg.

sollte, ist nicht existenzfähig, sondern zerfällt sofort hydrolytisch vollständig in Kohlensäure und Ferrihydroxyd, das sich dann von der Lösung durch Zusammenflocken trennt. Wenn es nun eine bekannte Tatsache ist, daß bei der Ausfällung von Eisenhydroxyd selbst aus konzentrierten Lösungen eine gewisse Zeit vergeht, bis das die anfänglich klare Lösung rotbraunfärbende Eisenhydroxyd zusammenflockt, so erklären dies Schmidt und Bunte damit, daß wie bei vielen kolloidalen Niederschlägen, zunächst eine wasserlösliche Form, das Hydrosol, entsteht. Erst durch verschiedenartige Einwirkungen wird das Hydrosol in die unlösliche Hydrogelform umgewandelt. Diese Umwandelung wird befördert durch Reibung an

---

[1]) Journal für Gasbeleuchtung u. Wasserversorgung 1903, S. 481.

rauhen Oberflächen usw. Die Wirkungsweise des Dunbarschen Tauch-
filters läßt also eine ungezwungene Erklärung zu.

Nach G. Oesten[1] sind bei jeder Grundwasserenteisenung drei Vorgänge notwendig. Die Durchlüftung des Wassers, die Filtration und die
Aufspeicherung des gereinigten Wassers; die Vorgänge folgen gewöhnlich
in der genannten Reihenfolge.

Die Oestensche Enteisenungseinrichtung besteht nun in einer geänder-
ten Reihenfolge der drei Vorgänge für Turmbehälter. Auf die Durchlüftung des Wassers folgt die Aufspeicherung in ungereinigtem Zustande
und dann erst die Filterung.

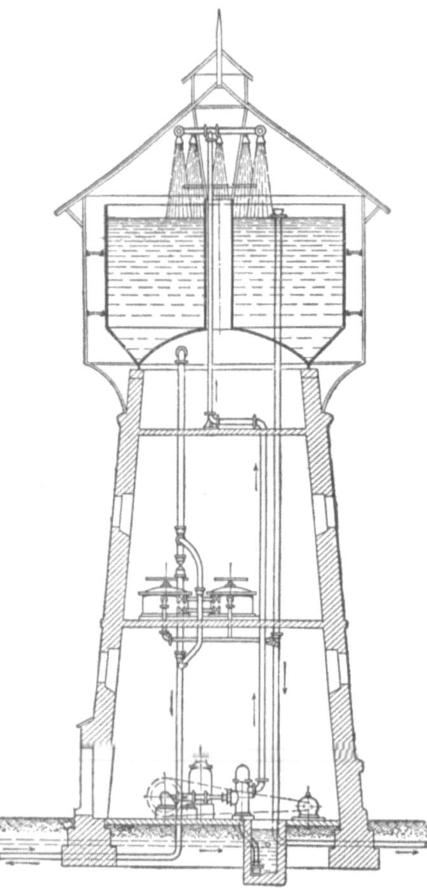

Abb. 7.   Wasserturm mit Enteisenung
von Oesten.

Abb. 7[2]) zeigt den Wasserturm
der Wasserstation des Bahnhofes
Dirschau.

Unten liegt das Pumpwerk, oben
in der Dachkonstruktion die ringförmige Brauseanlage mit einem Ar-
beitssteg zur Bedienung; das Wasser
fällt in den Hochbehälter; die geschlossenen Filter stehen im Zwi-
schenstock. Es werden nur Kiesfilter verwendet. Das Korn ist verschieden je nach den Ansprüchen,
denen das Filter genügen soll; gewöhnlich ist es Graupenkies. Je
stärker der Eisengehalt, desto gröber
kann in der Regel der Kies sein;
je geringer der Eisengehalt und je
mehr das Eisen gebunden ist, desto
schwächer muß man das Korn wählen; aber es wird nur ein Kies von
einem und demselben Korn verwendet. Ein Vorzug der Filtration
erst unmittelbar vor der Abgabe
des Wassers an das Verbrauchsgebiet
besteht darin, daß eine Wiederver-
unreinigung des schon gereinigten
Wassers ausgeschlossen ist. Die Filter können in ihrer Leistung dem
Stundenverbrauch entsprechend eingerichtet werden, wenn die Filter
dagegen an die Pumpen angefügt
sind, so müssen sie der Stundenleistung entsprechen.

Für Eisenbahnwasserstationen kommt indessen noch in Frage, daß
die Entnahme von Wasser zeitweise, wenn die Lokomotiven Wasser
nehmen, verhältnismäßig außergewöhnlich groß in wenigen Minuten ist.

Bei der Wasserversorgung der Stadt New York gelangt das Wasser
von den Pumpwerken nach dem großen Becken im Zentralpark und wird

[1] Zeitschr. Ver. deutsch. Ing. 1906, S. 1114.
[2]   „   „   ..   „   „   S. 1115.

hier infolge seiner großen Oberfläche mit Luft gesättigt. Die Wasserwerke geben das unreine Wasser unmittelbar an die Verbrauchsstellen ab; das Filtern besorgt der Abnehmer selbst, indem er seinen eigenen Privatfilter aufstellt.

In Deutschland würde die Einführung der kleinen Filter in die Wohnungen nach Herzberg einen Rückschritt bedeuten.

Als Ersatzmittel für den Lüfter wurde von Dunbar auch die Mammutpumpe geprüft, bei der das zu fördernde Wasser durch Druckluft in dem Steigerohr in die Höhe getragen wird. Der Versuch zeigte, daß die Mammutpumpe für die Vorbereitung zur Enteisenung gelegentlich gute Dienste leisten und einen Lüfter vollständig ersetzen kann. Dasselbe ist zu sagen von dem Körtingschen Dampfrührer, der eine Dampfluftmischung unter einem gewissen Drucke durch ein durchlöchertes Schlangenrohr austreten läßt.

Das Urteil über die Verfahren, die „ohne Lüftung" arbeiten, lautet nicht günstig. Die Verfahren beweisen anscheinend nur die Richtigkeit der Dunbarschen Ansicht, daß eine oberflächliche Berührung des Wassers mit der Luft genügt, um das Oxydul in Oxyd überzuführen.

Es mag indessen nicht unerwähnt bleiben, daß die Saugeleitungen der Wasserstation Hannover in etwa 14 Jahren Querschnittsverminderungen von 250 mm Durchmesser auf etwa 100 mm durch Ablagerung von Eisenoxydschlamm erlitten haben, ohne daß sich eine Luftzuführung nachweisen ließ.

Nach dem patentierten Verfahren von Deseniß & Jacobi in Hamburg preßt die Pumpe selbst oder eine eigens aufgestellte Luftpumpe Luft in das gehobene Wasser, während die ausgeschiedenen Eisenflocken durch ein Sandfilter entfernt werden. Das-selbe, was bei längerem Absitzen ein-

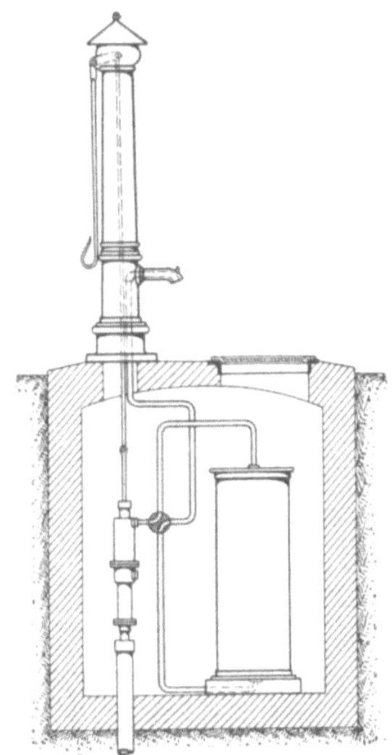

Abb. 8. Pumpe mit Bastardzylinder.

tritt, läßt sich in unmerkbar kurzer Zeit erreichen durch einen genügenden Luftüberschuß und einen entsprechend innigen Filterkontakt des Gemisches von Luft und Wasser, und zwar durch Anwendung der Bastardpumpe in Verbindung mit katalytischem Filter von Deseniß & Jacobi.

Die Bastardpumpe unterscheidet sich von einer gewöhnlichen Pumpe darin, daß sie mit dem Wasser zugleich Luft in abgemessener Menge in das Filter befördert. Die Oxydationswirkung des Sauerstoffs ist kaum merklich im Augenblicke der Berührung, die Ausscheidung des Eisens erfolgt aber in ausgiebigster Weise, sobald beide Elemente mit dem feinen Kies von sorgfältig ausgewähltem Korn in Berührung kommen, so daß am anderen Ende des Filters das Wasser von Eisen völlig befreit austritt.

Abb. 8 zeigt die Anordnung, die ähnlich derjenigen auf dem Bahnsteige in Lehrte ist. Der Zylinder der Pumpe ist zum Bastardzylinder

erweitert und der Wasserstrom wird durch einen Vierweghahn in das
seitlich aufgestellte Filter geführt.

Sobald die vier Wege kreuzweise umgeschaltet werden, wird das Filter
in umgekehrter Richtung durchflossen, kräftig aufgewühlt und von seinem
Oxydabsatz befreit.

Was Professor Dunbar 1896 aussprach: „allen bekannten Methoden
zur Enteisenung von Grundwasser wäre eine solche vorzuziehen, mittels
deren man in der Lage wäre, das aus einem Röhrenbrunnen aufgepumpte
Wasser ohne irgendwelche Manipulationen direkt aus einem fest mit der
Pumpe verbunden Filter zu entnehmen", ist erfüllt und auch durch die
Königliche Versuchs- und Prüfungsanstalt für Wasserversorgung und Ab-
wässerbeseitigung in Berlin erprobt.

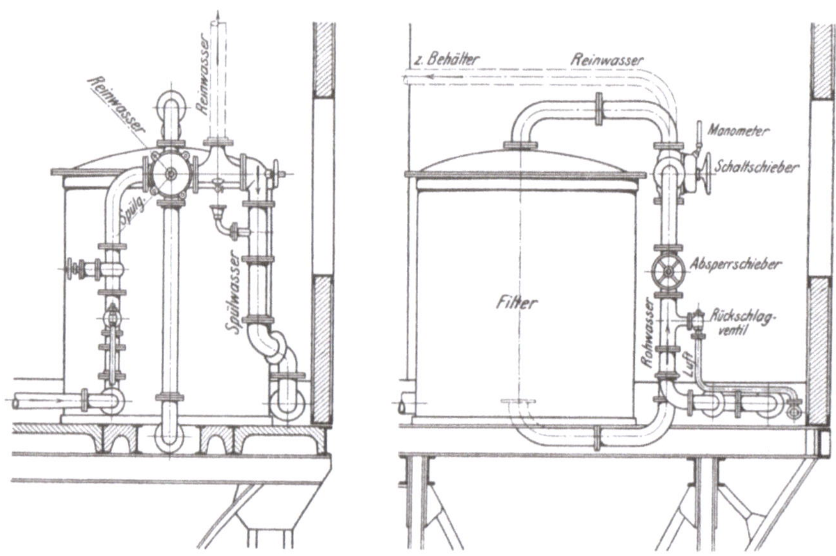

Abb. 9.   Filter von Deseniß & Jacobi.

Abb. 9 zeigt die Filteranordnung von Deseniß & Jacobi der Wasserstation Lehrte für eine stündliche Leistung von 40 cbm.

Ohne Enteisenung ist das klar aus dem Brunnen kommende Wasser
in den Turmbehältern gelblich trübe und übelriechend.

Jede zufällige oder fahrlässige Verunreinigung ist ausgeschlossen, die verwandte Luft kann leicht filtriert oder keim- und staubfrei gemacht werden.

Die Reinigung der 4 Filter erfolgt durch Rückspülung selbsttätig und
wird durch einfache Hahnumstellung eingeleitet, täglich zweimal, je
$^1/_4$ Stunde,

Eine Erneuerung der Filterfüllung findet nicht statt.

Nach Dr. Darapsky[1]) hängt das Maß der Eisenreinigung ab:

1. von der Filtergröße (nicht seiner Fläche),
2. von der Kornfeine, die aus praktischen Gründen nicht unter $^1/_2$ mm
   und nicht über 3 mm hinausgehen darf,
3. von der Geschwindigkeit des Durchtrittes,
4. von der Luftmenge.

---

[1]) Zeitschr. Ver. deutsch. Ing. 1907, S. 1113.

Da alle Sandfilter nach und nach in ihrer Wirksamkeit nachlassen, weil sich zwischen und um die Körner Schlamm absetzt, so führt man unten Druckwasser wie in Lehrte oder Druckluft nach Patent Reisert zu, wirbelt dadurch die Sandschicht und den Schlamm auf und leitet das hierdurch gebildete Schlammwasser über der Sandmasse durch ein Abflußrohr nach außen ab.

Auch kann man die Sandmasse mit einem Rührwerk versehen, das während der Zuführung des Druckwassers durch ein Getriebe in Bewegung gesetzt wird und die Lockerung des Schlammes erleichtert.

Wenn klares Wasser abfließt, sind die Filter gereinigt.

In manchen Fällen wächst die Sandmasse in die Höhe, weil sich die einzelnen Körner durch kesselsteinartige Ablagerungen vergrößern. Wird die Reinigung nicht kräftig durchgeführt, so bilden sich leicht Ballen durch Zusammenbacken der Körner.

Um einen nicht unbeträchtlichen Teil des Eisenschlammes in dem Turmbehälter der Wasserstation Nienburg abzuführen und ihn nicht in die Leitungen zu lassen, ist unter der Mündung des Druckrohrs, wie Abb. 10 zeigt, nach Angabe des Verfassers ein Blechtrichter mit Fallrohr angebracht, so daß das von oben herabstürzende Wasser sich durchlüftet, dann unter dem eichenen Belag annähernd wagerecht langsam nach der Peripherie strömt und dem großen Querschnitt des Behälters entsprechend auch langsam in die Höhe steigt. Insbesondere auf dem wagerechten Wege sinken die Eisenflocken auf den Boden und werden im Kies und Sand zurückgehalten und durch

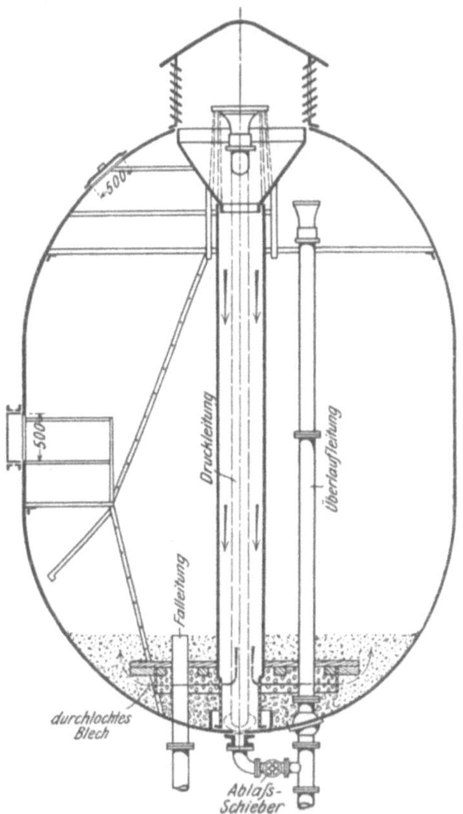

Abb. 10. Filter im Turmbehälter der Wasserstation Nienburg.

Rückspülung durch den Ablaßschieber täglich abgelassen. Sobald das anfangs intensiv dunkelgelbbraun gefärbte Wasser klar ausströmt, wird der Schieber wieder geschlossen. Das Fallrohr mündet etwa 1000 mm über dem Boden des Behälters, so daß der untere Kugelabschnitt zur Ansammlung der Eisenflocken dient. Unter dem eichenen Belag sind durchlochte Bleche aufgehängt. Der Zwischenraum ist von unten nach oben mit grobem Flußkies, Perlkies und Sand ausgefüllt.

Die Art der Zuführung des Wassers zum Behälter eignet sich auch, um einen Teil des Schlammes unten ablassen zu können, der sich z. B. nach Gewitterregen im Flußwasser befindet, und um Wasser aus Flach-

brunnen zu filtern. Durch Zuführung von Druckluft mittels eines Körtingschen Strahlapparates oder einer Luftpumpe etwa 3 m unter der Mündung
des Druckrohrs in das Trichterrohr wird die Enteisenung verstärkt.

Die Eisenbahnhauptwerkstätte Leinhausen bei Hannover besitzt eine
Einrichtung zur Herstellung von Brausewasser.

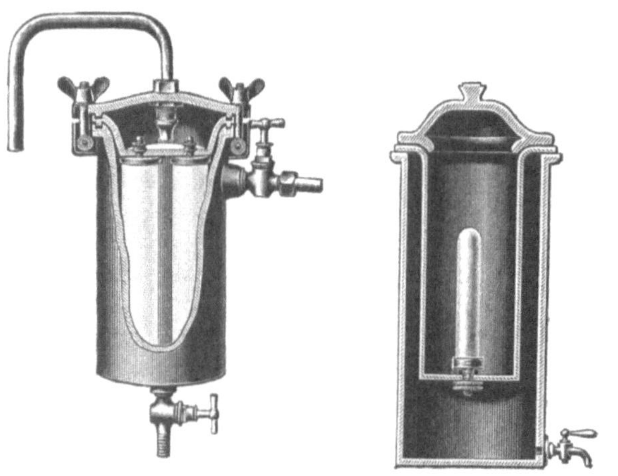

Abb. 11 a.
Berkefeldfilter.

Abb. 11 b.
Berkefeldfilter ohne Pumpe.

Neben dem Misch-
apparat steht eine Koh-
lensäureflasche. Auf
der anderen Seite ist
ein Berkefeldpumpen-
filter D.R.P. (Abb. 11a)
angebracht, der auch
dem zweiten Mischap-
parat Reinwasser zu-
führt.

Abb. 11 b zeigt ein
Berkefeldfilter, System
Nordtmeyer-Berkefeld,
der Berkefeld-Filter-
Gesellschaft, G. m. b. H.
in Celle, Provinz Han-
nover.

Zur Erzielung eines
bakterienfreien Was-
sers ist eine regelmäßige
Sterilisierung der Fil-
terzylinder durch Aus-
kochen erforderlich.

Zur Herstellung der
Filterkörper wird die
hochporöse Infusorien-
erde verwendet, der
durch geeignete Zu-
sätze beim Brennen
ein solcher Grad von
Härte erteilt wird, daß
beim Abwaschen der
abfiltrierten Sinkstoffe
jedesmal ein Hauch der
Masse selbst abgerieben
wird, so daß die filtrie-
rende Oberfläche stets
erneuert wird.

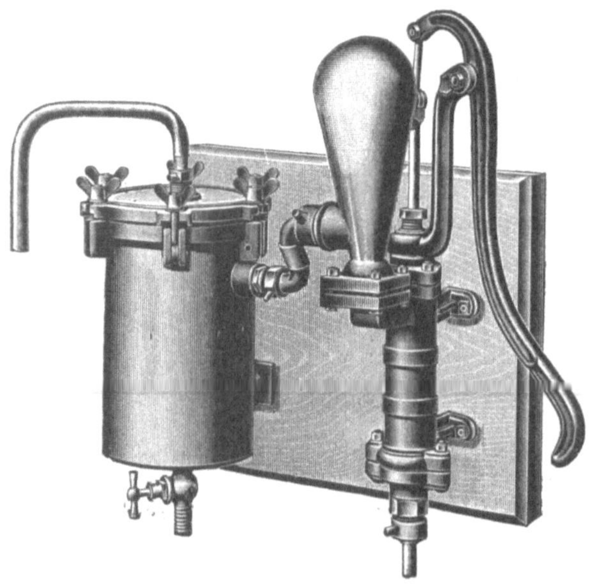

Abb. 11 c. Berkefeldfilter mit Handpumpe.

Abb. 11 c zeigt ein Berkefeldfilter mit Handpumpe.

Auf dem Bahnhofe Isenbüttel werden Berkefeldfilter benutzt, um
mooriges, eisenhaltiges Wasser zu Genußzwecken brauchbar zu machen.

3. Pumpen.

Für die Hebung des Wassers in die Turmbehälter finden Pumpen
Verwendung, wenn in der Nähe geeignete Quellen in entsprechender

Höhenlage nicht vorhanden sind, durch die unmittelbar gespeist werden kann.

Da die Wahl der Pumpe sich nach der Wasserentnahme richtet, ist in jedem Falle zu prüfen, welche Bauart sich empfiehlt. Insbesondere ist auch die Art der Kraftübertragung Gegenstand der sorgfältigsten Erwägung.

Daß z. B. die elektrische Kraftübertragung der Übertragung durch Riemen, Zahnräder, Druckluft oder Dampf in manchen Fällen vorzuziehen ist, liegt in dem Vorteil der Kraftübertragung durch besonders wirtschaftlich arbeitende verhältnismäßig große Kraftmaschinen, und daß man entfernt liegende Brunnen und Pumpwerke mit geringem Kostenaufwand für ihre Wartung betreiben kann. Sie wird in manchen Fällen billiger als der Betrieb mit Dampf- oder Gasmaschinen. Noch billiger stellen sich Wasser- oder Windkräfte, die aber selten zur Verfügung stehen.

Die Zweckmäßigkeit der Anwendung von Windmühlen zum Betriebe der Wasserstationen in Gegenden, in denen die Kraft des Windes ausgenutzt wird, wurde schon im Jahre 1848 von Kirchweger durch Versuche in Wunstorf dargetan.[1]

Muß man zum Betriebe einer Viehwagenreinigungsstelle, einer Kraftgas- oder einer Heizungsanlage Dampf erzeugen, so wird unter Umständen die Wirtschaftlichkeit dadurch gewahrt, daß die ohnedies erforderliche Wartung besser ausgenutzt wird, wenn auch die Pumpe mit Dampf betrieben wird.

Wo elektrische Kraft nicht zur Verfügung steht, hat der Explosionsmotor, der ebenso wie der Elektromotor stets dienstbereit ist und von einem Stationsarbeiter bedient werden kann, besonders für kleinere und mittlere Pumpwerke Eingang gefunden.

Die erforderliche Leistungsfähigkeit der Kraftmaschine in Pferdestärken kann aus der Gleichung

$$N = \frac{1000\,Q\,(H + H_w)}{60 \cdot 75 \cdot \eta}$$

ermittelt werden, wenn bedeutet

$Q =$ Wassermenge in Kubikmeterminuten,
$H =$ Förderhöhe in Meter,
$H_w =$ Widerstandshöhe in Meter,

die abhängig ist von der Länge und dem Durchmesser der Leitung[2] und

$$\eta = 0 \cdot 75.$$

Nach den Versuchen von Clavés sind bei Wasserwerken für eine Arbeitsleistung von 100000 m/kg bei 10 bis 13 m Förderhöhe nötig: 1·3 Tagarbeiten bei einer Hebelpumpe, 0·70 Tagarbeiten bei einer Kurbel mit Schwungrad, 4·2 bis 6·9 kg Steinkohle bei Pumpen mit Dampfbetrieb.

Eine Kleinsche freistehende Verbundplungerpumpe der Frankenthaler Maschinenfabrik auf Bahnhof Ülzen verbraucht etwa 4 kg Steinkohle für die Pferdekraft und Stunde bei einer Leistung von 50 cbm/st und 30 m Förderhöhe.

---

[1] vgl. Organ Fortschr. d. Eisenbahnwesens 1852, S. 122, und Försters Bauzeitung 1851, S. 282.
[2] vgl. Tabelle der Widerstandshöhen S. 432/433.

Es ist zweckmäßig, die Leistung derart zu bemessen, daß zur Beschaffung des nötigen Wassers für 24 Stunden weniger als 10 Stunden
erforderlich sind, so daß unter Umständen auch noch gesteigerten Anforderungen entsprochen werden kann, und daß kleinere Ausbesserungen
in Arbeitspausen vorgenommen werden können, ohne weitere Störungen
zu verursachen. Ein unterbrochenes Arbeiten wird zuweilen auch durch
die Verhältnisse des Wasserzuflusses bedingt.

Die Leistung der gebräuchlichen Kolbenpumpen kann berechnet werden
nach der Formel

$$Q = \eta\, \frac{\pi\, d^2}{4}\, h \cdot n \quad \text{für einfachwirkende und}$$

$$Q = \eta\, \frac{\pi\, d^2}{2}\, h \cdot n \quad \text{für doppeltwirkende Pumpen,}$$

wenn

$Q =$ Wassermenge in Kubikmeterminuten,
$h =$ Kolbenhub in Meter,
$n =$ Zahl der Doppelhube in der Minute,
$\eta =$ Wirkungsgrad, 0·75 für gewöhnliche und 0·9 für
      gute Pumpen.

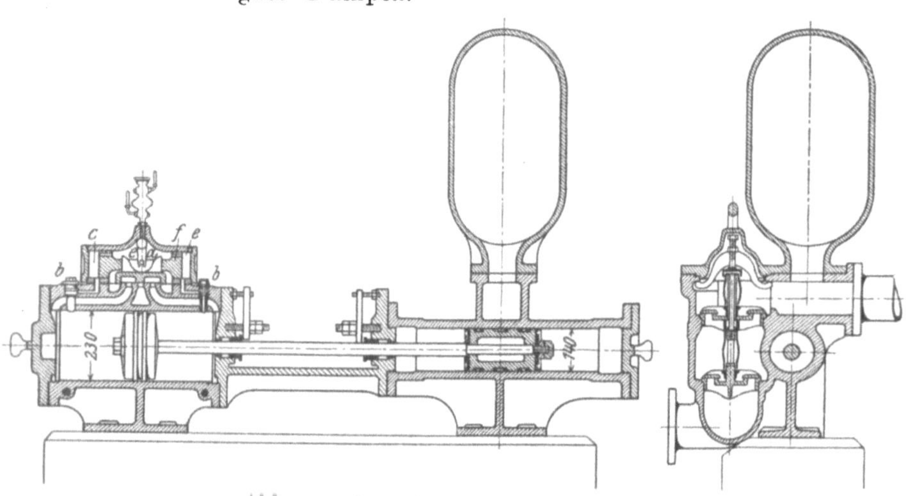

Abb. 12. Doppeltwirkende Druckpumpe.

Von Wichtigkeit ist die größte Beschleunigung, die dem Wasser in
der Saugeleitung und vom Saugewindkessel bis zur Pumpe gegeben
werden kann.

Der Saugewindkessel soll möglichst nahe an den Saugeventilen liegen.
Das Fußventil soll nicht nach älterer Anordnung im Wasser, sondern
tunlichst leicht zugänglich über dem Wasserspiegel liegen.

Für kürzere Leitungen ist der Durchmesser der Saug- und Druckröhren gleich zwei Drittel des Kolbendurchmessers anzunehmen; für längere
Leitungen und größere Kolbengeschwindigkeiten sind genauere Ermittelungen erforderlich. Die Saughöhe für schnellaufende Pumpen soll unter
5·5 m bleiben. Die Saugleitung muß nach der Pumpe zu stets ansteigend
genommen werden, um das Ansammeln von Luft in der Leitung zu vermeiden.

Druckwindkessel werden außer an der Pumpe an den Stellen der Druckleitung angeordnet, an denen ein Abreißen des Wassers befürchtet werden kann.

Nach Versuchen von Chavés empfiehlt es sich, die Länge der Kurbelarme der Handpumpen, die indessen in neuerer Zeit durch Motorbetrieb fast ganz verdrängt sind, gleich 0·33 bis 0·35 m zu nehmen; die an den Kurbeln wirkende mittlere Kraft hätte etwa 6 kg und die Geschwindigkeit 40 bis 50 Umdrehungen in der Minute zu betragen. Bei diesen Versuchen entfielen bei zehnstündiger Arbeitszeit je fünf Stunden auf wirkliche Arbeit und auf Ruhepausen.

In Abb. 12 ist eine doppeltwirkende Druckpumpe dargestellt. Um die Pumpe in Gang zu setzen, wird mittels des Hebels *a* der Dampfschieber, der in der gezeichneten Stellung beide Dampfeinströmungskanäle deckt, und zu dessen Bewegung eine Kurbelwelle mit Schwungrad nicht vorhanden ist, nach rechts oder links bewegt. Der Kolben bewegt sich nun so lange nach einer Richtung, bis die kegelförmige Fläche des Dampfkolbens eines der beiden Ventile *b* hebt und der Dampf aus dem Raum *c* oder *d* in den Dampfausströmungskanal gelangen kann. Durch den Überdruck im Raum *e* wird infolgedessen der Steuerungskolben *f* und mit diesem der Dampfschieber nach der anderen Seite geschoben, um den Dampf auf derselben in den Zylinder eintreten zu lassen und so den Kolben zurückzudrücken. Die kleinen Öffnungen im Steuerungs- oder Schieberkolben dienen dazu, den Druck wieder auszugleichen. Die Pumpenventile sind ringförmig ausgeführt, um eine geringe Hubhöhe bei großer Durchgangsöffnung zu erhalten. Sie sind mit etwa 1 cm starken Gummiringen oder auch mit Leder belegt. Um die Führungsstangen der Ventile sind Gummihülsen angebracht zum Zweck einer guten Dichtung zwischen den Saug- und Druckventilen. Der Durchmesser des Dampfzylinders ist verhältnismäßig groß gewählt, so daß die Pumpe als Normalpumpe für mehrere Wasserstationen bei den verschiedenartigen Druckhöhen und Dampfdrucken Verwendung finden kann.

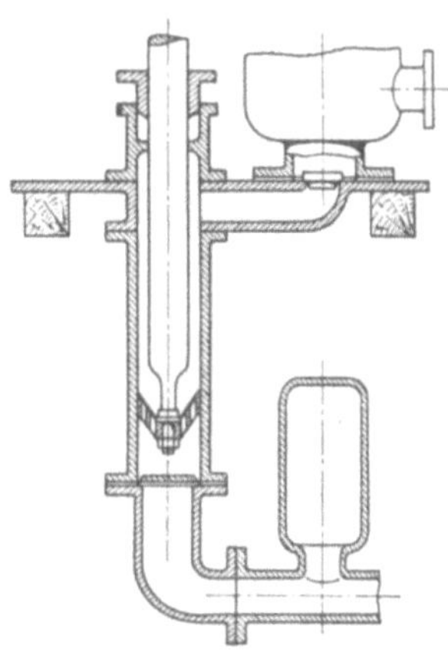

Abb. 13.
Pumpe von Kirchweger.

Tritt an die Stelle des Dampfzylinders eine Kurbelwelle zur Bewegung des Pumpenkolbens, so kann die Pumpe mittels Zahnräder- oder Riemscheibenübertragung von einer Expansionsdampfmaschine betrieben werden, obwohl bei kleineren Pumpen der Vorteil der Expansion des Dampfes wegen der durch die Übertragung entstehenden Kraftverluste zweifelhaft wird.

Abb. 13 zeigt die von dem Maschinendirektor Kirchweger entworfene, mit Kurbel und Schwungrad versehene Pumpe, die abweichend von den einfach wirkenden Pumpen nicht in einzelnen Stößen, sondern ohne Unterbrechung das Wasser des Brunnens hebt.

Der Letestusche Trichterkolben, der aus Gußeisen und einer Lederscheibe hergestellt ist, hat eine Kolbenstange erhalten von der Stärke, daß der Inhalt des Stiefels doppelt so groß ist als der Kubikinhalt der Kolbenstange und des Kolbens.

Beim Heruntergange des Kolbens findet das Wasser, das unter dem Kolben dem Kubikinhalte des betreffenden Teiles des Stiefels gleichkam, über dem Kolben nur die Hälfte dieses Raumes, da dessen andere Hälfte von der Kolbenstange und dem Kolben ausgefüllt wird. Infolgedessen muß beim Niedergehen des Kolbens durch das Steigrohr eine Wassermenge geführt werden, die gleich dem Inhalt des Kolbens und der Kolbenstange ist, während beim Aufgehen des Kolbens die andere Hälfte des angesogenen Wassers gehoben wird.

Will man die Pumpe so konstruieren, daß beim Auf- und Niedergange des Kolbens eine gleiche Kraft angewendet werden muß, so darf der Inhalt der Kolbenstange und des Kolbens nicht genau die Hälfte des Stiefelinhaltes betragen, wie aus folgendem hervorgeht.

Es sei h die Saughöhe und H die Druckhöhe des Wassers, bezeichnet ferner D den Stiefeldurchmesser und d den Kolbendurchmesser, einschließlich Volumen des Kolbens, so ist für den Aufgang des Kolbens in der Kolbenstange eine Kraft P tätig

$$P = \frac{D^2\,\pi\,h}{4} + \left(\frac{D^2 - d^2}{4}\right)\pi \cdot H$$

und für den Niedergang eine Kraft P_1

$$P_1 = \frac{d^2\,\pi}{4}\,H,$$

abgesehen von den einzelnen Reibungswiderstandshöhen des Kolbens, des Wassers usw.

Da nun $P = P_1$ sein soll, so folgt

$$\frac{d}{D} = \frac{\sqrt{H+h}}{\sqrt{2\,H}}.$$

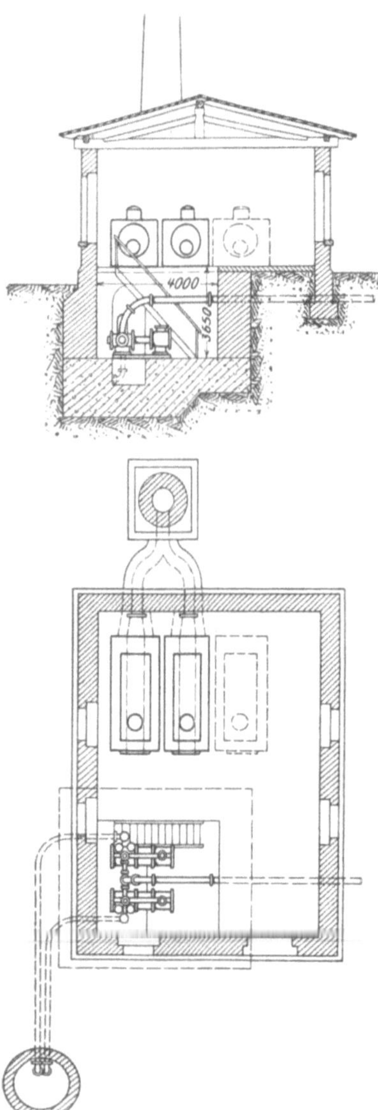

Abb. 14a und 14b.
Pumpwerk in der Nähe eines Flusses.

Abb. 14a und b zeigen ein Pumpwerk in der Nähe eines Flusses mit einem Hochwasserspiegel von 7 m über dem niedrigsten Wasserstand. Da es wünschenswert ist, die Saughöhe nicht größer als 5·5 m zu nehmen, um eine große Hubzahl der Pumpe zu sichern, so sind die Pumpen in einem kleinen wasserdichten Schachte aufgestellt.

In Abb. 15 ist eine mit Dampf betriebene Worthingtonpumpe im Schnitt dargestellt.

Die Worthingtonpumpe ist die älteste Duplexpumpe. Zwei Dampfpumpen sind nebeneinander gestellt und so verbunden, daß die eine den
nach Art der Lokomotivschieber konstruierten Dampfschieber der anderen
regelt; jeder arbeitende Kolben öffnet vor Beendigung seines Hubes den
Einströmungskanal des Dampfes zur anderen Pumpe, bleibt stehen und
geht erst zurück, nachdem der Dampfschieber durch die andere Maschine
geöffnet ist. Infolge dieses zeitweisen Anhaltens können die Pumpenventile
sich allmählich auf ihre Sitze senken, und wird dadurch ein sanftes und
stoßfreies Arbeiten erzielt. Da der eine oder der andere Dampfeingang
stets geöffnet ist, so ist auch kein toter Punkt vorhanden und ist die
Pumpe somit stets und sofort betriebsfähig. Durch einfaches Schließen
oder Öffnen des Dampfventiles wird die Pumpe außer oder in Tätigkeit
gesetzt.

Wenn der zur Verfügung stehende Dampf mehr als 6 at Druck besitzt, werden die größeren Worthingtonpumpen auch als Verbundpumpen
gebaut.

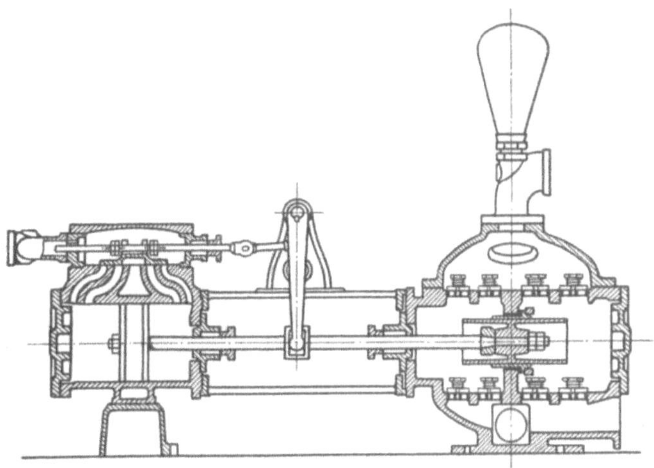

Abb. 15. Worthingtonpumpe.

Da die vierfache Wirkungsweise der schwungradlosen Dampfpumpen
nach Duplexsystem eine sehr gleichmäßige und ununterbrochene Wasserförderung bedingt, werden große Saug- und Druckwindkessel, die die Anlage von doppeltwirkenden Pumpen verteuern und erschweren, entbehrlich. Um den verhältnismäßig großen Dampfverbrauch der Duplexpumpen
zu ermäßigen, baut die Maschinenfabrik Oddesse in Oschersleben Patent-
Oddessepumpen mit Expansion und Kraftausgleicher.

Soll das Lokomotivspeisewasser auch als Trinkwasser benutzt werden,
so ist zu beachten, daß das Wasser über den Tonablagerungen in bakte-
riologischer Hinsicht vielfach nicht einwandfrei ist, weil Tagewasser zu
dem unterirdischen Niederschlagswasser ohne genügende natürliche Filterung
gelangen kann.

Möglichst bakterienfreies Grundwasser findet man oft nur unter den
Tonablagerungen in ziemlich erheblichen Tiefen.

Da die beträchtlichen Kosten oder die Bodenbeschaffenheit dann die
Abteufung von Schachtbrunnen, die bis unter den Wasserspiegel reichen,

nicht gestatten, kann man mit Vorteil Rohrbrunnenpumpen von Weise & Monski in Halle a. S.[1]) verwenden.

Es sind dies Saugpumpen, die in einem möglichst gerade und senkrecht getriebenen Bohrloch, das mit schmiedeeisernen Rohren gefüttert ist, eingehängt werden, und zwar so, daß das Saugventil nur wenig über oder unter dem tiefsten Wasserstand liegt.

Der Antrieb des mit Ledermanschetten abgedichteten schweren Ventilkolbens, der sich in einem Bronzezylinder bewegt, und der durch sein eigenes Gewicht bei Niedergang sinkt und das zwischen Kolben und Saugventil befindliche Wasser durch das Kolbenventil über den Kolben treten läßt, erfolgt von einem etwas über Flur eines höchstens 4 bis 5 m unter Flur tiefen Schachtes angebrachten Antriebrahmen aus mittels gekröpfter Kurbelwelle, Bleuelstange und Kreuzkopfführung.

Die Ventile sind Bronzetellerventile mit unterer und oberer Führung und Ledernachdichtung. An der Geradführung hängt ein Windkessel und daran die aus schmiedeeisernen Rohren mit Muffen oder Flanschen zusammengeschraubte Rohrtour samt Zylinder und Saugrohr.

Das Kolbengestänge ist nicht starr mit dem Kreuzkopf, der aus einem Stück mit einem Plunger besteht, verbunden, sondern hängt in dem Plunger, so daß Gestängebrüche ausgeschlossen sind, wenn der Kolben bei sandhaltigem Wasser bei seinem Niedergange sich etwa festsetzen sollte. Ausgleichvorrichtungen bewirken die möglichst gleichmäßige Verteilung der Hubarbeit auf Hin- und Hergang.

Damit bei bedeutenden Förderhöhen, z. B. 170 m unter Flur und 50 m über Flur, der Ventilkolben nicht den Druck der Gesamtförderhöhe, sondern nur den der Förderhöhe unter Flur erhält, empfiehlt es sich, die

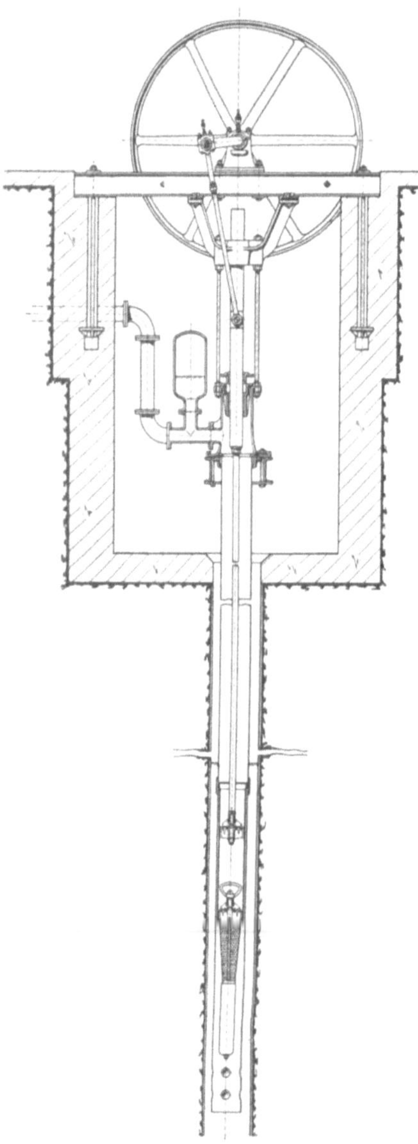

Abb. 16.
Rohrbrunnenpumpe der Gasmotorenfabrik Deutz.

---

[1]) Journal für Gasbeleuchtung u. Wasserversorgung 1906, S. 1141.

Rohrbrunnenpumpe als Schöpfpumpe und unmittelbar darüber eine einfach
wirkende Plungerpumpe anzuordnen. Die Arbeitsverteilung fällt bei einer
solchen Pumpe an sich gleichmäßiger aus als bei einer einfachen Rohrbrunnenpumpe.

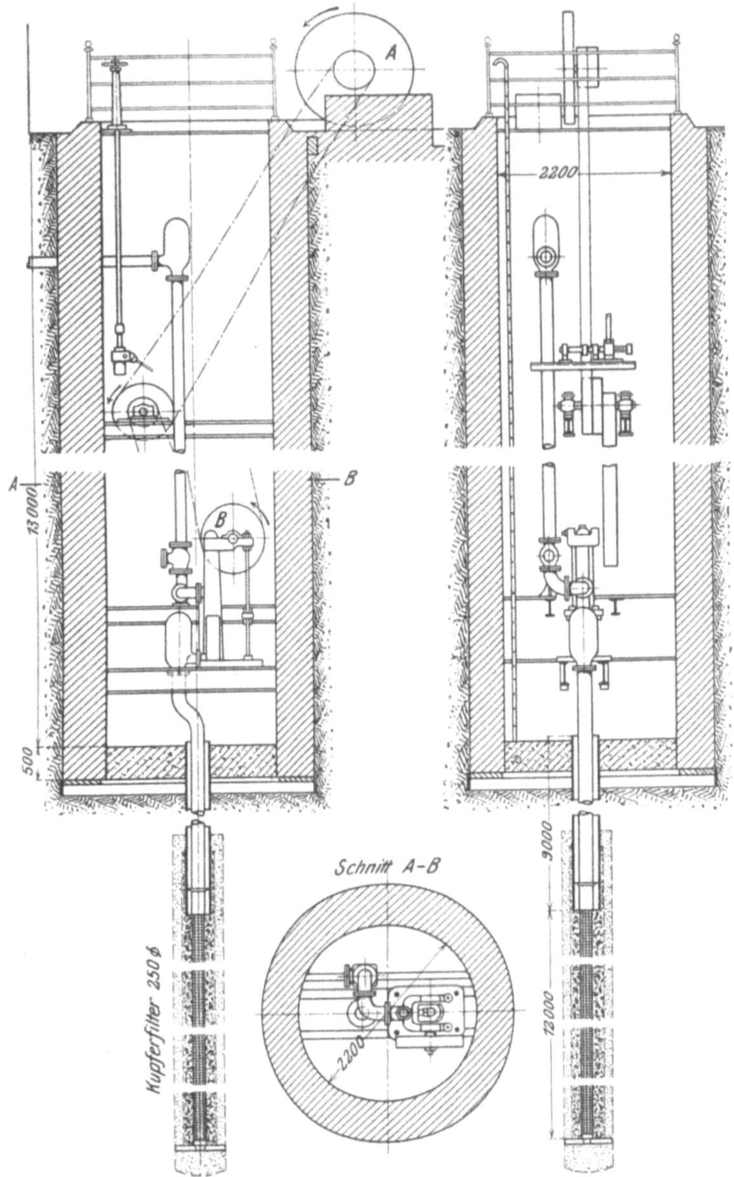

Abb. 17a. Pumpwerk auf Bahnhof Visselhövede.
A Riemscheibe des Motors, *B* Riemscheibe der Pumpe.

Die Gasmotorenfabrik Deutz baut Rohrbrunnenpumpen (Abb. 16) für
Manometrische Forderhöhen bis zu 75 m. Ein Vordrängerplunger bewirkt
eine gleichmäßige Wasserförderung, gleicht die Kraftwirkungen etwas aus
und dient als Geradführung. Die Riemscheiben werden mit Gegengewicht
ausgerüstet, um das Gestängegewicht auszugleichen.

Wenn die Tonschicht, unter der sich eine Wasser führende Sandschicht befindet, in mäßiger Tiefe liegt, so läßt sich ein Pumpwerk wie auf dem Bahnhof Visselhövede (Abb. 17) anordnen.

Der Rohrbrunnen System „Otten" der Firma L. Otten in Achim, Provinz Hannover, Kupferfilter D. R. P. Nr. 148167, besitzt durch quadratische Lochung des Filterkorbes große Durchlaßfläche (Abb. 17a). Um das Kupferrohr ist zunächst eine Schicht groben Kieses und dann eine Schicht feinen Kieses zur Zurückhaltung des Sandes gebracht. Der Rohrbrunnen schließt sich unten an den 13 m tiefen Schacht an, in dem unten die Pumpe steht, um eine mäßig hohe Saugehöhe zu gewährleisten.

Die Kiesschüttungen der Rohrbrunnen werden nach Bedarf in zwei oder drei verschiedenen Korngrößen ausgeführt und gewähren ein sandfreies Wasser.

Zum Betriebe der Pumpe ist über dem Schacht ein Körtingscher Benzinmotor (Abb. 17b) aufgestellt, weil außer für Lokomotiven Dampf auf dem Bahnhof zu anderen Zwecken nicht erforderlich, und weil der Explosionsmotor wie der Elektromotor stets dienstbereit ist und von einem Stationsarbeiter bedient werden kann.

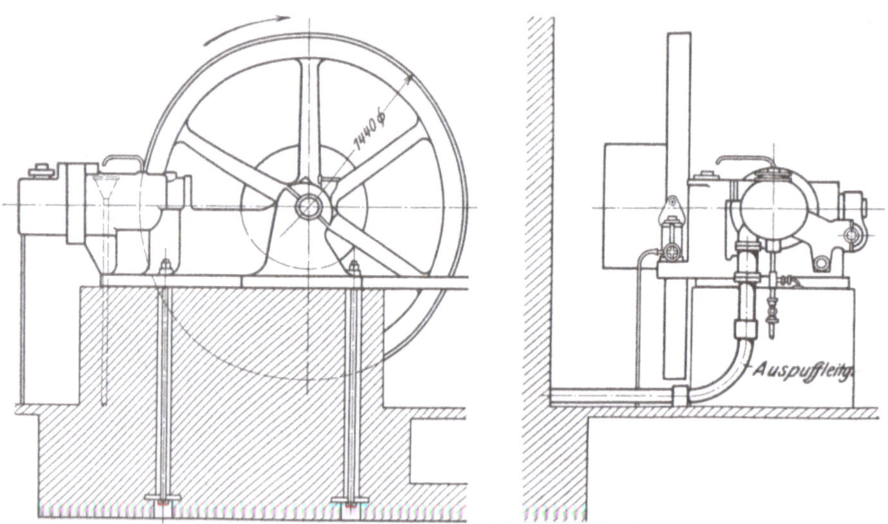

Abb. 17b. Benzinmotor von Körting.

Die Übertragung der Bewegung erfolgt vermittels Zwischenvorgelege durch gewebte Riemen, die jedoch erheblich breiter gewählt sind, als die Rechnung ergibt, weil die großen Riemscheiben von den kleinen Riemscheiben angetrieben werden. Bei dem Abölen der Lager ist darauf zu achten, daß kein Schmiermaterial verschüttet wird und in den Brunnen gelangt.

Nach etwaiger längerer Außerbetriebsetzung der Pumpe ist ein Ableuchten unten im Brunnen erforderlich, bevor der Wärter ihn unter Benutzung der festangebrachten Leitern und Podeste besteigt. Bei regelmäßigem Betriebe brennt unten im Brunnen eine Lampe.

Im Schacht ist eine von der Maschinenbauanstalt Frankenthal gebaute stehende doppeltwirkende Taucherkolbenpumpe für Riemenantrieb (Una-Pumpe, Abb. 17c) aufgestellt.

Wenn in den einzelnen Brunnen das Wasser mit einer Saugpumpe schwer zu erreichen ist und die geringe Rohrweite zugleich das Einbringen einer Senkpumpe verbietet, so erscheint die Verwendung von Preßluft geboten, obgleich die Preßluftpumpen hinter jedem anderen Pumpensystem in wirtschaftlicher Hinsicht zurückstehen.[1]

Ein Vorzug der Preßluftpumpe besteht indessen darin, daß alle Klappen und Ventile aus dem Brunnen, also einem schwer zugänglichen Orte entfernt sind und der Mechanismus der ständigen Aufsicht im Maschinenhaus untersteht.

Die Leistungsfähigkeit der Preßluft ist insbesondere auch da auszunutzen, wo es sich an erster Stelle um Sicherheit, Einfachheit und verhältnismäßige Ausgiebigkeit handelt, z. B. beim Schachtabteufen und beim vorübergehenden Probepumpen zum Zwecke der Feststellung von Absenkung und Wassermenge.

Seit einer Reihe von Jahren wird an vielen Stellen das Wasser mit sehr gutem Erfolge mittels Mammutpumpe gehoben.

Wie aus Abb. 18 hervorgeht, besteht die Mammutpumpe aus zwei einfachen Röhren, die in Wasser

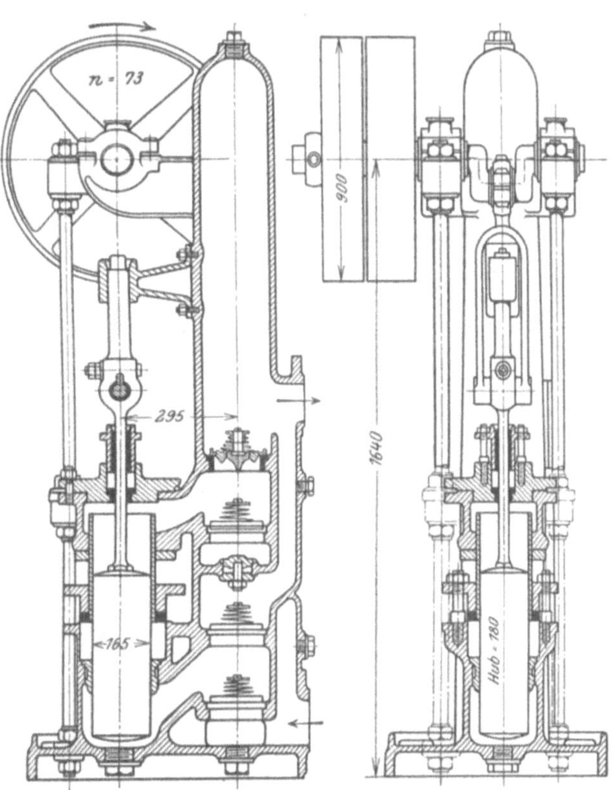

Abb. 17c. Unapumpe.

getaucht und an ihrem unteren Ende durch ein sog. Fußstück verbunden werden. Die Förderung des Wassers wird bewirkt durch Einpressen von atmosphärischer Luft in das Fußstück. Sobald die Preßluft in das Innere der Förderleitung eindringt, steigt sie infolge ihres Auftriebes im Wasser empor und vermindert auf diese Weise sein spezifisches Gewicht. — Der Wasserspiegel innerhalb der Förderleitung wird nun infolge des Druckes der äußeren Wassersäule, die die treibende Kraft zum Heben des Wassers und Luftgemisches ist, so weit gehoben, daß das Wasser über den Ausguß der Förderleitung tritt. Bei ununterbrochener Zuleitung von neuer Luft

---

[1] vgl. L. Darapsky und F. Schubert, Zeitschr. Ver. deutsch. Ing. 1906.

26*

und steter Zuführung von Wasser findet eine fortwährende Förderung von Wasser durch die Mammutpumpe statt.

Die Eintauchtiefe des Wasserhebers richtet sich nach der Förderhöhe, auf die das Gemisch von Wasser und Luft gehoben werden soll. Sie beträgt bei Wasser in der Regel das ein- bis anderthalbfache der Förderhöhe, was unter Umständen sehr tiefe Brunnen ergibt.

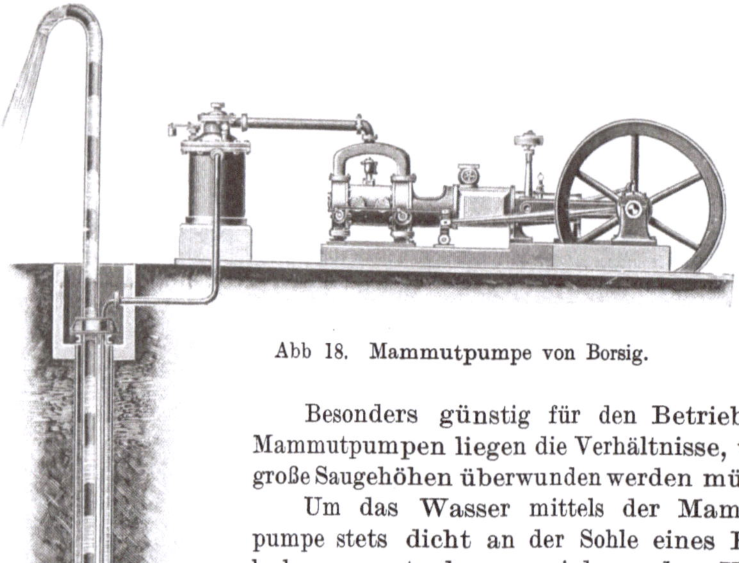

Abb 18. Mammutpumpe von Borsig.

Besonders günstig für den Betrieb mit Mammutpumpen liegen die Verhältnisse, wenn große Saugehöhen überwunden werden müssen.

Um das Wasser mittels der Mammutpumpe stets dicht an der Sohle eines Bohrloches zu entnehmen, wird an der Unterkannte des Fußstückes eine Rohrleitung geschraubt, die soweit verlängert wird, wie dies in jedem einzelnen Falle wünschenswert ist. Ein derartiges Fußstück ist der Maschinenfabrik A. Borsig, Tegel-Berlin, durch Reichspatent geschützt worden.

Bevor die Luft, die zur Hebung des Wassers dient, in die Mammutpumpe geleitet wird, findet ihre Reinigung statt. Erreicht wird dies dadurch, daß die Preßluft nach dem Verlassen des Kompressors zunächst einen Windkessel passieren muß, der sowohl als Luftkühler als auch als Luftfilter ausgebildet worden ist. Diese Einrichtung ist der Maschinenfabrik A. Borsig, Tegel-Berlin, patentiert. — Sofern die erwähnte Reinigung der Preßluft nicht erfolgt, gelangen die Staubteile, die sich in der Luft befinden, und auch die Schmierteile, mit denen die Luft im Innern des Zylinders in Berührung gekommen ist und die von ihr mitgerissen wurden, in das zu hebende Wasser und verunreinigen es vielfach in dem Maße, daß es als Trink- und Brauwasser usw. nicht zu verwenden ist.

Um die Gefahr des Mitreißens von Öl noch weiter herabzusetzen, wendet die Maschinenfabrik A. Borsig, Tegel-Berlin, eine besondere Ventilkonstruktion für die Kompressoren an. Sowohl als Saug- wie auch als Druckventile kommen bei den erwähnten Borsig-Kompressoren Klappen-

ventile, Patent Borsig, zur Verwendung. — Bei einer derartigen Kompressor-
konstruktion ist nur für eine ausreichende Schmierung des Kolbenlaufes
Sorge zu tragen.

Mit einer Mammutpumpe, die für die Königliche Generaldirektion der
Sächsischen Staatseisenbahnen, Dresden, auf Bahnhof Connewitz bei Leipzig
aufgestellt worden ist, werden 420 l Wasser in der Minute einem Bohrbrunnen entnommen, der eine Tiefe von 40 m und einen inneren Durchmesser der Bohrlochverrohrung von 203 mm besitzt. Das Fußstück der
Mammutpumpe befindet sich 39 m unter Schienenoberkante. Die Förderleitung und Luftleitung sind innerhalb des Bohrloches nebeneinander angeordnet worden. In einer Brunnenkammer werden die Rohrleitungen
mittels einer gußeisernen Schelle, die auf U-Eisen aufgesetzt worden ist,
gehalten.

Der Wasserstand im Zustande der Ruhe befindet sich 13 m und bei
Entnahme der erwähnten Wassermenge 18 m unter Schienenoberkante.
Gehoben wird das Wasser in einen Speisewasserbehälter, dessen Ober-
kante ca. 1 m über Schienenoberkante sich befindet.

Abb. 19. Luftkompressor von Borsig.

Aus Gründen einer Betriebsreserve sind zwei Kompressoren und zwei
Windkessel von 1200 mm Höhe und 800 mm Durchmesser, die als Luftfilter und -kühler ausgebildet worden sind, zur Aufstellung gekommen.

Abb. 19 zeigt den Luftkompressor, der für den Betrieb der beschriebenen Mammutpumpe dient. Angetrieben werden die beiden Luft-
kompressoren von je einem Elektromotor mittels Rädervorgeleges.

Auf der Wasserstation Oberaula (Bezirk Cassel) werden 417 l Wasser
in der Minute aus einem 50 m tiefen Bohrbrunnen, der einen inneren
Durchmesser von 200 mm besitzt, bei einem normalen Grundwasserspiegel
von 17 m und einem abgesenkten von 20 m unter Schienenoberkante in
einen ca. 40 m entfernt gelegenen Hochbehälter gehoben, dessen Oberkante sich 15 m über Schienenoberkante befindet. Die Förderung des
Wassers erfolgt derart, daß es mittels einer Mammutpumpe in einen
in der Nähe von Terrainhöhe aufgestellten Zwischenbehälter gefördert
wird. Von hier entnimmt eine Druckpumpe das Wasser von neuem und
drückt es in den Hochbehälter.

Die Förderleitung und die Luftleitung sind innerhalb des Bohrloches
nebeneinander angeordnet worden. Das Wasser wird an der Sohle des
Bohrloches entnommen, um die in den Brunnen treibende Sand- und

Schlammasse ohne Unterbrechung aus dem Brunnen zu entfernen. Falls die Ablagerungen von Sand und Schlamm nicht entfernt werden, erhöhen sie sich allmählich derart, daß die Öffnungen in dem Brunnen, durch die das Wasser in das Innere desselben gelangen soll, mehr und mehr verstopft werden. Die teilweise Verstopfung der Öffnungen im Bohrbrunnen setzt aber die Wasserergiebigkeit des Brunnens herab. — Bei dem Betrieb der Mammutpumpe bleibt demnach das Innere des Brunnen selbst nach jahrelangem Betrieb in stets reinem Zustande.

Die für den Betrieb dienende Preßluft wird auch in diesem Falle durch einen patentierten als Luftkühler und Luftfilter ausgebildeten Windkessel von 2200 mm Mantellänge und 1000 mm Durchmesser gereinigt. Erzeugt wird die Preßluft durch einen Borsig-Kompressor für Riemenantrieb. Von der verlängerten Kolbenstange des Luftkompressors wird eine Druckpumpe angetrieben, die das Wasser aus dem erwähnten Zwischenbehälter saugt und in den Hochbehälter der Station drückt.

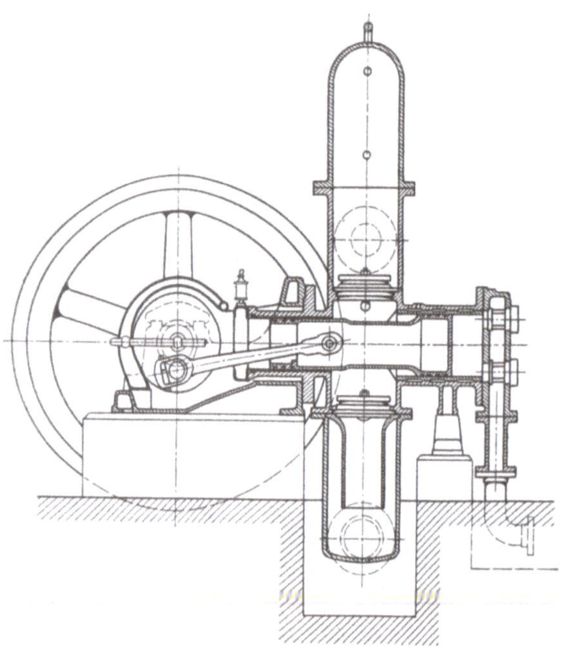

Abb. 20. Kreuzpumpe.

Betrieben werden die beiden gekuppelten Maschinen durch einen Petroleummotor.

Mit Hilfe eines Luftkompressors für Dampfbetrieb, der auf dem Bahnhof Mouscron in Belgien aufgestellt wurde, werden mittels einer Mammutpumpe 170 l Wasser in der Minute aus einem Bohrbrunnen von 173·3 m Tiefe bei einem Durchmesser von 300 mm entnommen. Der Wasserspiegel befindet sich dabei im Zustande der Ruhe 31·45 m und bei Entnahme der erwähnten Wassermenge 86·45 m unter Maschinenstubenflur. — Um einen zu großen Anfangsdruck zu vermeiden, ist die Mammutpumpe mit zwei Fußstücken ausgestattet, von denen das eine in einer Tiefe von 101·45 m und das andere in einer solchen von 141·45 m eingebaut worden ist. Bei Inbetriebsetzung wird die Luft in das obere der beiden Fußstücke geleitet. Nachdem der Wasserspiegel genügend weit zurückgegangen ist, wird die Preßluft in das untere der beiden Fußstücke geführt. An die Unterkante der beiden Fußstücke ist die der Maschinenfabrik Borsig patentierte Zulaufleitung von ca. 31 m Länge geschraubt, damit auch in diesem Falle das Wasser stets dicht an der Sohle des Bohrloches entnommen wird.

Die Mammutpumpe gießt das Wasser in ein Bassin aus, das unterhalb der Maschinenstube angeordnet worden ist. Mit einer Druckpumpe, die von der erwähnten Kompressormaschine aus mittels Riemens ihren Antrieb erhält, wird das von der Mammutpumpe geschöpfte Wasser von neuem entnommen und der Verwendungsstelle zugeleitet. — Auch bei dieser Anlage wird die zur Hebung des Wassers dienende Preßluft vor Eintritt in die Mammutpumpe durch einen Filter und Kühler geleitet, um von den ihr anhaftenden Unreinigkeiten befreit zu werden.

Abb. 20 zeigt einen vollständig neuen Typ einer Arbeitsmaschine, den die Maschinenfabrik A. Borsig unter dem Namen Kreuzpumpe ausführt. Diese Pumpenart stellt die Verbindung eines doppeltwirkenden Luftkompressors mit einer einfach wirkenden Druckpumpe dar.

Auf der dem Kurbelmechanismus abgewendeten Kolbenseite wird Luft für die Bedienung einer Mammutpumpe aufgesaugt und verdichtet. Auf der vorderen, dem Kurbelmechanismus zugewendeten Kolbenseite wird das von der Mammutpumpe vorgehobene Wasser von neuem angesaugt und der Verwendungsstelle zugeleitet. Zwei Maschinen dieser Art sind auf Bahnhof Engelsdorf bei Leipzig zur Ausführung gekommen. Jede dieser Pumpen ist imstande, ca. 750 l Wasser aus einem Bohrbrunnen von 50 m Tiefe zu entnehmen. Der Wasserspiegel befindet sich dabei im Zustand der Ruhe 8 m und im abgesenkten Zustand 15 m unter Schienenoberkante. Angetrieben werden die beiden Pumpen durch Elektromotoren mittels eines Zahnradvorgeleges.

Abb. 21 a, b, c zeigt die von Schäfer & Langen in Krefeld für die Wasserstation Speldorf als Hohlplungerpumpe mit im Plunger liegenden Kreuzkopf gebaute, liegende Drillingspumpe.[1])

Die kräftig gehaltene Fundamentplatte ist als Saugwindkessel ausgebildet, und gestattet, die reichlich groß bemessenen Saugventile dicht unter den Kolben und unmittelbar über dem Windkessel anzuordnen. Die Druckwindkessel der Pumpe können mittels Schnüffelventilen mit Luft gefüllt und die Pressung der Luft im Druckraum kann durch einen Ablaßhahn geregelt werden. Außerdem ist die Pumpe mit einem Manometer, einem Vakuummeter, mit Wasserstandszeigern und Umlaufventilen ausgerüstet. Das Triebwerk ist sorgfältig ausgeglichen, so daß ein sicherer Betrieb gewährleistet ist.

Die Schmierung erfolgt von einem Punkte aus derartig, daß sie jederzeit während des Betriebes geregelt werden kann.

Die Pumpe vermag bei einem Plungerdurchmesser von 185 mm und einem Hub von 250 mm bei 120 Umdrehungen in der Minute 132 cbm auf eine Gesamtförderhöhe (einschließlich der Widerstände) von 42 m zu heben.

Der an der Pumpenwelle gemessene Kraftbedarf wurde hierbei zu 23·5 PS, der volumetrische Wirkungsgrad zu 95 %, der mechanische zu 88 % gewährleistet. Der Antrieb der Pumpe erfolgt mittels Riemens von einem von der Allgemeinen Elektrizitätsgesellschaft gelieferten Drehstrommotor für 220 Volt Spannung, der bei etwa 720 Umdrehungen in der Minute 25 PS effektiv und dauernd zu leisten vermag, der sich aber infolge des durch Ablagerungen in der Leitung hervorgerufenen hohen Widerstandes des Wassers in der Druckleitung nur eben ausreichend erwies.

---

[1]) vgl. „Lamm, Die Wasserversorgungsanlage auf Bahnhof Speldorf," Glasers Annalen 1905, Nr. 683, S. 201.

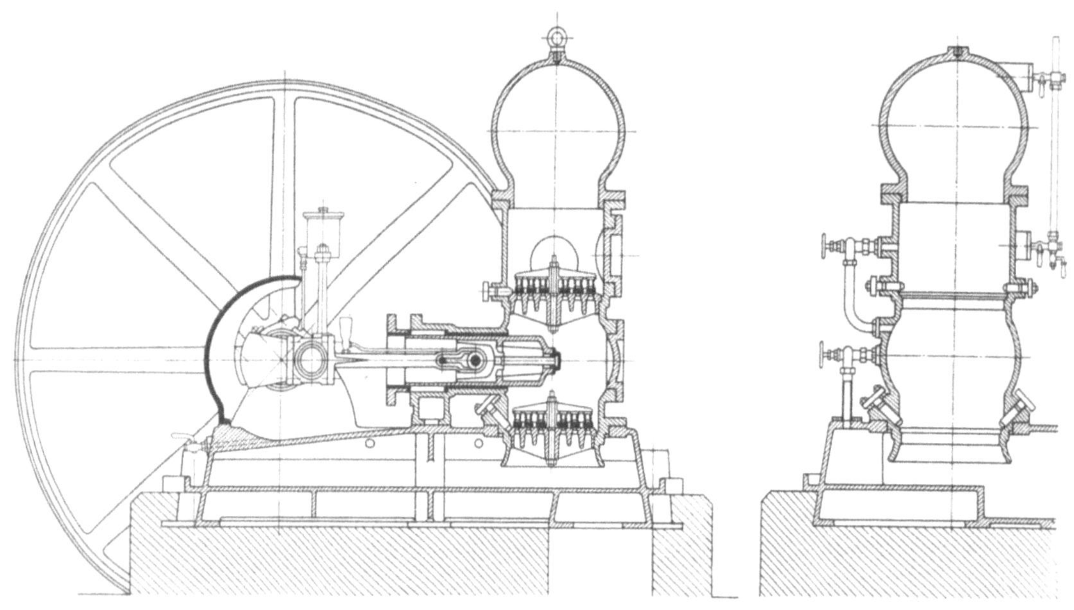

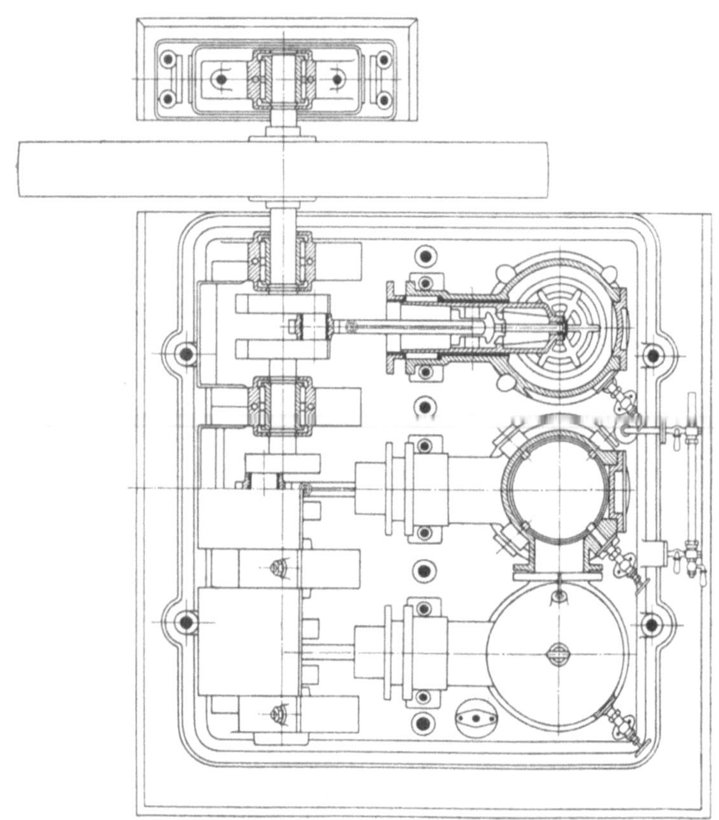

Abb. 21a bis c. Drillingspumpe.

Obwohl anfangs mit Rücksicht auf die Entfernung zwischen Betriebs-
werkstatt und Pumpenhaus eine selbsttätige An- und Abstellung der
Pumpe beabsichtigt war, so wurde doch von der selbsttätigen Anstellung
Abstand genommen, um den Pumpenwärter jeden Tag einige Male nach
der Pumpe sehen zu lassen und so die ordnungsmäßige Bedienung der
Anlage sicher zu stellen.

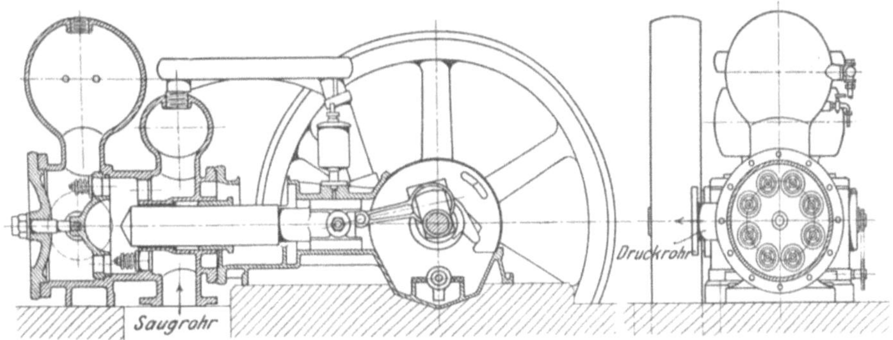

Abb. 22.   Riedlerpumpe.

Abb. 23.   Deutzer Motor für flüssigen Brennstoff.

In Abb. 22 ist eine von der Allgemeinen Elektrizitäts-Gesellschaft
gebaute und in dem Pumpwerk der Wasserstation Münder a. D. aufgestellte
Motorpumpe „System Riedler-Expreß" dargestellt. Da elektrische Kraft
nicht vorhanden ist, wird die Pumpe durch einen Deutzer Motor (Abb. 23)
betrieben. Auch hier sind die Riemscheiben so breit gewählt, daß ein
Durchziehen der kleinen Riemscheibe gesichert ist.

Die Pumpe ist so tief gestellt, daß die Saughöhe nicht mehr als 5 m beträgt, was bei der verhältnismäßig hohen Umdrehungszahl zweckmäßig erschien.

Die dem Elektromotor eigene hohe Umdrehungszahl, von der in Rücksicht auf rationelle Massenfabrikation nicht abgewichen werden kann, bedingt auch bei der Pumpe eine höhere Umdrehungszahl, als bisher gebräuchlich war, um Antriebszwischenglieder tunlichst zu vermeiden und einen gedrungenen organischen Zusammenbau von Pumpe und Elektromotor zu ermöglichen.

Hierhin gehört auch Kleins Patent-Expreßpumpe der Frankenthaler Maschinenfabrik, die 1902 in Düsseldorf ausgestellt war.

Abb. 24 zeigt die dicht unter dem Kolben auf dem Saugwindkessel angeordneten kleinen, leichten Massensaugventile mit Federbelastung, bei denen die in Rechnung zu stellende zu beschleunigende Wassersäule auf ein Mindestmaß herabgezogen ist.

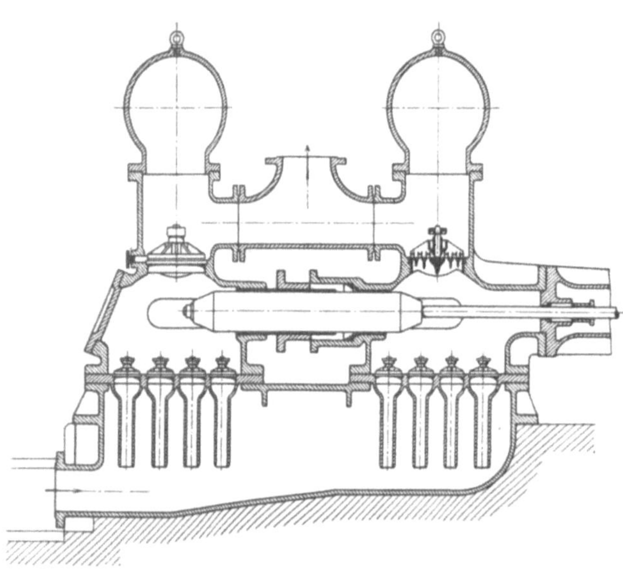

Abb. 24. Kleins Patent-Expreßpumpe.

Bei 220 minutlichen Umdrehungen wurde bei durchaus ruhigem Gang eine Saughöhe von 6 m erreicht.

Der Durchtritt der Luft geschah bei den Versuchen in kleinen, sich langsam folgenden Luftbläschen, während bei den Ventilen älterer Ausführung große, schnell aufeinanderfolgende Blasen beobachtet wurden.

Abb. 25 zeigt Kleins freistehende doppeltwirkende Verbund-Dampfpumpe mit einem Schieber der Frankenthaler Armaturfabrik im Pumpwerk der Wasserstation Ülzen, die wie auf dem Lageplan Abb. 26 angegeben, in einem Schacht in Verbindung mit einer Pumpe gleicher Bauart so aufgestellt ist, daß eine Pumpe zur Reserve der anderen dient, daß aber auch beide Pumpen gleichzeitig arbeiten können.

Bemerkenswert ist das Kleinsche Element, das die Kolbenstange des Dampfkolbens und die des Pumpenkolbens verbindet, und das dicht über dem Fußboden liegende Saugrohr.

Da zwei stehende Dampfkessel (der eine zur Reserve) zur Erzeugung des Dampfes der Körtingschen Kraftgasanlage zu elektrischem Lichtbetrieb für die Bahnhofsbeleuchtung erforderlich sind, so wurden Dampfpumpen gewählt, um Tag- und Nachtbetrieb nach Bedarf zu regeln, ohne am Tage die für den Lichtbetrieb bestimmten Gasdynamos betreiben zu müssen, was bei elektrisch betriebenen Pumpen am Tage notwendig wäre.

Wären Akkumulatoren vorhanden, so würde wie auf dem Bahnhof
Neuß[1]) die Anordnung von elektrisch betriebenen Pumpen in Wettbewerb
getreten sein.[2])

Abb. 25. Kleins Verbunddampfpumpe.

Die beiden stehenden Siederohrdampfkessel haben Überhitzerschlangen
erhalten. Sie mußten mehr Heizfläche erhalten als die Kraftgasanlage
erfordert. Die Feuertüren sind nahe über dem Rost, also nicht dicht

---

[1]) vgl. Borchart, Elektrische Beleuchtungs- und Kraftübertragungsanlage auf Bahnhof Neuß, Glasers Annalen 1907, Nr. 715, S. 130.
[2]) vgl. auch Riedlerpumpe der Wasserstation Halensee, W. Buhle, Zeitschr. Ver.
deutsch. Ing. 1904, S. 454.

unter der Rohrwand, angeordnet, um bei geöffneter Feuertür eine schädliche Abkühlung der Rohrwand und Rohrlecken hintanzuhalten.

Die Zentrifugalpumpen, die in den letzten Jahren sehr vervollkommnet wurden und sich überall gut eingeführt haben, eignen sich auch für die Wasserversorgung der Wasserbehälter auf den Bahnhöfen. Ihre Vorzüge bestehen vor allem in der Einfachheit der Pumpen selbst, sowie in ihrer anspruchslosen Wartung. Ferner kann die zu fördernde Wassermenge durch einen Regulierschieber nach Wunsch eingestellt werden, ohne daß hierdurch die Pumpe irgend welchen Schaden erleidet. Da der Kraftverbrauch mit der geringeren Fördermenge fast entsprechend fällt, so kann jede Zentrifugalpumpe bei derselben Tourenzahl für verschiedene Wassermengen dauernd benutzt werden.

Zum Speisen des Turmbehälters auf Bahnhof Elze ist eine mit einem Elektromotor gekuppelte Zentrifugalpumpe (Abb. 27) von der Firma A. Borsig, Berlin-Tegel, aufgestellt worden.

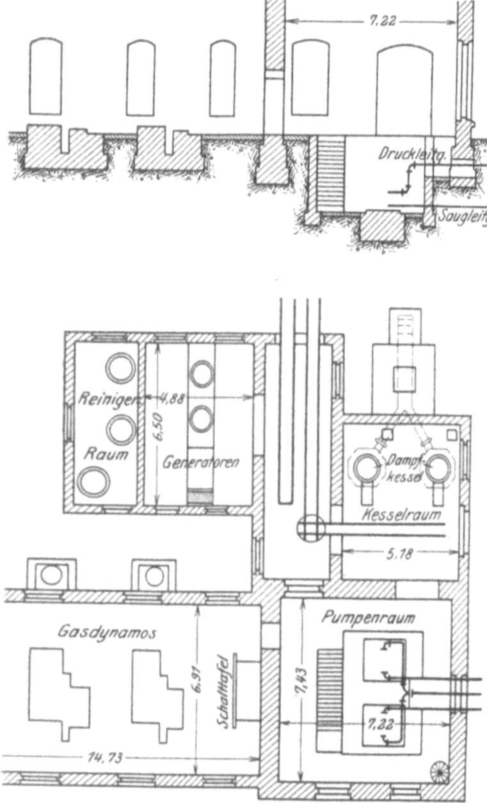

Abb. 26. Pumpwerk des Bahnhofs Uelzen.

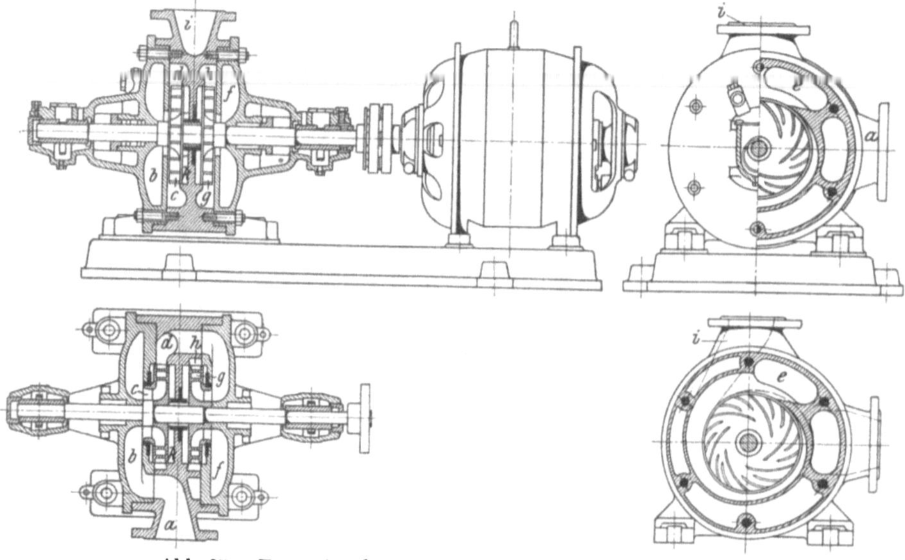

Abb. 27. Zentrifugalpumpe mit Elektromotor von Borsig.

Sämtliche Lager sind als Ringschmierlager ausgebildet, deren Ölinhalt so reichlich bemessen ist, daß eine Erneuerung des Öles nur in sehr langen Zwischenräumen erforderlich wird, und da auch die Stopfbüchsen sehr sorgfältig ausgebildet sind, so vermindert sich die Wartung dieser Pumpen derart, daß sie in bezug auf diesen Punkt guten Elektromotoren gleich kommen. Die Stopfbüchse auf der Saugseite wird durch eine ringförmige Wasserkammer, die durch Bohrungen mit dem Druckwasserraum der Pumpe in Verbindung steht, derartig abgedichtet, daß ein Ansaugen von Luft und die damit verbundene starke Beanspruchung der Leistung dauernd verhindert wird. Auch ermöglicht diese Art der Abdichtung im wesentlichen eine sehr große Saughöhe, die bei einfachen Stopfbüchsen niemals möglich sein dürfte.

Diese Pumpe ist eine zweistufige. Die Schaufelräder c g sind mit ihren Öffnungen voneinander abgewandt. Dadurch wird eine vollständige Entlastung in achsialer Richtung ohne weiteres erreicht. Durch die spiralförmige Ausbildung des Gehäuses a, b, c, d, e, f, g, h werden die schädlichen und kraftverzehrenden Wirbelbildungen vermieden. Bei vollständig konzentrischem Gehäuse wird die geförderte Flüssigkeit erst einige Male in der Pumpe herumgeschleudert, ehe sie in die Rohrleitung übertritt. Dagegen entspricht die Gehäuseform der Niederdruckpumpen von Borsig genau den Geschwindigkeiten, mit der die Flüssigkeit das Schaufelrad verläßt. Eine bis dicht an den Radumfang herantretende Zunge bei e leitet den Wasserstrom in einen konisch erweiterten Druckstutzen i, in dem die Austrittsgeschwindigkeit allmählich und stetig in Druck umgewandelt wird. Infolge dessen arbeiten die Pumpen mit höchst möglichem Wirkungsgrad.

Der selbsttätige Anlasser von Voigt & Haeffner A.-G., Frankfurt-Bockenheim, besteht aus einem Zugmagneten unter Zwischenfügung einer Hemmvorrichtung, in Verbindung mit einem Kontaktmanometer von Schäffer & Budenberg, Magdeburg-Buckau.

Auf dem Bahnhof Hainholz wird außer einer Dampfpumpe, die zur Reserve dient, zur Förderung des Reinwassers in den Turmbehälter eine mit einem Drehstrommotor von 10 PS der Allgemeinen Elektrizitäts-Gesellschaft unmittelbar gekuppelte zweistufige Hochdruckzentrifugalpumpe von Fr. Gebauer in Berlin verwendet, die imstande ist, bei 8·5 PS Kraftverbrauch und etwa 1450 Umdrehungen in der Minute etwa 1000 l Wasser vom spezifischen Gewicht 1 auf 25·5 m größte manometrische Förderhöhe zu heben.

Zum Betriebe einer Kapselpumpe auf Bahnhof Bremen wird ein Elektromotor von Siemens-Schuckert vermittels Schwimm- und Kontakteinrichtung selbsttätig eingeschaltet.

Wenn auch eine Reihe namhafter Firmen kleine schnellaufende Benzin-, Petroleum- oder Spiritusmotoren baut, die mit so hohen Umdrehungszahlen laufen, daß sie direkt mit einer Zentrifugalpumpe gekuppelt werden können und dann hinter guten Kolbenpumpen nicht zurückstehen, wenn wenig veränderliche Saughöhen tunlichst unter 5 m und kurze Saugleitungen zur Verfügung stehen, so haben die schnellaufenden Motoren in den Pumpwerken der Eisenbahn-Wasserstationen doch wenig Eingang gefunden, weil mäßige Umdrehungszahlen der Motoren eine größere Betriebstüchtigkeit gewähren als große Umdrehungszahlen.

Abb. 28 zeigt eine im Wasserturm des Bahnhofes Zeven von der Firma Weise & Monski in Halle im Jahre 1906 aufgestellte Zentrifugalpumpe, die direkt mit einem kleinen schnellaufenden Benzinmotor gekuppelt ist und 25 cbm/st leistet.

Die im Wasserturm des Bahnhofes Lage aufgestellte dreistufige Hochdruck-Zentrifugalpumpe von Weise & Monski für 25 cbm stündliche Leistung wird durch einen Benzinmotor betrieben, der imstande ist, bei 450 minutlichen Umdrehungen 6 PS abzugeben.

Abb. 28. Zentrifugalpumpe mit Benzinmotor von Weise & Monski.

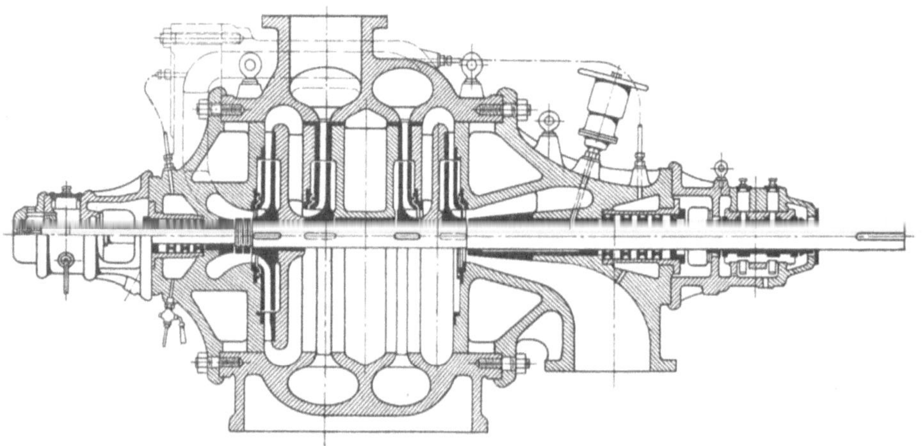

Abb. 29. Querschnitt einer mehrstufigen Hochdruckzentrifugalpumpe von Weise & Monski.

Abb. 29 zeigt den schematischen Querschnitt einer mehrstufigen Hochdruckzentrifugalpumpe. D. R. P. ang. von Weise & Monski.

Die Pumpenwelle macht 1500 Umdrehungen in der Minute.

Das Anwerfen des Motors erfolgt vermittels einer Handkurbel und verursacht keine Schwierigkeit. Der Motor ist mit einem sehr empfindlichen Regulator versehen, der auch bei vollständiger Entlastung des

Motors ein Durchgehen selbsttätig verhindert. Die Gesamtanlage entspricht den Bestimmungen der Gewerbeordnung.

Der Saugrohranschluß der Pumpe hat 90 mm l. W.

„ Druckrohranschluß „ „ „ 80 „ „ „

Die Laufräder, Leitapparate und Abschlußringe sind aus bester Bronze hergestellt, für die Welle ist bester Siemens-Martin-Stahl gewählt.

Die gesamte Förderhöhe beträgt 28 m, die Saugleitung ist etwa 35 m lang, die Saughöhe bleibt unter 5 m.

Besondere Saug- und Druckwindkessel hat die Pumpe nicht erhalten. Für die Saugleitung ist ein Saugkorb mit Fußventil von 150 mm l. W. wasserfrei angeordnet. Die Pumpe ist mit Armatur zum Anfüllen, Entleeren und Entlüften der Pumpe versehen. Für die Druckleitung ist ein Regulierwasserschieber von 80 mm l. W. vorgesehen.

Abb. 30 zeigt eine Pumpe, die bei 800 Umdrehungen in der Minute etwa 800 l auf eine Förderhöhe von 10 bis 12 m hebt. Sie ist mit einem Benzinmotor von 3 PS Leistung direkt verschraubt und auf einem leichten Holzrahmen montiert. Das Gesamtgewicht übersteigt nicht 200 kg. Der Brennstoff läßt sich leicht zuführen, indem man ein entsprechendes Benzingefäß über dem Motor aufhängt. Die Bedienung ist einfach und kann auch von nicht handwerksmäßig ausgebildeten Leuten bewirkt werden.

Diese kleinen Motorpumpen, von denen die Firma Weise & Monski bereits eine Reihe namentlich für die Tropen für Feldbewässerung geliefert hat, können ebensowohl zur Entnahme von Wasser aus vorhandenen Wasserläufen usw. wie auch zum Anschluß an artesische Brunnen usw. verwendet werden. Das Ansaugen der Pumpe wird durch eine kleine Handluftpumpe bewirkt, mit der man das sonst erforderliche Anfüllen entbehrlich macht.

Abb. 30. Zentrifugalpumpe mit Benzinmotor.

Für die Tiefbrunnen auf Bahnhof Wahren bei Leipzig sind zweistufige Hochdruck-Schleuderpumpen in wagerechter Lage angeordnet.[1]

Die Welle wurde stehend bis zum Einsteigeschacht durchgeführt und mit Gleichstrom-Nebenschlußmotor unmittelbar mittels elastischer Kuppelung verbunden.

---

[1] Organ Fortschr. des Eisenbahnwesens 1906, S. 11.

Für größere Ausbesserung kann die Tiefbrunnenpumpe hochgezogen werden. Für kleinere Nacharbeiten ist im Rohrbrunnen eine Leiter eingebaut.

Der hydraulische Widder ist schon 1796 von Montgolfier erfunden, hat aber in den von W. Garvens in Hannover, Dresdener Fabrik für Gas- und Wasseranlagen, Baer & Co. in Zürich, Christian Hilpert in Nürnberg u. a. verbesserten Formen bei den Eisenbahnwasserwerken kaum Verwendung gefunden, weil die Förderhöhen meist so gering sind, [daß das natürliche Gefälle direkt nutzbar gemacht werden kann.

In Abb. 31 ist der hydraulische Widder der Wasserversorgung der Kohlenstation der amerikanischen Marine in Badford, N. J., dargestellt, den die Rife Hydraulic Engine Manufacturing Co. in New York City ausgeführt hat.[1])

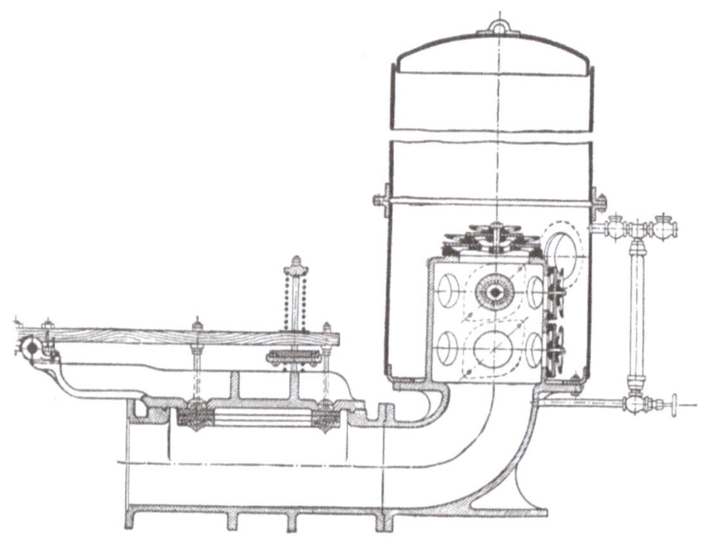

Abb. 31. Hydraulischer Widder.

Die Hauptwasserleitung teilt sich vor den Maschinen in zwei Stränge. Die beiden hydraulischen Widder haben ringförmige Plattenstoßventile, deren Gewicht durch Federn teilweise ausgeglichen sind, durch die man die Wassergeschwindigkeit verändern kann.

Die beiden Widder fördern in ein Standrohr von 9·2 m und 15·8 m Höhe; die Gesamtförderhöhe bei gefülltem Behälter beträgt rund 32 m, während nur etwa 12 m Gefälle zur Verfügung stehen. Die Widder sind für 0·75 cbm/min Leistung bemessen, die verfügbare Wassermenge beträgt 3·02 cbm/min.

Die Kosten der Wasserbeschaffung einer Wasserstation mit Pulsometerbetrieb können in der folgenden Weise berechnet werden. Es werden hierbei die Kosten der Herstellung der Wasserstation einschließlich Brunnen, Gebäuden, Bottichen nebst Wasserkranen und zugehöriger Leitung von 200 m Lichtweite und etwa 1000 m Länge, mit vollständiger Pulsometeranlage (ohne Dampfkessel) zu rund 30000 M. angenommen. Der Pulsometer soll mindestens 40 cbm Wasser in der Stunde liefern, der Dampfdruck etwa 9 at betragen, damit der Dampfverbrauch gering ist.

---

[1]) Zeitschr. Ver. deutsch. Ing. 1906, S. 1886.

Für Verzinsung und Tilgung der Anlagekosten sind erforderlich 6% von 30000 M. = 1800 M. jährlich; hierzu für Unterhaltung (1·5% durchschnittlich) jährlich 450 M., gibt täglich
6·16 M. und bei einer täglichen Förderung von 150 cbm Wasser
für 1 cbm . . . . 4·00 Pf.

der Kohlenverbrauch stellt sich für die Stunde auf etwa 30 kg
im Wert etwa 80 Pf., mithin betragen die Kosten für 1 cbm
Wasser (80:40) . . . . 2·00 „

für den Lokomotivführer und Heizer ist für die Dienststunde
etwa 1 M. zu berechnen, mithin für 1 cbm (100:40) . . . . 2·50 „

für Verzinsung und Tilgung der Lokomotive (Güterzuglokomotive, Preis 36000 M., 4% Zinsfuß, Verwendungsdauer der
Lokomotive 25 Jahre)

$$\frac{36000 \times 0·04}{365} \left[1 + \frac{1}{(1·04)^{25} - 1} \right] = 6·42 \text{ M.}$$

täglich, oder 26·8 Pf. für die Stunde, mithin für 1 cbm Wasser
(26·8:40) . . . . 0·67 „

für Reinigung und Kesselausbesserung der Lokomotive, sowie für Wasserbeschaffung für dieselbe für eine geförderte
Menge von 1 cbm . . . . 0·42 „

Daher für 1 cbm Wasser zusammen . . . . 9·59 Pf.
oder abgerundet 9½ Pf.

Wird ein Pulsometer auf einer Lokomotivwechselstation von einer
Reserve- oder Dienstlokomotive betrieben, die sich ohnehin im Dienste
befinden muß, was in der Regel zutrifft, so ermäßigen sich die Kosten
auf etwa 6 Pf. für 1 cbm, da alsdann für den Lokomotivführer und Heizer
und für Verzinsung und Tilgung der Beschaffungskosten der Lokomotive
keine Kosten erwachsen und ferner der Kohlenverbrauch zum Feuer- und
Dampfhalten der Lokomotive in Abzug kommt.

Um das Pumpen nicht so häufig unterbrechen zu müssen, sind
Brunnen mit reichlichem Wasserzufluß (tunlichst 2 m Lichtweite) und
ausreichend große Wasserbottiche erforderlich. Falls statt der Lokomotive
ein stehender Dampfkessel, mit Bedienung durch einen Wanderwärter,
Verwendung findet, betragen die Kosten für 1 cbm Wasser etwa 7½ Pf.
Für 1 cbm täglichen Wasserbedarfs sind nach den vorstehenden Annahmen
etwa 200 M. für die Anlagekosten erforderlich. Ist dieser Betrag auch
bei größerem Wasserverbrauch zuweilen zu hoch gegriffen, so reicht derselbe bei Reservewasserstationen jedoch nicht immer aus, da der Wasserverbrauch derselben nicht selten sehr gering ist und da die Kosten für
lange Rohrleitungen zu bedeutend sind. Es werden daher, wenn die Anlagekosten mit in Rechnung gezogen werden sollen, die Kosten für die
Verzinsung und Tilgung des Anlagekapitals für einen Bezirk von Wasserstationen zu ermitteln sein, da andernfalls die Kosten für 1 cbm Wasser
der Reservestationen leicht auf 20 Pf. und mehr steigen können.

4. Wasserbehälter und Wassertürme.

Die Wasserbehälter sind möglichst im Schwerpunkte des von ihnen
unmittelbar zu deckenden Verbrauchs aufzustellen. Bei ausgedehnten
Anlagen sind zur Druckausgleichung Hilfsbehälter anzuordnen.

Nach den Grundzügen für die Errichtung von Bahnwasserwerken der preußischen und hessischen Staatsbahnen sind die Größenverhältnisse der Behälter nach einem Inhalte von rund 25, 50, 100, 150, 200, 300, 400, 500, 750, 1000 und 1250 cbm abzustufen.

Bei kleineren Behältern empfiehlt sich eine zylindrische Form aus genieteten Blechtafeln von mindestens 6 mm Blechstärke mit nach unten gewölbtem kugelförmigen Boden.

Große Behälter werden zweckmäßig nach der Jntzeschen, der Barkhausenschen oder der Schäferschen Bauart ausgeführt.

Der Unterbau der Wasserbehälter, die durch einen guten Anstrich gegen Rost geschützt werden müssen, ist aus Mauerwerk oder Stampfbeton mit ringförmigem Querschnitte oder aus Eisen herzustellen.

Wenn das Wasser in den Behältern längere Zeit hindurch nicht wechselt, so sind zur Verhütung des Einfrierens Heizeinrichtungen, z. B. durch Abdampf, der in das unten mit einer selbsttätigen Klappe versehene Überlaufrohr geleitet wird, vorzusehen.

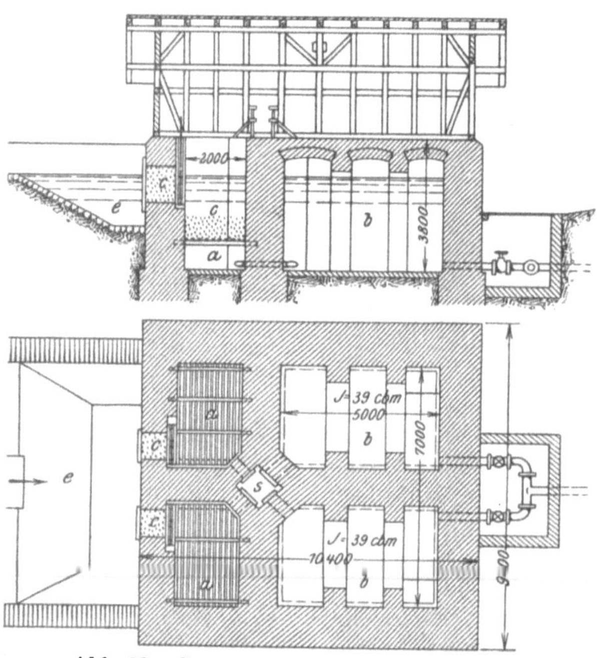

Die Höhe der Unterkante der Wasserbehälter über Schienenoberkante soll nicht unter 10 m betragen.

Hat das Wasserwerk auch Feuerlöschzwecken zu dienen, so ist die Höhe nach den vorhandenen Gebäuden und Entfernungen anzunehmen. Im übrigen ist sie je nach den Aufstellungsorten der Wasserkrane zur Speisung der Lokomotiven der durchgehenden Schnell- und Personenzüge sowie nach der Lage und Anzahl der Hilfsbehälter in jedem Einzelfalle zu berechnen.

Abb. 32. Gemauerter Behälter mit Filter.

Zur leichten Beseitigung etwaiger Schlammablagerungen ist jeder Wasserbehälter mit einer Spülleitung zu versehen. Auch ist die Einmündung der Falleitung in den Behälter etwas höher als der Behälterboden an dieser Stelle zu legen.

Abb. 32 zeigt einen gemauerten Wasserbehälter mit einfacher Filteranlage. Ein kleiner Gebirgsbach (Mühlbach) fließt durch den Sammelteich *e*, aus dem das Wasser durch die auf Rosten gelagerten Kiesschichten *c* der Filterkammer *a* in die Behälter *b* gelangt. Behälter und Filter sind doppelt angelegt, um die etwa jeden dritten Monat erforderliche Reinigung der Filter ohne Störung des Betriebes vornehmen zu können. In dem kleinen Schacht *s* neben dem Behälter *b* sind zwei Schieber angebracht, um das

Absperren eines jeden Behälters zu ermöglichen. In die Zuflußleitung zu dem Wasserkran mündet in der Nähe desselben das Druckrohr eines Pulsometers, der im Bedarfsfalle mit dem Dampf einer Lokomotive betrieben werden kann.

Abb. 33 zeigt einen zylindrischen gemauerten Behälter mit natürlichem Zufluß durch eine Rohrleitung, die den Behälter mit einer mehrere Hundert Meter oberhalb befindlichen Brunnenstube verbindet, in die das Wasser eines Gebirgsbaches eingeleitet wird. Außer dem Abflußrohr zur Kranleitung ist am Behälter noch ein Überlaufrohr angebracht.

Bei der Wasserstation Herzberg am Harz wird das Wasser ebenfalls durch natürlichen Druck in die Zisternen befördert. Die Länge der Zuleitungsröhren beträgt 3328 m; hiervon hat der obere 2162 m lange Teil eine Lichtweite von 104 mm, der untere Teil eine solche von 78 mm. Beim Wechsel der Rohrweiten zweigt eine Leitung nach dem Orte Herzberg ab. Die Gesamtdruckhöhe beträgt 18·2 m.

Unmittelbar nach ihrer Fertigstellung ergab die Leitung (bei geschlossener Zweigleitung) eine Wassermenge von 328 cbm in 24 Stunden; nach Jahresfrist nur mehr 58 bis 144 cbm in 24 Stunden. Als Ursache dieser Verminderung ergab die Untersuchung das Ansammeln von Luft in den Leitungen bei geringem Gefälle. Dieser Übelstand wurde durch das Anbringen von Lufthähnen beseitigt. Die Untersuchung führte noch zu den folgenden beachtenswerten Regeln. Schwache Anfangsgefälle sind zu vermeiden. Die Rohrweite soll überall so groß sein, daß an keiner Stelle der Leitung die wirklich vorhandene Druckhöhe geringer ist, als die zur Überwindung der Widerstände erforderliche Druckhöhe. Auf ein möglichst gleichmäßiges Gefälle ist um so mehr zu sehen, je geringer das Durchschnittsgefälle ist.

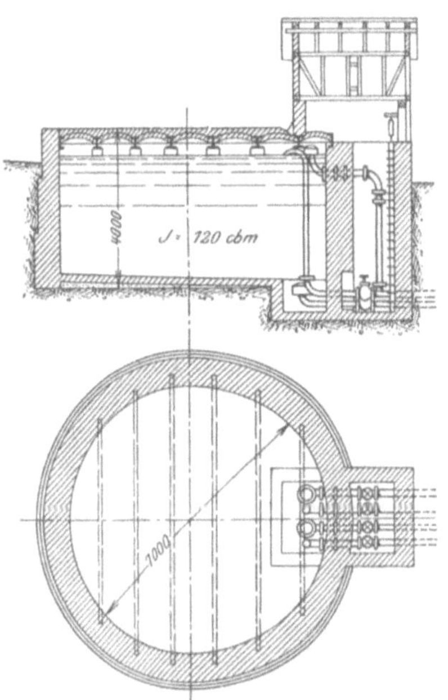

Abb. 33. Gemauerter Behälter.

In Abb. 34a u. b ist der Wasserturm des Bahnhofs Hannover dargestellt. Im Erdgeschoß befindet sich der Maschinenraum. In den Stockwerken unter den Bottichen sind Wohnräume eingerichtet. In unmittelbarer Nähe des Wasserturms, 8 m voneinander entfernt, sind zwei Brunnen von 3 m lichtem Durchmesser, 0·38 m Wandstärke und etwa 13·2 und 13·8 m Tiefe hergestellt, die in Zementmörtel gemauert, innen mit Fugenanstrich und an der äußeren Wandung mit glattem Zementputz versehen sind. Der untere Brunnenkranz ist aus vier Lagen 7 cm starker Buchenbohlen hergestellt und auf 1·5 m Höhe durch Eisenschrauben mit einem zweiten Brunnenkranz verankert. Der unterste Bohlenkranz ist keilförmig zugerichtet, die Wandungen der Brunnen sind mit eingemauerten Steigeisen versehen. Auf die Brunnensohle wurde eine etwa 1 m hohe

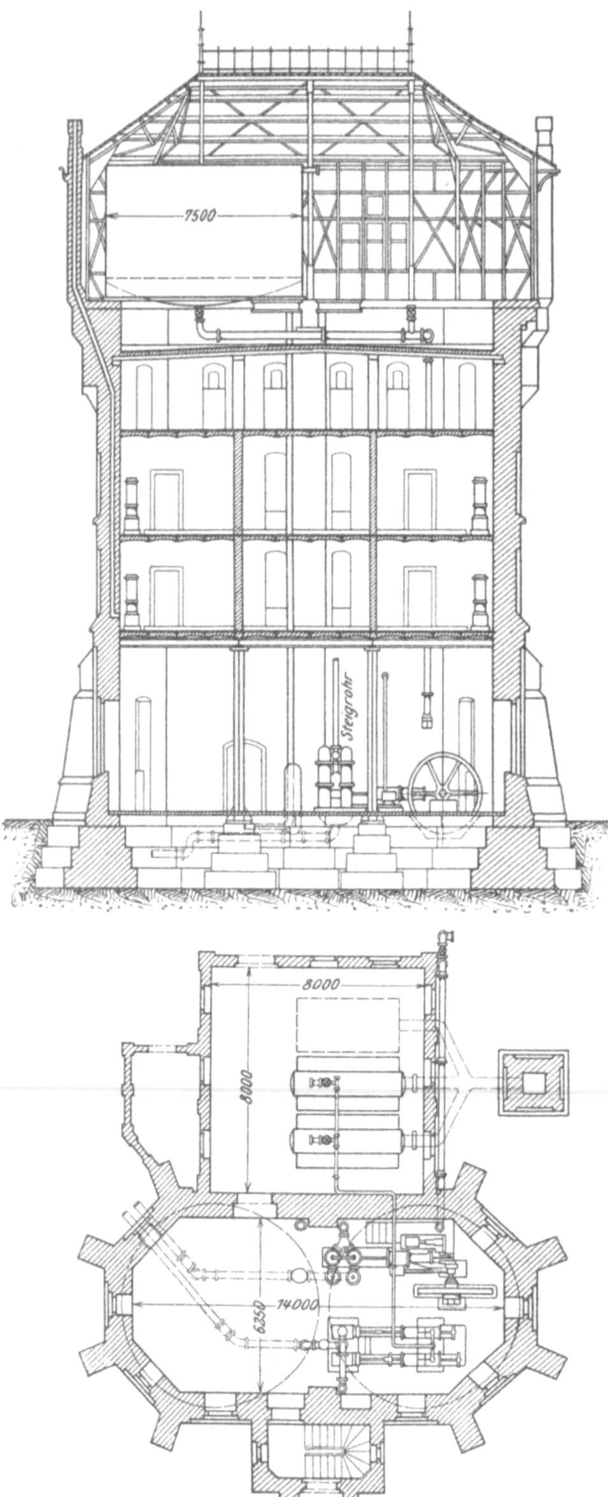

Abb. 34a u. b. **Wasserturm auf Bahnhof Hannover.**

Steinschicht gebracht zur Abhaltung der Schlamm- und Sandteile. Außerdem ist ein Ottenscher Röhrenbrunnen angeschlossen.

Für die regelmäßige Förderung dient eine liegende doppeltwirkende Schwungraddampfpumpe mit Kondensation. Der gemeinschaftliche Hub am Dampf- und Pumpenkolben beträgt 500 mm, der Durchmesser des Dampfzylinders 350 mm, der des Pumpenzylinders 235 mm. Die Dampfmaschine besitzt Ridersteuerung und liefert bei 0·11 Füllung mit 50 Umdrehungen in der Minute stündlich 150 cbm Wasser. Die Gesamtförderhöhe (einschließlich Widerstandshöhe) ist 29·5 m. Saug- und Druckleitung haben einen lichten Durchmesser von 250 mm. Die Reservedampfpumpe ist als Stoßdampfpumpe nach Art der Worthingtonpumpen, ohne Ausgleicher, jedoch mit Verbundanordnung, gebaut. Sie wird durch eine Kleinsche Verbunddampfpumpe von 120 cbm Leistung in der Stunde ersetzt.

Für die Dampferzeugung dienen zwei liegende, engröhrige Siederohrkessel, nach der Bauart Steinmüller, von je 45 qm Heizfläche und 8 at Überdruck. Jeder Kessel ist für sich imstande, den erforderlichen Dampf zu liefern.

Die beiden Wasserbehälter von je 190 cbm Inhalt sind aus vier schweißeisernen, ringförmigen Plattengängen zusammengenietet und haben eingesetzte Böden in Form eines Kugelabschnittes. Die Behälter ruhen zum Teil auf den äußeren Umfassungswänden, zum Teil sind sie durch eiserne Träger unterstützt.

Die Hauptrohrleitungen haben lichte Durchmesser von 250 und 200 mm erhalten.

Die Kosten der gesamten Anlage betrugen für:

Rohrleitungen nebst Wasserschiebern, Schwimmern und
    allem Zubehör . . . . 67670 M.
Pumpen und Dampfkessel . . . . 28963 „
Wasserbehälter . . . . 9700 „
Bauliche Anlagen . . . . 99455 „
Bauleitung . . . . 5043 „
Unvorhergesehene Auslagen usw.. . . . . 18866 „
               zus.: 229697 M.

Die Kosten von 1 cbm Wasser stellen sich auf 6·3 Pf. bei einem täglichen Verbrauch von 750 cbm und auf 4·8 Pf. bei einem täglichen Verbrauch von 1000 cbm. Da die Anlage durch drei Reisert-Dervauxreiniger ergänzt ist, erhöht sich der Preis für 1 cbm Wasser auf rund 7·5 Pf.

Abb. 35 zeigt die Anordnung der Bottiche der Wasserstation Straßburg. In dem turmartigen Gebäude sind vier Bottiche von 106 cbm Inhalt aufgestellt. Die Leistung einer jeden der beiden vorhandenen Pumpen beträgt 60 cbm in der Stunde. Den Dampf liefern zwei nicht eingemauerte Röhrenkessel von je 11 qm Heizfläche und 7 at Überdruck. Die Anlage zeichnet sich durch geringen Kohlenverbrauch aus. Die 200 mm weiten Kranröhren sind zu einer Ringleitung verbunden, damit bei etwa eintretenden Rohrbrüchen nicht größere Bahnhofsgebiete zeitweise ohne Wasserversorgung bleiben.

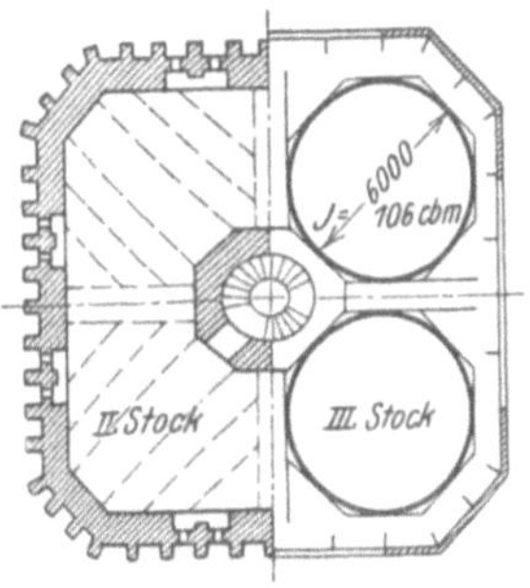

Abb. 35.
Wasserstation Straßburg i. E.

Die Anlagekosten betrugen für:

den Wasserturm . . . . 97000 M.
das Pumpenhaus . . . . 16800 „
Kessel und Pumpen . . . . 20500 „
Bottiche, Rohrleitungen und Wasserkrane . 79100 „
               zus.: 213400 M.

Abb. 36 zeigt ein Wasserstationsgebäude mit vier Bottichen mit rechteckigem Querschnitt. Die Räume unter den Bottichen dienen als Aufenthaltszimmer für das Lokomotivpersonal oder als Wohnung für den Wärter, die ebenerdigen Räume als Dienstzimmer für den Werkmeister oder Heizhausleiter und zur Aufstellung der Niederdruckdampfkessel. In dem kleinen Schacht vor dem Dampfkessel befinden sich die Pumpen. Außerdem ist im Brunnen ein Pulsometer zur Reserve aufgestellt, da sich

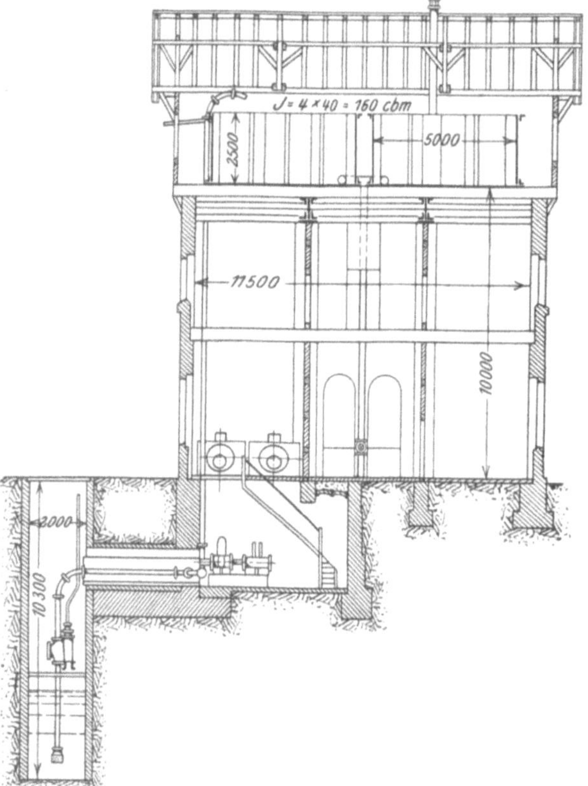

Abb. 36. Wasserstationsgebäude mit 4 Bottichen.

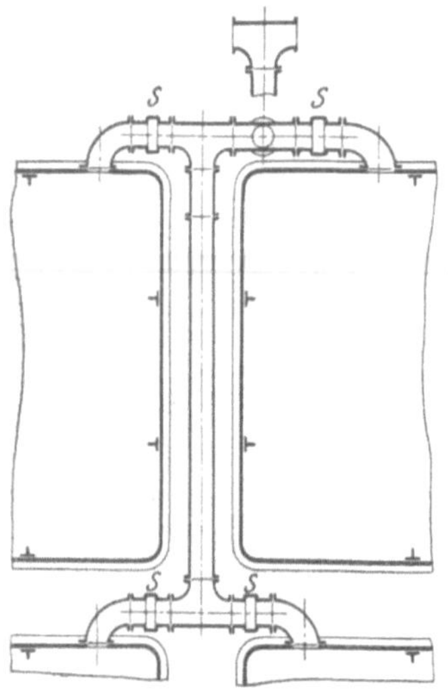

Abb. 37. Rohrverbindungen.

der Brunnen in der Nähe des Lokomotivschuppens befindet. Die Bottiche von rechteckigem Querschnitt mit abgerundeten Ecken und verankerten Seitenwänden sind durch Rohrleitungen so miteinander verbunden, daß jeder Bottich behufs Reinigung durch einen Schieber S (siehe Abb. 37) abgesperrt werden kann.

In Abb. 38 ist der Turmbehälter mit Windmotoranlage der Wasserstation Etgersleben (Strecke Staßfurt-Blumenberg) dargestellt. Die Stützen des zylindrischen Teiles des Behälters sind nach oben durchgeführt und zu einer Tragkonstruktion vereinigt, die zur Aufnahme des Windrades dient. Das Windrad ist nach dem von Filler verbesserten System Halladay gebaut, hat einen äußeren Durchmesser von 4·9 m und liefert bei einer Windgeschwindigkeit von 7 m in der Sekunde eine Nutzarbeit von etwa 2·5 PS. Das Windrad ist vollständig selbsttätig regelnd nach Windrichtung (durch die Fahne) und Windstärke (durch den Halladayschen Zentrifugalmechanismus); bei gefüllter Zisterne wird es selbsttätig ausgerückt. Das Windrad setzt durch den Kurbelmechanismus das lotrechte Pumpengestänge aus hartem Holz in auf und abgehende Bewegung; das Gestänge geht mitten durch die Zisterne in einem wasserdicht eingesetzten Rohr. Durch letzteres ist ferner ein Drahtzug geführt, mittels dem die Flügel des Windrades zur Radwelle parallel gestellt werden können.

Die doppeltwirkende Pumpe hat 100 mm Kolbendurchmesser, 150 mm Hub, Druck- und Saugwindkessel, 50 mm weite Saug- und Druckrohre, und ist für Handbetrieb derart eingerichtet, daß das Lösen einiger Bolzen

genügt, die Pumpe vom Gestänge des Motors abzukuppeln und den Handbetrieb einzuschalten. Die Pumpe ist auf einem Schacht montiert, das
Saugrohr geht seitlich ab in den eigentlichen Brunnen. Das unten in den
Turmbehälter mündende Druckrohr ist mit einem Rückschlagventil versehen. Bei gefülltem Bottich fließt das Überlaufwasser durch eine Röhre

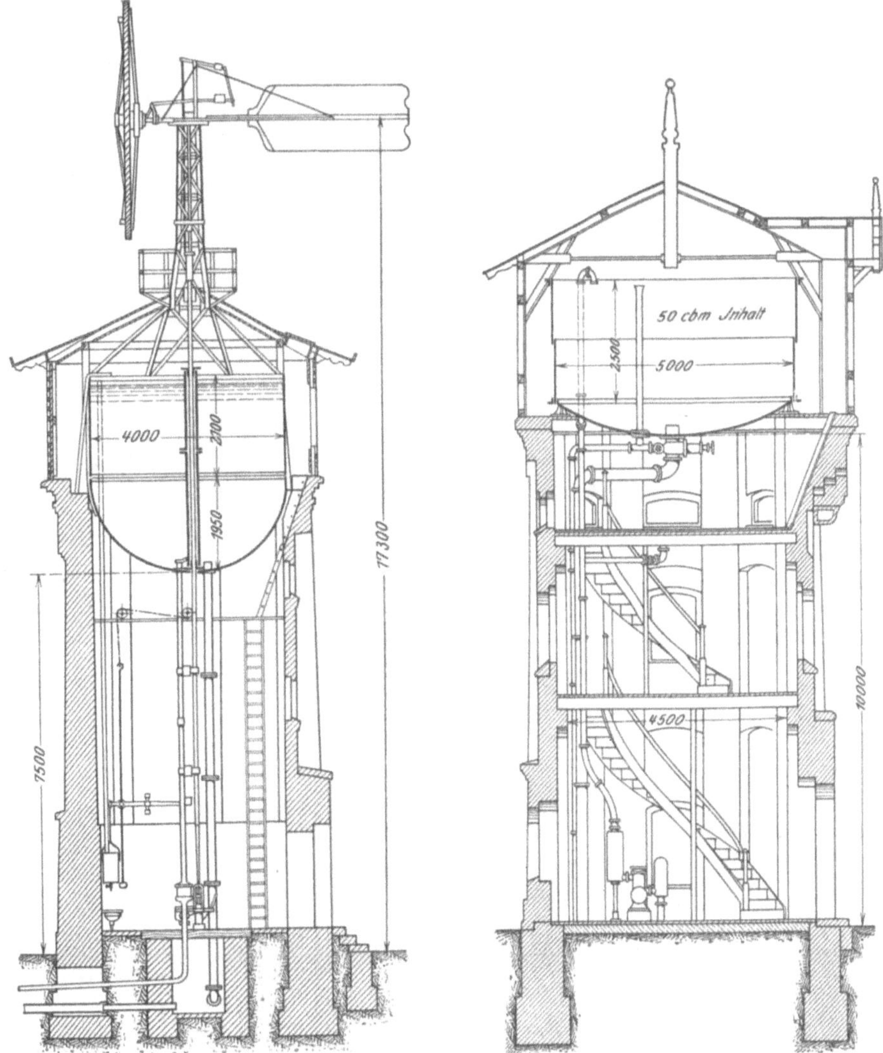

Abb. 38. Turmbehälter mit Windmotor.   Abb. 39. Turmbehälter mit 50 cbm Inhalt.

in einen an einem Hebelwerk hängenden Eimer. Durch Sinken des Eimers
wird der Ausrückdraht angezogen und das Windrad kommt zum Stillstand. Hört der Zufluß zum Eimer auf, so verliert er an Gewicht, indem
durch eine kleine Öffnung am Boden des Eimers das Wasser abfließen
kann. Beim Steigen des Eimers wird das Windrad wieder eingerückt.

In Abb. 39 u. 40 ist ein Behälter in zylindrischer Form mit nach
unten gewölbtem kugelförmigen Boden von 50 cbm Inhalt, in Abb. 41
ein solcher von 100 cbm Inhalt dargestellt.

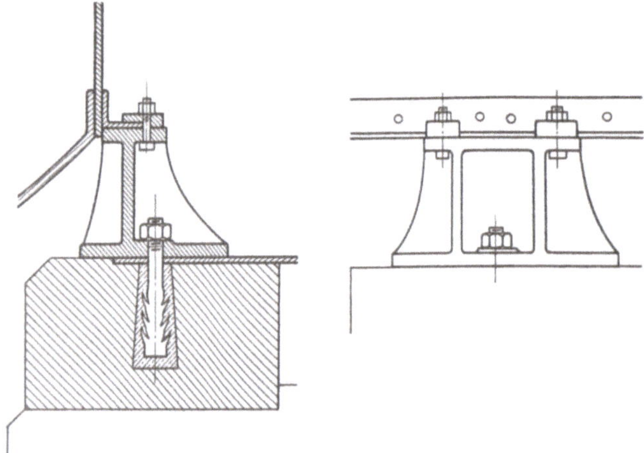

Abb. 40.   Behälterstütze.

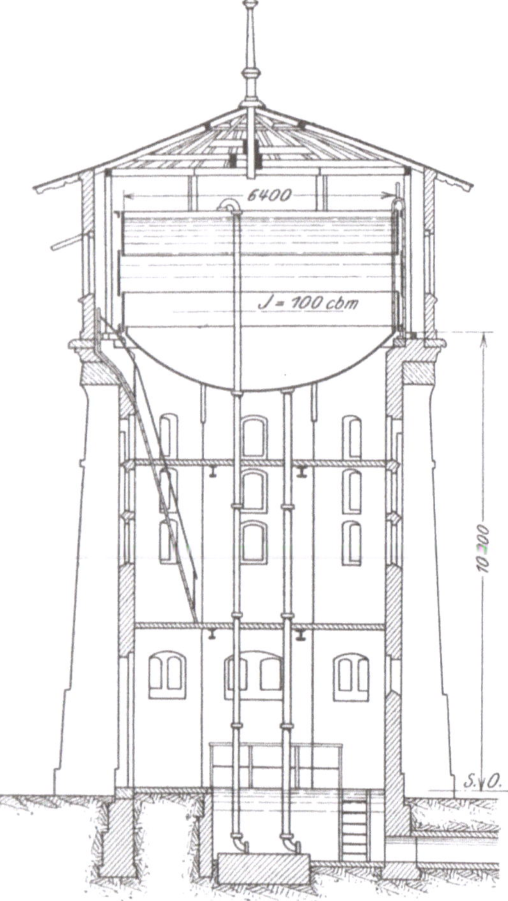

Abb. 41.   Turmbehälter mit 100 cbm Inhalt.

Abb. 42 zeigt einen Turmbehälter, Bauart Intze, ohne Schutzwand, und Abb. 43 einen Turmbehälter, Bauart Intze, mit Schutzwand, beide von 100 cbm Inhalt.

Diese Behälter sind von F. A. Neumann in Eschweiler bei Aachen in den Größen von 100 bis 2000 cbm Inhalt vielfach ausgeführt worden nach genauen statischen Berechnungen des Professors Intze.[1]

Professor Intze ging davon aus, für Blechbehälter eine ringförmige Auflagerung anzuwenden, die einen kleineren Durchmesser besitzt als der Zylindermantel, und wurde hierdurch bahnbrechend für neuere Behälterformen.

Durch diese Anordnung wurde die Möglichkeit geboten, den Auflagerring von Horizontalkräften zu entlasten, da die nach außen und nach innen überstehenden Teile des Behälterbodens leicht so geneigt und beansprucht werden können, daß die Horizontalkomponenten der in den axialen Vertikalschnittebenen am Auflagerringe auftretenden Kräfte sich aufheben, daß mithin nur vertikale Kräfte für den Auflagerring übrig bleiben.

Da sowohl bei leerem als auch bei vollem Behälter keine oder doch nur sehr kleine Horizontalkräfte für den Auflagerring resultieren, so erleidet er keine oder eine nur

---

[1] vgl. Vortrag von Prof. Forchheimer, gehalten auf der Hauptversammlung des Deutschen Vereins von Gas- und Wasserfachmännern 1884.

geringe Ringspannung. Er überträgt nicht, wie das sonst der Fall ist, bedeutende Horizontalkräfte und damit auch Ringdruckkräfte auf die stützende Mauerung; es ist damit die Tendenz, Bewegungen des Auflagerringes auf dem Mauerwerk hervorzurufen, beseitigt.

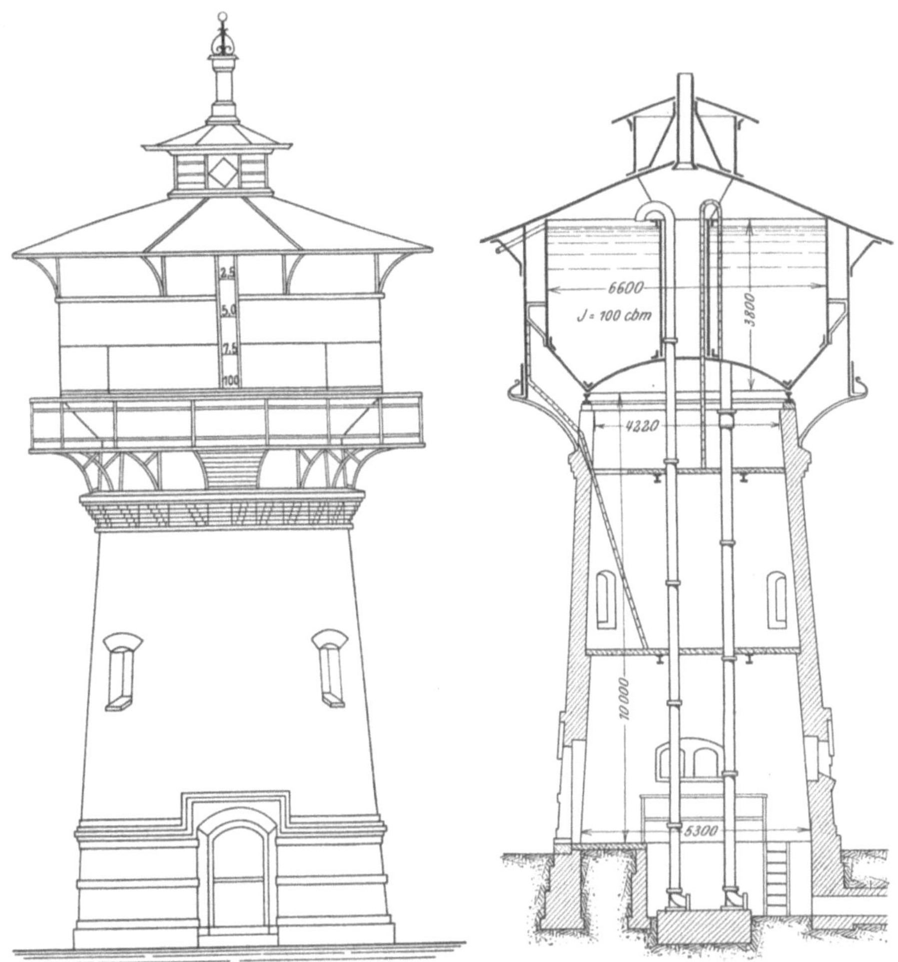

Abb. 42. Turmbehälter Bauart Intze.   Abb. 43. Turmbehälter Bauart Intze.

Die Umhüllung der Behälter wird in Holz und in leichtem Rabitzschen Zementputz auf Drahtgewebe ausgeführt und meistens mit leichtem Eisengerippe derart versehen, daß ein bequem zugänglicher Raum zwischen Behälter und Umhüllung geschaffen wird, oder sie wird in Stein ausgeführt, wenn die architektonischen Anforderungen dies gebieten, wie beim Wasserwerk des Zentralbahnhofes Frankfurt a. M. mit einem Doppelbehälter von 800 cbm Inhalt.

Abb. 44 zeigt einen Behälter, Bauart Barkhausen, von 100 cbm Inhalt. Behälter nach dieser Bauart D. R. P. Nr. 107800 sind von Aug. Klönne in Dortmund in Größen von 50 bis 3000 cbm Inhalt ausgeführt.

Da das Bestreben nach Vereinfachung noch nicht erloschen war, stellte

Geh. Regierungsrat Professor Barkhausen[1]) für große Behälter folgende
Ansprüche:

Der Behälterboden soll frei von Ringen sein, also weder Knicke noch
Einzelkraftangriffe enthalten; auch im Übergange des Bodens in die
Zylinderwand soll kein Knick liegen.

Boden und Wand sollen in allen
Teilen aus dem Flüssigkeitsdrucke
sowohl bezüglich der Strahl- als auch
der Ringkraft ausschließlich Zugspannung erleiden, damit die Wandung möglichst schwach und keiner
Aussteifung bedarf.

Für den Boden sollen möglichst
nur einfache Formbleche verwendet
werden.

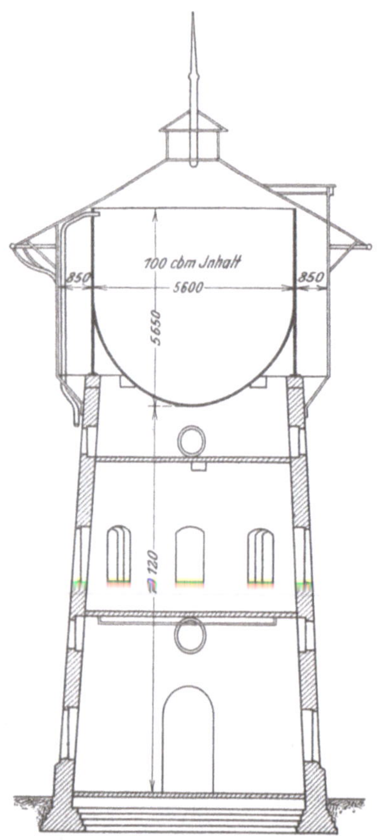

Abb. 44.
Turmbehälter Bauart Barkhausen.

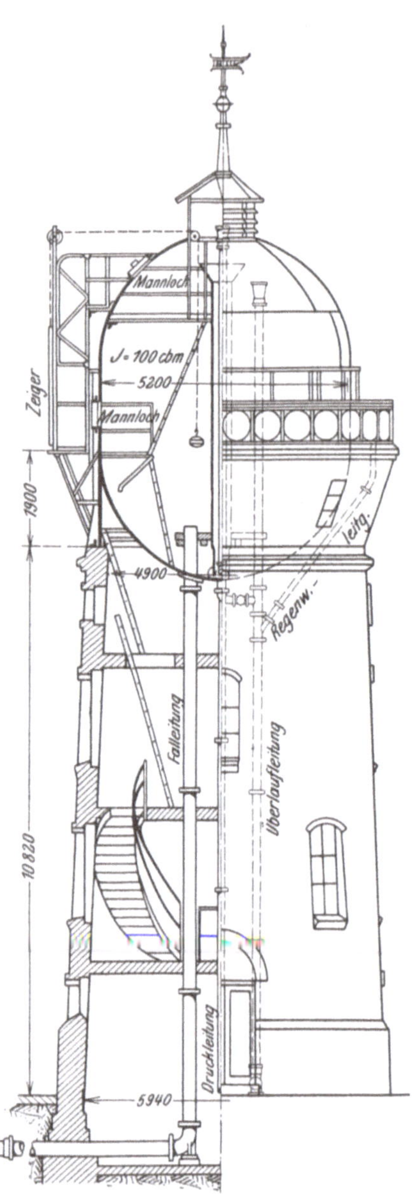

Abb. 45.
Turmbehälter in Schäferscher Eiform.

Als tragendes Glied des Behälters für die lotrechten Lasten auch
zwischen Einzelstützen soll statt eines besonderen Ringträgers die lot-

<hr>

[1]) „Neuere Formen für Flüssigkeitsbehälter“, Zeitschr. Ver. deutsch. Ing. 1900,
S. 1594 ff. und 1681 ff.

rechte Zylinderwand dienen, die dazu mit entsprechenden Trägergurten und lotrechten Steifen zu versehen ist.

Weder die aus der Last, noch die aus Wärmeschwankungen folgenden Formänderungen sollen ein Hin- und Hergleiten auf der Stützung bedingen.

Der Boden soll für Unterhaltungsarbeiten und Nachstemmen überall frei zugänglich sein.

Gegenüber der Zylinderform mit angehängter Halbkugel des Wasserbehälters der Station Etgersleben der Linie Staßfurt-Blumenberg (vgl. Abb. 38) bedeutet die Barkhausensche, vom Verein deutscher Eisenbahnverwaltungen prämiierte Bauart einen den vorstehenden Anforderungen entsprechenden Fortschritt, weil der Ring, der bei der Etgerslebener Bauart über der Halbkugel unten am Zylinder erforderlich ist, wegfällt, und der Boden auch seitlich frei bleibt.

Abb. 45 zeigt einen Turmbehälter von 100 cbm Inhalt in der vom Verfasser angegebenen Eiform mit seitlichen und oberen Mannlöchern und den inneren durch eine Leiter verbundenen Podesten, die nach der Barkhausenschen Bauart, D.R.P. Nr. 107800, unterstützt ist.

Zum ersten Mal wurde der eiförmige

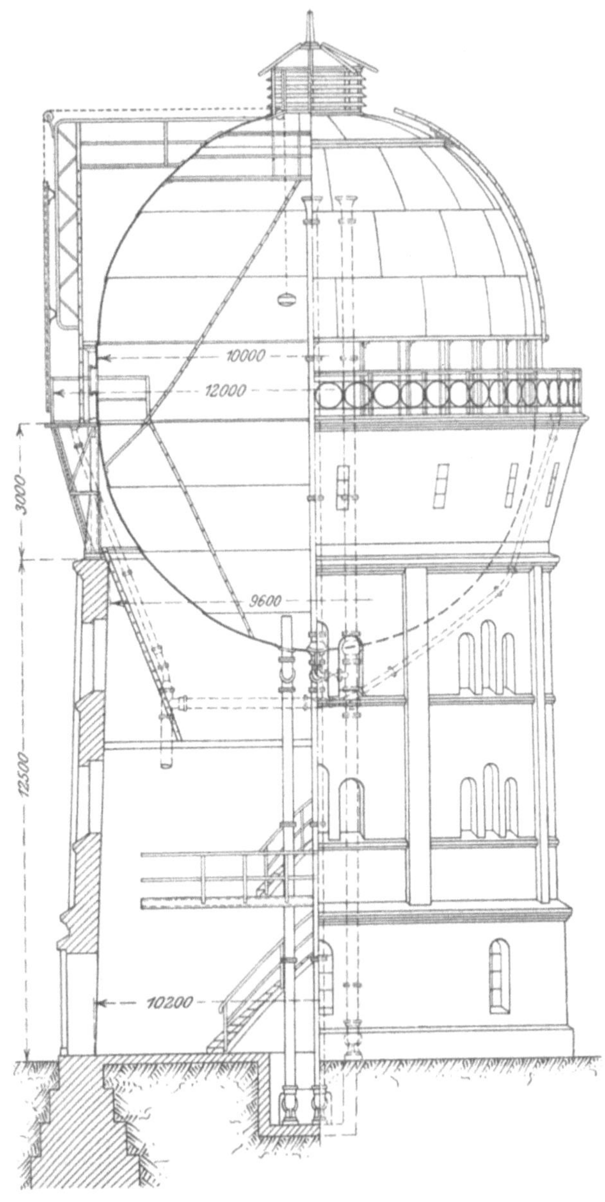

Abb. 45a. Wasserturm Speldorf.

Behälter von dem Werke von Aug. Klönne in Dortmund nach Angaben des Verfassers im Sommer 1899 in sorgfältiger Weise ausgeführt. Die vom Herrn Minister für öffentliche Arbeiten in Preußen prämiierte Eiform wurde vom Verfasser eingeführt, um auf einen Unterbau von verhältnismäßig kleinem Durchmesser einen Behälter mit verhältnismäßig großem Fassungsraum zu setzen. Gleichzeitig ist der obere Abschlußmantel des Behälters als Dach benutzt und so nicht nur eine billigere Herstellung des Unterbaues, sondern infolge des Wegfallens der besonderen vollständigen Überdachung eine erhebliche Verminderung des Gewichtes und der Kosten der Gesamtkonstruktion erzielt.

Im Bezirk der Königlichen Eisenbahndirektion Hannover wurde durch Errichtung von Wasserstationen mit eiförmigen Behältern von 100, 200 und 300 cbm Inhalt gegenüber Wassertürmen mit Behälterformen anderer Bauart aber gleichen Inhalts eine Kostenersparnis von durchschnittlich 1000 M., im Bezirk Halle bei Wassertürmen mit eiförmigen Behältern von 50 cbm Inhalt eine Ersparnis von rund 800 M., bei solchen von 200 und 300 cbm Inhalt eine Ersparnis von etwa 1600 M. erzielt.

Abb. 45a u. b zeigt den eiförmigen Behälter der Wasserstation Speldorf von 600 cbm Inhalt.[1]

Der eiförmige Behälter kann auch nach Bauart Intze oder nach der Bauart des Behälters in Etgersleben unterstützt werden.

Die Unterstützung nach der patentierten Barkhausen-Klönneschen Bauart ist aber vorzuziehen, weil Boden und Wand nur Zugspannungen erleiden.

Als ein Nachteil der Schäferschen Eiform ist die größere Druckhöhe gegenüber den flacheren Behältern mit nach unten gewölbten kugelförmigen

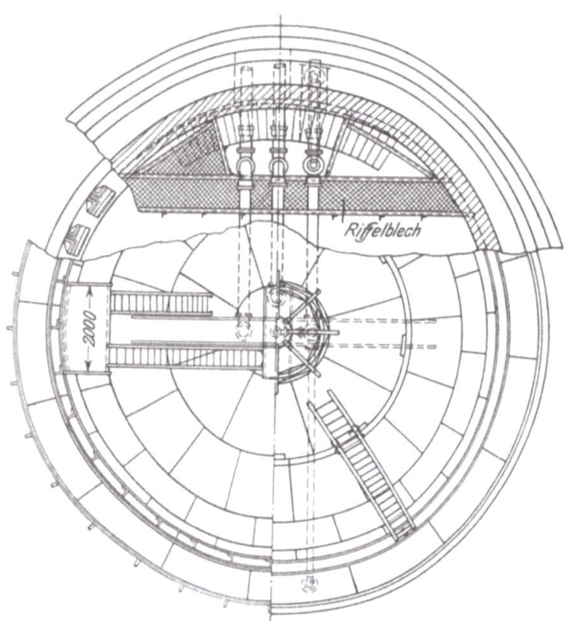

Abb. 45b. Wasserturm Speldorf.

Böden, den Intzeschen oder Barkhausenschen Behältern, anzusehen. Indessen bleibt die Druckhöhe in den zulässigen Grenzen, da sie 10% der Gesamtdruckhöhe nicht erreicht, so daß der Nachteil gegen die Vorteile zurücksteht, die die Form, die überdies als die natürlichste eines Flüssigkeitsbehälters zu betrachten ist, gewährt.

Die Behälter erhalten innen und außen einen Anstrich von Bleimennig und darüber einen zweimaligen Anstrich mit innen grauer und außen dunkelblauer oder dunkelgrüner Ölfarbe, der in der Unterhaltung etwas teurer wird als bei Behältern mit Schutzwand.

Die Abmessungen der eiförmigen Behälter für 50, 100, 150, 200, 300, 400 und 500 cbm Inhalt sind in Abb. 46 angegeben.

---

[1] vgl. Lamm. „Die Wasserversorgungsanlage auf Bahnhof Speldorf", Glasers Annalen 1905, Nr. 682, S. 195.

Auf dem Bahnhof Bielefeld ist in der Nähe des Lokomotivschuppens ein eiförmiger Behälter von 100 cbm Inhalt aufgestellt, dessen Turm eine reichere, der Umgebung entsprechende Ausführung erhielt.

Der Turmbehälter dient als Hilfsbehälter und steht mit dem Hauptbehälter durch die Kranleitung derart in Verbindung, daß sein höchster Wasserstand mit dem im Hauptbehälter übereinstimmt.

Eine besondere Leitung zum Füllen des Hilfsbehälters oder eine getrennte Kranleitung zum Lokomotivschuppen war nicht erforderlich.

Wenn der Hilfsbehälter hätte tiefer gestellt werden müssen, so hätte er eine besondere Leitung und ein selbsttätiges Schwimmerventil erhalten, dessen Schwimmer das Zuflußventil abschließt, wenn der höchste Wasserstand im Behälter erreicht ist.

Um den Wasserstand im Behälter jederzeit erkennen zu können, genügt meist ein einfacher Schwimmer, der aus einem linsenförmigen Hohlkörper aus Kupferblech besteht, dessen Kette nach außen geführt ist und an ihrem Ende einen auf einer Skala sich bewegenden Zeiger trägt.

Liegt das Pumpwerk so weit von dem Behälter ab, daß der Wärter den Behälter nicht sehen kann, so kann vermittels Fernsprecher der Wasserstand nach dem Pumpwerk mitgeteilt werden, oder es wird eine Schwimmereinrichtung mit Maximal- und Minimalkontakt und Wecker von Mix & Genest in Berlin oder H. Ch. Spohr in Frankfurt a. M. angeordnet.

In den Wasserwerken der Bahnhöfe Herford und Löhne haben sich Registrierwerke und Kontaktwerke, System Spohr, D. R. G. M., bewährt,

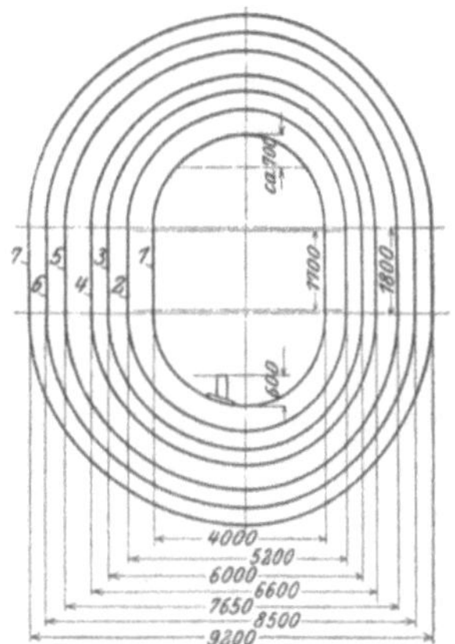

Abb. 46.

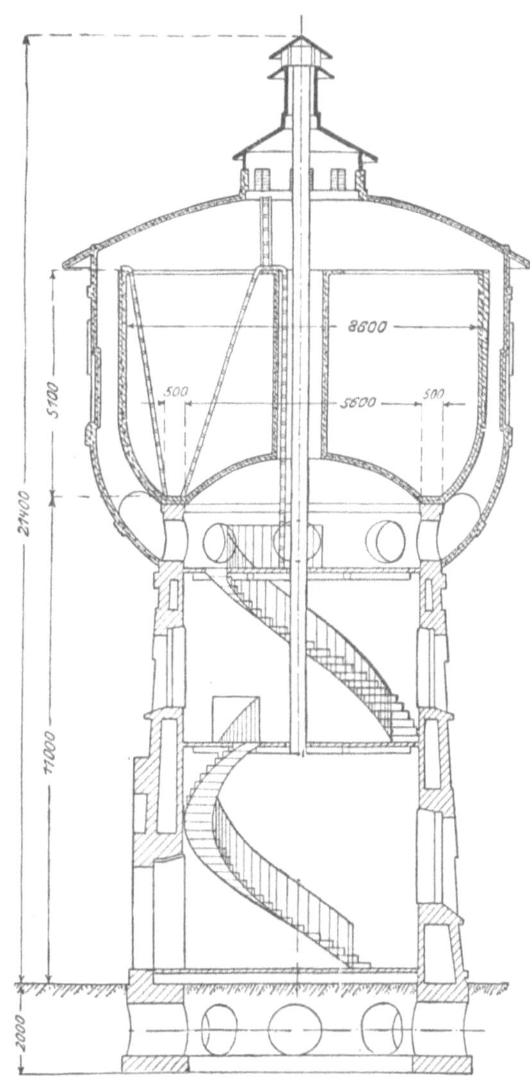

Abb. 47. Wasserturm Jekaterinodar (Kaukasus).

die dem Wärter im Pumpwerk den Wasserstand in den Behältern in Kubikmeter jederzeit anzeigen.

Das Registrierwerk besteht aus einem Uhrwerk, einem Zeigerwerk
und den Vorrichtungen, den Stand des Zeigerwerks aufzuzeichnen.

Abb. 47 zeigt den Wasserturm des Bahnhofes Jekaterinodar (Kaukasus),
dessen Unterbau in reinem Beton aufgeführt ist. Der Wasserbehälter ist
nach Bauart Intze mit kugelförmigem, nach oben gewölbtem Boden versehen, er faßt 243 cbm und besteht aus Eisenbeton von 80 bis 100 mm
Wandstärke. Die Eisenverstärkungen sind etwa in der Mitte der Wanddicke eingebettet und bestehen aus einem Netz von Rundeisen, deren
Dicke je nach der Lage zwischen 5 und 10 mm wechselt. Die Einlagen
sind an der stärker beanspruchten Außenwand des Behälters etwa doppelt
so dicht verlegt wie innen.

Der Behälter wird von einem gleichfalls aus eisenverstärktem Beton
hergestellten Mantel umschlossen, der sich mit seinem unteren Rande dem
Turmmauerwerk passend anfügt.

5. Rohrleitungen.

Einen der wesentlichsten Teile einer Wasserversorgungsanlage bildet
das Rohrnetz, dessen Herstellung z. B. bei städtischen Anlagen oft mehr
als das gesamte übrige Wasserwerk kostet.

Rohrleitungen werden angelegt nach dem Verästelungssystem und
nach dem Zirkulationssystem.

Die Berechnung des Rohrnetzes besteht in der geeigneten Ermittelung
der Lichtweiten aller einzelnen Röhren.

Die Berechnung der Druckverluste bei Rohrnetzen nach dem Verästelungssystem, in denen das Wasser durch Neben- und Zweigleitungen,
die nicht miteinander verbunden sind, den Verbrauchsstellen zugeführt
wird, läßt sich auf gewöhnlichem Wege ohne Schwierigkeiten durchführen.
Man wählt für jeden Zweig eine derartige Lichtweite, daß bei dem zu
erwartenden Wasserbedarf der Druckverlust in dem entsprechenden Rohre
eine gewisse, durch den jeweiligen Zweck bedingte Grenze nicht überschreitet. Bei dieser Wahl kann auch leicht der wirtschaftliche Standpunkt
in Betracht gezogen werden.

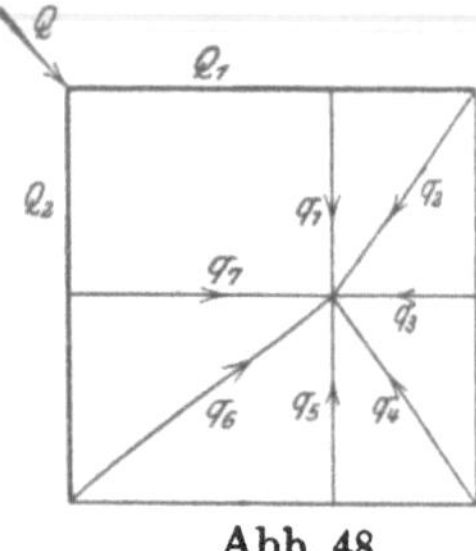

Abb. 48.

Anders verhält es sich bei Rohrnetzen nach dem
Zirkulationssystem, wo die einzelnen Leitungen zu
einem Netze von wechselnder Maschenweite in
Knotenpunkten miteinander verbunden sind. Hier
müssen die Lichtweiten aller Röhren so gewählt
und die in der Zeiteinheit durchflossene Wassermenge so bestimmt werden, daß der Druck in jedem
Knotenpunkt stets derselbe bleibt.

Die Lösung der Aufgabe kann nur durch viele
langwierige Versuche erreicht werden; denn eine
Änderung der durchflossenen Wassermenge in einer beliebigen Masche
führt sofort eine entsprechende Änderung in den angrenzenden Maschen
herbei.[1]

$$Q_1 + Q_2 = Q = q_1 + q_2 + q_3 + q_4 + q_5 + q_6 + q_7.$$

[1] M. Yessenkovitsch, Journal für Gasbeleuchtung u. Wasserversorgung 1906, S. 911.

Für die Bahnhöfe kommt indessen fast nur das Verästelungssystem in Frage.

Die Wassermengen in der Minute

$$Q = v \frac{\pi d^2}{4}$$

und die Widerstandshöhen

$$H_w = \zeta \frac{l v^2}{d \, 2 \, g}$$

sind in der Tabelle S. 432/433 für gerade Rohrleitungen von $d = 0\cdot100$ m bis $0\cdot450$ m l. Weite, bei $v = 0\cdot05$ m bis $3\cdot0$ m Geschwindigkeit in der Sekunde und $l = 100$ m Länge angegeben zur Ermittelung der Lichtweiten.

Grundsätzlich sollen nur normale Röhren, die fast immer auf Lager sind, gewählt werden, und zwar nicht allein die geraden Röhren, sondern auch sämtliche Rohrformstücke. Formstücke, für die besondere Modelle angefertigt werden müssen, lassen sich immer vermeiden, wie ein Blick auf die Normaltabellen, S. 434 bis 438, zeigt.

Die Tabelle S. 432/433 ist zu benutzen bei der Ermittelung der Lichtweiten der Druckleitungen und der Falleitungen.

Zur Ermittelung der Lichtweiten der Saugleitungen und Heberleitungen von verhältnismäßig großer Länge wählt man jedoch besser sehr geringe Geschwindigkeiten und erheblich größere Lichtweiten als die Rechnung ergibt.

Für die Pumpen der Wasserstation Lehrte mußte z. B. eine Saugerohrleitung von 1100 m Länge verlegt werden, weil die Dampfkessel der Pumpen gleichzeitig auch den Dampf für die Dampfstrahlapparate der Viehwagenreinigung erzeugen müssen und eine zweite Kesselanlage mit ihrer Bedienung vermieden werden sollte. Für die 250 mm weite Leitung kam eine geringe Widerstandshöhe in Rechnung. Die Saughöhe beträgt nur etwa $2\cdot7$ m.

Unter Mithilfe eines Ejektors erhält man aber in dem besonders großen, nahe bei der Pumpe stehenden Saugewindkessel nur etwa zwei Drittel der Luftverdünnung, die mit einem Ejektor erreicht werden kann, die 9 m Druckhöhe entspricht.

Die Pumpe leistet in der Stunde etwa 43 cbm Wasser, entsprechend einer Wassergeschwindigkeit nach der Tabelle von nur $0\cdot25$ m in der Sekunde.

Es folgt hieraus, daß lange Saugeleitungen und Heberleitungen nur bei verhältnismäßig geringer Saughöhe für geringe Wassergeschwindigkeiten verlegt werden dürfen, und daß die peinlichste Sorgfalt bei der Verlegung der Röhren erforderlich ist. Die Bleidichtung der Muffen wurde denn auch im vorliegenden Falle stärker als üblich ausgeführt.

Bei der Führung der Rohrleitungen von den Hochbehältern zu den Wasserkranen und den Druckleitungen zu den Hochbehältern ist auf die Gleise gehörig Rücksicht zu nehmen. Erforderliche Führungen unter den Gleisen sollen möglichst kurz gemacht werden, um Ausbesserungen leicht und ohne Störung des Betriebes vornehmen zu können. Die Führung der Leitungen unter Weichen und unter Bahnsteigen ist möglichst zu vermeiden.

Tabelle der Wassermengen und der Widerstandshöhen für Rohrleitungen.

v	ζ	0·100	0·125	0·150	0·200	0·250	0·300	0·350	0·400	0·450	
0·05	0·0568	0·0236	0·0368	0·0530	0·0942	0·1473	0·2121	0·2887	0·3770	0·4771	Q
		0·0072	0·0058	0·0048	0·0036	0·0029	0·0024	0·0020	0·0018	0·0016	H_w
0·10	0·044	0·0471	0·0736	0·1060	0·1885	0·2945	0·4241	0·5773	0·7540	0·9543	Q
		0·0226	0·0181	0·0151	0·0113	0·0090	0·0075	0·0065	0·0057	0·0050	H_w
0·15	0·0389	0·0707	0·1104	0·1590	0·2827	0·4418	0·6362	0·8659	1·1310	1·4314	Q
		0·0446	0·0357	0·0297	0·0223	0·0178	0·0149	0·0127	0·0111	0·0099	H_w
0·20	0·0356	0·0942	0·1470	0·2121	0·3770	0·5890	0·8482	1·1545	1·5084	1·9085	Q
		0·0725	0·0580	0·0484	0·0363	0·0290	0·0242	0·0207	0·0181	0·0161	H_w
0·25	0·0333	0·1178	0·1841	0·2651	0·4712	0·7363	1·0603	1·4431	1·8850	2·3857	Q
		0·1062	0·0850	0·0708	0·0531	0·0425	0·0354	0·0303	0·0266	0·0236	H_w
0·30	0·0317	0·1414	0·2209	0·3181	0·5655	0·8836	1·2723	1·7318	2·2619	2·8628	Q
		0·1454	0·1163	0·0969	0·0727	0·0582	0·0485	0·0415	0·0364	0·0323	H_w
0·40	0·0294	0·1885	0·2945	0·4241	0·7540	1·1781	1·6965	2·3091	3·0159	3·8170	Q
		0·2396	0·1917	0·1597	0·1198	0·0958	0·0799	0·0685	0·0599	0·0532	H_w
0·50	0·0278	0·2356	0·3681	0·5301	0·9425	1·4726	2·1206	2·8863	3·7699	4·7713	Q
		0·3542	0·2833	0·2361	0·1771	0·1417	0·1181	0·1012	0·0885	0·0787	H_w
0·60	0·0266	0·2827	0·4418	0·6362	1·1310	1·7671	2·5447	3·4636	4·5239	5·7256	Q
		0·4886	0·3909	0·3257	0·2443	0·1954	0·1629	0·1396	0·1222	0·1085	H_w
0·70	0·0257	0·3299	0·5154	0·7422	1·3195	2·0617	2·9688	4·0409	5·2799	6·6798	Q
		0·6432	0·5138	0·4282	0·3212	0·2569	0·2141	0·1835	0·1606	0·1427	H_w
0·80	0·0250	0·3770	0·5890	0·8482	1·5080	2·3562	3·3929	4·6182	6·0319	7·6341	Q
		0·8152	0·6521	0·5434	0·4075	0·3261	0·2717	0·2329	0·2038	0·1811	H_w

		Q / H_w	Q / H_w	Q / H_w	Q / H_w	Q / H_w	Q / H_w	Q / H_w	Q / H_w	Q / H_w
0·85	0·0247	0·4006 0·9082	0·6258 0·7266	0 9013 0·6055	1·6022 0·4541	2 5034 0·3633	3·6051 0 3027	4·9069 0·2595	6·4087 0·2271	8·1112 0·2018
0·90	0·0244	0·4241 0·0065	0·6627 0·8052	0·9543 0·6710	1·6965 0·5033	2·6507 0·4026	3·8170 0·3350	5·1954 0·2876	6·7854 0·2516	8·5884 0·2237
0·95	0·0241	0·4477 1·1089	0·6995 0·8871	1·0073 0·7393	1·7906 0·5544	2·7980 0·4436	4·0290 0·3696	5·4841 0·3168	7·1623 0·2772	9·0655 0·2464
1·00	0·0239	0·4712 1·2166	0·7363 0·9733	1·0603 0·8111	1·8850 0·6083	2·9452 0·4866	4·2412 0·4055	5·7727 0·3476	7·5398 0·3042	9·5426 0·2704
1·05	0·0236	0·4948 1·3280	0·7731 1·0624	1·1133 0·8854	1·9792 0·6640	3·0925 0·5312	4·4533 0·4427	6 0614 0·3796	7·9168 0·3320	10·020 0·2951
1·10	0·0234	0·5184 1·4444	0·8099 1·1535	1·1663 0·9629	2·0733 0·7222	3·2398 0·5778	4·6653 0·4815	6·3500 0·4127	8·2938 0·3614	10·497 0·3210
1·15	0·0232	0·5420 1·5660	0·8467 1·2528	1·2194 1·0440	2·1677 0·7830	3·3869 0·6263	4·8755 0·5220	6·6386 0·4474	8·6708 0·3915	10·974 0·3480
1·20	0·0230	0·5655 1·6908	0·8835 1·3526	1·2723 1·1272	2·2620 0·8454	3·5313 0·6763	5·0892 0·5636	6·9272 0·4831	9·0480 0·4227	11·451 0·3757
1·25	0·0229	0·5891 1·8213	0·9204 1·4570	1·3254 1·2142	2·3562 0·9107	3·6816 0·7285	5·3015 0·6071	7·2159 0·5204	9·4248 0·4553	11·928 0·4047
1·50	0·0221	0·7069 2·5378	1·1045 2·0302	1·5904 1·6919	2·8274 1·2689	4·4179 1·0151	6·3617 0·8459	8·6590 0·7251	11·310 0·6345	14·314 0·5640
1·75	0·0216	0·8247 3·3653	1·2885 2·6922	1·8555 2·2435	3·2987 1·6825	5·1542 1·3461	7·4220 1·1218	10·102 0·9615	13·195 0·8412	16·699 0·7478
2·00	0·0211	0·9425 4·2997	1·4726 3·4398	2·1206 2·8665	3·7699 2·1499	5·8905 1·7199	8·4823 1·4332	11·545 1·2271	15·080 1·0749	19·085 0·9555
2·50	0·0204	1·1781 6·4953	1·8407 5·1162	2·6507 4·3302	4·7124 3·2476	7·3631 2·5984	10·603 2·1653	14·432 1·8558	18·850 1·6238	23·857 1·4434
3·00	0·0199	1·4137 9·1891	2·2089 7·2713	3·1809 6·0594	5·6549 4·5446	·8·8357 3·6357	12·723 3·0297	17·318 2·5969	22·620 2·2723	28·628 2·0198

Normal-Tabelle für gußeiserne Muffen- und Flanschen-Röhren.

Lichter Durchmesser D	Normal-Wanddicke δ	Aeußerer Rohrdurchmesser $D_1 = D + 2\delta$	Übl. Baulänge L.	a) Muffenröhren										Gewicht		
				Muffen							Zentrierungsring				pr. lfd. m. Baulänge	
				Muffentiefe t	Bleifugendicke f	lichte Weite $D_2 = D_1 + 2f$	Wanddicke $y = 1{,}4\delta$	Auß. Durchm. $= D_2 + 2y$	Wulst		gr. Durchm. $= D_1 + \tfrac{4}{3}f$	kl. Durchm. $= D_1 + \tfrac{2}{3}f$	Tiefe $= 1{,}5\delta$	eines Rohres	exkl. Muffe	inkl. Muffe abgerundet
									Dicke u. Breite $x = 7 + 2\delta$	Durchmesser $= D_2 + 2x$						
mm	mm	mm	mm	mm	mm	mm	mm	mm	mm	mm	mm	mm	mm	kg	kg	kg
40	8	56	2·5	74	7	70	11	92	23	116	65	61	12	25	8·75	10
50	8	66	2·5	77	7·5	81	11	103	23	127	76	71	12	30	10·57	12
60	8·5	77	3	80	7·5	92	12	116	24	140	87	82	13	45	13·26	15
70	8·5	87	3	82	7·5	102	12	126	24	150	97	92	13	50	15·20	16·5
80	9	98	3	84	7·5	113	12·5	138	25	163	108	103	14	60	18·24	20
90	9	108	3·5	86	7·5	123	12·5	148	25	173	118	113	14	77	20·29	22
100	9	118	3·5	88	7·5	133	13	159	25	183	128	123	14	84	22·34	24
125	9·5	144	4	91	7·5	159	15·5	186	26	211	154	149	14	128	29·10	32
150	10	170	4	94	7·5	185	14	213	27	239	180	175	15	160	36·44	40
175	10·5	196	4	97	7·5	211	14·5	240	28	267	206	211	16	192	44·36	48
200	11	222	4	100	8	238	15	268	29	296	233	228	16	232	52·86	58
225	11·5	248	4	100	8	264	16	296	30	324	259	254	17	272	61·95	68
250	12	274	4	103	8·5	291	17	325	31	353	285	280	18	308	71·61	77
275	12·5	300	4	103	8·5	317	17·5	352	32	381	311	306	19	348	81·85	87
300	13	326	4	105	8·5	343	18	379	33	409	337	332	20	396	92·68	99
325	13·5	352	4	105	8·5	369	19	407	34	437	363	358	20	444	104·08	111
350	14·	378	4	107	8·5	395	19·5	434	35	465	389	384	21	496	116·07	124
375	14	403	4	107	9	421	20	461	35	491	415	409	21	532	124·04	133
400	14·5	429	4	110	9·5	448	20·5	489	36	520	442	436	22	588	136·89	147
425	14·5	454	4	110	9·5	473	20·5	514	36	545	467	461	22	620	145·15	155
450	15	480	4	112	9·5	499	21	541	37	573	493	487	23	680	158·87	170
475	15·5	506	4	112	9·5	525	21·5	568	38	601	519	513	23	740	173·17	185
500	16	532	4	115	10	552	22·5	597	39	630	545	539	24	808	188·04	202
550	16·5	583	4	117	10	603	23	649	40	683				912	212·90	228
600	17	634	4	120	10·5	655	24	703	41	737				1028	238·90	257

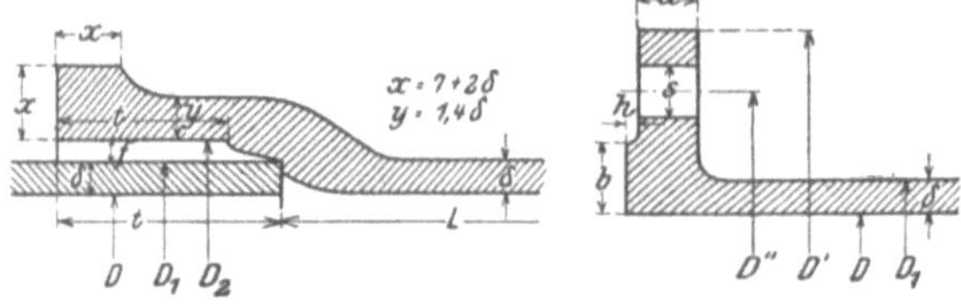

Normal-Tabelle für gußeiserne Muffen- und Flanschen-Röhren.

Lichter Durchmesser	Übliche Baulänge	b) Flanschenröhren								Gewicht	
		Flanschen									
					Schrauben			Dichtungs-leiste			
		-Durchmesser	-Dicke	Lochkreis-durchmesser	-Anzahl	-Dicke engl. Zoll		Breite	Höhe	eines Rohres	pr. lfd. m Bau-länge
mm	mm	mm	mm	mm			mm	mm	mm	kg	kg
40	2,5	140	18	110	4	$^1/_2$	13	25	3	26	10·64
50	2,5	160	18	125	4	$^5/_8$	16	25	3	31	12·98
60	3	175	19	135	4	$^5/_8$	16	25	3	48	16·22
70	3	185	19	145	4	$^5/_8$	16	25	3	52	17·34
80	3	200	20	160	4	$^5/_8$	16	25	3	62	20·80
90	3	215	20	170	4	$^5/_8$	16	25	3	70	23·20
100	3	230	20	180	4	$^3/_4$	19	28	3	76	25·65
125	3	260	21	210	4	$^3/_4$	19	28	3	100	33·07
150	3	290	22	240	6	$^3/_4$	19	28	3	124	41·57
175	4	320	22	270	6	$^3/_4$	19	30	3	200	50·33
200	4	350	23	300	6	$^3/_4$	19	30	3	240	60·00
225	4	370	23	320	6	$^3/_4$	19	30	3	276	69·30
250	4	400	24	350	8	$^3/_4$	19	30	3	320	80·26
275	4	425	25	375	8	$^3/_4$	19	30	3	365	91·46
300	4	450	25	400	8	$^3/_4$	19	30	3	410	102·89
325	4	490	26	435	10	$^7/_8$	22	35	4	468	117·07
350	4	520	26	465	10	$^7/_8$	22	35	4	520	130·26
375	4	550	27	495	10	$^7/_8$	22	35	4	560	140·23
400	4	575	27	520	10	$^7/_8$	22	35	4	614	153·85
425	4	600	28	545	12	$^7/_8$	22	35	4	654	163·58
450	4	630	28	570	12	$^7/_8$	22	35	4	715	178·80
475	4	655	29	600	12	$^7/_8$	22	40	4	779	194·78
500	4	680	30	625	12	$^7/_8$	22	40	4	844	211·17

Die Normaltabelle für Muffen- und Flanschenröhren ist gemeinschaftlich aufgestellt von dem „Verein deutscher Ingenieure" und dem „Deutschen Verein für Gas- und Wasserfachmänner".

Die normalen Wanddicken gelten für Röhren, die einen Betriebsdruck von 10 Atmosphären und einem Probedruck von im Max. 20 Atmosphären ausgesetzt sind und vor allem Wasserleitungszwecken dienen.

Für Dampfleitungen, die größeren Temperaturdifferenzen und dadurch entstehenden Spannungen, sowie für Leitungen, die unter besonderen Verhältnissen schädigenden äußeren Einflüssen ausgesetzt sind, ist es empfehlenswert, die Wanddicken entsprechend zu erhöhen.

Der äußere Durchmesser des Rohres ist feststehend und sind Änderungen der Wanddicke nur auf den lichten Durchmesser von Einfluß. Aus Gründen der Fabrikation sind bei geraden Normalröhren Abweichungen von den durch Rechnung ermittelten Gewichten von $\pm$ 5% zu gestatten.

Normal-Tabelle für gußeiserne Muffen- und Flanschen-Röhren.

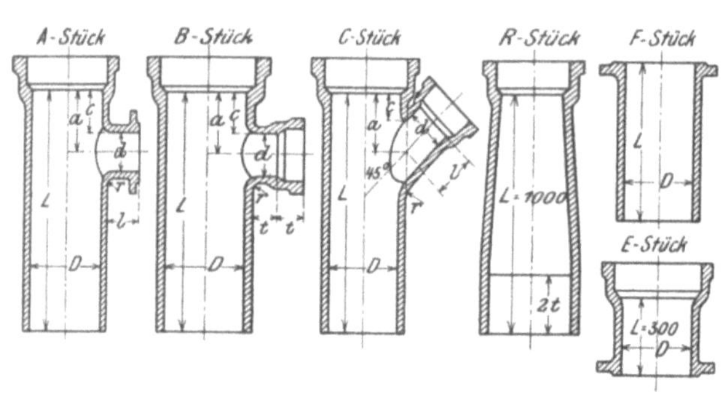

A- und B-Stücke.			C-Stücke.		
D	d	L	D	d	L
Durchmesser des Hauptrohres	Durchmesser des Abzweiges	Bau-länge	Durchmesser des Hauptrohres	Durchmesser des Abzweiges	Bau-länge
mm	mm	m	mm	mm	m
40—100	40—100	0·8	40—100	40—100	0·8
125—325	40—325	1·0	125—275	40—275	1·0
350—500	40—300	1·0	300—425	40—250	1·0
	325—500	1·25		275—425	1·25
			450—500	40—250	1·0
				275—425	1·25
				450—500	1·50

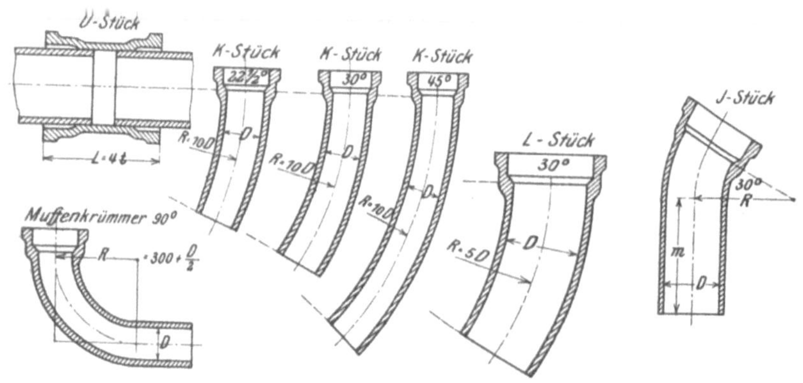

Gewichtstafel für gußeiserne Rohr-Formstücke.

D mm	A-Stücke D = d	80	100	150	200	300	B-Stücke d = D	80	100	150	200	300
			d in mm						d in mm			
			Gewicht in kg						Gewicht in kg			
40	14	—	—	—	—	—	14	—	—	—	—	—
50	19	—	—	—	—	—	19	—	—	—	—	—
60	22	—	—	—	—	—	22	—	—	—	—	—
70	27	—	—	—	—	—	27	—	—	—	—	—
80	30	30	—	—	—	—	31	31	—	—	—	—
90	33	32	—	—	—	—	34	33	—	—	—	—
100	37	35	37	—	—	—	38	36	38	—	—	—
125	54	49	51	—	—	—	55	50	52	—	—	—
150	68	59	63	68	—	—	70	60	64	70	—	—
175	88	79	81	84	—	—	90	80	82	86	—	—
200	97	88	90	91	97	—	100	89	91	94	100	—
225	106	95	97	100	104	—	110	96	98	102	107	—
250	125	111	113	116	121	—	130	112	114	118	124	—
275	144	126	128	131	136	—	150	127	129	133	139	—
300	162	146	148	152	155	162	170	147	149	154	158	170
350	241	174	178	182	187	199	250	175	179	184	190	207
400	299	210	212	216	222	234	310	211	213	218	225	242

D mm	C-Stücke d = D	80	100	150	200	300	E-Stücke kg	F-Stücke kg	U-Stücke kg	K-Stücke R = 10 D Grad	kg	Krümmer 90° $R = 300 + \frac{D}{2}$ kg
			d in mm									
			Gewicht in kg									
40	16	—	—	—	—	—	8	9	7	45	9	10
50	21	—	—	—	—	—	10	10	8	45	10	11
60	25	—	—	—	—	—	12	11	10	45	14	14
70	31	—	—	—	—	—	15	14	12	45	18	18
80	37	37	—	—	—	—	17	16	14	45	23	21
90	40	39	—	—	—	—	19	18	15	45	28	23
100	45	42	45	—	—	—	21	20	17	45	34	28
125	65	57	60	—	—	—	26	25	22	45	44	33
150	82	69	72	82	—	—	33	32	26	45	64	45
175	106	88	91	101	—	—	40	39	34	45	80	53
200	119	95	98	108	119	—	47	46	41	30	87	76
225	132	102	105	115	126	—	55	54	46	30	110	95
250	152	115	118	128	139	—	62	61	55	30	136	102
275	178	133	136	146	157	—	71	70	63	30	168	130
300	229	·149	152	162	173	229	82	80	75	22·5	178	158
350	282	179	182	192	203	261	102	100	98	22·5	225	215
400	354	218	221	231	242	309	123	120	120	22·5	300	276

Flanschen-Formstücke.

Lichter Durchmesser D mm	Flanschen-Durchm. mm	Flanschen-Deckel kg	Flanschen-Krümmer kg	Flanschen-T-Stücke kg	Flanschen-+-Stücke kg	Lichter Durchmesser D mm	Flanschen-Durchm. mm	Flanschen-Deckel kg	Flanschen-Krümmer kg	Flanschen-T-Stücke kg	Flanschen-+-Stücke kg
40	140	2	7	10	13	200	350	17	55	76	102
50	160	2·5	8·5	13	17	225	370	19	65	88	117
60	175	3	10	15	20	250	400	23	80	110	147
70	185	4	13	19	25	275	425	26	95	135	180
80	200	5	15	21	28	300	450	30	110	165	205
90	215	6	18	25	33	325	490	36	130	190	255
100	230	7	20	29	39	350	520	40	150	220	295
125	260	8	26	40	53	375	550	48	175	255	340
150	290	10	35	52	69	400	575	52	200	290	390
175	320	15	45	64	85	450	630	66	255	370	490

R-Stücke (Übergangsröhren)

Gewicht in kg das Stück

D = lichter Durchmesser des glatten Endes, d = lichter Durchmesser des Muffenendes.

D						d in mm									
mm	50	60	70	80	90	100	125	150	175	200	225	250	275	300	350
60	16	—	—	—	—	—	—	—	—	—	—	—	—	—	—
70	19	21	—	—	—	—	—	—	—	—	—	—	—	—	—
80	21	23	25	—	—	—	—	—	—	—	—	—	—	—	—
90	23	25	28	30	—	—	—	—	—	—	—	—	—	—	—
100	24	26	30	33	35	—	—	—	—	—	—	—	—	—	—
125	27	29	32	35	38	42	—	—	—	—	—	—	—	—	—
150	34	35	38	40	43	46	51	—	—	—	—	—	—	—	—
175	41	43	45	47	49	51	56	62	—	—	—	—	—	—	—
200	—	49	52	54	56	58	63	69	75	—	—	—	—	—	—
225	—	—	58	61	62	64	69	75	81	88	—	—	—	—	—
250	—	—	66	68	70	72	77	82	88	95	103	—	—	—	—
275	—	—	—	76	77	79	84	90	96	102	111	118	—	—	—
300	—	—	—	82	84	86	91	97	103	110	118	126	135	—	—
325	—	—	—	—	94	96	100	106	112	119	126	134	142	150	—
350	—	—	—	—	—	103	108	114	120	127	134	141	149	157	—
375	—	—	—	—	—	—	118	124	130	136	142	148	154	162	185
400	—	—	—	—	—	—	—	130	136	142	148	157	163	172	192

Für A- und B-Stücke ist:

$$c = 100 + 0,2\,D\ \text{mm}, \quad a = 100 + 0,2\,D + 0,5\,d\ \text{mm}; \quad r = 40 + 0,05\,d\ \text{mm}.$$

Für A-Stücke: $l = 120 + 0,1\,d$ mm.

Für B-Stücke: $t =$ Muffentiefe des Abzweiges.

Für C-Stücke ist:

$$c = 80 + 0,1\,D\ \text{mm}; \quad a = 80 + 0,1\,D + 0,7\,d\ \text{mm}; \quad r = d; \quad l = 0,75\,a.$$

E-Stücke (Flanschen-Muffenstücke). Baulänge $L = 300$ mm.

F-Stücke (Flanschen-Schwanzstücke).

       Baulänge: $L = 600$ mm für $D = 40-475$ mm.

       $L = 800$ mm für $D = 500$ mm.

I-Stücke (scharfe Bogenstücke von 30°).

       Radius der Krümmungsmittellinie:

       Für $D = 40-90$ mm, $R = 250$ mm; für $D \gtreqless 100$ mm, $R = 150 + D$ mm.

       Länge des geraden Spitzendes; für $D = 40-375$ mm, $m = D + 200$ mm.

             „ $D \gtreqless 400$ mm, $m = 600$ mm.

K-Stücke (schlanke Bogenstücke). Radius $R = 10\,D$ in verschiedenen Graden.

L-Stücke (schlanke Bogenstücke, zulässig für $D > 150$ mm). $R = 5\,D$.

R-Stücke (Übergangsrohre). Baulänge $L = 1,0$ m.

       Länge des zylindrischen Stückes am glatten Ende $= 2\,t$.

U-Stücke (Überschieber). Ganze Länge $= 4$ Muffentiefen.

Die angegebenen Gewichte der Formstücke sind annähernde.

Die Rohrleitungen sind frostfrei, mindestens 1·2 m tief, zu verlegen.

Die Entfernung von Oberkante des Fallrohres bis Schienenoberkante soll in der Regel 10 m betragen. Ist diese Höhe oder eine etwa zweckmäßige größere Höhe nicht ohne erheblichen Kostenaufwand erreichbar, z. B. bei natürlichem Zufluß zu dem Hochbehälter, so wählt man Fallröhren, deren Lichtweite der Rechnung (vgl. Tabelle) entsprechend weiter ist, damit das Füllen des Tenders nur wenige Minuten erfordert.

Der Krümmungshalbmesser für die Formstücke ist insbesondere für die Sauge- und Druckröhren tunlichst groß zu wählen.

Für kurze Saug- und Druckleitungen werden Flanschröhren verwendet.

In aufgeschütteten Bahndämmen haben sich geschweißte Stahlröhren oder Mannesmanröhren, die in größeren Baulängen als die Gußröhren ausgeführt werden, bewährt. Geschweißte Röhren von J. P. Piedboeuf & Co. in Düsseldorf-Eller sind als Dückerröhren besonders brauchbar.

Wenn die Zuleitungsröhren abwechselnd steigend und fallend geführt sind, so daß sich in den hochgelegenen Stellen der Leitung Luftsäcke bilden können, so sind die hohen Stellen mit Entlüftungshähnen oder mit Schwimmern ausgestatteten selbsttätigen Ventilen zu versehen, da andernfalls der Wasserstrom erheblich vermindert oder ganz gehemmt werden kann, indem ein Luftraum in der Röhre durch zwei Wassersäulen von gleichem Druck vor und hinter ihm eingeschlossen wird.

An den tiefsten Stellen der abwechselnd steigend und fallenden Leitungen sind Spülauslasse anzuordnen.

Außer Schiebern sind an geeigneten Stellen Schlammkasten nach Bedarf einzubauen.

6. Wasserversorgung der Lokomotiven auf den Bahnhöfen durch Wasserkrane.

Der Wasserkran ist insofern ein besonders wichtiger Teil der Wasserstation, als er unmittelbar dem Lokomotivbetrieb dient.

Man unterscheidet:

Wandwasserkrane,
Behälterkrane (Reservoirkrane),
freistehende Wasserkrane mit festem Kopfe,
freistehende Wasserkrane mit beweglichem Kopfe und
gewöhnlichem Auslegerrohr, mit ausziehbarem Auslegerrohr oder
mit Gelenkrohr.

Die Wandwasserkrane sind an gußeiserne Röhren, die durch die Wände der Wassertürme geführt sind, angeschlossene kupferne mit Ausgüssen versehene Gelenkröhren, die in wagerechter Richtung über die Tenderfüllöffnungen geführt werden können, und zwar über ein oder zwei Gleise. Die zu den Wandwasserkranen gehörigen mit Absperrventilen versehenen Behälter, die in der Regel Hilfsbehälter sind, befinden sich meist in geringer Höhe und geringer Entfernung neben den Gleisen und sind durch Rohrstücke mit ihnen verbunden. Die Gelenke des Auslegerrohres sind aus Kniestücken mit und ohne Stopfbüchsen gebildet. Durch

Zugstangen, die oben am Mauerwerk befestigt sind, wird das Gelenkrohr verhindert sich zu senken und ein leichtes Drehen des Kranes gesichert.

Für Neubauten finden Wandwasserkrane für zwei Gleise keine Verwendung mehr, weil sie bei ihrer Benutzung die Durchfahrt im ersten Gleis versperren.[1]

Die Behälterkrane, die in ihrem oberen Teile aus Eisenblech hergestellte zylindrische Behälter tragen, die mit der Hauptleitung verbunden sind und heizbar sein müssen, haben auf der französischen Ostbahn und italienischen Bahnen und früher auch auf der Rhein-Nahe-Eisenbahn Verwendung gefunden zur Ergänzung des Wasservorrats der Schnellzugtender, denen sie in zwei Minuten 6 cbm Wasser geben können. Diese Krane, wie auch die unmittelbar an den hölzernen Behältern angebrachten Waserkrane der amerikanischen Bahnen[2]), haben weiteren Eingang nicht gefunden, weil freistehende Wasserkrane Zusatzbehälter erhalten können, die an passenden Stellen in ihrer Nähe aufgestellt, vollständige Füllungen für einen oder mehrere Tender gewähren, und zwar bei genügender Druckhöhe oder bei genügender Weite der Zuflußleitungen zum Kran mit noch geringerem Zeitaufwande, als beim Behälterkran. Zudem gewährt der freistehende Wasserkran eine gewisse Freiheit in der Wahl seines Aufstellungsortes, die die Fahrordnung auf den Bahnhöfen erleichtert und ihm besonders auch den Vorrang vor dem Wandwasserkran unbestritten bietet.

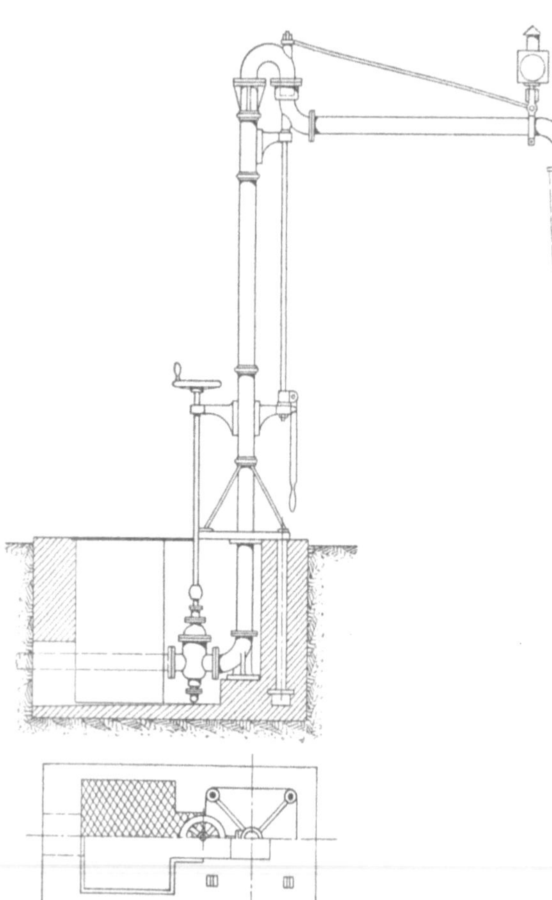

Abb. 49. Wasserkran mit festem Kopfe.

Von den freistehenden Wasserkranen findet der mit festem Kopfe (Abb. 49) auf kleineren Nebenbahnen und Kleinbahnen für geringere Leistungen Verwendung, während auf den Haupt- und Nebenbahnen der Wasserkran ohne Stopfbüchse mit beweglichem Kopf am meisten verbreitet ist; Abb. 50 zeigt den Wasserkran der Braunschweigischen Landes-Eisenbahn von Gebr. Körting.

<hr>

[1]) vgl. auch § 62² d. Techn. Vereinb. d. Ver. deutsch. Eisenb. Verw.
[2]) vgl. auch Blum und Giese. Zeitschr. Ver. deutsch. Ing. 1908, S. 291—293.

Für durchgehende Personen- und Schnellzüge, bei denen ein Lokomotivwechsel nicht stattfindet, sind die freistehenden Wasserkrane zwischen den Hauptgleisen von 4·860 bis 7·2 m Gleisentfernung von Mitte zu Mitte Gleis — bei größerer Entfernung als 7·2 m empfiehlt sich die Aufstellung von je einem Wasserkran für jedes Gleis — an den Bahnsteigen oder vorn auf den Bahnsteigen tunlichst so aufzustellen, daß in jeder Fahrrichtung die Lokomotiven, ohne vom Zuge abkuppeln zu müssen, Wasser nehmen können, da Fahrten ohne Lokomotivwechsel eine Ergänzung des Wasservorrates auf Zwischenstationen erfordern, während der Vorrat an Heizstoff meist auch für eine längere Strecke ausreicht, als auf die gründliche Reinigung des Rostes entfällt.

Die gewöhnlichen Wasserkrane, die so aufgestellt sind, daß die Lokomotiven vor dem Zuge Wasser nehmen können, genügen in vielen Fällen, um den für die Beendigung der Fahrt erforderlichen Bedarf an Wasser während des Aufenthaltes zu decken, der für den Verkehr der Reisenden und zur Abfertigung des Gepäckes und der Post ohnehin erforderlich ist.

Beträgt die Strecke, die die Personen- und Schnellzuglokomotiven zu durchfahren haben, 150 km und mehr, oder muß den Schnellzügen ein Betriebsaufenthalt gegeben werden, der nur zum Wassernehmen der Lokomotiven dient, oder ist man gezwungen, die Lokomotiven wegen zu geringen Bestandes insbesondere an verkehrsreichen Tagen längere Strecken als sonst durchfahren zu lassen, oder sollen Aufenthaltszeiten auf Zwischenwasserstationen ausgenutzt werden,

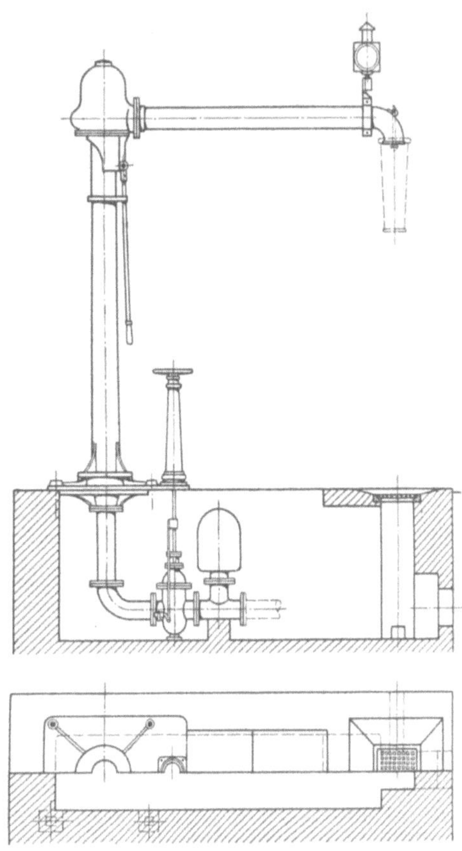

Abb. 50. Wasserkran von Gebr. Körting.

sei es zur Entlastung der Hauptwasserstationen, sei es, weil besonders gutes Kesselspeisewasser zur Verfügung steht, so macht sich das Bedürfnis fühlbar, die Leistung der Wasserkrane zu erhöhen, um die Aufenthaltszeiten auf den Bahnhöfen, die mit Wasserkranen versehen sind, möglichst zu ermäßigen. Der Wasserausfluß dieser Krane soll daher mindestens 5 cbm in der Minute betragen, wenngleich die Bau- und Betriebsordnung für die Eisenbahnen Deutschlands nur mindestens 1 cbm in der Minute verlangt.

Für durchgehende Güterzüge, bei denen ein Lokomotivwechsel nicht stattfindet, sind die Wasserkrane an den Ausfahrtsgleisen für jede Fahrrichtung so aufzustellen, daß die Zuglokomotiven sie ohne mehrfaches Hin- und Herfahren erreichen können. Besitzen die Wasserkrane, die für die

Güterzüge aufgestellt sind, eine größere Leistungsfähigkeit als 1 cbm in der Minute, so wird Zeit zu Verschiebebewegungen gewonnen, und zwar werden bei einer Leistungsfähigkeit von 2 cbm/min 5 Minuten und bei einer Leistungsfähigkeit von 4 cbm/min $7^1/_2$ Minuten gewonnen für 10 cbm Wasserbedarf; der Aufenthalt am Wasserkran wird von 10 Minuten auf 5 oder $2^1/_2$ Minuten ermäßigt. Es erhellt hieraus, daß die Leistung eines Wasserkranes für Güterzüge wenigstens 2 cbm/min betragen sollte.

Für die auf einem Bahnhofe stationierten Lokomotiven ist ein Wasserkran neben jedem der Einfahrtsgleise vor jedem rechteckigen Lokomotivschuppen oder vor der Drehscheibe aufzustellen. Im Innern der Lokomotivschuppen ist die Aufstellung von Wasserkranen entbehrlich; zum Nachfüllen genügen hier Auswaschhähne. Auf größeren Rangierbahnhöfen empfiehlt sich die Aufstellung von Wasserkranen in der Nähe der Hauptausziehgleise oder der Ablaufberge dann, wenn einer der anderen Wasserkrane ohne Zeitverlust nicht zu erreichen ist.

Wo in Verbindung mit den Wasserkranen Feuergruben zur Reinigung des Feuers oder zur Untersuchung der Lokomotiven anzulegen sind, ist deren Lage tunlichst so zu wählen, daß die Lokomotiven während des Wassernehmens auf der Feuergrube richtig stehen, und daß an dem einen Ende der Grube noch Platz verbleibt, um in sie hinabsteigen zu können.

Die Wasserkrane vor den Lokomotivschuppen werden in der Regel so aufgestellt, daß die Lokomotiven vor der Einfahrt in den Lokomotivschuppen, in dem sie zur Aushilfe dienstbereit stehen sollen, zuerst Kohlen und dann Wasser nehmen und ausschlacken können, um ohne oder mit schwachem Feuer in der Feuerbüchse nur noch tunlichst kurze Fahrten machen zu müssen.

Damit bei etwa vorkommenden Ausbesserungen des der Abnutzung unterworfenenen Hauptschiebers des Kranes die Rohrleitung abgesperrt werden kann, ist ein zweiter Schieber erforderlich, der auch eine Ergänzung der Luft im Windkessel gestattet. Auch muß die Krangrube solche Abmessungen erhalten, daß an den Schiebern leicht gearbeitet werden kann.

Schieber verdienen vor Ventilen den Vorzug, weil sie dem Wasser den vollen Rohrquerschnitt zum Durchströmen freigeben können, während Ventile Druckverluste verursachen. Die Bewegung der Schieber durch Schrauben ist der durch Hebel vorzuziehen, weil ein plötzliches vollständiges Absperren des Schiebers durch die Schraube verhindert wird, so daß heftige Stöße, die durch die lebendige Kraft der bewegten Wassermasse in den Leitungen entstehen können, möglichst vermieden werden. Aber auch bei der Bewegung der Schieber durch Schrauben sind Windkessel erforderlich. Kleine Sicherheitsventile an der Rohrleitung haben sich nicht bewährt, da sie meist nicht gangbar waren. Windkessel dagegen, die so angeordnet sind, daß bei abgesperrten Schiebern das Wasser der Leitung in sie hineinspielen kann, bieten bei genügender Größe und zeitweiser Nachfüllung der Luft, z. B. mit einer Fahrradpumpe, hin reichenden Schutz gegen Rohrbrüche.

Um das Gefrieren des Wassers in der freistehenden Kransäule hintanzuhalten, verbindet man einen Entleerungshahn mit der Schieberstange derart, daß bei geschlossenem Schieber der Hahn geöffnet ist.

Bei sehr starker Benutzung eines Kranes kann bei mildem Wetter der Entleerungshahn abgestellt werden, um Wasserverluste durch öfteres

Entleeren der Kransäule zu vermeiden. Der Ausleger erhält eine geringe Neigung zum Ausguß. In Gegenden, in denen starker Frost längere Zeit herrscht, umwickelt man auch die mit Entleerungshähnen versehenen Kransäulen mit Strohseilen, weil sich im Innern der Säule eine starke Eiskruste bilden könnte. Auch hat ein mit Kohlenlösche aus den Rauchkammern der Lokomotiven gefüllter Füllofen, dessen Rauchrohr die Kransäule bis zum Krankopfe umhüllt, schon viele Jahre gute Dienste geleistet.

Der in Abb. 51a dargestellte Wasserkran der preußischen Staatsbahnen hat unter Beibehaltung der im übrigen bewährten Bauart vom Verfasser folgende Abmessungen erhalten:

Durchmesser des Auslegerrohres im Lichten . . . . . . 275 mm
    gegen früher 225 mm,
Durchmesser des Krankopfes im Lichten . . . . . . 450 mm
    gegen früher 430 mm,
lichter Durchmesser der Zuflußleitungen zu dem Wasserkrane je nach der Länge der Leitungen und der Höhe der Wasserbottiche über SO.   200, 225, 250, 275 und 300 mm
    statt früher in der Regel 200 mm,
der lichte Durchmesser der Kransäule oben und der der Schieber in der Grube beträgt . . . . 200 mm
    wie bisher,
die Höhe des Krankopfes in seiner Überlaufkante bis Mitte Auslegerrohr beträgt . . . . 637·5 mm
    gegen früher 437·5 mm.

Die in Betracht zu ziehenden Querschnittsflächen sind folgende:
Kransäule oben im Lichten bei 200 m Durchmesser . 31416 qmm
Ringförmiger Teil des Krankopfes in seiner Mitte   . 88358   „
Auslegerrohr im Lichten bei 275 mm Durchmesser . 59396   „
Wabenförmiger Ausguß (Summe der 44 sechskantigen Röhrchen von je 38 mm lichtem Durchmesser . . 55000   „

Um beobachten zu können, wie hoch das Wasser im Krankopfe bei einer Leistung von 8 bis etwa 10 cbm/min zurückstaut, wurden 50, 100, 150 und 200 mm von seiner oberen Fuge entfernte Löcher von etwa 10 mm Durchmesser gebohrt. Aus dem unteren Loche floß bei ganz geöffneten Schiebern ein Strahl in einem kleinen Bogen, aus dem mittleren Loche spärlich und aus den oberen Löchern spritzte nur stoßweise etwas Wasser. Durch diese Anbohrungen wurde ohne die teure Anbringung von Wasserständen genügend genau ermittelt, daß das Wasser auch bei reichlichem Zuflusse nicht über eine gewisse Höhe im Krankopfe zurückstaut, weil es durch den Ausleger abfließt, daß der Hohlraum des Krankopfes gewissermaßen einen Regler bildet, und daß das Wasser nach seinem Ausströmen aus dem oberen Teile der Kransäule in den Krankopf im Ausleger einen dem Querschnitte des Auslegers entsprechenden Teil, beinahe die Hälfte seiner Geschwindigkeit verliert.

Nach Maßgabe der Geschwindigkeit im Ausleger kann das Wasser im Krankopfe zurückstauen. Dem Querschnitte des Auslegers muß die Weite und die Höhe des Krankopfes entsprechen, die Weite zur Erleichterung des Abflusses, die Höhe wegen des Stauens.

Beträgt die Wassergeschwindigkeit in der Kransäule oben 4·5 m, so erhält man beispielsweise 0·0314·4·5·60 = 8·48 cbm/min Wasser. Im Aus-

legerrohr beträgt die Geschwindigkeit für die gleiche Leistung 2·38 m,
denn 0·0594·2·38·60 ist wieder = 8·4 cbm/min.

Da nun $0{\cdot}0594 \cdot 0{\cdot}7 \cdot \sqrt{2gh} \cdot 60 = 8{\cdot}4$, so erhält man $h = 0{\cdot}58$ m als Höhe
des zurückgestauten Wassers. Die Höhe von Mitte Ausleger bis zur
Kante des Krankopfes, über die Überlaufen möglich ist, beträgt 687·5 — 50

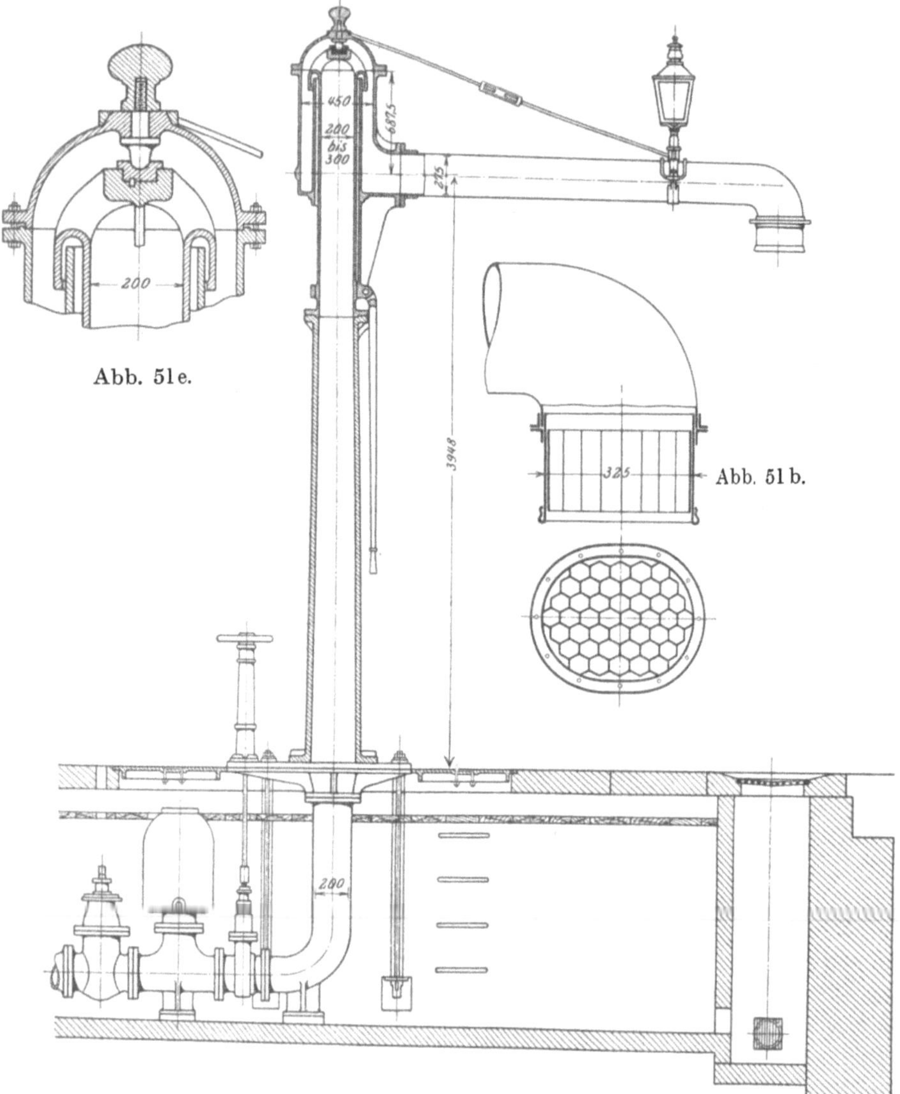

Abb. 51e.

Abb. 51b.

Abb. 51a.   Wasserkran für 10 cbm/min.

= 637·5 mm (Abb. 51a u. e), also 57·5 mm mehr als 0.58 m. Da auch bei
10 cbm/min Leistung noch kein Überlaufen eintritt, ist für vorliegenden
Fall die übliche Ausflußziffer von 0·7 anscheinend etwas zu niedrig gewählt. Bei erheblich größerer Druckhöhe und entsprechend weiten Zuflußleitungen tritt bei Leistungen von mehr als 10 cbm ein Überlaufen hinten
am Krankopfe ein.

Der Querschnitt des wabenförmigen Ausgusses (Abb. 51b) beträgt

0·055 qm. Die länglich runde Form wurde gewählt, um die Breite des Wasserstrahles mäßig zu halten.

Der Krankopf ist im Innern so geformt, daß dem in den Ausleger fließenden Wasser möglichst wenig Widerstand geboten wird (Abb. 51c u. d).

Bei der Ausführung des oberen Stückes der Kransäule, das den Krankopf zu tragen hat, ist darauf zu achten, daß die Rundungen sorgfältig ausgeführt werden (Abb. 51e).

Die Höhe des Ausgusses über *SO* ist auf 3·45 m gebracht, gegen früher 3·0 m, um den Ausleger über den mit Kohlen gefüllten Schnellzug-Tender wegführen zu können.

Wo im Winter erhebliche Eisbildung zu befürchten ist, wird unter dem Ausguß eine Träufelsäule aufgestellt.

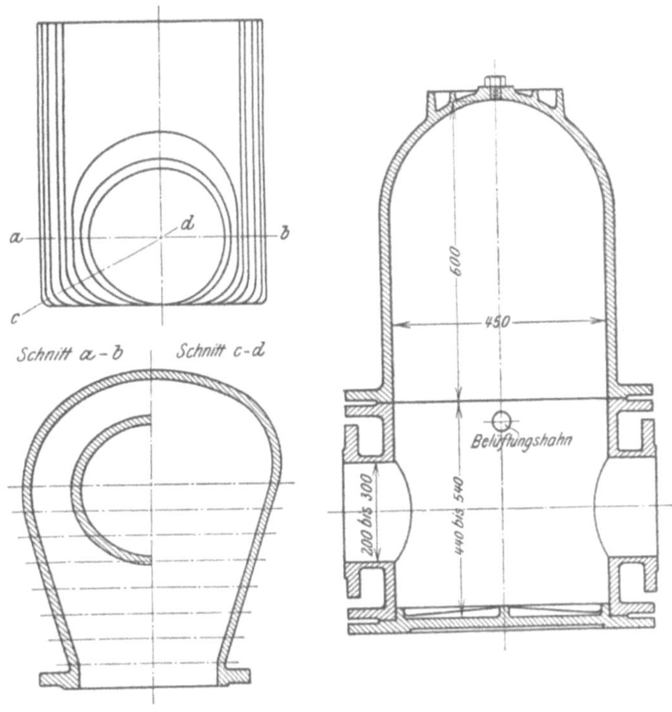

Abb. 51c u. 51d.   Abb. 51f. Windkessel.

Wenn auch der Kran in seiner Grube bereits einen Windkessel erhalten hat, so empfiehlt es sich doch, verhältnismäßig langen Zuflußleitungen, insbesondere in der Nähe von Krümmungen von etwa 90°, noch einen Windkessel einzubauen (Abb. 51f), der geeignet ist, den Wasserstrom bei schnellem Abschließen der Schieber unschädlich zu machen, weil in den Leitungen größere Wassermassen mit größeren Geschwindigkeiten als früher bewegt werden. In kurzen Leitungen wird beim schnellen Öffnen des Schiebers durch den Windkessel der Druck geregelt. Windkessel die auf ⊥-Stücke aufgesetzt sind, eignen sich hierzu weniger, weil der Strom unter ihnen vorbeifließt, es sei denn, daß sie am Ende des Leitungsstückes so eingebaut sind, daß der Wasserstrom gerade zum Windkessel weiter geführt ist.

Die Zuflußleitungen werden zweckmäßig so weit gemacht, daß die

Geschwindigkeit des Wassers in der Regel nicht über 2·5 m/sec beträgt, weil die Widerstandshöhen bei den größeren Geschwindigkeiten sehr erheblich sind, wie aus der Tabelle, S. 432/433, hervorgeht, in der v m/sec die Geschwindigkeit des Wassers und H_w m die Widerstandshöhe für 100 m Rohrlänge bedeuten.

Die Länge der Leitung vom Behälter bis zu dem östlichen Wasserkrane auf Bahnhof Stendal beträgt beispielsweise 478 m. Für die angenommene Wassergeschwindigkeit von 2 m hat man für 100 m Länge der 275 mm weiten Leitung 1·56 m Widerstandshöhe zu rechnen, demnach für 487 m $4·87 \cdot 1·56 = 7·6$ m.

Für sechs Krümmer sind zu rechnen $6 \cdot 0·04 = 0·24$ m. Die erforderliche Druckhöhe für eine Leistung von 7 cbm/min Wasser ergibt sich demnach aus folgender Summe:

$$7·600 + 0·24 + 4·6355 + 1·5 = 13·87 \sim 14 \text{ m},$$

wenn $h = 1·5$ m.

Nimmt man nämlich 2 m/sec Wassergeschwindigkeit in der 275 mm weiten Leitung mit 0·0594 qm Querschnitt an, so beträgt die Wassermenge in der Minute $0·594 \cdot 2 \cdot 60 = 7·128$ cbm.

Die Geschwindigkeit des Wassers muß dann in der oberen Kransäule

$$\frac{7·128}{60 \cdot 0·0314} = 3·8 \text{ m}$$

betragen, um ebenfalls 7 cbm in der Minute zu liefern.

Hierzu genügt eine Druckhöhe von 1·5 m, denn

$$0·7 \cdot \sqrt{2gh} \text{ ist} = 0·7 \sqrt{2 \cdot 9·8 \cdot 1·5} = 3·8 \text{ m}.$$

Da die alte Leitung in Stendal mit angeschlossen ist, erhält man an dem einen Krane 8 cbm/min.

Ein weiterer Vorteil des Kranes, der sich nicht allein für den Schnellzug- sondern auch für den Güterzugdienst bewährt und der sich auch für seitliche Wassereinläufe der Tender von genügender Länge eignet, ist unter Umständen der, daß man überall, wo gutes Speisewasser neben einer wagerechten oder wenig geneigten Strecke zu erlangen ist, eine Wasserstation errichten kann, da den Schnellzügen wohl stets ein Betriebsaufenthalt von zwei Minuten und den Güterzügen von fünf Minuten gegeben werden kann.

Wenn man den Tendern der Schnellzuglokomotiven einen Wasservorrat von 30 cbm gibt, so vermehrt man das tote Gewicht des Zuges von etwa 450 t Gewicht bei Beginn der Fahrt um 2 bis 3% und beim Ende der Fahrt etwa um 0·5 %.

Der wabenförmige Ausguß Abb. 51b ist vom Verfasser entworfen und ist in die Normalien der preußischen und hessischen Staatsbahnen aufgenommen worden.

Läßt man Wasser aus einer Öffnung im Boden eines Gefäßes ausströmen, so zieht sich der Wasserstrahl vor der Mündung zusammen (contractio venae) und geht dann brausenartig auseinander. Gibt man aber der Ausflußöffnung ein Ansatzrohr, das viermal so lang ist als sein Durchmesser beträgt, so erhält man einen glatten Strahl von gleicher Stärke. Da es nun wegen des verhältnismäßig hohen Druckverlustes nicht angängig ist, einen Ausguß von der vierfachen Länge seines Durchmessers anzuordnen, so wurde zu dem Hilfsmittel gegriffen, den Wasser-

strahl in ein Bündel von Strahlen zu zerlegen, wodurch man bei sorgfältiger Ausführung der einzelnen Röhrchen ebenfalls einen gleichmäßig
starken glatten Strahl erhält.

Der Wasserkran der k. k. österreichischen Staatsbahnen, Bauart Spitzner,
Abb. 52, hat keinen drehbaren Ausleger, sondern einen herabhängenden
Rohrschnabel, um beim Wassernehmen das Anfahren der Lokomotiven
zum Wasserkrane nicht auf einen bestimmten Punkt zu beschränken.

Die Bauart hat überdies den Vorteil, daß der Rohrschnabel von selbst
in eine Lage fällt, in der er nicht in das Lichtraumprofil hineinragt,
wenn er etwa nach seiner Benutzung nicht in die vorschriftsmäßige Ruhelage gebracht worden ist. Dieser Umstand kommt der Bestimmung der
neuen Signalordnung, laut welcher Wasserkrane bei Dunkelheit nur durch
ein mattweißes Licht zu kennzeichnen sind, besonders zustatten.

Um den Rohrschnabel mög-
lichst leicht drehen zu können,
ist er an einer im Innern des
oberen Kranbogenrohres befestigten, mit kreisrunden großen Gliedern ausgestatteten
Kette aufgehängt. Die Kette
ist mit einem Bügel verbunden, an dessen Ende eine Rolle
gelagert ist. Durch den Bügel
ist das Trageisen des Füll-
trichters gesteckt und ruht
auf der vorgenannten Rolle
auf. Auf diese Weise ist es
ermöglicht, den Fülltrichter auf
der Rolle auch leicht verschieben zu können.

Zum raschen Bewegen des
Wasserschiebers ist eine Links-
und Rechtsspindel vorgesehen
und sind um eine Beschädigung
der Spindeln zu verhüten beide
Spindeln im Schieber eingebaut.

Die Fundamentplatte ist
mit Rücksicht auf ihre Inanspruchnahme entsprechend geformt und nur so breit gehalten, als dies unbedingt erforderlich ist.

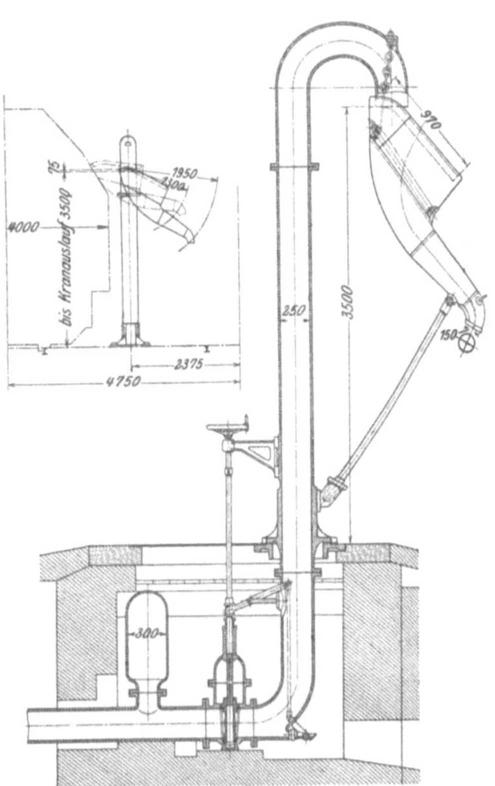

Abb. 52. Wasserkran Bauart Spitzner.

Diese Wasserkrankonstruktion kommt auf den k. k. österr. Staats-
bahnen bei Auswechselung und Neuaufstellung von Wasserkranen in erster
Linie auf jenen Stationen zur Verwendung, auf denen Schnellzuglokomotiven
Wasser nehmen müssen.

Die Auslauföffnung wurde mit Rücksicht auf die bestehenden Abmessungen der seitlichen Wassertaschen der verschiedenen Tendergattungen
bemessen. Auf denjenigen Stationen, auf welchen Lokomotiven mit
solchen Tendern verkehren, die eine weitere Ausflußöffnung des Rohr-

schnabels gestatten, wird er diesen Verhältnissen entsprechend bemessen, ohne an der übrigen Konstruktion etwas zu ändern.

Die zur Bedienung der Tender mit älteren Füllöffnungen geeigneten Wasserkrane mit ausziehbarem Auslegerrohr (Abb. 53), die auf mehreren Bahnhöfen aufgestellt wurden, sind zum größten Teil durch den einfacheren Kran normaler Bauart und den rechteckigen Wassereinlauf der Tender verdrängt worden.

Wasserkrane mit Gelenkrohren, die sich insbesondere für den Betrieb mit Tenderlokomotiven, wie auf der Berliner Stadtbahn, eignen, gewähren zwar den Lokomotiven mit Tender eine Anfahrlänge von etwa 5 m, jedoch geht an Druckhöhe verloren; dabei sind sie weniger einfach und erheblich teuerer als normale Krane. Indessen sind die Versuche noch nicht abgeschlossen. Zur Signalisierung sind zwei Laternen erforderlich.

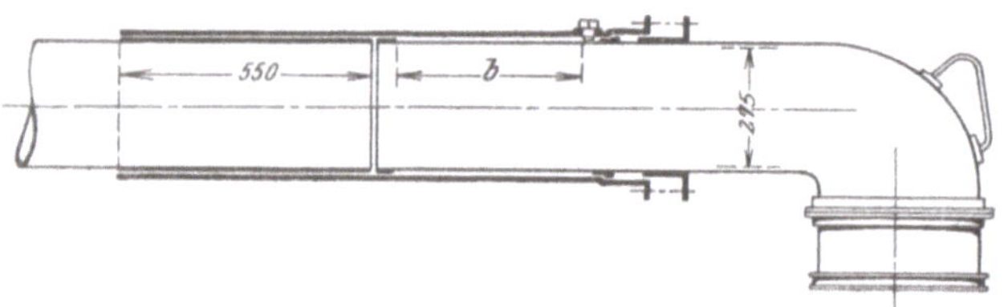

Abb. 53. Ausziehbares Auslegerrohr.

Wenn neben dem Gleis ein Merkzeichen angebracht ist, bis zu dem der Lokomotivführerstand des an den Wasserkran anfahrenden Zuges gelangen darf, um die richtige Stellung der Tenderfüllöffnung zum Wasserkran zu gewähren, so bereitet das Anfahren an den Wasserkran keine besondere Schwierigkeiten.

Obwohl das Anfahren der Personen- und Schnellzüge an die Wasserkrane durch die Einführung der Luftdruckbremsen erleichtert ist, empfiehlt es sich doch, die Gleislänge, auf der Wassernehmen möglich ist, die sog. Anfahrlänge, tunlichst zu vergrößern, um so mehr, als die Personen und Schnellzüge schwerer geworden sind und zur Verringerung der Zeitverluste mit nicht zu geringer Fahrgeschwindigkeit in die Bahnhöfe einfahren müssen.

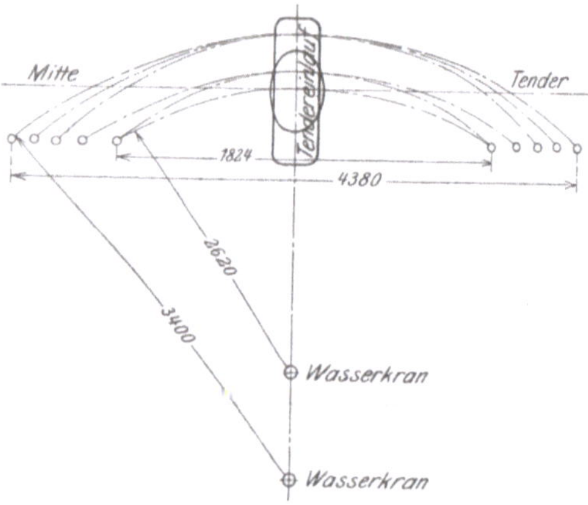

Abb. 54a. Darstellung der Anfahrlängen.

Der elliptisch geformte Wassereinlauf der Tender, der nach Art der Mannlöcher der Dampfkessel gebildet gerade groß genug ist, um auch als Einsteigeöffnung in den Wasserbehälter behufs Reinigung und Ausbesserung dienen zu können, ergibt zwar schon eine Anfahrlänge von etwa 2 m (Abb. 54a), wenn der Wasserkran so aufgestellt und die Länge des Auslegers so bemessen ist, daß die Ausgußöffnung bei zum Gleise rechtwinkeliger Stellung des Auslegers so weit über die Mittellinie des Tenders hinausragt, daß die Innenkante der Ausgußöffnung über der Mittellinie des Tenders steht. Durch Anordnung eines vom Verfasser angegebenen quer zum Gleise auf 1100 mm Länge gebrachten Wassereinlaufes (Abb. 54b)

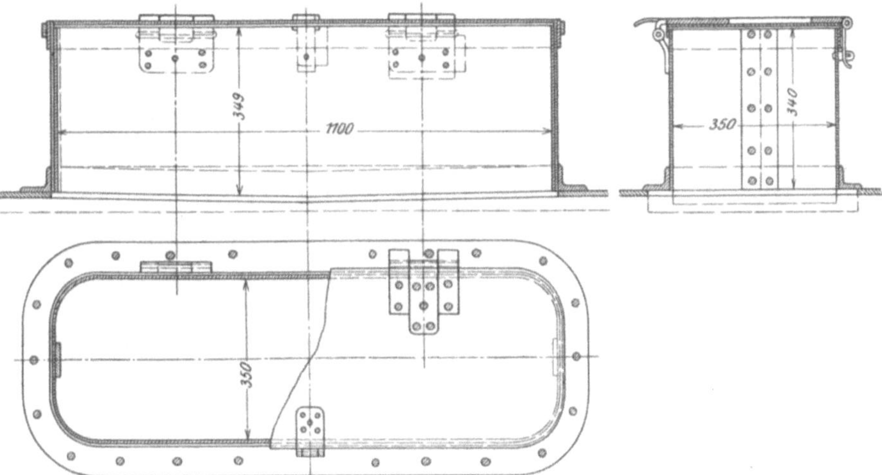

Abb. 54 b. Wassereinlauf für Tender.

kann aber bei der oben bezeichneten Stellung des Ausgusses zur Gleis-
mittellinie eine Länge zum Anfahren der Züge von etwa 3·6 m gewonnen
und hierdurch das Anfahren wesentlich erleichtert werden. Wird außerdem der Ausleger des Wasserkranes um etwa 300 mm verlängert, so
könnten etwa 4·38 m Anfahrlänge erzielt werden, wie in Abb. 54 a angedeutet
ist. Indessen würde durch Verlängerung des Auslegers das Anfahren von
Tendern mit altem Wassereinlaufe etwas ungünstiger, da dann in der
zum Gleise rechtwinkeligen Stellung des Auslegers wegen Überragung des
Auslaufes über die alte Einlauföffnung kein Wasser genommen werden
könnte, und die äußersten Schrägstellungen des Auslegers verhältnismäßig
kurze Anfahrlängen liefern.

Die Verlängerung des Auslegers ist daher nicht ohne weiteres zu
empfehlen, es sei denn, daß der Kran nicht in passender Entfernung
vom Gleise aufgestellt und deshalb eine Änderung ohnehin zweckentsprechend ist. In Abb. 54 a sind die Ausleger- und Anfahrlängen für verschiedene Abstände der Kransäule von der Gleismitte angegeben, sie
liefern die folgende Zusammenstellung:

Abstand Kransäule von Gleismitte	Auslegerlänge	Anfahrlänge in mm bei einer Einlauflänge von	
mm	mm	600 mm alt	1100 mm neu
3000	3400	—	4380
3000	3000	1870	2995
2850	3000	2615	3465
2850	2850	1824	2910
2600	3000	—	4080
2250	2650	—	3795
2250	2400	2325	3060

Es gibt auch Wasserkrane mit unmittelbarer Wasserhebung
in die Tender.

Nach Bedarf kann die Anlage, wie in Abb. 55a dargestellt, durch Aufstellen eines Hilfsbehälters B und eines Dampfkessels M ergänzt werden.

In dem Brunnen ist auf zwei eisernen ⊐-Trägern E oder Schienen das Pulsometer (Abb. 55b) oder, wie auf der Braunschweigischen Landeseisenbahn ein Körtingscher Aquapult, der nur eine Kammer besitzt (Abb. 55c), aufgestellt. Die Träger dienen außerdem zur Aufnahme eines Bohlenbelages, um nach Bedarf an dem Pulsometer Arbeiten vornehmen zu können, wenn auch die Bedienung des Pulsometers von oben erfolgt.

Die Dampfleitung D, die durch schlechte Wärmeleiter zu schützen ist und die etwas Gefälle zum Pulsometer P hin erhält, soll tunlichst kurz sein, jedoch sind Leitungen bis

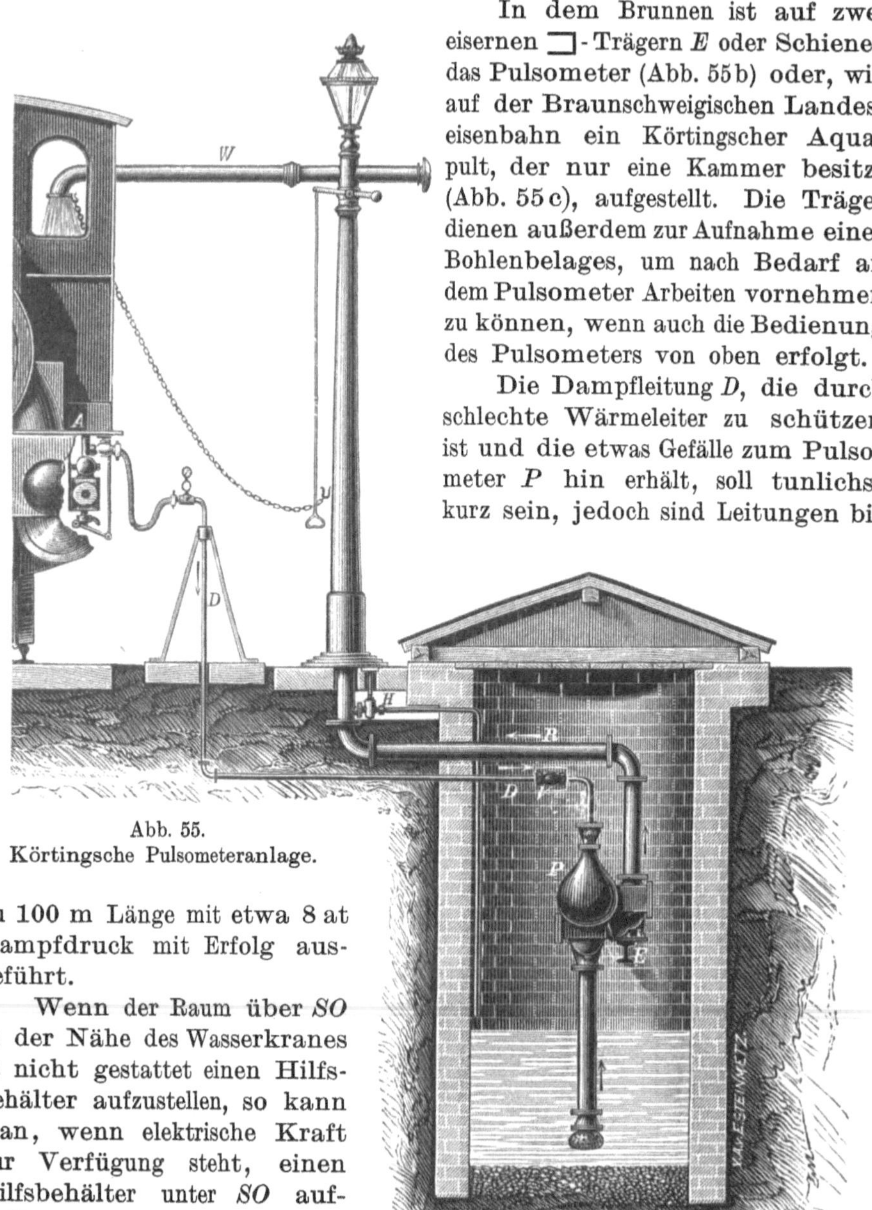

Abb. 55.
Körtingsche Pulsometeranlage.

zu 100 m Länge mit etwa 8 at Dampfdruck mit Erfolg ausgeführt.

Wenn der Raum über SO in der Nähe des Wasserkranes es nicht gestattet einen Hilfsbehälter aufzustellen, so kann man, wenn elektrische Kraft zur Verfügung steht, einen Hilfsbehälter unter SO aufstellen und dem Kran das Wasser durch eine mit einem Elektromotor gekuppelte Zentrifugalpumpe zuführen, die jedoch mehrere Kubikmeter Wasser in der Minute liefern muß.

Der Raum über dem Steuerkolben C des Aquapultes (Abb. 55c) steht durch ein Rohr mit dem Kondensationsraum G in Verbindung, in dem sich

Abb. 55a. Pulsometeranlage mit Hilfsbehälter.

Dampf, der etwa neben dem Kolben entweichen sollte, verdichtet. Sobald das Wasser durch den Dampf aus der Kammer gedrückt ist, spritzt
das im Windkessel W unter Druck befindliche Wasser durch das Einspritz-
rohr J in die Kammer. Infolge der Druckabnahme fällt das Steuerventil C
und verhindert den ferneren Dampfeintritt. Der weitere Inhalt des Wind-
kessels W entleert sich nun mit größerer Geschwindigkeit in die Kammer
und es tritt ein fast vollständige Luftleere in ihr ein. Die aufstrebende

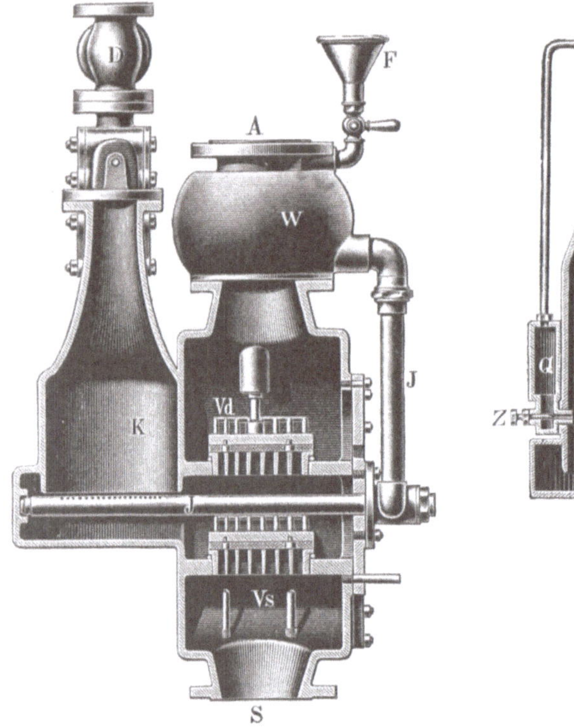

Abb. 55 b.
Körtingsches Hochdruckpulsometer.

(*A* Druckrohr, *D* Dampfventil, *F* Fülltrichter,
J Spritzrohr, *Vd* Druckventil, *Vs* Saugventil,
W Windkessel, *K* Pulsometerkammer, *S* Saugrohr.)

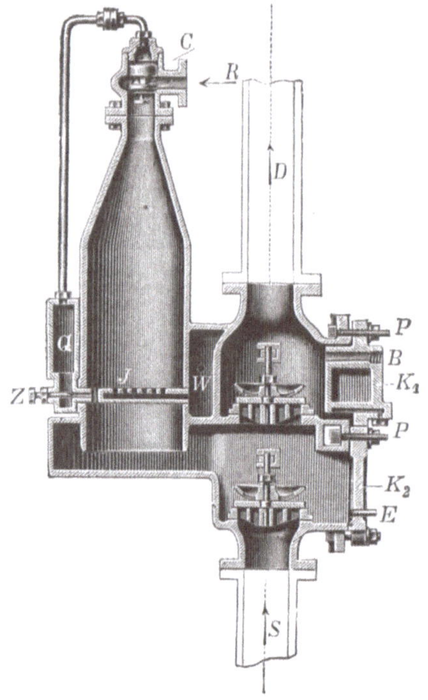

Abb. 55 c. Aquapult.

(*R* Dampfeintritt, *S* Saugrohr, *D* Druckrohr,
E Entwässerungsschraube, *B* Füllöffnung,
K₁ K₂ Deckel, *Z* Druckregulierschraube.)

Wassermasse übt nach vollendeter Füllung der Kammer einen gewissen
Druck aus, durch den das Steuerventil zum Dampfeintritt wieder geöffnet
wird. Ein Ventilchen ersetzt die Luft in dem Windkessel in dem gleichen
Verhältnis wie sie verbraucht wird.

7. Wasserversorgung der Lokomotiven während der Fahrt.

Ramsbottom, der im Jahre 1862 Chefingenieur der North Western
Railway war und der der eigentliche Erfinder des Systems ist, wurde
nur dadurch dazu geführt, die nach ihm benannte Anordnung der Tröge
und Wasserschaufeln zu versuchen, daß seine Gesellschaft, um eine
Konkurrenzgesellschaft auszustechen, die 137 km lange Strecke Chester—
Holyhead ohne Aufenthalt durchfahren wollte. Ähnliche Gründe haben
dazu geführt, 1873 auf der Pennsylvania Railroad die Ramsbottomsche
Einrichtung einzuführen.

In Frankreich[1]), wo die Tender im allgemeinen mehr Inhalt als in
andern Ländern haben, und wo demnach Wassernehmen weniger häufig
notwendig ist als anderswo, kommt nur die Wichtigkeit des internationalen Verkehrs oder die Verbindung zwischen einigen Städten, die es
nötig macht, ohne Aufenthalt große Entfernungen zu durchfahren, in
Frage. Wenn die Züge zum Aufnehmen von Reisenden auf wichtigen
Stationen ohnehin halten müssen und der Aufenthalt größer ist als die

---

[1]) Le Génie civil 1901, S. 90 bis 94.

zum Wassernehmen oder Maschinenwechsel nötige Zeit, so ist es nicht nötig, die Wasserversorgung während der Fahrt in Anwendung zu bringen.

Da indessen das Gewicht der Züge gewachsen war, wuchs die Menge des nötigen Wassers der Lokomotiven ebenfalls. Um nun dem Tender nicht übertrieben große Abmessungen zu geben, wodurch auch das tote Gewicht der Züge etwas vermehrt würde, ging man zur Wasserversorgung während der Fahrt über, um unnötigen Aufenthalt bei einigen internationalen Zügen oder Luxuszügen zu vermeiden.

Wenn man Wasser unter einer Geschwindigkeit v in den unteren Teil eines vertikalen Rohres eintreten läßt, wird es darin entsprechend den Gesetzen der Schwere bis zur Höhe h hochsteigen nach der Formel

$$h = \frac{v^2}{2g}.$$

Wenn ein offenes gesenktes Rohr unter dem Wasserkasten in eine mit Wasser gefüllte Rinne im Gleise taucht, so wird das Wasser der Rinne mit der Geschwindigkeit des Zuges und entgegen der Fahrrichtung bewegt werden, es wird also in dem Speiserohr hochsteigen. Die theoretische Formel ist nicht immer genau brauchbar, man müßte die durch die Reibung im gekrümmten Rohr hervorgerufenen Druckverluste in Rechnung ziehen. Z. B. findet man bei $v = 25$ km/st aus der Formel $h = 2{\cdot}46$ m. Aus Erfahrungen Ramsbottoms ergibt sich aber, daß das Wasser in einem solchen Falle nicht die Höhe des Füllrohrs erreicht (das im Mittel 2·30 m über SO liegt) und sich daher nur in den Tender ergießt, wenn die Geschwindigkeit größer ist als 35 km/st.

Es gibt zwei Anordnungen zum Wassernehmen während der Fahrt. Die eine, hauptsächlich in England angewandte und englische Anordnung genannte, ist die von Ramsbottom vorgeschlagene und zuerst von der North Western-Gesellschaft eingerichtete Anordnung; die andere, von der ersteren hergeleitete und verbesserte Ramsbottomsche, stellt die amerikanische Anordnung dar, deren erste Einrichtung auf der Pennsylvania R. R. 1874 getroffen wurde.

Bei beiden Systemen ist der untere bewegliche Teil der Schaufel für gewöhnlich hochgehoben. Als man in England die ersten Schöpftröge einrichtete, glaubte man, daß es den Lokomotivführern unmöglich wäre, im richtigen Augenblick bei Beginn oder Ende des Troges die Schaufel zu bewegen. Damit die Rinne ihrer ganzen Länge nach benutzt werden konnte und um sie nicht übermäßig groß zu machen, wurde man dazu geführt, die Schaufel 1 oder 2 km vor dem Anfang oder nach dem Ende des Troges zu senken oder zu heben. Es darf also das Ende des Troges nicht die Schaufel berühren, was durch allmähliches Fallen des Gleises auf der ganzen Länge der Wasserentnahme bewirkt wurde: Der Zug durchfährt eine Talmulde, deren mittlerer ebener Teil durch die Rinne ausgefüllt ist, und die Schaufel kommt allmählich ins Wasser.

Die Vertiefung des Gleises ist im allgemeinen 0·15 m. Der Teil nach unten wird mit dem normalen Schienenniveau durch Rampen verbunden, die bei den ersten Ausführungen (Conway z. B.) 10 mm auf 1 m laufend betrugen und schließlich auf 3 mm für 1 m laufend bei 50 m Länge beschränkt wurden.

Der Grund des geneigten Teiles des Troges ist mit der Schiene parallel. Man vermeidet dadurch, die Querverbindungen, die die Tröge tragen, einzuschneiden.

Bei dieser Anordnung findet das vollständige Eintauchen der Schaufel nicht auf der ganzen Länge statt. Außerdem rufen die Gefälle am Beginn und Ende starke Neigungsverschiedenheiten hervor, die sich bei den Schnellzügen besonders stark bemerkbar machen. Da die Schaufel in ihrer Tieflage außerhalb des Troges ist, muß, wenn man die mögliche Abnutzung der Schienen und Radreifen in Rechnung zieht, ihr Ende immer oberhalb des lichten Raumes des Bahnkörpers liegen, was auf einigen Strecken das Eintauchen und damit die Menge des aufzunehmenden Wassers vermindert.

Seit der Inbetriebnahme der Ramsbottomschen Schöpfvorrichtung in Amerika erkannte man, daß, wenn man gewisse Anordnungen träfe, man den unteren Teil der Schaufel ziemlich plötzlich und im gegebenen Augenblick bewegen könnte, und daß es keineswegs nötig wäre, ihn vor dem Anfang des Troges herabzulassen. In den Schöpfvorrichtungen der Pennsylvania R. R. ist das Gleis daher horizontal verlegt, besondere Signale bezeichnen Beginn und Ende der Tröge, und beim Vorbeifahren läßt der Führer die Schaufel nieder. Da diese sich nur in ihrer tiefsten Stellung befindet, wenn der Tender oberhalb der Entnahmestelle ist, hat man sich nicht um den lichten Raum zu bekümmern. Man konnte also die Schaufel tiefer eintauchen lassen und das auf derselben Länge aufgenommene Wasser vermehren. Die Vorzüge, die im Gleis mit Neigungen am Anfang und Ende liegen, sind also überflügelt.

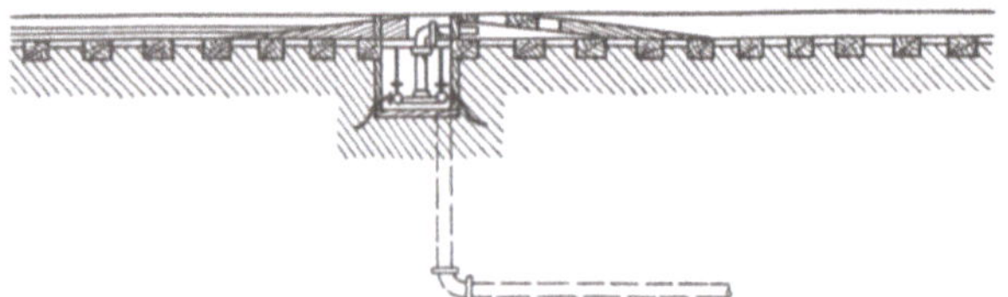

Abb. 56.   Geneigte Ebene des Troges.

Ramsbottom hat 1861 festgestellt, daß man bei der Schöpfvorrichtung in der Nähe von Conway (England) bei einer Länge von 403 m aufnahm:

4 cbm 81 bei einer Geschwindigkeit von 36 km/st
4 „ 9 „ „ „ „ „ 53 „
5 „ 3 „ „ „ „ „ 66 „
4 „ 86 „ „ „ „ „ 82 „ ,

wobei das Eintauchen höchstens 5 cm betrug. Aus Erfahrungen, die bei Belwood in der Nähe von Altoona auf der Pennsylvania R. R. gemacht sind, ergibt sich, daß die Menge des gehobenen Wassers bei einem Eintauchen der Schaufel von 78 mm und einer Länge des Troges von 300 m beträgt:

8 cbm 41 bei einer Geschwindigkeit von 60 km/st
9 „ 3 „ „ „ „ „ 80 „
10 „ — „ „ „ „ „ 100 „ .

Um die Schaufel zu verhindern, gegen die äußere Wand des Troges zu stoßen, wenn sie zu früh herabgelassen oder zu spät hoch genommen wird, bringt man vor Beginn derselben eine Querschwelle mit geneigter Ebene (Abb. 56) an. Dieses System ist durchaus ungenügend. Infolge von unpünktlichen Bewegungen, die die Zerstörung der Schaufeln und Zubehör veranlaßt haben, wurde man veranlaßt, den unteren Teil der Schaufel aus Messingblech oder genügend schwachem Eisenblech herzustellen, damit er bei dem geringsten Stoß gegen ein Hindernis zerbricht. Aber da immer Steine und Kies durch den Luftzug in die Rinne geworfen werden, wird das Blech durch diese leicht zerstört werden, obgleich die Bewegung ordentlich stattgefunden hat.

Englische Anlagen. Die ersten Einrichtungen zur Wasserversorgung der Lokomotiven während der Fahrt sind 1862 auf der North Western R. R. gebaut worden, dann folgten die Great Western, die Lancashire und Yorkshire R. R.

Der verwandte Trog hat eine Länge von rund 500 m und besteht zum Teil aus Gußeisen, zum Teil aus Eisenblech. Auf der Lancashire- und Yorkshire-Bahn wird er auf seiner ganzen Länge an jeder Seite durch dreieckige Holzklötze festgehalten. Um die Verlängerung infolge von Temperaturänderung zu erlauben, ebenso um die Dichtung zu sichern, sind die Stöße an jedem Abschnitt des Troges durch Gummi verbunden.

Die Füllung des Troges geschieht selbsttätig oder nicht selbsttätig.

Die Anordnung der selbsttätigen Verteilung auf der Lancashire ist von den französischen Staatsbahnen angenommen. Ist die Verteilung nicht selbsttätig, so muß man einen Wärter für die Wasserentnahme (gleichzeitig Blockwärter) haben, der in der Zeit, in der die Züge nicht fahren, Kontrollgänge macht und im Winter verpflichtet ist, das Eis in den ungeheizten Behältern zu zerbrechen, wie es allgemein in England der Fall ist.

Obgleich die Bewegung der Schaufel gewöhnlich nur außerhalb des Troges geschieht und obgleich man den Widerstand des Wassers, das sich verfängt, nicht zu fürchten braucht, geschieht diese Bewegung ziemlich hart. Bei der North Western wird der Rüssel, der mittels eines Gelenkes an seinem unteren Ende gegliedert ist, durch eine Stange und einen Hebel nach unten bewegt, was die Bewegung erleichtert. Auf der Great Western ist die Bewegungsstange durch eine Schraube ersetzt, wodurch die aufzuwendende Kraft vermindert, dagegen die Dauer der Bewegung sehr vermehrt wird. Endlich ist auf der Lancashire- und Yorkshire-Eisenbahn die mechanische Bewegung bei den mit selbsttätigen Bremsen ausgerüsteten Lokomotiven durch den Luftdruck ersetzt.

Die neusten in England gebräuchlichen Schaufeln tragen zwei Laschen, die über dem Wasser sind, wenn die Schaufel in den Trog eintaucht. Sie haben den Zweck, das Spritzen des Wassers gegen den Tender oder auf das Gleis zu verhindern. Das Spritzen ist bei dieser Anordnung ziemlich beträchtlich, da das Wasser bis nahe zum oberen Rand des Troges steht. Auf demselben Bahnnetz ist die Schaufel oftmals doppelt angeordnet, um das Füllen zu ermöglichen, wenn die Lokomotive rückwärts fährt.

Amerikanische Anordnung. Da man bei der amerikanischen Anordnung die Schaufel vor dem Ende des Troges wieder hochheben muß, war man genötigt, die Geschwindigkeit beim Schöpfen zu ermäßigen wegen des Widerstandes des aufsteigenden Wassers. Um dies zu ermöglichen, hat die Pennsylvania R. R. 1894 die neue Schaufel eingeführt, die im Génie civil (Bd. 35, Nr. 20, S. 326) beschrieben ist.[1] Da die Drehachse der Schaufel in ihrer Mitte liegt, ist sie immer im Gleich-

---

[1] S. auch Zeitschr. für Bauwesen 1899, S. 222.

gewicht, selbst beim Schöpfen; durch Hängefedern wird sie hochgehalten, und man muß den Widerstand beim Herablassen überwinden.

Französische Anordnung. Staatsbahn. Die im Jahre 1900 in Frankreich hergestellte Anlage beruht auf den in England und Amerika gemachten Erfahrungen. Drei Anlagen sind im Juli 1900 seitens der Staatsbahn auf der Strecke Paris—Royan eingerichtet. Die erste ist bei Illiers (115 km von Paris), die zweite bei Château du Loir (220 km) und die dritte bei Villeneuve la Comtesse (450 km). Die Entfernung Paris—Royan beträgt 570 km.

Die Tröge sind englischen Systems. Sie haben am Anfang und Ende Neigungen von 3 mm für das laufende Meter bei 48 m Länge (Abb. 57). Der ebene Teil der Rinne beträgt 440 m und die Gesamtlänge 536 m.

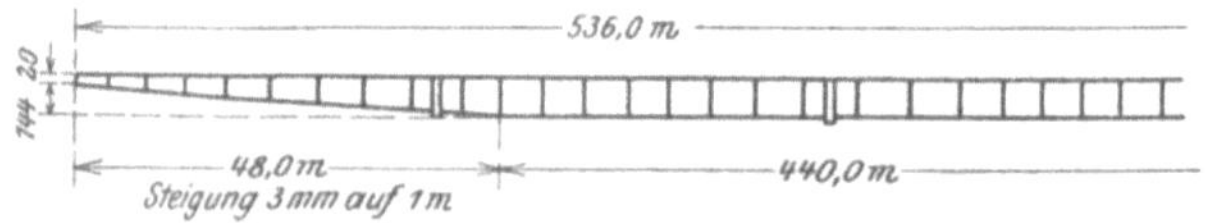

Abb. 57.   Trogende englischen Systems.

Der Trog aus 4 mm Eisenblech ist seitlich durch Winkeleisen von 6 mm Stärke gestützt. Er hat 160 mm Höhe und 500 mm Breite, die Wasserhöhe beträgt 135 mm. Er ruht auf Querhölzern von 50 mm Stärke, auf denen er durch Nägel oder mit Schrauben befestigt ist.

Der Trog ist in Abschnitte von je 5 m zerlegt, die am Ort durch angepaßte Laschen von 6 mm Stärke verbunden werden.

Man wollte keine Gummiverbindung anwenden, wie dies zuweilen in England geschieht, da diese ziemlich hohe Anlage- und Unterhaltungskosten verlangen. Um der Ausdehnung Rechnung zu tragen, würde es

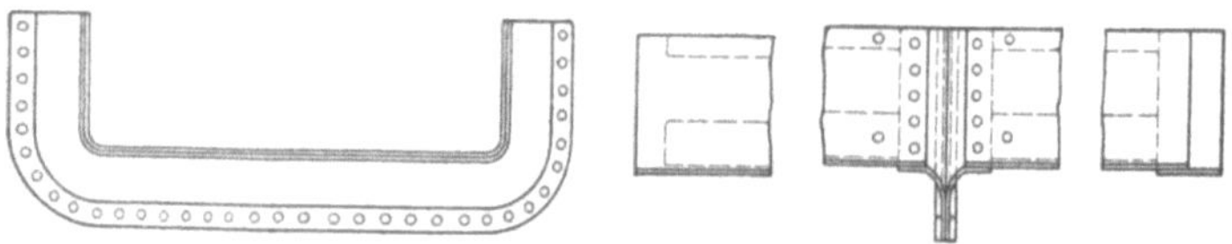

Abb. 58.   Ausgleichverbindung.

genügen, die Nägel nicht ganz einzuschlagen; aber bei dieser Anordnung könnte der Trog nicht ordentlich auf den Schwellen befestigt werden. Man hat vorgezogen, bei je 50 m die gewöhnlichen Verbindungen durch besondere Ausgleichverbindungen zu ersetzen (Abb. 58). Die Verbindungen leiden jedoch leicht durch Steine oder Erde.

Die Speisung der drei Tröge geschieht selbsttätig. Das Wasser wird von dem benachbarten Bahnhof durch eine Leitung von 200 mm lichter Weite in die beiden Verteiler, von denen jeder eine Rinne zu füllen hat, geleitet. Die Verbindung der Leitung mit dem Verteiler kann durch ein Ventil unterbrochen werden.

Wegen der Länge des Troges ist der normale Wasserstand in der Mitte lange vor dem Ende erreicht. Sobald das Gleichgewicht hergestellt ist, beginnt eine neue Füllung bis zu dem Augenblick, wo das Wasser 25 mm unter dem oberen Rand des Troges steht. Um diesen Wasserspiegel nicht zu übersteigen, werden rechteckige Löcher am Rand des Troges gebohrt, durch die das Wasser in den Kies ablaufen kann.

Diese Anordnung, die im ersten Augenblick als verlockend erscheinen kann, hat viele Unannehmlichkeiten. Die Regelung des Verteilers dauert lange. Die Füllung eines Troges nach dem Durchfahren eines Zuges dauert 25 bis 30 Minuten trotz der großen Abmessung der Zuleitung. Auch bewirkt der fast beständige Wasserabfluß einen beträchtlichen Wasserverlust. Zwei Leerlaufleitungen, die an den Speiseleitungen sitzen, erlauben die Bottiche zu leeren.

Die Schaufel des vierachsigen Tenders hat 330 mm Breite und taucht 72 mm ein. 8 cbm können bei jedem Trog aufgenommen werden. Ein Signal zum Anmelden des Troges ist nicht vorhanden, auch keine Vorrichtung, um das Einfrieren zu verhindern. Die Tröge sind am Tage gut sichtbar.

Der Preis der Anlage hängt von der Länge der

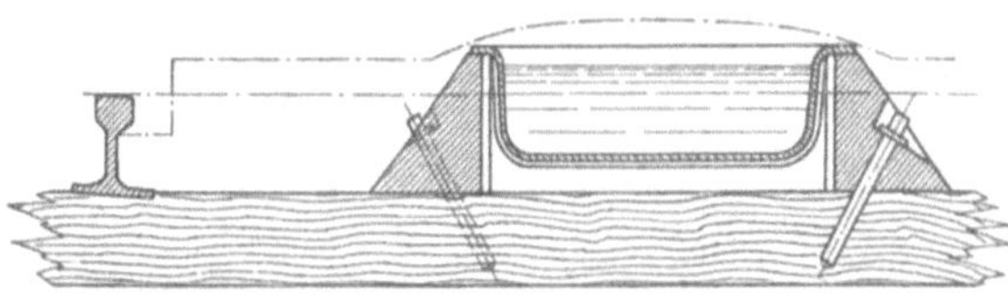

Abb. 59. Trog der Lancashire R. R.

Zuführungsleitung ab. Die Tröge der Staatsbahn kommen auf 30 Franks für 1 m laufend einschließlich Tragleisten und Befestigungsteilen, fertig montiert. Jeder Verteilapparat kostet 200 Franks. Um den Gesamtpreis zu erhalten, müssen die Kosten für Lieferung und Verlegung der Leitung hinzugerechnet werden.

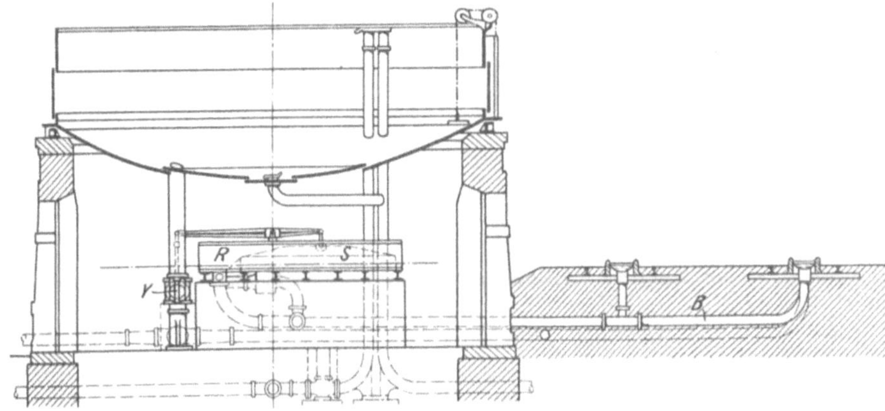

Abb. 60. Behälter zum Füllen der Tröge.

Die Tröge sind konstruiert und aufgestellt von der Société Dyle-Bacalan.

Der Trog der Paris-Lyon-Mittelmeerbahn ist zwischen Aisy und Montbard, ungefähr 238 km von Paris wie auf der Lancashire R. R. seitlich durch dreieckige Holzklötze gehalten (Abb. 59), die auf den Schwellen festgeschraubt sind. Er ruht einfach auf ihnen; eine Ausdehnungsverbindung ist nicht erforderlich, Laschen aus Schwarzblech machen die

Dichtung vollkommen. Die Rampe hat am Anfang und Ende auf 55 m
Länge eine Neigung von 2·8 mm auf das laufende Meter. Der Wasserstand der Rinne beträgt 128 mm und die Gesamtlänge 567 m.

Die Verteilung geschieht selbsttätig. Das Wasser gelangt aus dem
Behälter (Abb. 60) durch die Leitung p (Abb. 61) von 200 mm lichter Weite
zu den Enden der Tröge. Ein bei y angebrachtes Ventil kann die Verbindung unterbrechen. Eine Leitung B, die in der Mitte des Troges
mündet, verbindet diesen mit dem Behälter R, in den der Schwimmer S
taucht, der am Ende eines Hebels angebracht ist, an dessen anderem
Ende das Verteilventil sitzt. Das Wasser, das von B durch die Leitung A
(Abb. 61) kommt, ergießt sich in den Behälter, sobald der Normalstand
im Schöpftrog erreicht ist; der Schwimmer S wird hochgehoben und das

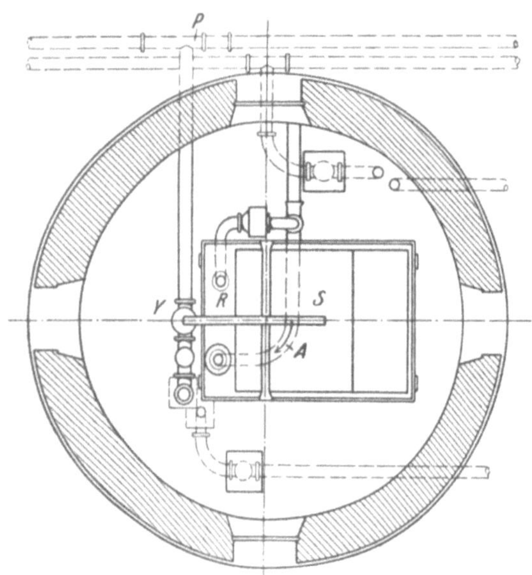

Abb. 61.   Grundriß der Schwimmereinrichtung.

Ventil geschlossen. Der Behälter R ist außerdem durch
eine Leitung an seinem unteren Teil mit dem Trog verbunden. Sobald der Wasserspiegel darin sinkt, geschieht
dasselbe in R; das Gewicht
des Schwimmers S öffnet
das Ventil und eine neue
Wasseraufnahme beginnt.

Die Schaufel ist in der
Mittelebene des Tenders angebracht. Sie hat eine Tra-
pezform, ihr unterer Teil ist
aus schwächerem Blech hergestellt, so daß die Stöße
gegen harte Körper nur einen
leicht ersetzbaren Teil zerstören können. Die senk-
rechte Öffnung der Schaufel
beträgt 312 mm, sie taucht
aber nur 50 mm ein; die Menge des aufzunehmenden Wassers auf einer
Länge von 567 m beträgt rund 8 cbm.

Die Erhöhung der Tenderkasten hat bewirkt, daß die Schaufel und
der bewegliche Teil des Speiserohrs eine ziemlich beträchtliche Höhe
haben (1·15 m). Um die Bewegung zu erleichtern, hat man die Drehachse dieses beweglichen Teiles an sein unteres Drittel verlegt. Wegen
dieser Form wird die Schaufel immer bestrebt sein, durch das Überwiegen des oberen Teiles eine erhobene Lage einzunehmen, selbst wenn
die Speisung stattfindet. Auch ist die Bewegung in einfacher Weise
durch einen gegliederten Hebel zu bewerkstelligen.

Das Speiserohr hat einen viereckigen Querschnitt und erweitert sich
oben, so daß die Geschwindigkeit des Wassers beim Eintritt in den Behälter verringert wird.

Die französische Nordbahn hat mehrere Einrichtungen vorgesehen,
die eine bei Chauny, Strecke Paris—Erquelines, die andere vor Longueau
auf der gemeinsamen Strecke Paris—Lille und Paris—Calais. Die Anordnung ist die amerikanische. Der Trog wird auf den nicht ein-

geschnittenen Schwellen befestigt, was eine Verbesserung der Anlagen der
Pennsylvania R. R. darstellt, wo die Schwellen wegen des lichten Raumes
7 cm eingeschnitten werden mußten, um den Trog zu lagern, wodurch die
Festigkeit der Gleise und der Schwellen vermindert ist. Die Befestigungs-
nägel sind nicht ganz eingeschlagen, um kostspielige Einrichtungen für
die Ausdehnung zu vermeiden. Die Schaufel ist ähnlich der von der
Pennsylvania R. R. eingeführten. Die Verteilung geschieht nicht selbsttätig, um eine schnellere Füllung der Tröge zu erlauben; man braucht
15 bis 30 Minuten, um einen Trog selbsttätig zu füllen und 7 Minuten bei
nicht selbsttätiger Füllung und genügend weiter Zuleitung. Auf diese
Weise kann ein Nachzug (Extrazug) schon 10 Minuten nach dem Haupt-
zug Wasser nehmen, und man vermeidet außerdem die vielfachen Fehler
der selbsttätigen Speisung.

Es ist zweifellos, daß diese Anlagen gestatten, die Geschwindigkeit
der Züge zu erhöhen und die Lokomotiven besser auszunutzen. Aber sie
sind nicht ohne Unannehmlichkeiten. Durch die Geschwindigkeit beim
Fahren wird eine große Menge Wasser durch die Kurvenform der Schaufel
gegen den Boden des Tenderkastens geschleudert und fällt von da
auf das Gleis zurück. Die von dem Zug fortgerissene Luft, die nach

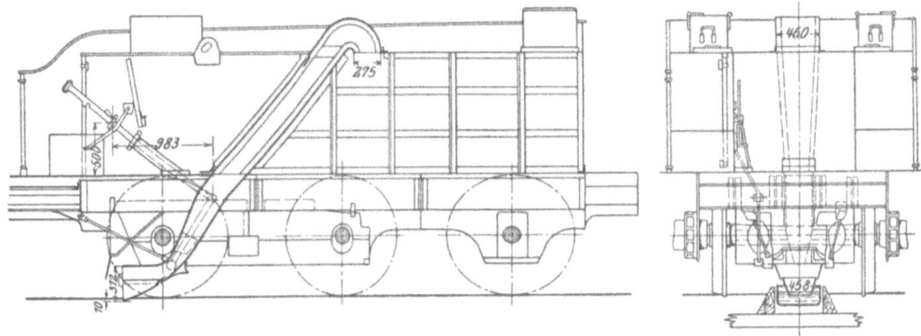

Abb. 62. Tender mit Füllrohr.

allen Seiten leichte Körper wirft, hebt etwas Wasser aus dem Trog und
verbreitet es in feinen Strahlen nach allen Seiten. Die seitlichen Ränder
der Schaufel heben das Wasser, und infolge des geringen Zwischenraumes
zwischen dem Wasserspiegel und dem oberen Rande des Troges verbreitet
es sich auf dem Gleis. Die erstere Unannehmlichkeit ist auf einigen
fremden Bahnen vermieden worden, indem man der Schaufel eine besondere Form gab; es scheint schwer, die andere selbst bei Schaufeln
mit seitlichen Flügeln zu vermeiden.

Abb. 62 zeigt die Einrichtung der Füllvorrichtung des Tenders. Die
Baukosten einer Ramsbottomschen Anlage betragen nach Frahm etwa
200 000 M. Auf den amerikanischen Bahnen dienen die Einrichtungen
vorzugsweise den außergewöhnlich starken Güterzügen.

Literatur.

Heusinger, Handbuch für spezielle Eisenbahntechnik, Bd. I, Leipzig 1877. —
Meyer, Grundzüge des Eisenbahnmaschinenbaues, Bd. III, Berlin 1886. — Röll,
Encyklopädie, Bd. VII, Wien 1895. — Fink, Konstruktion der Kolben und Zentrifugal-
pumpen, Berlin 1872. — Tilp, Eisenbahnmaschinendienst, Wien 1877. — Blum, v. Borries

und Barkhausen, Eisenbahntechnik der Gegenwart. — Wehrenpfennig, Über Untersuchen und Weichmachen des Kesselspeisewassers. — Haeder, Die Pumpen. — Berg, Die Pumpen, Berlin 1906. — Taschenbuch „Hütte“, 1905. — Matschoss, Die Entwicklung der Dampfmaschine, Bd. II. S. 270—360. — Organ für die Fortschritte des Eisenbahnwesens: a) Windmotoranlage der Wasserstation Etgersleben, 1882, S. 164; b) Worthingtonpumpe, 1887, S. 21—23; c) Pulsometerbetrieb mit Lokomotivdampf, 1887, S. 141; Wassereinlauf, 1898, Tafel XXII; Wasserkran, 1906, S. 179; d) Guillery, Mammutpumpen, 1907. — Die Wasserversorgung des Bahnhofes Hannover, Zeitschr. f. Bauwesen 1889, S. 545. — Die Wasserversorgung des Bahnhofes Frankfurt, Zeitschr. f. Bauwesen 1891, S. 419. — Wasserturm Straßburg i. E., Zeitschr. f. Bauwesen 1908, S. 70/71 u. Taf. 25. — Wasserversorgung und Wasserturm des Bahnhofes Straßburg i. E., Zentralblatt der Bauverwaltung 1885, S. 37. — Reuleaux, Über Neuerungen an Dampfpumpen und Dampfpumpwerken, Glasers Annalen 1887, S. 7. — Herstellung eines Wasserwerks zur Versorgung des Bahnamtes in Magdeburg, Glasers Annalen 1892, S. 8. — Hagemanns Pumpen, Glasers Annalen 1906. — Zeitschr. Ver. deutsch. Ing.: a) Riedler, Neuere Wasserwerkmaschinen, 1890; b) Josse, Druckluftwasserheber, 1898, S. 981; c) Rottmann, Die mechanische Klärung und Filterung in Wasserreinigern, 1906, S. 1947; d) Otto H. Müller, Pumpen der Ausstellung in Nürnberg, 1906, S. 1118 u. 1886, ferner S. 1650 u. ff.; e) Wasserturm des Bahnhofes Jekaterinodar, 1905, S. 1257; f) Forchheimer, Über Rohrnetze, 1889, S. 365 u. 1890, S. 679; g) Smreker, Bestimmung der finanziell günstigen Geschwindigkeit des Wassers in Druckleitungen unter Voraussetzung künstlicher Hebung, 1889, S. 95. — Müller, Ramsbottomsche Fülltröge, Verkehrstechnische Woche 1907. — Dr. Treumann, Chemische Wasseruntersuchung, Zeitschr. für öffentliche Chemie, Jahrgang X, Heft 21. — Guillery, Reinigung von Kesselspeisewasser, Deutsche Straßen- u. Kleinbahnztg. 1907, S. 349 ff. u. 375 ff. — Anleitung für die Einrichtung, den Betrieb und die Überwachung öffentlicher Wasserversorgungsanlagen, vorberaten im deutschen Reichsgesundheitsamte, Journ. für Gasbeleuchtung u. Wasserversorgung 1906, S. 779 ff. — Roesch, Die Wartung der Lokomotivkessel auf der Endstation und während der Fahrt, Bulletin des internationalen Eisenbahnkongreßverbandes 1907, Bd. 21. — Fahrten ohne Lokomotivwechsel, Zeitg. des Ver. deutsch. Eis.-Verw., 1908, Nr. 31; 1906, Nr. 35 und Nr. 1; 1905, Nr. 43.

Kohle und Bekohlungsanlagen.

Von

Friedrich Ibbach,

Eisenbahnassessor der Kgl. Bayerischen Staatseisenbahnen, München.

A. Kohle.

1. Art und Menge der im Lokomotivbetrieb verwendeten Brennstoffe.

Bei der großen Mehrzahl der heute im Betrieb befindlichen Eisenbahnen sind es die fossilen Brennstoffe, in erster Linie Stein- und Braunkohlen, deren chemisch gebundene Energie in die Energieform des hochgespannten Wasserdampfes übergeführt wird, um den Kraftbedarf des Zugförderungsdienstes zu decken. Die jüngeren Formen, Torf und Holz, finden nur noch ausnahmsweise und für untergeordnete Leistungen Verwendung. Den größten Holzbedarf für Lokomotivfeuerung weist noch Rußland mit 4507000 cbm (im Jahre 1903) auf, von denen nur 291100 cbm zum Anheizen gebraucht wurden. Koks findet gleichfalls nur ausnahmsweise Anwendung da, wo Rauch- und Rußbelästigungen der Nachbarschaft eines Streckenabschnitts oder Bahnhofs hintangehalten werden sollen. In Rußland und Amerika treten in der Nähe der großen Erdölfundstätten flüssige Brennstoffe in der Form von Rückständen der ersten Erdöldestillation in Wettbewerb mit der Kohle.

Sonst finden sich Öl- und Teerfeuerung nur vereinzelt und in kleinerem Maßstab. So zwang die Rauchbelästigung im Arlbergtunnel dazu, die dort verkehrenden Lokomotiven mit einer Hilfsfeuerung für Rohöl auszurüsten. Um die Leistungsfähigkeit der Lokomotiven auf einigen Hauptstrecken mit langen Steigungen für gewisse Zeiten steigern zu können, haben einige französische Bahnen einen Teil ihrer Lokomotiven mit Einrichtungen zur Teerfeuerung neben der Kohlenfeuerung ausgerüstet. Die englische Great Eastern-Bahn stellte eingehende Versuche über die Verwendbarkeit der Teerrückstände ihrer Steinkohlen- und Ölgasanstalten für die Lokomotivfeuerung an. Die dabei gemachten günstigen Erfahrungen führten in den Jahren 1898 bis 1900 zur Ausrüstung von 20 Eilzuglokomotiven mit Teerfeuerung Patent Holden.[1]

In neuerer Zeit werden versuchsweise bei Lokomotiven, die sogen. „leichte Züge" befördern, Hilfsfeuerungen für flüssige Brennstoffe eingebaut mit der Absicht, die Bedienung der Feuerung zu vereinfachen und durch Einsparung des Heizers die Personalkosten herabzumindern.

Die aus dem Kohlenklein, das für sich zur Lokomotivfeuerung ungeeignet wäre, angefertigten Preßkohlen finden im Lokomotivbetrieb mit

---

[1] Zeitschr. Ver. deutsch. Ing. 1902, S. 317.

Vorteil Verwendung, um bei der gewöhnlichen Förderkohle einen Mangel an größeren Stücken auszugleichen und streckenweise eine raschere und intensivere Hitzeentwicklung zu ermöglichen. Von diesem Hilfsmittel macht die belgische Staatsbahn, welche im Jahre 1898 die Verwendung von Briketts in ihrem Lokomotivbetrieb einführte, ausgiebigen Gebrauch. Im Jahre 1905 wurden $18^0/_0$ des gesamten Brennstoffbedarfs = 280 600 t in Gestalt von Briketts verfeuert. Bei den italienischen Staatsbahnen betrug im Jahre 1905 der Brikettverbrauch sogar $60^0/_0$ des gesamten Brennstoffverbrauchs.

Welche bedeutende Rolle die Ausgaben für Brennstoffe im Haushalte der Eisenbahnen spielen, zeigt die nachstehende Zahlentafel, die ihr Verhältnis zu den Gesamtausgaben angibt.

	im Jahre	Kosten der Brennstoffe für Lokomotiven in M.	in Prozenten der Gesamtausgaben
Deutsche Bahnen	1905	131 952 054	8·8
Österreichische Bahnen	1905	28 440 028	8·7
Italienische Staatsbahnen.	1905	27 530 734	7·2
Französische Privatbahnen	1905	68 595 810	11·2
Belgische Staatsbahn	1905	15 079 851	12·1
Schweizerische Bundesbahnen . . .	1904	7 295 656	11·7
Spanische Bahnen . . . . · . .	1901	15 733 000	18
Bahnen des europäischen Rußland .	1903	94 353 623	11·0
Bahnen des asiatischen Rußland . .	1903	9 500 430	8·0

Die deutschen Bahnen verwenden ausschließlich die Erzeugnisse deutscher Kohlenfelder, in erster Linie des Ruhr-, Saar- und schlesischen Gebiets. Österreich verbrauchte im Jahre 1905 im Lokomotivbetrieb rund 2 Millionen Tonnen Stein- und 1·9 Millionen Tonnen Braunkohlen eigener Gewinnung. Die italienischen Bahnen verfeuern meist Kohlen englischer Herkunft, die französischen Bahnen neben den Erzeugnissen der eigenen und belgischen Gruben gleichfalls englische Kohle. Im Jahre 1902 wurden mehr als $^2/_5$ des französischen Kohlenbedarfs im Ausland gedeckt.

Rußland ist seit dem im Jahre 1901 erfolgten Verbot der Einfuhr englischer Kohle auf seine eigenen Fundstätten, vornehmlich das Donez-, Moskauer-, Ural- und Kubangebiet angewiesen. Daneben macht es ausgiebigen Gebrauch von den Destillationsrückständen seiner ausgedehnten Erdölfelder. Im Jahre 1902 waren von 14 326 russischen Lokomotiven 5180 für Naphthafeuerung eingerichtet. In welchem Verhältnisse bei den russischen Bahnen Holz und Naphtha an der Lokomotivheizung beteiligt sind, zeigt nachstehende Zahlentafel[1]).

Es wurden im Jahre 1903 in runden Zahlen verbraucht bei den russischen

	Staatsbahnen		Privatbahnen	Zusammen
	in Asien	in Europa		
Anthrazit . . . . . t	—	1 200	30 300	31 500
Steinkohlen . . . . t	520 000	2 540 000	383 000	3 443 000
Briketts . . . . . t	—	—	7 380	7 380
Koks . . . . . . t	—	16	—	16
Torf . . . . . . t	—	16	5 670	5 686
Naphtha . . . . . t	120 000	838 000	810 000	1 768 000
Holz. . . . . . cbm	437 000	3 130 000	940 000	4 507 000
hiervon zum Anheizen cbm	48 600	194 000	48 500	291 100

[1]) Archiv für Eisenbahnwesen 1906, S. 971.

Als Durchschnittspreise ergaben sich für die Tonne Anthrazit 11·90 M., Steinkohle 14·50 M., Naphtha 22·40 M., für das cbm Holz 3·34 M. Da in der Praxis 62 kg Masut (tartarisch) oder Astatki (russisch), wie die Rückstände der ersten Destillation des Rohpetroleums auch genannt werden, 100 kg Steinkohle ersetzen[1]), so stellt sich bei den obigen Preisen die Feuerung mit Öl billiger als jene mit Steinkohle.

Amerika besitzt in seinen vier großen Kohlenfeldern, dem Appalachian-, Michigan-, Illinois- und Missouribecken nebst ihren Ausläufern einen reichen Vorrat an Kohle, die von der härtesten, nur gemischt zu verwendenden Anthrazitkohle im Osten, nach Westen zu weicher und bituminöser werdend, bis zu der im Westen vorkommenden Braunkohle alle Zwischenstufen durchläuft. Außerdem verfügt es in seinen mächtigen Erdölfeldern in Kalifornien, Texas, Kentucky, Ohio und Pennsylvanien, deren Ausbeute seit dem Jahre 1902 diejenige Rußlands überflügelt hat, über beträchtliche Mengen flüssigen Brennstoffes, der in den Lokomotiven der angrenzenden Bahnlinien Verwendung findet. So besaß im Jahre 1905 die Süd-Pacific-Bahn 750 und die Atchison, Topeka und Santa Fé-Bahn 200 Lokomotiven, die für Ölfeuerung eingerichtet waren.

2. Anforderungen an die Lokomotivkohle.

Welche Eigenschaften eine gute Lokomotivkohle besitzen muß, ergibt sich aus den Bedingungen, unter denen sich der bewegliche Dampfkesselbetrieb der Lokomotive abspielt. Bei dem Betrieb feststehender Dampfkessel hat sich als wirtschaftliche Heizflächenbeanspruchung eine stündliche Dampferzeugung von 20 bis 23 kg/qm herausgebildet. Dies entspricht einer stündlichen Verbrennung auf dem qm Rostfläche von 70 bis 100 kg Kohle von etwa siebenfacher Verdampfung.

Ein nach diesen Grundsätzen gebauter Lokomotivkessel würde die Grenzen des einzuhaltenden lichten Raums um ein Beträchtliches überschreiten. Man ist daher gezwungen, von der Heizflächeneinheit des Lokomotivkessels eine stündliche Dampferzeugung zu verlangen, welche die obigen Werte wesentlich übersteigt und bei Schnellzuglokomotiven 60 und selbst mehr kg/qm erreicht.

Da das Verhältnis der Heizfläche zur Rostfläche bei dem Lokomotivkessel sich gewöhnlich in den Grenzen $\frac{H}{R} = 45 - 75$ bewegt, während man bei stehenden Dampfkesseln im Mittel $\frac{H}{R} = 25$ auszuführen pflegt, so müssen auf dem qm Rostfläche stündlich 350 bis 500 kg Kohle von siebenfacher Verdampfung, also die fünffache Menge wie oben, verbrannt werden, um solche Kesselleistungen zu erzielen. Auf dem Lokomotivprüfstand der Pennsylvaniaeisenbahn wurden sogar Rostbeanspruchungen von 650 kg/qm erreicht.

Um eine derart gesteigerte Verbrennung während einer längeren Fahrt aufrecht erhalten zu können, darf die Kohle keinerlei Eigenschaften besitzen, welche die Zufuhr der zur vollständigen Verbrennung notwendigen Luftmenge in Frage stellen würden.

Es darf daher die Kohle

---

[1]) v. Jüptner, Lehrb. der chem. Technologie der Energien, I. Bd., 1. Teil, S. 271.

1. nicht ausschließlich aus Grieß und Kohlenklein bestehen. Sie darf

2. keine stark backende oder gar fließende Schlacke bilden. Es darf

3. die Menge der Rückstände nicht so bedeutend sein, daß die nach längerer Fahrt auf dem Rost lagernde Schlackenschichte den Luftzutritt zu der obenaufliegenden Kohlenschichte zu stark beeinträchtigt.

Außerdem soll die Kohle möglichst frei von schwefeligen Bestandteilen sein, da die hieraus entstehenden Dämpfe die kupfernen Feuerbüchsen schädigen.

Wünschenswert ist eine stückreiche, langflammige Kohle, die wenig leicht gesinterte, luftdurchlässige Schlacke zurückläßt und tunlichst frei von fremden Bestandteilen ist. Steht eine derartige Kohle nicht zur Verfügung, so wird versucht, die unangenehmen Eigenschaften einer Kohlenart durch Mischung mit einer anders gearteten Kohle aufzuheben oder abzuschwächen. So verwenden die französischen und belgischen Bahnen zu einem großen Teil nur gemischte Kohlen. Beispielsweise brauchte die belgische Staatsbahn im Jahre 1905 716 500 t halbfette Kohlen, die meist allein verfeuert wurden, und 205 200 t fette sowie 373 770 t magere Kohlen, die nur gemischt verwendbar sind.

Stark backende Kohlen, wie die bituminöse amerikanische Kohle erfordern den Einbau von Schüttelrosten, damit von Zeit zu Zeit die Schlackenschichte aufgebrochen werden kann.

Die Briketts dürfen ebensowenig wie die Kohlen eine dichte oder gar flüssige Schlacke hinterlassen. Ihr Aschengehalt soll gering sein. Sie müssen fest gepreßt sein und müssen ihre volle Festigkeit auch bei etwa 50° Cels. noch bewahren. Prof. Constam[1]) stellte zwar im Jahre 1904 durch einen praktischen Versuch, den er mit zwei Brikettsorten verschiedener Festigkeit unter einem Flammrohrkessel bei natürlichem Zug und einer stündlichen Verbrennung von 70 kg auf dem qm Rostfläche durchführte, fest, daß die Kohäsion der Briketts ohne Einfluß auf ihre Verdampfungsfähigkeit sei, doch darf dieses Ergebnis nicht ohne weiteres auf die Verhältnisse der Lokomotivfeuerung übertragen werden. Es ist zwar versuchsmäßig noch nicht festgestellt, jedoch mit großer Wahrscheinlichkeit anzunehmen, wie Prof. Constam am Schlusse seines Versuchsberichts ausspricht, daß bei dem forcierten Zug der Lokomotive der leichte Zerfall einer Brikettsorte nachteilig auf die Verdampfungsfähigkeit wirkt. Jedenfalls ist eine mürbe Brikettsorte stärkerem Verschleiß bei dem Transport und der Lagerung unterworfen.

3. Erprobung der Lokomotivkohle.

Bei der Entscheidung über die Brauchbarkeit einer Kohle als Lokomotivkohle spielt der Heizwert eine untergeordnete Rolle. Eine Kohle von geringerem Heizwert kann mit einer hochwertigen Kohle in Wettbewerb treten und bei entsprechendem Preisverhältnis aus wirtschaftlichen Erwägungen den Vorzug erhalten, wenn die zur Erzielung einer gewissen Kesselleistung notwendige größere Kohlenmenge ebenso leicht verfeuert werden kann, wie die geringere Menge der hochwertigen Kohle.

Die Lieferbedingungen vieler Eisenbahnverwaltungen schreiben daher bestimmte Heizwerte nicht vor, sondern beschränken sich darauf, den

---

[1]) Zeitschr. Ver. deutsch. Ing. 1904, S. 973.

Aschengehalt zu begrenzen und Kohle mit lästigen Rückständen auszuschließen.

Gleichwohl muß der Heizwert oder die Verdampfungsziffer der gelieferten Kohle festgestellt und von Zeit zu Zeit wieder geprüft werden, weil sie die richtigste Grundlage für die Festsetzung des Geldwertes bilden. Es werden daher bei den meisten Verwaltungen regelmäßig oder von Fall zu Fall praktische Versuche zur Bestimmung der Heizkraft angestellt.

Die Mehrzahl der deutschen Verwaltungen, welche Ruhr-, Saar- oder schlesische Kohle von bekannter, gleichbleibender Beschaffenheit beziehen, beschränkt sich darauf, besondere Verdampfungsversuche und Probefahrten nur dann anzustellen, wenn Kohle von einer neuen Zeche angeliefert wird oder die Betriebsbeobachtungen darauf schließen lassen, daß die regelmäßig gelieferte Kohle eine wesentliche Änderung ihrer Beschaffenheit erlitten hat.

Die Gotthardbahn führt von Fall zu Fall auf einer 29 km langen Bergstrecke von 26 °/$_{00}$ Steigung Meßfahrten aus, bei denen der Kohlen- und Wasserverbrauch für das Brutto-t/km, sowie Art und Menge der Rückstände in der Feuerbüchse, dem Aschenkasten und der Rauchkammer festgestellt werden. Außerdem werden aus den laufenden Lieferungen monatlich mehrere Kohlenproben bei der Versuchsanstalt der technischen Hochschule in Zürich auf ihren Heizwert und Aschengehalt untersucht.

In derselben Versuchsanstalt werden für die schweizerischen Bundesbahnen täglich acht kalorimetrische Heizwertbestimmungen ausgeführt, zu denen jede Kreisdirektion eine Kohlenprobe von 5 kg einsendet. Diese Durchschnittsproben werden nach dem üblichen Verfahren der wiederholten Zerkleinerung, Ausbreitung auf quadratischer Fläche und Entnahme zweier gegenüberliegender Diagonalsektoren gewonnen.

Das Monatsmittel der einzelnen Bestimmungen muß für Ruhrkohlen einen Mindestheizwert von 7400 Kal., für Steinkohlenbriketts aus Ruhrfeinkohlen 7600 Kal., für Steinkohlenbriketts aus Feinkohlen von nordfranzösischen Gruben 7650 Kal. ergeben. Der Aschengehalt darf höchstens 9 °/$_0$ bei den Kohlen und 8 °/$_0$ bei den Briketts betragen.

Die Briketts werden außerdem in einem besonderen Apparat einer Erprobung ihrer Festigkeit unterworfen.

Dieser sog. Kohäsionsapparat, der auch bei den belgischen und französischen Staatsbahnen im Gebrauch ist, besteht aus einer zylindrischen Blechtrommel von 0·9 m lichter Weite und 1 m Länge zwischen zwei ebenen Blechböden, deren jeder einen vorspringenden Zapfen trägt. Mit diesen Zapfen ist die Trommel in zwei Lagern wagrecht drehbar gelagert.

In drei durch die Drehachse gehenden Ebenen, die zu zweien je einen Winkel von 120° einschließen, ragen vom Umfang der Trommel aus drei Blechscheidewände von der inneren Länge der Trommel und 20 cm Höhe in den Innenraum.

Durch eine Seitenöffnung werden möglichst genau 50 kg Briketts in Stücken von je 0·5 kg Gewicht eingebracht, die Öffnung wird durch einen Schieber geschlossen und die Trommel zwei Minuten lang mit einer Geschwindigkeit von 25 Umdrehungen in der Minute gedreht.

Hierauf wird der Inhalt auf ein tariertes Gitter geschüttet und dieses samt den darauf zurückbleibenden Stücken gewogen. Das in Prozenten angegebene Gewichtsverhältnis der auf dem Gitter zurückgebliebenen Stücke zu dem eingefüllten Trommelinhalt gibt die Kohäsionsziffer.

Die zur Festigkeitsprobe verwendeten Briketts werden sodann der Versuchsanstalt zur Heizwertbestimmung übergeben.

Die französische Staatsbahn läßt den Kohlenlieferungen aus Cardiff oder Newport für Laboratoriumsversuche auf je 10 t angelieferte Kohle eine Probe von 1 kg entnehmen. Aus je 40 solcher Proben, also für 400 t, wird nach dem bereits erwähnten Verfahren eine Durchschnittsprobe von 500 bis 600 g hergestellt. Hiervon werden drei Proben von je 50 g in drei Gefäße getan und letztere versiegelt. Die erste Probe wird an das Laboratorium eingesandt, die zweite dem Kohlenlieferer ausgehändigt, die dritte als Reserve aufbewahrt.

Die Einzelbestimmungen des Aschengehaltes werden zu einem Mittelwert für die ganze Lieferung vereinigt. Übersteigt dieser Mittelwert $14^0/_0$, so wird der Lieferpreis der Tonne für jedes Prozent des Unterschieds um 0·3 Frs. herabgesetzt. Beträgt er dagegen weniger wie $12^0/_0$, so werden für jede Tonne und jedes Prozent des Unterschieds 0·2 Frs. mehr vergütet. Dies gilt jedoch nur solange, als sich der Gehalt an flüchtigen Bestandteilen zwischen den Grenzen 14 und $24^0/_0$ bewegt. Überschreitet er diese Grenzen nach oben oder unten, so kann die betreffende Lieferung zurückgewiesen werden. Wird sie angenommen, so wird jedoch keine Preiserhöhung für einen Minderaschengehalt gewährt.

In der gleichen Weise wird von jedem Wagen Briketts ein Stück für die Untersuchung entnommen. Aus den vereinten Proben von je einer Lieferung von 400 t werden etwa 60 kg Briketts in Stücke von je 0·5 kg zersägt und in dem obenbeschriebenen Apparat der Probe auf ihre Festigkeit unterworfen. Die Überreste der Probe werden wieder mit den übrigen Briketts vereint. Aus einer nach dem üblichen Verfahren gewonnenen Durchschnittsprobe werden sodann drei Muster von je 50 g in drei Gefäße gefüllt, versiegelt und genau so wie die Kohlenmuster verteilt. Im Hauptlaboratorium wird das eine Muster bei 100^0 getrocknet und auf seinen Gehalt an Asche und flüchtigen Bestandteilen untersucht.

Ergibt sich ein Aschengehalt von weniger als $9^0/_0$ bei einem Gehalt an flüchtigen Bestandteilen von mindestens $16^0/_0$, so wird der Preis einer Tonne der Lieferung für einen Unterschied von $0·01^0/_0$ um 0·004 Frs. erhöht.

Für je $0·01^0/_0$, um das der Aschengehalt $10^0/_0$ übersteigt, tritt eine Preisminderung von 0·005 Frs. für die t ein.

Die Festigkeitsziffer muß mindestens $55^0/_0$ erreichen. Für je $1^0/_0$ weniger als $55^0/_0$ werden 0·15 Frs., für je $1^0/_0$ weniger als $45^0/_0$ werden 0·25 Frs. von dem Tonnenpreis abgezogen. Briketts von weniger als $40^0/_0$ Festigkeit, über $12^0/_0$ Aschengehalt oder mehr als 22 und weniger als $16^0/_0$ Gehalt an flüchtigen Bestandteilen können zurückgewiesen werden.

Die französische Nordbahn, welche ihre Kohlen immer von denselben Zechen bezieht, beschränkt sich darauf, Probeversuche nur dann anzustellen, wenn die im Betriebe gemachten Erfahrungen auf eine wesentliche Änderung der Kohlenbeschaffenheit schließen lassen oder eine neue Kohlenart in Frage kommt. Alsdann wird im Laboratorium der Gehalt an Wasser, flüchtigen Bestandteilen und Asche, die Art der Rückstandbildung, das Verkokungsvermögen und der Heizwert bestimmt. Außerdem wird durch Probefahrten mit Zügen verschiedener Gattung, Schwere und Schnelligkeit der kilometrische Brennstoffverbrauch, die Verdampfungsfähigkeit sowie Art und Menge der Rückstände festgestellt.

Die Verwaltung schreibt keine besonderen Bedingungen für die zu liefernden Kohlen vor, verwendet vielmehr Kohlen der verschiedensten Art, von der Magerkohle mit $10\,^0/_0$ bis zur Flammkohle mit $40\,^0/_0$ flüchtigen Bestandteilen. Aus den verschiedenen Kohlensorten wird eine Mischung hergestellt, die aus etwa $30\,^0/_0$ Förderkohle und $70\,^0/_0$ Feinkohle besteht und einen mittleren Gehalt an flüchtigen Bestandteilen von $20\,^0/_0$ besitzt.

Besonders eingehend werden neue Brennstoffsorten von der französischen Ostbahn geprüft.

Nachdem ein Versuch im Laboratorium einen ersten Aufschluß über die Verwendbarkeit der Kohle gegeben hat, wird eine Probelieferung von 50 bis 200 t bezogen und für sich oder gemischt mit einer bekannten Sorte auf Probelokomotiven verfeuert. Je nach dem Ausfall der ersten Proben werden diese Versuche auf kürzere oder längere Zeit und mehr oder weniger Lokomotiven ausgedehnt. Bei günstigem Ausfall dieser Versuche werden Vergleichsversuche mit der gleichen Zahl von Lokomotiven und einem Brennstoff von bekannten Eigenschaften angestellt. Hierzu werden Lokomotiven und Bedienungsmannschaften sorgfältig ausgewählt und nach zwei bis vier Wochen wird ein Tausch in den von beiden Gruppen zu verfeuernden Brennstoffen vorgenommen.

Ähnlich wie bei der Staatsbahn, wird auch hier der Lieferpreis bei Überschreitung eines gewissen Aschengehaltes herabgesetzt und im entgegengesetzten Fall, entsprechend dem Unterschied zwischen dem tatsächlichen und dem höchst zulässigen Aschengehalt oder einer Prozentziffer, die unter dem Höchstgehalt liegt, erhöht.

Die französische Südbahn endlich läßt angebotene neue Brennstoffe im eigenen Laboratorium auf ihren Gehalt an Feuchtigkeit, Asche und flüchtigen Bestandteilen, sowie auf die Beschaffenheit der Aschen- und Schlackenrückstände untersuchen.

Bei den ungarischen Staatseisenbahnen wird die Kohle neben der chemischen Untersuchung im Laboratorium und den praktischen Verdampfungsproben bei Lastzügen mit geringer Geschwindigkeit noch einer sogenannten Stehprobe unterworfen. In derselben Lokomotive, welche zu den Probefahrten verwendet wurde, werden bei herausgenommenem Schieber dieselben Kohlenmengen verbrannt wie bei den Probefahrten. Hierbei wird unter anderem in erster Linie genau festgestellt, welches Vakuum zur Aufrechterhaltung dieser Verbrennung notwendig ist.

4. Verwertung der Feuerungsrückstände.

In größeren Lokomotivstationen fallen beträchtliche Mengen von Aschenkasten- und Rauchkammerrückständen an. Beispielsweise sollen bei der kgl. Eisenbahndirektion Königsberg für jede im Betrieb stehende Lokomotive durchschnittlich jährlich etwa 11 000 kg Rauchkammerlösche gewonnen werden. Wie eine weiter unten angeführte Analyse zeigt, besitzt die Lösche einen ziemlich hohen Prozentsatz an unverbrannten Bestandteilen. Bei der kgl. Eisenbahndirektion Königsberg wurden Heizwerte von 6070 bis 6200 Kal. für Rauchkammerlösche aus schlesischer Kohle, 5150 bis 5200 für solche aus Ruhrkohle und 3850 bis 4520 für solche aus Saarkohle festgestellt.[1] Man verwendet sie gemischt mit Kohle zur Feuerung

---

[1] Zeitg. des Ver. deutsch. Eis.-Verw. 1907, S. 1134.

von stehenden Kesseln. Versuche sie allein zu verfeuern mißlangen, dagegen ist es der Firma **Pintsch** in Berlin gelungen, einen Sauggasgenerator zu bauen, in dem außer Feinkoks auch Rauchkammerlösche mit Vorteil vergast werden kann. Die Anregung zu dieser Verwertung der Rauchkammerlösche ging von dem Regierungs- und Baurat **Lehmann** in Königsberg aus. Eine mit Lokomotivlösche betriebene Sauggasanlage für 450 PS ist in der elektrischen Zentrale der Eisenbahnhauptwerkstätte in Ponarth, eine weitere von 200 PS auf dem Bahnhof Insterburg errichtet.[1] Für die Vergasung wurde ein Wirkungsgrad von $80\,\%$ festgestellt. Die Lösche und das daraus erzeugte Gas besitzen folgende Zusammensetzung:

Lösche:	C	$=$	$75 \cdot 2\,\%$	Sauggas: CO_2	$=\;5 \cdot 0\,\%$
	H_2	$=$	$0 \cdot 4\,\%$	CO	$=\;26 \cdot 0\,\%$
	$O + N$	$=$	$1 \cdot 45\,\%$	H_2	$=\;12 \cdot 0\,\%$
	S	$=$	$0 \cdot 85\,\%$	CH_4	$=\;0 \cdot 2\,\%$
	Asche	$=$	$19 \cdot 20\,\%$		
	Wasser	$=$	$2 \cdot 90\,\%$		

Daraus berechnet sich für die Lösche ein unterer Heizwert von 6073 Kal/kg, für das Sauggas von 1110 Kal/cbm.

Die Aschenkastenrückstände finden meist vorteilhafte Verwendung bei der Bahnunterhaltung. Da sie leicht, rauh, scharfkantig und wasserdurchlässig sind, eignen sie sich sehr gut zu Dammschüttungen, Drainierungen in wenig tragfähigem Gelände und zur Entwässerung von Schottersäcken in Bahndämmen. Da sie zudem schlechte Wärmeleiter sind, verwendet man sie als Schutzschichte gegen das Eindringen des Frostes in den Bahnkörper vorzüglich an jenen Stellen, die erfahrungsgemäß der Gefahr des Frostauftriebs (Frostbeulen) ausgesetzt sind.[2]

Außerdem werden die Schlackenrückstände vielfach als Zusatz bei der Herstellung von künstlichen Steinen, sogen. Leichtsteinen, verwendet.

5. Lagerung der Kohle.

Um Unregelmäßigkeiten in der Zufuhr ausgleichen und bei länger andauernden Störungen in der Anlieferung der Kohle den Betrieb aufrecht erhalten zu können, ist es geboten in den wichtigeren Bahnhöfen einen größeren Vorrat an Lokomotivkohle zu halten. Bei den preußischen Staatseisenbahnen ist es Vorschrift, den zehnwöchigen Bedarf auf Lager zu bringen. Ähnliche Vorsichtsmaßregeln sind auch bei den übrigen deutschen Verwaltungen getroffen. Dadurch ergeben sich bei den größeren Kohlenabgabestationen ansehnliche Kohlenmengen, die, meist im Freien angehäuft, Wind und Wetter ausgesetzt sind. Erfahrungsgemäß erleidet die frische Förderkohle durch längeres Lagern im Freien eine Einbuße an ihrem Brennwert, die je nach der Beschaffenheit der Kohle und den klimatischen Verhältnissen verschieden ist.

Die Ursachen dieser Verwitterungserscheinungen hat **Richters** auf grund von Versuchen in die nachfolgenden Sätze[3] zusammengefaßt: „Die Verwitterung ist die Folge einer Aufnahme von Sauerstoff, der einen Teil des C und H der Steinkohle zu CO_2 und H_2O oxydiert, andernteils direkt in die Zusammensetzung der Kohle eintritt.

---

[1] Stahl und Eisen 1906, S. 799.
[2] Zeitg. des Ver. deutsch. Eis.-Verw. 1907, S. 890.
[3] Dingl. Polyt. Journal. Bd. 196, S. 317.

Der Verwitterungsprozeß beginnt mit einer Aufnahme von Sauerstoff. Erwärmen sich infolge dieses oder eines anderen Vorganges die Kohlen während der Lagerung, so tritt nach Maßgabe der Temperaturerhöhungen eine mehr oder minder energische chemische Reaktion des Sauerstoffs auf die verbrennliche Substanz der Kohlen ein, andernfalls verläuft der Verwitterungsprozeß so langsam, daß sich in der Mehrzahl der Fälle die innerhalb Jahresfrist eintretenden Veränderungen technisch wie analytisch kaum mit Sicherheit feststellen lassen.

Die Feuchtigkeit als solche hat direkt keinen begünstigenden Einfluß auf die Verwitterung. Gegenteilige Beobachtungen werden sich immer auf den Umstand zurückführen lassen, daß manche besonders an leicht zersetzbarem Schwefelkies reiche oder in Berührung mit Wasser bald zerfallende Kohlen sich unter gleichen Verhältnissen im feuchten Zustand ausnahmsweise rascher erhitzen als im trockenen."

Prof. Fischer-Göttingen fand bei einer längeren Versuchsreihe die Richtigkeit der Richterschen Versuche bestätigt:[1] „Die Steinkohlen enthalten größere oder geringere Mengen ungesättigter Verbindungen, welche rasch Sauerstoff aufnehmen, dadurch an Gewicht zunehmen, aber an Brennwert abnehmen. Je rascher diese Sauerstoffaufnahme erfolgt, umsomehr ist bei der Lagerung darauf zu achten, daß die entwickelte Wärme zweckentsprechend abgeführt wird, da mit steigender Temperatur die Geschwindigkeit der Reaktion wesentlich zunimmt, die Gefahr der Selbstentzündung daher wächst.

Eine zweite Reihe von Verbindungen nimmt Sauerstoff auf unter Abspaltung von CO_2 und H_2O. Diese Oxydation, welche langsamer verläuft als die vorige, bewirkt Verminderung des Gewichtes und des Wertes der Kohle. Für die Selbstentzündung werden diese Bestandteile weniger in Frage kommen, als die ungesättigten.

Je nach den gegenseitigen Mengenverhältnissen dieser Verbindungen wird daher eine Kohle beim Lagern an der Luft an Gewicht zunehmen, unverändert bleiben oder an Gewicht abnehmen, immer aber wird sie mehr oder weniger an Wert verlieren.

Bei trocken und kühl gelagerten Stückkohlen wird dieser Verlust aber meist nicht bedeutend sein. Kohlen sollen daher trocken, vor Regen und Sonnenhitze geschützt, in nicht zu hohen Haufen gelagert werden."

Richters sieht „in der anfänglichen, bei gewöhnlicher Temperatur erfolgenden Sauerstoffaufnahme, durch die der Verwitterungsprozeß eingeleitet wird, zunächst einen rein physikalischen Vorgang.[2] Zuerst wird der Sauerstoff auf der Oberfläche der Kohle verdichtet und wirkt dann erst chemisch ein. Für die Lebhaftigkeit dieser ersten Aufnahme ist die Flächenzeichnung der Kohle bestimmend, und für diese wiederum der Gehalt an hygroskopischem Wasser ein Ausdruck. Hiernach sind die am meisten hygroskopischen Kohlen auch die absorptionsfähigsten und zugleich diejenigen, welche am meisten zur Verwitterung und Selbstentzündung neigen."

---

[1] Journ. f. Gasbel. u. Wasserversorgung 1900, S. 887. — Zeitschr. f. angewandte Chemie 1899, S. 24, 32, 33.

[2] Zeitschr. Ver. deutsch. Ing. 1907, S. 755.

B. Bekohlungsanlagen.

1. Anlagen mit feststehender Hebevorrichtung.

Die Erneuerung der auf den Lokomotiven mitgeführten Brennstoffvorräte in den Lokomotivstationen ist ein sich täglich wiederholender Vorgang. Je nach der Zahl der Lokomotiven und damit der Kohlenmenge, welche täglich umgesetzt werden muß, sind die hierfür notwendigen Einrichtungen, die Bekohlungsvorrichtungen verschieden. Da, wo täglich nur eine oder zwei Wagenladungen Kohle abgegeben werden, kann die einfachste Vorrichtung allen Ansprüchen genügen. Andererseits wird es in Bahnhöfen, wo täglich 200 bis 400 t Kohle, unter Umständen auf beschränktem Raum, verarbeitet werden müssen, gerechtfertigt sein, die hohen Kosten einer wohldurchdachten, mit mechanischem Antrieb und allen neuzeitlichen Hilfsmitteln ausgestatteten Anlage nicht zu scheuen.

Mit einfachen Hilfsmitteln, Korb und Schaufel, wird die Kohle an Lokomotiven auf vielen kleineren und kleinsten Bahnhöfen abgegeben, wo nur wenig Lokomotiven zu versorgen sind und die Zeitdauer der einzelnen Abgabe keine Rolle spielt. Die Kohle wird mit der Schaufel aus den Eisenbahnwagen in ebenerdige Bansen entladen, aus diesen wieder in Körbe geschaufelt, um von Hand oder mit Wippbaum auf 2 bis 2·5 m hohe Holzbühnen gehoben und von hier aus nach Bedarf von Hand in den Tender ausgestürzt zu werden.

Die verwendeten geflochtenen Körbe sind teuer und wenig dauerhaft. Da ihr Fassungsvermögen durch die Festigkeit des Materials begrenzt ist und mit Rücksicht auf eine leichte Handhabung nicht viel mehr als etwa 50 kg betragen darf, erfordert die Abgabe einer größeren Kohlenmenge einen Zeitaufwand, der sich in größeren Bahnhöfen, wo die Lokomotiven in rascher Reihenfolge zur Bekohlung kommen, unangenehm fühlbar macht. Man ist infolgedessen dazu übergegangen, statt der Körbe Blechbehälter von größerem Inhalt zu verwenden, die, auf einem leicht zu verlegenden Feldbahngleis von der Füllstelle zu einem Drehkran gefahren, von diesem mittels eines Bügels an zwei Drehzapfen erfaßt und über den Tender gehoben werden. Die Gefäße sind so ausgebildet, daß im gefüllten Zustand der Schwerpunkt über, im leeren Zustand unter den Drehzapfen liegt, so daß die Mulde nach dem Lösen einer Sperre von selbst kippt und nach der Entleerung in die frühere Stellung zurückkehrt. Die Mulden fassen 500 bis 1000 kg, der Kran wird von Hand, elektrisch oder hydraulisch betrieben und entwickelt bei mechanischem Antrieb eine Hubgeschwindigkeit von 0·25 bis 0·6 m/sek. Zur Beschleunigung des Abgabegeschäftes werden die Muldenwagen bei Handkranbetrieb auch wohl auf einer etwa 2·5 m hohen Bühne in größerer Zahl bereitgestellt und vom Kran nur noch über den Tender geschwenkt.

Die Rollwagen werden vielfach auch so ausgebildet, daß sie vom Rand der Bühne aus über eine Rutsche in den Tender ausgekippt werden können, oder aber sie werden als kastenförmige Gefäße (vgl. Abb. 1) mit einseitig geneigtem Boden gebaut und durch Öffnen einer den Auslauf verschließenden Klappe in den Tender entleert. Als Hebevorrichtungen dienen in diesen Fällen meist kleine Aufzüge oder Gleisrampen.

So ist auf den schwedischen Bahnen öfters eine Anlage[1]) anzutreffen,
bei der zwischen zwei Bekohlungsgleisen eine etwa 20 m lange, 4 m hohe
Bühne und daran anschließend eine 16 m lange Gleisrampe aus gebrauchten
Schienen errichtet ist. Aus dem Kohlenlagerplatz führen zwei Schmalspurgleise über die Rampe auf
die Bühne und vereinigen sich am
Ende derselben. Eine auf dem
Bekohlungsgleis fahrende Lokomotive zieht die Kippwagen
mittels eines Seiles auf die Bühne.
Nach Bedarf werden die Wagen
dann über eine der an den Seiten
der Bühne vorgesehenen Klapp-
rutschen auf den Tender entladen,
leer auf dem zweiten Gleis zur
Rampe zurückverbracht, an ein
Seil befestigt, das über eine brems-
bare Windetrommel führt und die
Geschwindigkeit des unter der
Wirkung der Schwerkraft ablaufenden Wagens zu regeln gestattet.

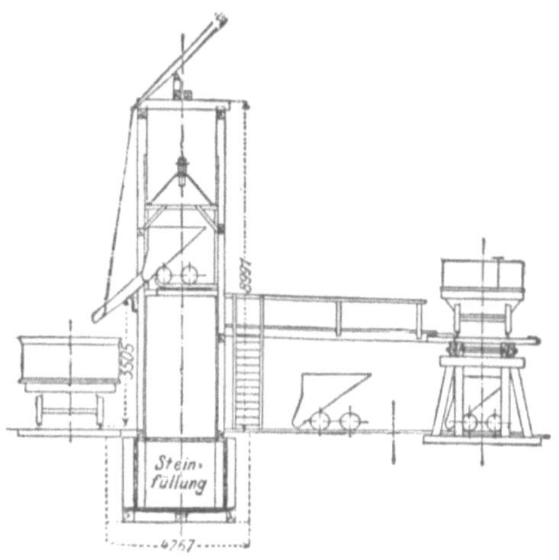

Abb. 1. Pennsylvania-Bahn.

Der Betrieb soll sich äußerst gut bewährt haben und infolge der
geringen Anlagekosten und des Wegfalls einer eigenen Betriebskraft sehr
billig gestalten.

Bei der durch Abb. 1 angedeuteten Anordnung einer Kohlenstation,
welche nach Angabe von Prof. Buhle[2]) bei der Pennsylvania-Eisenbahn-
gesellschaft in verschiedenen Abarten ausgeführt wurde, ist an Stelle der
Rampe ein Aufzug angewandt, den die zu bekohlende Lokomotive selbst
an einem Seil in die Höhe zieht. Die letzte, zwischen dem Gleis verankerte Seilführungsrolle liegt so weit vor dem Aufzuggerüst, daß der
Aufzug gerade die nötige Höhe erreicht hat, wenn die Lokomotive vor
ihm angelangt ist. Es wird dann von unten die Auslaufklappe des
Kohlenwagens entriegelt und die Kohle gleitet über eine am Gerüst angebrachte Klapprutsche, welche die Fortsetzung des schrägen Rollwagen-
bodens bildet, auf den Tender.

Das zum Aufzug führende Gleis ist mit einer Bodenwage ausgerüstet
und durch eine Drehscheibe mit einem Hinterstellgleis für gefüllte Rollwagen verbunden. Die Kohle wird auf einer Holzrampe in Selbstentladern angefahren und fällt aus deren Bodenöffnungen direkt in die darunter gefahrenen Rollwagen.

Abb. 2 zeigt den Grundriß einer weiteren leistungsfähigen amerikanischen Anlage zu Meadows[3]): Die Kohle wird hier ebenfalls in Selbstentladern auf den Rampengleisen I, II und III angefahren. Gleis I und II
befinden sich rund 2·6 m, Gleis III rund 4·6 m über einem Rost von

---

[1]) Buhle, Transport- und Lagerungseinrichtungen für Getreide und Kohle, S. 69
u. ff. mit Abbildungen der Anlage in Falköping.

[2]) Buhle, Techn. Hilfsmittel I, S. 58.

[3]) Buhle, Techn. Hilfsmittel I, S. 59. Neben dem obigen Grundriß finden sich hier
noch weitere Zeichnungen dieser und einer ähnlichen in Millham N. J. ausgeführten Anlage.

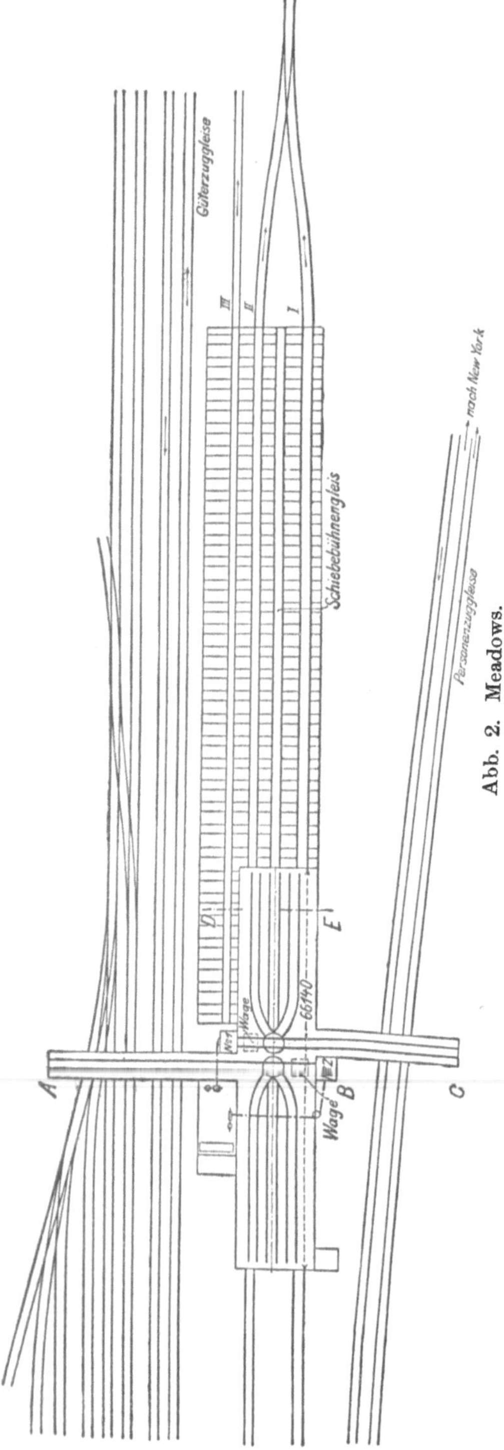

Gleisen, auf denen Rollwagen direkt unter die Bodenöffnungen der Selbstentlader gefahren werden. Die gefüllten Rollwagen werden auf einer kleinen Schiebebühne abgefahren, gelangen über eine der Drehscheiben, die sich senkrecht unter den in der Abbildung dargestellten befinden, nachdem ihr Gewicht auf einer Bodenwage festgestellt worden ist, zu einem der Aufzüge 1 oder 2. Zwischen beiden ist eine 8 m hohe Bühne errichtet, an die sich Ausläufer in Gestalt zweier quer über die vorbeiführenden Betriebsgleise reichenden Hochbahnen anschließen. Für je zwei Betriebsgleise ist in das Holzgerüst dieser Gleisbrücken ein kastenförmiger Behälter eingebaut, der den Inhalt der Rollwagen aufnimmt, und dessen Boden von zwei hochgeklappten Rinnen gebildet wird. Wird eine der Rinnen nach dem Nachbargleis niedergelassen, so gleitet der Kohleninhalt auf den unter der Gleisbrücke haltenden Tender.[1])

Sind alle Behälter voll, so werden die gefüllten Rollwagen auf den Gleisen der Bühne hinterstellt. Außer diesem Vorrat kann auch noch unter den erhöhten Zufuhrgleisen ein Kohlenlager von 3300 t aufgeschüttet werden. Diese Kohlen müssen bei Bedarf von Hand in die Rollwagen geschaufelt werden.

Die beiden Aufzüge für Seilbetrieb heben 4500 kg in 20 Sekunden, werden vom Maschinenhaus oder von der Bühne aus angelassen und am Hubende selbsttätig abgestellt.

---

[1]) Derartige Gleisbrücken wurden auch in Verbindung mit Hochbehälteranlagen ausgeführt, Zeitschr. Ver. deutsch. Ing. 1908, S. 206.

2. Anlagen mit fahrbarer Hebevorrichtung.

Im Jahre 1902 wurde in Mannheim von den Guilleaume-Werken in Neustadt a. d. Hardt für die badische Staatseisenbahn eine Anlage ausgeführt, die für eine Reihe weiterer Anlagen dieser Art vorbildlich ge-

Abb. 3. Mannheim.

worden ist. Eine in einfacher Weise aus Formeisen zusammengebaute Kranbrücke (Abb. 3) überspannt einen Kohlenlagerplatz und seine beiden Nachbargleise. Auf den Längsträgern bewegt sich eine Laufkatze, welche

an Seilen einen Greifer trägt, wie er zum Greifen und Fördern von
stückigem Material üblich ist. Das Windwerk und die Fahrwerke der
Katze und des Krans werden elektrisch betrieben und von einem Führerstand aus gesteuert, der, zwischen den Fahrbahnträgern an der Katze
hängend, ziemlich tief herabreicht.

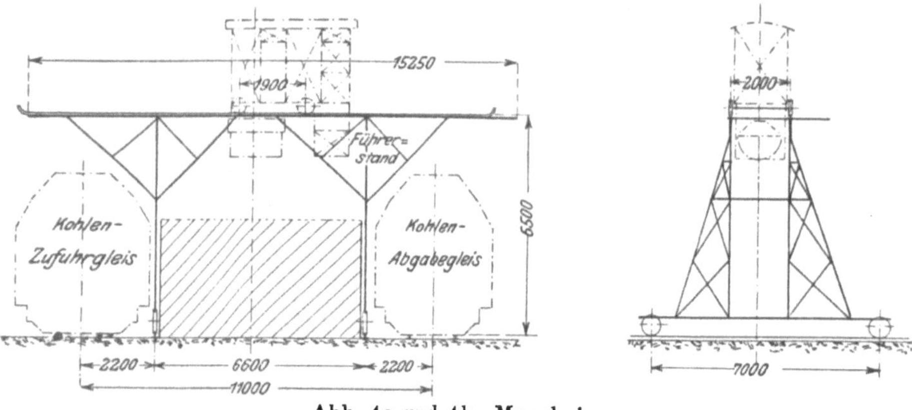

Abb. 4a und 4b. Mannheim.

Die Kohle wird auf dem einen Gleis in gewöhnlichen flachbödigen
Wagen zugefahren, vom Greifer in Mengen von 1 bis 1·3 t aufgenommen
und entweder auf das Lager oder direkt auf eine zur Bekohlung kommende
Lokomotive entleert. Um auch Tenderlokomotiven bekohlen zu können,

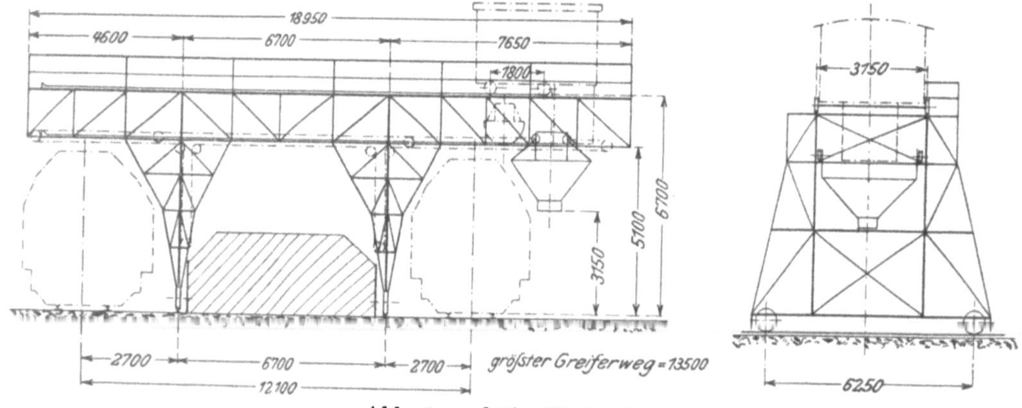

Abb. 5a und 5b. Karlsruhe.

wurde nachträglich an der Kranbrücke ein Trichter angehängt, der den
Greiferinhalt in die schmale Öffnung des Kohlenkastens leitet. Mit der
Anlage werden auch Kohlenziegel abgegeben, von denen der Greifer 0·8
bis 1 t faßt, letztere Menge nur, wenn die Briketts besonders aufge-
schichtet werden. Der Hubmotor leistet 16 PS, der Katzenfahrmotor 2 PS,
der Kranfahrmotor 8 PS.[1]

Abb. 3 zeigt die Anlage im Betrieb, Abb. 4 gibt die Hauptabmessungen
des Krangerüstes.

---

[1] Ausführliche Angaben über die Entstehung und die Betriebsergebnisse der
Anlage finden sich im Organ Fortschr. des Eisenbahnwesens 1903 S. 113, 1904 S. 33,
1905 S. 152.

Der Gedanke, dieses System, das für größere Verhältnisse schon längere Zeit angewandt wurde, für das **Kohlenabgabegeschäft** nutzbar zu machen, fand rasch Anklang. In den folgenden Jahren entstanden ähnliche Anlagen in **Karlsruhe Rgbhf.** (Abb. 5 und 10), **Niederschöneweide-**

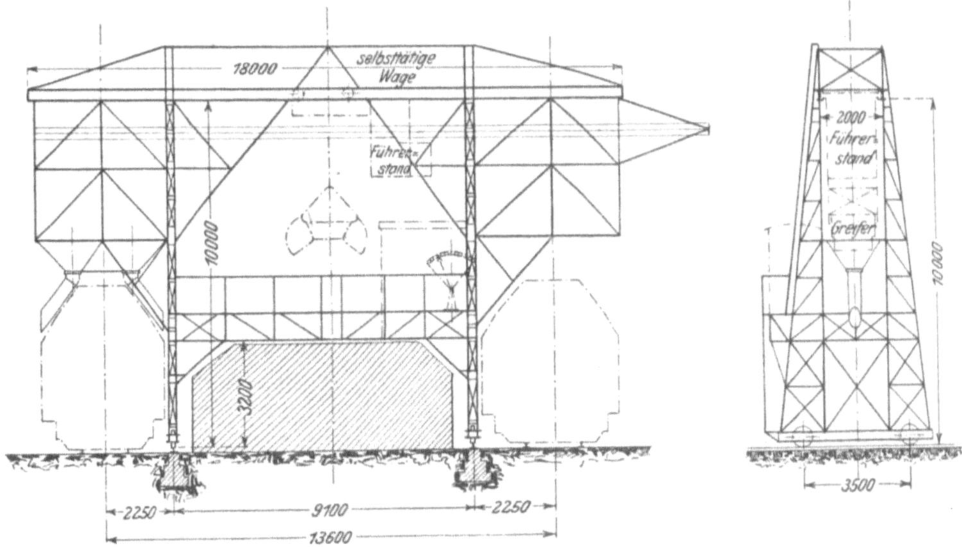

Abb. 6a und 6b. Niederschöneweide-Johannisthal.

Johannisthal (Abb. 6 und 11), **Cöln-Eifeltor** (Abb. 7, 12 und 13), **Wahren** (Abb. 8 und 14), **Frankfurt am Main** (Abb. 9 und 15) und **Straßburg**. Man hat diese Anlagen speziell als „Deutsche Bekohlungsanlagen" bezeichnet. Die in gleichem Maßstab gezeichneten Skizzen der Abb. 4 bis 9

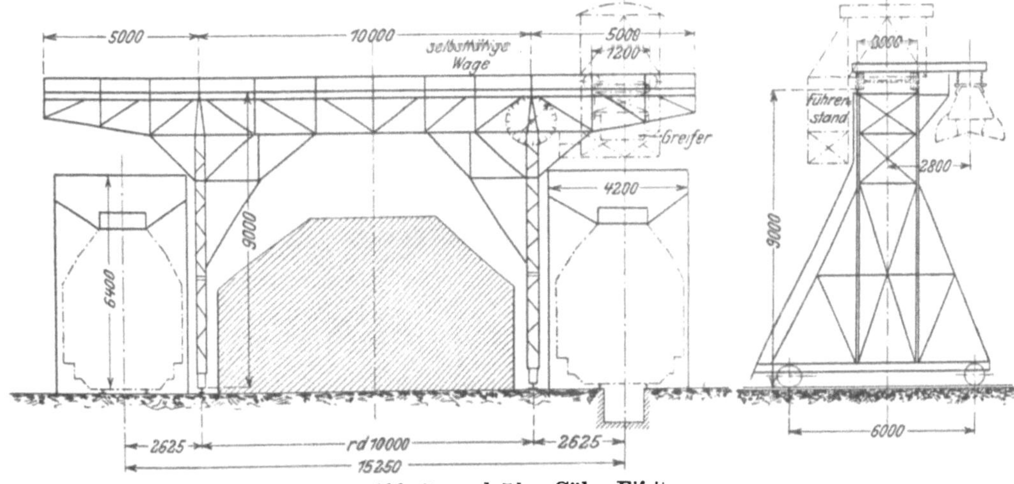

Abb. 7a und 7b. Cöln-Eifeltor.

geben einen Überblick über die bisherige Entwickelung dieses Systems. Die einfachen Hauptträger der Mannheimer Anlage haben sich zu Fachwerkträgern entwickelt. Der Raum zwischen den Laufbahnen wurde für die Anbringung stärkerer Versteifungen benötigt. Dadurch wurde der

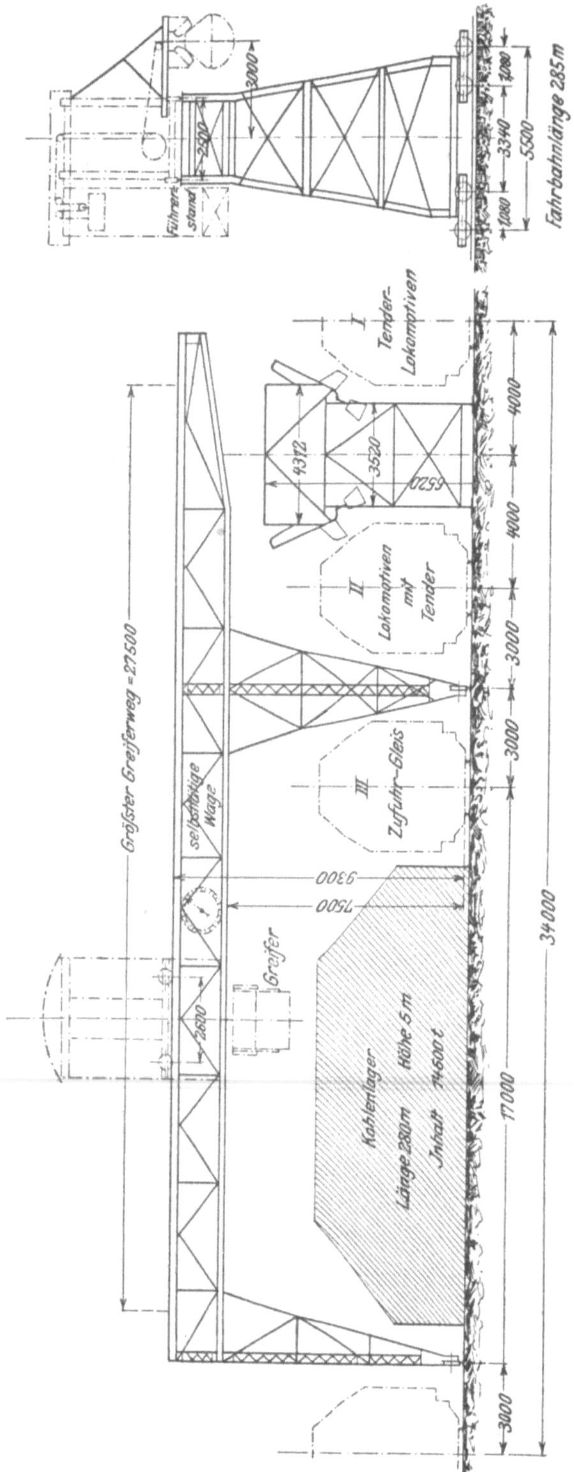

sattelförmige Aufbau der Laufkatze bedingt in der Weise, daß auf der einen Seite der Ausleger für den Greifer, auf der anderen der Führerstand mit den Steuerapparaten und einem Gegengewicht für den Greifer angebracht wird.

Bei sämtlichen Anlagen wird das Gewicht des Greiferinhalts durch Wägung bestimmt. Zu diesem Zwecke ist bei den Anlagen in Mannheim und Karlsruhe Rgbhf. die Winde samt dem Greifer. auf eine selbsttätig wirkende Wage gesetzt, bei den übrigen Anlagen eine derartige Wage in das Krangerüst eingebaut. Im ersteren Falle wird während der Fahrt abgewogen, im letzteren Falle muß die Katze jeweils auf die Wage gefahren werden. Die Gewichtsangabe wird durch eine Zeigervorrichtung dem Lokomotivpersonal sichtbar gemacht und meist auch selbsttätig durch Kartendruck festgelegt. Eingeschaltet wird die Wage vom Führerstand aus.

Bei den Anlagen in Mannheim, Karlsruhe, Straßburg und Niederschönweide - Johannisthal wird die Kohle stets direkt aus dem Greifer abgegeben.

Dies bedingt, daß die Anlage solange bedient ist, als Lokomotiven zur Bekohlung kommen. Um an Personalkosten zu sparen, sind bei den übrigen Anlagen über oder neben den Bekohlungsgleisen Behälter vorgesehen, welche den Kohlenbedarf für einen gewissen Zeitraum, zweckmäßig den ganzen Nachtbedarf, aufnehmen. Jeder Hochbehälter enthält soviel Unterabteilungen von verschiedenem Fassungsvermögen, als Einzelabgaben während des betreffenden Zeitraums vorkommen. Jede Abteilung besitzt einen geneigten Boden und als Verlängerung desselben eine Klapprinne, welche vielfach auch den Verschluß bildet und vom Heizer mittels eines Handzugs entriegelt und niedergelassen wird.

Die Kohle gleitet unter der Wirkung der Schwerkraft auf den Tender; außer der Füllung ist eine weitere Bedienung des Behälters nicht erforderlich.

Im einzelnen sind über die verschiedenen Anlagen noch folgende Angaben zu machen.

Karlsruhe Rgbhf.[1] Abb. 5 und 10. Hier ist wie bei der Mannheimer Anlage für die Bekohlung von Tenderlokomotiven ein Trichter vorgesehen, der auf den Untergurten der Laufbahnträger mit Hilfe eines Seilzugs verfahren werden kann. Die Anlage wurde 1906 von Mohr & Federhaff in Mannheim geliefert und ist für eine tägliche Ab-

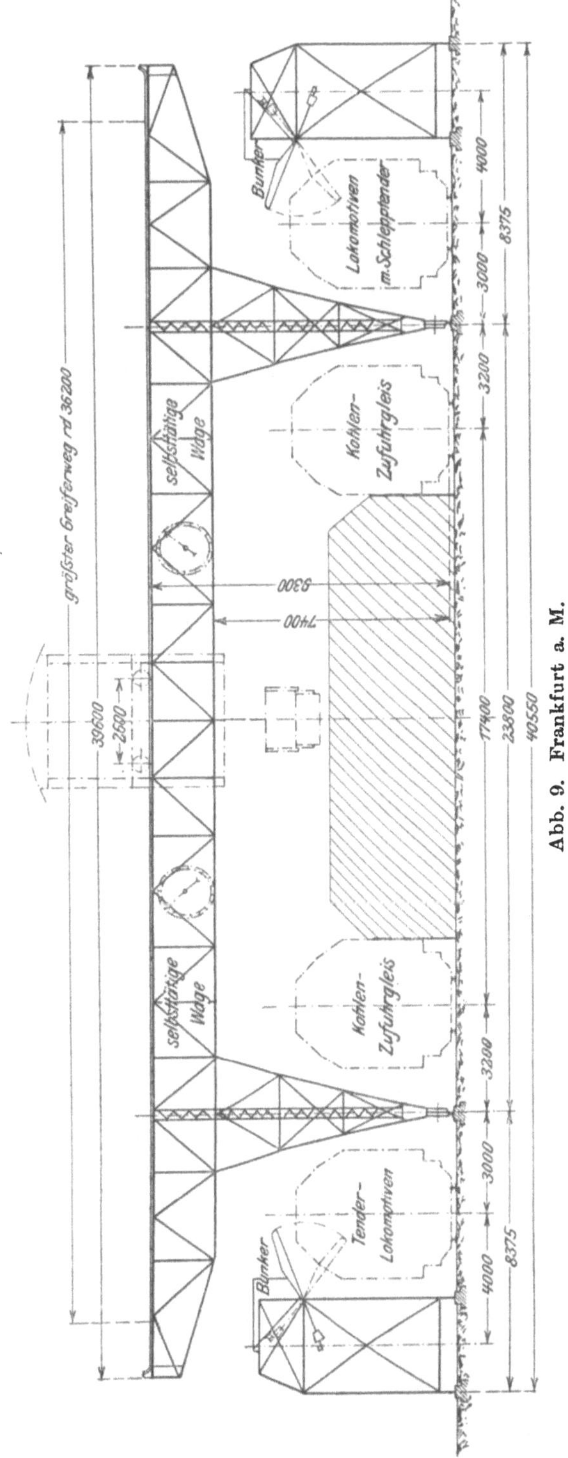

<hr>

[1] Zeitg. des Ver. deutsch. Eis.-Verw. 1906, S. 661.

Abb. 10. Karlsruhe.

Abb. 11. Niederschöneweide-Johannisthal.

gabe von 120 t Ruhr- und Saarkohlen sowie Briketts berechnet. Der Greifer faßt 1500 kg.

Niederschöneweide-Johannisthal[1]) Abb. 6 und 11. Das Krangerüst

Abb. 12. Cöln-Eifeltor.

besitzt über den beiden Gleisen, die wechselweise als Zufuhr- oder Abgabegleis benützt werden, je einen Rahmenvorbau, in den mit Hilfe der

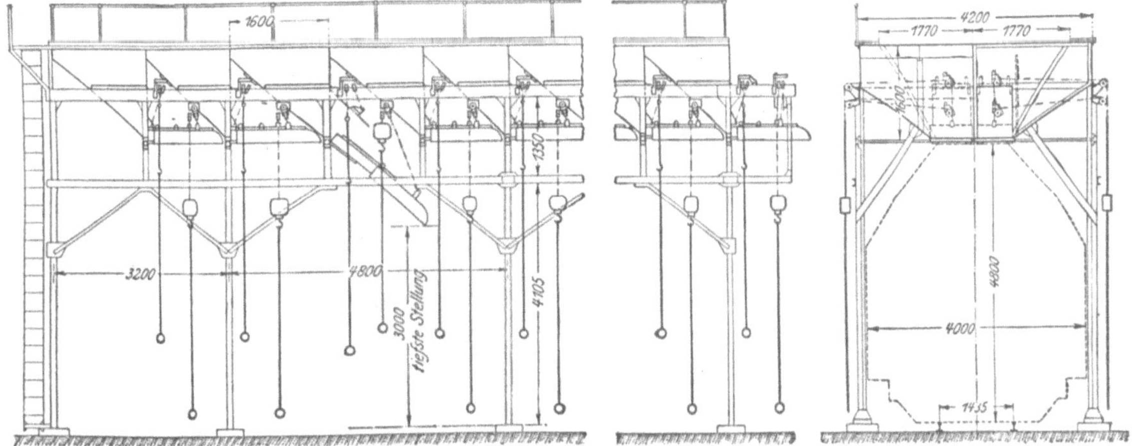

Abb. 13a und 13b. Hochbehälter Cöln-Eifeltor.

Laufkatze ein Schüttrichter mit zwei zylindrischen, drehbaren, unten durch Schieber abgeschlossenen Ablaufrohren eingesetzt werden kann. Die Anlage wurde von der Gesellschaft für elektrische Industrie in Karlsruhe

---

[1]) Glasers Annalen 1906, Bd. 58, S. 206.

gebaut, erforderte einen Kostenaufwand von 20000 M. und kann stündlich 20 t abgeben. Das Bekohlen einer Tenderlokomotive erfordert 8 Minuten, der Greifer faßt 1500 kg.

Cöln-Eifeltor[1] Abb. 7 und 12. Über jedem der zwei Bekohlungsgleise ist ein Hochbehälter errichtet, dessen Einzelheiten Abb. 13 zeigt. Die Verschlußklappen werden vom Boden aus entriegelt, nachdem die Ablaufrinnen herabgelassen worden sind. Um übermäßige Staubentwicklung bei der Kohlenabgabe zu verhüten, sind die Ablaufschurren mit ausziehbaren Verlängerungen versehen.

Der Hubmotor von 25 PS erteilt dem bis zu 1000 kg fassenden Greifer eine Hubgeschwindigkeit von 0·6 m/sek., die Laufkatze erreicht mit ihrem

Abb. 14. Wahren.

6 PS-Motor eine Fahrgeschwindigkeit von 1·5 m/sek., der Kran mit seinem 12 PS-Motor eine solche von 1 m/sek. Der Greifer wird auch zum Verladen von Aschenkastenrückständen benützt. Die Anlage wurde von der Firma Carl Schenk in Darmstadt nach eigenem Entwurf ausgeführt.

Wahren[2] Abb. 8 und 14. Der zwischen den beiden Bekohlungsgleisen aufgestellte Hochbehälter besitzt Unterabteilungen von 1·15 bis 3 t Fassungsvermögen. Die Auslaufschurren der größeren Abteilungen von 2·5 bis 3 t Inhalt münden nach Gleis II, jene der kleineren nach Gleis I. Das Leergewicht des Greifers ist durch ein im Führerstand untergebrachtes Gegengewicht ausgeglichen. Die Anlagekosten beliefen sich auf 37300 M. für die maschinelle Einrichtung und 10400 M. für den baulichen Teil, insgesamt 47700 M. Die Anlage ist seit Mai 1905 im Betrieb, gibt zurzeit täglich 80 bis 100 t Kohle ab und wird außerdem zum Verladen der Aschenkastenrückstände verwendet. Abnahmeversuche ergaben eine stündliche Leistung von fast 58 t. Tagsüber sind drei Mann mit der Bedienung der Anlage beschäftigt. Für die Bedienung und Beaufsichtigung des

[1] Zeitschr. Ver. deutsch. Ing. 1907, S. 292.
[2] Organ Fortschr. des Eisenbahnwesens 1906, S. 55.

Abb. 15. Frankfurt a. M.

Hochbehälters sind außerdem zwei Mann angestellt. Der Hubmotor leistet 18·5, der Katzenfahrmotor 7·5 und der Kranfahrmotor 12 PS.

Die leistungsfähigste Anlage dieser Art ist bis jetzt jene in Frankfurt a. M.[1]) Abb. 9 und 15. Sie ist gleich den Anlagen in Mannheim und Wahren ein Erzeugnis der Guilleaume-Werke in Neustadt a. d. Hardt. Das Krangerüst der Wahrener Anlage ist hier symmetrisch ausgebaut. Sie vermag täglich bis zu 150 Lokomotiven mit 400 bis 500 t Kohlen zu versorgen.

3. Anlagen ohne besondere Hebevorrichtung.

Eine Mittelstellung zwischen den bisher besprochenen Anlagen mit besonderer Hebevorrichtung für die Abgabe und der Gruppe der Hochbehälteranlagen nehmen jene Anlagen ein, bei denen Zufuhrgleis und Lagerplatz einen derartigen Höhenunterschied gegenüber dem Bekohlungsgleis besitzen, daß bei der Abgabe der Kohle eine Hebearbeit nicht mehr geleistet zu werden braucht. Der Höhenunterschied kann durch entsprechende Ausnützung der natürlichen Geländeverhältnisse oder durch Anlage einer künstlichen Rampe gewonnen werden, mittels deren das Zufuhrgleis über das Niveau des Bekohlungsgleises gehoben oder letzteres unter das Niveau des Zufuhrgleises gesenkt wird.

Englische und amerikanische Bahnen wenden mit Vorliebe die Rampe an. Bei der im Jahre 1906 in Betrieb genommenen Lokomotivstation der englischen Great Western-Bahn in Old Oak Common[2]) führen zwei Zufuhrgleise über eine Rampe zu einem gedeckten Schuppen (Coal stage), dessen Betonfußboden etwa 3 m über den beiderseits vorbeiführenden Bekohlungsgleisen liegt. Die Kohle wird nicht erst gelagert, sondern direkt aus den Zufuhrwagen in Rollwagen verladen. An den Seiten des Gebäudes sind kleine Vorbauten angebracht, von denen aus die Rollwagen auf den Tender entleert werden. Zum Bekohlen von Tenderlokomotiven sind besondere Leitrinnen vorgesehen.

Die Rollwagen sind in reichlicher Zahl vorhanden und werden gefüllt in Bereitschaft gehalten. Die Bekohlungsgleise sind mit langen Putzgräben versehen, auf denen die Lokomotiven vollständig gereinigt und instandgesetzt, bekohlt und mit Wasser versorgt werden. Am Ende der Kohlenladebühne ist ein kleiner Kessel aufgestellt, der ständig unter Druck gehalten wird und den Dampf für das Durchblasen der Siederöhren[3]) liefert.

Mit demselben Grundgedanken, nur in etwas anderer Ausführung sind die beiden Anlagen in Hannover und Cassel seit längerer Zeit in Betrieb und bei den bayerischen Staatsbahnen in den letzten Jahren verschiedene Anlagen entstanden.

In Hannover[4]) ist längs des Lagerplatzes, der 3·3 m über S. O. des Bekohlungsgleises liegt, eine 80 m lange Bühne errichtet, welche dicht bis an dieses Gleis reicht. Am Rand der Bühne sind in Gruppen zu je acht Stück 32 Sturzkasten aufgestellt, welche je 700 kg fassen und von dem daneben vorbeiführenden Zufuhrgleis oder dem dahinter befindlichen Lagerplatz aus von Hand gefüllt werden. Eine Ablaufrinne bildet in nieder-

<hr>

[1]) Glasers Annalen 1906, Bd. 58, S. 208.
[2]) Revue générale des chem. de fer 1907, II, S. 27.
[3]) Vgl. Bd. II. Wittenberg, Heizhausdienst, S. 287.
[4]) Zeitschr. des Arch.- und Ing.-Ver. zu Hannover 1886, S. 387.

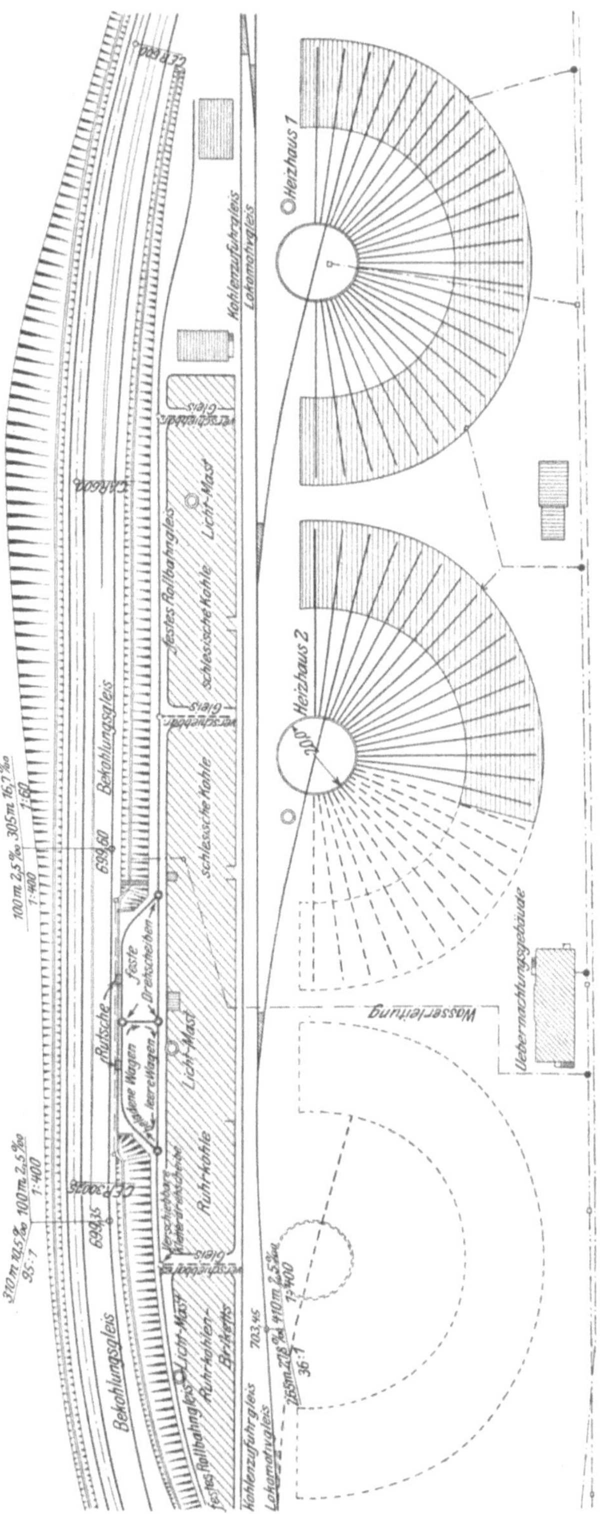

Abb. 16a. Kempten.

geklapptem Zustand die Verlängerung der unter 40° gegen die Horizontale
geneigten Bodenfläche jedes Sturzkastens und läßt die Kohle auf den Tender
gleiten. Die Kohlenwagen werden von der Verschublokomotive über eine
Rampe 1:90 auf die Bühne gebracht. Nach Angabe der Quelle sollen
gegenüber einer gewöhnlichen Abgabe mit Körben zwei Arbeiter erspart
werden. Die Anlagekosten betrugen einschließlich der Kosten für die Pflasterung des Lagerplatzes und einen Schuppen für Koks und Reiserwellen
32500 M.

Ähnlich ist die Anlage in Cassel[1]) ausgeführt, nur sind hier statt der
feststehenden Kasten fahrbare Blechbehälter mit geneigtem Boden verwendet. Diese fassen je 500 kg, werden an den Rand der 3·8 m über

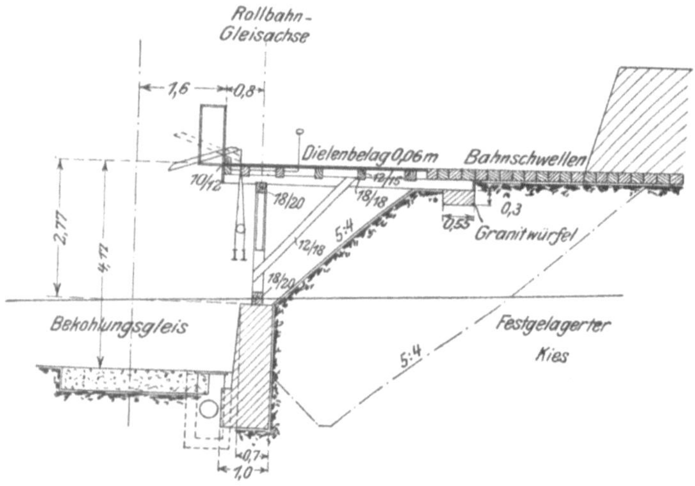

Abb. 16 b. Kempten.

dem Abgabegleis liegenden Bühne gefahren und nach Herablassen einer
Schüttrinne und Öffnen der vorderen Wagenklappe in den Tender entleert.

Abb. 16a und b zeigt Grundriß und Querschnitt einer Anlage der bayerischen Staatsbahnen in Kempten, welche seit dem Jahre 1905 in Betrieb ist.

Auf einem Schmalspurgleis befördern Kippwagen von 500 kg Fassungsvermögen die Kohle vom Lagerplatz zur Abgabestelle und entleeren
sich hier über eine Klapprinne. Die Anlage gestattet die Mischung verschiedener Kohlensorten. Sie versorgt zur Zeit bei einem Arbeiterstand von
vier Mann bei Tage und drei Mann bei Nacht etwa 56 Lokomotiven täglich.
Die größte Tagesleistung beträgt 90 t, die Jahresabgabe 29000 t. Die
Bekohlung eines Tenders dauert 5 bis 10 Minuten, einer Tenderlokomotive
bis zu 15 Minuten einschließlich der von Hand erfolgenden Abgabe von
Briketts und Holz.

Bei den Anlagen in Nürnberg Rgbhf. und Augsburg fährt die Lokomotive in einen gemauerten Einschnitt unter eine Schüttrinne, die den
Inhalt der Rollwagen auf den Tender gleiten läßt, und hebt beim Heraus-
fahren mit ihrem Eigengewicht zugleich die gefaßten Kohlen.

In allen diesen Fällen ist nur die Hebearbeit bei der Abgabe

<hr>

[1]) Eisenbahntechn. der Gegenwart II. Bd., S. 739.

vermieden, das Abladen der Wagen und das Wiederaufladen in die Rollwagen erfolgt von Hand. Amerikanische Bahnen, als erste die Philadelphia—Wilmington und Baltimorebahn[1]) gingen einen Schritt weiter,
indem sie das Zufuhrgleis über eine Rampe aus Holzgerüsten so hoch
führen, daß die Kohle aus den Bodenöffnungen der Selbstentlader direkt
auf den Lagerplatz fällt. Dieser selbst ist wieder als erhöhte Bühne auf
Holzunterbau ausgeführt. Die Kohle wird in Rollwagen geschaufelt und
auf einer Gleisbrücke, wie sie bei der Anlage in Meadows beschrieben
wurde, in Trichterbehälter entleert, unter denen die Streckengleise vorbeiführen.

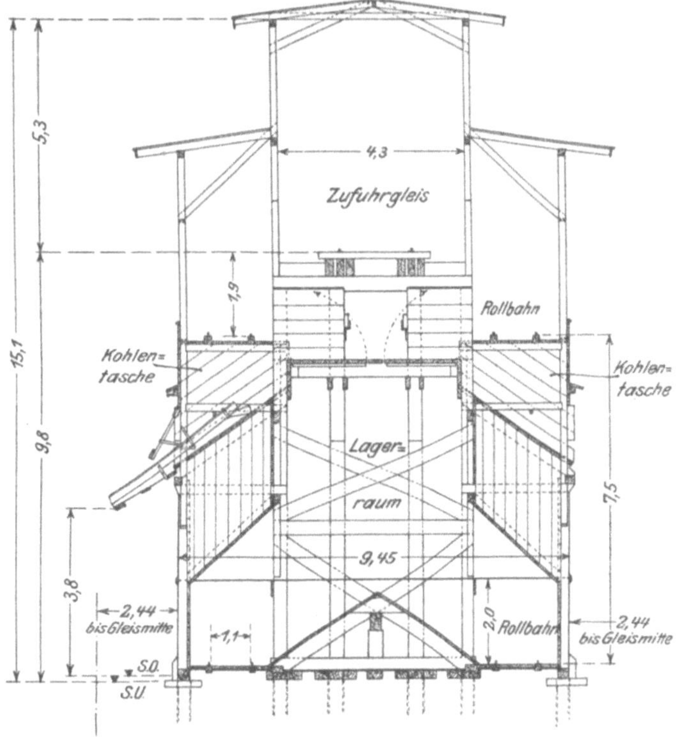

Abb. 17. Memphis.

4. Hochbehälteranlagen.

Wird das Zufuhrgleis noch höher geführt, so daß die Kohle auf einer
schiefen Ebene, die den Boden seitlich angeordneter Vorratsbehälter bildet,
direkt in den Tender gleiten kann, so entsteht die Urform der Hochbehälteranlagen, wie sie zuerst von der Baltimore- und Ohio-Bahn und bei
der New York-, Lake Erie- und Western-Bahn ausgeführt worden sind.[1])

Als Beispiel soll die in Abb. 17 im Querschnitt dargestellte, im Jahre
1902 von der Illinois Central-Bahn mit den Erweiterungsbauten ihrer Werkstätte in Memphis[2]) ausgeführte Anlage dienen. Eine Rampe von 244 m
Länge und 40 $^0/_{00}$ Steigung führt zu dem 9·8 m über S. O. liegenden Zufuhrgleis. Rechts und links etwas tiefer als das Entladegleis sind je 24

[1]) Railroad Gazette 1905/I, S. 456 u. ff.
[2]) Railroad Gazette 1902, S. 793, Zeitschr. Ver. deutsch. Ing. 1908, S. 205.

Kohlenbunker mit geneigtem Boden angeordnet. Die Kohle wird aus den Seiten- oder Bodenentladern, je nach der Stellung der unter dem Entladegleis vorgesehenen Klappen, entweder direkt in die Bunker entladen oder in dem ebenfalls mit schrägem Boden versehenen Mittelraum des Schuppens aufgespeichert. Der Inhalt dieses Lagers wird nach Bedarf in Rollwagen geladen, auf einem der unteren Schmalspurgleise zum Stirnende des Schuppens gefahren, hier von einem Aufzug 7·5 m hoch gehoben und von einem der

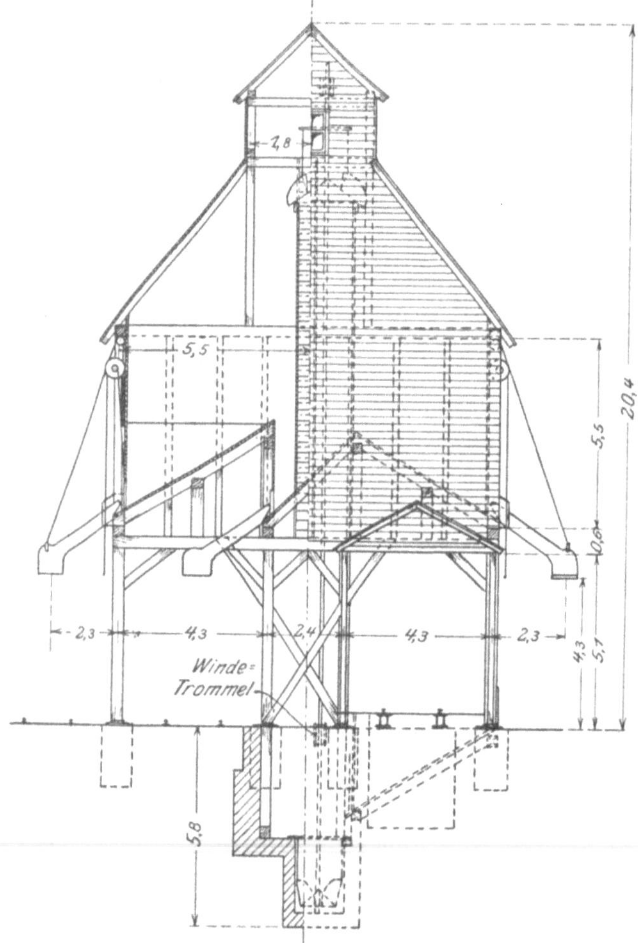

Abb. 18a. Logansport.

oberen Schmalspurgleise aus in die Bunker verteilt. Die Anlage versorgt täglich 110 Lokomotiven. Wie die meisten amerikanischen Anlagen ist sie ganz aus Holz gebaut.

Auf Stationen der Pennsylvania Lines West of Pittsburg sind im Jahre 1904 einige Anlagen errichtet worden, die infolge ihrer einfachen Anordnung und Handhabung einen äußerst billigen Betrieb ermöglichen sollen und nach ihrem Erbauer als „Holmen Coaling Stations" bezeichnet werden.

Die Abb. 18a und 18b veranschaulichen die Anlage in Logansport[1].

---

[1] Railway Gazette 1905/II, S. 46.

Sie umfaßt vier Gleise. Auf Gleis I, II und IV wird bekohlt, Gleis III
dient der Zufuhr. Der in Holz ausgeführte Schuppen mit zwei Hochbehältern erhebt sich über den beiden Mittelgleisen. Unter Gleis III ist ein
Erdrumpf eingebaut, dessen Boden nach der Mitte der Anlage zu unter
32° geneigt und mit Stahlblech belegt ist. Zwei Auslauföffnungen, die
durch Schieber abgeschlossen werden, lassen die Kohle in zwei Blechbehälter gleiten, von denen der eine in die Höhe steigt, um sich in die
Hochbehälter zu entleeren, während der andere sich senkt, um unten von
neuem gefüllt zu werden. Die Trommel, über welche das verbindende
Seil läuft, wird von einem Elektromotor bewegt. In der obersten Stellung

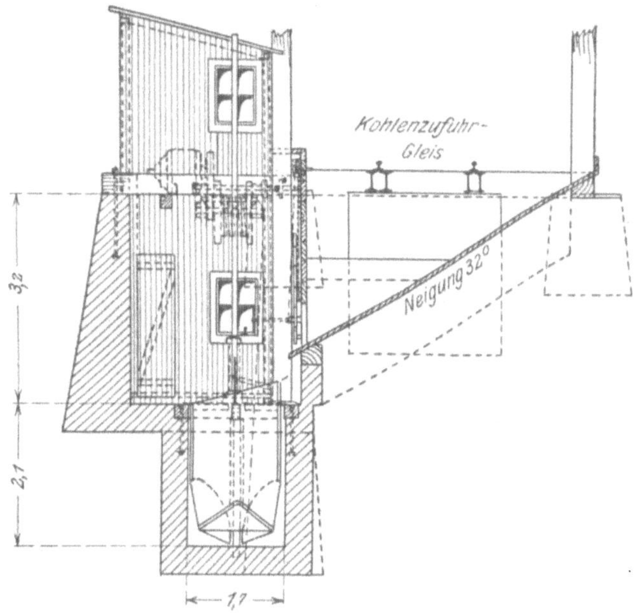

Abb. 18 b. Logansport.

passieren die Behälter einen Anschlag an den führenden Holzpfosten.
Hiedurch werden zwei Klappen am Boden des Behälters entriegelt, öffnen
sich nach beiden Seiten und dienen der auslaufenden Kohle als Leitrinnen.
Beim Niederlassen des Behälters werden diese Klappen wieder selbsttätig
verriegelt. Für das Füllen und Heben der Behälter ist durchschnittlich
eine Minute Zeitaufwand und ein Mann Bedienung erforderlich. Wenn
70 bis 80 % der Kohlen in Selbstentladern zugefahren werden, sind insgesamt drei Mann zur Bedienung der Anlage benötigt. Stündlich können
100 t gefördert werden.

Bis Juli 1905 waren sechs Stationen in dieser Weise eingerichtet und
mehrere ähnliche Anlagen geplant.

Noch einfacher gestaltet sich der Betrieb der in Abb. 19 dargestellten
Anlage in Kings Mines[1]) bei Newark (Ohio). Die Bahn führt hier in
300 m Entfernung an einer Kohlengrube vorüber. Ein parabolisch trich-
terförmiger Hochbehälter von 50 t Fassungsvermögen ist auf freier Strecke
über dem Gleis aufgestellt und wird durch eine Seilbahn direkt aus der

---

Grube mit Kohle versorgt. Unter seiner Bodenöffnung ist ein wägbarer Stahlblechbehälter, der seinerseits wieder zwei Bodenklappen besitzt, an Seilen aufgehängt und durch ein Gegengewicht ausgeglichen, das leichter ist als der volle und schwerer als der leere Behälter. Der Führer der mit dem Zug sich nähernden Lokomotive gibt durch ein Pfeifensignal zu erkennen, welche Tonnenzahl er zu fassen wünscht. Dem entsprechend wird der Abgabebehälter aus dem Hochbehälter gefüllt, gewogen, und sobald die Lokomotive unter der Anlage angekommen ist, langsam bis zu einem gewissen Punkt gesenkt, wo die Bodenklappen sich selbsttätig öffnen und die Kohle auf den Tender fallen lassen. Der leere Behälter kehrt unter der Wirkung des Gegengewichts in seine Ausgangslage zurück, verriegelt sich selbsttätig und ist wieder füllbereit.

Für größere Verhältnisse genügt die Einzelförderung nicht, an ihre Stelle tritt die kontinuierliche Förderung durch Förderband oder Förderkette.

Die in Abb. 20a und b dargestellte Anlage wurde im Jahre 1904 von der Robins Conveying Belt Company in New York für die Werkstättenanlage der Zentralbahn von New Jersey in Elizabethport[1]) erbaut.

Abb. 19. Kings Mines.

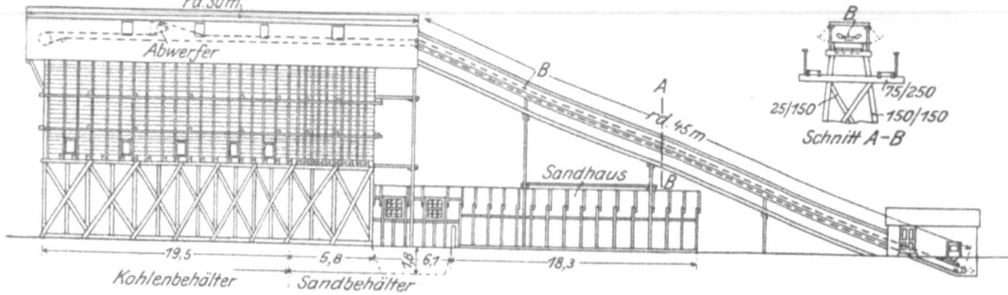

Abb. 20a. Elizabethport.

Die Strichelung deutet den geplanten Ausbau senkrecht zum Hauptschuppen an. Das in Holz ausgeführte Bauwerk enthält einen Kohlen- und einen Sandbehälter. Der Kohlenbehälter ist zur Aufnahme verschiedener Kohlen-

____
[1]) Railroad Gazette 1904, 30. Sept., S. 336.

sorten unterteilt und besitzt an jeder Seite vier Auslaufrinnen, die vom
Tender aus bedient werden. Sand wird auf jeder Seite aus einem Fallrohr abgegeben. Die Kohle wird durch zwei Förderbänder *A* und *B* aus dem
Erdrumpf, in den sie aus den Selbstentladern fällt, entnommen und durch
einen selbsttätigen Abwerfer, dessen Stellung von unten aus geregelt wird,
in einen beliebigen Teil des Behälters abgegeben. Die 60 cm breiten Förderbänder haben in der Mitte eine 5 mm starke Decke von reinem Gummi.
Band *A* wird von einem 5 PS, Band *B* von einem 30 PS Elektromotor
getrieben. Die Bandgeschwin-
digkeit beträgt 1·9 m/sek.
Größere Kohlenstücke werden
zerkleinert, bevor sie auf das
Band gelangen. Der Quer-
schnitt zeigt die Führung des
Bandes durch gußeiserne Rollen
auf Stahlrohrachsen. Die Trag-
flächen der Bänder werden
selbsttätig durch rotierende
Bürsten rein gehalten. Die

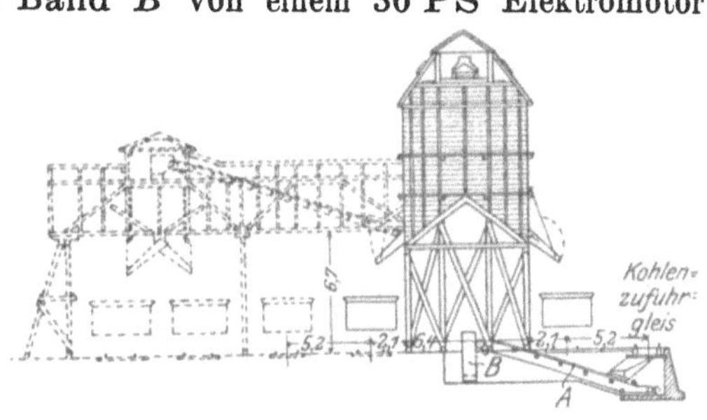

Abb. 20 b. Elizabethport.

Anlage ist für eine Leistung von 800 t berechnet.

Die New Chicago u. Alton-Bahn soll die erste gewesen sein[1]), welche
ihre ganze Strecke mit einheitlich entworfenen Bekohlungsanlagen ausgerüstet hat. Auf der Linie Chicago—Kansas City befinden sich zehn
derartige Anlagen. Die größeren besitzen zwei Kohlenhochbehälter von
je 70 t Inhalt, einen Aschen- und einen Sandbehälter, geben gleichzeitig
Kohlen, Wasser und Sand ab und nehmen die Feuerungsrückstände der
Lokomotiven auf; die kleineren besitzen nur einen Kohlenhochbehälter von
70 t Fassungsvermögen.

Die Kohle wird in Selbstentladern von 50 t Fassungsvermögen zuge-
fahren, von denen die Gesellschaft 170 Stück ausschließlich für diesen
Zweck beschafft hat. Zur Förderung der Kohle und Asche dient eine
Link Belt-Kette (vgl. Abb. 21).

Nicht alle amerikanischen Bahnen legen Wert darauf, die Menge der
an die Lokomotive abgegebenen Kohlen festzustellen. Bei den 10 Anlagen
der Strecke Chicago—Kansas City wird das abgegebene Gewicht durch
Wägung des Behälters vor und nach der Abgabe festgestellt und durch
dreifachen Kartendruck ausgewiesen. Der Hochbehälter ruht zu diesem
Zweck auf Wagebalken. Ein Mann ist für die Bedienung der Anlage bei
Tage, einer bei Nacht erforderlich. Gefördert wird nur tagsüber. Sämtliche Anlagen sind in Holz ausgeführt.

Eine der neuesten amerikanischen Anlagen wurde im Jahre 1905 von
der Link Belt Machinery Company in Chicago für die Terminal Railroad
Association in St. Louis erbaut.[2]) In den Abb. 22a bis c ist die Anlage
im Aufriß und Seitenriß, das über den Zufuhrgleisen befindliche Ende
auch im Grundriß dargestellt, außerdem gibt Abb. 23 eine Übersicht der
Gleisanordnung der Bekohlungsanlage im Zusammenhang mit jener der

---

[1]) Railroad Gazette 1902, 14. März, S. 190.
[2]) Ausführliche Beschreibung und Zeichnungen s. Railroad Gazette 1904/I, S. 75,
u. 1905/I, S. 459, auch Glasers Annalen 1906, Bd. 58, S. 185.

Heizhäuser. Die Bekohlungsanlage umfaßt neun Gleise. Zwei dienen der Zufuhr und sind mit Erdrümpfen für Kohle und Sand versehen, auf den übrigen sieben Gleisen können gleichzeitig 21 Lokomotiven Kohlen, Wasser und Sand fassen und ihre Feuerungsrückstände abgeben. Zu diesem Zweck hat jedes der sieben Gleise einen Putzgraben, über dem drei Lokomotiven hintereinander Platz finden. Während die zuletzt angekommene sogleich von den Putzern und Aschkastenräumern in Angriff genommen wird, faßt die zweite Lokomotive Kohlen, Sand und Wasser, wozu bei leerem Tender etwa vier Minuten erforderlich sein sollen, und rückt dann an die Stelle der vordersten, die, vollständig gereinigt und für die nächste Fahrt instandgesetzt, die Anlage verläßt.

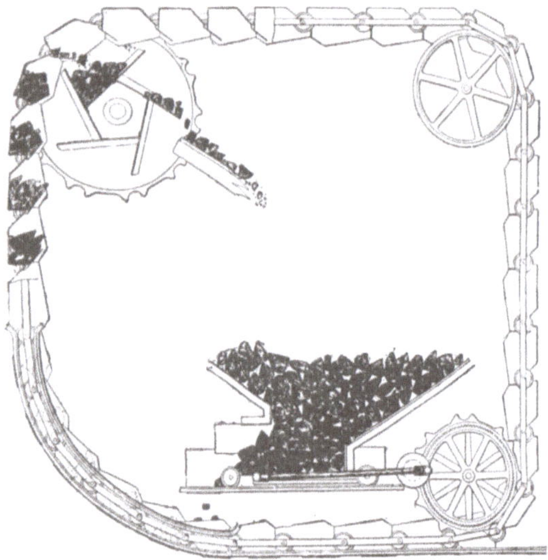

Abb. 21. Link Belt-Kette.

Die Kohle wird aus dem Hauptbehälter, der über fünf Gleise reicht und 1000 t aufzunehmen vermag, zunächst in kleinere Behälter von 15 t Inhalt abgelassen. Deren sind je sechs an den beiden Langseiten des Gebäudes über den Gleisen eingebaut, ein weiterer am Kopfende der Anlage bedient das siebente Gleis. Sie sind an selbstaufzeichnenden Wägevorrichtungen aufgehängt, geben die Kohle durch Fallrinnen an den Tender ab und werden nach Entleerung von einem Wärter, für den eine Laufbühne zwischen den Behältern vorgesehen ist, aus dem Hauptbehälter nachgefüllt. Letzterer selbst erhält durch zwei unabhängig von einander arbeitende Kombinationen von Link-Belt-Förderketten stündlich 200 t Kohle zugeführt. Bis zu acht Selbstentlader werden von einer elektrisch betriebenen Rangierwinde aus den Vorratsgleisen herangeholt und einzeln in die Schüttrümpfe entleert. Ein kurzes Förderband entnimmt die Kohle dem Rumpf und gibt sie an die Förderkette für den senkrechten Hub ab. Diese speist wieder eine wagerechte Kette, welche die Kohle in den Hauptbehälter entleert. Größere Kohlenstücke werden erst von einem unter dem Rumpf eingebauten Kohlenbrecher zerkleinert.

Das Kesselspeisewasser wird aus zwei zylindrischen Behältern von je 76 cbm Inhalt abgegeben. Diese sind wagerecht zu beiden Seiten des Hauptkohlenbehälters aufgehängt und an die städtische Wasserleitung angeschlossen.

Für den Rohsand sind zwei stehende zylindrische Stahlblechbehälter von je 96 cbm Inhalt vorgesehen, die aus dem besonderen Sandschüttrumpf gefüllt werden. Der Sand fällt zunächst auf einen Trockenofen, dessen Abzugsrohr durch den Rohsandbehälter geführt ist, wird getrocknet von Elevatoren in den höchsten Teil des Gebäudes geschafft und gleitet von hier durch Fallrohre in einen der beiden über dem Kohlenbehälter angeordneten Vorratsbehälter von 40 t Fassungsvermögen, welche ihn endlich durch kleinere Fallrohre in den Sandkasten der Lokomotive abgeben.

Die Aschenkasten- und Rauchkammerrückstände der Lokomotiven werden in Blechkasten entleert, welche innerhalb des Putzgrabens verfahren werden können und ihren Inhalt an eine quer unter den sieben Gleisen durchgeführte Förderkette abgeben. Letztere fördert die Asche in einen Hochbehälter, von wo sie mit Auslaufrinnen nach dem einen Zufuhrgleis geführt wird.

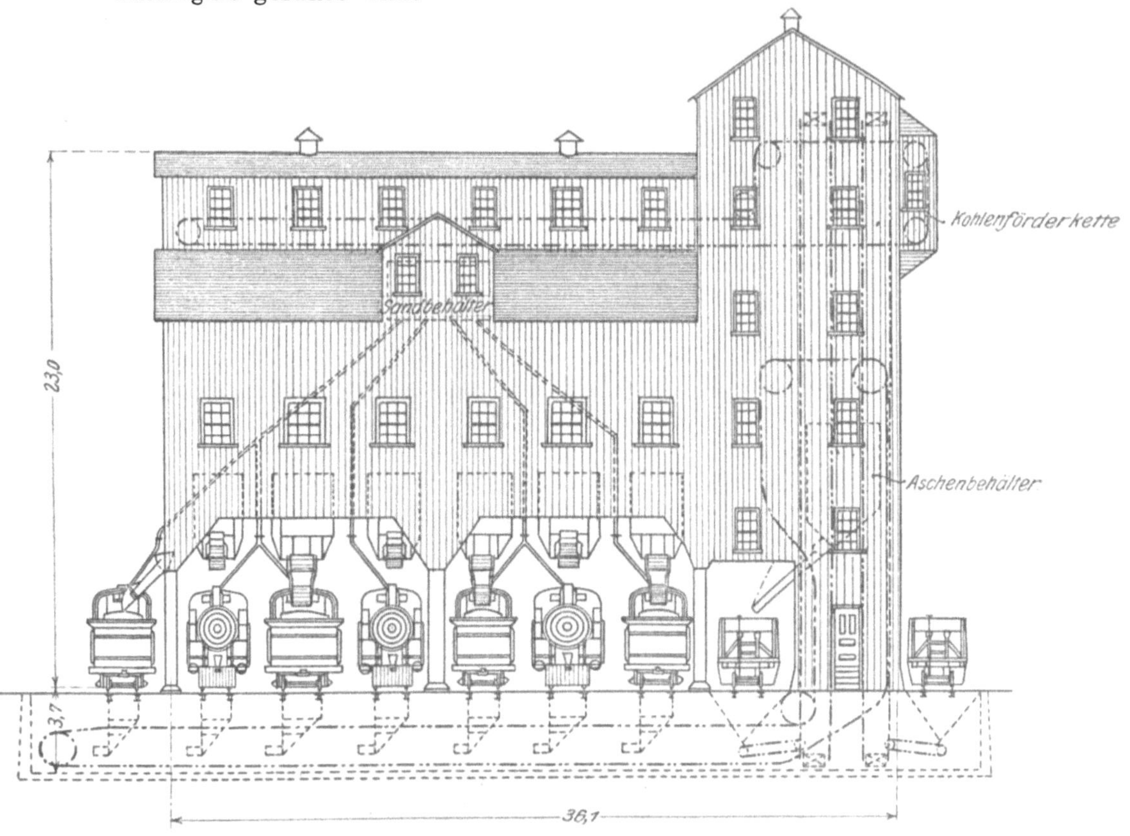

Abb. 22a. St. Louis.

Die Anlage versorgt täglich etwa 200 Lokomotiven. Alle Hilfseinrichtungen werden elektrisch angetrieben. Als Besonderheit ist hervorzuheben, daß das ganze Gebäude im Gegensatz zu den meisten anderen Anlagen in Eisenkonstruktion ausgeführt und mit verzinktem Eisenblech verkleidet ist.

Ein Gegenstück der eben beschriebenen Anlage bildet jene der Pittsburg u. Lake Erie-Bahn in Mc. Kees Rocks[1]) insoferne, als für die Wasser-, Kohlen- und Sandabgabe und das Entfernen der Asche je eigene, von einander räumlich getrennte Vorrichtungen ausgeführt sind, die von den einzelnen Lokomotiven nacheinander passiert werden. Abb. 24 zeigt den Grundriß der Anlage. Weitere Abbildungen finden sich in den angeführten Quellen. Das Lokomotiven-Ankunftsgleis teilt sich zunächst in zwei Gleise,

---

[1]) Railroad Gazette 1905, I, S. 247, u. Glasers Annalen 1906, Bd. 58, S. 186.

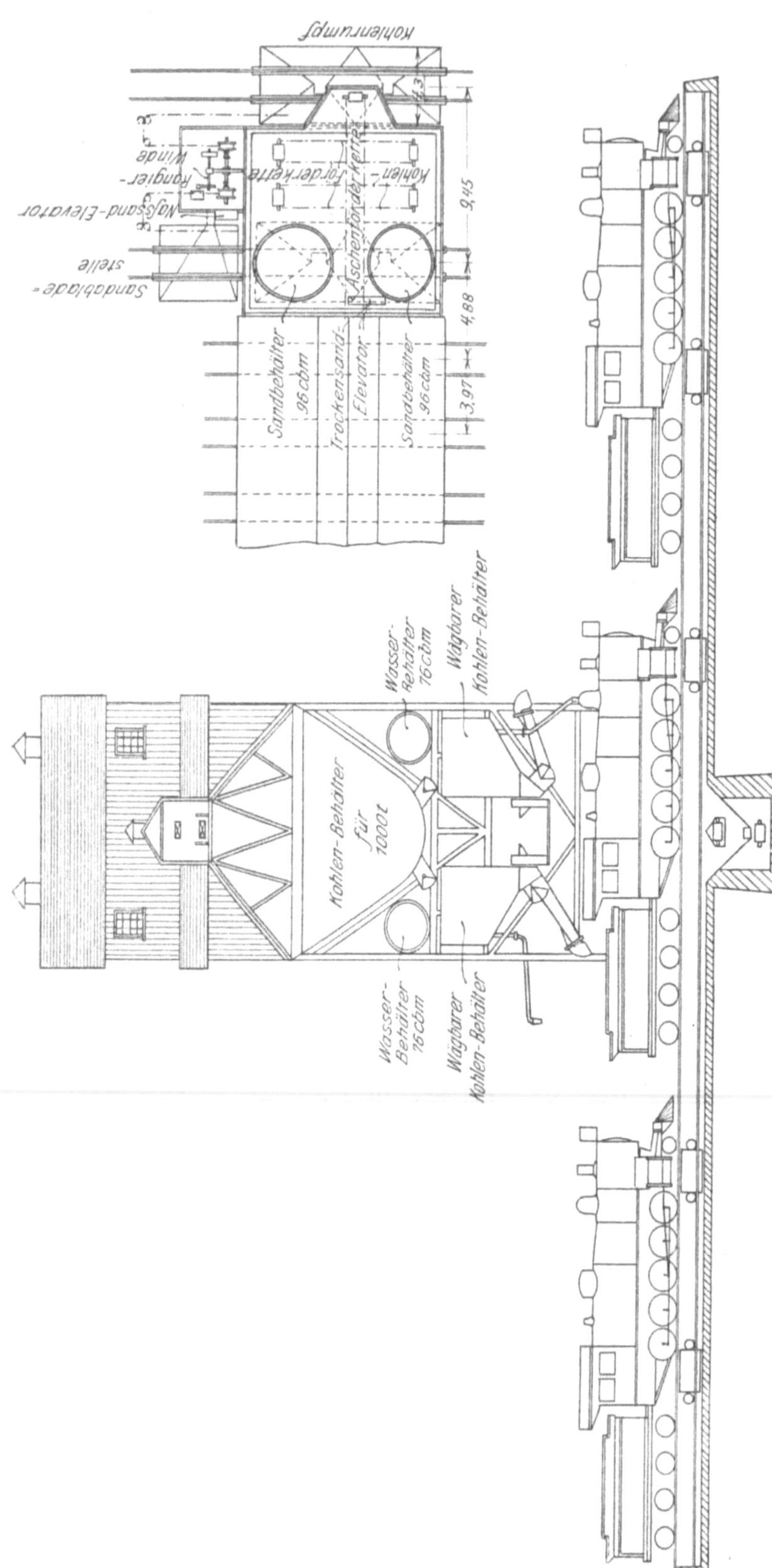

Abb. 22 b und c. St. Louis,

die an den Wasserkranen vorbei
unter dem Hochbehälter des Be-
kohlungsschuppens hindurch zu
der Sandabgabe führen. Hierauf
gabelt sich jedes Gleis wieder in
zwei Putzgrabengleise, so daß für
das Entfernen der Feuerungsrückstände, das den größten Zeitaufwand erfordert, vier Gleise zur
Verfügung stehen.

Der Bekohlungsschuppen bietet
nichts besonders Bemerkenswertes.
Die Förderkette ist, um große
Fundamente zu vermeiden, nur
unter dem Zufuhrgleis durchgeführt und steigt an der Außenseite
des Gebäudes empor. Der Behälter
faßt 500 t. Das Zufuhrgleis liegt
in einer Neigung von 7·5 % und
bietet Raum für Aufstellung von
zehn Selbstentladern zu 50 t. Die
Wagen laufen von selbst zum
Schüttrumpf und nach der Entladung in das anschließende Hinterstellgleis. Die Rangierlokomotive ist also nur dann benötigt,
wenn eine neue Reihe von beladenen Wagen herangeholt werden
muß. Die Anfuhr der vollen und
die Abfuhr der leeren Wagen vollzieht sich in einer einzigen Bewegung.

Der getrocknete Sand wird von
dem 2000 t fassenden Rohsandbehälter durch ein Förderband
nach dem zwischen den Bekohlungsgleisen aufgestellten Abgabebehälter geschafft.

In jeder Aschengrube laufen auf
besonderem Rollgleis sechs kleine
Aschenwagen. Diese werden unter
eine die vier Gleise quer über-
spannende Laufkatzenbahn geschoben, hochgehoben und über
einen Sammelbehälter gefahren,
dessen Auslauf auf das verlängerte
Kohlenzufuhrgleis mündet. Die
leeren Kohlenwagen können auf
diese Weise ohne weiteres für die
Aschenabfuhr verwendet werden.

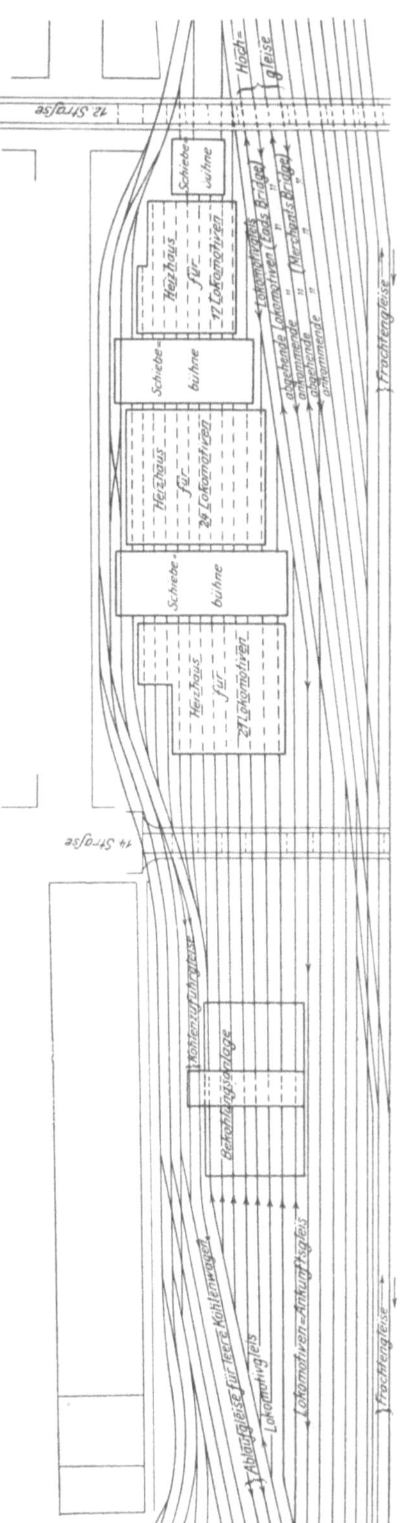

Abb. 23. St. Louis.

Der Elektromotor, welcher die Seilwinde treibt, ist in einer ebenerdigen Hütte neben dem Aschenbehälter untergebracht und wird von zwei Schaltern aus — je einem zwischen zwei Gleisen — gesteuert. Von dem Augenblick an, wo der Aschenwagen in das Hakengeschirr der Laufkatze eingehängt ist, bis zur Rückkehr des Wagens arbeitet die Vorrichtung vollständig selbsttätig.

Die Werkstätten- und Schuppenanlage, von der die Bekohlungsanlage einen Teil bildet, wurde im Jahre 1904 in Betrieb genommen.

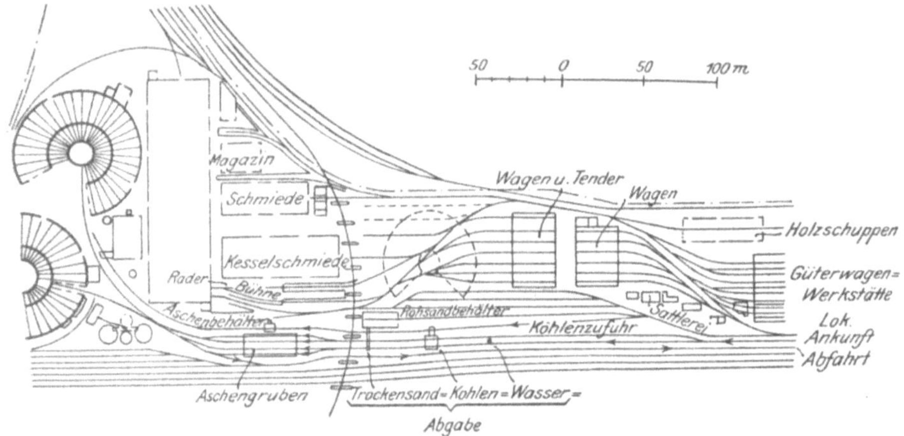

Abb. 24. Mc. Kees Rocks.

Die meisten amerikanischen Bahnen legen keinen besonderen Wert darauf, einen größeren Kohlenvorrat aufzuspeichern. Viele begnügen sich damit, eine gewisse Kohlenmenge in Spezialwagen auf Nebengleisen zu hinterstellen. Vielfach wird der Hochbehälter reichlich bemessen, und ausnahmsweise auch wohl neben dem Abgabebehälter ein besonderer Vorratsbehälter vorgesehen, wie z. B. bei der Anlage der Long-Island-Bahn

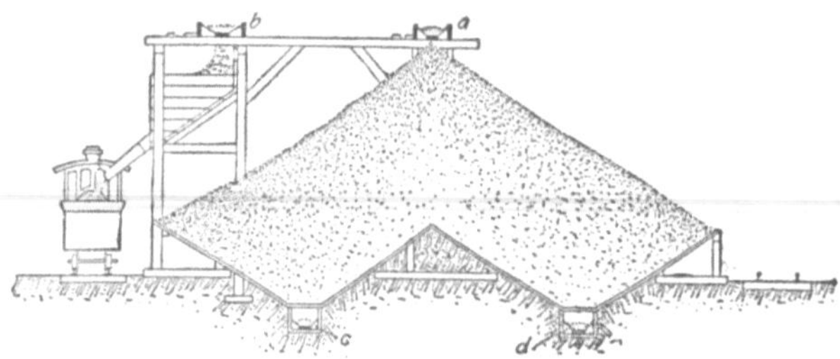

Abb. 25. Fargo.

in Long-Island-City, die einen Abgabebehälter für 800 t und einen Vorratsbehälter für 2400 t Kohle besitzt.

Wie eine Hochbehälteranlage mit einem größeren Kohlenlager vereinigt werden kann, zeigt Abb. 25. Diese Anlage wurde im Jahre 1894 von der Link Belt Machinery Company für die Nord-Pacific-Bahn in Fargo, Nord-Dakota[1]), erbaut. Die Kohle wird aus den Entladerümpfen durch die Förderkette „a“ auf das Lager, durch die Förderkette „b“ in die Hochbehälter verbracht. Bei Bedarf werden die Kohlen des Lagers

---

[1]) Buhle, Techn. Hilfsmittel I, S. 62.

von den Förderketten „*c*“ und „*d*“ an eine Querförderkette abgegeben,
die in der Abbildung nicht sichtbar ist und ihrerseits die Kette „*b*“ speist.
Jede der beiden Hauptförderketten ist 183 m lang und kann stündlich
120 t fördern. Das Lager faßt 3500 t Kohle.

Die Anlage soll bisher allen Anforderungen genügt haben.

Schließlich soll noch die von der Hunt-Gesellschaft für die Philadelphia & Reading Terminal Company in Philadelphia[1]) gebaute Kohlenstation wegen der besonderen Form der Abgabegefäße, welche Abb. 26 zeigt, Erwähnung finden.
Der Hochbehälter faßt 500 t. Die Kohle fällt in
Drehrinnen von etwa 2·5 t Inhalt. Während des
Auskippens schließt die Rinne mit ihrem zylindrischen Teil die Auslauföffnung ab. Nach der
Entleerung kehrt sie selbsttätig in die Ausgangsstellung zurück.

Die Anlage gab im Jahre 1896 in zehn
Stunden durchschnittlich 560 t Kohle ab. Sechs
Wagen können gleichzeitig in die Erdrümpfe entleert werden. Für die Entfernung der Feuerungsrückstände ist eine eigene Förderkette mit Hochbehälter vorgesehen. Die Bedienung erfordert elf

Abb. 26   Philadelphia.

Mann: Einen Vormann, einen Maschinisten, vier Arbeiter zum Entladen
der Wagen, einen Mann im Tunnel, einen Mann zum Anfeuchten und
Kühlen der Asche, einen Mann im Kohlenspeicher, zwei an den Abgabestellen für Kohle, Wasser und Sand. Die Betriebskosten werden zu 10 Pf.
für die t Kohle angegeben[2]).

Auf dem europäischen Festland sind einige Hochbehälteranlagen mit
kontinuierlicher Förderung entstanden, die sich in der Hauptsache an das
zuletzt angeführte amerikanische Beispiel anlehnen. Im Jahre 1898 wurden
kurz nacheinander die Anlagen in Saarbrücken (Abb. 27) und Antwerpen[3])
(Abb. 28), im Jahre 1901 jene im Hauptbahnhof München[4]) (Abb. 29) in Betrieb genommen. Diese drei Anlagen sind im wesentlichen nicht von einander verschieden. Sie wurden sämtlich von der Aktiengesellschaft J. Pohlig
in Cöln ausgeführt. Die Abb. 30 a und b zeigen Längs- und Querschnitt
der Antwerpener Anlage, Abb. 31 gibt den Querschnitt der Münchener,
welcher im wesentlichen mit jenem der Saarbrückener übereinstimmt.

Ein eisernes Gerüst trägt einen Hochbehälter aus Eisenblech mit
vier getrennten Abteilungen. Diese sind in Antwerpen zu zweien neben-
und in der Gleisrichtung hintereinander, in München und Saarbrücken
einzeln hintereinander angeordnet und verjüngen sich trichterförmig nach
unten zu vier Auslauföffnungen, zwei an jeder Langseite des Gerüstes.
Eine Becherkette Huntscher Bauart fördert die Kohle kontinuierlich aus
den Erdrümpfen in den Hochbehälter.

Die Kette Abb. 32 besteht aus einzelnen Flacheisenlaschengliedern,
deren Verbindungsbolzen gleichzeitig die Achsen für die Laufrollen ab

---

[1]) Buhle, Techn. Hilfsmittel I, S. 65.
[2]) Weitere amerikanische Hochbehälteranlagen siehe Zeitschr. Ver. deutsch. Ing. 1908
S. 205.
[3]) Organ Fortschr. des Eisenbahnwesens 1901, S. 10.
[4]) Eisenbahnkunde 1902.

Abb. 27. Saarbrücken.

Abb. 28. Antwerpen.

geben. Die Becher schwingen frei in ihren Drehzapfen und werden durch Anstoßen gegen sogenannte Entladefrösche zum Kippen gebracht.

Die Fördergeschwindigkeit der Kette beträgt etwa 0·17 m/sek., der Inhalt eines Bechers ungefähr 50 kg, der Abstand der beiden horizontalen Führungen rund 18 m. Verankerte Bogenschienen vermitteln den Übergang zwischen den auf Schienen laufenden horizontalen und den freihängenden vertikalen Führungen.

Die Antriebsvorrichtung für die Kette befindet sich am Ende der oberen wagerechten Führung und besteht aus einem eigentümlichen Schaltwerk, das mit fingerartigen Gliedern in die Kette eingreift und dieselbe

Abb. 29. München.

ruckweise vorwärts schiebt. In Saarbrücken ist als Kraftquelle ein Gasmotor verwendet, die beiden anderen Anlagen werden elektrisch angetrieben.

Der Betontunnel für die untere wagerechte Führung der Kette ist reichlich bemessen und von dem Schacht der niedergehenden Führung aus durch eine Steigleiter erreichbar. In den beiden Längsseitenwänden befinden sich die durch Schieber verschlossenen Auslauföffnungen der durch die Tragwände für das Eisengerüst und die Schienen der Zufuhr- und Bekohlungsgleise geschaffenen Abteilungen der Erdrümpfe, deren Böden unter etwa 37° gegen die Längsmitte der Anlage geneigt sind. Damit die Kohle nicht zwischen den einzelnen Bechern der Förderkette durchfallen kann, wird vor den jeweilig geöffneten Auslauf ein besonderer Füllwagen geschoben, bestehend aus einer endlosen Kette von Trichtern, welche in die Becher eingreifen, den Zwischenraum überdecken und von der Becherkette mitgenommen werden. Während der Dauer der Förderung ist ein Mann im Tunnel mit der Regelung des Kohleneinlaufs beschäftigt.

Aus Abb. 32 ist die Anordnung und Führung der Kette und die Wirkungsweise des Füllwagens zu entnehmen.

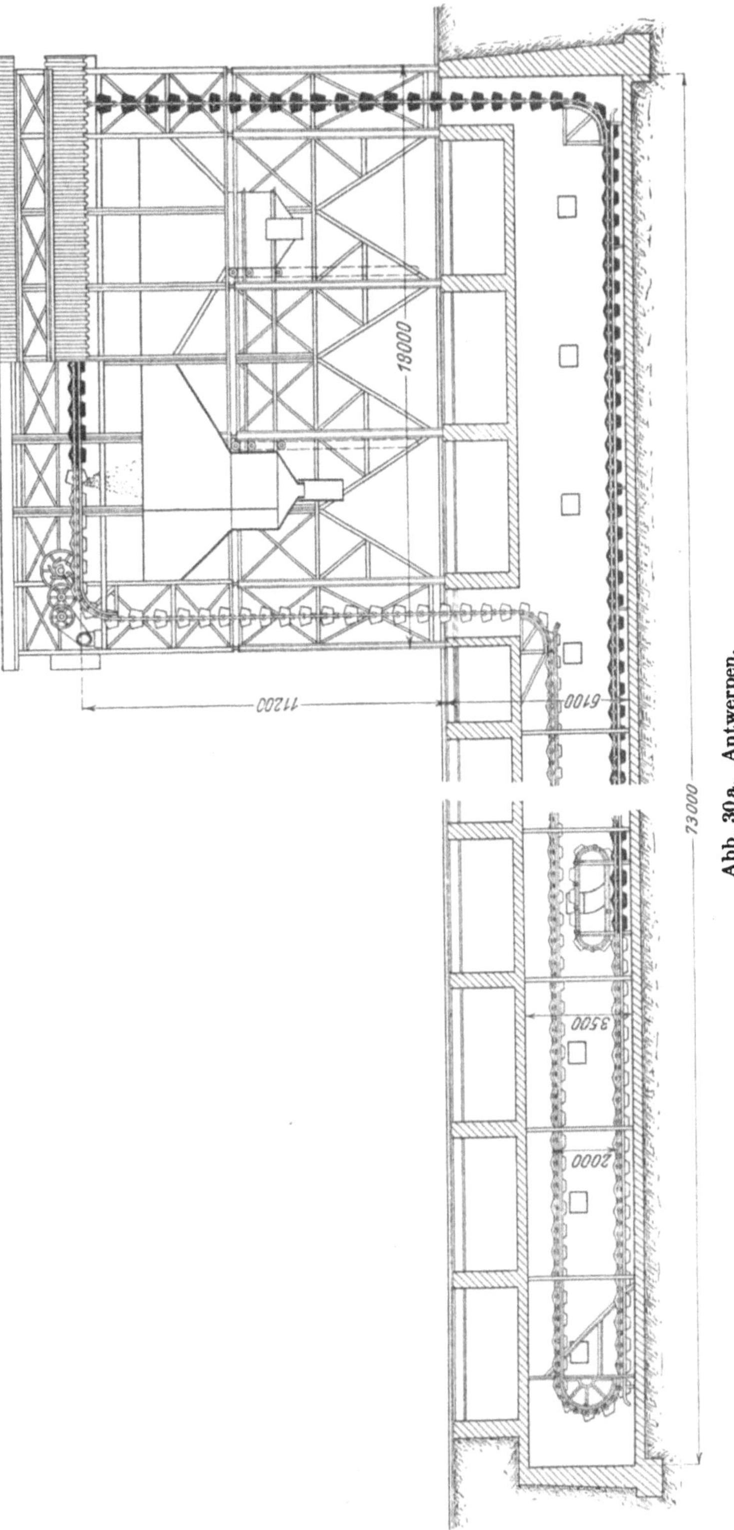

Abb. 30a. Antwerpen.

32*

Die Kohle wird nach dem Raummaß an die Lokomotiven abgegeben. Unter der Bodenöffnung jeder Hochbehälterabteilung der Anlagen in München und Saarbrücken ist eine zylindrische Abgabe- und Meßtrommel

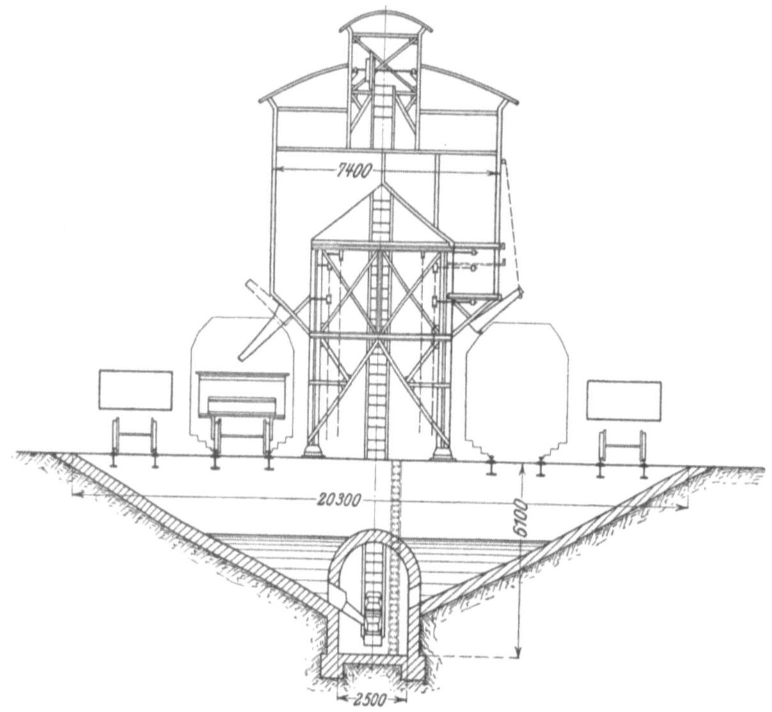

Abb. 30b. Antwerpen.

um eine wagerechte Achse drehbar eingebaut. Eine achsial eingesetzte Blechwand teilt die Trommel in zwei Hälften. Die jeweils oben befindliche Trommelhälfte füllt sich aus dem Hochbehälter, die unten befindliche gibt ihren Inhalt, 200 bis 250 kg Kohle, über eine Klapprutsche an den Tender ab. Ein Zählwerk zeigt die Anzahl der abgegebenen Füllungen an. Die Breite des ablaufenden Kohlenstrahls läßt sich durch ein Steckblech regeln, so daß auch die Füllung durch die schmalen Öffnungen der Kohlenbehälter der Tenderlokomotiven keine Schwierigkeiten bereitet. Bei der Antwerpener Anlage ist das Meßgefäß so eingerichtet, daß Fett- und Magerkohle in verschiedenen Mischungsverhältnissen, und zwar:

1. 100 kg Fett- mit 200 kg Magerkohle,
2. 100 „ „ „ 400 „ „
3. 200 „ „ „ 600 „ „

gemischt abgegeben werden können.

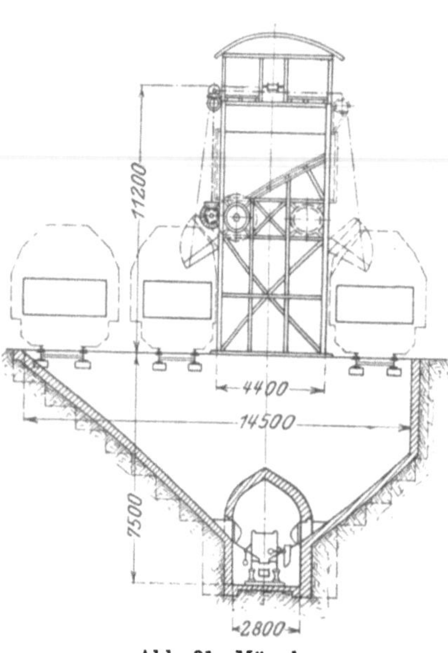

Abb. 31. München.

In München werden die Meßgefäße durch einen Elektromotor gedreht, in Saarbrücken und Antwerpen von Hand bedient.

Während bei den erstgenannten Anlagen die Ausdehnung der Erdfüllrümpfe der Länge des Hochbehälters entspricht, ist sie in Antwerpen auf das fünffache der letzteren gebracht worden, um einen größeren Kohlenvorrat stets verwendungsbereit zu haben. Dieser Ausweg bedingt hohe Anlage- und erhöhte Betriebskosten. Statt dessen ist schon der Vorschlag gemacht worden,[1]) die Erdrümpfe um ein weniges zu verlängern

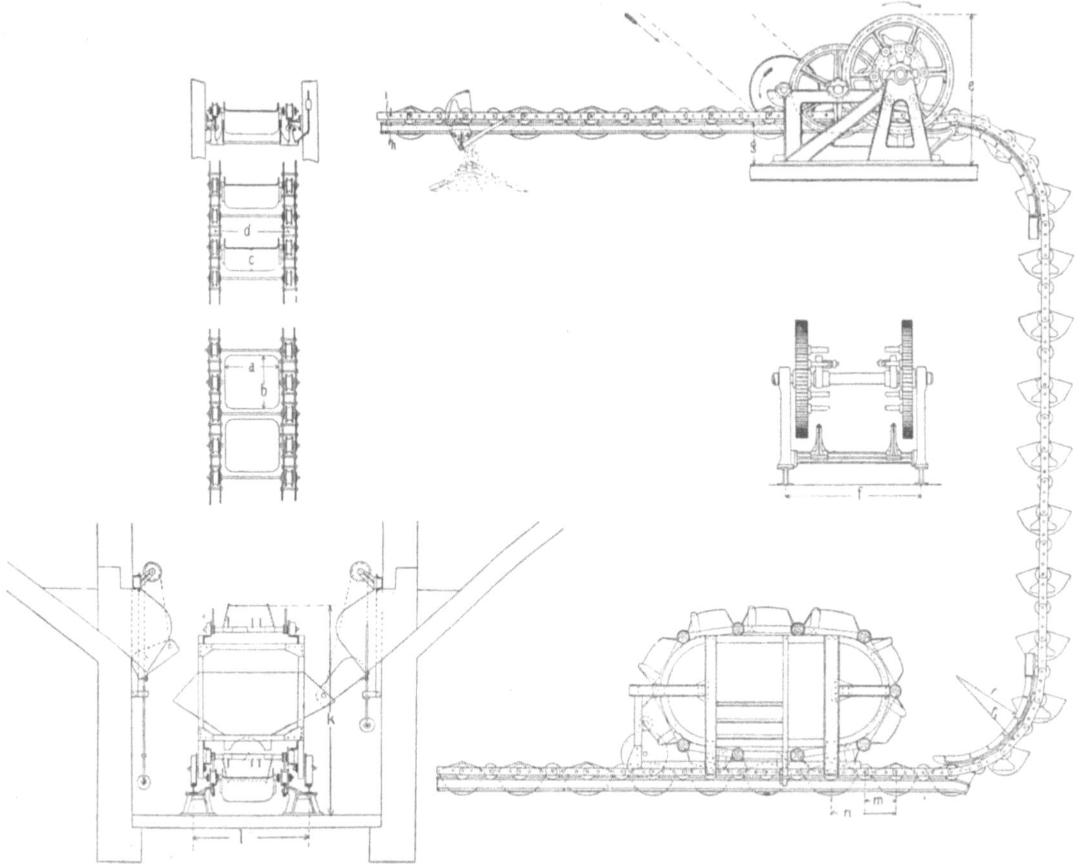

Abb. 32. Hunt-Kette.

und die Kette auf einem leichten Eisengerüst in größerer Höhe über dieser Verlängerung hinwegzuführen und so die Möglichkeit zu gewinnen, hier einen größeren Kohlenhaufen aufzustapeln. Der Vorschlag ist jedoch noch nicht zur Ausführung gelangt.

Die Münchener Anlage wurde im Mai 1902 einem eingehenden Leistungsversuch unterworfen. Derselbe ergab eine Förderleistung von 56·85 t Kohle auf 18·27 m Höhe in 95 Minuten, entsprechend einer stündlichen Leistung von 35·9 t bei einem Energieverbrauch von 4150 Watt. Letzterer verteilt sich, wie folgt, auf:

---

[1]) Organ Fortschr. des Eisenbahnwesens 1901, S. 11.

	Watt	PS	%
Reine Hebearbeit	1784	2·42	43
Leerlauf der Becherkette.	1675	2·28	40·4
Zusätzliche Reibung der gefüllten Kette . .	691	0·94	16·6
Gesamtenergieverbrauch	4150 ·	5·64	100·0

Abb. 33. Grunewald.

Der Energieaufwand für die Bewegung der Meßtrommel bei der Abgabe betrug 1620 Watt, für den Leerlauf der zugehörigen Transmissionen 1350 Watt.

Für die Tonne abgegebene Kohle wurde ein durchschnittlicher Energiebedarf von 0·163 Kilowattstunden festgestellt; davon entfallen auf die Hebung 0·1125, auf die Entleerung 0·0502 Kilowattstunden.

In der Tabelle auf Seite 504 sind die Hauptangaben für die besprochenen drei Anlagen sowie für die noch zu besprechende Anlage in Grunewald zusammengefaßt.

Eine in verschiedenen Punkten von den bisher beschriebenen Systemen abweichende Hochbehälteranlage wurde im Jahre 1902 für den Bahnhof Grunewald an Stelle der für den wachsenden Verkehr unzureichend ge-

Abb. 34. Grunewald.

wordenen Handbekohlung gewählt und von der Firma Unruh & Liebig in Leipzig ausgeführt. Es sollten die ausgedehnten Erdrümpfe der Huntschen Anlagen, welche einen beträchtlichen Teil der Anlagekosten für sich in Anspruch nehmen und eine größere Länge der Fördervorrichtung bedingen, vermieden werden. Für die Zufuhr sollten die gewöhnlichen Kohlenwagen verwendet werden können.

	Einheit	Saar-brücken	Ant-werpen	München	Grune-wald
Inhalt der Erdfüllrümpfe	t	1000	2200	1100	20
Inhalt des Hochbehälters	t	200	100	230	300
Stündliche Förderleistung	t	30	30	36	30
Förderhöhe Gesamt	m	17·5	17·0	18·3	23·5
Förderhöhe über Schienenunterkante	m	10·5	11·2	11·2	17·5
Sohle des Tunnels unter Schienenunterkante	m	7·4	6·1	7·5	6·1
Länge der Kette	m	108	156	109	50
Motor für die Förderkette	PS	8	16	10	10
Motor für die Abgabetrommel . . .	PS	—	—	6	—
Größte Längenausdehnung der Anlage	m	33·4	73	38·3	17
Größte Breitenausdehnung der Anlage	m	17·4	20·3	14·5	14
Anlagekosten: Baulicher Teil . .	M.	27 500	—	27 660	2 870
„ Maschineller Teil . .	M.	70 500	—	99 120	52 830
„ Gesamt	M.	98 000	120 000	126 780	55 700
Jährliche Abgabe	t	42 000	—	90 000	52 500

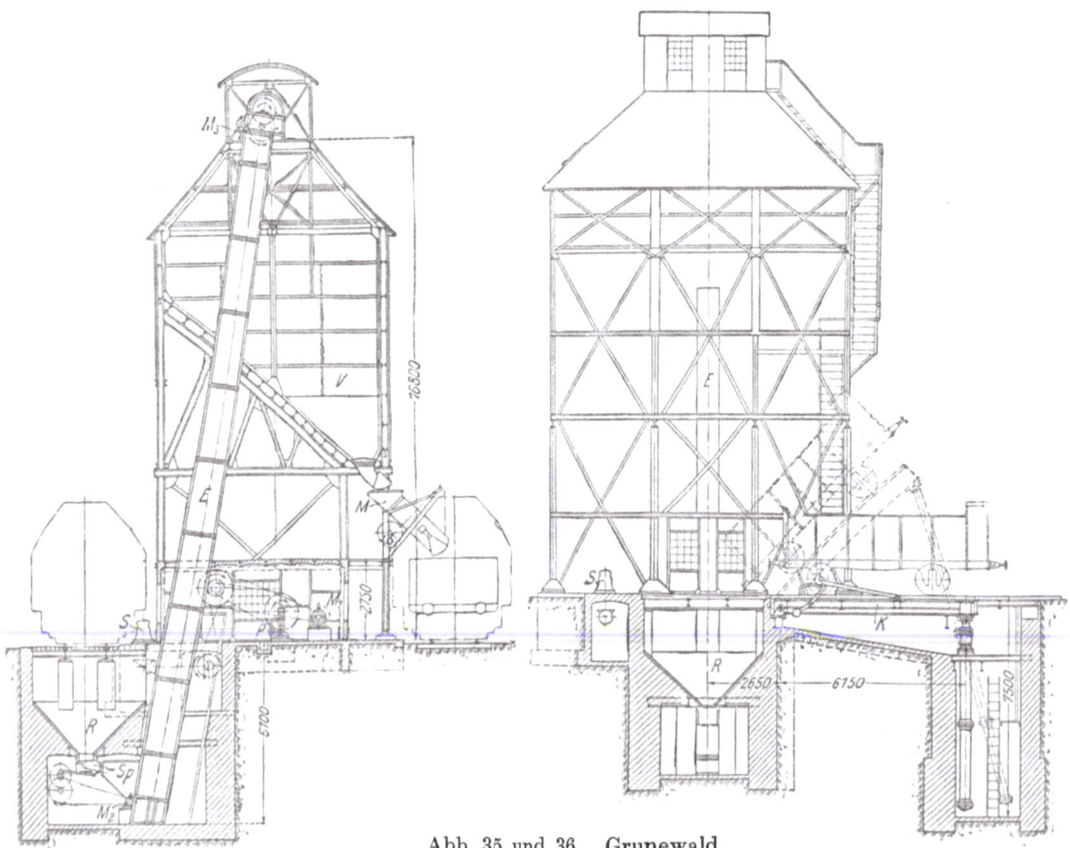

Abb. 35 und 36. Grunewald.

Aus diesem Bestreben heraus entstand eine Anlage mit einem Hochbehälter von 300 t Inhalt, einer kurzen Förderkette, einem Erdrumpf, der nur für den größten Inhalt eines gewöhnlichen flachbödigen Kohlenwagens berechnet ist, und einem hydraulisch bewegten Wagenkipper.[1]

---

[1] Die Anlage ist ausführlich beschrieben in Glasers Annalen, 1906, Bd. 58, S. 192 u. ff., sowie in Buhle, Techn. Hilfsmittel III., S. 102 (zuerst veröffentlicht Zeitschr. Ver. deutsch. Ing. 1905, S. 783).

Abb. 33 und 34 zeigen die Anlage im Betrieb, Abb. 35 bis 38 lassen die Hauptverhältnisse der Einzelteile erkennen.

Die Anlage liegt inmitten der bestehenden Kohlenbansen zwischen dem Zufuhr- und dem Abgabegleis. (Grundriß Abb. 39.) Die Rangierlokomotive schiebt den Kohlenzug vor die Kipperbühne. Von einem Rangierspill werden die Wagen einzeln auf die Bühne gezogen, von Fangarmen an der vorderen Achse erfaßt und durch Hochheben des hinteren Endes der Bühne über Kopf in den davor liegenden quadratischen Erdrumpf entladen. Ein weitmaschiges Gitter aus Band- und Flacheisen hält

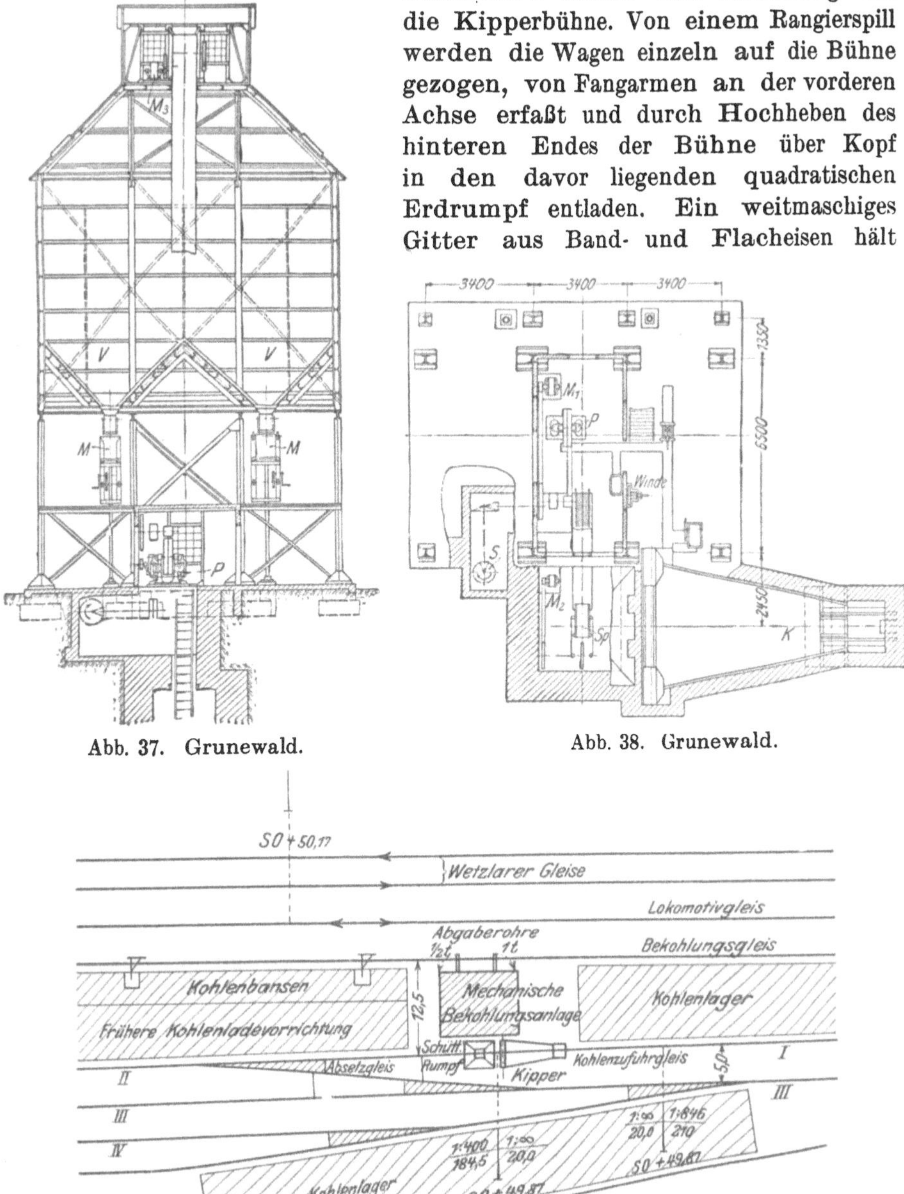

Abb. 37. Grunewald.

Abb. 38. Grunewald.

Abb. 39. Grunewald.

größere Kohlenstücke zurück. Der Erdtrichter verjüngt sich zu einer quadratischen Bodenöffnung. Die Kohle fällt auf eine oszillierende Speisevorrichtung, wird von dieser dem Aufgabetrichter der unter 80° emporsteigenden Becherkette und von letzterer dem Hochbehälter zugeführt. Der Boden des Behälters ist unter 40° gegen das Abgabegleis hin geneigt und besitzt hier zwei Auslauföffnungen, welche durch Drehschieber geschlossen werden. Unter jeder Öffnung befindet sich ein Rohrstück von rechteckigem Querschnitt, das um einen senkrechten Zapfen drehbar ist und, über den zu bekohlenden Tender herausgeschwenkt, eine an den Auslauf anschließende Fortsetzung des schrägen Behälterbodens bildet. Dieses Abgaberohr wird gleichzeitig zur Feststellung der abgegebenen Kohlenmengen benützt und ist deshalb unten durch einen Drehschieber abgeschlossen. Das untere Ende läßt sich mittels einer kleinen Winde etwas heben und senken, so daß die Kohle auf dem Tender verteilt werden kann. Das eine Abgaberohr faßt 500 kg und ist nur so schmal gehalten, daß damit auch Tenderlokomotiven bekohlt werden können, das zweite faßt 1000 kg. Beide ragen in den freien Raum des Abgabegleises und müssen daher nach jeder Abgabe zurückgeschwenkt werden.

Die nur 50 m lange Becherkette läuft in einem vollständig geschlossenen Gehäuse. Sie erhält durch einen 10 PS Elektromotor eine Geschwindigkeit von 0·7 m/sek. Die Becher sind verhältnismäßig klein (500 $\times$ 200 $\times$ 250 mm). Die Förderleistung beträgt 30 t stündlich bei einem Energiebedarf von 7 PS. Der Leerlauf der Kette erfordert 3 PS.

Die Kipperbühne wird in der Ruhelage durch zwei starke Schrauben von den Drehzapfenlagern etwas abgehoben und am anderen Ende durch einen kräftigen Riegel versichert. Vor dem Heben wird sie durch Drehen einer Handkurbel entriegelt und auf die Zapfen niedergelassen; gleichzeitig wird das Zufuhrgleis vor dem Kipper gesperrt. Von unten greift an der Bühne der Stahlstempel eines schwingend gelagerten Preßzylinders an. Der Stempelhub beträgt 6 m, die Hubgeschwindigkeit 115 cm/min, die Hubdauer bis zum Erreichen der Höchstneigung der Bühne von 45° etwa 5·2 Minuten. In dieser äußersten Stellung der Bühne wird durch einen Momentausschalter der Motor der Preßpumpe abgestellt. Der Höchstdruck im Preßzylinder beträgt bei ungünstigster Stellung und Belastung des Kippers 75 at. Nach Angabe der liefernden Firma erfordert das Anheben der leeren Bühne 3·3 PS, das Anheben eines vollen 12·5 t Wagens 5 PS. Der 10 PS-Motor der Preßpumpe wird gleichzeitig für den Antrieb des Spills verwendet. Mit einem Energieaufwand von 36 Kilowattstunden konnte bei einem Versuche der Inhalt von 12 Wagen zu 10 t mit dem Kipper entladen und in den Hochbehälter gefördert werden. Auf eine Tonne entfallen somit 0·3 Kilowattstunden = 3 Pf. Betriebskosten.

Die Anlage gibt zurzeit täglich an rund 80 Lokomotiven durchschnittlich 150 t ab. In zwei Minuten können bis zu 5 t Kohlen abgegeben werden.

Für die Bedienung der gesamten Anlage wäre nur ein Mann erforderlich. Um die Entladung der Kohlenwagen zu beschleunigen, sind jedoch tagsüber zwei Mann anwesend.

5. Betriebskosten.

Bei der Handbekohlung mit Körben liegt der Schwerpunkt der Betriebskosten in den laufenden Ausgaben für den Ersatz der Körbe und die Löhne der Arbeiter. Die Anlagekosten sind unbedeutend. Ein Korb kostet etwa 3 bis 4 M. und hält durchschnittlich je nach der Güte des

verwendeten Materials 300 bis 800 Füllungen aus. Vier Mann können in
12 stündiger Arbeitsschicht etwa 35 bis 45 t Kohle abgeben. In Mannheim
wurden bei der Handbekohlung folgende Einzelzeiten festgestellt. Es
brauchten:

Bei dem Verladen von Wagen auf Tender:

4 Arbeiter für 3·5 t Kohle $+$ 0·5 t Briketts 23 Minuten
6   „   „   3·5„   „ $+$ 1·0„   „   17   „

Bei dem Verladen von Lager auf Tender:

4 Arbeiter für 5 t Kohle $+$ 1·2 t Briketts 33 Minuten
6   „   „   4„   „ $+$ 0·6„   „   15   „

Die Gesamtkosten für die Verbringung von 1 t Kohle vom Wagen
auf das Lager und vom Lager auf den Tender werden zu 78 bis 113 Pf.
angegeben.[1]

In Mannheim[2]) wurden vor der Einführung der Greiferabgabe für
das Verladen vom Wagen auf den Tender 42 Pf. für 1 t Kohle und
46 Pf. für 1 t Briketts, für das Verladen vom Wagen auf das Lager und
von da auf den Tender 66 Pf. für 1 t Kohle und 80 Pf. für 1 t Briketts
bezahlt.

Im Rangierbahnhof München, wo die Güterzuglokomotiven von Hand
bekohlt werden, beträgt der Stücklohn für das Verbringen vom Wagen
auf das Lager 37 Pf./t und für das Verladen vom Lager auf den Tender
47 Pf./t. Hierzu tritt dann noch der Aufwand für das Korbmaterial.

In der bayerischen Grenzstation Freilassing werden täglich 25 t Kohle
unter Verwendung eines handbetriebenen Drehkrans an Lokomotiven abgegeben. Hierbei sind für Verzinsung und Amortisation der Anlagekosten
etwa 400 M. zu rechnen; für Arbeitslöhne müssen jährlich rund 7000 M.
bezahlt werden. Auf 1 t Kohle entfallen sohin 81 Pf., einschließlich der
Kosten des Abladens und Lagerns.

Im Rangierbahnhof Ludwigshafen a. Rhein sind zwei elektrisch betriebene Drehkrane aufgestellt, welche wechselweise verwendet werden,
um Rollkarren von 500 kg Fassungsvermögen und 720 kg Gesamtgewicht
mit einer Hubgeschwindigkeit von 0·15 m/sek über den Tender zu heben
und auf diese Weise täglich 120 bis 200 t abzugeben.

Zur Bedienung sind bei Tag und bei Nacht je vier Mann anwesend.
Das Heben, Entleeren und Senken dauert durchschnittlich 2·5 Minuten.
Die Betriebskosten betragen 32 Pf./t. Werden hierzu für das Entladen
der Wagen von Hand etwa 35 Pf./t gerechnet, so ergibt sich ein Gesamtaufwand von 67 Pf./t.

Für einen Betrieb mit Druckwasserdrehkran werden die reinen Betriebskosten im „Eisenbahntechn. der Gegenwart" II. Bd. zu 24 Pf./t angegeben.

Die früher beschriebene Anlage in Kempten erforderte einen Aufwand
von 6500 M. für den baulichen Teil und 4000 M. für die Ausrüstung mit
32 Kippwagen und 2 Klapprinnen. Bei der jetzigen Tagesabgabe von
90 t Kohle betragen die Betriebskosten einschließlich Verzinsung usw.
21 Pf./t, die Kosten für das Abladen und Lagern der Kohle 42 Pf./t,
die Gesamtkosten 63 Pf./t.

Die Betriebskosten der rein mechanischen Anlagen sind wesentlich

---

[1]) Eisenbahntechn. der Gegenwart II. Bd., S. 738.
[2]) Organ Fortschr. des Eisenbahnwesens 1903, S. 113.

niedriger. Als Beispiele kommen in den Abb. 40 bis 43 die Betriebsergebnisse der Greiferanlagen in Mannheim und Wahren, sowie der Hochbehälteranlagen in Grunewald und München zur Darstellung. Zugrunde liegen die Angaben von Zimmermann und Klopsch im Organ für die Fortschritte des Eisenbahnwesens und von Harprecht in Glasers Annalen. Letzterer stellt die Betriebskosten in der Weise graphisch dar, daß er über der jeweils um 10000 t steigenden Jahresabgabe als Abszisse die einzelnen Bestandteile der Betriebskosten als Ordinaten übereinander verträgt, so daß die oberste Kurve die Abhängigkeit der Gesamtbetriebskosten von der Ausnützung der Anlage zeigt und gleichzeitig der Verlauf der unteren Kurven ein Bild des prozentualen Einflusses der Einzelkosten gibt.

Diese Darstellungsweise wurde auch für die Abb. 40, 41 und 43 angewandt, Abb. 42 ist dem genannten Aufsatz entnommen. Zu den einzelnen Diagrammen ist noch folgendes zu bemerken:

Mannheim. (Abb. 40.) Nach den Angaben Zimmermanns im Organ für die Fortschritte des Eisenbahnwesens 1905, S. 152, erhielten die Kohlenarbeiter in Mannheim in der Zeit vom 1.7.03 bis 30.6.04 für das Verladen von 68950 t Kohlen und Briketts mit der Vorladebühne 12399 M.

für Verzinsung ($3\cdot8\,^0/_0$), Abschreibung ($3\cdot2\,^0/_0$) und Unterhaltung ($3\,^0/_0$) werden bei 24000 M. Anlagekosten angesetzt . . . . 2400 „

Die Löhne der Kranführer betrugen . . . . . . 4467 „

Die Stromkosten stellen sich bei einem Stromverbrauche von $0\cdot197$ KW Std. zu 15 Pf. auf $2\cdot96$ oder rund 3 Pf. für die Tonne, insgesamt auf . . . . . . 2068 „

Die Gesamtausgaben betragen demnach . . . . . . 21334 M.

oder für die Tonne $\dfrac{21334}{68950} = 0\cdot31$ M.

Einschließlich der Verladung von Hand wurden in Mannheim in dem angegebenen Zeitraum 84200 t Kohle und Kohlenziegeln abgegeben. An Arbeitslöhnen für die Abgabe von Hand kommen zu der obigen Gesamtsumme noch 6106 M., so daß sich der durchschnittliche Kostenaufwand für die Abgabe einer Tonne ohne Berücksichtigung der Kosten für den Ersatz der Körbe, für welche Angaben nicht vorliegen, auf $32\cdot6$ Pf. berechnet.

Gegenüber der früheren ausschließlichen Abgabe von Hand, welche jetzt einen Kostenaufwand von 39952 M. erfordern würde, werden durch das derzeitige Verfahren jährlich 12512 M. $= 31\cdot3\,^0/_0$ gespart.

Wahren. (Abb. 41.) Die bis zur Abszisse 30000 t reichenden Kurven entsprechen dem Personalstand bei Inbetriebnahme der Anlage.

Die rechnerischen Grundlagen sind folgende:

Stromkosten . . . . 1082 M.
Arbeitslöhne . . . . 3055 „
Putz- und Schmiermittel . . . . 96 „
Unterhaltungskosten . . . . 1430 „
Verzinsung der Anlagekosten zu $3\cdot5\,^0/_0$ . . . . . 1670 „
Tilgung des maschinellen Teils der Anlagekosten zu $5\,^0/_0$ . . . . 1865 „
Tilgung des baulichen Teils der Anlagekosten zu $3\,^0/_0$ 312 „
bei einer Jahresabgabe von 24000 t zusammen: 9510 M.

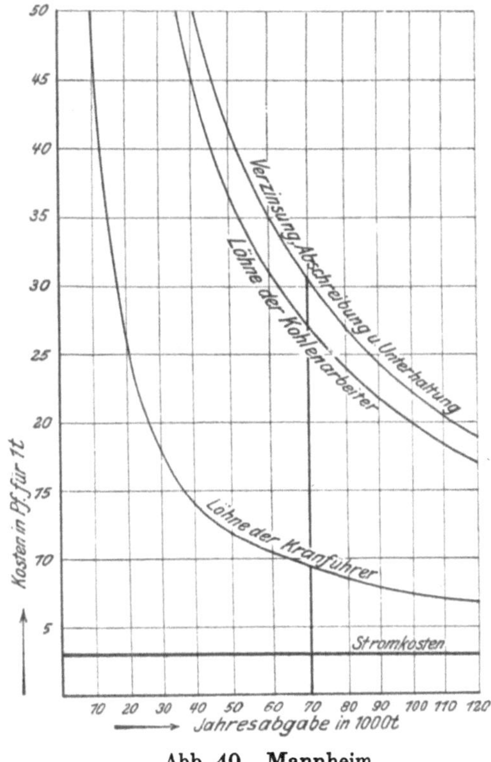

Abb. 40. Mannheim.

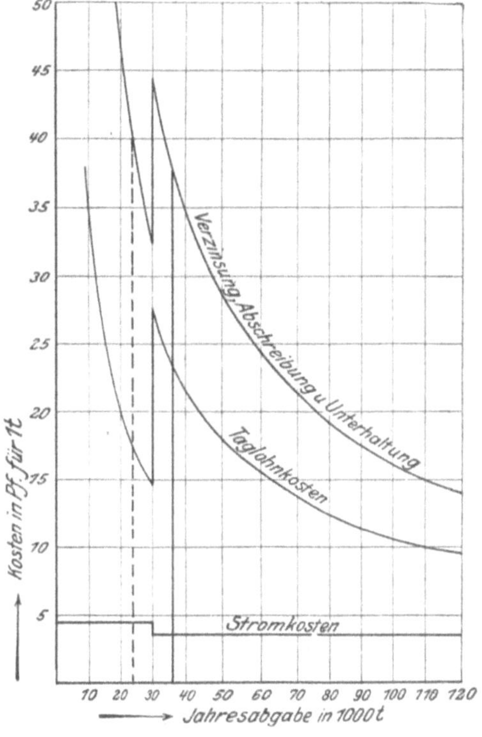

Abb. 41. Wahren.

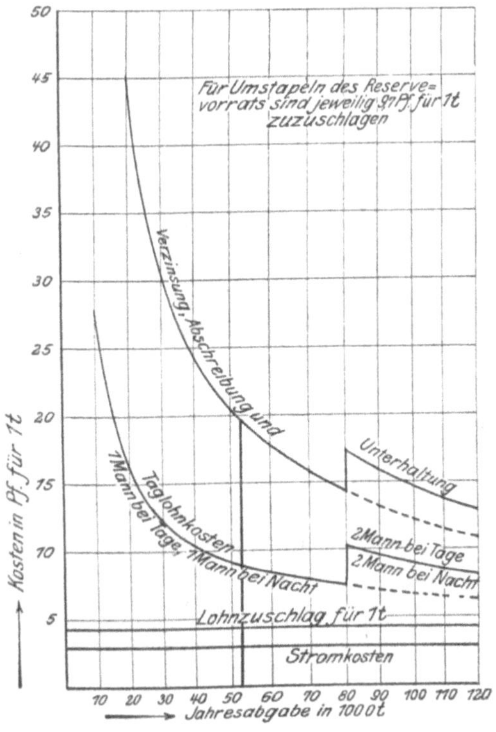

Abb. 42. Grunewald.

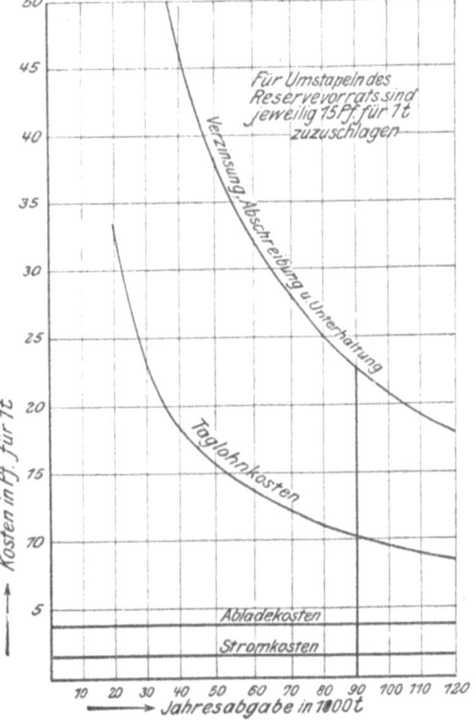

Abb. 43. München.

Im Jahre 1906 wurde die Einstellung zweier weiterer Arbeiter zur Bedienung und Beaufsichtigung der Kohlenhochbehälter notwendig. Gleichzeitig wurden auch Stücklöhne eingeführt. Diese Mehrung der Kosten für Arbeitslöhne kommt in der anschließenden oberen Kurve zum Ausdruck.

Die zugrunde liegenden Zahlen sind folgende:

Stromkosten	1260 M.
Arbeitslöhne	7200 ,,
Putz- und Schmiermittel	288 ,,
Unterhaltungskosten	1000 ,,
Verzinsung 47 700 M. zu $3{\cdot}5\,^0/_0$	1670 ,,
Tilgung 37 300 M. zu $5\,^0/_0$	1865 ,,
Tilgung 10 400 M. zu $3\,^0/_0$	312 ,,
bei einer Jahresabgabe von 36 000 t zusammen:	13 595 M.

Trotz der besseren Ausnützung der Anlage bei der jetzigen Jahresabgabe erreichen die Gesamtkosten ungefähr denselben Wert (39·6 Pf./t), wie bei der anfänglichen Abgabe von 24 000 t; sie werden jedoch nunmehr mit wachsender Ausnützung rasch abnehmen.

Grunewald. (Abb. 42.) Die mit Lohnzuschlag bezeichneten Kosten entsprechen einem innerhalb gewisser Grenzen als gleichbleibend anzunehmenden Lohnzuschlag von 1·5 Pf./t, den die Arbeiter für das Verladen jeder Tonne Kohle neben ihrem festen Taglohnsatz erhalten. Den einzelnen Kurven liegen folgende Zahlenwerte zu grunde:

Stromkosten $52\,500\times0{\cdot}029$	. . .	1522·50 M.
Lohnkosten		2336·00 ,,
Lohnzuschlag $52\,500\times0{\cdot}015$	. . .	787·50 ,,
Verzinsung und Tilgung		5775·25 ,,
	Summe:	10 421·25 M.

bei einer Jahresabgabe von 52 500 t.

Zu dem Gesamtbetrag der Betriebskosten kommt noch ein Zuschlag, der dadurch bedingt ist, daß der mit Rücksicht auf Unterbrechungen in der Zufuhr zu haltende Vorrat aus den Wagen in freistehende Bansen abgeladen und bei Bedarf wieder in Wagen verladen und dem Kipper zugeführt werden muß. Hierfür werden jährlich etwa 5100 M. ausgegeben. Auf die Jahresabgabe von 52 500 M. bezogen, ergibt dies einen Zuschlag von 9·7 Pf./t, so daß sich die Gesamtbetriebskosten auf $19{\cdot}7 + 9{\cdot}7 = 29{\cdot}4$ Pf./t erhöhen.

München. (Abb. 43.) Der als „Abladekosten" bezeichnete Einzelbetrag entspricht dem Stücklohnsatz, der den Kohlenladern für das Abladen von 1 t Kohle aus den Selbstentladern in die Erdfüllrümpfe bezahlt wird. (Im Sommer 1·5 Pf., im Winter 3 Pf.) Für das Abladen eines gewöhnlichen Wagens müssen 20 Pf./t bezahlt werden. Die Wirtschaftlichkeit der Anlage wird also stark davon beeinflußt, ob die Kohle in Selbstentladern oder in gewöhnlichen flachbödigen Wagen angefahren wird. Die bayerische Verwaltung hat ausschließlich für die Bedienung dieser Anlage 52 Trichterwagen[1]) von 38 t Ladefähigkeit beschafft. Das Verhältnis des Eigengewichts dieser Wagen zu ihrem Ladegewicht = 0·47 stellt sich etwas

---

[1]) Vgl. Zeitschr. Ver. deutsch. Ing. 1905, S. 1861.

günstiger als bei den gewöhnlichen Kohlenwagen, der Preis für die t Ladegewicht ist nur unwesentlich höher als bei den gewöhnlichen Wagen. Den einzelnen Kurven des Diagramms liegen folgende Zahlenwerte zugrunde.

$$
\begin{array}{lr}
\text{Stromkosten } 90\,000 \times 0{\cdot}0163 = \ldots & 1467 \text{ M.} \\
\text{Abladekosten } 90\,000 \times 0{\cdot}0225 = \ldots & 2025 \text{ ,,} \\
\text{Personalkosten} \ldots\ldots\ldots\ldots & 5840 \text{ ,,} \\
\text{Schmier- und Putzkosten} \ldots\ldots & 500 \text{ ,,} \\
\text{Unterhaltungskosten} \ldots\ldots\ldots & 500 \text{ ,,} \\
\text{Verzinsung } 126\,780 \text{ M. zu } 3{\cdot}5\,\% \ldots & 4437 \text{ ,,} \\
\text{Tilgung } \quad 99\,120 \text{ ,, zu } 5\,\% \ldots & 4956 \text{ ,,} \\
\quad\quad 27\,660 \text{ ,, zu } 3\,\% \ldots & 830 \text{ ,,}
\end{array}
$$

Bei einer Jahresabgabe von 90 000 t zus.   20 555 M.

Auch bei dieser Anlage muß der zur Deckung eines etwaigen Ausfalls in der Anlieferung zu haltende Kohlenvorrat von Hand auf Lager gebracht und bei Bedarf wieder aufgeladen und der Anlage zugeführt werden. Den hierfür aufzuwendenden Kosten entspricht ein Zuschlag von etwa 15 Pf./t, der den Gesamtkosten hinzuzurechnen ist.

Während der Dauer der Förderung sind zur Bedienung der Anlage stets zwei Mann anwesend, sonst nur ein Mann an den Abgabegefäßen.

Im Organ für die Fortschritte des Eisenbahnwesens 1901, S. 10, wird die nachstehende Betriebskostenberechnung für die Saarbrückener Anlage gegeben.

$$
\begin{array}{lr}
\text{1. Arbeitslohn } 10{\cdot}95 \times 365 \ldots\ldots\ldots & 3996 \text{ M.} \\
\text{2. Gas- und Wasserverbrauch} \ldots\ldots\ldots & 660 \text{ ,,} \\
\text{3. Putz- und Schmiermittel} \ldots\ldots\ldots & 460 \text{ ,,} \\
\text{4. Unterhaltung der Bau- und Maschinenanlage} \ldots & 1500 \text{ ,,} \\
\text{5. Verzinsung der Anlagekosten } 98\,000 \text{ M. zu } 3^{1}/_{2}\,\% \ldots & 3130 \text{ ,,} \\
\text{6. Tilgung der Kosten der Maschinenanlage einschließlich} & \\
\quad\text{Traggerüst } 70\,500 \text{ M. zu } 5\,\% \ldots\ldots & 3525 \text{ ,,} \\
\text{7. Tilgung der Kosten der Bauanlage } 27\,500 \text{ M. zu } 2\,\% & 550 \text{ ,,}
\end{array}
$$

Zus.   13 821 M.

Damals wurden jährlich 27 600 t Kohle abgegeben. Es ergab sich sonach für die t abgegebene Kohle ein Kostenaufwand von $\dfrac{1\,382\,100}{27\,600} = 50\,\text{Pf.}$

Inzwischen ist die Jahresabgabe auf 42 000 t gestiegen und damit der Kostenaufwand für die Tonne auf vielleicht 35 bis 40 Pf. gesunken.

Zur Bedienung sind ein Maschinenwärter und drei Mann erforderlich. Während der Dauer der Förderung sind stets drei Mann anwesend: einer am Motor, einer im Füllkanal und einer an den Abgabegefäßen, während der Nacht nur der letztere.

Ein Vergleich der Betriebskosten für die beiden deutschen, die zwei Huntschen und die Grunewalder Bekohlungsanlagen läßt sich kurz in folgende Sätze zusammenfassen.

Die Huntsche Bekohlungsanlage zeichnet sich durch hohe Leistungsfähigkeit bei geringem Raumbedarf aus. Wegen ihrer hohen Anlagekosten eignet sie sich jedoch nur für große Verhältnisse, für Bahnhöfe, in denen auf beschränktem Raum in kurzer Zeit große Mengen Kohle abgegeben werden müssen. Das Diagramm zeigt, daß die Anlage bei entsprechender Ausnützung auch in bezug auf Billigkeit des Betriebs sehr wohl mit den anderen Systemen in Wettbewerb treten kann.

Die Grunewalder Anlage vereinigt die Vorzüge der ebengenannten Leistungsfähigkeit auf beschränktem Raum mit noch geringerem Personalbedarf, ohne den hohen Kostenaufwand für die Anlage notwendig zu machen, teilt jedoch mit ihr den Nachteil, daß das Verarbeiten eines Vorratslagers besondere Einrichtungen erfordert.

Für die Verhältnisse von Kohlenabgabestationen mittleren Umfangs erscheint die Kohlenladebühne mit Greiferbetrieb vorerst am geeignetsten. Bei niedrigen Anlagekosten weist sie einen geringen Personalbedarf auf, da jede Handarbeit vermieden werden kann. In Verbindung mit einem oder mehreren Hochbehältern vermag sie auch einen zeitweise auftretenden stärkeren Bedarf mit ebenso geringem Zeitaufwand zu befriedigen wie die vorgenannten Anlagen.

Über die Betriebskosten amerikanischer Anlagen enthält ein Bericht des Committee of Buildings[1]) einige Angaben. Der Bericht vergleicht Anlagen mit Lokomotivkran und Greifer, Link-Belt-Förderkette und Bobins-Belt-Förderband.

Der Lokomotivkran mit Greifer wird für Kohlenstationen kleineren Umfanges und solche empfohlen, bei denen flachbödige Wagen zur Zufuhr verwendet werden. Aber auch in Verbindung mit Selbstentladern kann er angewandt werden, um die Kohle aus einem Erdrumpf in einen Vorratsbehälter zu fördern. Als besonders geeignet wird er bezeichnet für Notfälle, als Reserve für größere mechanische Anlagen und für vorübergehenden Betrieb, wenn aus irgend einem Grunde eine stationäre Anlage noch nicht geschaffen werden soll. Als praktische Grenze seiner Leistungsfähigkeit wird eine tägliche Bekohlung von etwa 70 Lokomotiven angegeben. Eine Anlage, bei der täglich 195 t Kohle direkt aus den Wagen abgegeben werden, erforderte in zweijährigem Betrieb einen Aufwand von 56 Pf. für die t.

Zugunsten der Link-Belt-Anlagen wird der geringe Platzbedarf und die große Anpassungsfähigkeit, zu ihren Ungunsten der starke Verschleiß weicher, bituminöser Kohle angeführt. Eine Anlage, die fünf Jahre im Betrieb ist, arbeitete mit einem Kostenaufwand von 59 Pf. für die t, drei Anlagen bei 147 t täglicher Abgabe mit 47·5 Pf./t, vier Anlagen bei 345 t Abgabe (80% der Zufuhr in Selbstentladern) mit 39·5 Pf./t, eine Anlage, die mit Wägeeinrichtung versehen ist, bei 450 t täglicher Abgabe mit 77 Pf./t.

Die Robins-Belt-Anlagen eignen sich für Stationen mit reichlich vorhandenem Platz. Da der Entladerumpf nicht bei der Anlage selbst zu liegen braucht, lassen sich genügende Gleislängen zum Hinterstellen gefüllter Kohlenwagen vorsehen. Die Ausgaben für Banderneuerung werden zu 0·85 Pf./t angegeben.

Vier solche Anlagen, bei denen 90% der Kohlen in Selbstentladern angefahren werden, erforderten für die Tonne Kohle bei 280 t täglicher Abgabe einen Betriebskostenaufwand von 39 Pf., eine Anlage mit 127 t Abgabe 51 Pf./t, eine weitere mit 218 t Abgabe 29 Pf./t.

Bei diesen Angaben sollen die Kosten für Verzinsung, Tilgung, Unterhaltung, Arbeitslöhne und das Halten des Vorrats in Eisenbahnwagen inbegriffen sein.

---

[1]) Iron Age 1907, S. 1267.

Rauch- und Funkenverhütung.

Von

J. Alexander,

Kgl. Eisenbahnbauinspektor, Stendal.

1. Rauchplage.

Die Frage der Rauchverhütung hat ständig nicht nur die Fachwelt sondern auch die breite Öffentlichkeit beschäftigt. Die Unmenge von Rauch und gesundheitschädlichen Gasen, welche täglich aus den Fabrik- und Lokomotivschornsteinen aufsteigen und sich ihrer Umgebung mitteilen, wirkt nicht nur als Krankheits- und Schmutzträger, an deren Beseitigung vorwiegend der Hygieniker und der Ästhetiker ein reges Interesse hat, sondern sie bedeutet auch gleichzeitig eine Unwirtschaftlichkeit in der Ausnutzung der verwendeten Brennstoffe, deren möglichst vollkommene Verbrennung zu erwirken Sache des denkenden Ingenieurs sein muß. In richtiger Würdigung dieser Fragen sind denn auch im Laufe der letzten Jahrzehnte auf dem Gebiete der Feuerungstechnik unablässig Bestrebungen aufgetreten, deren Endzweck die Verhütung oder wenigstens möglichste Verminderung des Rauches bildete und die in der Einsetzung besonderer Behörden und Schaffung von Überwachungsvereinen, in unzähligen Erlässen, Verfügungen und polizeilichen Verordnungen und nicht zum geringsten in zahlreichen technischen Vorschlägen und Konstruktionen ihren Ausdruck gefunden haben.

Bei den ortsfesten Feuerungsanlagen, bei welchen es fast immer möglich sein wird, dem Schornstein eine für die Umwohnenden günstige Lage und solche Höhe zu geben, daß abziehender Rauch und Ruß nicht lästig fallen, ist es nicht schwer, den Forderungen der für ihre Gesundheit und Reinlichkeit fürchtenden Umgebung gerecht zu werden. Anders bei den Lokomotivschornsteinen, die ihren Rauch und ihre Abgase durch das Land tragen und besonders geeignet sind, dort belästigend zu wirken, wo größere Menschenansammlungen stattfinden: an den Bahnsteigen der Bahnhöfe. Erwächst daher schon aus diesem Grunde den Eisenbahnverwaltungen die Verpflichtung, der Frage der Rauchbeseitigung ständig ihre Aufmerksamkeit zuzuwenden, so wird diese Pflicht noch dadurch eine dringendere, daß durch den Rauch eine Verschmutzung der eigenen Betriebsmittel herbeigeführt wird, deren Reinhaltung erhöhte Kosten erfordert. Diese Kosten bedeuten aber nur recht wenig gegenüber den Werten, welche in Gestalt von unausgenutzten, unvollkommen verbrannten, schlechthin als „Rauch" bezeichneten Brennstoffen und Abgasen zwecklos verschwendet werden und bei schlecht bedienten oder unsachgemäß angelegten Feuerungen zum Lokomotivschornstein ständig hinausgehen.

Die Frage der Rauchverhütung hat daher, wie überhaupt, so ganz besonders für die Eisenbahnverwaltungen in erster Reihe wirtschaftliche Bedeutung; ihre Lösung bietet aber auch gerade für Lokomotivfeuerungen besondere Schwierigkeiten, da die durch Profil- und Gewichtsbeschränkungen in den Abmessungen ihrer Einzelteile eng eingegrenzte Lokomotive der Abhilfe nach allen Seiten Beschränkung auferlegt. Wenn trotzdem im Laufe der letzten Jahre eine große Zahl von Rauchverminderungsvorrichtungen für Lokomotiven erdacht, versucht und zum großen Teil auch eingeführt worden sind, so beweist dies nicht nur, daß unsere Fachleute sich auch an schwierigen Fragen gern versuchen, sondern vor allem auch, daß die Eisenbahnverwaltungen sich der Bedeutung der Rauchfrage immer mehr bewußt geworden sind.

Kann auch von irgend welchem durchschlagenden Erfolge einer dieser Vorrichtungen noch nicht die Rede sein, so läßt immerhin die Fülle der bereits vorliegenden, mit den bisherigen Vorrichtungen gesammelten Erfahrungen im Verein mit dem stetig wachsenden Interesse der Lokomotivbesitzer erhoffen, daß noch Lösungen gefunden werden, die den zu stellenden Anforderungen voll entsprechen. Besonders dürften die neuerdings auch in Deutschland errichteten Lokomotivprüfungsanlagen sich mit Erfolg dieser Frage zuwenden können.

Wichtig ist zunächst, sich klar zu machen, daß die wirtschaftliche Bedeutung der Rauchfrage nicht so sehr in der Beseitigung des sichtbaren Rauches, als vielmehr in der möglichsten Verminderung der unsichtbar aus dem Schornstein entweichenden Abwärme zu suchen ist, ja, daß, wie Haier in seiner Abhandlung „Die Rauchfrage"[1]) treffend bemerkt, ein rauchfreies Arbeiten im allgemeinen sich um so schwieriger erreichen lassen wird, je wirtschaftlicher die Feuerungsanlage arbeiten soll, je mehr man also den Luftüberschuß einzuschränken bestrebt sein wird. Dennoch lassen sich diese beiden Fragen in ihrer Behandlung nicht voneinander trennen, es muß vielmehr ständig versucht werden, ihre Lösungen in Einklang miteinander zu bringen. Hieraus ergibt sich, daß der höherstehenden Frage der Wirtschaftlichkeit der Verbrennung die Frage vollkommenster Rauchbeseitigung sich unterordnen muß und daß wir uns damit begnügen müssen, eine rauchschwache, aber mit möglichst bester Brennstoffausnutzung arbeitende Feuerung zu erzielen.

2. Rauchbildung verschiedener Brennstoffe.

Die Neigung zur Rauchbildung ist bei den verschiedenen, zur Lokomotivbefeuerung benutzten Brennstoffen anders ausgeprägt. Sie hängt namentlich von dem Wesen der dem Kohlenstoff chemisch beigemengten übrigen Stoffe ab, dann aber auch von dem Gehalte an Feuchtigkeit und mechanischen Beimengungen.

Von Holz, das nur noch in besonders waldreichen Gegenden Rußlands und Südamerikas Verwendung findet, und von Torf, der in Württemberg und Bayern noch vereinzelt verfeuert wird, abgesehen, kommen für

---

[1]) Zeitschr. Ver. deutsch. Ing. 1905, S. 88.

Lokomotivbefeuerungen heute nur Braun- und Steinkohle, Koks, Anthrazit und Erdöle in Betracht.

Braunkohle, durch Vermoderung aus den Pflanzen der tertiären Zeit entstanden, enthält weniger Kohlenstoff, aber mehr Sauerstoff und Stickstoff und in der Regel auch mehr Aschenteile, als die Steinkohle. Von der Erdkohle bis zur Pechkohle, welche den Übergang zur Steinkohle bildet, steigt der Kohlenstoffgehalt der Braunkohle von durchschnittlich 49 bis 77 v. H., während sie an Wasserstoff 3 bis 5, Sauerstoff 26 bis 37, Stickstoff 1 bis 2 und Schwefel 1·5 bis 4·5 v. H. aufweist. Ihr Aschengehalt fällt von 21 v. H. bei der Erdkohle bis auf 5 v. H. bei der Pechkohle. Braunkohle ist wegen des größeren Gehalts an flüchtigem Bitumen leichter entzündlich als Steinkohle, verbrennt aber mit stark rußender Flamme und verlangt große Rostflächen. Sie wird teils rein, teils gemischt mit Schwarzkohle im Verhältnis von 2 : 1 auf österreichischen, ungarischen und italienischen Lokomotiven verfeuert und bedarf vorsichtiger und geschickter Heizer, um einer übermäßigen Rauchbildung vorzubeugen.

Bei Steinkohlen, entstanden durch langsame Verkohlung von pflanzlichen oder tierischen Stoffen unter Entwicklung von wasserstoff- und sauerstoffreichen Gasen in einer vor der Braunkohlenperiode liegenden Zeit, hat man nach der Stückgröße zu unterscheiden Stückkohlen, Förderkohlen und Gruskohlen. Die ersteren sind ausgesuchte, für Lokomotivfeuerung am besten geeignete Kohlenstücke, mithin auch am teuersten. Gruskohlen sind die bei der Durchsiebung zurückgebliebenen kleinen Kohlenstückchen, welche ohne Beimengung von Stückkohle für Lokomotiven nicht verwendbar sind. Die aus der Grube gewonnenen, nicht weiter ausgelesenen Kohlen bezeichnet man mit Förderkohlen.

Nach dem Verhalten der Steinkohle im Feuer unterscheidet man Backkohlen, Sinterkohlen und Sandkohlen, welche sämtlich mit langer rußiger Flamme brennen, und im Gegensatz hierzu die kohlenstoffreichsten Anthrazitkohlen, die an flüchtigen Bestandteilen, namentlich an Wasserstoff ärmer sind, daher weniger leicht anbrennen, der Verbrennung längeren Widerstand leisten und eine kurze, wenig rauchige Flamme geben.

Im Durchschnitt beträgt bei der Steinkohle der Gehalt an Kohlenstoff 75 bis 93, Wasserstoff 5·8 bis 4, Sauerstoff 19·5 bis 3, Stickstoff 2 bis 0 v. H., welchem sich Beimengungen von Schwefel, Schieferton, Quarz, Bleiglanz und Kupferkies zugesellen. Während der Schwefel geneigt ist, die Roststäbe anzugreifen und zu zerstören, bilden die übrigen Beimengungen während des Verbrennungsvorganges eine harte, den Rost verstopfende oder eine glasige, schließlich schmelzende Schlacke, welche zwischen die Roststäbe fließt und die Verbrennung stört.

Am besten geeignet für die Lokomotivfeuerung ist eine mit langer Flamme unter geringer Rauchentwicklung verbrennende Steinkohle, die im Feuer nicht zerbröckelt und nur wenig zusammenbackt. Durch zweckmäßiges Mischen verschiedener Kohlensorten kann man einen derartigen Brennstoff erhalten.

Koks, durch Erhitzung von Steinkohle, meistens Backkohle, unter Luftabschluß gewonnen, entwickelt beim Verbrennen nur Spuren sichtbaren Rauches und wird gern in Lokomotiven verfeuert, welche Städte oder lange Tunnels zu durchfahren haben. Die flüchtigen Bestandteile der Steinkohle verbrennen bei der Verkokung; der gewonnene Brennstoff besteht fast aus reinem Kohlenstoff, gleichwie die Anthrazitkohle, ist aber viel leichter und poriger als diese. Er besitzt sehr große Heizkraft und brennt mit kurzer Flamme. Sein Gehalt an Kohlenstoff beträgt durchschnittlich 93 v. H., an Wasserstoff enthält er 0·3 bis 0·5, an Sauerstoff und Stickstoff 2 bis 2·5 v. H.

Neuerdings haben sich für Lokomotivfeuerung die **Steinkohlenbriketts** (Kohlenziegel) gut eingeführt, welche aus sonst nicht verwendbarem Kohlenklein hergestellt sind, das in Pressen unter Zuhilfenahme von brennbaren Bindemitteln (Teer, Pech und dgl.) zu Ziegeln geformt worden ist. Ihr Heizwert entspricht dem einer mittelguten Steinkohle; ihre Form läßt eine gleichmäßigere Beschickung des Rostes zu, als mit gemischten Steinkohlen. Der Rauchbildung leisten die beigemengten Bindemittel Vorschub.

Eine vollkommene Vermeidung von Rauch wird erzielt durch Verfeuerung von **Erdölrückständen**. Bei der Erdölreinigung werden außer den leicht entzündlichen (Petroleum) und den schwereren, zu Schmierzwecken geeigneten Ölen noch besondere, zu Heizzwecken brauchbare Öle gewonnen. Brosius[1]) unterscheidet hier Blauöl mit 11332, Teeröl mit 9372, Gasöl mit 10870 und Rückstandsöl mit 10886 Wärmeeinheiten, eine Heizkraft, die diejenige der guten westfälischen Steinkohle mit ihren 7000 Wärmeeinheiten bei weitem übertrifft.

Die Ölfeuerung findet in besonders großem Umfange auf den Bahnen Südrußlands, in geringerem Umfange in einzelnen Staaten Nordamerikas und in England Anwendung. Auch haben deutsche und österreichische Bahnverwaltungen die Ölfeuerung mit gutem Erfolge versuchsweise bei Lokomotiven eingeführt.

Wie die einzelnen, vorstehend näher beschriebenen Brennstoffe zu behandeln sind, um mit ihnen wirtschaftlich zu feuern, wird uns die Untersuchung der Verbrennungsvorgänge lehren.

3. Die Verbrennung.

Ein Brennstoff wird um so vollkommener und gleichmäßiger verbrannt werden können, je gleichmäßiger jedes einzelne seiner Massenteilchen von Sauerstoff zu umgeben möglich wäre. Dieser Theorie am nächsten kommt die Ölfeuerung, weil bei ihr der Brennstoff mittels Zerstäuber im Feuerungsraum so fein verteilt wird, daß die denkbar innigste Mischung mit Sauerstoff ermöglicht wird. Weit weniger vollkommen kann naturgemäß die Verbrennung der übrigen obengenannten Brennstoffe vor sich gehen. Die hierbei auftretenden Verluste sind unter Umständen ganz bedeutend, und sie möglichst einzuschränken, muß das Ziel einer wirtschaftlich arbeitenden Feuerungsanlage bilden.

Diese Verluste sind mannigfacher Art. Ein kleiner Teil der Kohle pflegt durch die Rostspalten zu fallen, ein anderer von Schlacken eingeschlossen und so der Verbrennung entzogen zu werden. Vor allem aber tritt keine vollkommene Verbrennung der aus der Kohle sich ausscheidenden Gase ein, von denen vielmehr ein Teil unverbrannt, gewöhn-

---

[1]) Brosius u. Koch, Schule des Lokomotivführers, Bd. III, S. 284.

lich unter Ausscheidung von Kohlenstoff in Form von Ruß sich teilweise zersetzend, sichtbar den Schornstein verläßt, und ferner geben die wirklich verbrennenden Gase nur einen Teil nutzbar an die Heizflächen ab, während ein nicht unerheblicher Teil von ihnen als freie Wärme ungenutzt und unsichtbar dem Schornstein entweicht.

Hieraus ergibt sich bereits, daß wir bei der Frage der Rauchverhütung, soweit letztere die wirtschaftliche Verbesserung einer Feuerungsanlage ins Auge faßt, unter „Rauch" nicht schlechtweg nur die durch Rußausscheidung uns sichtbar gewordenen, unvollkommen verbrannten Gase zu verstehen haben, sondern auch die unsichtbaren Abwärmegase mit einbegreifen müssen. Bei der Hervorrufung und Verminderung beider Verluste spielt das Maß der Luftzuführung, richtiger des Luftüberschusses, die wesentlichste Rolle und damit zusammenhängend der Kohlensäuregehalt der abziehenden Gase.

Bunte berechnet das Verhältnis v der tatsächlich gebrauchten Luftmenge V_1 zur theoretisch erforderlichen Luftmenge V_2 für Steinkohlen zu

$$v = \frac{V_1}{V_2} = \frac{18 \cdot 9}{k},$$

wobei k den Kohlensäuregehalt der Rauchgase in Hundertsteln bedeutet.

Verlassen z. B. die Rauchgase die Feuerung mit nur 3 v. H. Kohlensäure, ein sehr ungünstiger, aber in Wirklichkeit häufig vorkommender Fall, so muß dem Rost eine Luftmenge zugeführt werden, welche gleich

$$v = \frac{18 \cdot 9}{k} = \frac{18 \cdot 9}{3} = 6 \cdot 3 \text{ mal}$$ so groß ist, als zur Verbrennung theoretisch erforderlich wäre.

Da 1 kg Steinkohle mittlerer Güte zu seiner Verbrennung theoretisch rund 8 cbm atmosphärischer Luft erfordert, in Wirklichkeit aber ungefähr 10·4 kg notwendig sind, ergibt sich als überschüssige, unnötigerweise auf die Abgangswärme der Gase miterhitzte Luftmenge

$$(8 \cdot 6 \cdot 3) - 10 \cdot 4 = 40 \text{ cbm.}$$

Nehmen wir an, daß die Verbrennungsluft dem Roste mit 20° C zuströmt und die abziehenden Gase mit 270° C den Schornstein verlassen, so beträgt der Wärmeunterschied 250° C.

Für die Erwärmung von 1 cbm Luft um 1° C sind 0·32 Wärmeeinheiten erforderlich, mithin sind für die Erwärmung des Luftüberschusses von 40 cbm um 250° C

$$40 \cdot 250 \cdot 0 \cdot 32 = 3200$$

Wärmeeinheiten notwendig.

Rechnet man, wie üblich, den tatsächlichen Heizwert einer Steinkohle mittlerer Güte zu 7000 Wärmeeinheiten, so bedeuten jene 3200 Wärmeeinheiten einen Wärme- oder Brennstoffverlust von

$$\frac{3200 \cdot 100}{7000} = 45 \cdot 7 \text{ v. H.}$$

Fällt bei der eben betrachteten Feuerung infolge von noch größerer Luftzuführung der Gehalt der Rauchgase an Kohlensäure nur noch um 1 v. H., also bis auf 2 %, so steigt der Verlust auf

$$([8 \cdot 9 \cdot 45] - 10 \cdot 4) \cdot 250 \cdot 0 \cdot 32 = 5216 \text{ Wärmeeinheiten}$$

oder auf

$$\frac{5216 \cdot 100}{7000} = 74{\cdot}51 \text{ v. H.}$$

der verfügbaren Wärme.

Aus nachstehender, nach Veröffentlichungen der Ados-Gesellschaft, Aachen, bearbeiteten Zusammenstellung geht der Einfluß des Gehalts der abziehenden Gase an Kohlensäure auf die Wirtschaftlichkeit der Feuerung hervor. Sie zeigt, von welcher einschneidenden Bedeutung der Abwärmeverlust für die Ausnutzung der Brennstoffe ist.

Wenn die abziehenden Gase enthalten	2	3	4	5	6	7	8	9	10	11	12	13	14	15	v. H. Kohlensäure,
dann ist zur Verbrennung der Kohle erforderlich gewesen	9·5	6·3	4·7	3·8	3·2	2·7	2·4	2·1	1·9	1·7	1·6	1·5	1·4	1·3	mal soviel Luft, als theoretisch nötig gewesen wäre.
Dies bedeutet, daß ein mit praktisch genügendem 1·3 fachen Luftüberschuß nur ~ 10·4 cbm Luft zur Verbrennung erforderndes Kilogramm Kohle noch unnötig	65·6	40·0	27·2	20·0	15·2	11·2	8·8	6·4	4·8	3·2	2·4	1·6	0·8	0·0	Kubikmeter überschüssige Luft auf den Wärmeunterschied von (gewöhnlich) 250° C erwärmen muß,
mithin der Abwärmeverlust rund	75	45	32	26	21	18	16	14	13	12	11·2	10·4	9·7	9	v. H. der erzeugten Wärmemenge bei (gewöhnlich) 270° C Abgaswärme beträgt.

Aus vorstehender Zusammenstellung ist ersichtlich, daß der Abwärmeverlust mit dem Luftüberschuß ab- und zunimmt, die Versuche von Bunte[1]) zeigen aber auch, daß unvollkommene Verbrennung, also sichtbare Rauchbildung, um so leichter vermieden werden kann, je höher innerhalb der praktisch in Betracht kommenden Grenzen der Luftüberschuß gewählt wird, und daß bei einem Kohlensäuregehalt der Abgase von 8 bis 10 v. H., also bei 2·4 bis 1·9 v. H. Luftüberschuß meist eine ziemlich vollkommene Verbrennung erzielt werden kann.

Will man also beiden Forderungen, Erzielung rauchfreier und doch wirtschaftlicher Verbrennung, nach Möglichkeit gerecht werden, so begnüge man sich mit den in vorstehender Zusammenstellung eingeklammerten Werten des Kohlensäuregehalts und der Abwärmeverluste.

Unter diesem Gesichtspunkt betrachtet, kann eine Feuerungsanlage als richtig gebaut und sachgemäß bedient bezeichnet werden, wenn Erbauer und Heizer ihr Hauptaugenmerk auf eine richtige Bemessung der Luftzufuhr je nach dem Stande des Feuers und auf eine sachgemäße Mischung der Luft mit den Kohleteilchen und den brennbaren Gasen richten.

Wenn ein gasarmer Brennstoff, wie Koks und Anthrazit, deren Haupt-

---

[1]) Zeitschr. Ver. deutsch. Ing. 1900, S. 674; 1905, S. 22.

bestandteil reiner Kohlenstoff ist, auf dem Rost unter Luftzufuhr auf seine Entzündungswärme gebracht wird, so gerät er ins Glühen und verbindet sich unter Bildung kurzer Flamme mit dem Sauerstoff der Luft zu Kohlensäure nach der Formel

$$C + 2O = CO_2.$$

Kommt nun diese Kohlensäure weiterhin mit glühender Kohle in Berührung, so verbindet sie sich mit dieser weiter zu Kohlenoxyd:

$$CO_2 + C = 2CO.$$

Dieses Kohlenoxyd verbrennt mit bläulicher Flamme wieder zu Kohlensäure, wenn es bei genügend hoher Erwärmung nochmals mit Sauerstoff zusammentrifft:

$$2CO + O = 2CO_2$$

und zieht als solche durch den Schornstein ab.

Mangelt es dagegen an der erforderlichen Luft, so entweicht das Kohlenoxyd unverbrannt. Aber selbst, wenn dies der Fall ist, tritt noch kein Rauch auf, da sowohl CO_2, wie CO unsichtbare Gase sind. Eine vollkommene Verbrennung des Kohlenoxyds zu Kohlensäure kann auch bei dessen niedriger Entzündungswärme, rund 300^0 C, dort leicht erreicht werden, wo rechtzeitige und genügende Luftbeschaffung ohne Umstände zu erzielen ist.

Wesentlich ungünstiger liegen die Verhältnisse bei der Verfeuerung von Stein- und Braunkohlen, deren chemische Zusammensetzung außer Kohlenstoff noch Wasserstoff, Sauerstoff und Stickstoff aufweist und die oft in ziemlich erheblichem Umfange hygroskopisches Wasser, auch in kleineren Mengen Schwefel und mineralische Beimengungen enthalten.

Bei ihrer Verbrennung werden brennbare Gase, vornehmlich Kohlenwasserstoffe, ausgetrieben, deren vollkommene Verbrennung unter Flammenbildung nur schwer erreichbar ist. Einzelne von ihnen scheiden bei der hohen Wärmestufe der Kesselfeuerung Kohlenstoffteilchen in feinster Verteilung aus, die jedoch beim Vorhandensein der nötigen Luftmenge und überall verteilter genügender Wärme unter leuchtender Flamme zur Verbrennung kommen. Ist aber der Wärmegrad zu niedrig, die Luftzufuhr zu gering oder nicht überall rechtzeitig vorhanden, mithin die Vermischung der brennbaren Gase mit dem Sauerstoff nicht innig genug, so tritt eine Ausscheidung von Kohlenstoffteilchen als Ruß auf.

So müssen demnach die Grundsätze, auf denen sich eine wirtschaftliche, möglichst rauchfreie Feuerungsanlage praktisch aufbauen soll, nach Haier[1]) sein:

    1. genügend hohe Temperatur im Verbrennungsraum,

    2. Zuführung der richtigen, zur vollkommenen Verbrennung erforderlichen Luftmenge,

    3. gute Vermischung der Luft mit den zu verbrennenden Gasen.

Im Übrigen muß die Luftzufuhr möglichst gleichmäßig, der Luftüberschuß auf das praktisch geringste Maß beschränkt und die Stärke der Feueranfachung der Beschaffenheit des Brennstoffes angepaßt sein. Der Wirkungsgrad einer Feuerungsanlage wächst mit der Menge und dem Wärme-

---

[1]) F. Haier, Dampfkesselfeuerungen zur Erzielung einer möglichst rauchfreien Verbrennung, 1899, S. 6.

grad der in der Zeiteinheit auf dem Roste erzeugten Feuergase. Deren
Menge nimmt mit der Rostgröße, deren Wärme mit der Güte des Brennstoffs und der Menge des zugeführten Sauerstoffs zu.

4. Grundsätzliche Anordnung der Lokomotivfeuerungsanlagen.

Wenden wir uns nun im besonderen der Lokomotivfeuerung zu, so
sind hier noch die eigenartigen Verhältnisse zu berücksichtigen, welche
in den, dem Ausbau der Feuerungsanlage allseitig gezogenen Grenzen begründet sind.

Zunächst lassen die Rostflächen nur ein gewisses Höchstlängen- und
-breitenmaß zu, die Feuerkiste nur eine bestimmte Höhe, die Züge (Heiz-
rohre) nur begrenzte Länge und Querschnitte, der Schornstein nur ein
ganz geringes Höhenmaß, so daß die erforderliche Luftverdünnung in der
Rauchkammer künstlich erzeugt werden muß. Sodann ist die Beanspruchung der Feuerung ständig wechselnd, die Dampfentnahme aus dem
Kessel geschieht in jähem Wechsel zwischen Null und Höchstbedarf, die
Witterungsverhältnisse machen ihre schroffen Einflüsse auf die stets im
Freien arbeitende Anlage geltend, auftretende Mängel sind während des
Betriebes nur in geringem Umfange oder unter großen Schwierigkeiten zu
beseitigen, Vorrichtungen für Rauchverzehrung und künstlichen Zug lassen
sich nur in beschränktestem Maße anbringen, und schließlich ist der Rost
mit dem auf ihm liegenden Brennstoffe steten Erschütterungen ausgesetzt.

Unter all diesen Umständen wird man daher bei Lokomotivfeuerungen
noch mehr als bei ortsfesten Dampfkesseln auf eine theoretisch vollkommene Verbrennung verzichten müssen.

a) Rost.

α) Planrost.

Im allgemeinen ist man der Planrostfeuerung als der zweckmäßigsten treu geblieben. Der Rost muß der Luft genügenden und bequemen
Zutritt gestatten, seine Stäbe müssen sich leicht auswechseln lassen können
und je nach dem zu verfeuernden Brennstoff breitere Spalten (für Stückkohle und Briketts) oder engere Spalten (für gemischte Kohle) zwischen
sich aufweisen. Der Rost muß ferner mittels Schürhaken leicht gereinigt
werden können, die Asche gut absondern, ohne den Durchfall der Kohle
zu begünstigen, und aus gutem Baustoff, welcher auch in großer Hitze
weder verbrennt noch sich verzieht, hergestellt sein.

Der Planrost ist das Urbild eines Verbrennungsherdes, desjenigen Bau-
teils einer Feuerungsanlage, welcher der Auflagerung des Brennstoffs und
der Luftzuführung dienen soll. Seine Abmessungen richten sich nach der Art
des zu verfeuernden Brennstoffs, der Größe des zur Verfügung stehenden
Raumes und der beabsichtigten Betriebsweise. Früher benutzte man meist
vierkantige, 40 bis 60 mm starke Roststäbe, die trotz beträchtlicher Länge
widerstandsfähig genug waren. Von ihnen ist man zu den hochkantigen,
kürzeren Stäben mit kleinerer Nutzfläche und engerem Luftspalt übergegangen. Letzterer, von der Korngröße des Brennstoffs abhängig, erfordert
bei Verwendung feinkörnigen Materials höhere Preßluft für die Verbrennung,
weil die langen, hohen Seitenwände der Roststäbe, die engen Spalten und

der innigere Zusammenhang des Brennstoffs der durchstreichenden Verbrennungsluft beträchtlichen Widerstand entgegensetzen. Freilich tritt hierbei der Vorteil auf, daß die an den Rostwandungen vorbeistreichende Luft dem Roststab seine Wärme besser entzieht und der Feuerung zuführt. Auch strahlen schmale Rostspalten weniger Wärme nutzlos nach unten aus, als weite, und lassen weniger Brennstoff durchfallen. Da sie aber für bestimmte Brennstoffe, besonders für stark backende Kohle und Kohlenziegel (Briketts), wegen häufig auftretender Verstopfungen und der unter den schmalen Spalten leidenden Lebhaftigkeit der Verbrennung nicht geeignet sind, außerdem auch bei der verminderten Nutzrostfläche eher eine ungünstige Einwirkung der Hitze auf die Haltbarkeit der Roststäbe auftritt, hat man die Verwendung schmaler, hoher Roststäbe doch sehr eingeschränkt. Vor allem wird man auf Herstellung glatter Rostwangen sehen müssen. Auch kann man durch entsprechendes Hartgußverfahren die Roststäbe an ihrer Brennbahn feuerbeständiger gestalten und durch besondere Formung der Wangen eine bessere Kühlung im Betriebe erzielen.

Um die freie Rostfläche trotz Anwendung der älteren breiten Roststäbe zu vergrößern und eine bessere Mischung der bisher nur in einzelnen Längsschichten zuströmenden Luft mit dem Brennstoff zu ermöglichen, hat man die breiten Roststäbe mit seitlichen Einkerbungen oder mit quer über die Rostfläche laufenden Rinnen versehen. Diese Bauarten werden aber nur für wenig schlackende Kohlenarten, wie Anthrazit, und meist nur in Amerika angewendet. Ihre Reinigung bietet übrigens große Schwierigkeiten.

Auch hat man zu künstlicher Kühlung der Roststäbe mittels Luft oder Wasser gegriffen. Erwähnenswert ist der Rost von Foley[1]). Der hochkantige, hohle Roststab trägt zu beiden, Seiten unterhalb seiner Brennbahn schräg nach oben steigende Löcher, durch welche die den Hohlraum durchströmende Luft in die Feuerung aufsteigt. Es soll eine gute Mischung und Durchwirbelung der Luft und der Gase erzielt, auch Schlackenansatz hintangehalten werden. Letzterem Mißstande vorzubeugen, bezweckt außerdem die abgerundet gestaltete Brennbahn.

Auch ∩-förmig gestaltete Roststäbe werden für lebhafte Luftkühlung verwendet.

Über die Zweckmäßigkeit dieser luftgekühlten Roststäbe läßt sich streiten. Vor allem geben sie meist einen für rauchfreie Verbrennung unnötig großen Luftüberschuß und wegen der aus ihrer Bauart erstehenden Breite eine große Gesamtrostfläche.[2])

Die große Anzahl der aufgetauchten Roste besonderer Form, Schlangen-, Kreuz-, Polygon-, Zickzack-, Sparroste u. ä., dient wohl auch mehr oder weniger den Zwecken einer guten Kühlung, sachgemäßer Zuführung der Verbrennungsluft und Vermeidung von Schlackenbildung, aber es gibt ihrer so viele Arten, daß sich ihre wirklichen Vor- und Nachteile hier nicht gegeneinander abwägen lassen.[3]) Besonders erwähnt seien nur die zur Erzielung möglichst ausgedehnter freier Rostfläche verwendeten Bündelroste und der „Simplex"-Rost von Kudlicz in Prag für minderwertige Brennstoffe. Dieser besteht aus einzelnen Gitterrostplatten mit vielen Längs- und Querrippen und gibt ungefähr eine freie Rostfläche von 50 v. H.

---

[1]) Genie civil 1899, S. 429.
[2]) s. a. Maschinen-Konstrukteur 1896, S. 186.
[3]) Näheres s. Zeitschr. der Dampfkessel-Überwachungsvereine 1904, Nr. 10 u. 32.

β) **Wasserrost.**

Ausgedehntere Verbreitung haben die wassergekühlten Roste gefunden.

Burmester[1]) kühlt seine Roststäbe, indem er wasserdurchströmte
Rohre unter den Rostbalken anbringt. Die Rohre sind oben entlang mit
Ausflußöffnungen versehen, aus welchen ständig Wasser herausrieselt, das
an der Rohrwandung herunterrinnt und verdampfend zwischen den Roststäben zur Kohle tritt. Ebert[1]) legt die Stege der einzelnen Roststäbe
in schmale, umschließende Wasserrinnen, deren Zufluß sich selbsttätig regelt.
Auch der Wasserumlaufrost von Mehrtens[2]) mag hier genannt werden.
Die hohlen Roststäbe münden mit jedem Ende in längs der Rostfläche
laufenden Wasserkammern.

Die Anlagekosten für Wasserroste sind meist zu hoch, als daß der
etwa mit ihrer Hilfe gesteigerte Nutzwert der Feuerungsanlage ihre all-
gemeinere Anwendung rechtfertigen könnte, auch geben sie, namentlich
wenn der Wasserumlauf mit dem Dampfkessel in Verbindung gebracht
wird, zu öfteren Betriebsstörungen (Verstopfungen durch Schlamm und
Kesselstein) Veranlassung. Um die Anlagekosten zu vermindern, legt man
auch gewöhnliche Roststäbe zwischen die wassergekühlten, wodurch gleichzeitig der Wasseraufwand entsprechend eingeschränkt wird.

Der Hauptvorteil, den die Wasserroste bieten, liegt darin, daß alle
die mit Schlackenbildung und Schlackenentfernung verbundenen Mißstände
auf ein Mindestmaß herabgedrückt werden. Entstehende Schlackentropfen
werden sofort gekühlt, fallen in den Aschenraum hinab und können keine,
den Feuerungsbetrieb störenden Fladen bilden.

γ) **Schlackenrost.**

Auf österreichischen Bahnen wird vielfach eine Rostbauart verwendet,
welche für Kohlen mit trockener und harter Schlacke sich als sehr vorteilhaft erweist. Der sogenannte „Schlackenrost" enthält sehr schmale
(7·5 bis 8 mm), in weiten Abständen (25 mm) verlegte Roststäbe, wodurch eine freie Rostfläche von rund 70 v. H. geschaffen wird. Die Roststäbe werden zunächst mit einer Schicht von faustgroßen Schlackenstücken
belegt, auf diese kommt erst der Brennstoff. Die Roststäbe werden hierdurch kühl erhalten, ein Durchfallen der Kohle ist verhindert, die
Schlackenbildung verringert und die Reinigung des Rostes erleichtert. Die
mit der Langerschen Rauchverzehrungseinrichtung versehenen Lokomotiven (s. S. 554) sind sämtlich mit diesem Schlackenrost ausgerüstet.

Bei langen Fahrten, bei denen ein mehrmaliges Schlacken unvermeidlich und sehr störend sein kann, ein vollkommenes Reinigen des
Rostes aber ausgeschlossen ist, sind die sogenannten Klapproste ein
sehr bequemes Mittel, um sich der Schlacken schnell zu entledigen. Es
sind dies meist um einen Zapfen drehbare, rostartig ausgebildete Rahmen.

δ) **Schüttelrost.**

In Amerika, wo vielfach eine billige, schlackenreiche Steinkohle verwendet wird, werden an Stelle der drehbaren Roste sogenannte Schüttelroste verwendet, die als Finger- oder als Kastenroste ausgebildet

---

[1]) Näheres s. Zeitschr. der Dampfkessel-Überwachungsvereine 1904, Nr. 10 u. 32.
[2]) Glasers Annalen 1902, S. 169.

sind. Erstere bestehen aus Wellen mit angegossenen kurzen Roststäben (Fingern), die wechselseitig mit denen der benachbarten Welle ineinandergreifen. Die Kastenroste bilden eine Mehrheit von kastenförmigen, rostartig gestalteten Rahmen, die rechts und links Zapfen tragen, mit denen sie in längsangeordneten Rostbalken auf- und niederschwingen können.

Die Fingerroste eignen sich auch für die schlechtesten schlackenhaltigen Kohlen, da der Brennstoff beim Schütteln nicht nur gehoben oder gesenkt, sondern auch aufgebrochen wird. Es muß allerdings dafür gesorgt sein, daß die Finger in gleicher Höhe liegen, da sie sonst leicht verbrennen. Sie werden um so länger ausgeführt, je schlackenreicher die Kohle ist, meist 120 bis 150 mm. Die freie Rostfläche beträgt bei den Fingerrosten im Mittel 25 vom Hundert. Besondere Teile, gewöhnlich vor der Türwand der Feuerkiste liegend, werden drehbar angeordnet, um Reste von Feuer und Schlacken bequem in den Aschkasten fallen lassen zu können.

ε) Treppenrost.

Eine Abart des Planrostes, die bei Lokomotiven vereinzelt[1]) vorkommt, doch gerade hinsichtlich Erzielung rauchfreier Verbrennung besondere Erwähnung verdient, ist der Treppenrost. Auf diesem rutscht der Brennstoff, oben mit der Entgasung beginnend, allmählich nach der Rostmitte, dort in volle Glut geratend, und schließlich auf den unteren Teil des Rostes, um hier vollkommen zu entgasen. Die auf diesem, gewöhnlich als Planrost ausgebildeten Teile sich bildende Schlacke wird auf irgend eine geeignete Weise abgezogen. Um diese Verbrennungsvorgänge mit Sicherheit herbeizuführen, ist die Brennstoffschicht oben am stärksten einzurichten, während sie nach unten zu an Höhe abnimmt. Auch empfiehlt es sich, durch eine nach unten zunehmende Spaltweite die Luftzufuhr allmählich zu vergrößern.

Auch Treppenroste werden mit Wasserkühlung ausgerüstet (Ebert).[2])

b) Breite Feuerkisten.

Das Bestreben, möglichst große Rostflächen ohne für die Beschickung unbequem lange Roste zu erhalten, hat zu dem Bau breiter, über den Lokomotivrahmen hinausragender Feuerkisten geführt, zu deren Bedienung zwei Feuertüren erforderlich sind.

Über den Wert dieser breiten Feuerkisten gehen die Ansichten der Fachleute bereits auseinander. Gerade der oben aufgestellte Grundsatz: gute Vermischung der Luft mit den zu verbrennenden Gasen, ist bei dieser Bauart schlecht durchzuführen. Da beim Beschicken nur eine der Feuertüren geöffnet werden kann, tritt ein kalter Luftstrom plötzlich nur auf der einen Feuerkistenseite ein und bewirkt eine einseitige Abkühlung der Rohrwand. Die innige Mischung der Feuergase mit der Luft wird beeinträchtigt; es tritt ein höherer Überschuß an kalter Luft ein, als für die Verbrennung erforderlich, wodurch die Temperatur der Feuergase erniedrigt, die Verbrennung verlangsamt und übermäßige Ausscheidung von Kohlenteilchen als Ruß und Rauch herbeigeführt wird. Je geringer die Feuerkistenlänge ist, desto fühlbarer macht sich dieser

---

[1]) Tenbrinkfeuerung, Bauart Dormus, Kaiser-Ferdinand-Nordbahn, Eisenbahntechn. der Gegenwart 1897, Bd. I, S. 106.

[2]) Zeitschr. der Dampfkesselüberwachungsvereine 1903, Nr. 25.

Mißstand. Durch möglichste Erhaltung einer gleichmäßigen Brennstoffschicht, durch sorgfältiges Zudecken entstandener Löcher und durchgebrannter Stellen kann ein geschickter und aufmerksamer Heizer wohl den Mängeln einer breiten Feuerkiste einigermaßen abhelfen, die schroffen Temperaturunterschiede, die aus dem einseitigen Feuern entstehen, zu verhindern, ist er aber nicht in der Lage.

Da, beiläufig erwähnt, gerade der letztere Umstand ungünstig auf die Lebensdauer der Feuerbüchswände, die Haltbarkeit der Stehbolzen und der Siederohrbörtel wirkt, reicht der Vorteil der zu ermöglichenden großen Rostfläche nicht hin, um dafür die bezeichneten Mängel mit in den Kauf zu nehmen. Es ist nicht ausgeschlossen, daß eine selbsttätige Rostbeschickung Abhilfe schaffen könnte, vorausgesetzt, daß sie die Notwendigkeit des Feuertüröffnens auf ein Mindestmaß herabdrückt und imstande ist, auch die Seiten und hinteren Ecken des Rostes zu beschicken. Ein derartig vollkommener Selbstfeuerer ist aber noch nicht vorhanden. Der schmale und lange Rost behält immer den Vorteil, daß er eine bessere Mischung der Gase mit dem Sauerstoff der Luft und eine vollkommenere Entwicklung langer Heizflammen ermöglicht, auch ist es für den Heizer viel leichter, auf einem schmalen, wenn auch langen Roste, der nur durch eine Feuertür bedient wird, den Brennstoff gleichmäßig zu verteilen und sparsam mit ihm umzugehen. Neuerdings hat man[1]) in Amerika auch bei den breitesten Feuerkisten nur eine längliche große Feuertür verwendet, wodurch aber wiederum eine zu große Abkühlung der Rohrwand nicht verhütet und eine gleichmäßige Rostbeschickung nicht erzielt werden kann.

c) Aschkasten.

Auch die sachgemäße Ausbildung des Aschkastens macht bei den breiten Feuerkisten Schwierigkeiten. Da für ihn nur der Raum innerhalb des Rahmens, also nicht die ganze Breite der Feuerkiste zur Verfügung steht, so sind geeignet liegende Öffnungen für leichte, gleichmäßige und genügende Luftzufuhr nur schwer zu erreichen. Letzteres ist aber besonders wichtig, weil zur vollkommenen Verbrennung eine größere Luftmenge nötig ist, als der theoretisch erforderlichen Sauerstoffmenge entspricht, denn die Vermischung von Gas und Luft erfolgt nicht gleichmäßig; ferner aber führt die fortschreitende Verbrennung eine Verminderung des Sauerstoffgehalts in dem Gasgemisch herbei, und die noch zu verbrennenden Gasteilchen treffen sich immer seltener mit Sauerstoffteilchen, verbrennen also stetig langsamer. Der Luftüberschuß verhütet mithin, daß die Temperatur der noch zu verbrennenden Gase unter deren Entzündungswärme sinkt und eine Zersetzung der Kohlenwasserstoffe und Ausscheidung von Ruß hervorgerufen werden.

Es ist also besonderer Wert darauf zu legen, dem Roste in seiner ganzen Fläche die erforderliche Luftzufuhr zu sichern.

d) Feuerschirm.

Als ein vorzügliches Mittel zur Herbeiführung vollkommenerer Verbrennung und Rauchverminderung hat sich der Einbau eines Feuerschirmes in die Feuerkiste bewährt. Er ist heute bei fast allen Eisen-

---

[1]) Garbe, Die Dampflokomotiven der Gegenwart, Berlin 1907, S. 121.

bahnverwaltungen des In- und Auslandes in Gebrauch. Bei richtiger Bedienung der Feuerung, wobei besonders darauf zu achten ist, daß die Kohlenschicht unter dem Feuerschirm nicht zu hoch gehalten und ein Bewerfen der Feuerschirmdecke mit frischen Kohlen vermieden wird, trägt der Feuerschirm zur innigen Vermischung der Gase und zur wiederholten Verbrennung des Kohlenoxyds zu Kohlensäure sehr viel bei. Es tritt eine schnellere Entgasung und Entzündung des frisch aufgeworfenen Brennstoffes auf, die Gesamttemperatur in der Feuerkiste wird erhöht, die Verbrennung beschleunigt und eine größere Menge Wärmeeinheiten in der Zeiteinheit auf dem Roste erzeugt.

Die Anwendung von Feuerschirmen ist aus der Erkenntnis abzuleiten, daß trotz einer genügenden Luftzuführung durch die Rostspalten und deren entsprechender Vorwärmung im Verbrennungsraum während des Beschickens in den meisten Fällen doch ein erheblicher Temperaturabfall stattfindet, der die Bildung von Kohlensäure verzögert und eine starke Rauchbildung erzeugt. Wenn auch ein geübter und denkender Kesselheizer in Befolgung altbewährter Regeln sich bemüht, das Feuer sachgemäß zu bedienen, indem er den frischen Brennstoff auf die hintere Rostfläche legt, ihn nach eingetretener Entgasung vorwärts schiebt, besonders helle Stellen sinngemäß überstreut und besonders dunkle Stellen aufschürt, so genügt dies doch nicht, um gerade die für die schnelle Entzündbarkeit und rauchlose Vergasung des eben aufgeworfenen Brennstoffes höchst wichtige Anfangstemperatur zu erwirken und beständig zu erhalten. Hier sind eine wertvolle Hilfe die Feuerbrücken und die besonders bei Lokomotiven verwendeten Feuerschirme. Sie erwirken eine bessere Führung der Heizgase und somit eine bessere Ausnutzung der Heizflächen, indem sie die nach vorn strebenden flammenden Gase zur wiederholten Umkehr zwingen. Die Temperatur in der Feuerbüchse wird beständiger und möglichst auf der für die vollkommene Verbrennung erforderlichen Höhe erhalten.

e) Heizrohre.

Für eine gut arbeitende Feuerung sind auch Anordnung und Querschnitt der Heizrohre von nicht geringer Bedeutung. Mit den „Zügen" der ortsfesten eingemauerten Dampfkessel verglichen, haben die Heizrohre der Lokomotivkessel den Vorzug, daß sie vor Abkühlung durch umgebende Außenluft geschützt sind, daß daher eine allmähliche und stetige Temperaturabnahme der durch sie streichenden Abgase bis zum Schornstein hin stattfinden kann. Eine geringe Steigung der Heizrohre von der Feuerbüchs- zur Rauchkammerrohrwand hin befördert den bequemen Abzug der Gase; der Gesamtquerschnitt der Rohre muß reichlich bemessen sein, damit alle Gase ohne Rückstau leichten Durchgang finden. „Serve"-Rohre geben mehr Veranlassung zur Rußabscheidung, als glatte Rohre. Vor allen Dingen ist es von Wichtigkeit, die Heizrohre nicht nur zu Beginn der Fahrt rein zu haben, sondern auch während der Fahrt möglichst rein von Kohlenteilchen zu halten. Eine letzterem Zweck dienende Vorrichtung ist auf S. 558 beschrieben.

f) Rauchkammer.

Für die Erhaltung einer ausreichenden Luftverdünnung in der Rauchkammer (100 bis 120 mm Wassersäule) ist Sorge zu tragen. Ein günstigerer

Einfluß der jetzt üblichen großen Rauchkammern (bis 2 m Länge bei
Heißdampflokomotiven) auf die Feueranfachung gegenüber den kleinen
Rauchkammern ist nicht zu merken, weil für einen meßbaren Ausgleich
der Blasrohrwirkung zu geringe Druckschwankungen auftreten.[1]) Mög-
lichstes Freihalten der Rauchkammer von Lösche wird der Erhaltung
eines stetigen Vakuums und gleichmäßiger Wärmestufe förderlich sein.

g) Schornstein.

Besonders wichtig für die Herbeiführung einer guten Verbrennung
ist die richtige Stellung des Blasrohrs zum Schornstein. Soll der dem
Blasrohr entströmende Dampfstrahl die Rauchgase genügend ansaugen
und sich gehörig mit ihnen mischen, so muß er sich beim Austritt aus
dem Blasrohrkopf kegelförmig ausbreiten, um den Schornstein nicht glatt
zu durchströmen, sondern ihn entsprechend auszufüllen. Dies ist am einfachsten durch Anbringung eines rechteckigen, auf hohe Kante gestellten
Steges in der Ausblasmündung zu erreichen. Enge Blasrohrmündungen verursachen eine gleichmäßigere Feueranfachung, als weite, weil bei diesen der
Austritt der einzelnen Dampfschläge in kürzerer Zeit, daher heftiger erfolgt.

Schornsteine mit starker Einschnürung an der engsten Stelle und
großer Erweiterung nach oben hin führen ein heftiges Reißen des Feuers
und somit ungleichmäßige Feueranfachung und Verbrennung herbei, füllen
auch leicht die Heizrohre mit Flugasche an. Wenn auch der austretende
Dampfstrahl sich gut mit den Rauchgasen mischt, so geschieht dies doch
unter so plötzlichen Schlägen, daß die eben genannte ungünstige Rückwirkung auf die Feuerung entsteht. Besser wirken Schornsteine mit geringerer Einschnürung und Erweiterung nach oben, weil bei ihnen eine
allmähliche Mischung des Dampfes mit den Rauchgasen eintritt.[2])

Versuche, durch besondere Einrichtungen in der Rauchkammer eine
stetige, durch die Dampfschläge nicht beeinflußte Luftverdünnung zu
erzielen (Cordes, Grunewald), haben ein befriedigendes Ergebnis nicht
ergeben.

5. Ausführungsformen der Lokomotivfeuerungsanlagen.

a) Bedienung des Rostes.

Es soll nun an tatsächlichen Ausführungen von Lokomotivfeuerungs-
anlagen gezeigt werden, wie die Praxis mit den vorstehend dargestellten
Grundsätzen sich abgefunden hat.

Je nach der Art der Luftzuführung sind zwei hauptsächliche Gruppen
von Feuerungen zu unterscheiden: solche, bei denen die zur Verbrennung
erforderliche Luft nur von unten her durch die Rostspalten und solche,
bei denen sie außerdem noch als Oberluft über dem Rost in die
Feuerkiste eintritt. Für beide Gruppen wird im allgemeinen an der
Verwendung des Planrostes festgehalten. Würde auf dessen ganze Eigenart beim Entwurf von Lokomotiven noch mehr, wie bisher, Rücksicht
genommen werden, könnte auf manche Vielteiligkeit und Umständlichkeit
in der Bauart rauchverzehrender Feuerungen verzichtet werden. Läßt
sich doch mit Hilfe des Planrostes viel erreichen, wenn er nur von

---

[1]) Wehrenfennig, Eisenbahntechn. der Gegenwart 1897, Bd. I, S. 124 u. 125.
[2]) Über Anordnung und Abmessungen des Blasrohrs und des Schornsteins vgl.
Eisenbahntechn. der Gegenwart 1897, Bd. I, S. 126 ff., Versuche von v. Borries.

einem tüchtigen, denkenden und gewissenhaften Heizer bedient wird. Von manchen alten Lokomotivpraktikern dürfen wir gute Vorschriften für die Art der Verfeuerung der Kohle und der Bedeckung des Rostes annehmen, auf ihren scharfen, täglichen Beobachtungen neue Grundsätze aufbauen.

Eine Unart junger Heizer wird zum Beispiel bei der Marine streng bekämpft. Während der alte erfahrene Heizer mit dem Auge genau beobachtet, daß die Kohlen an der rechten Stelle des Rostes niederfallen, und er so sicher in der gewünschten Weise ihre Lagerung erzielt, werfen vielfach die jungen Heizer, sobald sie die Kohlen in das Feuerloch geschüttet haben, den Kopf nach links hoch, wohl geblendet durch die grelle Flamme oder auch um sich den heißen Strahlen der glühenden Brennstoffe zu entziehen. Die Folge ist natürlich, daß der Rost ungeschickt bedeckt wird und die Verbrennung sich verschlechtert. Werden dann noch die Kohlen immer nur auf die durchgebrannten Stellen geworfen, so muß sich ein starkes Qualmen des Schornsteines zeigen, da nun um die frisch beschickte Stelle herum die Kohlenschicht durchbrennt. Energisch und wirksam zugleich erfolgt dort die Erziehung. Zeigt sich bei einem der jungen Marineheizer diese Unart, so wird ihm beim Feuern der Kopf festgehalten und bald für immer so gerichtet, daß er den Rost beobachten lernt. Dies ist die erste Grundlage für ein gutes Feuern; die Praxis bringt bald die Fähigkeit und genügende Gewandtheit, die Kohlen dorthin zu werfen, wo sie erforderlich sind.

Ein alter, bewährter Brauch ist das muldenförmige Belegen des Rostes, das „Hohlfeuern". Es werden dabei die Feuerkistenwände mit einer höheren Kohleschicht bedeckt, während die Mitte des Rostes nur leicht bestreut ist, so daß die Kohlen eine Mulde bilden. Die Höhe der Kohlen unter der am tiefsten gelegenen Rohrreihe darf ein gewisses Maß nicht überschreiten und die hinteren Ecken der Rohrwand müssen reichlich bedeckt sein. Beim Vorhandensein eines Feuerschirmes verschlechtern auf ihm liegende, namentlich glühende Kohlen, wie bereits erwähnt, die Verbrennung und sind sofort zu entfernen.

Finden derartige Hinweise genügend Beachtung und Anwendung, so wird der gute Erfolg nicht ausbleiben, und die Rauchbildung wird sich verringern.

b) Verschiedene Rostarten.

Bei Lokomotivfeuerungen, bei denen schlackenreiche Kohlen verfeuert werden sollen, ist man vom einfachen Planrost abgegangen und hat Wege eingeschlagen, das Verschlacken entweder zu vermindern, oder die gebildeten Schlacken von den Roststäben abzubrechen. Aus diesen Gründen ging man zur Herstellung von Wasserrosten, Kipp- und Schüttelrosten über. Der durch die Abb. 1 bis 3[1]) dargestellte Wasserrost hat sieben eiserne Wasserrohre von 50 mm lichte Weite und 5 mm Wandstärke. Die Rohre sind in etwas geneigter Lage in die Rohrwände eingeschraubt und haben vorn kegelförmiges Gewinde, während sich am hinteren Ende eine zylindrische Muffe befindet, in der sich das Rohr verschieben kann. Da sich bei älteren Wasserrosten die in den Roststab selbst eingegossenen Kanäle durch Schmutz versetzt hatten und unwirksam geworden waren, so sind hier an jedem Rohrende in der Kesselwand

---

[1]) nach Organ Fortschr. des Eisenbahnwesens 1895, Tafel 41.

Reinigungspfropfen eingeschraubt, die ein Durchstoßen und Ausspülen der Rohre ermöglichen. Zwischen je zwei Rohren liegt je ein Roststab aus Flacheisen auf dem mit Stiftverzahnung versehenen Rostträger derart, daß die Staboberkante 20 mm tiefer liegt, als die Oberkante der Wasserrohre. Diese Anordnung verfolgt den Zweck, die Roststäbe kühl zu erhalten und nicht der Verbrennung auszusetzen. Es hat sich auch gezeigt, daß die Schlacke, die nicht sofort in den Aschkasten tropft, über den Rohren eine feine Schicht bildet, die sich leicht abheben und entfernen

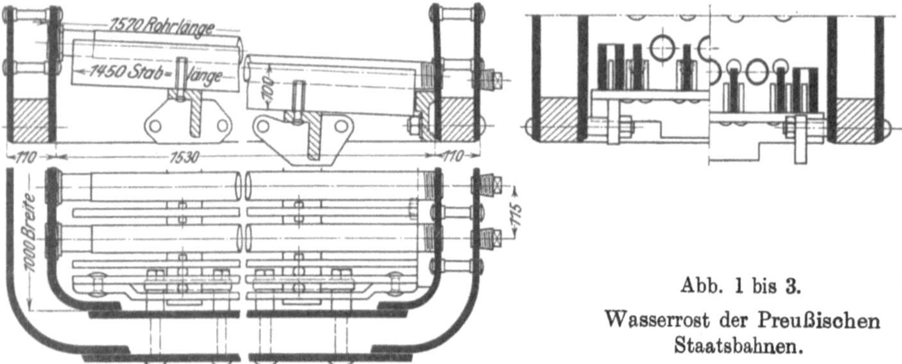

Abb. 1 bis 3.
Wasserrost der Preußischen
Staatsbahnen.

läßt. Wenn auch eine Schwächung der Kesselbleche über dem Bodenring eintritt und die Befestigung und Auswechslung der Rohre nicht ohne Schwierigkeiten erfolgt, so haben sich doch als nennenswerte Vorteile der Wasserroste gezeigt, daß ein Fest- und Verbrennen von Rostteilen unterblieb, daß der freie Luftquerschnitt sich nicht verringerte und daß das lästige Schüren des Feuers kaum mehr nötig wurde.

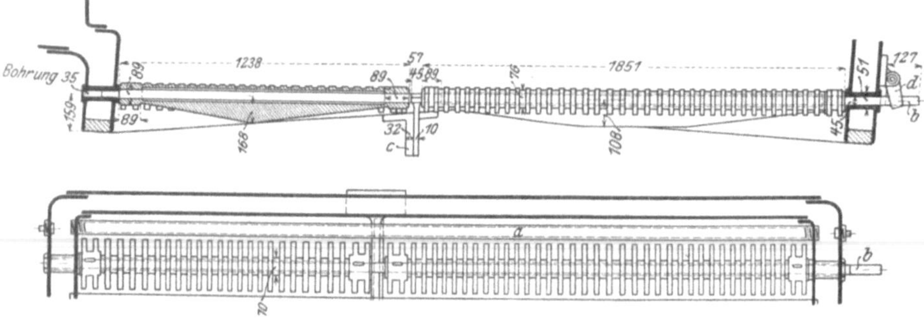

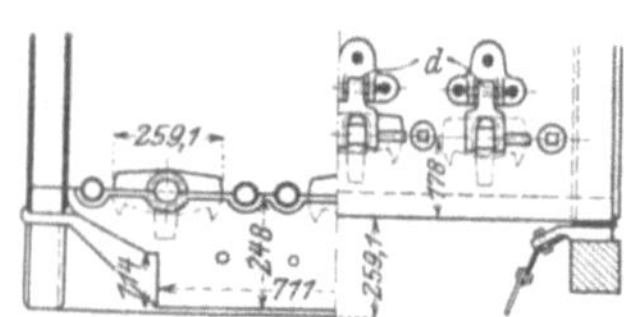

Abb. 4 bis 6.
Weaverrost, Amerikanische
Bahnen.

Eine amerikanische Anordnung, die sich größerer Verbreitung erfreut, ist der Weaverrost (Abb. 4 bis 6).[1] Die konstruktive Durchbildung ist der vorstehenden Bauart sehr ähnlich; es können auf das bequemste einzelne Roststäbe zum Herausreißen des Feuers ausgehoben werden, nachdem die auf dem Rostträger c ruhende Stange b entfernt ist. Ein unbeabsichtigtes Drehen der Stäbe verhindert der Bügel d.

---

[1] Organ Fortschr. des Eisenbahnwesens 1895, Tafel 42.

Den gleichen Zweck, das Verschlacken des Feuers zu verhüten, verfolgen die bereits erwähnten Klapp- und Schüttelroste. Beide werden meist vom Heizerstand aus durch Hebelübertragung betätigt und ermöglichen während der Fahrt eine gründliche Reinigung des Feuers. Dies muß bei langen Fahrten öfter geschehen, wenn schlechte Kohle verfeuert wird. Einen in Amerika vielfach verwendeten Fingerrost stellen die Abb. 7 u. 8[1]) dar. Für die Schütteleinrichtung ist für eine Fläche von 0·7 qm hinauf bis zu 2·7 qm der Rostfläche, der mehr oder weniger guten Kohle entsprechend, je ein Hebel erforderlich. Ist die Feuerkiste sehr breit, so wird der Einbau eines dritten mittleren Rostbalkens notwendig. Das Material ist billiges Gußeisen, in welches beim Guß sogleich die Löcher

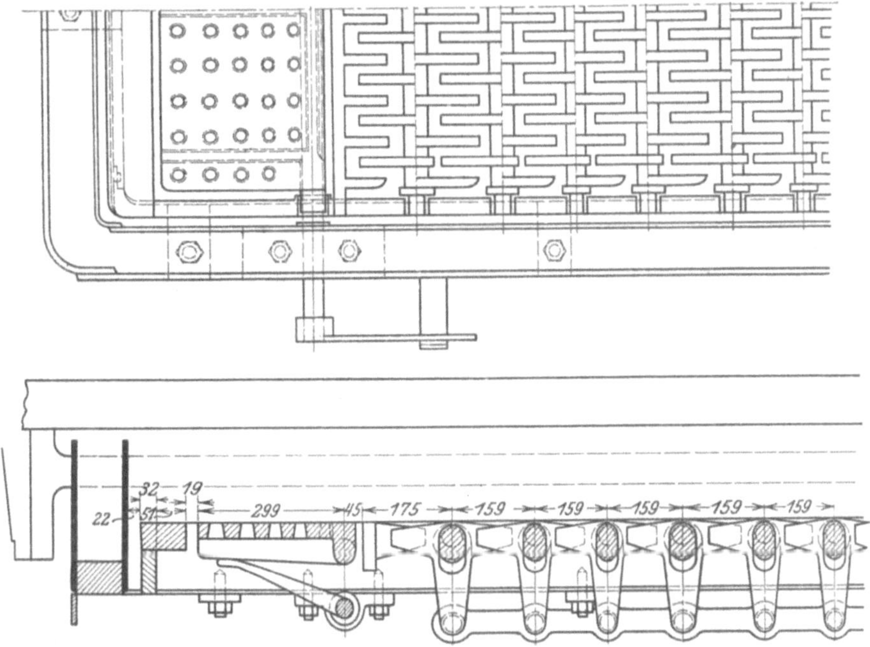

Abb. 7 und 8. Fingerrost (Klapp- und Schüttelrost).

für Bolzen und Stifte eingegossen werden, so daß jede Bearbeitung unterbleiben kann. Als großer Nachteil zeigte sich aber bald, daß die einzelnen Finger abbrannten, sobald Unterschiede in der Höhenlage der Roststäbe auftraten. Ein meist gleichzeitig eingebauter Klapprost bietet die Möglichkeit, die durch die Finger beim Schütteln abgebrochenen Schlackestücken zu entfernen.

Um günstigere Verbrennungsverhältnisse für den in Amerika billigen Anthrazit zu erzielen, schlagen die Amerikaner noch andere Wege ein. Weil der Anthrazit fast nur aus reinem Kohlenstoff besteht, darf er nur in niedriger Schicht den Rost bedecken. Die Rostfläche muß möglichst groß ausgebildet werden, da die zur Verbrennung erforderliche Luftmenge sehr erheblich ist. Wootten konstruierte darum eine breite Feuerkiste, wie sie Abb. 9 und 10 in ihrer ältesten Bauart und Abb. 11 und 12[2]) so zeigen, wie sie 1904 in St. Louis zur Ausstellung gelangte. Die ältere

---

[1]) Eisenbahntechn. der Gegenwart 1903, Bd. I, S. 158.
[2]) Abb. 9—12 nach Garbe, Dampflokomotiven der Gegenwart.

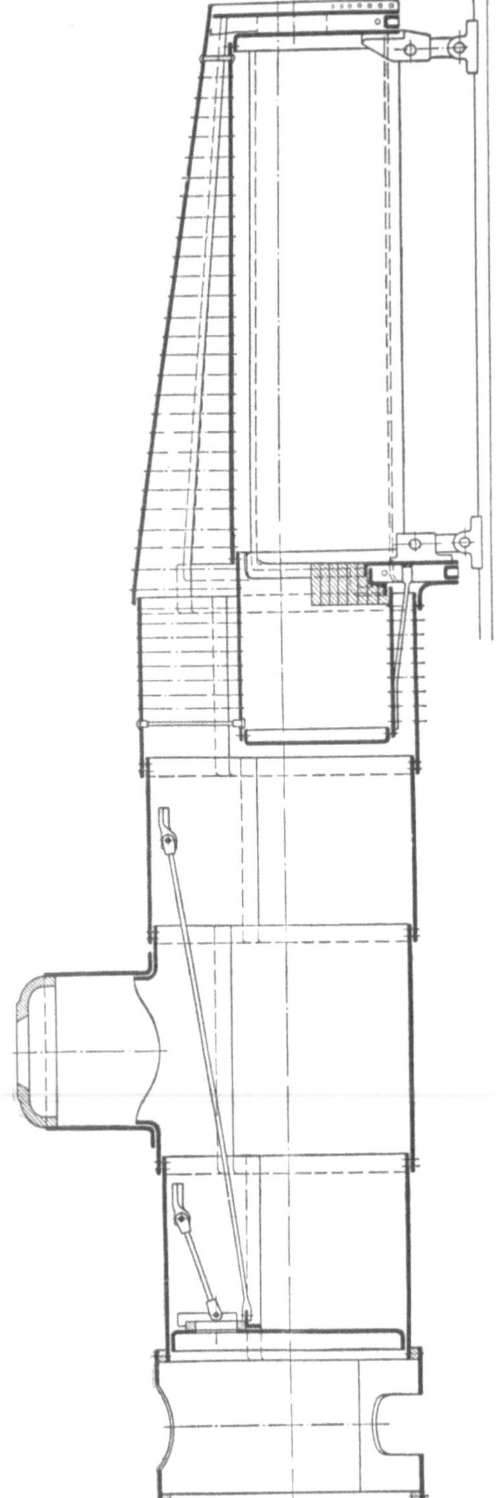

Abb. 9. Wootten-Feuerkiste, ältere Bauart.

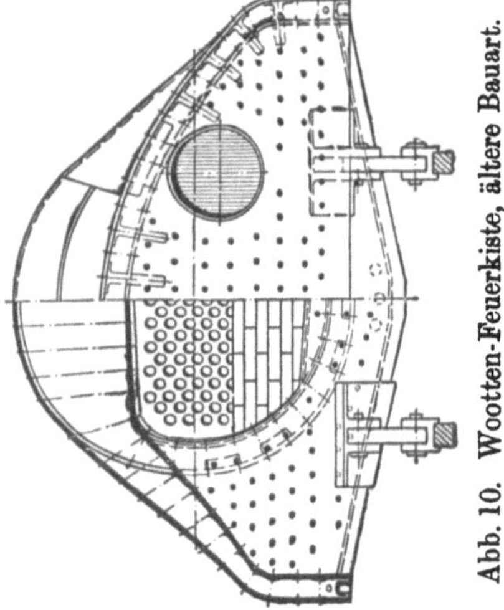

Abb. 10. Wootten-Feuerkiste, ältere Bauart.

Ausführung hatte eine lange Verbrennungskammer, die aber bald Anlaß zu stetigen Ausbesserungen am Kessel bot. Diese Verbrennungskammer ist nun bei der neuesten Kesselbauart Wootten überaus klein ausgeführt, so daß die Rohrwand nur ungefähr 130 bis 150 mm vor der vorderen Feuerbüchswand liegt. Es wird dadurch erreicht, daß die Rohrwand vor der kalten, durch die vorderen Rostspalten einziehenden Luft, und auch die Rohrbörtel vor den Stichflammen geschützt bleiben. Abweichend ist ferner die Bauart der Feuertür. Da die lichte Weite 870 mm und die lichte Höhe 400 mm beträgt, wurde die Tür zweiteilig, und zwar zweiflügelig, derart ausgeführt, daß beide Flügel nach außen aufgeschlagen und stets gleichzeitig geöffnet werden. Trotz der großen Öffnung ist ein gutes, sachliches Beschicken der hinteren Feuerbüchsecken nicht möglich. Durch drei zwischen Bodenring und Aschkasten seitlich gelegene, rechteckige Öffnungen, deren mittlere von Hand durch eine Klappe verschließbar ist, kann die Luftzufuhr mittels Dampfeinströmung verstärkt werden. Es befinden sich vor der mittleren Klappe drei nebeneinander angeordnete Düsen für Luftzuführung, die von Dampfdüsen umgeben sind. Der ausströmende Dampf reißt durch seine saugende

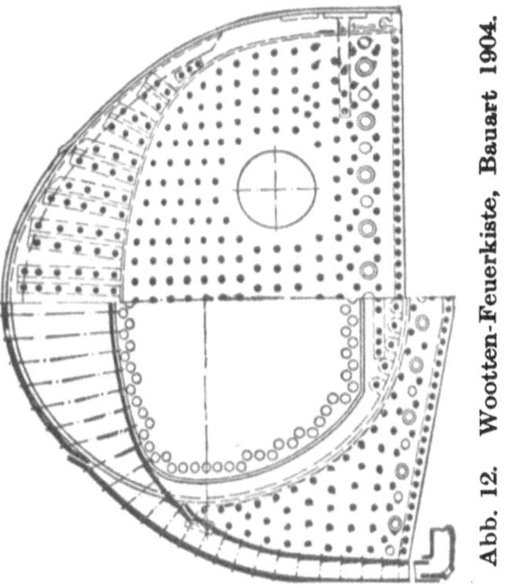

Abb. 12. Wootten-Feuerkiste, Bauart 1904.

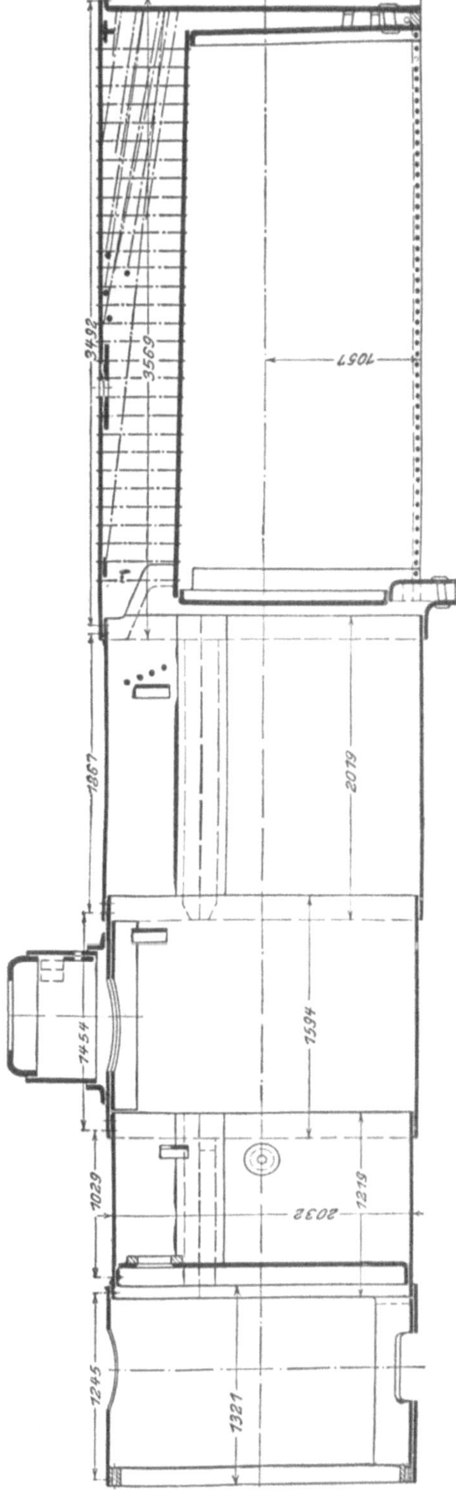

Abb. 11. Wootten-Feuerkiste, Bauart 1904.

Wirkung die Luft unter den Rost, und je nach der Menge der erforderlichen Luft wird die Dampfzufuhr zur Düse verstärkt oder vermindert.

Die technisch wohl recht gut zu rechtfertigende Woottensche Ausführung erfordert jedoch, daß der Führerstand vom Heizerstand getrennt werden muß. Es hat sich nun gezeigt, daß diese Trennung des Bedienungspersonals von Lokomotiven manchmal zu überaus folgenschweren Unfällen Anlaß gegeben hat, da eine gegenseitige Verständigung von Führer und Heizer nicht stattfinden kann.[1]

Einen anderen Weg sind die schwedischen Eisenbahnen bereits vor Jahrzehnten versuchsweise gegangen. Sie wollten bei gleichfalls schlechter Kohle erhöhte Luftzufuhr erreichen und bildeten ihren Rost als Treppenrost in Verbindung mit einem Feuerschirm aus (Abb. 13 bis 15).[2] Sie erreichten tatsächlich damit, daß sich der Funkenauswurf, der bei Kohle mit 14 % Aschengehalt, wie sie dort zur Verbrennung gelangte, in sehr starkem Maße aufgetreten war, merklich verringert hat.

---

[1] Zeitschr. Ver. deutsch. Ing. 1905, Gutbrod, Die Weltausstellung in St. Louis 1904.
[2] Glasers Annalen 1884, Bd. 14, S. 131.

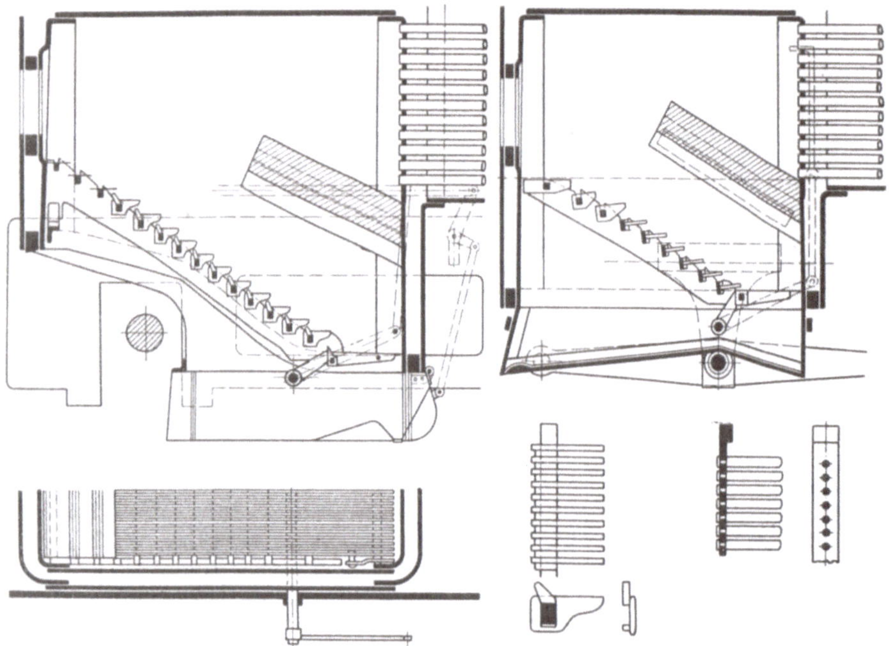

Abb. 13 bis 15. Treppenrost der Schwedischen Eisenbahnen.

c) Feuergewölbe.

Um die Verbrennung in der Feuerkiste zu verbessern, kam man bald dazu, über dem Roste ein Gewölbe aufzubauen, das die Heizgase verhindern soll, vom Roste aus sofort ihren Weg durch die untersten Rohrreihen zur Rauchkammer zu nehmen, und ein stärkeres Durcheinanderwirbeln der Heizgase und der Verbrennungsluft herbeiführen soll. Auf dem europäischen Festlande wird dieses Gewölbe aus feuerfesten Steinen, Schamottziegeln, hergestellt, die auf zwei seitlichen Stützpunkten ruhen und sich durch das eigene Gewicht tragen. Die Berührungsflächen der Schamottziegel sind dabei vorzüglich aufeinander aufgepaßt.

Eine besondere Bauart der Feuerschirme weisen die Lokomotiven mit breiten Feuerkisten der dänischen Staatsbahnen auf. Der Schirm besteht aus zwei nach der Mitte zu geneigten Halbgewölben, die sich auf eine mitten vor der Feuerbüchsrohrwand stehende Schamottwand stützen. Über den Feuertüren sind gewölbte Luftverteilungskappen angebracht. (Abb. 16 bis 18).

Im Gegensatz zu den freitragenden europäischen Feuerschirmbauarten sind die amerikanischen mit wasserführenden Stützrohren ausgestattet, und zwar werden dazu in der Regel Rohre von 70 bis 75 mm lichte Weite genommen (Abb. 19).[1] Erforderlich sind an den Rohrenden vorn und hinten Luken, die eine Reinigung der in Frage kommenden Rohre ermöglichen. Die Befestigung der Tragrohre in den Rohrwänden muß besonders sorgfältig geschehen, da das beim Abreißen eines Rohres in die Feuerkiste strömende Wasser das Feuer sofort löschen würde. Die Länge der amerikanischen Feuerschirme übertrifft die der europäischen Bahnen um ein beträchtliches. Anordnungen, bei denen der Feuerschirm bis zur Mitte

---

[1] Eisenbahntechn. der Gegenwart 1903, Bd. I, S. 141.

der Feuerkiste reicht, sind dort keine Seltenheit. Die New York Central
and Hudson River R. R. geht sogar so weit, einen langen vorderen und
einen kürzeren hinteren Feuerschirm einzubauen, so daß zwischen bei-

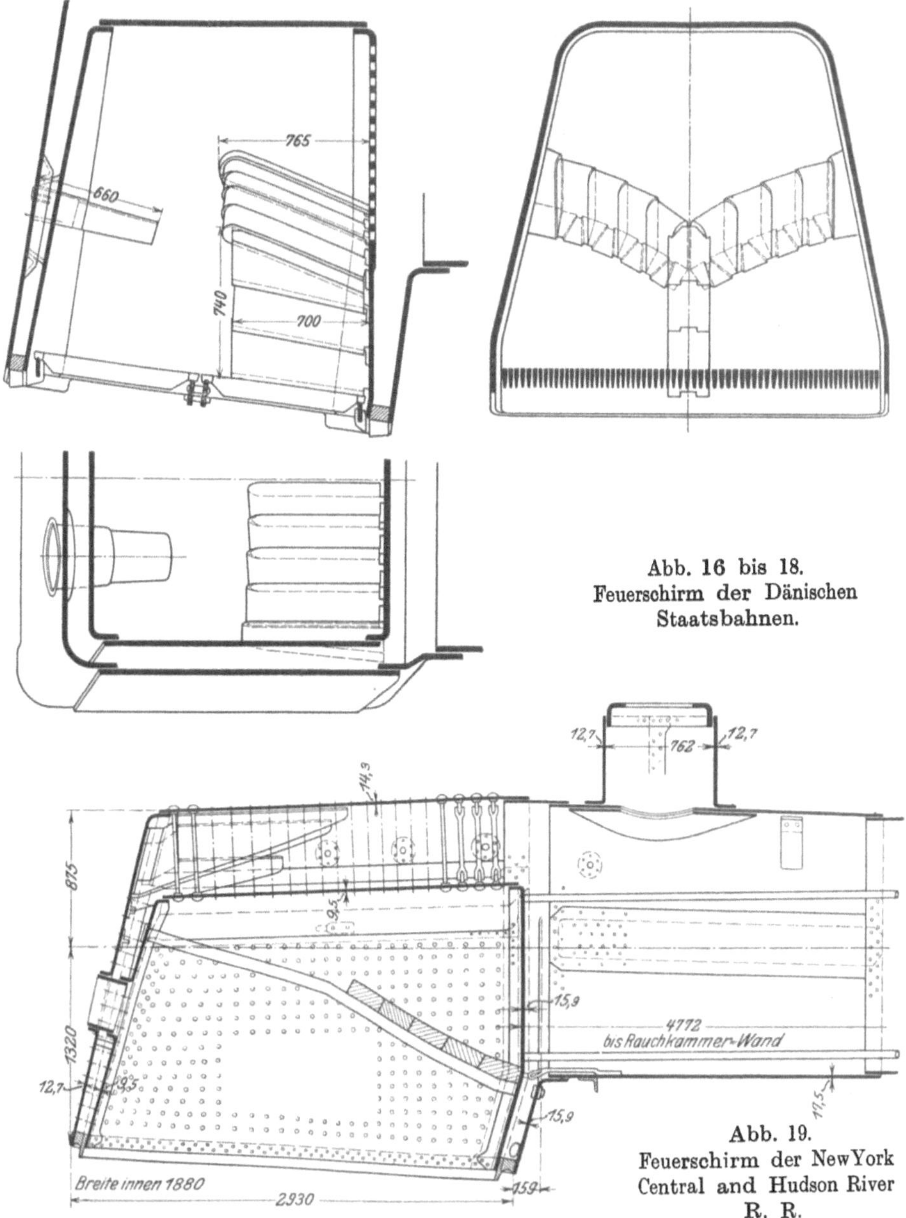

Abb. 16 bis 18.
Feuerschirm der Dänischen
Staatsbahnen.

Abb. 19.
Feuerschirm der New York
Central and Hudson River
R. R.

den Schirmen ungefähr noch ein Spalt von 600 bis 700 mm übrig
bleibt. Es gleicht diese Anordnung von Feuerschirmen sehr der Bauart von Buchanan, der freilich wasserbespülte Blechplatten an Stelle
der Schamottsteine benutzt (Abb. 20).[1]) Dies hat sich jedoch als unwirtschaftlich erwiesen, da die Platten dem Feuer zu sehr ausgesetzt sind und

<hr>

1) Eisenbahntechn. der Gegenwart 1903, Bd. I, S. 142.

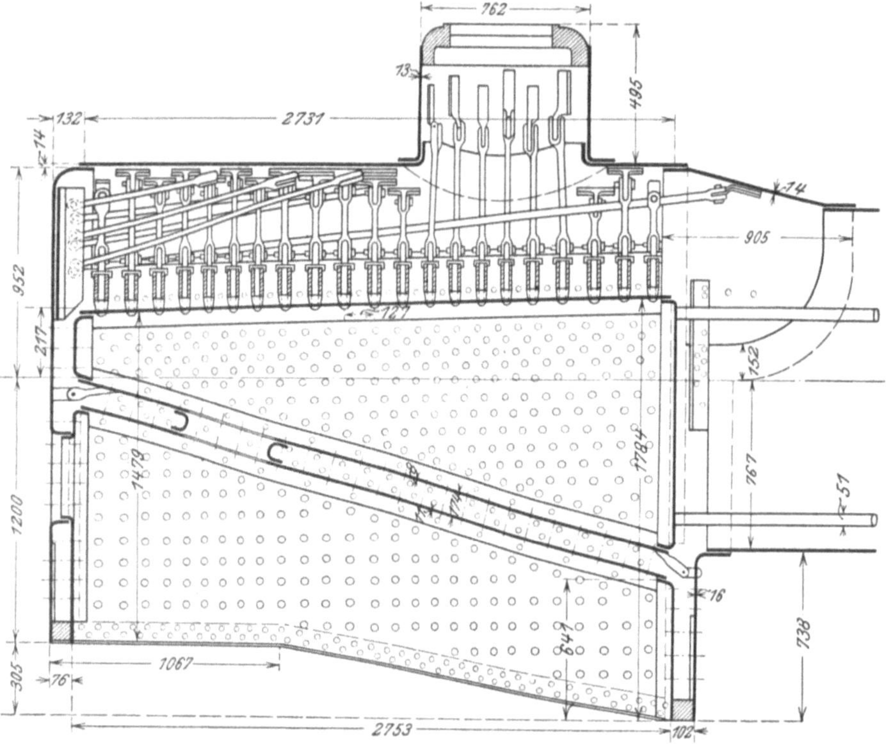

Abb. 20. Feuerschirm, Bauart Buchanan.

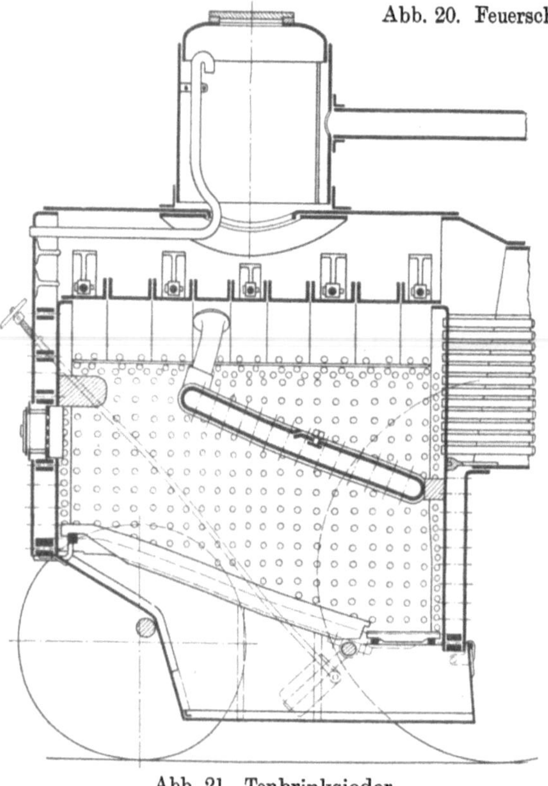

Abb. 21. Tenbrinksieder.

in den Stichflammen verbrennen. Die eingeschnürte Flamme aber bewirkt eine gute Vermischung und hindert somit das Entstehen von Rauch und die Bildung von Flugasche.

Den gleichen Grundgedanken verfolgen die in Frankreich sehr gebräuchlichen Tenbrinksieder (Abb. 21).[1]) Sie sollen neben der raschen Dampfbildung zugleich den obengenannten Zwecken dienen. Der mit dem Kessel in Verbindung stehende Raum vermittelt durch Rohre den lebhaften Umlauf des Wassers, wobei seine schräge Lage das Aufsteigen der sich bildenden Dampfbläschen sehr befördert.

---

[1]) Eisenbahntechn. der Gegenwart 1903, Bd. I, S. 117.

d) Selbsttätige Rostbeschicker.

Zu den Feuerungen ohne Oberluftzuführung gehören ferner noch die selbsttätigen Rostbeschicker.

Als in Amerika die Rostfläche mehr und mehr wuchs, bis auf Flächen von über 7 qm, überstieg die Arbeitsleistung, die ein Heizer auf langer Fahrt zu leisten hatte, das Maß der zulässigen Anforderungen. Im „Railway and Engineering Review“ finden sich Angaben über die größten verbrannten Kohlenmengen auf amerikanischen Lokomotiven, und zwar sind

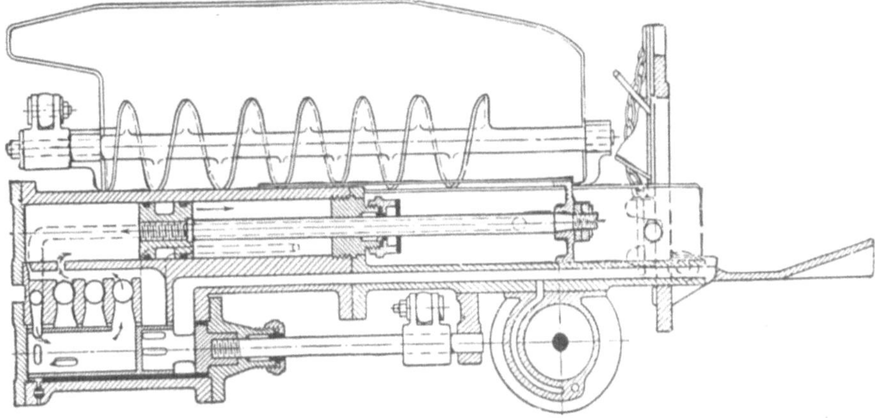

Abb. 22. Der Victor Mechanical Stoker.

dort für 1 qm/st an Weichkohle 1000 kg, Anthrazit (großstückig) 500 kg, Anthrazit (kleinstückig) 300 kg verfeuert worden. Die Arbeitsleistung, die der Heizer dabei zu vollbringen hat, läßt sich aus diesen Angaben leicht berechnen. Nehmen wir an, daß auf einer Rostfläche von 4 bis 5 qm im Mittel 600 kg/st Kohle zur Verbrennung gelangen, so muß der Heizer $2^1/_2$ bis 3 t in der Stunde vom Tender entnehmen und sachgemäß verfeuern. Unter Zugrundlegung der obigen Höchstwerte ergeben sich Verhältnisse, die zu den größten Unzuträglichkeiten führen müssen. Darum stellten auch einige Staaten Nordamerikas die großen Eisenbahngesellschaften vor die Frage,

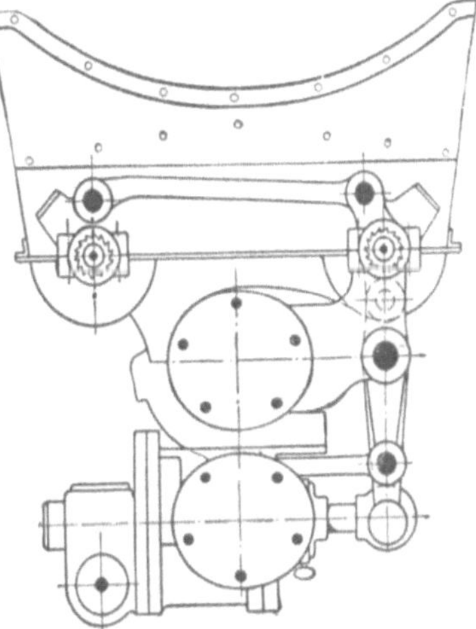

Abb. 23. Der Victor Mechanical Stoker, Rückansicht.

sich dazu zu verstehen, einen zweiten Heizer auf die Lokomotive zu stellen oder zu einer mechanischen Rostbeschickung überzugehen. Den letzteren Weg sind nun versuchsweise die in Frage kommenden Eisenbahngesellschaften gegangen, um sich gegen die gesetzliche Forderung der Einstellung eines zweiten Heizers für die Lokomotive zu verwahren. Die ersten Versuche wurden mit dem Victor Mechanical Stoker unternommen (Abb. 22 und 23).[1] Bei diesem selbsttätigen Rostbeschicker wird

---

[1] Garbe, Dampflokomotiven der Gegenwart, S. 128.

die durch eine im Kohlenbehälter stetig umlaufende Schnecke geförderte
Kohle vor einen mit Dampfkraft betriebenen Stoßkolben gebracht und durch
diesen in die Feuerkiste geworfen. Der vordere Boden des Kohlenbehälters
bewegt sich mit dem Kolben hin und her und ermöglicht so, daß beim
Rückwärtsgang des Kolbens die Kohlenstücke vor den Stoßkolben fallen. Der
vorwärtseilende Kolben schleudert nun die vorn befindliche Kohle über die
zur Verteilung nötige Ablenkplatte in den Feuerraum. Dadurch, daß der
Kolben drei verschiedene Hublängen durchlaufen kann, die durch Ventilsteuerung von Hand je nach Bedarf einzustellen sind, wird ein einigermaßen
gleichmäßiges Beschicken der ganzen [Rostfläche zu erreichen sein. Eine
kleine Dampfmaschine treibt sowohl die Steuerung des Stoßkolbens,
als auch die Kohlenförderschnecke. Durch Regelung der Umlaufzahl der
letzteren und der Hubzahl des Kolbens läßt sich, den wechselnden Betriebserfordernissen entsprechend, das Maß der zugeführten Kohle verändern.

Abb. 24. Der Strouse Locomotive Stoker.

Dem Victor Mechanical Stoker ähnlich ist der Strouse Locomotive
Stoker, dessen Wirkungsweise der vorgenannten Anordnung sehr nahe kommt

Abb. 24a. Der Strouse Locomotive Stoker.

(Abb. 24 und 24a).[1]) Es fehlt ihm nur die Kohlenförderschnecke, die dem
Heizer seine Arbeitslast noch etwas erleichtert. Auf Rollen verschiebbar ruht der Kohlenbehälter, unter dem der Wurfkolben mit Dampf-
maschinenantrieb nebst Ablenkplatte und ferner die Regelvorrichtung des
Kolbenhubes eingebaut sind. Der Wurfkolben und die Ablenkplatte zeigen

---

[1]) Verkehrstechn. Woche 1907, Heft 30.

andere Form als die des Victor Mechanical Stoker. Sie sind keilförmig und sollen auch die seitliche Verteilung der Kohle gut erreichen. Die nach innen aufschlagende, oben aufgehängte Feuertür wird beim Vorwärtsgang des Kolbens aufgestoßen und schließt sich selbsttätig, sobald er die Feuerungsöffnung verläßt. Das sofortige Zuschlagen der Feuertür soll ein Nachdringen kalter Luft so gut als irgend möglich verhüten, dagegen soll sie bei der Verteilung der Kohle über die Rostfläche mit in Wirksamkeit treten. Auch die drei Hublängen sind hier beibehalten; doch als ein Hauptunterschied zeigt sich, daß die Regelung der Würfe nicht selbsttätig geschieht, sondern von Hand durch einen Verteilungshebel. Bei entsprechenden Hebelstellungen erfolgt die Verteilung der Kohle gleichmäßig über den

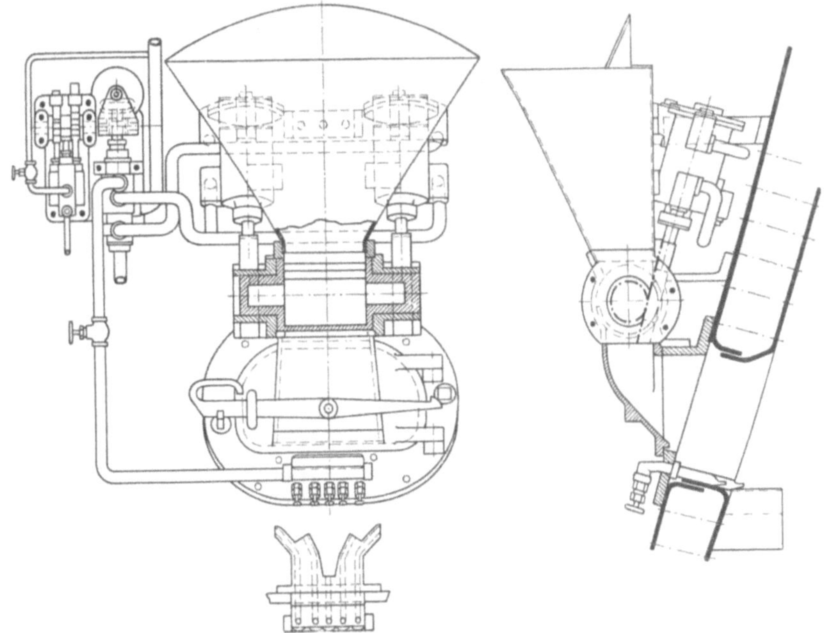

Abb. 25. Der Hayden Mechanical Stoker.

ganzen Rost, und zwar ist der Kolbenhub in der vorderen Hebellage am größten. Mit dem zweiten längeren Hebel regelt der Heizer die Dampfzufuhr und somit die Anzahl der Hübe.

Bei der großen Ähnlichkeit beider Selbstfeuerer lassen sich ihre Vor- und Nachteile auch gemeinsam behandeln. Tatsächlich besteht bei sachgemäßer Behandlung die Möglichkeit, größere Rostflächen ziemlich gleichmäßig zu bedecken und dadurch die Arbeit des Heizers zu erleichtern. Die Kesselschäden sollen geringer geworden und der Kohlenverbrauch um ein weniges gesunken sein. Als nachteilig hat sich aber erwiesen, daß der Victor Mechanical Stoker bei Störungen im Feuerungsbetriebe vollkommen abgebaut werden muß, wenn es erforderlich wird, zum Handbetrieb überzugehen. Diesen Nachteil zeigt der Strouse Locomotive Stoker nicht, da er sich ohne weiteres jederzeit vom Feuerloch entfernen läßt. Beiden gemeinsam ist jedoch wieder ein Fehler, der gerade zur Rauchbildung Anlaß gibt. Es ist nämlich mit beiden Vorrichtungen unmöglich, die hinteren Ecken der Feuerkiste mit Kohlen zu versehen. Soll eine gute, vorteilhafte

Verbrennung erzielt werden, so muß also der Heizer neben der selbsttätigen Beschickung immer noch zur Kohlenschaufel greifen. Zieht man weiter in Erwägung, daß der Heizer mit der Hand die ganze verfeuerte Kohle vom Tender holen und in den Kohlenbehälter schaufeln muß, daß er ferner das Feuer beobachten und demnach Einstellung und Regelung des Selbstfeuerers zu besorgen hat, so fragt es sich, ob die in Anschaffung, Betrieb und Unterhaltung teuere Vorrichtung wirklich eine wesentliche Erleichterung für den Heizer bringt.

Abb. 26. Der Hayden Mechanical Stoker.

Als dritter Selbstfeuerer amerikanischer Bauart wäre noch der Hayden Mechanical Stoker zu nennen (Abb. 25, 26 und 27)[1]. Er vermeidet einige der vorgenannten Nachteile durch geschickte Anordnung einzelner Teile. Der Haydensche Selbstfeuerer bringt die Kohle nach der erforderlichen Zerkleinerung vom Tender zur Lokomotive, verteilt die ununterbrochen zugeführte Kohle in gleich große Wurfmengen und führt sie in bestimmten Zeitabschnitten in die Feuerkiste ein.

Vom Tender führt eine Becherkette zum Dach der Lokomotive. Durch einen Rost auf dem Tender fallen die Kohlestücke in die einzelnen Becher und werden in einem Schütttrichter, der an der Vorderwand der Lokomotive befestigt ist, aufgesammelt. Den gegénseitigen Bewegungen der Lokomotive und des Tenders folgen die Einzelteile der Vorrichtung, ohne zu Störungen Anlaß zu geben. Auch ist der Kohlentrichter oben genügend breit, so daß die Becher die Kohle bei jeder Lage in ihn zu entleeren vermögen. Den unteren Abschluß des rund 80 kg Kohle fassenden Trichters bildet ein Verteilungsschieber von der Form eines oben offenen Hohlzylinders mit etwa 5·5 kg Fassungsvermögen. Dieser Zylinder entleert nach einer Umdrehung

---

[1] Verkehrstechn. Woche 1907, Heft 30.

um 180° seinen Inhalt in eine Kammer, die der Feuerbüchse vorgelagert und gegen die Türöffnung geschraubt ist. Auf der geneigten Bahn dieser Kammer gleitet die Kohle vor fünf am unteren Ende angeordnete Dampfdüsen, welche die Kohlenstücke über den Rost verteilen.

Zwischen der Bewegung des Schiebers für die Kohleverteilung und der Blaswirkung der Düsen besteht folgender Zusammenhang. Eine kleine zweizylindrige Dampfmaschine besorgt mit Hilfe eines besonderen Verteilungsventils drei Bewegungen. Sie dreht den Verteilungsschieber zum Füllen und Entleeren um 180° und gibt den Dampf für fünf Düsen her. Stellung und Form der letzteren sind so gewählt, daß sie ein regelmäßiges Beschicken des Rostes gewährleisten. Neben dem Hauptdruckregulierventil der Dampfzuleitung gehört zu jeder Düse ferner ein Ventil, das die Einstellung der Stärke des Dampfstrahles auf das erforderliche Maß ermöglicht. Die Drehbewegung des Verteilungsschiebers bewirken durch Zahnrad und Zahnstangenübertragung zwei symmetrisch angeordnete Dampfzylinder. Die Wahl zweier Zylinder ist dadurch begründet, daß die Möglichkeit des Klemmens bei dem Verteilungsschieber besteht.

Besondere Erwähnung gebührt der Bauart der Feuertür. Sie

Abb. 27. Der Hayden Mechanical Stoker, geöffnet.

ist als Schüttrinne ausgeführt, in die der Verteilungsschieber die Kohle fallen läßt. Diese Anordnung ist insofern günstig, da der Heizer auch hier zur Bekohlung der hinteren Rostecken sich der Kohlenschaufel bedienen muß. Der Rost ist also für etwaiges Schüren des Feuers mit dem Stocheisen gut zugänglich, und die stete Überwachung der Wirksamkeit des selbsttätigen Beschickers ohne Schwierigkeit möglich; dem jederzeitigen Übergang zur Handfeuerung beim Versagen des Hayden-Stokers steht also nichts im Wege.

Die für Selbstbeschickung am besten geeignete Kohle ist die amerikanische Weichkohle, deren Zerkleinerung dem Heizer wenig Arbeit macht. Zur Zertrümmerung der bis auf den Tenderrost heranzuziehenden Stücke genügt ein Schlag.

Eine noch nähere durch Versuche festzustellende Frage ist die, ob die durch eine besondere Dampfmaschine angetriebene Becherkette den jeweiligen Schwankungen des Kohlenbedarfes genügend rasch folgen kann.

Als ein Übelstand hat sich bei allen selbsttätigen Rostbeschickern herausgestellt, daß Rauch- und Rußbildung gegenüber der Handfeuerung meist in verstärktem Maße auftreten. Eine Erklärung dafür ist ja auch leicht zu finden. Da die Bedienung aller drei genannten Rostbeschicker an die Denkkraft der Heizer ziemliche Anforderungen stellt, und ihre Wartung und Regelung viel Aufmerksamkeit erfordert, so muß sich sofort ein Mißerfolg herausstellen, sobald der Heizer sich nur die Erleichterung zugute kommen läßt, ohne eigentliches Verständnis für den Zweck der Vorrichtung zu haben und für sachgemäße Bedienung zu sorgen. Er wird bei Bekohlung der hinteren Rostecken, die ja doch nötig ist, auch nach Bedarf etwaige durchgebrannte Roststellen mit frischer Kohle durch Handfeuerung beschicken müssen, um gute Verbrennung, Rauch- und Funkenverhütung zu erzielen.

Das Bedürfnis nach selbsttätigen Rostbeschickern hat sich auf dem europäischen Festlande noch nicht herausgestellt, da sich bei unseren Lokomotiven bei 300 bis 500 kg/qm stündlichen Kohlenverbrauchs auf rund 4 qm Rostfläche das Verfeuern von

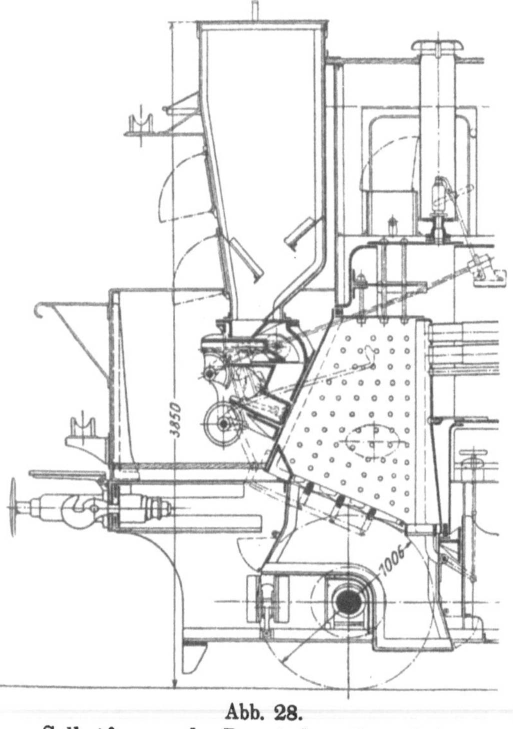

Abb. 28.
Selbstfeuerer der Bayerischen Staatsbahnen.

1·2 bis 2 t Kohle in der Stunde mit Hand gerade noch bewältigen läßt. Erst dort, wo, wie bei Schmalspurbahnen, eine kleine Lokomotive durch nur einen Mann bedient werden soll, könnte eine Selbstbeschickung von Vorteil werden. Von dieser Erwägung ausgehend hat auch die bayerische Staatsbahnverwaltung eine 2/2-gekuppelte Nebenbahntenderlokomotive mit Verbundwirkung mit einem Selbstfeuerer ausrüsten lassen (Abb. 28).[1]

Schon die Feuerbüchse zeigt Abweichungen von der üblichen Kesselbauart. Sie hat eine sehr stark geneigte schräge Rückwand, welche nicht von Wasser bespült wird, sondern freiliegt und innen mit Schamotte ausgekleidet ist. Der Rost liegt sehr schräg, um ein Nachrutschen der Kohlen zu bewirken, und sein vorderer Teil ist zum Zwecke der Reinigung

---

[1]) Zeitschr. Ver. deutsch. Ing. 1906, Heft 51, Tafel XX.

drehbar angeordnet. Die ganze dreiteilige Rostfläche ist außerdem noch als Schüttelrost ausgebildet. Die hinteren Ecken sind durch Bleche abgedeckt, da ein Bekohlen durch den Selbstbeschicker auch hier erfolgt. Die Feuerungseinrichtung sitzt auf der Feuerbüchsrückwand und gestattet dem Führer das Herablassen einer bestimmten Kohlenmenge auf den Rost. Die niederfallende Kohle gelangt zuerst auf eine Rastfläche, ehe sie durch die Stirnfläche eines zweiten, mit dem Verschlußschieber gekuppelten Schiebers beim Schließen des ersteren auf die Rostfläche befördert wird. Die gleichmäßige Verteilung der Kohle über die Rostfläche gewährleistet ihre schräge Lage. Zur etwaigen Nachhilfe ist noch ein Schürloch vorgesehen, falls die Rüttelvorrichtung allein ihren Zweck nicht erreichen sollte. Der Kohletrichter reicht bis über das Dach und hat einen Fassungsraum von 0·75 cbm. Zwei Ablenkbleche nehmen den Druck der vorhandenen Kohle auf und entlasten die Beschickungsvorrichtung. Zwei Klappen an

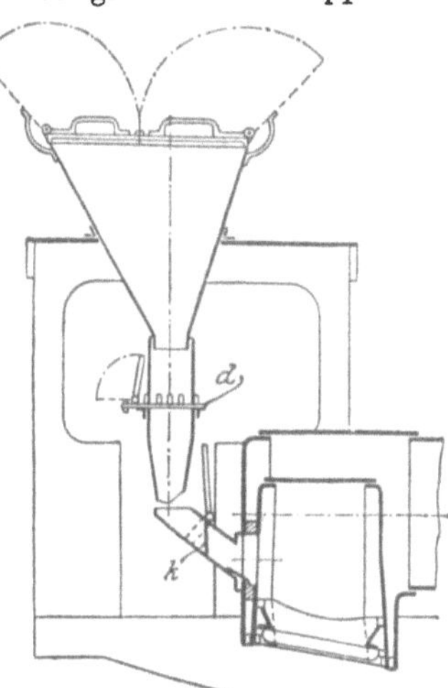

Abb. 29. Schüttrichterfeuerung von Littrow und Zeh.

der Hinterseite des Trichters ermöglichen, daß der Führer zu den Kohlen gelangen kann, die von oben eingebracht werden. Ein Zusammenfrieren der Kohlenstücke zur Winterszeit ist bei der geschützten Lage des Trichters am Kessel nicht zu befürchten.

Ganz ähnlich ist die Schüttrichtereinrichtung von Littrow und Zeh (Abb. 29).[1] Hier fällt die Kohle durch den mit Rührstiften versehenen Drehschieber d in den Einlauf, durch den sie mit Hilfe der Klappe k in beliebiger Menge auf den Rost gelassen werden kann. Der Einlauf ist in die Feuertür derart eingebaut, daß die Tür je nach Bedarf bequem geöffnet werden kann. Zur Bedienung des Feuers sind nur zwei Handgriffe nötig, so daß ein Mann für die Führung und Versorgung der Lokomotive ausreicht.

Der Rauchbildung wird bei beiden eben beschriebenen Anordnungen dadurch entgegengewirkt, daß das Öffnen der Feuertür, mithin die Zuführung kalter, überflüssiger Luft in die Feuerbüchse, möglichst vermieden werden kann.

Über die selbsttätigen Rostbeschicker hat der Internationale Eisenbahnkongreß zu Washington im Jahre 1905 folgendes Urteil abgegeben[2]: „Man hat festgestellt, daß sowohl in Amerika als auch in Europa ohne solche Beschickung bei entsprechender Anordnung des Rostes auch die stärkste bislang geforderte Feuerwirkung ohne Schwierigkeit erzielt werden kann." Diese Auffassung deckt sich auch mit der Ansicht, die Geheimrat Garbe in seinem Werke „Die Dampflokomotiven der Gegenwart" auf S. 129 ausspricht.

e) Ölfeuerung.

In gewissem Sinne gehören auch zu den Selbstfeuerern die Feuerungen für flüssige Brennstoffe. Sie unterscheiden sich aber vorteilhaft von jenen

---

[1] Zeitschr. Ver. deutsch. Ing. 1906, S. 2155.
[2] Organ Fortschr. des Eisenbahnwesens 1906, Ergänzungsheft S. 369.

durch leicht zu erreichende gleichmäßige Beschickung, bequeme Bedienung, Fortfall von Schlacken, Erhöhung der Lebensdauer des Kessels, dessen geringere Inanspruchnahme durch Temperaturwechsel, geringeres Gewicht, geringeren Raumbedarf des Brennstoffs und sichere Rauchverhütung.

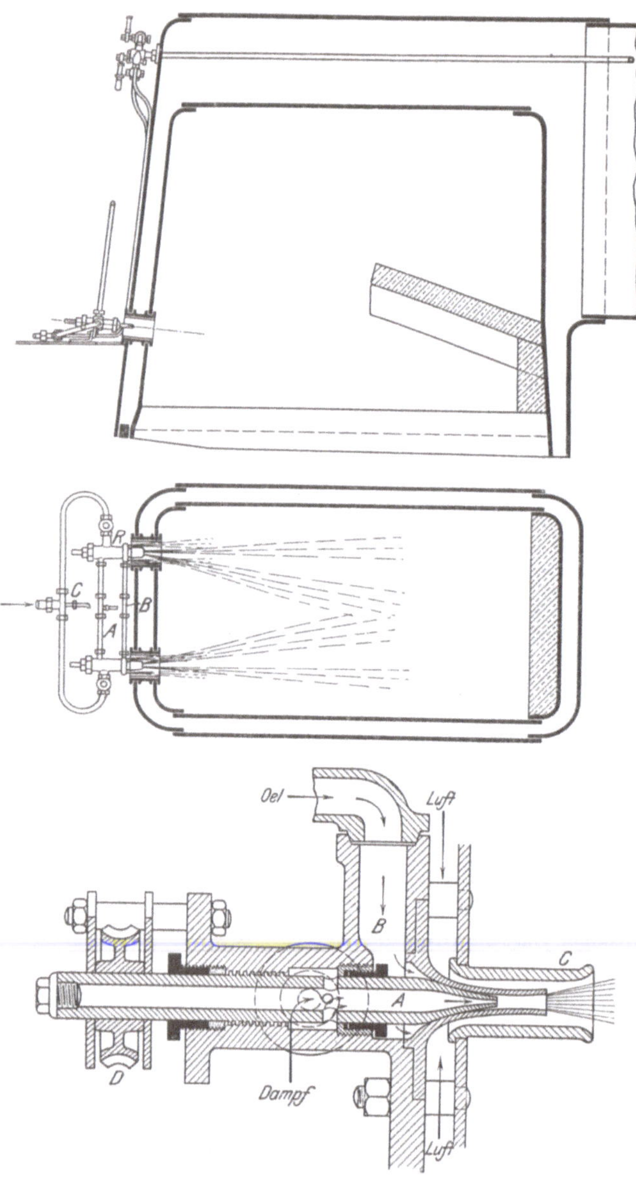

Abb. 30 und 31.
Ölfeuerung der Oesterreichischen Staatsbahnen, Bauart Holden.

Finden diese Feuerungen schon in Ländern, in denen Öl als Heizstoff billig ist (z. B. Südrußland), weitgehendste Anwendung, so sind sie auch mehrfach an solchen Lokomotiven zur Ausführung gebracht, die dazu bestimmt sind, längere Tunnelstrecken zu befahren. Seit langen Jahren bereits wird auf der Arlbergbahn und der Moselbahn die Ölfeuerung „Bauart Holden" angewendet. Bei dem Moseltunnel hatten sich in den Jahren 1899 und 1900 mehrere schwere Unfälle dadurch ereignet, daß Streckenarbeiter im Tunnel durch das Einatmen des schädlichen Kohlenoxydes ohnmächtig geworden waren und nur mit Mühe vor dem Überfahrenwerden hatten gerettet werden können.[1] Eine endgültige Abhilfe ist dort durch eine Lüftungsanlage geschaffen worden, nachdem man mit der Ölfeuerung schon gute Ergebnisse erzielt hatte. — Auch um die Kesselleistung zu erhöhen, hat man zur Ölfeuerung als Zusatzfeuerung gegriffen ($^2/_2$-gekuppelte Verbundtenderlokomotive der österreichischen Staatsbahnen)[2].

<hr>

[1] Glasers Annalen 1906, S. 61, Haas, Vortrag über: Die Lüftungsanlage des Kaiser-Wilhelm-Tunnels bei Cochem.

[2] Zeitschr. Ver. deutsch. Ing. 1906, S. 2054ff., Fig. 24.

Die Abb. 30[1]) und 31 zeigen die Holdensche Ausführung an einer Arlbergbahnlokomotive der österreichischen Staatsbahnen. Das Blauöl (ungereinigtes Petroleum), auch „Masut" genannt, wird mittels Dampfstrahlzerstäubers durch die Hinterwand der Feuerkiste unter den Feuerschirm über ein gut durchgebranntes niedriges Kohlenfeuer in eine Scha-

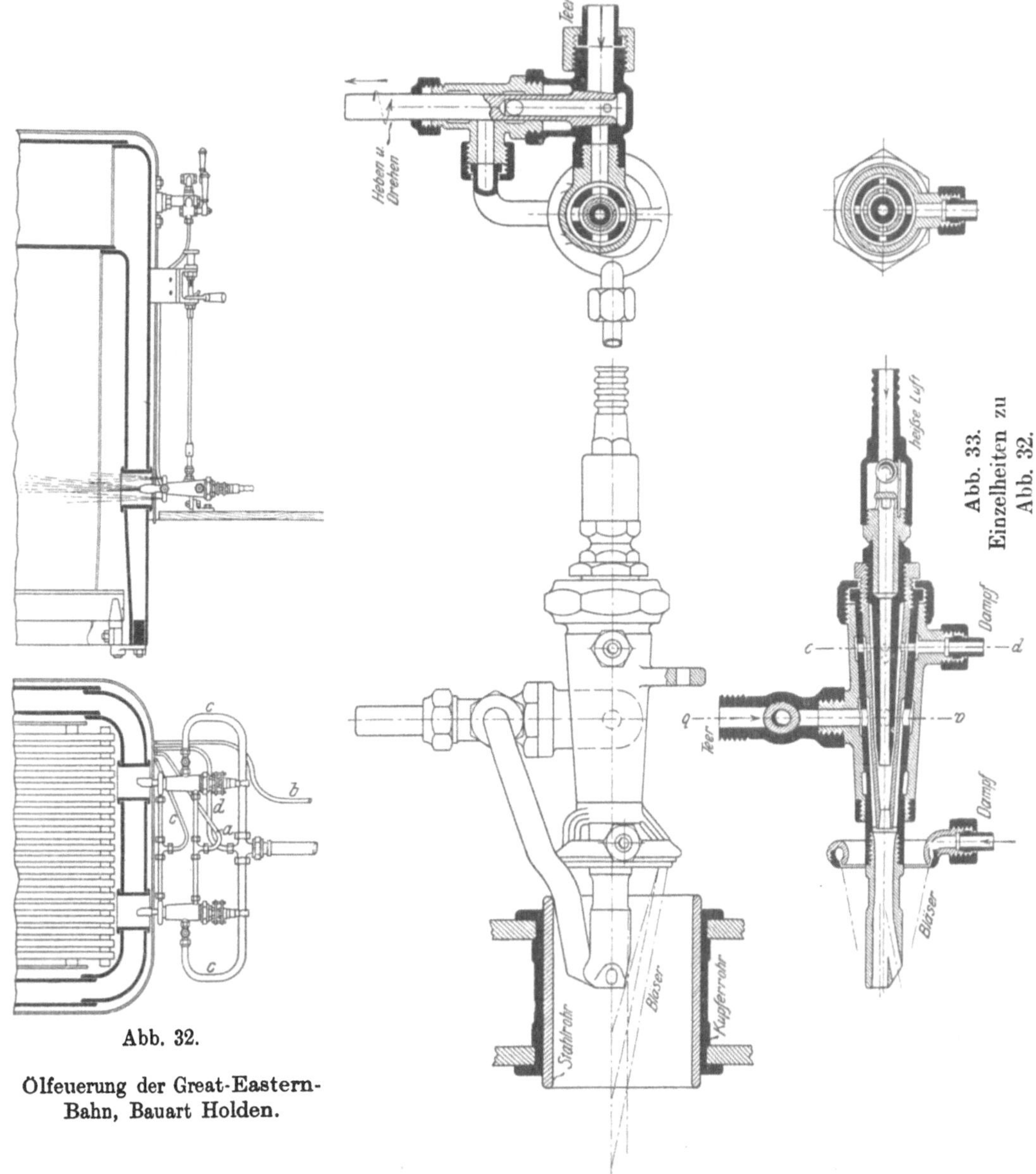

Abb. 32.

Ölfeuerung der Great-Eastern-Bahn, Bauart Holden.

mottkammer geblasen und verbrennt mit langer Stichflamme von kegelförmiger oder zylindrischer Gestalt, die durch die Zerstäuberausführung bedingt ist. Die Gewölbeform fördert die genügende Ausbreitung der Flamme.

Neuere Ausführungen wärmen die Gebläseluft vor, indem sie dieselbe z. B. der Rauchkammer mit $\sim 200^{\circ}$ C entnehmen.

---

[1]) Abb. 30 bis 33 nach Eisenbahntcchn. der Gegenwart 1903, Bd. I, S. 151 ff.

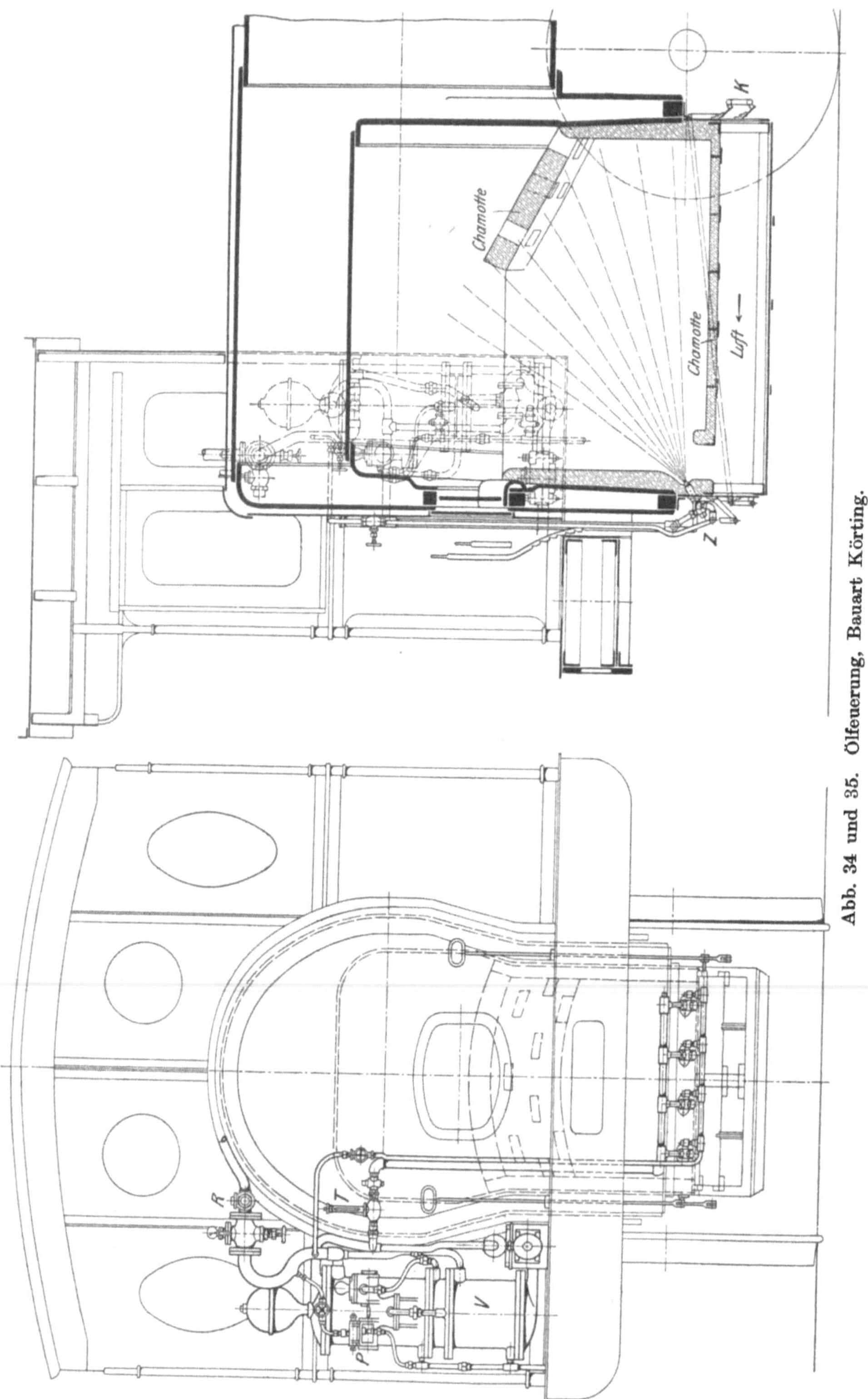

Abb. 34 und 35. Ölfeuerung, Bauart Körting.

Bei Abb. 32 und 33, die die Holdensche Ölfeuerung einer englischen Lokomotive der Great-Eastern-Bahn zeigen, dient das Dampfrohr *a* zum Einspritzen des Öles, das durch *e* zufließt. Die Vorwärmung geschieht im Rohre *b*, und durch *c* wird die Luft zugeführt. Zur Reinigung der Düse dient ferner das Rohr *d*. Abb. 33 gibt ein Bild der Düse und der Einzelkanäle.

Von den zahlreichen in Rußland und auch in Amerika in Betrieb befindlichen Lokomotiven mit Ölfeuerung, die großenteils mit Teerverbrennung arbeiten, soll hier nur eine Ausführung neuester Bauart für Öl und Spiritusfeuerung, wie sie von Körting, Hannover, eingebaut wird, genannt werden. Bei ihr kommen die Körtingschen Zentrifugalzerstäuber in Anwendung. (Abb. 34 und 35.)

Die Königlich Preußische Eisenbahndirektion Hannover hat bei Versuchen mit einer Güterzuglokomotive von 120 qm Heizfläche bei angestrengter Fahrt 415 kg/st Öl verbrannt und 5120 kg Wasser verdampft, also eine 12·5 fache Verdampfung erreicht.

Die Verdampfung ist demnach etwa zweimal so hoch als bei Kohlenverfeuerung. Das Auftreten von Rauch fällt bei der Ölfeuerung völlig fort, und nur bei ganz unaufmerksamer Bedienung kann Rußbildung eintreten.

6. Rauchverzehrungseinrichtungen.

Alle bisher genannten Feuerungen arbeiten ohne besondere obere Luftzuführung. Die zur Verbrennung nötige Luft soll durch den mehr oder weniger breiten Rost durchgesaugt werden, und nur für die Umwirbelung von Luft und Gas wird durch verschiedene Anordnungen gesorgt. Das Maß der Luftzuführung steigert sich freilich mit der wachsenden Anstrengung der Maschine. Durch den vermehrten und verstärkten Dampfauspuff aus dem Bläser und dem Schornstein wächst das Vakuum in der Rauchkammer und es herrscht ein größerer Zug in den Heizrohren und der Feuerbüchse.

Zur möglichst vollkommenen Vermeidung der Rauchbildung reichen aber diese Anordnungen — von der für sich zu betrachtenden Ölfeuerung abgesehen — sämtlich nicht aus; vor allem sind sie nicht imstande, der beim Aufwerfen frischer Kohlen oder bei Stillstand der Lokomotive ganz besonders stark auftretenden Neigung zur Rauchbildung wirksam genug entgegenzutreten.

Diese Erkenntnis führte zum Bau der verschiedensten einfacheren und verwickelteren Vorrichtungen, deren Zweck es ist, zu geeigneter Zeit einen Überschuß von Luft, am besten vorgewärmter, oberhalb der Kohlenschicht in die Feuerkiste eintreten zu lassen.

a) Feuertürschieber.

Um die genügende Luftmenge und Luftvermischung zu erlangen, griff man zu dem einfachsten Mittel und ordnete Schieber oder Klappen in der Feuertür an. Diese lassen sich je nach dem Zustand des Feuers und der Betriebsweise der Lokomotive in ihrem freien Querschnitte durch Vergrößern und Verkleinern der Luftöffnungen mit der Hand verstellen. Mit Hilfe geeigneter Führungsrippen hinter den Öffnungen läßt sich die angesaugte Luft als Oberluft über das Feuer verteilen und erhält die zu guter Verbrennung und Mischung nötige Vorwärmung.

b) Schüttklappe.

Eine Ausführung amerikanischer Bahnen zeigt Abb. 36[1]). Die **Tür** ist mit oberer Schüttklappe ausgeführt, die zum gewöhnlichen Nachfeuern benutzt wird. Der Winkel des Schirmes *B* dient zur Verteilung der Luft und schützt die Feuerbüchswände vor der unmittelbaren Berührung mit kalter Luft.

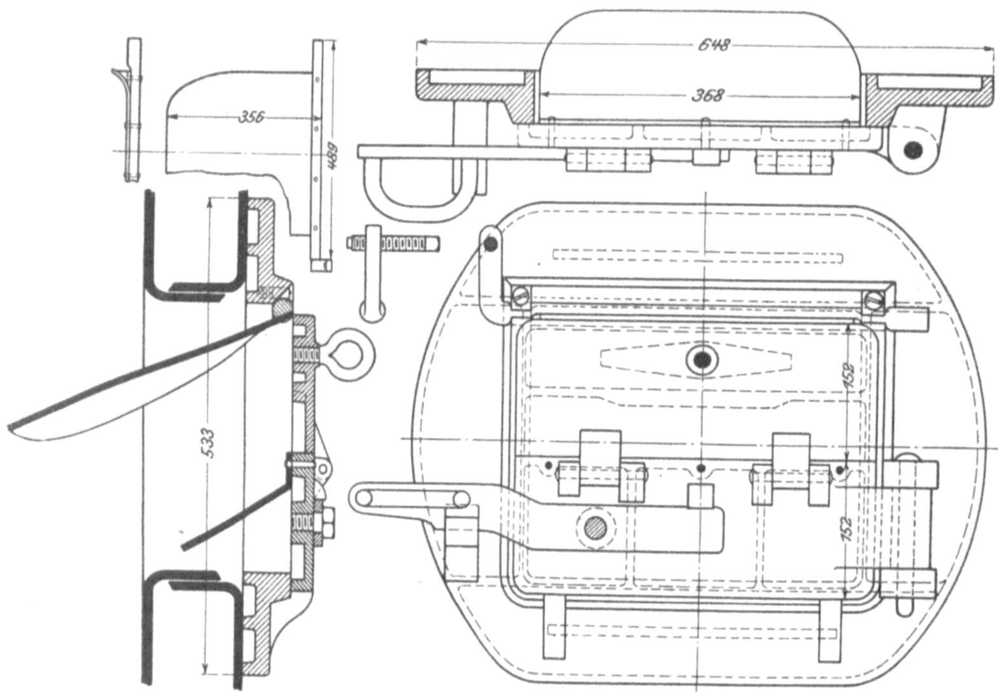

Abb. 36.   Schüttklappe amerikanischer Bahnen.

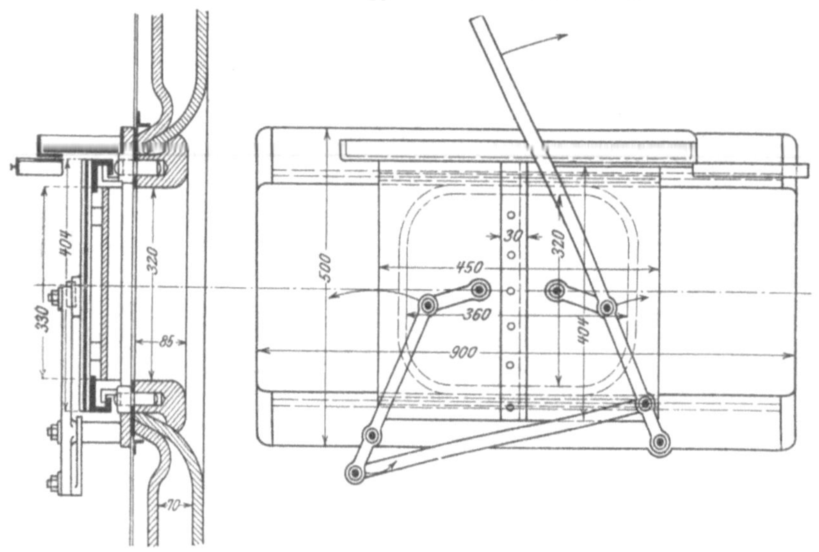

Abb. 37.   Feuertür, Bauart der Preußischen Staatsbahnen.

---

[1]) Railroad Gazette 1900, S. 270.

c) Türe von Engelbrecht.

Um der eintretenden Luft möglichst geringen Querschnitt zum Ein·
dringen in die Feuerkiste zu gewähren, falls das Feuer mit dem Stoch·
eisen zurechtgemacht oder sonstwie beobachtet werden soll, wendet die
preußische Staatsbahn zweiteilige, verschiebbare Feuertüren an (Abb. 37)[1],
neuerdings auch die Engelbrechtsche Tür, deren Schieber sich beim
Öffnen der Feuertür selbsttätig aufschiebt und in dieser Stellung beim
Schließen der Tür verbleibt, bis der Heizer geraume Zeit nach dem Auf·
werfen den Schieber wieder von Hand schließt.

d) Bauart Marek.

Eine Anordnung, die sich in Österreich sehr viel in Anwendung be·
findet, ist die Rauchverzehrung von Marek (Abb. 38 bis 41)[2]. In der
Feuertür dreht sich um eine wagerechte Achse eine Klappe, die sich beim
Schließen der Tür selbsttätig dadurch öffnet, daß ein Daumen der wage·
rechten Achse gegen einen Anschlag schlägt. Nach Zuführung genügender
Oberluft löst der Heizer den Anschlag aus und schließt die Klappe. Es
ist auch möglich, ohne Öffnen der Feuertür die Klappe durch Ziehen an
einer Kette in die gezeichnete Lage zu bringen. Das ziemlich lang aus·
geführte Feuergewölbe erhält an seinem oberen Ende einen Knick, der, in
der Richtung der Klappe liegend, die eintretende Oberluft den Heizgasen
entgegenführen, eine gute Vermischung bewirken und zur Rauchverzehrung
beitragen soll.

e) Stehbolzenluftkanäle.

Erwähnenswert ist noch ein Versuch, den zuerst der Northwestern
Railway Club, alsdann auch die preußischen Staatsbahnen ausgeführt
haben. Um genügend Luft zur Verbrennung zu erhalten, sind mehrere
Reihen von Stehbolzen mit einer durchgehenden Bohrung von 3
bis 5 mm versehen werden. Doch hat sich im Betriebe gezeigt, daß die
mit diesen Stehbolzen ausgerüsteten Lokomotiven starken Rauch ent·
wickelten. Eine Erklärung dieser Erscheinung kann darin zu suchen sein,
daß überhaupt zu viel Luft einströmt und eine zu große Abkühlung der
Heizgase bewirkt wird, so daß für die vollkommene Verbrennung eine
genügende Temperatur in der Feuerkiste nicht aufkommen kann. Es
wird dabei die durch die oberen Stehbolzenreihen eingesaugte Luft sofort
in die Heizröhren strömen und nur, schädliche Abkühlung bringend, durch
den Schornstein entweichen, außerdem aber auch leicht ein Undicht·
werden der Heizrohrbörtel herbeiführen.

f) Bauart Nepilly.

Schon in den achtziger Jahren des vorigen Jahrhunderts fand eine
Einrichtung von Nepilly zur Rauchverzehrung auf österreichischen Bahnen
weitere Verbreitung. In einem Aufsatze[3] über „Die Lokomotivfeuerbüchse
für Rauchverzehrung und Brennstoffersparnis mit besonderer Berücksichti·
gung des Systems Nepilly" faßt Pechar alle die Bauarten zusammen, die
zum Zwecke der Rauchverhütung im In- und Auslande bisher bekannt
geworden waren. Nepillys Einrichtung besteht aus drei besonderen
Teilen, dem Bündelrost, dem Stehrost und dem (damals auf dem euro·

---

[1] Eisenbahntechn. der Gegenwart 1903, Bd. 1, S. 162.
[2] Organ Fortschr. des Eisenbahnwesens 1898, Tafel 21.
[3] Glasers Annalen 1884, S. 183 ff.

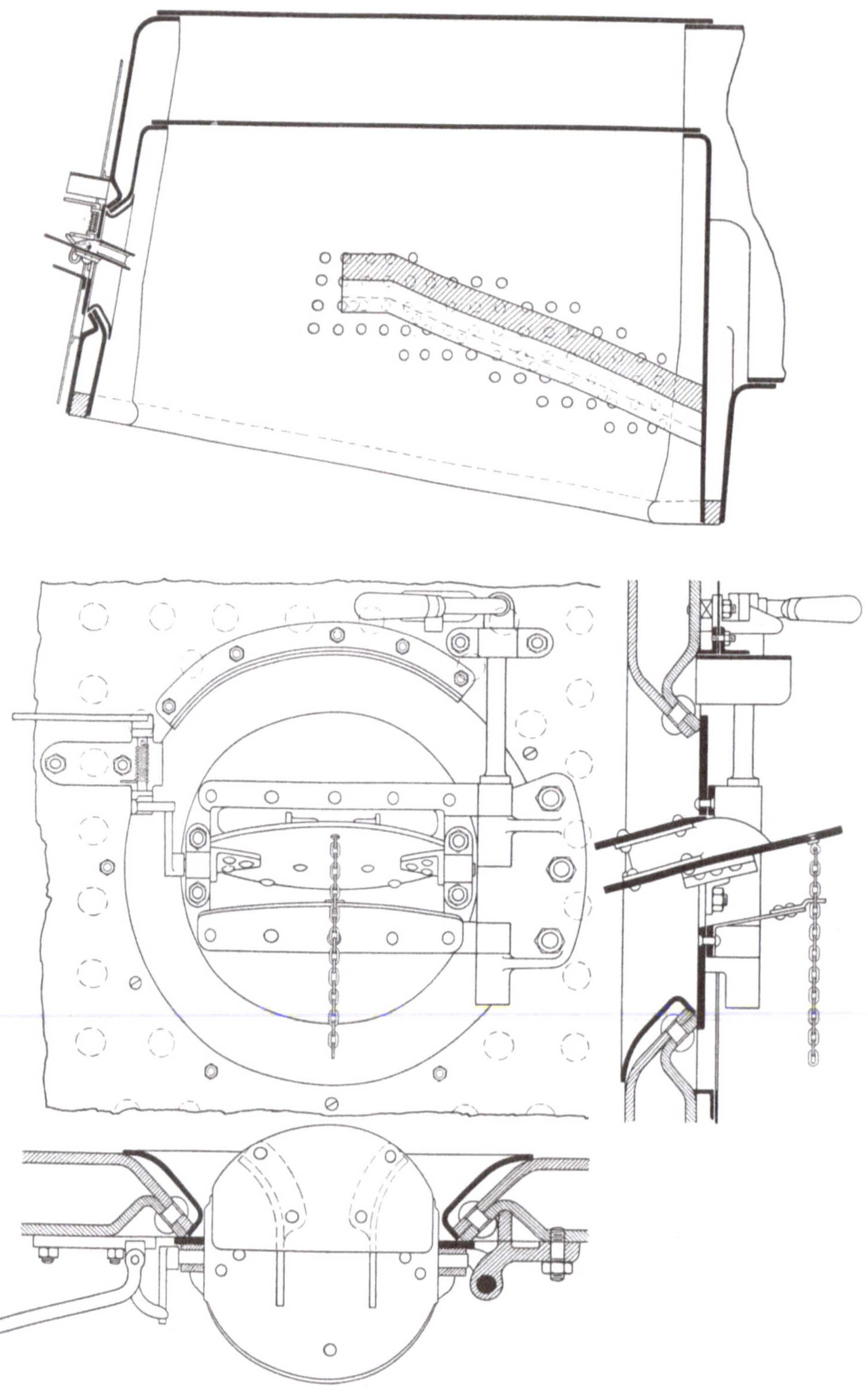

Abb. 38 bis 41.
Feuertür, Bauart Marek.

päischen Festlande noch wenig angewandten) Feuerschirm (Abb. 42)[1].
Der Bündelrost ist zu drei Vierteilen hinten als schräg liegender Planrost
ausgeführt, während das letzte Viertel ein Fall-(Klapp-)rost ist. Zwischen
diesem Klapprost und dem Feuerschirm ist vorn zur Zuführung von Oberluft der Stehrost eingefügt. Er besteht aus einer, von der Rohrwand
durch eine ungefähr 80 mm breite dazwischenliegende Luftschicht getrennten, rostartig durchbrochenen gußeisernen Wand, die 200 bis 300 mm
senkrecht zum Feuerschirmrande aufsteigt. Die Luft zieht durch den
Stehrost unter den Feuerschirm als Oberluft über die mit glühenden

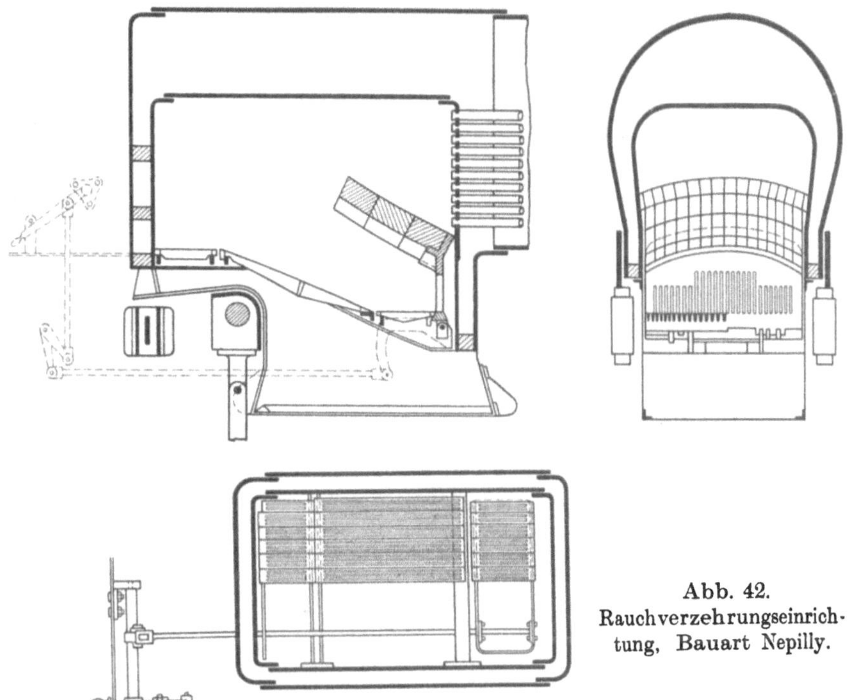

Abb. 42.
Rauchverzehrungseinrich-
tung, Bauart Nepilly.

Kohlen belegte Rostschicht und trägt wesentlich zur Gasumwirbelung
und Rauchverbrennung bei. Der Funkenauswurf dürfte ebenfalls durch
diese Einrichtung stark vermindert werden, weil die zuströmende Oberluft die glühenden kleinen Kohlenteilchen im Gleichgewichte hält. Fehlte
die Oberluftzuführung, so würden diese bei angestrengter Fahrt mit der
durch die Rostspalten gerissenen Luft zur Rauchkammer und durch den
Schornstein getragen.

g) Bauart Palla.

Ähnlich geht Palla mit seiner Bauart vor. Hier wird der Feuerschirm selbst zur Zuführung von Oberluft herangezogen (Abb. 43 bis 47)[2].
Ein senkrechter Schacht (a) ist am rückwärtigen Ende des Rostes an der
Rohrwand unterhalb der Rohre angeordnet. Er ist aus Blech hergestellt,
das durch Schamottbekleidung gegen die verzehrende Wirkung der Stichflammen geschützt ist. Die Eintrittsöffnung der Luft kann vom Führerstande aus leicht durch eine Klappe geschlossen werden. Durch diesen

---

[1]) Glasers Annalen 1884, S. 168.
[2]) Uhlands Prakt. Masch.-Konstrukteur 1898, S. 72.

Schacht strömt die Luft in den Feuerschirm, der innen hohl ist. Zwei Reihen von Schamottziegeln liegen übereinander und bilden den Luftraum. Damit die zuerst im Feuerschirm vorgewärmte Luft entweichen kann, erhalten die unten gelegenen Schamottziegel Öffnungen und sorgen so dafür, daß die Verbrennungsluft in innige Berührung mit den aufsteigenden Gasen kommt. Die Luft wird durch die Pallasche Anordnung bei schneller Fahrt in verstärktem Maße in die Öffnung a einströmen, während bei Stillstand der Lokomotive das durch den Bläser bewirkte Vakuum in der Rauchkammer den natürlichen Zug besorgt. Es ist demnach das Blasrohr so eingerichtet, daß es beim Schließen des Reglers selbsttätig in Wirkung tritt. Beim Schließen der Regleröffnung f wird nämlich durch den Schieber f_2 die Eintrittsöffnung f_1 freigelegt, welche durch e_1 einen Dampfweg zum Blasrohr freigibt.

Abb. 43 bis 47.
Rauchverzehrungseinrichtung, Bauart Palla.

Zur Erzielung noch günstigerer Verbrennungsverhältnisse ist auch an der Feuertür die Anbringung des Kanales d vorgesehen. Die Wirkung vorstehender Einrichtung für Rauchverhütung ist vom theoretischen Standpunkt aus betrachtet eine gute, doch läßt die konstruktive Durchführung erhebliche Bedenken aufkommen. Wenn auch die Lebensdauer eines hohlen Feuerschirmes auf sechs bis sieben Monate angegeben wird, so scheint diese Angabe trotz vorzüglicher Ausführung der Einmauerung für heutige Betriebsverhältnisse bei weitem zu hoch gegriffen zu sein. Schon bei normalen Feuerschirmen erfolgt oft die Auswechselung der Schamottsteine in kürzerer Zeit, obwohl sie doch gewöhnlich mit ihren Berührungsflächen vor der Einmauerung an einander geraspelt und angepaßt werden.

h) Bauart Thierry.

Als Vorläufer der neueren, mit Dampfschleier arbeitenden Rauchverzehrungsvorrichtungen kann die ebenfalls von Pechar in obenerwähntem

Aufsatze beschriebene Bauart „System Thierry" gelten, die bei der österreichischen Südbahn mehrfach ausgeführt wurde
(Abb. 48)[1]. Ein über der Feuertür wagerecht liegendes Rohr von 23 mm lichter Weite erhält 6 bis
8 Bohrungen von $2^1/_2$ mm Durchmesser derart,
daß die aus ihnen austretenden Dampfstrahlen
einen Dampfschleier über dem Roste bilden.
Durch diesen wird die zur Feuertür beim Beschicken eintretende kalte Luft verhindert, sofort
durch die Siederohre zu entweichen, vielmehr wird
sie gezwungen, über die glühenden Kohlen hin-
zustreichen, und erzielt so eine gute Vermischung
von Luft und brennbaren Gasen, wodurch Rauch-
entstehung sowohl, wie Funkenauswurf möglichst
verhindert werden. Der Heizer hat vor dem Beschicken nur ein Dampfventil zu öffnen, um die
Bildung des Dampfschleiers in der Feuerbüchse
hervorzurufen. Die Vorrichtung wird von Pechar
zwar gelobt, dürfte aber jetzt durch neuere
Anordnungen weit überholt sein, zumal das völlig
ungeschützte Rohr der raschen Verbrennung bald anheimfällt.

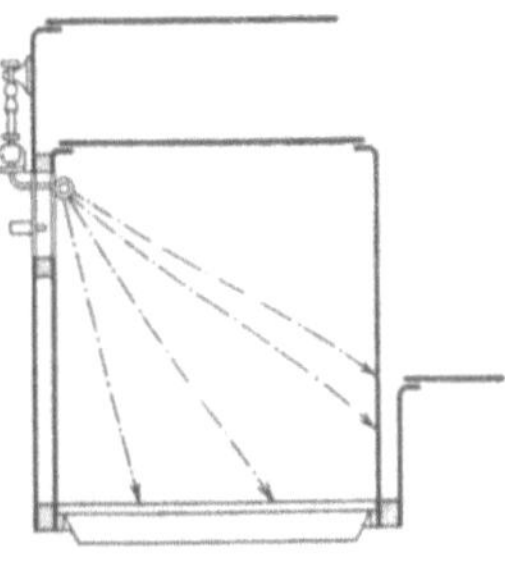
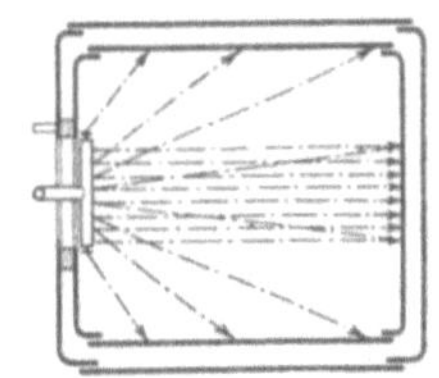

Abb. 48.   Rauchverzeh-
rungseinrichtung,
Bauart Thierry.

i) Bauart der Illinois Central R. R.

Eine dem gleichen Zwecke dienende neuere Einrichtung ist bei amerikanischen Lokomotiven der Illinois Central R. R. zu finden (Abb. 49)[2].
Dicht über dem Fußboden des Führerhauses liegen unterhalb der Feuertür
in gleichen Abständen sechs Dampfdüsen, die Verbrennungsluft über die
glühenden Kohlen blasen sollen. Das Maß der Luftzuführung läßt sich mit der verstärkten Dampfzufuhr erhöhen, und eine Rauchverminderung wird
ohne Frage zu erreichen sein.

Noch vollkommenere Wirkung erzielen die Rauchverzehrungseinrichtungen von Staby, sowie von
Langer und Marcotty, weil ihre bauliche Durchbildung darauf ausgeht, die Zuführung des notwendigen
Luftüberschusses als Oberluft nicht der Willkür des
Heizers zu überlassen, sondern sie selbsttätig dem
jeweiligen Bedarf anzupassen und diese Oberluft in
einer den Verbrennungsvorgängen am besten entsprechenden Weise in richtiger Menge, Führung
und Zerteilung dem Feuerungsraum zuzuführen.

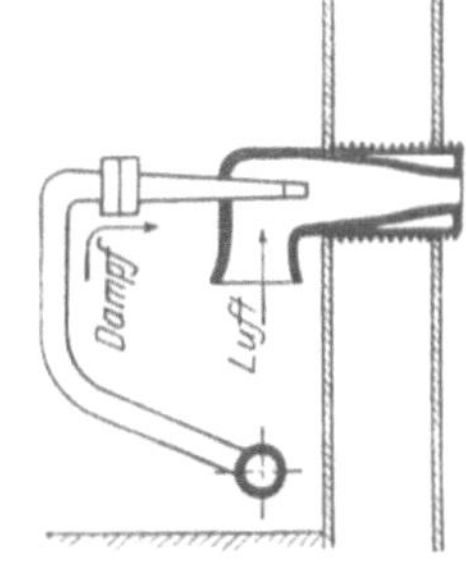

Abb. 49.   Rauchver-
zehrungseinrichtung
der Illinois Central R R.

Das gemeinsame Merkmal und grundlegende Kennzeichen dieser Rauchverzehrungseinrichtungen ist der in den Feuerungsraum hineingeblasene,
von hinten oben nach vorn unten sich schräg über das Feuer breitende
Dampfschleier, welcher zunächst zur Mischung der vorhandenen Luft
mit den aus dem frisch aufgeworfenen Brennstoff entweichenden Gasen
dient. Der Dampfstrahl wird dann nach Maßgabe der fortschreitenden Ver-

---

[1] Glasers Annalen 1884, S. 208.
[2] Garbe, Dampflokomotiven der Gegenwart.

gasung des Brennstoffs allmählich bis zum Stillstand verringert. Er hat neben der Erzeugung von hochwertigem Wasserstoff in den Heizgasen noch die Aufgabe zu erfüllen, die eingeführte frische Luft am sofortigen Aufsteigen zur Feuerbüchsdecke zu hindern und die damit verbundene Abkühlung der Heizflächen, wie auch ein zu frühes, unwirksames Entweichen der Luft zu vermeiden. Bei dem Dampfschleier von Langer und Marcotty wird dies dadurch erreicht, daß die eintretende Luft zunächst nach der Feuerbüchsrohrwand geworfen wird, von der sie nach der Türwand zurückkehrt. Da der Dampfschleier Dreiecksform, mit der Spitze nach der Feuertür zu, hat, so können die Heizgase ungehindert nur dort seitlich nach oben über den Schleier steigen, müssen also die im allgemeinen sonst am schlechtesten ausgenützten Heizflächen der Feuerbüchse bestreichen und können dann erst in die Heizrohre gehen. Dadurch wird auch der Dampfschleier zum natürlichen Funkenfänger.

Die Kosten für den Dampfverbrauch dieser Rauchverzehrungseinrichtungen werden durch den wirtschaftlichen Vorteil der Erzielung vollkommenerer Verbrennung bei weitem aufgehoben.

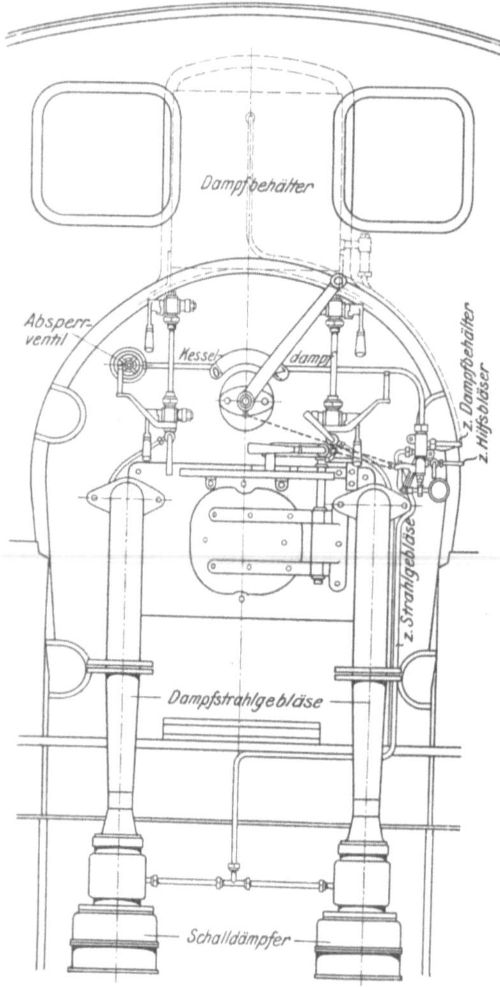

Abb. 50. Rauchverzehrungseinrichtung, Bauart Staby

k) Bauart Staby.

Die Gesamtanordnung der Stabyschen Einrichtung zeigen uns die Abb. 50 bis 52. Sie besteht aus einem Absperrventil, Steuerventil, Dampfbehälter mit selbsttätigem Niederschlagwasserablaßventil und Dampfstrahlgebläsen mit Schalldämpfern und Winddüsen. Vor Inbetriebsetzung der Rauchverzehrungsanlage muß das Absperrventil ganz geöffnet werden, damit der dem Dampfdom entnommene trockene Dampf zum Steuerventil gelangen kann.

Um die Rauchbildung zu vermeiden, wird dem Feuerraum eine bestimmte, mit der Entgasung der Kohlen allmählich abnehmende Luftmenge mittels Dampfstrahlgebläse durch die Kesselwandungen zugeführt. Öffnet man zum Zwecke des Nachfeuerns die Feuertür, so wird durch die an der Feuertür befestigte Drahtschnur oder Kette (Abb. 50) der senkrechte Arm des Winkelhebels am Steuerventil in seine äußerste Stellung nach

links gebracht — der daran befindliche Zeiger steht dabei auf *F* (Feuertür),
Abb. 52, — und das Ventil durch Winkelhebelübertragung ganz geöffnet.
Jetzt gelangt der Kesseldampf in die Dampfbehälter und füllt sie. Hierbei
sind die Kanäle, die den Durchgang zu den Dampfstrahlgebläsen und den
Hilfsbläsern ermöglichen, durch einen auf der Ventilstange sitzenden Bund
abgeschlossen. Schließt man die Feuertür wieder, so sinkt durch das

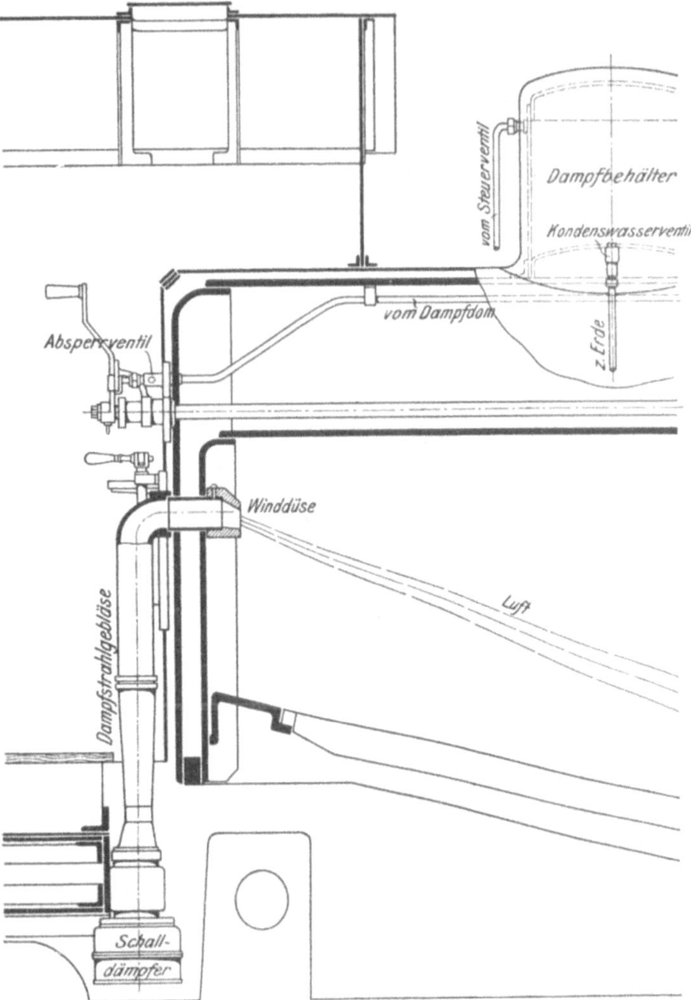

Abb. 51. Rauchverzehrungseinrichtung, Bauart Staby.

Gegengewicht der Winkelhebel; es wird somit die Ventilstange und die
Verbindung vom Dampfbehälter zu den Gebläsen freigegeben, während
der Bund nun die Hilfsbläserleitung absperrt. Jetzt kann der in dem
Dampfbehälter aufgespeicherte Dampf durch das Steuerventil in die Dampf-
gebläse treten, die nun Verbrennungsluft durch die Schalldämpfer ansaugen
und sie in breiten, dünnen Strahlen mit großer Geschwindigkeit mit Hilfe
der Winddüsen unter den Feuerschirm blasen (Abb. 51.) Die Dampf-
und Luftstrahlen wirken durch ihre schräge Richtung ähnlich der Tenbrink-

feuerung. Durch die Verbrennung mit rückkehrender Flamme verlängert sich der Verbrennungsweg, und es wird für eine bessere Entzündung der in Bewegung befindlichen glühenden Kohlenteilchen gesorgt; sie werden niedergehalten, so daß sie nicht in glühendem Zustande zur Rauchkammer gelangen und durch den Schornstein als Funken entweichen können. Die innige Vermischung der Luft und der Kohlenwasserstoffe wird erreicht, die Verbrennung vervollkommnet und Rauch- und Funkenbildung fast vollkommen verhindert.

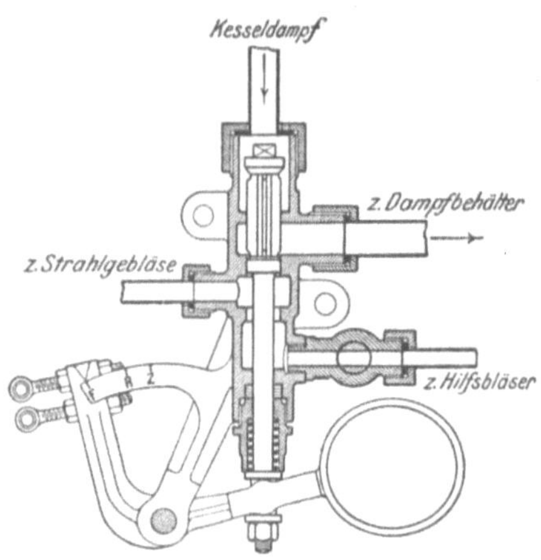

Abb. 52. Rauchverzehrungseinrichtung, Bauart Staby.

Ähnlich und mit mindestens gleich vollkommenem Erfolge arbeiten die ältere, namentlich auf den österreichischen Bahnen verbreitete Langersche und die auf den deutschen und vielen ausländischen Bahnen vornehmlich gebräuchliche Rauchverzehrungsvorrichtung von Marcotty.

l) Bauart Langer.

Das Verdienst, zuerst die Bedeutung der Anwendung eines dreieckigen Dampfschleiers, der ein seitliches hinteres Aufsteigen der Feuergase ermöglicht, erkannt zu haben, gebührt Langer, der 1892 in Wien seine Rauchverzehrungseinrichtung erfand. Die Feuertür enthält einen Kreisschieber, welcher sich bei jedesmaligem Beschicken des Rostes selbsttätig öffnet und durch einen Ölbremszylinder mit Feder entsprechend der fortschreitenden Entgasung des frisch aufgeworfenen Brennstoffs allmählich wieder geschlossen wird.[1]

m) Bauart Marcotty.

Die noch ziemlich verwickelte Bauart der Langerschen Vorrichtung wurde durch Marcotty, Berlin, sehr vereinfacht.[2]

Späterhin entwarf Marcotty unter Beibehaltung des Dampfschleiers und der Zuführung der Oberluft durch die Feuertür eine neue, heute bei vielen Bahnverwaltungen verwendete Rauchverzehrungseinrichtung.

Die Hauptbestandteile dieser Marcotty-Anordnung (Abb. 53 bis 58)[3] sind gleichfalls ein, hier um eine wagerechte Achse drehbarer, zylindrischer Schieber in der Feuertür zum Einlassen von Oberluft und im Zusammenhang hiermit ein Katarakt, der das Öffnen und Schließen des Schiebers zu besorgen hat, ferner ein Ejektor (Sauger), der bei geschlossenem Regler den Drehschieber in Wirksamkeit treten läßt, und oberhalb der Feuertür angebrachte, in der Feuerbüchse liegende Düsen zur Erzeugung des Dampfschleiers.

Die Dampfentnahme findet im Dom statt; der Dampf wird zu einem Absperrventil geleitet. Ist dieses offen, so stellt ein Steuerventil, je nach-

---

[1] Ausführliche Beschreibung und Zeichnungen siehe Glasers Annalen 1898.
[2] Organ Fortschr. des Eisenbahnwesens 1898, S. 55 ff., Tafel 12.
[3] Garbe, Dampflokomotiven der Gegenwart, S. 133 ff.

dem der Regler geöffnet oder geschlossen wird, den Bläser ab oder an. Bei Öffnung des Reglers kommen dann Bläser und Ejektor außer Wirkung. Umgekehrt wird beim Schluß des Reglers der Bläser für die Auf-

rechterhaltung eines zur Rauchverbrennung unbedingt nötigen Schornsteinzuges Sorge tragen und der Ejektor durch seine Saugwirkung den Kataraktkolben heben und den Lufteinlaß in der Feuertür durch Drehen des Schiebers freimachen.

Steuerventil, Feuertür mit Katarakt und Dampfdüse zeigen die Abbildungen 53 bis 58.

Der Arbeitsgang ist also der folgende: Öffnet der Heizer zum Beschicken die Feuertür, so dreht sich der durch Hebelübertragung mit dem Katarakt verbundene Schieber in der Feuertür nach oben und die Düsen bilden einen Dampfschleier, unter dem die eingesaugte, durch die an der Feuertür angeordneten Innenrippen vorgewärmte Oberluft zur Umwirbelung und Mischung mit den Rauchgasen und Kohlenteilchen kommt. Mit der fortschreitenden Verbrennung schließt langsam der Katarakt den Drehschieber und verhindert schließlich den weiteren Luftzutritt.

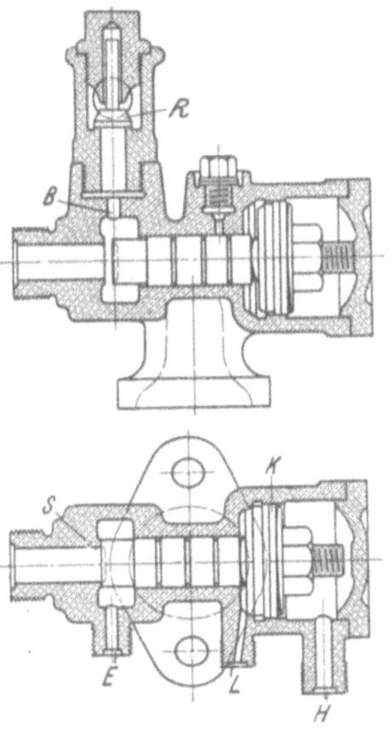

Abb. 53 und 54.
Rauchverzehrungseinrichtung,
Bauart Marcotty.

Die Geschwindigkeit der Drehschieberschließung ist regelbar und muß nach dem Wesen der verfeuerten Kohle und nach dem durchschnittlichen Dampfschlag der Lokomotive eingestellt werden.

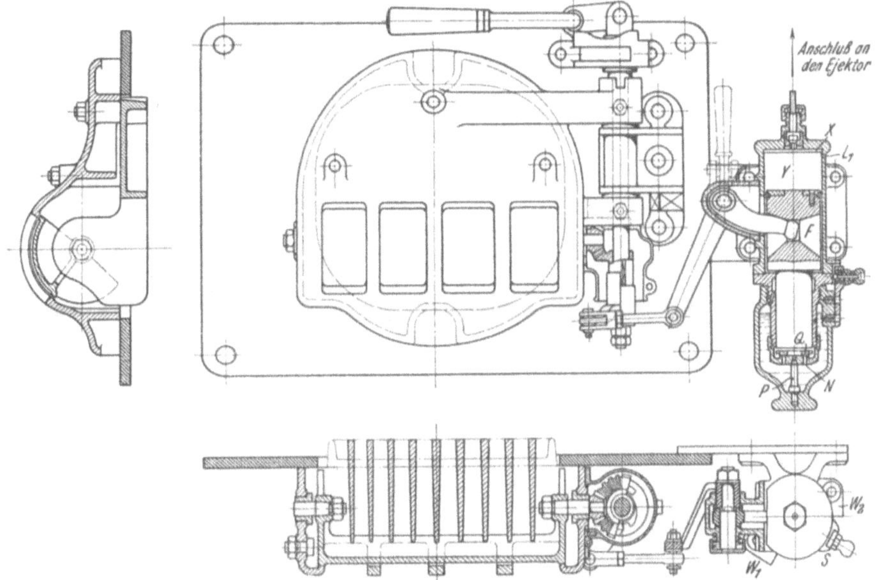

Abb. 55 bis 57. Rauchverzehrungseinrichtung, Bauart Marcotty.

Eine ausführlichere Beschreibung der Marcottyschen Vorrichtung, auch der mehrfachen Verbesserungen von Geheimrat Haas, findet sich in Garbe, Die Dampflokomotiven der Gegenwart, S. 133 ff.

Die Einrichtung ist wegen ihrer guten Wirksamkeit an einer sehr großen Zahl von Lokomotiven der preußischen Staatseisenbahnen, zumal auch an Heißdampflokomotiven, angebracht.

Als eine gute Ergänzung zu Rauchverminderungseinrichtungen können solche Vorrichtungen gelten, welche das Reinhalten der Rauchkammer und der Heizrohre von Lösche während der Fahrt ermöglichen.

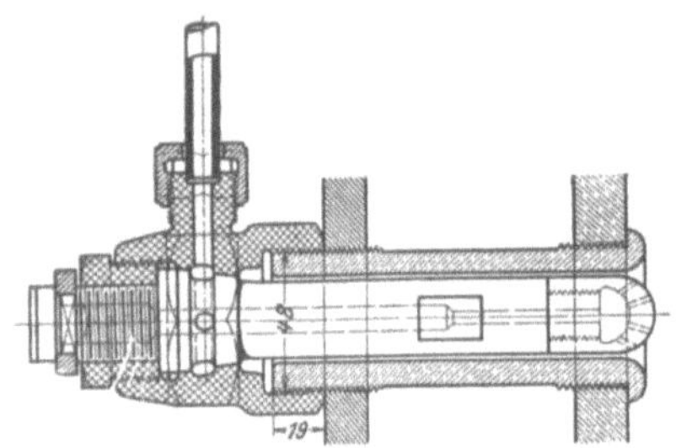

Abb. 58.   Rauchverzehrungseinrichtung. Bauart Marcotty.

Die durch die Heizrohre mit den Abgasen mitgerissenen unverbrannten oder noch glühenden Kohlenteilchen sammeln sich, soweit sie nicht unterwegs in den Heizrohren selbst liegen bleiben, als sogenannte Lösche auf dem Boden der Rauchkammer und häufen sich vor den Mündungen der unteren Heizrohrreihen allmählich so weit an, daß sie den lebhaften Zug in diesen Rohren nicht nur beeinträchtigen, sondern auch durch ihre Glühwärme eine Erhöhung der Rauchkammertemperatur, eine Verminderung der Luftverdünnung und somit eine Verschlechterung der Verbrennung herbeiführen. Daß sie ein Werfen und Undichtwerden der Rauchkammertür und eine frühzeitige Zerstörung des Rauchkammerbodens herbeizuführen geeignet sind, sei nur nebenbei erwähnt.

Es muß daher vorteilhaft sein, eine Einrichtung zu besitzen, welche es ermöglicht, die Lösche aus der Rauchkammer während des Betriebes von Zeit zu Zeit zu entfernen.

Zwei derartige, letztgenanntem Zweck dienende Bauarten sind bekannt geworden, die von Trevethick[1]) und die von Schleyder.[2])

n) Bauart Trevethick.

Die Trevethicksche Anordnung (Abb. 59 bis 65)[3]) beschränkt sich darauf, die Lösche aus der Rauchkammer zu entfernen und ins Freie ungenutzt abzuführen, während die Schleydersche Vorrichtung die aus der Rauchkammer angesaugte Lösche zum Rost auf die Brennstoffschicht zurückbringt.

Trevethick hat Lokomotiven der ägyptischen Staatsbahnen in folgender Weise ausgerüstet:

Durch einen an den Rauchkammerboden anschließenden Hahn wird mittels einer Dampfdüse S die Rauchkammerlösche abgesaugt und in ein etwa 80 mm weites, unter der Lokomotive entlang laufendes Rohr hineingeblasen. Die Lösche gelangt auf diesem Wege entsprechend verteilt in den ringförmigen Raum eines Zylinders und von dort durch einen Schlitz in die hinten offene Mulde eines Sammlers, der mit einer Schelle am Aschkasten aufgehängt ist und die Lösche, die nun keine Funken mehr bilden kann, ins Freie fallen läßt. Durch Rohrleitungen wird Druck- und Abwasser in den Ejektor geführt, um mit Sicherheit die Glut der Lösche zu

---

[1]) Glasers Annalen 1907, Heft 2.
[2]) Zeitschr. des österreich. Ing.- u. Arch.-Ver. v. 2. Sept. 1904.
[3]) Glasers Annalen 1907, S. 33.

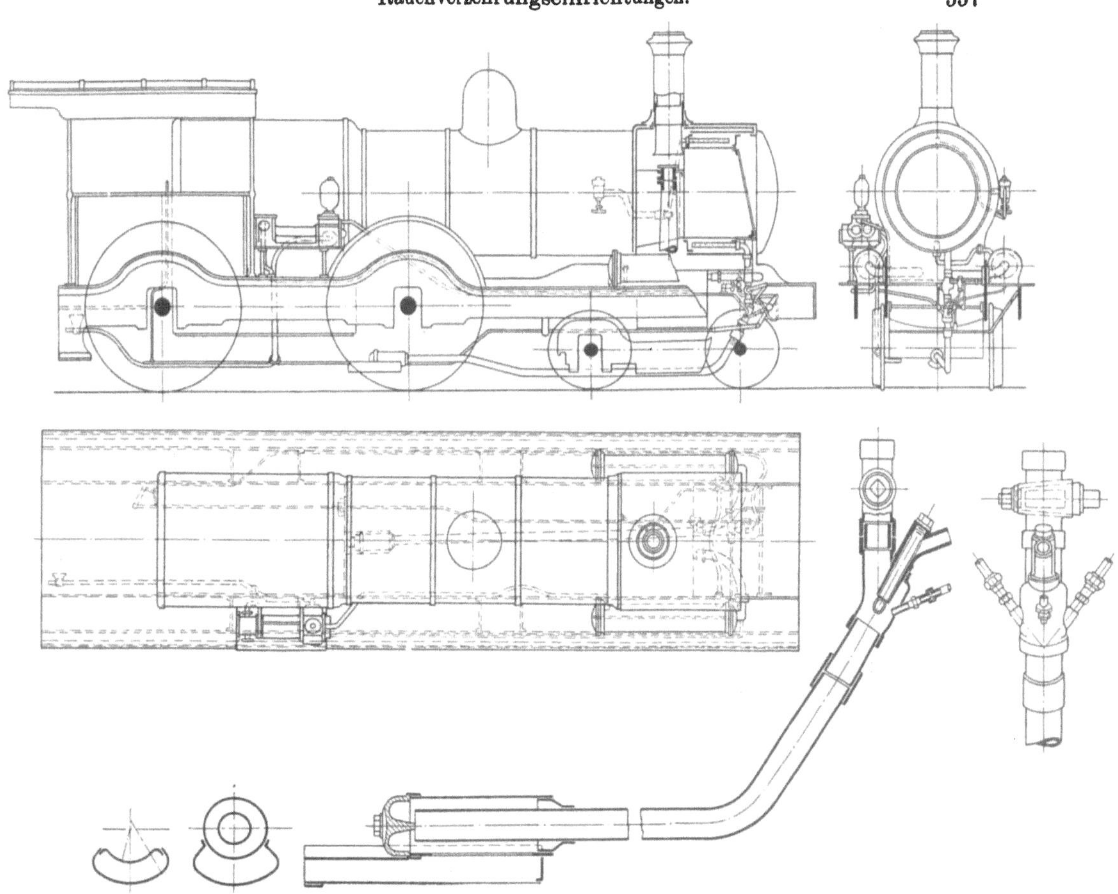

Abb. 59 bis 65.
Vorrichtung zur Entfernung der Lösche aus der Rauchkammer, Bauart Trevethick.

ersticken. Durch Händel und Zugstangen werden die einzelnen Hähne betätigt. Es soll genügen, die Vorrichtung alle zehn Minuten in Tätigkeit
treten zu lassen, um die Rauchkammer von Lösche freizuhalten.

o) Bauart Schleyder.

Schleyder legt seiner Bauart (Abb. 66)[1] den Gedanken zugrunde,
daß erfahrungsgemäß die Lösche fast zu $^3/_4$ aus Kohlenstoff besteht, eine
Verbrennung sich aber später in den Werkstätten meist nicht wirtschaftlich erweist. Er zieht daher, wie Trevethick, am tiefsten Punkte der
Rauchkammer in einem Trichter die Lösche ab und saugt sie durch ein
Verbindungsrohr bis zum Aschenfall mit Luft vermischt, die am vorderen
Rohrknie unter der Rauchkammer einströmt. Im anderen hinteren Rohr-
knie wird durch einen Dampfstrahl eine stärkere Luftverdünnung herbei-
geführt als in der Rauchkammer, und das Gemisch von Luft, Dampf und
Lösche strömt durch einen gußstählernen Stutzen über den Rost gegen
das hintere Ende des Feuerschirms. Während die Luft als hocherhitzte
Oberluft der Verbrennung zugute kommt, auch die Rauchbildung ver-
mindert, tritt durch Verbrennen der Lösche eine nicht unbeträchtliche
Kohlenersparnis bis zu 10 v. H. ein.

---

[1] Zeitschr. d. österreich. Ing.- u. Arch.-Ver., Sept. 1904.

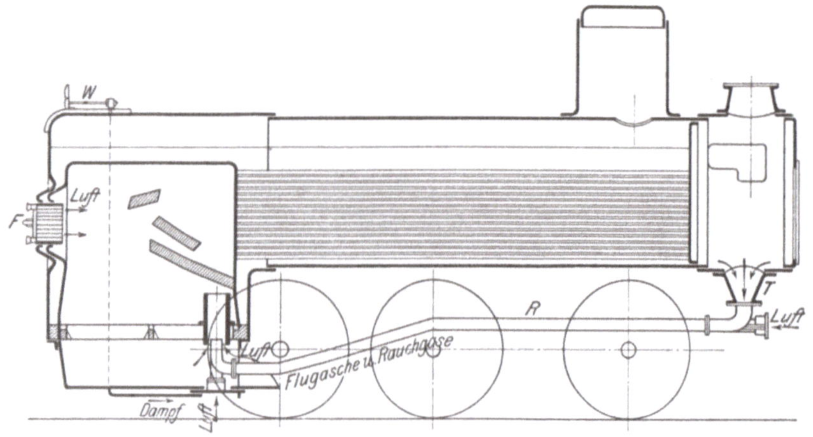

Abb. 66.   Vorrichtung zur Beförderung der Lösche von der Rauchkammer zum Rost,
Bauart Schleyder.

Durch die Teilung des Feuerschirmes soll weiter erreicht werden, daß
die Heizgase gleichmäßiger durch alle Siederohre ziehen. Es ist anzunehmen,
daß durch die Schleydersche Einrichtung ein Freihalten der Rauchkammer
von Lösche und möglichst rauch- und funkenfreie Verbrennung erzielt
werden kann.

p) Heizrohrausblaser von Henschel & Sohn.

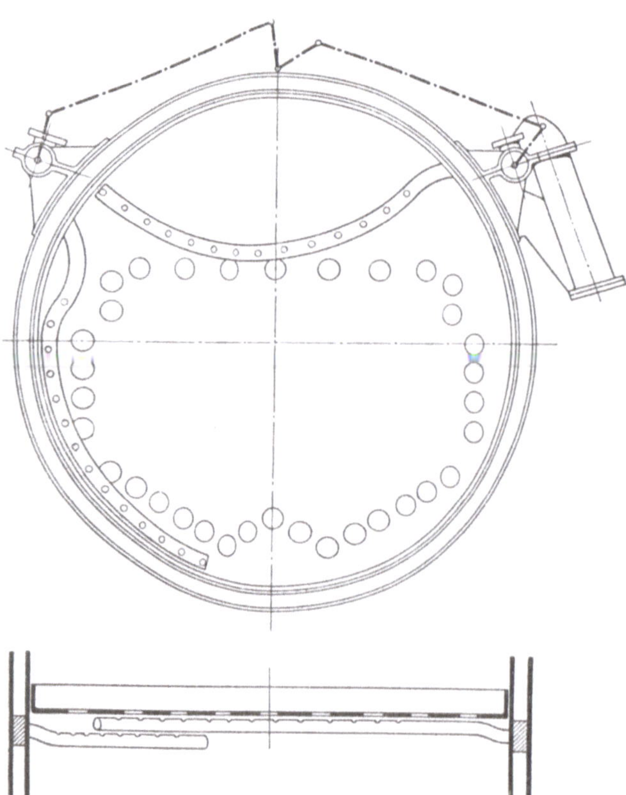

Abb. 67.   Vorrichtungen in und an der Rauchkammer.

Noch wirksamer,
rauch- und funkenfreier
kann die Verbrennung
gestaltet werden, wenn
die sich ständig mit
Flugasche, Ruß und
Kohlenteilchen füllen-
den Heizrohre jeder-
zeit während der Fahrt
gereinigt und blank ge-
fegt werden könnten.
Eine diesem Zwecke
dienende, bereits an
mehreren Lokomotiven
mit gutem Erfolge ver-
wendete Vorrichtung
ist der vom Verfasser
erfundene, von Hen-
schel u. Sohn, Cassel,
hergestellte Heizrohr-
ausblaser, D. R. P.
185043 (Abb. 67 bis 70).
Er besteht im
wesentlichen aus zwei
gebogenen, innerhalb
der Rauchkammer
schwingenden Rohren,

die an ihrem freien Ende geschlossen und mit ihrem andern Ende in den Stutzen zylindrischer Hahnküken befestigt sind. Diese Hahnküken sind drehbar in Hahngehäusen gelagert, welche außerhalb der Rauchkammer an deren rechter und linker Seite sitzen (Abb. 67) und vom Führerstande aus mittels des dreiwegartig gestalteten Steuerhahns (Abb. 69) mit frischem Kesseldampfe gespeist werden können. Die beiden gebogenen Rohre sind an der, der Rohrwand zugekehrten Seite mit Löchern, deren Entfernungen den Heizrohrmündungen angepaßt sind, versehen, aus welchen der zugeführte Kesseldampf herausströmen kann. Die Bewegung der beiden Hahnküken nebst den Ausblasrohren ist durch Hebelanordnung in derartige gegenseitige Abhängigkeit gebracht, daß die Gewichte der beiden Rohre bei deren Bewegung sich ausgleichen. Zum Antrieb der Vorrichtung dient der vollkommen stopfbüchslose, in sich geschlossene Dampfzylinder (Abb. 68), dessen Kolben mittels Pleuelstange unmittelbar auf den Hebel des einen Hahnkükens wirkt. Er erhält seinen Dampf abwechselnd ober- und unterhalb des Kolbens gleichfalls durch den Steuerhahn (Abb. 69). Die Stellung der Zylinderachse zu dem vom Hahnhebel beschriebenen Kreisbogen,

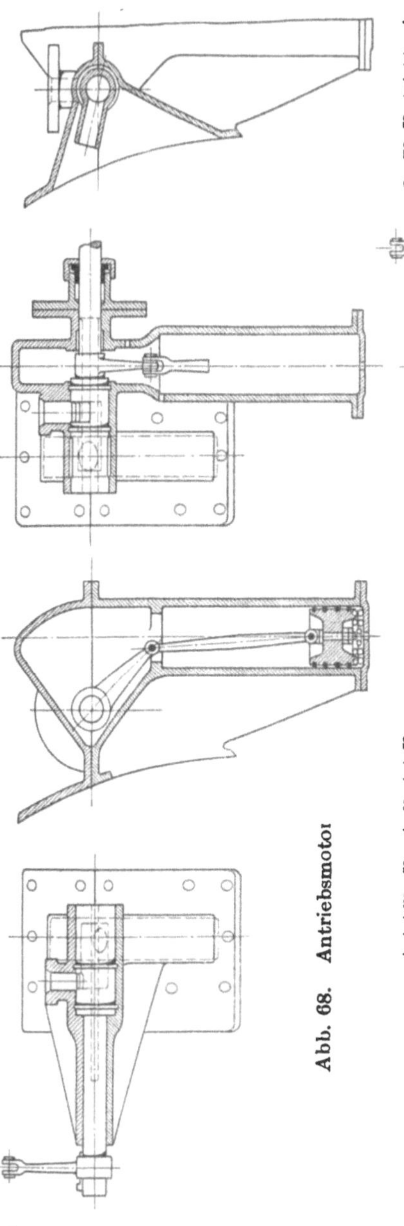

Abb. 68. Antriebsmotor

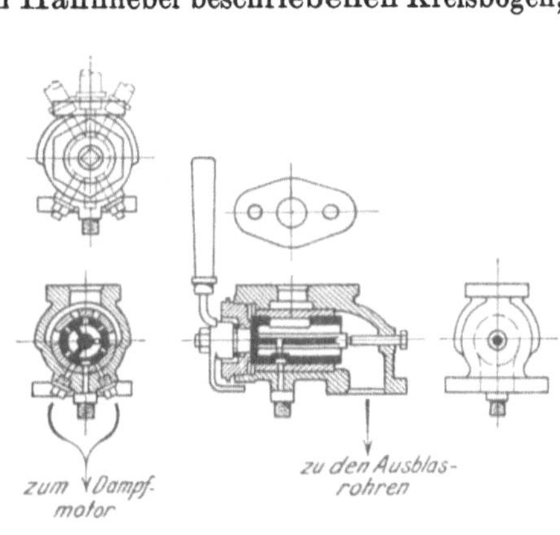

Abb. 69. Steuerhahn.

sowie die unter den Kolben gelegte Doppelkegelfeder bedingen ein die Wirkung des Ausblasens erhöhendes langsames Vorbeiführen der beiden Rohre an den Heizrohrmündungen. Während dieses Vorbeiganges blasen die Rohre kräftige Dampfstrahlen aus, von denen sämtliche Heizrohre, die mittleren sogar zweimal, getroffen und ausgeblasen werden. Die in den Heizrohren liegende Lösche wird in die Feuerkiste zurückgeblasen und dort von neuem der Verbrennung ausgesetzt, der Funkenauswurf wird eingeschränkt, der Verbrennungsvorgang auf dem Rost durch das Reinhalten der Heizrohre von Ruß und Lösche günstig beeinflußt und die Verdampfungsfähigkeit ungeschmälert erhalten. Im Ruhezustande liegen sämtliche Teile, um sie vor Verbrennung zu schützen, außerhalb des Gebiets der Heizrohrmündungen. Abb. 70 zeigt die Lage des Steuerhahns und des Antriebes.

Das Ausblasen kann mit dieser Vorrichtung jederzeit, während der Fahrt oder bei Stillstand der Lokomotive, bei geöffnetem oder geschlossenem Regler, vorgenommen werden und nimmt nur den Bruchteil einer Minute in Anspruch. Bei regelmäßigem Gebrauch — in dem Schnellzugbetriebe nach je 30 bis

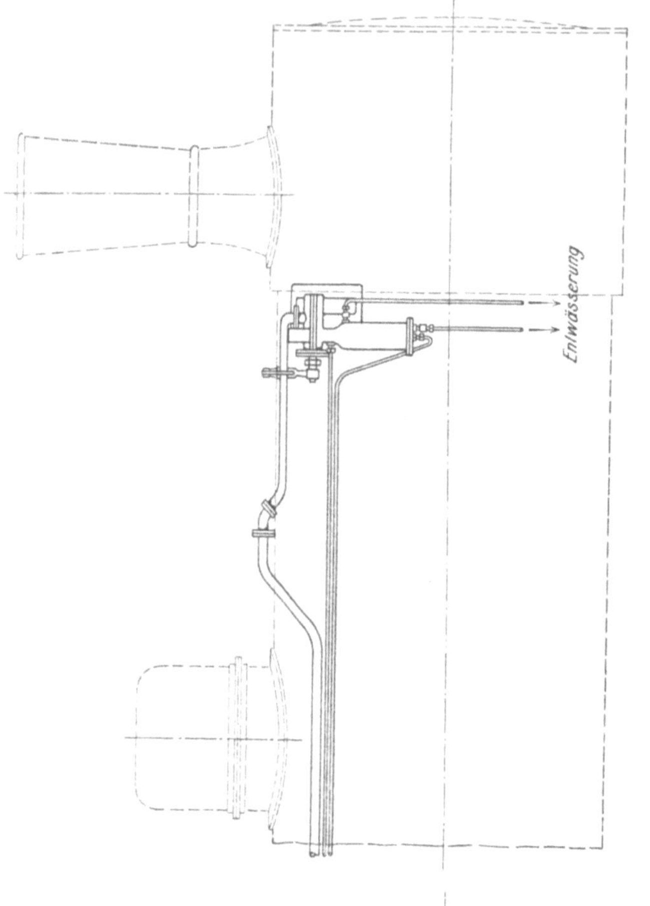

Abb. 70. Gesamtanordnung des Ausblasers.

35 km zurückgelegten Weges — genügt ein ein-, höchstens zweimaliges
Auf- und Niederbewegen der Ausblasrohre, um sämtliche Heizrohre zu
reinigen und jedes Nachreinigen im Schuppen zu erübrigen.

Neuerdings führen Henschel & Sohn diesen Heizrohrausblaser in wesentlich vereinfachter Form mit Handantrieb aus.

Die drei letztgenannten Vorrichtungen, welche die Entfernung der
Lösche aus der Rauchkammer und den Heizrohren bezwecken, scheinen
in gleicher Weise geeignet, zur Unterdrückung der Rauchbildung wie auch
zur Verminderung des Funkenauswurfs einen wesentlichen Teil beizutragen.

7. Funkenfänger.

Die Frage der Funkenverhütung hat für die Eisenbahnverwaltungen
und die Umgebung ihrer Bahnkörper eine zweifache Bedeutung. In jedem
Jahre, ganz besonders in den Zeiten der heißen Sommermonate, in denen
die Zündung des trockenen Laubes, des verdorrten Rasens und Unterholzes
doppelt leicht möglich wird, werden die Bahnverwaltungen mit Eingaben
und Beschwerden sich geschädigt fühlender Anwohner der Strecke behelligt,
und Unsummen von Entschädigungen müssen an Land- und Forstbesitzer
gezahlt werden. Es kommt aber noch hinzu, daß ein großer Funkenver-
lust auch einen nicht unerheblichen wirtschaftlichen Schaden für den Nutzwert der Lokomotivfeuerungsanlage bedeutet, da die in der Rauchkammer
niederfallenden, mit Lösche bezeichneten, und die zum Schornstein hinaus-
gehenden glühenden und gelöschten Kohlenteilchen zusammen einen durchaus nicht zu unterschätzenden Verlustwert darstellen, der bis zu 15 v. H.
des in der Feuerbüchse verwendeten Brennstoffs betragen kann.

Die Feuergefährlichkeit der Funken liegt besonders darin begründet,
daß der von ihr Bedrohte häufig gar nicht in der Lage ist, sich dagegen
zu schützen, daß ferner die durch Gesetze, besonders für Preußen[1]), festgelegten und auf grund eingehender Versuche als richtig befundenen Ge-
fahrgrenzen für die Anlegung von Gebäuden usw. in der Umgebung des
Bahnkörpers nicht stets mit Sicherheit Zündungen an den außerhalb dieser
Grenzen befindlichen Anlagen haben vermeiden können. Diese Grenzen
noch weiter zu ziehen, verbietet aber die Rücksichtnahme auf öffentliche,
land- und forstwirtschaftliche Bedürfnisse.

Diese Feuersgefahr und die wirtschaftliche Bedeutung, auf welche die
Frage der Funkenverhütung uns hinweist, bieten Grund genug, ihr ohne
Unterlaß besondere Beachtung zu schenken und auf Mittel zu sinnen,
welche dieses unerwünschten Begleiters des Lokomotivbetriebes Herr zu
werden vermöchten.

Dies Bestreben muß aber nicht so sehr darauf gerichtet sein und sich
damit begnügen, durch geeignete Vorrichtungen die entstandenen Funken
noch vor ihrem Austritt aus dem Schornstein zum Erlöschen zu bringen,
als vielmehr darauf ausgehen, die Entstehung von Lösche und Funken
überhaupt soweit irgend tunlich zu verhüten.

Aus der Behandlung der rauchverzehrenden Feuerungsanlagen, besonders derjenigen von ihnen, welche mit Dampfschleiern arbeiten, ist
bereits hervorgegangen, daß Rauchbildung und Funkenflug in ihren Ent-
stehungsursachen einander so verwandt sind, daß eine richtig angelegte

---

[1]) Preuß. Ministerialerlaß v. 27. Okt. 1873 und Polizeiverordnung v. 20. Febr. 1875.

und sachgemäß bediente, mithin rauchfrei arbeitende Feuerungsanlage gleichzeitig auch eine funkenverhütende sein muß. Immerhin aber kommen für die Entstehung von Funken noch besondere Umstände und Ursachen in Betracht, die mit der Rauchverminderung nur in losem oder gar keinem Zusammenhange stehen.

Professor Goß, New York, hat im Jahre 1902 Versuche über das Funkenwerfen der Lokomotiven angestellt,[1] die manche wichtige, auch heute noch gültige Schlüsse zulassen. Hiernach steigt die Menge der übergerissenen Kohlenteilchen bei gleichbleibender Zylinderfüllung mit der kilometrischen Geschwindigkeit der Lokomotive und bei abnehmender Geschwindigkeit mit dem größer werdenden Füllungsgrade, also mit der Anzahl der Dampfschläge in der Zeiteinheit und mit der Dampfmenge der einzelnen Dampfschläge. Dieses Ergebnis ist nach den Versuchen von Troske und v. Borries noch dahin zu ergänzen, daß, wie bereits auf Seite 526 erwähnt, Schornsteine mit starker Einschnürung an der engsten Stelle und großem oberen Mündungsquerschnitt am meisten geeignet sind, das Feuer heftig aufzureißen, daß ferner weitere Blasrohrquerschnitte gleichfalls eine aufreißende Wirkung ausüben und ein Anfüllen der Heizrohre und der Rauchkammer mit Lösche herbeiführen, und daß engere Blasrohre gleichmäßiger und mehr beruhigend auf die Feueranfachung wirken. Die Einlegung von Stegen in die Blasrohrmündung hat eine bessere Ausbreitung des Dampfstrahls, mithin auch eine bessere und sanftere Luftansaugung zur Folge. Der Auspuff der Verbundlokomotiven wirkt günstiger auf die Funkenverminderung als derjenige der Zwillingslokomotiven.[2]

Der in den Schornstein tretende Abdampfkegel saugt namentlich mit seinem Mantel die Rauchgase und Kohlenteilchen an, während sein Inneres nur wenig Gase und feste Teile mitführt. Je größer nun die Geschwindigkeit des Abdampfes oder je größer bei gleichbleibender Geschwindigkeit seine Mantelflächen werden, an die die Gase herantreten können, desto kräftiger und sicherer werden sie abgeführt. Daher zeigt sich auch, daß die Funkenmengen an der Schornsteinmündung nahe dem Rande am größten sind, so daß z. B., wie Goß feststellte, bei einer Schornsteinmündung von 406 mm l. W. in dem äußersten Ringgürtel von 50 mm Breite mehr als doppelt soviel Funken ausgeworfen wurden als im ganzen übrigen Mündungsquerschnitt.

Feuerschirme wirken günstig auf das Zurückhalten der aufgerissenen Kohlenteilchen in der Feuerbüchse. Zu große, schwer beschickbare Roste, zu weite Rostspalten, durchgebrannte Stellen in der Brennstoffschicht, Verfeuerung leichter, grusartiger Kohle, das Schleudern der Lokomotive auf schlüpfrigen Schienen vermehren die Funkenbildung. Große Rauchkammern verringern, namentlich beim Anfahren, den Funkenflug; sobald sie aber, was nach kurzer Zeit bereits geschieht, von den hin und her jagenden glühenden Kohlenteilchen angefüllt sind, üben sie keine Wirkung mehr auf das Zurückhalten der Funken aus.

Der Geldwert, den die übergerissenen Kohlenteilchen darstellen, darf nicht unterschätzt werden. Backende Kohlen geben im allgemeinen ge-

---

[1] Metzeltin, Das Funkenwerfen der Lokomotiven, Organ Fortschr. des Eisenbahnwesens 1902, S. 240 ff.

[2] Die Kgl. Eisenbahndirektion Hannover hat mit Erfolg in $^3/_4$- und $^4/_4$-gek. Verbundgüterzuglokomotiven die Funkenfänger fortgelassen.

ringere Lösch- und Funkenmengen als nichtbackende. Bei letzteren sind Mengen bis 20 v. H. der verfeuerten Kohle festgestellt worden, aber auch bei ersteren bewegt sich dies Verhältnis zwischen 4·3 bis 15·1 zu 100. Auch der Heizwert der Lösche besitzt noch eine genügende Höhe (75 bis 91 v. H. der verfeuerten Kohlensorte), so daß eine Wiedergewinnung und noch besser eine möglichste Verminderung der Lösche erstrebenswert erscheinen muß. Rechnet man den Verlust durch Funken und Lösche auf den Heizwert der Kohle um, so ergibt sich immer noch eine Verminderung des Nutzungswertes der verfeuerten Kohle bis zu 13 v. H.

Der Funkenverhütung dienen gelochte oder geschlitzte Bleche, Siebe, Gitter, Drahtgeflechte, Kettennetze u. ä., welche beim Durchgange der Abgase die glühenden Kohlenteilchen zurückhalten sollen, oder flache Bleche und gewundene Körper, die gegen die Bewegungsrichtung der Heizgase angebracht sind und die anprallenden Funken von ihrem Wege ablenken und dabei unter Einwirkung des Abdampfes löschen sollen. Bei manchen Funkenfängern sind beide Wirkungsarten verbunden.

Bei Verfeuerung von Steinkohlen und mäßiger Rostanstrengung genügen im allgemeinen die sieb-, gitter- und netzartigen Vorrichtungen, bei Verwendung von Braunkohlen oder noch leichteren Brennstoffen reichen die einfachen siebartigen Vorrichtungen nicht aus, es ist außerdem noch die Ablenkung der Funken durch Anprallen an andere ihnen in den Weg gestellten Flächen zu veranlassen. Bei derartigen durch Funkenablenkung, mithin auch Ablenkung der Gase wirkenden Funkenfängern tritt jedoch gegenüber den siebartigen eine ungünstigere Rückwirkung auf die Feueranfachung und Dampfentwicklung ein. Letztere bestimmen überhaupt die Grenzen, bis zu denen man in der Zurückhaltung der Funken gehen darf, wie auch die notwendige Erhaltung einer ungestörten guten Verbrennung auf dem Rost den Grund dafür abgibt, daß es vollkommene, jeden Funken zurückhaltende Vorrichtungen nicht geben kann.

Die Anwendung von Funkenfängern reicht bis in das Jahr 1841 zurück, in welchem Ludwig Klein in Wien den ersten Funkenfänger baute. Seitdem sind viele und mannigfaltige Bauarten von Funkenverhütungsvorrichtungen aufgetaucht, die mehr oder weniger gut ihrem Zweck entsprechen und zum Teil nur Umänderungen vorangegangener Erfindungen bedeuten. Der praktische Lokomotivbetrieb selbst hat mit den schlechteren Bauarten aufgeräumt und den besseren die Wege geebnet; er hat freilich auch gezeigt, daß nicht gerade immer die mit allen technischen Feinheiten und auf tiefsinnigen theoretischen Erwägungen aufgebauten Funkenfänger die brauchbarsten sind, sondern daß schon mit verhältnismäßig einfachsten Mitteln eine gute Funkenverhütung erreicht werden kann.

Man hat in der Rauchkammer liegende und im Schornstein untergebrachte Funkenfangvorrichtungen zu unterscheiden. Die letzteren finden fast ausschließlich bei Lokomotiven Anwendung, welche mit leichteren Brennstoffen, Braunkohle, Holz u. dgl. befeuert werden.

Die bei weitem größere Mehrzahl aller Funkenfänger legt ihrer Bauart das Sieb zugrunde, das in Form von ebenen, kegelförmigen oder zylindrischen Flächen, häufig in Verbindung mit besonderen, undurchbrochenen Ablenkplatten, sich den anfliegenden Funken entgegenstellt.

Die Siebwirkung wird erzielt durch Drahtgewebe, durch rund oder länglich gelochte Bleche, durch einfache oder sich kreuzende Gitterstäbe, die statt einfacher Rundstäbe solche von besonders wirksamer Form (de Limon s. u.) sein können, und endlich durch aus Ketten gebildete korbartige Netze.

Die Loch- oder Maschenweite der Siebe richtet sich nach dem Wesen des verfeuerten Brennstoffs und beträgt zwischen 3 und 10 mm, die langgelochten Blechsiebe weisen Löcher von 4 bis 6 mm Breite und 30 bis 40 mm Länge auf. Es ist bei Wahl der Loch- und Maschengröße zu berücksichtigen, daß die dem aus dem Blasrohr tretenden Dampfe beigemischten Wasserteilchen und Schmierölreste mit den in den Rauchkammergasen schwebenden Ruß-, Kohlen- und Aschenteilchen eine zähe, klebrige Masse bilden, welche die Durchgangsöffnungen der Funkenfängersiebe oft stark verschmutzt und zusetzt. Es muß daher mindestens nach Rückkehr der Lokomotive in den Schuppen jedesmal der Funkenfänger mit einem Besen oder durch Anblasen von Preßluft gereinigt werden, wenn er weiterhin seinem Zwecke ohne schädliche Rückwirkung auf die Feueranfachung dienen soll. Zum Zwecke der leichteren Reinigung werden die Funkenfänger gewöhnlich mehrteilig ausgeführt, und zwar die flachen Siebe derart, daß die fest in der Rauchkammer verbleibenden Teile gelochte Bleche und die herausnehmbaren Teile in Rahmen befestigte Drahtnetze oder Stabgitter sind.

Bei einzelnen Bauarten, de Limon, Meinecke, Nolle, Liepe, wird auf den Mißstand des leichten Zusetzens der Öffnungen Rücksicht genommen, indem die erfahrungsgemäß sich am schnellsten zusetzenden Teile der Siebeinrichtung entweder sich selbsttätig reinigen oder vom Führerstand aus von Hand durch Schütteln gereinigt werden können.

Wesentliches Erfordernis ist auch, daß die Funkenfänger kein Hindernis gegen das Nachsehen, Reinigen, Dichten, Ein- und Ausziehen der Heizrohre bilden oder daß diejenigen Vorrichtungen, welche vor den Heizrohrmündungen liegende Teile nicht entbehren können, wenigstens ein Aufklappen oder leichtes Vornehmen dieser Teile zulassen, sobald Arbeiten an den Heizrohren notwendig werden.

Die Beobachtung hat gelehrt, daß die in die Rauchkammer hineingerissenen Kohlenteilchen ihren Weg namentlich durch das mittlere und das vordere Drittel des Rauchkammerquerschnitts nehmen, daß aber das hintere, vor der Rohrwand liegende Drittel von ihnen nur wenig berührt wird. Es sind daher auch Funkenfänger in Anwendung (Eisenach-Gollmer s. u.), welche das hintere Drittel der Rauchkammer nicht gegen Funkenflug absperren, sondern lieber für den ungehinderten Durchzug der Feuergase freigeben. Letzteren wird damit ein größerer Durchgangsquerschnitt gegeben, der günstig auf ruhige Feueranfachung wirkt. Dem gleichen Zwecke dient in erhöhtem Maße der Funkenfänger von Adelsberger (s. u.), auch „Bogenfunkenfänger" benannt, dessen bogenförmige Gestalt es ermöglicht, für die Feuergase einen fünf- bis siebenmal so großen Durchgangsquerschnitt zu schaffen, als der Gesamtquerschnitt der Heizrohre beträgt.

Um für den Durchgang der Abgase den denkbar größten Raum freizulassen, werden einfache tellerartige Siebe auf den Blasrohrkopf unterhalb der Auspuffmündung geschraubt. (Württembergische Staatsbahnen.) Für kurze Rauchkammern und nicht angestrengte Kessel mögen derartige Funkenfänger genügen. Auf den gleichen Erwägungen ist der Funkenfänger von **Heidemann** aufgebaut, der an Stelle des Siebtellers eine einfache ungelochte Platte um die Blasrohrmündung legt.

Zur Erzielung möglichst gleichmäßigen Zuges in den Heizröhren und um den Rauchgasen einen möglichst langen Weg zu geben, auf dem sie sich der mitgeführten Funken entledigen könnten, hat man zuerst in Amerika, seit einigen Jahren auch auf europäischen Bahnen, Ablenkplatten verwendet, ungelochte, schräg vor der Rauchkammerrohrwand angeordnete Blechplatten, die tiefer als die Blasrohrmündung hinabreichen oder in der Höhe der letzteren eine wagerechte Fortsetzung bis zum Blasrohr oder auch über dieses hinaus erhalten. An diese Platten schließen sich gewöhnlich zunächst wagerechte und dann schräg nach oben verlaufende Siebe an.

Um den Blechboden der Rauchkammer gegen vorzeitigen Abbrand zu schützen und gleichzeitig den glühenden Kohlenteilchen noch mehr Gelegenheit zu geben, sich tot zu stoßen, füttern verschiedene Bahnverwaltungen (z. B. die Baltimore und Ohio-Bahn) den Rauchkammerboden, besonders vorn unterhalb der Tür, mit Schamottmauerwerk aus, an welchem die Funken sich zerreiben und zerstäuben.

Die gebräuchlichsten, in Rauchkammern eingebauten Funkenverhütungsvorrichtungen seien im folgenden näher beschrieben.

Von den gewöhnlichen Draht- und Stabgittern und gelochten Blechen, welche in einfachsten Formen noch vielfache Anwendung finden, abgesehen, kommen als gut bewährte Flachsiebe insbesondere die Funkenfänger von de **Limon**, **Liepe** und **Meinecke** in Betracht.

a) Bauart de Limon.

De Limon (Abb. 71)[1] verwendet für den um das Blasrohr liegenden Mittelteil seines Fängers rostartig angeordnete Stäbe von 50 und 40 mm Höhe und 48 mm Breite, deren Querschnitt abwechselnd ein T mit geradem und mit dachartig zu beiden Seiten nach unten gebogenem Querstab darstellt. Diese Stäbe liegen zwischen [- Eisenrahmen und können in senkrechter Richtung rüttelnde Bewegung ausführen, wodurch eine teilweise Selbstreinigung erzielt wird. Die Dampferzeugung wird bei diesem Funkenfänger weniger als

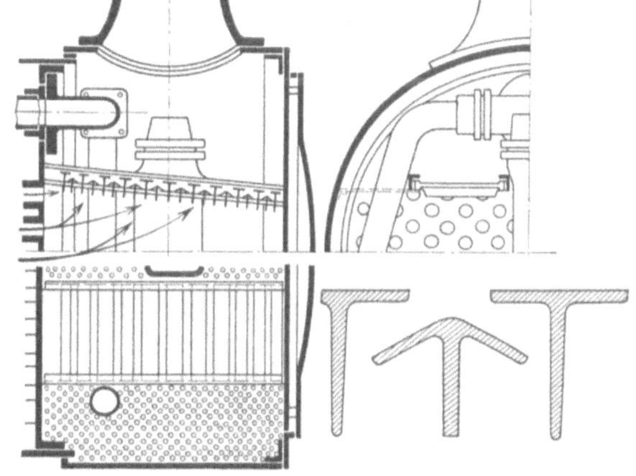

Abb. 71. Funkenfänger, Bauart de Limon.

bei den gewöhnlichen Sieben oder gelochten Blechen beeinträchtigt.

b) Bauart Liepe.

Bei dem Funkensieb von **Liepe** (Abb. 72)[1] hat der mittlere Rahmen zwischen den ihn einsäumenden [-Eisen in senkrechter Richtung so viel Spielraum, daß er vorn um rund 85 mm gehoben werden kann. Dies

---

[1] Eisenbahntechn. der Gegenwart 1897, Bd. I, S. 132.

geschieht mittels einfacher Hebelanordnung vom Führerstande aus. Durch kräftiges Anschlagen des Siebrahmens oben und unten kann von Zeit zu Zeit eine Reinigung von Flugasche vorgenommen werden.

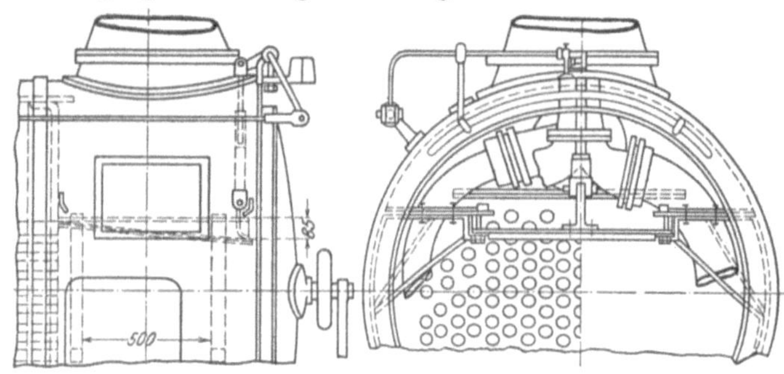

Abb. 72. Funkensieb, Bauart Liepe.

c) Bauart Meinecke.

Noch einfacher erreicht den gleichen Zweck der Meineckesche Funkenfänger, D. R. P. Nr. 106990 (Abb. 73 bis 75)[1]). Die beiden lose eingelegten Mittelsiebe heben sich bei jedem Dampfstoß und fallen wieder zurück. Die beiden übereinander angeordneten Siebe haben verschiedene Maschenweiten und verschieden gerichtete Maschenstäbe, so daß die etwa durch

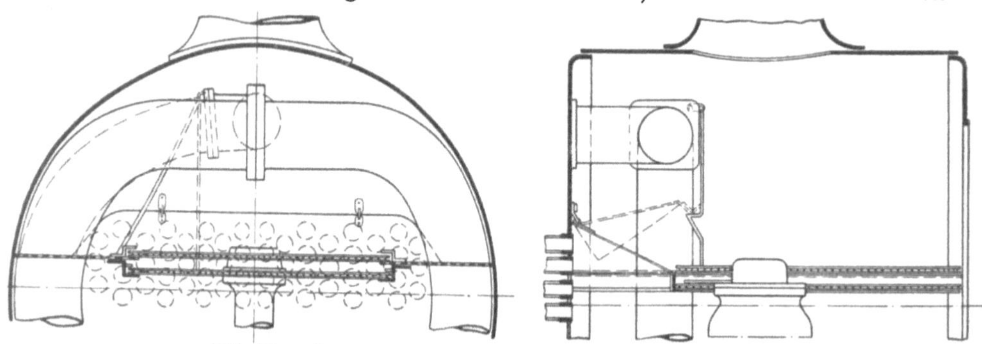

Abb. 73 und 74. Funkenfänger, Bauart Meinecke.

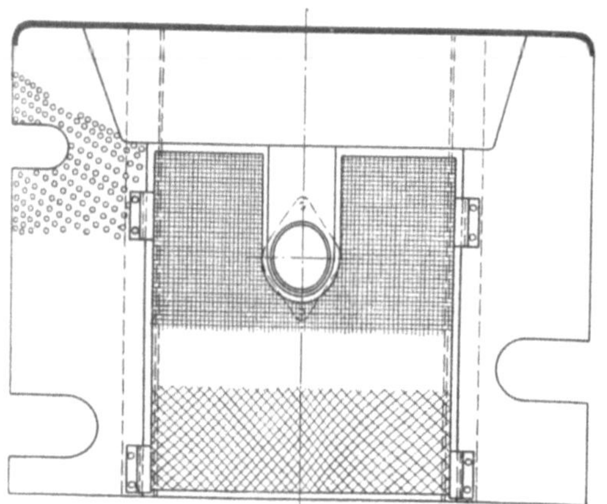

Abb. 75. Funkenfänger, Bauart Meinecke.

das untenliegende Sieb gehenden Funken mit ziemlicher Sicherheit sich an dem oberen Drahtsieb fangen. Die Maschen des unteren Netzes haben 11 mm, die des oberen 9 mm Weite. Der Meineckesche Funkenfänger bewährt sich hinsichtlich der Selbstreinigung, der Funkenverhütung und der Durchlässigkeit für die Feuergase gut und hat weite Verbreitung gefunden.

Eine andere große Gruppe der siebartigen Fänger bilden die korbförmigen Funkenfänger, die

---

[1]) Organ Fortschr. des Eisenbahnwesens 1902, Tafel 27.

in den verschiedensten Formen Eingang bei den meisten Bahnverwaltungen gefunden haben. Sie finden besonders für tiefliegende Blasrohre Anwendung. Als Grundformen treten zylindrische und kegelförmige auf. Ein Unterschied in der Wirkung ist bei beiden Formen nicht festgestellt. Beim Reinigen der Heizrohre müssen die Körbe beiseite gedreht oder herausgenommen werden können. Im übrigen aber zeichnen sie sich vor den oben beschriebenen Flachsieben durch ihre große Einfachheit aus.

Als besonders häufig vorkommend sind die Funkenfänger von Holzapfel, Tacke und Nolle zu erwähnen.

d) Bauart Holzapfel.

Holzapfels Funkenfänger (Abb. 76) ist ein oben und unten offener Korb, aus Drahtgeflecht oder aus senkrechten Stäben gebildet, der sich mit seiner unteren engen Öffnung auf eine den Blasrohrkopf umschließende Platte stützt und dessen obere weite Öffnung über den unteren Rand der Schornsteinverlängerung greift. Bei Verwendung von Drahtgeflecht beträgt die Drahtstärke 3 mm, die Maschenweite 10 mm; für Gitterstäbe wird Rundeisen von 4 mm gewählt. Um Arbeiten am Bläserkopf bequem vornehmen zu können, ist der Korb in senkrechter Richtung in zwei Hälften geteilt, welche mittels Scharnier und Überfall geöffnet und geschlossen werden können. — Auch in Doppelform wird der Holzapfelsche Fänger verwendet, so vornehmlich bei den preußischen Heißdampflokomotiven (Abb. 77).

Das Drahtnetz ist dem Stabkegel vorzuziehen, dessen Abnutzung eine schnellere ist. Die Wirkung beider auf das Zurückhalten von Funken ist gleich gut.

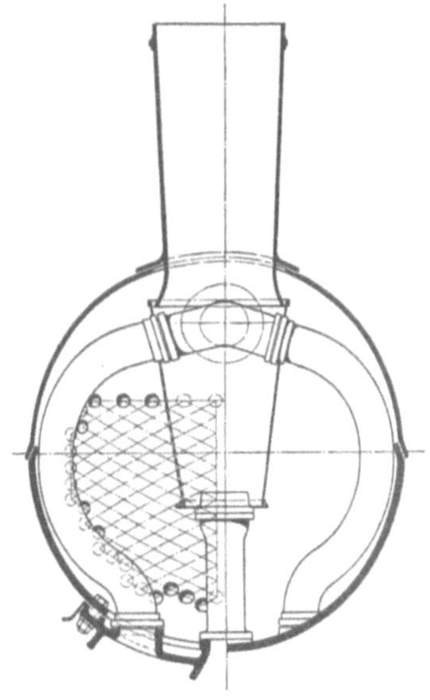

Abb. 76.
Funkenfänger, Bauart Holzapfel.

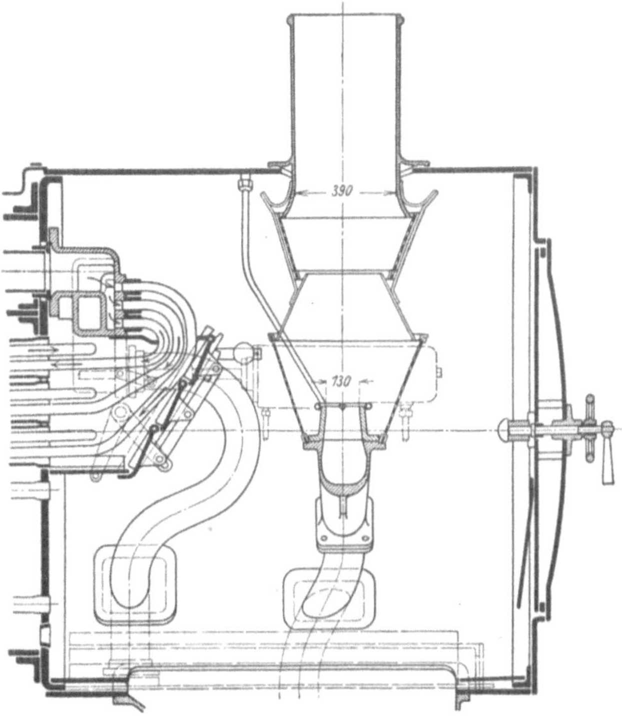

Abb. 77. Doppelfunkenfänger, Bauart Holzapfel.

e) Bauart Tacke.

Der Tackesche Funkenfänger, bei der Lübeck-Büchener Eisenbahngesellschaft vielfach im Gebrauch, unterscheidet sich von dem vorbeschriebenen dadurch, daß sein Kegelsieb aus wagerecht liegenden Drahtringen besteht, die dem Funkendurchgang besser wehren sollen als die senkrechten Stäbe bei Holzapfel.

f) Bauart Nolle.

Nolles Funkenfänger hat gleiche Kegelform, wie der von Holzapfel, unterscheidet sich aber in Wirkung und Wesen dadurch von ihm, daß bei ihm ein aus lose ineinandergefügten Kettengliedern gebildetes Netz den Kegelmantel bildet. Dieser reicht gleichfalls vom Blasrohrkopf bis Schornsteinunterkante. Von dem lockeren Kettennetz, das den Dampfschlägen folgend abwechselnd nach dem Kegelinnern gesaugt und nach außen erweitert wird, werden durch die rüttelnden Bewegungen die anhaftenden Ruß- und Aschenteilchen abgeschüttelt; ein Zusetzen der Maschen wird also verhütet und die Dampfbildung nicht beeinträchtigt. Der Funkenauswurf wird in genügendem Maße eingeschränkt. Es ist besser, das Netz nicht nur oben aufzuhängen, sondern auch unten am Blasrohrkopf zu befestigen, weil es vorgekommen ist, daß frei herabhängende Netze durch die Saugwirkung des Dampfschlages sich derart zusammenzogen, daß sie den freien Auspuff aus dem Blasrohr ständig hinderten.

g) Bauart Maffei.

Für Verschiebelokomotiven kleinerer Bauart bringt Maffei zylindrische Korbfunkenfänger aus senkrechten Stäben von 4 mm Durchmesser zur Anwendung (Abb. 78).

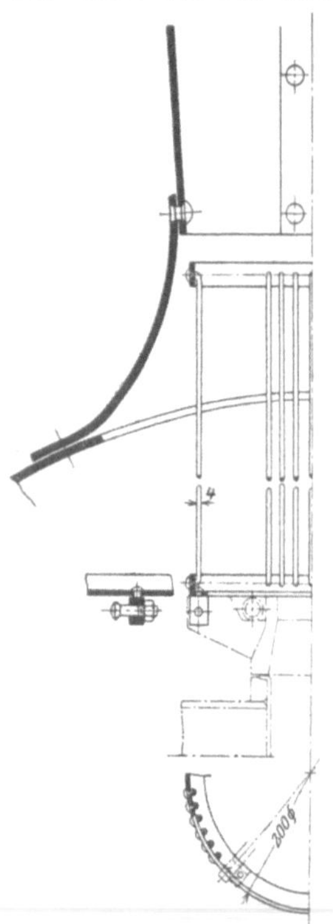

Abb. 78. Korbfunkenfänger, Bauart Maffei.

h) Bauart Eisenach-Gollmer.

Der bereits (S. 564) erwähnte Funkenfänger von Eisenach-Gollmer (Abb. 79)[1] bedeckt, um den Abgasen leichteren Durchgang zu ermöglichen, nur das mittlere und vordere Drittel des Rauchkammerquerschnitts. Seine Wirkung ist gut, seine Reinigung leicht durchzuführen.

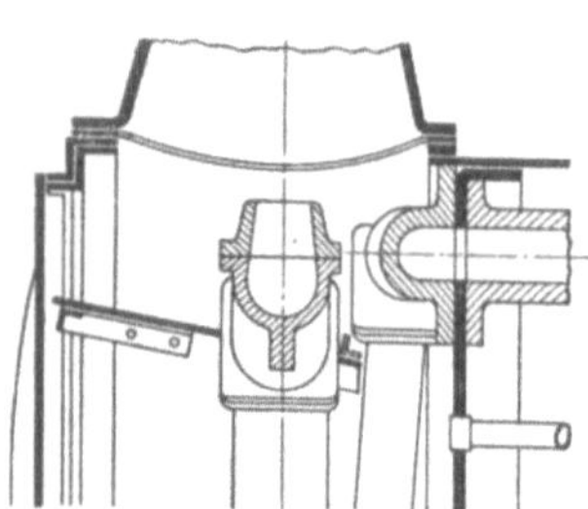

Abb. 79. Funkenfänger, Bauart Eisenach-Gollmer.

i) Bauart Adelsberger.

Den Abgasen einen möglichst großen Durchgangsquerschnitt zu gewähren und dennoch gleichzeitig den ganzen von den Gasen bestrichenen Rauchkammerraum gegen Funkendurchlaß zu schützen, führt Adelsberger seinen

---

[1] Eisenbahntechn. der Gegenwart 1897, Bd. I, S. 133.

Funkenfänger bogenförmig aus (Abb. 80 und 81)[1]. Infolge der großen Ausdehnung seiner langgelochten Siebbleche ist die Geschwindigkeit der Heizgase beim Durchgange nur gering, die mitgerissenen Kohlenteilchen werden daher gut zurückgehalten. Durch den bewirkten gleichmäßigeren Abzug der Gase durch die Heizrohre wird jede ungünstige Rückwirkung auf die Feuerung und die Dampfentwicklung vermieden, die Saugwirkung des Blasrohrs kann voll ausgenutzt werden.

Die Blechschlitze sind zweckmäßig quer zur Rauchkammermittellinie anzuordnen. Die beiden senkrechten Schenkel des Bogens dürfen nicht zu lang gewählt werden, damit zum Absaugen der Gase genügend freier Querschnitt bleibt.

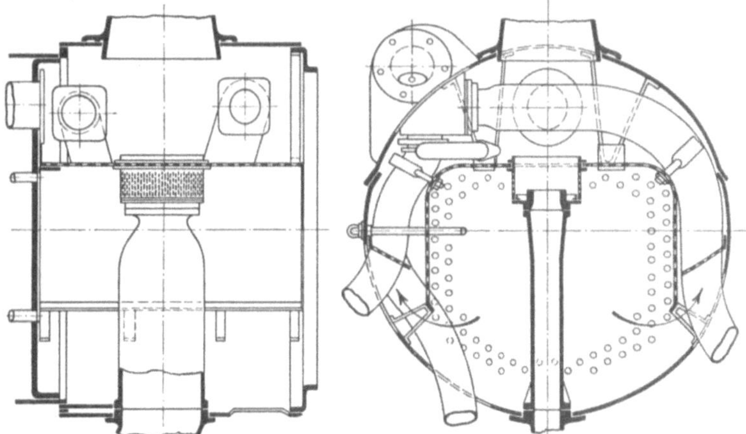

Abb. 80 und 81. Bogenfunkenfänger, Bauart Adelsberger.

Bei tiefliegendem Blasrohrkopfe, wie er in den Abb. 80 und 81 dargestellt ist, ist um das Blasrohr herum noch ein Siebkorb einzuschalten. Bei höherliegendem Blasrohr hat der Bogenfunkenfänger eine glatte Decke, aus welcher die Blasrohrmündung hervorragt.

Der Funkenfänger Bauart Adelsberger bewährt sich sehr gut; er verhütet selbst bei schwerem Arbeiten der Lokomotive auf starken Steigungen den Funkenflug ohne schädliche Rückwirkungen auf das Feuer.

k) Bauart Heidemann.

Von den Teller-(Scheiben-)Funkenfängern verdient der Heidemannsche (Abb. 82) wegen seiner großen Einfachheit Erwähnung. Eine runde Blechscheibe von 400 bis 500 mm Durchmesser mit einem Loch für den durchtretenden Blasrohrkopf wird an diesem befestigt und bietet den abziehenden Gasen den denkbar freiesten Querschnitt. Für häufig stark arbeitende Lokomotiven ist naturgemäß die Wirkung dieses Funkenfängers nur gering.

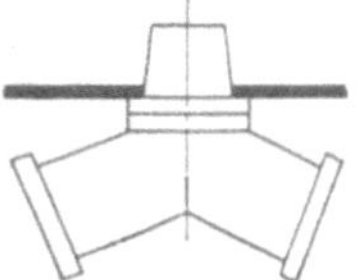

Abb. 82. Teller-funkenfänger, Bauart Heidemann.

l) Amerikanische Bauart (Lenkplatten).

Lenkplatten, deren Zweck bereits auf S. 565 besprochen ist, bilden ein besonderes Merkmal der amerikanischen Lokomotiven mit langen Rauchkammern. Von einigen Seiten wird behauptet, daß die um die Unterkante der vor der Rohrwand stehenden schrägen Lenkplatte herumgerissenen Feuergase gerade die Wirkung hätten, daß sie die am Boden

---

[1] Organ Fortschr. des Eisenbahnwesens 1903, 13. Ergänzungsbd., S. 171.

liegende Lösche aufwühlen und den Funkenflug verstärken, diese Einwände haben aber die immer größer werdende Verbreitung der Lenkplatten nicht hindern können. Es wird durch sie auch eine wirksamere Ausnutzung der Feuergase für die Verdampfung dadurch herbeigeführt, daß die Gase mehr durch die unteren Heizröhren gesaugt werden.

Einige amerikanische Rauchkammeranordnungen mit Funkenfängern, die aus Lenkplatten und Sieben sich zusammensetzen, zeigen die nachstehenden Abbildungen.

Abb. 83[1]) stellt den Funkenfänger der Pensylvaniabahn dar. Die bis zu $^2/_3$ der Rohrwand vor dieser schräg nach unten gehende Lenkplatte

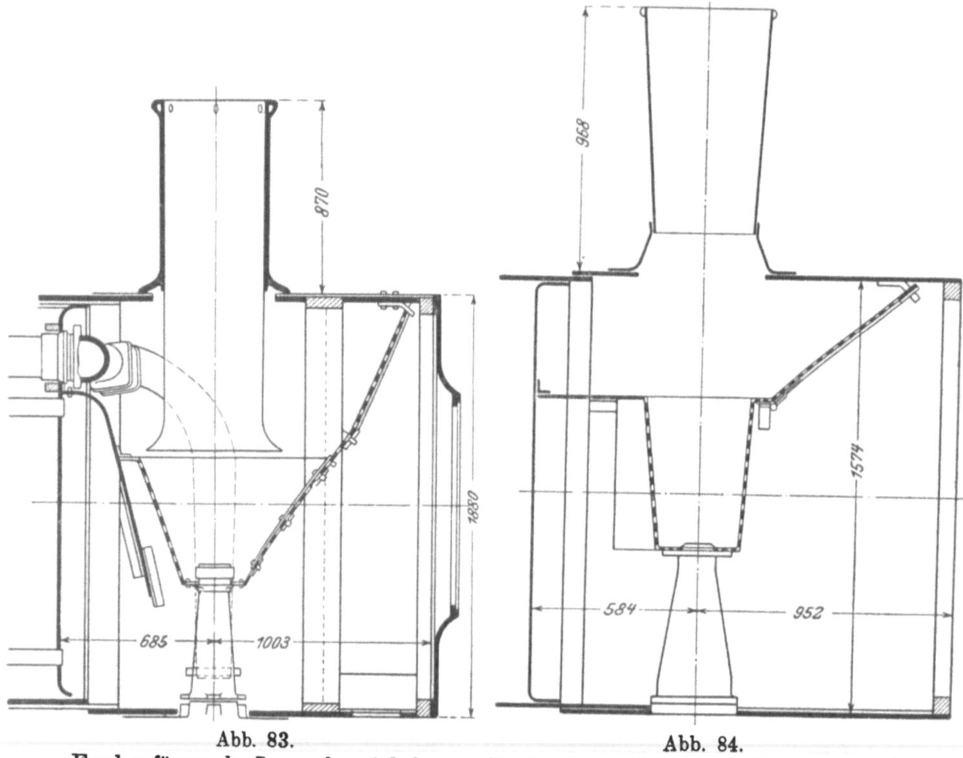

<table>
<tr><td align="center">Abb. 83.
Funkenfänger der Pennsylvaniabahn.</td><td align="center">Abb. 84.
Funkenfänger der Chicago-Burlington-Bahn.</td></tr>
</table>

kann von Hand verlängert und genau eingestellt werden. Die durch die Heizrohre mitgerissenen Kohlenteilchen werden mit großer Geschwindigkeit gegen die Platte geworfen und zum größeren Teil zertrümmert, der Rest wird durch übliche Fangsiebe, die den Blasrohrkopf umgeben, möglichst abgefangen. Die Fangsiebe sind sehr schräg ausgestaltet, um große Durchgangsquerschnitte zu gewinnen, und ändern ihre Richtung mehrfach, um die aufliegenden Funken immer wieder von ihrem Wege abzulenken.

Eine senkrecht gestellte Lenkplatte, die nur über die obere Rohrreihenhälfte reicht, zeigt der Funkenfänger der Chicago-Burlington-Bahn (Abb. 84)[1]). Der Rückstau der Gase wird hier größer sein als bei der schräg gestellten Lenkplatte.

---

[1]) Organ Fortschr. des Eisenbahnwesens 1902, Tafel 38.

m) Bauart Colburn.

Außer den Lenkplatten verwendet Colburn bei amerikanischen Lokomotiven noch besondere Einrichtungen zur Funkenlöschung und -zerstörung. Er füttert die Rauchkammer unterhalb der Tür mit Schamott aus und bekleidet die Rauchkammertür in ihrer oberen Hälfte mit gußeisernen Platten, welche mit einer großen Zahl stumpfer wagerechter Zacken besetzt sind (Abb. 85)[1]. Beide Hilfsmittel tragen zur wirksamen Funkenbekämpfung bei. Um die Funken in die Nähe der Zacken zu bringen, ist die schräge Lenkplatte bis jenseits vom Blasrohrständer verlängert.

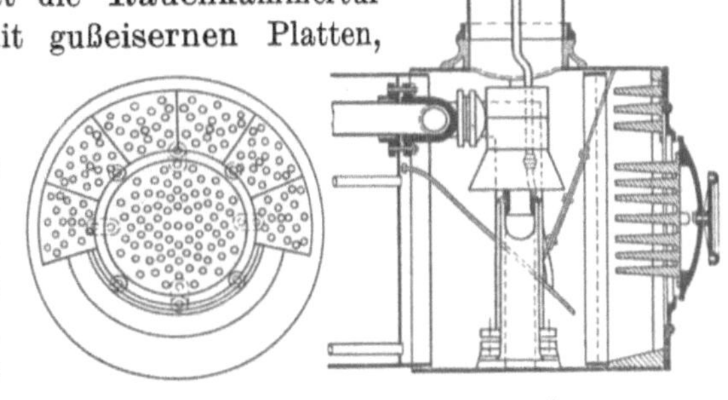

Abb. 85. Funkenlöschung, Bauart Colburn.

n) Bauart Born.

Ein Funkenfänger, der nur durch Lenkplatten, richtiger Ablenkplatten, ohne Siebe und dergleichen wirkt, ist der von Born, welcher bei den dänischen Staatsbahnen in weitestem Umfange verwendet wird (Abb. 86). Seine Wirkungsweise besteht darin, daß die glühenden Kohlenteilchen zunächst auf zwei schräg vor der Rohrwand aufgehängte, mit Winkeleisen mehrfach besetzte Blechplatten prallen und dabei zertrümmert werden, alsdann durch die am Blasrohrkopfe angebrachte kleinere und die im vorderen Rauchkammerteil liegende größere wagerechte Platte ge-

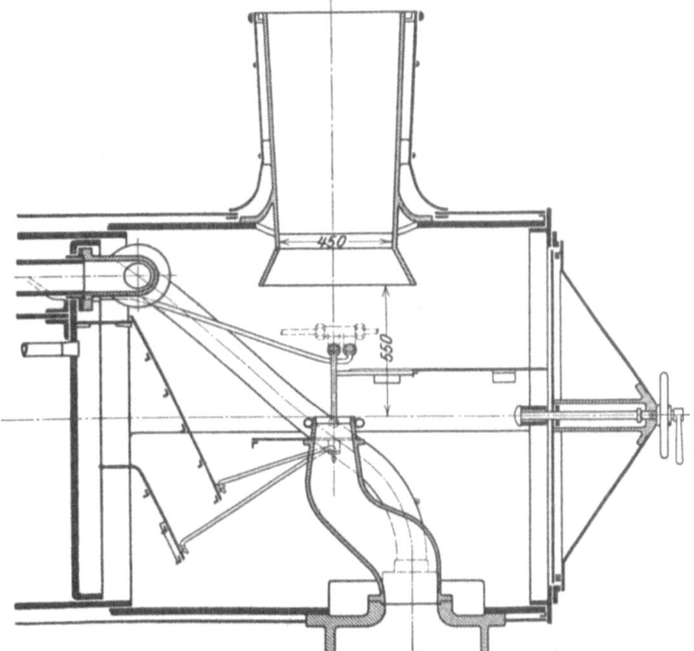

Abb. 86. Lenkplatten der dänischen Staatsbahnen, Bauart Born.

[1] Organ Fortschr. des Eisenbahnwesens 1902, S. 242.

zwungen werden, so lange in der Rauchkammer herumzuwirbeln und zu verweilen, bis sie gänzlich ausgebrannt sind. Die gute Wirkung dieses Funkenfängers, der auch eine gleichmäßigere Verteilung der Rauchgase durch alle Heizrohre herbeiführt, soll eine nachgewiesene Kohlenersparnis von 4 bis 5 v. H. im Gefolge haben.[1]

Bei Lokomotiven, welche mit Braunkohle, Torf und Holz befeuert werden, haben sich als wirksamste Funkenfänger Schornsteineinbauten erwiesen, welche aus Lenkblechen, Anpralltellern, Schraubenwindungen oder aus eingehängten oder aufgesetzten Sieben bestehen.

o) Bauarten der sächsischen Staatsbahnen.

Die sächsischen Staatsbahnen wenden für ihre mit Braunkohlen geheizten Güterzuglokomotiven fast ausschließlich die Ressig-Hauben an (Abb. 87)[2]. Die früher nur auf 100 mm lichte Weite bemessene mittlere Durchgangsöffnung ist bis auf 210 mm erweitert, um den Gegendruck auf den Kolben zu verringern. Die Funkenverhütung ist eine befriedigende. Es empfiehlt sich, die gußeiserne Haube an den Ablenkungsstellen, welche schnellerer Abnutzung unterworfen sind, genügend stark zu machen.

Um bei Personenzuglokomotiven dem Rauch einen besseren Abzug zu sichern, bauen die sächsischen Staatsbahnen an die Stelle der Haube einen Ablenkteller ein, der die Funken in die Erweiterung des Schornsteins drängt. An der Schornsteinmündung verengt sich der Schornstein wieder zu einem dem Schornsteinkegel entsprechenden Durchmesser (Abb. 88)[2]. Für schnellfahrende Lokomotiven ist dieser Funkenfänger nicht zu empfehlen, weil die Durchgangsöffnung im Teller nicht groß genug wäre, um einen störenden Einfluß auf die Zugwirkung und einen Kolbengegendruck auszuschließen.

p) Bauart der österreichischen Staatsbahnen.

Auf österreichischen Bahnen ist vielfach der in Abb. 89[3] dargestellte Funkenfänger zu finden. Das Schornsteinrohr endigt in Leitschaufeln, die die Funken in Spiralwindungen dem Hohlraum zuführen, welcher zwischen dem Schornsteinrohr und dem dieses umgebenden Mantel sich befindet. Die sich ansammelnde Lösche kann durch seitlich im Mantel angebrachte Türen entfernt werden.

Die mexikanische Zentralbahn, welche vielfach Holz auf ihren Lokomotiven verfeuert, gestaltet ihren Funkenfänger ähnlich dem eben

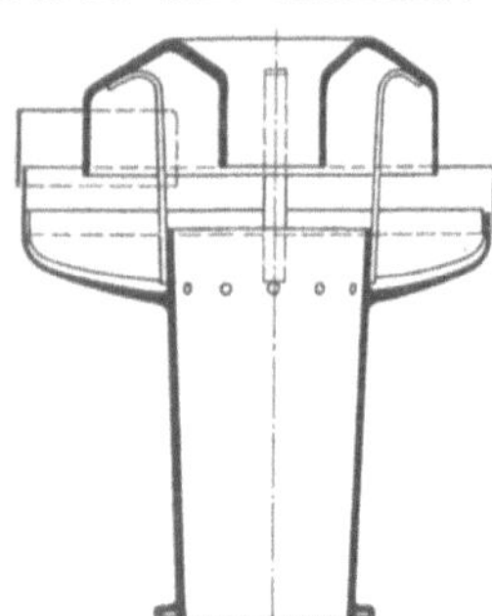

Abb. 87.   Funkenfänger der sächsischen Staatsbahnen, Bauart Ressig.

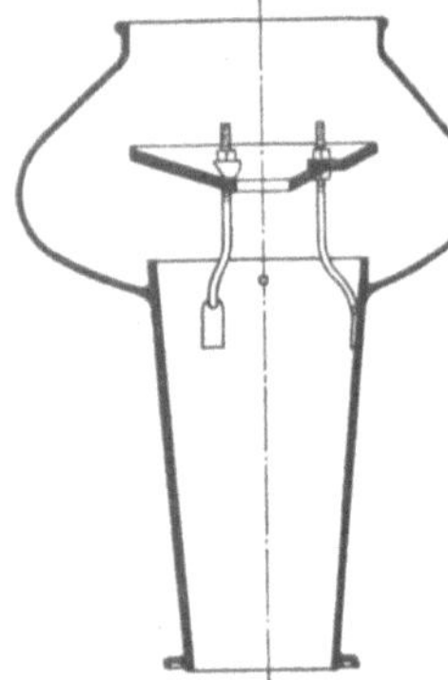

Abb. 88.   Funkenablenkteller der sächsischen Staatsbahnen.

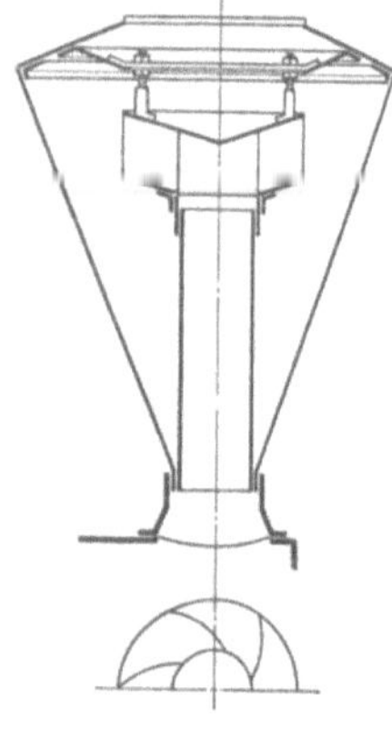

Abb. 89.   Funkenfänger der österreichischen Staatsbahnen.

---

[1] Mitteilung des Eisenbahndirektor Busse, Kopenhagen.
[2] Organ Fortschr. des Eisenbahnwesens 1903, 13. Ergänzungsbd., S. 173.
[3] Eisenbahntechn. der Gegenwart 1897, Bd. I, S. 134.

beschriebenen, nur erreicht sie die seitliche Ablenkung der Funken dadurch, daß sie den gußeisernen Anprallteller an seiner unteren Fläche mit bogenförmigen Lenkflügeln versieht (Abb. 90 bis 92)[1].

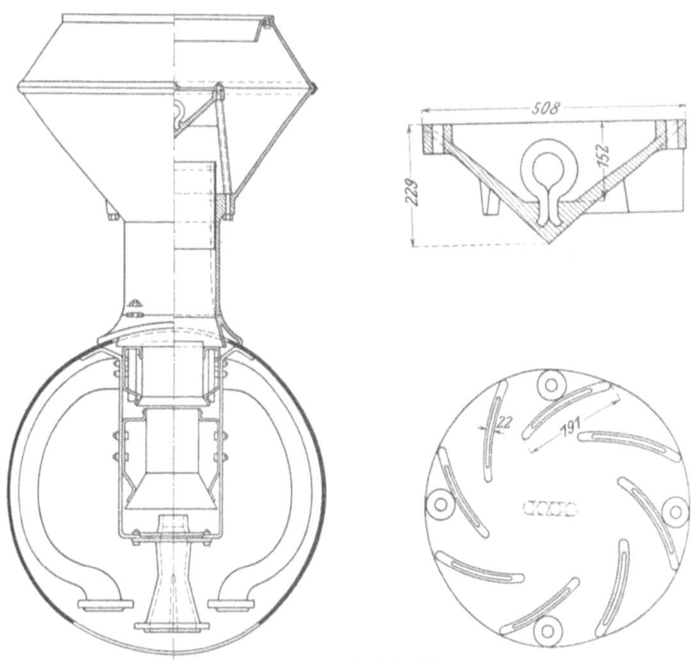

Abb. 90 bis 92.
Funkenfänger der mexikanischen Zentralbahn.

q) Bauart Prinz.

Bei leichten Kleinbahnlokomotiven wird jetzt vielfach ein in den Schornstein eingehängter, unten geschlossener, oben der Schornsteinweite angepaßter Siebkegel (Bauart Prinz) verwendet, welcher bei nicht angestrengten Feuerungen gute Wirkung hat und den Vorzug der Einfachheit und leichten Zugänglichkeit besitzt.

r) Bauart Dinter.

Ein gleichfalls für Kleinbahnbetrieb brauchbarer, nach Belieben ein- und auszuschaltender Funkenfänger ist die Dintersche Siebhaube (Abb. 93)[2]. An feuergefährlichen Stellen kann der Führer den Schornstein mit der Haube bedecken und somit die ungünstige Rückwirkung dieses Funkenfängers auf das notwendigste Maß einschränken.

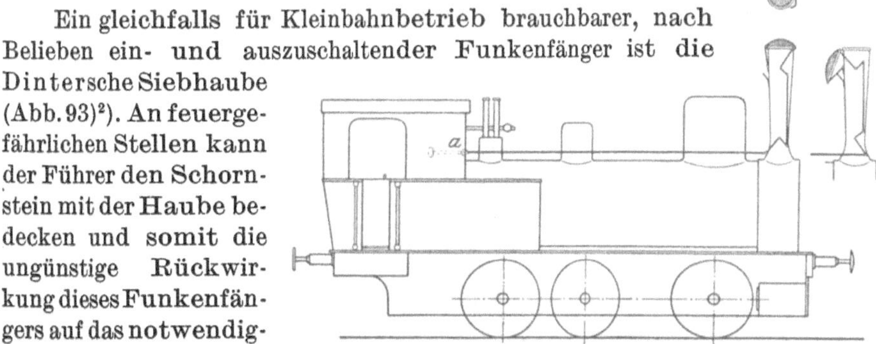

Abb. 93.   Ausschaltbare Funkensiebhaube, Bauart Dinter.

---

[1] Organ Fortschr. des Eisenbahnwesens 1900, Tafel V.
[2] Glasers Annalen 1898, S. 109.

Bei Besprechung der Funkenverhütung, soweit sie eine Verringerung der Feuersgefahr bedeutet, darf auch der Aschkasten nicht vergessen werden. Nicht selten bilden gerade die aus ihm während der Fahrt hinausfliegenden glühenden Kohlenstückchen die Ursache für Gras- und Waldbrände, um so mehr, als die den Aschkasten verlassenden Zünder von durch den Rost gefallenen Kohlenstücken herrühren und meistens größer als die dem Schornstein entweichenden Funken sind, somit ihre Glühhitze länger zu behalten pflegen. Ein allseitiger Abschluß des Aschkastens ist, ohne die Verbrennung empfindlich zu beeinträchtigen, nicht möglich, man hat daher mit Erfolg versucht, den Aschkasten mit einem unteren Sammelraum für Kohle und Asche zu versehen, der ringsum abgeschlossen werden kann, ohne der Luft den Durchgang durch die darüber liegenden üblichen Aschkastenklappen abzuschneiden (Bauart Schubert).

Viel Scharfsinn und Erfindungskraft, eine Unmenge geistiger Arbeit ist in den letzten Jahrzehnten aufgewendet worden, um die Frage der Rauch- und Funkenverhütung zu einer guten und vollkommenen Lösung zu bringen. Von den unzähligen Entwürfen und Ausführungen haben nur wenige im praktischen Lokomotivbetriebe sich behaupten können. Das Bessere wurde auch hier der Feind des Guten. Aber auch die besten Vorrichtungen werden den erhofften Zweck nicht erfüllen, wenn nicht der Lokomotivheizer mit den Grundsätzen und dem Wesen der Rauch- und Funkenverhütung sich soweit vertraut gemacht haben wird, daß er seinen Kessel mit der nötigen Einsicht und mit technischem Verständnis bedienen kann.

Zugförderung auf Steilrampen.

Von

Dr. R. Sanzin,

Privatdozent, Ingenieur der Südbahn, Wien.

1. Einleitung.

Beim Entwurf von Gebirgsbahnen ist eine genaue Beurteilung der Wirtschaftlichkeit und Leistungsfähigkeit der verschiedenen in Betracht gezogenen Varianten von Wichtigkeit.

Nur zu häufig werden, um die Anlagekosten möglichst zu vermindern, Neigungs- und Richtungsverhältnisse so ungünstig gewählt, daß nicht nur die Betriebskosten ungewöhnlich hoch ausfallen, sondern auch die Leistungsfähigkeit der Bahnanlage bald bis zur Grenze ausgenützt erscheint.

Um in dieser Richtung genaue Berechnungen anstellen zu können, ist es notwendig, die Zugförderung auf den geplanten Strecken bis in die Einzelheiten festzulegen.

Die hierzu notwendigen Grundlagen sind nicht immer im ausreichenden Maße vorhanden. Meistens muß man sich mit Erfahrungswerten begnügen, die bestehenden Gebirgsbahnen entnommen sind, aber den vorhandenen Verhältnissen selten vollkommen entsprechen.

Da zudem die Handbücher über Eisenbahnbau dieses Gebiet meist einseitig und wenig ausführlich behandeln, ist es geboten, hier entsprechende Grundlagen über die Gestaltung des Zugförderdienstes auf Steilrampen vorzuführen.

In letzter Zeit wurden im Maschinendienst der Gebirgsbahnen mancherlei Verbesserungen geschaffen und zahlreiche Grundsätze über die Anwendbarkeit größerer Steigungen, Zweckmäßigkeit des gemischten Betriebes usw. haben hierdurch Umgestaltungen erfahren, die bei Entwurf der vorteilhaftesten Linien zu beachten sind.

So wurde namentlich angestrebt, in den folgenden Ausführungen den Vergleich zwischen Bahnen mit verschiedenen Neigungen möglichst zu erleichtern und den Wert der Bahnen mit gemischtem Betrieb klar darzulegen.

2. Steile Reibungsbahnen.

Eine Lokomotive, welche nur gekuppelte Achsen besitzt und deren Widerstand als Fahrzeug betrachtet w kg/t beträgt, kann noch auf einer Steigung s_{max}

$$s_{max} = r - w$$

verkehren, wenn r den Reibungswert in kg/t darstellt. Nimmt man den Reibungswert für ungünstige Verhältnisse mit 130 kg/t und den Widerstand w mit 15 kg/t an, so erhält man eine größte Steigung von 115°/₀₀, auf welcher die Lokomotive ohne Last noch sicher verkehren kann.

Ein derartiges Beispiel gibt es im regelmäßigen Lokomotivbetrieb nicht, dagegen nähern sich dieser Grenze verschiedene Straßenbahnen mit elektrischem Betrieb. Da hierbei das Fahrzeug auch die nutzbare Last aufnimmt, ist die Anwendung dieser äußersten Steigung noch möglich und zweckmäßig.

Die steilste Lokomotivbahn mit glatter Schiene ist in Europa die bekannte Ütlibergbahn bei Zürich. Sie bringt den Beweis, daß eine stark benützte Vergnügungsbahn mit einfachen und billigen Anlagen und entsprechenden Fahrpreisen noch Steigungen bis zu 70°/₀₀ erhalten kann.

Steigungen von 50—60°/₀₀ kommen bereits auf verschiedenen Touristen- und Nebenbahnen in der Schweiz zur Anwendung. So besitzt die normalspurige Strecke Waedenswyl-Einsiedeln (Schweizer Süd-Ost-Bahn) anhaltende Steigungen von 50°/₀₀. Diese Bahn ist das ganze Jahr hindurch im Betrieb und weist auch einigen Güterverkehr auf. Bemerkenswert ist die Strecke Rigi Kaltbad-Scheidegg mit 1000 mm Spurweite und Steigungen von 50°/₀₀. Auf beiden Bahnen besorgen ³/₃-gekuppelte Tenderlokomotiven den Betrieb.

Die Steigung von 50°/₀₀ kommt ferner auf den Nebenbahnen Karlsbad-Johanngeorgenstadt und Schlackenwerth-Joachimstal in Böhmen vor.

Steigungen von 40 bis 45°/₀₀ besitzen bereits zahlreiche Touristen- und Nebenbahnen in allen Gebieten der Alpen. Sie sind teilweise normalspurig und werden vielfach auch im Winter betrieben. Die bekanntesten dieser Bahnen sind:

Mit normaler Spurweite

Berchtesgaden-Reichenhall, Bayern	40°/₀₀
Montmorency-Enghien, Frankreich	45 „
Neustadt-Buchberg, Nieder-Österreich . . .	43 „

Mit schmaler Spurweite

Frauenfeld-Wyl, Schweiz	46°/₀₀
Landquart-Davos, „	45 „
Iverdon-St. Croix, „	45 „
Brockenbahn, Harz	45 „
Mittelgebirgsbahn bei Innsbruck, Tirol . .	45 „

Steigungen von 30 bis 35°/₀₀ sind an Touristen- und Nebenbahnen selbst in günstigen Geländen sehr häufig angewendet.

Bei Hauptbahnen ist man mit den größten Steigungen nicht soweit gegangen. Nur bei wenigen überseeischen Bahnen hat man Steigungen von 40 bis 50°/₀₀ angenommen, dieselben jedoch seither vielfach durch Umbau vermindert.

Von den europäischen Hauptbahnen dürfte die alte Giovi-Strecke zwischen Genua und Bussala die größte Steigung mit 35°/₀₀ besitzen. Diese ist in offener Strecke auf eine Länge von 2124 m vorhanden. Im 3259 m langen alten Giovitunnel ist die Steigung nur 29 bis 30°/₀₀. In diesem stellten sich hauptsächlich die Schwierigkeiten wegen ungenügender Reibung ein. Bekanntlich wurde 1889 die Giovihilfsstrecke mit größten Steigungen von nur 16°/₀₀ und einem 8297 m langen Haupttunnel eröffnet, um der Entwicklung des Hafens von Genua Rechnung zu tragen. Zurzeit ist eine dritte Verbindung Genuas mit dem Hinterland im Bau, die nur Steigungen von $8^0/_{00}$ erhalten wird.

In Böhmen ist die eingleisige mit Spitzkehre versehene Strecke Klostergrab-Moldau bemerkenswert, die Steigungen von $37^0/_{00}$ besitzt. Sie dient einem durchgehenden Kohlenverkehr.

In der Schweiz enthält die Seetalbahn mit bedeutendem Personen- und einigem Güterverkehr Steigungen von $37^0/_{00}$.

Steigungen von 30 bis $35^0/_{00}$ sind nach den heutigen Anschauungen für mäßig beanspruchte Hauptbahnen, auf welchen der Personenverkehr vorherrscht, noch gut anwendbar.

Sobald jedoch besonders große Fördermengen in Betracht kommen, sind geringere Steigungen empfehlenswerter. Am häufigsten wird die Steigung von $25^0/_{00}$ angewendet, welche, gestützt auf mehr als fünfzigjährige Erfahrung, vielfach als jene Grenze hingestellt wird, welche für einen wirtschaftlichen Großgüterverkehr noch zulässig erscheint.

Bei der Feststellung der größten Steigung einer Gebirgsstrecke ist nicht nur auf die mögliche Belastung und Fahrgeschwindigkeit bei der Bergfahrt Rücksicht zu nehmen, sondern auch auf die Bremsung der Züge auf der Talfahrt. Dieselbe ist bei Gefällen über $30^0/_{00}$ bereits wegen der großen Zahl von Bremswagen, welche nötig werden, erschwert.

Mit von Einfluß auf die Gestaltung des Zugförderdienstes ist die Zahl und Leistungsfähigkeit der Wasserstationen, die Entfernung und Länge von Ausweichen usw.

In Zusammenstellung I sind die größten Steigungen und andere bemerkenswerte Ziffern der größten Gebirgsbahnen angeführt.

Die stärksten maßgebenden Steigungen liegen zwischen $16^0/_{00}$ und $36·9^0/_{00}$. Nur die neueren Gebirgsbahnen besitzen regelmäßig eine Verminderung der Steigung in den stärksten Gleisbögen. Der Widerstand der Gleisbögen wurde hier nach der Gleichung

$$\frac{500}{R - 55}$$

bestimmt und zur tatsächlichen größten Steigung zugeschlagen, um die größte maßgebende Steigung zu erhalten, welche für die Berechnung der Zugkraft gültig ist.

Beträgt z. B. die größte Steigung einer Gebirgsbahn $25·0\,^0/_{00}$ und ist für die Gleisbögen von 190 m Halbmesser keine Ermäßigung der Steigung vorgesehen, so beträgt die „maßgebende" Steigung in den Gleisbögen nach obiger Gleichung $28·70\,^0/_{00}$. Die mittlere maßgebende Steigung für die ganze Rampe wird, da auch gerade Strecken und Gleisbögen von größerem Halbmesser vorkommen, einen geringeren Betrag erreichen. Für die mittlere Leistung einer Lokomotive auf der Rampe kommt dieser letztere Betrag in Betracht. Der Höchstwert von $28·70\,^0/_{00}$ ist jedoch ebenfalls zu beachten, da ein Anfahren in den Gleisbögen von geringsten Halbmesser vorkommen kann.

Wäre eine Gebirgsbahn mit Ausgleich der Steigung angelegt und betrüge der geringste Gleisbogenhalbmesser ebenfalls 190 m und die größte Steigung in der geraden Strecke $28·7\,^0/_{00}$, so wäre die Steigung in den Gleisbögen auf $25·0\,^0/_{00}$ zu vermindern. Die maßgebende Steigung ist dann in beiden Fällen $28·7\,^0/_{00}$. Im ersten Beispiel ist sie nur in den Gleisbögen vorhanden, im letzteren Falle jedoch gleichmäßig über die

Zusammenstellung I.

Gebirgs-bahn	Er-öffnungs-jahr	Länge km	Lage der Rampe	Hebung m	Größte Steigung ⁰/₀₀	Längste Rampe in größter Steigung m	Kleinster Bogen-halb-messer m	Größte maß-gebende Steigung ⁰/₀₀	Länge des Scheitel-tunnels m	Größte Steigung im Scheitel-tunnel ⁰/₀₀	Größte Seehöhe m	Anzahl der Gleise	Bemerkungen
Semmering . .	1854	41·6	Nord Süd	159 212	25·0 23·8	3535	190 190	28·7 26·9	1431	3·3	898	2	
Giovi (alt) . .	1854	53·5	—	45	35·0	2124	300	36·9	3259	29·0	361	2	
Piteccio-Bracchia	1864	40·2	Nord Süd	64 53	25·6 25·0	1500	300 300	27·5 26·9	2727	24·4	616	1	
Schwarzwald. .	1866	43·0	—	74	20·0	—	285	27·0	1700	18·5	832	2	
Brenner	1867	125·3	Nord Süd	88 1 05	25·0 22·5	7770	285 285	27·0 24·5	—	—	1367	2	Paßhöhe überschient
Mont Cenis . .	1871	75·0	Ost West	55 85	30·0 30·0	9712	480 350	31·1 31·6	12847	23·0	1295	2	Die Enden des Scheiteltunnels liegen in Steigungen von 30⁰/₀₀
Pustertal . . .	1871	106·6	Ost West	37 63	25·0 20·0	4525	285 285	27·0 22·0	—	—	1211	1	Paßhöhe überschient
Gotthard . . .	1882	90·2	Nord Süd	79 10	26·2 27·0	5680	280 280	28·2 29·0	14998	5·8	1154	2	In den Kehrtunneln ist der Bogenhalbmesser 300 m
Arlberg	1884	63·4	Ost West	34 34	26·4 32·4	3551	250 250	26·4 32·4	10250	15·0	1311	1¹)	
Giovi (neu) . .	1889	52·8	—	12	16·0	6068	2000	16·0	8297	11·7	324	2	
Simplon	1906	—	Nord Süd	—	10·0 25·0	—	300 300	10·0 25·0	19802	7·0	704	2	Zwei eingleisige Haupttunnel, bisher einer ausgeführt
Tauern (im Bau)	—	77·0	Nord Süd	83 73	25·5 25·5	5366	250 250	25·5 25·5	8470	12·0	1227	1¹)	
Splügen (Entwurf)	—	69·1	Nord Süd	—	26·0 26·0	—	300 300	26·0 26·0	18180	6·0	1156	2	

¹) Scheiteltunnel zweigleisig.

ganze Strecke verteilt. Das Steigungsverhältnis einer ganzen Rampe ist dabei größer als $25 \cdot 0\ {}^0/_{00}$.

Die Größe der Seehöhe ist insofern von Bedeutung, da mit Zunahme derselben die klimatischen Verhältnisse im allgemeinen ungünstiger werden, wodurch die nutzbare Reibung beeinflußt erscheint.

Wichtig ist es auch, ob die größte Steigung in längeren Tunneln beibehalten ist. Im besonderen Maße gilt dies für Kehrtunnel.

Während die Leistungsfähigkeit eingleisiger Bahnen mit Rücksicht auf die größte Entfernung zweier Ausweichen so ziemlich an eine schwer überschreitbare Grenze gebunden ist, können doppelgleisige Strecken bei entsprechender Ausrüstung nahezu unbegrenzte Fördermengen bewältigen. Es können somit doppelgleisige Strecken eigentlich stärkere Steigungen erhalten als eingleisige und die größte Steigung der letzteren ist besonders vorsichtig zu bestimmen.

a) Nutzbare Reibung.

Hinsichtlich der Größe der nutzbaren Reibung der Gebirgslokomotiven sei auf Seite 5 dieses Bandes verwiesen.

Bei zunehmender Steigung ist die nutzbare Reibung entsprechend geringer anzunehmen.

Der Reibungswert nimmt zwar an sich bei zunehmender Steigung nicht ab. Da jedoch auf der stärkeren Steigung die Inanspruchnahme der Lokomotive gesteigert ist und zufällige Einflüsse sich in stärkerem Maß bemerkbar machen, ist es vorteilhaft, einen mäßigen Reibungswert vorauszusetzen.

Für die folgenden Untersuchungen wurde ein Reibungswert von $0 \cdot 16$ angenommen, und der Einheitlichkeit wegen für alle Lokomotivbauarten und Steigungen beibehalten.

Ohne auf die Widerstandsvermehrung Rücksicht zu nehmen, welche durch Gleisbögen entsteht, ist auch die Verminderung der nutzbaren Reibung durch die Gleisbögen beachtenswert.

Die Verminderung der größten Steigung in den Gleisbögen sollte daher in einem größeren Ausmaß erfolgen, als dem Widerstandswert allein entspricht.

Gebirgsbahnen, welche einen derartigen Ausgleich der Neigungsverhältnisse nicht besitzen, müssen die Zugbelastung geringer ansetzen, als sie für die größte Steigung in der geraden Strecke zulässig wäre.

Eine bedeutende Verminderung der nutzbaren Reibung tritt in feuchten Tunneln auf. Der Grund liegt in dem dünnen Beschlag, welcher auf den Schienen erscheint, sobald die Schienen eine niedrigere Temperatur besitzen als die durchstreichende Außenluft. Dieser Beschlag wirkt ungünstiger als ganz nasse Schienen.

Es ist daher vorteilhaft, in längeren Tunneln eine Ermäßigung der Höchststeigung um 5 bis $8\ {}^0/_{00}$ durchzuführen.

Liegen die Tunnel in Gleisbögen, so ist außerdem eine weitere Ermäßigung der Steigung entsprechend dem Widerstandswert des Gleisbogens anzuordnen.

In den Kehrtunneln der Gotthardbahn, die in einem Gleisbogen von 300 m Halbmesser liegen, beträgt die gesamte Ermäßigung $4\ {}^0/_{00}$. Dieselbe hat sich als zu gering erwiesen.

37*

Zusammenstellung II.

$$W = \frac{0.006\,FV^2 + L_1\,(1.8 + 0.015\,V) + L_2\left(a + \dfrac{0.1075}{D}\,V\right)}{L}$$

Fahr-ge-schwindig-keit km/st	Tenderlokomotiven					Lokomotive mit Schlepptender
	Kupplung $^3/_4$	$^4/_4$	$^3/_5$	$^4/_5$	$^5/_5$	$^4/_4$
	$a = 7.0$	8.0	7.0	8.0	8.8	8.0
	$F = 9$	9	9	9	9	9
	$L_1 = 40$	50	40	50	62	56
	$L_2 = 10$	0	22	12	0	30
	$L = 50$	50	62	62	62	86
	$D = 1.54$	1.23	1.54	1.23	1.00	1.23
	$5.96 + 0.0572\,V$ $+ 0.00084\,V^2$	$8.0 + 0.0895\,V$ $+ 0.00084\,V^2$	$5.15 + 0.0499\,V$ $+ 0.00087\,V^2$	$6.20 + 0.073\,V$ $+ 0.00087\,V^2$	$8.8 + 0.1075\,V$ $+ 0.00087\,V^2$	$5.84 + 0.0619\,V$ $+ 0.00062\,V^2$
0	5.96	8.00	5.15	6.20	8.80	5.84
10	6.62	8.97	5.74	7.02	9.96	6.52
20	7.47	10.08	6.50	8.01	11.30	7.21
30	8.43	11.33	7.43	9.17	12.81	8.26
40	9.60	12.73	8.54	10.51	14.49	9.41
50	10.92	14.28	9.83	12.03	16.35	10.48

b) Zugwiderstände.

Die Widerstände der in diesen Betrachtungen angenommenen Lokomotiven sind nach den Grundlagen im Abschnitt „Widerstand der Lokomotiven", S. 76 berechnet.

Die Widerstandsformeln und Werte, welche sich hiernach ergeben, sind in Zusammenstellung II enthalten.

Für die Berechnung der Widerstände der Tenderlokomotiven wurden jene Gewichte angenommen, welche für $^1/_3$ der Vorräte gelten. Unter denselben Verhältnissen wurde auch das Reibungsgewicht in Rechnung gezogen.

Der Widerstand der Lokomotiven gemischter Bauart wurde in gleicher Weise wie für die reinen Reibungslokomotiven bestimmt, jedoch der Widerstand der Zahnmaschine mit $4^0/_0$ der indizierten Zugkraft angenommen, welche von der Zahnmaschine entwickelt wird.[1]

Für die Berechnung des Widerstandes der Wagen wurde die im Abschnitt „Widerstand der Wagen" S. 68 angegebene Formel

$$1{\cdot}8 + 0{\cdot}001\,V^2$$

verwendet; da in diesen Untersuchungen höchstens Fahrgeschwindigkeiten von 50 km/st vorkommen, dürften die Ergebnisse dieser Formel genügen.

c) Reibungslokomotiven.

In den folgenden Untersuchungen wurde der Kessel als Grundlage für die Ermittlung der Lokomotivleistung gewählt und dabei alle Einflüsse möglichst berücksichtigt, welche auf Verbrennung, Verdampfung, Dampfverbrauch usw. Beziehung haben.

Vorausgesetzt erscheint eine mittelgute Steinkohle von rund 6250 WE, welche bei einer Speisewassertemperatur von 10^0 C und $12{\cdot}5$ kg/qcm Kesselüberdruck bei vollständiger Verbrennung eine theoretische Verdampfung von $9{\cdot}54$ gibt.

Entsprechend dem Wirkungsgrad der Kesselanlage ist die tatsächliche Verdampfung geringer. Sie fällt bei zunehmender Anstrengung des Rostes. Diese ist wieder von der Zugwirkung abhängig. Namentlich bei geringeren Fahrgeschwindigkeiten, die ja im Gebirgsdienst vorherrschen, ist die Zugwirkung für die Leistungsfähigkeit des Kessels wesentlich maßgebend. Die Zugwirkung ist wieder eine von Fahrgeschwindigkeit, Blasrohrquerschnitt, Füllung und Regleröffnung abhängige Größe.

Es ist am vorteilhaftesten, die Verbrennung auf die Flächeneinheit, des Rostes und auf Triebachsumläufe in der Sekunde zu beziehen, da bei Verwendung desselben Brennstoffes und bei Lokomotiven ähnlicher Grundverhältnisse diese Werte ziemlich gleichbleiben.

Nach Erfahrungen mit $^3/_3$- und $^4/_4$-gekuppelten Gebirgslokomotiven sind in folgender Zusammenstellung III die Verbrennungs- und Verdampfungsverhältnisse dargestellt.

Das Verhältnis zwischen Rost und Heizfläche war im Mittel zwischen 1 : 60 und 1 : 70. Die Luftverdünnung in der Rauchkammer geht von 75 mm Wassersäule bei $1{\cdot}0$ Umdrehungen bis auf 185 mm Wassersäule bei $4{\cdot}0$ Triebachsumdrehungen in der Sekunde.

---

[1] Lokomotivsteilbahnen, Roman Abt. S. 37.

Für Brennstoffe mit anderem Heizwert läßt sich die Verdampfung aus diesen Werten beiläufig errechnen, wenn die angegebene Verdampfung mit dem Quotienten aus dem Heizwert der untersuchten und der neuen Kohle multipliziert wird.

Aus diesen Ziffern, welche als Höchstwerte für die Dauerleistung anzusehen sind, wurde für einen mittleren und einen großen Lokomotivkessel die gelieferte Dampfmenge in der Stunde bestimmt.

Zusammenstellung III.

Umläufe der Triebachse in der Sekunde	Dampf in der Stunde, kg auf 1 qm Rostfläche	Verbrennung, kg auf 1 qm Rostfläche und Stunde	Tatsächliche Verdampfung	Gesamtwirkungsgrad
1·0	2480	367	6·80	0·713
1·5	2760	435	6·35	0·666
2·0	2950	487	6·05	0·634
2·5	3080	520	5·90	0·618
3·0	3180	547	5·80	0·608
3·5	3240	565	5·75	0·603
4·0	3290	577	5·70	0·597

Die Kessel haben bei Einhaltung eines Verhältnisses von 1 : 65 zwischen Rost- und Heizfläche folgende Abmessungen:

	Mittlerer Kessel	Großer Kessel
Rostfläche	2·0 qm	3·0 qm
Gesamte feuerberührte Heizfläche	130·0 ,,	195·0 ,,
Heizfläche der Feuerbüchse	10·0 ,,	15·0 ,,
Heizfläche der Feuerrohre	120·0 ,,	180·0 ,,
Betriebsüberdruck	12·5 kg/qcm	12·5 kg/qcm

Der mittlere Kessel kann für eine dreiachsige Schlepptenderlokomotive oder eine vierachsige Tenderlokomotive, der große Kessel für eine vierachsige Schlepptenderlokomotive oder für eine fünfachsige Tenderlokomotive angemessen erscheinen.

Die größte Dampfmenge in kg, welche diese beiden Kessel in der Stunde zu liefern vermögen, sind:

Zusammenstellung IV.

Triebachsumdrehungen in der Sekunde	Mittlerer Kessel	Großer Kessel
1·0	4960 kg	7440 kg
1·5	5520 ,,	8280 ,,
2·0	5900 ,,	8850 ,,
2·5	6160 ,,	9240 ,,
3·0	6360 ,,	9540 ,,
3·5	6480 ,,	9720 ,,
4·0	6580 ,,	9870 ,,

Es ist zwar zu erwarten, daß größere Kessel, bei sonst gleichen Grund-
verhältnissen, einen günstigeren Wirkungsgrad besitzen, da am größeren
Rost eine höhere Verbrennungstemperatur und vollkommenere Verbrennung
erzielt wird als in kleineren Kesseln. Mangels genauer Versuchsergebnisse
erscheint jedoch hier die Verdampfung proportional der Rostfläche.

Nachdem die Dampflieferung des Kessels bekannt ist, könnte die
Leistung berechnet werden, wenn der Dampfverbrauch für die Leistungseinheit bekannt ist.

Der Dampfverbrauch der Lokomotivmaschine hängt von sehr ver-
schiedenen Umständen ab. Die Art der Dampfdehnung, ob Zwilling- oder
Verbundwirkung, die Größe der Dampfzylinder, durch welche wieder die
Füllungsgrade unter den verschiedenen Verhältnissen bedingt werden, die
Güte der Steuerung usw. sind maßgebend.

Der Einfachheit wegen sind in der vorliegenden Studie nur Zwillingslokomotiven behandelt. Die Untersuchungen des Dampfverbrauches sind
namentlich bei Ausübung der größten Leistung wichtig. Hierbei ist vorausgesetzt, daß bei weit geöffnetem Regler stets die kleinste noch mögliche Füllung Anwendung findet. Es ergeben sich dann für jede Umlaufzahl ganz bestimmte Füllungsgrade, bei welchen der Dampfverbrauch der
Dampflieferung des Kessels zu entsprechen hat.

Der gesamte Dampfverbrauch von 2 Dampfzylindern von

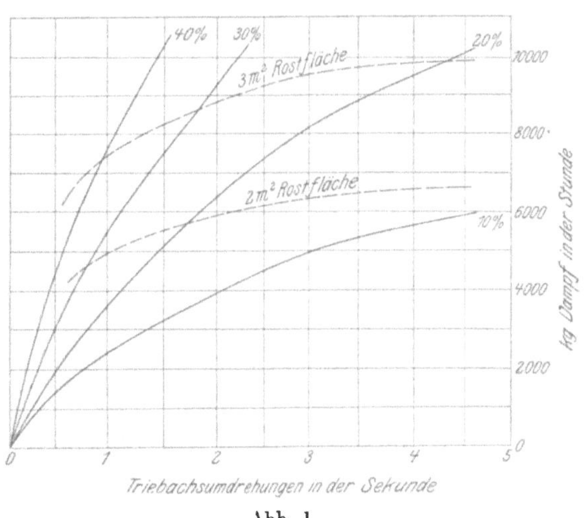

Abb. 1.

490 mm Durchmesser und
600 „ Hub

ist bei 12·5 kg/qcm Kesselüberdruck in Zusammenstellung V enthalten.

Zusammenstellung V.

Triebachsumläufe in der Sekunde	Füllungsgrad			
	10 %/₀	20 %/₀	30 %/.,	40 %/₀
1·0	2397	3581	5481	7613
2·0	3963	6405	9271	—
3·0	4975	8178	12055	—
4·0	5666	9514	—	—

Jeder Dampfzylinder hat 113·4 l Inhalt und die schädlichen Räume
betragen je 8%.

In Abb. 1 ist der Dampfverbrauch dieser beiden Zylinder zeichnerisch
dargestellt.

Trägt man in dasselbe Schaubild auch die Linien A und B ein, welche die Dampflieferung für den mittleren und den großen Kessel darstellen, so erhält man bereits ein sehr klares Bild über die Füllungsgrade, welche bei Anwendung der obengenannten Dampfzylinder eintreten.

Hierbei ist zu erinnern, daß bisher über die Größe des Triebraddurchmesser noch nicht entschieden wurde. Es ist daher zulässig, den gewählten Dampfzylinder für eine 3, 4 oder 5fach gekuppelte Lokomotive zu verwenden, weil der verlangten Zugkraft entsprechend der Durchmesser der Triebräder gewählt werden kann.

Aus Abb. 1 geht hervor, daß bei weit geöffnetem Regler folgende Füllungsgrade einzuhalten sind:

Triebachsumdrehungen in der Sekunde	Mittlerer Kessel	Großer Kessel
1·0	27·5 %	38·5 %
1·5	22·0 ,,	32·5 ,,
2·0	18·0 ,,	29·0 ,,
2·5	15·5 ,,	25·5 ,,
3·0	14·5 ,,	23·5 ,,
3·5	13·5 ,,	22·0 ,,
4·0	12·0 ,,	21·0 ,,

Nachdem bei allen Umlaufzahlen die notwendigen Füllungen bekannt sind, kann unter Zuhilfenahme der spezifischen Dampfverbrauchsziffern auch die indizierte Leistung beider Zylinder in Pferdestärken festgestellt werden.

Der Dampfverbrauch in kg für eine indizierte Pferdestärke und Stunde ist für die angenommenen Dampfzylinder bei 12·5 kg/qcm Kesselüberdruck:

Zusammenstellung VI.

Triebachsumläufe in der Sekunde	Füllungsgrad			
	10 %	20 %	30 %	40 %
1·0	13·7 kg/PS	12·5 kg/PS	14·2 kg/PS	15·6 kg/PS
2·0	12·8 ,,	11·8 ,,	12·6 ,,	—
3·0	12·5 ,,	11·3 ,,	11·9 ,,	—
4·0	14·2 ,,	11·6 ,,	—	—

Die indizierte Leistung in PS ergibt sich daher für die beiden Kessel wie folgt:

Triebachsumdrehungen in der Sekunde	Mittlerer Kessel	Großer Kessel
1·0	359 PS	488 PS
1·5	445 ,,	608 ,,
2·0	500 ,,	708 ,,
2·5	527 ,,	777 ,,
3·0	534 ,,	822 ,,
3·5	510 ,,	845. ,,
4·0	483 ,,	836 ,,

Hierbei herrschen folgende spezifischen Dampfverbrauchsziffern:

Triebachsumdrehungen in der Sekunde	Mittlerer Kessel	Großer Kessel
1·0	13·8 kg/PS	15·2 kg/PS
1·5	12·4 ,,	13·6 ,,
2·0	11·8 ,,	12·5 ,,
2·5	11·7 ,,	11·9 ,,
3·0	11·9 ,,	11·6 ,,
3·5	12·5 ,,	11·5 ,,
4·0	13·6 ,,	11·8 ,,

Für Fahrgeschwindigkeiten von 2·5 Umläufen abwärts ist die Lokomotive mit dem mittleren Kessel wirtschaftlicher, für größere dagegen jene mit dem großen Kessel. Diese Erscheinung ist darin begründet, daß Füllungen von weniger als rund $15^0/_0$ bei größeren Umlaufzahlen wegen der starken Drosselerscheinungen ungünstigere Dampfverbrauchsziffern ergeben als größere Füllungen.

Der geringste Dampfverbrauch tritt daher beim mittleren Kessel bei 2·5 Umdrehungen ein, während er beim großen Kessel erst bei 3·5 Umdrehungen zu verzeichnen ist. Dementsprechend liegen auch die Höchstwerte der beiden Leistungsschaulinien an verschiedenen Stellen.

Bezieht man die indizierte Leistung auf die Flächeneinheit der Heizfläche, so erhält man für beide Kessel verschiedene Werte. Dieser Umstand ist darauf zurückzuführen, daß die beiden verschieden leistungsfähigen Kessel auf Dampfzylinder gleicher Größe bezogen wurden. Das Verhältnis der Dampfzylinderinhalte zur Heiz- oder Rostfläche ist in beiden Fällen verschieden.

Da auf Nebenbahnen mit sehr starken Steigungen Tenderlokomotiven am vorteilhaftesten sind, werden hier hauptsächlich solche behandelt. Als reine Reibungslokomotiven besitzen sie zwar den Nachteil, daß wegen der wechselnden Vorräte das Reibungsgewicht nicht gleichmäßig erhalten bleibt. Diesem Nachteil begegnet man am vorteilhaftesten, indem man bei der Berechnung der Zuglasten eben nicht das größte Reibungsgewicht zugrunde legt, sondern jenes bei entsprechend verminderten Vorräten. Ein sicheres Maß dürfte die Annahme des Reibungsgewichtes bei rund $1/_3$ der Vorräte sein, da die Lokomotiven kaum längere Strecken mit noch geringeren Vorräten zurücklegen dürften.

Der Kessel mittlerer Größe läßt sich auf einer vierachsigen Tenderlokomotive unterbringen, wenn die Achsbelastungen bis an 14·0 t heranreichen dürfen. Es soll hier eine $3/_4$- und eine $4/_4$-gekuppelte Lokomotive dieser Bauart untersucht werden. Bei der Annahme, daß $1/_3$ vom Kohlen- und Wasservorrat vorhanden ist, beläuft sich das Gesamtgewicht dieser beiden Lokomotiven auf 50·0 t. Für die $4/_4$-gekuppelte Lokomotive erhält man dann ein Reibungsgewicht von ebenfalls 50·0 t, während für die $3/_4$-gekuppelte Tenderlokomotive 40·0 t erscheinen.

Der große Kessel entspricht einer fünfachsigen Tenderlokomotive, wenn nicht allzugroße Vorräte in Betracht kommen und ebenfalls Achsbelastungen bis 14·0 t zulässig erscheinen. Es sollen hier $3/_5$-, $4/_5$- und $5/_5$-gekuppelte Tenderlokomotiven mit diesem Kessel untersucht werden. Das in Rechnung gezogene Reibungsgewicht bei $^1/_3$ der Vorräte ist 40·0, 50·0 und 62·0 t, während das Gesamtgewicht in allen drei Fällen mit 62·0 t angenommen ist.

Für sämtliche fünf Lokomotiven gelten vorläufig dieselben Dampfzylinder von 490 mm Durchmesser und 600 mm Hub.

Um die notwendige größte Zugkraft zu erzielen, müssen die Durchmesser der Triebräder für die verschiedenen Lokomotivbauarten entsprechend gewählt werden.

Verlangt man z. B., daß die größte Zugkraft der Lokomotive, welche durch das Reibungsgewicht beschränkt ist, bei einem Füllungsgrad von 34·0°/₀ erzielt werden kann, so findet man aus Zusammenstellung VII, daß dann mit einem mittleren, nützlichen Dampfdruck von 7·0 kg/qcm zu rechnen ist.

Der Triebraddurchmesser wird dann durch die Gleichung

$$D \text{ mm} = \frac{(d^2 - d_1{}^2)\, p_i\, h}{Z_i}$$

erhalten, in welcher

d der Dampfzylinderdurchmesser in cm,

d_1 der mittlere Kolbenstangendurchmesser in cm,

p_i der mittlere nützliche Dampfdruck in kg/qcm,

h der Kolbenhub in mm und

Z_i die indizierte Zugkraft in kg ist.

Zusammenstellung VII.

p_i mittlerer, nützlicher Dampfdruck in kg/qcm.

Triebachsumläufe in der Sekunde	Füllungsgrade			
	10°/₀	20°/₀	30°/₀	40°/₀
1·0	2·80	4·85	6·70	8·00
2·0	2·60	4·65	6·45	7·75
3·0	2·40	4·20	5·95	7·30
4·0	1·65	3·65	5·35	6·80

In dem vorliegenden Falle erlangt man folgende Triebraddurchmesser:

für 62 t Reibungsgewicht 1000 mm

„ 50 t „ 1230 „

„ 40 t „ 1540 „

Geringe Abweichungen von diesen vorteilhaftesten Triebraddurchmessern bei Verwendung der gewählten Dampfzylinderabmessungen sind zulässig. Die größten Füllungsgrade, die für Ausübung der durch die nutzbare Reibung gebotenen Zugkraft nötig sind, sollen jedoch innerhalb der Grenzen von 30 und 40°/₀ liegen. Kommen schon bei Ausübung der Höchstzugkraft Füllungen von weniger als 30°/₀ in Anwendung, so ist zu befürchten, daß bei den höheren Fahrgeschwindigkeiten sehr kleine, wenig wirtschaftliche Füllungen eintreten. Andererseits sollen bei Ausübung der größten Zugkraft größere Füllungen als 40°/₀ vermieden werden, da gerade Gebirgslokomotiven die Zugkräfte lange Zeit ausüben müssen und hierbei eine entsprechende Wirtschaftlichkeit anzustreben ist.

Bei Verbundlokomotiven haben im Hochdruckzylinder Füllungen von 50 bis 70°/₀ als Grenzen zu gelten.

Im allgemeinen empfiehlt es sich, Lokomotiven, die auch häufig mit höheren Fahrgeschwindigkeiten zu fahren haben, mit kleineren, welche dagegen dauernd an der Reibungsgrenze beansprucht sind, mit größeren Dampfzylindern auszurüsten.

Wenn unter obigen Voraussetzungen die indizierten Zugkräfte für die fünf verschiedenen Lokomotivbauarten entwickelt werden, so erhält man die in Zusammenstellung VIII enthaltenen Werte.

Innerhalb des Gebietes, wo für die größte indizierte Zugkraft die nutzbare Reibung maßgebend ist, erscheint ein Reibungswert von 160 kg/t angenommen. Die indizierte Zugkraft ist in diesem Gebiete aus der Zugkraft am Umfang der gekuppelten Räder vermehrt um die Maschinenreibung gerechnet.

Als kritische Geschwindigkeit ist jene bezeichnet, bei welcher gleichzeitig die nutzbare Reibung und auch der Kessel voll beansprucht erscheinen. Die kritische Geschwindigkeit erscheint im Zugkraftschaubild (Abb. 2) an der Bruchstelle der Schaulinie.

Für die Lokomotiven sind außerdem in Zusammenstellung VIII die Höchstgeschwindigkeiten enthalten. Sie wurden unter der Voraussetzung gewählt, daß eine größte Umlaufzahl der Triebachse von vier Umdrehungen in der Sekunde noch zulässig erscheint.

Zusammenstellung VIII.

Bezeichnung der Lokomotive		1	2	3	4	5
Kupplung		$^3/_4$	$^4/_4$	$^3/_5$	$^4/_5$	$^5/_5$
Heizfläche	qm	130·0	130·0	195·0	195·0	195·0
Rostfläche	qm	2·0	2·0	3·0	3·0	3·0
Dienstgewicht	t	50·0	50·0	62·0	62·0	62·0
Reibungsgewicht (rechnungsmäßig)	t	40·0	50·0	40·0	50·0	62·0
Triebraddurchmesser	mm	1540	1230	1540	1230	1000
Größte Fahrgeschwindigkeit	km/st	70·0	55·0	70·0	55·0	45·0
Kritische Fahrgeschwindigkeit	km/st	9·0	7·25	23·5	18·5	14·5
Größte Zugkraft am Umfang der Triebräder	kg	6400	8000	6400	8000	9920
Fahrgeschwindigkeit km/st	Indizierte Zugkraft, kg					
5		6615	8318	6615	8319	10377
10		6470	7710	6622	8327	10388
15		5820	6710	6629	8336	10220
20		5240	5880	6636	8040	8970
25		4700	5180	6450	7250	7980
30		4240	4590	5920	6580	7140
35		3820	4060	5470	6000	6410
40		3470	3600	5070	5500	5720
45		3160	3180	4720	5010	5020
50		2890	2770	4400	4560	—
55		2610	2400	4070	5100	—
60		2330	—	3780	—	—
65		2090	—	3490	—	—
70		1190	—	3220	—	—

Aus Zusammenstellung VIII und Abb. 2 geht hervor, daß die Zugkräfte in Bezug auf die Fahrgeschwindigkeit bei den fünf Lokomotivbauarten verschieden gelagert sind. Obschon für alle Lokomotiven dieselben Dampf-

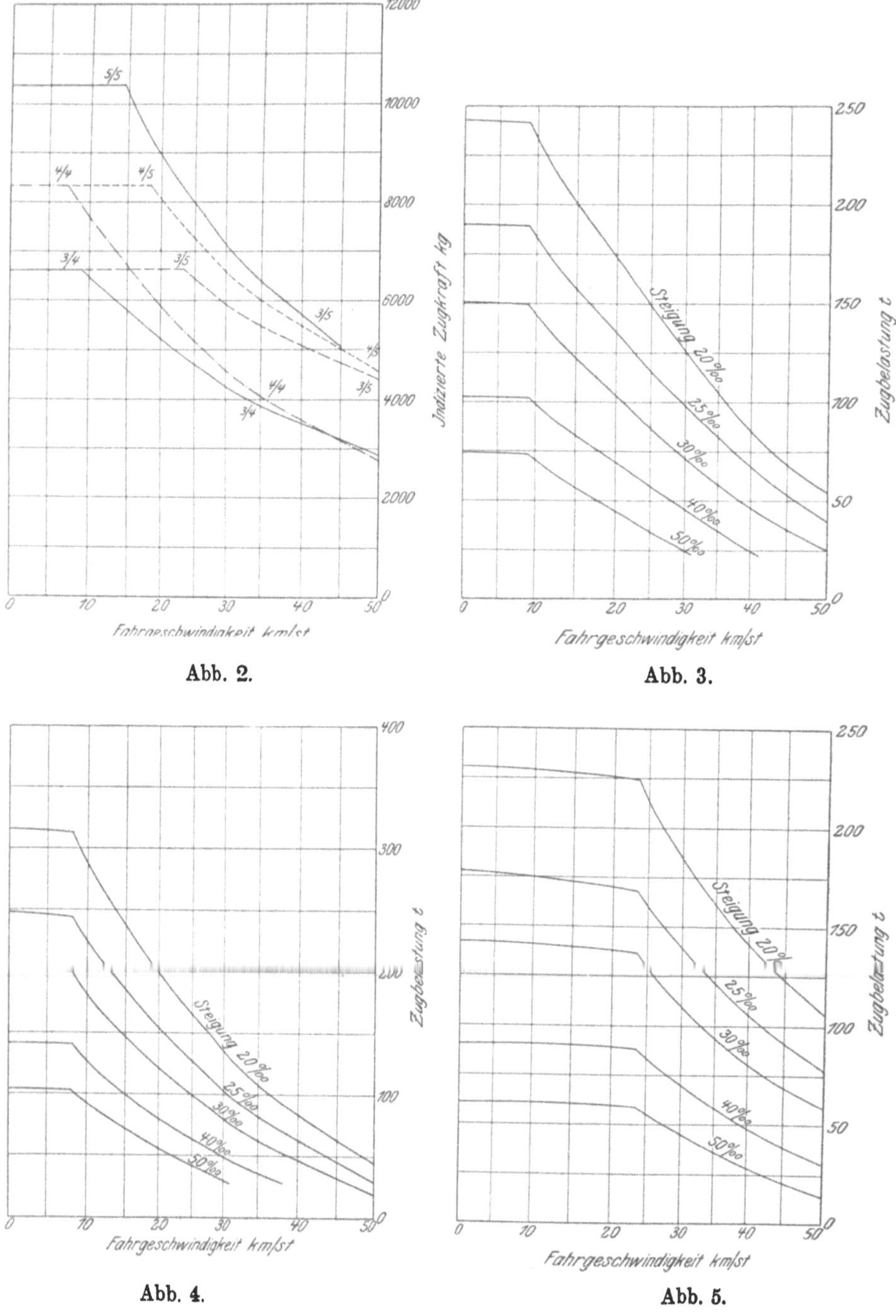

zylinderabmessungen und für die $^3/_4$- und $^4/_4$-, ferner für die $^3/_5$-, $^4/_5$- und $^5/_5$-gekuppelte Lokomotive je ein Kessel gleicher Leistungsfähigkeit zugrunde gelegt ist, decken sich die Zugkraftschaulinien auch im Gebiet der Kesselleistung nicht. Diese Umlagerung der Zugkräfte ist durch die Wahl der verschiedenen Triebraddurchmesser hervorgerufen. Der Höchstwert der indizierten Leistung kann je nach Bedarf durch größere oder kleinere Triebraddurchmesser in höhere oder geringere Fahrgeschwindigkeiten verlegt werden. Je stärker die Steigungen sind, für welche die Lokomotive hauptsächlich geeignet sein soll, auf um so geringere Fahrgeschwindigkeiten ist zu rechnen und der Triebraddurchmesser fällt entsprechend kleiner aus.

Eine übersichtliche Beurteilung der Leistungsfähigkeit und Verwendbarkeit der einzelnen Lokomotivbauarten ist aus den Belastungstafeln möglich, welche die geförderten Zuglasten bei verschiedenen Fahrgeschwindigkeiten und Steigungsverhältnissen erkennen lassen.

Unter Annahme eines Widerstandes des Wagenzuges nach der Gleichung

$$w \text{ kg/t} = 1\cdot8 + 0\cdot001 V^2,$$

welche bereits weiter oben besprochen erscheint, sind die in folgender Zusammenstellung IX enthaltenen Zuglasten gerechnet.

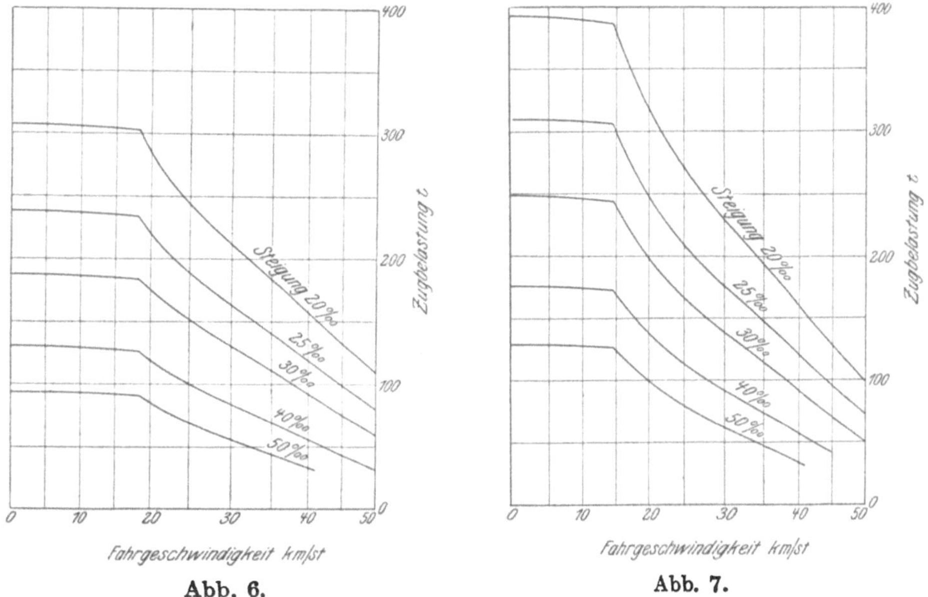

Abb. 6.Abb. 7.

Eine zeichnerische Darstellung der Belastungstafeln ist in Abb. 3 bis 7 wiedergegeben. Es gilt für die

$^3/_4$-gekuppelten Lokokomotiven Abb. 3
$^4/_4$-   ,,   ,,   ,, 4
$^3/_5$-   ,,   ,,   ,, 5
$^4/_5$-   ,,   ,,   ,, 6
$^5/_5$-   ,,   ,,   ,, 7.

Aus diesen Werten läßt sich eine Reihe wichtiger Schlüsse ziehen.

Zunächst ist zu entnehmen, daß auf den Steigungen von 20, 25 und selbst $30^0/_{00}$ die stärkeren Lokomotiven noch ganz ansehnliche Lasten zu fördern vermögen.

Auf minder wichtigen Hauptbahnen und Nebenbahnen kann als wünschenswerte Zuglast für Personenzüge rund 150, für Güterzüge 200 t gerechnet werden. In dieser Hinsicht entsprechen auf der Steigung von $20{\cdot}0\,^0/_{00}$ noch sämtliche Lokomotiven. Die $^4/_5$- und $^5/_5$-gekuppelte Lokomotive müßte sogar als zu stark bezeichnet werden. Auf der Steigung von $25{\cdot}0\,^0/_{00}$ genügen die dreifach gekuppelten Lokomotiven für den Personenzugdienst während die übrigen im Güterzugdienst Verwendung finden könnten. Solange jedoch die Fahrgeschwindigkeit der Güterzüge keine besondere Rolle spielt, genügt auch die $^4/_4$-gekuppelte Lokomotive mit dem kleineren Kessel. Auf $30{\cdot}0\,^0/_{00}$ erweisen sich bereits die dreifach gekuppelten Lokomotiven als zu schwach. Hier muß bereits die $^4/_4$- oder $^4/_5$-gekuppelte Lokomotive den Personenzugdienst besorgen, wobei für die erstere die Fahrgeschwindigkeiten schon recht bescheiden sind. Im Güterzugdienst genügt allein die $^5/_5$-gekuppelte Lokomotive.

Zusammenstellung IX.

Zugbelastungen der Reibungslokomotiven.

Steigung	$20\,^0/_{00}$					$25\,^0/_{00}$					$30\,^0/_{00}$				
Kupplung der Lokomotive	$^3/_4$	$^4/_4$	$^3/_5$	$^4/_5$	$^5/_5$	$^3/_4$	$^4/_4$	$^3/_5$	$^4/_5$	$^5/_5$	$^3/_4$	$^4/_4$	$^3/_5$	$^4/_5$	$^5/_5$
10	235	287	228	305	392	184	225	174	236	308	146	181	137	185	248
20	174	199	226	286	319	135	153	172	222	248	105	121	136	177	200
30	125	135	185	212	229	92	102	142	162	176	71	79	110	128	140
40	86	83	141	157	159	62	62	106	118	119	46	46	80	92	93
50	56	46	106	109	—	39	30	77	80	—	26	19	58	59	—
60	30	—	74	—	—	19	—	51	—	—	—	—	36	—	—
70	9	—	46	—	—	—	—	29	—	—	—	—	17	—	—

(Fahrgeschwindigkeit km/st)

Steigung	$40\,^0/_{00}$					$50\,^0/_{00}$				
Kupplung der Lokomotive	$^3/_4$	$^4/_4$	$^3/_5$	$^4/_5$	$^5/_5$	$^3/_4$	$^4/_4$	$^3/_5$	$^4/_5$	$^5/_5$
10	99	126	90	128	174	70	92	61	92	128
20	69	80	89	120	139	45	56	60	86	100
30	43	49	70	83	92	25	30	45	56	63
40	24	24	48	56	57	—	—	27	34	34
50	—	—	30	32	—	—	—	13	15	—
60	—	—	14	—	—	—	—	—	—	—

(Fahrgeschwindigkeit km/st)

Auf noch stärkeren Steigungen müssen bereits andere Grundlagen gesucht werden. Eine Trennung zwischen Personen- und Güterzugbelastung findet dann nicht mehr statt. Man fährt in der Regel mit der kritischen Fahrgeschwindigkeit und fördert dabei die größtmöglichste Last mit der höchsten Fahrgeschwindigkeit. Lokomotiven mit voller Ausnützung des Dienstgewichtes als Reibungsgewicht bieten hier am ehesten Vorteile.

Auf der Steigung von $40\cdot0\,^0/_{00}$ würden die vierfach gekuppelten Lokomotiven höchstens noch für Touristenzüge genügen, für gemischten oder Güterzugdienst entspricht die $^5/_3$-gekuppelte Lokomotive. Mit der ersteren Lokomotive können noch rund 125 t, mit der letzteren noch 170 t gefördert werden.

Auf der Steigung von $50\cdot0\,^0/_{00}$ sind die Zuglasten noch ungünstiger. Die Lokomotiven ziehen wenig mehr als das doppelte eigene Reibungsgewicht. Diese Steigung ist die Grenze, bei welcher die Reibungslokomotive überhaupt Verwendung findet. Bahnen mit noch stärkeren Steigungen sind, wie wir gesehen haben, Ausnahmen und nur in ganz besonderen Fällen wirtschaftlich erfolgreich.

Schlepptenderlokomotiven können kräftiger ausgebildet werden als Tenderlokomotiven, da der Einbau eines leistungsfähigeren Kessels möglich wird.

Wird für eine Schlepptenderlokomotive und eine Tenderlokomotive derselbe Kessel und dieselbe Maschine zugrunde gelegt, so ist das Dienstgewicht der ersteren Bauart nur rund 0·8 des Dienstgewichtes der Tenderlokomotive. Es ist somit auch das Reibungsgewicht und damit die größte ausübbare Zugkraft kleiner. Da überdies der Schlepptender zu fördern ist, bleibt am Zughaken eine noch weiter verminderte Zugkraft übrig.

Dagegen bleibt an Lokomotiven mit Schlepptender das Reibungsgewicht gleichmäßig erhalten und kann im vollen Betrag ausgenützt werden. Dieser Vorteil wiegt bei großen Betrieben die Vorteile der Tenderlokomotiven auf. Auf Hauptbahnen mit starken Steigungen finden daher Tenderlokomotiven nur selten Verwendung.

Um einen Vergleich zwischen Lokomotiven mit Schlepptender und Tenderlokomotiven bieten zu können, sei hier eine $^4/_4$-gekuppelte Schlepptenderlokomotive mit 56 t Reibungsgewicht mit dem großen Kessel ausgerüstet gedacht. Diese Lokomotive soll Räder von demselben Durchmesser und dasselbe Triebwerk der $^4/_5$-gekuppelten Tenderlokomotive erhalten.

Statt 50 t Reibungsgewicht stehen nun 56 t zur Verfügung und die Zugkraft am Umfang der Triebräder rückt von 8000 auf 8960 kg hinauf.

Die vom Kessel gelieferte Dampfmenge gibt in beiden Fällen dieselbe indizierte Zugkraft. Die kritische Fahrgeschwindigkeit der Tenderlokomotive ist 18·5 km/st. Für die Schlepptenderlokomotive beträgt sie nur 14·0 km/st.

Aus Abb. 8 ist zu entnehmen, daß die Zugkraft am Zughaken beider Lokomotiven auf wagerechter Strecke bei rund 15·0 km/st Fahrgeschwindigkeit gleich groß ist. Für kleinere Fahrgeschwindigkeiten ist die Zugkraft der Schlepptenderlokomotive größer, für höhere jedoch die der Tenderlokomotive. Das größere Eigengewicht der Lokomotive bringt bei steigender Fahrgeschwindigkeit einen erhöhten Kraftbedarf für die Eigenbewegung mit sich.

Bei zunehmender Steigung macht sich überdies die Schwerkraft des größeren Eigengewichtes geltend. Bei einer Steigung von 36·6 °/₀₀ liefert

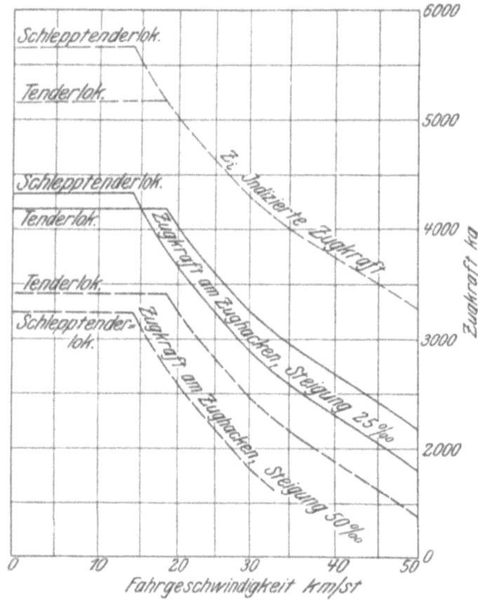

Abb. 8.

die Schlepptenderlokomotive auch bei kleinen Fahrgeschwindigkeiten keine größeren Zugkräfte am Zughaken als die Tenderlokomotive. Bei noch stärkeren Steigungen ist die Zugkraft der Tenderlokomotive der Lokomotive mit Schlepptender überlegen. In Abb. 8 sind die Zugkräfte am Zughaken beider Lokomotiven für eine Steigung von 50 °/₀₀ eingetragen, woraus dieser Umstand zu erkennen ist.

In Zusammenstellung X sind die Zuglasten für beide Lokomotiven gegenübergestellt.

Hieraus ist zu erkennen, daß Schlepptenderlokomotiven namentlich für den Großgüterverkehr, vorteilhafter sind als Tenderlokomotiven.

Zusammenstellung X.

Steigung °/₀₀	Fahrgeschwindigkeit km/st	Zugbelastung t	
		⁴/₅-gekuppelte Tenderlokomotive	⁴/₄-gekuppelte Schlepptenderlokomotive
20	10	305	323
	20	286	259
	30	212	186
	40	157	131
25	10	233	247
	20	222	195
	30	162	136
	40	118	92
30	10	185	195
	20	177	151
	30	128	102
	40	92	66
40	10	128	127
	20	120	95
	30	83	58
	40	56	31
50	10	91	86
	20	86	60
	30	56	31
	40	34	—

Für sehr große Steigungen bleibt die Tenderlokomotive verwendbarer.

Es gilt diese Entscheidung jedoch nur unter der Voraussetzung gleicher indizierter Zugkräfte, d. h. gleicher Kessel und gleicher Maschinen.

Bedeutend einflußreicher auf die Wahl von Lokomotiven mit oder ohne Schlepptender ist die Entfernung der Wasserstationen.[1])

In Zusammenstellung XI sind die Hauptabmessungen verschiedener Tenderlokomotiven enthalten, welche für den Betrieb auf Steilrampen besonders geeignet erscheinen.

Diese Beispiele ausgeführter Lokomotiven passen in den Rahmen der hier erörterten Grundbauarten.

Die Lokomotiven dienen teils auf Haupt-, teils auf Nebenbahnen, und es ist bemerkenswert, daß die Tenderlokomotiven gegenwärtig auch auf Hauptbahnen mehr in Verwendung kommen.

Die fünffache Kuppelung ist erst kurze Zeit in Anwendung, sie dürfte voraussichtlich eine weite Verbreitung finden.

In Zusammenstellung XII sind die Hauptabmessungen einiger Schlepptenderlokomotiven für Hauptbahnen aufgenommen.

Die $^4/_4$-gekuppelten Lokomotiven sind größtenteils älterer Bauart.

Für Personen- und Schnellzugdienst dienen hauptsächlich die $^4/_5$-gekuppelten Lokomotiven. Vielfach werden auch noch $^3/_5$-gekuppelte Lokomotiven verwendet, sie entsprechen jedoch zur Zeit nicht mehr den Anforderungen.

Die $^5/_6$-gekuppelte Gebirgslokomotive der österreichischen [Staatsbahnen ist für Personen- und Schnellzugdienst bestimmt.

3. Lokomotiven gemischter Bauart.

Aus dem Zugkraftschaubild in Abb. 2 ist zu entnehmen, daß bei sämtlichen Lokomotiven die durch Kessel und Maschine gebotenen Zugkräfte auch unterhalb der kritischen Geschwindigkeit noch zunehmen. Für reine Reibungslokomotiven besitzen diese Zugkräfte jedoch keinen Wert, da sie wegen ungenügender nutzbarer Reibung unausgeübt bleiben müssen. Wendet man Zahnstange und Zahnrad an, um auch in diesem Leistungsgebiet die ganze gebotene Zugkraft ausnützen zu können, so erhält man vereinigte Reibungs- und Zahnradlokomotiven. Auch bei diesen Lokomotiven gilt die Reibungsmaschine als Hauptmotor, während die Zahnradmaschine als Hilfsmotor anzusehen ist.

Die einfachste vereinigte Reibungs- und Zahnradlokomotive ist jene, bei welcher unmittelbar auf den Reibungsachsen die Zahnräder sitzen und nur ein Dampfzylinderpaar vorhanden ist. Das Zahnrad oder die Zahnräder übertragen selbständig jenen Anteil der Zugkraft, welchen die gekuppelten Reibungsräder nicht mehr auszuüben vermögen.

Die Zahnräder sind nur selten unmittelbar auf die Reibungsachsen gesetzt, sondern besitzen meist eigene Achsen. Diese sind entweder unmittelbar mit den Reibungsachsen gekuppelt oder durch ein eigenes Paar Dampfzylinder angetrieben. Man unterscheidet daher vereinigte Reibungs- und Zahnradlokomotiven mit

---

[1]) In „Über das günstigste Steigungsverhältnis bei Gebirgsbahnen", C. Sauer, Wien 1880, ist ebenfalls ein Vergleich zwischen Schlepptender- und Tenderlokomotiven enthalten.

1. gemeinsamen und
2. getrennten Triebwerken.

Die erstere Bauart mit zwei Dampfzylindern wird für Bahnen geringerer Leistungsfähigkeit vorgezogen. Die Lokomotiven zeichnen sich durch Einfachheit und geringes Gewicht aus. Da der unmittelbare Antrieb der gekuppelten Reibungs- und Zahnachsen sehr geringe Umlaufzahlen und Kolbengeschwindigkeiten ergibt, die weder eine gute Dampfausnützung noch eine befriedigende Feueranfachung ergeben, erfolgt der Antrieb nicht selten durch ein Zahnradvorgelege. Es ist dies namentlich für stärkere Steigungen nötig, wo die Fahrgeschwindigkeit nur eine geringe sein kann.

Muß die vereinigte Reibungs- und Zahnstangenlokomotive längere Strecken mit der Reibungsmaschine allein zurücklegen, so läuft bei dieser Bauart das Zahngetriebe leer mit. Dies verursacht unnötige Reibungsverluste und beschränkt die Fahrgeschwindigkeit, namentlich wenn der Antrieb durch ein Vorgelege erfolgt. Aber auch bei der Wahl der günstigsten Dampfzylinderabmessungen ist man bei gekuppelten Reibungs- und Zahnrädern sehr beschränkt, weil sehr vielen Umständen Rechnung zu tragen ist. Es ist daher sehr vorteilhaft, den Antrieb der Reibungsachsen von jenen der Zahnachsen zu trennen. Es gelingt dann für jede Maschine, die vorteilhaftesten Triebwerksabmessungen zu wählen und auf Strecken mit der glatten Schiene allein ruht die Zahnradmaschine.

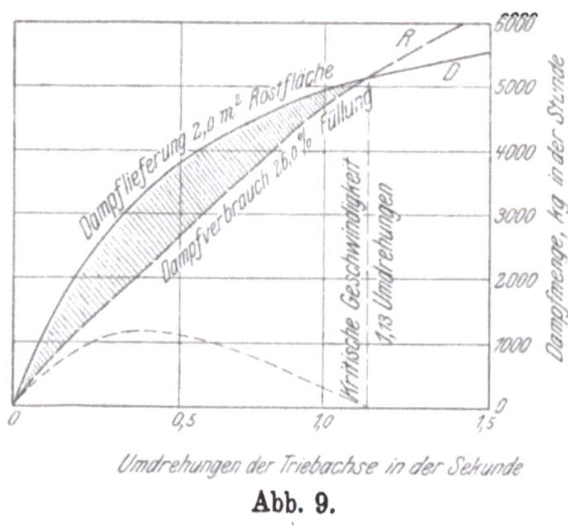

Abb. 9.

Diese zuerst von Roman Abt erdachte Bauart hat die vereinigte Reibungs- und Zahnradlokomotive zu einer ungemein vielseitigen und verwendbaren Maschine gemacht, die in den verschiedensten Formen und unter den verschiedensten Verhältnissen im Betriebe stehen.

Da für Bahnen mit größerer Leistungsfähigkeit nur Lokomotiven mit getrennten Triebwerken in Betracht kommen, sind solche hier hauptsächlich behandelt.

Aus Abb. 9 ist zu entnehmen, daß für Fahrgeschwindigkeiten kleiner als die kritische, die Dampflieferung des Kessels größer ist als die Reibungsmaschine verbrauchen kann. Die durch die schraffierte Fläche in Abb. 9 dargestellte Dampfmenge kann daher von vornherein für die Zahnmaschine Verwendung finden. Bei Lokomotiven mit einem gemeinsamen Triebwerk kann dann die Füllung in den Dampfzylindern noch weiter gesteigert werden, bis der Dampfverbrauch die Dampferzeugung erreicht.

Bei Lokomotiven mit getrennten Triebwerken sind die Verhältnisse anders. Man hat es hier in der Hand, durch Vergrößerung der Umdrehungszahl der Zahnachsen die Zugwirkung namhaft zu verbessern, die bei alleinigem Arbeiten der Reibungsmaschine und geringen Fahrgeschwindigkeiten schon recht ungünstig wird. Der Auspuff der Zahnmaschine ist häufiger als jener der Reibungsmaschine und es ist auch die Dampfgeschwindigkeit wegen der höheren Kolbengeschwindigkeit größer.

Zusammenstellung XI.
Normalspurige Tenderlokomotiven für Steilrampen.

Eisenbahn	Lokomotiv-fabrik	Baujahr	Kuppelung	Zylinder-durch-messer	Kolbenhub	Triebrad-durchmesser	Laufrad-durchmesser	Gesamter Radstand	Fester Radstand	Kesseldruck	Heiz-fläche	Rostfläche	Gewicht			Vorrat		Größte Steigung	Größte Fahrge-schwindigkeit
													Im Dienst	Reibungs-	Leer-	Wasser	Kohle		
				mm	mm	mm	mm	mm	mm	at	qm	qm	t	t	t	cbm	t	°/$_{00}$	km/st
Jura-Neuchâtelois . .	Winterthur	1897—1899	$^3/_4$	420	650	1320	900	6000	3600	12	120·5	1·70	52·4	43.9	39·1	6·6	2·5	27·0	55·0
Preußische St.-B.	Borsig	1900	$^3/_4$	450	630	1350	1000	6000	1650	12	123·0²)	1·50	60·3	45·0	47·4	7·0	2·0	—	50·0
Gotthardbahn	Eßlingen	1882—1883	$^3/_4$	480	640	1330	850	6000	3400	10	135·6	1·82	56·0	44·2	41·5	7·0	2·5	27·0	60·0
Badische St.-B.	Maffei	1902	$^3/_5$	435	630	1480	990	8400	3400	13	118·6	1·83	62·2	40·2	48·2	7·0	1·8	55·0	80·0
Österreichische St.-B. . .	Floridsdorf	1895—1900	$^3/_5$	520—740	632	1258	830	7700	2900	13	143·9	2·30	69·5	40·3¹)	52·6	8·3	3·0	—	60·0
Ungarische St.-B.	Budapest	1906	$^3/_5$	410—620	600	1180	950	7650	2825	13	101·0	1·75	50·0	30·0	36·0	6·1	3·6	—	50·0
„ „	„	1896	$^4/_4$	420—600	460	950	—	3350	2325	12	96·9	1·72	40·0	40·0	31·0	4·3	1·2	—	36·0
Österreichische St.-B. . .	Krauß, Linz	1900—1903	$^4/_4$	420—650	570	1110	—	3700	2470	13	99·8	1·65	46·0	42·6¹)	36·0	5·2	1·9	50·0	50·0
Lokalbahn München . .	Krauß, München	1904	$^4/_4$	540	560	1110	—	4200	3000	12	110·3²)	2·00	57·2	53·2¹)	45·2	6·0	1·6	—	—
Tößtalbahn .	Winterthur	1899	$^4/_5$	480—700	600	1230	850	6430	4100	12	113·1	1·70	50·0	50·0	39·0	5·3	1·5	—	50·0
Jura-Neuchâtelois . .	„	1903—1904	$^4/_5$	520—780	630	1230	850	6550	4200	13	132·8	2·22	68·0	40·3 bis 57·2	49·5	8·6	3·5	27·0	55·0
Westfälische Landesbahn	Hannover	1904	$^5/_5$	520	660	1300	—	5600	2800	14	115·0²)	2·00	63·9	63·9	—	6·2	2·5	20·0	—
Preußische St.-B.	Berlin	1906	$^5/_5$	610	660	1350	—	5800	2900	12	131·6²)	2·25	73·9	73·9	58·9	7·0	2·0	—	50·0

¹) Reibungsgewicht mit halben Vorräten.
²) Feuerberührte Heizfläche.

38*

598

Zusammenstellung XII.

Normalspurige Schlepptenderlokomotiven für Gebirgsbahnen.

Eisenbahn	Lokomotiv-fabrik	Baujahr	Kuppe-lung	Zylinder-durch-messer mm	Kolbenhub mm	Triebrad-durchmesser mm	Laufrad-durchmesser mm	Gesamter Radstand mm	Fester Radstand mm	Kesseldruck at	Heizfläche qm	Rostfläche qm	Gewicht Im Dienst t	Gewicht Reibung t	Gewicht Leer t	Tender Wasser-vorrat cbm	Tender Kohlen-vorrat t	Tender Dienst-gewicht t	Größte Steigung o/oo	Größte Fahr-geschwindigkeit km/st
Österreichische St.-B.	Floridsdorf	1885—1903	4/4	500	570	1100	—	3900	2550	11·0	182·0	2·25	55·1	55·1	47·5	16·8	7·0	39·2	37·0	35
Gotthardbahn	Winterthur	1902	4/4	520	630	1230	—	4200	4200	15·0	176·8	2·16	60·0	60·0	53·5	9·0	5·0	26·2	27·0	45
Bayerische Pfalzbahn	Krauß, München	1905	4/4	540·810	660	1250	—	4500	3000	13·0	172·5	2·50	56·3	56·3	50·4	16·0	6·0	39·4	—	—
Österreichische St.-B.	Wr.Neustadt	1897—1901	4/5	540·800	632	1285	830	6800	2800	13·0	250·3	3·91	69·0	57·0	60·5	16·8	7·0	39·2	32·4	60
Italienische St.-B.	Mailand	1906	4/6	540·800	680	1400	840	8060	3040	14·0	161·7	4·40	76·0	60·0	70·0	13·0	4·0	34·0	—	65
Bayrische St.-B.	Krauß, München	1904	4/5	540	610	1270	—	7100	2870	12·0	202·1	2·85	65·0	56·0	59·0	18·0	6·0	45·0	—	—
Ungarische St.-B.	Budapest	1905	2/3 + 2/2	{2·390}{2·635}	650	1440	1040	8710	1850	16·0	235·7	3·55	75·3	65·3	68·4	14·5	6·6	36·8	25·0	—
Schweizer Bundesbahnen	Winterthur	1905	4/5	{2·370}{2·600}	640	1330	850	7500	3250	14·0	174·2	2·44	66·3	57·6	59·7	17·0	5·0	39·6	26·0	65
Gotthardbahn	Maffei	1907	4/5	{2·395}{2·635}	640	1350	870	7520	4800	15·0	278·2	4·07	76·4	62·2	70·7	17·0	5·0	38·0	27·0	65
Österreichische St.-B.	Floridsdorf	1900—1904	5/5	560·850	632	1258	—	5600	2800	14·0	203·0	3·00	65·7	65·7	59·5	16·8	7·0	39·2	32·4	50
Sächsische St.-B.	Chemnitz	1905	5/5	590·860	630	1240	—	5600	2800	13·0	209·7[2]	3·29	70·0	70·0	—	—	—	—	—	—
Württembergische St.-B.	Eßlingen	1906	5/5	565·860	612	1250	—	5600	2800	15·0	272·1[2]	2·90	73·3	73·3	66·0	—	—	—	—	—
Italienische St.-B.	Maffei	1907	5/5	{2·375}{2·610}	650	1350	—	6000	3000	16·0	243·0[2]	3·50	75·0	75·0	67·4	20·0	6·0[1]	25·5	—	—
Elsaß-Lothring. Reichsbahn	Grafen-staden	1904	5/6	{2·390}{2·600}	650	1330	830	8180	4620	15·0	215·1[2]	2·77	74·8	66·3	67·3	18·0	5·0	45·3	15·0	45
Österreichische St.-B.	Wien	1906	5/6	{2·370}{2 630}	720	1450	1034	8670	5010	16·0	258·0	4·60	77·2	67·4	70·0	16·8	7·0	39·2	32·4	70

[1]) Kohlenvorrat auf der Lokomotive.
[2]) Feuerberührte Heizfläche.

Die Zugwirkung und damit die Dampferzeugung hängt in jenem Gebiet, in welchem die Zahnmaschine mitwirkt, hauptsächlich von dieser ab. Die Dampferzeugung bei bestimmter Umdrehungzahl der Zahnmaschine ist mindestens ebensogroß als bei derselben Umdrehungzahl der allein arbeitenden Reibungsmaschine. Diese Erscheinung ist als Grundlage für die Berechnung der Lokomotiven gemischter Bauart angenommen.

Wie aus Abb. 10 zu entnehmen ist, erscheint somit für das Gebiet der gemischten Betriebsart eine neue, viel höher liegende Linie für die Dampflieferung. Auch diese Linie ist aus Zusammenstellung III entnommen, jedoch auf die Umdrehungzahl der Zahnmaschine bezogen.

Der Unterschied in der Größe der Dampferzeugung bei reinem Reibungsbetrieb und gemischtem Betrieb wird um so größer sein, je weiter die Umdrehungszahlen der beiden Maschinen für dieselbe Fahrgeschwindigkeit auseinandergehen. Wird dagegen nur ein Triebwerk zum Betrieb der glatten Räder und der Zahnräder angewendet, so tritt eine Steigerung der Dampferzeugung im Gebiet der Zahnstange nicht ein. Es ist dies wieder ein Umstand, der die Überlegenheit der Lokomotive mit getrennten Triebwerken begründet.

In Abb. 10 ist die Dampflieferung des mittleren Kessels von 130 qm Heizfläche und 2 qm Rostfläche für reinen Reibungsbetrieb durch Schaulinie D dargestellt. Der Triebraddurchmesser ist mit 1230 mm gewählt. Es ist das Reibungsgewicht von 40 t bei einem Reibungswert von 160 kg/t bis zu einer Fahrgeschwindigkeit von 15·5 km/st voll ausgenützt. Unter Zuhilfenahme von Zusammenstellung VII ist zu

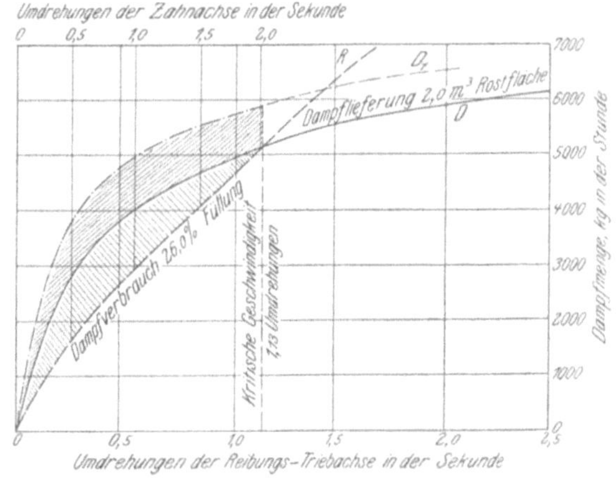

Abb. 10.

erkennen, daß bei voll geöffnetem Regler und 12·5 at Kesseldruck eine Füllung von 26°/₀ notwendig ist, um diese Zugkraft an der Reibungsgrenze auszuüben. Eine größere Füllung ist auch bei kleineren Fahrgeschwindigkeiten nicht zulässig, wenn nicht ein Gleiten der Triebräder wegen mangelnder Reibung eintreten soll.

Es ist somit schon zu erkennen, daß zunächst die Dampfmenge zwischen der Schaulinie D und R, welch letztere den Dampfverbrauch für die Füllung von 26°/₀ darstellt, von der Reibungsmaschine nicht verwertet werden kann.

Werden für die Zahnmaschine folgende Hauptabmessungen gewählt:

Durchmesser der Dampfzylinder . . . . 500 mm
Kolbenhub . . . . 450 „
Durchmesser des Teilungskreises . . . . 688 „

so ist die Umlaufzahl der Zahnmaschine 1·67 mal größer als an der Reibungsmaschine.

Die Dampflieferung im Gebiet der Zahnmaschine wird daher entsprechend höher liegen. Während z. B. bei 15·5 km/st Fahrgeschwindigkeit die Reibungsmaschine nur 1·13 Umdrehungen in der Sekunde ausführt, kommt die Zahnmaschine bei derselben Geschwindigkeit auf 2·32 Umdrehungen und erzielt dabei eine gleich große Dampferzeugung als die Reibungsmaschine bei derselben Umlaufzahl, d. i. bei 28·9 km/st. Die Schaulinie D_1, welche die Dampflieferung im Gebiet der Zahnmaschine darstellt, ist demnach eine Verjüngung der Schaulinie D in der Richtung der wagerechten Achse im Verhältnis von 1:1·67.

Die Zahnmaschine hat somit eine Dampfmenge zur Verfügung, die durch die schraffierte Fläche zwischen den Schaulinien D_1 und R dargestellt ist.

In Abb. 11 ist diese Dampfmenge für sich nochmals gezeichnet. Gleichzeitig sind Schaulinien eingetragen, welche den Dampfverbrauch bei Füllungen von 10, 20, 30 und 40°/₀ der Zahnmaschine darstellen. Man kann hieraus die Füllungsgrade der Zahnmaschine bei den verschiedenen Fahrgeschwindigkeiten entnehmen. Mit Hilfe der Zusammenstellung VI kann dann auch die indizierte Leistung der Zahnmaschine festgestellt werden.

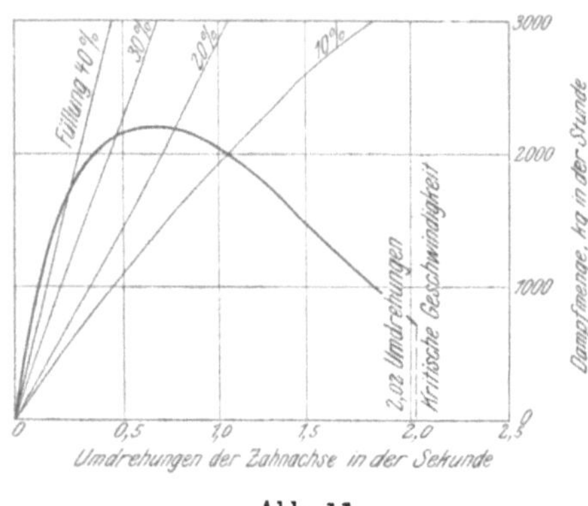

Abb. 11.

Die so erhaltenen indizierten Zugkräfte sind in Abb. 12 aufgenommen. Die Zahnmaschine wirkt zwischen Fahrgeschwindigkeiten von 5 und 12 km/st am vorteilhaftesten. Bei noch größeren Fahrgeschwindigkeiten ist die Dampfmenge, welche für die Zahnmaschine übrig bleibt, so gering (siehe Abb. 11) daß ihre Mitwirkung besser unterbleibt. Die kritische Fahrgeschwindigkeit der ³/₄-gekuppelten Lokomotive bei 1230 mm Triebraddurchmesser ist 15·5 km/st. Zwischen 12 und 15·5 km/st ist daher die nutzbare Reibung der Lokomotive für die größte ausgeübte Zugkraft maßgebend. Darüber hinaus kommt die Kesselleistung allein zur Wirkung.

Aus Abb. 12 ist auch zu erkennen, daß die Kupplung der vierten Lokomotivachse für den gemischten Betrieb nur wenig Wert besitzt.

Für die ⁴/₄-gekuppelte Lokomotive würde die durch die nutzbare Reibung beschränkte Zugkraft von der Schaulinie $Z\,40$ auf $Z\,50$ hinaufrücken, da das Reibungsgewicht um 10 t größer würde. Die größte ausübbare Zugkraft würde dann nur zwischen der Fahrgeschwindigkeit von 12 und 15·5 km/st wenig größer werden, im übrigen aber durchaus unverändert bleiben. Es wurde daher die ⁴/₄-gekuppelte Lokomotive gemischter Bauart nicht weiter untersucht.

Dieselben Untersuchungen wurden außerdem für je eine ³/₅-, ⁴/₅-und ⁵/₅-gekuppelte Tenderlokomotive mit großem Kessel vorgenommen, um den Einfluß der verschiedenen Kuppelungen zu erkennen. An allen Lokomotiven wurden dieselben, bereits bei den reinen Reibungslokomotiven gewählten Dampfzylinder angenommen und auch für die Zahnmaschine die weiter oben angeführten Abmessungen der Dampfzylinder und der Zahnräder beibehalten. Der Durchmesser der Triebräder ist mit 1230 mm angenommen, da Lokomotiven für gemischten Betrieb von vornherein nicht für höhere Fahrgeschwindigkeiten bestimmt sind.

In Zusammenstellung XIII sind die Hauptabmessungen der untersuchten Lokomotiven angeführt. Die entsprechenden Zugkräfte und Füllungsgrade sind dagegen in Zusammenstellung XIV enthalten. Die entsprechenden zeichnerischen Darstellungen der Zugkräfte erscheinen in Abb. 12, 13, 14 und 15.

Diese Ergebnisse lassen eine Reihe äußerst bemerkenswerter Betrachtungen zu.

Zunächst ist zu erkennen, daß bei sämtlichen Lokomotiven die gesamte indizierte Zugkraft bei abnehmender Geschwindigkeit bedeutend anwächst, weil die Zahnmaschine eben, ohne Rücksicht auf die nutzbare Reibung, die Kesselleistung ganz auszunützen vermag.

Zusammenstellung XIII.

Lokomotiven gemischter Bauart mit getrennten Triebwerken.

Reibungsmaschine:

Zylinder-Durchmesser	490 mm
Kolbenhub	600 ,,
Triebrad-Durchmesser	1230 ,,

Zahnmaschine:

Zylinder-Durchmesser	500 mm
Kolbenhub	450 ,,
Teilkreis-Durchmesser	688 ,,

Bezeichnung der Lokomotive	1	2	3	4
Kupplung der Lokomotive	$^3/_4$	$^3/_5$	$^4/_5$	$^5/_5$
Heizfläche	130·0 qm	195·0 qm	195·0 qm	195·0 qm
Rostfläche	2·0 qm	3·0 qm	3·0 qm	3·0 qm
Dienstgewicht.	50·0 t	62·0 t	62.0 t	62·0 t
Reibungsgewicht. . . .	40·0 t	40·0 t	50·0 t	62·0 t

Die gesamte indizierte Zugkraft ändert sich sehr empfindlich mit der Fahrgeschwindigkeit. Die Verminderung der Fahrgeschwindigkeit um nur ein km/st hat unter Umständen eine Vergrößerung der Zugkraft um mehr als eine t zufolge. Die Fahrgeschwindigkeiten müssen daher sehr genau festgelegt werden.

In Abb. 12, 13, 14 und 15 sind die gesamten indizierten Zugkräfte für das ganze Geschwindigkeitsgebiet der $^3/_4$-, $^3/_5$-, $^4/_5$- und $^5/_5$-gek. Lokomotive dargestellt. Es ist angenommen, daß die Zahnmaschine nur eine größte Fahrgeschwindigkeit von 15 km/st erreichen darf. Das Gebiet des gemischten Betriebes geht daher nur bis zu dieser Fahrgeschwindigkeit, wenn nicht infolge geringer Kesselleistung die Mitwirkung der Zahnmaschine schon früher aufhört. Darüber hinaus ist die Reibungsmaschine allein tätig. Es ist nun je nach der Bauart der Lokomotive der Übergang der Zugkraft zwischen den beiden Gebieten sehr verschieden, je nachdem die kritische Fahrgeschwindigkeit tiefer oder höher liegt. An der $^3/_5$-gekuppelten Lokomotive ist der Verlauf am unregelmäßigsten, da die kritische Geschwindigkeit erst bei 29·5 km/st eintritt. Von 15·0 bis 29·5 km/st ist die unnutzbare Reibung für die größte ausgeübte Zugkraft allein maßgebend.

Am vollkommensten ist der Verlauf der Zugkraftlinie für die $^5/_5$ - gekuppelte Lokomotive,   deren kritische Fahrgeschwindigkeit 11·0 km/st

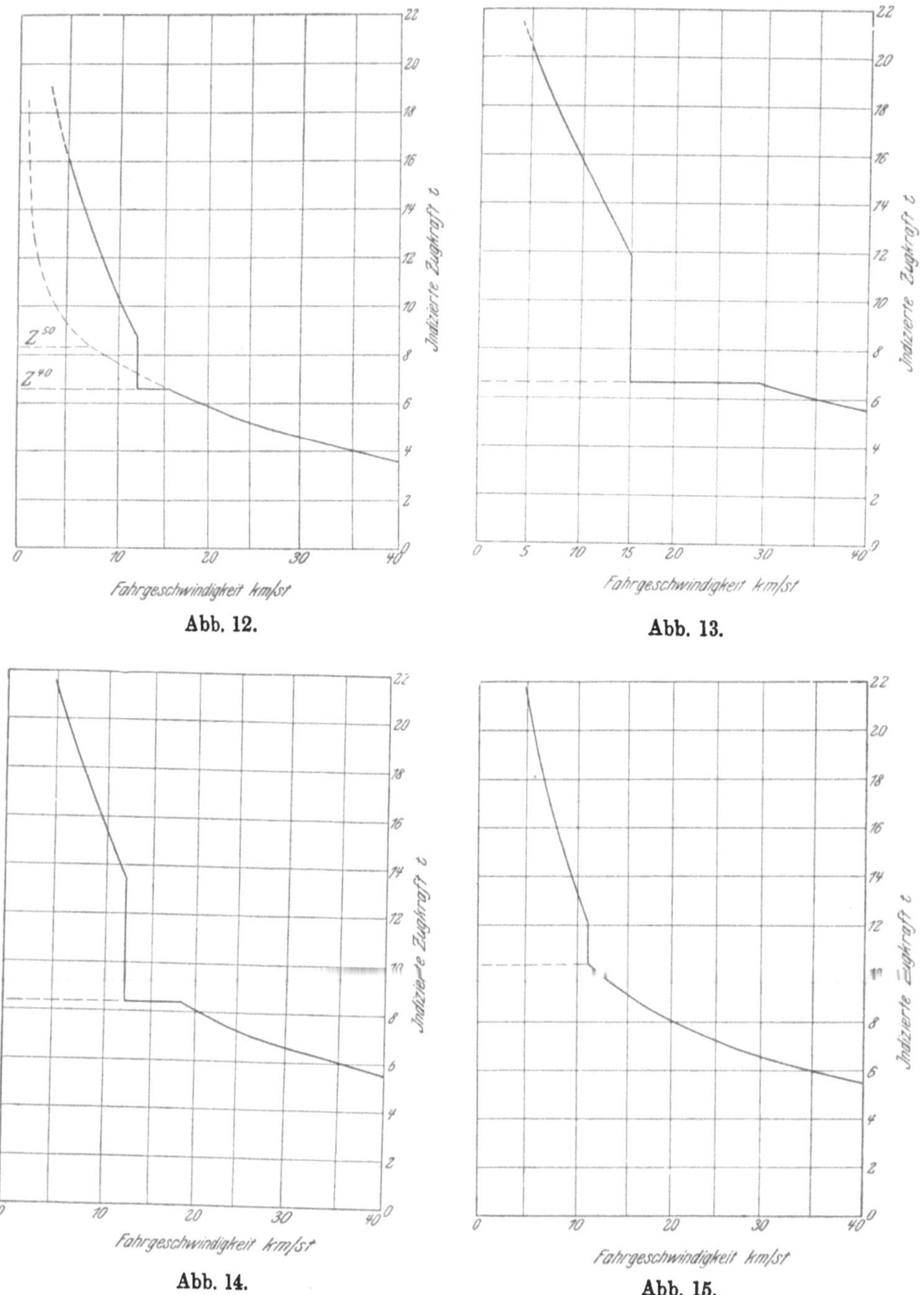

Abb. 12. Abb. 13.

Abb. 14. Abb. 15.

beträgt und daher schon in den Bereich der Zahnmaschine fällt. An dieser
Lokomotive ist daher die Kesselleistung stets unbeschränkt ausnützbar.
Die $^3/_4$- und $^4/_5$-gekuppelten Lokomotiven nehmen eine mittlere Stellung

ein, bei denselben ist die nutzbare Reibung nur in einem verhältnismäßig kleinem Gebiet maßgebend.

Entsprechend diesen Eigenheiten sind die Lokomotivbauarten sehr sorgfältig für die gegebenen Betriebsverhältnisse auszuwählen.

So wird die $^3/_5$-gekuppelte Lokomotive hauptsächlich dort gut entsprechen, wo in der Reibungsstrecke nur geringe Steigungen vorkommen und daher auf derselben größere Fahrgeschwindigkeiten verlangt werden. Fahrgeschwindigkeiten zwischen 12 und 29·5 km/st wären im Beharrungszustand tunlichst zu vermeiden.

Die $^5/_5$-gekuppelte Lokomotive ist dort am Platz, wo die größten Steigungen in der Reibungsstrecke nahe an die geringste Steigung in der Zahnstrecke heranreichen, also auf einer Gebirgsbahn mit stark wechselnden Steigungen. Das große Reibungsgewicht ermöglicht es auch, auf der glatten Schiene noch große Zugkräfte auszuüben. Diese Lokomotivbauart ist ihrem Wesen nach hauptsächlich für Gebirgsbahnen mit großem Massenverkehr geeignet, wo auf große Fahrgeschwindigkeiten auch in den Reibungsstrecken geringer Wert gelegt ist.

Die $^3/_4$-gekuppelte Bauart entspricht für mittlere Verhältnisse innerhalb weiten Grenzen und ist deswegen auch in großer Zahl ausgeführt. Für die hier angenommenen Hauptverhältnisse ist das Reibungsgewicht nach Abb. 12 nur im Gebiet zwischen 12 und 15·5 km/st für die größte ausgeübte Zugkraft maßgebend.

Der Einfachheit wegen sind, wie bemerkt, bei allen Lokomotiven die Dampfzylinder der Zahnradmaschinen gleich groß angenommen. Vorteilhafter wäre es, den Lokomotiven mit großem Reibungsgewichte kleinere Dampfzylinder für die Zahnmaschine zu geben als jenen mit kleinerem Reibungsgewicht, da naturgemäß bei ersteren Lokomotiven geringere Zugkräfte durch die Zahnmaschine zu übertragen sind als bei letzteren. Auch die verlangte Fahrgeschwindigkeit an der Zahnstange ist bei der Bemessung der Größe der Dampfzylinder mit in Erwägung zu ziehen. Wie aus Abb. 11 zu entnehmen ist, ändert sich nämlich an der Zahnmaschine die Dampflieferung und der Dampfverbrauch bei verschiedenen Füllungen und Fahrgeschwindigkeiten sehr rasch.

In Zusammenstellung XIV sind die zusammengehörigen Füllungsgrade gegenüber gestellt, welche bei voller Beanspruchung der Lokomotive in beiden Maschinengruppen notwendig sind. Sie gelten für die Dampfzylinderabmessungen nach Zusammenstellung XIII. Es ist hierbei der bereits erörterte Grundsatz angenommen, daß die Reibungsmaschine bis zur Grenze, d. i. mit einem Reibungswert von 160 kg/t, beansprucht ist, und daß die Zahnmaschine vorhandenen Dampfüberschuß zu verarbeiten hat. Derselbe nimmt mit zunehmender Fahrgeschwindigkeit ab und verschwindet bei der kritischen Geschwindigkeit der Reibungsmaschine vollkommen.

Das Füllungsverhältnis der Reibungsmaschine ändert sich daher im ganzen Geschwindigkeitsgebiet, in welchem die Zahnmaschine tätig ist, nicht, während die Füllungsgrade der Zahnmaschine innerhalb weiter Grenzen wechseln.

Es ist daher eigentlich unrichtig, wenn bei einzelnen Lokomotiven gemischter Bauart die Steuerungen beider Maschinengruppen miteinander verbunden werden, so daß eine Vergrößerung oder Verkleinerung der Zugkraft immer an beiden Maschinen gemeinsam bewirkt wird.

Zusammenstellung XIV.

Indizierte Zugkraft der Lokomotiven gemischter Bauart.

Kupplung der Lokomotive	Größte Zugkraft am Umfang der Reibungsräder kg	Füllung der Reibungsmaschine %	Kritische Fahrgeschwindigkeit der Reibungsmaschine km/st	Füllung und Zugkraft der Zahnmaschine	Fahrgeschwindigkeit km/st								
					5	6	7	8	9	10	11	12	15
$^3/_4$	6400	26·0	15·5	Füllung	26·0	22·0	18·0	13·5	9·0	8·5	8·0	7·5	—
				Z_i^z [1]	9580	8250	6920	5720	4700	3730	2850	2050	—
				Z_i^r	6608	6611	6614	6617	6620	6622	6624	6626	—
				Z_i	16188	14861	13534	12337	11320	10352	9474	8676	—
$^3/_5$	6400	26·0	29·5	Füllung	42·5	38·5	36·0	32·0	28·5	25·0	21·5	19·0	13·0
				Z_i^z	13900	12900	11960	11050	10120	9250	8450	7640	5180
				Z_i^r	6608	6611	6614	6617	6620	6622	6624	6626	6632
				Z_i	20508	19511	17574	17667	16740	15872	15074	14266	11812
$^4/_5$	8000	34·5	18·5	Füllung	38·5	34·0	29·5	26·0	21·0	17·5	14·0	11·0	—
				Z_i^z	12950	11720	10500	9330	8300	7170	6150	5120	—
				Z_i^r	8318	8320	8322	8323	8325	8327	8328	8330	—
				Z_i	21268	20040	18822	17653	16625	15497	14478	13450	—
$^5/_5$	9920	42·5	11·0	Füllung	30·5	25·0	19·5	13·0	9·0	7·5	—	—	—
				Z_i^z	10920	9250	7520	5850	4220	2900	—	—	—
				Z_i^r	10377	10379	10381	10383	10386	10388	—	—	—
				Z_i	21297	19629	17901	16233	14606	13288	—	—	—

[1] Z_i^z Indizierte Zugkraft der Zahnmaschine; Z_i^r Indizierte Zugkraft der Reibungsmaschine; Z_i Indizierte Zugkraft beider Maschinen.

Die Angaben in Zusammenstellung XIV gelten indessen nur dann, wenn beide Regler voll geöffnet sind. Durch entsprechende Handhabung beider Regler kann auch bei gleicher Füllung in beiden Dampfzylindergruppen jede Maschine im bestimmten Maß beansprucht werden. Die in Zusammenstellung XIV enthaltenen Füllungen dürfen in bezug auf einen wirtschaftlichen Dampfverbrauch jedoch als die vorteilhaftesten gelten, falls sie nicht unter 10 bis 15 % herabreichen. Im letzteren Fall ist sowohl mit Rücksicht auf den spezifischen Dampfverbrauch als auch auf eine gute Gangart eine Vergrößerung der Füllung bei entsprechender Drosselung mit dem Regler empfehlenswerter.

Falls die nutzbare Reibung z. B. infolge ungünstiger Witterung sinkt, muß die Zahnmaschine für den fehlenden Betrag an Zugkraft aufkommen. Bei Glatteis und Schnee kann der Reibungswert auf etwa 100 kg/t fallen und man tut gut hierfür die Zahnmaschine und den Zahndruck zu bestimmen.

Einige Lokomotiven gemischter Bauart haben die eigenartige Anordnung, daß die Dampfzylinder der Reibungsmaschine als Hochdruckzylinder, jene der Zahnmaschine als Niederdruckzylinder benützt werden, wenn beide Zylinderpaare in Tätigkeit sind. Arbeitet die Reibungsmaschine allein, so muß auf die Verbundwirkung verzichtet werden. Diese von Klose ersonnene Bauart ist sehr einfach, gestattet jedoch eine willkürliche Verteilung der Zugkräfte auf beide Maschinengruppen in sehr beschränktem Maße, da die Umsteuerungen gemeinsam ausgeführt sind und auch nur ein Regler vorhanden ist.

Zusammenstellung XV.
Lokomotiven gemischter Bauart.

$^3/_4$-gekuppelte Lokomotive.

Steigung $^0/_{00}$	Fahrgeschwindigkeit km/st							
	5	6	7	8	9	10	11	12
20	675	605	547	494	449	406	367	331
30	444	399	357	320	292	262	237	211
40	328	292	261	234	211	188	167	149
50	250	226	201	179	160	142	127	111
60	203	181	161	142	127	111	98	85
70	167	149	132	115	103	89	77	66
80	143	125	109	95	83	71	61	52
90	123	108	93	81	70	58	50	42
100	103	94	78	66	57	48	40	32

$^3/_5$-gekuppelte Lokomotive.

Steigung $^0/_{00}$	Fahrgeschwindigkeit km/st								
	5	6	7	8	9	10	11	12	15
20	843	816	756	716	670	635	600	562	454
30	560	528	500	472	445	418	392	365	294
40	410	386	363	343	323	302	282	262	209
50	319	300	281	265	249	233	217	202	156
60	259	243	228	213	199	185	171	157	121
70	213	200	187	175	162	150	139	128	96
80	179	169	157	147	136	124	115	104	76
90	153	143	133	123	113	104	96	86	61
100	132	123	113	105	97	88	78	71	49

$^4/_5$-gekuppelte Lokomotive.

Steigung $^0/_{00}$	Fahrgeschwindigkeit km/st							
	5	6	7	8	9	10	11	12
20	875	821	768	715	669	619	575	535
30	582	542	507	472	440	407	377	345
40	427	398	370	345	317	292	270	244
50	332	309	289	266	245	223	206	187
60	270	251	232	213	197	180	163	147
70	225	207	191	175	161	146	132	118
80	189	174	160	146	134	121	108	96
90	162	148	134	124	113	101	88	80
100	139	127	116	104	95	83	73	65

$^5/_5$-gekuppelte Lokomotive.

Steigung $^0/_{00}$	Fahrgeschwindigkeit km/st					
	5	6	7	8	9	10
20	872	799	722	649	568	518
30	579	525	476	425	383	339
40	425	386	348	309	276	241
50	331	300	266	237	208	182
60	268	240	215	189	167	143
70	222	200	176	154	136	114
80	187	168	147	128	106	93
90	160	142	124	107	82	76
100	138	121	106	91	78	64

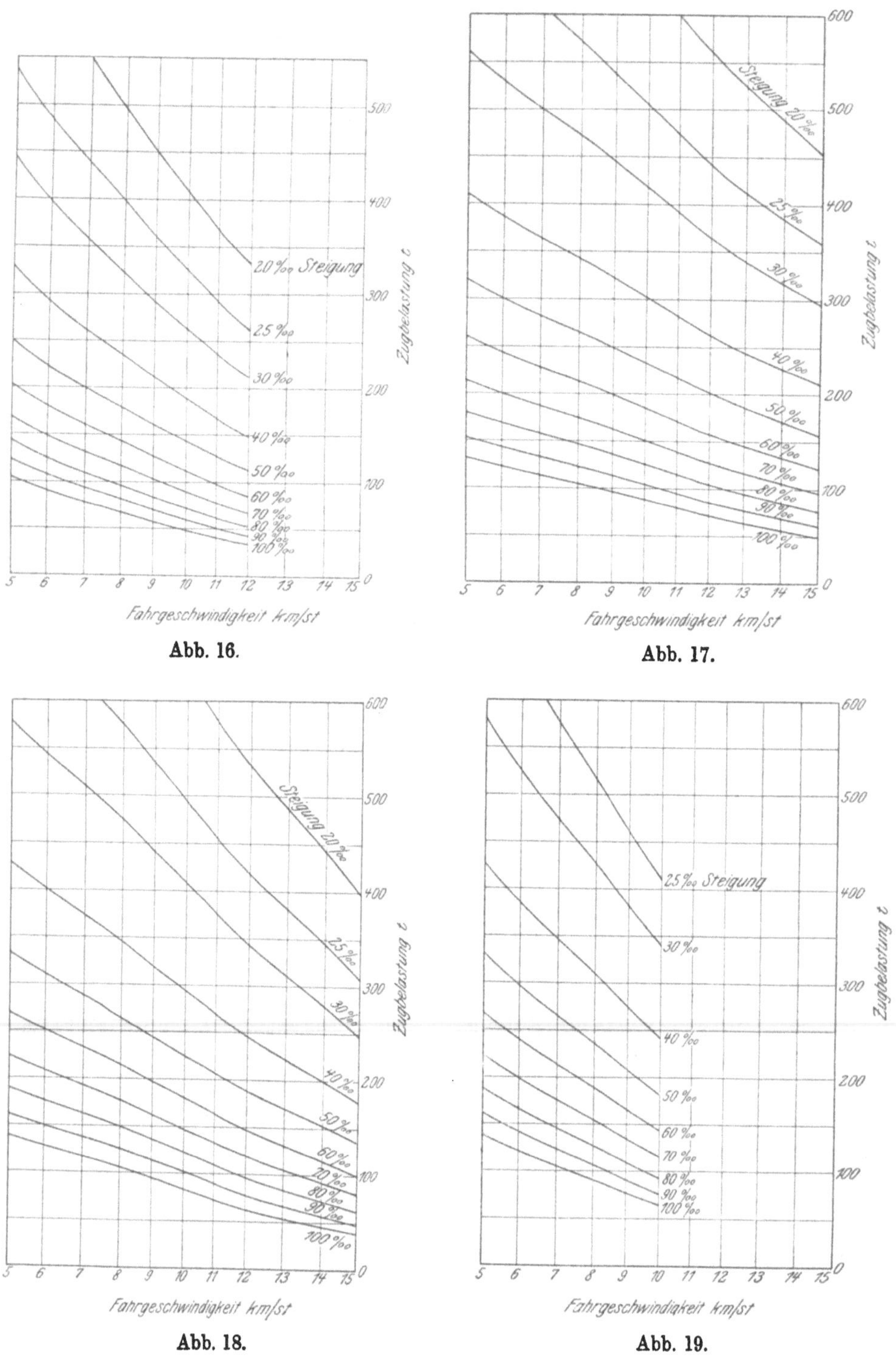

Abb. 16.

Abb. 17.

Abb. 18.

Abb. 19.

Die Zugbelastungen der vier Lokomotiven gemischter Bauart sind
in der Zusammenstellung XV enthalten und durch Abb. 16, 17, 18 und 19
dargestellt.

In Zusammenstellung XVI sind die Hauptverhältnisse gemischter Bahnen mit normaler Spurweite, in Zusammenstellung XVII solcher mit schmaler Spurweite enthalten.

Die Harzbahn war die erste Bahn gemischter Bauart, welche Lokomotiven mit getrennten Triebwerken erhielt. Der Erfolg war so günstig, daß später Lokomotiven mit einem Triebwerk für den Betrieb auf gemischten Bahnen nur selten ausgeführt wurden. Die Harzbahn genügt auch gegenwärtig den bedeutend gesteigerten Anforderungen. Die Zahnstange ist dreiteilig ausgeführt.[1])

Von den späteren Bahnen mit gemischtem Betrieb zeichnet sich namentlich die Bahn Eisenerz-Vordernberg[2]) und Tiszolcz-Zolyombrezo durch verhältnismäßig große Leistungsfähigkeit aus. Beide haben bedeutende Erzmengen zu fördern.

Die Lokomotive der Bahn Tiszolcz-Zolyombrezo ist zur Zeit die stärkste dieser Bauart.

Von den normalspurigen Bahnen sind ein Teil Touristenbahnen mit Steigungen von 100 bis $120^0/_{00}$. Jene Bahnen jedoch, welche Güterverkehr zu besorgen haben, gehen vorteilhafter über Steigungen von 60 bis $70^0/_{00}$ nicht hinaus.

Je nach den vorhandenen Verhältnissen ist hierbei eine Menge von Gestaltungen möglich. Die Lokomotive gemischter Bauart hat ein ungemein ausgedehntes Anpassungsvermögen und die Abtsche Zahnstange gestattet hinsichtlich Plattenzahl, Stärke und Form den verschiedensten Bedingungen nachzukommen.

So ist z. B. die große Leistungsfähigkeit der Strecken mit gemischtem Betrieb der bosnisch-herzegowinischen Staatsbahnen bei nur 760 mm Spurweite jedenfalls bemerkenswert.

In Zusammenstellung XVIII und XIX sind die Hauptabmessungen einiger Lokomotiven gemischter Bauart enthalten. In diesen Ausführungen wurde ein Kessel von 2·0 qm Rostfläche und 130·0 qm Heizfläche als „mittelgroß" bezeichnet. Diese Abmessungen werden von einigen Lokomotiven der Zusammenstellung XVIII eben erreicht.

Bei gesteigerten Ansprüchen an die Leistungsfähigkeit der Lokomotiven gemischter Bauart dürfte es sich bald als notwendig erweisen, Rost- und Heizfläche zu vergrößern. Es würden dann die Abmessungen des in diesen Ausführungen als „groß" bezeichneten Kessels bald erreicht sein.

Die gewöhnlichen Zugbelastungen und Fahrgeschwindigkeiten einiger der angeführten Bahnen sind in Zusammenstellung XX enthalten.

4. Betrieb mit Lokomotiven gemischter Bauart.

Wichtig für die Gestaltung neuer Bahnanlagen ist die Untersuchung, bis zu welcher unteren Grenze der Steigung die Zahnstange zu legen ist. Die Entscheidung hierüber hängt nur von der Bauart der Lokomotive und der Betriebsart ab. Es ist zunächst zu entscheiden, welche Zuglast

---

[1]) A. Schneider, Die kombinierte Adhäsions- und Zahnradbahn von Blankenburg nach Tanne, 1885.

[2]) Ingoritz, Eisenerz-Vordernberg, Wien 1892. F. Seligmann, Die Erzbergbahn Eisenerz-Vordernberg, Wien 1892.

auf der größten Steigung der Zahnstrecke zu befördern ist. Da bei abnehmender Fahrgeschwindigkeit die Zuglast bedeutend zunehmen kann, ist hierbei die geringste Fahrgeschwindigkeit in Betracht zu ziehen, die im Betrieb überhaupt noch zulässig erscheint. Aus den Belastungstafeln der verschiedenen Lokomotivbauarten ist dann zu entnehmen, bei welcher größten Steigung der Reibungsstrecke noch dieselbe Last wie auf der Zahnstrecke gefördert werden kann.

Zusammenstellung XVI.

Normalspurige Bahnen mit gemischtem Betrieb.

Eisenbahn	Eröffnungsjahr	Bezeichnung der Strecke	Länge der Strecken (m)	Größte Steigung ($^0/_{00}$)	Kleinster Bogenhalbmesser (m)	Größte Fahrgeschwindigkeit (km/st)	Größte Seehöhe (m)	Hebung (m)	Bauart der Lokomotiven	Anzahl der Zahnstrecken	Gewicht der Schienen (kg/m)
Blankenburg-Tanne	1885	Reibung	20970	25	180	15	—	305	$^3/_4$	11	31·7
		Zahn	16630	60	200	10					
Höllentalbahn[1] . .	1887	R	28480	25	300	20—25	885	617	$^3/_3$	—	—
		Z	6530	55	240	10					
Eisenerz-Vordernberg . . .	1891	R	5500	26	180	20—25	1205	691	$^3/_4$	—	31·7
		Z	14500	71	200	12		767			
Tiszolcz-Zolyombrezo . . .	1896	R	36000	20	180	20—25	—	—	$^4/_6$	—	34·5
		Z	6000	50	200	12					
Ilmenau-Schleusingen . . .	1906	R	27000	25	200	—	746	280	$^3/_4$	5	—
		Z	4500	60	250	15		376			

Für die untersuchten Lokomotivbauarten sind in der Zusammenstellung XXI die zusammengehörigen Steigungen angeführt. Als Grundlage wurde für die Zahnstange eine Fahrgeschwindigkeit von 7 km/st angenommen und für die hierbei gefundene Last wurde dann die größte Steigung in der Reibungsstrecke aufgesucht, die noch bei 15 km/st Fahrgeschwindigkeit befahren werden kann.

Die Reibungssteigungen sollen keinesfalls größer sein als angegeben ist, da sonst, namentlich bei ungünstiger Witterung, Schwierigkeiten zu erwarten sind. Es ist auch gut, auf eine künftige Steigerung des Verkehrs Rücksicht zu nehmen, damit die Leistungsfähigkeit der Bahn in der Reibungsstrecke nicht eher die Grenze erreicht als in der Zahnstrecke, wo eine Abhilfe leichter gefunden werden kann als auf der Reibungsstrecke.

---

[1] Zahnstange Bauart **Riggenbach**, alle übrigen Bauart **Abt**.

Zusammenstellung XVII.

Schmalspurige Bahnen mit gemischtem Betrieb.

Eisenbahn	Eröffnungsjahr	Bezeichnung der Strecke	Länge der Strecke	Größte Steigung	Kleinster Bogenhalbmesser	Größte Fahrgeschwindigkeit	Größte Seehöhe	Hebung	Bauart der Lokomotiven	Anzahl der Zahnstrecken	Gewicht der Schienen	Spurweite
			m	°/₀₀	m	km/st	m	m			km/st	mm
Brünigbahn[1]	1888	Reibung	7200	25	120	20	1005	516	$^2/_2$ u. $^3/_3$	4	24·2	1000
		Zahn	9000	120	220	13						
Berner Oberland[1]	1890	R	18510	25	120	35	1038	467	$^3/_3$	2	23·0	1000
		Z	4930	122·5	100	8						
Visp-Zermatt	1890	R	27550	25	80	25	1608	955	$^2/_3$	6	24·2	1000
		Z	7500	125	100	10						
Serajevo-Konjica	1891	R	36000	15	80	30	867	597	$^3/_4$ u. $^3/_5$	—	21·8	760
		Z	18866	60	125	10						
Usui-Toge	1892	R	2500	25	260	—	941	560	$^3/_3$	2	30·5	1067
		Z	8500	67	260	—						
Beirut-Damaskus	1895	R	114000	25	100	—	1486	1470	$^3/_4$	—	27·6	1050
		Z	32000	70	120	—						

Gewöhnlich wird man über Höchststeigungen von 25·0 bis 30·0 °/₀₀ in der Reibungsstrecke nicht hinausgehen, da stärkere Neigungen bereits besondere Maßregeln hinsichtlich der Bremsung verlangen, die viel einfacher und sicherer in der Zahnstrecke erfolgt.

Sehr wichtig für die Gestaltung des Betriebes auf gemischten Gebirgsbahnen sind die Begrenzungen der zulässigen Fahrgeschwindigkeit.

Die gebräuchlichen Fahrgeschwindigkeiten während der Bergfahrt wechseln in der Zahnstrecke zwischen 5 und 12 km/st. Die kleineren Fahrgeschwindigkeiten kommen auf den stärksten Steigungen und bei Güterzügen in Anwendung, während auf geringeren Steigungen und bei gemischten oder Personenzügen die höheren Fahrgeschwindigkeiten vorherrschen. Die größte zulässige Fahrgeschwindigkeit auf der Zahnstrecke ist meist 12, höchstens 15 km/st. Der Zahnradbetrieb würde im allgemeinen oft noch größere Fahrgeschwindigkeiten zulassen; vom Standpunkt der Wirtschaftlichkeit sind jedoch höhere Fahrgeschwindigkeiten in der Zahnstrecke nicht gerechtfertigt.

Gebirgsbahnen mit gemischtem Betrieb mit Steigungen von 50 °/₀₀ oder mehr müssen in der Regel mit Rücksicht auf die großen Zugkräfte das Schieben der Züge auf der Bergfahrt einführen. Die behördlichen

---

[1] Zahnstange Bauart Riggenbach, alle übrigen Bauart Abt.

Vorschriften setzen für derartige Züge, an deren Spitze sich keine Lokomotive befindet, mit 25 km/st fest. Es ist somit dies die größte Fahrgeschwindigkeit, welche bei der Bergfahrt auch in den Reibungsstrecken erreicht werden kann. Es ist vorteilhaft, die geringste Steigung in der Reibungsstrecke mit Rücksicht auf diese Fahrgeschwindigkeit zu wählen, um die Lokomotive möglichst vorteilhaft auszunützen und unnötige Zeitverluste zu vermeiden.

So schiebt z. B. die $^8/_4$-gekuppelte Tenderlokomotive gemischter Bauart auf der Zahnstrecke von 50 $^0/_{00}$ Steigung 142 t bei 10 km/st Fahrgeschwindigkeit. Soll dieses Zuggewicht als normale Belastung gelten, so müßte auf der Reibungsstrecke die geringste Steigung so gewählt werden, daß auf derselben bei voller Ausnützung der Lokomotive die Fahrgeschwindigkeit von 25 km/st nicht überschritten wird. Nach den ZugkraftSchaulinien in Abb. 2 tritt die Fahrgeschwindigkeit von 25 km/st auf der Steigung von 20·5 $^0/_{00}$ ein. Es soll daher unter diesen Verhältnissen eine geringere Steigung als 20·5 $^0/_{00}$ auf längeren Strecken tunlichst ver· mieden werden.

Für Bahnen, bei welchen auf die Fahrgeschwindigkeit Wert gelegt werden muß, also Touristenbahnen usw., ist es daher vorteilhaft, von vornherein den Betrieb der Personenzüge ohne Schiebedienst zu ermöglichen. Dies wird in der Regel bei Anwendung zuverlässiger Bremsen, insbesondere selbsttätiger Luftsaugebremsen, und Höchststeigungen bis zu 50 $^0/_{00}$ möglich sein. Bei derartigen Anlagen kann in den Reibungsstrecken dann die größte überhaupt zulässige Fahrgeschwindigkeit angewendet werden. Namentliche Vorteile bietet diese Betriebsart, wenn die Zahnstangenstrecken kürzer sind und auf der Strecke verteilt liegen.

Auch steilere Neigungen als 50 $^0/_{00}$ können mit ziehenden Lokomotiven allein befahren werden, wenn die Wagen mit Zahnrädern und Bremsen versehen sind. Derartige Einrichtungen erschweren oder verhindern den Übergang von Wagen und können daher nur bei selbständigen Bahnanlagen eingeführt werden, wo ein Übergehen von Wagen nicht oder nur in sehr beschränktem Maße stattfindet.

Bei vielen Bahnen mit gemischtem Betrieb beschränkt sich übrigens der Übergang nur auf Güterwagen, wogegen ein eigener Stand von Personenwagen vorhanden ist. Solche Bahnen können die Personenzüge durch ziehende, die Güterzüge durch schiebende Lokomotiven befördern.

Die Förderung eines Zuges mit einer ziehenden und einer schiebenden Lokomotive ist auf der Zahnstangenstrecke ebenso einfach durchzuführen als auf Reibungsstrecken. Die besonderen Betriebsvorschriften werden sich aus den Verhältnissen ergeben. Die höchste Geschwindigkeit, die auf Hauptbahnen für die Förderung eines Zuges durch eine ziehende und eine schiebende Lokomotive vorgeschrieben ist, beträgt 35 km/st.

Auf Bahnen mit gemischtem Betrieb, deren Steigungen mäßig sind, kann unter Umständen auch das Zusammenwirken einer reinen Reibungslokomotive mit einer gemischten Lokomotive in Betracht kommen. Es wird hierbei die gemischte Lokomotive jedenfalls nachschieben, da die Reibungslokomotive ihrer Bauart nach den kleineren Teil des Zuges fördert. Diese Betriebsart ist namentlich dort anwendbar, wo eine durchgehende Strecke nur auf ein kurzes Stück mit der Zahnstange versehen ist, und der Zug die Reibungslokomotive in beiden Anschlußstrecken beibehält.

Zusammenstellung XVIII.
Normalspurige Lokomotiven gemischter Bauart.

Eisenbahn	Baujahr	Lokomotiv-fabrik	Kupplung	Bauart	R = Reibungsmaschine Z = Zahnradmaschine	Zylinder-durchmesser	Kolbenhub	Raddurchmesser	Rad-stand mm	Durchmesser der Laufräder mm	Kesseldruck at	Gesamte wasserberührte Heizfläche qm	Rostfläche qm	Dienstgewicht t	Reibungsgewicht t	Leergewicht t	Wasservorrat cbm	Kohlenvorrat t	Anzahl der Zahnachsen	Anzahl der Zahnräder auf einer Achse
Blankenburg-Tanne	1885	Eßlingen	³/₄	Abt	R	450	600	1250	5450	750	10	136·0	1·87	55·5	43·5	38·0	6·0	2·0	2	3
					Z	300	600	573²)	2180											
Höllentalbahn .	1900	„	³/₄	1)	R	420	612	1230	5600	945	14	122·7	1·40	54·1	42·0	43·7	4·0	1·2	2	1
					Z	420	540	1082	1560											
Eisenerz-Vordernberg	1890—1902	Floridsdorf	³/₄	Abt	R	480	500	1030	5000	730	11	145·0	2·10	62·0	45·0	47·7	6·5	1·8	2	2
					Z	420	450	688	—											
Tiszolcz-Zolyombrezo	1896	„	⁴/₆	„	R	500	500	1050	8800	750	12	165·5	2·04	71·0	53·0	56·0	7·5	4·0	2	2
					Z	420	450	688	930											
Reichenberg-Tannwald	1902	„	⁴/₅	„	R	500	500	1030	6650	730	12	165·8	2·39	66·5	54·0	55·0	5·0	1·2	2	2
					Z	420	450	688	—											
Ilmenau-Schleu-singen	1906	Borsig	³/₄	„	R	470	500	1080	5050	800	12	122·8	2·11	55·9	41·8	44·3	4·8	1·2	2	2
					Z	420	450	688	930											

¹) Bauart Riggenbach-Klose.
²) Hebelübersetzung 1 : 2.

Zusammenstellung XIX.
Schmalspurige Lokomotiven gemischter Bauart.

Eisenbahn	Baujahr	Lokomotiv-[fabrik	Spur-weite	Kupplung	Bauart	R = Reibungstriebwerk Z = Zahnradtriebwerk	Zylinder-durchmesser	Kolbenhub	Triebrad-durchmesser	Rad-stand mm	Durchmesser der Langräder mm	Gesamte wasser-berührte Heizfläche qm	Rostfläche qm	Kesseldruck at	Dienstgewicht t	Reibungsgewicht t	Leergewicht t	Wasservorrat cbm	Kohlenvorrat t	Anzahl der Zahnachsen	Anzahl der Zahnräder auf einer Achse
Brünigbahn . . .	1906	Winterthur	1000	3/3	1)	R	380	450	910	3100	—	62·2	1·30	14	30·0	30·0	23·5	2·8	0·8	1	1
						Z	380	450	860	—											
Berner Oberland	1890—1893	„	1000	3/3	Riggen-bach	R	320	450	910	2700	—	61·0	0·92	12	28·4	28·4	23·6	2·5	0·6	1	1
						Z	320	400	764	—											
Visp-Zermatt . .	1890	„	1000	2/3	Abt	R	320	450	900	4100	600	59·0	1·20	12	29·5	20·5	23·5	2·5	1·3	2	2
						Z	360	450	688	930											
Bosnisch-herce-govinische St.-B.	1891	Floridsdorf	760	3/4	„	R	340	450	800	4850	600	80·3	1·20	12	30·8	—	—	2·8	2·0	2	2
						Z	300	360	688	—											
„	1894	„	760	3/5	„	R	340	450	800	6740	650	80·3	1·66	12	36·5	24·0	29·5	4·0	3·5	2	2
						Z	360	360	688	—											
Usui-Toge . . .	1891	Eßlingen	1067	3/3	„	R	390	500	900	3600	—	68·0	1·50	12	35·5	35·5	—	3·0	0·8	2	3
						A	340	400	573	—											
Beirut-Damaskus	1895	Winterthur	1050	3/4	„	R	380	500	900	5250	—	95·8	1·63	12	34·0	44·7	34·1	3·0	1·8	2	2
						A	380	450	688	—											
Transandinische Bahn	1905	Borsig	1000	3/5	„	R	390	500	900	6710	—	95·0	1·70	15	47·6	33·6	35·6	5·5	2·5	2	—
						A	390	450	688	—											

1) Bauart Riggenbach-Klose.

Ein derartiger Betrieb ist jedoch überhaupt nur auf Steigungen von weniger als 60 $^0/_{00}$ denkbar.

Gemischte Bahnen, die verhältnismäßig geringe Steigungen aufweisen, 30 bis 55 $^0/_{00}$, und leichte Personenzüge rasch befördern müssen, tun gut, hierfür reine Reibungslokomotiven zu verwenden. Der Güterzugverkehr ist jedoch selbst auf geringen Steigungen durch gemischte Lokomotiven wirtschaftlicher. Allerdings müssen hierbei auch verhältnismäßig geringe Fahrgeschwindigkeiten zugelassen werden.

Dieser Vorgang findet bereits auf der Höllentalbahn und der Strecke Bugojno-Travnik der bosnisch-hercegovinischen Staatsbahnen Anwendung. Erstere Bahn besitzt Steigungen von 55, letztere von 45 $^0/_{00}$.

Falls übrigens von Lokomotiven gemischter Bauart verhältnismäßig hohe Fahrgeschwindigkeiten verlangt werden, ergibt sich von selbst eine starke Beanspruchung der Reibungsmaschine, während die Zahnradmaschine kaum eine größere Zugkraft auszuüben hat.

Zur Schonung der Ein- und Ausfahrten der Zahnstange sind Geschwindigkeitsermäßigungen vorgeschrieben. Für die Abtsche Zahnstange ist die Einfahrt meist mit 6 bis 8 km/st, die Ausfahrt mit etwa 8 bis 10 km/st zu bewirken.

Zusammenstellung XX.

Gewöhnliche Zugbelastungen der Lokomotiven gemischter Bauart.

Eisenbahn	Kupplung der Lokomotive	Gewicht des Wagenzuges t	Reibungsstrecke		Zahnstrecke	
			Größte Steigung $^0/_{00}$	Fahrgeschwindigkeit km/st	Größte Steigung $^0/_{00}$	Fahrgeschwindigkeit km/st
Blankenburg-Tanne . . .	$^3/_4$	135	25	20	60	10
Eisenerz-Vordernberg . .	$^3/_4$	120	26	21	71	10
Tiszolz-Zolyombrezo. . .	$^4/_6$	175	20	23	50	8·5[1]
Ilmenau-Schleusingen . .	$^3/_4$	120	25	23	60	12
Berner Oberland	$^3/_3$	45	25	25	122·5	9
Brünigbahn	$^3/_3$	50	25	18	120	11
Visp-Zermatt	$^2/_3$	46	25	23	125	9
Usui-Toge	$^3/_3$	100	25	17	67	8

Zusammenstellung XXI.

Zusammengehörige Steigungen auf der Zahnrad- und Reibungs-Strecke.

Größte Steigung auf der Zahnstrecke $^0/_{00}$	Größte Steigung auf der Reibungsstrecke $^0/_{00}$				
	Lokomotiv-Kuppelung				
	$^3/_4$	$^4/_4$	$^3/_5$	$^4/_5$	$^5/_5$
40	15·0	19·0	14·5	18·0	20·5
50	20·0	24·0	17·0	21·0	26·0
60	25·0	28·5	20·0	25·5	30·5
70	29·0	33·0	23·5	29·5	37·0
80	33·0	37·5	27·0	34·5	41·5
90	37·5	43·0	30·5	40·5	49·0
100	42·0	48·5	34·5	43·5	52·5

---

[1]) Bei 150 t 10 km/st, bei 130 t 12 km/st.

Gehen Wagen gewöhnlicher Bauart auf Bahnen mit gemischtem Betrieb über, so sind die größten Zug- und Schubkräfte zu bestimmen, die im regelmäßigen Dienst angewendet werden dürfen, ohne daß Zug- und Stoßvorrichtungen übermäßig beansprucht werden.

Die technischen Vereinbarungen schreiben gegenwärtig vor, daß die Zugvorrichtungen noch eine ruhige Kraft von 10 t aushalten sollen, vor wenigen Jahren war jedoch nur eine Kraft von 6·5 t verlangt.

Für die Stoßvorrichtungen ist nach den technischen Vereinbarungen eine größte Kraft nicht vorgeschrieben. Die Wagen älterer Bauart vertragen eine Druckkraft von rund 10, jene neuerer Bauart von beiläufig 15 t.

Im Dienst werden die angegebenen Kräfte schon lange ausgeübt.

Bei gemischtem Betrieb können daher Zugkräfte von etwa 10 und Schubkräfte von 12 bis 15 t ohne Bedenken Anwendung finden, da die Fahrgeschwindigkeit nur gering ist und Massenwirkungen infolge Geschwindigkeitsänderungen beschränkte Bedeutung haben. Außerdem ist zu bemerken, daß die Lokomotive gemischter Bauart an der Zahnstange viel sanfter anzufahren vermag als die Reibungslokomotive.

Eisenbahnen, welche eigene Fahrbetriebsmittel besitzen, können die Zug- und Stoßvorrichtungen derselben entsprechend stärker ausbilden und vermögen dann besonders hohe Zuglasten zu führen, welche bei geringeren Fahrgeschwindigkeiten namentlich wirtschaftlich sind. Es gilt dies in besonderem Maß für Kohlen- und Erzbahnen.

Die Zug- oder Schubkräfte, welche die Lokomotiven gemischter Bauart entwickeln können, sind verhältnismäßig bedeutend. So kann die $^3/_4$-gekuppelte Lokomotive gemischter Bauart der Zusammenstellung XIV auf der Steigung von $70^0/_{00}$ bei 7 km/st Fahrgeschwindigkeit eine Kraft von 9500 kg an dem Zughaken oder an den Buffern übertragen. Die $^3/_5$-, $^4/_5$- oder $^5/_5$-gekuppelten Lokomotiven gemischter Bauart der Zusammenstellung XIV vermögen unter denselben Verhältnissen sogar rund 13 500 kg Zugkraft zu erreichen. Bei noch kleinerer Fahrgeschwindigkeit steigen die Zugkräfte noch höher an.

5. Der Kohlenverbrauch.

Der Kohlenverbrauch der vorstehend behandelten Lokomotiven kann für die volle Beanspruchung aus Zusammenstellung III entnommen werden.

Das Produkt aus Rostfläche und Rostbeanspruchung gibt die stündlich verbrannte Kohlenmenge in kg.

Zusammenstellung III gilt für eine Schwarzkohle von 6250 WE mit einer theoretischen Verdampfung von 9·54. Für andere Kohlenarten erhält man annähernd richtige Werte, wenn die Verbrauchsziffern im Verhältnis des Heizwertes umgewandelt werden.

Nachdem bei zunehmender Umdrehungszahl der Triebachsen die Verbrennung zunimmt, ist der Durchmesser der Triebräder auf den Kohlenverbrauch mit von Einfluß. Bei gleicher Fahrgeschwindigkeit verbrennen Lokomotiven mit geringerem Triebraddurchmesser mehr Kohle und leisten daher auch mehr als solche mit größeren Triebraddurchmessern.

Der Kohlenverbrauch wird bei feststehenden Dampfmaschinen stets auf die Leistungseinheit, d. i. die indizierte PS bezogen. Im Zugförderdienst wird die Berechnung des Kohlenverbrauches nur sehr selten auf Grund dieser Einheit vorgenommen, da das Feststellen der indizierten

Leistung oder auch nur eine angenäherte Schätzung derselben zu umständlich erscheint.

Da jedoch eine richtige Beurteilung der Leistung der Lokomotive nur auf Grund dieses Maßes möglich ist, sei hierauf näher eingegangen.

Aus den Werten in Zusammenstellung III erhält man die auf S. 584 angegebenen Leistungen für den mittleren und großen Kessel. Werden hieraus die Kohlenverbrauchsziffern für die indizierte Pferdestärke und Stunde gerechnet, so erhält man die Werte in Zusammenstellung XXII. Hiernach ist der mittlere Kessel etwas wirtschaftlicher als der große.

Dieses Ergebnis ist jedoch auf die Maschine zurückzuführen, da dieselben Dampfzylinder für beide Kessel angenommen sind, die bei der geringeren Dampflieferung auch kleinere Füllungsgrade zulassen.

Die größte Wirtschaftlichkeit tritt aus demselben Grund an beiden Kesseln auch bei verschiedenen Fahrgeschwindigkeiten ein.

Der Kohlenverbrauch schwankt in den äußersten Grenzen nur zwischen 1·95 und 2·38 kg für die indizierte Pferdestärke und Stunde. Gebirgslokomotiven fahren auf den Rampen etwa mit 2·0 bis 2·5 Umdrehungen. Man kann daher den Kohlenverbrauch im Mittel mit 2·0 kg für die Pferdestärke und Stunde annehmen.

Zusammenstellung XXII.

Umläufe der Triebachse in der Sekunde	Kohle für indizierte PS und Stunde	
	Mittlerer Kessel	Großer Kessel
1·0	2·05 kg	2·25 kg
1·5	1·96 ,,	2·14 ,,
2·0	1·95 ,,	2·06 ,,
2·5	1·97 ,,	2·00 ,,
3·0	2·05 ,,	1·99 ,,
3·5	2·21 ,,	2·00 ,,
4·0	2·38 ,,	2·07 ,,

Hierbei ist die Art und der Heizwert der zugrunde gelegten Kohle zu berücksichtigen.

Für Leistungen, die unter der Höchstleistung liegen kann der Kohlenverbrauch mit Hilfe der Zusammenstellungen VI und VII besonders bestimmt werden. Der geringste Verbrauch tritt erfahrungsgemäß bei Leistungen ein, die etwa 0·7 bis 0·8 der Höchstleistung ausmachen. Bei noch kleineren Leistungen steigt der Kohlenverbrauch für die Leistungseinheit wieder an, da die Füllungsgrade dann bereits sehr klein sein müssen.

Da Gebirgslokomotiven auf den Rampen in der Regel verhältnismäßig lange Zeiten mit gleichmäßiger Beanspruchung fahren, ist die Berechnung des Kohlenverbrauches nach der Leistungseinheit besonders zu empfehlen. Man dürfte bei Annahme richtiger Grundverhältnisse auf diesem Weg die zuverlässigsten Ergebnisse erlangen.

Mitunter wird der Kohlenverbrauch auch auf die Leistungseinheit bezogen, die am Tenderzughaken zur Wirkung kommt. Dieser Vorgang kann namentlich beim Vergleich verschiedener Lokomotivbauarten wertvoll sein, da nur die Leistung am Tenderzughaken für den geförderten Wagenzug in Betracht kommt. Bei Gebirgslokomotiven ist jedoch diese Beziehung umständlich, da auf jeder Steigung die Leistung am Tenderzughaken eine andere ist.

Weitaus am gebräuchlichsten ist es den Kohlenverbrauch auf Zug-Kilometer und Nutz-Tonnen-Kilometer zu beziehen. Beide Maßeinheiten stehen mit der Leistung im dynamischen Sinn in keinem Zusammenhang und können nur als kommerzielle Maßeinheiten aufgefaßt werden. Berechnungen auf Grund derselben müssen daher sehr vorsichtig angelegt werden.

Daß diese Maßeinheiten trotzdem auch im technischen Zugförderdienst eine so allgemeine Verwendung gefunden haben, hängt hauptsächlich nur mit ihrer Einfachheit zusammen. Einigermaßen zuverlässige Schlüsse lassen sie nur innerhalb enger Grenzen und unter möglichst ähnlichen Verhältnissen zu.

Der Kohlenverbrauch für ein Zugkilometer ist für den Beharrungszustand aus dem stündlichen Kohlenverbrauch, gebrochen durch die zurückgelegte Strecke, d. i. die Fahrgeschwindigkeit in km/st, zu berechnen.

Für die fünf untersuchten Reibungslokomotiven erhält man unter Annahme der Höchstleistung die in Zusammenstellung XXIII enthaltenen Werte.

Die stärkeren Lokomotiven verbrauchen mehr Kohle für ein Zugkilometer als die schwächeren, und jene mit kleinem Triebraddurchmesser mehr als jene mit größerem. Mit zunehmender Fahrgeschwindigkeit nimmt der Kohlenverbrauch für ein Zugkilometer ab.

Zusammenstellung XXIII.

Kohlenverbrauch für ein Zug-Kilometer.

Reibungslokomotiven.

Bezeichnung der Lokomotive in Zusammenstellung VIII	1	2	3	4	5
Kupplung der Lokomotive . . .	$^3/_4$	$^4/_4$	$^3/_5$	$^4/_5$	$^5/_5$
Durchmesser der Triebräder . mm	1540	1230	1540	1230	1000
Fahrgeschwindigkeit 10 km/st	55·0 kg	61·0 kg	82·5 kg	91·5 kg	103·8 kg
„ 20 „	39·0 „	42·7 „	58·5 „	64·0 „	69·3 „
„ 30 „	30·7 „	33·1 „	46·0 „	49·7 „	53·0 „
„ 40 „	25·0 „	27·0 „	38·0 „	40·5 „	42·4 „
„ 50 „	21·7 „	22·6 „	32·6 „	33·9 „	35·3 „
„ 60 „	18·7 „	19·5 „	28·1 „	29·2 „	. —

Obschon es sich in vorstehender Zusammenstellung nur um Höchstleistungen handelt, gehen die Werte ganz bedeutend auseinander.

Für Lokomotiven gemischter Bauart ist nach den Untersuchungen auf S. 611 die Umdrehungzahl der Zahnachsen als Grundlage anzusehen. Für die in Zusammenstellung XIII enthaltenen Lokomotiven gemischter Bauart ergeben sich dann die Werte in Zusammenstellung XXIV.

Ein wirtschaftlicher Wertmesser ist der Kohlenverbrauch für ein Zugkilometer nicht. Aus den beiden Zusammenstellungen würde nämlich hervorgehen, daß die großen Fahrgeschwindigkeiten wirtschaftlicher sind als die kleinen. Es ist dies jedoch weder im zugfördertechnischen noch im kommerziellen Sinn der Fall, wie aus den folgenden Untersuchungen hervorgehen wird.

Zusammenstellung XXIV.
Kohlenverbrauch für ein Zug-Kilometer.
Lokomotiven gemischter Bauart.

Bezeichnung der Lokomotive in Zusammenstellung XIII	1	2, 3 und 4
Kupplung der Lokomotive.	$^3/_4$	$^3/_5$, $^4/_5$ und $^5/_5$
Teilkreisdurchmesser der Zahnräder . mm	688	688
Fahrgeschwindigkeit 6 km/st	109·1 kg	162·5 kg
„ 8 „	93·0 „	139·5 „
„ 10 „	82·4 „	123·6 „
„ 12 „	73·6 „	110·5 „
„ 14 „	66·8 „	100·3 „

Unter Zugkilometer sind in dieser Studie nur nützliche Fahrten verstanden. Lokomotiv- und andere Dienstfahrten sind hierbei ausgeschlossen. Dieser Umstand ist beim Vergleich mit statistischen Werten zu berücksichtigen.

Von Zuglast und Steigung ist der Kohlenverbrauch für ein Zugkilometer gar nicht abhängig, solange die Lokomotive die Höchstleistung ausübt.

Empfindlicher ist bereits die Maßeinheit Tonnen-Kilometer. Auch hierbei sind nur Nutzfahrten verstanden und der Wert ist auf das Gewicht des geförderten Wagenzuges zu beziehen. Da der Kohlenverbrauch für die Maßeinheit sehr gering ist, wählt man in der Regel die Größe 100 Tonnen-Kilometer.

Die Zuglast ist von Steigung und Fahrgeschwindigkeit wesentlich abhängig. Es verändert sich der Kohlenverbrauch für ein Tonnenkilometer daher mit diesen Größen.

In Zusammenstellung XXV ist für die $^3/_4$-gekuppelte Lokomotive der Zusammenstellung VIII bei Anwendung der Reibungsmaschine allein der Kohlenverbrauch für 100 Tonnen-Kilometer angegeben, wenn die Zuglast auf allen Steigungen so groß gewählt ist, als die Höchstleistung zuläßt.

Der Kohlenverbrauch für 100 Tonnen-Kilometer nimmt mit wachsender Steigung sinngemäß zu, da die Zuglast abnimmt und der Kohlenverbrauch für die Hebung der Lokomotive wächst. Für eine bestimmte Geschwindigkeit, die hier zwischen 10 und 18 km/st liegt, erscheint der geringste Kohlenverbrauch, wenn eine bestimmte Steigung in Betracht gezogen wird. Für die Beurteilung der Wirtschaftlichkeit im allgemeinen sind jedoch neben den Größen in Zusammenstellung XXV auch die Zuglasten in Betracht zu ziehen, die aus Zusammenstellung IX zu entnehmen sind, da geringe Zuglasten selbst bei sehr günstigen Kohlenverbrauchsziffern wenig Wert besitzen.

In Zusammenstellung XXVI sind die Werte für den Kohlenverbrauch für 100 Tonnen-Kilometer der fünf verschiedenen Lokomotivbauformen angegeben, wenn die Steigung 25·0 $^0/_{00}$ beträgt.

Es ist zunächst zu erkennen, daß die Lokomotive mit kleinem Kessel bis zu etwas über 20 km/st Fahrgeschwindigkeit günstigere Werte liefern als die Lokomotiven mit großem Kessel. Dies hängt hauptsächlich mit geringeren Widerständen und geringeren Gewichten der kleineren Lokomotiven zusammen. Bei höheren Geschwindigkeiten liegt der Vorteil bei dem größeren Kessel. Bei kleiner Fahrgeschwindigkeit sind die Lokomotiven mit geringem Triebraddurchmesser vorteilhafter. Der Kohlenverbrauch für 100 Tonnen-Kilometer ist an den Lokomotiven mit nur gekuppelten Achsen bis zur Fahrgeschwindigkeit von 30 km/st durchaus am vorteilhaftesten. Der kleinste Verbrauch wird bei Geschwindigkeiten erzielt, die etwas höher sind als die kritische Fahrgeschwindigkeit der betreffenden Lokomotive.

Zusammenstellung XXV.

Kohlenverbrauch in kg für 100 t/km der $^3/_4$-gekuppelten Reibungslokomotive.

Steigung $^0/_{00}$		10	20	25	30	40	50
Fahrgeschwindigkeit	10 km/st	11·5	23·3	29·8	37·6	56·5	78·5
„	20 „	10·9	22·4	28·9	37·1	56·5	86·7
„	30 „	11·6	24·6	33·3	43·2	71·2	—
„	40 „	14·0	29·4	40·8	55·0	—	—
„	50 „	16·4	38·8	55·6	—	—	—
„	60 „	23·1	62·3	—	—	—	—

Zusammenstellung XXVI.

Kohlenverbrauch in kg für 100 t/km auf der Steigung von 25$^0/_{00}$. Reibungslokomotiven.

Kupplung der Lokomotive		$^3/_4$	$^4/_4$	$^3/_5$	$^4/_5$	$^5/_5$
Rostfläche . . . . qm		2		3		
Heizfläche . . . . qm		130		195		
Triebraddurchmesser . . . . mm		1540	1320	1540	1320	1000
Fahrgeschwindigkeit	10 km/st	29·8	27.5	47·4	38·6	33·8
„	20 „	28·9	27·8	34·0	28·9	27.9
„	30 „	33·3	32·4	32·4	30·7	30·1
„	40 „	40·8	43·6	35·8	34·3	35·7
„	50 „	55·6	75·3	42·3	42·4	—

Für Lokomotiven gemischter Bauart, bei Verwendung beider Triebwerke, sind die Verhältnisse ganz ähnlich. In Zusammenstellung XXVII sind für die $^3/_4$-gekuppelte Lokomotive gemischter Bauart die Verbrauchsziffern für Steigungen von 25 bis 100$^0/_{00}$ und Fahrgeschwindigkeiten von 6 bis 14 km/st angeführt. Wie zu erwarten, nimmt der Kohlenverbrauch für 100 Tonnen-Kilometer bei zunehmender Steigung und wachsender Fahrgeschwindigkeit zu und erreicht somit auf starken Steigungen bei den größten Fahrgeschwindigkeiten die größten Werte.

Bei einem Vergleich der Zusammenstellungen XXV und XXVII ist zu erkennen, daß bei einer Fahrgeschwindigkeit von 10 km/st der gemischte Betrieb selbst auf einer Steigung von nur 25·0$^0/_{00}$ geringeren Kohlenverbrauch für 100 Tonnen-Kilometer ergibt als bei der Verwendung von Reibungslokomotiven derselben Grundform. Diese Überlegenheit reicht jedoch ausschließlich bis zu einer Fahrgeschwindigkeit von 12 bis 14 km/st. Darüber hinaus sind die Verbrauchsziffern der Reibungslokomotive günstiger. Diese Erscheinung entspricht durchaus dem Wesen der Lokomotive gemischter Bauart.

Endlich ist in Zusammenstellung XXVIII der Kohlenverbrauch für 100 Tonnen-Kilometer für die vier verschiedenen Lokomotiven gemischter Bauart angegeben, wenn die Steigung 50 °/$_{00}$ und die Fahrgeschwindigkeit 6 bis 14 km/st beträgt.

Die Verbrauchsziffern zeigen keinen bedeutenden Unterschied.

Die zahlreichen Werte über den Kohlenverbrauch für 100 Tonnen-Kilometer sind hier angeführt, um Grundlagen für die Wahl entsprechender Berechnungswerte zu bieten, die den Verhältnissen am vorteilhaftesten entsprechen. Der Kohlenverbrauch für 100 Tonnen-Kilometer ändert sich an den Lokomotiven gemischter Bauart zwischen 22·5 und 230·0 kg. Die Maßeinheit Tonnen-Kilometer erscheint daher für die Berechnung des Kohlenverbrauches von Gebirgslokomotiven auch sehr unsicher.

Bei der Anlage von Gebirgsbahnen handelt es sich im allgemeinen um die Bewältigung eines bestimmten Höhenunterschiedes. Bei der Untersuchung der verschiedenen möglichen Bahnlinien auf ihre Leistungsfähigkeit und Wirtschaftlichkeit ergeben sich die Längen der Zufahrtsstrecken aus den gewählten Steigungen, wobei die natürliche Zufahrtslinie die stärkste Steigung und die geringste Streckenlänge besitzt. Die übrigen Strecken müssen eine künstliche Verlängerung erhalten.

Bei vergleichenden Berechnungen dieser Art ist es vorteilhaft, die Verbrauchsziffern nicht auf die Streckenlänge zu beziehen, die für jedes Beispiel verschieden ist, sondern auf den zu bewältigenden Höhenunterschied, der für alle Bahnanlagen derselbe bleibt.

Zusammenstellung XXVII.

Kohlenverbrauch in kg für 100 t/km der $^3/_4$-gekuppelten Lokomotive gemischter Bauart.

Steigung °/$_{00}$	25	30	40	50	60	70	80	100
Fahrgeschwindigkeit 6 km/st	22·5	27·3	37·3	48·3	60·3	73·2	87·2	116·0
„ 8 „	23·2	29·0	39·7	51·9	65·5	80·9	97·9	140·9
„ 10 „	25·7	31·4	43·8	58·0	74·2	92·6	116·0	171·6
„ 12 „	28·3	34·9	49·4	66·3	86·5	111·5	141·5	230·0

Zusammenstellung XXVIII.

Kohlenverbrauch in kg für 100 t/km auf der Steigung von 50°/$_{00}$.
Lokomotiven gemischter Bauart.

Kupplung der Lokomotive	$^3/_4$	$^3/_5$	$^4/_5$	$^5/_5$
Rostfläche . . . . qm	2	3		
Heizfläche . . . . qm	130	195		
Fahrgeschwindigkeit 6 km/st	48·3	54·2	52·6	54·1
„ 8 „	51·9	52·6	52·3	58·8
„ 10 „	58·0	53·0	55·4	67·8
„ 12 „	66·3	54·7	59·1	—
„ 14 „	—	59·0	66·4	—

Zusammenstellung XXIX.

Belastungen und Kohlenverbrauch der $^4/_5$-gekuppelten Tenderlokomotive
auf der Reibungsstrecke von 25 $^0/_{00}$ Steigung.

Fahr-geschwindig-keit km/st	Zugbelastung t	Kohlenverbrauch in kg			
		in der Stunde	für ein Zug-Kilometer	für 100 t/km	für 100 m Hebung und 1 Nutztonne
10·0	236	915	91·5	38·7	1·45
15·0	233	1140	76·0	32·7	1·31
18·5	232	1240	67·0	28·8	1·15
20·0	222	1280	64·0	28·9	1·16
30·0	162	1491	49·7	30·7	1·23
40·0	118	1620	40·5	34·3	1·37
50·0	80	1695	33·9	42·4	1·69

Hierdurch kann man auch die Leistungsfähigkeit bei verschiedenen
Betriebsverhältnissen bestimmen und es wird möglich, auch die Fahrgeschwindigkeiten auf den verschiedenen Steigungen besser beurteilen zu
können.

Sucht man den Kohlenverbrauch für 100 m Hebung und eine
geförderte Nutz-Tonne, so erhält man Werte, welche sich nur
innerhalb geringer Grenzen ändern und daher für zugförder-
technische Berechnungen besonders geeignet erscheinen.

Für die Steigung von 25·0 $^0/_{00}$ gibt die $^4/_5$-gekuppelte Reibungslokomotive die in Zusammenstellung XXIX enthaltenen Fahrgeschwindigkeiten
und Zuglasten. In der letzten Spalte dieser Zusammenstellung ist der
Kohlenverbrauch für 100 m Hebung und eine Tonne Nutzlast angeführt.
Für die kritische Fahrgeschwindigkeit der Lokomotive 18·5 km/st erhält
man den geringsten Kohlenverbrauch, sowohl bei größeren als bei kleineren
Fahrgeschwindigkeiten nimmt der Kohlenverbrauch zu. Es erweist sich
somit diese Fahrgeschwindigkeit auch hier als die vorteilhafteste.

Nimmt man die kritische Fahrgeschwindigkeit von 18·5 km/st für
die Steigung von 25·0 $^0/_{00}$ als Grundlage an und bestimmt man die Fahrgeschwindigkeiten auf den übrigen Steigungen derart, daß zur Ersteigung
derselben Höhe stets dieselbe Zeit aufgewendet wird, so erhält man folgende zusammenhängende Werte von Steigung, Streckenlänge und Fahrgeschwindigkeit:

Steigung $^0/_{00}$	Streckenlänge für 100 m Hebung, km	Fahrgeschwindigkeit km/st
10	10·000	46·3
15	6·667	30·9
20	5·000	23·1
25	4·000	18·5
30	3·333	15·4
35	2·857	13·2
40	2·500	11·6
50	2·000	9·3
60	1·667	7·7
70	1·429	6·6

Steigung $^0/_{00}$	Streckenlänge für 100 m Hebung, km	Fahrgeschwindigkeit km/st.
80	1·250	5·8
90	1·111	5·1
100	1·000	4·7

Für die Förderung sind somit diese Streckenverhältnisse und Fahrgeschwindigkeiten durchaus gleichwertig. Nur durch einen derartigen Vergleich ist eine richtige Einschätzung der Fahrgeschwindigkeit möglich, die somit auf den stärksten Steigungen ohne Bedenken auf ein sehr geringes Maß sinken darf.

Wird für eine Lokomotivbauart die Zugbelastung für diese verschiedenen Steigungswerte und Fahrgeschwindigkeiten bestimmt und nach Abb. 20 durch Schaulinien ausgedrückt, so sind verschiedene wertvolle Aufschlüsse zu erlangen.

In Abb. 20 sind die Belastungsschaulinien für die $^3/_4$-, $^3/_5$-, $^4/_5$- und $^5/_5$-gekuppelte Reibungslokomotive und für die $^3/_4$- und $^4/_5$-gekuppelte Lokomotive gemischter Bauart eingetragen.

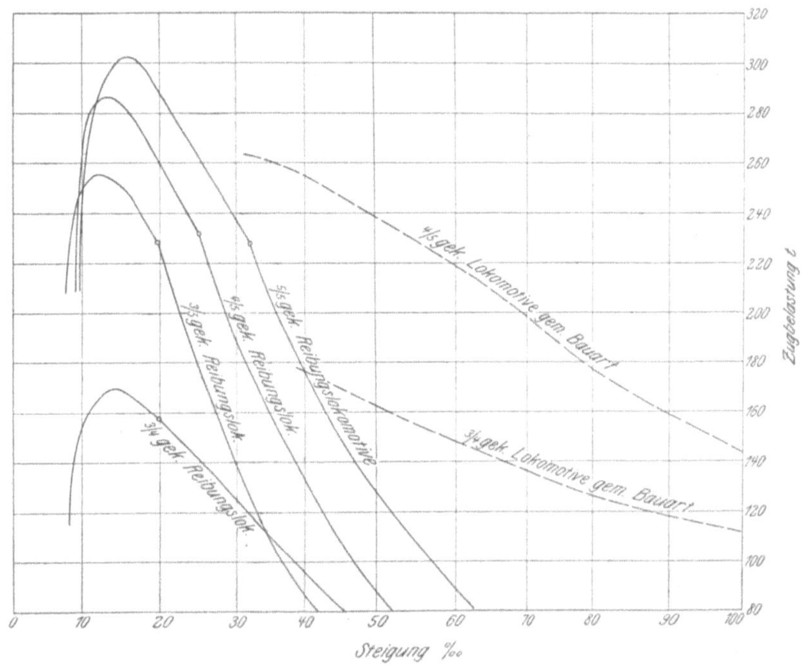

Abb. 20.

Da die Leistungsfähigkeit der Bahnanlage direkt proportional der Zuglast ist, interessieren zunächst die Höchstlasten. Sie erscheinen für die Reibungslokomotiven bei folgenden Verhältnissen:

Reibungslokomotive	Steigung $^0/_{00}$	Fahrgeschwindigkeit km/st	Zuglast t
$^3/_4$-gekuppelt	14·5	31·9	170
$^3/_5$- ,,	12·5	37·0	255
$^4/_5$- ,,	13·5	34·3	287
$^5/_5$- ,,	16·0	29·0	302

Diese Neigungs- und Geschwindigkeitsverhältnisse sind für den Groß-
güterzugverkehr jedenfalls am vorteilhaftesten. Die Lokomotiven verrichten dabei die größte Hebearbeit.

Erscheinen diese Steigungsverhältnisse wegen der allzulangen Strecken
und der möglicherweise damit verbundenen künstlichen Verlängerung der
Zufahrtsrampen unmöglich, so kommen größere Steigungen in Betracht,
die zunächst nur eine geringe Verminderung der Zuglast herbeiführen, bis
endlich bei der kritischen Fahrgeschwindigkeit der Lokomotiven jene
größte Steigung erreicht ist, bei welcher Kessel und Reibungsgewicht bis
zur Grenze beansprucht erscheint. Noch größere Steigungen anzuwenden,
erscheint unwirtschaftlich, da die Zugbelastungen in diesem Gebiet besonders rasch abnehmen.

Zusammenstellung XXX.

Belastungen und Kohlenverbrauch der $^4/_5$-gekuppelten Tenderlokomotive,
wenn die Hebung in derselben Zeit erfolgt.

Fahr-geschwin-digkeit km/st	Strecken-länge für 100 m Hebung km	Steigung $^0/_{00}$	Zug-belastung t	Kohlenverbrauch in kg			
				in der Stunde	für ein Zug-Kilometer	für 100 t/km	für 100 m Hebung und eine Nutztonne
10·0	2·16	46·3	104	915	91·5	87·9	1·90
15·0	3·25	30·9	182	1140	76·0	41·7	1·35
18·5	4·00	25·0	232	1240	67·0	28·8	1·15
20·0	4·32	23·1	243	1280	64·0	26·3	1·14
30·0	6·48	15·4	282	1491	49·7	17·6	1·14
40·0	8·64	11·6	280	1620	40·5	14·4	1·24
50·0	10·80	9·3	245	1695	33·9	13·8	1·49

Bei Anwendung der kritischen Fahrgeschwindigkeit ergeben sich folgende Verhältnisse:

Reibungslokomotive	Steigung $^0/_{00}$	Fahrgeschwindigkeit km/st	Zuglast t
$^3/_4$-gekuppelt	20·0	23·1	158
$^3/_5$- ,,	19·7	23·5	228
$^4/_5$- ,,	25·0	**18·5**	**232**
$^5/_5$- ,,	31·9	14·5	228

Die Werte für die $^4/_5$-gekuppelte Lokomotive waren als Grundlage
gewählt worden. Sie können für den Güterzugdienst einer stark beanspruchten eingleisigen Hauptstrecke als eben zweckmäßig erachtet werden.

Die Schaulinien der Zuglasten für die Lokomotiven gemischter Bauart
beherrschen nur ein geringes Gebiet, da die Anwendbarkeit der Zahnstange je nach der Lokomotivbauart nur bis zu Fahrgeschwindigkeiten
von 10 bis 15 km/st vorteilhaft erscheint.

Aus Abb. 20 ist die Leistungsfähigkeit der verschiedenen Bahnanlagen
sehr einfach zu erkennen und namentlich ein Vergleich zwischen einer
Reibungsbahn und einer mit Zahnstangen versehenen Bahn leicht möglich.

Soll die Zuglast z. B. 240 t betragen, so können auf der Reibungsstrecke die Lokomotiven folgende Steigungen mit nebenstehenden Fahrgeschwindigkeiten fördern:

Reibungsstrecke	Steigung $^0/_{00}$	Fahrgeschwindigkeit km/st
$^3/_5$-gekuppelte Lokomotive	17·5	26·5
$^4/_5$- „ „	23·5	19·5
$^5/_5$- „ „	29·0	16·0

Bei gemischtem Betrieb ergeben sich für dieselbe Zuglast folgende Werte:

Die $^4/_5$-geküppelte Lokomotive fördert 240 t auf der Steigung von $49^0/_{00}$ mit 9·4 km/st Fahrgeschwindigkeit. Für die $^3/_5$- und $^5/_5$-gekuppelte Lokomotive gemischter Bauart weichen die Werte nur wenig ab, es ist daher in Abb. 20 auch nur die Schaulinie für die $^4/_5$-gekuppelte Lokomotive aufgenommen.

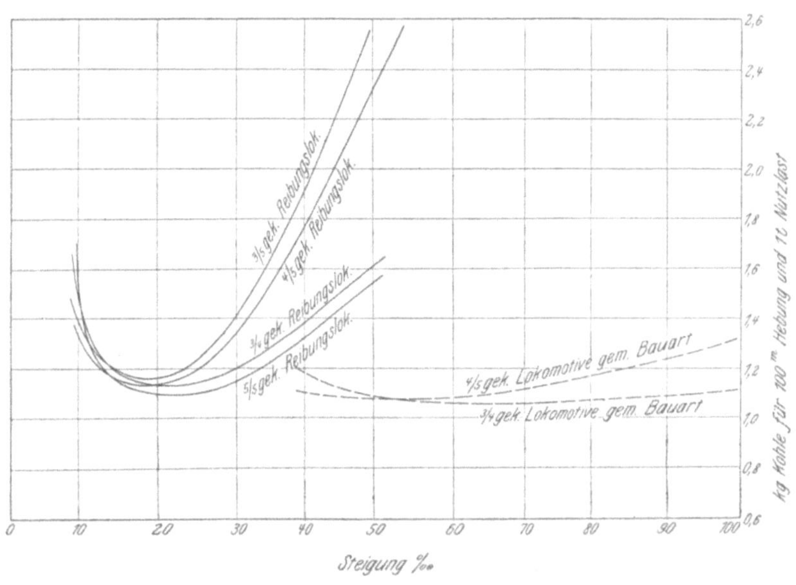

Abb. 21.

Unter Verwendung der obengenannten Lokomotiven sind somit Strecken mit glatter Schiene und Steigungen von 17·5, 23·5 und $29·0^0/_{00}$ in bezug auf die Leistungsfähigkeit einer Zahnstrecke von $49^0/_{00}$ Steigung gleichwertig.

Die größte Förderleistung der Zahnradlokomotiven tritt bei der Höchstgeschwindigkeit an der Zahnstrecke ein.

In Abb. 21 ist für dieselben Grundlagen auch der Kohlenverbrauch für 100 m Hebung und 1 t Nutzlast durch Schaulinien dargestellt, um auch die Wirtschaftlichkeit der Hebungsarbeit zu erkennen.

Der geringste Kohlenverbrauch der Reibungslokomotiven tritt auf Steigungen von 18 bis $23^0/_{00}$ ein. Bei zunehmender Steigung nimmt der Kohlenverbrauch der Reibungslokomotiven sehr rasch zu, und zwar am stärksten für die Lokomotiven mit geringerer Zugkraft.

Der Kohlenverbrauch für 100 m Hebung und 1 t Nutzlast ist für die Lokomotiven gemischter Bauart trotz wechselnder Steigung wenig veränderlich.

Für Steigungen von mehr als $35^0/_{00}$ ist der Verbrauch für die Lokomotiven gemischter Bauart bedeutend geringer als für die Reibungslokomotiven und für wachsende Steigungen wird der Unterschied rasch größer.

Diese Verhältniswerte gelten immer für die Grundlage von 18·5 km/st Fahrgeschwindigkeit auf der Steigung von $25·0^0/_{00}$.

Für den Personenzugdienst müßte eine Fahrgeschwindigkeit von 25 bis 30 km/st auf der Steigung von $25^0/_{00}$ als Grundlage angenommen werden. Die Zahnstange erweist sich dann erst für Steigungen von mehr als $50^0/_{00}$ vorteilhafter.

6. Der Wasserverbrauch.

Der Wasserverbrauch der Lokomotiven läßt sich ebenfalls am sichersten und einfachsten aus der Arbeitsleistung der Lokomotive berechnen.

Der Wasserverbrauch kann gleichzeitig mit dem Kohlenverbrauch ausgehend von Zusammenstellung III berechnet werden. Man findet denselben für die gewöhnlich angestrebte Höchstleistung, indem die Anzahl der geleisteten Pferdestärken mit dem spezifischen Dampfverbrauch in Zusammenstellung VI multipliziert und auf die betreffende Zeitdauer bezogen wird.

Um die unvermeidlichen Dampf- und Wasserverluste während des Arbeitsvorganges zu berücksichtigen, ist der gefundene Wasserverbrauch um 10 bis $15^0/_0$ zu vergrößern. Für mittlere Verhältnisse erhält man hierdurch einen Gesamtwasserverbrauch von 12 bis 13 kg für die indizierte Pferdestärke. An Verbundlokomotiven sinkt dieser Verbrauch auf 10 bis 11 kg.

Wenn es sich um Leistungen handelt, die geringer sind als die Höchstleistung, so sind zunächst die entsprechenden Umlaufzahlen der Triebachsen und die Füllungsgrade auszurechnen und hiernach aus Zusammenstellung VI der spezifische Dampfverbrauch zu bestimmen.

Für Lokomotiven mit getrennten Triebwerken ist es vorteilhaft, die Berechnung für beide Triebwerke getrennt durchzuführen, da der spezifische Dampfverbrauch für jede Maschine je nach den Umlaufzahlen und den angewendeten Füllungsgraden verschieden ausfällt.

Wird die Höchstleistung vorausgesetzt und die Dampflieferung aus Zusammenstellung IV zugrunde gelegt, so erhält man für die verschiedenen hier behandelten Lokomotiven den stündlichen Dampfverbrauch nach Zusammenstellung XXXI und XXXII. Um den praktischen Wasserverbrauch im Tender zu erlangen, ist der obgenannte Zuschlag von 10 bis $15^0/_0$ zuzufügen. In Zusammenstellung XXXI ist berücksichtigt, daß die Reibungslokomotiven bei Fahrgeschwindigkeiten, welche unter der kritischen liegen, mehr Dampf erzeugen, als die Maschine verbrauchen kann. Die eingeklammerten Ziffern geben die Dampfmengen an, welche vom Kessel geliefert werden.

Zusammenstellung XXXI.
Stündlicher Dampfverbrauch der Reibungslokomotiven.

Fahr- geschwindigkeit km/st	Kupplung der Lokomotiven			
	$^3/_4$	$^3/_5$	$^4/_5$	$^5/_5$
10	4070	(6120) 3500	(6600) 4300	(7130) 5400
20	5180	(7740) 6920	8200	8600
30	5720	8570	9000	9330
40	6080	9120	9470	9730
50	6310	9480	9760	—

Zusammenstellung XXXII.
Stündlicher Dampfverbrauch der Lokomotiven gemischter Bauart.

Fahrgeschwindigkeit km/st	Kupplung der Lokomotiven	
	$^3/_4$, $^4/_4$	$^3/_5$, $^4/_5$, $^5/_5$
6	4520	6800
8	5000	7500
10	5320	7990
12	5570	8320
14	5770	8620

Zusammenstellung XXXIII.
Dampfverbrauch der $^4/_5$-gekuppelten Reibungslokomotive.

Fahrgeschwindigkeit km/st	Steigung $^0/_{00}$	Wasser- verbrauch in der Stunde	Zug- belastung t	Wasser- verbrauch für 100 m Hebung	Wasser- verbrauch für 100 m Hebung 1 t Nutz- last
10	46·3	4300	107	931	8·70
18·5 (kritische Fahrgeschw.)	25·0	8030	232	1735	7·48
20	23·1	8200	243	1771	7·28
30	15·4	9000	282	1944	6·88
40	11·6	9470	280	2045	7·30
50	9·3	9760	230	2108	9·16

Zusammenstellung XXXIV.
Dampfverbrauch der $^4/_5$-gekuppelten Lokomotive gemischter Bauart.

Fahr- geschwindig- keit km/st	Steigung $^0/_{00}$	Wasser- verbrauch in der Stunde	Zugbelastung t	Wasser- verbrauch für 100 m Hebung	Wasser- verbrauch für 100 m Hebung und 1 t Nutzlast
6	77·2	6800	183	1469	8·03
8	58·0	7500	222	1620	7·30
10	46·3	7990	245	1726	7·04
12	38·6	8370	256	1797	7·02
14	33·1	8620	253	1862	7·36

Ähnlich wie der Kohlenverbrauch wächst der Wasserverbrauch mit der Fahrgeschwindigkeit.

Die Berechnung des Wasserverbrauches ist für die Bemessung des Wasservorrates der Lokomotiven und die Feststellung der Entfernung der Wasserstationen wichtig.

Die $^4/_5$-gekuppelte Reibungslokomotive zeigt bei der kritischen Fahrgeschwindigkeit von 18·5 km/st einen stündlichen Dampfverbrauch von 8030 kg, der einem Wasserverbrauch im Tender von 9235 kg entspricht.

Als Tenderlokomotive kann die Lokomotive einen Vorrat von rund 8 cbm erhalten. Dieser würde somit für eine Fahrt von $\dfrac{8000}{9235}$ Stunden, das ist 52 Minuten ausreichen. In dieser Zeit werden bei einer Fahrgeschwindigkeit von 18·5 km/st 16·03 km zurückgelegt. Für gewöhnlich wird man jedoch nicht den ganzen Wasservorrat in Betracht ziehen, um bei unvorhergesehenen Fällen nicht in Schwierigkeiten zu geraten. Rechnet man mit 0·9 des vorhandenen Wasservorrates, so erhält man eine Strecke von 14·43 km. Die modernen Tenderlokomotiven mit wirtschaftlichen Kesseln und Maschinen und großen Wasserbehältern sind demnach geeignet, noch verhältnismäßig lange Strecken ohne Ergänzung des Wasservorrates zurückzulegen. Bei Anwendung der Verbundwirkung werden diese Verhältnisse noch günstiger.

Der Schlepptender der Gebirgslokomotiven erhält 14·0 bis 16·0 cbm Wasserraum. Bei einem mittleren Vorrat von 15·0 cbm kann die obengenannte $^4/_5$-gekuppelte Lokomotive dann 27·01 km zurücklegen. Es brauchen dann nicht alle Stationen Vorrichtungen für die Wasserspeisung erhalten, oder es können Zug- und Schiebelokomotive abwechselnd den Wasservorrat ergänzen.

Ähnlich wie der Kohlenverbrauch ändert sich auch der Wasserverbrauch nur wenig, wenn er auf 100 m Hebung und 1 t Nutzlast bezogen wird.

In Zusammenstellung XXXIII sind für die $^4/_5$-gekuppelte Reibungslokomotive die Steigungen und Zuglasten so gewählt, daß in allen Fällen die Hebung in derselben Zeit erfolgt. Als Grundlage dient die Fahrgeschwindigkeit von 18·5 km/st auf der Steigung von 25·0 $^0/_{00}$.

Aus den Angaben über den Wasserverbrauch für 100 m Hebung ist bereits ein wichtiges Mittel gewonnen, die Entfernung der Wasserstationen zu bestimmen.

Noch wertvoller ist der Wasserverbrauch für 100 m Hebung und 1 t Nutzlast, da dieser Wert nur wenig veränderlich erscheint. Sein geringster Wert erscheint bei rund 30 km/st Fahrgeschwindigkeit.

Für die $^4/_5$-gekuppelte Lokomotive gemischter Bauart sind dieselben Angaben in Zusammenstellung XXXIV enthalten. Auch hier ist der Wasserverbrauch für 100 m Hebung und 1 t Nutzlast wenig veränderlich. Er ergibt sich hier für eine Fahrgeschwindigkeit von rund 11 km/st am günstigsten.

Da die Zusammenstellungen XXXIII und XXXIV auf dieselben Grundlagen bezogen sind, können deren Werte auch untereinander verglichen werden. So ist zu entnehmen, daß der überhaupt geringste Wasserverbrauch für die Hebung an der Reibungslokomotive bei rund 15 $^0/_{00}$ Steigung und 30 km/st Fahrgeschwindigkeit eintritt.

Auf der Steigung von $46\cdot3\,^0/_{00}$ bei 10 km/st Fahrgeschwindigkeit ist der Wasserverbrauch der Lokomotive gemischter Bauart für 100 m Hebung und 1 t Nutzlast um $23\,^0/_0$ günstiger als an der Reibungslokomotive.

7. Anwendung der Zahnstange auf Strecken mit verhältnismäßig geringen Steigungen.

Es wurde schon öfter die Anwendung der Zahnstange auf bestehende Gebirgsbahnen mit geringen Steigungen, d. i. 20 bis $35\,^0/_{00}$, erörtert. Sie wurde hauptsächlich als Hilfsmittel empfohlen, wenn durch starken Güterverkehr derartige Strecken an die Grenze ihrer Leistungsfähigkeit gelangten. Dieses Aushilfsmittel liegt besonders nahe, wenn die Bahnanlagen durch klimatische Ungunst, oder lange, naße Tunnel in bezug auf die nutzbare Reibung Schwierigkeiten zu begegnen haben. Zur Ausführung gelangte die Zahnstange auf derartigen Gebirgsstrecken bisher noch nicht.

Die vorliegenden Grundlagen gestatten es, auch in dieser Hinsicht darzulegen, ob die Einführung der Zahnstange auf Strecken mit verhältnismäßig geringen Steigungen einen Erfolg verspricht. Der gemischte Betrieb kommt hierbei überhaupt nur für den Güterzugdienst in Betracht.

Der Güterzugdienst wird auf den Gebirgsstrecken gegenwärtig größtenteils durch $^4/_4$-, seltener durch $^4/_5$- und $^5/_5$-gekuppelte Lokomotiven besorgt, wobei der Schiebedienst regelmäßig Verwendung findet.

Zusammenstellung XXXV.

Steigung $^0/_{00}$	Reibungslokomotiven		Lokomotiven gemischter Bauart
	$^4/_5$-gekuppelte	$^5/_5$-gekuppelte	$^4/_5$-gekuppelte
	Zugbelastung t, bis 10 km/st Zuggeschwindigkeit		
20	305	392	619
25	236	308	500
30	185	248	407
35	150	202	338
40	128	174	292

Die Fahrgeschwindigkeit ist hierbei meist nur so groß bemessen, daß das Reibungsgewicht noch voll ausgenützt werden kann.

Bei den älteren Lokomotiven ist die Beharrungsgeschwindigkeit auf den Steilrampen meist 9 bis 12 km/st. Auf doppelgleisigen Strecken reicht diese eben noch aus. Auf stark beanspruchten eingleisigen Strecken hat man indessen den Güterzügen größere Geschwindigkeiten geben müssen, um die Strecken rascher freizubekommen. Man verlangt dort Geschwindigkeiten von 15 bis 18, mitunter auch 20 km/st Fahrgeschwindigkeit. Um diese zu erlangen, sind Lokomotiven neuer Bauart mit großen Dampferzeugern nötig, oder es muß die Belastung der älteren Lokomotiven bedeutend vermindert werden.

Nachdem der Betrieb mit Zahnrad nach den bisherigen Erfahrungen für größere Geschwindigkeiten als 12, höchstens 15 km/st nicht geeignet erscheint, ist der gemischte Betrieb nur auf jenen Gebirgsstrecken als erfolgreich anzusehen, auf welchen die Geschwindigkeiten unter diesen Grenzen bleiben können. Allerdings ist zu beachten, daß, falls es gelingt, mit dem gemischten Betrieb größere Zuglasten zu fördern als gegenwärtig, auf die höheren Fahrgeschwindigkeiten wieder verzichtet werden kann, weil dann die Zahl der Züge vermindert wird.

Auf wohlausgerüsteten doppelgleisigen Gebirgsbahnen kann die Fahrgeschwindigkeit der Güterzüge gering sein, da dieselben für den Verkehr

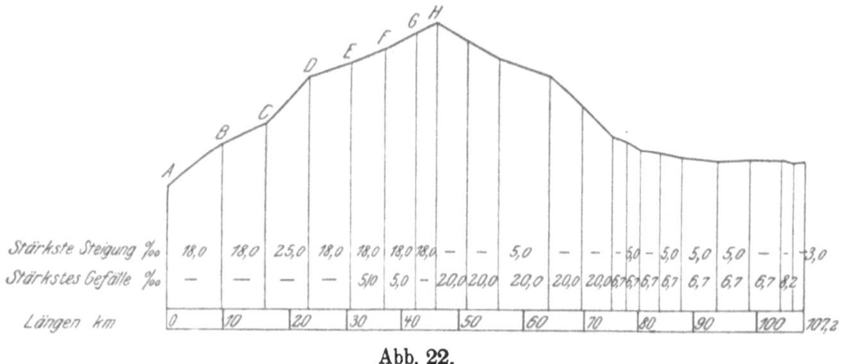

Abb. 22.

in der Gegenrichtung kein Hindernis bilden und durch Ausweichgleise für den Personen- und Schnellzugverkehr in derselben Fahrtrichtung vorgesorgt ist. Für derartige Bahnstrecken würde somit der gemischte Betrieb am ehesten geeignet sein. Hier ist er allerdings auch nur selten erwünscht, da derartige Bahnanlagen eine ganz besonders hohe Leistungsfähigkeit besitzen.

Wenn jedoch geringe Fahrgeschwindigkeiten zulässig sind, so sind die Lokomotiven gemischter Bauart den Reibungslokomotiven bedeutend überlegen, wie aus Zusammenstellung XXXV hervorgeht.

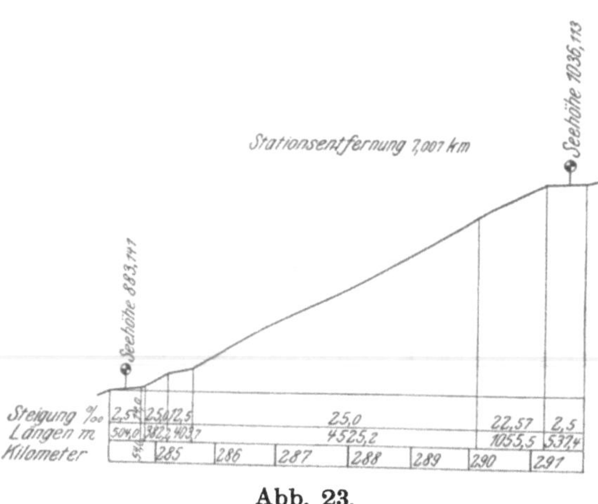

Abb. 23.

Da es sich im Güterzugdienst um die gesamten Fördermengen handelt, und und nicht um die einzelnen Zuglasten, so müssen auch hier ausführlichere Beispiele gewählt werden.

Beispiel I.

Die Gebirgsstrecke einer eingleisigen Hauptbahn hat den in Abb. 22 dargestellten Längsschnitt.

Auf der einen Seite ist die größte Steigung 25·0⁰/₀₀. Sie kommt jedoch nur in zwei Rampen von zusammen 4907 m zwischen den Stationen C und D vor. Neben einer Rampe von 22·6⁰/₀₀ sind dann nur mehr Steigungen von höchstens 18⁰/₀₀ vorhanden.

Die Strecke CD ist in Abb. 23 besonders dargestellt.

In der Richtung der Steigung verkehren gegenwärtig 13 fahrplanmäßige Güterzüge. Dieselben werden zwischen den Stationen A und H durch zwei $^4/_4$-gekuppelte Schlepptenderlokomotiven gefördert, welche auf der Steigung von $25 \cdot 0\,^0/_{00}$ zusammen 400 t bewältigen können. Auf der Steigung von $18\,^0/_{00}$ könnten dieselben Lokomotiven 560 t fördern. Um daher wegen der nur 7 km langen Strecke CD die Belastung nicht so sehr vermindern zu müssen, hat man zu Zeiten des stärksten Güterverkehres in der Strecke CD die Förderung mit drei Lokomotiven eingeführt, indem eine $^3/_3$-gekuppelte Schlepptenderlokomotive in dieser Strecke nachschob.

Diese Betriebsweise ist jedoch schwerfällig und namentlich wegen der Rückkehr der dritten Lokomotive nach der Station C nur bei gewissen Zügen möglich. Dieser Ausweg kann daher nur in beschränktem Maße Verwendung finden.

Bei der Förderung mit zwei $^4/_4$-gekuppelten Lokomotiven der bestehenden Bauart beträgt die Tagesleistung der 13 Güterzüge 5200 t.

Sollte diese Fördermenge dauernd nicht genügen, so ist zunächst die Einführung stärkerer Lokomotiven zu erwägen, da eine Vermehrung der Güterzüge wegen eines regen Personenverkehres und den rückkehrenden Vorspann- und Schiebelokomotiven kaum durchführbar ist.

Bei der Anwendung starker Lokomotiven mit vierfacher Kuppelung kann die Zuglast auf 460 t, bei fünffacher Kuppelung auf 600 t gesteigert werden. Die Tagesleistung beträgt dann 5980 und 7800 t. Es müßten hierbei sämtliche auf der Strecke AH im Dienst stehenden Güterzuglokomotiven ausgewechselt werden.

Es frägt sich nun, ob nicht durch Legen der Zahnstange auf den stärksten Steigungen und Anwendung von gemischten Lokomotiven bessere Abhilfe geschaffen werden kann.

Größere Steigungen als $18 \cdot 0\,^0/_{00}$ sind nur in drei Rampen von zusammen 5963 m Länge in der Strecke CD vorhanden. Es liegt nahe, diese mit der Zahnstange zu versehen und die Züge so stark zu belasten, daß die Lokomotiven auf der Reibungsstrecke für die Höchststeigung von $18 \cdot 0\,^0/_{00}$ bis zur Grenze beansprucht sind, während auf den Steigungen über $18\,^0/_{00}$ die Zahnmaschine zur Mitwirkung kommt.

Da die Zahnstrecke eine nur geringe Länge besitzt, sei zunächst untersucht, ob es vorteilhaft ist, mit den Lokomotiven gemischter Bauart nur die Strecke CD zu befahren. Es würden dann zwei, höchstens drei derartige Lokomotiven für den Betrieb aller Güterzüge genügen.

Bleiben auf den übrigen Strecken die gebräuchlichen $^4/_4$-gekuppelten Lokomotiven, so fördern zwei derselben bis zur Station C 560 t. Nach der Belastungstafel XV könnte die $^4/_5$-gekuppelte Tenderlokomotive gemischter Bauart der Zusammenstellung XIII diese Last mit rund 8·3 km/st Fahrgeschwindigkeit allein über die Zahnstrecke von $25 \cdot 0\,^0/_{00}$ bringen. Beim gegenwärtigen Betrieb wird in der 7·0 km langen Strecke CD eine Fahrzeit von 36 Minuten zugelassen, wobei auf der Steigung von $25 \cdot 0\,^0/_{00}$ die Fahrgeschwindigkeit etwa 10 km/st beträgt.

Die Fahrgeschwindigkeit der gemischten Lokomotive wäre somit zu gering, um die gegenwärtigen Fahrzeiten einzuhalten. Man wird indessen aus Sicherheitsrücksichten den Zug auf der Strecke CD ebenfalls durch zwei Lokomotiven fördern müssen. Wird angenommen, daß eine $^4/_4$-gekuppelte Lokomotive der bisher verwendeten Bauart als führende Lokomotive wirkt, so bleiben für die nachschiebende Lokomotive gemischter Bauart 360 t. Diese können nach Zusammenstellung XV mit etwas über 15 km/st auf der Zahnstrecke befördert werden. Es können dann die bestehenden Fahrzeiten auch noch abgekürzt werden. Bei dieser Betriebsart beträgt die Tagesleistung 7280 t, d. i. 1300 t mehr wie nach Einführung neuer vierfach gekuppelter Lokomotiven. Eine Steigerung der Zuglast in der Strecke CD ist ohne Erfolg, da auf der Steigung von $18 \cdot 0\,^0/_{00}$ zwei der bestehenden $^4/_4$-gekuppelten Lokomotiven nicht mehr als 560 t zu fördern vermögen. Als ein Nachteil muß das Abstellen einer $^4/_4$-gekuppelten Lokomotive in C und Wiederanstellen in D angesehen werden, da die Steigung von $18 \cdot 0\,^0/_{00}$ in beiden Anschlußstrecken vorkommt.

Es dürfte daher angebracht erscheinen, das Mitwirken der gemischten Lokomotive über die ganze Strecke AH zu untersuchen. Es hätte dies den Vorteil, daß ein Lokomotivwechsel durchaus vermieden ist und die Leistungsfähigkeit der Strecke noch weiter gesteigert werden kann. Die gemischte Lokomotive fördert auf der Steigung von $18 \cdot 0\,^0/_{00}$ auf glatter Schiene 330 t, d. i. im Verein mit einer $^4/_4$-gekuppelten Lokomotive der gebräuchlichen Bauart 610 t. Auf der Rampe von $25 \cdot 0\,^0/_{00}$ übernimmt die letztere Lokomotive 200 t, es verbleiben für die Lokomotive gemischter Bauart daher 410 t. Nach Zusammenstellung XV kann bei der Wirkung beider Triebwerke diese Last auf der Steigung von $25 \cdot 0\,^0/_{00}$ mit etwas mehr als $12 \cdot 0$ km/st Fahrgeschwindigkeit gefördert werden. Die größte Tagesleistung ist bei 13 Zügen dann 7930 t, d. i. bereits etwas mehr als bei Verwendung von fünffach gekuppelten Reibungslokomotiven neuer Bauart.

Nach Bedarf können übrigens auch Güterzüge durch zwei Lokomotiven gemischter Bauart über die ganze Strecke AG gefördert werden. Zwei Lokomotiven der $^4/_5$-gekuppelten Bauart fördern auf der Steigung von $18 \cdot 0\,^0/_{00}$ auf glatter Schiene zusammen 660 t und auf der Zahnstrecke von $25 \cdot 0\,^0/_{00}$ Steigung kann hierbei sogar eine verhältnismäßig hohe Fahrgeschwindigkeit eingehalten werden. Diese Betriebsart würde sich daher sehr gut für Eilgüterzüge eignen. Bei ausschließlicher Verwendung von Lokomotiven gemischter Bauart über die ganze Strecke AH kann die Tagesleistung bei 13 Zügen auf 8580 t gesteigert werden, d. i. um 780 t mehr wie bei Verwendung neuer fünffach gekuppelter Reibungslokomotiven.

Werden schließlich noch Lokomotiven gemischter Bauart mit fünffacher Kuppelung in Betracht gezogen, so ist aus Zusammenstellung VII zu ersehen, daß eine derartige Lokomotive auf der Steigung von $18 \cdot 0\,^0/_{00}$ mit glatter Schiene 435 t zu fördern vermag. Dieselbe Last kann auf der Steigung von $25 \cdot 0\,^0/_{00}$ mit Hilfe beider Maschinen noch mit $9 \cdot 5$ km/st Fahrgeschwindigkeit befördert werden.

Wirkt stets eine $^4/_4$-gekuppelte Lokomotive der bestehenden Bauart mit, so ist die größte Tagesleistung 8255 t.

Werden zwei Lokomotiven gemischter Bauart über die ganze Strecke verwendet, so ist die größte Tagesleistung sogar 11310 t. Dazwischenliegende Leistungen können durch entsprechende Verwendung der Lokomotiven beliebig erzielt werden. Ähnliche Leistungen könnten durch Reibungslokomotiven erst bei sechs gekuppelten Achsen erlangt werden.

Falls die Lokomotiven gemischter Bauart die ganze Strecke AH zu durchfahren haben, so würde es sich vorteilhaft erweisen, dieselben als Schlepptenderlokomotiven zu bauen. Die Leistungsfähigkeit würde hierbei von den in Zusammenstellung V enthaltenen Angaben kaum abweichen. Es wird durch den Schlepptender die Zugkraft am Tenderzughaken etwas vermindert, andererseits ist jedoch an den Schlepptenderlokomotiven das Reibungsgewicht im vollen Betrag in Rechnung zu ziehen, so daß sich die Zugkraft wieder erhöht.

Hiermit ist nachgewiesen, daß durch Anwendung der Zahnstange auf Gebirgsstrecken auch bei verhältnismäßig geringen Steigungen eine namhafte Erhöhung der Leistungsfähigkeit im Güterzugverkehre erzielt werden kann. Dieses Aushilfsmittel scheint hauptsächlich dort empfehlenswert, wo aus irgendwelchen Gründen eine Änderung des Fahrplanes unmöglich ist und mit einer bestimmten Zahl von Güterzügen das Auslangen gefunden werden muß.

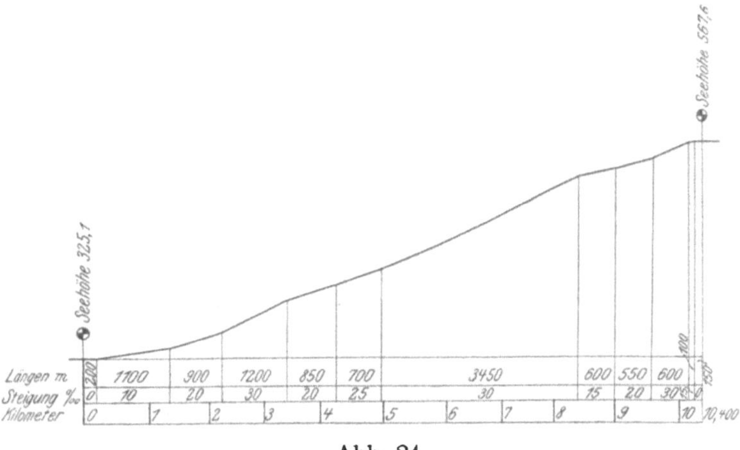

Abb. 24.

Ist es möglich, durch Vergrößerung der Fahrgeschwindigkeit der Güterzüge auf den Steilrampen die Fahrzeiten zu kürzen und dadurch mehr Züge einzulegen, so ist doch der gemischte Betrieb hierzu ungeeignet. Es sind dann Lokomotiven mit vier- und fünffacher Kuppelung und zeitgemäßer Bauart einzuführen.

Für den Personenzugdienst kann innerhalb dieses Gebietes der gemischte Betrieb überhaupt nicht in Betracht kommen, er wird selbst auf viel steileren Strecken vorteilhafter durch Reibungslokomotiven besorgt.

Beispiel II.

Eine normalspurige Bergwerksbahn von 11·5 km Länge zwischen den Endpunkten weist den in Abb. 24 dargestellten Längenschnitt auf.

Die Höhe von 242·5 m wird durch eine Reihe von Rampen erstiegen, welche eine Höchststeigung von $30\,^0/_{00}$ aufweisen. Die mittlere Steigung zwischen den Stationsenden ist $21·7\,^0/_{00}$.

Die eingleisige Strecke, welche keine Zwischenstationen und Ausweichen besitzt, wird mit $^4/_4$-gekuppelten Tenderlokomotiven betrieben Sie fördern auf der Bergfahrt 180 t, wobei auf der Steigung von $30\,^0/_{00}$ die Fahrgeschwindigkeit 8 bis 9 km/st beträgt. Die ganze Strecke wird fahrplanmäßig in einer Stunde zurückgelegt, das ist mit einer mittleren Fahrgeschwindigkeit von 11·5 km/st. Bei der Talfahrt ist die größte zulässige Fahrgeschwindigkeit 20 km/st und die Fahrzeit 40 Minuten.

Bei etwa 18 stündigem Betrieb können täglich zehn Züge zu Berg und zu Tal gebracht werden. Die maßgebende Last für die Bergfahrt beträgt demnach täglich 1800 t.

Es erscheint wünschenswert, die Förderung auf mindestens 4000 t zu erhöhen, und es fragt sich, welche Mittel hierzu geeignet wären.

Bei der Ausdehnung des Betriebes auf 24 Stunden und Beibehaltung der gegenwärtigen Lokomotiven würde man höchstens dreizehn Züge und damit 2340 t zu Berg bringen.

Würde man die Fahrgeschwindigkeit auf der Bergfahrt so erhöhen, daß dieselbe statt in einer Stunde in 46 Minuten zurückgelegt werden kann, so könnte man täglich bei 24 stündigem Betrieb fünfzehn Züge fördern. Die mittlere Fahrgeschwindigkeit müßte dann beiläufig 15 km/st sein und auf 30 $^0/_{00}$ müßte noch mit 13 bis 14 km/st gefahren werden können. Um dies zu erreichen, müßte man jedoch die Zuglast von 180 auf etwa 155 t herabsetzen, so daß man nur eine Tagesleistung von 2325 t erhält, die sogar noch geringer ist als die vorhin gefundene Fördermenge.

Günstige Abhilfe könnte getroffen werden, wenn in der Hälfte der Strecke eine Ausweiche angelegt werden könnte. Dieselbe würde jedoch in die 3450 m lange Steigung von 30·0 $^0/_{00}$ fallen, und um die entsprechende wagerechte Strecke von rund 300 m zu erhalten, müßten die anschließenden Rampen mindestens Steigungen von 35·0 $^0/_{00}$ erhalten. Hierdurch wäre bereits eine weitere Erschwerung des Betriebes zu erwarten, da die Zuglast von 180 t dann nicht mehr beibehalten werden könnte, sondern auf etwa 165 t vermindert werden müßte.

Die Ausweiche in der Steigung von 30·0 $^0/_{00}$ anzulegen, ist aus betriebstechnischen Gründen unrätlich; das Anfahren auf dieser Steigung würde selbst wieder eine bedeutende Verminderung der Zuglast bedingen.

Durch die Anwendung fünffach gekuppelter Lokomotiven nach Zusammenstellung XIII könnte die in einem Zug geförderte Last auf etwa 240 bis 245 t gesteigert werden. Diese Lokomotive ist auch genügend stark, um die letztgenannte Last mit 15 km/st fördern zu können. Bei 24 stündigem Betrieb könnte man daher durch fünfzehn Züge 3675 t zu Berg bringen. Also noch immer weniger als erwünscht. Die Anwendung noch stärkerer Reibungslokomotiven ist mit Rücksicht auf den Oberbau der Bergwerksbahn nicht möglich.

Die Anwendung des Schiebedienstes ist wegen den beschränkten Gleisanlagen in beiden Stationen ebenfalls untunlich und weniger wünschenswert, da dann die doppelte Zahl von Lokomotiven vorhanden sein müßte.

Es ist daher schließlich die Anwendung der Zahnstange und des gemischten Betriebes auf der gedachten Strecke in Erwägung zu ziehen.

Aus Zusammenstellung XV ist zu entnehmen, daß die $^3/_5$- oder $^4/_5$- gekuppelte Lokomotive gemischter Bauart auf der Steigung vom 30·0 $^0/_{00}$ bei 8·5 km/st Fahrgeschwindigkeit 455 bzw. 460 t fördert. Bei der Annahme von nur zehn Zügen täglich mit dem bisher gebräuchlichen Fahrplan kann die tägliche Fördermenge 4550 bis 4600 t erreichen, und es ist auch für künftige weitere Steigerung der Fördermenge Vorsorge getroffen.

Hinsichtlich Legung der Zahnstange ist zu bemerken, daß die $^3/_5$-gekuppelte Lokomotive mit der Reibungsmaschine allein 460 t noch auf der Steigung von $10 \cdot 0\,^0/_{00}$ fördern könnte. Es müßte somit nahezu die ganze Strecke mit der Zahnstange versehen werden.

Die $^4/_5$-gekuppelte Lokomotive könnte dagegen die Zuglast von 455 t auf der Steigung von $17 \cdot 2\,^0/_{00}$ mit 18·5 km/st befördern. Es wären dann nur die Steigungen von 20 bis $30\,^0/_{00}$ mit der Zahnstange zu versehen. Die Zahnstrecke würde dann eine Länge von 8450·5 m erhalten.

Es ist noch hervorzuheben, daß bei Anwendung der Zahnstange die Legung der Ausweiche in der Mitte der Strecke ohne Bedenken erfolgen könnte. Steigungen von $35\,^0/_{00}$ wären ohne Verminderung der Zuglast zulässig, es würde auf denselben nur die Fahrgeschwindigkeit etwas sinken. Außerdem braucht die Ermäßigung der Steigung in der Ausweiche nicht so stark zu sein als bei Anwendung von Reibungslokomotiven.

Es ist somit auch aus diesem Beispiel zu erkennen, daß der gemischte Betrieb unter Umständen eine beträchtliche Erhöhung der Leistungsfähigkeit der Bahnlagen erzielen kann, ohne daß die Zahl der Züge vermehrt, Ausweichen angelegt oder zweite Gleise gebaut werden müssen, d. h. wenn getrachtet werden muß, die größtmögliche Last mit einem Zug zu fördern.

Zugförderung auf gleisloser Strasse.

Von

H. v. Littrow,   und   **C. Guillery,**

Oberlnspektor der k. k. österr.   kgl. Baurat, München.
Staatsbahnen, Triest,

1. Einleitung.

Der Begriff einer Eisenbahn ist auch heute noch kein vollständig fester. Im allgemeinen versteht man darunter eine dem öffentlichen Verkehr dienende Schienenbahn, auf der große Massen mit erheblicher Geschwindigkeit durch Maschinenkraft bewegt werden. In Deutschland und ähnlich in anderen Ländern werden noch unterschieden einerseits Eisenbahnen im engeren Sinne, welche eine erhebliche Bedeutung für den allgemeinen Verkehr haben und welche in Preußen dem Gesetz vom 3. November 1838 unterstehen, und andererseits sog. Kleinbahnen und Lokalbahnen, welche wohl dem öffentlichen Verkehr dienen, aber doch nur eine geringere Bedeutung für den allgemeinen Verkehr haben.[1]) Zu den Kleinbahnen gehören in Deutschland auch solche Schienenbahnen, welche sich tierischer Kraft zur Beförderung von Personen oder Gütern bedienen. Außerdem unterscheidet die Gesetzgebung noch Bahnen für Privatzwecke mit oder ohne Anschluß an öffentliche Eisenbahnen.

In den letzten Jahren hat sich neben den Eisenbahnen, im bisher gebräuchlichen Sinne des Wortes, die Zugförderung auf gleisloser Straße herausgebildet und schon eine hohe Stufe technischer und wirtschaftlicher Entwicklung erreicht. Die Zugförderung auf gleisloser Straße kann in einem Handbuch des Eisenbahnmaschinenwesens nicht mehr gut übergangen werden, weil sie in enger betriebstechnischer und wirtschaftlicher Fühlung mit dem eigentlichen Eisenbahnbetriebe und in inniger geistiger Verwandtschaft damit steht. Es fehlt dabei nur die aus Schienen gebildete Spurbahn, von der die Eisenbahn allerdings ihren Namen herleitet, die übrigen Kennzeichen: große bewegte Massen, erhebliche Geschwindigkeit und mechanische Zugkraft sind aber vorhanden. Auch werden Züge für gleislosen Betrieb so eingerichtet, daß ohne Führung der Anhängwagen durch ein starres Gleis die Innehaltung einer genauen Spur für sämtliche Wagen des Zuges mit großer Annäherung erreicht wird.

---

[1]) vgl. Gleim, Das Gesetz über Kleinbahnen und Privatanschlußbahnen vom 28. Juli 1892.

2. Verwendungsbereich und wirtschaftliche Grundlagen.

Zu den Zügen auf gleisloser Straße sind auch einzeln fahrende Automobilomnibusse zu rechnen. Das einzelne sich selbst bewegende Fahrzeug gilt auch im Eisenbahnbetriebe als Zug und stellt dessen einfachste Form dar.

Ähnlich wie bei Motorwagen für Eisenbahnen (vgl. Bd. I. Dinglinger-Guillery, Motorwagen) ist die Verwendbarkeit der auf gleisloser Straße fahrenden selbständigen Automobile und der von einer Leitung gespeisten elektrischen Triebwagen dadurch beschränkt, daß sie nur eine geringe Last befördern können, bei den selbständigen Automobilen auch dadurch, daß sie nur eine kurze Strecke ohne Erneuerung der Vorräte an Brennstoff und Wasser befahren können. Die wirtschaftlichen Grundlagen sind aber für Motorwagen auf gleislosen Straßen wesentlich andere als für solche auf Schienenbahnen. Bei den Motorwagen für Schienenbahnen findet nur eine gewisse Ersparnis an Zuggewicht, sowie dementsprechend an Brennstoff, bei kleineren Ausführungen auch an Beschaffungskosten und zuweilen an Bedienungsmannschaft statt. Diesen Ersparnissen steht dann aber der etwas höhere Preis des meist verwendeten Koks sowie die bis jetzt noch durchweg etwas höheren Unterhaltungskosten gegenüber. Bei den Erwägungen über die Zweckmäßigkeit eines gleislosen Betriebs mit mechanischer Kraft sind indessen in Vergleich zu ziehen die Kosten des Pferdebetriebs auf gleisloser Straße, sowie die einer Gleisbahn mit Betrieb durch Dampf- oder Verbrennungsmaschinen und durch elektrische Kraft.

Die gleislose Straße setzt der Fortbewegung eines Fahrzeugs stets einen erheblich größeren Widerstand an rollender Reibung entgegen als eine Schienenbahn, dagegen fallen die Anlagekosten des Gleises weg. Ferner wird meist die Benutzung der nicht dem Betriebsunternehmer gehörenden öffentlichen Straßen umsonst gestattet, der gleislose Zugbetrieb ist in der Regel nicht mit der unentgeltlichen Postbeförderung belastet, wie durchweg die Eisenbahnen, und die Züge haben eine große Beweglichkeit. Selbst dort, wo gleislose Betriebe mit elektrischer Oberleitung eingerichtet werden, wird die Möglichkeit der Bedienung verschiedener Strecken durch einen einzigen an verschiedenen Tagen fahrenden Zug in Betracht zu ziehen sein. Noch viel mehr ist dies der Fall bei Verwendung von Automobilen mit Dampf- oder Verbrennungsmaschinen oder mit Antrieb durch elektrische Speicherbatterien. In jedem Falle bereitet die Verlegung eines gleislosen Zugbetriebes auf eine andere Strecke verhältnismäßig geringe Schwierigkeiten und Kosten.

Die gleislose Zugförderung ist dort am Platze, wo Pferdebetrieb nicht mehr ausreicht und eine Eisenbahn oder Kleinbahn noch nicht lohnend ist. Ihre schon jetzt hervortretende große Bedeutung wird gekennzeichnet durch einen Ausspruch des früheren Ministerialrats und Dezernenten für Lokalbahnwesen, jetzigen Generalinspektors der österreichischen Eisenbahnen, Pascher in Wien: „Vielleicht ist die gleislose Straße der richtige Weg, auf welchem die Zukunft der Motorwagen zu suchen ist!"[1])

Dem gleislosen Zugbetrieb kommt noch zu statten, daß dabei wenigstens für einzelne Fahrzeuge durchweg eine höhere Fahrgeschwindigkeit

---

[1]) Das Lokalbahnwesen in Österreich. Wien 1904.

zugelassen wird als bei Lokalbahnen.[1]) Dagegen sind wieder kleine Maschinen unwirtschaftlich gegenüber großen, und die kleinen Züge der gleislosen Betriebe, sowie vor allem einzeln fahrende Wagen brauchen verhältnismäßig viel Bedienungsmannschaft. Der erste dieser beiden ungünstigen Umstände wurde schon in der denkwürdigen Sitzung des englischen Instituts der Maschineningenieure vom 24. Oktober 1849 von Robert Stephenson als Vorsitzenden dem ersten Erfinder von Eisenbahnmotorwagen entgegengehalten.[2]) Der Umstand ist aber für freifahrende Züge auf gleisloser Straße mit Dampf- oder Verbrennungsmaschinen noch weit mehr zu berücksichtigen als bei Eisenbahnmotorwagen und kann den Ausschlag geben zur Wahl einer elektrischen Bahn mit Oberleitung und einer großen, diese speisenden Maschinenanlage, sei es mit, sei es ohne Gleis.

Im städtischen Verkehr hat der Automobilomnibus gegenüber einer elektrisch betriebenen Gleisbahn neben dem Fehlen der vielfach für unschön gehaltenen elektrischen Oberleitung noch den Vorteil einer tatsächlichen höheren Reisegeschwindigkeit von 14 bis 15 km/st gegen höchstens 10 km einer städtischen Straßenbahn, sowie den Vorteil der Möglichkeit des Ausweichens. Ferner kann bei Sperrung einer Straße der Automobilomnibus leicht einen anderen Weg nehmen, Ein- und Aussteigen kann an jeder Stelle der Fahrstrecke und ohne Gefährdung der Fahrgäste am Bürgersteig erfolgen. Auch ist nicht, wie bei elektrischen Straßenbahnen durch Leitungsstörungen, eine Betriebsstörung für ganze Strecken zu befürchten. Aus solchen Gründen ist im Innern von London, der City, der Automobilomnibus zugelassen, die elektrische Straßenbahn dagegen nicht. Auch wird in England allgemein den elektrischen Straßenbahnen die Mitführung von Anhängwagen nicht gestattet. Für Überlandstrecken, namentlich im Gebirge, kommt dem Automobilomnibus zustatten, daß er leicht eingeschneite Straßen überwindet. Die Automobile der bayerischen Verwaltung verkehrten noch auf einer 1·2 m hohen Schneedecke, auf trockenem, vereistem und auftauendem Schnee ohne nennenswerte Verspätung. Durch eine Schneeschicht von 25 cm Stärke drangen die Räder bis auf den Boden durch.[3]) Dagegen sind die schnellfahrenden Automobilomnibusse viel empfindlicher gegen Unebenheiten des Bodens als Pferdegespanne und greifen die Decke beschotterter Straßen infolge saugender Wirkung der sich fest auf die Straßendecke andrückenden schwer belasteten Gummireifen nach mehrfacher Beobachtung stark an (siehe hierüber indessen am Schluß unter Betriebsergebnisse, S. 699).

3. Kraftmittel.

Als Kraftmittel werden bei der Zugförderung auf gleisloser Straße, ebenso wie bei den Motorwagen der Eisenbahnen, Dampfmaschinen, Verbrennungsmaschinen verschiedener Bauart und elektrische Speicherbatterien verwendet. Neben Benzin, Spiritus und Petroleum ist zu Verbrennungsmaschinen für Motorwagen auch Azetylen, Ammoniumnitrat, Autonaphthol,

---

[1]) So in Österreich bei Straßenautomobilen 45 km, bei Lokalbahnen 40 km.

[2]) The Mechanics Magazine Nr. 1372 vom 24. November 1849, S. 491. Bibliothek des Patent office in London unter $C \frac{40}{823}$.

[3]) Archiv für Eisenbahnwesen 1906, S. 893 bis 923.

Ergin, Benzol und Wasserstoff versucht worden.[1] Auch die Verbindung von Verbrennungsmaschinen mit elektrischem Antrieb wird mit Erfolg angewendet. Kleine und leicht gebaute Maschinen und Kessel mit möglichst großer Leistung im Verhältnis zu ihrem Gewicht und Raumbedarf finden vorteilhafte Verwendung.

Der gleislose elektrische Betrieb mit Oberleitung bietet einer elektrischen Gleisbahn gegenüber namentlich Besonderheiten bezüglich der Stromabnahme. Auch werden besondere Einrichtungen verwendet, um das Gewicht der Wagen nach Möglichkeit herabzudrücken.

4. Kraftbedarf.

Der große Kraftbedarf ist der schwächste Punkt des gleislosen Zugbetriebes. Die rollende Reibung beträgt selbst auf der bestgebauten und unterhaltenen Kunststraße und auch bei Anwendung großer und breiter Räder immer noch das Mehrfache des Widerstandes der rollenden Reibung auf einer Schienenbahn. Günstiger wird das Verhältnis auf einer stark geneigten Straße, indem der Widerstand, den eine starke Steigung der Fortbewegung eines Zuges entgegensetzt, wiederum leicht das Mehrfache der rollenden Reibung beträgt, die alsdann demnach nur einen entsprechend kleinen Teil des gesamten Bewegungswiderstandes ausmacht. Der Steigungswiderstand tritt aber bei einer gleislosen Straße in genau der gleichen Größe auf wie bei einer Schienenbahn. Es verdienen deshalb neben den militärtechnischen Einrichtungen, bei denen die Wirtschaftlichkeit nur im Verhältnis zu anderen gleich leistungsfähigen Einrichtungen, nicht aber an sich ausschlaggebend ist, insbesondere die neueren erfolgreichen Bestrebungen Aufmerksamkeit, welche dazu geführt haben, vollständige Wagenzüge für den Betrieb auf gleislosen Straßen mit starken Steigungen bis 1:6 (17 v. H.) zu bauen.

Über den Widerstand von Fahrzeugen auf gleisloser Straße liegen zuverlässige Angaben vor. So fand sich bei Auslaufversuchen mit einem Automobil auf sehr guter ebener Chaussee als Mittel von zwei Versuchsreihen:

Bei einer Geschwindigkeit $V = $ km/st	Der gesamte Fahrwiderstand W in kg auf 1 kg Wagengewicht
11	0,0206
25	0,0250
33	0,0286
44	0,0320
55	0,0349

Bei Ablaufversuchen auf einer weniger gut unterhaltenen Chaussee fand sich, ebenfalls als Mittel von zwei Versuchsreihen:

Bei einer Geschwindigkeit $V = $ km/st	Der gesamte Fahrwiderstand W in kg auf 1 kg Wagengewicht
11	0,0357
25	0,0394
33	0.0431
44	0,0464
55	0,0493 [2]

---

[1] vgl. „Motorwagen", Zeitschr. für Automobil-Industrie u. Motorenbau vom 30. April 1906.

[2] nach „Der Motorwagen" 1907, S. 384 ff.

Dagegen beträgt nach der Formel von Vuillemin, Guebhard und Dieudonné[1]) für Güterzüge von 12 bis 32 km/st Fahrgeschwindigkeit der Fortbewegungswiderstand W: $1\cdot65 + 0\cdot05V$ und demnach beispielsweise für $V = 25$ km: $W = 2\cdot9$ kg gegen 25 kg bei den Versuchen mit dem Motorwagen und für Personen- und gemischte Züge von 32 bis 50 km/st

$$W = 1\cdot8 + 0\cdot08V + \frac{0\cdot009 \cdot F \cdot V^2}{Q}$$ und hiernach, wenn F die Vorderfläche

des Wagens in qm und Q das Gewicht in Tonnen bezeichnet, für $V = 44$ km: $W = 5\cdot35$ kg gegen 32 kg für den Motorwagen.

Bei höherer Fahrgeschwindigkeit wird also das Verhältnis zwischen dem Bewegungswiderstand eines Straßenautomobils und dem eines Eisenbahnfahrzeugs günstiger für das erstere infolge des stärker hervortretenden, in beiden Fällen gleich großen Luftwiderstandes.

Das Taschenbuch des Vereins „Hütte" gibt als Werte der Gesamtreibung für Straßenfuhrwerke an:[2])

für vorzügliche Chaussee . . . . 0·016
 „   gute Chaussee. . . . . 0·023
 „   staubbedeckte Chaussee . . . . 0·028
 „   mit Schlamm bedeckte, ausgefahrene Chaussee 0·035
 „   sehr schlechte Chaussee . . . . 0·050
 „   Straßenbahngleise . . . . 0·006 bis 0·008
 „   Eisenbahnfahrzeuge. . . . . 0·004 „ 0·005.

Der Wert der Gesamtreibung beträgt hiernach für eine mit Staub bedeckte, aber sonst gut imstand befindliche Chaussee rund das Vierfache des für Straßenbahngleise geltenden Wertes und auch für eine vorzügliche Chaussee noch reichlich das Doppelte dieses Wertes. Vergleicht man mit diesen Angaben die bei den obigen Versuchen für niedrige Geschwindigkeit ermittelten Werte des Gesamtwiderstandes, so ergibt sich, daß auch durch die Gummibereifung und die Kugellager der Automobile die Werte für den Gesamtwiderstand nur wenig geändert werden.

5. Kosten des Betriebes.

Ein erheblicher Teil der Betriebsausgaben, vor allem diejenigen, welche aus der Unterhaltung des Untergestells und aus den Löhnen für die Bedienungsmannschaft erwachsen, sind von der Art der Betriebskraft ziemlich unabhängig, auch die Löhne für die Bedienungsmannschaft, weil fast immer die Begleitung eines einzeln fahrenden Automobils durch zwei Mann erforderlich und ausreichend sein wird. Bei längeren Zügen ist die Stärke des Verkehrs und die Art der beförderten Güter maßgebend für die Zahl der Begleitmannschaften (vgl. Abschn. 10f.).

Für einen Benzinomnibus mit 34 Sitzplätzen in London werden bei vorzüglichem Straßenpflaster, meist Asphalt, 7·8 bis 8·3 Pf. auf 1 km für den Benzinverbrauch angegeben. Für einen Büssingschen Omnibus mit 25 Plätzen beträgt der Benzinverbrauch auf guter Landstraße im Sommer 0·3 bis 0·35 kg, im Winter 0·35 bis 0·4 kg auf ein Wagenkilometer, also bei Ansetzung des etwas niedrigen Benzinpreises von 26·50 Pf. für 1 kg: 8 bis 10·6 Pf. auf ein Kilometer. Für einen Daimlerschen Wagen mit

---

[1]) vgl. Zeitschr. Ver. deutsch. Ing. 1907, S. 95.
[2]) 19. Aufl., Abt. I, S. 213 nach Handbuch der Baukunst I, S. 552.

32 Plätzen ist der Benzinverbrauch zu 0·37 kg auf ein Kilometer ermittelt worden. Bei einem gleislosen Güterzuge mit einer 80pferdigen Triebmaschine und 10 t Nutzlast wurden in Ungarn auf ein Zugkilometer 1·3 kg Benzin im Wert von 34 Heller verbraucht. Die gesamten Beförderungskosten betrugen hier für ein Tonnenkilometer Nutzlast 10·5 Heller gegen 40 bis 50 Heller bei Pferdefuhrwerk auf denselben Straßen. Die betreffenden Straßen sind mit Makadam beschottert, aber ziemlich ausgefahren und mit Staub und Kot bedeckt.

Bei einer Vergleichsfahrt mit drei gleichgebauten Automobilen auf der Strecke von New York nach Boston sind Untersuchungen über den verhältnismäßigen Verbrauch an Benzin, Spiritus und Petroleum vorgenommen worden. Die Motoren waren alle drei für Benzinbetrieb eingerichtet, die Kompression demnach für den Spirituswagen erheblich zu gering. Hierdurch ist das für den letzteren ungünstige Ergebnis beeinflußt worden. Der Spirituswagen war auch am stärksten belastet und wog 1245 kg gegen 1140 kg beim Petroleumwagen und 1030 kg beim Benzinwagen. Die Spirituspreise waren verhältnismäßig hoch, die Benzinpreise niedrig gegen die bei uns geltenden Preise. Die ganze Fahrstrecke war mit Schnee von etwa 30 cm Höhe bedeckt, die Länge der Fahrstrecke betrug rund 400 km, die Dauer der Fahrt rund 52 Stunden. Das Ergebnis war folgendes:[1]

Betriebsstoff	Benzin	Petroleum	Spiritus
Gesamtverbrauch in Litern	93·5	128·0	154·0
Preis für ein Liter in Pfennigen . .	22·2	14·4	41·0
Gesamtausgaben für Betriebsstoffe in Mark	20·8	18·4	63·3
Kosten für ein Wagenkilometer in Pfennigen	5·0	4·6	16·85
Kosten für ein Tonnenkilometer in Pfennigen	4·45	3·65	11·75

Einen Anhalt zum Kostenvergleich zwischen elektrischen Gleisbahnen mit Oberleitung und Automobilomnibussen können die nachfolgenden Aufstellungen geben.[2] In dem letzten Abschnitt sollen dann noch genauere Angaben über die Betriebsergebnisse ausgeführter Anlagen mit Automobilbetrieb gemacht werden.

Dem nachstehenden Vergleich ist eine 5·5 km lange Anlage zur Personenbeförderung mit vorwiegendem Sommerverkehr zugrunde gelegt, auf der an 120 Sommertagen in 15stündigem Betrieb alle halbe Stunden ein Motorwagen von jedem Endpunkt abgehen soll. Zu Zeiten starken Verkehrs sollen die Motorwagen mit Anhängwagen fahren und auch ein Reservemotorwagen in Betrieb genommen werden. In der übrigen Zeit des Jahres sollen täglich nur fünf Fahrten über die ganze und fünf Fahrten über die halbe Strecke gemacht werden nebst Sonderfahrten an Sonn- und Feiertagen. Jeder Wagen soll 21 Personen fassen. Die Bahn soll eingleisig sein mit drei bis vier Ausweichestellen.

---

[1] „Der Motorwagen", 1907, S. 177.
[2] „Der Motorwagen", 1906, S. 4 bis 6 und 71 bis 74.

	Elektrische Gleisbahn M.	Gleislose elektrische Bahn M.	Benzin-Automobil-Omnibusse M.
1. Anlagekosten.			
1. Gleise (Rillenschienen und Pflasterung)	250000	2500	—
2. Oberleitung (etwa 6·7 km) . . .	60000	67000	—
3. Motor- und Anhängwagen, 3 Motor- und 2 Anhängwagen für den elektrischen Betrieb, 4 Benzinwagen, davon 3 mit Imperiale .	40000	44000	80000
4. Wagenhalle und Werkstatt . .	8000	6000	6000
5. Reserveteile u. Frachten der Wagen	4000	4000	1500
6. Entwurf und Bauleitung . . .	10000	4500	500
7. Unvorhergesehenes	3000	2000	—
Gesamtes Anlagekapital	375000	130000	88000
Anlagekapital auf 1 km Streckenlänge	68000	23600	16000
2. Betriebskosten.			
1. Personal.			
Betriebsleiter (Werkmeister, Oberchauffeur)	2500	1800	1800
2 Wagenführer (Chauffeure)	2000	2000	2000
Aushilfspersonal für 120 Tage . . .	1500	1200	1250
3 Streckenwärter (Schienenreinigung)	2600	—	—
1 Wagenwäscherin	400	400	400
Schlosser und Ingenieur-Aufsicht . .	1500	750	—
	10500	6200	5450
2. Generalunkosten.			
Kassen- und Buchführung, Drucksachen	600	600	600
Uniformen und Mäntel	400	400	400
Versicherung gegen Feuer u. Haftpflicht	500	500	1000
Steuern und Abgaben	500	500	500
	2000	2000	2500
3. Betriebskraft.			
Elektrischer Strom zu 13 Pf. die KWStd.; Benzin zu 30 Pf. für 1 kg.			
43300 Motorwagenkilometer im Sommer			
17800 Motorwagenkilometer in der übrigen Jahreszeit			
zus.: 61100 Motorwagenkilometer	490 Wattstunden auf 1 km = 30000 KWStd.	1100 Wattstunden[1] auf 1 km = 67000 KWStd.	0·4 kg Benzin auf 1 kg = 24440 kg
10000 Anhängwagenkilometer im Sommer	= 3900 M.	= 8710 M.	= 7332 M.

[1] Der Betrag ist angegeben nach dem Stromverbrauch der gleislosen Bahn von Pescara nach Castellamare. Vgl. indessen die späteren Angaben bezüglich der Mercédès-Wagen im Abschnitt 7 und die Angaben im letzten Abschnitt.

	Elektrische Gleisbahn M.	Gleislose elektrische Bahn M.	Benzin-Automobil-Omnibusse M.
4. Unterhaltungskosten der Anlage.			
7·5 km Gleis zu 300 M.	2250	—	—
6·7 „ Oberleitung zu 100 M.	670	670	—
Motorwagen: a) 3 elektrische zu 500 bis 600 M.	1500	1800	—
b) 4 Benzinwagen: $7^1/_2{}^0/_0$ von 70500 M. (ohne Gummireifen)	—	—	5300
Gummibereifung 4 Satz, davon für den Omnibus {2 zu 2500 M. = 5000 M. {2 zu 2050 M. = 4100 M.	—	4600	9100
2 Anhängwagen für den elektrischen Betrieb	100	100	—
Putz- und Schmiermaterial, Werkzeug	400	400	800
	4920	7570	15200
5. Unterhaltung der Straße.			
Beitrag zur Unterhaltung des Plasters	2500	500	400
Beitrag zur Besprengung der Straße .	500	500	500
	3000	1000	900
6. Abschreibung und Erneuerungsrücklage.			
$4^0/_0$ von 250000 M. Gleisanlagen . .	10000	—	—
$2^0/_0$ von 72000 bis 77000 M. für Oberleitung, Ersatzteile und Wagenhalle	1440	1540	—
$2^0/_0$ von 6000 M. für die Wagenhalle	—	—	120
$7^0/_0$ von 40000 M. für Straßenbahnwagen	2800	—	—
$10^0/_0$ von 41000 M. für elektrische Omnibusse ausschließl. Gummireifen	—	4100	—
$15^0/_0$ von 70500 M. für Benzinomnibusse ausschließl. Gummireifen	—	—	10575
	14240	5640	10695
7. Verzinsung des Anlagekapitals.			
$4^0/_0$ von 375000 M. für die elektrische Gleisbahn	15000	—	—
$4^0/_0$ von 130000 M. für die gleislose elektrische Bahn	—	5200	—
$4^0/_0$ von 88000 M. für Benzinomnibusse	—	—	3520
Gesamte Betriebskosten jährlich .	53560	36320	45597
Die Betriebskosten beziehen sich auf 71100 Wagenkilometer der gleislosen Bahn und auf gleichwertige Leistungen, betragen also auf ein Wagenkilometer	75 Pf.	51 Pf.	64 Pf.

Unter den der vergleichenden Berechnung zugrunde gelegten Annahmen stehen also die jährlichen Ausgaben für einen Betrieb mit Benzinomnibussen einschließlich der Ausgaben für Erneuerung, Tilgung und Verzinsung zwischen den Ausgaben für eine elektrische Gleisbahn und denen für eine elektrische gleislose Bahn. Es ist indessen zu bemerken, daß die gemachten Annahmen für den Betrieb mit Benzinomnibussen ungünstig sind, weil deren Ausnutzung bei einer täglichen Durchschnittsleistung von 43 km sehr gering ist. Ferner würden die Verhältnisse für einen Benzinomnibus günstiger liegen bei einer längeren Strecke mit einer Zugfolge in größeren Zeiträumen. Dagegen ist eine Abschreibung von 15 v. H. für den Omnibus nach den Erfahrungen der letzten zwei Jahre eher zu gering als zu hoch gegriffen, der Preis von 13 Pf. für eine Kilowattstunde liegt ferner auch heute noch etwas unter dem Durchschnitt.

An anderer Stelle wird ein Vergleich zwischen der Wirtschaftlichkeit einer Straßenbahn und der eines Omnibusbetriebes für großstädtische Verhältnisse unter bestimmten Voraussetzungen gegeben.[1]) Zugrunde gelegt wird der Berechnung der Betrieb der städtischen elektrischen Straßenbahn in Leicester vom Jahre 1905, deren Ersatz durch einen Betrieb mit Benzinomnibussen in Erwägung gezogen wird. Das betreffende Straßenbahnnetz ist 32 km lang, davon sind 27 km doppelgleisig. Die Bevölkerung von 228 000 Personen wurde im Jahre 1905 bei einer Zahl von 26 000 000 Fahrgästen 114 mal befördert. Es waren 140 Wagen mit je 48 Plätzen vorhanden, von denen 5 347 000 Wagenkilometer geleistet wurden. Die alte Straßenbahn war seinerzeit von der Stadt für 2 400 000 M. angekauft worden, die Umwandlung in elektrischen Betrieb hatte 11 000 000 M. gekostet, das gesamte Anlagekapital betrug demnach 13 400 000 M.

Die Betriebsausgaben und -einnahmen der elektrischen Straßenbahn im Jahre 1905 sind auf den folgenden Seiten zusammengestellt.

Der Überschuß bei dem Betrieb der elektrischen Straßenbahn betrug demnach nur etwa $^1/_3\,^0/_0$ des Anlagekapitals.

Die Lebensdauer der Schienen ist zu 12 Jahren, die Erneuerung des Pflasters nach 30 Jahren angenommen.

Mit diesen tatsächlichen Betriebsverhältnissen der elektrischen Straßenbahn werden nun die Verhältnisse eines gegebenenfalls einzurichtenden Betriebs mit Automobilomnibussen verglichen.

Zugunsten des Motoromnibus ist in der obigen Berechnung noch angenommen, daß die Einnahmen die gleichen sind, trotzdem die Wagen nur 34 Plätze haben gegen 48 Plätze der Straßenbahnwagen, und daß der Omnibusbetrieb nicht zu den Unterhaltungskosten des Straßenpflasters herangezogen wird. Manville nimmt an, daß erst bei einer Zugfolge mit mehr als $13^1/_2$ Minuten Zwischenraum der Motoromnibus wirtschaftlich günstiger arbeitet als die elektrische Straßenbahn.

Zu bemerken ist, daß in England die Betriebskosten der elektrischen Straßenbahn trotz niedriger Krafterzeugungskosten höher sind als bei uns, infolge des Verbots der Mitnahme von Anhängwagen. Gegenüber den bei vorstehendem Vergleich berechneten Kosten von 24·54 Pf. auf 1 km betragen die Betriebskosten der elektrischen Straßenbahnen in Leipzig und

---

[1]) in der Elektrotechn. Zeitschr. 1906, S. 632 bis 633 nach einem Vortrage von E. Manville im engl. Automobilklub.

**Betriebsausgaben und -einnahmen
einer elektrischen Straßenbahn nach Manville.**

Betriebsausgaben	Für 1 Wagenkilometer Pf.	Insgesamt M.
Für Verkehrsdienst	15·0	822 000
Allgemeine Ausgaben	3·25	177 000
Ausbesserung und Unterhaltung .	2·92	159 300
Krafterzeugung	2·63	143 700
	23·80	1 302 000
Geschätzte zukünftige Erhöhung für Unterhaltung der Schienen	0·74	40 000
	24·54	1 342 000
$3^1/_3\,^0/_0$ Verzinsung u. $1·6\,^0/_0$ Tilgung des Anlagekapitals	12·06	662 000
	36·60	2 004 000
Erneuerung des Oberbaues und des Pflasters	3·40	181 000
	40·0	2 185 000
Betriebseinnahmen	41·0	2 233 000
Überschuß	1·0	48 000

Hamburg 18·1 Pf., in Magdeburg 21·2 Pf. auf ein Wagenkilometer. Vergleichsweise sei noch erwähnt, daß für elektrische Bahnen der Vereinigten Staaten bei erheblich höheren Löhnen die gesamten Betriebskosten auf eine Wagenmeile schwanken zwischen 12·67 und 18·02 Cents[1]) = 31·5 bis 45 Pf. für ein Wagenkilometer.

6. Bauart der Automobile.

a) Allgemeines.

Eine ausführliche Geschichte der Entwicklung des Automobils ist an dieser Stelle entbehrlich, nachdem eine umfangreiche Arbeit hierüber vorliegt.[2]) Es genüge hier die Feststellung, daß das auf gleisloser Bahn fahrende Automobil der Vorläufer der Lokomotive gewesen ist, obwohl Spurbahnen mit Betrieb durch Pferde und Menschen schon im 16. Jahrhundert in Bergwerken verwendet wurden, wie die Sammlungen des Deutschen Museums in München nachweisen.

Das heutige Automobil ist ein durch seine hohe technische Vollendung besonders bevorzugtes Erzeugnis der neueren Maschinenbaukunst, bei dem

---

[1]) siehe die genauen Angaben in Glasers Annalen 1907, S. 149. Vgl. über Messungen an Kraftfahrzeugen mit Benzin-, Benzol- und Spiritusbetrieb, die Abhängigkeit des Brennstoffverbrauchs von der Umdrehungszahl, den Einfluß der Kompression, u. a. die ausführliche Abhandlung in dem Bericht über die Sitzung des Vereins zur Beförderung des Gewerbefleißes 1907, S. 105 bis 200.

[2]) Aus der Jugendzeit des Automobils, von C. Matschoß, Zeitschr. Ver. deutsch. Ing. 1906, S. 1257 bis 1264.

I. Anlagekapital:

140 Motoromnibusse zu je 18300 M.. . . . 2562000 M.
Wagenschuppen und Verwaltungsgebäude . 980000 „
Werkstätte . . . . 204000 „

zusammen: 3746000 M.

II. Betriebsausgaben:

Betriebsausgaben	Für 1 Wagenkilometer Pf.	Insgesamt M.
Verkehrsdienst.	16·10	875000
Allgemeine Ausgaben	5·20	282000
Ausbesserung und Unterhaltung .	2·86	135000
Benzin	5·20	280000
	29·36	1572000
Verzinsung und Tilgung . . .	3·44	187000
	32·80	1759000
Erneuerung der Gummireifen . .	10·40	
Erneuerung der Wagen ausschließlich Gummireifen 20% . . .	9·30	1080000
	52·50	2839000
Verzinsung und Tilgung des Ankaufpreises des alten Unternehmens, 5% von 2400000 M.	2·40	120000
zusammen:	54·90	2959000
Einnahmen, wie früher . . .	41·0	2233000
Verlust:	13·90	726000

sowohl bezüglich der verwendeten Baustoffe als auch bezüglich der Arbeitsausführung alles aufgewendet wird, was die fortgeschrittene Technik leisten kann, um auf kleinem Raum und bei geringem Gewicht eine möglichst große Arbeitsleistung, ruhigen Lauf und Sicherheit der Fahrt zu erzielen. Die Anordnung, namentlich der Dampf- und Verbrennungsmaschinen, ist sehr vielgestaltig. Wir begegnen auch hier den in Bd. I unter „Motorwagen" erwähnten Namen de Dion-Bouton, Serpollet, Stoltz, Daimler u. a. Lokomotivartig gebaute Kessel und Maschinen fehlen dagegen bei den Straßenautomobilen ganz, es gibt nur Kleinkessel und Maschinen leichtester Bauart.

Zu unterscheiden ist bei den Automobilen der Untergestellrahmen (chassis) mit dem eingebauten Motor nebst Triebwerk, das Laufwerk (Achsen und Räder) und der Wagenkasten (carosserie). Der letztere wird wie bei Straßenbahnwagen meist geschlossen, für den Sommerverkehr auch offen ausgeführt. Die Sitzbänke stehen im ersten Falle längs, im zweiten meist quer. Häufig werden Automobilomnibusse mit offenen Decksitzen, einer sog. Imperiale, versehen, die in Großstädten mit lebhaftem Straßenverkehr, wie in London, sehr beliebt sind und eine gute Ausnutzung des Wagengewichtes und der Beschaffungssumme, wie der Bedienungsmannschaften und der Betriebskraft ergeben. Zu besonderem Verwendungszweck wird der Wagenkasten auch abnehmbar eingerichtet, um den Wagen je nach Bedarf zur Personen- oder Güterbeförderung benutzen zu können.

Für gewöhnlich werden die rückwärtigen Räder, und zwar einzeln, mittels Ketten angetrieben. Die Naben laufen entweder mit glattem Metallfutter oder mit Kugellagern auf den festen Achsschenkeln. Die angetriebenen stärker belasteten Hinterräder der schweren Omnibusse erhalten für gewöhnlich je zwei nebeneinander liegende, die vorderen Laufräder je einen Reifen aus Vollgummi. Seltener werden die bei Tourenautomobilen üblichen Luftreifen verwendet.

Von Wichtigkeit ist, namentlich für einen Omnibus im großstädtischen Verkehr, einmal die Möglichkeit einer schnellen Regelung der Fahrgeschwindigkeit ohne zu häufige Benutzung der Wechselgetriebe, und zweitens eine sichere Lenkung der Fahrzeuge. Das erste wird bei Omnibussen mit Verbrennungsmaschinen durch geeignete Einrichtung der Vergaser zu erreichen gesucht.[1]) Die meisten Vergasereinrichtungen arbeiten selbsttätig, indem Vorsorge getroffen wird, daß das Gemisch von vergastem Brennstoff und Luft bei wachsender Fahrgeschwindigkeit selbsttätig angereichert wird. Die Änderung der Mischung findet meist durch Regelung des Luftzutritts statt, welche entweder bei der gesamten Lufteinströmung oder, wie meistens, bei der Zusatzluft erfolgt. Ein- und Auslaßventile werden meist gesteuert, die Zündung erfolgt in der Regel durch eine magnetelektrische Abreißzündung.

Die Lenkbarkeit der Automobilomnibusse ist noch immer nicht ganz vollkommen, da trotz aller Verbesserungen der Lenkeinrichtung leicht seitliches Schleudern namentlich auf Asphaltpflaster eintritt.

b) Dampfautomobile.

Dampfautomobile haben sich bis heute behauptet und gewinnen vielfach noch an Boden. Der Ausdruck Chauffeur zur Bezeichnung des Wagenführers leitet sich von den ursprünglich ausschließlich benutzten Dampfautomobilen ab.

In Frankreich ist namentlich die Anordnung nach Gardner-Serpollet, in Deutschland die Bauart Stoltz bemerkenswert.

Der aus sichelförmig zusammengedrückten Röhren von sehr engem Querschnitt bestehende Serpolletkessel besitzt die Eigentümlichkeit, daß ihm selbsttätig stets nur so viel Wasser zugeführt wird, als gerade für jeden Kolbenhub von der Dampfmaschine gebraucht wird. Die Röhren sind daher fast nur mit überhitztem Dampf angefüllt. Als Brennmaterial dient Petroleum, das dem Verbrenner durch eine selbsttätige Pumpe zugebracht wird.

Der Serpolletmotor hat vier paarweise gegeneinander gestellte Zylinder, deren Kolben auf eine gemeinsame Kurbelwelle wirken und durch die Flügelstangen mit ihr unmittelbar verbunden sind. Stopfbüchsen sind auf diese Weise vermieden. Die Steuerung erfolgt durch Ventile, welche leichter zu regeln und dicht zu halten sind als Schieber.

Der Stoltzsche Kessel und die zugehörige Maschine sind schon im Abschn. „Motorwagen" des ersten Bandes des Handbuchs abgebildet und beschrieben. Es genügt daher hier der Hinweis auf die besondere Anordnung zum Betrieb von Straßenfahrzeugen. Abb. 1 stellt einen Stoltzschen Last-

---

[1]) vgl. „Der Motorwagen" 1906, S. 63 bis 66.

wagen von 20 bis 25 PS Leistung dar, Abb. 2 den Einbau des Kessels, der im Betriebe noch mit einer Ummantelung versehen ist. Die Kessel haben Betriebsspannungen von 40 bis 50 at und Überhitzungen bis zu 380°. Hierdurch und durch die Bauart des Kessels wird ein sehr geringes Gewicht des Kessels und der Maschine erreicht, ähnlich wie beim Serpolletkessel. Die aus Rohrplatten zusammengebauten Kessel haben sich im Betriebe als sehr widerstandsfähig erwiesen. Es ist nur die Mitführung geringer Vorräte an Brennstoff und Wasser erforderlich, der verbrauchte Dampf kann, weil seine Menge gering ist, leicht niedergeschlagen werden. Es genügt deshalb ein Wasservorrat von 200 bis 250 l zur Zurücklegung einer Wegestrecke von 60 bis 80 km auf guter ebener Straße für einen Wagen von 20 PS Leistung. Die zur Niederschlagung des Dampfes erforderliche Kühlung wird durch Luft mittels eines Ventilators bewirkt.

Abb. 1. Stoltzscher Lastwagen.

Die aus je einem einzigen Stück bestehenden Rohrplatten geben keinen Anlaß zu Undichtheiten, die Feuerung erfolgt durch Petroleum oder Gaskoks ohne Rauchentwicklung. Der Koks wird der Feuerung durch einen Schüttrichter halb selbsttätig zugeführt, die Verbrennungsluft wird durch ein Gebläse in den vollständig geschlossenen Aschkasten geschafft.

Die bei den Wagen mit Verbrennungsmaschinen vorhandenen Reibungskuppelungen und Wechselgetriebe für verschiedene Fahrgeschwindigkeiten entfallen bei den Stltzschen Wagen, da die Regelung der Fahrgeschwindigkeit lediglich durch Änderung der Umdrehungszahl der Maschine erfolgt, das Rückwärtsfahren durch Umsteuerung der Maschine ohne Ausrückung des Vorgeleges. Abb. 3 zeigt die äußere Ansicht der in ein gußeisernes Gehäuse nebst Ölbad eingeschlossenen Verbundmaschine mit Ventilsteuerung. Der Antrieb wirkt von der Vorgelegewelle aus mittels zwei Ketten auf die Hinterräder. Die Vorgelegewelle hat zwei verschiedene Übersetzungen. Die stärkere Übersetzung wird aber nur zur Überwindung von Steigungen von mehr als 8 v. H., nicht zum Wechsel der Fahrgeschwindigkeit auf ebener Straße verwendet. Die Ein- und Ausrückung

der stärkeren Übersetzung wird vom Führerstande aus bei stillstehender
Maschine vorgenommen.

Die Lenkung des Fahrzeugs erfolgt durch ein Handrad mit Schnecken-
getriebe und Hebel mit Zugstangen, welche unmittelbar auf die Vorder-

Abb. 2. Einbau des Stoltzschen Kessels.

räder wirken. Der Wagen hat zwei Bremsen, von denen die eine mittels
Kurbel und Schraubenspindel auf die Hinterräder, die andere, mittels
eines Fußhebels betätigte, auf die Kurbelwelle der Maschine wirkt. Für
den Notfall kann noch die Gegendampfbremsung benutzt werden.

Abb. 3. Äußere Ansicht einer Stoltzschen Maschine.

Anstatt der sonst meist üblichen Bereifung der Räder mit Vollgummi
werden bei den Stoltzschen Wagen Flußstahlreifen auf Gummiunterlage
verwendet (Abb. 4).

Die Wagen werden u. a. von der Hannoverschen Maschinenbaugesell-
schaft in Linden vor Hannover in zwei verschiedenen Größen gebaut, die
eine von 20 bis 25 PS für 3500 kg Nutzlast, die andere von 30 bis 35 PS
für 6000 kg Nutzlast, welche beide noch je einen Anhängwagen mit 2000

bzw. 4000 kg Nutzlast schleppen können. Das Eigengewicht der beiden Motorwagen beträgt 3800 bzw. 5500 kg, die Fahrgeschwindigkeit in der Regel 10 bis 12 km und im Höchstfalle 14 bis 15 km/st.

Omnibusse zur Personenbeförderung werden mit gleicher Maschineneinrichtung versehen.

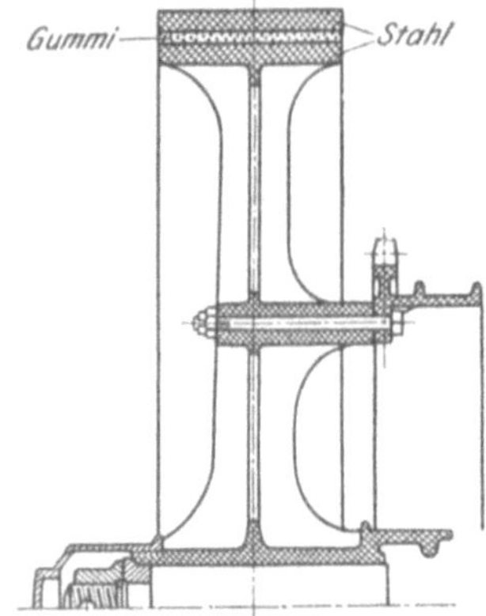

Abb. 4. Rad eines Stoltzschen Lastwagens.

In England sind Dampfautomobile verschiedener Bauart in Verwendung, so der Sentinelwagen, der einen stehenden Kessel mit Quersiedern hat[1]), der Wagen von Fawcett-Towler[2]) und der Wagen für 5 t Nutzlast von Buchanan & Son in Liverpool[3]) mit eigenartigem Röhrenkessel, zwei voneinander unabhängigen Verbundmaschinen, die durch Kettenantrieb ohne Zahnradvorgelege auf die Triebräder wirken und mit einer durch einen Ventilator betätigten Kondensationseinrichtung versehen sind. Der Sentinelwagen entwickelt bei einer Fahrgeschwindigkeit von 8 km/st und 175 Minutenumdrehungen der Maschine eine größte Leistung von 70 PS. Die Dampfspannung beträgt 17·5 at. Der Wagen kann auf einer Steigung von 1:8 (125 v. T.) eine Nutzlast von 6 t befördern und noch einen mit 4 t beladenen Anhängwagen schleppen.

c) Automobile mit Verbrennungsmaschinen.

Weit häufiger als Dampfmaschinen werden Verbrennungsmaschinen bei Automobilen angewendet, die der Personen- und Güterbeförderung

Abb. 5. Omnibus der Waggonfabrik Rastatt (Süddeutsche Automobilfabrik Gaggenau).

dienen. Abb. 5 zeigt die äußere Ansicht eines kleinen Automobilomnibusses der Waggonfabrik Rastatt mit zwölf Sitzplätzen und mit Einstieg von rückwärts. Die Maschine und das Triebwerk ist von der Süddeutschen

[1]) The Engineer 1906, S. 245 bis 247.
[2]) Engineering 1907, S. 78.
[3]) Engineering 14. Dez. 1906.

Automobilfabrik Gaggenau geliefert. Das Eigengewicht des ganzen Wagens
beträgt 2200 kg, das des Wagenkastens allein 810 kg. Die Benzinmaschine
hat eine Leistung von 16 bis 32 PS. Abb. 6 gibt die äußere Ansicht eines
großen Omnibusses mit Verdeck (Imperiale) wieder, der von H. Büssing in

Abb. 6. Omnibus von Büssing.

Braunschweig für die Allgemeine Berliner Omnibusgesellschaft geliefert ist.
Der Wagen hat innen 19, auf dem Verdeck 20 Sitzplätze und 3 Steh-

Abb. 7. Omnibus von Büssing.

plätze. Die Heizung der Wagen erfolgt durch die Abgase der Verbrennungs-
maschine. Auf Wunsch erhalten die Wagen eine Vorrichtung zur Befestigung eines Anhängwagens. Abb. 7 zeigt einen etwas anders gebauten
Büssingschen Omnibus mit Gepäckraum auf dem Dache. Dies sind die
drei wichtigsten Bauarten von geschlossenen Omnibussen, die mit mancherlei

Abänderungen in Einzelheiten immer wiederkehren. Außerdem gibt es ganz offen gebaute Omnibusse mit Längs- oder Querbänken für den Sommerverkehr.

Abb. 8 zeigt das Untergestell eines Lastwagens, Type S, der Süddeutschen Automobilfabrik in Gaggenau, welches übereinstimmt mit dem Untergestell für den Omnibus Type Schwarzwald derselben Fabrik. Den Wagen der Süddeutschen Automobilfabrik (Waggonfabrik Rastatt) wird besonders ruhiger Gang nachgerühmt infolge der schmalen Bauart des Kastens. Die Maschine hat eine Leistung von 35 PS bei 1200 Umdrehungen in der Minute, die Zylinder haben 110 mm Bohrung und 140 mm Hub. Die Übersetzungen des Wechselgetriebes sind $1:2\cdot2$; $1:1\cdot7$ und $1:1$. Der Rücklauf hat die Übersetzung $1:3$. Das Verhältnis der Übersetzung zwischen dem Kardanantriebrad und dem sog. differentialen Zahnkranz ist $1:2\cdot2$; die Triebketten haben eine Teilung von $44\cdot5$ mm, das Kettenantriebrad hat 11 Zähne, das Kettenzahnrad der hinteren Räder 40 Zähne, die Übersetzung beträgt also hier $11:40$. Die Triebräder haben einen Durchmesser von 950 mm, die größte Fahrgeschwindigkeit beträgt 18 km in der Stunde oder $3^1/_3$ Minute auf 1 km.

Die Wechselgetriebe besitzen meist vier Stufen für den Vorwärtsgang und eine für den Rücklauf. Der Antrieb der Hinterräder erfolgt durch Ketten, bei Wagen der Daimlermotorengesellschaft auch durch Innenverzahnung mit Ritzelantrieb.[1] Der Führer hat folgende Hebel zu bedienen: 1. drei Fußhebel, und zwar einen für die auf das Getriebe wirkende Bremse, einen zweiten für die Aus- und Einrückung des Getriebes und einen dritten für die Differentialbremse (Kettentriebbremse); 2. zwei Handhebel, und zwar einen für die Handbremse (Hinterradinnenbremse) und einen für die Wechselgetriebe zur Änderung der Geschwindigkeit.

Bremsen und Kuppelung werden so miteinander verbunden, daß beim Anziehen irgend einer der drei Bremsen die Kuppelung zwischen Maschine und Getriebe selbsttätig aufgehoben wird, bevor die Bremse zur Wirkung kommt. Außer den oben angeführten Hebeln hat der Führer noch zu bedienen: das Ventil zur Regelung des Benzinzuflusses, einen Hebel zum Abstellen des Benzins, einen Hebel zur Regelung der Luftzufuhr zum Vergaser und die Signalhuppe. An die Umsicht des Führers, namentlich im großstädtischen Verkehr, werden also erhebliche Ansprüche gestellt.

Abb. 9 stellt das Untergestell eines Lastwagens von Büssing für 5000 bis 6000 kg Nutzlast dar. Der Wagen hat eine vierzylindrige, mit Benzin, Benzol oder Naphtha zu betreibende Maschine von 23 bis 30 PS Leistung mit 900 Umdrehungen in der Minute. Durchmesser und Hub der Zylinder betragen 120 bzw. 130 mm. Der Vergaser ist ein Spritzvergaser, Bauart Büssing, die Zündung erfolgt durch Magnetabreißzünder, Kurbelwellen und Flügelstangen haben Gleitlager. Die Schmierung der Lager erfolgt durch selbsttätige Tropföler, die Schmierung der Zylinder durch Einspritzung in den hohlen Kolbenbolzen mittels einer Handpumpe. Die Bremsleistung der Maschine bei normaler Umdrehungszahl ist $26\cdot5$ PS, der Benzinverbrauch auf die gebremste Pferdekraftstunde $0\cdot378$ kg, die größte Explosionsspannung 18 bis 20 at. Der Kühlwasserbehälter ist ein Flachrohrkühler

---

[1] vgl. Deutsche Straßen- und Kleinbahnzeitg. 1907, Nr. 35, über die neuen Automobilomnibusse der großen Berliner Motoromnibusgesellschaft.

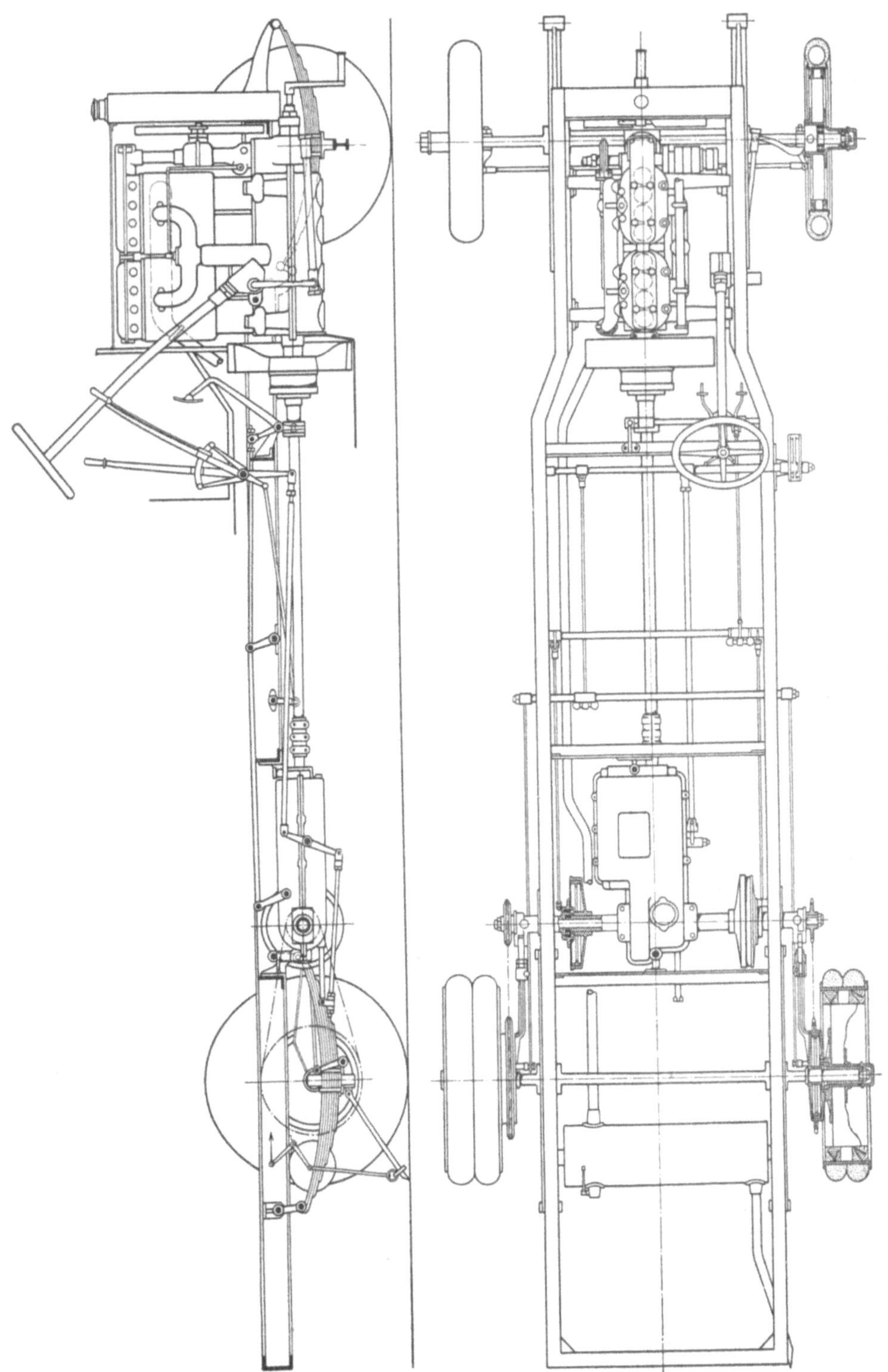

Abb. 8. Untergestell eines Lastwagens der Süddeutschen Automobilfabrik Gaggenau.

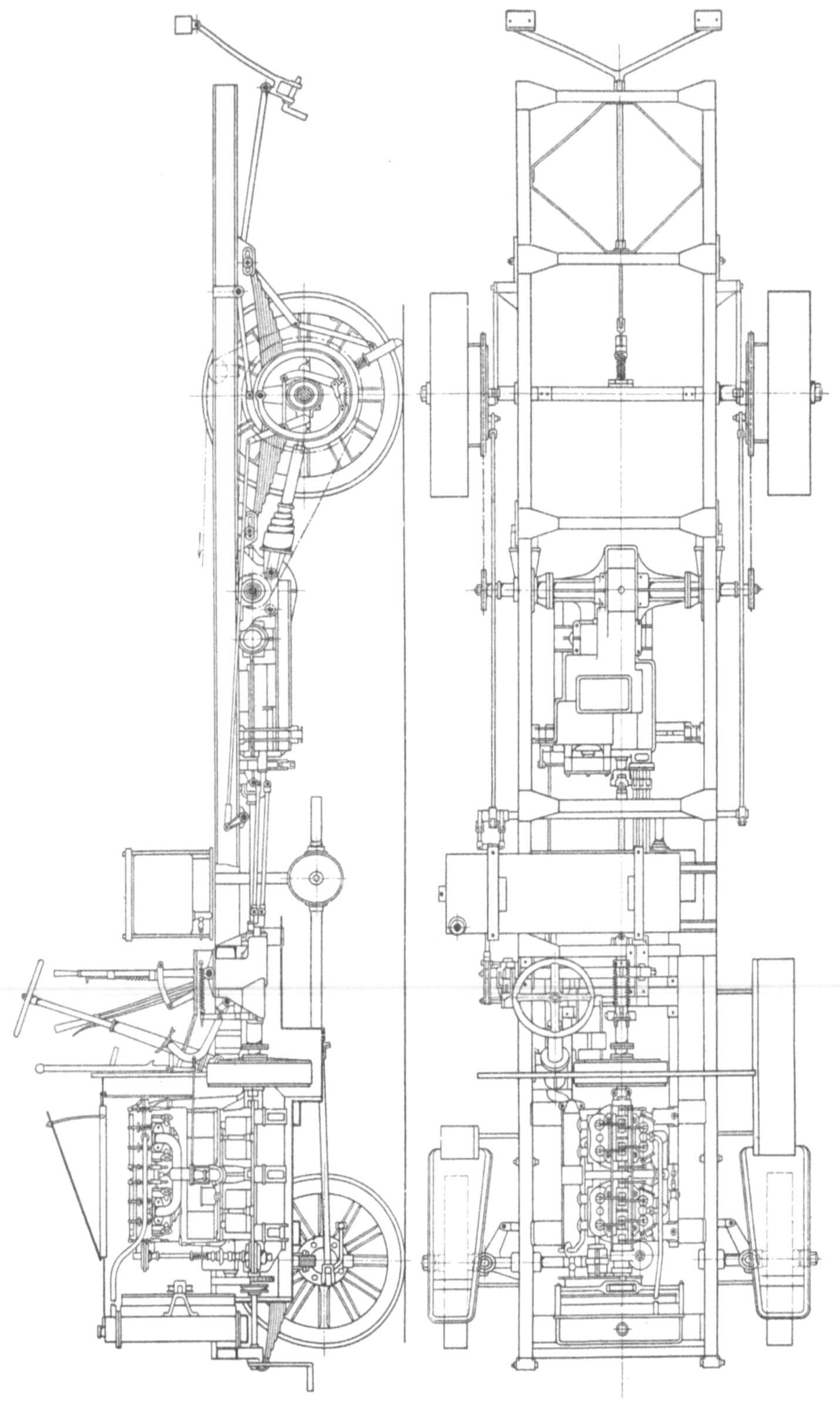

Abb. 9. Untergestell eines Lastwagens von Büssing.

eigener Bauart, der Inhalt des Kühlers beträgt 13·5 l, wird aber bei neueren Ausführungen etwas erhöht. Die Kühlfläche beträgt an den Flachrohren allein 0·34 qm auf 1 PS und 0·67 qm an den Flachrohren nebst Strahlblechen zusammengenommen. Die Kuppelung des Getriebes ist eine Lederkonuskuppelung, der Geschwindigkeitswechsel erfolgt lediglich durch Zahnräder. Die Zähnezahlen der Wechselräder für die vier verschiedenen Fahrgeschwindigkeiten betragen: 16 und 56; 24 und 48; 40 und 50; 48 und 42; für den Rückwärtsgang 24, 18 und 56. Bei normaler Umdrehungszahl der Maschine hat der Wagen folgende Fahrgeschwindigkeiten: 3·3 km/st, 5·7 km/st, 9·1 km/st und 13 km/st. Der Wagen kann noch einen Anhängwagen mit 5000 kg Nutzlast schleppen und erreicht dann eine durchschnittliche Fahrgeschwindigkeit von 10 km/st. Die Fahrgeschwindigkeit für den Rücklauf beträgt 4·9 km/st. Der Kettentrieb hat 14:40 Zähne, die Schmierung des Getriebes erfolgt durch Ölfüllung. Das Gewicht des Untergestells beträgt 3085 kg, der Achsdruck vorn 1460 kg, hinten 1625 kg.

Während meist nur zwei Räder der Wagen, und zwar die rückwärtigen, angetrieben werden, erhalten Wagen zur Beförderung besonders schwerer Güter Antrieb an sämtlichen vier Rädern. — Bei einem derartigen amerikanischen Wagen[1]) wird der Antrieb von der vorn liegenden Maschine aus mittels Kettenräder auf eine mittlere durchgehende Welle übertragen, welche ihrerseits durch Kegelräder die Vorder- und Hinterachse antreibt, die in einer Hohlachse gelagert sind. Die Maschine hat vier Zylinder und entwickelt 45 PS bei 750 Umdrehungen in der Minute. Die Fahrgeschwindigkeit vorwärts beträgt 3·5 und 8 engl. Meilen (5·6 und 13 km) in der Stunde. Durch Änderung der Kettenräder können Geschwindigkeiten von 9, 10, 12 und 15 Meilen erreicht werden. Die Geschwindigkeit von 9 Meilen (14·5 km) wird bei einem so schweren Fuhrwerk für die passendste gehalten.

Die Verbindung von Verbrennungsmaschinen mit elektrischem Antrieb ist auch bei Automobilwagen angewendet worden, so von der englischen Thomson-Houstongesellschaft, von Greenwood und Batley in Leeds und von Stevens in Maidstone.[2]) Bemerkenswert ist ein zur Beförderung der Teile eines großen Fernrohrs zu einem hochgelegenen Observatorium benutzter gasolinelektrischer Wagen, bei dem alle vier Räder durch eingebaute Elektromotoren mittels Kegelräder mit hoher Übersetzung angetrieben werden. Die Maschine leistet 40 PS.[3]) Auch die Piepersche Anordnung ist angewendet worden, bei der eine elektrische Speicherbatterie durch eine Benzindynamo geladen wird, aber auch ihrerseits die Dynamo antreiben kann, die dann als Motor läuft zur Unterstützung der Benzinmaschine bei besonderem Kraftbedarf.

Alle diese Anordnungen können im öffentlichen Automobilverkehr Anwendung finden und werden auf seine Weiterentwicklung Einfluß üben.

d) Automobile mit Antrieb durch elektrische Speicherbatterien.

Elektrische Speicherbatterien sind vielfach zum Antrieb kleinerer Automobile, namentlich Droschken, gebräuchlich. Vereinzelt sind sie auch

---

[1]) Engineering News 12. Juli 1906.
[2]) Engineering 15. März 1907.
[3]) Electrical World 1906, S. 808.

zum Betrieb größerer Fahrzeuge verwendet worden, so bei einem Automobilwagen in Nordamerika, dessen Speicherbatterie 80 Zellen und ein Gewicht von 2 t hatte bei einer Ladefähigkeit von 375 Amperestunden.[1]

7. Einrichtungen des gleislosen elektrischen Betriebes.

Die elektrischen Einrichtungen eines Motorwagens für gleislosen elektrischen Betrieb sind durchweg gleichartig denen eines Motorwagens für eine elektrische Schienenbahn und kann deshalb diesbezüglich auf das in Bd. I des Handbuchs bereits Gesagte verwiesen werden. Der Wagenkasten, das Untergestell und das Laufwerk sind dagegen durchweg gleichartig wie bei Dampf- und Benzinwagen für gleislosen Betrieb. Eigenartig ist bei den Motorwagen für gleislosen Betrieb die Einrichtung zur Stromentnahme, welche den Wagen das Ausweichen ohne Unterbrechung der Stromentnahme gestatten muß. Ferner sind besondere Einrichtungen im Einbau der Motoren getroffen worden, um das Gewicht der Wagen nach Möglichkeit zu verringern, was mit Rücksicht auf den von dem Wagengewicht abhängigen, gegenüber Wagen für Schienenbahnen verhältnismäßig hohen Fahrwiderstand und die Unterhaltungskosten, namentlich für die Bereifung der Räder, von besonderer Bedeutung ist. Auch werden hierdurch die Erschütterungen der Wagen ermäßigt und die Beschaffungskosten vermindert.

Vorzüge des gleislosen elektrischen Betriebes gegenüber dem Betrieb mit Benzinomnibussen sind das geringere Geräusch, der Fortfall des Geruchs der Verbrennungsgase, die Einfachheit der Anordnung, die geringen Unterhaltungskosten, die geringe Zahl erforderlicher Ersatzteile und das geringere Gewicht der Wagen. Durch das stufenweise Anfahren der elektrischen Wagen sollen auch die Gummireifen der Triebräder geschont werden. Ferner arbeiten die großen Maschinen der elektrischen Zentralen wirtschaftlicher als die einzelnen kleinen Triebmaschinen der Benzin- und Dampfwagen. Dagegen sind bei dem gleislosen elektrischen Betrieb die Stromverluste in den Leitungen und die Kosten für Anlage, Unterhaltung, Verzinsung und Tilgung der Leitungen zu berücksichtigen, welch letztere im Gegensatz zu elektrischen Gleisbahnen zweipolig ausgeführt werden müssen, weil die Rückleitung durch die Fahrschienen hier entfällt.

Bemerkenswert und schon in mehr als dreijährigem Betrieb auf der ungarischen Strecke Poprad-Tatrafüred im Tatragebirge bewährt ist der gegenüber anderen äußerlich ähnlichen Ausführungen durch Einfachheit auffallende Stromabnehmer Bauart Stoll, der in Verbindung mit den sehr leicht gebauten Mercédèswagen von der Österreichischen Daimlermotorengesellschaft in Wiener-Neustadt und Wien ausgeführt wird (Abb. 10 u. 11).

Der Stollsche Stromabnehmer läuft mit je zwei Rollen auf den beiden Leitungsdrähten. Hierdurch wird ein sicherer und funkenfreier Lauf des Stromabnehmers erreicht. Die Zuführung des Stromes von dem Stromabnehmer zu dem Anlasser (Kontroller) der Wagen erfolgt mittels eines biegsamen, an dem Stromabnehmer aufgehängten Kabels, welches mit einem an dem Stromabnehmer aufgehängten pendelnden Gewicht so verbunden ist, daß auch ein starker, bei dem Ausweichen eines Wagens ent-

---

[1] Elektrische Bahnen und Betriebe 1906, 14. Mai.

stehender seitlicher Zug nicht imstande ist, den Stromabnehmer aus seiner richtigen Lage zu bringen. Die Rollen des Stromabnehmers enthalten Hohlräume, welche mit einem alle drei bis sechs Monate zu erneuernden Fett zur Schmierung versehen sind.

Die Mercédèswagen tragen vorn am Dache oberhalb des Führerstandes eine Rolle mit darinliegender Spiralfeder. Durch letztere werden die Stromzuführungskabel, deren Enden auf die Rolle gewickelt und daran befestigt sind, gespannt erhalten. Diese wickeln sich auf den Rollen selbsttätig auf und ab, wenn bei seitlichem Ausweichen eines Wagens eine Verlängerung oder Verkürzung der Kabel erforderlich wird. Um eine Kreuzung von zwei sich begegnenden Wagen, deren Stromabnehmer an derselben Leitung laufen, ohne Zeitverlust zu ermöglichen, ist die Kabelrolle an einer Stange angebracht, welche nach Lösung eines Steckkontakts zwischen Kabeltrommel und Kontroller gegen die entsprechende Stange mit der Kabeltrommel des entgegenfahrenden Wagens leicht und schnell ausgewechselt werden kann. Es fährt dann jeder Führer mit dem bisher mit dem anderen Wagen verbundenen Stromabnehmer weiter, welcher mit der Kabeltrommel verbunden bleibt. Die Stromabneh-

Abb. 10. Stromabnehmer (Bauart Stoll).

Abb. 11. Mercédèswagen in Gmünd, Niederösterreich.

mer bewegen sich auf diese Weise zwischen den Kreuzungspunkten hin und her.

Die Mercédèswagen sind sehr leicht gebaut. Ein geschlossener Wagen für 20 Personen mit seitlichem Einstieg wiegt fahrbereit nur 2·3 t. Das gleiche Gewicht besitzt ein Lastwagen mit offenem Kasten für 3 bis 4 t Nutzlast. Infolge des geringen Gewichtes können die Mercédèswagen auf

Abb. 12. Bestandteile eines Mercédèsrades.

Abb. 13. Äußere Ansicht eines Mercédèsrades.

guter Straße mit annähernd gleichem und auf stark geneigten Strecken sogar mit geringerem Stromverbrauch auskommen als die durchweg erheblich schwerer gebauten Triebwagen der elektrischen Gleisbahnen. Das geringe Gewicht ist zum großen Teil dadurch erreicht, daß die beiden Elektromotoren von je 20 PS Leistung in die Räder, und zwar wieder die Hinterräder, eingebaut sind. Die Motoren sollen eine Überlastung aufs Doppelte, vorübergehend aufs Dreifache, der normalen Leistung ohne schädliche Erwärmung ertragen können.

Der Anker ist mit dem Rade verbunden und läuft mit zwei Kugellagern auf dem Achsschenkel, durch dessen Höhlung die Stromzuleitungs-

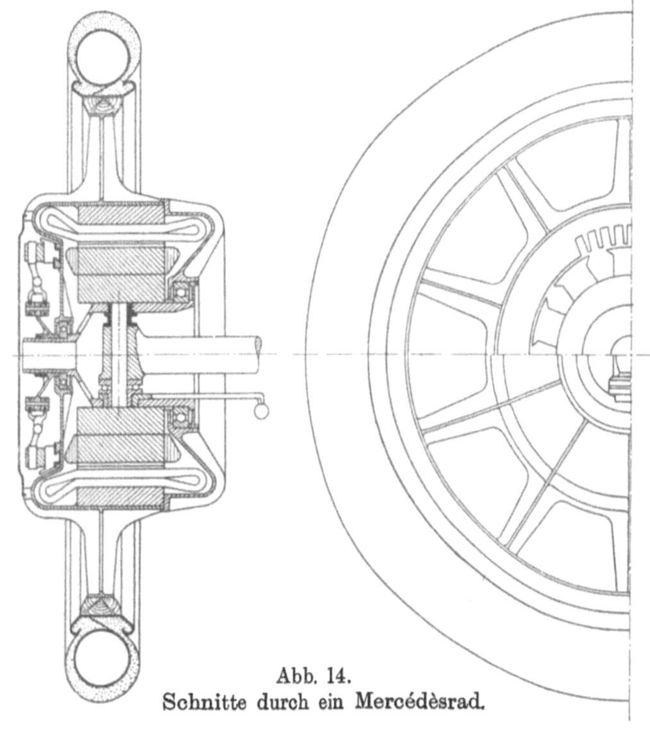

Abb. 14.
Schnitte durch ein Mercédèsrad.

kabel hindurchgeführt sind. Das Gestell für die Feldmagnete ist auf dem ruhenden Achsschenkel durch einen Keil befestigt, der Bürstenhalter durch Schrauben damit verbunden. Die ganze Einrichtung ist nach außen durch einen Deckel staub-, luft- und wasserdicht verschlossen, aber nach Lösung

Abb. 15. Stromentnahme eines Schiemannschen Omnibusses.

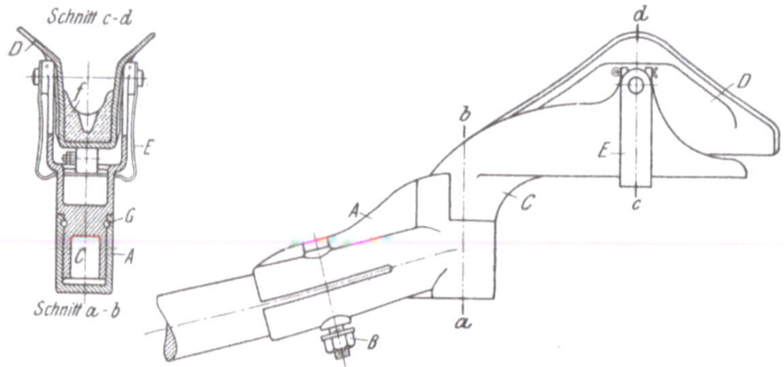

Abb. 16. Schleifstück der Stromentnahme eines Schiemannschen Omnibusses.

einiger Schrauben leicht zugänglich. An der inneren Seite des Rades sind zwei Bremsen eingebaut (vgl. Abb. 12 bis 14). Die Kugellager sollen nur alle 3 bis 4 Monate frisch eingefettet werden und bedürfen im übrigen keiner Wartung.

Die Wagen werden durchweg mit Gleichstrom von 500 Volt Spannung betrieben.

Eine andere in zahlreichen Ausführungen bewährte Anordnung zur Stromentnahme wird von der Gesellschaft für gleislose Bahnen Max Schiemann & Co. in Wurzen i. Sa. ausgeführt und zwar erfolgt die Strom-

entnahme hier durch lange steife Stangen mit gelenkigem, leicht auswechselbaren Schleifstück (Abb. 15 u. 16), welches auch noch bei starkem
seitlichen Ausbiegen des Wagens in Berührung mit der Leitung bleiben
kann. Bei der Kreuzung von zwei Wagen an derselben Leitung behält
der ausbiegende und weiterfahrende Wagen mit seinen Stromabnehmern
Fühlung mit der Leitung, während die Stromabnehmer des zweiten
Wagens, der unter der Leitung stehen
bleibt, von der Leitung abgezogen
werden.

Bei den Schiemannschen Wagen
wirkt der Antrieb auf die kleinen und
deshalb schnell umlaufenden Vorderräder, wodurch eine weniger starke

Abb. 17. Aufhängung des Fahrdrahts.

Übersetzung zwischen dem Elektromotor und der angetriebenen Wagenachse erforderlich wird (vgl. Abb. 18 u. 19).[1]) Der Antrieb erfolgte früher
mittels Grissongetriebes. In den geschlossenen Triebwagen der Bahn von
Neuenahr nach Walporzheim sind Plätze für 20 Personen und zwar
14 Sitzplätze auf gepolsterten Längsbänken im Innern der Wagen, 4 Sitz-

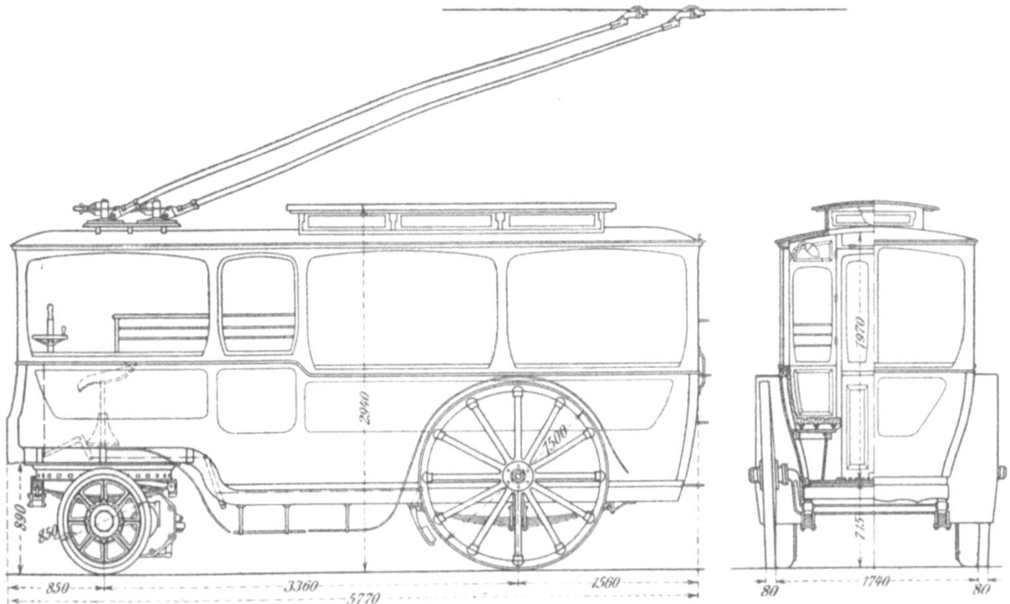

Abb. 18a. Geschlossener Schiemannscher Triebwagen der Strecke Neuenahr-Walporzheim.

plätze und 2 Stehplätze auf dem geschlossenen Vorderraum vorhanden.
Der Einstieg ist vorn auf der rechten Wagenseite. Der Eintritt in den
inneren Raum des Wagenkastens erfolgt durch eine zweiteilige Schiebetür.
Sämtliche Fahrgäste müssen nahe an dem Wagenführer vorbei, so daß
dieser die Fahrkartenkontrolle ohne Mitwirkung eines Schaffners besorgen
kann. Dies ist beim elektrischen Betrieb am ehesten möglich wegen der
größeren Einfachheit der Bedienung der maschinellen Einrichtung.

Die gekröpften Längsträger der Wagen sind aus gepreßtem Stahlblech

---

[1]) aus der Zeitschr. für Kleinbahnen 1906, Heft 12.

hergestellt, die Hinterachse mit großen Rädern von 1·5 m Durchmesser
ist ebenfalls stark gekröpft, um die Einsteighöhe niedrig halten zu können
(Abb. 19a). Die angetriebene lenkbare Vorderachse trägt mittels eines
Laufkranzes von Stahlkugeln den Hauptrahmen. Der Elektromotor hat
eine normale Leistung von 15 PS und eine Höchstleistung von 22 PS. Die
Übersetzung des Zahngetriebes beträgt 8:1, die hohlgeschmiedete Lauf-

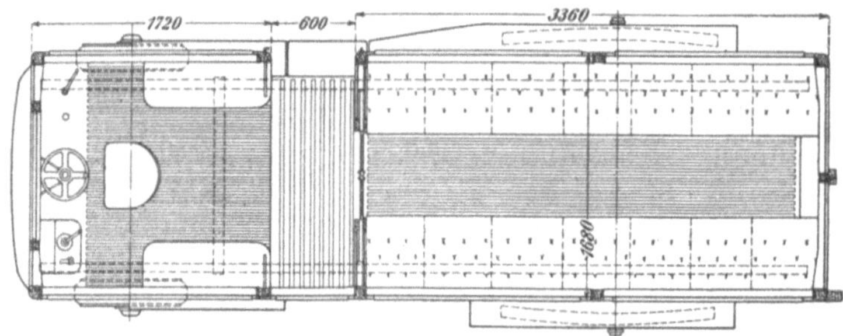

Abb. 18b. Grundriß des geschlossenen Schiemannschen Triebwagens.

achse nimmt die stählernen Laufräder durch eine besonders eingerichtete
Freilaufkuppelung mit. Die größte Fahrgeschwindigkeit beträgt 22 km/st,
die Vorderräder haben 850 mm Durchmesser und Bereifung von 150 mm
Breite mit Vollgummi. Die Hinterräder haben eine eiserne Bereifung von
80 mm Breite, die Spurweite der Hinterräder ist größer als die der Vorderräder, um die Straße zu schonen, und zwar so, daß die beiden Einzel-

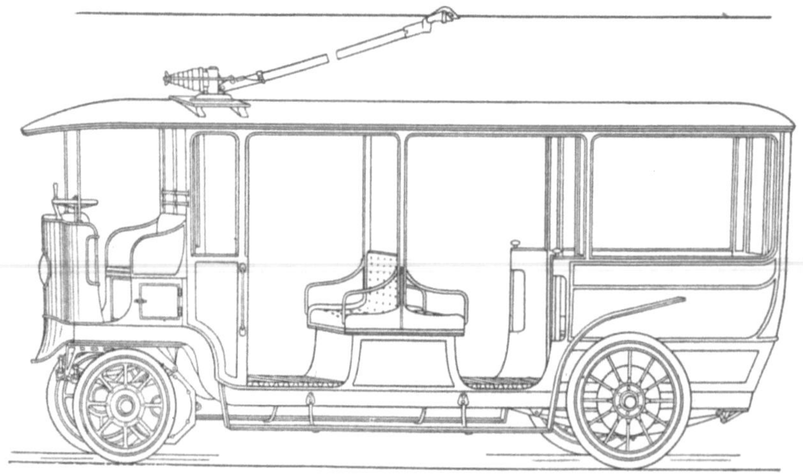

Abb. 19. Offener Schiemannscher Triebwagen.

spuren sich zu je einer gemeinsamen breiten Spur ergänzen. Die Lenkung
erfolgt mittels eines selbstsperrenden Planetengetriebes, welches mit einer
Übersetzung von 25:1 auf den Lenkkranz wirkt. Der Wagen hat zwei
mechanische Bremsen und außerdem für den Notfall die Kurzschlußbremse
des Motors. Die Beleuchtung der Wagen erfolgt durch sechs elektrische
Glühlampen im Innern der Wagen und durch je zwei in den beiden nach vorn

leuchtenden Scheinwerfern. Die Wagen wiegen leer je 3·24 t. Die offenen Triebwagen haben drei Querbänke und eine hufeisenförmige Bank im Hintergrunde des Wagens. Die Triebwagen können einen ebenfalls zwanzig Personen fassenden Anhängwagen von 1·65 t Eigengewicht schleppen.

Auf der Ausstellung in Mailand war ein Wagen der Società per la

Abb. 19a. Untergestell eines Schiemannschen Triebwagens.

trazione elettrica in Mailand in Betrieb, welche schon gleislose elektrische Betriebe in Castellamare, Aquila, Siena, Pavia und Chiavari eingerichtet hat, und zwar für Personen- und Güterbeförderung. Das für die Wagen gewöhnlich verwendete Untergestell ist in Abb. 19b dargestellt. Die Wagen haben außer der elektrischen Kurzschlußbremse noch zwei auf die Zwischenwellen wirkende Bandbremsen und zwei auf die Hinterräder wirkende Bremsen. Diese mechanischen Bremsen werden sämtlich vom Führersitze aus durch einen Hebel mittels einer am Untergestell gelagerten Zwischenwelle betätigt.

In sehr engen Straßen werden bei elektrischen Bahnen für gleislosen Betrieb symmetrisch gebaute Wagen verwendet, die nicht gedreht zu werden brauchen. Die elektrischen Bahnen für gleislosen Betrieb haben,

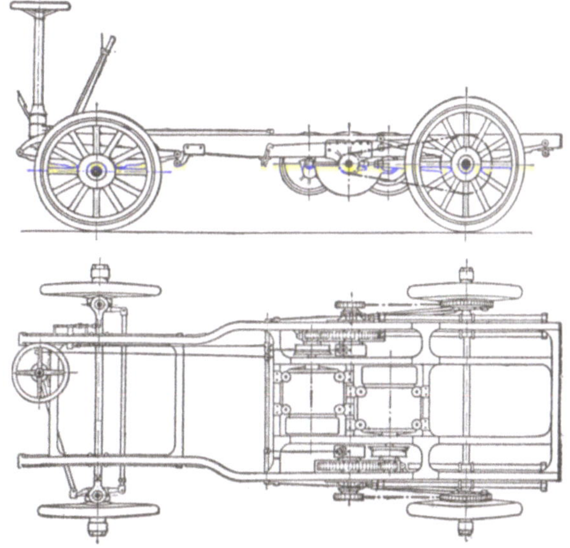

Abb. 19b. Untergestell eines Triebwagens der Società per la trazione elettrica.

42*

ähnlich wie Benzin- und Dampfautomobile, einer Gleisbahn gegenüber den Vorteil, daß sie anderen Fuhrwerken ausweichen können und deshalb den sonstigen Straßenverkehr weit weniger behindern.

8. Automobillinien für den öffentlichen Verkehr.

In den letzten Jahren ist eine überraschend große Anzahl von Linien für den öffentlichen Verkehr sowohl mit selbständigen Automobilen (Benzinomnibussen) als auch mit gleislosem elektrischen Betrieb entstanden. Beide Arten der Verkehrsmittel sollen hier vom verkehrstechnischen Standpunkt aus zusammen behandelt werden. Mangels einer amtlichen Statistik und mit Rücksicht auf die große Veränderlichkeit solcher neuen, noch ganz in der Entwicklung, und zwar in einer sehr schnellen Entwicklung, begriffenen Verkehrsmittel ist es nicht angängig, eine vollständige Übersicht der heute bestehenden Automobillinien und gleislosen elektrischen Bahnen zu geben, vielmehr sind die Angaben auf die wichtigsten Betriebe zu beschränken, von denen sichere Nachrichten vorliegen und welche dem Verkehrstechniker bemerkenswerte Gesichtspunkte bieten.

a) Überlandstrecken mit Omnibusbetrieb.

α) In Deutschland und Österreich-Ungarn.

Die ersten Automobillinien für den öffentlichen Verkehr in Deutschland und zugleich die ersten daselbst vom Staat betriebenen Linien wurden im Jahre 1905 von der bayerischen Postverwaltung eröffnet, und zwar dienten dieselben von Anfang an hauptsächlich dem Personenverkehr im Sommer. Der Ausgangspunkt der betreffenden Linien ist Bad Tölz, gleichzeitig Station der bayerischen Staatseisenbahn und Endpunkt der Strecke München (Hauptbhf.)-Bad Tölz. Auf den beiden Strecken Tölz-Lenggries a. d. Isar und Tölz-Bichl verkehrten zusammen vier Automobilomnibusse (Abb. 20), welche noch je einen später beschafften Anhängwagen mitführen konnten. Auf der Strecke Bad Tölz-Bichl (14 km) wurden im Winter 1907/08 täglich je drei Fahrten hin und zurück ausgeführt, im Sommer 1907 dagegen je vier Fahrten, und zwar über Bichl hinaus bis Kochel (zusammen 23 km), woselbst Anschluß an die weiter ins Gebirge führenden Automobilfahrten der Münchener Lokalbahn-Aktiengesellschaft vorhanden ist. Außerdem wurde im Sommer noch eine Fahrt auf der 10 km langen Teilstrecke Bad Tölz-Oberenzenau (Bad Heilbronn) ausgeführt. Die Fahrpreise betragen für die einfache Fahrt von Bad Tölz nach Bichl 90 Pf. und von Bad Tölz nach Kochel 140 Pf., also rund 6 Pf. auf ein Kilometer. Die Fahrtdauer beträgt 65 Minuten für die Teilstrecke Tölz-Bichl und 105 Minuten für die ganze Strecke Tölz-Kochel. Auf der 10 km langen Strecke Bad Tölz-Lenggries a. d. Isar verkehrten nur im Sommer Postmotorwagen, und zwar dreimal täglich. Die Fahrtdauer betrug 40 Minuten, der Fahrpreis 50 Pf. Die Reisegeschwindigkeit beträgt also 12 bis 13 bzw. 15 km/st. Ferner verkehrte im Sommer 1907 eine Motorpost auf der 10 km langen Strecke Tegernsee-Bad Kreuth-Glashütte (Achensee) mit je 11 bis 12 Fahrten hin und zurück. Der Fahrpreis war hier verhältnismäßig höher, er betrug 2 M. bis Glashütte und entsprechend viel für die Fahrt nach den Zwischenstationen, also 10 Pf. auf ein Kilometer. Im Winter werden diese Fahrten ganz eingestellt. Reisegepäck ist auf allen Strecken bis zu 15 kg frei, darüber hinaus werden für je 5 kg 10 Pf., mindestens aber 20 Pf. für die ganze Fahrt erhoben. Kurz nach der Eröffnung der vorbenannten Automobillinien ist noch die 7·6 km lange Linie von Sonthofen, an der Nebenbahnstrecke Immenstadt-Oberstdorf der Hauptbahn München-Lindau, nach Hindelang in Betrieb gekommen. Der Automobilverkehr wird auf dieser Strecke das ganze Jahr hindurch, und zwar im Winter mit vier, im Sommer mit sechs täglichen Hin- und Herfahrten aufrecht erhalten. Der Fahrpreis beträgt hier 50 Pf., die Fahrzeit 35 Minuten. Ferner ist außer der kleinen Strecke Berchtesgaden-Königsee mit 15 Fahrten täglich und 20 Minuten langer Fahrzeit zu erwähnen die 19 km lange Gebirgslinie der bayerischen Postverwaltung von Garmisch über Partenkirchen nach Mittenwald mit einem Fahrpreis von 180 Pf., also 9·5 Pf. für 1 km, im Wettbewerb mit der Automobil-Wagenverbindung des bayerischen Hoch-

Abb. 20. Automobilbetrieb der k. bayerischen Postverwaltung.

landes und die 14 km lange Linie Berchtesgaden-Hintersee mit acht Hin- und Herfahrten täglich und mit einem Fahrpreise von 150 Pf. für die ganze Strecke bei einer Fahrtdauer von 65 Minuten. Die drei letztgenannten Strecken werden nur im Sommer, und zwar die Strecke von Berchtesgaden zum Königsee und die zum Hintersee nur in den drei Monaten vom 15. Juni zum 15. September betrieben.

Die Omnibusse der bayerischen Postverwaltung haben Längsbänke und mittleren Gang nach der Art von Straßenbahnwagen. Die Anzahl der Sitzplätze beträgt 17, außerdem sind vier Stehplätze auf der rückwärtigen Plattform vorhanden. Die letztere wird von außen abgeschlossen, wodurch dem Wagenführer (Chauffeur), welcher auch die Ausgabe der Fahrscheine besorgt, die Kontrolle sehr erleichtert wird. Die Wagen haben ein Eigengewicht von 4250 kg, also ungefähr 200 kg auf einen Platz, Sitz- und Stehplätze zusammengerechnet. Die Maschinen haben eine normale Leistung von 20 PS und eine Höchstleistung von 29 PS. Die Fahrgeschwindigkeit der vollbesetzten Wagen beträgt bis zu 30 km/st auf ebener guter Straße, der Benzinverbrauch in der Stunde durchschnittlich 9 kg.

Die Einrichtung des Fahrens mit einem Anhängwagen in der guten verkehrsreichen Jahreszeit und bei gutem Zustande der Straßen hat den Vorteil, daß alsdann die Leistungsfähigkeit der Triebmaschinen ebensogut ausgenutzt wird wie im Winter bei schwächerem Verkehr ohne Anhängwagen und bei schlechterem Zustande der Straßen. Auch ist alsdann das ganze Jahr hindurch mit der gleichen Anzahl Wagenführer (Chauffeure) auszukommen und nur im Sommer sind Hilfsschaffner für die Anhängwagen einzustellen. Ein Nachteil des Betriebes mit einem Anhängwagen ist die Belästigung der in demselben befindlichen Fahrgäste durch Staub und der für sehr steile Strecken in Betracht kommende Umstand, daß das Gewicht des Beiwagens nicht zur Belastung der Triebachse nutzbar gemacht wird.

Im Anschluß an die Automobillinien der bayerischen Postverwaltung und, wie erwähnt, auf der Strecke Garmisch-Partenkirchen-Mittenwald im Wettbewerb mit letzterer hat die Automobil-Wagenverbindung des bayerischen Hochlandes G. m. b. H., mit der Münchener Lokalbahn-Aktiengesellschaft als Hauptgesellschafterin und als Betriebsführerin, einen Automobilbetrieb auf der rund 52 km langen Strecke von Garmisch-Partenkirchen über Mittenwald und Walchensee nach Kochel eingerichtet. Diese Linie ist im ersten Betriebsjahr 1905 vom 1. Juni bis zum 30. September und in 1906 vom 15. Mai bis zum 14. Oktober in regelmäßigem fahrplanmäßigem Betrieb gewesen. Die Gesellschafter dieses Betriebes sind außer der Lokalbahn-Aktiengesellschaft in München, welche ihn ins Leben gerufen hat, die kgl. Posthalter in Partenkirchen, Mittenwald und Walchensee. Die Automobillinie schließt in Garmisch an die Endstation der der Lokalbahn-Aktiengesellschaft in München gehörenden Lokalbahn von Murnau nach Garmisch-Partenkirchen und in Kochel an die Automobillinie Bad Tölz-Kochel der bayerischen Postverwaltung an. Indessen beabsichtigt die letztere, ihren Automobilbetrieb nach einem beendigten Straßenumbau von Kochel bis Mittenwald weiterzuführen und alsdann mit dem Unternehmen der Automobil-Wagenverbindung des bayerischen Hochlandes auf der ganzen Strecke von Kochel bis Garmisch in Wettbewerb zu treten. Im Jahre 1906 waren fünf von der Neuen Automobilgesellschaft in Berlin gelieferte Benzinomnibusse in gefälliger, dem Tourenautomobil entlehnter Form der Karosserie in Dienst gestellt, von denen eines in Bereitschaft gehalten wurde. Die Maschinen haben vier Zylinder und eine Leistung von 24 PS. Anhängwagen werden nicht mitgeführt. Die Betriebsergebnisse dieses Unternehmens sollen als besonders lehrreich zum Schluß ausführlich mitgeteilt werden.

In Baden ist eine Anzahl Linien mit Automobilomnibussen der Süddeutschen Automobilgesellschaft in Gaggenau in Betrieb, so beispielsweise der „Motorverkehr" Todtnau im Wiesental in Baden. Die letztgenannte, Ende 1904 gegründete Gesellschaft besaß im Jahre 1906 drei Benzinwagen, davon sind zwei Stück Omnibusse für 12 Personen mit vierzylindrigen Maschinen von 24 bis 32 PS Leistung, der dritte Wagen ist ein sogenanntes Break, Type Reichspost, für 10 Personen mit ebenfalls vierzylindrigen Maschinen von 32 bis 40 PS Leistung. Die Wagen laufen auf der schwierigen 32 km langen Strecke von Todtnau nach Freiburg mit einer 12 km langen Steigung von 8 bis 14 v. H. auf der einen Seite und einer 7 km langen Steigung von 7 bis 15 v. H. auf der anderen Seite des 990 m über Freiburg liegenden Scheitelpunktes der Schauinsland-Paßhöhe. Die Fahrzeit beträgt $2^1/_2$ Stunden und soll auf Grund der zur Erhöhung der Leistungsfähigkeit der Motoren getroffenen Verbesserungen: stärkere Magnete für die Zündvorrichtung, größerer Wasserbehälter, unmittelbarer Auspuff und stärkere Luftzufuhr, auf zwei Stunden herabgesetzt werden. Die beiden größeren Wagen haben ein Eigengewicht von je 2500 kg, der dritte kleinere ein solches von 1900 kg. Die Wagen haben an den Triebrädern Vollgummireifen, an den vorderen Laufrädern Luftreifen (Pneumatiks). Die Wagen fahren täglich einmal hin und her, haben also eine Leistung von je 60 km täglich auf gut unterhaltener Straße mit vielen scharfen Kurven. Der Betrieb ist von Mai/Juni bis Mitte/Ende Oktober aufrecht. Einer der Wagenführer (Chauffeure) wird im Winter beibehalten zur Ausführung der erforderlichen Ausbesserungen. Die Betriebsergebnisse auch dieses Unternehmens sollen im letzten Abschnitt noch besprochen werden.

Die Motorwagengesellschaft St. Blasien[1]) betreibt im Sommer die 31 km lange Strecke von St. Blasien nach Titisee und die 25·5 km lange Strecke von St. Blasien nach Waldshut, wodurch die beiden Eisenbahnstationen Waldshut und Titisee miteinander verbunden werden. Auf der Strecke St. Blasien-Titisee beträgt bei öfterem Wechsel zwischen Steigung und Gefälle die stärkste Neigung 70 v. T., auf der Strecke St. Blasien-Waldshut beträgt die stärkste Neigung 80 v. T., und zwar sind auf der letzteren Strecke anhaltende Steigungen bis zu 6·5 km Länge auf der einen und bis zu 19 km Länge auf der anderen Seite des Scheitelpunktes vorhanden. In St. Blasien ist eine Wagenhalle mit Ständen für sechs große Fahrzeuge, mit einer Revisionsgrube, einer kleinen Werkstätte und einem Benzinkeller für 1000 kg Benzin errichtet. Im ersten Stock ist die Wohnung des Portiers und des Betriebsleiters sowie Unterkunftsräume für sechs Wagenführer. Die Wagenhalle soll noch erweitert werden. In St. Blasien und in Titisee sind kleine Wartehallen für die Reisenden errichtet. Der Betrieb wird versehen durch fünf Omnibusse der Automobilfabrik Gaggenau von je 1700 kg Gewicht und einen 2200 kg wiegenden Lastwagen gleicher Herkunft. Die Wagen haben sämtlich Vierzylindermaschinen von 32 bis 38 PS Leistung bei 1000 bis 1200 Umdrehungen in der Minute. Das Getriebe hat für den Vorwärtsgang drei Geschwindigkeitsstufen mit Übersetzungen $3·1:1$, $1·67:1$ und $1:1$; für den Rücklauf die Übersetzung $4·5:1$. Die Übersetzung der Kegelräder an der Vorgelegewelle beträgt $2·25:1$ und die der Kette $2·22:1$. Die höchste Fahrgeschwindigkeit der Omnibusse beträgt 40 km/st. Die Omnibusse haben Sitzplätze für 10 Personen, 8 im Innern des Wagens, 2 neben dem Wagenführer. Der Lastwagen mit 2000 kg Tragkraft hat eine Höchstgeschwindigkeit von 25 bis 30 km/st.

Die Fahrzeit beträgt für die 31 km lange Strecke St. Blasien-Titisee $1^1/_2$ Stunde einschl. 10 Minuten Aufenthalt in Schluchsee und ebensoviel für die 25·5 km lange Strecke St. Blasien-Waldshut einschl. 10 Minuten Aufenthalt in Höhenschwand. Die Reisegeschwindigkeit beträgt also im ersten Falle 20·7 km, im zweiten 15·3 km/st. Mit Pferdegespannen betrug früher die Fahrzeit 4 Stunden bzw. $4^1/_2$ Stunden. Auf der ersten Strecke wurden im Sommer 1906 drei bis vier, auf der zweiten ein bis zwei Fahrten täglich ausgeführt. Die Omnibusse sind täglich sechs bis neun Stunden im Dienst. Die Fahrpreise betragen für jede der beiden Strecken 4 Mk. für die einfache

---

[1]) nach der Zeitschr. des Mitteleuropäischen Motorwagen-Vereins.

Fahrt, also rund 13 bzw. 16 Pf. für ein Personenkilometer. Handgepäck ist bis zu 5 kg frei und kann auf dem Verdeck untergebracht werden, jedes weitere Kilogramm kostet 5 Pf. Die Beförderung von Reisegepäck mit dem Lastwagen kostet 4 Pf. für 1 kg. Dieser Wagen ist aber fast nur auf der Strecke St. Blasien-Titisee verwendet worden.

In Norddeutschland sind bemerkenswert die von H. Büssing in Braunschweig eingerichteten Betriebe mit Automobilomnibussen auf den Strecken Braunschweig-Wendeburg, Semmenstedt-Wolfenbüttel, Harzburg-Eichen-Wasserfall und Harzburg-Goslar. Die beiden letzten Linien sind inzwischen wieder eingegangen infolge Verweigerung der Verlängerung der Konzession wegen des beabsichtigten Baues einer elektrischen Straßenbahn. Die Automobillinie Semmenstedt-Wolfenbüttel, die zum großen Teil einer nach Braunschweig führenden Eisenbahnlinie parallel läuft, verfolgte den Zweck, einen Teil dieses Eisenbahnverkehrs nach Wolfenbüttel abzulenken. Die Strecke wurde dreimal täglich in beiden Richtungen befahren, die Fahrzeit betrug 55 Minuten bzw. 1 Stunde und damit annähernd gleichviel wie die Fahrzeit der betreffenden Eisenbahn. Der Fahrpreis für die 15 km lange Strecke betrug 70 Pf. Die Automobilfahrt von Semmenstedt nach Wolfenbüttel war damit gleich teuer wie die Eisenbahnfahrt III. Klasse von Semmenstedt nach Braunschweig und zurück. Die Haltestellen der Omnibuslinie lagen günstiger für die Reisenden als die Eisenbahnhaltestellen. Die Betriebsergebnisse dieser Linien sind infolge ungenügenden Verkehrs bisher nicht günstig gewesen.[1]

In Österreich besteht seit dem 6. August 1907 eine öffentliche staatliche Automobillinie von Neumarkt-Tramin an der Südbahnstrecke Kufstein-Ala nach Predazzo.[2] Die Linie ist 38 km lang, enthält Neigungen von 10 bis 12 v. H. und überwindet in den ersten 15 km einen Höhenunterschied von 887 m. Der Betrieb wird versehen durch drei Omnibusse mit je 18 Sitzplätzen auf Längs- und Querbänken, im Sommer mit offenem Wagenkasten. Ferner ist ein Gepäckautomobil von 1500 kg Tragkraft vorhanden. Betriebsunternehmer ist, wie in Bayern, die Postverwaltung. Die Fortsetzung des Automobilbetriebes von Predazzo nach San Martino und von Predazzo nach Cortina auf der neuen Dolomitenstraße ist in Aussicht genommen. Zunächst sollen aber spätestens im Dezember 1907 die Strecken Linz-Efferding, Pardubitz-Bohdanec und Pardubitz-Holic in Betrieb genommen werden. Sämtliche alsdann eröffneten vier Linien sollen vorerst einen Winter und einen Sommer hindurch im Betriebe gehalten werden, um die nötigen Erfahrungen zur weiteren Ausdehnung des Automobilbetriebes zu gewinnen. Zu Wagenführern werden Unteroffiziere der Automobiltruppe genommen.

In Bosnien und der Herzegowina ist im Jahre 1904 durch die Militärpostverwaltung ein regelmäßiger Automobildienst mit kleinen viersitzigen Automobilen von der Station Bosnisch Novi, der ehemals türkischen Eisenbahnstrecke Banjaluka-Doberlin, nach Bihać an der kroatisch-bosnischen Grenze eingerichtet worden. Durch Schleifen nach Cazin im Norden von Bihac, nach Zavalje im Westen und nach Petrovac im Süden wurde die Linie so erweitert, daß die vollständige Rundfahrt eine Streckenlänge von

---

[1] vgl. d. ausführl. Angaben i. „Motorwagen" 1906, Heft 16, 17, 19.
[2] vgl. Deutsche Straßen- u. Kleinbahnzeitg. 1907, Nr. 39.

300 km hatte. Der Fahrpreis betrug rund 10 Heller auf 1 km. Im Januar und Februar 1907 verkehrte die Automobilpost auf der rund 70 km langen Strecke Bosnisch Novi-Cadjavica-Otoka-Bosnisch Krupa-Ostrozacbrücke-Bihać in täglich einmaliger Fahrt hin und zurück, mit 4 Stunden Fahrzeit für die einfache Fahrt gegen früher $8^1/_2$ Stunden für die Pferdepost. Auf der Strecke Bihać-Zavalje betrug die Fahrzeit $^3/_4$ Stunde, und auf der Strecke von Bosnisch Petrovac nach Bosnisch Krupa $3^3/_4$ Stunden. Der Betrieb ist indessen auf der Strecke Petrovac-Krupa mit Rücksicht auf den schlechten Zustand der Straße inzwischen wieder eingestellt worden. Auch auf der Linie Novi-Bihać-Zavalje soll der Betrieb nur bis Ende 1907 bestehen bleiben. Alsdann ist die Verlegung desselben auf eine neu zu errichtende Automobilpostlinie von Capljina an der bosnisch-herzegowinischen Staatsbahnstrecke Mostar-Metkovic bis nach Ljubuški und bis nach Makarska in Dalmatien beabsichtigt. Die drei Daimlerwagen sollen dann weiter verwendet werden. Ungünstig für die Wirtschaftlichkeit des früheren Betriebes war, daß die kleinen Wagen mit nur vier Plätzen der Sicherheit halber eine Bedienungs- und Begleitmannschaft von im ganzen drei Personen erhalten mußten. In dem neu zu errichtenden Betrieb von Capljina aus benutzen die Automobilomnibusse eine gute Straße auf Karstboden und ist deshalb hier eher ein wirtschaftlich zufriedenstellendes Ergebnis zu erwarten. Der dritte auf der früheren Strecke der Sicherheit halber erforderliche Mann scheint hier auch entbehrlich zu sein.

β) In der Schweiz, Italien, England und Frankreich.

In der Schweiz besteht schon seit mehreren Jahren eine größere Anzahl Automobillinien. Die Gebirgsstrecken bieten dem gleislosen Betrieb, wie früher schon erwähnt, besondere Vorteile gegenüber den Flachlandstrecken, weil mit wachsender Steigung der Widerstand der rollenden Reibung gegenüber dem Steigungswiderstand mehr und mehr zurücktritt und damit einer der wesentlichsten Nachteile des gleislosen Betriebes gegenüber einer Gleisbahn in gleichem Maße abnimmt. Gerade im Gebirge kann deshalb ein Omnibusbetrieb noch lohnend sein, der bei gleicher Verkehrsdichte im flachen Lande einer Gleisbahn gegenüber zurückstehen müßte. Außerdem verfügt die Schweiz über gute Landstraßen.

Es bestehen dort Omnibuslinien mit Benzinbetrieb:

1. auf der 7 km langen Strecke Flawil[1]-Degersheim im Kanton St. Gallen mit 8 täglichen Fahrten hin und zurück, 30 Minuten Fahrzeit für die einfache Fahrt;
2. auf der 16 km langen Strecke Frauenfeld-Steckborn im Thurgau, im Winter 1907/08 eingestellt;
3. auf der Strecke Rheineck-Heiden im Kanton Appenzell mit 5 täglichen Hin- und Herfahrten und 45 Minuten einfache Fahrzeit;
4. auf den Strecken Rheineck-Thal-Rorschach-Goldach und St. Gallen-Stein-Hundwil-Waldstatt, im Winter 1907/08 eingestellt;
5. auf der 20 km langen Strecke von Yverdon nach Moudon im Kanton Waadt, im Winter 1907/08 nicht betrieben;

---

[1] Die Anschlußstationen an Eisenbahnstrecken sind gesperrt gedruckt.

Der Übersichtlichkeit halber seien die Fahrpreise der verschiedenen vorstehend besprochenen Automobillinien nochmals zusammengestellt.

Bezeichnung der Strecke	Länge der Strecke	Fahrpreis für Personen			Beförderungssatz für Gepäck		Mindestbetrag für Übergewicht	
		für die ganze Strecke	auf 1 Personenkilometer		frei bis	für jedes weitere kg		
	km	M. (Fr.) [K]	Pf. (Cts.)	Heller	kg	Pf. (Cts.) [h]	Pf. (Cts.) [h]	
I. Bayer. Postverwaltung:								
Bad Tölz–Bichl	14·0	0·90	6·4	7·5	15	2 [2·4]	20 [24]	
Bad Tölz–Kochel	23·0	1·40	6·1	7·2	"	"	"	
Bad Tölz–Lenggries	10·0	0·50	5·0	5·9	"	"	"	
Tegernsee–Bad Kreuth–Glashütte (Achensee)	20·0	2·0	10·0	11·8	"	"	"	
Sonthofen–Hindelang	7·6	0·50	6·6	7·8	"	"	"	
Garmisch–Mittenwald	19·0	1·80	9·5	11·2	"	"	"	
Berchtesgaden–Hintersee	14·0	1·50	10·7	12·6	"	"	"	
II. Automobilwagenverbindung des bayer. Hochlandes:								
Garmisch–Kochel	52·0	8·0	15·4	18·1	—	7·5 [8·8] *)	150*)	*) d. h. 1·50 M. bis 20 kg für die ganze Strecke; über 20 kg wird nicht befördert.
III. Motorverkehr Todtnau:								
Todtnau–Freiburg	30·0	—	13·6	16·0	—	—	—	
IV. Motorwagengesellschaft St. Blasien:								
St. Blasien–Titisee	31·0	4·0	12·9	15·2	5	5 [5·9]	—	
St. Blasien–Waldshut	25·5	4·0	15·7	18·5	"	"	—	
V. Semmenstedt–Wolfenbüttel	15·0	0·70	4·7	5·5	—	—	—	
VI. Österr. Postverwaltung:								
Neumarkt–Predazzo	38·0	3·40 [4] hin 3·25 [3·80] — [zur.	9·0 8·5	10·5 10·0	10	3·4 [4] *)	—	*) in Abstufungen von 10 zu 10 kg, bis 50 kg.
Bosn. Novi–Zavalje	70·0	—	8·5	10·0	—	—	—	
VII. Schweiz, verschiedene Privatgesellschaften:								
Flawil–Degersheim	7·0	—	(11·5)	11·0	—	—	—	
Zug–Menzingen	13·0	—	(10·0)	9·5	—	—	—	
Zug–Oberägeri	13·0	—	(10·0)	9·5	—	—	—	

6. auf den je 13 km langen Strecken Zug-Baar-Menzingen und Zug-Unterägeri-Oberägeri mit je 4 Fahrten täglich hin und her und einer Fahrzeit von 70 bis 80 Minuten. Der Fahrpreis beträgt rund 10 Centimes auf 1 km.

Die Schweizer Automobillinien sind sämtlich in den Händen von besonderen Privatgesellschaften, sie werden aber im engen Anschluß an die Eisenbahnen betrieben und stehen auch unter Aufsicht der Eisenbahnbehörden.

Die Automobilomnibusse der Schweizer Betriebe sind teils von F. Martini in Frauenfeld und Saint-Blaise in Gemeinschaft mit der den Wagenkasten liefernden Fabrik von Geißberger in Zürich, teils von der Aktiengesellschaft Orion in Zürich geliefert. Die Wagen werden teils mit, teils ohne rückwärtige Plattform, sowie mit und ohne Decksitze gebaut. Im Innern der Wagen sind meist 10 Sitzplätze vorhanden, auf dem Dache, wenn dieses mit Sitzplätzen versehen wird, ebenfalls 10 Sitz- und 3 Stehplätze.

Die Strecke Flawil-Degersheim hat fast gar keinen Fremdenverkehr, dient vielmehr fast nur dem Verkehr der ansässigen Bevölkerung. Der Betrieb wird durch 3 Wagen mit je 12 Innensitzen versehen, deren Beschaffungspreis 19000 Franken für ein Stück betragen hat. Außer dem Fahrpark .besteht die ganze Einrichtung nur noch in einem Wagenschuppen mit kleiner Werkstätte. Die Bedienungsmannschaft besteht in zwei Wagenführern und zwei Schaffnern. Die Fahrscheine werden meist in Gasthäusern ausgegeben. Die gesamte Verwaltung besorgt der Stickmeister des Maschinenstickerei in häuslichen Betrieben pflegenden Ortes Flawil im Nebenamt. Die Kontrolle versehen außer ihm noch zwei Gesellschafter gegen Gewährung freier Fahrt auf der Automobillinie. Die Fahrpreise betragen im übrigen rund 10 Pf. auf ein Personenkilometer. Die früher auf der Linie verkehrende Pferdepost hatte rund um $50^0/_0$ höhere Preise. Die der Automobilgesellschaft erteilte Konzession schützt dieselbe gegen den Wettbewerb durch Automobile, nicht aber gegen den Bau einer mit ihr in Wettbewerb tretenden Eisenbahn. Die Briefpost müssen die Automobile unentgeltlich, die Pakete gegen Entgelt mitnehmen. Die durchschnittliche Wagenausnutzung beträgt $50^0/_0$ der vorhandenen Sitzplätze, jedoch kommt Überfüllung bis zu $50^0/_0$ über die Zahl der Sitzplätze vor. Die Wagen haben vier Geschwindigkeitsstufen für 8, 12, 16 und 20 km/st. Die durchschnittliche Reisegeschwindigkeit beträgt rund 15 km/st. Das Betriebsergebnis scheint zufriedenstellend zu sein, da die 20000 Franken betragende Schuld der Gesellschaft im ersten Betriebsjahr getilgt wurde.

In Italien bestand im Jahre 1907 eine öffentliche Automobillinie von Maranello nach Pavullo, in der Provinz Modena, mit täglich zwei Hin- und Herfahrten auf der 31 km langen Strecke. Der Fahrpreis betrug 10 Centimes auf ein Personenkilometer, die Reisegeschwindigkeit rund 15 km/st.

In Frankreich besaß im Jahre 1906 die Compagnie des messageries automobiles 40 Automobilwagen, welche vor allem in der Umgebung von Hâvre benutzt wurden. Sitz der Gesellschaft war Etretat. Anfangs wurden Dampfwagen der Bauart Darracq-Serpollet verwendet, die aber bald durch Benzinwagen von de Dion-Bouton ersetzt wurden. Die Wagen hatten 10, 12 oder 15 Sitze bei einer Maschinenleistung von 10 bis 15 PS. Die längste von der Gesellschaft betriebene Linie ist die von Hâvre nach

Etretat, beides Stationen der Westbahn. Die 57 km lange Linie von Hâvre nach Pont Audemer, ebenfalls Station der Westbahn, führt über die Seine und werden die Automobilwagen hier mittels einer Dampffähre übergesetzt. Sämtliche Linien, mit Ausnahme der von Honfleur zu dem Badeort Trouville sur mer führenden, sind das ganze Jahr hindurch im Betrieb.

In England sind die Überlandlinien bemerkenswert, die von den großen Eisenbahngesellschaften nach Ausflugsorten hin betrieben werden, so die von der Great Western-Bahn betriebene Linie von Helston nach Cap Lizard. Die Great Eastern, die London und South Western und die North Eastern-Bahn haben ebenfalls Zweiglinien mit Automobilbetrieb. Eine andere Gruppe von Automobillinien pflegt in England den zu den kleineren Städten hinströmenden Ortsverkehr. Solche Lokalbetriebe sind vorhanden in Bath, Kingstown, Ravensthorpe, Fleetwood, Wolverhampton, Holmfirth, Leamington, Hastings, Eastbourne u. a. Meist werden große Wagen mit Decksitzen und im ganzen bis zu 30 Sitzplätzen verwendet, jedoch auch Wagen ohne Decksitze und offene Wagen mit längs oder quer gestellten Bänken (char à banc). Die Maschinenleistung der Wagen beträgt 20 bis 25 PS.

In großem Maßstabe endlich ist die Verwendung von Automobilwagen zur Unterstützung der Eisenbahnen in Indien eingeleitet.[1]

b) Städtische Omnibusbetriebe in Wien, Paris, Berlin und London.

Die Wiener General-Omnibus-Gesellschaft hat seit dem Jahre 1906 drei Automobilomnibusse in Parallelbetrieb mit Pferdeomnibussen in Dienst gestellt. Von diesen war je einer von der Daimler-Motorengesell-

Abb. 21. Omnibus der Stadt München.

schaft, von der Waggonfabrik in Simmering, sowie von den Süddeutschen Automobilwerken in Gaggenau geliefert. Infolge des im Verhältnis zu anderen Großstädten für solche Betriebe weniger geeigneten Pflasters wurde hier über hohe Unterhaltungskosten geklagt. Diese drei Wagen haben Wagenkasten nach Art von Straßenbahnwagen. Abb. 21 zeigt einen durch gefällige Form ausgezeichneten großen Wagen mit acht Sitz-

---

[1] Glasers Annalen 1907 v. 15. Jan.

plätzen I. Klasse, zehn Sitzplätzen II. Klasse und vier Stehplätzen, welcher von der Waggonfabrik Rastatt in Verbindung mit der Süddeutschen Automobilfabrik in Gaggenau für die Stadt München geliefert worden ist und dort bis zum Ausbau der Straßenbahn längere Zeit im Inneren der Stadt in Dienst gestanden hat.

In größerem Umfange werden Automobilomnibusse in Paris verwendet, und zwar große Wagen mit Decksitzen und im ganzen etwa 30 Plätzen. Es werden seitens der Compagnie générale des omnibus sowohl Dampfwagen der Bauart Gardner-Serpollet als auch Wagen mit Verbrennungsmaschinen verschiedener Bauart verwendet.[1]

Die Große Berliner Motoromnibus-Gesellschaft hat in neuester Zeit 60 Benzinomnibusse bestellt, davon 20 bei der Neuen Automobil-Gesellschaft und 40 bei der Daimler-Motorengesellschaft in Marienfelde. Zwei vom Potsdamer Bahnhof ausgehende Linien sind schon am 1. Juli 1907 eröffnet worden.[2] Die Wagen sind 7·3 m lang, 3·8 m hoch und 2·11 m breit. Die Spurweite der Vorderräder von Mitte zu Mitte Reifen gemessen beträgt 1·64 m, die Spurweite der Hinterräder 1·7 m, der Achsstand 3·895 m, das Eigengewicht ohne Lichtbatterie 5·985 t. Im Inneren der Wagen sind 16, auf dem Dache 18 Sitzplätze und 3 Stehplätze. Die Wagen haben Maschinen von 24 bis 26 PS Leistung, mit vier Zylindern und 750 bzw. 800 bis 900 Umdrehungen in der Minute. Die Kühlung erfolgt bei den Wagen der N. A.-G. durch Röhrenkühler unter Zuhilfenahme eines Ventilators, bei den Wagen der Daimler-Motorengesellschaft durch einen Daimlerschen Bienenzellenkühler. Das Kühlwasser kann zur Heizung der Wagen verwendet werden, indem es vor dem Eintritt in den Kühler nach Bedarf mittels eines 40 mm weiten Kupferrohres durch den Wagen geleitet wird. Die Wagen sind mit einer einstellbaren sogenannten Bergstütze versehen, welche das Rückwärtsrollen der Wagen verhindern soll. Bei der Lagerung des in Vorrat gehaltenen Benzins im Magazin sind besondere Vorsichtsmaßregeln gebraucht, indem die Behälter sowie die Rohrleitungen unter Kohlensäuredruck gehalten werden.

Die weitaus größte Verbreitung haben die Motoromnibusse in London gefunden. Bis zum 15. März 1907 gab es in London schon 894 Motoromnibusse. Die Zunahme seit dem Dezember 1906 betrug 99 Stück. Von der Gesamtzahl der Omnibusse in London sind 20 v. H. mit Motoren betrieben. Die Anzahl der Omnibusse mit Pferdegespannen hat dagegen seit Anfang 1905 bis Januar 1907 von 3551 auf 2964 abgenommen. Im ganzen werden in London jährlich 200 Millionen Fahrgäste durch Motoromnibusse befördert, auf den einzelnen Motoromnibus entfallen täglich rund 800 Fahrgäste. Die im Inneren von London nicht zugelassenen, aber in den äußeren Stadtteilen mit schwächerem Verkehr bestehenden Straßenbahnen haben bei etwa fünfmal so großer Kapitalanlage lange nicht soviel Fahrgäste. Nur 76 v. H. der Motoromnibusse sind im regelmäßigen Dienst, die übrigen in Ausbesserung, Einfahren und Bereitschaft. Die Wagen sind sehr ausbesserungsbedürftig infolge zu starker Anstrengung sowohl der Maschinen als der Wechselgetriebe.

---

[1] vgl. Génie civil v. 20. Mai 1905 wegen der Serpollet-Wagen u. 30. Dez. 1905: Les omnibus automobiles de la Cie. générale des omnibus.

[2] vgl. Deutsch. Straßen- u. Kleinbahnztg. 1907, Nr. 35.

c) Gleislose elektrische Bahnbetriebe.

Die im Sommer 1904 nach der Bauart Stoll eingerichtete Linie mit gleislosem elektrischen Betrieb von Poprád nach Tátrafüred (Alt-Schmecks) im Tatragebirge hat eine Gesamtlänge von 12 km. Die Anlage ist in Verbindung mit der Beleuchtung des ungarischen Badeortes Alt-Schmecks so eingerichtet, daß an den gleichen Masten drei Drähte für die Drehstromfernleitung von 3000 Volt Spannung und mittels Ausleger die Fahrleitung angebracht ist. Das Elektrizitätswerk liegt 2 km von Poprád, wo mittels einer Turbinenanlage von 100 PS Leistung und einer Lokomobile von 80 PS zwei Drehstrommaschinen für 3000 Volt und eine Gleichstromdynamo für 550 Volt Spannung aufgestellt sind. In Alt-Schmecks wird der Drehstrom an verschiedenen Stellen umgeformt und der Beleuchtung zugeführt und ebenso in einer Umformerstation mittels rotierenden Umformers von 3000 Volt Spannung in Gleichstrom von 550 Volt Spannung umgesetzt und in die Fahrleitung geschickt. Ein einziger Speisepunkt wäre für die Entfernung von 12 km und mit Rücksicht auf die vorkommenden starken Steigungen ungenügend. Die Strecke wechselt von Kilometer 0 bis 7 fortwährend zwischen Steigung und Gefälle, von Kilometer 7 bis 12 ist eine ununterbrochene Steigung von ungefähr 10 v. H., die stärkste Steigung ist $12^1/_2$ v. H. Die Wagen sind für 22 Personen gebaut, werden aber in der Zeit des starken Verkehrs meist mit 30 bis 35 Personen besetzt. Im ganzen sind drei Wagen vorhanden. Der Fahrpreis beträgt 1 Krone (85 Pf.) für die ganze Strecke, also rund 7 Pf. auf 1 km, während ein Fiaker 12 bis 16 Kronen für die einfache Fahrt und 16 bis 20 Kronen für die Hin- und Rückfahrt kostet.

In Österreich ist die erste Linie der Bauart Stoll in Gmünd (Nieder-Österreich), und zwar ebenfalls durch die Österreichische Daimler-Motorengesellschaft, errichtet worden. Die Länge der Linie beträgt 2·6 km, die Länge der Oberleitung 2·7 km. Ein Wagen versieht den ganzen Betrieb von morgens früh $^1/_2$6 Uhr bis abends $^1/_2$10 und hat hierbei im ersten Vierteljahr (vom 16. Juli bis 15. Oktober 1907) täglich 32 einfache Fahrten gemacht und durchschnittlich 265, im Höchstfalle 940 Personen an einem Tage befördert. Sonntags hat der Wagen bis zu 50 einfache Fahrten ausgeführt. Ausbesserungen sind nicht erforderlich geworden. Die gesamte Leistung war 8030 Wagenkilometer. Der Omnibus wiegt nur 2250 kg bei 16 Plätzen und einem den Raum von 4 Plätzen beanspruchenden Postabteil. Die Strecke hat stete leichte Steigungen von 1 bis $1^1/_2$ v. H. und eine größte Steigung von 4 v. H. auf 150 m Länge. Die Gummibereifung soll infolge des sanften Anfahrens und des geringen Gewichts der Wagen nach dem ersten Vierteljahr noch fast wie neu gewesen sein.

In Deutschland sind bemerkenswerte elektrische Omnibusbetriebe von der Gesellschaft für gleislose Bahnen Max Schiemann & Co. in Wurzen i. Sa. oder nach deren Bauart errichtet worden. Diese Betriebe arbeiten zum Teil mit elektrischen Lokomotiven und werden deshalb in einem anderen Abschnitt besprochen. Hier seien einige Omnibusbetriebe erwähnt. Insbesondere ist bemerkenswert die 5·5 km lange, im Mai 1906 eröffnete Linie von Neuenahr über Ahrweiler nach Walporzheim (Rheinpreußen), deren Wagen schon früher beschrieben und abgebildet worden sind. Die Linie ist die achte nach der Bauart Schiemann ausgeführte. Die in Ahrweiler zu durchfahrenden Straßen sind zum Teil so eng und winklig, daß sie nur in einer Richtung befahren werden dürfen. Die gleislose Bahn fährt deshalb auch streckenweise auf getrennten Wegen hin und her, so daß die Leitung eine Gesamtlänge von 6·1 km erhalten hat. Das Querprofil einer Straße in Neuenahr und das der offenen Landstraße ist in Abb. 22 und 23

angegeben.[1]) Die befestigte Fahrbahn der Landstraße hat eine Breite von 4·5 bis 5 m, die doppelpolige Fahrleitung ist 5·5 m hoch, meist über der Straßenmitte an Auslegern angebracht. Innerhalb der Stadt Ahrweiler ist die Leitung mittels Querdrähten aufgehängt, die an den Häusern befestigt sind. In Neuenahr sind auf 1·5 km Streckenlänge Rohrmaste an-

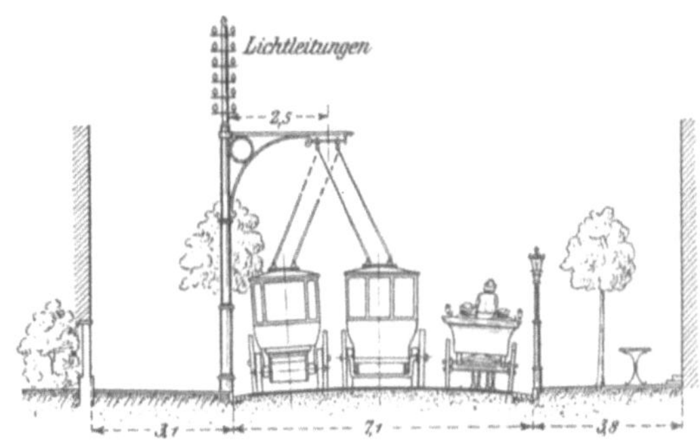

Abb. 22. Straße in Neuenahr.

gebracht, welche gleichzeitig die Leitungen des Elektrizitätswerks tragen. An den Enden der Strecke ist die Oberleitung der gleislosen Bahn mit Schleifen zum Wenden der Wagen versehen. Weichen sind in der Leitung nur an diesen Stellen zum Anschluß der Schleifen und an den Gabelungsstellen in Ahrweiler angelegt, da die Kreuzung von zwei Wagen durch Abziehen der Stromabnehmer eines Wagens von der Leitung ermöglicht wird. Der Betriebsstrom von 550 Volt Spannung wird zum Preise von 13 Pf. für die Kilowattstunde aus dem Elektrizitätswerk des Sanatoriums in Ahrweiler bezogen. Für den Bahnbetrieb sind auf Kosten des Sanatoriums nur neu beschafft worden: eine Dynamomaschine von 27 KW Leistung, eine Pufferbatterie von 38 KWStd. Ladefähigkeit und eine Schaltanlage mit selbsttätigen Ausschaltern und Elektrizitätszählern.

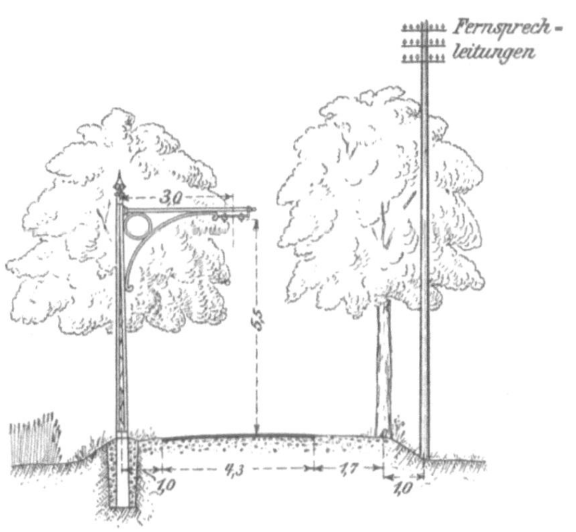

Abb. 23.
Landstraße von Neuenahr nach Walporzheim.

Der Betrieb wird durch drei Triebwagen mit je 18 Sitz- und 2 Stehplätzen und zwei Anhängwagen mit je 20 Sitzplätzen versehen (vgl. Abb. 24). Das Gewicht eines Triebwagens beträgt 3250 kg, das eines Anhängwagens 1650 kg. Die höchste Fahrgeschwindigkeit beträgt 22 km/st, die Leistung der Maschine 15 bis 22 PS. Der Fahrpreis beträgt 30 Pf. für die ganze

---

[1]) vgl. Zeitschr. f. Kleinbahn. 1906, Heft 12.

Strecke, also etwa 5 Pf. auf ein Kilometer. Die Anzahl der Fahrgäste betrug in der Zeit vom 3. Mai bis zum 30. September 1906: 88000, die Triebwagen haben dabei 34813 Wagenkilometer geleistet, die Anhängwagen 18136 Kilometer. Mit zwei Triebwagen nebst Anhängwagen wurde im Sommer 1906 ein regelmäßiger Fahrplan mit einer Zeitfolge der Wagen von 40 Minuten eingehalten. Der dritte Wagen wurde an verkehrsreichen Tagen ebenfalls in Dienst gestellt. Die Fahrzeit beträgt 30 bis 35 Minuten, also die Reisegeschwindigkeit rund 9 bis 10 km/st. Die Linie Neuenahr-Walporzheim wird betrieben von einer mit 140000 M. Kapital gegründeten

Abb. 24. Betrieb der gleislosen elektrischen Bahn von Neuenahr nach Walporzheim.

Gesellschaft mit beschränkter Haftung (Elektrische gleislose Bahn Ahrweiler) in Ahrweiler und ist in derem Auftrage von Herrn Zivilingenieur Stobrawa in Cöln gebaut.

Von Bahnen ähnlicher Bauart mit Personenbeförderung durch Omnibusse sind noch zu nennen: die 3·8 km lange Strecke von La Spezzia nach Portovere mit Krümmungen von 7 bis 8 m Halbmesser und Neigungen bis zu 60 v. T. (1 : 16).[1] Die Linie wird von La Spezzia aus von der Straßenbahnzentrale gespeist. Einer der Fahrdrähte ist durch die Räder der Wagen nach dem Erdboden abgeleitet, um alle Gefährdung der Reisenden zu vermeiden. Das Leergewicht der vierzehn Sitzplätze enthaltenden Wagen beträgt 1500 kg. Die Wagen haben je zwei Motoren von 14 PS Leistung, vier Geschwindigkeitsstufen für den Vorwärts- und

---

[1] Rev. gén. d. chemin d. fer 1906, Juli.

	Versuchsbahn im Bielatal (Sa.) von Königstein a. E. nach Hütten-Königsbrunn	Langenfeld (Eisenbahnstation)–Monheim a. Rhein	Grevenbrück–Bilstein–Kirchveischede (Westfalen)	Charbonnières-les-bains (bei Lyon)	Stadtbahn Mülhausen i. Els. I. Rebbergbahn	II. Ringlinie	Neuenahr–Ahrweiler–Walporzheim
Bemerkungen	Personen- und Güterverkehr	Personen- und Güterverkehr	Personen- und Güterverkehr; Speisung v. Streckenendpunkt	vorwiegend Badesaisonverkehr (nur für Personen)	nur für Personen; Wagenfolge alle 7½ Min.	zweifache doppelpolige Leitung	
Fahrpreis für 1 Pers.-Kilometer Pf.	—	—	5	—	—	—	5
Strompreis für 1 KWStd. Pf.	20	—	13	—	10	—	13
Anzahl der vorhandenen Anhängwagen	—	1	—	—	—	10	3
Anzahl der vorhandenen Triebwagen	2	2	2	2	4	20	3
Leistung der Maschine PS	—	25 bis 40	—	15 bis 22	15 bis 22	—	15 bis 22
Gewicht der Triebwagen kg	—	5000 Gew. d. Anhängwagens 3200	4800	3400	2800	—	3250 Gew. des Anhängwagens 1650
Anzahl der Plätze in einem Anhängwagen	—	40	—	—	—	—	19
Anzahl der Plätze in einem Triebwagen	25	30	24	30	20	—	20
Fahrgeschwindigkeit km/st	12	12 bis zu 18	12	15 im Mittel	—	—	bis 22
Fahrbahn	Makadam-Staatsstraße u. städtisches Großpflaster	Gemeindestraße mit Makadam ohne Packlage	Großpflaster, Kleinpflaster, Makadam ohne Packlage	Makadam auf Packlage	Makadam ohne Packlage, Großpflaster		Großpflaster in Ahrweiler u. geteerter Makadam ohne Packlage auf der Provinzialstraße
Größte Steigung v. T.	77	33	57	85	83	—	—
Streckenlänge km	2·5	4	9	5	1·7	11	5·3
Eigentümer	Max Schiemann & Co.	Gemeinde Monheim	„Elektrischer Kraftwagenbetrieb" G. m. b. H. (Provinz Westfalen, Kreis Olpe, Gemeinde Bilstein)	Société de transports et d'éclairage électrique de Charbonnières-l.-b.	Stadt Mülhausen	Stadt Mülhausen	Elektrische gleislose Bahn Ahrweiler G. m. b. H. (Stadt Ahrweiler und Private)
Im Betriebe	von 1901 bis 1904	seit Mai 1904	seit 1. Juni 1904	seit Aug. 1905	seit Juli 1907		seit Mai 1906

zwei für den Rückwärtsgang. Die Heizung ist elektrisch wie die Beleuchtung. Die Fahrgeschwindigkeit beträgt 20 bis 25 km/st, auch in den
Krümmungen. Jeder der beiden Wagen legt täglich in 20 Doppelfahrten
von morgens um 6 Uhr bis abends um 8 Uhr rund 150 km zurück. Der
Stromverbrauch ist annähernd 200 Wattstunden auf ein Kilometer, also
erheblich höher als anderweitig angegeben wird, wahrscheinlich aus Anlaß
der weniger guten Beschaffenheit der Straße.

Umstehend ist eine Übersicht der gleislosen Betriebe Schiemannscher
Bauart mit Personenbeförderung durch Omnibusse gegeben.

9. Gleisloser Betrieb mit Güterzügen.

So zahlreich auch die Verwendung von Benzinautomobilen mit und
ohne Anhängwagen zur Güterbeförderung im Privatbetriebe ist, so wird
hiervon im öffentlichen Betriebe doch seltener Gebrauch gemacht.
Die bayerische Postverwaltung hat im Anschluß an die Automobilpost
zur Personenbeförderung auch Güterbeförderung eingerichtet. Die betreffenden Benzinwagen können nach Bedarf einen Anhängwagen mitnehmen (vgl. Abb. 25). Der Verkehr ist indessen nicht sehr lebhaft, da

Abb. 25. Güterbeförderung der bayerischen Postverwaltung.

wenig Gelegenheit zum Austausch von Erzeugnissen auf der betreffenden
Strecke vorhanden ist und die Grundbesitzer über eigenes Fuhrwerk verfügen. Auch andere Omnibusbetriebe, wie der in St. Blasien, besorgen
gelegentlich Güterbeförderung, ohne daß diese einen größeren Umfang
annimmt. Wo lebhafterer Güterverkehr möglich ist, werden durchweg
gleislose elektrische Betriebe vorgezogen. Die Güterbeförderung ist nicht
so sehr an bestimmte Zeiten gebunden wie die Personenbeförderung und
ist deshalb eine Ansammlung von Gütern zur Beförderung in ganzen
Zügen meist angängig. Eine Ausnahme bildet die militärische Verwendung,
da hier die größere Beweglichkeit und höhere Fahrgeschwindigkeit des
einzelnen Fahrzeugs eine Rolle spielt.

a) Züge mit frei fahrenden Dampf- und Benzinlokomotiven.

α) Züge der Gesellschaft Freibahn mit Dampflokomotiven.[1]

Die frei fahrenden Dampfzüge der Gesellschaft „Freibahn" und gleiche
Zwecke verfolgende Einrichtungen mit Benzinlokomotiven haben keines-

---

[1] vgl. Glasers Annalen 1907; Zeitschr. Ver. deutsch. Ing. 1906 u. 1907.

wegs ausschließlich Wert für die Landesverteidigung. Die hier seitens der Heeresverwaltung gewonnenen Erfahrungen und angeregten Verbesserungen kommen auch dem technischen und wirtschaftlichen Fortschritt des Beförderungswesens im kaufmännischen Verkehr zugute. Wie die Versuche in Arad zeigen, lohnt sich jetzt schon die Erprobung solcher Einrichtungen in verkehrschwachen Gegenden. Außer in der Heimat hat sich auch in den Kolonien, wo Zivil- und Militärverwaltung Hand in Hand gehen müssen, um die Vorbedingungen für eine geregelte Ansiedelung und damit auch für die Verkehrsentwicklung zu schaffen, Gelegenheit zur Verwendung frei fahrender Züge mit Strassenlokomotiven für die Güterbeförderung gefunden. Mit einem solchen Zuge läßt sich immerhin eine Nutzlast von 13 bis 20 t befördern. Das ist wenig im Verhältnis zu der Nutzlast eines Eisenbahnzuges, ist aber doch die Belastung einer ganzen Reihe erheblich langsamer fahrender und erheblich mehr Bedienung beanspruchender Pferdefuhrwerke.

Der Freibahnzug, eine Schöpfung des Generalleutnants von Alten, ist gekennzeichnet durch große Räder zur Verminderung der Reibung, leichteren Überwindung von Hindernissen und Schonung der Straße, so-

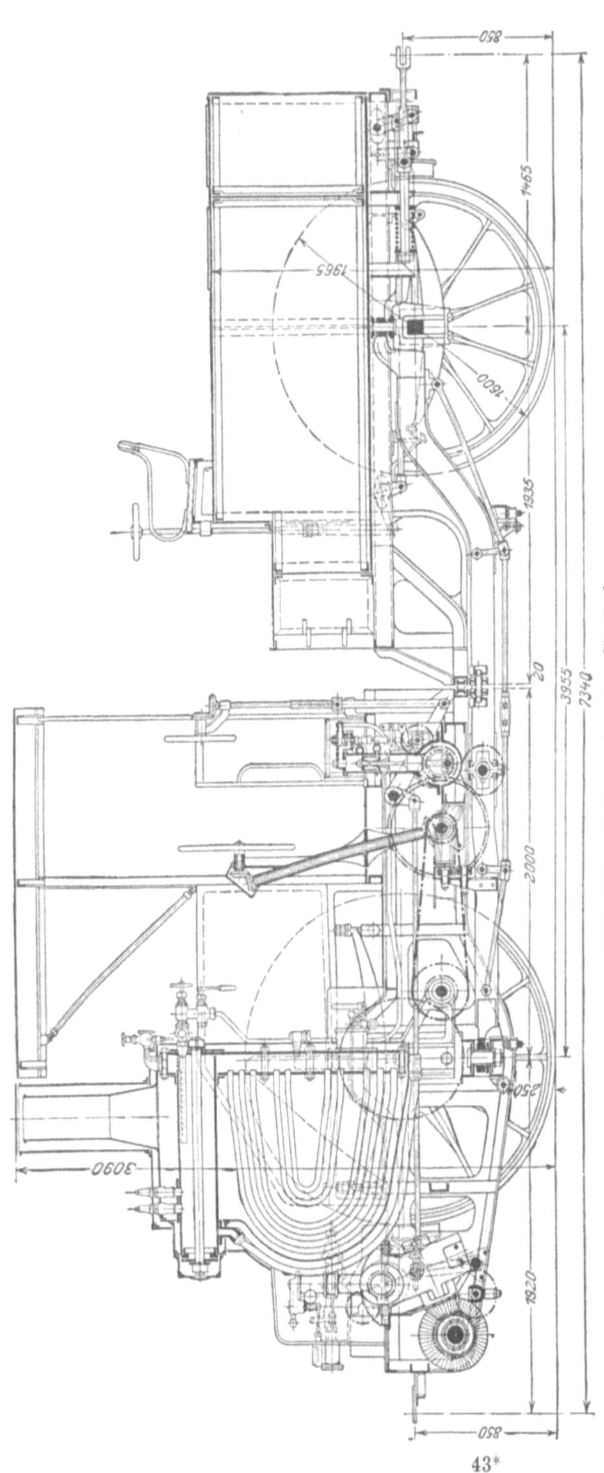

Abb. 26a. Lokomotive des Freibahnzuges.

wohl bei der Lokomotive als bei dem Tender und den vier Anhängwagen, ferner durch besondere Einrichtungen zum Spurhalten beim Durchfahren von Krümmungen, sowie durch eine Anzahl bemerkenswerter technischer Einzelheiten der Lokomotive. Außer den großen Raddurchmessern, 1800 mm bei der Lokomotive, 1600 mm bei dem Tender und den An-hängwagen, sind zur weiteren Herabminderung der Reibung Kugellager angewendet. Auf diese Weise ist erreicht, daß der ganze Zug von rund 32 t Bruttolast durch zwei Maschinen von je 20 PS Leistung, welche je ein Rad unabhängig von dem andern antreiben, mit einer Geschwindig-keit von 7 km/st bewegt werden kann. Indessen soll bei einer neueren Ausführung die Anordnung etwas geändert werden, indem auch die Tenderräder nach Bedarf angetrieben werden und zwar durch ausrückbare Maschinen von je 10 PS Leistung, um den etwas hohen Achsdruck der Triebachse von 7·5 t herabsetzen zu können.

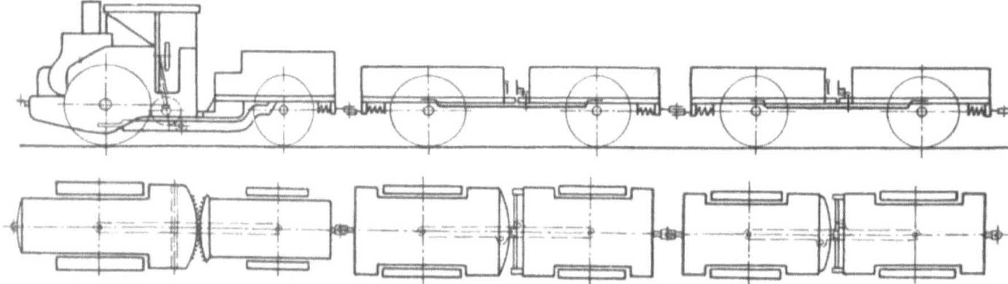

Abb. 26 b.   Zusammenstellung eines Freibahnzuges.

Der Kessel besteht aus einer senkrecht stehenden flachen Wasser-kammer mit $<$-förmig gebogenen Wasserröhren und einem kleinen Dampf-sammler. Die Heizfläche hat eine Größe von 15 qm, der Dampfüberdruck beträgt 15 at. Für eine spätere Ausführung ist zur Herabminderung des Gewichtes der Maschine und des Kessels die Erhöhung des Dampfdrucks auf 25 at und der Einbau eines Überhitzers vorgesehen. Die in die untere rechteckige Öffnung der Wasserkammer eingebaute Feuerung arbeitet mit Steinkohlenteeröl oder Roh-petroleum, das nur etwa 3·5 Pf. auf 1 kg kostet, mit Hilfe eines Dampfgebläses funkenfrei und fast rauchlos. Der Ölver-brauch beträgt etwa 1·2 kg auf die Pferdestärke und Stunde, die mitgeführten Brenn-stoffvorräte reichen für eine Fahrstrecke von etwa 80 km. Wasser muß indessen unter-wegs eingenommen werden, wenn nicht die zu befördernde Nutzlast durch die mitzuführende Wassermenge zu stark beschränkt werden soll. Für gewöhnlich sollen nur 2000 l Wasser und 800 l Öl mitgenommen werden.

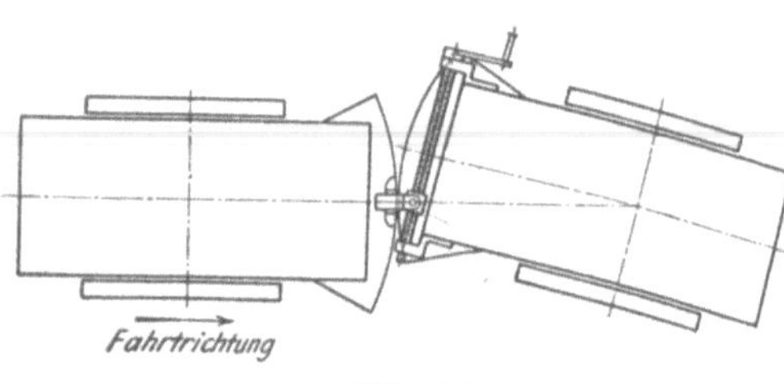

Abb. 26 c.
Schluß eines Freibahnzuges in Rückwärtsfahrt.

Die einzeln mittels dreifachen Zahnradvorgeleges auf je ein Rad der Lokomotive arbeitenden Maschinen, deren Ansicht von der Steuerungs-seite her Abb. 28 wiedergibt, haben je vier stehende Zylinder, die eine gemeinsame Kurbelwelle antreiben. Der Dampfeinlaß wird durch Kugelventile geregelt, deren Kugeln durch kleine von einer Nockenwelle aus gesteuerte Stößel angehoben werden. Die Füllung wird verändert durch mehr oder weniger tiefe Einführung von Keilen unter die Stößel. Die Kolben dienen selbst zur Steuerung des Dampfauslasses, indem sie die Kanäle vor dem Hubende freilegen und sie beim Rückgang frühzeitig wieder abschließen. Die hierdurch entstehende Kompression soll als Ersatz des Massenausgleichs dienen. Die Umdrehungszahl der Kurbelwelle beträgt 800 in der Minute. Zur Erzielung der nötigen Reibung tragen die Triebräder auf der Lauffläche Rippen von 2 mm Höhe.

Die Lokomotive, der Tender und die Wagen haben nur je eine Achse und werden paarweise so gekuppelt, daß der ganze Zug aus drei Fahrzeugen mit je zwei einachsigen Drehgestellen besteht. Die Achse der Lokomotive und die des Tenders sind durch verzahnte Kreissegmente mit einander verbunden, durch deren Einstellung von der Lokomotive aus Spurhalten des Tenders beim Durchfahren von Krümmungen erzwungen wird. Bei den angehängten Wagen wird die jeweilig in der Fahrrichtung rückwärts gelegene von zwei Achsen gegen den die Kasten von je zwei Fahrzeugen verbindenden starren Längsverband festgestellt, während die vordere frei beweglich gelassen wird. Auf diese Weise entstehen dann zweiachsige Fahrzeuge mit beweglicher Vorderachse, welche gut durch die Krümmungen geführt werden. Bei der Fahrt auf gerader Straße mit großer Geschwindigkeit werden auch die Vorderachsen, um starke Schlingerbewegungen zu vermeiden, fest gestellt, aber mit etwas seitlichem Spiel, um schwache Krümmungen durchfahren zu können.

Abb. 27.
Kessel der Lokomotive des Freibahnzuges.

Der ganze Freibahnzug kann geschlossen rückwärts fahren, es werden alsdann nur die in der veränderten Fahrrichtung nach vorwärts liegenden Drehgestelle beweglich gemacht, die rückwärtigen festgestellt. Ferner ist beim Rückwärtsfahren des Zuges eine besondere Lenkung der Fahrzeuge erforderlich, die dadurch bewirkt wird, daß ein neben dem Zuge hergehender Mann mittels einer Schraubenspindel das bewegliche Achsgestell gegen das festgestellte verdreht. (Abb. 26 c.)

An der Stirnseite der Lokomotive ist eine auch bei anderen Ausführungen frei fahrender Züge wiederkehrende Winde angeordnet, mittels deren die Lokomotive sich mit dem Zuge an besonders schwierigen Stellen

mit Hilfe eines vorher am freien Ende festgelegten Drahtseils vorwärtsbe-
wegen oder, nachdem sie vorauf gefahren, die einzelnen Anhänger an
dem rückwärts gelegenen Seile nachziehen kann.

Abb. 28. Maschine der Lokomotive des Freibahnzuges.

Stoltzsche Dampfwagen fahren auch gelegentlich mit Anhängwagen.
In England sind frei fahrende gleislose Züge mit Dampflokomotiven
(Fowler u. a.) vielfach in Gebrauch, auch Benzin-Lokomotiven oder -Auto-
mobile mit Anhängwagen.

β) Zug des k. u. k. Generalstabshauptmanns von Tlaskal-Hochwall (Daimler-Motorengesellschaft) mit Benzinautomobil.

Seitens des österreichischen Generalstabshauptmanns L. v. Tlaskal-
Hochwall ist im Jahre 1903 der Entwurf zu einem frei fahrenden Zuge
für gleislosen Betrieb ausgearbeitet worden, bei welchem alle vier Räder
des treibenden Fahrzeugs für den Antrieb nutzbar gemacht waren und
eine möglichst vollkommene Lenkung aller Achsen des Zuges mit Erfolg
angestrebt wurde. Ferner war das treibende Automobil mit einer von
den Antriebrädern unabhängigen Seilwinde zur Überwindung schwieriger
Stellen ausgestattet. Daß namentlich die Lenkung der Achsen schon damals eine sehr gute war, zeigt die Abb. 29 des in einer vollkommenen
Kreisfahrt befindlichen Zuges.[1] Der Zug ist dann später von dem k. k.

---

[1] vgl. Verwendung des Automobiltrain Tlaskal von Oberinspektor Leopold Ritter
von Stockert (Wien 1905); ferner Allgem. Aut.-Zeitg. 1905.

technischen Militärkomitee in Verbindung mit der Daimlerschen Motoren-
gesellschaft weiter ausgebildet und von der letzteren namentlich in der
Einrichtung des Antriebs zu der jetzigen Vollkommenheit entwickelt
worden.

Abb. 29. v. Tlaskalscher Zug in Kreisfahrt.

Abb. 30 stellt ein neues Daimlersches Automobil Modell 1907 dar,
bei welchem alle vier Räder angetrieben werden. Die Maschine mit
sechs Zylindern hat eine Leistung von 70 PS. Die Hinterräder werden
in üblicher Weise durch Kettenrad und Zahnkranz angetrieben, während
der Antrieb der vorderen lenkbaren Räder mittels einer durchgehenden
Welle mit Kreuzgelenk und Kegelrädern erfolgt. Der Wagen kann quer-
feldein, ganz ohne Straße, fahren und sehr starke Steigungen nehmen, der

Abb. 30. Daimlersches Automobil.

Wagen selbst kann ferner eine Last von $2^1/_2$ t aufnehmen und noch bis zu
3 Anhängwagen mit je 2 t Nutzlast auf guter Straße ziehen. Die Räder
sind von Holz mit Eisenbereifung; auf schlechten Straßen und auf Glatteis erhalten die Räder besondere Bewehrung. Kleinere Wagen mit
Maschinen von 45 PS Leistung tragen ebenfalls $2^1/_2$ t Nutzlast, schleppen
aber nur 2 Anhängwagen mit je 2 t Nutzlast. Jeder Automobilwagen
erhält eine Seilwinde zur Überwindung schwieriger Bodenverhältnisse.
Der Inhalt der Benzinbehälter reicht für eine Fahrstrecke von 200 km.
Solche Wagen sind mit eigener Kraft von Untertürkheim nach Berlin und
von Berlin nach Posen gefahren.

Abb. 31 stellt einen Daimlerschen Lastzug der leichteren Form mit zwei Anhängwagen dar. Der Berechnung der Verhältnisse eines solchen Zuges können folgende Annahmen zugrunde gelegt werden:

Abb. 31. Leichter Daimlerscher Lastzug.

Ein Automobil sei imstande selbst 3000 kg Nutzlast aufzunehmen und habe dabei ein Eigengewicht von ebenfalls 3000 kg, also ein Gesamtgewicht von 6000 kg im beladenen Zustande. Die rückwärtigen, angetriebenen Räder sollen dabei mit 4000 kg belastet sein. Als Wert der gleitenden Reibung werde auf guter Landstraße 0·4 bis 0·3; auf Erdboden 0·3 bis 0·2 angenommen. Durch Riefelung der Räder, wo solche nicht mit Rücksicht auf etwaige Schädigung der Straße verboten ist, läßt sich der Reibungswert auf das anderthalbfache bis doppelte erhöhen. Sehen wir hiervon ab, so kann das Automobil auf trockener Landstraße eine Zugkraft bis zu 1600 kg entwickeln, während der Fahrwiderstand etwa $6000 \cdot 0·03 = 180$ kg beträgt. Es bleibt also ein Überschuß an Zugkraft von $1600 - 180 = 1420$ kg. Das Automobil allein könnte deshalb noch eine Steigung von 1:4 nehmen, indem der Widerstand dieser Steigung $\dfrac{6000}{4} = 1500$ kg betragen würde. Für gewöhnlich wird man indessen nicht mit stärkeren Steigungen als 5 v. H. (1:20) zu rechnen haben. Das Automobil benötigt für seine eigene Bewegung auf solcher Steigung $100 + \dfrac{6000 \cdot 5}{100} = 400$ kg Zugkraft und die übrigen $1600 - 480 = 1120$ kg können zum Ziehen von Anhängwagen verwendet werden, deren Gewicht bei einem Bewegungswiderstand von $30 + 50 = 80$ kg auf 1 t zusammen $\dfrac{1120}{80} = 14$ t betragen kann. Es könnte also der Schleppzug aus 5 Wagen zu je 800 kg Eigengewicht und 2000 kg Nutzlast bestehen. (Nach einer Aufstellung von Hptm. von Tlaskal.) Auf guter trockener Landstraße kann das Automobil demnach selbst 3000 kg und auf den Anhängwagen $5 \times 2000 = 10\,000$ kg, im ganzen also 13000 kg befördern. Wird dabei für die stärkste Steigung eine Fahrgeschwindigkeit von 2 km/st oder 0·56 m/sek, angenommen, so muß die Maschine eine Nutzleistung von

$$\frac{1600 \cdot 0{,}56}{75} = 12 \text{ PS}$$

haben. Bei Regenwetter verringert sich die Reibung zwischen dem Triebrad der Lokomotive und der Straße, auf schlechten Wegen erhöht sich der Bewegungswiderstand des Zuges. Es ist auch vorgeschlagen worden, zur Verminderung des Bewegungswiderstandes der Anhängwagen ein leichtes Feldbahngleis zu verwenden, das schwerere Automobil dagegen neben den Schienen her auf der Straße laufen zu lassen. Zur Herabsetzung des Raddrucks des Automobils mit Rücksicht auf schlechte Wege und schwache Brücken empfiehlt sich der Antrieb sämtlicher vier Räder des Automobils, wie oben besprochen. Der Antrieb der Seilwinde des von Tlaskalschen Zuges ist unabhängig von dem Antrieb der vier Räder des Automobils und kann diesen daher unterstützen.

Die genaue Lenkung der Anhängwagen in der Spur der Vorspannmaschine hat für Wien und Niederösterreich die besondere Bedeutung, daß Straßenlastzüge, welche diese Bedingung erfüllen, dort bis zu 24 m Länge zugelassen sind. Auf vielen Straßen mit scharfen Krümmungen ist ein gutes Spurhalten der Anhängwagen aber auch technisch erforderlich und hat den Vorteil, auf weniger guten Wegen den Zugwiderstand herabzudrücken. Ohne besondere Lenkeinrichtung nähert sich beim Durchfahren einer Krümmung jeder folgende Wagen mit seiner Hinterachse mehr dem Krümmungsmittelpunkt. Die Achsen der zweiachsigen Wagen des von Tlaskalschen Zuges sind beide nach dem Krümmungsmittelpunkt einstellbar, bei der Rückwärtsfahrt des Zuges muß das Automobil umgesetzt werden, da der Zug nicht geschoben werden kann. Die Kuppelung ist so eingerichtet, daß die Wagenkasten ziemlich eng zusammenstehen

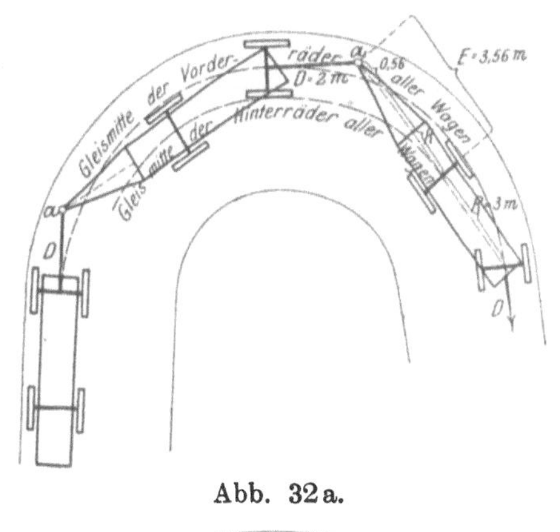

Abb. 32 a.

Abb. 32 b.

Abb. 32 c.

Lenkeinrichtung des v. Tlaskalschen Zuges.

können, was wegen der festgesetzten größten Länge von 24 m für einen Zug von Bedeutung ist.

Die Lenkeinrichtung des von Tlaskalschen Zuges ist durch die Skizzen Abb. 32 a—c erläutert. In der ersten der beiden Skizzen ist angenommen, die Vorderachse sei drehbar gegen das Wagengestell gelagert, die Hinterachslager dagegen seien starr damit verbunden, wie bei dem Freibahnzuge. Alsdann ergibt sich die erforderliche Entfernung des Kupplungspunktes a von der Mitte der Hinterachse zu 3·56 m, wenn die 2 m lange Deichsel tangential zur Krümmung, die starr damit verbundene Vorderachse also radial zum Krümmungsmittelpunkt stehen soll. Eine Länge von 2 m für die Deichsel der Vorderachse hat sich für eine hinreichend kräftige Wirkung als erforderlich herausgestellt. Sind die Achsen sämtlich nach dem Krümmungsmittelpunkt einstellbar, so halten die Räder in den Krümmungen gut die Spur, wenn folgende Abmessungen innegehalten werden (vgl. Abb. 32 c). Setzen wir:

$$ab = D; \quad bd = B; \quad\quad bc = \varrho;$$
$$\text{Radstand } df = R; \quad ac = cd = r; \quad ce = x,$$

so befindet sich, wenn die Vorderachse nach dem Krümmungsmittelpunkt gerichtet sein, die Deichsel $ab = D$ in a also tangential zur Kurve stehen soll:

$$D^2 = \varrho^2 - r^2 \tag{1}$$

$$r^2 = \frac{R^2}{4} + x^2 \tag{2}$$

$$\varrho^2 = x^2 + \left(\frac{R}{2} + B\right)^2 \tag{3}$$

oder
$$\varrho^2 = x^2 + \frac{R^2}{4} + B^2 + RB$$

mithin
$$x^2 = \varrho^2 - \frac{R^2}{4} - B^2 - R \cdot B$$

und
$$r^2 = \frac{R^2}{4} + \varrho^2 - \frac{R^2}{4} - B^2 - RB$$

oder
$$r^2 = \varrho^2 - B^2 - RB$$

und
$$D^2 = \varrho^2 - \varrho^2 + B^2 + R \cdot B$$

oder
$$D^2 = (B + R) \cdot B.$$

Wenn nun die Länge der Deichsel $D = 2$ m sein soll, wie früher, und der Radstand $R = 3$ m, so findet sich der Abstand der Mitte der Hinterachse von dem Kupplungspunkt: $B = 1$ m. Es hat sich aber auch herausgestellt, daß bei radial einstellbarer Hinterachse die Länge der Deichsel D erheblich kürzer genommen werden kann. Die Wagen rücken deshalb noch näher zusammen und hierdurch wird die Leistungsfähigkeit des Zuges bei festgesetzter Gesamtlänge weiter erhöht.

Es wird ferner an der früher bezeichneten Stelle angegeben und ausführlich begründet, daß sowohl für einen leichteren Zug mit 9 t Nutzlast und 36 000 Kronen Anschaffungskosten als auch für einen schwereren Zug mit 15 t Nutzlast und 48 000 Kronen Anschaffungskosten, einschl. Tilgung der Anschaffungskosten in 5 bis $5^1/_2$ Jahren, die Beförderung von 100 kg auf 1 km Länge $1^1/_2$ Heller (h) kostet, während beispielsweise im Waldviertel Niederösterreichs bei Pferdebespannung für die gleiche Beförderung 4 h, für Ochsengespanne 3 h gerechnet wird. Dabei wird für Pferdebespannung auf ein Paar Pferde, bei dauernder Verwendung, für 1000 kg Fracht eine Fahrstrecke von 30 km und für 2000 kg Fracht nur eine solche von 16 bis 20 km als größte Tagesleistung angenommen. Für Ziegelbeförderung wird als Fuhrlohn 4 h, für Steine 5 h, für Holz bei guten Wegen ebenfalls 5 h, bei schlechten Wegen 7 h für 100 kg und 1 km berechnet. Es wäre erwünscht, daß aus den neueren Versuchen heraus gründliche neue Berechnungen über diese Verhältnisse aufgestellt würden. Hier wird darauf verzichtet, den Zahlen weiter nachzugehen, weil sie nicht mehr ganz neu sind, während doch das Angeführte schon ein annäherndes Bild der Verhältnisse gibt und sich weiterhin noch Gelegenheit bietet auf ähnliche Beziehungen näher einzugehen.

γ) **Lastzüge der Neuen Automobilgesellschaft (Berlin).**

Ähnlichen Bestrebungen dienen die Lastzüge der Neuen Automobilgesellschaft, beispielsweise der in Abb. 33 dargestellte Lastzug, der in Deutsch Südwest-Afrika die Güterbeförderung von der Küste aus 200 km

Abb. 33. Lastzug der Neuen Automobilgesellschaft.

weit ins Land hinein besorgen soll.[1]) Der aus einem großen Automobil und zwei Anhängwagen bestehende Zug soll 20 t Nutzlast befördern bei einem Bruttogewicht von 30 t, und zwar mit einer Fahrgeschwindigkeit von 8 bis 12 km/st. Im ganzen sind vier Geschwindigkeitsstufen für 2, 5, 8 und 12 km/st vorhanden. Der vierzylindrige Spiritusmotor hat eine Leistung von 40 PS. Die Triebräder haben 35 cm breite Laufkränze, die durch aufgesteckte Hilfsfelgen auf 80 cm Breite gebracht werden können und so den Zug befähigen sollen, unter Zuhilfenahme der Winde über Sand zu fahren.

Zu erwähnen sind ferner die Vorspannmaschine der Maschinenfabrik Christoph, Aktien-Gesellschaft, in Niesky bei Görlitz und der Vorspannmotor „Ivel“ der Maschinenfabrik Glogowski & Sohn in Hohensalza in Posen. Die beiden letzteren sind so eingerichtet, daß sie bei ruhendem Laufwerk zum Antrieb landwirtschaftlicher Maschinen dienen können. Der erstere dieser beiden Motoren wird in verschiedenen Größen mit Maschinenleistungen von 25 bis 80 PS ausgeführt.

Daß die vorerwähnten Züge tatsächlich nicht nur militärischen Wert zur Verpflegung der Truppen und Beförderung von Schießbedarf haben, beweist das Preisausschreiben der deutschen Landwirtschafts-Gesellschaft

---

[1]) Deutsch. Straß.- u. Kleinb.-Ztg. 1906, Nr. 42 u. Dingl. Polyt. Journ. 1904, Nr. 32.

vom Jahre 1905 für einzelne Kraftwagen sowohl als für Vorspann- und Anhängwagen mit Spiritusbetrieb, bei dem ein Lastzug der Neuen Automobilgesellschaft durch einen Preis von 2400 M. ausgezeichnet wurde.[1] Es wäre aber auch von großem Werte für die Heeresverwaltung, daß solche Beförderungsmittel weitere Verbreitung fänden, um bei Manövern und im Ernstfalle ebenso zur Verfügung zu stehen wie jetzt schon Pferde und gewöhnliches Fuhrwerk.

Im Génie civil[2] sind bemerkenswerte, gut mit Zeichnungen ausgestattete Mitteilungen über eine mittels Vorspannmaschine beförderte portugiesische Batterie von vier Geschützen enthalten, die bezüglich der Leistung der Vorspannmaschine, Bauart Brillié, von Schneider in Creusot ausgeführt, allgemeineren Wert haben. Die Batterie nebst Vorspannmaschine (tracteur) hat ein Bruttogewicht von 26 t, der Benzinmotor eine Leistung von 35 PS. Verbrennungsmaschinen haben besondere Vorteile für militärische Verwendung, sie werden leichter, sind einfacher zu bedienen, brauchen geringere Vorräte an Brennstoff, haben also dieserhalb einen größeren Aktionsradius und brauchen nur sehr geringe Wassermengen zum Ersatz der Verluste. Ferner geben sie weder Funken noch Rauch, sind deshalb nicht gefährlich für mitgeführte Munition und sind bei Tage wie bei Nacht dem Feinde nicht so leicht kenntlich. Im vorliegenden Falle gelten für die Vorspannmaschine die in Tabelle auf S. 685 genannten Zahlen.

Bei voller Belastung sind durchschnittlich rund 2 l Benzin auf ein Kilometer verbraucht worden, also rund 0·075 l auf ein Bruttotonnenkilometer. Für eine Fahrstrecke von 80 km werden 180 l Benzin und 30 l Wasser mitgeführt. Eine Dampfmaschine würde in der Stunde etwa 550 l Wasser und 100 kg Brennstoff verbrauchen. Besondere Lenkeinrichtungen sind an den geschleppten Geschützen nicht angebracht, jedes ist nur mittels eines Drehzapfens an das vorhergehende Geschütz bzw. die Vorspannmaschine angehängt. Auf gutem, festem, nicht schlammigem, ebenem Wege werden durchschnittlich 5 bis 6 km/st zurückgelegt, auf Steigungen von 5 bis 7 v. H. 2 bis 3 km; mit der Seilwinde werden Steigungen bis zu 20 v. H. überwunden.

δ) Zug des Oberst Renard.[3]

Der Zug des Oberst Renard verfolgt insbesondere einen doppelten Zweck: einmal die Möglichkeit, starke Steigungen (bis 1 : 6) bei geringem Gewicht der Vorspannmaschine zu überwinden und zweitens besonders genaues Spurhalten der Anhängwagen.

Bei der Besprechung des von Tlaskalschen Zuges wurde schon hervorgehoben, daß die geringe Tragfähigkeit der Fahrbahn, sowohl der Brücken als der schlechten Wege, und der große Bewegungswiderstand des Zuges es erwünscht erscheinen lassen, mehr als ein Paar Räder der Vorspann-

---

[1] s. den sehr eingehenden Bericht über die vorgenommenen Prüfungen in Heft 120 der Arbeiten der deutsch. Landwirtschafts-Ges.: Lastkraftwagen in der Landwirtschaft. (Berlin 1906.)

[2] v. 10. Juni 1905.

[3] Die Bedeutung des Renardschen Zuges erhellt schon aus den zahlreichen Erörterungen, welche er veranlaßt hat. Vgl. die Besprechung der wichtigsten literarischen Erscheinungen darüber bei W. A. Th. Müller: Der Automobilzug. Automobiltechn. Bibl. Bd. II. Berlin 1907.

Fahrgeschwindigkeit in km/st	Verhältnis der Geschwindigkeiten untereinander	Zugkraft am Radumfang kg
2·4	1·0	2954
5·4	2·25	1312
9·2	3·9	760
14·3	6·0	492

Bei verschiedenen Belastungen sind folgende Geschwindigkeiten beobachtet worden:

Gewicht der Vorspannmaschine und der Anhängwagen	Steigung %	Geschwindigkeiten in km/st auf trockener harter Straße, Widerstand der rollenden Reibung = 20 kg auf die Tonne	auf weicherer Straßendecke, Widerstand der rollenden Reibung = 40 kg auf die Tonne
1. Vorspannmaschine allein mit 5 t Nutzlast: $P = 7 + 5 = 12\,t$	0	15·0	15·0
	3	10·0	8·0
	5	8·0	5·5
	8	5·0	2·5
	10	2·5	2·5
2. Vorspannmaschine belastet wie vor, nebst 8 t Anhänglast: $P = 7 + 5 + 8 = 20\,t$	0	15·0	8·0
	3	5·5	5·0
	5	5·0	2·5
	7	2·5	2·5
	9	2·5	2·0
3. Vorspannmaschine belastet wie vor, nebst 14 t Anhänglast $P = 7 + 5 + 14 = 26\,t$	0	9·5	5·5
	3	5·5	2·5
	5	2·5	2·5
	7	2·5	2·0
	9	Zuhilfen. d. Winde.	

maschine für den Antrieb zu verwenden, um das erforderliche Reibungs-(Adhäsions-)gewicht verteilen und die Achsbelastung der Vorspannmaschine verringern zu können. Es sind deshalb schon bei dem von Tlaskalschen Zuge der schwereren Ausführung alle vier Räder der Vorspannmaschine mit Antrieb versehen worden.

Oberst Renard, der im übrigen auch zuerst im Jahre 1903 mit seinem Zuge hervorgetreten ist, ist noch einen Schritt weiter gegangen, indem er an jedem Anhängwagen eine Achse mittels einer durch den ganzen Zug hindurchgehenden Längswelle angetrieben hat. Hierdurch ist es möglich geworden, die Vorspannmaschine, die nur als solche, d. h. als Lokomotive, dient und selbst keine Nutzlast trägt, sehr leicht zu halten und doch mit dem ganzen Zuge sehr starke Steigungen zu überwinden. Durch diese Anordnung ist es weiterhin möglich geworden, einen schon von Hauptmann von Tlaskal gemachten Vorschlag, der aber bei der weiteren Ausbildung des Zuges nicht weiter verfolgt worden ist, zu verwirklichen, nämlich die durchgehende Bremsung des Zuges von der Vorspannmaschine aus. Es ist jetzt nur mehr erforderlich, die treibende Längswelle des Zuges zu bremsen. Einen anderen und sehr großen Vorteil hat die Anordnung,

daß sich nämlich die Wagen unabhängig voneinander bewegen und der
folgende Wagen nicht mehr durch den von dem vorhergehenden ausgeübten Zug in seiner Bewegungsrichtung beim Durchfahren einer Krümmung beeinflußt wird. Es ist deshalb nur erforderlich, die Achsen bei
der Einfahrt in die Krümmung richtig einzustellen. Daß die Wagen des
Renardschen Zuges auch bei sehr scharfen Krümmungen, wie sie nur in
engen städtischen Straßen vorkommen, der Spur der Vorspannmaschine
gut folgen, geht aus den Abb. 34a und b hervor und ist auch gelegentlich
durch den Augenschein in Budapest festgestellt worden. Dieser Punkt
wird auch am wenigsten bestritten, dagegen wird dem Renardschen Zuge
der Vorwurf hohen Kraftverbrauchs infolge teilweisen Gleitens der Räder
beim Laufen auf ungleichen Durchmessern gemacht. Hierauf soll auch
die Beobachtung zurückzuführen sein, daß der Zug bei nasser Straße

Abb. 34a. Renardscher Zug in scharfer Krümmung.

schneller laufe als bei trockener, indem im ersten Falle der Widerstand
der gleitenden Reibung zwischen Lauffläche und Straße geringer ist. Obschon die betreffenden Beobachtungen aus einem einzigen wenig gründlichen Versuch aus dem Jahre 1904 mit einem noch recht unvollkommenen
Zuge herrühren, soll doch später noch etwas näher darauf eingegangen
werden. Zunächst sei indessen die bauliche Anordnung des Renardschen
Zuges an der Hand einiger Zeichnungen kurz erörtert.

Der obenerwähnte Renardsche Zug aus dem Jahre 1903/04 hatte bei
den Versuchen in Berlin nur eine Nutzlast von 2450 kg, konnte sich nicht
rückwärts bewegen und hatte auch sonst noch mancherlei Mängel in der
Bauart. Wie manchen anderen guten und nützlichen Neuerungen, so haben
auch dem Renardschen Zuge phantastische Übertreibungen, die mit den
ersten Versuchsergebnissen in zu starkem Mißverhältnis standen, geschadet.

Mit dem Renardschen Zuge in seiner jetzigen Vervollkommnung können
bis zu 20 t Nutzlast befördert werden.[1] Die schon durch von Tlaskal
vorgeschlagene, aber bei der Ausbildung seines Zuges nicht weiter verfolgte durchgehende Bremsung, die bei der Talfahrt in steilem Gelände
sehr wichtig ist, ist bei dem Renardschen Zuge in einfacher und zuverlässiger Weise durchgeführt. Die Einrichtung ist nämlich so getroffen, daß

---

[1] nach einer Mitteilung der französisch. Zeitg. „Le Temps" 1907 sind von einem
Renardschen Zuge mit sechs Wagen 18 t Nutzlast befördert worden.

die Kraftübertragung von der Maschine auf die einzelnen, vier bis sechs, Anhängwagen mittels einer durch den ganzen Zug durchgeführten Welle erfolgt, deren einzelne Teile durch Kreuzkuppelungen miteinander verbunden sind, so daß sie sich den Bewegungen und elastischen Verbiegungen der Wagen gut anpassen können. Eine Achse eines jeden Wagens wird mittels Zahnräder angetrieben, oder die beiden Räder einer Achse erhalten Einzelantrieb durch Ketten von einer Vorgelegewelle aus. Durch Bremsung der durchgehenden Triebwelle erfolgt auch Bremsung einer Achse jedes Anhängwagens oder zweier Räder desselben. Die Lagerreibung der durchgehenden Welle ist infolge der Anwendung von Kreuzkuppelungen (Universalgelenken), welche alles Klemmen in den Lagern verhindern, sowie der Ausführung der Lager als Kugellager sehr gering. Auch die kleinen im Betriebe unvermeidlichen Unterschiede in den Durchmessern der Triebräder haben erfahrungs- und rechnungsmäßig nur den Bruchteil einer Pferdestärke an Arbeitsverlust durch Reibung zur Folge.

In die Naben der Triebräder des Renardschen Zuges sind elastische Kuppelungen eingebaut, welche bewirken, daß beim Anlassen der Triebmaschine die einzelnen Triebräder nur nach und nach in Gang kommen, dem Spiel der eingelegten Spiralfeder entsprechend. Die Räder können auf diese Weise auch vorkommenden Hindernissen einzeln nachgeben, wodurch die Fort-

Abb. 34 b. Aufstellung des Renardschen Zuges im Kreise zur Bestimmung der Kraftverluste in den Gelenken durch Bremsung der Maschine.

pflanzung von Stößen auf die anderen Wagen und auf die Maschine vermieden wird und die Hindernisse leichter überwunden werden.

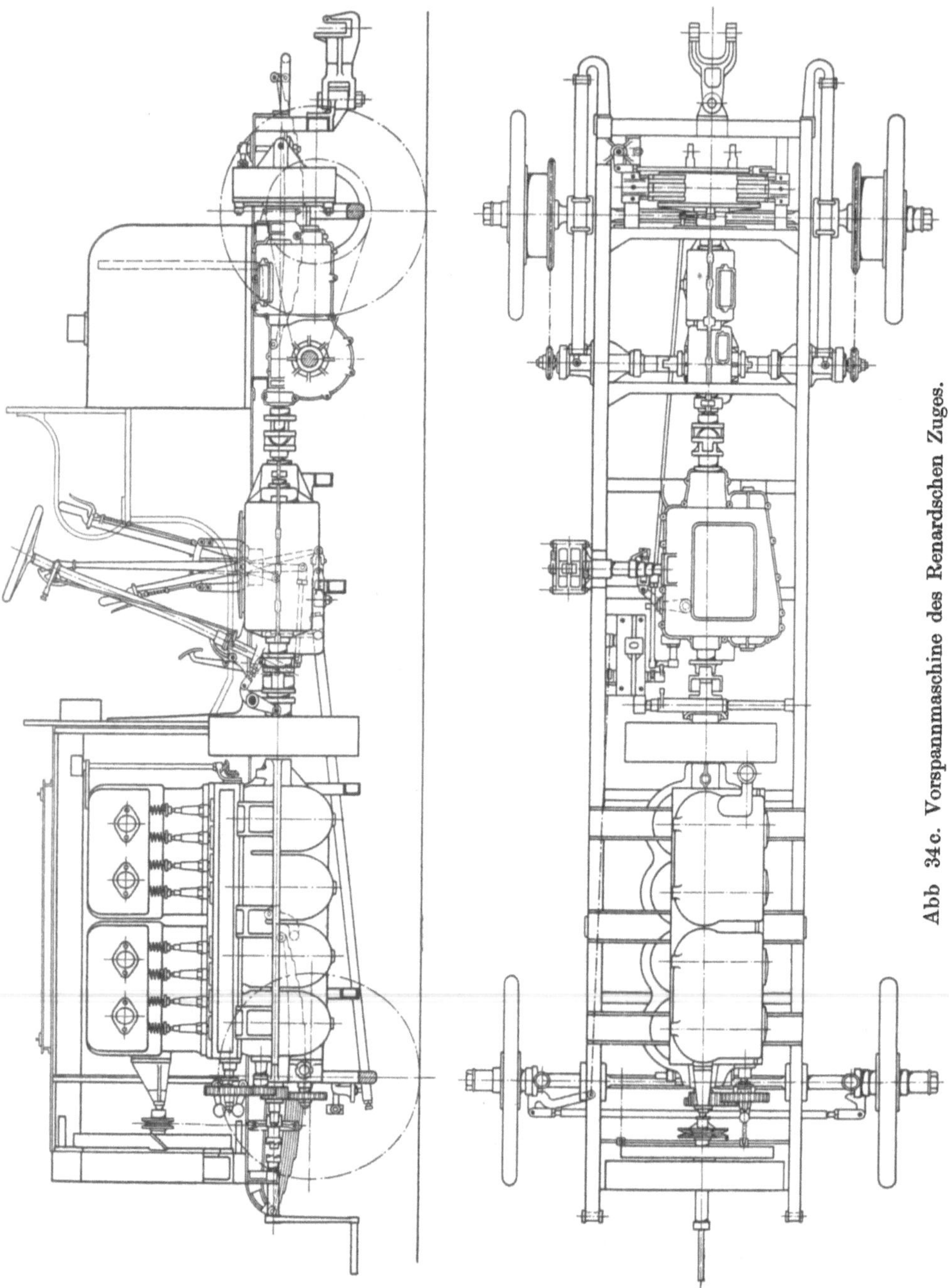

Die Lenkung der Vorderräder bei zweiachsigen Wagen, der Vorder- und Hinterräder bei dreiachsigen Wagen, erfolgt durch die vorn angebrachte Deichsel mittels zweier Lenkervierecke, welche die Bewegung der Deichsel auf die einzeln um die Senkrechte drehbaren Achsschenkel mit Rad übertragen. Wird die Deichsel durch Drehung um ihre senkrechte Drehachse

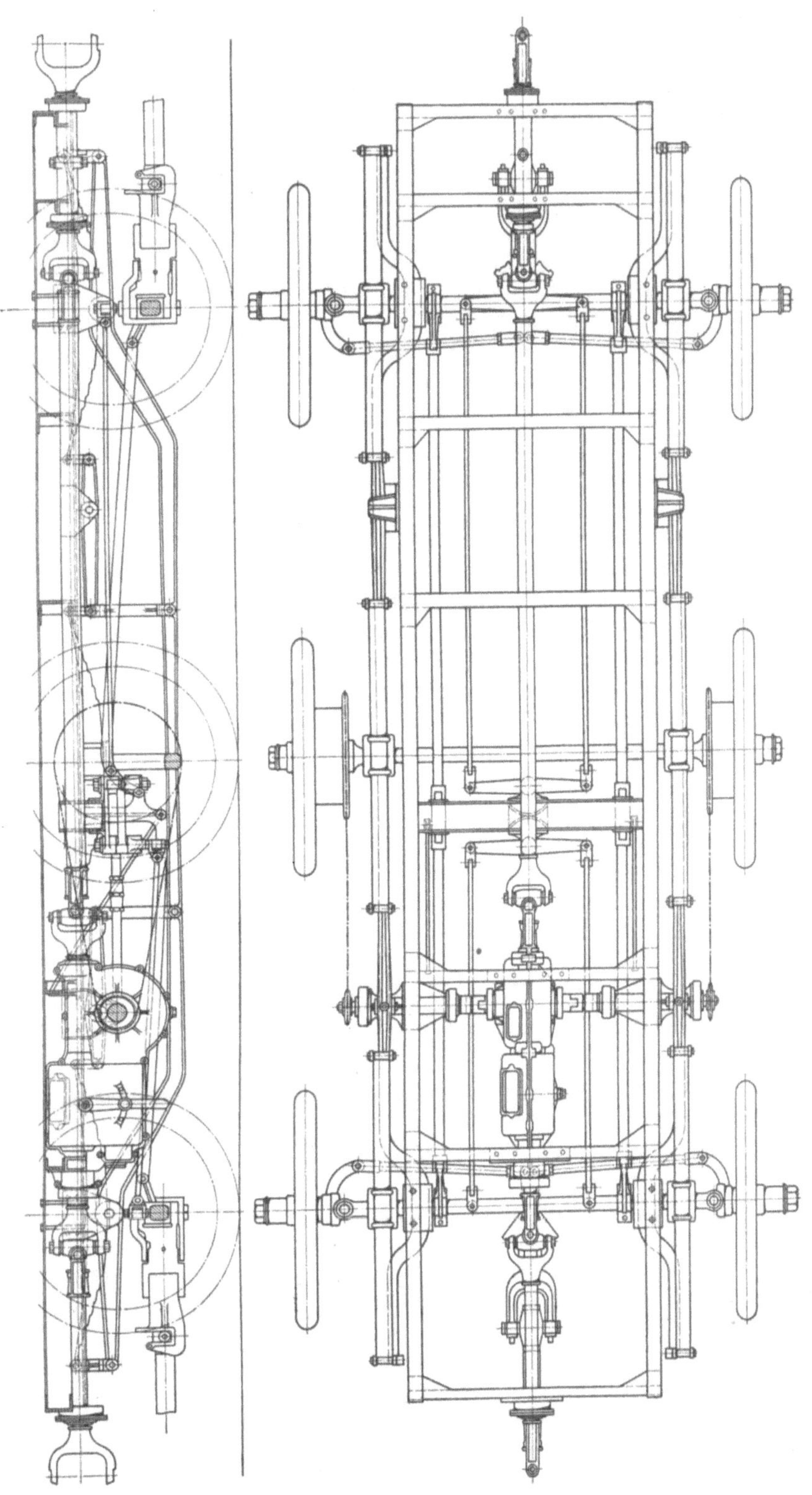

Abb. 34 d. Neuer Wagen des Renardschen Zuges.

aus ihrer mittleren Lage abgelenkt, so nimmt die Mittellinie der ganzen Vorderachse — bei dreiachsigen Wagen auch der Hinterachse — die Gestalt eines gebrochenen Linienzuges an. Die Verlängerungen der Mittellinien der Achsschenkel treffen sich dann bei zweiachsigen Wagen mit der verlängerten Mittellinie der Hinterachse in e i n e m Punkt nahe dem Mittelpunkt der durchfahrenen Krümmung. Bei dreiachsigen Wagen schneiden sich in ähnlicher Weise die verlängerten Mittellinien der Schenkel der Vorder- und Hinterachse auf der verlängerten Mittellinie der mittleren Achse. Ein Renardscher Zug kann ebensogut rückwärts geschoben wie vorwärts gezogen werden, bei der Rückwärtsfahrt muß nur die alsdann in der Fahrrichtung vordere Achse des Wagenzuges von Hand gelenkt werden.

Der Antrieb der Hinterachse bei zweiachsigen Wagen erfolgt durch eine kurze mit der Hauptwelle parallele und von dieser durch Stirnräder angetriebene Welle mittels Kegelräder, bei dreiachsigen Wagen erfolgt in ähnlicher Weise der Antrieb der Räder der mittleren Achse unter Mitwirkung von Ketten (Abb. 34 d). Die Gleichmäßigkeit der Einstellung der Räder der Vorder- und Hinterachse dreiachsiger Wagen wird durch eine Verbindung mittels zweiarmiger Hebel, Zugstangen und zwei in der Mitte der Wagen liegender, miteinander in Eingriff stehender Zahnsegmente gesichert.

Bei der Renardschen Vorspannmaschine (Abb. 34 c) von 75 PS Leistung ist die Anordnung der vier hintereinander angeordneten stehenden Zylinder, der Steuerungsventile, der Anlaßvorrichtung von Hand für den Leerlauf und der Haupttriebwelle ersichtlich. Die Vorderachse ist mit Radlenkung versehen, die Räder der Hinterachse sind, wie die Räder der mittleren Achse dreiachsiger Wagen, durch Ketten von einer Zwischenwelle aus angetrieben. Am rückwärtigen Ende der Vorspannmaschine nahe der Hinterachse ist die Bremsscheibe angebracht, mittels welcher der ganze Zug durchgehende Bremsung erfährt. Im übrigen hat die Vorspannmaschine Steuerungshebel zum Anlassen, Kuppeln und Geschwindigkeitswechsel wie jedes andere Automobil. Hinter dem Führersitz sind der Benzinvorrat und das Kühlwasser untergebracht.

b) Züge mit elektrischer Lokomotive und Oberleitung.

Während bei den gleislosen elektrischen Betrieben der Personenverkehr durch allein oder mit einem Anhängwagen fahrende Omnibusse besorgt wird, werden für den Güterverkehr vollständige Züge gebildet, wenn es sich um mehr als eine gelegentliche Mitnahme von Gütern in einem an den Omnibus angehängten Güterwagen handelt.

Besonders erwähnenswert sind hier die Anlagen der Firma Max Schiemann & Co. in Wurzen i. Sa. Die von dieser Firma im Februar 1903 errichtete Grevenbrücker Kalkbahn (Abb. 35 a) befördert täglich 15 bis 20 Doppelwaggons Kalksteine (zu je 10 t) in je 2 bis 3 Wagen zu 5 t Nutzlast. Der Beförderungssatz ist 25 bis 40 v. H. geringer als beim Pferdebetrieb. Die Wagen werden im Kalksteinbruch sowie im Grevenbrücker Bahnhof durch die Lokomotive des gleislosen Zuges zusammengestellt und umgesetzt. Die Lokomotive wird auch sowohl allein als mit angehängter Walze zum Einwalzen der Beschotterung auf der Landstraße verwendet. Abb. 35 b zeigt die symmetrisch gebaute Lokomotive der Grevenbrücker Bahn von 6 t Eigengewicht, 1200 kg Zugkraft und einer Maschinenleistung von 2×19 PS für eine Fahrgeschwindigkeit von 3 bis 6 km/st. Die

Lokomotive kann Krümmungen von 5 m Halbmesser durchfahren. Für kleinere Zugeinheiten werden auch Motorlastwagen von 3 t Eigengewicht und 3 t Tragfähigkeit mit einem Anhängwagen von 1·5 t Eigengewicht und 4 t Tragfähigkeit verwendet.

Die Wurzener Industriebahn (Abb. 35c) befördert seit dem 1. April 1905 die Güter der Wurzener Kunstmühlenwerke und Biskuitfabriken auf 1·5 km Länge durch die Stadt Wurzen, und zwar täglich 30 Doppelwaggons (zu je 10 t) Getreide und Mühlenerzeugnisse zwischen der unteren Stadtmühle und dem oben gelegenen Staatsbahnhof. Weitere 30 Doppel-

Abb. 35a. Grevenbrücker Kalkbahn.

waggons tägliche Fracht werden von einer Braunkohlengrube und einer Sandgrube in 2 km Entfernung und von einigen Steinbrüchen in 3 km Entfernung geliefert. Die Beförderungssätze sind die gleichen wie für Pferdegespanne. Je nach den Witterungsverhältnissen befördert die an allen vier Rädern angetriebene Lokomotive zwei bis drei Anhängwagen zu 5·5 t Nutzlast auf Steigungen bis zu 60 v. T. mit einer Fahrgeschwindigkeit von 5 km/st.

Die in gleicher Weise betriebene Mühlentransportbahn in Großbauchlitz bei Döbeln i. Sa. von 0·9 km Betriebslänge, mit einer größten Steigung von 50 v. T. und Krümmungen bis zu 5 m Halbmesser, hat einen täglichen Frachtverkehr von 50 t.

44*

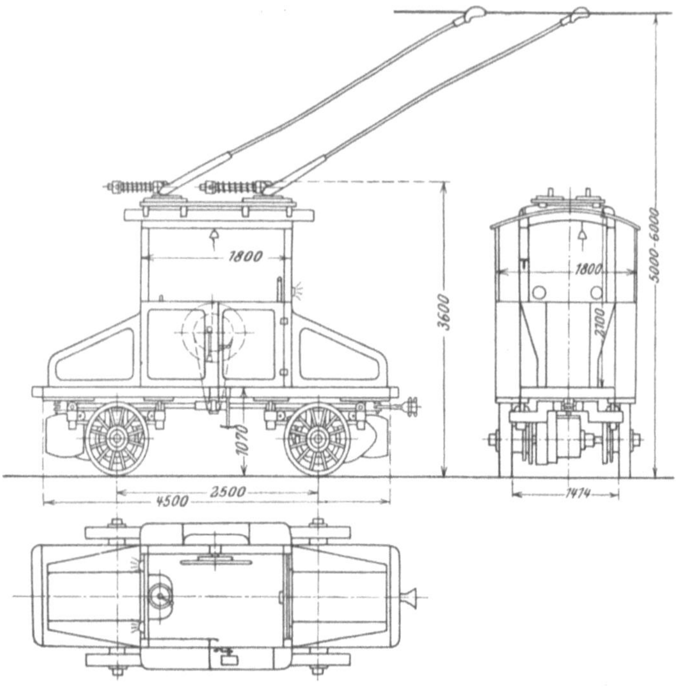

Abb. 35b. Lokomotive der Grevenbrücker Kalkbahn.

Abb. 35c. Wurzener Industriebahn.

Auf genügend breiten Straßen und in flachen Krümmungen können gewöhnliche Pferdefuhrwerke als Anhängwagen benützt werden. Muß auf gutes Spurhalten gesehen werden, so wird eine besondere Kuppelung verwendet (vgl. Abb. 35d). Die Verhältnisse der Kuppelung werden ähnlich wie früher abgeleitet:

$$r^2 = a^2 + x^2; \quad y^2 = b^2 + x^2; \quad y^2 = r^2 + k^2$$

folglich:
$$a^2 + x^2 + k^2 = b^2 + x^2$$

und:
$$k^2 = b^2 - a^2; \quad k = \sqrt{b^2 - a^2}; \quad z = k - (b - a).$$

Bei wenig widerstandsfähigem Boden wird die Kuppelung so eingestellt, daß die Spur des folgenden Wagens etwas neben die des vorhergehenden trifft, um das Einfahren einer zu tiefen Rille zu verhüten.

Im Winter erhalten die Lokomotiven der Güterzüge im Gegensatz zu den Personenmotorwagen, für welche die Gummibereifung auch bei Glatteis und Schnee ausreicht, besondere Räder, oder es wird auf die glatten gewöhnlichen Räder eine besondere Bewehrung aufgesetzt (vgl. Abb. 35e u. f).

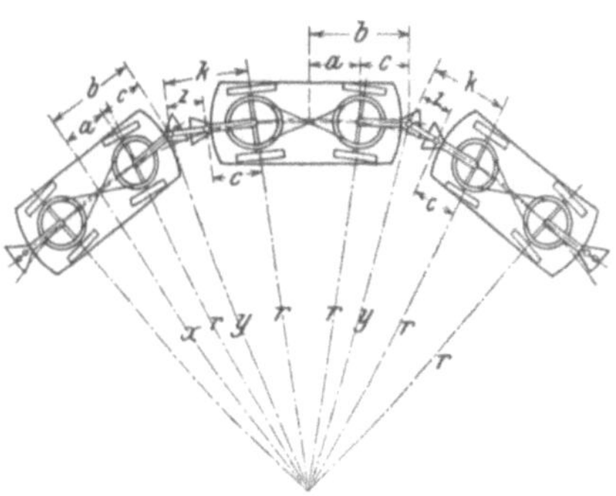

Abb. 35d.
Kuppelung der Schiemannschen Züge.

Abb. 35e.   Abb. 35f.
Bewehrte Räder der Schiemannschen Züge.

10. Betriebsergebnisse.

a) Allgemeines.

Bei der Einrichtung von Automobillinien mit frei fahrenden Omnibussen sowohl, als bei Einrichtung von gleislosen elektrischen Betrieben mit Oberleitung hat sich häufig eine starke Steigerung des Verkehrs gegenüber dem früheren Postbetrieb mit Pferdegespannen ergeben. Die Schaffung solcher Betriebe wird deshalb häufig ein sehr geeignetes Mittel sein, um den Übergang zu einem Kleinbahnbetriebe durch Erprobung der Einwirkung einer Schaffung besserer Verkehrsgelegenheit auf die Steigerung des Verkehrs zu bilden. So betrug auf der Strecke Tölz-Bichl die Verkehrssteigerung gegenüber der Pferdepost schon in den ersten Monaten des Automobilbetriebes 1000 v. H., auf der Strecke Tölz-Lenggries 900 v. H. Reineinnahmen wurden dennoch anfangs nicht erzielt, bei dem niedrigen Beförderungssatz von 5 Pf. auf 1 km war darauf aber auch nicht gerechnet worden. Bis zum 1. Oktober 1905 war ein Fehlbetrag von etwa 3000 M. entstanden. Dagegen ergab die Strecke Sonthofen-Hindelang trotz dem nur wenig höheren Beförderungssatz von rund $6^2/_3$ Pf. auf 1 km schon einen monatlichen Überschuß von rund 500 M. und damit eine Verzinsung von über 20 v. H. Nach dem von dem bayerischen Verkehrsminister dem Abgeordnetenhause vorgelegten Bericht betrugen die Betriebskosten der ersten Automobillinien der bayerischen Postverwaltung auf 1 Wagenkilometer:

für Benzin . . . . 12·3 Pf.
für Löhne und sonstige Betriebsausgaben
    außer Benzin . . . . 25·7 „
für Unterhaltung . . . . 14·0 „
                     zus.: 52·0 Pf.

Die Tilgung der Anschaffungskosten ist hierbei nicht mit berücksichtigt.

Im folgenden sollen noch genauere Angaben über die Betriebsergebnisse einiger wichtigeren Automobillinien einschließlich der elektrischen gleislosen Linien mit Oberleitung gemacht werden.

b) Omnibuslinien mit Benzinautomobilen.

α) Im Überlandverkehr.

I. Automobilwagenverbindung des bayerischen Hochlandes.

Betrieb nur in 4 bis 5 Sommermonaten.

	Betriebsjahr	
	1905	1906
Verkehr.		
Gefahrene Personen	10371	16338
Befördertes Gepäck im ganzen . . . . Stück	733	997
Personenkilometer	224209	330180
Auf jede Fahrt kommen Personen	8	10
Ausnutzung der Sitzplätze v. H.	57·6	70·2
Wagenkilometer im ganzen	33712	55663
Im täglichen Durchschnitt	276	364
Auf 1 Automobil und Tag	120	104
Durchschnittliche Anzahl der Fahrten an einem Tage	10·54	10·86
Betriebstage (nur im Sommer)	122	153
Materialverbrauch.		
Benzin im ganzen . . . . kg	8781	13188
Öl und Fett im ganzen . . . . . . kg	341	824
Benzin auf ein Wagenkilometer . . . . . g	254	237
Benzin auf eine Pferdekraftstunde . . . . g	187	193
Öl und Fett auf ein Wagenkilometer . . . g	10	15

	1905		1906	
	M.	Pf.	M.	Pf.
Einnahmen.				
Aus dem Personen- und Gepäckverkehr, einschließlich 120 M. Miete für 1906	35 025	77	52 012	93
Auf 1 Person	3	38	3	18
Auf 1 Personenkilometer	—	15·6	—	15·7
Auf 1 Wagenkilometer	1	04	—	93
Auf 1 Tag	287	05	339	17
Ausgaben.				
Gehälter, Löhne, Tagegelder, Versicherungsbeiträge	4 444	80	5 645	28
Drucksachen und Schreibmaterialien .	804	79	487	87
Benzin	2 344	91	4 327	39
Schmiermaterial	252	09	669	59
Löhne für Instandsetzung	2 015	47	1 033	22
Auflackierung der Automobile . . .	—	—	1 449	04
Ersatzteile	1 933	06	3 291	23
Ersatz von Vollgummi	941	05	2 923	85
Werkstattmaterial	471	77	409	18
Ersatzwagen bei Betriebsstörungen, Rückvergütungen von Fahrgeld . .	275	30	126	—
Anzeigen	154	33	405	85
Geschäftsführung	1 401	03	2 074	26
Miete für die Wagenhalle	1 600	—	1 600	—
Miete für Dienstwohnungen	209	36	251	70
Steuern, Versicherungen, Porto, Beleuchtung, Heizung, Reinigung, Unfallentschädigung	3 495	38	4 126	64
20 v. H. Abschreibung an d. Automobilen	9 902	32	17 003	44
10 v. H. Abschreibung am Inventar und der Werkstätteneinrichtung . . .	309	79	319	55
zus.:	30 555	45	46 144	09

	1905	1906
Insgesamt auf 1 Wagenkilometer Pf.	90·64	82·90
Insgesamt auf 1 Tag . . . . M.	250·45	301·59
Für Benzin auf 1 Wagenkilometer Pf.	7·2	7·8
Für Gummibereifung auf 1 Wagenkilometer . . . . . . Pf.	2·8	5·3
Unterhaltungs- und Instandsetzungskosten der Automobile (ausschließlich Gummi) in Hundertteilen der Betriebsausgaben	21	27
Nachbeschaffungskosten für Vollgummi in Hundertteilen der Betriebsausgaben	4·5	11

Für 1907 sind die Einnahmen um rund 4500 M., die Ausgaben um rund 5900 M. höher, namentlich infolge Verdoppelung des Betrages für Ersatz von Vollgummi und Steigens der Benzinpreise. Der Benzinverbrauch für 1 Wagenkilometer ist dagegen auf 220 g herabgegangen.

II. Motorverkehr Todtnau.

Betriebszeit rund 5 Monate.

	1905		1906	
	M.	Pf.	M.	Pf.
Einnahmen.				
Fahrgelder	9 903	40		
Zinsen	167	38		
zus.:	10 070	78	18 356	55
Ausgaben.				
Benzin	1 614	13	3 245	10
Gummi	1 045	85	2 481	60
Öl	1 183	65	1 609	84
Gehälter und Löhne	1 457	50	2 887	80
Verschiedene Unkosten	1 909	—	2 082	49
Instandsetzung	348	17	1 747	07
Zinsen	—	—	246	14
Abschreibungen.				
Gummiminderwert	460	—		
20 v. H. aufs Jahr, für 1 Wagen 3 Monate 650 M.			2 850	—
20 v. H. aufs Jahr, für 1 Wagen 2 Monate 430 M.	1 080	—		
10 v. H. von 972·48[1] M. zum Reservefonds	97	48	156	51
Reingewinn ($3^1/_2$ v. H. für 1905) . .	875	—	1 050	—
zus.:	10 070	78	18 356	55

Bilanzabschluß für 1906.

Soll	M.	Pf.	Haben	M.	Pf.
Motorwagenkonto . .	37 793	55	Stammkapital . . .	30 000	—
Schuppenkonto . . .	5 784	81	Reservefonds . . .	253	99
Mobiliarkonto . . .	1 149	95	Kreditoren . . .	7 500	03
Kassakonto	668	71	Bankkonto	10 059	—
Gummivorrätekonto .	2 630	—	Dividendenkonto . .	1 050	—
Ersatzteilekonto . .	836	—			
zus.:	48 863	02	zus.:	48 863	02

[1] Bruttogewinn abzüglich Abschreibungen.

III. Motorwagengesellschaft St. Blasien.
Sommer 1906.

	M.	Pf.
Einnahmen.		
Fahrgelder. St. Blasien-Titisee . . . 44866·35 M.		
St. Blasien-Waldshut . . 13203·90 „		
	58070	25
Gepäck. St. Blasien-Titisee . . . . 2735·10 M.		
(einschl. 1500 M. von der Post)		
St. Blasien-Waldshut . . . 537·45 „		
	3272	55
Frachteinnahmen des Lastwagens	7449	87
Einnahmen aus dem Reklamekonto	351	60
Sonstiges	247	05
zus.:	69887	15
Ausgaben.		
Gehälter und Löhne	10034	80
Geschäftsführung	1300	—
Drucksachen, Porto, Fernsprecher, Miete, Beleuchtung,		
Steuern, Kranken- und Invalidenkasse	3603	09
Gummi	10111	67
Benzin 25500 kg zu 30 Pf., davon verbraucht 19900 kg	7650	—
Öl	2026	67
Fett	87	15
Petroleum, Putzmittel, Sonstiges	748	02
Frachten	1036	55
Versicherungen	2861	08
Abschreibung auf Wohnhaus, Wagenhalle, 2 Kioske		
10 v. H. von 15754·29 M.	1575	40
Abschreibung auf Mobiliar, Werkzeuge, Gerätschaften		
20 v. H. von 3369·76 M.	673	90
Abschreibung auf Fahrzeuge 30 v. H. von 78597·84 M.	23579	34
zus.:	65287	67
Gewinn	4599	48
Stammkapital . . . . 75000 M.		
Verkehr.		
Gefahrene Personen: St. Blasien-Titisee . . . 11381		
St. Blasien-Waldshut . . 4142		
15523		
Vom Lastwagen befördertes Gepäck . . . 295341 kg		
Personenkilometer Titisee . . . 348000 ⎱ 432000		
Waldshut . . 84000 ⎰		
Auf jede Fahrt treffen Personen . . . . . . 6·65		
Ausnutzung der Sitzplätze . . . . 67 v. H.		
Einnahmen auf ein Wagenkilometer		
aus dem Omnibusbetrieb	—	88
von dem Lastwagen	—	72
auf ein Personenkilometer	—	14·2

	M.	Pf.
Ausgaben auf ein Wagenkilometer.	—	81·5
für Benzin auf ein Wagenkilometer	—	7·5
für Gummi auf ein Wagenkilometer	—	12·6
für Öl und Fett auf ein Wagenkilometer	—	2·6

Leistungen.

Omnibuskilometer	69 698
Lastwagenkilometer	10 387
Ausgeführte Omnibusfahrten	2 × 1169
Ausgeführte Lastwagenfahrten	2 × 175

Materialverbrauch.

Benzin im ganzen	19 900 kg
Benzin auf ein Wagenkilometer	249 g

IV. Büssingsche Betriebe im Harz 1906.

1. Linie Harzburg-Bhf.-Eichen-Wasserfall. Betrieb vom 25. Mai bis 15. September.	M.	Pf.
Zurückgelegte Wagenkilometer 16 129		
Beförderte Personen 57 134		
Einnahmen (in $3^2/_3$ Monaten)	14 375	—

Ausgaben.

Benzin	1577·07 M.
Schmiermaterial	311·95 „
Gummiabnutzung	1129·03 „
Gehälter und Löhne	1972·42 „
	4990·47 M.

2. Linie Harzburg-Oker-Goslar.

Betrieb vom 18. Juli bis 15. September.

	M.	Pf.
Zurückgelegte Wagenkilometer 6188		
Beförderte Personen 7488		
Einnahmen (in 2 Monaten)	5 005	65
	19 380	65

Ausgaben.

Benzin	533·26 M.
Schmiermaterial	116·55 „
Gummiabnutzung	433·16 „
Gehälter und Löhne	519·19 „
	1602·16 M.

	M.	Pf.
Die laufenden Ausgaben beider Linien betragen also insgesamt	6 592	63
Hierzu kommt:		
Versicherung für 4 Monate	669	20
Schuppenmiete	465	—
Verwaltungskosten	1 000	—
	8 726	83

	M.	Pf.
Übertrag:	8 726	83
Für Instandsetzung und Tilgung 20 v. H. von 64 000 M. für 4 Monate	4 260	—
insgesamt:	12 986	83

Einnahme . . . . 19380·65 M.
Ausgabe . . . . 12986·83 „
Reingewinn . . . . 6393·82 M.
    also rund 10 v. H. Reingewinn von dem Kapital von 64000 M.

Aus diesen vier Zusammenstellungen, denen noch einige andere ähnliche angefügt werden könnten, geht hervor, daß es Automobillinien mit durchaus befriedigenden Erträgnissen gibt. Unsicher sind noch die Unterhaltungskosten und der Betrag für die Tilgung der Beschaffungskosten. Für beides wird deshalb durchweg sehr vorsichtig gerechnet, als Tilgungszeit für die Beschaffungssumme der Omnibusse werden meist nur 5 oder gar nur $3^1/_3$ Jahre angenommen, selbst wenn die Omnibusse nur mehrere Monate im Jahre in Betrieb sind.

Die Deutsche Reichspostverwaltung ist auf Grund ihrer Erfahrungen bei dem Automobilpostbetrieb auf den Strecken Friedberg-Ranstadt-Hersfeld-Friedewald-Schenklengsfeld-Hersfeld, Hamburg-Schnelsen-Ochsenzoll und Cosel-Kandrzin zu dem Ergebnis gelangt, daß Kraftwagen-Personenposten, gegen deren Betriebssicherheit erhebliche Bedenken nicht mehr geltend zu machen sind, zur Zeit nur auf einzelnen ausgewählten Kursen mit günstigen Wegeverhältnissen, auf denen ein reger Reise- und Postversendungsverkehr herrscht und auf denen den Kraftwagen ausreichend große und zeitlich günstig liegende Tagesleistungen zugeteilt werden können, ein leidlich befriedigendes Finanzergebnis versprechen.[1]

Sehr verschieden sind die Angaben über die Abnutzung der Straßen durch die Automobilomnibusse. Während einerseits in staatlichen wie privaten Betrieben nichts von einer besonderen Abnutzung der Straßendecke durch die Omnibusse bemerkt worden ist, ist auf der anderen Seite in vielen Fällen die ganz bestimmte Beobachtung gemacht worden, daß eine solche besondere Abnutzung eingetreten ist. Diese Abnutzung ist sogar stellenweise so stark gewesen, daß Konzessionserteilungen aus diesem Grunde nicht mehr erfolgt sind. Neben der Belastung der Räder und der Fahrgeschwindigkeit muß hier wohl die Beschaffenheit der Straßendecke den wesentlichsten Einfluß auf die mehr oder weniger große Schädigung der Straße haben. Saugende Wirkung der Gummireifen auf lose Bestandteile der Straßendecke soll die Hauptursache der beobachteten Abnutzung durch Omnibusse sein. Mit Erfolg ist eine Tränkung der Straßendecke mit Teer angewendet worden sowohl zum Schutze der Beschotterung als zur Erhöhung der Annehmlichkeit der Fahrt. Der Teer dringt einige Zentimeter tief in die Straßendecke ein, verkittet die Steine miteinander, verhindert deren Lockerung und die Bildung von Rollsteinen

---

[1] s. d. ausführl. Ber. i. Deutsch. Verk.-Ztg. 1908, Nr. 7 u. 8.

und macht die Fahrbahn elastisch. Das Eindringen von Regenwasser und Frost und deren zerstörender Einfluß auf die Straßendecke wird verhindert. Die Teerung einer Chaussee bei Ahrweiler hat 400 M. auf ein Kilometer Länge gekostet und soll etwa ein Jahr vorhalten. Der Teer wird auf etwa 60° erhitzt und auf die vorher gründlich von Staub und Schmutz gereinigte Straße aufgegossen und aufgebürstet.

Ebenso verschieden wie die Angaben über Abnutzung der Straßen durch Autobusbetrieb sind die über den Verschleiß der Gummireifen, der von dem Zustand der Fahrstraße abhängt. Während in St. Blasien auf schlechten, zum Teil frisch beschotterten, Straßen die Reifen an den Vorderrädern schon nach 6000 bis 10000 km und an den stärker belasteten und mit Antrieb versehenen Hinterrädern gar schon nach 1500 bis 3000 km völlig abgenutzt waren und deshalb erneuert werden mußten, leistet beispielsweise die Continental Kautschuk-Gesellschaft in Hannover Gewähr für 15000 km bei guten Straßen, aber auch nicht länger als auf ein Jahr, selbst wenn die Fahrzeuge nur den kleineren Teil des Jahres hindurch im Betriebe sind.

β) Im städtischen Verkehr.

Auffallend ist der Mißerfolg der Automobilomnibusse in London nach anfänglich sehr guten Erfolgen.

Die London Road Car Co. in London, im Besitze von 194 Omnibussen, hat im Sommerhalbjahr 1907 etwa 5000 £ Verlust gehabt, die London Power Omnibus Co. ging freiwillig in Liquidation. Die Kosten für eine Wagenmeile werden zu 1 sh 6 d, die Einnahmen zu 11 d angegeben, so daß auf jede Wagenmeile ein Fehlbetrag von 7 d kommt. Außer technischen Mängeln: zu geringe Maschinenleistung und Unzulänglichkeit der Wechselgetriebe bei den ersten Ausführungen, trägt die Hauptschuld der scharfe Wettbewerb der verschiedenen Gesellschaften, die Verwendung einer zu großen Anzahl von Automobilomnibussen, die infolgedessen zur Hälfte leer fuhren und, als Heilmittel, eine Herabdrückung der Beförderungssätze unter die Selbstkosten.[1]) Gegen die Verwendbarkeit von Automobilomnibussen im großstädtischen Verkehr beweist dieses Vorkommnis demnach nichts.

Die Automobilomnibusse in London sollen monatlich 3000 englische Meilen, also rund 4800 km (160 km täglich) zurückgelegt haben.

In Budapest waren im Jahre 1907 im ganzen 54 drei- und vierräderige Postautomobile in Benutzung, deren Betriebskosten alles in allem, Erneuerung einbegriffen, 55 Heller auf ein Fahrkilometer betragen haben, während die Kosten bei Pferdebetrieb für die Bespannung allein, ohne den Wagen, 58 Heller betragen.

In Berlin ist der Betrieb mit Automobilomnibussen noch zu neu, um Zahlen angeben zu können.

Erforderlich ist gutes Pflaster, um die die Lebensdauer der Fahrzeuge und die Annehmlichkeit der Fahrt sehr beeinträchtigenden starken Erschütterungen zu vermeiden. Am besten ist Asphaltpflaster, ausreichend fugenloses, dichtes Großpflaster. Für die Autobusse wird allgemein in Anspruch genommen, daß sie gutes Pflaster weniger angreifen als Pferdehufe.

---

[1]) nach Zeitg. d. Ver. deutsch. Eisenb.-Verw. 1907, Nr. 74.

Der stärkste Wettbewerber für den Autobus im großstädtischen Verkehr ist immer die elektrische Gleisbahn. Wo die Anlage einer solchen aus irgend welchen Gründen nicht gestattet wird, ist der Autobus stets am Platz, er kann nach den früheren Darlegungen auch sehr gut neben einer elektrischen Gleisbahn bestehen.

c) Linien mit elektrischer Oberleitung.
α) Personenverkehr (Omnibus mit und ohne Anhängwagen).
I. Anlage in Gmünd (Niederösterreich).[1]

Veranschlagt war ein Jahresverkehr von 24000 Personen mit einer Roheinnahme von 7200 Kronen einschließlich einer Pauschsumme von 2200 Kronen für die Beförderung der Post. Ein zwei- bis dreimal täglich fahrender Omnibus mit Pferdebespannung hatte früher meist keine Fahrgäste. Im ersten Vierteljahr des Betriebes der elektrischen gleislosen Bahn, vom 16. Juli bis zum 15. Oktober 1907, wurden dagegen schon 24304 Personen und außerdem 600 bezahlte Gepäckstücke befördert. Die durchschnittliche Besetzung der Wagen war 8·16 Personen, entsprechend einer Ausnutzung der Sitzplätze zu rund 50 v. H.

Die gesamten Anlagekosten für 2·7 km Oberleitung, 600 m Stromzuleitung aus der Zentrale, eine massiv gebaute Halle für vier Wagen und die Beschaffungskosten für den zunächst einzigen Wagen betrugen 42000 Kronen (35700 M.).

Die Einnahmen betrugen im ersten Vierteljahr nach der Eröffnung des Betriebes:

	Kronen	h	M.
Für Anzeigen	45	—	
Für Fahrgelder	2594	80	
Für Gepäckbeförderung	140	—	
Für Postbeförderung (2 Monate)	366	66	
zus.:	3146	46	2674·50

Der Preis für die einfache Fahrt von 2·7 km Länge betrug für Kinder und Arbeiter 6 Heller, für einheimische Erwachsene 10 Heller und für Fremde 20 Heller, für Gepäckbeförderung 20 bzw. 40 Heller, zwei Stück Zeitkarten sind für 15 Kronen ausgegeben worden.

Die Ausgaben betrugen in derselben Zeit:

	Kronen	h	M.
a) Reine Betriebskosten.			
Gehälter der Wagenführer	408	32	
Stromverbrauch 1284·5 KWStd. (einschließlich Beleuchtung der Wagenhalle) zu 30 Heller (26 Pf.) die KWStd.	385	36	
Putzwolle und Fett	18	02	
Arbeitslohn an Oberleitung	29	64	
Herstellung der Fahrscheine	21	—	
zus.:	862	34	733·00

<hr>

[1] Deutsche Straßen- u. Kleinbahnztg. 1907, Nr. 44.

	Kronen	h	**M.**
b) Versicherung, Krankenkasse **auf ein Vierteljahr.**			
Haftpflichtversicherung	74	25	
Feuerversicherung	2	—	
Krankenkassenbeiträge	5	60	
zus.:	81	85	69·60
c) Zinsen und Rücklagen **auf ein Vierteljahr.**			
4 v. H. des Anlagekapitals als Zinsen . .	420	—	
10 v. H. für Tilgung der Beschaffungssumme des Wagens	412	50	
5 v. H. für Tilgung der Anlagekosten für Oberleitung und Wagenhalle.	319	—	
Für Abnutzung der Gummireifen 6 Heller auf 1 Wagenkilometer	480	—	
zus.:	1631	50	1387·00
insges.:	2575	69	2189·60

Der Einnahmeüberschuß beträgt demnach für ein Vierteljahr:

$$3146{\cdot}46$$
$$-\,2575{\cdot}69$$
$$\overline{570{\cdot}77}\ \text{Kronen}$$

über die Verzinsung von 4 v. H. hinaus. Aufs Jahr berechnet würde der Überschuß, gleiche Erträge in den übrigen drei Vierteljahren vorausgesetzt, 2283 Kronen oder $\dfrac{2283\cdot100}{42\,000}=5{\cdot}4$ v. H. des Anlagekapitals ausmachen. Im ganzen würde also der Reingewinn 9·4 v. H. des Anlagekapitals betragen.

Für die Oberleitung, Bauart Stoll, werden als Anlagekosten bei Verwendung von Holzmasten im Mittel 8000 Kronen auf 1 km angegeben, bei Verwendung eiserner Masten und verzierter Ausleger erhöhen sich die Kosten bis auf 12000 Kronen für 1 km. Gegebenenfalls ist bei der Anlage der Oberleitung darauf Rücksicht zu nehmen, daß sie später nach Abnahme einer der beiden Leitungen ohne weiteres für eine elektrische Gleisbahn mit lebhafterem Verkehr verwendbar ist.

II. Die Bahn von Neuenahr über Ahrweiler nach Walporzheim.

(Elektrische gleislose Bahn Ahrweiler G. m. b. H.)

Bericht über das erste Betriebsjahr 1906/07.

Eröffnung am 23. Mai 1906 mit drei Motor- und zwei Anhängwagen.

Leistung der Wagen in 10 Monaten und 7 Tagen	km
für die Motorwagen	59170
„ „ Anhängwagen	18406
zusammen (1 Anhängwagen = $^1/_2$ Motorwagen gerechnet) . .	68373

Stromverbrauch 25944 KWStd. zu 13 Pf. für 1 KW/st, im Durchschnitt auf 1 Wagenkilometer 380 WStd. = 4·9 Pf., im günstigsten Monat (August) bei gleichzeitig stärkstem Verkehr 308 W/st und im ungünstigsten Falle, bei beschneiten oder aufgeweichten Straßen und gleichzeitig schwächstem Verkehr, 496 bis 506 W/st, und zwar in den Monaten von Dezember 1906 bis März 1907.

Einnahmen	M.	Pf.
1) Von 122449 Personen auf Fahrkarten zu 10, 15, 20, 25 und 30 Pf.	19412	70
2) Erlös aus Karten für Schüler und Arbeiter und aus sonstigen Zeitkarten.	1735	25
3) Sonderfahrten und Verschiedenes	161	50
	21309	45

Auf 1 Wagenkilometer also 22 bis 37·2; im Mittel 31·2 Pf.

Ausgaben. Fahrleistung 68373 Wgn/km	im ganzen		auf 1Wgn/km Pf.
	M.	Pf.	
1) Verwaltung, Drucksachen, Geschäftsunkosten	2000	—	2·9
2) Gehälter, Löhne, Dienstkleidung	8134	38	11·9
3) Kosten des Stromes (25944 KWStd. zu 13 Pf.)	3372	65	4·9
4) Instandhaltung	904	31	1·3
5) Betriebsmaterial und Abschreibung auf Inventarien	929	14	1·4
6) Erneuerung der Gummireifen	2319	90	3·4
7) Feuer- und Haftpflichtversicherung, Beitrag zur Teerung der Straße, Alters- und Invaliden-Versicherung, Krankenkasse	1371	22	2·0
in 10 Monaten und 7 Tagen zusammen	19031	60	27·8

Die Ausgaben für Gehälter und Löhne sind verhältnismäßig hoch, weil das Personal im Winter ungenügend beschäftigt war.

Nach Abzug der erforderlichen Abschreibungen verbleibt bei diesem Unternehmen für das erste Betriebsjahr nur ein Reingewinn von 134 M., also noch nicht ganz 1 v. T. des sich nach Zufügung einiger ursprünglich nicht vorgesehenen Beträge auf rund 154000 M. belaufenden Anlagekapitals. Dies Ergebnis steht in auffallendem Mißverhältnis zu dem lebhaften Verkehr, namentlich da derselbe auch im Winter noch mit etwa der Hälfte der Zahl der Fahrgäste des Sommers aufrecht erhalten werden konnte. Auffallend ist ferner der im Geschäftsbericht erscheinende niedrige Satz von nur 5 v. H. für die Tilgung der Beschaffungskosten der Wagen, der also eine zwanzigjährige Lebensdauer derselben zur Voraussetzung hat. Indessen wird wohl mit Recht für die Folge ein besseres Ergebnis erwartet. In dem ersten Betriebsjahr waren mancherlei Schwierigkeiten, die zum Teil mit Betriebsstörungen verknüpft waren, zu überwinden, die Anzahl der Wagen war ungenügend zur Bewältigung des Verkehrs und manche Unkosten, die mit der Gründung und Inbetriebsetzung des Unternehmens zusammenhängen, fallen künftig weg. Ferner wird eine anderweitige Einrichtung des Winterdienstes zur besseren Ausnutzung des Personals anzustreben und vielleicht der jetzt sehr niedrige Beförderungssatz um ein geringes zu erhöhen sein.

β) Güter- und gemischter Verkehr (Lokomotive und Omnibus).

Die 4 km lange Bahn von Langenfeld nach Monheim a. Rhein mit gemischtem Verkehr: Personenbeförderung mit elektrischen Omnibussen und Güterbeförderung mit elektrischen Lokomotiven, hat schon im ersten Jahre die Betriebskosten und die Beträge für Erneuerung, Tilgung und Verzinsung aufgebracht.

Bei dieser Bahn weist der Etat für 1907 auf:

Einnahmen:

1) Personenverkehr, einzelne Fahrkarten	10500	M.
2) Monats- und Wochenkarten	3200	„
3) Vollgut	5000	„
4) Stückgut	800	„
5) Post	1200	„
	zus.: 20700	M.

Ausgaben:

1) Unterhaltung der Fahrzeuge	1550	M.
2) Stromverbrauch	5000	„
(Der Strompreis ist inzwischen erheblich herabgegangen.)		
3) Gehälter und Löhne	4900	„
4) Erneuerung	4850	„
5) Bereifung	600	„
6) Generalkosten	400	„
	zus.: 17300	M.

Die Wagen für den Personenverkehr sind etwas schwer. Mit leichteren Wagen, wie kürzlich für Neuenahr—Walporzheim und für Mühlhausen i. E. verwendet, würden die Stromkosten weiter herabgehen.

Die Verzinsung und Tilgung des insgesamt 95000 M. betragenden Anlagekapitals ist in den oben angeführten Ausgaben nicht mit enthalten. Von den gesamten Anlagekosten entfallen 20000 M. auf die beiden Personentriebwagen, 4500 M. auf den Personenanhängwagen, 12000 M. auf die Gütermaschine, 6000 M. auf die vier Güterwagen für Massengüter, und 700 M. auf den Stückgutwagen.

Es sind in 1907 befördert worden rund 80000 Personen, 250 Doppelwaggons in Wagenladungen und 1000 Doppelzentner Stückgut.

Der Betrieb der 1 km langen Mühlenbahn in Großbauchlitz bei Döbeln i. Sa. ist so eng mit dem Betrieb der Mühle selbst verknüpft, daß eine genaue Berechnung der Beförderungskosten für ein Tonnenkilometer nicht angängig ist, namentlich wird die Bedienungsmannschaft des Zuges noch anderweitig verwendet. Der Betrieb der Bahn mit Gleichstrom von nur 130 Volt Spannung wird dadurch erleichtert, daß sie einen Bogen beschreibt, dessen in gerader Linie von der Kraftquelle aus gespeister Endpunkt nur etwa 300 m von letzterer entfernt ist. Der Motor von 22 PS Leistung befördert bei trockener und eis- und schneefreier Straße 5 t Nutzlast auf einer Steigung von 50 v. T. mit einer Geschwindigkeit von 4 km/st und verbraucht dabei etwa 120 Amp. Strom, während auf der wagerechten Strecke der Stromverbrauch 70 bis 80 Amp. beträgt. Aus der

Leitung wird auch an verschiedene Ortseinwohner Strom abgegeben, die Bahn wird nur bei Tageslicht und allenfalls noch in der Dämmerung betrieben. Die Kosten der Anlage haben, einschließlich der Beschaffung des Motorwagens, sowie der Verstärkung der vorhandenen elektrischen Speicherbatterie und der umfangreichen Einrichtungen zum Schutze der Telegraphen- und Fernsprechleitungen, rund 22000 M. betragen. Die schon früher vorhandene Dynamomaschine reicht dagegen für den Bahnbetrieb aus. Als Anhängwagen werden die vorhandenen Mühlenfuhrwerke benutzt.

Genauere Zahlen liegen noch von zwei anderen Betrieben vor.

I. Bahn der Grevenbrücker Kalkwerke.

1. Bau- und Beschaffungskosten . . . . 38000 M.

Dazu gehört ein Zugwagen (Lokomotive) mit 2 Motoren zu 17 PS mit 11000 M., 1·5 km Leitung mit Holzmasten, eisernen Auslegern und zwei Kupferleitungen von je 64 qmm Querschnitt mit Postschutzhülle zu 12000 M. (8000 M. auf 1 km); 6 Anhängwagen für je 5 t Nutzlast zu je 1500 M., zusammen 9000 M.; ferner 1 Lokomotivschuppen mit Werkstatt zu 1000 M.; 2000 M. für Zubehör- und Ersatzteile und einen Montagewagen, sowie 3000 M. für Entwurf, Bauleitung und Betriebseinführung.

2. Betriebskosten.

Tägliche Betriebszeit 10 Stunden, täglich 15 Fahrten, im Jahre 4500 Fahrten mit je 10 t durchschnittlicher Nutzlast. Zahl der Anhängwagen 1 bis 3, je nach der Beschaffenheit der Wege.

Personal: 2 Wagenführer und Bremser . . . . 2400 M.
Stromverbrauch: 5 Std. lang 30 Amp. für volle Züge,
        5 Std. „ 18 „ „ leere „
        einschl. Strom für Verschiebedienst.

Strompreis 10 Pf. für 1 KW Std., $120 \times 0{\cdot}10 \times 300$	3600 „
Schmier- und Putzmaterial, Schleifstücke	250 „
Instandhaltung des Zugwagens (Lokomotive)	600 „
„ der Anhängwagen (je 50 M.)	300 „
Unterhaltung der Oberleitung (100 M. auf 1 km)	150 „
4 v. H. Verzinsung, 2 v. H. Tilgung von 38000 M.	2280 „
Erneuerung 3 v. H. von 33000 M.	990 „
Abgaben, Steuern, Versicherungen	430 „
	11000 M.

Ein Tonnenkilometer kostet demnach auf der gleislosen Bahn:

$$\frac{11000 \times 100}{4500 \times 10 \times 1{\cdot}5} = 16 \text{ Pf.},$$

während die Beförderung einer Wagenladung von 10 t mit Pferden für die ganze Strecke auf 4 bis 4·5 M. zu stehen kommt, ein Tonnenkilometer also auf 26·8 bis 30 Pf. Bei nur zehnstündiger Betriebszeit der elektrischen gleislosen Bahn findet also schon eine Ersparnis von 40 bis 45 v. H. gegenüber Pferdebetrieb statt.

II. Industriebahn Wurzen. Güterzugbetrieb.

1. Bau- und Beschaffungskosten.

1 Zugwagen (Lokomotive) mit zwei Motoren	12500 M.
6 Güteranhängwagen zu 1000 M.	6000 „
Anteil an der Fahrleitung (1 km)	9000 „
Wagenschuppen, Werkstätte, Magazin	2500 „
	30000 M.

2. Betriebskosten für einen Tag.

Personal: 1 Führer, 1 Bremser . . . . 7·00 M.
Strom, im Mittel 30 Amp. bei 500 Volt auf 5 Std. Fahrzeit
= 75 KW Std. zu 10 Pf. . . . . 7·50 „
Instandhaltung, Schmierung, Wartung . . . . 6·00 „
10 v. H. Zinsen und Tilgung, 5 v. H. Erneuerung von 30000 M.
= 4500 M. im Jahr . . . . 15·00 „
Anteil an den allgemeinen Verwaltungskosten . . . . . . 1·00 „
„　„ der Betriebsaufsicht und Abgaben . . . . 1·50 „

38·00 M.

Bei zehnstündiger täglicher Dienstzeit und 5 km/st mittlerer Fahrgeschwindigkeit könnten täglich 50 Zugkilometer geleistet werden. Wegen Rangierens und Aufenthalt kann indessen nur mit halber Ausnutzung gerechnet werden. Die tägliche Leistung beträgt deshalb in Wirklichkeit rund: 25 km × 10 t = 250 Nutztonnenkilometer. Der Beförderungssatz ist 20 Pf. für ein t/km, die tägliche Einnahme also 50 M., der Einnahmeüberschuß 50 − 38 = 12 M. im Tage oder 3600 M. im Jahr = 12 v. H des Anlagekapitals.

d) Dampfzüge (Stoltz).

Über Stoltzsche Dampflastzüge, bestehend aus einem Dampfautomobil mit 4000 kg Nutzlast und einem Anhängwagen mit 1500 kg Nutzlast, liegen Ergebnisse einer Versuchsfahrt vor.[1] Das Gewicht des betriebsfähigen Motorwagens betrug 4000 kg, das des leeren Anhängwagens 1560 kg, von den sechs mitfahrenden Personen sind zwei, als zur Bedienung des Zuges erforderlich, nicht zur Nutzlast gerechnet. Das Verhältnis von Eigengewicht zu Nutzlast ergibt sich dann wie 5710 : 5850 = 1 : 1·03. Die 83 km lange Fahrstrecke bestand im allgemeinen aus guten, festen Wegen, teils Pflaster, teils Chaussee, die stärksten Steigungen betrugen 8 bis 10 v. H. Die reine Fahrzeit war 8 Stunden und 20 Minuten, die durchschnittliche Geschwindigkeit also rund 10 km/st, während die höchste Fahrgeschwindigkeit auf guten, ebenen Wegen 14 km/st betrug. Der alle 15 bis 20 km entstehende Aufenthalt von 4 bis 5 Minuten zum Abschlacken des Rostes ist in die Fahrzeit mit eingerechnet, die Erholungs- und Frühstückspausen von 20 und 40 Minuten dagegen nicht. Der Verbrauch an Gaskoks betrug einschließlich des Verbrauchs zum Anfeuern und während der Aufenthalte rund 200 kg, also bei einem Preise von 2 Pf. für 1 kg Koks 4 M. für 486 Nutztonnenkilometer oder 0·82 Pf. für ein Nutztonnenkilometer. Bei einer anderen Versuchsfahrt mit einer Nutzlast von 6·66 t auf einer Strecke von 1 km Länge und einer Steigung von 5 v. H. (1:20) wurde eine Fahrgeschwindigkeit von 6 km/st entwickelt.

Als Ergebnis des regelmäßigen Betriebes wird für einen einzelnen Stoltzschen Dampfwagen von 20/25 PS Leistung mit 3·5 t Nutzlast ein stündlicher Verbrauch an Gaskoks von 20 bis 25 kg und für einen Wagen von 30/35 PS Leistung mit 6 t Nutzlast ein solcher von 30 bis 35 kg angegeben. Bei einem Preise von 2 Pf. für 1 kg Gaskoks betragen also die Brennstoffkosten für die Stunde 40 bis 50 bzw. 60 bis 70 Pf. Im folgenden sind noch einige Versuchsergebnisse zusammengestellt:

---

[1] nach der Zeitschr. des Mitteleurop. Motorwagen-Ver.

Länge der Fahrstrecke	Nutzlast	Witterung	Fahrzeit		Geschwindigkeit		Größte Geschwindigkeit auf 2 bis 3 km Fahrstrecke	Koksverbrauch auf 1 km
			mit	ohne	mit	ohne		
			Haltezeit		Haltezeit			
km	kg				km/st		km/st	kg
38·2	6600	trocken	4 Std. 48′	3 Std. 52′	8·1	11·0	13	3·66
29·5	6500	„	2 „ 40′	2 „ 34′	11·1	11·5	—	3·06
50·3	6300	Regen	5 „ 10′	4 „ 26′	10·02	11·3	—	3·10
40·5	6300	„	4 „ 58′	3 „ 33′	8·12	11·4	15	3·48
40·5	6300	„	3 „ 52′	3 „ 42′	10·5	11·0	14·5	2·92

Mehr als ein Anhängwagen wird bisher durch Stoltzsche Dampfwagen nicht befördert.

e) Renardscher Zug.

Wo hinreichend große Gütermengen zu befördern sind, wird sich die Verwendung eines vollständigen Zuges, bestehend aus einer Vorspannmaschine (Lokomotive) und einer Anzahl Anhängwagen immer billiger stellen als die Verwendung einer entsprechenden Anzahl einzeln fahrender Automobile, weil im ersten Falle eine einzige große Triebmaschine mit höherem Güteverhältnis zu benutzen ist, weniger Bedienungsmannschaften erforderlich sind und weil alsdann das Taragewicht und damit auch das zu befördernde gesamte Bruttogewicht sowie die Beschaffungs- und Unterhaltungskosten geringer werden.

Für längere Züge kommt vor allem die Renardsche Bauart in Frage. Ein Renardscher Zug ist seitens der Ungarischen Staatseisenbahnverwaltung eingehenden Dauerversuchen auf der 24 km langen Strecke von Budapest nach Waitzen unterzogen worden. Der Zug bestand aus einer Vorspannmaschine von 70 PS Leistung mit drei angehängten Wagen und beförderte eine Nutzlast von insgesamt 10 t. Der Zug hätte eine erheblich größere Nutzlast mitführen können. Die benutzte Straße ist eine Chaussee von mittelmäßiger Beschaffenheit, die größte Steigung beträgt etwa 5 v. H. Die Versuche wurden auf der Hin- und Rückfahrt ausgeführt. Die Fahrtdauer für die einfache Strecke von 24 km Länge betrug 1 Stunde 48 Minuten, die mittlere Geschwindigkeit also 13·3 km/st bei einem Benzinverbrauch von 46 l. Die Tagesleistung betrug 480 Nutztonnenkilometer, die Jahresleistung würde also in 300 Arbeitstagen 144000 Nutztonnenkilometer betragen. Die Kosten für ein Nutztonnenkilometer berechnen sich demnach ungefähr wie folgt:

	Heller auf 1 Nutztonnenkilometer
1. Benzin, steuerfrei, von 0·7 spez. Gew. mit 26 Heller für 1 kg (für die Ungarische Staatsbahn 19¹/₂ Heller)	3·3
2. Zylinderöl zu 62 Heller 1 kg	0·5
3. Personal: 1 Führer zu 2400 Kronen jährlich und 1 Tagelöhner zu 3 Kronen täglich	2·3
4. Instandhaltung der Wagen 1000 Kronen jährlich für jeden Wagen. 3×1000 Kronen jährlich	2·1

	Heller auf 1 Nutz-tonnenkilometer
(Hierfür könnten Zahnräder und Triebketten jedes Jahr erneuert werden. Der Betrag erscheint sehr reichlich bemessen, da nach einjährigen Probefahrten, auch auf schlechten Wegen, das Triebwerk nichts zu wünschen übrig ließ und kaum Unterhaltungskosten aufzuwenden waren.)	
5. Instandhaltung der Vorspannmaschine jährlich 3400 Kronen	2·5
6. Tilgung.	
a) Drei Wagen zu rund 30000 Kronen, insgesamt in 10 Jahren zu tilgen	2·1
b) Vorspannmaschine zu rund 34000 Kronen in 5 Jahren zu tilgen	4·8
zus.:	17·6

Dieser Beförderungssatz von 17·6 Heller auf ein Tonnenkilometer könnte erheblich herabgedrückt werden, wenn:

1. statt einer Durchschnittsgeschwindigkeit von 13·3 km/st eine solche von etwa 8 km/st angenommen würde;

2. die Nutzlast von 10 t auf zwei statt auf drei Anhängwagen untergebracht würde, wodurch das Bruttogewicht des Zuges um 1800 kg geringer würde. Es würde alsdann eine Maschine von 50 PS Leistung ausreichen;

3. könnte auch eine etwas wirtschaftlicher arbeitende Maschine verwendet werden, indem die nicht ganz tadellos ausgeführte Versuchsmaschine 0·512 l Benzin auf die gebremste Pferdekraft und Stunde verbrauchte.

Der Benzinverbrauch würde alsdann auf etwa 30 l für die einfache Fahrt zurückgehen und die Kosten würden betragen:

	Heller auf 1 Tonnenkilometer
1. Benzin	2·1
2. Öl	0·5
3. Personal	2·3
4. Instandhaltung der Wagen	1·4
5. Instandhaltung der Vorspannmaschine (3000 Kronen)	2·1
6. Tilgung der Wagen	1·4
7. Tilgung der Vorspannmaschine (30000 Kronen in 5 Jahren)	4·2
zus.:	14·0

Der Renardsche Zug ließe sich aber auch erheblich besser ausnutzen, sowohl bezüglich der täglich zurückgelegten Strecke als bezüglich der Belastung. So legte ein Renardscher Zug bei den Arader und Csanáder Bahnen täglich etwa 90 km, also im Jahr, in 300 Tagen, rund 27000 km zurück. Nehmen wir noch weiter an, daß der Zug aus einer Vorspannmaschine von 70 PS Leistung und vier angehängten Wagen, jeder mit 5 t Nutzlast, besteht, so würde die jährliche Leistung in Tonnenkilometern 540000 erreichen. Die Fahrgeschwindigkeit soll 5 km/st betragen, das

Bruttozuggewicht würde sich auf etwa 35 t belaufen. Die Kosten würden sich dann etwa folgendermaßen stellen:

	Heller auf ein Nutztonnenkilometer
1. Benzin	1·7
2. Öl	0·3
3. Personal zu 17 Kronen täglich	0·9
4. Instandhaltung der Wagen (je 1500 Kronen)	1·1
5. „ „ Vorspannmaschine (6000 Kronen) . .	1·1
6. Tilgung der Wagen (40000 Kronen in 10 Jahren) . . .	0·74
7. „ „ Vorspannmaschine (34000 Kronen in 5 Jahren)	1·26
zus.:	7·1

Fährt der Zug leer zurück, so würden die Kosten etwa 11 Heller auf ein Nutzkilometer betragen. Hierzu wären noch die Kosten für die Verzinsung des Anlagekapitals von 74000 Kronen mit $3^1/_2$ v. H. im Betrage von rund 0·5 Heller auf ein Tonnenkilometer hinzuzurechnen, so daß die gesamten Kosten rund 8 bzw. 11·5 Heller auf ein Tonnenkilometer betragen würden. Vernachlässigt sind dann nur noch die Kosten für den Bau und die Unterhaltung eines Schuppens, für ein Magazin und für Ersatzteile, die indessen auf ein Tonnenkilometer nicht erheblich sind und deshalb unberücksichtigt bleiben können.

Die vorstehende Kostenberechnung wird sich je nach dem Zustande der zu befahrenden Straßen, den ortsüblichen Löhnen, den Materialpreisen und der Ausnutzung des Zuges mehr oder weniger erheblich ändern, gibt aber doch einen guten Anhalt im Vergleich zu den Kosten von Pferdefuhrwerken. Die Kosten für die Beförderung mit letzterem betragen auf dem flachen Lande in Ungarn 40 Heller und darüber für ein Tonnenkilometer, in Budapest 50 bis 60 Heller, also immer noch das Drei- bis Vierfache der Kosten des Versuchszuges und das Fünf- bis Sechsfache des unter günstigeren Verhältnissen arbeitenden gleichartigen Zuges. Die für Pferdefuhrwerk im ganzen in den einzelnen Ländern verausgabten Kosten sind sehr erheblich und werden beispielsweise für Frankreich auf 400 Millionen Franken jährlich geschätzt. Hieraus läßt sich schließen, daß für gleislose Betriebe noch ein großes und fruchtbares Arbeitsfeld vorhanden ist. Für Deutschland kommt bei den hohen Benzinpreisen die Verwendung von Benzol und auch von Spiritus in Betracht.

Über den angeblich sehr hohen Kraftbedarf des Renardschen Zuges erübrigt wenig zu sagen, nachdem dieser Einwand mittlerweile von berufenster Seite widerlegt ist.[1]) In den betreffenden auf eine Versuchsfahrt aus dem Jahre 1904 gegründeten Ausführungen ist einmal fälschlich angenommen, daß die angeblich 45 PS Maschine auch wirklich 45 PS geleistet habe, obschon das Bruttogewicht des Zuges nur 7940 kg betrug, während die Maschine, wenn sie voll ausgenutzt und in Ordnung gewesen wäre, ein Bruttogewicht von 18 bis 20 t hätte befördern können. Ferner ist der

---

[1]) im Organ Fortschr. des Eisenbahnwesens 1908, Heft I von Wilhelm v. Hevesy, der sich seit 1903 mit Erfolg um die Vervollkommnung und Einführung des Renardschen Zuges bemüht hat.

Widerstandswert des Zuges, namentlich der Wert der rollenden Reibung, gar nicht bestimmt worden. An solche recht unvollständige Beobachtungen geknüpfte Schlußfolgerungen haben wenig Wert. Von allen Verbesserungsvorschlägen für die angeblichen Mängel des Renardschen Zuges hat nur der der elektrischen Kraftübertragung einige Aussicht auf Erfolg, die Beschaffungskosten werden indessen hier höher werden und die vermehrte Vielteiligkeit der ganzen Einrichtung wird Schwierigkeiten im Betrieb und Erhöhung der Unterhaltungskosten verursachen.

Ein im Besitze von Herrn v. Hevesy befindlicher Renardscher Zug ist von den Professoren der Technischen Hochschule in Budapest: Cserháti, Schimanek und Dr. Zielinski eingehend untersucht worden, wobei gemäß einem dem Ungarischen Handelsministerium unter dem 7. Juni 1907 vorgelegten Gutachten folgendes festgestellt wurde.

Die Reibungsverluste in den Kugellagern betrugen bei Aufstellung des Zuges in gerader Linie kaum 1 v. H. der Maschinenleistung. Bei Aufstellung eines Zuges mit fünf Wagen in einem Kreise von etwa 5 m Halbmesser (Abb. 34 b) wurde, durch Messung der an dem freien Ende der durchlaufenden Triebwelle an einen Elektromotor abgegebenen Arbeit, der Arbeitsverlust durch Reibung in den Kreuzgelenken und den Lagern zu 23 v. H. der von der Triebmaschine entwickelten Arbeit bestimmt Solche Krümmungen kommen nun in der Wirklichkeit kaum vor und die Länge der Krümmungen nimmt einen so kleinen Teil der Gesamtlänge der durchweg verfügbaren Fahrstraßen ein, daß der Arbeitsverlust in den Gelenken und Lagern als unbedeutend bezeichnet wird. Der Arbeitsverlust, der durch Ungleichheit der Durchmesser der Triebräder entstehen kann, hat sich als so klein herausgestellt, daß er nicht besonders berücksichtigt zu werden braucht. Die absolute Größe dieses Arbeitsverlustes ist nur abhängig von der Belastung der Achsen und außerdem von der Fahrgeschwindigkeit. Bei gegebener Belastung der Triebachsen wird dieser Arbeitsverlust, im Verhältnis zu der gesamten von der Triebmaschine geleisteten Arbeit, mithin am größten, wenn diese letztere ihren kleinsten absoluten Wert hat, also bei der Fahrt auf ebener Strecke. Rechnungsmäßig ergibt sich nun, daß der Arbeitsverlust durch teilweises Gleiten von Triebrädern ungleichen Durchmessers auf dem Erdboden 6 v. H. der Gesamtarbeit erreicht, wenn die Unterschiede in den Raddurchmessern den hohen Wert von 1 v. H. erreichen, der Wert der gleitenden Reibung zwischen Rad und Straße 0·4, der innere Reibungswiderstand der Fahrzeuge in Lagern und Getrieben 0·02 beträgt und der Wagenzug aus vier Fahrzeugen besteht. Da die Fahrstrecken durchweg nicht eben sind und Unterschiede von 1 v. H. in den Durchmessern der Triebräder leicht zu vermeiden sind, wird in der Wirklichkeit der aus solchem Anlaß entstehende Arbeitsverlust 2 bis 3 v. H. nicht übersteigen. Der Renardsche Antrieb wird auch für Gleisbahnen mit starken Steigungen empfohlen. Die neueren Renardschen dreiachsigen Wagen haben sich als besonders leicht lenkbar bei der Rückwärtsfahrt erwiesen. Es wird in dem Bericht bestätigt, daß bei den Versuchen der Ungarischen Staatseisenbahnen unter Einrechnung von 20 bis 25 v. H. Tilgungs- und 5 bis 10 v. H. Unterhaltungskosten die Ausgaben für ein Tonnenkilometer Nutzlast 8 bis 20 Heller betrugen, wogegen die Beförderung durch Pferdefuhrwerk 30 bis 50 Heller und darüber für ein Tonnenkilometer kostete.

Die bei den Arader und Csanáder Bahnen in einem sechswöchigen Probebetrieb gewonnenen Erfahrungen haben ebenfalls den betriebstechnischen und wirtschaftlichen Wert des Renardschen Zuges bestätigt. Die Kosten auf ein Zugkilometer haben bei einer Belastung des Zuges mit durchschnittlich 10 t Nutzlast betragen:

	Heller
Benzin (Preis 18 Heller für 1 kg)	34
Schmieröl	6
Personal (2 Mann)	15
Instandhaltung des Motors und der Wagen (hochgerechnet)	40
zus.:	95

Hierzu kommen noch Bezüge für Angestellte auf den Endstationen und einige andere Unkosten mit rund 10 Heller auf ein Zugkilometer, so daß die gesamten Betriebskosten (ohne Verzinsung und Tilgung) 105 Heller für 10 t, also die Kosten für 1 Tonnenkilometer 10·5 Heller betragen. Die Kosten für Pferdefuhrwerk betragen dagegen 40 bis 50 Heller auf ein Tonnenkilometer. Auf der 5·5 km langen Probestrecke, auf der auch Personenbeförderung stattfand, betrugen die Beförderungssätze über die ganze Strecke:

	Heller
für Personen in der I. Wagenklasse.	60
„ „ „ „ III. „	30
„ Massengüter von 2000 kg an auf 100 kg	20
„ Stückgüter auf 100 kg	30
und mindestens 30 Heller für 1 Stück	

Auf Grund der günstigen Erfahrungen bei dem Probebetrieb ist in Arad alsbald die Beschaffung von zwei Renardschen Zügen mit einer Vorspannmaschine von 80 PS Leistung und vier Anhängwagen für je 3 bis 3·5 t Nutzlast eingeleitet worden. Die Züge sollen auf der 45 km langen Strecke von der Endstation Brad der von Arad kommenden Eisenbahnstrecke nach Abrudbánya in Betrieb gesetzt werden. Die Strecke hat starke Steigungen von 80 bis 100 v. T. (1:12·5 bis 1:10) und führt über eine Wasserscheide, deren Höhe 400 m über dem tiefsten Punkt der Strecke liegt. Die Trasse ist also für gleislosen Betrieb sehr geeignet.

So versuchen die Arader und Csanáder Bahnen, die sich schon durch Einführung und Pflege geeigneter Eisenbahnmotorwagen in Verbindung mit einer hierdurch ermöglichten starken Vermehrung der Fahrgelegenheit und Herabsetzung der Beförderungssätze im Personenverkehr um das Land verdient gemacht haben, auch das alte und doch in seiner Ausführung wieder hochmoderne Beförderungsmittel der gleislosen Züge in Ungarn einzuführen.

Die ungarischen Landstraßen sind allerdings durchweg nicht in erstklassiger Verfassung. Selbst die mit Makadam versehenen Staatsstraßen haben meist mehr oder weniger tief ausgefahrene Spurrillen und sind gewöhnlich mit Staub oder Kot bedeckt. Indessen ist auf schlechten Straßen auch die Beförderung mit Pferdefuhrwerk in gleichem Maße teurer als die mit gleislosen Zügen. Auf gewöhnlichen, nur beschotterten, stark ausgefahrenen und schlecht unterhaltenen Straßen, ohne Packlage, steigen die Kosten für die Beförderung mit Pferden bis auf das Fünffache der früher angegebenen Werte. Gerade für weniger gut gebaute und unterhaltene Straßen wie auch im gebirgigen Gelände hat der Renardsche Zug seine besonderen Vorteile infolge des Antriebs von je zwei Rädern jedes Anhängwagens und des dadurch vermehrten Reibungsgewichtes und der verminderten Achsbelastung der Vorspannmaschine.

Ernsthafte und vielseitige Versuche mit dem technisch jetzt vollkommen auf der Höhe stehenden Renardschen Zuge sind im volkswirtschaftlichen Interesse verkehrschwacher Gegenden wie auch im wirtschaftlichen Interesse der Kleinbahnen und Eisenbahnen, denen sie Zubringer sein können, erwünscht.

Späterhin wird die Entwicklung: Pferdebetrieb auf der Landstraße, Automobil, Renardscher Zug, gleislose elektrische Bahn, Kleinbahn, Eisenbahn zu verfolgen sein, dagegen wird die Gleisbahn mit Pferdebetrieb wohl bald vollständig verschwinden.

f) Bedienungsmannschaft und Bereitschaftswagen.

Auf Überlandstrecken läßt sich sowohl bei Benzinwagen als bei elektrischem Betrieb die Bedienung der Wagen durch nur einen Mann gut durchführen, wie an einzelnen Beispielen gezeigt worden ist. Erleichtert wird die Bedienung durch nur einen Mann mittels Verschließens der Wagen, wie bei der Bayerischen Postverwaltung, in Nachahmung des Beispiels der ersten Eisenbahnen, und durch die Nötigung der Reisenden beim Betreten und Verlassen der Wagen dicht an dem Sitz oder Stand des Fahrers vorüberzugehen. Vielfach werden indessen auch im Überlandverkehr die Omnibuswagen ohne Anhänger durch zwei Mann, einen Chauffeur und einen Schaffner, begleitet. Im städtischen Verkehr ist dies stets erforderlich, auch im Überlandverkehr mit Anhängwagen. Der Renardsche Zug braucht nur zwei Mann zur Bedienung.

Was die erforderliche Anzahl von Bereitschaftswagen betrifft, so gibt es Betriebe, die nur einen einzigen Omnibus ohne Bereitschaftswagen besitzen. Ein solcher Wagen leistet in Peine durchschnittlich 130 km im Tage und versieht den Dienst mit großer Regelmäßigkeit. Auch bei der elektrischen Bahn in Gmünd (Niederösterreich) ist der Betrieb mit einem einzigen Motorwagen eröffnet worden. In Todtnau ist bei drei Betriebswagen auch kein Bereitschaftswagen vorhanden, weil durch einen solchen die gesamten Beschaffungskosten auch noch zu sehr erhöht würden. Man setzt sich lieber gelegentlichen kleinen Betriebsunregelmäßigkeiten aus, namentlich wenn die Wagen nur während eines Teiles des Jahres im Betriebe sind und während der übrigen Zeit hinreichend Gelegenheit für größere Ausbesserungsarbeiten verbleibt. Die Arbeiten zur Instandhaltung der Maschinen und des Triebwerkes nehmen sowohl bei Benzin- als bei elektrischen Wagen nicht viel Zeit in Anspruch, da sie sich im wesentlichen auf die Auswechslung abgenutzter oder schadhafter Teile beschränken. In größeren städtischen Betrieben rechnet man auf je vier bis fünf Betriebswagen einen Bereitschaftswagen, der dann aber in Zeiten besonders starken Verkehrs mit in Dienst gestellt wird, also doch kein reiner Ersatzwagen ist.

Stadtbahnbetrieb.

Von
Richard Petersen,

Oberingenieur der Continentalen Gesellschaft für elektrische Unternehmungen, Neubabelsberg bei Berlin.

1. Übersicht über die bestehenden Stadtbahnen.

Mit „Stadtbahnen" bezeichnet man solche Bahnanlagen, die dem inneren Verkehr einer Großstadt dienen. Jedoch ist der Begriff im allgemeinen Sprachgebrauch nicht klar begrenzt. Gelegentlich werden auch Anlagen für den Güterverkehr darunter verstanden; in Österreich werden meistens die Straßenbahnen mit diesem Namen belegt. Hier sollen unter „Stadtbahnen" nur solche Bahnen verstanden werden, die lediglich dem inneren Personenverkehr einer Großstadt dienen, und die auf besonderem Bahnkörper, getrennt von dem übrigen Straßenverkehr, über oder unter ihm geführt werden.

Tabelle 1.
Auf Stadtbahnen beförderte Reisende.[1]

	Millionen					
	1901	1902	1903	1904	1905	1906
New York						
Manhattan Railway Co.	190·0	215·2	246·5	286·6		
Interborough Rapid Transit Co. .					339·1	395·7
London						
Metropolitan and Metropolitan District	?	164·3	175·0	175·0	172·4	180.8
Central London Railway Co. . .	41·2	45·3	44·9	44·8	44·7	43·1
City and South London Railway Co.	12·9	19·1	18·2	17·6	17·3	20·3
Great Northern and City Railway Co.	—	—	—	8·7	16·2	17·4
Waterloo and City Railway Co. .	5·4	5·8	5·8	6·0	6·0	6·1
London	?	234·5	243·9	252·1	256·6	267·7

[1] In dieser Tabelle sind bei den englischen Bahnen auf die Zeitkarte jährlich 1000 Fahrten angenommen, bei der Berliner Stadt- und Ringbahn monatlich 60 Fahrten (viel zu niedrig; rechnet man 120 Fahrten, was wahrscheinlicher ist, so erhöhen sich die Ziffern für die Berliner Stadt- und Ringbahn um rund 30 $^0/_0$).

Benutzte Quellen:

Report of the Royal Commission on London Traffic,
Railway Returns,
American Street Railway Investments,

Österreichische Eisenbahnstatistik,
Statistisches Jahrbuch der Stadt Berlin,
Annuaire statistique de la ville de Paris.
Geschäftsberichte der einzelnen Gesellschaften.

	Millionen					
	1901	1902	1903	1904	1905	1906
Paris						
Compagnie du Chemin de fer Métro-politain	55·8	72·1	118·2	140·2	178·8	201·2
Berlin						
Stadt- u. Ringbahn, Ortsverkehr .	88·6	91·7	97·6	110·7	124·6	138·5
Gesellschaft für elektr. Hoch- und Untergrundbahnen	—	18·8	29·6	32·1	34·5	37·8
Berlin	88·6	100·5	127·2	142·8	159·1	176·3
Chicago						
Metropolitan West Side Elevated Railway Co.	?	?	39·5	41·4	41·6	46·2
South Side Elevated Railroad Co.	26·3	28·6	32·5	30·4	32·9	34·4
North Western Elevated Railroad Co. . . . :	20·3	23·3	24·9	25·5	26·8	29·1
Chicago and Oakpark Elevated Rail-road Co..	15·4	15·8	?	16·1	16·1	?
Chicago			113·4	117·4		
Wien						
Stadtbahn	32·2	33·8	32·0	29·9	29·6	?
Liverpool						
Overhead Railway Co.	10·8	10·5	11·4	11·2	11·2	11·0
Mersey Railway Co.	10·9	7·6	9·2	11·6	12·6	13·9
Barmen-Elberfeld						
Schwebebahn	3·6	4·0	8·0	9·3	10·2	11·6
Budapest						
Franz-Josef-Untergrundbahn . .	3·2	3·0	2·9	2·9	3·0	?

Tabelle 1 gibt eine Übersicht über den Verkehr auf Stadtbahnen und bietet ein Bild von großer Mannigfaltigkeit: von der kleinen Unterpflaster-bahn in Budapest mit einem Jahresverkehr von 3 Millionen Reisenden bis zu dem gewaltigen Netz von Hoch- und Untergrundbahnen auf der Manhattan-Halbinsel in New York, auf dem die Interborough Rapid Transit Co. an 400 Millionen Reisende im Jahr befördert. In der Tabelle fehlen außer einigen kleineren die Stadtbahnen von Brooklyn, Boston und Philadelphia, die gemeinsam mit Straßenbahnen verwaltet werden. Ge-trennte statistische Angaben über diese Stadtbahnen sind anscheinend nicht veröffentlicht. Zum Vergleich mit den Zahlen der Tabelle 1 diene, daß im Jahre 1905 auf den preußischen Staatsbahnen insgesamt 787 Millionen Reisende befördert wurden.

Abb. 1 bis 9 zeigen die Lage, Ausdehnung und Bauweise der wichtig-sten Stadtbahnen.[1] Eine Zeichenerklärung hierzu befindet sich unter Abb. 7.

Stadtbahnen sind eine Eigentümlichkeit der Weltstädte. Sie kommen allerdings auch in Städten mit weniger als 1 Million Einwohner vor, doch erklärt sich dies aus den besonderen örtlichen Verhältnissen, z. B. bei Barmen-Elberfeld aus der Form des Stadtplanes, der sich in einem schmalen, scharf eingerissenen Tale derartig in die Länge streckt, daß es hier über-haupt nur eine einzige ausgesprochene Verkehrsrichtung gibt.

---

[1] Kemmann, Zur Frage der Wirtschaftlichkeit städtischer Schnellbahnen. Glasers Annalen 1908, Bd. 62, Nr. 734.

Das wichtigste Verkehrsmittel der Großstädte bilden sonst die Straßenbahnen. Sie genügen aber dem Verkehr nur bis zu einer gewissen Größe des Stadtgebietes.

Mit dem Anwachsen der Großstädte vollzieht sich eine zunehmende Scheidung in Geschäftsstadt, Industrieviertel und Wohngebiete. Immer häufiger wird es, daß Wohnung und Arbeitsstätte, die Orte der geschäftlichen Tätigkeit, die Versorgungsstätten des Lebensbedarfs, die Orte des Vergnügens und der Erholung durch Entfernungen getrennt sind, die in der Regel zu Fuß nicht mehr zurückgelegt werden können. In den meisten Städten, deren Einwohnerzahl 1 Million übersteigt, sind die Entfernungen zwischen der Geschäftsstadt und den außen liegenden Wohngebieten, oder vielmehr die Fahrzeiten der Straßenbahnen für diese Entfernungen zu lang geworden, als daß sie von der erwerbstätigen Bevölkerung regelmäßig mehrmals täglich geopfert werden könnten. Die Folge davon ist, daß der weitere Anbau von Wohnvierteln am Rande der Stadt ins Stocken gerät, dagegen neue Vororte an den am günstigsten gelegenen benachbarten Eisenbahnhaltestellen emporblühen. Lehrreich ist beispielsweise das Wachstum der Berliner Vororte in seiner Abhängigkeit von den Eisenbahnanlagen.

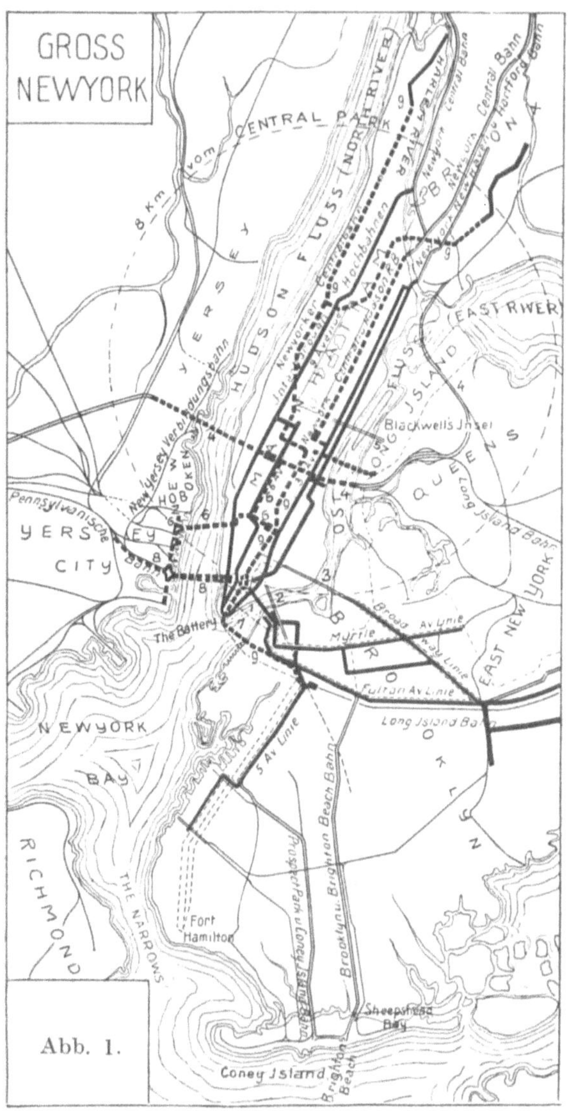

1. Alte East River-Brücke. 2. Manhattan-Brücke. 3. Williamsburg-Brücke. 4. Tunnel der Pennsylvanischen Bahn. 5. Brücke über die Blackwells Insel. 6. New-York and Jerseybahn. 7. Tunnel der Untergrundbahn. 8. Hudson and Manhattanbahn. 9. Untergrundbahn.

Charlottenburg, Schöneberg, Rixdorf und andere Vororte begannen ihre stürmische Entwicklung mit der Eröffnung der Berliner Stadt- und Ringbahn 1882.

	Einwohnerzahl	1880	1905
Charlottenburg		31000	239000
Rixdorf		19000	153000
Schöneberg		11000	141000
Wilmersdorf		3000	63000

Seit der Einführung eines billigen Vororttarifs auf den von Berlin ausgehenden Staatsbahnen 1891 sind gewachsen:

	Einwohnerzahl	1890	1905
Steglitz		13000	33000
Groß-Lichterfelde		9000	34000
Pankow		7000	29000
Reinickendorf		10000	22000

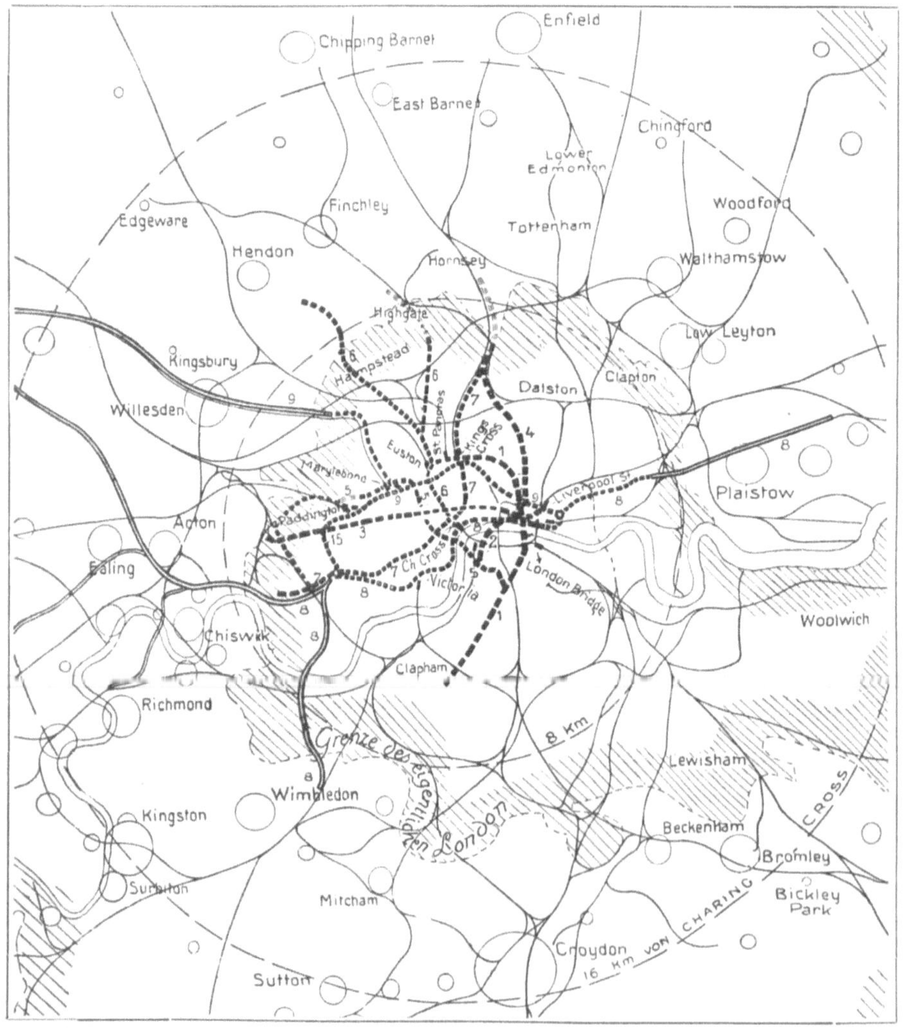

Abb. 2. London.

1. City and South London. 2. Waterloo and City. 3. Central London. 4. Great Northern and City
5. Bakerstreet Waterloo. 6. Charing Cross Euston and Hampstead.
7. Great Northern, Piccadilly and Brompton. 8. District. 9. Metropolitan.

Die weitere Ausdehnung der außengelegenen Wohnviertel hat zur Vorbedingung, daß die Fahrzeit nach der Geschäftsstadt ein gewisses Zeitmaß nicht überschreitet. Dieses Zeitmaß selbst ist veränderlich nach der Größe der Stadt. Während man bei Städten in der Größe von Breslau, München, Köln, Frankfurt als zulässige mittlere Entfernung zwischen Wohnung und Arbeitsstätte einen Zeitaufwand von etwa 20—30 Minuten annimmt, steigt

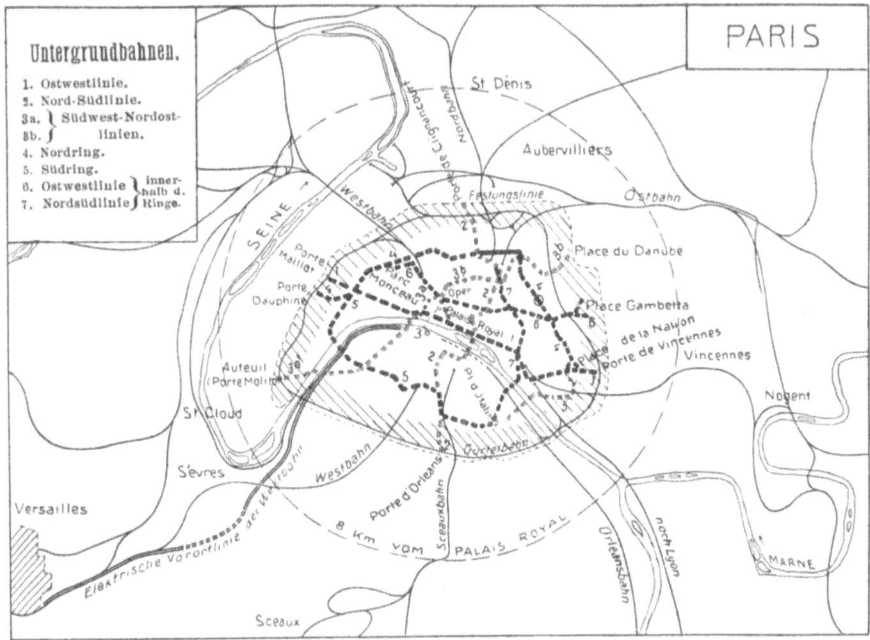

Abb. 3.

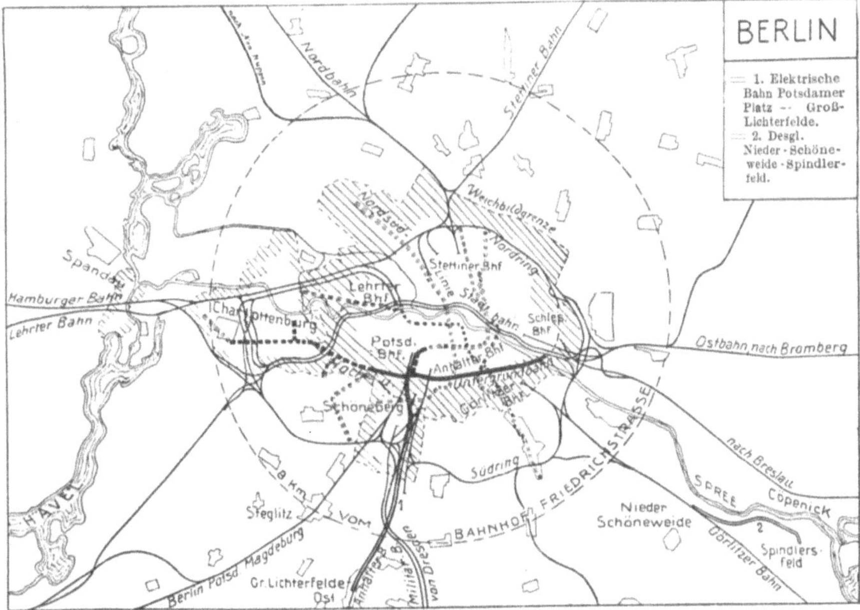

Abb. 4.

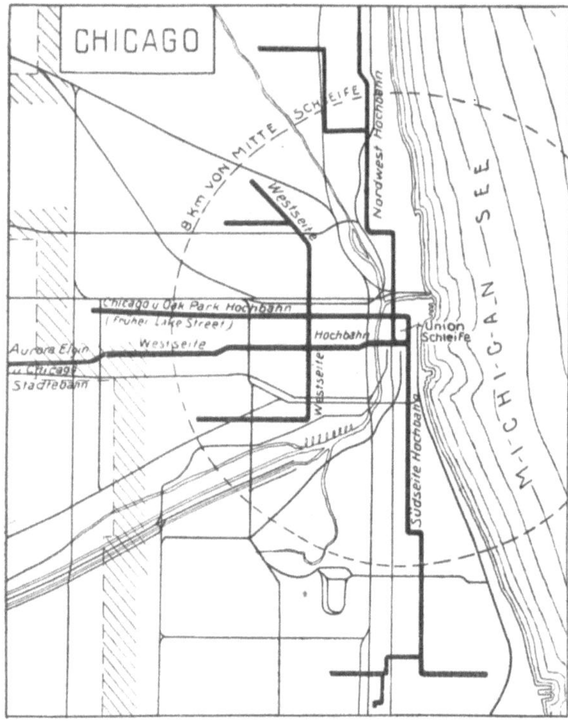

Abb. 5.

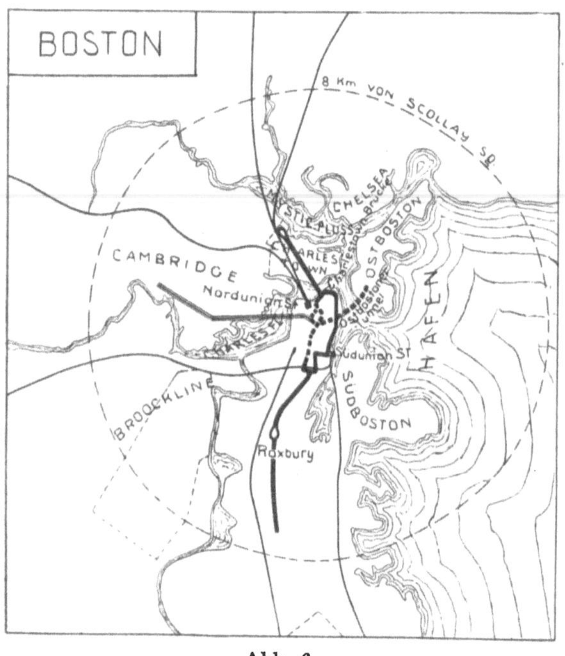

Abb. 6.

dieser Wert in Hamburg bereits auf etwa 30—45 Minuten. Für NewYork, London und Berlin darf man vielleicht 45—60 Minuten annehmen. Eine von der Geschäftsstadt ausgehende Bahn, die mit der dreifachen Geschwindigkeit der bisherigen Verkehrsmittel fährt, verdreifacht die Entfernung, bis zu der das Gelände für Wohnzwecke benutzbar ist. Die notwendige große Fahrgeschwindigkeit kann aber nur dadurch erreicht werden, daß die Bahnen aus dem Niveau herausgehoben werden, auf dem sich der übrige Straßenverkehr abwickelt. Je mehr eine Großstadt (London, NewYork, Paris, Berlin) anwächst, um so mehr treten in dem gesamten Verkehrsproblem die Stadtbahnen in den Vordergrund. Sie bilden die großen Schlagadern des Verkehrs, während die feinere Verästelung von ihnen aus durch die Straßenbahnen und Omnibusse besorgt wird. Diese behalten im übrigen durchaus ihre Bedeutung für den Nahverkehr und nehmen keinesfalls in ihren Leistungen ab, jedoch bilden sie sich allmählich um zu einem System aneinander gereihter lokaler Bahnnetze der einzelnen Stadtbezirke.

Den Stadtbahnen fallen demnach ganz

ähnliche Aufgaben zu wie den Straßenbahnen, nur mit dem Unterschied, daß sie die Transporte auf größere Entfernungen zu übernehmen haben. Das führt selbstverständlich zur Forderung einer möglichst hohen Fahrgeschwindigkeit, die begrenzt wird durch die Rücksicht auf die Krümmungsverhältnisse der Bahn und durch den Abstand der Haltestellen. Der Vorteil einer höheren Fahrgeschwindigkeit gegenüber der Straßenbahn kann aber nur dann voll ausgenutzt werden, wenn er vereinigt ist mit ausreichender Häufigkeit der Fahrgelegenheit, denn der Vorteil der

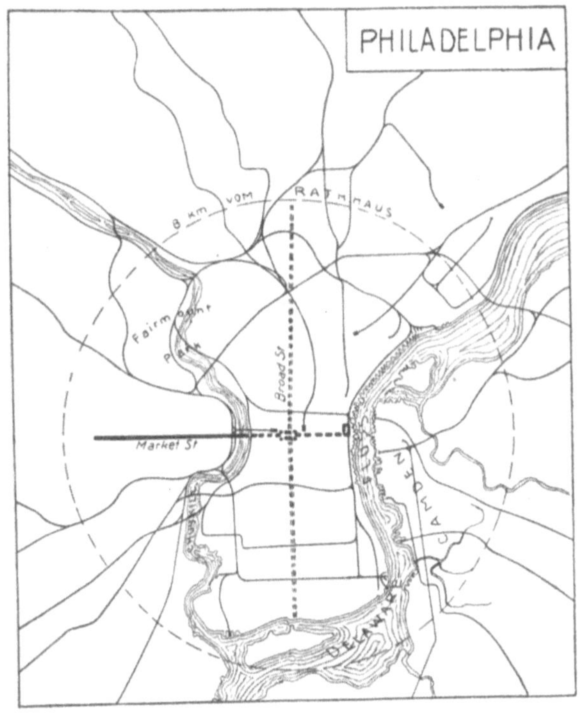

Abb. 7.

schnelleren Beförderung geht verloren, wenn er erkauft wird durch eine lange Wartezeit auf den Haltestellen. Daher entspricht es dem vorliegenden Verkehrsbedürfnisse viel besser, kurze Züge in kurzen Zwischenräumen als lange Züge in langen Abständen zu befördern. Es handelt sich ferner fast ausschließlich um die Beförderung von Personen, nicht um diejenige von Gütern; von Gepäck meist nur in dem Umfang, als es von den Fahrgästen selbst mitgenommen werden kann. Daher sind die Stationsaufenthalte kurz.

Zeichen-Erklärung zu Abb. 1—9.

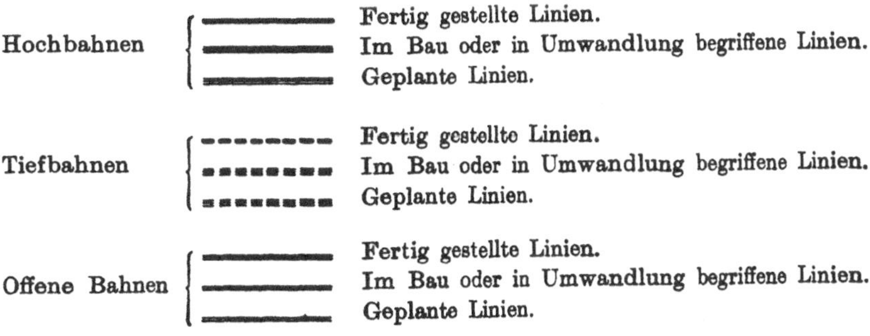

Hochbahnen		Fertig gestellte Linien.
		Im Bau oder in Umwandlung begriffene Linien.
		Geplante Linien.
Tiefbahnen		Fertig gestellte Linien.
		Im Bau oder in Umwandlung begriffene Linien.
		Geplante Linien.
Offene Bahnen		Fertig gestellte Linien.
		Im Bau oder in Umwandlung begriffene Linien.
		Geplante Linien.

Die Stadtpläne (Abb. 1—9) sind nach demselben Maßstabe gezeichnet.

Manche Einrichtungen der Fernbahnen, so namentlich die für den Güterverkehr, haben für den Stadtbahnbetrieb gar keine Bedeutung. Es

ist nicht unwichtig, sich dies vor Augen zu halten, da die älteren Stadtbahnen entstanden sind in Anlehnung an die Normalien, die sich bei den
Fernbahnen als zweckmäßig herausgebildet hatten. Daher schleppt man
auch heute noch bei einzelnen Stadtbahnen manches mit sich herum,
dessen Vorhandensein nur aus der Macht der Gewohnheit zu erklären ist.
Es wird sich deshalb empfehlen, zunächst die besonderen Bedingungen
des Stadtbahnbetriebes zu erörtern.

Abb. 8.

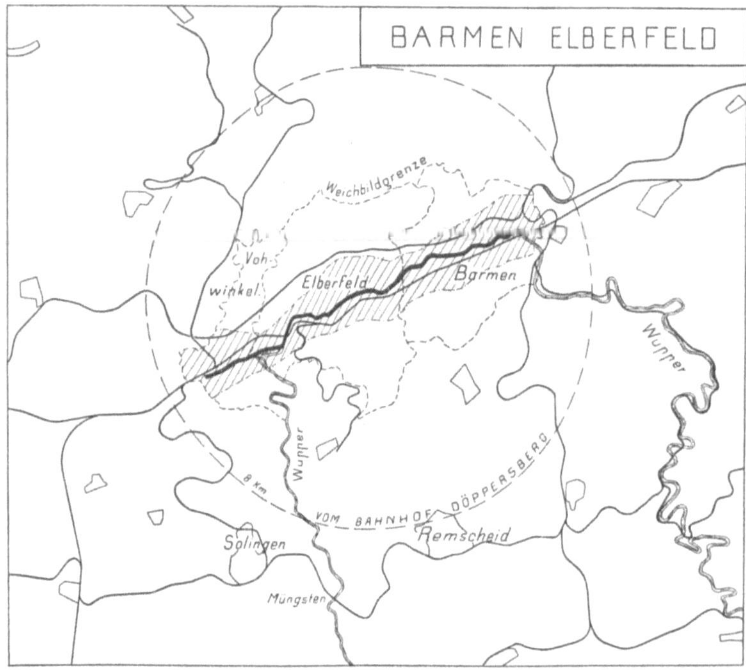

Abb. 9.

2. Personenverkehr in Großstädten.

Über die Beziehungen zwischen Einwohnerzahl und Personenverkehr auf öffentlichen Verkehrsmitteln gibt Tabelle 2 einen gewissen Anhalt.

Tabelle 2.

Straßenbahnverkehr 1905.

	Einwohner-zahl	Fahrgäste Millionen	Jährliche Fahrten auf den Kopf der Be-völkerung	Durchschn. Fahrpreis vom Reisenden Pfennige
Berlin mit 29 Vororten . .	2 993 000	419·4[1])	140	9·5
Hamburg-Altona	971 000	145·4	150	10·4
München	538 000	54·6	101	9·9
Dresden	514 000	82·3[2])	160	10·8
Leipzig	503 000	80·2	159	9·2
Breslau	471 000	49·1	104	8·2
Köln	429 000	65·2	152	9·1
Frankfurt a. M.	395 000	64·2	163	9·4
Nürnberg-Fürth . . .	355 000	22·3	63	9·1
Barmen-Elberfeld	319 000	26·5[3])	83	9·4
Düsseldorf	253 000	26·4	105	10·3
Stuttgart	250 000	24·4	98	8·9
Chemnitz	244 000	17·4	71	9·6
Magdeburg	241 000	26·1	109	8·8
Essen	231 000	17·8	77	10·8
Stettin	224 000	14·0	62	9·2
Königsberg	224 000	13·7	61	10·7
Bremen	215 000	22·5	105	9·6

Gesamter Ortsverkehr.

(Eisenbahnen, Straßenbahnen und Omnibusse).

	Einwohner-zahl	Fahrgäste Millionen	Jährliche Fahrten auf den Kopf der Be-völkerung
	rund		
1906 Berlin	3 000 000	754	250
1905 Paris	3 700 000	707	190
1904 London	6 850 000	1164	170
1904 New York	3 840 000	1072	280

Wichtig ist in der Tabelle die Zahl der Fahrten, die jährlich auf den Kopf der Bevölkerung entfallen. 1905 waren dies in Städten wie

Stettin, Königsberg, Nürnberg-Fürth . . . . . . 61— 63 Fahrten.

München, Breslau, Düsseldorf, Bremen, Magdeburg . 101—109 „

Hamburg-Altona, Köln, Leipzig, Dresden, Frankfurt 150—163 „

Groß-Berlin (siehe Tabelle 5) . . . . 231 „

---

[1]) nur Straßenbahnen.　　[2]) einschließl. Außenlinien.　　[3]) einschließl. Schwebebahn. (Zeitschrift für Kleinbahnen, April 1907.)

Diese Ziffern werden natürlich von vielen Faktoren beeinflußt, vor allen Dingen durch die örtliche Lage der Stadt und die Gestalt der Boden-oberfläche. Anders sind die Verhältnisse in einer im Flachlande gelegenen Binnenstadt, deren Ausdehnung keine Hindernisse gesetzt sind, anders bei Seehäfen und gebirgiger Bodengestaltung. Ferner sprechen sich in diesen Ziffern die Lebendigkeit des wirtschaftlichen Lebens, die Gewohnheiten der Bevölkerung und der Einfluß des Klimas aus.

Unter Berücksichtigung der verschiedenen Faktoren, die die Zahl der Fahrten auf den Kopf der Bevölkerung bestimmen, bieten diese Ziffern ein bequemes Hilfsmittel für die Prüfung, ob Verkehrsschätzungen, die für neue Bahnunternehmungen gemacht werden, im Bereich der Möglich-keit und Wahrscheinlichkeit bleiben.

Über den Orts- und Vorortsverkehr in London, New York, Berlin und Paris geben die Tabellen 3 bis 6 eine Übersicht. Eine scharfe Trennung zwischen Orts-, Vororts- und Fernverkehr ist naturgemäß nicht möglich.

Tabelle 3.

London.

1. Juli 1903 bis 30. Juni 1904.

(Report of the Royal Commission on London Traffic VII, 24.)

	Millionen Reisende
Eisenbahnen:	
Metropolitan, Metropolitan District, Whitechapel and Bow, Hammersmith and City, West London and West London Extension, East London, North London, Central London, City and South London, Great Northern and City, Waterloo and City	
ohne den Fernverkehr	301
Straßenbahnen	405
Omnibusse	458
Zusammen	1164

Tabelle 4.

New York.

(Report of the Royal Commission on London Traffic IV, 81.)

Zahlende Reisende.

	Millionen			
	1901	1902	1903	1904
Metropolitan Street Railway Company	398	436	434	432
Manhattan Railway Company (Elevated) . . .	190	215	247	287
Brooklyn Rapid Transit	240	252	268	294
Coney Island and Brooklyn Railroad	30	36	33	33
Staten Island Rapid Transit Railroad Company .	4	6	6	6
Staten Island Midland Railroad	3	3	3	3
Staten Island Electric Railroad	4	4	5	4
New York and Queens County Railroad . . .	10	11	13	13
Zusammen	879	963	1009	1072

Von obigen Reisenden benutzten Übergangsfahrscheine

	Millionen			
	1901	1902	1903	1904
Metropolitan Street Railway Company	197	172	188	198
Manhattan Railway Company	—	—	—	—
Brooklyn Rapid Transit	46	51	53	57
Coney Island and Brooklyn Railroad	6	6	6	6
Staten Island Rapid Transit Railroad Company .	—	—	—	—
Staten Island Midland Railroad	0·4	0·4	0·4	0·3
Staten Island Electric Railroad	0·4	0·4	0·5	0·4
New York and Queens County Railroad . . .	2	2	2	2
Zusammen	252	232	250	264

Tabelle 5.

Berlin.

(Statistisches Jahrbuch der Stadt Berlin.)

	Millionen			
	1875	1885	1895	1905
Einwohnerzahl Groß-Berlins	1·051	1·458	2·089	2·993
Beförderte Personen auf:				
Straßenbahnen	18	87	168	419
Omnibuslinien	14	16	44	111
Stadt- und Ringbahn (Ortsverkehr) . . .	—	15	75	125
Hoch- und Untergrundbahn	—	—	—	35
Reisende auf öffentlichen Verkehrsmitteln insgesamt	32	118	287	690
Jährliche Fahrten auf den Kopf der Bevölkerung	31	82	137	231

Tabelle 6.

Paris 1905.

(Annuaire statistique de la ville de Paris.)

	Millionen Reisende
Eisenbahnen	
Chemin de fer métropolitain	179
„ „ „ de ceinture	30
„ „ „ de l'ouest (intra muros)	22
Straßenbahnen	340
Omnibusse	115
Dampfschiffe	21
Zusammen	707

Während in New York, Paris und Berlin der Stadtbahnverkehr von Jahr zu Jahr kräftig anwächst, zeigen die Untergrundbahnen in London einen Stillstand und teilweise einen Rückgang, obwohl der Gesamtverkehr Londons andauernd zunimmt.

Die Angaben über den New Yorker Verkehr gehen in den verschiedenen Statistiken auseinander. Nach der Tabelle 4 betrug er im Jahre 1904 1072 Millionen Reisende und, wenn man die Fahrgäste, die Übergangsfahrscheine benutzen, doppelt zählt, 1338 Millionen. Demgemäß wird die Zahl der Fahrten auf den Kopf der Bevölkerung bei einer Einwohnerzahl von 3·84 Millionen (diese Ziffer ist durch Interpolation ermittelt, also nicht genau) 280 bzw. 350 betragen, jenachdem die Reisenden mit Übergangsfahrscheinen einfach oder doppelt gezählt werden.

Ausführliches statistisches Material liegt vor über den Verkehr in Groß-Berlin[1]), d. h. in Berlin und seinen baulich mit ihm zusammenhängenden Vororten. Berlin bietet ein typisches Beispiel für die Verkehrsentwicklung in modernen Großstädten. Abb. 10 gibt eine Darstellung der Verkehrszunahme seit 1875.

Überwiegend sind die Straßenbahnen. Der Omnibusverkehr bleibt nicht weit hinter dem Verkehr der Stadt- und Ringbahn zurück. (Die Angaben über die Stadt- und Ringbahn sind jedoch zu niedrig, da die Zeitkarten

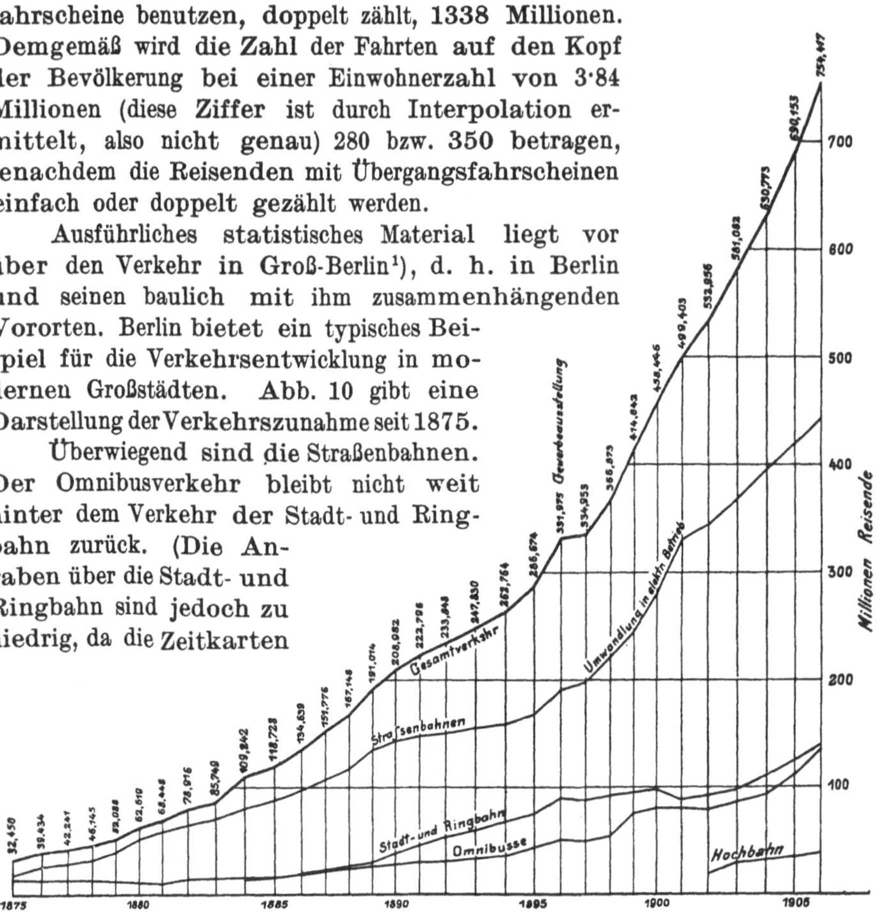

Abb. 10. Entwickelung des Personenverkehrs in Berlin 1875—1906.

mit nur 60 Fahrten monatlich gerechnet sind. In Wirklichkeit ist die Benutzung viel größer.) Bemerkenswert ist der Stillstand der Stadt- und Ringbahn während der Einführung des elektrischen Betriebes auf der Straßenbahn.

Abb. 11 gibt eine Übersicht über die Verteilung des Verkehrs auf dem Gebiet von Groß-Berlin für das Jahr 1904.[2]) Die Darstellung ist in der Weise entstanden, daß der Jahresverkehr der einzelnen Linien durch ihre Länge in Kilometern dividiert wurde. Wo mehrere Linien in denselben Straßenzug zusammenfielen, wurden die erhaltenen Ziffern addiert.

Beispielsweise ist für jedes Kilometer des am stärksten belasteten Straßenzuges der Potsdamer Straße ein Jahresverkehr zu rechnen:

---

[1]) Statistisches Jahrbuch der Stadt Berlin; Zeitschr. des kgl. preuß. statistischen Bureaus 1899. IV. Vierteljahrsheft; „Die Große Berliner Straßenbahn 1871 bis 1902", Julius Springer, Berlin.

[2]) Aus „Personenverkehr und Schnellbahnprojekte in Berlin" von Richard Petersen. Verlag G. Ziemsen, Berlin. 1907.

auf die Straßenbahn von . . . .   9·92 Millionen Reisende
auf die Omnibusse von . . . .   2·91   „   „

zusammen von   12·83 Millionen Reisende

Die Stadtbahn befördert zwischen Charlottenburg und Stralau-Rummels-
burg für jedes Kilometer Bahnlänge . .   5·67 Millionen Reisende
der Nordring . 1·33   „   „
der Südring . . 1·01   „   „
die Hoch- und Untergrundbahn im
westlichen Teil . 3·30   „   „
östlichen Teil . 2·75   „   „
Als Gesamtdurchschnitte ergeben sich die Zahlen der folgenden Tabelle.

Tabelle 7.

Anzahl der im Jahre 1904 in Berlin auf ein Kilometer Bahn-
(Straßen-)Länge beförderten Reisenden.

	Bahnlänge km	Millionen Reisende 1904	Millionen Reisende auf 1 km
Stadt- und Ringbahn	56·0	126·8	2·26
Straßenbahnen	332·0	394·6	1·19
Omnibusse	85·2	93·4	1·10
Hoch- und Untergrundbahn	11·2	32·1	2·87

Aus Abb. 11 ist zu sehen, daß die Stadtbahn nicht der Richtung des
dichtesten Verkehrszuges in Berlin folgt. Der Nordring hat für den Verkehr der Vororte mit dem inneren Berlin nur sehr geringe Bedeutung.
Diese liegt vielmehr in der Verbindung der Vororte untereinander. Beim
Südring, der Anschluß an den im Innern der Stadt gelegenen Potsdamer
Bahnhof hat, sind die Einwohnerzahlen der Gebiete um die Ringbahn-
stationen noch gering, daher ist auch hier der Verkehr noch verhältnismäßig schwach.

Abb. 12 gibt ein Bild der Dichtigkeit der Bevölkerung in Berlin 1903.
Jeder Punkt bedeutet 1000 Einwohner. Man wird aus derartigen Dar-
stellungen bequem die Einwohnerzahlen feststellen, die in einem gewissen
Umkreis (etwa 1 km) der Stadtbahnhaltestellen wohnen, um die Zahl der
Fahrten auf den Kopf der Bevölkerung in den verschiedenen Stadtgebieten
zu ermitteln und hieraus Rückschlüsse zu ziehen über die voraussichtliche
Größe des Verkehrs bei geplanten Neuanlagen.

Abb. 13 gibt eine Übersicht der aus den einzelnen Berliner Eisenbahnstationen im Jahre 1904 im Orts- und Vorortsverkehr (ohne den Fernverkehr) beförderten Reisenden.

In den letzten 30 Jahren ist die Einwohnerzahl Berlins auf das Dreifache, der Verkehr auf das Vierundzwanzigfache, die Zahl der Fahrten
auf den Kopf der Bevölkerung auf das Achtfache gestiegen.

Derartiges Wachstum läßt einen gewissen Optimismus bei den Verkehrsschätzungen sicher nicht unberechtigt erscheinen. Jedoch ist bei
manchen Stadtbahn-Unternehmungen der Optimismus viel zu weit gegangen (London); sie haben tatsächlich bei weitem nicht den Verkehr erreicht, der zu ihrer Rentabilität erforderlich wäre, und werden ihn in absehbarer Zeit nicht erreichen. Wenn es sich bei diesen Verkehrsschätzungen

auch immer um Millionen handelt, so darf man nicht vergessen, daß auch Millionen meßbare Werte sind.

Bei der Beurteilung der voraussichtlichen Rentabilität einer Stadtbahn bilden für die Schätzung des Gesamtverkehrs die gegenseitigen Beziehungen zwischen Verkehr und Verkehrsgelegenheit eins der schwierigsten Probleme.

Bei dem vielfach ineinander geflochtenen Berliner Liniennetz ist es nahezu unmöglich, die charakteristischen Erscheinungen einer einzelnen Linie herauszuschälen. Ein lehrreiches Beispiel bietet aber der Ortsver-

kehr in Barmen-Elberfeld. Diese Städte erstrecken sich 10 km lang in
dem meist nur wenige hundert Meter breiten Flußtal der Wupper, an
dessen Hängen zwei Eisenbahnlinien entlang laufen. Der Verkehr vollzieht sich daher größtenteils in der Längsrichtung des Tales; er wurde
bis zum Jahre 1895 hauptsächlich durch eine Pferdebahn bedient.

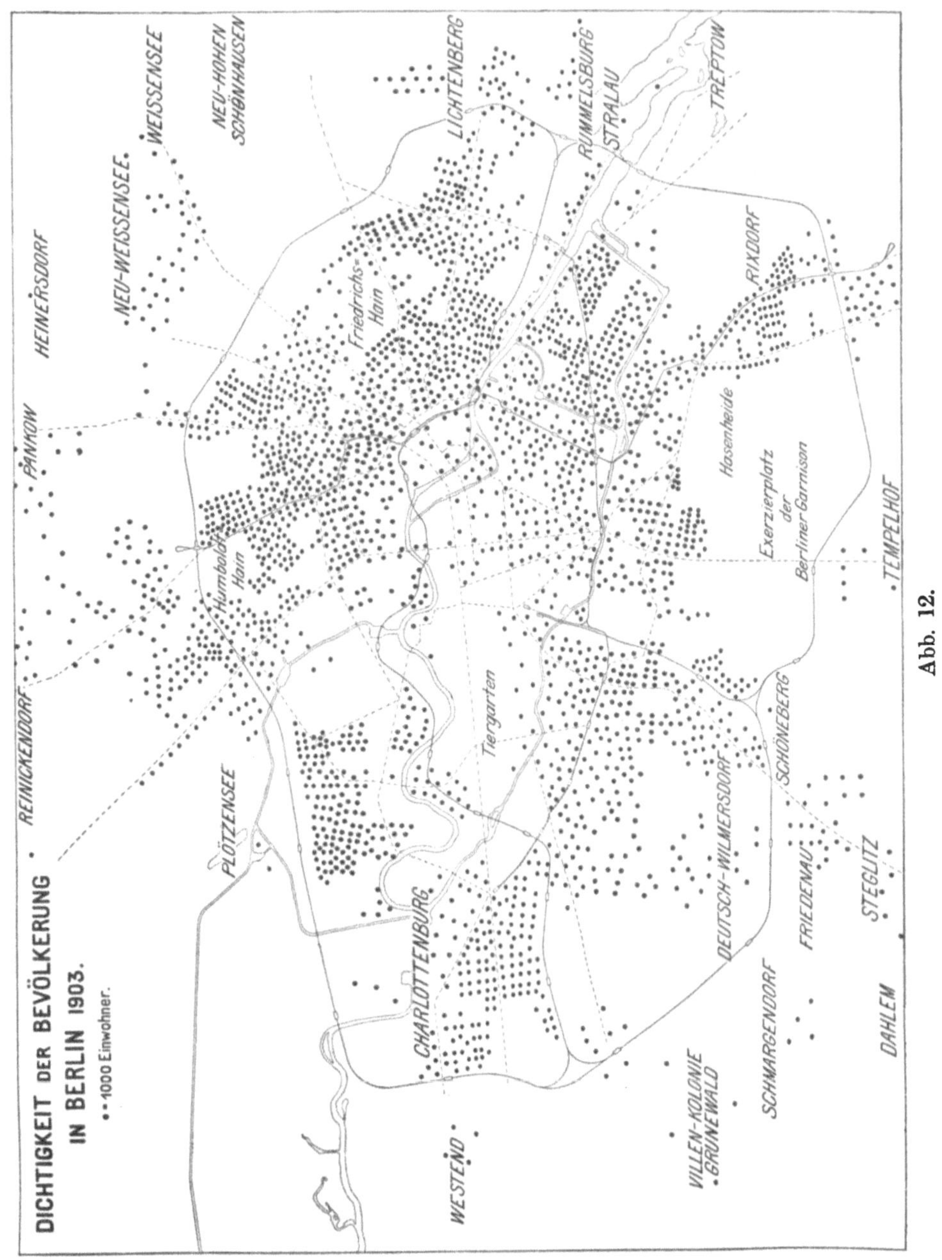

Abb. 14 zeigt, daß in den letzten acht Jahren dieses Pferdebahn-
betriebes ziemliches Gleichgewicht bestand zwischen Verkehrsgelegenheit
und Verkehr. Im Jahre 1896 wurde auf der Straßenbahn elektrischer

Betrieb eingeführt. 1897 trat ein Einheitstarif von 10 Pf. für beliebige
Entfernung an Stelle des früheren Staffeltarifes mit der Wirkung, daß
bereits im Jahre 1898 der Verkehr sich verdoppelt hatte. Das Ansteigen der Verkehrskurve in Abb. 14 zeigt, daß sie sich mit dem Jahre

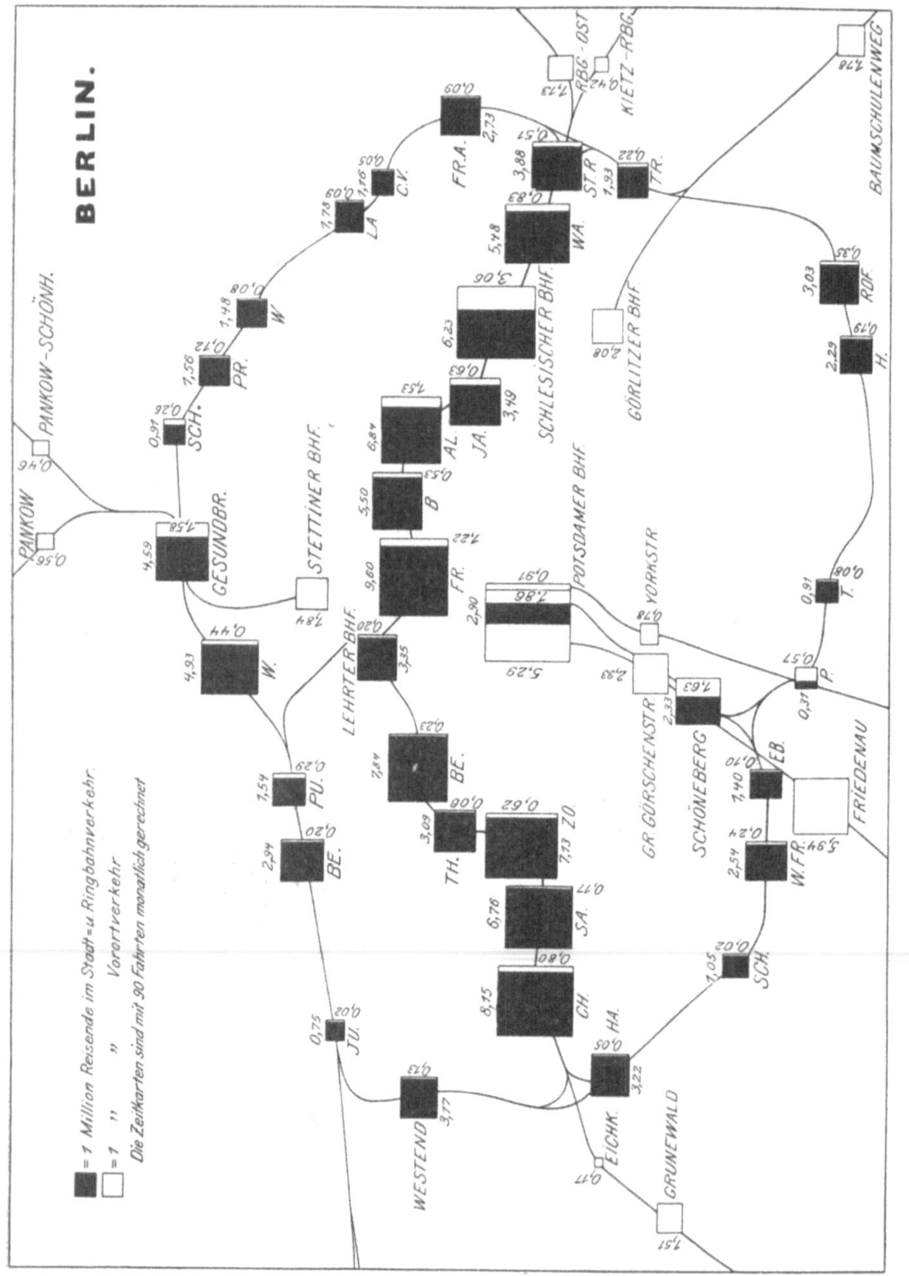

Abb. 13. Stadt- und Vorortsverkehr auf den Berliner Eisenbahnstationen 1904.

1900 wieder dem Zustand nähert, wo der Verkehr mit der Verkehrsgelegenheit im Gleichgewicht ist. Die im Jahre 1901 eröffnete erste
Teilstrecke der Schwebebahn gibt dem Verkehr erneuten Aufschwung,
ebenso die Eröffnung der Schwebebahn-Schlußstrecke nach Barmen im

Jahre 1903. Wenn man etwas oberhalb der Ordinate von 1900 eine Wagerechte zieht, so erhält man oberhalb dieser Wagerechten den durch die Schwebebahn neu geschaffenen Verkehr, während unterhalb der Anteil des Verkehrs erkennbar ist, der von der Straßenbahn auf die Schwebebahn übergegangen ist, der also vorher nur deswegen der Straßenbahn zugefallen war, weil eine Schnellbahn fehlte. Der heutige Gesamtverkehr von Barmen-Elberfeld ist über dreimal so groß wie in der Zeit von 1888 bis 1895, und die Schwebebahn, als das schnellere Verkehrsmittel, hat den größeren Teil an sich genommen.

In der bisherigen Verkehrsentwicklung Berlins (vgl. Abb. 10) sind noch keine Anzeichen dafür bemerkbar, daß in naher Zeit ein solches Gleichgewicht zwischen Verkehr und Verkehrsgelegenheit zu erwarten ist.

Die Zunahme des großstädtischen Verkehrs im ganzen beruht darin, daß einmal die Einwohnerzahl wächst, andererseits auch

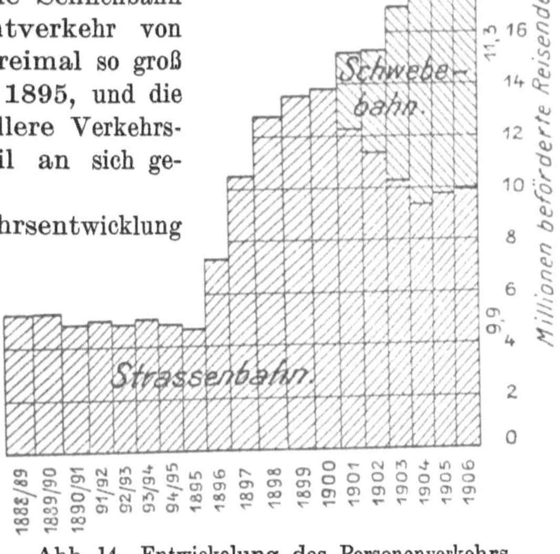

Abb. 14. Entwickelung des Personenverkehrs
in Barmen-Elberfeld.

die Zahl der Fahrten auf den Kopf der Bevölkerung. Die Bevölkerungszunahme ist abhängig von der Gestaltung des gesamten wirtschaftlichen Lebens. Die Zahl der Fahrten auf den Kopf der Bevölkerung steigt mit der zunehmenden räumlichen Ausdehnung der Stadt, doch ist selbstverständlich, daß diese Zahl nicht unbegrenzt weiter wachsen kann, da ja die Großstadtbewohner auch noch anderes zu tun haben, als die Verkehrsmittel zu benutzen. Wie groß der erreichbare Höchstwert sein wird, läßt sich mit einer bestimmten Ziffer nicht angeben, doch scheint es sicher, daß das weitere Anwachsen dieser Zahl etwas langsamer vor sich gehen wird.

Für die richtige Bemessung des Fassungsraumes der Züge ist nun ferner wichtig zu wissen, daß je nach der Jahreszeit und noch viel mehr nach den Tagesstunden ganz erhebliche Schwankungen des Verkehrs stattfinden. Ihre Art ist auf den einzelnen Bahnlinien außerordentlich verschieden. Jede einzelne Linie hat ihre ganz charakteristische Jahres-, Wochen- und Tageskurve.

Abb. 15 zeigt die monatlichen Schwankungen auf der Berliner Stadt- und Ringbahn, der elektrischen Hoch- und Untergrundbahn und auf der Großen Berliner Straßenbahn. Hier finden sich bereits große Unterschiede. In den Sommermonaten macht sich bei der Stadtbahn, und noch mehr bei der elektrischen Hoch- und Untergrundbahn, die Ferienzeit durch Abnahme des Verkehrs bemerkbar, während bei der Ringbahn in der gleichen Zeit die erhöhte Bautätigkeit eine Zunahme des Verkehrs bewirkt. Abb. 16 zeigt den Monatsverkehr der Pariser Untergrundbahn, wo der Verkehrsrückgang in der sommerlichen Ferienzeit noch stärker ist.

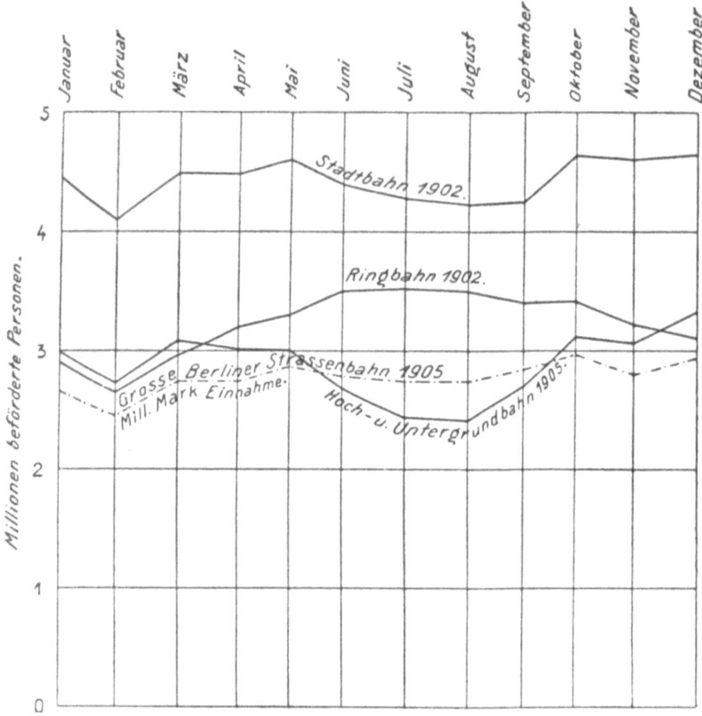

Abb. 15. Monatliche Verkehrsschwankungen in Berlin.

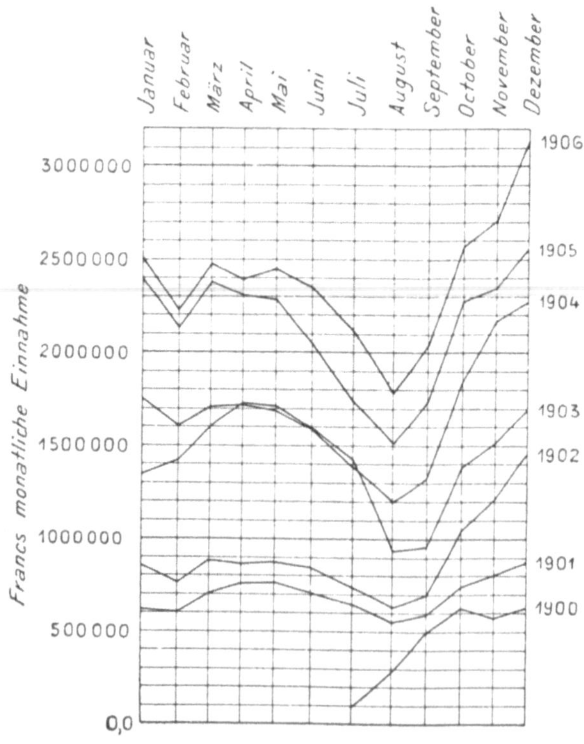

Abb. 16. Monatliche Verkehrsschwankungen auf dem Métropolitain, Paris.

Viel größer aber sind die Schwankungen des Stundenverkehrs, und jede Bahnlinie hat ihre besondere Form, die sich aber mit der Jahreszeit ändert und allgemein Werktags ein ganz anderes Bild zeigt als am Feiertag.

Einige Beispiele hierfür bieten die Abb. 17 und 18 über den Stundenverkehr auf der Großen Berliner Straßenbahn (entnommen aus „Die Große Berliner Straßenbahn 1871 bis 1902", Julius Springer, Berlin) und Abb. 19, die den Gesamtverkehr darstellt, der an einem durchschnittlichen Werktag auf Eisenbahnen, Straßenbahnen und Omnibussen nach und von der Geschäftsstadt Londons flutet.[1])

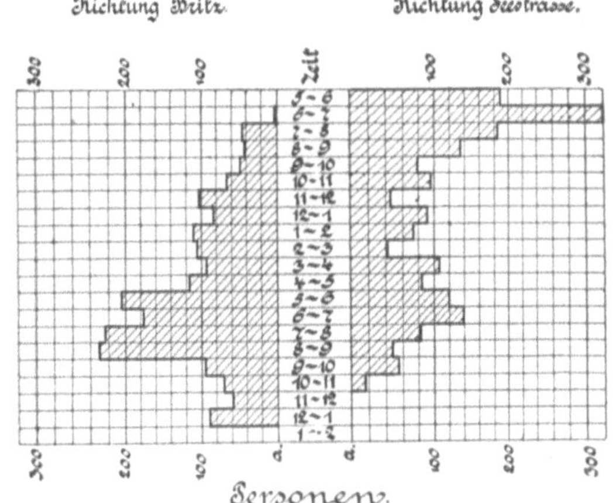

Abb. 17. Stündliche Verkehrsschwankungen auf der Straßenbahnlinie Britz-Seestraße, 3. April 1901.

Diese Verkehrsschwankungen müssen bei jedem Bahnunternehmen sorgfältig beobachtet werden, denn sie sind von großem Einfluß auf die Platzausnutzung der Wagen, da man sich mit dem Platzangebot natürlich nur mit einer gewissen Annäherung dem Bedürfnis anpassen kann, und das Bedürfnis selbst sich von Tag zu Tag ändert.

Ist es schon an sich unbequem, zu gewissen Tagesstunden doppelt bis dreimal oder, wie in amerikanischen Städten, drei- bis fünfmal soviel Plätze wie im großen Durchschnitt der Tagesstunden in den Zügen bieten zu müssen, so wäre doch immer eine leidliche Platzausnutzung möglich, wenn der ausgehende Verkehrsstrom ebenso groß wäre wie der eingehende. Dies ist aber in den Stunden des Hauptverkehrs nicht der Fall, und die Notwendigkeit, den Betrieb in diesen Stunden zu verstärken, ist mit dem Übelstand verbunden, daß die meisten Züge leer zurückgefahren werden müssen.

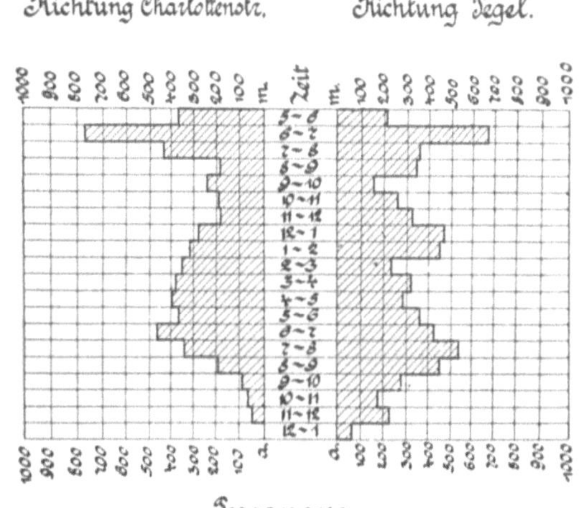

Abb. 18. Stündliche Verkehrsschwankungen auf der Straßenbahnlinie Charlottenstraße-Tegel, 28. Jan. 1902.

Von großer Bedeutung ist ferner die durchschnittliche Wegelänge des einzelnen Reisenden. Sie ist abhängig von der ganzen Stadtanlage,

---

[1]) Report of the Royal Commission on London Traffic.

beispielsweise auf der langgestreckten Manhattan-Insel in New York viel größer als in Paris, wo der Schnellbahn außerdem noch der kurze Verkehr zufällt, den anderswo die Straßenbahn besorgt. Die Wegelänge steht auch in einer gewissen Beziehung zu den Tarifen. So z. B. hatte die Einführung eines Einheitstarifes an Stelle des früheren Zonentarifes meistens eine beträchtliche Vergrößerung der durchschnittlichen Wegelänge zur Folge.

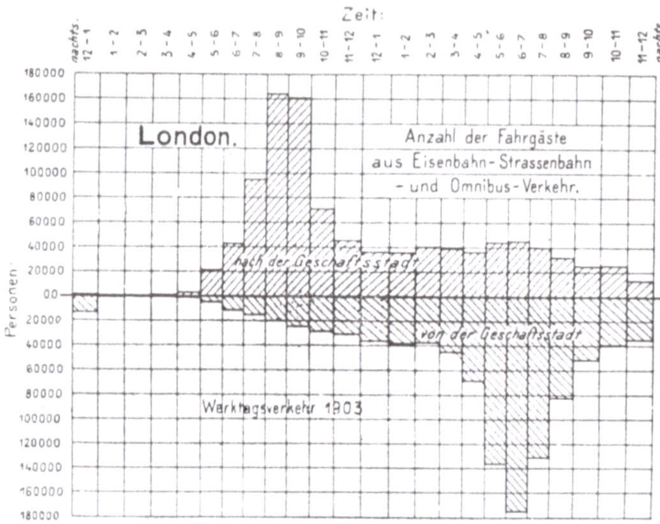

Abb. 19. Stündliche Verkehrsschwankungen in London.

Endlich kommt noch in Frage, ob während der Fahrt auf eine mehrmalige Besetzung desselben Platzes gerechnet werden kann. Das ist möglich bei Bahnen, die aus einem Wohnviertel durch die Geschäftsstadt nach einem anderen Wohnviertel führen, dagegen so ziemlich ausgeschlossen bei Vorortslinien, die nur bis an den Rand der Geschäftsstadt heranreichen, wie z. B. in Berlin bei den am Potsdamer und Stettiner Bahnhof endenden Vorortslinien.

Alle diese Faktoren beeinflussen die „Anzahl der auf ein Wagenkilometer beförderten Reisenden“, eine Ziffer, die für die Wirtschaftlichkeit einer Bahn nicht geringere Bedeutung besitzt, wie die durchschnittliche Fahrgeldeinnahme vom einzelnen Reisenden. Diese Ziffer ist bei den verschiedenen Bahnen sehr verschieden, bei einer bestimmten Bahn aber im Laufe der Jahre nur geringen Änderungen unterworfen (vgl. Tabelle 8).

Tabelle 8.
Reisende auf ein Wagenkilometer.

Straßenbahnen	1902	1903	1904	1905
Große Berliner Straßenbahn	4·4	4·5	4·5	4·3
Hamburger Straßenbahn	3·4	3·5	3·6	3·6
Straßenbahn in Köln	3·8	3·7	3·9	4·1
Straßenbahn in Frankfurt a. M.	4·1	4·2	4·1	4·1
Große Leipziger Straßenbahn	3·1	3·4	3·5	3·5
Münchener Trambahn	4·7	4·2	4·1	4·2

Straßenbahnen	1902	1903	1904	1905
Dresdener Straßenbahn	3·1	3·2	3·2	3·1
Städtische Straßenbahn in Dresden	2·9	2·8	2·8	2·8
Hannoversche Straßenbahn	2·7	2·8	2·6	2·7
Breslauer Straßen-Eisenbahn	4·3	4·4	4·5	4·5
Düsseldorfer Straßenbahn	3·3	3·2	3·4	3·5
Magdeburger Straßenbahn	3·5	3·6	3·8	3·7
Stuttgarter Straßenbahn	3·8	3·7	3·9	3 9
Bremer Straßenbahn	3·1	3·1	3·1	3·1
Leipziger elektrische Straßenbahn	2·8	2·9	2·9	2·9
Nürnberg—Fürther Straßenbahn	3·1	3·1	3·1	3·2
Westliche Berliner Vorortsbahn	3·1	3·3	3·5	3·5

(Aus der Zeitschrift für Kleinbahnen, April 1907.)

Stadtschnellbahnen	1905
London Waterloo and City Tiefbahn	7·9[1]
London Great Northern and City Tiefbahn	5·1[2]
Berlin Hochbahn	5·0
Paris Métropolitain	4·4
Barmen—Elberfeld Schwebebahn	4·2
Liverpool Hochbahn	3·7
Liverpool Merseytunnelbahn	3·4
Central London Tiefbahn	3·1
City and South London Tiefbahn	2·8
New York Interborough Rapid Transit Co.	2·6
Wiener Stadtbahn	1·8

3. Bedingungen der Rentabilität von Stadtbahnen.

Jede Rentabilitätsberechnung muß ihren Ausgang nehmen von den Betriebsausgaben. Nun bilden allerdings die Betriebsausgaben keinen eindeutig feststehenden Begriff. Die Ausgaben für die Geschäftsleitung, die Gehälter und Löhne für das Stations- und Zugbegleitungspersonal, für die elektrische Energie, sofern man diese von einem fremden Kraftwerk zu einem bestimmten Preise bezieht, können zwar bei den verschiedenen Bahnen ohne weiteres miteinander in Vergleich gestellt werden. Bei der Unterhaltung der Bahn und der Betriebsmittel jedoch ist es schwierig, eine scharfe Grenze zu ziehen zwischen den laufenden Unterhaltungs- und Wiederherstellungskosten und den Ausgaben für die Erneuerung einzelner Bestandteile der Bahnanlage, die in größeren Zeitabständen wiederkehren. Beispielsweise ist anzunehmen, daß in einem Zeitraum zwischen 15 und 25 Jahren der ganze Wagenpark durch einen neuen ersetzt werden muß, während inzwischen einzelne Teile der Wagen, Radreifen, Achsen, Lager, Bremsen wiederholt ersetzt wurden. In Deutschland ist es nun üblich, den in Abständen von wenigen Jahren wiederkehrenden Verbrauch an Radreifen, Bremsklötzen, Achsen, Rädern usw. in dem Jahresabschluß

---

[1]) Bahnlänge nur 2·5 km.
[2]) Bahnlänge nur 5·6 km.

unter den Betriebsausgaben zu verrechnen, während man für den Ersatz ganzer Wagen und des Bahnoberbaues einen besonderen Erneuerungsfonds schafft, dem jährlich gleichmäßige Rücklagen in solcher Höhe zugeführt werden, daß das erforderliche Kapital zur Verfügung steht, sobald die Notwendigkeit einer umfangreichen Erneuerung eintritt. Es kommt jedoch auch vor, daß einzelne Bahnen, um die Betriebsausgaben selbst gleichmäßiger zu gestalten, auch einen Teil der laufenden Unterhaltungskosten aus einem besonderen Fonds, beispielsweise „Erneuerungsfonds II" genannt, decken, dem jährlich gleichmäßige Rücklagen zugeführt werden, während die Entnahmen in den verschiedenen Jahren erheblichen Schwankungen unterworfen sind. Gerechtfertigt ist dies beispielsweise für den Anstrich eiserner Hochbahnen, der im allgemeinen etwa alle fünf Jahre erfolgen muß, und den man namentlich mit Rücksicht auf die schwankenden Witterungsverhältnisse nicht derartig verteilen kann, daß in jedem Jahre ein Fünftel der Bahn gestrichen wird. In den meisten Fällen wird die Konzession auf eine gewisse Reihe von Jahren unter der Bedingung erteilt, daß nach deren Ablauf die festen Bahnanlagen oder auch das ganze Unternehmen unentgeltlich in den Besitz der öffentlichen Körperschaften übergehen, welche die Zustimmung zur Benutzung der öffentlichen Wege zu erteilen haben. Es muß deshalb innerhalb dieser Frist auch das Anlagekapital getilgt werden, daher sind nötig jährliche Rücklagen in einen Kapitaltilgungsfonds. In vielen Fällen sind auch als Entgelt für die Benutzung öffentlicher Straßen Abgaben an die Gemeinden ausbedungen, sei es, daß ein bestimmter Bruchteil der Fahrgeldeinnahme oder in irgend einer Form ein Anteil am Reingewinn gegeben wird. Endlich soll noch, nachdem diese Ausgaben gedeckt sind, von den Einnahmen ein angemessener Überschuß übrig bleiben zur Verzinsung des Anlagekapitals.

Die gesamte Fahrgeldeinnahme, dividiert durch die Anzahl der beförderten Reisenden, ergibt die Durchschnittseinnahme vom Reisenden, eine Ziffer, die bei einem bestimmten Bahnunternehmen nur geringen Schwankungen unterworfen ist, so lange keine Tarifänderungen und keine Erweiterungen des Bahnnetzes vorgenommen werden. Da im Stadtbahnverkehr die von dem einzelnen Reisenden zurückgelegten Entfernungen bei weitem nicht den Schwankungen unterworfen sind wie im Eisenbahnfernverkehr, so ist es nicht zweckmäßig, hier die Einnahmen auf die gefahrenen Personenkilometer zu beziehen, vielmehr ist es richtiger, die Zahl der beförderten Personen zugrunde zu legen.

Die Fahrgeldeinnahme ist demnach bei einem bestimmten Unternehmen der Anzahl der beförderten Personen direkt proportional; man kann sie aber auch direkt proportional setzen der Anzahl der gefahrenen Wagenkilometer mit Rücksicht auf die Tatsache (vgl. Tabelle 8), daß die Ziffer „Reisende auf ein Wagenkilometer" bei einem bestimmten Bahnunternehmen im Laufe der Jahre nur geringen Schwankungen unterworfen ist, solange keine Erweiterungen des Bahnnetzes vorgenommen werden.

Die verschiedenen Posten aber, die aus den Fahrgeldeinnahmen gedeckt werden sollen, sind nur zum Teil von der Verkehrsleistung abhängig. Ganz unabhängig davon ist beispielsweise der erforderliche Betrag für eine bestimmte Verzinsung des Anlagekapitals und die Rücklage für Kapitaltilgung. Innerhalb weiter Grenzen unabhängig sind ferner unter den Betriebsausgaben die Kosten der allgemeinen Verwaltung und des Stations-

dienstes, dagegen den gefahrenen Wagenkilometern proportional beispielsweise die Kosten für den Zugförderungsdienst und für die Wagenunterhaltung. In ähnlicher Weise setzt sich die Rücklage für den Erneuerungsfonds
zusammen aus einem konstanten Betrag und einem solchen, der mit der
Verkehrsleistung anwächst.

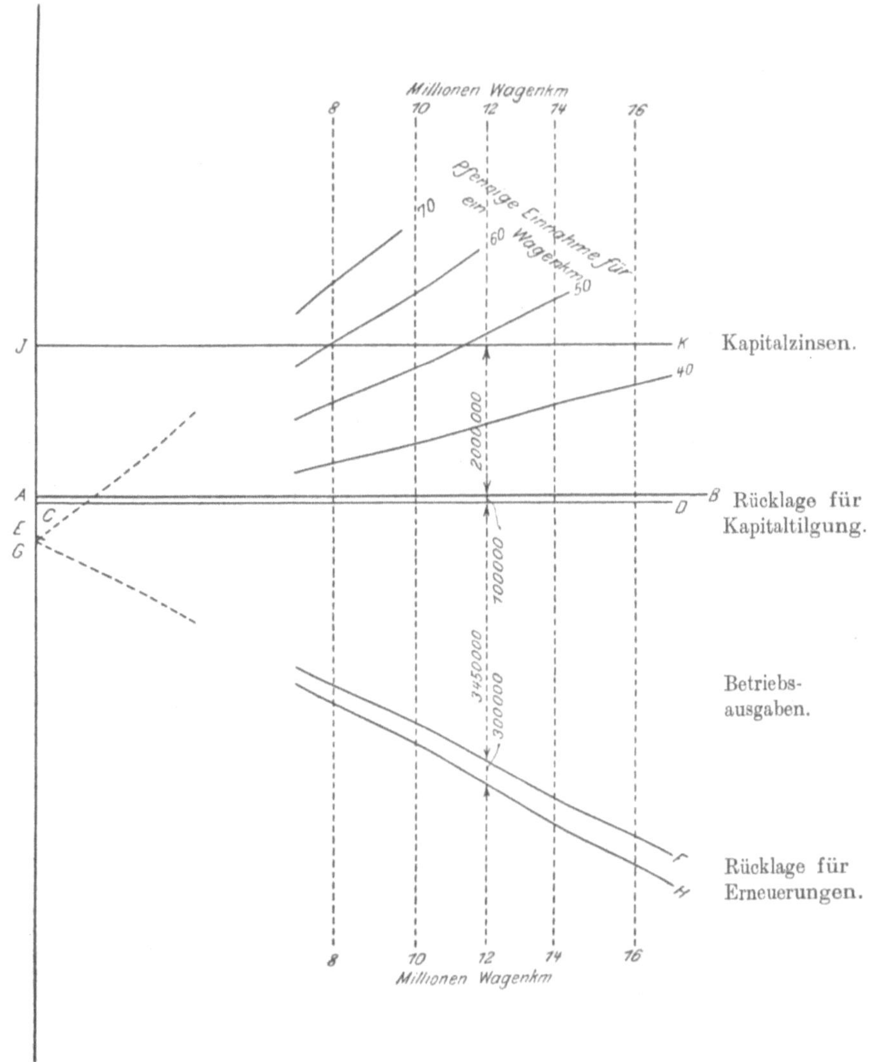

Abb. 20. Verkehrsleistung, Betriebsausgaben, Fahrgeldeinnahmen und Kapitalverzinsung.

Abb. 20 gibt eine schematische Darstellung der Beziehungen zwischen
den einzelnen Faktoren, die die Rentabilität eines Bahnunternehmens bedingen unter der Annahme, daß eine Verkehrsleistung zwischen 8 und
16 Millionen Wagenkilometern zu erwarten sei.

Wagerecht abgeteilt auf der Linie *A—B* ist die Verkehrsleistung in
Millionen Wagenkilometern. Für eine Leistung von 12 Millionen Wagenkilometern seien beispielsweise die Betriebsausgaben berechnet zu 3 450 000 M.
gleich dem senkrechten Abstand zwischen den Linien *C—D* und *E—F*,

die Rücklage in den Erneuerungsfonds zu 300000 M. gleich dem senkrechten Abstand der Linien $E—F$ und $G—H$. Das Anlagekapital betrage 50000000 M. 4 $^0/_0$ Verzinsung erfordern demnach 2000000 M. gleich dem senkrechten Abstand der Linien $A—B$ und $I—K$. Die Konzessionsdauer betrage 90 Jahre, demgemäß die jährliche Rücklage für Kapitaltilgung etwa 0,2 $^0/_0$ gleich 100000 M., entsprechend dem Abstand der Linien $A—B$ und $C—D$.

Wie gesagt seien die Betriebsausgaben und Rücklagen für eine Verkehrsleistung von 12 Millionen Wagenkilometern genau ermittelt. Durch eine Zerlegung der einzelnen Posten in den Teil, der mit der Verkehrsleistung anwächst, und den, der davon unabhängig ist, bestimmen sich die Ordinaten $C—E$ und $E—G$ im Koordinatenanfang. Hat man die vorgenannten Werte für eine Verkehrsleistung von x Wagenkilometern sorgfältig ermittelt, so darf man annehmen, daß einer Änderung der Verkehrsleistung eine Änderung der Ausgaben nach den Linien $E—F$ und $G—H$ entspricht, jedenfalls innerhalb des Bereiches $^2/_3\,x$ bis $^4/_3\,x$, wie vielfache Proben an den Betriebsergebnissen vorhandener Bahnen bestätigen.

Je nachdem man nun mit einer Einnahme von 40, 50, 60, 70 Pf. für das Wagenkilometer rechnet, stellen sich die Einnahmen dar als die senkrechten Abstände zwischen der Linie $G—H$ und den Linien $G—40$, $G—50$, $G—60$, $G—70$. Beispielsweise liest man aus dieser Darstellung ab, daß zu 4 $^0/_0$ Verzinsung auf 50000000 M. Anlagekapital bei einer Einnahme auf das Wagenkilometer

von 50 Pf. ein Verkehr von 11·2 Millionen Wagenkilometern
„ 60 „ „ „ „ 8·0 „ „
erforderlich ist.

Die Einnahme auf ein Wagenkilometer setzt sich zusammen aus der Anzahl der auf ein Wagenkilometer beförderten Personen multipliziert mit der Durchschnittseinnahme vom Reisenden. Beide Faktoren sind natürlich gleichwertig. Es ändert sich an dem Ergebnis nichts, wenn man den einen Faktor verkleinert, dafür den anderen aber entsprechend vergrößert.

Nimmt man eine bestimmte Wagenbesetzung an, beispielsweise vier Reisende auf ein Wagenkilometer, so geht die Abb. 20 über in die Abb. 21, bei der das schräg nach rechts steigende Strahlenbündel nunmehr den Durchschnittstarif bezeichnet, während an den Abszissen auch die Zahl der Reisenden abzulesen ist.

In diesem Falle würden 4 $^0/_0$ Verzinsung auf 50000000 M. Anlagekapital bei einer Durchschnittseinnahme auf den Reisenden

von 12·5 Pf. bei einem Verkehr von 45 Millionen Reisenden
„ 15·0 „ „ „ „ „ 32 „ „
erreicht.

Geht man aber von einer bestimmten Durchschnittseinnahme aus — der einfacheren Darstellung halber in diesem Falle etwa von 10 Pf. auf den Reisenden —, so geht die Abb. 20 über in die Abb. 22, wo das schräg nach rechts steigende Strahlenbündel die Wagenbesetzung angibt.

Die Ordinaten in der Abb. 22 sind Einnahmen. Sie lassen sich, da hier der Tarif feststeht, demnach ausdrücken auch als Anzahl der be-

förderten Personen, die abzulesen ist an einem System von parallelen Linien
zu der Linie $G—H$.

4 % Verzinsung auf 50 000 000 M. Anlagekapital werden bei einer
Durchschnittseinnahme von 10 Pf. erreicht mit einer Wagenbesetzung von

Reisenden auf ein Wagenkilometer	bei einem Verkehr von Millionen Reisenden
6	48
5	56
4	79

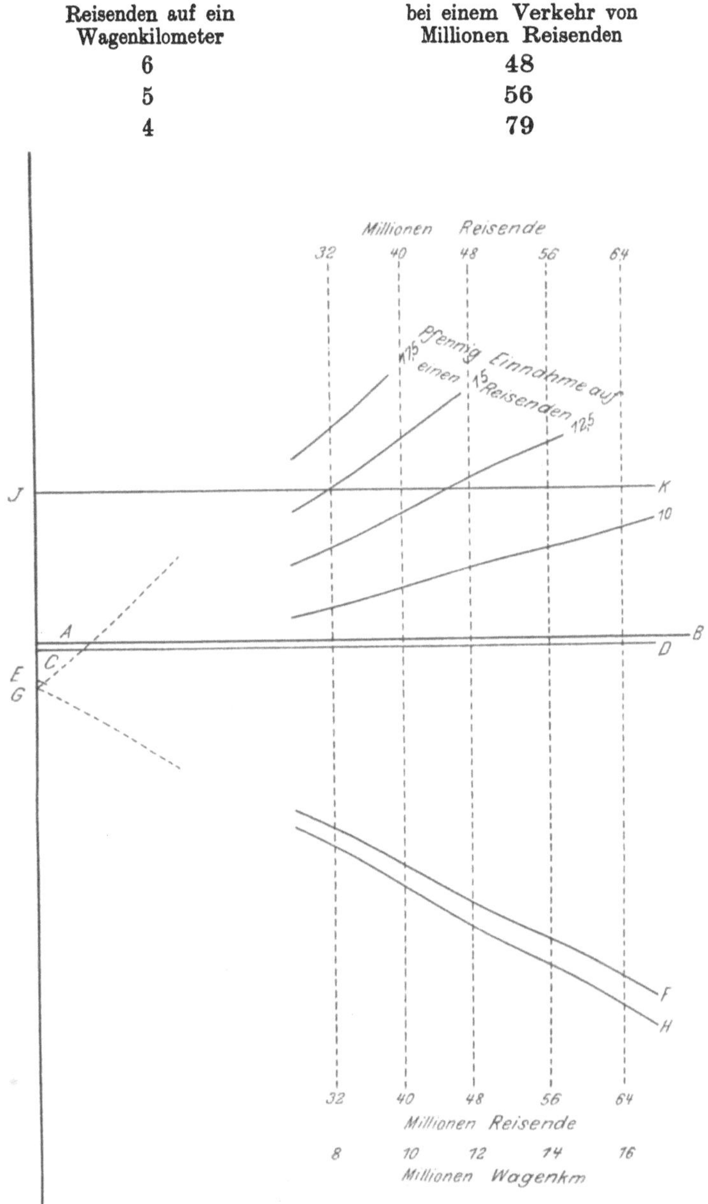

Abb. 21. Tarif und Kapitalverzinsung.

Die Abb. 20 bis 22 legen die Beziehungen zwischen den einzelnen
Faktoren der Rentabilität in vorzüglicher Weise klar. Insbesondere weisen
sie darauf hin, welch große Bedeutung die Wagenbesetzung für die Rentabilität hat.

Die Abb. 20 bis 22 beziehen sich nicht auf eine bestimmte Stadtbahn, obschon die angenommenen Zahlenwerte im Bereich der tatsächlich vorkommenden liegen. Angenommen ist in Abb. 20 bis 22, daß die elektrische Energie von einem fremden Kraftwerk gegen Bezahlung geliefert wird. Bei Annahme eines eigenen Kraftwerkes würden die Betriebsausgaben niedrigere, die Rücklagen und Kapitalverzinsung höhere Beträge erfordern.

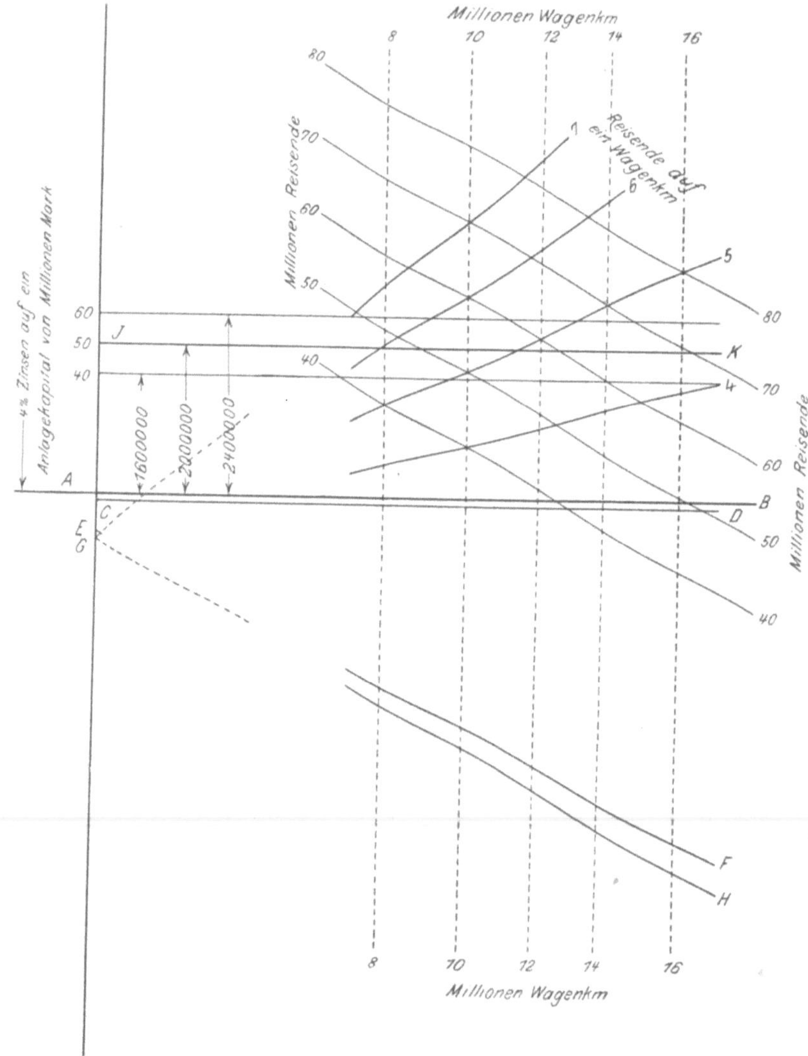

Abb. 22. Wagenbesetzung und Kapitalverzinsung.

Die Tabellen 9 bis 12 bieten eine Zusammenstellung der Betriebsergebnisse der elektrisch betriebenen englischen Stadtbahnen 1905, des Métropolitain Paris und der Schwebebahn Barmen—Elberfeld—Vohwinkel, sowie der mit Dampf betriebenen Wiener Stadtbahn.

Tabelle 9.
Elektrische Stadtbahnen in England 1905.
Aus: Railway Returns 1905.

	Central London	City and South London	Great Northern and City	Liverpool Over-head einschl. 4 km Straßenb.	Mersey	Waterloo and City
Bahnlänge . . . . km	10·4	11·1	5·6	15·0	7·4	2·5
Reisende auf Einzelfahrscheine . Millionen	44·73	17·27	12·72	11·18	9·80	4·43
Reisende auf Zeitkarten . . . . Millionen	—	2·36	3·54	—	2·83	1·66
(1000 Fahrten jährlich angenommen) Zusammen: Millionen	44·73	19·63	16·26	11·18	12·63	6·09
Wagenkilometer . . . . Millionen	14·25	7·10	3·19	3·03	3·73	0·77
Mittlere Zuglänge . . . . Wagen	7·0	4·1	3·6	2·5	2·8	2·6
Reisende auf ein Wagenkilometer	3·14	2·77	5·10	3·69	3·39	7·90
Desgl. ausschl. Zeitkarten	3·14	2·43	3·99	3·69	2·63	5·75
Betriebsausgaben . . Pf./Wagenkilometer	26·6	20·3	30·0	42·4	37·0	44·3
Im einzelnen:						
I. Verwaltung.						
Allgemeine Unkosten	2·07	1·47	2·57	3·35	2·56	1·90
Abgaben und Steuern	4·14	1·58	2·19	2·82	1·71	5·99
Verschiedenes	0·40	0·34	0·49	2·16	3·88	1·93
	6·61	·3·39	5·25	8·33	8·15	9·82
II. Betrieb.						
Personal und Materialien	8·95	8·70	11 25	15·28	11·98	7·82
Elektrische Energie	7·67	6·10	10·90	12·10	10·71	21·85
	16·62	14·80	22·15	27·38	22·69	29·67
III. Unterhaltung.						
Unterhaltung der Bahn, Kraftwerke usw. . .	1·38	1·05	1·55	6·27	4·16	3·96
Reparaturen u. Erneuerungen d. Betriebsmittel	1·27	1·11	1·05	0·39	2·00	0·85
Unterhaltung und Erneuerungen der Aufzüge	0·73	—	—	—	—	—
	3·38	2·16	2·60	6·66	6·16	4·81

Tabelle 10.
Chemin de fer Métropolitain de Paris.
Aus: „Geschäftsberichte".

	1901	1902	1903	1904	1905	1906
Mittlere Bahnlänge . . . . km	13·3	14·3	23·4	26·04	31·75	38·14
Reisende (Rückfahrkarten einmal gezählt) Millionen	[48·478]	[62·122]	[100·107]	[117·550]	[148·700]	[165·319]
Reisende (Rückfahrkarten doppelt gezählt) Millionen	55·9	72·2	118·1	140·2	178·8	201·2
Wagenkilometer . . . . Millionen	11·44	14·62	29·05	32·29	40·37	42·48
Reisende auf ein Wagenkilometer	4·89	4·94	4·07	4·35	4·42	4·74

	1901	1902	1903	1904	1905	1906
Betriebsausgaben. . . Pf./Wagenkilometer	28·2	25·0	20·9	21·7	22·5	23·6
Im einzelnen:						
I. Verwaltung.						
Gehälter, Bureauunkosten	2·08	1·81	1·06	1·38	0·84	1·05
Personalwohlfahrt, Versicherungen	1·67	2·22	1·81	2·11	2·22	2·50
Steuern und Abgaben	1·95	2·00	1·57	1·69	1·71	1·84
I. Verwaltung:	5·70	6·03	4·44	5·18	4·77	5·39
II. Betrieb.						
1. Zugpersonal	4·42	3·09	2·65	2·43	2·47	2·72
Elektrische Energie	6·70	7·48	6·92	7·04	7·44	7·05
	11·12	10·57	9·57	9·47	9·91	9·77
2. Stationspersonal	3·72	2·70	2·23	2·42	2·66	2·82
Verschiedenes	0·68	0·44	0·39	0·33	0·33	0·36
	4·40	3·14	2·62	2·75	2·99	3·18
II. Betrieb:	15·52	13·71	12·19	12·22	12·90	12·95
III. Unterhaltung.						
1. Betriebsmittel	4·10	2·89	2·78	2·49	2·94	3·34
2. Gleise	1·07	0·86	0·41	0·49	0·58	0·57
3. Haltestellen und Bauwerke	—	0·13	0·11	0·20	0·28	0·30
4. Beleuchtung, Signale, Fernsprecher . . .	1·76	1·36	0·91	1·13	1·00	1·08
III. Unterhaltung:	6·93	5·24	4·21	4·31	4·80	5·29

Tabelle 11.
Schwebebahn Barmen — Elberfeld — Vohwinkel.

	1904/05	1905/06	1906/07
Bahnlänge . . . . km	13·3	13·3	13·3
Reisende . . . . Millionen	9·317	10·224	11·628
Wagenkilometer . . . . Millionen	2·245	2·445	2·662
Reisende auf ein Wagenkilometer	4·15	4·18	4·37
Betriebsausgaben[1]) . . Pf./Wagenkilometer	25·9	25·4	26·2
Im einzelnen:			
I. Verwaltung und allgemeine Unkosten . .	3·39	3·14	2·99
II. Betrieb.			
1. Zugdienst:			
a) Zugpersonal	5·50	5·27	5·00
b) elektrische Energie	6·45	6·88	7·28
	11·95	12·15	12·28
2. Stationsdienst:			
a) Stations-Personal	3·47	3·24	2·92
b) Verschiedenes	0·94	1·12	1·11
	4·41	4·36	4·03
3. Endkehren und Wagenschuppen	1·53	1·31	1·28
II. Betrieb:	17·89	17·82	17·59

[1]) Anstrich der Eisenbauwerke ist hierin nicht enthalten.

	1904/05	1905/06	1906/07
III. Unterhaltung.			
1. Werkstatt	0·65	0·65	0·66
2. Wagen	2·48	2·14	3·30
3. Gleise	0·53	0·76	0·66
4. elektrische Ausrüstung	0·49	0·54	0·73
5. Bahnbau, Eisenbauwerk[1])	0·37	0·23	0·16
6. Gebäude, Haltestellen	0·10	0·11	0·10
III. Unterhaltung:	4·62	4·43	5·61

Tabelle 12.

Wiener Stadtbahn.

	1902	1903	1904	1905
Betriebslänge . . . . km	37·9	37·9	37·9	37·9
Reisende . . . . Millionen	33·8	32·0	30·0	29·6
Wagenkilometer (einschl. Güter-) . Millionen	21·9	20·2	20·0	20·0
Personenwagenkilometer . . . . . „	18·66	16·80	16·28	16·25
Reisende auf ein Personenwagenkilometer „	1·81	1·90	1·84	1·82
Betriebsausgaben.	Millionen Kronen			
Allgemeine Verwaltung	0·200	0·200	0·200	0·200
Bahnaufsicht und Bahnerhaltung	0·580	0·642	0·774	0·719
Stationsdienst	1·567	1·729	1·476	1·529
Sonstiges, Steuern, Wohlfahrt, Wagenmiete .	0·389	0·431	0·896	0·774
Ausgaben unabhängig von der Verkehrsleistung	2·736	3·002	3·346	3·222
Fahrdienst	0·520	0·464	0·490	0·464
Zugförderungs- und Werkstättendienst . . .	2·655	2·453	2·093	2·126
Ausgaben abhängig von der Verkehrsleistung	3·175	2·917	2·583	2·590
Betriebsausgaben insgesamt	5·911	5·919	5·929	5·812
Betriebseinnahmen	5·454	5·287	5·158	5·388
Betriebsverlust	0·457	0·632	0·771	0·424
4 % Zinsen auf das Anlagekapital erfordern .	5·850	5·850	5·850	5·850
Aus öffentlichen Mitteln zu decken	6·3	6·5	6·6	6·2

Die Betriebsausgaben des Personenverkehrs lassen sich nach obiger Verteilung für die Wiener Stadtbahn annähernd schätzen:

für x Millionen Wagenkilometer:

$$\left. \begin{array}{l} \text{zwischen } 2·5 + 0·125\,x \\ \text{und} \quad 2·8 + 0·11\,x \end{array} \right\} \text{Millionen Mark}$$

gültig etwa zwischen x = 15 bis x = 25 Millionen Wagenkilometern.

Einzelnachweise der Betriebsausgaben sind nicht veröffentlicht von den amerikanischen Stadtbahnen, der elektrischen Hoch- und Untergrundbahn in Berlin und der mit Dampf betriebenen Stadt- und Ringbahn in Berlin. Von letzterer werden die Betriebsausgaben überhaupt nicht bekannt gegeben, von den beiden ersteren nur mit ihrer Endziffer, doch ist daraus nicht ersichtlich, welche Beträge im einzelnen unter Betriebsausgaben verrechnet wurden.

Es sind also die Angaben über die Betriebsausgaben nicht ohne
weiteres miteinander vergleichsfähig.   Auch ist teilweise nicht ersichtlich,
ob hierin Beträge enthalten sind für die Erneuerung von Anlageteilen, die
nur deswegen ausgewechselt wurden, weil sie inzwischen veraltet und durch

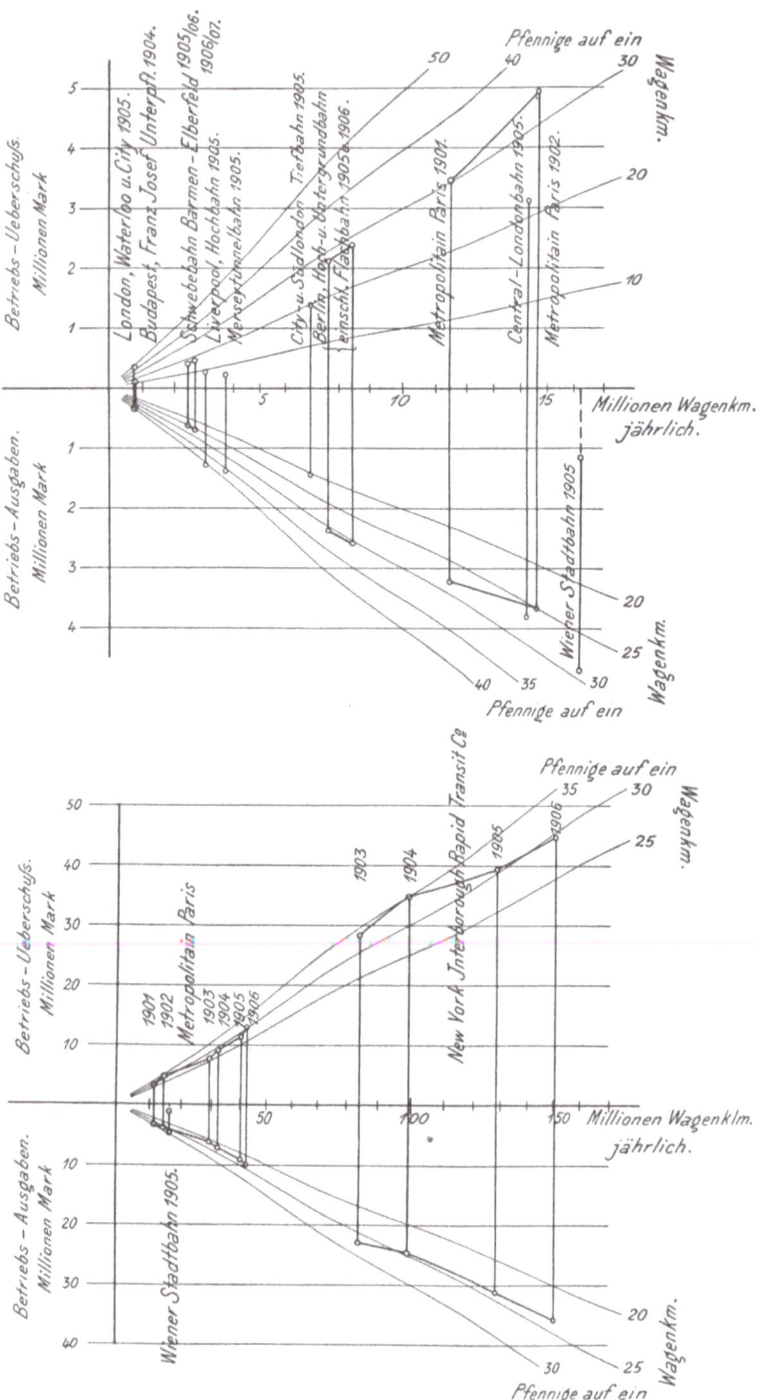

Abb. 23. Wagenkilometer, Betriebsausgaben, Fahrgeldeinnahmen.

bessere Konstruktionen überholt waren, bevor ihre Abnutzung zu einer Erneuerung zwang. Eine solche vorzeitige Auswechselung kann ja unter Umständen vorteilhaft sein, da sie entweder die laufenden Ausgaben ver-

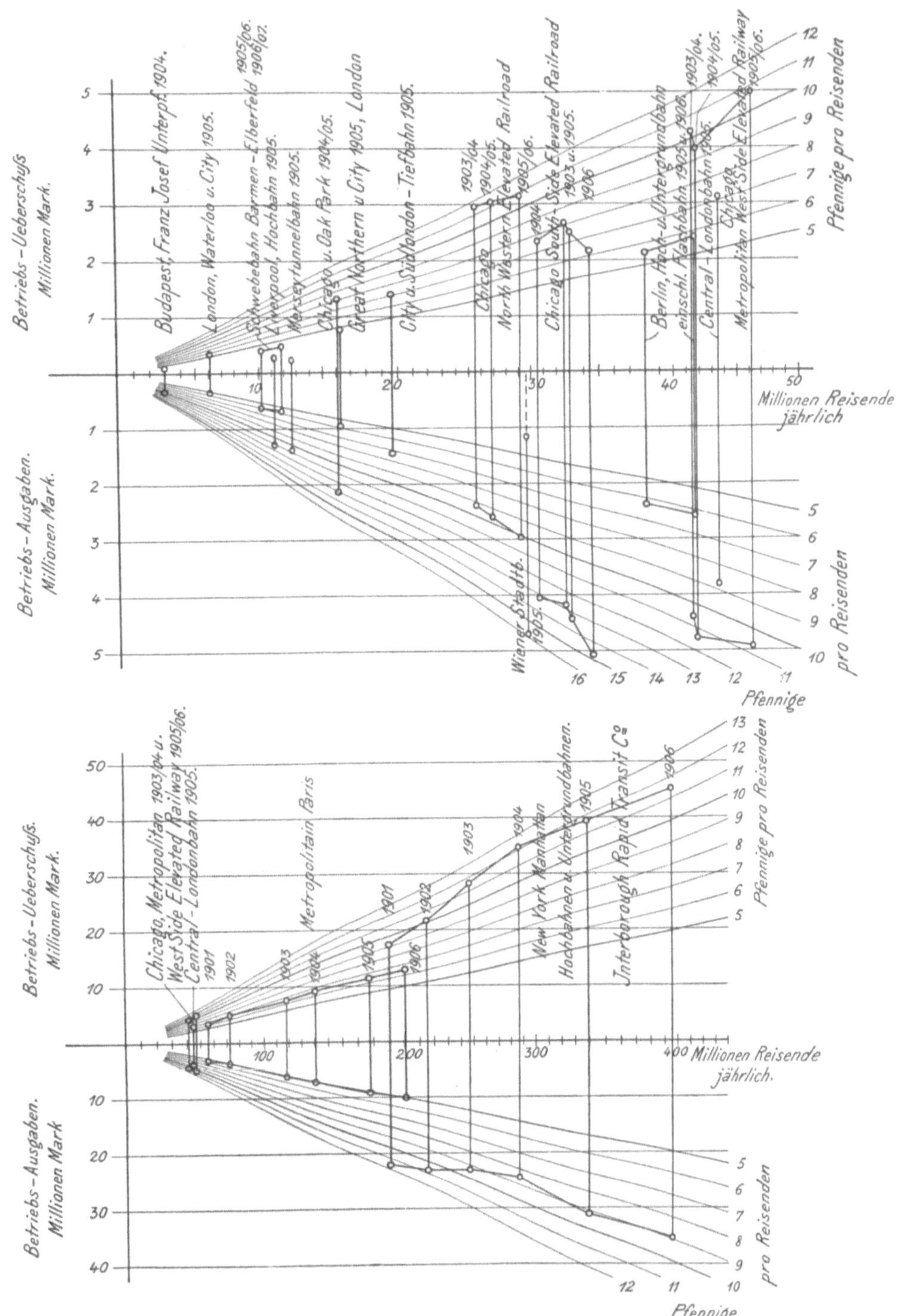

Abb. 24. Reisende, Betriebsausgaben, Fahrgeldeinnahmen.

mindert oder die Einnahmen steigert. Im allgemeinen wird es gerechtfertigt sein, wenn man derartige Aufwendungen durch eine Vermehrung des Anlagekapitals deckt, wie ja auch alle Vergrößerungen der ursprünglichen Anlage zu einer Erhöhung des Anlagekapitals berechtigen.

Im einzelnen ist es daher häufig sehr schwer, scharfe Grenzen zu ziehen zwischen dem, was auf Betriebsausgaben, auf Rücklagen in den Erneuerungs- und andere Fonds und was endlich auf das Erweiterungskonto der Anlage zu setzen ist. Jedenfalls ist die Behandlung dieser Ausgaben in den verschiedenen Ländern nicht gleich, und es scheint, als ob namentlich bei den amerikanischen Bahnen manches auf Erweiterungskonto gesetzt wird, was man in Deutschland unter Betriebsausgaben oder

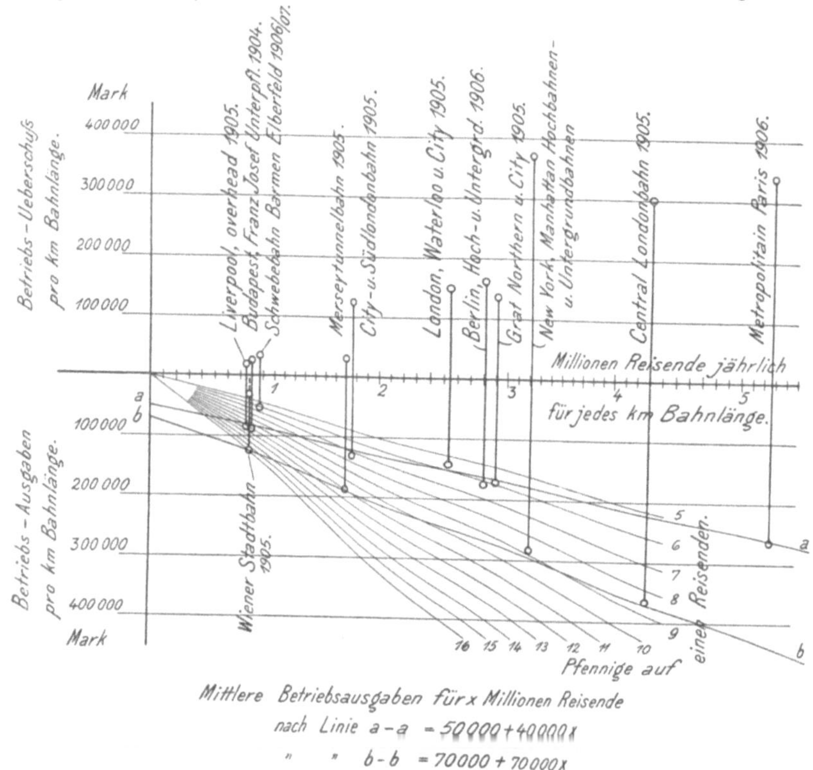

Abb. 25. Reisende, Betriebsausgaben, Fahrgeldeinnahmen für ein Kilometer Bahnlänge.

auf das Erneuerungskonto buchen würde. In Deutschland bevorzugt man die Politik, das Anlagekapital niedrig zu halten, um auf die Dauer höhere Dividenden zu erzielen. In Amerika scheint man aber die hohen Dividenden zu scheuen und verwässert vielfach das Kapital. Es hängt das damit zusammen, daß die Aktien dieser Unternehmungen in Amerika in viel höherem Maße Gegenstand der Börsenspekulation sind wie in Deutschland.

Dieses vorausgesetzt, bieten die Abb. 23, 24 und 25 eine recht brauchbare Übersicht über die Betriebsergebnisse der wichtigsten Stadtbahnen. Wagerecht aufgetragen ist in diesen Darstellungen die Verkehrsleistung, und zwar in Abb. 23 die Zahl der jährlich gefahrenen Wagenkilometer, in Abb. 24 und 25 die Zahl der beförderten Reisenden. Von der wagerechten

Nullinie nach unten aufgetragen sind am Ende des wagerechten Abstandes, der die Verkehrsleistung bedeutet, die Betriebsausgaben; über der wagerechten Linie die Differenz: Fahrgeldeinnahmen weniger Betriebsausgaben. Die ganze Höhe der senkrechten Linie bedeutet demnach die Fahrgeldeinnahme. Mit Rücksicht auf die große Verschiedenheit der Verkehrsleistung ist die Darstellung in zwei Teile geteilt. Die obere Figur in jeder Abbildung stellt in zehnfacher Vergrößerung den linken Anfang der unteren Figur dar. Beispielsweise hat die Interborough Rapid Transit Co. im Jahre 1906 (siehe Abb. 23 unten rechts) rund 151 Millionen Wagenkilometer gefahren, dabei betragen die Betriebsausgaben rund 35 Millionen Mark, der Betriebsüberschuß rund 45 Millionen Mark.

Von den Nullpunkten der Abb. 23, 24, 25 sind schräge Strahlenbündel gezeichnet, an denen abzulesen ist, wieviel die Ausgaben und Überschüsse ausmachen in Pfennigen auf ein Wagenkilometer (Abb. 23), bzw. in Pfennigen für den beförderten Reisenden (Abb. 24 und 25). Beispielsweise waren für die Interborough Rapid Transit Co. im Jahre 1906 (Abb. 23) die Betriebsausgaben 23·4 Pf. auf das Wagenkilometer, der Betriebsüberschuß rund 29·9 Pf. auf das Wagenkilometer.

Zu beachten ist noch, daß der oberhalb der wagerechten Nullinie mit Betriebsüberschuß bezeichnete Teil der Fahrgeldeinnahme noch keineswegs gleichbedeutend ist mit dem zur Kapitalverzinsung verfügbaren Überschuß. Es ist jedoch darauf verzichtet worden, in diesen Darstellungen die Rücklagen in die verschiedenen Fonds zu spezialisieren, da zuverlässige Zahlen doch nur von einzelnen Unternehmungen gegeben werden können. Zu beachten ist ferner, daß hier lediglich die Fahrgeldeinnahmen aufgetragen sind, nicht aber sonstige Nebeneinnahmen, beispielsweise aus Grundbesitz, die bei einzelnen Bahnen nicht unerheblich sind. Nach Abb. 23 gibt es keine Bahn, bei der die Betriebsausgaben geringer wären als 20 Pf. für das Wagenkilometer, wohl aber steigen sie beispielsweise bei der Hochbahn Liverpool auf über 40 Pf. Die Ausgaben, bezogen auf den beförderten Reisenden (Abb. 24), betragen nicht weniger als 5 Pf. (Pariser Stadtbahn) und steigen bis auf 16 Pf. (Wiener Stadtbahn).

Sehr günstig erscheint in Abb. 24 das Ergebnis der Pariser Stadtbahn, jedoch wäre es ein Trugschluß, wenn man annehmen wollte, daß man etwa in Berlin eine Stadtbahn ebenso günstig betreiben könnte. Die besonderen Voraussetzungen, die diesen billigen Betrieb in Paris ermöglichen, sind eben an anderen Orten nicht gegeben und lassen sich auch nicht schaffen. Dies ist begründet einmal durch den Geldwert der Währung mit Bezug auf den Lebensunterhalt für die arbeitenden Klassen, vor allem aber darin, daß der Pariser Métropolitain zum großen Teil auch den Verkehr mitzubewältigen hat, der in anderen Städten den Straßenbahnen zufällt, was zur Folge hat, daß die durchschnittliche Wegelänge der Fahrten gering, das Wechseln der Fahrgäste häufig und infolge davon die Anzahl der auf ein Wagenkilometer beförderten Reisenden verhältnismäßig groß ist (vgl. Tabelle 8). Daher ist die Dichtigkeit (Reisende auf ein Kilometer Bahnlänge) des Verkehrs in Paris größer als sonstwo. Dies ist besonders wichtig. Endlich ist auch noch darauf aufmerksam zu machen, daß der Betriebsgesellschaft die Bahnanlage nicht gehört, und daß jene daher keine Aufwendungen zu machen hat für die Tilgung des Baukapitals. Der Betriebsgesellschaft gehören die Gleise, der Wagenpark, die Stationsausrüstung, die Kraftwerke und die elektrischen Einrichtungen. Sie hat lediglich für deren Unterhaltung und Erneuerung zu sorgen, hat es jedoch bisher unterlassen, hierfür einen besonderen Erneuerungsfonds anzulegen; sie beabsichtigt vielmehr, künftig notwendig werdende Erneuerungen auf die Betriebsausgaben zu verrechnen. Sie erzielt daher heute höhere Überschüsse auf Kosten einer Belastung der Zukunft. Hierbei liegt natürlich der Gedanke zugrunde, daß das Unternehmen in späteren Jahren kräftiger sein wird und infolgedessen eine höhere Belastung als im Anfang vertragen wird. Ferner spielt mit hinein das Interesse der Gründer der Betriebsgesellschaft an einem hohen Kurse der Aktien bei ihrer Einführung in den Börsenhandel.

In Abb. 25 sind nun Betriebsausgaben, Fahrgeldeinnahmen und Zahl der Reisenden auf je 1 km Bahnlänge bezogen. Zu beachten ist, daß die Betriebsausgaben, ausgedrückt in Pfennigen für den beförderten Reisenden, desto größer werden, je dünner der Verkehr ist. Bemerkenswert ist ferner, daß die Werte für die Betriebsausgaben der aufgeführten Bahnen sich nach zwei Linien, a-a und b-b, gruppieren.

Die geringsten Werte für die Betriebsausgaben für x Millionen Reisende sind nach Linie a-a rund Mark $50\,000 + 40\,000\,x$. Die größten Werte ergeben sich nach der Linie b-b zu rund Mark $70\,000 + 70\,000\,x$.

Nur die Schwebebahn Barmen—Elberfeld bleibt erheblich unter diesen Werten. Günstig erscheint auch die Berliner Hochbahn, aussichtslos dagegen die Mersey-Tunnelbahn. Ein trostloses Bild aber bietet die Wiener Stadtbahn, bei der die Fahrgeldeinnahmen noch nicht einmal ausreichen, um die Betriebsausgaben zu decken.

Aus Abb. 25 ergeben sich folgende Mittelwerte:

Auf 1 km Bahnlänge				
Millionen Reisende	Betriebsausgaben			
	Mark		Pfennige für den Reisenden	
	mindestens	höchstens	mindestens	höchstens
1	90 000	140 000	9·0	14·0
2	130 000	210 000	6·5	10·5
3	170 000	280 000	5·67	9·33
4	210 000	350 000	5·25	8·75
5	250 000	420 000	5·0	8·4

Zu diesen Zahlen sind noch hinzuzurechnen, allerdings mit verschiedenen Beträgen, die Rücklagen für Erneuerungs-, Kapitaltilgungs- und für Reservefonds, endlich die erforderliche Kapitalverzinsung, um die notwendige Einnahme zu ermitteln.

Für deutsche Verhältnisse wird es sich empfehlen, für einen allgemeinen Überschlag die Betriebsausgaben nicht geringer anzunehmen als Mark $50\,000 + 50\,000\,x$ und die Rücklagen in die verschiedenen Fonds nicht niedriger als Mark $20\,000 + 10\,000\,x$, so daß sich die Betriebsausgaben einschließlich Rücklagen auf insgesamt Mark $70\,000 + 60\,000\,x$ stellen. Demgemäß wären jährlich zu rechnen:

| Auf 1 km Bahnlänge | | | |
Millionen Reisende	Betriebsausgaben M.	Rücklagen in die verschiedenen Fonds M.	Insgesamt Betriebsausgaben und Rücklagen M.	oder in Pf. auf einen Reisenden
1	100 000	30 000	130 000	13·0
2	150 000	40 000	190 000	9·5
3	200 000	50 000	250 000	8·33
4	250 000	60 000	310 000	7·75
5	300 000	70 000	370 000	7·4

Diese Werte sind nun in Abb. 26 eingetragen. Das nach rechts steigende mit den Ziffern 10 bis 50 (der Durchschnittseinnahme von jedem Reisenden) bezeichnete Strahlenbündel schneidet auf den senkrechten

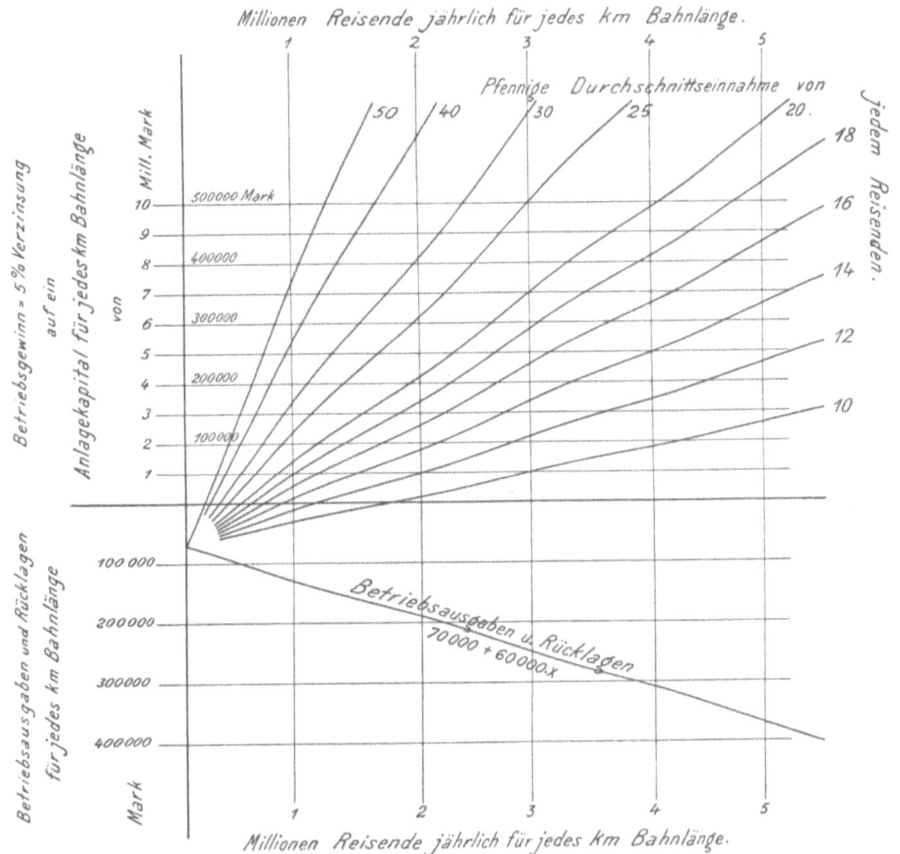

Abb. 26. Tarif und Kapitalverzinsung.

Linien oberhalb der Ausgabenlinie die Fahrgeldeinnahme ab. Der Teil hiervon, der sich oberhalb der wagerechten Nullinie befindet, ist in dieser Darstellung anzusehen als für die Kapitalverzinsung verfügbarer Betriebsgewinn, kann also beispielsweise als 5 proz. Verzinsung des Anlagekapitals dargestellt werden. Aus Abb. 26 ist abzulesen, daß bei einem Verkehr von 3 Millionen Reisenden auf das Kilometer Bahnlänge und einem Anlagekapital von 3 Millionen Mark für das Kilometer Bahnlänge zu 5°/₀ Verzinsung des Anlagekapitals eine Durchschnittseinnahme erforderlich ist etwas größer als 13 Pf. Bei dem gleichen Verkehr und einem Anlagekapital von 6 Millionen Mark für das Kilometer Bahnlänge muß die Durchschnittseinnahme etwas größer sein als 18 Pf. Beträgt der Verkehr aber nur 1 Million Reisende auf 1 km Bahnlänge, so würde ein Anlagekapital von 6 Millionen Mark für das Kilometer eine Durchschnittseinnahme von etwa 43 Pf. von jedem Reisenden nötig machen. Abb. 26 zeigt aber auch ferner, daß eine Durchschnittseinnahme von 10 Pf. möglich wäre bei einem Anlagekapital von 3 Millionen Mark auf das Kilometer, wenn der Verkehr etwa 5·5 Millionen Reisende auf 1 km Bahnlänge beträgt. Wenn aber die Leistungsfähigkeit einer Bahn mit der Beförderung von 5 Millionen Reisenden auf 1 km Bahnlänge erschöpft wäre, so würde man mit einem durchschnittlichen Zehnpfennigtarif nie und nimmer auf die normale Rente gelangen für ein Kapital, das 3 Millionen Mark für das Kilometer Bahnlänge übersteigt.

Nun darf man sich aber über die Dichtigkeit des Verkehrs, der auf einer solchen Bahn zu erreichen ist, keinen Täuschungen hingeben. Abb. 25 zeigt, daß Paris mit 5·3 Millionen Reisenden auf 1 km Bahnlänge am höchsten steht, aber, wie schon wiederholt erörtert, sind die Verhältnisse in Paris mit denen an anderen Orten nicht zu vergleichen. Am nächsten kommt die Central London-Bahn mit 4·3 Millionen Reisenden auf das Kilometer Bahnlänge, dann die Hochbahnen und Untergrundbahnen auf der Manhattan-Halbinsel in New York mit einem Durchschnitt von 3·2 Millionen Reisenden. Sämtliche übrigen Stadtbahnen haben einen geringeren Verkehr als 3 Millionen Reisende für 1 km Bahnlänge, wohl bemerkt als Durchschnitt des ganzen Netzes; einzelne Teilstrecken sind natürlich erheblich stärker belastet.

Die Abb. 23 bis 26 lassen erkennen, daß die notwendige hohe Verkehrsdichtigkeit vor allem eine Beschränkung der Bahnlänge erfordert. Man wird daher den meistens recht weitgehenden Wünschen von äußeren Vorortgemeinden an der richtigen Stelle ein entschiedenes Nein entgegensetzen müssen, so lange man von dem Gedanken ausgeht, ein rentables Unternehmen schaffen zu wollen. Selbstverständlich ist hierbei zu berücksichtigen, daß die Anlagekosten in den Außengebieten der Städte niedriger werden. Aber nicht zu vergessen ist, daß die Ziffer der Betriebsausgaben sich bei geringerer Verkehrsdichtigkeit verhältnismäßig beträchtlich erhöht. Ferner werden im allgemeinen die Vorortgemeinden die Bedeutung der Schnellbahnen für die Wertsteigerung ihres Geländes hinreichend einschätzen können, um sich eine Rechnung darüber aufzumachen, wie weit es sich für sie lohnt, durch unverzinsliche Zuschüsse zu den Baukosten oder durch Übernahme einer Zinsgarantie eine weitere Verlängerung der Schnellbahn in ihr Gebiet zu erreichen. Jedenfalls bieten vergleichende Darstellungen entsprechend der Abb. 26 eine zuverlässige Unterlage für die Entscheidung.

Für allgemeine Überschläge und auf deutsche Verhältnisse bezogen, kann man annehmen, daß die Anlagekosten von Hochbahnen nicht billiger werden als 3 Millionen Mark für das Kilometer Bahnlänge, von Unter grundbahnen nicht billiger als 6 Millionen Mark, wohl aber können sie viel teurer werden. Einige Angaben enthält die Tabelle 13.[1])

In dem aus Abb. 26 gewonnenen Überblick über die bei bestimmtem Anlagekapital und bestimmtem Verkehr notwendige Durchschnittseinnahme tritt die sehr wichtige Frage auf, ob es auch möglich ist, die erforderliche Durchschnittseinnahme durch eine geeignete Tarifstaffelung zu erreichen. In dieser Hinsicht sind ausschlaggebend die Währungsverhältnisse des Landes. Am günstigsten liegen sie für Amerika mit seinem Einheitstarif von 21 Pf. (5 Cts). Wenn man aber in Deutschland von einem Einheitstarif spricht, so denkt man dabei an einen solchen von 10 Pf. Der ist jedoch, wie die vorstehenden Ausführungen dartun, für eine Stadtschnellbahn unter gewöhnlichen Verhältnissen unmöglich. Die Rücksicht auf die üblichen Fahrpreise der Straßenbahnen zwingt dazu, die Staffelung der Fahrpreise mit einem Satze zu beginnen, der nicht höher sein darf als 10 Pf. Beispielsweise erzielt die Berliner Hochbahn bei einer Staffelung der Fahrpreise in zwei Wagenklassen von 10—40 Pf. eine Durchschnittseinnahme (einschließlich der Flachbahn) von rund 12 Pf. Es wird also durch die umfangreiche Staffelung und die Verwendung von zwei Wagenklassen der niedrigste Satz nur um 20% aufgebessert. Man darf im allgemeinen schätzen, daß auf den niedrigsten Satz einer Staffelung $70—80\%$ sämtlicher Fahrten entfallen. Es ist daher mit ziemlicher Sicherheit anzunehmen, daß man über eine Durchschnittseinnahme von 13 Pf. überhaupt nicht hinauskommt, wenn man mit einem untersten Satz von 10 Pf. beginnt. Braucht man aber eine Durchschnittseinnahme, die 15 Pf. übersteigt, so wird man mit einem untersten Satz von 15 Pf. beginnen müssen. Das hat aber zur Folge, daß ein ganz erheblicher Teil derjenigen Reisenden an die Straßenbahnen oder Omnibusse verloren geht, der bei einem Satze von 10 Pf. die Schnellbahn benutzen würde. Die Erhöhung des untersten Satzes von 10 auf 15 Pf. bedeutet demnach eine Verringerung des Verkehrs um einen ganz bedeutenden Prozentsatz. Eine bestimmte Zahl ist natürlich schwer anzugeben. Man gewinnt vielleicht einen Anhalt, wenn man überlegt, daß die Reisenden, denen der Fahrpreis gleichgültig ist, die bessere Wagenklasse benutzen. Will man daher nicht unvorsichtig sein, so darf man vielleicht annehmen, daß man bei einem niedrigsten Satz von 15 Pf. im ganzen vielleicht nur halb so viel Reisende zu befördern haben wird, wie bei einem niedrigsten Satz von 10 Pf. Hätte man nun beispielsweise ermittelt, daß ein Vergleich mit dem Verkehr der Straßenbahnen auf der Schnellbahn einen Verkehr von 3 Millionen Reisenden erwarten läßt, so würde bei einem Anlagekapital von 6 Millionen Mark für das Kilometer Bahnlänge eine Durchschnittseinnahme von 18 Pf. nötig sein. Wenn man aber einen so hohen Tarif braucht, so wird man vorsichtigerweise sich sagen müssen, daß man vielleicht nicht 3, sondern nur $1\frac{1}{2}$ Millionen Reisende für ein Kilometer Bahnlänge rechnen darf, was zur Folge hätte, daß die Durchschnittseinnahme von 18 auf 30 Pf. steigen müßte.

Derartige Überlegungen führen für deutsche Verhältnisse zu dem Er-

---

[1]) Aus Kemmann: Zur Frage der Wirtschaftlichkeit städtischer Schnellbahnen. Glasers Annalen 1908, Nr. 734. Vgl. auch von demselben Verfasser: Die Entwicklung des städtischen Schnellverkehrswesens seit Einführung der Elektrizität. Zeitg. d. Ver. deutsch. Eisenbahnverwaltungen 1904, Nr. 74, 75. Deutsche Bauztg. 1904, Nr. 75, 76, 79, 81.

Tabelle 13.

Spaltengruppen: **Ausgegebenes Kapital in Millionen Mark** umfaßt Schuldkapital, Aktienkapital, zusammen, auf das Kilometer Doppelgleis. **Auf das Kilometer Doppelgleis** umfaßt Beförderte Personen in Millionen, Einnahme in Mark. **Reingewinn in Prozenten auf das** umfaßt gesamte Kapital, Aktienkapital.

Bezeichnung der Bahnen	Betriebsjahr	Länge in Betrieb km	Schuldkapital	Aktienkapital	zusammen	auf das Kilometer Doppelgleis	Beförderte Personen in Millionen	Einnahme in Mark	Einnahme auf die Person in Pfennigen	Betriebskoeffizient ausschl. Steuern und Abgaben	Reingewinn: gesamte Kapital	Reingewinn: Aktienkapital	Jetziger durchschnittlicher Aktienkurs	Bemerkungen
A. Vereinigte Staaten von Nordamerika.														
New York: Vereinigte Hoch- und Untergrundbahn (Interborough Rapid Transit Co.)	1905/6	60·7 Hochbahn (2 gleis. zu rechnen 95) 27·1 Untergrundbahn (2 gleis. zu rechnen 49)	218·4 +126·0 städtische Anleihe	360·8	+ {579·2 {126·0	rd. 4·9	2·5	525 000	21	45	5·56	auf 220·8 Mill. 7%, „ 120 „ 8%	Nicht notiert	Einschließlich Manhattan-Eisenbahn. Der Tunnelrohbau gehört der Stadt (an die Ges. verpachtet).
„ Manhattan Eisenbahn	1904/5	60·7 (2 gleis. zu rechnen 49)	158·4	220·8	379·2	rd. 4	2·8	588 000	21	42	im Ergebnis obiger Gesellschaft enthalten		110	Der Tunnelrohbau gehört der Stadt (verpachtet).
Brooklyner Hochbahnen	1905	44·5	—	Vom Straßenbahnbetrieb abgetrennte Angaben nicht vorhanden.									—	
Bostoner Hoch- u. Untergrundbahn	1906	10·5	—	Vom Straßenbahnbetrieb abgetrennte Angaben nicht vorhanden.									—	
Chicago: Westseitehochbahn	1906	24·9 davon 5·4 km 4 gleisig (30 km 2 gleisig zu rechnende Strecke.)	58·0	5% Vorz.-Akt. 36·0 gew. Aktien 30·0	124	4·1	1·52	356 000	21	50	1·3*)	Vorz.-Aktien 3/4 gew. Aktien 0	45 19	*) Die Gesellschaft war zu erheblichen Rückstellungen genötigt.
„ Nordwesthochbahn	1906	20·3	74·4	5% Vorz.-Akt. 20·0 gew. Aktien 20·0	114·4	- 5·6	1·4	290 000	21	50	2·9	0	—	
„ Südseitehochbahn	1906	14·9	28·5	41·3	69·8	4·7	2·3	470 000	21	59	3·1	2	60	
„ Chicago- und Oakpark Hochbahn	1906	10·4 u. 5·6 km Flachbahn zusammen 16 km	33·6	40·0	73·6	4·6	1·0	223 000	21	55	1·4	Defizit von 360 000 M.	2	
B. England.														
London: Metropolitanbahn	1905	120·0	81·2	234·1	315·3	2·6	—	—	—	—	—	2 3/4	35—85	Dient auch dem Güterverkehr.
„ Metropolitan Distriktbahn	1905	38·6	100·0	4% Vorz.-Akt. 25·0 5% „ „ 30·0 5% „ „ 29·0 gewöhnl. Akt. 65·0	249·0	6·6	1·75	230 000	13·1	75	rd. 1	—	40—75	
„ Piccadilly & Bromptonbahn	1907	14·3	29·2	103·0	137·2	?*)	1·36	256 000	16·9	61	—	0	9	Seit 10 Mon. in Betrieb.
„ CharingCross-Hampstead	1907	12·3	28·9	86·6	115·5	?*)	0·37	57 300	14·8	82	—	—	5	Seit 3 Mon. in Betr.
„ Zentrallondon	1905/6	10·4	17·7	4% Vorz.-Akt. 11·1 4% zweitst. „ 11·1 gewöhnl. Akt. 39·0	78·9	7·6	4·3	670 000	15·8	46	4	4	85 45	*) Der Anlageaufwand steht nicht fest, da nicht bekannt ist, wieviel auf die Aktien eingezahlt ist.
„ City- & Süd Londonbahn	1905/6	9·8	11·2	5% Vorz.-Akt. 13·0 gewöhnl. Akt. 29·6	53·8	5·5	1·8	300 000	14·5	43	3·2	gewöhnl. Akt. 2 Vorz.-Akt. 5	65 45	
„ Bakerstreet & Waterloobahn	1905/6	6·8	15·5	5% Vorz.-Akt. 13·2 gewöhnl. Akt. 35·3	64·0	?*)	2·8	381 500	12·9	54	—	0	—	
„ Große Nord- & Citybahn	1905/6	5·6	10·3	4% Vorz.-Akt. 15·6 5% zweitst. „ 15·6	41·5	7·4	2·4	340 000	10·5	rd. 50	rd. 1	0	1 1/2	
„ Waterloo- & Citybahn	1907	2·4	1·3	10·8	12·1	5·0	1·8	285 000	11·6	47	3·1	3·13**)	—	**) Von der Südwestbahn garantiert.
Liverpool: Hochbahn	1905/6	10·9	4·2	Vorz.-Akt. 2·4 zweitst. Akt. 0·7 gewöhnl. Akt. 10·0	17·3	1·6	0·75	100 000	14·0	70	1·6	Vorz.-Akt. 5% gew. Akt. 0	7 1 1/2	
„ Merseytunnelbahn	1905/6	7·4	29·8	3% Vorz.-Akt. 13·0 gewöhnl. Akt. 28·2	71·0	9·6	1·4	280 000	12·7	70	0·7	0	5 4	
C. Deutschland.														
Berliner Hoch- und Untergrundbahn	1906	12·6	15·0	30	45·0	3 ausschl. Grundst.	3	340 000	12·5	rd. 50	4·6	5	125	
Barmen-Elberfelder Schwebebahn	1906/7	13·3	—	—	15·3	1·15	0·9	88 000	10·1	60	Im Ergebnis d. Continentalen Ges. f. el. Untern. verrechnet.		—	
D. Frankreich.														
Pariser Stadtbahn	1906	44·25 durchschnittliche Betriebslänge 38·14	18·8 ohne die städt. Anleih.	60	78·8	rd. 3·5	5·3	603 000	11·4	44	6·2	7·6	200	Der Tunnelrohbau gehört der Stadt (an die Ges. verpachtet).

gebnis, daß alle Schnellbahnunternehmungen auf eine dem üblichen Zinsfuß angemessene Rente verzichten müssen, die eine höhere Durchschnittseinnahme als etwa 13 Pf. brauchen, d. h. Bahnen, die ein Anlagekapital von annähernd 6 Millionen Mark auf das Kilometer Bahnlänge erfordern, werden auf lange Jahre hinaus eine Verzinsung ihres Kapitals nicht aufbringen können. Es ist daher ausgeschlossen, daß man etwa in Berlin, ähnlich wie in Paris, ein großes Netz von Untergrundbahnen wirtschaftlich betreiben könnte, es sei denn, daß man vorher die Berliner Straßenbahnen beseitigte. Es dürfte aber wohl niemanden geben, der in der Beseitigung der Berliner Straßenbahn einen Vorteil erblicken möchte. Was für Berlin gilt, gilt natürlich noch viel mehr für die anderen größeren Städte Deutschlands, wo das Verkehrsbedürfnis erst in einer Reihe von Jahren so groß geworden sein wird, daß Schnellbahnen gebaut werden müßten.

In Deutschland sind daher mit sehr wenig Ausnahmen Stadtschnellbahnen nur in der Form von Hochbahnen wirtschaftlich möglich. Dies schließt natürlich nicht aus, daß notgedrungen gelegentlich mal ein kurzes Stück unterirdisch gelegt wird. Die Tatsache, daß die in England und Amerika gebauten Untergrundbahnen sich mit Ausnahme weniger nicht rentieren, gibt an sich doch noch nicht die Berechtigung, solche Anlagen in Deutschland ohne weiteres für lebensfähig zu halten. Wenn man nicht auch entsprechende Tarife einführen kann, so muß man sich darüber klar werden, daß die grundsätzliche Forderung von Untergrundbahnen in den meisten Fällen gleichbedeutend sein würde mit dem Verzicht auf Schnellbahnen. Denn auch die wohlhabendsten Gemeinwesen können es sich auf die Dauer nicht leisten, die Kapitalien, die der weitere Ausbau von Schnellbahnen erfordert, zinslos herzugeben. Das in lokalen Bahnunternehmungen angelegte Kapital übersteigt in London wie in New York bereits eine Milliarde Mark. Auch ist zu beachten, daß man für das Geld, das eine Untergrundbahn von 10 km Länge kostet, 20 bis 30 km Hochbahnen bauen, also einem viel größeren Teil der Bevölkerung Nutzen bringen kann.

Die Schwierigkeiten, die in Deutschland durch die niedrige Münzeinheit von 10 Pf. für die Ausbildung der Tarife gegeben sind, gaben bei dem gegenwärtig zur Erörterung stehenden Berliner Schwebebahn-Projekt Veranlassung, eine Verbesserung des Betriebsüberschusses durch eine Erhöhung der Wagenbesetzung zu erzielen gemäß den Ausführungen zu Abb. 22. In Abb. 27 seien beispielsweise die Betriebsausgaben und Rücklagen für eine Stadtbahn von etwa 12 km Länge dargestellt durch die Linie A—E, das Anlagekapital möge 40 Millionen Mark betragen. Die Einnahme sei 50 Pf. auf ein Wagenkilometer, gemäß der Linie A-I, entsprechend 4·0 Reisende auf das Wagenkilometer mit je 12·5 Pf. Durchschnittseinnahme vom Reisenden. $4^0/_0$ Zinsen auf das Anlagekapital erfordern 1 600 000 M. Der Betrieb der Bahn möge geschehen mit Zügen von drei Wagen. Nach Abb. ·27 wird die erforderliche Verzinsung erreicht bei einem Verkehr von 9·57 Millionen Wagenkilometern. Hierbei betragen die Betriebsausgaben und Rücklagen 3 185 000 M., die gesamte Fahrgeldeinnahme 4 785 000 M. (= D—H).

Nun denke man sich auf dieser Stadtbahn den Betrieb derart geändert, daß man Wagen benutzt, deren Fassungsraum um $50^0/_0$ größer wäre, daß aber trotzdem das Gewicht des besetzten Wagens und die Anlagekosten unverändert blieben. Dann würde man die Züge in genau den gleichen Abständen wie vorher verkehren lassen können, die Zuglänge würde aber im Mittel nicht drei Wagen, sondern zwei Wagen betragen.

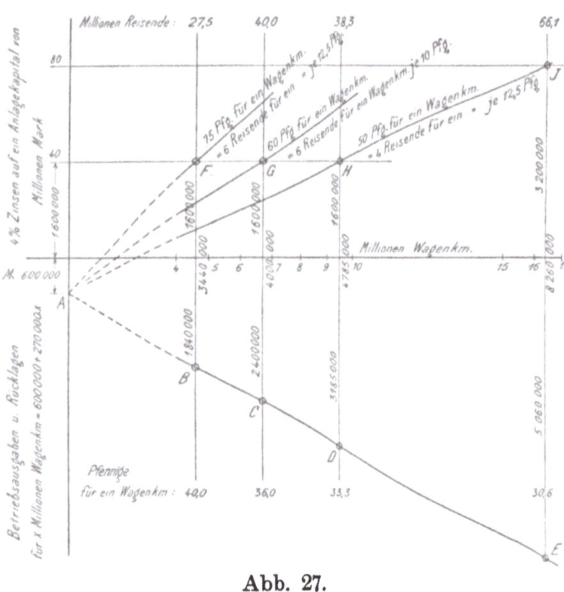

Abb. 27.

Man würde die gleiche Anzahl Menschen befördern, hätte dafür aber nur zwei Drittel der Wagenkilometer zu leisten. Eine Verminderung der Verkehrsleistung um ein Drittel wäre ja nun keinesfalls gleichbedeutend mit einer Verminderung der Betriebsausgaben und Rücklagen um ein Drittel, doch aber um einen erheblichen Bruchteil. Jedenfalls wäre man berechtigt anzunehmen, daß, wenn man bei der ersten Betriebsweise auf ein Wagenkilometer 4·0 Reisende beförderte, man jetzt 6·0 Reisende rechnen

kann. Behielte man ferner die gleiche Durchschnittseinnahme bei wie vorher, so betrüge die Einnahme auf ein Wagenkilometer nunmehr 75 Pf., gemäß der Linie A—F.

4°/₀ Zinsen auf ein Anlagekapital von 40 Millionen Mark würden hier erreicht bei einer Verkehrsleistung von 4·60 Millionen Wagenkilometern; dabei betragen die Betriebsausgaben und Rücklagen 1 840 000 M., die gesamte Fahrgeldeinnahme 3 440 000 M. (= B—F). Während im ersten Falle 38·3 Millionen Reisende nötig werden, sind jetzt 27·5 Millionen Reisende erforderlich. Die zweite Betriebsweise wäre also viel vorteilhafter.

Wenn beispielsweise der erreichbare Gesamtverkehr nur etwa 30 Millionen Reisende betragen sollte, so würde bei der zweiten Form der Betriebsweise eine angemessene Rente auf das Anlagekapital möglich sein, im ersten Falle nicht. Wenn aber andererseits feststände, daß der Verkehr ausreichend groß wäre, daß beispielsweise 40 Millionen Reisende mit Sicherheit erwartet werden dürften, so würde man im zweiten Falle den Durchschnittstarif von 12·5 Pf. auf 10·0 Pf. herabsetzen können.

Die Einnahme auf ein Wagenkilometer würde alsdann betragen sechs Reisende zu 10 Pf. = 60 Pf., gemäß der Linie A—G. Hierbei würden 4°/₀ Zinsen auf 40 Millionen Anlagekapital erreicht werden bei 6·67 Millionen Wagenkilometern. Die Betriebsausgaben und Rücklagen würden 2 400 000 M., die gesamte Fahrgeldeinnahme 4 000 000 M. (= C—G) betragen.

Wenn nun aber das Kapital nicht 40, sondern 80 Millionen Mark betragen sollte, so würde man bei der ersten Betriebsweise, die den heutigen Verhältnissen auf den Standbahnen entspricht, mit einer Einnahme von 50 Pf. auf das Wagenkilometer $4^0/_0$ Kapitalverzinsung erst erreichen bei einem Verkehr von 16·52 Millionen Wagenkilometern. Die Betriebsausgaben würden dabei 5 060 000 M., die gesamte Fahrgeldeinnahme 8 260 000 M. (= E—J) betragen, und es müßten 66·1 Millionen Reisende befördert werden. Dabei müßte die mittlere Zuglänge bei gleichen Zugabständen auf etwa fünf Wagen wachsen.

Bei dem Vergleich verschiedener Projekte wird man natürlich meistens mit verschiedenen Ausgabenlinien zu rechnen haben. Abb. 27 soll zu solchen Vergleichen nur die Anleitung geben.

Man sieht aber aus dieser Abb. 27, welche außerordentliche Bedeutung die richtige Bemessung des Wagenfassungsraumes für die Wirtschaftlichkeit des Stadtbahnbetriebes hat. Diese Beziehungen sind jedoch bei dem Bau einiger bestehender Stadtbahnen nicht in gebührender Weise gewürdigt worden. Ganz im Gegenteil hat man bei den meisten Stadtbahnen, um die Anlagekosten herabzudrücken, das Wagenprofil verkleinert und hat dann notgedrungen zu einem hohen Tarif greifen müssen.

Bei den neueren Schwebebahnprojekten hat man den umgekehrten Weg eingeschlagen, indem man bestrebt war, den Wagenfassungsraum möglichst zu vergrößern und an Stelle des Tarifes die Wagenbesetzung zu erhöhen.

Bei dem in Abb. 27 dargestellten Vergleich mit einer um $50^0/_0$ gesteigerten Wagenbesetzung war die Voraussetzung gemacht, daß dadurch das Wagengewicht nicht größer würde, denn mit einer Vergrößerung des Wagengewichtes würden sich ja auch die Ausgaben für die elektrische Energie und für die Wagenunterhaltung annähernd im gleichen Verhältnis erhöhen. Die gemachte Voraussetzung trifft zu für die Schwebebahn, bei der man zuerst von der bisher gebräuchlichen Bauweise der Wagenkasten in Holzkonstruktion abgewichen ist, indem man das ganze Gerippe des Wagens aus Eisen machte und Holz nur als Verkleidung verwendete. Auch der Umstand, daß das Fahrzeug nur auf einer Schiene läuft, anstatt auf zwei, hat eine beträchtliche Verminderung der Gewichte in den Radgestellen zur Folge. Die etwa 50 Personen fassenden Motorwagen der Schwebebahn Barmen—Elberfeld wiegen einschließlich Personenbesetzung 16 t, gleich große Standbahnmotorwagen in der bisherigen Bauweise dagegen etwa 24 bis 28 t.

Auch bei der Neuanlage · von Standbahnen wird man gut tun, dem Beispiele der Schwebebahn zu folgen und zunächst die zweckmäßigste Wagengröße zu ermitteln suchen unter Berücksichtigung von Betriebsausgaben, Wagenbesetzung, Tarif, Gesamtgröße des Verkehrs und Anlagekapital an der Hand von Überlegungen entsprechend der Abb. 27. Sicher ist, daß eine Vergrößerung der heute üblichen Abmessungen bei den Standbahnwagen, da es sich namentlich um eine Vergrößerung der Wagenbreite handelt, eine beträchtliche Vermehrung der Anlagekosten zur Folge haben wird, ganz besonders, soweit es sich um Untergrundstrecken handelt.

4. Technische Besonderheiten eines wirtschaftlichen Stadtbahnbetriebes.

a) Linienführung.

Bei allen Großstädten wiederholt sich die Erscheinung, daß sich ein ausgesprochenes Geschäftszentrum ausgebildet hat, das von Wohnvierteln rings umschlossen wird, sofern nicht das Gelände die Bebauung nach einer bestimmten Richtung hindert (London, Paris, Berlin). Hafenstädte bieten häufig die Form einer Halbkreisfläche, deren Durchmesserlinie von dem Hafen gebildet wird. Das Geschäftsviertel liegt dann meist im Mittelpunkt, anschließend an den Hafen (Chicago, Hamburg, Liverpool, Antwerpen). Außergewöhnliche Verhältnisse liegen vor in Städten, deren Ausdehnung nur nach einer Richtung möglich ist (Manhattan-Halbinsel New York und Barmen—Elberfeld).

Von derartigen außergewöhnlichen Verhältnissen abgesehen, pflegt die Entwicklung in der Weise vor sich zu gehen, daß sich von dem Geschäftszentrum ein strahlenförmiges Straßenbahnnetz in die Vororte ausgebildet hat, während Ringverbindungen zwischen den einzelnen Vororten bei weitem nicht in der Dichtigkeit vorhanden sind, wie die radial verlaufenden Linien. Man empfindet daher die Unzulänglichkeit der bestehenden Verkehrsmittel nicht so sehr an den regelmäßigen täglichen Fahrten von der Wohnung nach der Geschäftsstadt, als vielmehr an den gelegentlichen Fahrten von einem Vorort zum anderen, die man meistens auf einem großen Umwege über die Geschäftsstadt immer noch am schnellsten zurücklegt. Daher ist es nicht verwunderlich, daß in den Laienkreisen der städtischen Körperschaften Stadtbahnprojekte zunächst in der Form von Ringlinien zu entstehen pflegen. Ferner scheint es beinahe selbstverständlich, daß man bei einer Stadtbahn zu allererst an eine Verbindung der vorhandenen Fernbahnhöfe denkt, und es dabei als selbstverständlich voraussetzt, daß die Fernzüge von einem Bahnhof zum anderen übergeführt werden, wofür auch militärische Gründe ins Feld geführt zu werden pflegen. Wenn sich dann bei der Projektierung zeigt, daß man mit einer solchen Bahn durch die dichtbebauten Stadtgebiete nicht hindurchkommen kann, so ist die notwendige Konsequenz, daß man um sie herumgeht, wenn man an dem vorher entwickelten Gedankengang festhält.

Aus solchen Erwägungen dürfte beispielsweise die Wiener Stadtbahn entstanden sein, deren Betriebsergebnisse (Tabelle 12) unerbittlich zu dem Schluß führen, daß ihre Linienführung von Grund aus verfehlt ist, und zwar deswegen, weil bei der Projektierung dieser Bahn alle möglichen Rücksichten maßgebend waren, nur nicht eine klare Erkenntnis der Bedürfnisse des großstädtischen Personenverkehrs. Wenn aber nach dem Mißerfolg der Wiener Anlage in der Linienführung der jetzt im Bau begriffenen Hamburgischen Stadt- und Vorortbahnen ähnliche Fehler gemacht wurden, so ist es sehr bedauerlich, daß die hierfür verantwortlichen Beamten des Hamburgischen Ingenieurwesens aus den Fehlern der Wiener Anlage nichts gelernt hatten.

Handelt es sich um die Anlage einer ersten Stadtbahn, so wird man die Linie aus dem am dichtesten bevölkerten Vorort, der demgemäß auch voraussichtlich die günstigsten Voraussetzungen für die weitere Ausdehnung der Stadt bietet, möglichst durch die Geschäftsstadt hindurch, zum mindesten aber sie berührend, nach einem in entgegengesetzter Richtung liegenden Vorort führen. In manchen Fällen wird von vornherein die Möglichkeit vorliegen, die Bahn als Hochbahn durchzuführen, im allgemeinen ist dies wenigstens in den Außenbezirken der Fall, während in der Geschäftsstadt, die ja meistens den ältesten Teil der Stadt bildet, häufig die Straßen so winklig und eng sind, daß ihre Benutzung durch eine Hochbahn nicht mehr möglich ist. Man wird also häufig genötigt sein, den inneren Teil der Stadt mit einer Untergrundbahn zu durchziehen. Jedenfalls aber wird man sich auf Grund roher Überschläge annähernd ein Bild machen können über die Höhe der Anlagekosten und des durchschnittlichen Tarifs. Man wird daher durch Überlegungen, entsprechend den im vorigen Abschnitt, auch feststellen können, wie groß ungefähr der Jahresverkehr sein muß, um die notwendige Verzinsung des Anlagekapitals zu erreichen. Eine bildliche Darstellung des bestehenden Straßenbahnverkehrs nach Abb. 11 und seiner bisherigen Entwicklung ist ganz besonders geeignet für die Prüfung, ob der notwendige Verkehr auch erreichbar ist.

Bei Erweiterungen eines bestehenden Stadtbahnnetzes werden die Erwägungen über die mutmaßliche Rentabilität einer neuen Linie erleichtert, wenn man die Ziffer der Fahrten auf den Kopf der Bevölkerung in dem Einflußgebiet der Bahn feststellt. Beispielsweise ergaben sich 1904 für die jährlichen Fahrten auf den Kopf der Bevölkerung, die im Umkreis von 1 km Halbmesser um die einzelnen Stationen wohnt, bei der Berliner Stadt- und Ringbahn Ziffern zwischen 27 und 1050. Die außergewöhnliche Höhe der letzteren läßt erkennen, daß der Verkehr auf der betreffenden Station zum größten Teil nicht von ihren Anwohnern herrührt.

Durchschnittszahlen sind in Tabelle 14 angeführt.

Tabelle 14.
Stadt- und Ringbahn Berlin.

	1904	1903 Einwohner im Umkreis der Haltestellen von		Jährliche Fahrten auf den Kopf der in	
	Reisende	500 m	1000 m	500 m	1000 m
				Umkreis der Haltestellen wohnenden Bevölkerung	
	Millionen	Halbmesser			
1904 Stadtbahn	73·46	202 000	625 000	364	118
„ Nordring	31·42	159 000	580 000	198	54
„ Südring	21·91	97 000	279 000	226	79
	126·79	458 000	1 484 000	277	85

Nun darf man derartige Überlegungen gewiß nicht schematisch anstellen; die Zahl der Fahrten auf den Kopf der Bevölkerung ist ja außerordentlich verschieden je nach dem Charakter der Stadtgegend, ob dieselbe mit vornehmen Landhäusern oder eng gedrängten Etagenhäusern besetzt ist, ob industrielle Anlagen oder große Vergnügungsetablissements vorherrschen. Man wird auch den Umkreis des Einflußgebietes bei den einzelnen Stationen verschieden groß bemessen müssen, immerhin geben derartige Überlegungen einen guten Anhalt für die Schätzung des zu erwartenden Verkehrs. Gewarnt aber sei vor einer zu großen Hoffnungsseligkeit bezüglich der künftigen Verkehrszunahme. Man soll sich bei den Schätzungen gewiß nicht darauf beschränken, den heutigen Verkehr zugrunde zu legen, vielmehr wird die Bahn den größten Teil ihres Verkehrs sich selbst schaffen, aber ob dieser ausreichend sein wird, ist eine Frage, die bei den meisten bisherigen Stadtbahnen zu optimistisch beurteilt wurde.

Die erste Stadtbahn einer Großstadt muß eine Durchmesserlinie sein und in der Richtung des Hauptverkehrs verlaufen. Sie hat natürlich eine bedeutende Verstärkung dieser Verkehrsrichtung zur Folge, da sich die Stadt in dieser Richtung weiter ausdehnen wird. Die nächste Aufgabe wird dann meistens eine Entlastung der ersten Linie durch eine parallel verlaufende oder unter einem flachen Winkel schneidende Durchmesserlinie sein (London, Berlin, Paris). Dann erst pflegt das Bedürfnis nach Durchmesserlinien aufzutreten, die senkrecht zu den vorigen gerichtet sind, und erst in einem erheblich weiteren Entwicklungsstadium werden Ringlinien wirtschaftlich lohnen. Will man auf diese Weise eine organische Weiterentwicklung der Verkehrseinrichtungen bewirken, so wird man gut tun, sich mit jeder neuen Linie an die wichtigsten Verkehrszüge des Straßenbahn- und Omnibusbetriebes zu halten. Auch ist darauf zu achten, daß zwischen den Haltestellen der einzelnen Stadtbahnlinien bequeme Übergänge geschaffen werden. Dies ist zwar nicht so sehr mit Rücksicht auf den augenblicklichen Verkehr nötig, als vielmehr um den Bedürfnissen der künftigen Entwicklung genügen zu können. Wichtig ist es auch, Haltestellen in bequeme Nähe zu denjenigen Fernbahnhöfen zu bringen, die bereits einen lebhaften Vorortsverkehr besitzen, oder bei denen ein solcher mit der Zeit zu erwarten ist. Soweit die Fernbahnhöfe aber nur dem eigentlichen Fernverkehr dienen, ist die Notwendigkeit ihres Anschlusses wohl zu prüfen, sofern er Verschlechterungen einer sonst günstigen Linienführung und die Aufgabe sonst wichtiger Verkehrspunkte bedingt. Bei den bestehenden Stadtbahnen ist mehrfach die Bedeutung der Fernbahnhöfe sehr überschätzt worden.

Ein wechselweiser Übergang der Züge zwischen den verschiedenen Linien eines Stadtbahnnetzes wird dagegen in neuerer Zeit im allgemeinen nicht mehr als erstrebenswert angesehen, ebenso wie man Verzweigungen der einzelnen Linien nach Möglichkeit vermeidet.

Die Linienführung im einzelnen wird bedingt durch die zulässigen Bahnkrümmungen und Neigungen.

Der kleinste Krümmungshalbmesser ist abhängig von der Fahrgeschwindigkeit, die mit Rücksicht auf den Abstand der Haltestellen bei Stadtbahnen selten höher sein wird als 50 km in der Stunde. Abb. 28 enthält zunächst die Vorschriften für die deutschen Bahnen. Dieselben sind aufgestellt für den Fernverkehr, also unter der Voraussetzung, daß auf denselben Gleisen schnelle und langsame Züge verkehren. Beim Stadtbahnbetrieb wird man dagegen stets mit Zügen gleicher Fahrgeschwindigkeit zu rechnen haben, es wäre also nicht unberechtigt, über die Festsetzungen der für die Fernbahnen gültigen Vorschriften hinauszugehen. Die für Standbahnen erreichbare Grenze dürfte etwa bei einer Überhöhung des Gleises tg $\varphi = 0\cdot12$ liegen, dem würde für eine Geschwindigkeit von 50 km ein Krümmungshalbmesser von 150 m entsprechen, während bei den Fernbahnen 200 m vorgeschrieben sind. Erheblich kleinere Krümmungen erlaubt die Schwebebahn. Bei der Standbahn ist die Überhöhung des Gleises deswegen beschränkt, weil sie immer nur für eine ganz bestimmte Fahrgeschwindigkeit richtig ist und jede Abweichung von dieser Fahrgeschwindigkeit sich als mehr oder minder heftiger Ruck in der Seitenrichtung des Fahrzeuges äußert. Bei der Schwebebahn dagegen stellt sich das Fahrzeug selbsttätig in die schiefe Lage ein, die der Resultierenden aus Gewicht und Fliehkraft entspricht. Diese Schiefneigung wird begrenzt

durch die Rücksicht, daß der seitlich ausschwingende Wagen ein gewisses
freies Profil erfordert, und daß neben dem von dem ausschwingenden Fahrzeug bestrichenen Raum noch genügend Platz zur Aufhängung des Schienen-
trägers verbleiben muß. Die auf der Schwebebahn gemachten Erfahrungen
lassen es unbedenklich erscheinen, mit der Schwebebahn bis zu einer Schief-
lage von 30° zu gehen. Dieses Maß ist für die neueren Schwebebahn-
projekte in Aussicht genommen. Bei der Schwebebahn Barmen—Elberfeld beträgt der Ausschlagswinkel 15°, dessen Tangente annähernd gleich
0·25 ist. Wie der nunmehr über sechsjährige Betrieb erwiesen hat, ist
dieser Spielraum sehr reichlich bemessen. Willkürliche Schaukelbewegungen,
hervorgerufen durch ungenaue Schienenlage, durch ungenügende Ausrundung der Gefällbrüche in Verbindung mit der exzentrischen Massenvertei-
lung des Fahrzeuges und durch seitlichen Winddruck haben diesen Spielraum nicht erreicht. Es scheint daher zulässig, bei der Schwebebahn den

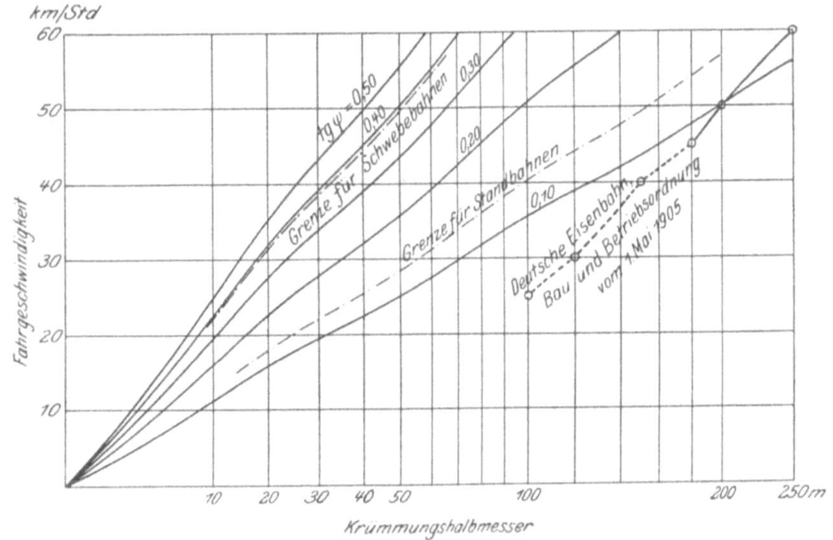

Abb. 28. Fahrgeschwindigkeit und Krümmungshalbmesser.

Spielraum für willkürliche Schaukelbewegungen mit tg α = 0·20 anzunehmen
und diesen Betrag zu dem Werte von tg φ hinzuzuschlagen, welcher sich
aus Geschwindigkeit und Krümmungshalbmesser ergibt. Dementsprechend
wird man die größte Neigung der Mittelkraft aus Fliehkraft und Gewicht
etwa zu tg φ = 0·37 annehmen dürfen, entsprechend einem Ausschlagswinkel von etwa 22°. Die Linie ist in Abb. 28 eingetragen, hiernach ist
es bei der Schwebebahn zulässig, mit einer Geschwindigkeit von 50 km
noch Bahnkrümmungen von 50 m Halbmesser zu befahren. Noch kleinere
Krümmungen sind zulässig an den Stellen der Bahn, wo man sicher ist,
daß man auch unter allen Umständen die Geschwindigkeit entsprechend
einschränken kann. Das wird im allgemeinen auf der freien Strecke nicht
der Fall sein, wohl aber in den Nebengleisen, Weichenkrümmungen und
etwaigen Schleifen, die beispielsweise bei der Schwebebahn in Barmen—
Elberfeld mit 9 m Halbmesser ausgeführt sind.

  Häufig ist man bei Stadtbahnen genötigt, bei der Umfahrung von
Straßenecken möglichst scharfe Krümmungen und auch kurz aufeinander-

folgende Gegenkrümmungen anzuwenden. Dabei empfiehlt sich eine sorgfältigere Ausführung der Übergangsbögen, als sie bei den Fernbahnen üblich ist, zumal da die Einmessung und dauernde Überwachung der Gleislage bei Stadtbahnen auf gemauertem oder eisernem Viadukt bzw. im Tunnel keine besonderen Schwierigkeiten macht. Auf die Annehmlichkeit der Fahrt und auf die Abnutzung der Betriebsmittel und Gleise ist es von günstigem Einfluß, wenn man die vorkommenden schärferen Krümmungen nicht als Kreise ausbildet, sondern mit fortlaufend veränderlichem, allmählich zu- und abnehmendem Krümmungshalbmesser anlegt. Hierfür reicht häufig die bei den Hauptbahnen gebräuchliche kubische Parabel nicht mehr aus. Man kommt aber ohne Schwierigkeit zu einer Lösung der jeweiligen Aufgabe, wenn man die Gleiskrümmung berechnet als Biegungslinie eines durch eine Momentenfläche belasteten Stabes, wobei die gedachte Momentenlinie den gewünschten Verlauf des Wertes $\dfrac{1}{\text{Krümmungshalbmesser}}$ darstellt. Bei der Schwebebahn müssen die Übergangsbögen so lang gemacht werden, daß die Zeitdauer zum Durchfahren gleich der Zeitdauer einer doppelten Pendelschwingung des Fahrzeuges wird; praktisch sind dies etwa drei bis vier Sekunden. Für 50 km Höchstgeschwindigkeit ist demnach eine Übergangslänge von etwa 50 m erforderlich.

Die Neigungen der Bahn kann man bei elektrischem Antrieb erheblich stärker anlegen als beim Dampfbetrieb. Immerhin sollte man sie nicht größer nehmen, als daß man mit Sicherheit noch einen liegen gebliebenen Zug durch einen nachfolgenden hinaufschieben kann. Ein Bedürfnis nach einer stärkeren Steigung als 1 : 20 kommt kaum in Frage. Sie ist ohne Bedenken anwendbar, sofern sämtliche Achsen des Zuges angetrieben sind. Ist aber nur die Hälfte des Zuggewichtes angetrieben, so wird man gut tun, nicht über 1 : 30 zu gehen. Jedenfalls ist auf eine sorgfältige Ausrundung der Neigungswechsel mit nicht weniger als 2000 m Halbmesser zu achten. Ist man aber genötigt, noch kleinere Halbmesser anzuwenden, so empfiehlt es sich, die Ausrundungen der Neigungswechsel in Form von Übergangsbögen mit fortlaufend veränderlichem Halbmesser zu gestalten.

b) Bauweise.

Ausgegangen ist man bei dem Bau der Stadtbahnen natürlich von den üblichen Formen der Fernbahnen. So ist auch die Berliner Stadt- und Ringbahn angelegt hauptsächlich, um einen Zusammenschluß der Fernbahnen östlich und westlich Berlins herbeizuführen. Die beiden südlichen Gleise der viergleisigen Stadtbahn dienen dem Fernverkehr, die beiden nördlichen dem Orts- und Vorortsverkehr. Die Berliner Stadtbahn ist größtenteils auf gemauertem Viadukt (Abb. 29), die Ringbahn auf Damm und im Einschnitt geführt, nur die kreuzenden Straßen sind mit eisernen Bauwerken überbrückt. Sie wurde seinerzeit durch größtenteils noch unbebautes Gelände gelegt, daher nimmt die Bahn nicht den Weg, der mit Rücksicht auf den Ortsverkehr am vorteilhaftesten gewesen wäre.

Für künftige Stadtbahnen ist es ziemlich ausgeschlossen, daß man in heutigen Großstädten noch einen Weg fände, auf welchem man in dieser Bauweise eine Stadtbahn mit richtiger Linienführung hindurchbringen könnte. Bei oberirdischer Führung wird man vielmehr eine Bauweise wählen müssen, die die Benutzung der Straßen erlaubt. An Stelle der

Dammschüttungen, der offenen Einschnitte und der gemauerten Viadukte muß in städtischen Straßen die leichtere Eisenkonstruktion treten.

Die ersten eisernen Hochbahnen in New York (Abb. 30) und Chicago

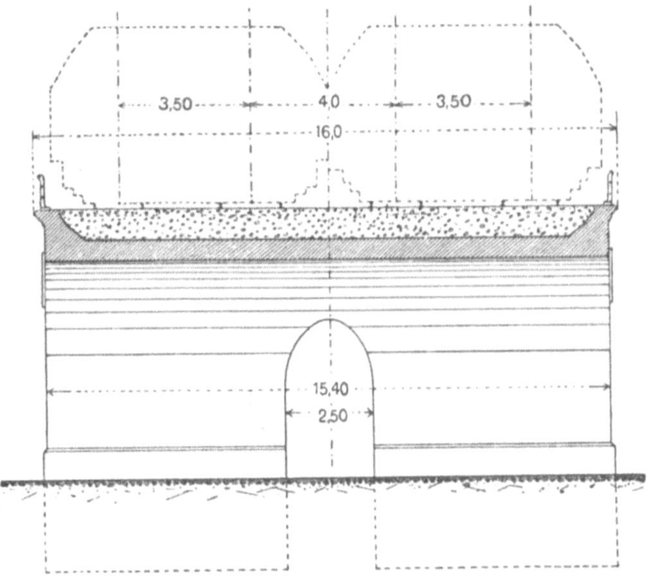

Abb. 29. Stadtbahn Berlin.

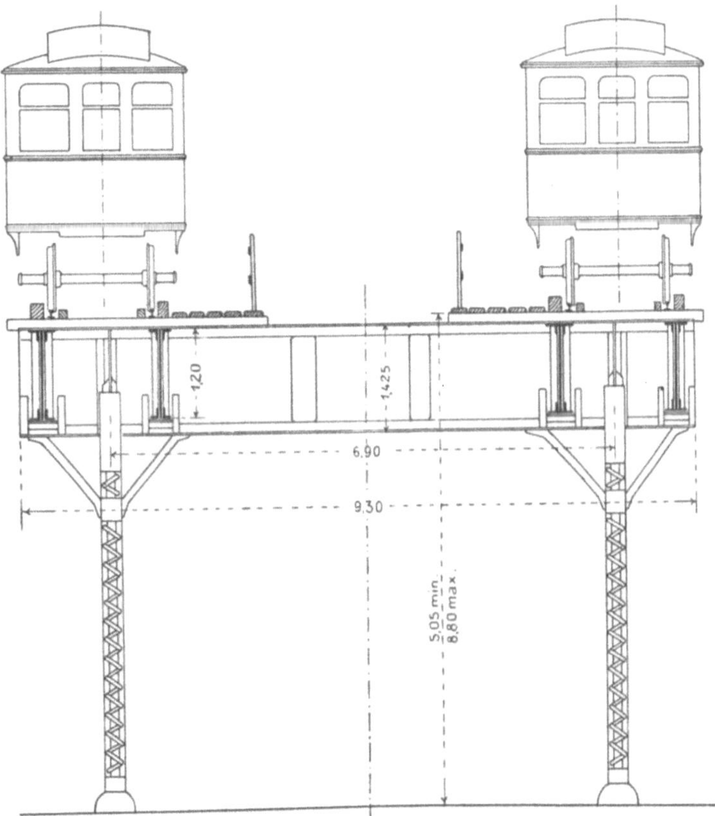

Abb. 30. Hochbahn New York.

waren von abschreckender Häßlichkeit; auch verursachten diese Bahnen ein sehr starkes Geräusch. Erst die elektrische Hoch- und Untergrundbahn in Berlin hat, namentlich in ihrem westlichen Teil, musterhafte Konstruktionen geschaffen, die ein künstlerisch geschultes Auge wohl befriedigen können (Abb. 31).

Die Mängel der älteren eisernen Hochbahnen waren die Veranlassung, weshalb sich die öffentliche Meinung den Untergrundbahnen zuwandte. Diese haben allerdings den großen Vorzug, daß sie die äußere Erscheinung der Straßen nicht beeinträchtigen, ein Vorzug, der gewiß auch künftig in manchen Fällen zugunsten der Untergrundbauweise entscheidend sein wird. Im übrigen vollzieht sich aber in den Städten, die Untergrundbahnen besitzen, ein Umschwung der öffentlichen Meinung. In London hat der Verkehr auf den Untergrundbahnen seinen Höhepunkt überschritten. Die meisten Bahnen zeigen einen Stillstand, zum Teil bereits einen Rückgang, obgleich im übrigen der sich oben abwickelnde Verkehr dauernd anwächst. In New York herrscht große Unzufriedenheit

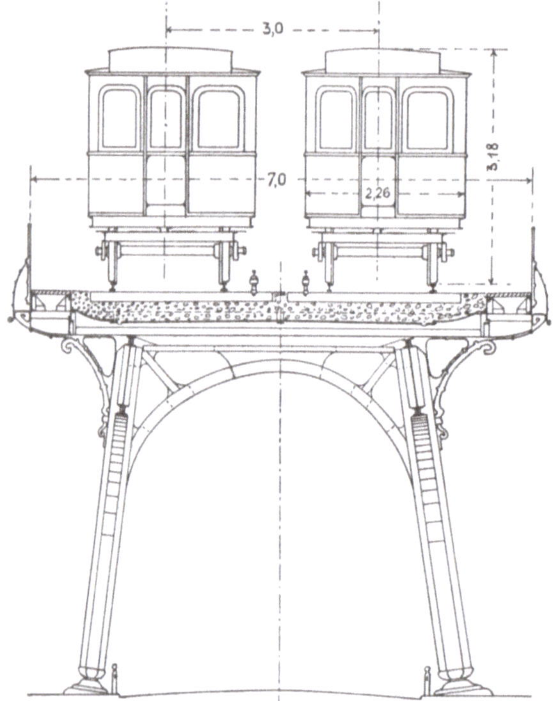

Abb. 31. Elektrische Hoch- und Untergrundbahn Berlin.

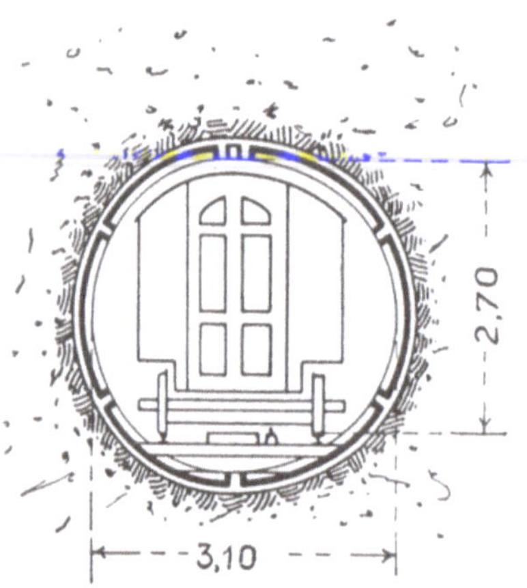

Abb. 32. City- und Süd-Londonbahn.

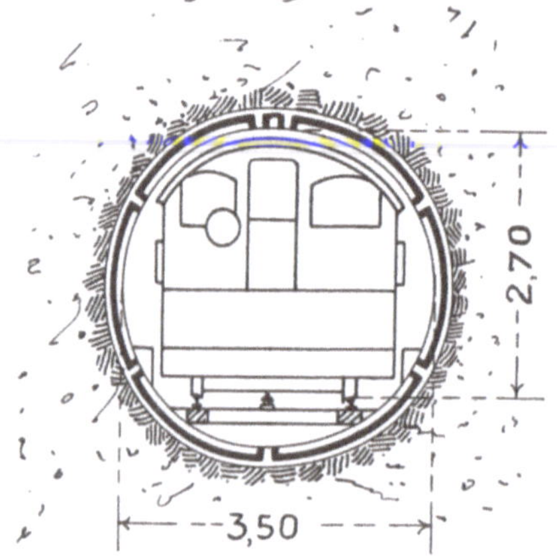

Abb. 33. Central-Londonbahn.

mit der kaum in Betrieb genommenen Untergrundbahn. Nur in Paris werden die Unannehmlichkeiten weniger empfunden als die großen Vorzüge im Vergleich mit den früheren Verkehrsmitteln.

Man unterscheidet Tiefbahnen und Unterpflasterbahnen. Tiefbahnen haben vorzugsweise in London Anwendung gefunden. Die älteste, die City und Süd-Londonbahn, ist in Abb. 32 dargestellt. Ihr folgte die Waterloo- und Citybahn, ferner die Central-Londonbahn (Abb. 33). Weitere derartige Bahnen sind in London im Bau und in letzter Zeit dem Betriebe übergeben. Diese Bahnen liegen 20 bis 30 m unter der Straßenoberfläche und bestehen aus je zwei Rohrsträngen, deren jeder ein Gleis aufnimmt. Ihre Ausführung war dadurch möglich, daß der Untergrund Londons aus einem schweren Ton besteht, der von Wasser vollständig frei ist. Merkwürdigerweise folgen auch die Londoner Tiefbahnen den Straßenzügen. Das liegt, obwohl technisch kein zwingender Grund dafür vorhanden ist, an den hohen Entschädigungsforderungen der Grundbesitzer, denen nach englischem Recht auch der Untergrund gehört.

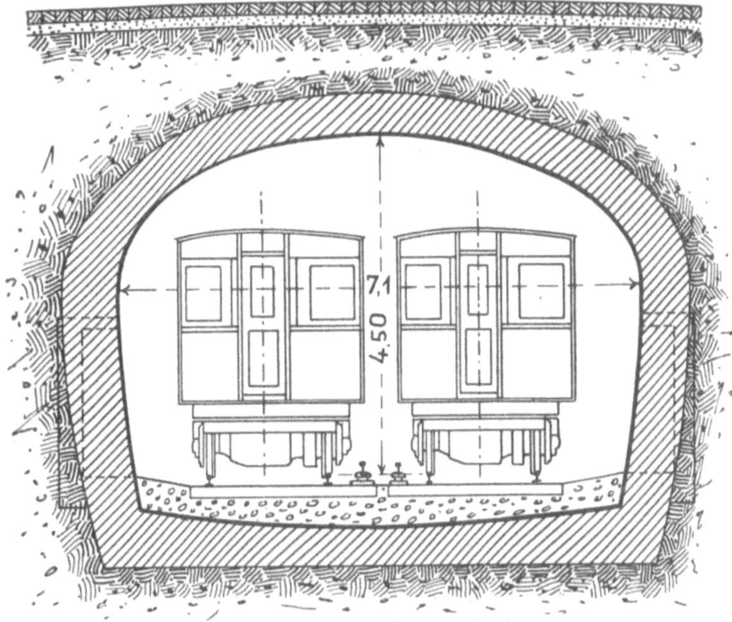

Abb. 34. Métropolitain, Paris.

Abb. 34 zeigt den normalen Tunnelquerschnitt der Pariser Stadtbahn, bei der die Bodenverhältnisse, mit Ausnahme weniger Stellen, wo alte Steinbrüche gekreuzt wurden, recht günstig waren.

In Berlin ist eine Ausführung nach dem Muster der Londoner Tiefbahnen wegen des Untergrundes aus schwimmendem Sand bei dem heutigen Stande der Technik ausgeschlossen. Bekanntlich ist als Probeausführung zwischen Stralau und Treptow ein Tunnel unter der Spree hindurch getrieben worden, der jetzt von einer Straßenbahnlinie benutzt wird. Die Durchbringung des Tunnels an sich ist zwar gelungen, es hat sich aber nicht vermeiden lassen, daß bei dem unter Druckluft bewirkten Schildvortrieb mehr Boden herausgenommen wurde, als dem Tunnelprofil entsprach. Infolgedessen ist der Boden über dem Tunnel nachgesunken; es hatte sich eine an der Oberfläche deutlich bemerkbare Rinne gebildet, die zwar am Ort der Probeausführung unschädlich war, aber den Beweis

dafür liefert, daß man mit solcher Bauweise nicht in die Nähe von Häusern herangehen kann, weil diese in die Gefahr des Einsturzes kommen
würden. Wenn man sich nun aber auch denken könnte, daß eine verbesserte Arbeitsmethode gefunden würde, bei der die Gefahr des Häuser-
einsturzes vermieden wird, so ist doch eine solche Bauweise bis jetzt für
längere Strecken noch nicht erprobt. Sicherlich würden in Berlin die Anlagekosten einer Tiefbahn weit über die schon sehr beträchtlichen einer
Unterpflasterbahn hinausgehen.

Als Unterpflasterbahn bezeichnet man die Bauweise, bei der der Bahn-
tunnel unmittelbar unter der Straßenoberfläche liegt. Die Ausführung der
Unterpflasterstrecken der elektrischen Hoch- und Untergrundbahn in Berlin

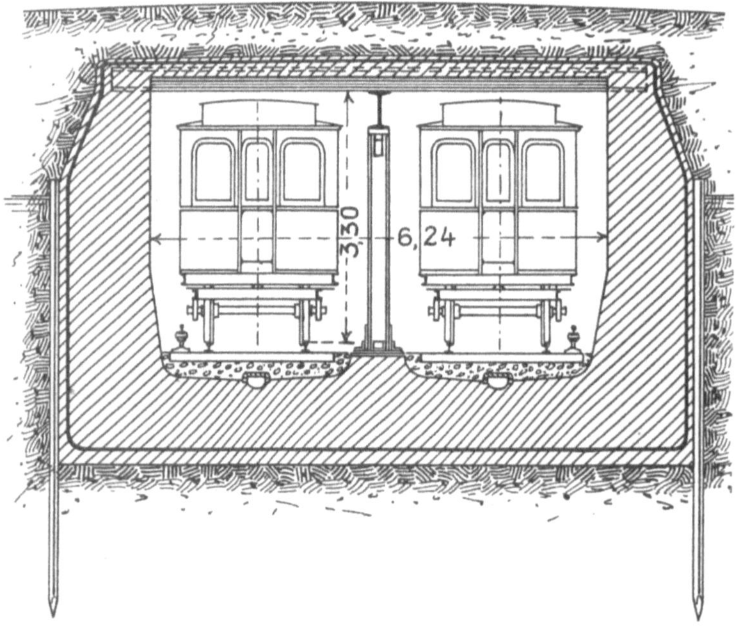

Abb. 35. Elektrische Hoch- und Untergrundbahn, Berlin.

(Abb. 35) hat eine bedeutende Erleichterung gefunden durch die Arbeits-
weise mit Absenkung des Grundwassers. Diese Bauweise hat es ermöglicht, mit dem Unterpflastertunnel ohne Gefahr dicht an die Häuserfundamente heranzugehen. Es sind sogar Unterführungen vorhandener Gebäude
vorgenommen, unter Auswechslung der Häuserfundamente, die mit einer
anderen Bauweise kaum möglich gewesen wären. Immerhin ist bei den
Berliner Untergrundverhältnissen die Grundwasserabsenkung nur bei geringer Tiefe bis wenige Meter unterhalb des normalen Grundwasserstandes
zweckmäßig.

Gegen die allgemeine Anwendung von Unterpflasterbahnen spricht die
Rücksicht, daß diese Bauweise, so geeignet sie in einzelnen Fällen ist, um
durch Straßen hindurchzukommen, in denen eine oberirdische Bahnführung
aus irgendwelchen Gründen unmöglich ist, doch zu kostspielig wird, um
als Normalbauweise gewählt werden zu können, namentlich dann, wenn,
wie in Berlin, sich die gesamten städtischen Versorgungsleitungen für Gas,
Wasser und vieles andere, insbesondere aber die Anlagen der Kanalisation

in der Höhenlage befinden, die von dem Tunnel der Unterpflasterbahn in Anspruch genommen werden muß. Durch die Verlegung dieser Anlagen wird die Ausführung von Unterpflasterbahnen in vielen Fällen außerordentlich verteuert. Weitere Nachteile der Untergrundführung sind, daß für den Reisenden die Fahrt wenig Annehmlichkeiten bietet, daß künstliche Lüftung und Beleuchtung nötig sind, und daß endlich im Falle eines Unglücks die Reisenden in erheblich größerer Gefahr sind als auf einer Hochbahn. Als Vorteil der Untergrundbahn steht dem gegenüber, daß eine Beeinträchtigung des Straßenbildes vermieden wird, und daß ihr Geräusch nicht zur Straße hinaufdringt. Allerdings ist es für die Fahrgäste um so unangenehmer.

Für den Bau der Haupteisenbahnen besteht eine Reihe von Vorschriften, die bedingt sind durch die eigenartigen Bedürfnisse des Fernverkehrs, insbesondere des Güterverkehrs. Von ihnen wird man bei den grundsätzlichen Festlegungen über die technische Gestaltung von Stadtbahnen absehen können. Beispielsweise wird beim Bau neuer Hauptbahnen natürlich streng darauf gehalten, daß ihre Bauweise mit dem bestehenden Eisenbahnnetz insoweit übereinstimmt, daß ein beliebiger wechselweiser Übergang der Züge auf allen Linien des Bahnnetzes möglich ist. Diese für den Güterverkehr der Fernbahnen wichtigste Rücksicht hat für Stadtbahnen eine sehr geringe, in vielen Fällen gar keine Bedeutung. Tatsächlich hat man auf den meisten bestehenden Stadtbahnen das Wagenprofil zwecks Herabsetzung der Baukosten erheblich verkleinert. Wenn daher die Stadtbahnen auch meistens die Spurweite der Fernbahnen haben, so ist doch ein Übergang der Züge von einer Bahn auf die andere unmöglich, wie beispielsweise zwischen der Stadt- und Ringbahn und der elektrischen Hoch- und Untergrundbahn in Berlin. Dann hat aber auch die Forderung gleicher Spurweite keine große Bedeutung mehr. Nun könnte man meinen, daß, wenn man auch von der Bauweise der Fernbahnen abweicht, man wenigstens die einzelnen Linien der Stadtbahnen unter sich in gleicher Weise ausführen sollte. Dieser Forderung ist eine gewisse Berechtigung sicher nicht abzusprechen, ihr steht aber die Tatsache gegenüber, daß beispielsweise in London sämtliche Bahnen verschiedene Wagenprofile haben, daß also von keiner Bahn ein Übergang von Zügen auf eine andere stattfinden könnte, selbst wenn sie miteinander durch Gleise verbunden wären.

Ferner lehrt das Beispiel der Pariser Stadtbahn, deren Liniennetz nach einem einheitlichen Plan aufgestellt worden ist, daß auch hier, wo der wechselseitige Übergang zwischen den Linien ohne Schwierigkeit hätte bewirkt werden können, er doch tatsächlich nicht stattfindet. Sämtliche Linien dieses vielverzweigten Netzes werden unabhängig voneinander betrieben, obwohl Gleisverbindungen zwischen den einzelnen Linien vorhanden sind. Der Grund dafür liegt darin, daß auf einer in sich geschlossenen Stammlinie die Züge in kürzerem Abstand verkehren können, als wenn das richtige Eintreffen von Anschlußzügen von den Zweiglinien abgewartet werden muß. Wenn beispielsweise ein Betrieb mit Übergang der Züge zwischen den einzelnen Linien eine kürzeste Zugfolge bedingt von etwa 3 Minuten, während ein Betrieb ohne Zugübergang aber mit Umsteigen an den Anschlußstationen eine Aufeinanderfolge der Züge von 2 Minuten gestattet, so bedeutet das, daß im letzteren Falle stündlich 30 Züge

statt 20 Züge gefahren werden. Das wäre eine Erhöhung der Leistungsfähigkeit von $50\,^o/_o$. Dasselbe gilt für den Fall, daß man auf diese Weise
eine Bahn mit 60 statt 90 Sekunden Zugabstand betreiben kann. Da
nun aber die Stadtbahnen nur Zweck und Sinn haben, wo es sich um die
Bewältigung eines Riesenverkehrs handelt, so ist die höhere Leistungsfähigkeit wichtiger, als die Annehmlichkeit des Überganges der Züge, die
übrigens immer nur für einen Teil der Reisenden besteht.

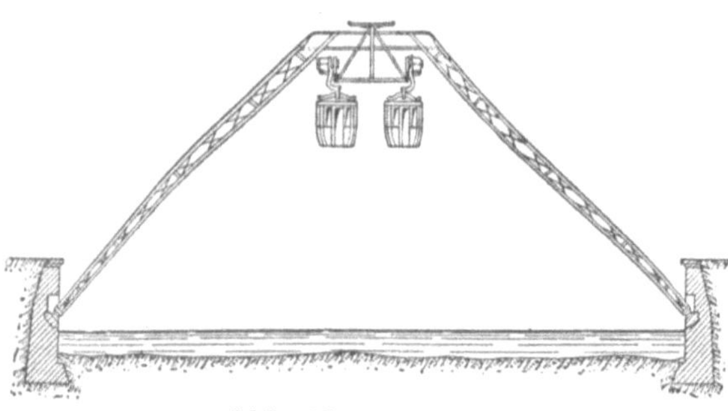

Abb. 36a. Querschnitt.

Der Zweck der Gleis-
verbindungen zwischen
den einzelnen Linien der
Pariser Untergrundbahn
ist, daß man die Repa-
raturwerkstätten und zum
Teil die Wagenschuppen
für mehrere Linien ver-
einigen kann, und daß
man bei der Möglichkeit
gegenseitiger Aushilfe eine
geringere Reserve an Be-
triebsmitteln zu halten braucht. Das sind also Rücksichten, die in einer
vergleichenden Rentabilitätsberechnung ziffernmäßig zum Ausdruck gebracht werden können, die aber naturgemäß nicht zu den Faktoren gehören, die in der Rentabilitätsberechnung den Ausschlag geben.

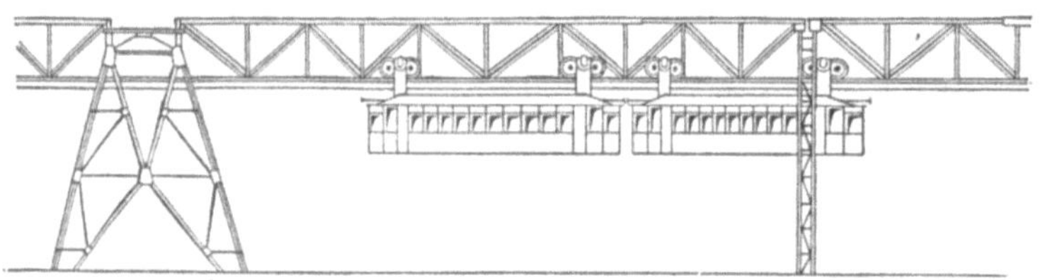

Abb. 36b. Seitenansicht der Flußstrecke der Schwebebahn Barmen-Elberfeld.

Gelingt es demnach für eine bestimmte Linie besonderen örtlichen
Verhältnissen durch eine Änderung der Bauweise derart Rechnung zu
tragen, daß eine bedeutende Ermäßigung in den Anlagekosten herbeigeführt wird, ohne daß demgegenüber die Vermehrung der Betriebsreserve
und Vergrößerung von Wagenschuppen und Werkstätten eine Rolle spielt,
so wird es meistens wirtschaftlich richtig sein, zu dieser neuen Bauweise
überzugehen, notwendig aber wird es dann, wenn es sich um die Frage
handelt: entweder Abweichung von der üblichen Bauweise oder überhaupt
keine Bahn.

In neuester Zeit ist die Schwebebahn in Wettbewerb mit der alten
Standbahn getreten.

Abb. 36a zeigt einen Querschnitt, Abb. 36b eine Seitenansicht der
Flußstrecke der Schwebebahn in Barmen-Elberfeld. In dieser Weise ist
die Bahn auf eine Länge von 10 km ausgeführt. Die Entfernung der
Stützen wechselt zwischen 18 und 33 m. In Abständen von etwa 200 m
befinden sich Ankerjoche, welche die Längskräfte aufnehmen, während die
Zwischenjoche in der Längsrichtung pendelnd angeordnet sind. In den
gleichen Abständen von etwa 200 m befinden sich dann Ausgleichsfugen

für die Längenänderungen, welche die Eisenkonstruktion bei Temperaturänderungen erfährt.

Abb. 37 gibt einen Querschnitt der 3·3 km langen Landstrecke der
Barmen—Elberfelder Schwebebahn. Die Bahn ist hier durch eine Straße
geführt von nur 18 m Breite zwischen den Baufluchten.

Abb. 38a und 38b
zeigt die Aufhängung des
Wagens in Barmen-Elber-
feld. Der Wagen kann
um die Schienenoberkante
frei ausschwingen bis zu
einer seitlichen Neigung
von 15°. Der Verbindungs-
haken zwischen Radge-
stell und Wagenkasten ist
unterhalb des Schienen-
trägers nach einem Kreis-
bogen um den Schienen-
kopf gekrümmt. Zwischen
Haken und Schienen-

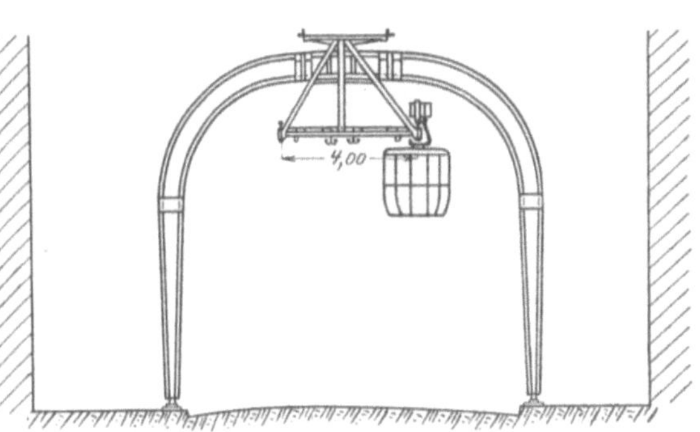

Abb. 37. Schwebebahn Barmen-Elberfeld.
Querschnitt der Landstraße.

trägerunterkante ist ein Spielraum von nur 7 mm, während die Radflanschen
35 mm Höhe haben. Hierdurch soll ein Aufklettern der Radflanschen verhindert werden. Die exzentrische Verteilung der Massen im Radgestell hat

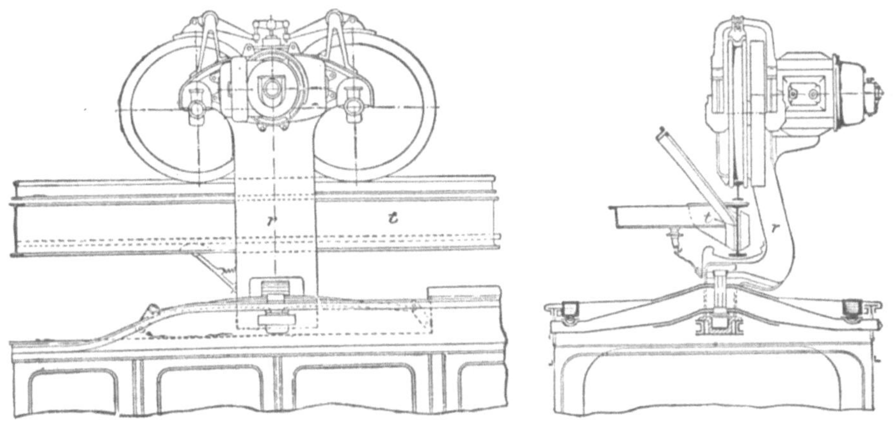

Abb. 38a. Seitenansicht   Abb. 38b. Querschnitt
der Wagenaufhängung der Schwebebahn Barmen-Elberfeld.

sich in Verbindung mit der ungenügenden Ausrundung der Neigungswechsel mit 400 m Halbmesser auf der Weststrecke als fehlerhaft erwiesen, da sie Veranlassung zu Schaukelschwingungen des Fahrzeuges gibt.

Abb. 39 zeigt den Querschnitt der in Berlin Ende 1907 ausgeführten
Probestrecke, die in dem engsten Straßenabschnitt der geplanten, 12 km
langen Linie Gesundbrunnen—Rixdorf aufgestellt wurde. Während auf
der Landstrecke in Elberfeld Fachwerkbrückenträger von im Mittel 30 m
Stützweite verwendet wurden, sind in Berlin die Schienenträger selbst als
Hauptträger verwendet, und die Stützenentfernung ist auf 15 m verringert
worden.

Wie im **vorigen** Abschnitt erläutert, erlaubt die Schwebebahn erheblich kleinere **Krümmungshalbmesser** als die Standbahn. Ihre schmale und durchsichtige **Konstruktion** macht sie geeignet, noch durch engere Straßenzüge hindurchzugehen, als bei einer Standhochbahn möglich wäre. Infolgedessen bietet sie in vielen Fällen noch die Möglichkeit, die Linie oberirdisch, entsprechend den Hauptverkehrsrichtungen, zu führen, wo die Standbahn unter die Erde gelegt werden oder aber wichtige Verkehrspunkte umgehen müßte.

Die Herstellungskosten sind bei der Schwebebahn am niedrigsten. Ihre Verwendung erscheint also überall dort empfehlenswert, wo überhaupt eine Ausführung als Hochbahn zulässig ist. An sich steht ja auch

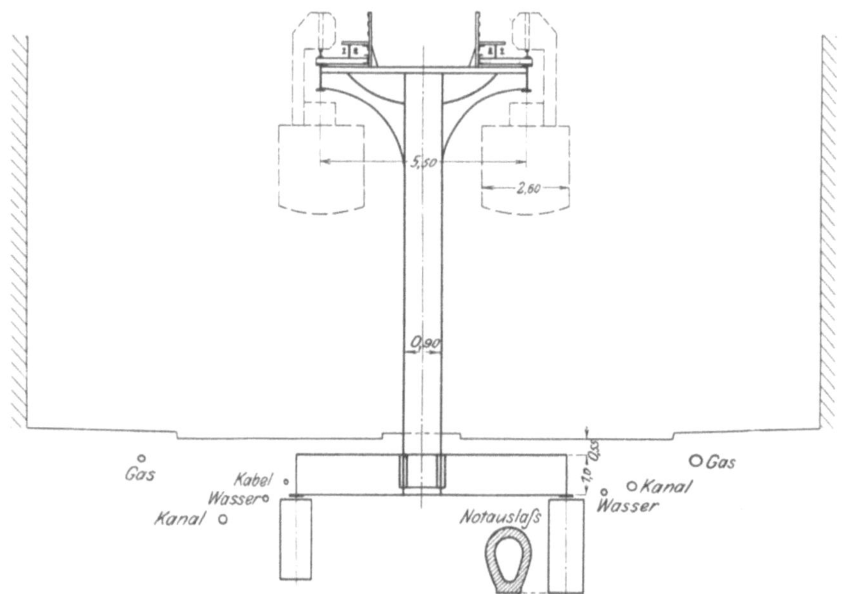

Abb. 39. Probestrecke der für Berlin geplanten Schwebebahn.

nichts im **Wege**, die Schwebebahn unter Grund zu führen, doch erfordert sie ein wesentlich **größeres Tunnelprofil.** Sie kommt also für Untergrundführung nur in Frage, wenn es sich um kurze Untergrundstrecken zwischen langen Hochbahnlinien handelt, dagegen scheidet sie aus, sobald eine Bahnlinie in der Hauptsache unter Grund zu führen ist.

Natürlich hat die Schwebebahn, wie alle neuen Gedanken, heute noch einen gewissen Widerstand zu überwinden. Die Bedenken, daß das Fahren auf einer Schiene mit unangenehmen Schaukelbewegungen verbunden sein müsse, sind ja allerdings durch den nunmehr sechsjährigen Betrieb in Barmen-Elberfeld widerlegt, doch werden gelegentlich heute noch Bedenken über ihre Weichen geäußert.

Bei der Schwebebahn Barmen—Elberfeld waren auf der ersten Teilstrecke Kletterweichen[1]) angeordnet. Auf der Schlußstrecke nach Barmen wurden Schiebeweichen angewendet, deren konstruktive Ausbildung viel einfacher ist. Nach ihrem Vorbild sind die ursprünglichen Kletterweichen

---

[1]) Vgl. **Bernhard**, „Die Schwebebahn Barmen—Elberfeld—Vohwinkel", Zeitschr. Ver. deutsch. Ing. 1900.

der ersten Teilstrecke nachträglich in Schiebeweichen umgebaut worden. Die neuere Schwebebahnweiche hat den Vorzug vor der Standbahnweiche, daß sie in verriegeltem Zustand für den befahrenen Strang ein lückenloses Gleis bietet, den Nachteil, daß das nicht befahrene Gleis eine Lücke aufweist. Es wird daher gelegentlich die Befürchtung geäußert, daß ein auf diesem Gleis herankommender Zug entgleisen könnte, da natürlich an ein Aufschneiden der Weiche bei der großen Masse, die in Bewegung zu setzen wäre, nicht zu denken ist. Man vergleicht diese Konstruktion mit den versenkten Schiebebühnen in den Hauptgleisen der Fernbahnen, die in einzelnen Ländern in Gebrauch, in Deutschland aber verboten sind. Der Grund aber, solche Anordnungen auf den deutschen Hauptbahnen als unzulässig zu erklären, liegt darin, daß man beim Dampfbetrieb nicht verhindern kann, daß ein Lokomotivführer, der die Signale nicht beachtet, in die falsch stehende Schiebebühne hineinfährt. Diese Gefahr läßt sich jedoch in ausreichender Weise bei elektrischem Antrieb beseitigen dadurch daß die Stromleitungen derartig von der Weichenverriegelung geschaltet werden, daß nur die Stromleitung desjenigen Gleises unter Strom steht, für welches die Weiche richtig eingestellt und verriegelt ist. Es handelt sich also um ähnliche Einrichtungen, wie sie bei den Drehbrücken· der Chicagoer und Bostoner Hochbahnen seit Jahren anstandslos im Gebrauch sind. Jedenfalls bieten diese Schwebebahnweichen geringere Gefahren als beispielsweise Weichenkreuze vor den Endbahnhöfen der Standbahnen, die gelegentlich auch am Fuße langer Rampen vorkommen.

Ein anderer Einwand geht dahin, daß die Schwebebahn den wechselweisen Übergang der Züge auf andere Bahnen nicht erlaube. Man übersieht dabei, daß bei den meisten bestehenden Stadtbahnen ein solcher wechselweiser Übergang ebenfalls nicht möglich ist, und daß er, wo er möglich wäre, nur ausnahmsweise stattfindet.

Ähnlich verhält es sich mit dem Einwand, daß es unrationell wäre, außerhalb der Stadt Verlängerungen in die entfernteren Vororte in der teuren Bauweise der Schwebebahn fortzusetzen, da man draußen billiger die gewöhnliche Standbahnbauweise auf Damm und im Einschnitt verwenden könnte. Dieses Bedenken geht von der irrtümlichen Voraussetzung aus, als läge die Entscheidung über die Wahl des Systems in den Außengeländen anstatt in den Schwierigkeiten, die die Durchführung der Schnellbahn durch die innere Stadt bereitet. Ist der Bau einer besonderen Vorortlinie auf Damm und im Einschnitt gerechtfertigt, so handelt es sich doch um die Frage, ob es wirtschaftlich richtiger ist, ihren Endpunkt derart in Verbindung zu bringen mit dem Endpunkt einer Schwebebahnlinie, daß ein bequemes Umsteigen der Reisenden möglich ist, oder aber die von außen kommende Vorortlinie als Standbahn (Hoch- oder Untergrundbahn) durch die innere Stadt hindurchzuführen, um das Umsteigen der Reisenden, die auf die Vorortlinie übergehen wollen, zu vermeiden. Vergleichende Rechnungen ergeben in allen Fällen, wo die Ausführung als Schwebebahn im Innern der Stadt eine beträchliche Ersparnis gegenüber der Ausführung als Standbahn bedeutet, daß die Rücksicht auf die Vorortlinie nicht maßgebend sein kann für die Wahl des Standbahnsystems.

Beispielsweise sind die Anlagekosten der projektierten Schwebebahn in Berlin von Gesundbrunnen bis Rixdorf bei 12 km Länge auf 36 Millionen Mark veranschlagt. Das Gegenprojekt einer Standbahn, die bei

13 km Länge zu $^4/_5$ als Hochbahn, zu $^1/_5$ als Untergrundbahn projektiert ist, ist auf 85 Millionen Mark veranschlagt. Es unterliegt keinem Zweifel, daß man für den Unterschied von 49 Millionen Mark eine ganze Anzahl von Vorortlinien an die Schwebebahn anschließen könnte, deren Anlagekosten im anderen Falle noch zu den Kosten der Standbahn hinzutreten würden.

Bei der Verlängerung bestehender Stadtbahnlinien wird man natürlich bei der bisherigen Bauweise bleiben; aber bei der Einfügung neuer Linien in bestehende Stadtbahnnetze und vor allen Dingen, wenn es sich um die Neuanlage einer Stadtbahn überhaupt handelt, wird in vielen Fällen die Schwebebahn die vorteilhafteste Lösung bieten.

Eine eingehende Erörterung der Vorzüge und Nachteile der einzelnen Bauweisen und der Schwierigkeiten, die sich bei der Bauausführung der einzelnen Bahnen ergeben haben[1]), würde zu weit führen, da diese Arbeit sich auf die Fragen beschränken soll, die hinsichtlich einer wirtschaftlichen Betriebsführung die Stadtbahnen von den übrigen Eisenbahnen unterscheiden.

Hingewiesen sei nur noch auf einen Punkt, dessen Vernachlässigung bei einigen Bahnen Schwierigkeiten in der Unterhaltung zur Folge hat, d. i. die Erscheinung, daß bei eisernen Hochbahnen die Länge des Bahnviaduktes mit Temperaturänderungen veränderlich ist, und daß die Längenausgleichsfugen des eisernen Viaduktes in vielen Fällen nicht zusammenfallen mit denen der Gleise. Infolgedessen treten Verschiebungen des Schienengestänges gegenüber dem eisernen Viadukt auf, und hierbei werden erhebliche Längskräfte auf die festen Auflager des Viaduktes übertragen, die gelegentlich zu bedeutenden Überanstrengungen einzelner Glieder des Viaduktes Veranlassung geben und vielfache Arbeiten am Gleis zur Wiederherstellung der ursprünglichen Lage nötig machen.

c) Betriebseinrichtungen.

Die durchschnittliche Wegelänge für den einzelnen Reisenden geht bei den meisten Stadtbahnen nicht über 5 km hinaus. Hierfür ist auf der Stadtbahn bei 25 km Reisegeschwindigkeit eine Fahrzeit von 12 Minuten erforderlich, während die Straßenbahn bei 12 km Reisegeschwindigkeit für die gleiche Entfernung 25 Minuten Fahrzeit braucht. Man kann also günstigsten Falles 13 Minuten ersparen. Zu der Fahrzeit der Stadtbahn ist aber hinzuzurechnen die mittlere Wartezeit auf den Stationen. Wenn also auf der Stadtbahn Züge in Abständen von etwa 15 Minuten verkehren, so werden viele Reisenden die Straßenbahn vorziehen, da sie mit ihr schneller zum Ziele kommen. Es tritt in diesem Falle also die Entlastung der Straßenbahn von den längeren Fahrten nicht ein.

Der Vorteil einer höheren Reisegeschwindigkeit auf der Stadtbahn kommt erst richtig zur Geltung in Verbindung mit einer kurzen Aufeinanderfolge der Züge. Für die Verkehrsabwicklung ist es besser, alle 2 Minuten einen Zug von 2 Wagen, als alle 10 Minuten einen Zug von 10 Wagen zu befördern. Kurze Züge mit Dampflokomotiven zu betreiben, wäre aber höchst unvorteilhaft. Wirtschaftlich möglich sind kurze Züge nur bei elektrischem Betrieb. Sämtliche neueren Stadtbahnen sind daher von vornherein für

---

[1]) Vgl. den Band „Stadtbahnen" von O. Blum aus der „Eisenbahntechnik der Gegenwart".

elektrischen Betrieb eingerichtet, die älteren, die früher Dampfbetrieb
hatten, sind bereits für elektrischen Betrieb umgewandelt (Manhattan-
Hochbahn in New York) oder in der Umwandlung begriffen (Metropolitan,
London). Rückständig sind von den größeren Bahnen nur noch die
Berliner Stadt- und Ringbahn und die Wiener Stadtbahn, doch ist auch
hier die Umwandlung nur noch eine Frage der Zeit.[1]) Bei den Erörterungen über die Zweckmäßigkeit der Umwandlung in elektrischen Betrieb
wurde häufig die Meinung vertreten, daß man lange Züge mit Dampf
billiger befördert als elektrisch. Ein Vergleich auf dieser Grundlage ist
natürlich ganz falsch. Wenn man lange Züge durch elektrische Lokomotiven schleppt, so wird sich in vielen Fällen keine hinreichend große
Ersparnis an Betriebsausgaben herausrechnen lassen, die die Umwandlung
rechtfertigen würde. Probebetriebe mit elektrischen Lokomotiven, wie sie
beispielsweise auf der Wannseebahn in Berlin und auf der Wiener Stadtbahn durchgeführt wurden, bringen natürlich ein falsches Ergebnis, da sie
von falschen Voraussetzungen ausgehen. Es kommt ja nicht darauf an,
die Betriebsausgaben zu vergleichen bezogen auf das Zugkilometer oder

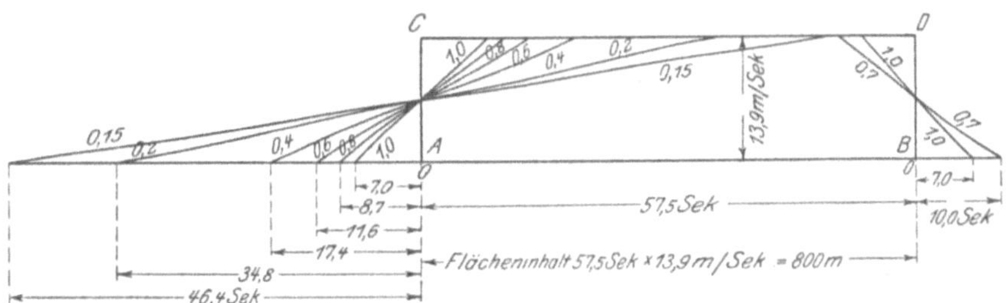

Abb. 40. Anfahrbeschleunigung, Bremsverzögerung und Fahrzeit.

auf das Wagenkilometer, sondern auf die beförderte Person. Bei dem Vergleich darf also nicht vergessen werden, daß bei elektrischem Einzelantrieb
der Wagen viele beim Lokomotivbetrieb unnütz gefahrene Wagenkilometer
gespart werden können. Beispielsweise zeigt Abb. 23, daß bei der Wiener
Stadtbahn die Betriebsausgaben, bezogen auf das Wagenkilometer, nicht
geringer sind wie bei den elektrischen Bahnen, dagegen Abb. 24, daß die
Betriebsausgaben, bezogen auf den beförderten Reisenden, bei der Wiener
Stadtbahn erheblich höher sind. Elektrischer Betrieb ist bei Stadtbahnen
wirtschaftlich vorteilhafter hauptsächlich aus dem Grunde, weil er eine
bessere Ausnutzung der Betriebsmittel erlaubt. Ferner aber erlaubt er
eine erhebliche Steigerung der Reisegeschwindigkeit infolge der größeren
Anfahrbeschleunigung.

Die Beziehungen zwischen Anfahrbeschleunigung und Reisegeschwindigkeit werden zweckmäßig an Hand der Abb. 40 erläutert, welche die Fahrt
zwischen zwei Stationen in der Weise darstellt, daß als Abzissen die Fahrzeiten (Sekunden), als Ordinaten die Fahrgeschwindigkeiten (Meter/Sek.)
aufgetragen wurden. Der Flächeninhalt der Figur bedeutet demnach den
zurückgelegten Weg in Metern.

---

[1]) Vgl. W. Reichel, „Über die Einführung des elektrischen Zugbetriebes auf den
Berliner Stadt-, Ring- und Vorortbahnen". Elektrische Kraftbetriebe und Bahnen 1907,
Heft 11 bis 15.

Bei einer Fahrgeschwindigkeit von 50 km/st $= 13\cdot9$ m/sek wird ein
Weg von   600   800   1000 Metern
       in   43   57·5   72 Sekunden
zurückgelegt. Wird beispielsweise eine Stationsentfernung von 800 m
mit der unveränderlichen Geschwindigkeit von 13·9 m in der Sekunde
durchfahren, so stellt sich diese Fahrt in Abb. 40 dar durch das Rechteck A—B—C—D. Die Entfernung A—B ist gleich 57·5 Sekunden. Dieses
Rechteck ändert sich in ein flächengleiches Trapez, wenn die Fahrt wie
im gewöhnlichen Betrieb vor sich geht, also am Anfang und Ende der
Fahrt die Geschwindigkeit gleich Null wird. Nun ändert sich zwar die
Geschwindigkeit während der Anfahrt und während der Bremsung nicht
nach einer geraden Linie, doch kann man die in Wirklichkeit geschwungene
Geschwindigkeitskurve durch das geradlinige Trapez ersetzt denken, wenn
man nur die Grundlinie und den Flächeninhalt der beiden Figuren unverändert läßt. Auf der rechten Seite der Figur ist die Bremsung dargestellt für eine „mittlere Bremsverzögerung" zwischen 0·7 und 1·0 m/sek².
Da Stadtbahnzüge immer mit Druckluftbremsen ausgerüstet sind, wird
sich jedenfalls die erstere Ziffer stets innehalten lassen. Die Bremsung
mit 0·7 m/sek² Verzögerung erfordert demnach einen Zuschlag zur Fahrzeit von 10 Sekunden. Dementsprechend sind auf der linken Seite der
Abb. 40 die Anfahrlinien für eine „mittlere Anfahrbeschleunigung" zwischen
0·15 und 1·0 m/sek² dargestellt. Die Werte 0·15 bis 0·2 sind dem Dampfbetrieb eigentümlich. Bei elektrischem Betrieb kommt man ohne Schwierigkeit auf 0·4 bis 0·5, wenn die Hälfte des Zuggewichtes angetrieben ist,
auf 0·6 bis 0·8, wenn sämtliche Achsen angetrieben sind, ohne daß dabei
die Motoren übermäßig schwer werden. Aus Abb. 40 geht nun hervor,
daß ein bedeutender Zeitgewinn darin steckt, wenn man von einer Anfahrbeschleunigung 0·15 zu einer solchen von 0·4 übergeht, viel mehr wie
in der weiteren Steigerung von 0·4 auf 0·8. Wenn man nun bedenkt,
daß das Anzugsmoment der Motoren der Anfahrbeschleunigung proportional sein muß, und daß mit der Stärke der Motoren ihre Anschaffungskosten und ihr Gewicht beträchtlich wachsen, so erkennt man aus dieser
Darstellung, daß es unvorteilhaft sein würde, sämtliche Achsen des Zuges
anzutreiben. Es genügt sicherlich der Antrieb der Hälfte der Achsen mit
Motoren, deren Stärke so bemessen ist, daß sie eine mittlere Anfahrbeschleunigung von 0·4 bis 0·5 m/sek² hergeben.

Zur Erzielung einer möglichst hohen Reisegeschwindigkeit ist die Abkürzung des eigentlichen Stationsaufenthaltes wichtiger, als eine weitere
Steigerung der Anfahrbeschleunigung, wie aus Abb. 41 hervorgeht, deren
Ordinaten den Zeitverlust darstellen, den ein einmaliges Anhalten auf
einer Station im Vergleiche zu der Durchfahrt mit 50 km/st Geschwindigkeit verursacht. Die Ordinate B—C bedeutet einen Stationsaufenthalt
von 15 Sekunden, B—D einen solchen von 30 Sekunden, der Abstand
A—B ist gleich 10 Sekunden angenommen, entsprechend dem Zeitzuschlag
für die Bremsung mit einer Verzögerung von 0·7 m/sek². Der Abstand
A—E dagegen ist der Zeitzuschlag, der für die Anfahrt auf eine Geschwindigkeit von 50 km/st zu machen ist, und der sich ändert je nach
der als Abzisse aufgetragenen Anfahrbeschleunigung zwischen 0·1 und 1·0.
Diese Abb. 41 läßt es noch deutlicher erscheinen, daß eine Steigerung der
mittleren Anfahrbeschleunigung über 0·5 erst dann in Frage kommen sollte,

wenn man alles getan hat, was geeignet ist, den eigentlichen Stationsaufenthalt abzukürzen.

Tabelle 15 zeigt, auf welchen Betrag sich die durchschnittliche Reisegeschwindigkeit für verschiedene Stationsabstände ermäßigt unter Voraussetzung einer zulässigen Höchstgeschwindigkeit von 50 km in der Stunde, einer mittleren Bremsverzögerung von 0·7 m/sek², einer Anfahrbeschleunigung zwischen 0·15 und 0·60 m/sek² und einem Stationsaufenthalt bis zu 30 Sekunden.

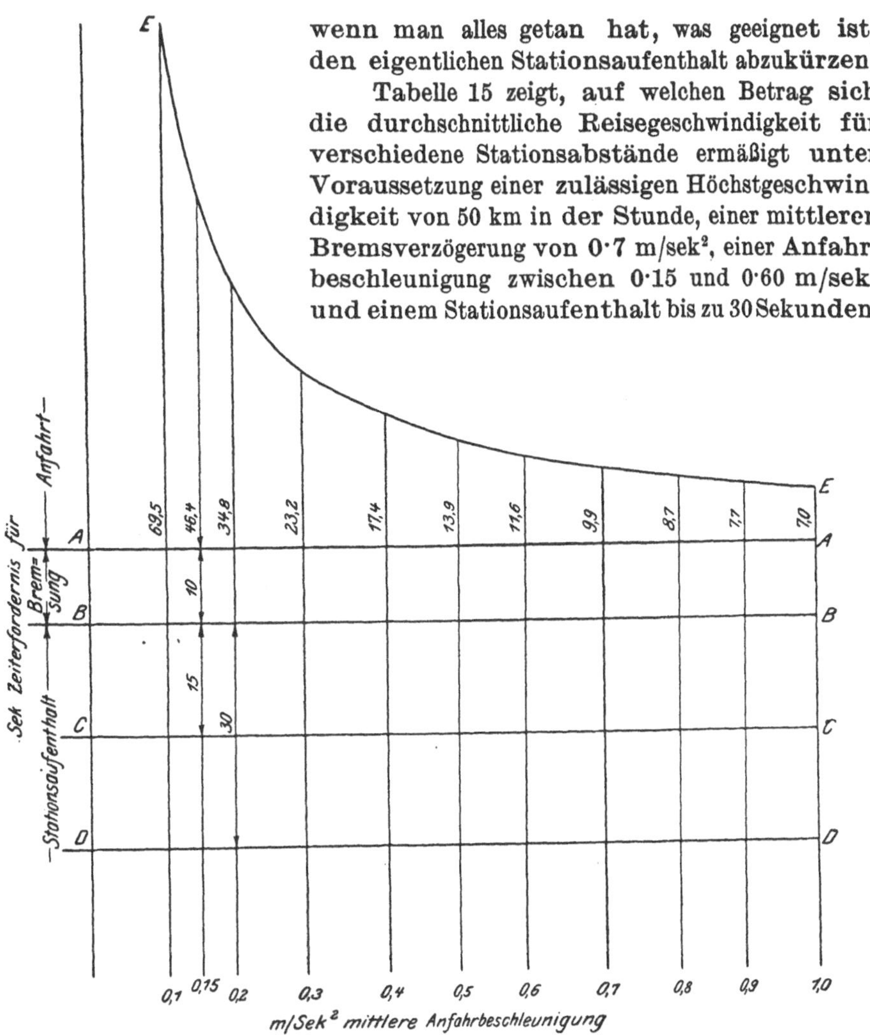

Abb. 41. Anfahrbeschleunigung und Stationsaufenthalt.

Der Stationsaufenthalt wird bedingt durch den Zeitaufwand für Öffnen der Türen, Leeren und Füllen des Zuges und Schließen der Türen. Für jeden durch eine Tür aussteigenden und für jeden einsteigenden Reisenden hat man ein bis zwei Sekunden Zeitaufwand zu rechnen. Daraus folgt ohne weiteres, daß der geringste Zeitaufwand entsteht, wenn man die Wagen mit Querabteilen einrichtet und jedem Abteil eine Seitentür gibt. Im Gebrauch sind aber meistens Wagen mit nur zwei Türen an den Enden, mit Mittelgang und beiderseitigen Längsbänken oder einer kombinierten Anordnung von Längsbänken und Querabteilen, zuweilen ist außer den Endtüren auch noch eine Tür in der·Mitte des Wagens. Alle diese Anordnungen sind, wie die Erfahrungen in London, Berlin und namentlich auf der neu in Betrieb genommenen Untergrundbahn in New York beweisen, für eine schnelle Abwicklung des Verkehrs nicht zweckmäßig. Die Bedenken gegen eine große Zahl von Seitentüren gehen, abgesehen von den etwas höheren Beschaffungskosten dieser Wagen, dahin, daß das Schließen

Tabelle 15.

Höchstgeschwindigkeit 50 km/st.
Mittlere Bremsverzögerung 0·7 m/sek².

	Reisegeschwindigkeit in km/st bei einer Stationsentfernung von		
	600 m	800 m	1000 m
Stationsaufenthalt 0 Sekunden			
Mittlere Anfahrbeschleunigung 0·15	22[1])	25	28
„ „ 0·20	25[2])	28	31
„ „ 0·40	31	34	36
„ „ 0·60	33	36	39
Stationsaufenthalt 15 Sekunden			
Mittlere Anfahrbeschleunigung 0·15	19[1])	22	25
„ „ 0·20	21[2])	25	27
„ „ 0·40	25	29	32
„ „ 0·60	27	31	33
Stationsaufenthalt 30 Sekunden			
Mittlere Anfahrbeschleunigung 0·15	17[1])	20	23
„ „ 0·20	18[2])	22	25
„ „ 0·40	21	25	28
„ „ 0·60	23	26	29

der Türen während der Anfahrt durch Beamte auf dem Bahnsteig, wie sie beispielsweise auf der Berliner Stadtbahn erfolgt, bei der größeren Anfahrbeschleunigung der elektrisch angetriebenen Züge nicht mehr möglich sei, daß man also mehr Stations- oder Zugbegleitungspersonal brauche oder aber mechanische Türverschlüsse, die vom Zugbegleitungspersonal bedient werden. Derartige Befürchtungen gehen aber zu weit. Jedenfalls scheint der mehrjährige Betrieb auf der elektrischen Vorortslinie Berlin Potsdamer Bahnhof—Lichterfelde Ost genügend dargetan zu haben, daß man das Schließen der Seitentüren in der Hauptsache den Fahrgästen überlassen darf. Für den Zweck eines möglichst kurzen Stationsaufenthaltes dürfte die auf der Berliner Stadt- und Ringbahn gebräuchliche Wageneinteilung das beste Vorbild geben. Die Wagen enthalten nur Querabteile, die sämtlich durch Seitentüren zugänglich sind und untereinander durch einen Seitengang in Verbindung stehen, so daß die Überfüllung einzelner Abteile während der Fahrt ausgeglichen werden kann.[3]) Fraglich ist es, ob man in künftigen Fällen hohe (1·5 m) Trennungswände zwischen den einzelnen Querabteilen machen wird, wie bei der Berliner Stadtbahn. Es ist das hier offenbar geschehen, um Gepäcknetze bequem anbringen zu können, doch werden sie sehr selten für ihren eigentlichen Zweck gebraucht. Sie finden vielmehr nützliche Verwendung zum Fest-

---

[1]) Erreichte Höchstgeschwindigkeit 44 km/st.

[2]) Erreichte Höchstgeschwindigkeit 49 km/st.

[3]) Vgl. „Die Betriebsmittel der elektrischen Eisenbahnen" des Handbuches der elektrischen Eisenbahnen von E. C. Zehme. Wiesbaden 1903.

halten der stehenden Fahrgäste. Die Übersicht in den Wagen wird jedenfalls viel besser, wenn man die Abteile nur durch niedrige Lehnen trennt.

Die einzelnen Wagen wird man ohne Schwierigkeit in Abteilungen für Raucher und Nichtraucher trennen können, dagegen wird eine Trennung nach Wagenklassen um so unvorteilhafter, mit je kürzeren Zügen man arbeitet. Hauptzweck der Klassenteilung soll sein eine Verbesserung der Durchschnittseinnahme vom Reisenden. Diese hat aber nur dann Wert, wenn sie nicht verbunden ist mit einer Verminderung der Zahl der Reisenden, die auf ein Wagenkilometer befördert werden. Man pflegt bei Bahnen mit zwei Wagenklassen der besseren $^1/_8$ der Zuglänge zu geben. Wenn nun beispielsweise befördert würden:

	Reisende auf ein Wagenkilometer	mit einer Durchschnittseinnahme vom Reisenden	mit einer Einnahme auf das Wagenkilometer
III. Klasse	3·6	10 Pf.	36 Pf.
II. „	0·4	15 „	6 „
zusammen:	4·0	10·5 Pf.	42 Pf.,

so wäre das ein Ergebnis, das die Betriebsleitung veranlassen müßte, die II. Klasse aufzugeben. Denn man kann natürlich den hierfür benutzten Raum in der gleichen Weise besetzen wie den Raum III. Klasse, vorausgesetzt, daß die entsprechende Einschränkung der gefahrenen Wagenkilometer nicht etwa eine merkliche Vergrößerung des Zeitabstandes zwischen den Zügen zur Folge hat.

Wird der ganze Zug aus III. Klasse-Wagen gefahren, so ergeben sich 5·4 Reisende auf ein Wagenkilometer mit einer Durchschnittseinnahme von 10 Pf. vom Reisenden und mit einer Einnahme auf das Wagenkilometer von 54 Pf. Soll daher in diesem Beispiel die II. Wagenklasse nicht Schaden bringen, so muß die Besetzung mindestens betragen:

	Reisende auf ein Wagenkilometer	mit einer Durchschnittseinnahme vom Reisenden	mit einer Einnahme auf das Wagenkilometer
III. Klasse	3·6	10 Pf.	36 Pf.
II. „	1·2	15 „	18 „
zusammen:	4·8	11·25 Pf.	54 Pf.

Wenn also nicht die Rücksicht auf bestehende Gewohnheiten der Bevölkerung überwiegt, wird es bei den meisten Bahnen, die im Anfang mit kleineren Zuglängen als drei Wagen rechnen müssen, vorteilhaft sein, nur eine einzige Wagenklasse zu verwenden.

Auf einzelnen Stationen tritt zu gewissen Stunden ein Massenandrang von Reisenden auf, der die normale Aufnahmefähigkeit der Züge überschreitet. Namentlich kommt dies bei den Stationen des Ausflugs- und Vergnügungsverkehrs vor. Dann entwickelt sich häufig ein großes Gedränge an den Türen, wodurch auch die Insassen des Zuges am Aussteigen behindert werden, jedenfalls mit dem Endergebnis, daß die Abfertigung der Züge beträchtlich verzögert wird, so daß man in der Stunde erheblich weniger Züge befördert, wie unter normalen Verhältnissen möglich wäre. Man hat mit Rücksicht hierauf vielfach bei Endstationen getrennte Bahnsteige für den Zu- und Abgang der Reisenden angeordnet, es empfiehlt sich aber die Anordnung von drei Bahnsteigen eventuell auch bei den wichtigsten Zwischenstationen einer Stadtbahnlinie. Wichtig scheint dabei die Rücksicht, daß das Aussteigen stets auf derselben Seite des Zuges geschieht. Auf den Stationen mit schwächerem Verkehr wird man die zugehenden Reisenden auf der gleichen Seite einsteigen lassen, wo ausgestiegen wird, auf den Stationen mit stärkerem Verkehr dagegen auf der anderen Seite. Durch die Dreiteilung der Bahnsteige braucht ihre Gesamtbreite nicht größer zu werden, im Gegenteil, da sich sämtliche Personen auf den Bahnsteigen in gleicher Richtung bewegen und nicht durcheinander drängen, wird man im allgemeinen wohl damit auskommen, wenn man die Bahnsteigbreite gleich der inneren Wagenweite macht. Es kommt ja auch nicht darauf an, möglichst viele Menschen auf den Bahnsteigen unterzubringen, sondern möglichst viele Menschen in den Zügen wegzufahren.

Gelegentlich führt eine Hochbahn auch durch so schmale Straßen, daß die Unterbringung einer Haltestelle in der gewöhnlichen Bauweise nicht mehr angängig scheint. In diesem Falle kann man sich noch damit helfen, daß man für jede Fahrtrichtung einen Bahnsteig zwischen die Gleise legt, die beiden Bahnsteige also hintereinander anordnet, mit dem Treppenzugang zwischen ihnen. Auf diese Weise erfordert die Stationsanlage, die allerdings doppelt so lang wird, nur einen Breitenzuschlag von etwa 3 m zu der normalen Viaduktbreite.

Bei der Anordnung der Bahnsteigsperre ist auch zu bedenken, daß der Zugang der Reisenden ziemlich gleichmäßig während der Pausen zwischen zwei Zugabfahrten erfolgt, daß dagegen die mit einem Zuge ankommenden Reisenden stoßweise in größeren Mengen durchzulassen sind. Man muß daher für die abgehenden Reisenden mehr Öffnungen in der Sperre vorsehen, als für die zugehenden.

Endlich ist die schnelle Abfertigung der Züge noch abhängig von der Übersichtlichkeit der Haltestellen. Einmal ist es daher wichtig, daß in ihnen die Gleise möglichst geradlinig verlaufen, damit der Beamte, der das Zeichen zur Abfahrt gibt, die ganze Zuglänge bequem übersehen kann, ferner wird man aus diesem Grunde die Zuglänge beschränken. Ungefähr bei 100 m Länge dürfte die Grenze liegen, bei der die nötige Übersichtlichkeit noch gewahrt ist, doch läßt sich natürlich eine scharfe Grenze nicht ziehen.

Stets aber sollte man im Auge behalten, daß man mit Zügen von halber Länge auskommt, wenn man sie im halben Zeitabstand verkehren lassen kann. Bevor man daher zu einer Festsetzung der größten Zuglänge schreitet, ist es wichtig, alles zu tun, was geeignet ist, die Aufeinanderfolgezeit der Züge abzukürzen. Außerordentlich wichtig ist ferner die Anpassung der Zuglänge an das Verkehrsbedürfnis. Man wird bei mittleren Stadtbahnbetrieben beispielsweise zu wechseln haben zwischen Einzelwagen, die in fünf Minuten Abstand verkehren, und Zügen von drei bis vier Wagen, die in zwei Minuten Abstand aufeinander folgen, wenn man die Leistungsfähigkeit einigermaßen den Schwankungen des Tagesverkehrs anpassen will. Man sollte daher den größten Wert legen auf eine Zugsteuerung, die beliebige Änderungen der Zuglänge ohne Schwierigkeiten gestattet. So einleuchtend dieser Satz scheint, so wenig ist er bisher noch zur Durchführung gelangt. Erklärlich ist dies dadurch, daß man bei Stadtbahnen ursprünglich vom Lokomotivbetrieb ausgegangen ist. Auch, als man den

Dampfbetrieb durch elektrischen Betrieb ersetzte, behielt man zunächst die gewohnten Formen des Lokomotivbetriebes bei und kam allmählich auf den meisten Bahnen zu einer Betriebsweise, bei der Triebwagen und Anhängewagen gemischt durcheinander laufen. Das dürfte aber nur ein Übergangszustand sein zu einer Betriebsweise, die ausschließlich Triebwagen verwendet mit einer besonderen Zugsteuerung, bei der die Wagen, sowohl jeder für sich allein, als auch in beliebiger Reihenfolge zu Zügen zusammengestellt, vom jeweilig vordersten Triebwagen aus gleichmäßig gesteuert werden können. Allerdings sind die Beschaffungskosten dieser Wagenart erheblich höher, als wenn man dieselbe Maschinenleistung auf eine geringere Anzahl von Motoren verteilt, doch lassen vergleichende Rentabilitätsübersichten, entsprechend Abb. 22, gar keinen Zweifel darüber, daß dieser Mehraufwand für Anlagekapital sich lohnt, da die Ersparnis an Betriebsausgaben für nicht gefahrene Wagenkilometer viel größer ist, als der Mehraufwand an Kapitalverzinsung. Wenn man beispielsweise durch Verwendung einer derartigen Zugsteuerung die Zahl „Reisende auf ein Wagenkilometer" um 20 $^0/_0$ verbessert, etwa von 5 auf 6 (vgl. Abb. 22), so würde bei einem Verkehr von 50 Millionen Reisenden der Betriebsgewinn von 1700000 auf 2200000 M. erhöht werden. In ersterem Falle würde er ausreichen für die vierprozentige Verzinsung eines Kapitals von 42500000 M., im zweiten Falle von 55000000 M. Es ist klar, daß die Verteuerung des Wagenparkes und der damit zusammenhängenden Anlagen nicht entfernt den Betrag der Differenz von 12500000 M. erreichen wird, daß also trotz der Kapitalvermehrung ein höherer Gewinn erzielt wird.

Freilich ist es mit der Beschaffung einer derartigen Zugsteuerung allein noch nicht getan. Ebenso notwendig ist es, auf den Endbahnhöfen ausreichende Gleisanlagen vorzusehen, wo die Änderung der Zuglänge durch Zusammenkuppeln oder Auseinandernehmen der einzelnen Zugteile schnell und ohne Störung des Betriebes auf den Hauptgleisen vor sich gehen kann.

Daß man auf den meisten Stadtbahnen zu dieser Betriebsweise noch nicht übergegangen ist, dürfte seinen Grund vorwiegend in dem Umstande haben, daß man nachträglich nicht mehr in der Lage war, derartige Gleisanlagen[1]) zu schaffen.

Zur Durchführung eines Betriebes mit sehr dichter Zugfolge ist natürlich auch eine zuverlässige Streckenblockung erforderlich. Man geht in neuerer Zeit immer mehr dazu über, diese Einrichtungen ganz selbsttätig zu machen. Bemerkenswert ist insbesondere die selbsttätige Zugsignalisierung nach dem neuen Hall-Verfahren[2]). Eine noch vollkommenere Lösung dürfte die selbsttätige Streckenblockung von Natalis bieten, die auf der Barmen—Elberfelder Schwebebahn in Anwendung ist und inzwischen noch einige Vervollkommnungen erfuhr.[3])

Bei den selbsttätig wirkenden Streckenblockungen ist die Möglichkeit, daß das Überfahren eines Haltsignals nicht bemerkt wird, allerdings größer, wie bei den von Hand bedienten Blockapparaten. Wenn nämlich zwei

<hr>

[1]) Eine gute Sammlung von Vorbildern für solche Anlagen enthält der Band „Stadtbahnen" von O. Blum aus der „Eisenbahntechnik der Gegenwart".

[2]) Vgl. Troske, „Die Pariser Stadtbahn". Berlin, Julius Springer, 1905.

[3]) Vgl. Kohlfürst, „Die Signalanlagen und Weichensicherungen der Schwebebahn Barmen—Elberfeld—Vohwinkel". Dinglers Polytechn. Journ. 1902, Heft 8 bis 10.

Züge in eine Blockstrecke geraten sind, so besteht die Gefahr, daß der
erste Zug, der die Blockstrecke verläßt, das Haltsignal hinter dem zweiten
Zug aufhebt und somit Veranlassung geben kann, daß der dritte Zug auf
den zweiten aufrennt. Es kann sich aber auch der Fehler eine Weile verschieben derartig, daß eine Zeitlang der zweite und dritte, dann der dritte
und vierte Zug innerhalb derselben Blockstrecke bleiben, und daß endlich
vielleicht infolge des vom zweiten Zuge gemachten Fehlers der siebente
auf den sechsten Zug aufrennt.

Solche Überlegungen haben beispielsweise bei der Berliner Hoch- und
Untergrundbahn zu dem Entschluß geführt, die von Hand bediente Block-
einrichtung von Siemens & Halske A.-G. beizubehalten, bei welcher außer
dem Zugpersonal auch ein Stationsbeamter darauf zu achten hat, daß
kein Haltsignal überfahren wird. Die hierzu erforderliche Vermehrung des
Stationspersonals ist hinsichtlich der Betriebsausgaben nicht unerheblich,
die damit gewonnene größere Sicherheit dagegen keine absolute, da bei
der sehr kurzen Aufeinanderfolge der Züge die Bedienung der Blockapparate
eine recht geisttötende Arbeit wird, so daß es immer im Bereich der Möglichkeit bleibt, daß der Blockwärter das Überfahren eines Haltsignals nicht
beachtet. Dann tritt aber genau dieselbe Gefahr ein wie bei den selbsttätigen Signaleinrichtungen.

Neuerdings ist sie bei diesen (unter anderen auch bei Hall und
Natalis) dadurch vermindert, daß das Überfahren eines Haltsignals durch
Alarmglocken auf der Station angezeigt wird.

Verschubdienst.

Von

𝔇𝔯.-𝔍𝔫𝔤. **M. Oder,**

Professor an der Königlichen Technischen Hochschule, Danzig.

1. Begriff und Zweck des Verschubdienstes.

a) Allgemeines.[1]

Der Verschubdienst oder Rangierdienst umfaßt im Gegensatz zum Zugdienst alle Bewegungen von Eisenbahnfahrzeugen, die nicht in Zugfahrten erfolgen.

Unter Zugfahrten versteht man die Bewegung von Zügen oder einzelnen Triebwagen — auch von allein fahrenden Lokomotiven — von Station zu Station unter Benutzung der Hauptgleise. Meist werden auch Bewegungen von Zügen nach und von Punkten der freien Strecke zu den Zugfahrten gerechnet, so die Fahrten von Arbeitszügen und zur Bedienung von Anschlußgleisen. Doch können solche Fahrten auch als Rangierfahrten betrachtet und behandelt werden (siehe unten).

Verschub- oder Rangierfahrten sind hiernach alle diejenigen Bewegungen, die Zugfahrten vorbereiten oder ihnen als Abschluß folgen. So gehören hierher die Zusammenstellung der Güterzüge auf den Ausgangstationen und ihre Auflösung an den Endstationen, das Absetzen und Zustellen einzelner Wagen unterwegs, die Verteilung der Wagen an die Ladestellen und ihre Abholung von dort. Auch bei Personenzügen kommen Verschubbewegungen vor, allerdings in geringerem Umfange, da die einzelnen Wagenzüge (Zugsgarnituren), abgesehen von der Stellung der Packwagen (Hüttelwagen, Dienstwagen), oft völlig unverändert bleiben; es handelt sich daher bei ihnen meist darum, sie vor der Abfahrt von Abstellgleisen in die Bahnsteiggleise zu setzen, oder nach der

---

[1] vgl. W. Cauer, Betrieb und Verkehr der Preußischen Staatsbahnen. Erster Teil, Berlin 1897, S. 166 ff. — A. Blum in der Eisenbahntechn. der Gegenwart III. Band, 2. Hälfte, Betrieb, statistische Ergebnisse und wirtschaftliche Verhältnisse der Eisenbahnen, Wiesbaden 1902, S. 417. — A. Goering und M. Oder im Handb. der Ing.-Wissensch., fünfter Teil, IV. Band, 1. Abteilung, Anordnung der Bahnhöfe, Leipzig 1907, S. 47, 55 ff.; aus diesem Buch sind mit freundlicher Bewilligung des Verlegers W. Engelmann in Leipzig, eine Reihe von Angaben und Abbildungen übernommen. — Ferner R. Struck, Grundzüge des Betriebsdienstes auf den preußisch-hessischen Staatsbahnen; Berlin 1907, S. 17 ff. — E. Deharme, Chemins de fer. Superstructure, Paris 1890. — L. Galine, Exploitation technique des chemins de fer. Paris 1901. — Findlay, The working and management of an English Railway 6. Aufl. London 1899. — J. A. Droege, Yards and Terminals and their Operation, New-York 1906. — Aufsätze in Zeitschriften sind im Text angegeben.

Ankunft die umgekehrte Bewegung vorzunehmen; zuweilen nehmen aber auch die Verschubbewegungen bei der Bildung von Personenzügen einen recht bedeutenden Umfang an.[1]) Endlich gehören zu den Rangierbewegungen auch die Lokomotivfahrten von und nach den Lokomotivschuppen, zwischen verschiedenen Verwendungsstellen usw.

Die Verschubfahrten brauchen sich nicht auf die Bahnhöfe zu beschränken, so rechnen z. B. die deutschen Fahrdienstvorschriften vom 1. August 1907 auch Fahrten außerhalb der Stationen, soweit sie nicht auf den Hauptgleisen stattfinden, sondern auf besonderen Verbindungsgleisen nach benachbarten Bahnhöfen, Werkstätten oder gewerblichen Anlagen erfolgen, zu den Verschubbewegungen, während solche Fahrten auf Hauptgleisen „Übergabezüge" vollziehen. Übergabezüge oder Arbeitszüge auf Hauptgleisen werden in der Regel genau in der gleichen Weise wie die sonstigen Züge behandelt.

Die Zugfahrten werden gewöhnlich von Fahrbeamten (Zugführern, Schaffnern usw.) begleitet; die Verschubfahrten finden meist unter Leitung eines auf dem Bahnhof stationierten Beamten statt. Über die Zugfahrten werden in der Regel Fahrberichte (Stundenpässe) geführt, über Verschubfahrten nur in besonderen Fällen. Die Zugfahrten werden auf Hauptbahnen allgemein durch feststehende Signale geregelt, die dem Lokomotivführer die Fahrt erlauben oder verbieten, bei den Verschubbewegungen ist dies in den einzelnen Ländern verschieden. Die Zugfahrten erfolgen — wenigstens in Europa — meist auf Grund feststehender Fahrpläne und Fahrordnungen; Verschubfahrten dagegen können nur in einzelnen Fällen durch derartige Bestimmungen ein für allemal geregelt werden. Die Zugfahrten werden durch besondere „Zugsignale" gekennzeichnet, die in der Regel am Schluß und vielfach auch an der Spitze des Zuges bzw. an der Stirnwand und Rückwand der einzeln fahrenden Lokomotiven und Triebwagen angebracht werden. Bei Verschubfahrten werden „Zugsignale" nicht geführt. Es besteht jedoch das Bedürfnis, Lokomotiven, die im Verschubdienst verwendet werden, bei Dunkelheit zu kennzeichnen. So tragen solche Lokomotiven in Deutschland vorn und hinten je eine weiß leuchtende Laterne, in Österreich dagegen je eine Laterne mit blauem Licht; in der Schweiz tragen sie vorn und hinten je zwei Laternen, die eine mit weissem, die andere mit violettem Licht. Zweckmäßig erscheint es ferner, beim Verschieben von Wagen in der Dunkelheit das der Lokomotive entgegengesetzte Ende kenntlich zu zu machen. So hat nach den deutschen Fahrdienstvorschriften der am Schlusse einer Rangierabteilung befindliche Rangierer seine Laterne in der Fahrrichtung leuchten zu lassen.

b) Beispiele.

Im folgenden sollen die Zwecke des Verschubdienstes an einigen Beispielen erläutert werden. Verhältnismäßig einfach ist die Behandlung eines Güterzuges auf Zwischenstationen, auf denen er nur Wagen absetzen soll, ohne andere neu aufzunehmen; man kann jene dann in der gleichen Reihenfolge ordnen, wie die Stationen aufeinander folgen: die Wagen für die erste Station am Schluß, für die zweite an vorletzter Stelle usw., endlich die Wagen für die Endstation ganz vorn. Loko-

---

[1]) vgl. M. Oder und Dr.-Ing. O. Blum, Abstellbahnhöfe. Berlin 1904.

motive und Packwagen bilden die Spitze des Zuges. Man kann so
auf jeder Station nur den jeweilig letzten Wagen (bzw. eine Wagengruppe)
abhängen und den Zug sofort weiterfahren lassen. Allerdings müssen
dann die zurückgelassenen Wagen aus dem Haltegleis des Zuges entfernt
werden, um für einen folgenden Platz zu schaffen. Das Abhängen der
Schlußwagen erfordert geringe Aufenthalte der Züge; doch ist das Weg-
setzen der Wagen umständlich und zeitraubend, wenn eine Verschublokomotive auf dem Bahnhof nicht vorhanden ist. Soll es durch die Zuglokomotive selbst geschehen, so ordnet man von vornherein die Wagen
in umgekehrter Reihenfolge an. Man stellt also gleich hinter den Packwagen die Gruppe für die erste Station, sodann die für die zweite usw.,
während die Wagen für die Endstation den Schluß bilden. Auf der ersten
Station wird die Kupplung hinter der ersten Gruppe gelöst, die Lokomotive
fährt mit ihr vor und stößt sie in ein benachbartes Aufstellgleis, während
der Rest des Zuges stehen bleibt; dann kehrt die Lokomotive mit dem Packwagen zurück und die Fahrt wird fortgesetzt. Hierbei sind auf jeder Station
nur zwei Hin- und Herbewegungen („Verschubgänge") erforderlich. Sollen
auf einer Zwischenstation Wagen nach einer anderen Station mitgegeben

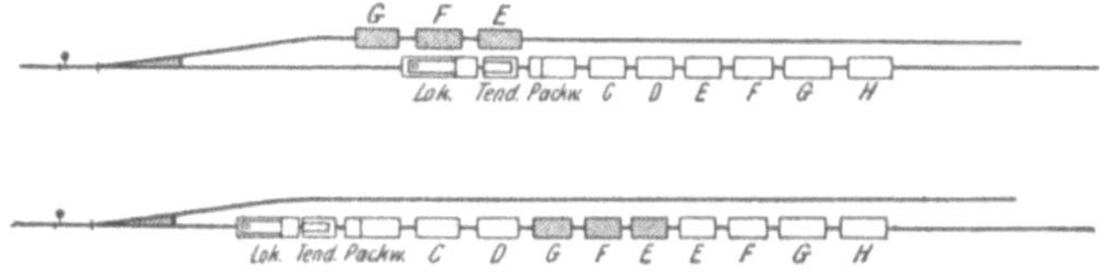

Abb. 1 und 2. Einsetzen von Wagen auf einer Zwischenstation
in umgekehrter Reihenfolge.

werden, so stellt man sie in der Nähe des für den Zug bestimmten Haupt-
gleises auf. Nach Einfahrt des Zuges löst man dann die Kupplung vor
der Wagengruppe, zu der die mitzunehmenden Wagen gestellt werden sollen,
fährt mit dem vorderen Zugteil an diese heran, kuppelt sie fest und fährt
zum Zuge zurück. Auch in diesem Falle sind zwei Verschubgänge ausreichend. Sollen Wagen für mehrere Stationen mitgegeben und so eingestellt werden, daß später beim Aussetzen nur zwei Verschubgänge notwendig werden, so kommt man beim Einsetzen selten mit zwei Gängen aus.
Vereinfachungen ergeben sich wohl unter gewissen Umständen[1]) beim
„Einsetzen in umgekehrter Reihenfolge". Kommt z. B. auf einer Station
ein Zug an (Abb. 1), der Wagen für die Stationen C, D, E, F, G, H führt,
und sollen ihm Wagen nach den Stationen E, F und G mitgegeben werden,
so stellt man diese in umgekehrter Reihenfolge (G, F, E) auf einem Aufstellgleis auf und ordnet sie so in den Zug ein (Abb. 2). Nach dem
Aussetzen der Wagen auf Station E stehen dann die Wagen nach F zusammen, und nach deren Aussetzen in F die für G bestimmten Wagen;
es sind also auf den Stationen E, F und G jedesmal auch nur zwei Verschubgänge beim Aussetzen erforderlich. Derartige Vereinfachungen
lassen sich aber nur in beschränktem Umfange anwenden. Häufig stellt
man auf Zwischenstationen die mitzunehmenden Wagen bunt hinter dem
Packwagen ein und benutzt einen längeren Aufenthalt, um den Zug nachträglich umzuordnen („Nachrangieren").

---

[1]) vgl. Eisenbahntechn. der Gegenwart, III. Band, 2. Hälfte, S. 418.

Müssen auf einer Zwischenstation viele Wagen beigestellt werden, so nimmt man u. U. noch eine Verschublokomotive zu Hilfe, um das Einordnen in richtiger Reihenfolge rasch vornehmen zu können.[1]) Es wird dann das in den Abbildungen 3a—c dargestellte Verfahren angewandt. Der angekommene Zugteil, dessen Wagen durch Schraffur gekennzeichnet sind, steht auf dem durchgehenden Gleis, die mitzugebenden Wagen auf dem abzweigenden Gleis. Die Zuglokomotive I zieht die Wagen R_1, S_1, T_1, U_1 vor, die Wagen V_1 bleiben stehen. Die Verschublokomotive II setzt nur die Wagen V_2, U_2 an die Gruppe V_1 heran (Abb. 3b) und fährt sodann mit Gruppe R_2, S_2, T_2 wieder vor; nunmehr schiebt die Zuglokomotive I die Gruppe U_1, T_1 heran, dann die Verschublokomotive II die Gruppen T_2, S_2 usw.

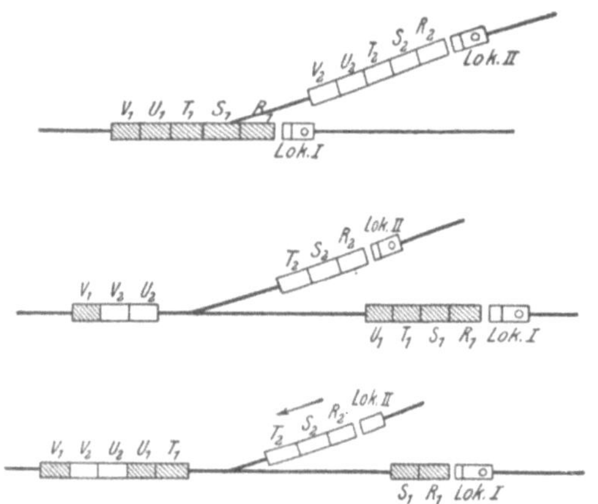

Abb. 3a bis c. Einordnen von Wagen auf einer Zwischenstation durch zwei Lokomotiven.

Statt dieses Verfahrens wird[2]) zuweilen ein anderer Weg eingeschlagen. Der eingelaufene Zug wird von beiden Enden her durch je eine Lokomotive in Angriff genommen, in seine Gruppen zerlegt, die hierbei in einer noch zu schildernden Weise auf eine entsprechende Anzahl der Bahnhofsgleise verteilt werden, und nach Einordnung der mitzunehmenden Wagen wieder zusammengesetzt.

Bei der Zusammenstellung der Züge in den Zugbildungstationen benutzt man verschiedene Verfahren, je nach der Art der Gleisverbindungen und der zur Verfügung stehenden Hilfsmittel. Am gebräuchlichsten ist das Verschieben durch Lokomotiven bei Weichenverbindungen, das an der Hand von Abb. 4 u. 5 erläutert werden soll. Auf dem Gleis I (Abb. 4) stehen elf Wagen; sie sollen so umgeordnet werden, daß die Wagen mit dem gleichen Buchstaben zu je einer Gruppe vereinigt werden. Die Gruppe A soll

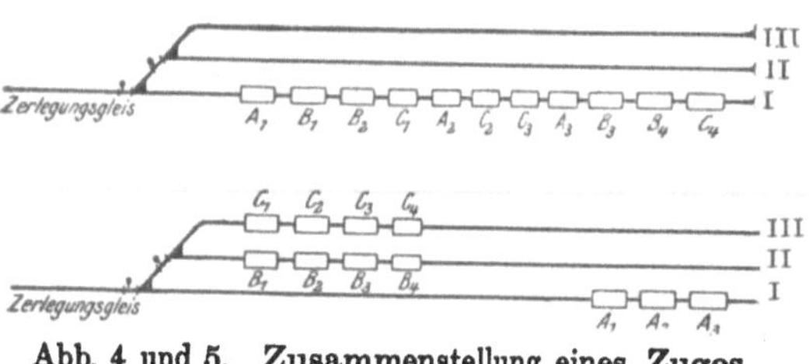

Abb. 4 und 5. Zusammenstellung eines Zuges.

am rechten Ende, B in der Mitte und C am linken Ende stehen. Man fährt mit einer Lokomotive vom Zerlegungsgleis her an den Zug heran, drückt die Wagen zusammen, kuppelt sie miteinander und zieht sie gemeinsam in das Zerlegungsgleis vor, so daß zwischen dem letzten Wagen und der ersten Weiche noch ein Zwischenraum verbleibt. Nun hängt man den letzten Wagen C_4 ab, stellt die Weichen so, daß das Zerlegungs-

---

[1]) vgl. W. Cauer, Betrieb und Verkehr der Preuß. Staatsbahnen, Bd. II, S. 281, Berlin 1903, und Handb. der Ing.-Wissensch. V, 4, 1, S. 50.

[2]) vgl. W. Cauer, a. a. O., Bd. II, S. 282.

gleis mit Gleis III verbunden ist, drückt den Zug zurück· und bremst nach kurzer Zeit. Die Lokomotive und die mit ihr gekuppelten Wagen kommen zum Halten, der abgekuppelte Wagen C_4 läuft ins Gleis III. Jetzt wird die zweite Weiche umgestellt und die Wagengruppe B_3 B_4 in gleicher Weise nach Gleis II abgestoßen, das nächste Mal Wagen A_3 nach Gleis I usw. Die abgestoßenen Wagen laufen so weit, bis die lebendige Kraft durch die Reibungswiderstände allein oder auch durch Bremsen aufgezehrt ist. Durch das wiederholte Abstoßen wird, falls die einzelnen Gruppen nur aus wenigen Wagen bestehen, der Zwischenraum zwischen den Weichen und dem jeweilig letzten Wagen des Zuges mehr und mehr verkleinert. Die Lokomotive muß daher von Zeit zu Zeit wieder vorfahren, um von neuem abstoßen zu können. Je weiter man gleich zu Anfang des Verschiebens vorzieht, d. h. je größer der Abstand zwischen dem letzten Wagen und der ersten Weiche ursprünglich ist, desto seltener braucht man das Vorziehen zu wiederholen, aber desto kräftiger muß man auch die Wagen abstoßen. Dafür vermeidet man jedoch die starken Erschütterungen, die beim Zurückziehen der zusammengedrückten Wagen entstehen. Sind die Wagengruppen nun, wie in Abb. 5 angedeutet, in die drei Gleise verteilt, so fährt die Lokomotive nach ·Gleis III, zieht die Wagen der Gruppe C vor, setzt sie zurück nach Gleis II; dann hängt man Gruppe B an, und setzt darauf die beiden Gruppen C und B an die Gruppe A. Jetzt stehen also die Wagengruppen in der vorgeschriebenen Reihenfolge.[1])

Das Verfahren ist einfach, solange die Anzahl der zu bildenden Gruppen nicht größer ist, als die Anzahl der zur Verfügung stehenden Gleise. Sind mehr Gruppen zu bilden als Gleise vorhanden sind, so muß man die Wagen wiederholt in die Gleise hineinstoßen und wieder herausziehen. Ein Beispiel mag dies erläutern (vgl. Abb. 7 und 8). Die Wagen eines Zuges sollen nach 16 Stationen geordnet werden. Es stehen hierzu vier Gleise zur Verfügung, die an ein gemeinsames Zerlegungsgleis angeschlossen sind. Man stößt zuerst die Wagen (nach Abb. 7) so in die Verteilungsgleise hinein, daß in Gleis I die Wagen für die Stationen 1, 5,

---

[1]) Zuweilen kommt es vor, daß eine Lokomotive Wagen in ein Nachbargleis setzen soll, und dabei zwischen den Wagen und der Abzweigungsweiche steht (Abb. 6.). Dann ist ein Abstoßen nicht möglich, wenn — wie in der Abbildung angenommen — kein Umlaufgleis vorhanden ist, durch das die Lokomotive an das andere Ende des Zuges gelangen kann. Man setzt in diesem Falle den Zug in rasche Gangart, bremst eine Strecke vor der Weichenspitze die Lokomotive ein wenig, so daß die Kupplung zum ersten Wagen schlaff wird und ausgehoben werden kann, dann eilt die Lokomotive

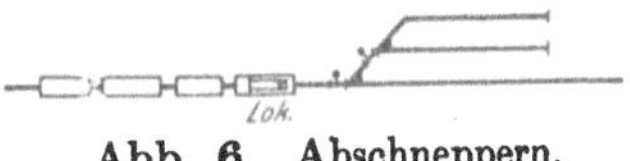

Abb. 6.　Abschneppern.

voraus, die Weiche wird sofort hinter ihr umgelegt, und die Wagen laufen in das abzweigende Gleis. Dies Verfahren (Abschneppern, Kunstfahren oder englisches Verschieben) ist gefährlich und führt häufig zu Entgleisungen. Es ist daher in Europa zum Teil vollständig verboten, so in Österreich nach den Grundzügen der Vorschriften für den Verkehrsdienst auf Hauptbahnen vom 1. Mai 1905 (Artikel 10, Ziffer 33); in Deutschland ist es nach § 81 (24) der Fahrdienstvorschriften nur ausnahmsweise gestattet. In Amerika wird es sogar bei besetzten Personenzügen angewandt, um beim Einlaufen in Kopfstationen die Lokomotiven nicht in die Stumpfenden der Gleise hineinfahren zu lassen. (Vgl. W. Hoff und F. Schwabach, Nordamerikanische Eisenbahnen, S. 35. Berlin 1906).

9 und 13 bunt zusammenstehen. Gleis II nimmt die Wagen der Stationen 2, 6, 10, 14, Gleis III die Wagen der Stationen 3, 7, 11, 15 und Gleis IV endlich die Wagen der Stationen 4, 8, 12, 16 auf. Die Wagen stehen noch vollkommen bunt durcheinander; es können also z. B. in Gleis I Wagen der Station 13 nicht nur am Stumpfende, wie in Abb. 7 angegeben, sondern auch außerdem in der Mitte und am anderen Ende stehen usw. Nun reiht man die in den Verteilungsgleisen stehenden Wagen aneinander, und zwar so, daß hinter der Lokomotive die Wagen aus Gleis IV, dann

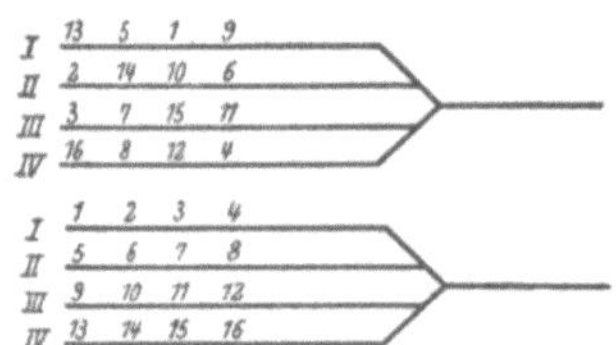

Abb. 7 u. 8. Ordnen nach 16 Gruppen auf 4 Gleisen.

die aus III, II, I stehen. Bei der Zerlegung des so gebildeten Zuges erfolgt zunächst die Sonderung der vorher in Gleis I befindlichen Wagen; sie sind nach vier Stationen (1, 5, 9 und 13) zu ordnen. Zu diesem Zweck werden alle Wagen der Station 1 nach Gleis I, der Station 5 nach Gleis II, der Station 9 nach Gleis III und der Station 13 nach Gleis IV gestoßen; dann kommen die Wagen für die Stationen 2, 6, 10, 14 an die Reihe, die vorher in Gleis II gestanden hatten usw., bis endlich der in Abb. 8 dargestellte Zustand erreicht ist. Nunmehr kann sofort eine Zusammensetzung in richtiger Reihenfolge stattfinden.

Sind n Gleise vorhanden, so kann man durch zweimaliges Abstoßen n^2, durch dreimaliges Abstoßen n^3 Wagengruppen bilden. Stehen für das Verschieben (nach Abb. 9) zwei hintereinander liegende Gleisgruppen zur Verfügung, so kann das Verfahren vereinfacht werden. Der ungeordnete

Abb. 9. Ordnen mittels zweier hintereinander liegenden Gruppen.

Zug stehe zunächst auf dem Gleis am linken Ende; der fertige Zug soll auf dem Gleis am rechten Ende stehen. Man stößt von links her die Wagen in die erste Gleisgruppe hinein und bildet so die in sich noch bunten vier Wagengruppen, deren Zusammensetzung in der Abb. 9 angegeben ist. Dann drückt die Lokomotive zunächst die Bestandteile der Gruppe 4, 8, 12, 16 (unterstes Gleis) weiter in je ein Gleis der nächsten Gleisgruppe und so fort, bis alle Wagen dort in der aus Abb. 9 zu ersehenden Ordnung stehen. Endlich schiebt die [Lokomotive, wiederum mit dem untersten Gleise anfangend, die Gruppen nach rechts auf das Vereinigungsgleis hinaus, und die Arbeit ist beendet.

Auf solchen Zugbildungstationen, wo Züge nur für eine Linie zu bilden sind, spielt sich das Verfahren etwa in der eben beschriebenen Weise ab. Wo aber, wie auf Knotenpunkten, für mehrere Strecken Züge gebildet werden, ergibt sich insofern eine Erweiterung, als die Wagen zuerst nach den verschiedenen Strecken (häufig „Richtungen" genannt) und sodann nach den Stationen dieser Richtungen geordnet werden. Das übliche Verfahren soll an einem Beispiel erläutert werden.

Von einem Knotenpunkt gehen vier verschiedene Strecken (Richtungen) aus; (vgl. Abb. 10.) an der ersten liegen die Stationen a_1, a_2, a_3, a_4, an

der zweiten die Stationen b_1, b_2, b_3, b_4 usw. Die Gleisanlagen für den
Verschubdienst mögen die in Abb. 11 skizzierte Anordnung haben. Die
zu ordnenden Wagen, die zum Teil von den Ortsgüteranlagen des Knoten-
punktes selbst, zum Teil von den Strecken kommen,
werden vom linken Ende her den Verschubanlagen zugeführt. Mittels der ersten Gleisgruppe findet ein Ordnen der Wagen nach „Richtungen" statt, d. h. man
stößt in je eins der vier Gleise die Wagen einer Strecke
oder Richtung, also z. B. in das oberste Gleis die
Wagen für die Stationen a_1 bis a_4, vorläufig allerdings
noch in bunter Reihenfolge. Haben sich in einem
Richtungsgleise genügend Wagen angesammelt, um
daraus einen Zug bilden zu können, so stößt man
sie in die nächste Gleisgruppe und ordnet sie hier

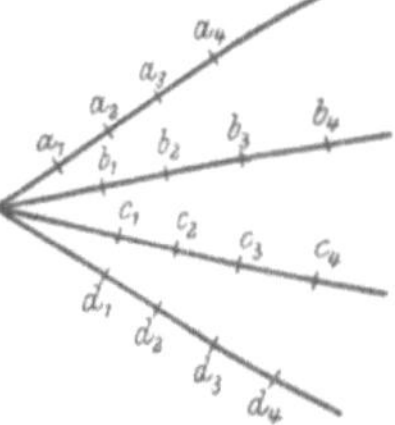

Abb. 10.

nach Stationen; beispielsweise läßt man die Wagen für die Station a_1 in
das oberste Gleis laufen, für a_2 in das nächste usw. Die Zusammenstellung der Wagengruppen zum Zuge findet dann in der letzten Gleisgruppe, den „Ausfahrgleisen" statt. In der mittleren Gleisgruppe können

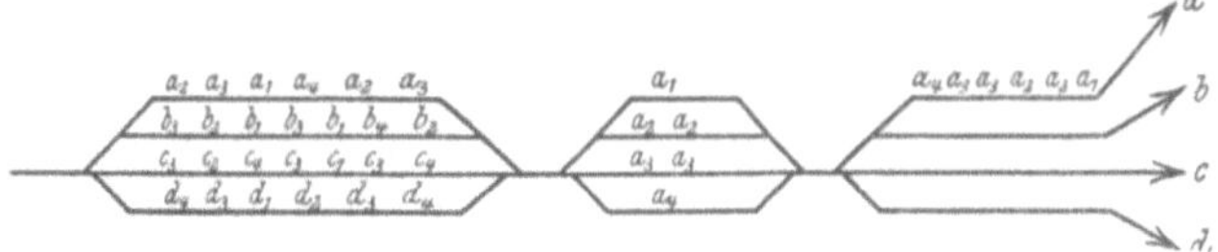

Abb. 11. Bildung von Zügen für vier verschiedene Richtungen nacheinander.[1]

hierbei gleichzeitig stets nur die Wagen einer Richtung stehen, in dem
dargestellten Falle z. B. die Wagen a_1 bis a_4. Beim Ordnen eines Zuges
der Richtung b_1 bis b_4 würden dann nur Wagen dieser Richtung dort
vorübergehend aufgestellt werden. Es müssen also im vorliegenden Falle
die Gleise der mittelsten Gruppe — die Stationsgleise — ihre Bestimmung
wechseln, während die Richtungsgleise und die Ausfahrgleise stets ihre
Bestimmung behalten; die Fertigstellung der einzelnen Züge erfolgt nacheinander.

Bei einem von A. Blum angegebenen Verfahren[2] läßt sich dieselbe

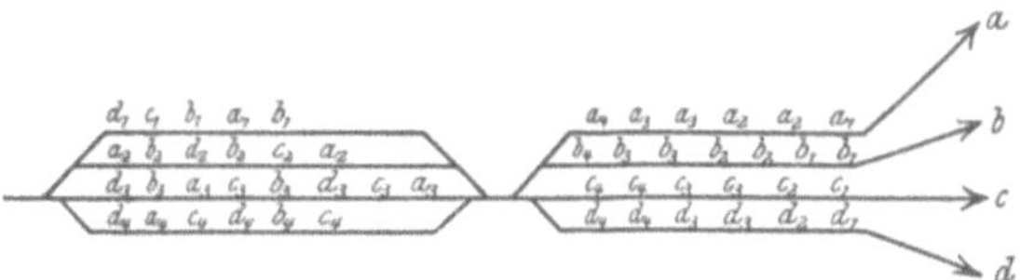

Abb. 12. Bildung von Zügen für vier verschiedene Richtungen zu gleicher Zeit.[3]

Aufgabe lediglich mittels zweier Gleisgruppen lösen. Wie Abb. 12 erkennen läßt, werden zunächst die Wagen der Anfangsstation jeder Strecke
auf dem obersten Gleis, und zwar bunt gesammelt, die der zweiten Station
jeder Strecke auf dem nachfolgenden Gleis usw. Beim Vorstoßen in die
Ausfahrgleise folgt dann die Zerlegung und Ordnung nach Richtungen,

---

[1]) vgl. Handb. d. Ing.-Wissensch. V, 4, 1, S. 158.
[2]) Organ Fortschr. des Eisenbahnwesens 1900, S. 218.
[3]) vgl. Handb. d. Ing.-Wissensch. V, 4, 1, S. 159.

sowie die Aneinanderreihung der Wagen in der richtigen Reihenfolge. Das Blumsche Verfahren, bei dem man eine Gleisgruppe und eine Anzahl von Verschubbewegungen der Wagen erspart, ist besonders dann am Platze, wenn der Zulauf der Wagen für alle Richtungen gleichmäßig erfolgt.

Die besprochenen Beispiele geben die wichtigsten Verschubverfahren an, die zur Neu- oder Umbildung von Güterzügen angewandt werden. Ähnliche Fälle kommen übrigens auch bei Personenzügen vor; so müssen besonders Züge mit Kurswagen auf der Ursprungstation nach einem bestimmten Plan geordnet werden; ebenso erfahren sie auf Zwischenstationen durch Abhängen und Ansetzen von Kurs- und Verstärkungswagen Veränderungen. Bei dem kurzen Aufenthalt der Personenzüge und mit Rücksicht darauf, daß das Abstoßen besetzter Personenwagen sehr gefährlich und deshalb verboten ist, benutzt man häufig mehrere Lokomotiven.[1]

Eine besondere Art der Verschubbewegungen bilden die sogenannten Slipfahrten in England. Hierbei werden ein oder mehrere Wagen des Zuges unterwegs in voller Fahrt abgetrennt und auf der nächsten Station zum Stillstand gebracht.[2] Zu diesem Zweck muß die Kupplung des abzuhängenden Wagens so eingerichtet sein, daß sie während der Fahrt von einem Schaffner gelöst werden kann. Auf diese Weise werden in England bis zu acht Personenwagen in voller Fahrt abgetrennt. Nach der angegebenen Quelle scheinen Unfälle im allgemeinen dabei nicht vorzukommen.

Neben der Zusammenstellung und Umbildung ganzer Züge werden auch Verschubbewegungen einzelner Wagen in großem Umfange vorgenommen, besonders an den Ent- und Beladeplätzen der Güterwagen. Nicht nur an Schuppen und in Freiladegleisen des öffentlichen Verkehrs, sondern vor allem an Ladestellen für Massengüter, wie Kohlen und Erze, an Umschlagplätzen usw. müssen Einrichtungen hierfür vorhanden sein. Beispiele werden später noch gegeben werden. Ebenso ist in Werkstätten das Verschieben einzelner Wagen von großer Wichtigkeit.

Die Anzahl der Verschubbewegungen auf großen Bahnhöfen kann unter Umständen die Anzahl der regelmäßigen Zugfahrten bedeutend übersteigen. Der Verschubdienst beeinflußt in solchen Fällen zuweilen den Lauf der fahrplanmäßigen Züge in unerwünschter Weise, falls er mangelhaft organisiert ist, oder die Gleisanlagen unzureichend sind.

Die Art des Verschubdienstes hängt in erster Linie von der Art der Gleisverbindungen ab. In den aufgeführten Beispielen waren bisher stets Weichen als Gleisverbindungsmittel vorausgesetzt. An ihrer Stelle hat man, besonders früher, vielfach Verbindungen durch Drehscheiben oder Schiebebühnen eingerichtet (vgl. Abb. 13 bis 18). Drehscheibenverbindungen kann man mit einer einzigen Drehscheibe anordnen (Abb. 13 und 15); dabei hat man im ersten Falle (Strahlengleise) den Nachteil einer schlechten Raumausnutzung und kurzer Gleislängen, im zweiten enge Krümmungen und viel Verlust an nutzbarer Gleislänge. Man ordnet deshalb zur Verbindung von Parallelgleisen besser Gruppen von Drehscheiben nach Abb. 14 an. Hierbei muß jeder Wagen zweimal um 90° gedreht werden, um in ein anderes Gleis zu gelangen. Bei Benutzung von Drehscheiben ist die Verwendung gewöhnlicher Lokomotiven zum Verschieben

---

[1] vgl. M. Oder und Dr.-Jng. O. Blum, Abstellbahnhöfe, Berlin 1904, S. 7 ff.

[2] vgl. W. Cauer in Glasers Annalen 1905, Bd. 57, S. 42.

der Wagen ausgeschlossen. Man bedient sich hierbei menschlicher oder
tierischer Kraft oder, wo der Verkehr sehr stark ist, mechanischer Ein-

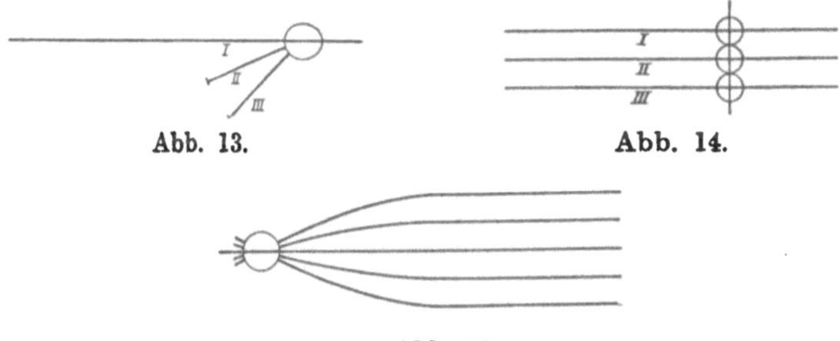

Abb. 13. Abb. 14.

Abb. 15.

Abb. 13 bis 15. Gleisverbindungen durch Drehscheiben.[1]

richtungen, die weiter unten erörtert werden sollen: Rangierwinden, Spille,
Spillokomotiven usw. Auch das Herumschwenken der Drehscheiben erfolgt häufig durch mechanischen Antrieb.

Schiebebühnen können entweder versenkt oder unversenkt sein. Die ersteren
(Abb. 17) erfordern eine Unterbrechung sämtlicher an sie angeschlossenen Gleise und sind
deshalb für Bahnhöfe unzweckmäßig, aber für

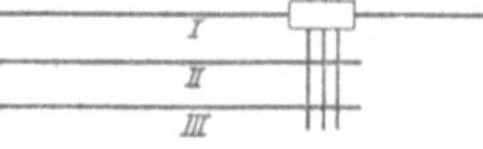

Abb. 16. Gleisverbindung
durch Schiebebühne.

Werkstätten, Lokomotivschuppen, Zechengleise usw. wohl geeignet. Dagegen
finden unversenkte Schiebebühnen im Verschubdienst auch auf Bahnhöfen
vielfach Anwendung. Sie sind zwar nicht für Massenverkehr geeignet, aber
überall da sehr gut zu brauchen, wo einzelne Wagen schnell auf Parallelgleise
umgesetzt werden sollen. Man erspart hierbei die großen, bei Weichen unvermeidlichen Umwege und vermeidet andererseits eine Unterbrechung der
Gleise, die sich bei Drehscheiben nicht umgehen läßt; neuerdings werden daher
die Schiebebühnen den Drehscheiben auch in solchen Ländern (England
und Frankreich) vorgezogen, die lange Zeit Drehscheiben bevorzugten.
Bei unversenkten Schiebebühnen liegt die Schienenoberkante des Bühnen-
gleises höher, als die der zu verbindenden Gleise (vgl. Abb. 18). Zur Überwindung des Höhenunterschiedes dienen kleine bewegliche Rampen (Schnäbel);
das Hinaufschieben des Wagens macht daher gewisse Schwierigkeiten, falls
nicht mechanische Kraft zu Gebote steht. Die Fortbewegung der Schiebebühnen erfolgt von Hand, durch Pferde, Seile, Elektromotoren oder Dampfmaschinen. Bei mechanischem Antrieb der Bühne bringt man in der
Regel ein Spill oder eine Winde an (Abb. 18), um das Herauf- und Hin-
abziehen der Wagen mittels eines Seiles bequem vornehmen zu können.
Ein Vergleich zwischen Weichen einerseits, Drehscheiben und Schiebebühnen
andererseits zeigt, daß beide Klassen der Gleisverbindungen ihre Vorzüge
und Nachteile haben.[2] Die Anwendung von Weichen ermöglicht es,
größere Wagengruppen gleichzeitig ohne Unterbrechung zu bewegen; sie
ermöglicht ferner die Einstellung auf verschiedene Gleise ohne Mitbewegung der Last und mit verschwindend geringem Arbeits- und Zeitaufwande. Bei Drehscheiben und Schiebebühnen ist es nur möglich, jedes

---

[1] vgl. Handb. d. Ing.-Wissensch. V, 4, 1, S. 55 u. 74.
[2] vgl. Handb. d. Ing.-Wissensch. V, 4, 1. S. 57 u. 75.

Fahrzeug einzeln für sich zu bewegen. Die Umstellung der Gleisverbindung, die stets unter Mitbewegung des zu verschiebenden Wagens erfolgt, ist zeitraubend und erfordert große Kraft. Dafür werden aber die Wege der Fahrzeuge kürzer, man kann einzelne Wagen verschieben, ohne viele andere unnütz mitbewegen zu müssen; endlich kann man Gleisverbindungen

Abb. 17. Versenkte Schiebebühne mit Seilantrieb.[1]

herstellen, die mit Weichen vollständig unmöglich sind, weil es an dem erforderlichen Platz fehlt. Aus diesen Gründen sind Drehscheiben und Schiebebühnen für die Bewältigung eines Massenverkehrs fast überall beseitigt und

Abb. 18. Versenkte Schiebebühne.[2]

durch Weichenverbindungen ersetzt worden. Dabei mag noch der Umstand mitgewirkt haben, daß mit dem Anwachsen des Radstandes der Fahrzeuge jene Einrichtungen immer größer und unhandlicher hätten werden müssen.

---

[1] Nach „Glückauf" 1904, S. 955.
[2] Nach einer Ankündigung von Joseph Voegele, Maschinenfabrik in Mannheim.

Dagegen sind Drehscheiben und Schiebebühnen bei besonderen Anlagen, wie Werkstätten, Fabrikanlagen, Zechenbahnhöfen usw. sehr zweckmäßig. Schiebebühnen findet man neuerdings vielfach auf Hafenbahnhöfen zum Auswechseln einzelner Wagen zwischen Lade- und Aufstellgleisen[1]); auch benutzt man sie besonders in Frankreich auf Personenbahnhöfen zum Umsetzen von Pack-, Post- und Eilgutwagen, auch wohl von Personenwagen. In Amerika, wo alle Wagen Drehgestelle besitzen und wo daher enge Krümmungen (bis herab zu 27 m Halbmesser) nicht gescheut werden, spielen Drehscheiben und Schiebebühnen für Verschubzwecke so gut wie gar keine Rolle.

2. Die Durchführung des Verschubdienstes.

a) Die Zerlegung und Zusammenstellung der Güterzüge.

α) Beschreibung der Verfahren.

1. **Abstoßen.** Bereits auf S. 780 ist das Zerlegen eines Zuges mittels des Abstoßens durch eine Lokomotive geschildert worden. Es erfordert große Vorsicht, wenn man starke Stöße vermeiden will; so muß man z. B. beim plötzlichen Anhalten des mit der Lokomotive noch fest verbundenen Zugteiles die Bremse des letzten (nicht ablaufenden) Wagens besonders rasch anziehen, andernfalls würde sich die Druckspannung im Zuge leicht in eine Zugspannung verwandeln, wobei starke Erschütterungen, ja Zerreißen der Kuppelungsketten nicht ausgeschlossen wären. Das **Abstoßen** ist eins der ältesten Verschubverfahren und hat eine Reihe von Nachteilen. Erstens ist es gefährlich, denn es lassen sich selbst bei geschickter Bedienung der Bremsen starke Stöße nicht immer vermeiden

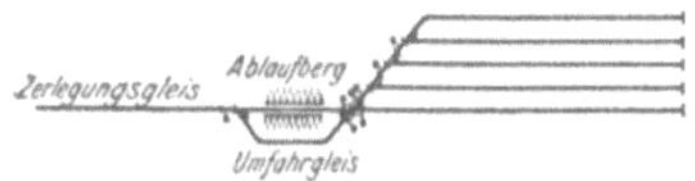

Abb. 19. Ablaufberg mit Umfahrgleis.

und Wagen und Güter werden leicht beschädigt. Zweitens ist es unwirtschaftlich, weil viele unnütze Wege (Hin- und Herfahrten) nötig werden, und weil abwechselnd bedeutende Massen stark beschleunigt und durch Bremsen rasch verzögert werden müssen. Endlich erfordert es verhältnismäßig viel Zeit.

2. **Abdrücken über einen Ablaufberg.** Man hat das Abstoßen durch Zuhilfenahme der Schwerkraft verbessert (Abdrücken über einen

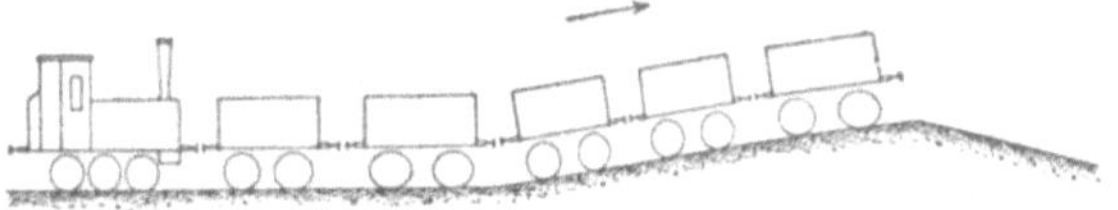

Abb. 20. Abdrücken eines Zuges über einen Ablaufberg (Eselsrücken).[2])

Ablaufberg oder Eselsrücken). Man schaltet in das Zerlegungsgleis nach Abb. 19 und 20 noch vor der ersten Verzweigungsweiche einen niedrigen Berg (Eselsrücken) von 1 bis 3 m Höhe ein, der nach den Verteilungsgleisen hin steil abfällt (1:30—1:40). Die Lokomotive zieht den Zug durch das Umfahrgleis in das Zerlegungsgleis und drückt ihn dann über den

---

[1]) vgl. Handb. d. Ing.-Wissensch. V, 4, 1, S. 272 ff.
[2]) vgl. Handb. d. Ing.-Wissensch. V, 4, 1, S. 61.

Berg zurück.   Hierbei findet eine starke Stauchung des Zuges statt; die Pufferfedern drücken sich zusammen, die Kupplungsketten werden schlaff und können leicht ausgehängt werden.

Sobald ein abgekuppelter Wagen (oder eine Wagengruppe) den Gipfel überschritten hat, läuft er auf der abfallenden Seite hinab; da das Abdrücken ohne Unterbrechung fortgesetzt wird, so folgt nach kurzer Zeit der nächste Wagen.   Inzwischen aber hat der vorhergehende Wagen sich mit wachsender Geschwindigkeit entfernt, und so ist es möglich, rechtzeitig hinter ihm die Weichen für den Lauf seines Nachfolgers richtig zu stellen.   Dieses Verfahren hat vor dem Abstoßen eine Reihe von Vorteilen: es entfällt das unnütze Hin- und Herfahren, die starken Stöße, der fortwährende Wechsel von Verzögerung und Beschleunigung; es ermöglicht ein rasches, wirtschaftliches und nicht allzu gefährliches Arbeiten.   Es hat nur den Nachteil, daß infolge der gleichbleibenden Ablaufhöhe auch alle Wagen in gleichem Maße beschleunigt werden, gleichviel, ob sie nur eine kurze oder lange Strecke zu durchlaufen haben.

3. Ablaufenlassen von einseitig geneigten Gleisen.   Ein anderes vielfach angewandtes Verschubverfahren ist das Ablaufenlassen von ein-

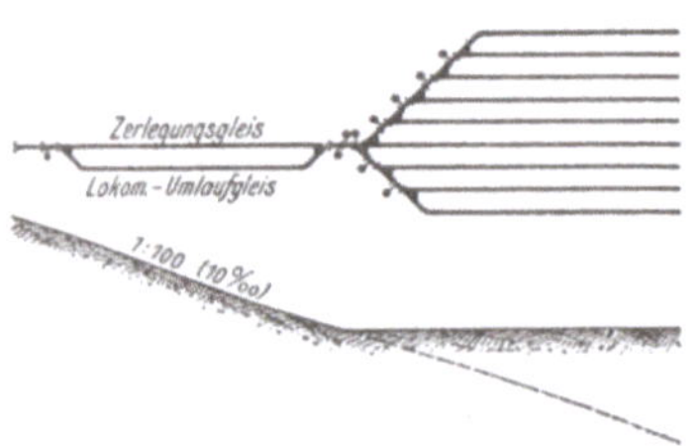

Abb. 21.   Einseitig geneigtes Zerlegungsgleis.

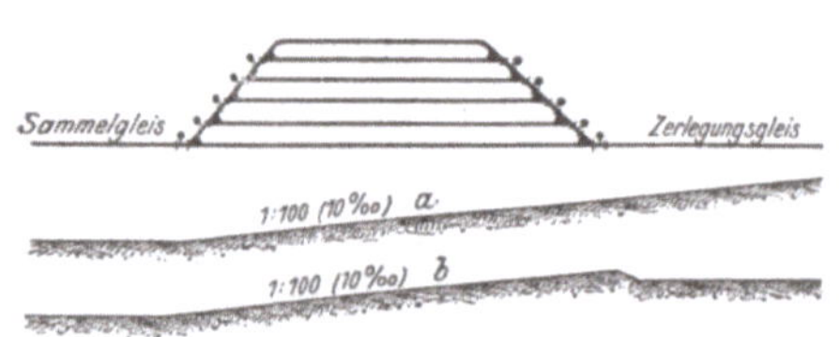

Abb. 22.   Gleisanordnung zum Aneinanderreihen der geordneten Wagengruppen durch Schwerkraft.

seitig geneigten Gleisen (Abb. 21).   Die Lokomotive zieht den Zug auf das ansteigende Zerlegungsgleis, dort wird er festgebremst; die Lokomotive wird abgehängt, läuft durch das Umlaufgleis zurück und kann an einer anderen Stelle weiter verwendet werden.   Die Wagen rollen von selbst in die Verteilungsgleise, die entweder wagerecht oder ebenfalls geneigt sind. Soll das Ablaufen beginnen, so lockert man die Bremsen des Zuges.   Etwa 50 m vor der ersten Verteilungsweiche werden die Bremsen leicht angezogen. Gleichzeitig wird der unterste Wagen (Wagengruppe) durch Bremsknüppel, die zwischen Tragfeder und Rahmen gesteckt werden, oder durch hölzerne Radvorleger stark gebremst.   Infolgedessen laufen die oberen Wagen auf, die Kupplungen werden schlaff und können leicht ausgehoben werden.   Nun werden die Bremsknüppel aus dem untersten Wagen herausgezogen, und dieser läuft — genau wie bei Eselsrücken — mit wachsender Geschwindigkeit ab.   Unterdessen löst man die Bremsen des oberen Zugteiles, läßt ihn nachrücken, hängt wieder einen Wagen oder eine Wagengruppe los, läßt sie ablaufen usw. Würde man den Zug nicht immer wieder nachrücken lassen, so würde für jede neu abzuhängende Wagengruppe die Ablaufhöhe allmählich zunehmen.   Andererseits kann man durch eine geschickte Benutzung des Nachrückens die Ablaufhöhe nach Bedarf verändern, was, wie oben erwähnt, beim Eselsrückenbetrieb nicht möglich ist.   Das Ablaufen von geneigten Gleisen ist in Deutschland zum ersten mal im Jahre 1846 auf dem Bahnhof Dresden-Neustadt angewandt worden und hat später vor allem durch Köpckes Veröffentlichung[1]) weite Verbreitung gefunden. Es hat vor dem Abdrücken über den Ablaufberg (Eselsrücken) den Vorteil, daß während der eigentlichen Zerlegung eine Lokomotive nicht erforderlich ist. Dieses Verfahren ist dann besonders bequem, wenn die Einfahrgleise eines Bahnhofes zugleich als Zerlegungsgleise dienen. Dann kann die Verteilung der Wagen ohne jede Benutzung von Lokomotiven erfolgen.

Die Zusammenstellung der in den einzelnen Gleisen angesammelten Wagen geschieht in der Regel durch Verschublokomotiven, auch wohl durch die Zuglokomotive unmittelbar vor der Abfahrt. Legt man (nach Abb. 22) die Verteilungsgleise ins Gefälle, so können die Züge lediglich durch Schwerkraft zusammengestellt werden. Das Zerlegungsgleis kann dabei entweder gleichmäßige Steigung (a) oder unmittelbar vor der ersten Verteilungsweiche einen Eselsrücken (b) besitzen; das Sammelgleis kann wagerecht oder schwach geneigt sein. Bei der Zerlegung der Züge werden

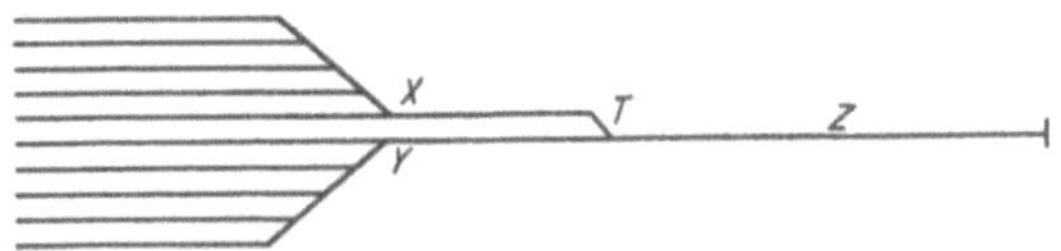

Abb. 23. Zwischenhemmung.

die einzelnen Wagen in den Verteilungsgleisen aufgefangen und festgebremst. Ist die Zerlegung beendet, so läßt man durch Lösen der Bremsen zuerst diejenigen Wagen ins Sammelgleis laufen, die im endgültigen Zuge am linken Ende stehen sollen; daran reiht man die nächste Gruppe an usw. Man kann also bei Anordnung a das ganze Verschubgeschäft, bei Anordnung b wenigstens die Zusammenstellung des Zuges ohne Lokomotive erledigen. Man erspart dabei nicht nur Lokomotivfahrten, sondern kann auch die ganze Arbeit in sehr kurzer Zeit bewältigen.

Die Anordnung der Verteilungsgleise im durchgehenden Gefälle ermöglicht eine eigentümliche Art des Verschiebens, die an Abb. 23 erläutert werden soll. Voraussetzung ist hierbei, daß das Zerlegungsgleis sich zunächst nur in zwei Gleise am Punkte T gabelt, und daß die weiteren Verzweigungen erst weiter unten beginnen. Man läßt nun die Wagen vom Zerlegungsgleis aus zunächst bis zu den Punkten X bzw. Y laufen und bringt sie hier zum Stillstande (Zwischenhemmung). Erst wenn sich eine Reihe von Wagen angesammelt hat, läßt man sie weiterlaufen und verteilt sie in die einzelnen Verteilungsgleise. Die Zerlegung erfolgt also das erste mal nur in zwei Gruppen. Hierdurch wird die Leistungsfähigkeit des Zerlegungsgleises bedeutend gesteigert. Denn da nur in zwei Gruppen geteilt wird, so verringert sich die Anzahl der „Verschubgänge" (d. h. die Anzahl der Gruppen gemeinsam ablaufender Wagen). Dadurch wird die Gesamtablaufdauer bedeutend verringert. Auch sonst ergeben sich manche Vorteile. Auf die Eigentümlichkeit der Zwischenhemmung, die z. B. in Dresden-Fr. angewandt wird, hat unseres Wissens zuerst W. Stäckel hingewiesen[2]).

---

[1]) Organ Fortschr. d. Eisenbahnwesens 1871, S. 60.
[2]) vgl. dazu Handb. d. Ing.-Wissensch. V, 4, 1, S. 78.

4. Das Abstoßen mit dem Stoßbaum. Es soll hier noch ein Verfahren erwähnt werden, das in Amerika auch auf größeren Verschubbahnhöfen besonders früher Verwendung gefunden hat, neuerdings aber mehr und mehr durch Ablaufberge oder geneigte Gleise ersetzt wird. Die Lokomotive läuft auf einem Gleis parallel zum Zerlegungsgleis neben dem Zuge entlang und stößt mittels eines schrägen Baumes, der an der Rückseite des Tenders befestigt ist, und durch einen kleinen Kran gelenkt wird, einzelne Wagen ab. Das Stoßbaumverfahren hat den Vorteil, daß nur einzelne Wagen, nicht der ganze Zug, bewegt zu werden brauchen. Es erfordert zwei Gleise, die nur geringen Abstand voneinander haben dürfen, weil andernfalls der Stoßbaum zu lang oder seine Richtung zu schräg werden würde. Auch ist es zweckmäßig, das Zerlegungsgleis ins Gefälle zu legen, um das Abstoßen der Wagen und das Weiterrollen zu erleichtern.

Die vier bisher besprochenen Verfahren werden sämtlich angewendet, wo es sich um Bewältigung eines Massenverkehrs handelt und zwar kommen neuerdings in erster Linie die Verfahren mit Benutzung der Schwerkraft in Betracht, während das Abstoßen für Großbetrieb fast gänzlich beseitigt ist.

β) Vergleichung der Verfahren in bezug auf Leistungsfähigkeit und Wirtschaftlichkeit.

Die Angaben in der Literatur über die Leistungsfähigkeit von Eselsrückenanlagen gehen auseinander[1]). Im allgemeinen kann man annehmen, daß das eigentliche Abdrücken eines Zuges von 50 Wagen unter günstigen Umständen (bei Tage und gutem Wetter) 15 Minuten erfordert, während unter ungünstigen Umständen (bei Nacht und schlechtem Wetter) 30 bis 60 Minuten erforderlich werden können. Als Durchschnitt kann man unter normalen Verhältnissen 15 bis 20 Minuten rechnen[2]). Selbst in dem günstigen Falle, daß die Einfahrgleise eines Bahnhofes zugleich als Zerlegungsgleise dienen, kann das Abdrücken der eingefahrenen Züge nicht etwa ununterbrochen fortgehen, sondern es müssen Pausen gemacht werden, in denen die Zuglokomotiven abfahren und Verschublokomotiven an den Zug heranfahren können. Ferner müssen unter Umständen Wagen, die nicht mit abgedrückt werden dürfen (Langholzwagen usw.) beiseite gesetzt werden. Rechnet man diese Pause für jeden einzelnen Zug zu 5 Minuten, so ergibt sich eine Gesamtdauer von 20 bis 25 Minuten. Rechnet man ferner, daß der Betrieb sich nicht gleichmäßig auf die 24 Stunden verteilt, sondern daß 4 Stunden zum Ausgleich von Unregelmäßigkeiten und zur Vornahme von Ausbesserungen abzusetzen sind, so ergibt sich eine Leistungsfähigkeit von

$$\frac{50 \cdot 20 \cdot 60}{25} \quad \text{bis} \quad \frac{50 \cdot 20 \cdot 60}{20}$$

also von 2400 bis 3000 Wagen pro Tag. Tatsächlich sind schon höhere Leistungen erzielt worden, so in Gleiwitz[3]) innerhalb 24 Stunden 6200 Achsen oder — wenn man annimmt, daß alle Wagen zweiachsig waren — 3100 Wagen. Auf dem neuen Verschubbahnhof in Mannheim sollen diese Zahlen noch

---

[1]) vgl. Handb. d. Ing.-Wissensch. V, 4, 1. S. 77.
[2]) vgl. Archiv für Eisenbahnwesen 1904, S. 1339.
[3]) Zeitg. des Ver. deutsch. Eis.-Verw. 1906, S. 657.

übertroffen worden sein. Indes sind solche Leistungen nur unter besonders günstigen Umständen zu erzielen. Wo das Verschieben nur mittels Schwerkraft ohne Lokomotiven stattfindet, liegen die Verhältnisse noch günstiger; es lassen sich zwar auch hier Unterbrechungen des Verschubgeschäftes nicht vermeiden, allein sie sind, da das Beiseitesetzen von Langholzwagen usw. entfällt, nicht so groß, wie beim Eselsrückenbetrieb. Wird das Gefälle auch in die Verteilungsgleise fortgesetzt, so ergibt sich eine weitere Ersparnis dadurch, daß man die Zwischenhemmung anwenden kann und daß das Zusammendrücken der in den Verteilungsgleisen stehenden Wagen entfällt. So ist es erklärlich, daß in Dresden-Fr. in 16 Stunden 8600 Achsen = 4300 Wagen zum Ablauf gebracht werden konnten, was also bei zwanzigstündigem Dienst einer Leistung von über 5000 Wagen entsprechen würde. Auch die Erfahrungen, die anderwärts gemacht worden sind, lassen die Behauptung gerechtfertigt erscheinen, daß ein Bahnhof mit durchgehendem Gefälle mindestens das Anderthalbfache leisten kann, wie ein solcher mit einem Eselsrücken. Angaben über Leistungen des Stoßbaumverfahrens finden sich in dem Werk von J. A. Droege, Yards and Terminals an their Operation, New York 1906, S. 99; danach soll es möglich sein, in einer Stunde 138 Wagen abzustoßen, wenn die Verteilungsgleise geneigt sind; dies würde also einer Leistungsfähigkeit von 2760 Wagen innerhalb 20 Stunden entsprechen, wobei allerdings zu berücksichtigen ist, daß die amerikanischen Güterwagen sämtlich vierachsig sind. Mit dem gewöhnlichen „Abstoßen" hat man seinerzeit in Deutschland innerhalb 20 Stunden 700 bis 1000 Wagen verteilt[1].

Ob ein Verschubbahnhof besser mit durchlaufender Neigung oder mit Eselsrücken auszuführen ist, hängt von einer großen Reihe von Umständen ab, deren eingehende Erörterung hier zu weit führen würde. Man muß dabei die Bau- und die Betriebskosten berücksichtigen. Anlagen mit durchgehendem Gefälle kommen in erster Linie da in Betracht, wo die natürliche Neigung des Geländes sie begünstigt (wie in Edgehill bei Liverpool und Nürnberg-R.), oder wo aus irgendeinem Grunde große Erdmassen zur Verfügung stehen (wie bei Dresden-Fr.); dagegen sind Anlagen mit Eselsrücken auch in der Ebene mit nicht allzugroßen Kosten herzustellen. Ob die Betriebskosten bei der einen oder der anderen Form größer werden, kann nur auf Grund ausführlicher Rechnungen ermittelt werden. Anlagen mit durchgehender Neigung erfordern geringe Lokomotivkosten, dagegen muß die Anzahl der Hemmschuhleger und Schirrmänner bedeutend größer sein, als bei Bahnhöfen mit wagerecht liegenden Verteilungsgleisen. Vergleichende Untersuchungen darüber finden sich im Archiv für Eisenbahnwesen 1904, S. 1328 und 1905, S. 157[2].

Der Gedankengang der dort angestellten Untersuchungen soll hier kurz wiedergegeben werden. Es werden vier Bahnhofsanlagen mit einander verglichen (vgl. Abb. 24). Bei den Anordnungen I und II sind Eselsrücken (in der Abbildung mit „Es" bezeichnet) vorhanden. Bei den Anordnungen III und IV liegen die Bahnhöfe dagegen in durchgehendem Gefälle. Bei Anordnung III liegen die Einfahrgleise E hoch; die Züge

---

[1] vgl. Organ Fortschr. des Eisenbahnwesens 1874, S. 182ff. Bericht einer Kommission der Oberbeamten des Norddeutschen Eisenbahnverbandes.

[2] M. Oder, Betriebskosten auf Verschiebebahnhöfen, auch als Sonderdruck erschienen bei Julius Springer, Berlin 1905.

fahren also unmittelbar auf der höchsten Stelle des Bahnhofes ein; bei
Anordnung IV liegen die Einfahrgleise E dagegen am tiefsten Punkte;
die Züge werden aus ihnen über die Schleppgleise nach den hochliegenden
Zerlegungsgleisen gezogen, wozu besondere Verschublokomotiven verwendet
werden müssen.   Die Betriebskosten bei der Behandlung eines Wagens

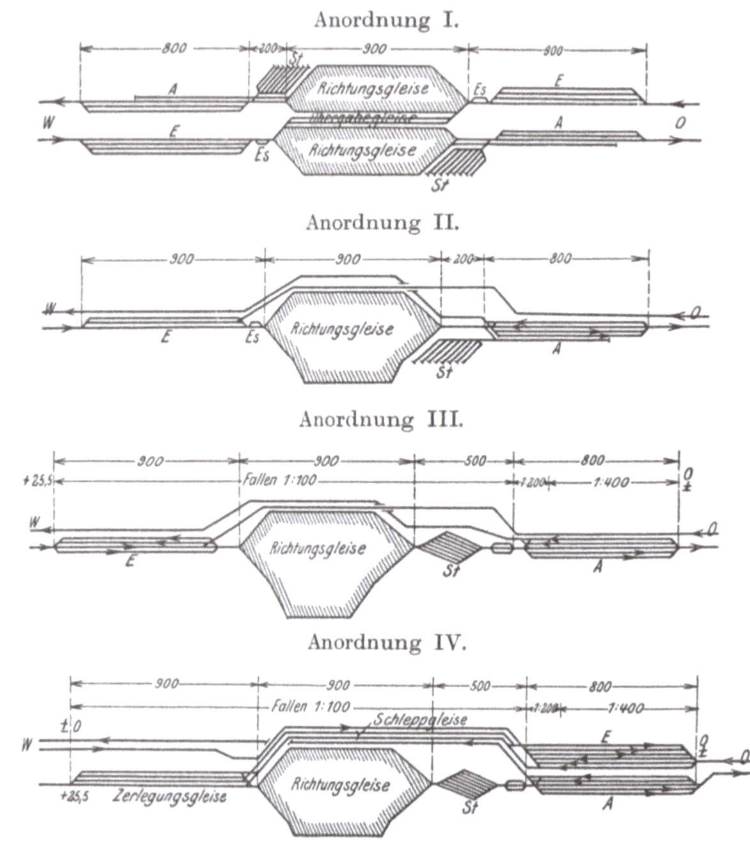

Abb. 24. Vergleich von 4 Verschubbahnhöfen.[1]

auf einem Verschubbahnhof setzen sich, wenn man von den Unkosten für
die allgemeine Verwaltung absieht, aus folgenden Beträgen zusammen[2]):

1. Kosten für das Bahnhofspersonal.

2. Kosten für die Verschublokomotiven.

3. Kosten für die Unterhaltung der Wagen während der Verschubfahrten und für die Beschaffung und Unterhaltung der Hilfsmittel zum
Bremsen der Wagen.

4. Kosten für die Beleuchtung des Bahnhofes.

5. Kosten für die Bewegung der Wagen in Zugfahrten.

6. Kosten für Verzinsung, Abschreibung und Unterhaltung der baulichen Anlagen.

Erläuternd sei zu 5. bemerkt, daß unter „Zugfahrt" eine Fahrt verstanden ist, die von einem geschlossenen Zuge in Streckenausrüstung

---

[1]) Nach Archiv für Eisenbahnwesen 1904, S. 1340.

[2]) vgl. Archiv für Eisenbahnwesen 1904, S. 1339.

zurückgelegt wird. So müssen z. B. bei Anordnung II und III die von Osten kommenden Wagen bei der Ankunft den ganzen Bahnhof in einer Zugfahrt durchlaufen, um in die Einfahrgleise E am Westende zu gelangen. An einem Beispiel soll gezeigt werden, wie man Vergleichsrechnungen über die Betriebskosten anstellen kann. Es sollen hier zwei Bahnhöfe mit einander verglichen werden, von denen der eine nach Anordnung II (wagerecht mit Eselsrücken), der andere nach Anordnung III (mit durchgehender Neigung) gedacht ist. Bei beiden Bahnhöfen fahren die Züge von Westen her unmittelbar in die Einfahrgleise ein, die zugleich zum Zerlegen dienen, während die Züge von Osten her den ganzen Bahnhof durchlaufen müssen, um ebendorthin zu gelangen. Die Kosten für Verzinsung, Abschreibung und Unterhaltung der baulichen Anlagen sollen nicht berücksichtigt werden, da sie zu sehr von örtlichen Verhältnissen beeinflußt sind.

Zur Durchführung der Berechnung ist es notwendig, die Kosten für eine Verschublokomotive zu ermitteln. Zum Abdrücken der Züge über den Ablaufberg benutzt man vielfach $^3/_4$-Tenderlokomotiven, deren Anschaffungskosten rund 50 000 Mk. betragen. Die Lokomotiven haben auf Bahnhöfen mit starkem Verkehr zwanzigstündigen Dienst mit doppelter Personalbesetzung. Man kann rechnen, daß sie im Mittel nur an 260 Tagen im Jahre Dienst tun; an den übrigen Tagen stehen sie in Ausbesserung, oder können wegen der Sonntagsruhe im Güterzugbetrieb nicht ausgenutzt werden. Bei einer Verzinsung des Anlagekapitals von $4^0/_0$ ergeben sich mithin als Kosten für den Arbeitstag $\dfrac{50\,000 \cdot 0{\cdot}04}{260} = 7{\cdot}7$ M. Hierzu treten die Kosten für die Abschreibung der ganzen Lokomotive sowie die Erneuerung der wichtigsten Bestandteile, wie Heizröhren, Rohrwände, Feuerbüchsen, Radsätze. Sie können auf Grund besonderer Ermitelungen zu $4{\cdot}2$ Pf./km geschätzt werden. Rechnet man — wie das in der Statistik üblich ist —, die Stunde Verschubdienst zu 10 km, so erhält man als Kosten der Abschreibung täglich $20 \cdot 10 \cdot 4{\cdot}2$ Pf. $= 8{\cdot}4$ M. Als Kosten für die Unterhaltung sind $5{\cdot}8$ Pf./km ermittelt worden, d. h. bei zwanzigstündigem Dienst $20 \cdot 10 \cdot 5{\cdot}8$ Pf. $= 11{\cdot}6$ M. Der Brennstoffverbrauch beträgt bei dieser Dienstdauer einschließlich des Anheizens $1{\cdot}65$ t; bei einem Einheitspreis von 18 M./t ergeben sich die Kosten zu $1{\cdot}65 \cdot 18 = 29{\cdot}7$ M. Für Speisung, Schmierung, Beleuchtung, Verpackung und Putzmaterial sind rund $6{\cdot}5$ M. zu rechnen. Das Gehalt der Lokomotivmannschaft und die Stundengelder sind nach dem Vorbilde der Preußisch-Hessischen Staatsbahnen für jedes Personal auf $13{\cdot}2$ M., mithin im ganzen auf $26{\cdot}4$ M. geschätzt worden. Mithin betragen die Kosten zusammen:

1. Verzinsung . $7{\cdot}7$ M.
2. Abschreibung. $8{\cdot}4$,,
3. Unterhaltung. $11{\cdot}6$,,
4. Brennstoff. . $29{\cdot}7$,,
5. Speisung usw. $6{\cdot}5$,,
6. Löhne . . . $26{\cdot}4$,,
              $\overline{90{\cdot}3\ \text{M.,}}$

mithin für eine Stunde Verschubdienst rund $4{\cdot}5$ M.[1]

---

[1] Im Archiv für Eisenbahnwesen 1904, S. 1349, ist der Betrag etwas höher — zu $5{\cdot}0$ M./St. — ermittelt worden; dort ist eine weniger günstige Ausnutzung der Loko-

Legt man der Berechnung nicht eine $^8/_4$-Lokomotive, sondern eine $^8/_3$-Lokomotive zugrunde, die für den Dienst auf Ablaufbergen ebenfalls geeignet ist, und deren Anschaffungskosten nur etwa 36 000 M. betragen, so ermäßigt sich der Betrag für eine Stunde Verschubdienst auf etwa 4·3 M. Es soll jedoch im folgenden mit dem höheren Satze von 4·5 M. gerechnet werden.

Die Vergleichung der Betriebskosten soll an einem Zahlenbeispiel durchgeführt werden; hierbei werden nur die Kosten für die Verschublokomotiven und das eigentliche Verschubpersonal im engeren Sinne berücksichtigt, nicht aber auch für die Stationsbeamten, Weichensteller usw., die bei den Anordnungen II und III (Abb. 24) etwa gleich groß sein werden. Dasselbe gilt von den oben unter 3 bis 5 genannten Kosten.

Es mögen auf einem Bahnhof im Laufe von zehn Stunden 20 Züge mit zusammen 1000 Wagen eintreffen. Nach den Ausführungen auf S. 790 können sie bequem innerhalb dieses Zeitraumes über einen Ablaufberg gedrückt werden; bei durchgehender Neigung ist die Zerlegung ebenfalls in der gleichen Zeit möglich, da hierbei das Ablaufen noch rascher erfolgt.

Es soll zunächt der Personalbedarf für die Zerlegung der eingetroffenen Züge ermittelt werden.

Bei den Bahnhöfen ohne durchgehendes Gefälle sind die Verschubrotten an den Ablaufbergen mit je einem Schirrmeister und vier Arbeitern besetzt; von den Arbeitern löst einer die Kupplungen, der zweite bedient eine Gleisbremse (siehe S. 818) und die beiden anderen begleiten einzelne Wagenabteilungen, die mit Bremsen ablaufen. In den Verteilungsgleisen ist für je zwei Gleise ein Hemmschuhleger zum Auffangen der Wagen vorgesehen. Bei den Bahnhöfen mit durchgehendem Gefälle ist die Anzahl der beim ersten Ablauf beschäftigten Leute bedeutend größer; zum Ablaufenlassen des in starker Neigung hängenden Zuges ist ein Schirrmeister und sechs Arbeiter, zur Begleitung der Wagen bis in die Verteilungsweichen sind noch zwölf Arbeiter, zum Auffangen in den Verteilungsgleisen selbst immer für drei Gleise zwei Mann erforderlich. Bei 24 Verteilungsgleisen würden mithin auf Bahnhöfen ohne durchgehende Neigung 1 Schirrmeister und 16 Arbeiter, bei solchen mit durchgehender Neigung dagegen 1 Schirrmeister und 34 Arbeiter, mithin 18 Arbeiter mehr erforderlich sein, dafür ist aber hier keine Verschublokomotive nötig. Rechnet man bei zehnstündigem Dienst die Kosten eines Arbeiters zu 2·70 M., die einer Lokomotive dagegen zu 45 M., so würde auf Bahnhöfen mit durchgehendem Gefälle und 24 Verteilungsgleisen beim ersten Ablauf einer Ersparnis von 45 M. für die Lokomotive eine Mehrausgabe von $18 \cdot 2·70 = 48·60$ M. für Arbeiter gegenüberstehen, mithin an Mehrkosten noch 3·60 M. verbleiben; dies ergibt für den einzelnen Wagen $\dfrac{360}{1000} = 0·36$ Pf.

Man muß indes dabei bedenken, daß auf Bahnhöfen mit durchgehendem Gefälle sich rascher arbeiten läßt, als auf solchen mit Ablaufbergen, daß man dort also in der gleichen Zeit eine bedeutend größere Anzahl von

---

motiven zugrunde gelegt. Weit geringere Kosten liefert dagegen eine von Bork in Glasers Annalen 1891, Bd. 29, S. 228, aufgestellte Berechnung, weil dabei u. a. die Ausnutzung der Lokomotiven viel zu günstig angenommen ist. Von großem Einfluß sind die Kosten für den Brennstoff, die je nach der Lage des Bahnhofes zum Gewinnungsorte der Kohlen hoch oder niedrig sind.

Wagen mit gleichem Personal bewältigen oder bei langsamerem Arbeiten das Personal nicht unerheblich einschränken kann.

Das Zusammensetzen der durch das erste Ablaufenlassen verteilten Wagen zu neuen Zügen erfordert mehr oder weniger Personal bzw. Lokomotiven, je nachdem die Züge eine genaue Ordnung erfahren oder nicht. Nach der gemachten Annahme sind im ganzen 1000 Wagen in den Verteilungsgleisen vorhanden, aus denen wieder 20 Züge gebildet werden mögen; wird eine genaue Ordnung aller Züge verlangt, so würden bei Bahnhöfen ohne Neigung gleichzeitig zwei Verschublokomotiven je zehn Stunden lang tätig sein müssen, zusammen mit zwei Schirrmeistern und achtzehn Arbeitern. Bei durchgehender Neigung dagegen würde das Ordnen bedeutend weniger Personal erfordern nämlich höchstens einen Schirrmeister und fünf Arbeiter; auch würde eine Lokomotive an sich nicht nötig sein; praktisch ist sie häufig aber kaum zu entbehren, um Irrläufer richtig zu stellen, eilige Wagen umzusetzen usw. Nimmt man also an, daß eine Lokomotive noch mit einem besonderen Schirrmeister und drei Arbeitern vorhanden ist, so würden bei durchgehender Neigung immer noch eine Lokomotive und zehn Arbeiter erspart werden, d. h. in Geld ausgedrückt $45 + 27 = 72$ M. oder für den Wagen $\frac{7200}{1000} = 7{\cdot}2$ Pf.

Demgegenüber sind die Kosten in Anrechnung zu bringen, die beim Hinauffahren der Züge in die hochgelegenen Einfahrgleise erwachsen; sie können, auf den einzelnen Wagen verteilt, zu $6{\cdot}0$ Pf. geschätzt werden; mithin verbleiben als Gewinn etwa $1{\cdot}2$ Pf.; davon gehen vom ersten Ablauf her noch $0{\cdot}36$ Pf. ab, sodaß die Gesamtersparnis $0{\cdot}84$ Pf. beträgt. Ist dagegen nur ein geringer Prozentsatz der Züge zu ordnen, so werden die Verhältnisse für wagerecht liegende Bahnhöfe mit Eselsrücken günstiger, dann reicht eine Lokomotive mit einem Schirrmeister und sechs Arbeitern zum Stationsordnen aus. Bei Bahnhöfen mit durchgehender Neigung wird man aus den eben angeführten Gründen auf eine Lokomotive mit etwa dem gleichen Verschubpersonal von einem Schirrmeister und sechs Arbeitern nicht verzichten können.

Der Übersichtlichkeit wegen sind die erforderlichen Lokomotiven und Personale auf S. 796 noch einmal aufgeführt; als Kosten für einen Schirrmeister sind $4{\cdot}4$ M. gerechnet. Der Einfachheit halber ist angenommen, daß die Schirrmeister und Arbeiter zehnstündigen Dienst haben.[1]

Es sei ausdrücklich nochmals hervorgehoben, daß die ermittelten Kosten nur ein Teil der gesamten Kosten sind. Bei Berücksichtigung aller Einzelheiten ändert sich das Ergebnis zum Teil erheblich zugunsten der Anlage mit durchgehender Neigung. Man erkennt indes schon aus der oben gegebenen angenäherten Berechnung, daß geneigte Bahnhöfe besonders da vorteilhaft sind, wo die Ordnung der Züge sehr eingehend durchgeführt wird; dabei ist freilich vorausgesetzt, daß die Züge — nach Anordnung III — unmittelbar in die Zerlegungsgleise einfahren. Müssen sie (nach An-

---

[1] Die vorstehende Vergleichung soll nur ungefähr den Gedankengang zeigen, macht aber nicht den Anspruch auf Genauigkeit im einzelnen. In der oben erwähnten Abhandlung sind die Berechnungen unter Berücksichtigung aller Einzelheiten durchgeführt, allerdings unter der Annahme, daß die Lokomotivkosten für eine Stunde Verschubdienst $5{\cdot}0$ M. betragen. Auch aus diesen Gründen sind die Ergebnisse hier und dort verschieden.

ordnung IV) durch besondere Schleppfahrten gehoben werden, so geht der
Gewinn oft wieder verloren, da die Schleppkosten unter Umständen 13 Pf. und
mehr für den Wagen betragen.[1]) Es ist ferner zu berücksichtigen, daß man auf
Anlagen mit durchgehendem Gefälle rascher als auf solchen mit Ablaufbergen arbeiten und daher bedeutend mehr Wagen am Tage behandeln
kann. Bei starkem Betriebe wird also die Ausnutzung des Personals sehr
günstig und daher der Satz für den einzelnen Wagen besonders niedrig.
Auch tritt eine ganz bedeutende Beschleunigung des Wagenumlaufes ein,
die einen recht erheblichen Geldgewinn darstellt.

Zusammenstellung I.

Vergleichung der Verschubkosten bei Bahnhöfen mit Ablaufbergen und
solchen mit durchgehender Neigung.

	Alle Züge werden eingehend geordnet		Nur ein kleiner Teil der Züge wird eingehend geordnet	
	Bahnhof mit Ablaufbergen	Bahnhof mit durchgehender Neigung	Bahnhof mit Ablaufbergen	Bahnhof mit durchgehender Neigung
Anzahl der Lokomotiven	3	1	2	1
Anzahl der Schirrmeister	3	3	2	2
Anzahl der Arbeiter	34	42	22	40
Kosten hierfür in M.	240·0	171·6	158·2	161·8
mithin Kosten für einen Wagen in Pf.	24·0	17·16	15·82	16·18
Hebungszuschlag für die Bahnhöfe m. durchgehender Neigung	—	6·0	—	6·0
zusammen.	24·0	23·16	15·82	22·18

Unterschied　　0·84 Pf.　　　　　　6·36 Pf.

Mithin am Tage (1000 Wag.)　　8·4 M.　　　　　　63·6 M.

„　im Jahre (300 Tage) 2520·0 M.　　　　19080·0 M.

b) Das Verschieben einzelner Wagen.

Zum Verschieben einzelner Wagen oder kurzer Wagengruppen an
Ladestellen in Werkstätten, ferner auf kleinen Stationen usw. kann man,
wenn die Gleise durch Weichen verbunden sind, Lokomotiven verwenden;
bei einer Verbindung nur durch Drehscheiben oder Schiebebühnen dagegen
oft nicht, weil diese Vorrichtungen schon aus Gründen der Ersparnis nach
Größe und Tragfähigkeit nur für den Verkehr von Wagen eingerichtet

---

[1]) Archiv für Eisenbahnwesen 1904, S. 1353 bis 1356.

sind. Man muß dann die Wagen durch andere Hilfsmittel bewegen. Aber auch beim Vorhandensein von Weichen verzichtet man unter Umständen auf die Benutzung von Dampflokomotiven gewöhnlicher Bauart, besonders bei geringen Wagenmengen, damit die Verschubkosten nicht zu hoch werden. Als Ersatz dienen Menschen, Tiere, maschinelle Einrichtungen, Lokomotiven mit elektrischem oder sonstigem Antriebe, sowie die Schwerkraft.

a) Verschieben durch Menschen.

Dies Verfahren ist nur da anwendbar, wo es sich um die Bewegung einzelner Wagen und um kurze Weglängen handelt; es ist auf kleinen Stationen üblich, wo andere Einrichtungen nicht zur Verfügung stehen, um Wagen aus den Aufstellgleisen in die Ladegleise zu setzen. Unfälle sind dabei nicht selten. Um sie zu vermeiden, sollen die Arbeiter die Wagen nicht ziehen, sondern schieben und beim Bewegen der Wagen nicht rückwärts gehen; andernfalls können sie leicht über unbemerkte Hindernisse stolpern. Ebenso ist es vielfach verboten, einen Wagen zwischen oder an den Puffern zu schieben, vermutlich aus dem Grunde, weil unter Umständen ein Fahrzeug unerwartet von hinten kommen und die Arbeiter verletzen könnte, oder weil die Puffer oft nicht fest sitzen, sondern sich drehen. Bei Annäherung an eine Rampe, Kohlenbansen oder dergl. dürfen die Arbeiter nicht an der diesen Anlagen zugewendeten Langseite

Abb. 25. Wagenschieber.

der Wagen gehen, um nicht gequetscht zu werden. Zum Ingangsetzen der Wagen bedient man sich zuweilen gewöhnlicher Brechstangen oder besonders gebauter Werkzeuge, der sogenannten Wagenschieber.[1] Ein Wagenschieber der Firma H. Büssing in Braunschweig ist in Abb. 25 bis 29 dargestellt. Er besteht aus dem Lagerschuh A, der auf die Schiene gelegt wird. Auf ihm sind zwei Hebel drehbar gelagert: der zweiarmige Handhebel B mittels des Bolzens D, sowie der einarmige Lasthebel C mittels des Bolzens F. Das freie Ende dieses Lasthebels trägt die verzahnte und leicht auswechselbare Drucknase G, die unmittelbar am Radumfang angreift. Man setzt den Wagenschieber bei möglichst hoher Stellung des Handhebels auf die Schiene und schiebt die Drucknase G möglichst weit unter das Rad. Beim Niederdrücken des Handhebels B hebt dessen kurzes Ende mittels der Druckrolle E den Lasthebel C hoch und der Wagen wird vorwärts getrieben. Der Handhebel B läßt sich um den Bolzen O soweit seitlich drehen, daß das Abschieben eines Wagens von einem anderen ohne weiteres möglich ist. Der Lasthebel C darf nicht zu kurz sein, auch muß er in der Anfangslage schräg stehen, damit bei

---

[1] Eine ältere Form, Patent Heshuysen, aus der Zeit von 1875 bis 1880 findet sich im K. K. historischen Museum der Österreichischen Eisenbahnen zu Wien. Vgl. I. Nachtrag zum beschreibenden Kataloge S. 40 und 41. Wien 1906.

seiner Drehung die Drucknase G sich nicht nur hebt, sondern auch, dem zu verschiebenden Fahrzeug folgend, nach vorn bewegt. Wollte man den Handhebel B unmittelbar als Verlängerung des Lasthebels ausbilden, so würde — bei gleichbleibender Hebellänge — die Übersetzung etwa nur halb so günstig sein und der Drehpunkt sehr hoch liegen, daher leicht zum Umkanten Veranlassung bieten. Um bei starken Steigungen das Zurückrollen des angeschobenen Wagens zu verhindern, wird der Wagenschieber auch mit einem sogenannten Radvorleger versehen. (Abb. 29.) In dem Lagerschuh wird eine Stange K verschieblich gelagert; eine Feder S treibt sie beim Herunterdrücken des Handhebels vor; infolgedessen legt sich der am vorderen Ende befindliche Knopf stets zwischen Rad und Schiene und verhindert ein Zurückrollen des Wagens. Durch das Vorschieben des Wagenschiebers wird die Feder wieder gespannt. Das Gewicht des Wagenschiebers beträgt nur 12 kg.

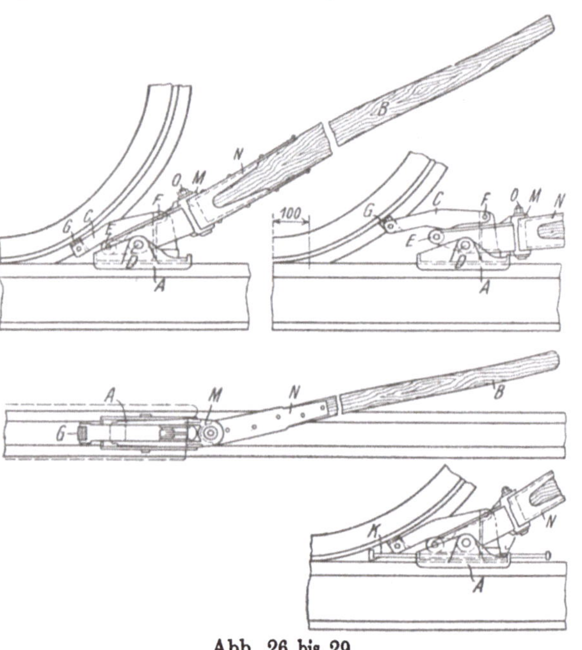

Abb. 26 bis 29.
Wagenschieber von H. Büssing & Sohn, Braunschweig.

Eine ähnliche Bauart besitzt der in den Abb. 30 und 31 dargestellte Wagenschieber von Josef Rosenbaum in Gelsenkirchen. Hier ist der Lasthebel in Verbindung mit einer besonders gelagerten kulissenartig geführten Lasche so angeordnet, daß er der Vorwärtsbewegung des Rades entsprechend zugleich gehoben und verschoben wird. Der Angriffspunkt des Lasthebels bleibt hierbei während des ganzen Hubes mit dem gleichen Punkte des Radreifens in Berührung; hierdurch soll ein Rutschen des Wagenschiebers verhindert werden. Das Gewicht beträgt rund 12 kg., der Preis 30 M.[1]).

Nach einer Mitteilung der Firma H. Büssing & Sohn in Braunschweig kann ein Mann mit einem Wagenschieber einen beladenen Wagen von 10 bis 15 t Gewicht mit einer Geschwindigkeit von 10 bis 15 m in der Minute (0·6 bis 0·9 km in der Stunde) vorwärts bewegen. Wo man Wagenschieber nicht benutzt, muß man die Anzahl der Arbeiter vermehren. So rechnet z. B. W. Fenten[2]), daß vier Arbeiter durchschnittlich 10 Minuten brauchen, um einen beladenen Wagen aus einer Entfernung von nicht mehr als 60 m über eine Weiche und wieder zurückzuschieben, während dieselbe Bewegung mit einem leeren Wagen die Hälfte der Zeit bzw. der Arbeitskräfte kostet

---

[1]) Andere Bauarten sind beschrieben im Zentralbl. der Bauverwaltung 1894, S. 523, 543; Organ Fortschr. des Eisenbahnwesens 1893, S. 201.

[2]) Anleitung für den Stations- und Expeditionsdienst, Wiesbaden 1886, S. 20.

β) **Verschieben durch Pferde.**

Beim Verschieben durch Pferde lassen sich bessere Ergebnisse erzielen als bei Verwendung von Menschenkraft; es ist daher auch weit verbreitet. Das Ortscheit wird nicht unmittelbar am Wagen befestigt, sondern es wird

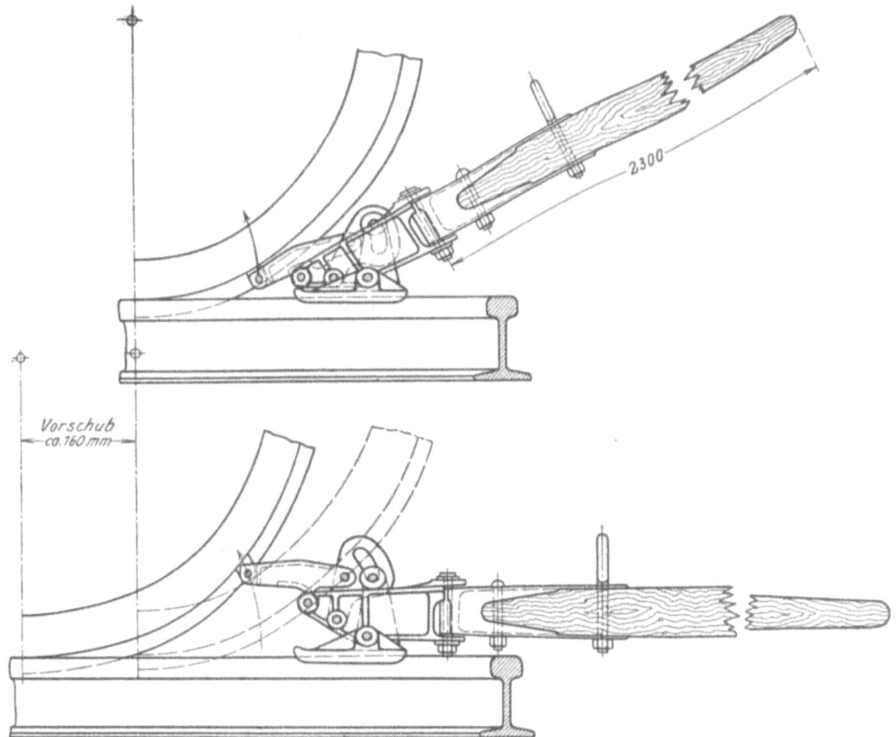

Abb. 30 u. 31. Wagenschieber von Josef Rosenbaum, Gelsenkirchen.

eine lange Kette zwischengeschaltet, damit beim Loshaken das Tier rechtzeitig aus dem Bereich des Wagens gebracht werden kann. Nach einer älteren Mitteilung von Sigle betragen die Kosten eines Pferdes einschließlich des Kettenträgers täglich 9·5 M.[1] Im Jahre 1906 wurden auf den Bahnhöfen bei Paris die Kosten eines Pferdes zu 5·7 M., die eines Arbeiters zu 3.2 M. angegeben. Nach W. Fenten kann man annehmen, daß ein gutes Pferd das Fünffache eines Mannes leiste; dazu kommt, daß die Leistung zeitweise wohl auf das Doppelte gesteigert werden kann; freilich muß dann auch nach einer größeren Anstrengung eine größere Ruhepause eintreten, so daß die Tagesleistung dieselbe bleibt. Rechnet man den Lohn eines Arbeiters zu 2·7 M., die Kosten für 1 Pferd mit Führer zu 9·5 M., so verhalten sich die Kosten des Pferdebetriebes zu denen des Menschenbetriebes in der Regel wie $\frac{9·5}{13·5}$ oder $\frac{1}{1·42}$. Pferde verwendet man da, wo es sich um die Bewegung einzelner Wagen während eines längeren Zeitraumes handelt, wo sich aber die Verwendung von Lokomotiven nicht lohnt oder zu gefährlich erscheint, wie in Straßen, an Speichern usw. In einzelnen Fällen dienen sie auch zur Unterstützung

---

[1] Organ Fortschr. des Eisenbahnwesens 1898, S. 228. Vgl. auch Revue générale des chemins de fer 1888, Februar, S. 114.

bei der Zerlegung ganzer Züge, so in Edgehill bei Liverpool[1]). Anstatt der Pferde benutzt man auch vereinzelt Maultiere oder Ochsen.

γ) Verschieben durch mechanische Kraft.

a) Spille. Anstatt des Betriebes durch animalische Kraft hat man besonders in England frühzeitig mechanische Kraft angewandt und zwar in Form von Spillen (Erdwinden oder capstans). Dies sind Trommeln, die sich um eine senkrechte Achse drehen und deren Bewegung durch Wasserdruck, Dampf oder Elektrizität erfolgt. Um das Spill wird nach Abb. 32 ein Seil geschlungen, dessen eines Ende an einem Wagen befestigt

Abb. 32. Verschieben eines Wagens durch Spill.[2])

ist. Um die Anzahl der Spille zu verringern, wendet man auch Umlenkrollen an (Abb. 33).

Man benutzt bei Spillen vielfach Drahtseile, kann aber im allgemeinen nur mit kurzen Seillängen arbeiten, weil man beim Abziehen vom Spill

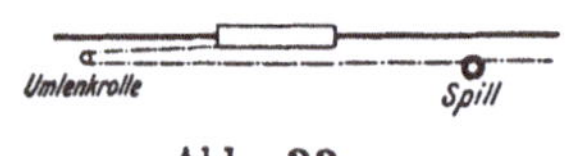

Abb. 33.
Spill und Umlenkrolle.

das Seil stets mit großer Vorsicht hinlegen oder aufwickeln muß. Andernfalls verschlingt es sich leicht oder gerät auf das Gleis und wird dann überfahren. Um das Verschlingen zu vermeiden, wird zuweilen hinter dem Spill eine Trommel aufgestellt. Doch auch auf diese können nur verhältnismäßig kurze Seillängen aufgewickelt werden. Beim Spillbetriebe bekommt das Seil leicht kurze Knicke und wird an der Oberfläche beschädigt, wodurch Verletzungen der Arbeiter entstehen. In England und Frankreich sind deshalb vielfach Hanfseile in Verwendung. Im allgemeinen muß bei größeren Gleisanlagen in Entfernungen von etwa 50 m jedesmal ein Spill aufgestellt werden, was sehr kostspielig ist.

b) Rangierwinden. Man hat daher an Stelle der zahlreichen Spille eine oder wenige Rangierwinden (mit wagerechter Trommel) angewandt. Sie haben den großen Vorteil, daß mit Seillängen bis zu 420 m noch bequem gearbeitet werden kann und das Seil noch von einem Manne zu bedienen ist, außerdem der durch die Spillreibung hervorgerufene Seilverschleiß vermieden wird. In Abb. 34 und 35 ist die Anwendung einer

---

[1]) siehe Handb. d. Ing.-Wissensch, V, 4. 1, S. 65 und 105.
[2]) Nach einer Ankündigung von Joseph Vögele, Maschinenfabrik, Mannheim.

Rangierwinde auf einem Fabrikhof dargestellt. Die Wagen werden von einem benachbarten Bahnhof nach dem Anschlußgleis geschoben. Von dort erfolgt auch die Abholung. Die Verbindung zwischen dem Anschlußgleis und den Fabrikgleisen wird durch die Drehscheibe hergestellt. Die Umlenkrollen U dienen zur Führung des Seiles beim Heranziehen (Abb. 34) bzw. zum Umkehren der Bewegungsrichtung (Abb. 35). Es bedarf wohl kaum des besonderen Hinweises, daß die Abbildungen nur alle möglichen Lagen des Seiles darstellen, in Wirklichkeit aber stets nur ein Wagen auf einmal verschoben wird.

Das gefahrlose Arbeiten mit so großen Seillängen wird bei den Rangierwinden — wie solche z. B. von der Rheiner Maschinenfabrik Windhoff & Co. vielfach ausgeführt werden (vgl. Abb. 36) — dadurch erreicht, daß zwi-

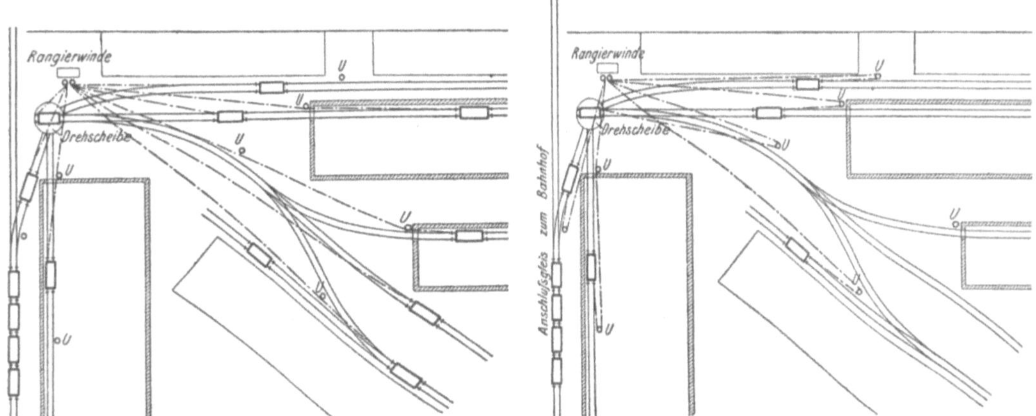

Abb. 34 u. 35. Verschieben von Wagen auf einem Fabrikhof mittels Rangierwinde.[1]

schen Zughaken und Triebwerk verschiedene elastische Zwischenglieder angeordnet sind, welche die Stöße im Seil beim Anziehen des Wagens bedeutend abschwächen, so daß die Seilstärke wesentlich vermindert werden kann. Auch ist eine besondere Einrichtung notwendig, um ein Seil von so großer Länge ordnungsmäßig auf die Trommel aufzuwickeln. Der Antrieb der Winde erfolgt entweder durch einen Elektromotor, eine Dampfmaschine, einen Benzinmotor oder durch eine Transmission. Die Kraft wird auf eine Vorlegewelle übertragen, welche mit einem Schwungrade ausgerüstet ist. Das Einrücken der Drahtseiltrommel geschieht durch eine Reibungskuppelung. Das Schwungrad speichert eine gewisse lebendige Kraft auf und gibt sie im Augenblicke der Ingangsetzung wieder ab. Die Reibungskupplung besteht aus einem Bremskonus, der durch Federn zusammengezogen wird. Bei größeren Widerständen beginnt die Kupplung zu schleifen, so daß also eine Überlastung des Motors nicht eintreten kann.[2] Die Winde wird in der Regel so aufgestellt, daß ihre Achse parallel zum Gleise liegt, damit von beiden Richtungen her über die an dem Führungsbalken befindlichen Umlenkrollen die Wagen bequem herangezogen werden können. Nach Angabe der Rheiner Maschinenfabrik Wind-

---

[1] Nach einer Ankündigung der Rheiner Maschinenfabrik Windhoff & Co., Rheine i. W.
[2] vgl. Ad. Ernst, Zeitschr. Ver. deutsch. Ing. 1903, S. 385, sowie „die Hebezeuge" Bd. I, S. 341. Berlin, 1903.

hoff & Co. beträgt die Geschwindigkeit des Seiles bei großen Rangierwinden 5·4 km/st., bei kleinen 2·4 km/st. Auf wagerechtem geradem Gleis lassen sich mittels einer großen Winde 4 bis 6, mittels einer kleinen 2 beladene Zehntonnenwagen fortbewegen. Genaue Angaben über die Kosten der einzelnen Teile waren nicht zu erhalten. Immerhin kann man die Kosten einer vollständigen Anlage mit einer großen Winde auf etwa 6000 bis 7000 M., mit einer kleinen dagegen auf 4000 bis 5000 M. schätzen.

Nach Mitteilung der Gelsenkirchener Bergwerksaktiengesellschaft sind auf ihren Zechen seit dem Jahre 1904 elektrisch angetriebene Rangierwinden in Benutzung und haben sich gut bewährt. Hierbei wird zum Antrieb der Winde ein Motor von 15 PS intermittierender Leistung benutzt.

Man kann damit drei beladene bzw. acht leere Wagen gleichzeitig bewegen. Die stündliche Leistung beträgt etwa 20 beladene Wagen. Die

Abb. 36. Rangierwinde der Rheiner Maschinenfabrik Windhoff & Co., Rheine i. W.

Bedienung erfolgt je nach der Stärke des Betriebes durch einen oder zwei Mann. Die Unterhaltungskosten sind bisher gering, abgesehen von dem Verschleiß des Seiles, das alle vier bis fünf Monate erneuert werden muß.

Auf Grund dieser Angaben kann man schätzungsweise die Betriebskosten für eine einfache Anlage ermitteln. Einem Ladegleis mit seitlichen Ladebühnen sollen täglich (bei zehnstündigem Dienst) 200 Wagen zugeführt werden. Dabei betrage der mittlere Weg der leeren Wagen und der beladenen je 300 m; es werden im ganzen $\frac{200}{8} = 25$ Gruppen leerer Wagen und $\frac{200}{3} = 67$ Gruppen beladener Wagen bewegt. Die Seilgeschwindigkeit beträgt 80 m in der Minute. Mit Rücksicht auf den Zeitverlust beim Anfahren soll jedoch nur mit einer Geschwindigkeit von 60 m in der Minute gerechnet werden. Dann ist die Fahrdauer einer Gruppe $\frac{300}{60} = 5$ Minuten; mithin ist die Gesamtlaufdauer des Motors $(25 + 67) \cdot 5 = 460$ Minuten; rechnet man dazu noch $5^0/_0$ für Leerlauf, so ergeben sich rund 8 Stunden. Da nun der Motor 15 PS in der Stunde leistet, so ist die Gesamtleistung $8 \cdot 15 = 120$ PS stunden oder 88 Kilowattstunden; rechnet man eine Kilowattstunde zu 15 Pf., so ergeben sich die Stromkosten zu

13·2 M. An Bedienungskosten sind zu rechnen die Löhne für zwei Arbeiter, mithin 5·4 M.

Da die Anlage sehr einfach ist, so mögen die Herstellungskosten rund 6000 M. betragen, wovon 300 M. auf das Seil entfallen; das Seil werde dreimal im Jahre erneuert, für Abschreibung und Unterhaltung des Motors, der Winden usw. werden 15 % von 5700 M. gerechnet. Dann ergeben sich die Gesamtkosten für den Tag unter der Annahme von 300 Arbeitstagen im Jahre wie folgt:

1. Stromkosten . . . . 13·20 M.

2. Löhne . . . . 5·40 ,,

3. Verzinsung des Anlagekapitals $\dfrac{6000 \cdot 0·04}{300}$ . . . . . 0·80 ,,

4. Abschreibung und Unterhaltung des Motors, der Winde usw. $\dfrac{5700 \cdot 0·15}{300}$ . . . . 2·85 ,,

5. Erneuerung des Seiles $\dfrac{3 \cdot 300}{300}$ . . . . 3·00 ,,

6. Schmierung . . . . 0·55 ,,

25·80 M.

Also entfallen auf einen Wagen 12·9 Pf. Beim Verschieben der Wagen mittels einer Dampflokomotive — die allerdings bedeutend leichter sein

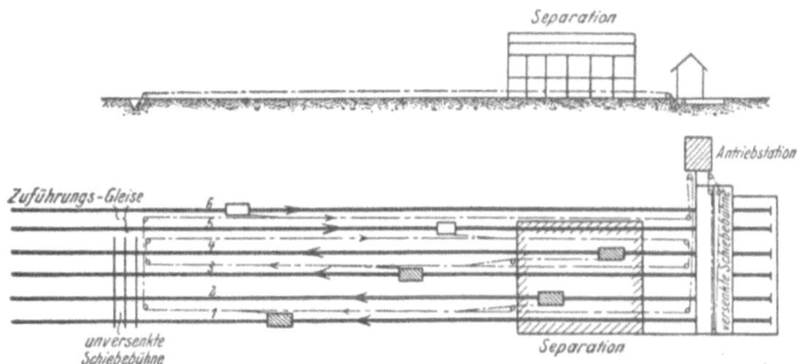

Abb. 37. Zechenbahnhof mit Schiebebühnen und endlosem Seil.[1]

kann, als die der Rechnung auf S. 793 bis 796 zugrunde gelegten — würden sich die Gesamtkosten etwa auf 35 bis 40 M. belaufen. Die Kosten bei der Benutzung von Rangierwinden werden natürlich erheblich höher, wenn die Betriebsverhältnisse schwieriger werden, so bei Fabriken mit engen Höfen, Gleisverbindungen durch Drehscheiben usw.; freilich ist oft in solchen Fällen die Verwendung von Lokomotiven ganz unmöglich.

c) Verschieben mittels stetig umlaufenden Seiles.[2] Besonders für Grubenbahnhöfe mit parallelen Lade- und Aufstellgleisen sind neuer-

[1] Nach „Glückauf" 1904.

[2] vgl. Treptow, Die Seilbahn für das Rangieren der Eisenbahnwagen bei der Verladung auf Wilhelmsschacht I des Zwickau-Oberhohndorfer Steinkohlenbauvereins, „Glückauf" (Essen) 1894, S. 1639, 1667. — Ferner Glinz, Die Bewegung von Eisenbahnwagen und Schiebebühnen mittels stetig umlaufenden endlosen Seiles, „Glückauf" (Essen) 1904, Bd. 40, S. 949. — Treptow ebenda, S. 1372. — Ferner Mitteilungen der Gesellschaft für Förderanlagen, Ernst Heckel in St. Johann-Saarbrücken und der Maschinenfabrik W. Hasenclever Söhne (Inhaber Otto Lankhorst) Düsseldorf. — Handb. d. Ing.-Wissensch. V, S. 207.

dings Verschubanlagen mit stetig umlaufenden Seilen zur Ausführung gekommen, die neben jedem Gleis in handlicher Höhe entlang geführt werden.
Die zu bewegenden Wagen werden mittels eines Mitnehmerschlosses und
Kuppelseils daran angeschlagen. Die Seilschlösser sind unter Belastung
lösbar. Der Antrieb der Scheiben geschieht durch einen Elektromotor
oder sonstige Kraftmaschine. Die Geschwindigkeit des umlaufenden Seiles
beträgt 1·8 km/st. Eine derartige Anlage, die zum Beladen von Kohlenwagen auf einer Zeche dient, ist in Abb. 37 dargestellt. Der Bahnhof besitzt sechs Gleise, von denen Gleis 5 und 6 zur Heranführung leerer
Wagen, Gleis 1 bis 4 zum Beladen und zur Abführung der Wagen dienen.
Am rechten Ende ist eine versenkte, am linken eine unversenkte Schiebebühne angebracht. Über den Gleisen 1 bis 5 ist ein Separationsgebäude
errichtet. Die leeren Wagen werden von links her in die Gleise 5 und 6
durch Lokomotiven hineingeschoben; neben diesen Gleisen liegen stetig
umlaufende Drahtseile (in der Abbildung durch strichpunktierte Linien
angedeutet), die sich in der Pfeilrichtung (von links nach rechts) bewegen.

Abb. 38. Anschlagen eines Wagens an das Förderseil.[1])

Sie ziehen die Wagen mittels kurzer Kuppelseile zu der Schiebebühne,
die ebenfalls Drahtseilantrieb besitzt. Von hier aus werden die Wagen
in die Gleise 1 bis 4 verteilt und dort ebenfalls mittels stetig umlaufender
Seile, aber jetzt in umgekehrter Richtung, zunächst zur Beladung in der
Separation und dann zur unversenkten Schiebebühne am linken Ende
weitergeführt. Von dort aus erfolgt die Weiterbeförderung durch Lokomotiven.

Neuerdings hat die Firma Ernst Heckel in St. Johann-Saarbrücken
überall da, wo die räumlichen Verhältnisse beschränkt sind, die Seile auf
niedrigen Tragrollen in Schienenhöhe geführt, ja in einzelnen Fällen sogar
zwischen die Schienen gelegt. In Abb. 38 ist eine Anlage mit zwischen
den Schienen liegendem Seil dargestellt; sie zeigt den Augenblick des
„Anschlagens". Der Arbeiter muß das Seilschloß in der Hand tragen, vor
dem zu verschiebenden Wagen hergehen und rechtzeitig die Verbindung
zwischen Kuppelseil und Zugseil lösen. Bei der Seilförderung mit endlosem Seil in Bergwerken, der das beschriebene Verfahren nachgebildet ist,
handelt es sich um verhältnismäßig leichte Wagen, die in kleineren

---

[1]) Nach einer Ankündigung der Firma Ernst Heckel in St. Johann-Saarbrücken.

Zwischenräumen an das belastete Seil angeschlagen werden; beim Verschieben von Eisenbahnwagen werden dagegen plötzlich schwere Lasten an das Seil angehängt und sollen beschleunigt werden. Es kommt daher vor, daß beim Anschlagen mehrere Wagen das Rangierseil und mit diesem die Seilantriebscheiben im Maschinenraum einen Augenblick vollkommen still stehen; der Antriebsmotor, der mit den Seilantriebscheiben durch eine Gleitkuppelung verbunden ist, läuft dann mit dem Schwungrade zunächst weiter. Dann setzen sich erst die Antriebscheiben, das Rangierseil mit den Rollen sowie der angeschlagene Zug ganz allmählich in Bewegung; erst nach 5 bis 8 Sekunden wird die normale Geschwindigkeit erreicht. Übrigens tritt ein vollkommenes Stillstehen des Triebseiles nicht immer ein. Oft wird der im Augenblicke des Anziehens während der Beschleunigungsarbeit auftretende Widerstand schon durch die Elastizität des durchhängenden Seiles und das Spanngewicht ausgeglichen.

Die Ermittelung der Betriebskosten soll unter den gleichen Voraussetzungen angestellt werden, wie oben auf S. 802 für eine Rangierwinde. Die Seilgeschwindigkeit betrage jedoch nur 30 m in der Minute. Die Leistungsfähigkeit des Motors kann — nach einem ausgeführten Beispiel — zu 12 PS angenommen werden; er muß außer den Wagen noch das gesamte Seil in Bewegung setzen; er hat also insofern mehr zu leisten, als die Rangierwinde. Dafür ist aber die Geschwindigkeit des Seiles auch nur halb so groß. Dies ist im Betriebe jedoch nicht allzu störend, es werden mehr Wagen angehängt, auch entfällt das bei der Winde nötige zeitraubende Zurückholen des Seiles. Die Tagesleistung wird deshalb auch nicht geringer. Der Motor leistet am Tage 120 PSstunden oder 88 Kilowattstunden, also genau so viel, wie der oben beschriebene Motor; die Stromkosten sind daher ebenfalls 13·2 M. Für die Bedienung sind ebenfalls zwei Mann erforderlich. Das Seil ist bedeutend stärker als bei der Rangierwinde; es braucht nur alle zwei Jahre erneuert zu werden. Die Anlagekosten betragen:

1. Antriebsanlage mit Spannvorrichtung, Seilführung auf der Strecke usw. einschließlich des Elektromotors und der Seilschlösser . . . . 9200 M.

2. Kosten für das Seil . . . . 1000 „

zusammen 10 200 M.

Dann ergeben sich die Betriebskosten, wie folgt:

1. Stromkosten . . . . 13·20 M.

2. Löhne . . . . 5·40 „

3. Verzinsung des Anlagekapitals $\dfrac{10\,200 \cdot 0·04}{300}$ . . . . 1·36 „

4. Abschreibung und Unterhaltung der Anlagen (ausschließlich des Seiles) $\dfrac{9200 \cdot 0·15}{3000}$ . . . . 4·60 „

5. Erneuerung des Seiles $\dfrac{1000}{2 \cdot 300}$ . . . . 1·67 „

6. Schmierung . . . . 0·75 „

26·98 M.

also auf einen Wagen $\dfrac{2698}{200} = 13·5$ Pf.

Demgegenüber stellen sich die Kosten bei Verwendung von Rangierwinden um einen geringen Betrag niedriger; die durchgerechneten Zahlenbeispiele sollen übrigens lediglich einen Anhalt zur Aufstellung derartiger Rechnungen bieten, ihre Endergebnisse aber nicht dazu benutzt werden, allgemeine Schlüsse zu ziehen; dafür sind die zur Verfügung stehenden Unterlagen zu unsicher.[1]

Die Förderungen mit dem Seil — sowohl mit Spillen als auch mit Winden und endlosem Seil — bieten dem Betriebe mit Rangierlokomotiven gegenüber den Vorteil größerer Wirtschaftlichkeit, solange es sich nicht um zu große Wagenmengen handelt; erstens sind die Anlage- und Personalkosten an sich geringer, zweitens ist es vielfach möglich, die Wagen einzeln zu verschieben, ohne andere mitbewegen zu müssen, während bei Lokomotivbetrieb sich nutzlose Wagenbewegungen, also unnütze Ausgaben, schwer ganz vermeiden lassen. Als weiterer Vorteil ist der Umstand anzusehen, daß Drehscheiben und Schiebebühnen beim Rangieren mit Seil kein Hindernis bieten, während, wie oben erwähnt, der Lokomotivbetrieb im allgemeinen nur bei Weichenverbindungen durchführbar ist.

Spille haben den Vorteil, daß an zahlreichen Stellen Kraft zur Verfügung steht, also unter Umständen an verschiedenen Stellen zugleich rangiert werden kann. Diese Häufigkeit der Spille ist, wie oben auseinandergesetzt, bedingt durch eine gewisse Größtlänge des Seiles; Spillanlagen sind daher an sich kostspielig; auch ist wegen des starken Seilverschleisses der Betrieb teuer. Die Rangierwinden sind besonders für einfache Anlagen sehr wirtschaftlich; bei einer Seillänge von 420 m kann man vielfach noch mit einer Winde auskommen. Infolge der Aufwickelvorrichtung wird das Seil — im Vergleich zum Spillbetrieb — geschont. Der Kraftverbrauch ist unter Umständen geringer als beim endlosen Seil, da die Anzahl der Umlenkrollen kleiner ist, die künstliche Anspannung des Seiles fortfällt und endlich der Motor nur dann umzulaufen braucht, wenn Wagen verschoben werden. Die Geschwindigkeit kann beliebig abgestuft werden. Beim endlosen Seil muß ein Arbeiter stets den Wagen begleiten, während dies bei der Rangierwinde nicht immer erforderlich ist. Endlich wird der Verkehr zwischen den Gleisen weniger behindert. Dagegen weisen die Anlagen mit endlosem Seil eine Reihe von Vorzügen auf: die Kraft steht an jeder Stelle zur Verfügung, sodaß die Wagen voneinander unabhängig sind und an mehreren Stellen zugleich verschoben werden können. Bei der Anwendung von Spillen oder Rangierwinden, die immer nur einen direkten Seilzug nach dem zu verschiebenden Wagen gestatten, kann die Verbindung leicht durch andere Wagen erschwert werden; auch kreuzen bei ausgedehnteren Gleisanlagen die Zugseile oft die Schienen und werden dann unter Umständen überfahren; bei Anlagen mit endlosem Seil hat dies dagegen ständig seine richtige ungefährdete Lage; endlich entfällt hierbei das lästige Schleppen langer Seilstücke durch die Arbeiter auf große Entfernungen; freilich sind die Anlagekosten meist höher als bei Spillen und Winden.

---

[1] Anhaltspunkte zu Berechnungen des Kraftbedarfes usw. findet man in dem Werk: Eugen Braun, Die Seilförderung auf söhliger und geneigter Schienenbahn, Freiberg i. S. 1898. Hier sind allerdings nur Berechnungen für Bergwerksbetriebe durchgeführt; auch sind die Kosten für Antriebsmaschinen etwas summarisch angegeben. Es empfiehlt sich übrigens, bei Aufstellung von Vergleichsrechnungen für Einzelfälle Angebote der Spezialfabriken einzuziehen.

d) **Spillokomotiven.** **Man** kann den Seilbetrieb auch mit dem **Lokomotivbetrieb** vereinigen.[1]) **Dies ist z. B.** ausgeführt bei Verschublokomotiven
belgischer und französischer Bahnen (vgl. Abb. 39), die vielfach mit aufrecht stehendem Kessel und zwei gekuppelten Achsen gebaut worden sind;
der Radstand ist absichtlich sehr klein gewählt, um die Lokomotiven auch
auf Wagendrehscheiben drehen zu können und ihnen so Anschlußgleise zugänglich zu machen, die für andere Lokomotiven nicht erreichbar sind.

Abb. 39. Spillokomotive.

Wie man aus der Abbildung erkennt, besitzen sie eine Seiltrommel,
durch die einzelne Wagen genau in derselben Weise wie durch Spille
herangeseilt werden können. Sie ziehen 8 beladene oder 16 leere Wagen
und können mit der Seiltrommel 6 beladene oder 12 leere Wagen heranholen. Neuerdings werden sie mit liegendem Kessel und drei gekuppelten
Achsen ausgeführt und können dann entsprechend mehr Wagen ziehen.

e) **Schiebebühnen mit Spill oder Winde.** Ferner werden — wie
bereits erwähnt — Schiebebühnen oft mit Spillen oder Rangierwinden ausgerüstet; man kann damit die zu verschiebenden Wagen heranholen, auf
die Bühne heraufziehen und auch hinunterbefördern (vgl. Abb. 18 auf S. 786).
Loch hat wertvolle Angaben über den Verschubbetrieb mit Schiebebühnen
in der Hauptwerkstatt Gleiwitz gegeben.[2]) Es sind daselbst 6 Schiebebühnen
von 8·0 bis 8·5 m nutzbarer Länge vorhanden, deren Anschaffungskosten
zusammen 44 000 M. betragen. Täglich werden durchschnittlich 87 Wagen
behandelt; der Stromverbrauch wird auf 88 Kilowattstunden geschätzt. Es
sind dabei 13 Arbeiter beschäftigt. Die Berechnung soll im folgenden etwas
abweichend von der angegebenen Quelle durchgeführt werden:

---

[1]) vgl. Bulletin de la commission internationale du cóngrès des chemins de fer.
1895, S. 1575.

[2]) Glasers Annalen 1900, Bd. 46, S. 203.

1. Stromkosten $88 \cdot 0{\cdot}15$ . . . . $= 13 {\cdot} 2$ M.

2. Löhne . . . . $35{\cdot}1$ „

3. Verzinsung des Anlagekapitals $\dfrac{44\,000 \cdot 0{\cdot}04}{300}$ . . . . . $= 5{\cdot}9$ „

4. Abschreibung und Unterhaltung $\dfrac{44\,000 \cdot 0{\cdot}15}{300}$ . . . . $= 22{\cdot}0$ „

5. Schmiermaterial . . . . $= 0{\cdot}6$ „

$$\overline{76{\cdot}8 \text{ M.}}$$

Mithin entfallen auf einen Wagen rund 88 Pf.

Die der Berechnung zugrunde gelegten Anschaffungskosten für Schiebebühnen sind verhältnismäßig niedrig; es sei dazu bemerkt, daß beispielsweise die fünf Schiebebühnen für die Gleisanlagen auf Kuhwärder in Hamburg, die zum Verschieben von vierachsigen Güterwagen mit 30 t Belastung, 20 t Eigengewicht und 12·5 m größtem Radstand dienen sollen, ohne die Anlagen für elektrischen Strom fertig montiert 75 000 M. gekostet haben; dazu kommen noch die Kosten für die Gleise, auf denen die Schiebebühnen laufen; sie betragen dort 38 700 M., sodaß die Gesamtkosten 113 700 M. ausmachen; mithin kann man für jede Schiebebühne rund 23 000 M. rechnen. Für Gleiwitz gibt Loch a. a. O. für die nur 8 bzw. 8·5 m langen Schiebebühnen im Mittel rund 7000 bzw. 8000 M. an, wobei offenbar die Oberbaukosten nicht mitberücksichtigt sind. Bei den Hamburger Bühnen ist der Kraftverbrauch bedeutend größer. Zum Vergleich seien die Zahlen gegenübergestellt:

	Gleiwitz (Spannung 210 Volt) (sogenannte neuere Bauart)	Hamburg (440 Volt)
leere Bühne beim Anfahren	6300 V. A.	16 720 bis 17 600 V. A.
leere Bühne im Beharrungszustand	2100 bis 4200 V. A.	12 320 bis 13 200 V. A.

Die Geschwindigkeiten dürften nahezu gleich sein; leider waren für die Hamburger Schiebebühnen genaue Angaben nicht zu erhalten.[1]

Außer elektrischem Antrieb wird bei Schiebebühnen unter Umständen der Seilantrieb mit Erfolg angewendet, besonders wenn auf den anschließenden Gleisen mit endlosem Seil rangiert wird. (Vgl. Glinz a. a. O. sowie Abb. 17 und 37.)

δ) Elektrische Lokomotiven.

Elektrische Verschublokomotiven sind in Europa bisher nur in beschränktem Umfange verwandt worden, meist auf Anschlußgleisen, Fabrikhöfen, in Werkstätten und dergleichen. Sie sind bei geringer Ausnutzung unter Umständen bedeutend wirtschaftlicher als Dampflokomotiven, zumal sie meist nur mit einem Beamten besetzt zu werden brauchen; ferner kann man sie unbedenklich in Gebäude hineinfahren lassen, während man bei Dampflokomotiven dies mit Rücksicht auf Verqualmung und Feuersgefahr vermeidet. Trotz des bekannten Vorzuges, ein großes Anzugsmoment

---

[1] Weitere Angaben über Laufgeschwindigkeiten und Kraftbedarf von Schiebebühnen gibt S. Fraenkel in der Eisenbahntechn. der Gegenwart, 2. Aufl., Wiesbaden 1908, II. Bd., 2. Abschn., S. 450, sowie in Glasers Annalen 1903, Bd. 53, S. 240.

zu besitzen, scheinen sie für den Massenverkehr auf großen Verschubbahnhöfen weniger geeignet, weil die Ausrüstung eines derartigen Bahnhofes mit Zuleitungen teuer und unbequem ist; Akkumulatorenlokomotiven kommen wegen ihrer geringen Leistungsfähigkeit für diesen Fall nicht in Frage.

Die erforderliche Leistungsfähigkeit des Motors kann man folgendermaßen bestimmen. Ist

$Q =$ Gewicht des Zuges,

$L =$ „ der Lokomotive,

$w =$ Widerstand auf gerader wagerechter Bahn,

$v =$ Geschwindigkeit in m/Sek.,

$J =$ Strommenge in Ampere,

$V =$ Spannung in Volt,

beachtet man, daß

$$1 \text{ m kg/Sek} = 9{\cdot}81 \text{ Watt ist}$$

und rechnet man mit einem Wirkungsgrade von $0{\cdot}7$, so wird

$$J \cdot V = \frac{(L+Q)\,w \cdot v \cdot 9{\cdot}81}{0{\cdot}7}$$

oder abgerundet $\qquad 14 \cdot (L+Q) \cdot w \cdot v$ in Watt

oder $\qquad 0{\cdot}019 \cdot (L+Q)\,w \cdot v$ in PS;

hierin kann w für Gleise auf Fabrikanschlüssen wegen der mangelhaften Unterhaltung auf 3 bis 5 kg/t bei mäßiger Geschwindigkeit geschätzt werden.

Die elektrischen Verschublokomotiven werden meist für Gleichstrom von 500 Volt Spannung geliefert. Nur ausnahmsweise ist Gleichstrom von 110 und 220 Volt oder einphasiger Wechselstrom von 2200 Volt verwendet worden.

Die Stromzuführung erfolgt in der Regel durch Oberleitung. Nach Mitteilung der Allgemeinen Elektrizitätsgesellschaft in Berlin stellen sich zurzeit die Preise etwa wie folgt:

a) Zweiachsige Lokomotiven.

Leistung 50 PS,	Gewicht 8 t,	Mk. 9000
„ 80 „	„ 16 t,	„ 18000
„ 300 „	„ 32 t,	„ 34000.

b) Vierachsige Lokomotiven (mit Drehgestell).

| Leistung 180 PS, | Gewicht 26 t, | Mk. 28000 |
| „ 340 „ | „ 45 t, | „ 46000. |

Die zweiachsige 300 PS Lokomotive und die beiden vierachsigen Lokomotiven sind mit Luftbremse ausgerüstet. Die Geschwindigkeit der Verschublokomotiven beträgt bei der Normalleistung der Motoren 12 bis 20 km in der Stunde, kann jedoch selbstverständlich durch Änderung des Übersetzungsverhältnisses bzw. des Laufraddurchmessers — allerdings auf Kosten der Zugkraft — vergrößert werden. Die tatsächliche Geschwindigkeit beim Fahren richtet sich nach der Belastung der Motoren, die durchweg Hauptstromwicklung erhalten. Die oben angegebene Leistung ist die sogenannte „Normalleistung", welche die Motoren eine Stunde lang ununterbrochen abgeben können, ohne die zulässige Erwärmung zu überschreiten. Bei dauernder Benutzung der Lokomotiven (ohne längere Pausen) muß die durchschnittliche Belastung wesentlich unter der normalen gewählt werden, während bei Benutzung mit längeren Unterbrechungen die normale Leistung wesentlich überschritten werden kann. Bei Angabe der PS-Leistungen sind die Verluste in den Lagern und Zahnrädern bereits berücksichtigt. Ähnliche Angaben machen die Siemens-Schuckert Werke:

a) Zweiachsige Lokomotive.
Leistung 50 PS, Gewicht 10 t, M. 12000.

b) Vierachsige Lokomotive.
Leistung 100 PS, Gewicht 28 t, M. 25000.

Die Geschwindigkeit beträgt etwa 12 bis 13 km/St.

Außer den Kosten für die Lokomotiven selbst sind bei Aufstellung von Betriebskostenrechnungen noch die Ausgaben für die Leitungen zu berücksichtigen; man kann sie bei einfacher Ausführung (ohne Maste, aber einschließlich Montierung) auf etwa 3 M. für das laufende Meter schätzen; bei Verwendung von Gittermasten erhöht sich der Preis einschließlich Setzen der Maste um 2·5 bis 3·0 M. für das laufende Meter; bei stark gekrümmten Leitungen sind die Kosten höher, ebenso bei Anlagen nach dem System der Vielfachaufhängung; im letzeren Falle können sie unter ungünstigen Umständen auf Bahnhöfen bis zu 20 M. für das laufende Meter betragen.

Bei Akkumulatorenlokomotiven fallen diese Kosten natürlich weg; dafür erhöhen sich aber Beschaffungs- und Unterhaltungskosten der Lokomotive. Als Beispiel sei eine Lokomotive der A. E. G. erwähnt, die bei 60 PS-Leistung und 26 t Betriebsgewicht mit einer Batterie von 235 Amperestunden etwa 35000 M. kostet, sowie eine Lokomotive der Siemens-Schuckert Werke, deren Preis bei 50 PS-Leistung und 26 bis 28 t Gewicht zu etwa 26000 M. angegeben wird.

Akkumulatorenlokomotiven haben in der Regel nur geringe PS-Leistungen aufzuweisen.

Die Aufstellung von Betriebskostenberechnungen ist schwierig, da Angaben über die Lebensdauer und die Unterhaltungskosten elektrischer Lokomotiven nur in geringem Umfange vorhanden sind. In der oben bereits erwähnten Abhandlung von Loch (Glasers Annalen 1900, Bd. 46) wird auf S. 205 die Berechnung für eine elektrische Verschublokomotive der Hauptwerkstatt Gleiwitz gegeben. Die Lokomotive hat oberirdische Stromzuführung, zwei mit einander gekuppelte Achsen von normaler Spurweite und wiegt 9150 kg. Die Spannung im Leitungsnetz beträgt 330 Volt. Hierbei ergab sich folgender Stromverbrauch:

1. Leere Lokomotive
beim Anfahren . . . . 55 bis 50 Ampere bei 310 Volt,
im Beharrungszustande,
(Geschwindigkeit 12·2 km/St.) . 20 bis 19 Ampere bei 315 bis 310 Volt.

2. Beim Ziehen von 8 Wagen = 46·8 t
beim Anfahren . . . . 60 bis 50 Ampere bei 300 Volt,
im Beharrungszustande,
(Geschwindigkeit 9·2 km/St.) . . . . 30 bis 25 Ampere bei 310 Volt.

3. Bei Ziehen und Schieben von 18 Wagen
beim Anfahren . . . . 80 bis 60 Ampere bei 300 Volt,
im Beharrungszustande,
(Geschwindigkeit 6·8 km/St.) . 35 bis 28 Ampere bei 300 bis 294 Volt.

Der Anschaffungspreis der Lokomotive wird zu 10000 M., der des Leitungsnetzes für alle Werkstattgleise zu 21500 M. angegeben, so daß das Gesamtanlagekapital 31500 M. beträgt. Die Lokomotive ist täglich acht Stunden im Dienst; die Besoldung des Lokomotivführers wird zu 5·13 M./Tag angegeben, während der tägliche Stromverbrauch auf 42·24 Kilowattstunden geschätzt wird.

Danach sollen die Kosten (zum Teil abweichend von der Berechnung in der angeführten Quelle) wie folgt ermittelt werden, unter der Annahme, daß die Kilowattstunde 0·15 M. kostet:

$$1. \text{ Verzinsung } 4^0/_0 \text{ des Anlagekapitals } \frac{31500 \cdot 0·04}{300} \; \ldots \ldots = 4·2 \text{ M.}$$

$$2. \text{ Abschreibung } 2^0/_0 \text{ von den Kosten der Leitung } \frac{21500 \cdot 0·02}{300} = 1·4 \text{ „}$$

$$10^0/_0 \text{ von den Kosten der Lokomotive } \frac{10000 \cdot 0·10}{300} \; \ldots = 3·3 \text{ „}$$

3. Unterhaltung $4^0/_0$ des Anlagekapitals . . . . = 4·2 „
4. Stromkosten 42·24 · 0·15 . . . . = 6·3 „
5. Schmier- und Putzmaterial. . . . . 0·3 „
6. Lohn . . . . 5·1 „

zusammen 24·8 M.

Mithin ergeben sich die Kosten der Stunde Verschubdienst zu

$$\frac{24.8}{8} = 3·1 \text{ M.}[1]$$

ε) Feuerlose Lokomotiven und Lokomotiven mit Verbrennungskraftmaschinen.

Zum Verschieben einzelner Wagen in chemischen Fabriken und Speichern werden wegen der Feuersicherheit feuerlose Lokomotiven, wie solche von der Lokomotivbauanstalt Hohenzollern in Düsseldorf, Orenstein & Koppel, Borsig u. a. gebaut werden, mit Erfolg benutzt; auch Preßluftlokomotiven sind unter besondern Verhältnissen zur Anwendung gekommen. Für kleinere Betriebe, bei denen es weniger auf Feuersicherheit ankommt, werden vielfach auch Benzinlokomotiven verwandt. Mit Rücksicht auf die geringe Verbreitung im Eisenbahnbetriebe soll aber auf diese Einrichtungen hier nicht weiter eingegangen werden.[2]

ζ) Verschieben einzelner Wagen durch Schwerkraft.

Ebenso wie die Schwerkraft zum Zerlegen und Bilden ganzer Züge benutzt wird, kann man sie auch zum Verschieben einzelner Wagen anwenden. Derartige Anlagen finden sich z. B. in England auf den Zechenbahnhöfen, ferner bei den Kohlensturzgerüsten in Newcastle usw. Auch in Deutschland haben geneigte Zu- und Abführungsgleise bei Kohlenkippern vielfach Verwendung gefunden. Man setzt die Wagen durch Lokomotiven in ein hochgelegenes Aufstellgleis; von hier aus laufen sie dann von selbst zum Ladeplatz und weiter zu tiefgelegenen Aufstellgleisen, aus denen sie wiederum durch Lokomotiven abgeholt werden.

---

[1]) Die oben erwähnte 50 PS Akkumulatorenlokomotive der Siemens-Schuckertwerke ist täglich 8—9 Stunden im Dienst und erfordert 2—3 Stunden Ladezeit. Die Ausbesserungskosten dieser Lokomotive haben in vier Jahren zusammen 1440 M. betragen. Der Kraftverbrauch stellt sich im Monat auf 1632 KWStd. An Schmier-, Putz- und Füllmaterial werden monatlich ca. 13 M. verausgabt.

[2]) Vgl. Rimrott in der Eisenbahntechn. d. Gegenwart, 4. Bd., Abschn. B. u. C., Wiesbaden 1907. Dort sind auch auf S. 462 einige Angaben über Betriebskosten von Benzinlokomotiven gemacht.

In Amerika werden solche Anlagen ebenfalls angewendet, doch werden
hier die Wagen zum Teil auf stark geneigten Rampen durch Drahtseile
zum höchsten Punkte eines Gleises emporgezogen, von dem aus sie dann
weiterlaufen.[1])

Das Verschieben durch Schwerkraft ist außerordentlich bequem, wohl-
feil und leistungsfähig. Indes wird es im Allgemeinen nur bei günstiger
Gestaltung des Geländes angewendet.

3. Hilfsmittel für den Verschubdienst.

a) Mittel zur Verlangsamung des Wagenlaufes.

Beim Verschieben erteilt man den Fahrzeugen in der Regel eine so
starke Beschleunigung, daß ein Teil der lebendigen Kraft durch Bremsen
vernichtet werden muß. Man fördert dadurch das Verschubgeschäft; auch
ist das Bremsen bequemer als das Nachschieben, das bei zu geringer Beschleunigung auf wagerechten oder schwach geneigten Gleisen nötig wird.
Eine Bremsung muß ferner überall da stattfinden, wo Wagen auf geneigten
Gleisen zum Stehen gebracht werden sollen. Die Bremseinrichtungen
sind entweder an den Fahrzeugen angebracht, oder frei beweglich oder
mit dem Gleis ganz oder teilweise fest verbunden.

α) Bremsen.

Zur ersten Art gehören die Wagenbremsen. Sie können entweder
Betriebs- oder Verschubbremsen sein. Betriebsbremsen sind in der
Regel Spindelbremsen und werden von einem Bremsersitz aus bedient,

Abb. 40. Verschubbremse an einem englischen Güterwagen.
(Nach einer photogr. Aufnahme von W. Cauer.)

erfordern also das Besteigen des Wagens. Verschubbremsen dagegen sind
meist (nicht immer) als Hebelbremsen ausgebildet und können dann vielfach betätigt werden, ohne daß der Wagen erstiegen werden muß. Derartige Verschubbremsen sind in England, Belgien, Sachsen usw. vielfach
angewandt worden. Auf den englischen Bahnen befinden sich die Brems-

---

[1]) vgl. Handb. der Ing.-Wissensch. V, 4, 1, S. 292 bis 307. — Quinette de Roche-
mont et H. Vétillart, Les ports maritimes de l'Amérique du Nord sur l'Atlantique, Paris
1904, Bd. III. — Mellin, „Glückauf" 1902, S. 1219.

hebel (Abb. 40) meist auf beiden Seiten.[1]) Man läßt sie entweder nur durch ihr eigenes Gewicht wirken oder stellt sie durch Vorsteckstifte in beliebig angespannter Lage fest; der Arbeiter fährt, um den Vorsteckstift einzustecken, eine Strecke mit und kniet dabei auf einem Holzknüppel, der zum Niederdrücken des Bremshebels dient. Auf einem Teil der Strecken der North Eastern-Eisenbahn sind die Gleisabstände so eng, daß man die Bremshebel quer vor der Stirnseite angebracht hat.

Zu den Vorrichtungen, die nicht mit dem Wagen oder dem Gleis verbunden sind, die also an jedem Wagen und an jeder beliebigen Stelle verwandt werden können, gehören die Bremsknüppel, Vorlegebremsen und Hemmschuhe.

β) Bremsknüppel

sind etwa $1^1/_2$ m lange Stäbe von 8 cm Durchmesser. Sie werden meist zwischen Tragfeder und Rahmen gesteckt. Unter Benutzung des Hängeringes (auch wohl einer besonderen Öse) als Drehpunkt wird ein Druck auf den Radreifen ausgeübt. Läuft der Wagen sehr schnell und soll er vorläufig nicht gebremst werden, so legt sich der Arbeiter mit dem Leib auf den Knüppel, der sich mit dem kurzen Ende gegen den Wagenrahmen legt und so keine Bremswirkung ausübt. Der Arbeiter wird mit davongetragen; sobald er bremsen will, springt er ab und zieht das längere Ende des Knüppels an.

Bei Benutzung von Bremsknüppeln sind die Arbeiter der Gefahr ausgesetzt, über Hindernisse zu stolpern oder gegen Weichenböcke usw. geschleudert zu werden. Ganz verwerflich ist es, den Bremsknüppel zum Zwecke des Hemmens zwischen die Radspeichen zu stecken, weil der Arbeiter durch den zurückprallenden Knüppel oder abfliegende Stücke beschädigt werden kann. Auch würde das Entfernen des Knüppels während des Laufes der Wagen ausgeschlossen sein.[2]) Mit Rücksicht auf die Gefährlichkeit schreiben die neuen deutschen Fahrdienstvorschriften vor, daß Bremsknüppel nur bei langsamer Bewegung verwendet werden dürfen. Sie finden noch vielfach Anwendung, besonders auf Verschubbahnhöfen mit durchgehender Neigung (Dresden-Fr., Nürnberg usw.), wo sie zum Bremsen des zu entkuppelnden Wagens beim Ablauf (vgl. S. 788) wertvolle Dienste leisten.

γ) Vorlegebremsen.

Eine größere Wirkung als mit Bremsknüppeln kann man mit der Vorlegebremse von Büssing erreichen; ihre Bauart und Wirkungsweise ist mehrfach beschrieben.[3]) Anfänglich erfreute sie sich größerer Beliebtheit, neuerdings wird sie jedoch nur noch in einzelnen Fällen angewandt.

δ) Hemmschuhe.

Hemmschuhe oder Bremsschuhe haben in den letzten Jahren ausgedehnte Anwendung gefunden und die Bremsknüppel vielfach verdrängt. Die Wirkung eines Hemmschuhes ist aus den Abb. 41 bis 44 zu erkennen, die einen älteren, vielfach angewandten Hemmschuh von Büssing darstellen. Der Hemmschuh wird in einiger Entfernung von der Stelle, wo der Wagen

---

[1]) vgl. W. Cauer in Glasers Annalen 1905, Bd. 57, S. 43.
[2]) Struck, Grundzüge des Betriebsdienstes, S. 88.
[3]) Zentralbl. der Bauverwaltung 1894, S. 387; ferner Eisenbahntechn. der Gegenwart III. Band, 2. Hälfte, S. 440 und Handbuch der Ing.-Wissensch. V, 4, 1, S. 66.

zum Stillstand kommen soll, auf eine Schiene des Gleises gelegt. Das eine Vorderrad läuft auf, kommt dadurch sofort oder nach sehr kurzer Zeit außer Drehung. Schuh und Rad gleiten auf der Schiene weiter; ebenso

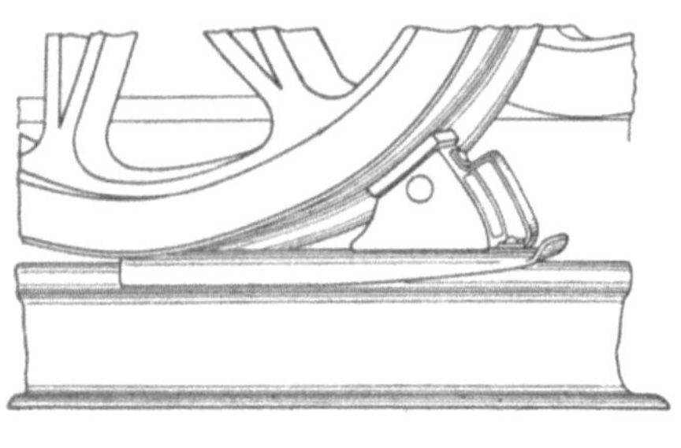

muß natürlich das gegenüberliegende Rad, durch die Achse gehalten, gleiten. So kommt der Wagen nach kurzer Zeit zum Halten. Gleich darauf läuft er infolge der Bauart des Hemmschuhes rückwärts wieder von diesem ab, sodaß der Schuh aus dem Gleis gehoben werden kann.

Die Hauptbestandteile des Hemmschuhes bilden die Sohle A, mit den beiden Führungslaschen D, die den Hemmschuh auf der Schiene

Abb. 41.

führen, ferner der Bock B, die Bremsbacke C und der Handgriff H. Bei der Büssingschen (patentierten) Bauart sind die Führungslaschen bis an die Spitze herangeführt, wodurch bedeutende Vorteile erreicht werden.

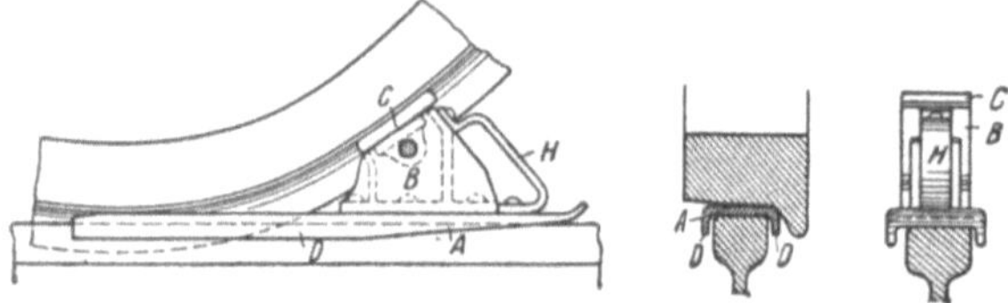

Abb. 42 bis 44. Hemmschuh von H. Büssing & Sohn, Braunschweig.

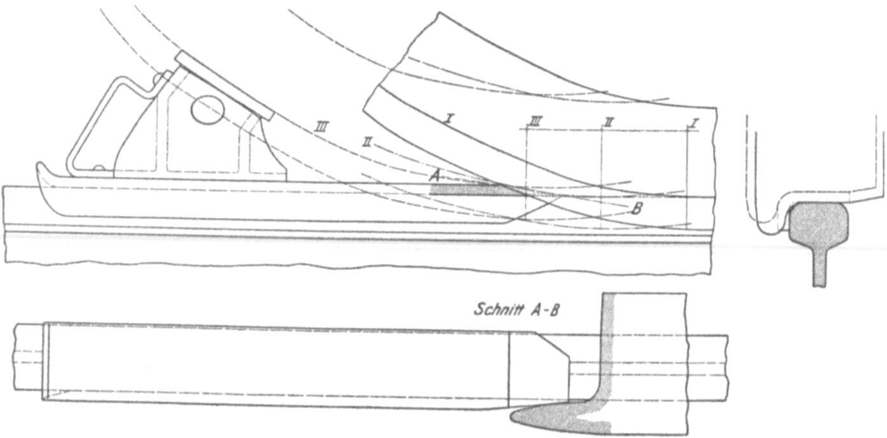

Abb. 45. Wirkungsweise des Büssingschen Hemmschuhes.

Die Sohle und die Laschen müssen genau abgeschliffen werden, wenn der Hemmschuh stets sicher wirken soll (vgl. Abb. 45). Im ersten Augenblicke der Berührung (Stellung I) klemmt sich die zugeschärfte seitliche Lasche der Sohle keilartig zwischen Spurkranz und Schienenkopf; sie wird durch den Spurkranz abwärts, nicht vorwärts gedrückt. Der eigentliche Auflauf findet dann (Stellung II) nicht unmittelbar an der Vorderkante der Sohlenspitze, sondern zu deren Schonung erst in der Mitte statt.

Damit die Vorgänge sich derart abspielen, muß die Seitenlasche auf der inneren Seite der Schiene stets dicht am Schienenkopf liegen; andernfalls wirft der Spurkranz des auflaufenden Wagens den Hemmschuh durch Anstoßen an die Seitenlaschen von der Schiene herab. Bei Verlängerung der Seitenlasche vorn bis zur Spitze der Sohle steht dem sich drehenden Rade eine größere Menge Material zum Abschleifen zur Verfügung als bei den weiter unten beschriebenen Bauarten mit kurzen Laschen; dadurch wird die Lebensdauer der Sohle bedeutend erhöht; endlich wird durch diese Verlängerung das Aufbiegen der Sohle an der Spitze verhindert, ja die Steifigkeit derart vergrößert,

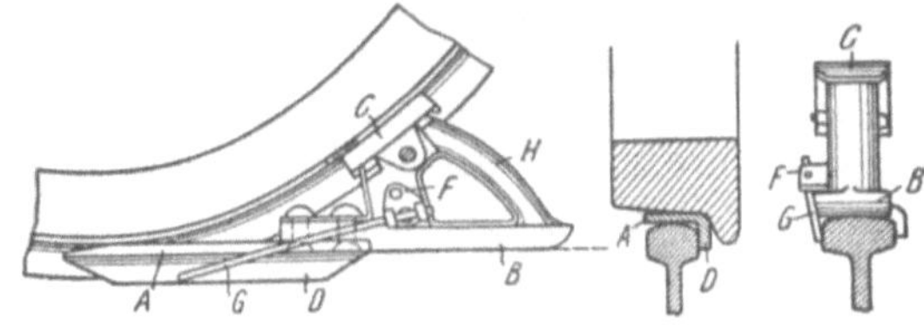

Abb. 46 bis 48. Einlaschiger Hemmschuh von H. Büssing & Sohn, Braunschweig.

daß man mit einer sehr geringen Sohlendicke auskommt; infolgedessen werden auch die Wagen nur um einen ganz geringen Betrag gehoben.

Zuweilen ist es zweckmäßig, an Stelle zweilaschiger Hemmschuhe solche mit einer Lasche zu verwenden, die dann an der Innenseite der Schiene angebracht wird. Die äußere Lasche ist durch eine Feder G ersetzt (vgl. Abb. 46 bis 48). Solche Hemmschuhe müssen überall da angewandt werden, wo die Schienen eingepflastert sind, oder wo hohe Stoßlaschen verwendet werden, die an der Außenseite beinahe bis zur Schienenoberkante reichen. In diesem Falle würde eine äußere Lasche anstoßen und sich festklemmen können, während die Feder nachgibt. Ebenso wird die Verwendung von Federhemmschuhen bei breitgefahrenen Schienenköpfen empfohlen, endlich auch da, wo infolge beschränkter Gleislage in Weichen

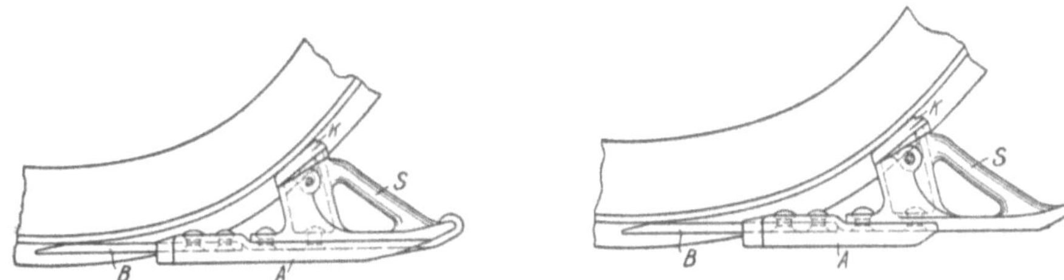

Abb. 49 u. 50. Hemmschuhe von Joseph Rosenbaum, Gelsenkirchen.

rangiert werden muß. Beim Auflegen von Federhemmschuhen, besonders wenn sie noch neu sind, kann es vorkommen, daß sich die Feder, da sie an der Schiene Widerstand findet, etwas durchbiegt, so daß sich der Hemmschuh beim Loslassen von der Schiene abhebt. Dies läßt sich vermeiden, wenn man den Schuh nach dem Auflegen auf die Schiene ein Stück nach der Spitze hin vorschiebt. Die Federhemmschuhe können je nach ihrer Bauart nur auf der rechten oder nur auf der linken Schiene verwandt werden, weil die Feder stets an der Außenseite der Schiene sich befinden muß. Die Feder hat den Zweck, die innenliegende seitliche Lasche fest an den Schienenkopf zu ziehen, um beim Anprallen des Wagenrades ein Herabfallen zu verhüten; einen Einfluß auf das Bremsen hat sie nicht.

Die in Abb. 41 bis 48 dargestellten Büssingschen Hemmschuhe haben im Laufe der Zeit eine Reihe von Verbesserungen erfahren. So trat z. B. bei der in Abb. 41 dargestellten Form häufig eine Lockerung des Handgriffes ein, da der Griff an seiner Verbindung mit dem Bocke anderen Stößen ausgesetzt war, als an der mit der Sohle. Man hat deshalb neuerdings den Griff nur am Bock angenietet und an der Sohle lediglich in einem Loche geführt; ferner hat man den Griff selbst aus Gasrohr ausgebildet. Außer den Büssingschen Hemmschuhen sind noch eine große Reihe anderer Bauarten auf den Eisenbahnen in Anwendung. Abb. 49 und 50 zeigen zwei ebenfalls vielfach benutzte Hemmschuhe (Bauart Hochstein) der Firma Josef Rosenbaum in Gelsenkirchen, die sich gut bewährt haben; der erste besitzt eine lange, der zweite eine kurze Gleitsohle; die Preise betragen nach Angabe der Firma 10·5 M. bzw. 10 M. Gleitsohle und Auflaufspitze sind getrennt gehalten, um eine möglichst billige und einfache Auswechselung der Auflaufspitze zu erreichen, die etwa sechs- bis siebenmal erneuert werden kann, ehe eine Auswechselung der Gleitsohle nötig wird. Von der Firma Rosenbaum werden auch Federlaschenhemmschuhe hergestellt, die bei hohen Schienenlaschen Verwendung finden; der Preis beträgt 10·5 M. Es ist nicht möglich, alle ausgeführten Hemmschuhe hier darzustellen, da jede Hemmschuhfabrik andere Formen hat.

Bei der Verwendung von Hemmschuhen ist darauf zu achten, daß beschädigte Schuhe sofort aus dem Betriebe entfernt werden, weil andernfalls „Versager" nicht zu vermeiden sind. Vielfach wird empfohlen, möglichst viel Hemmschuhe gleichzeitig in Betrieb zu nehmen, weil dadurch die Lebensdauer bedeutend verlängert wird. Wird nämlich derselbe Schuh mehrere Male hintereinander verwandt, so tritt eine starke Erhitzung von Sohlenspitze und Bremsbacke ein, die einen schnellen Verschleiß zur Folge hat. Auch empfiehlt es sich, die Hemmschuhe auf der unteren Seite der Sohle einzufetten, sei es mit Öl, sei es mit einer Mischung von Starrschmiere und Graphit, besonders bei trockenem Wetter oder nach starkem Regen, weil in beiden Fällen die Reibung zwischen Schuh und Schiene sehr groß ist und zu befürchten steht, daß bei starker Bremswirkung der Wagen über den Hemmschuh hinweg springt. Dagegen muß man bei nebligem Wetter und nach Schneefall durch Sandstreuen die Reibung erhöhen. Bei Rauhreif und Glatteis empfiehlt es sich, Viehsalz auf die Schienen zu streuen; bei strenger Kälte sollen die Hemmschuhe — wenn möglich — vor dem Gebrauch angewärmt werden, um Brüche infolge der Kälte zu verhüten. Bei Wind und starkem Gefälle sollen in einer Entfernung von 15 bis 20 m zwei Hemmschuhe hintereinander aufgelegt werden; falls der erste versagt, tritt der zweite in Wirksamkeit; falls aber der erste ordnungsmäßig den Wagen auffängt, ist der zweite Schuh zu entfernen.

Sobald ein Wagen zum Halten gekommen ist, rollt er — wie oben erwähnt — infolge der Bauart des Hemmschuhes zurück, man kann dann den Schuh von der Schiene aufnehmen; es empfiehlt sich nicht — was man häufig beobachten kann — die zurücklaufenden Wagen durch seitliches Vorhalten des Hemmschuhes vor das Rad zum Stehen zu bringen, weil andernfalls der Schuh nach kurzer Zeit zerstört wird.[1]) Besser ist es

---

[1]) vgl. H. Büssing & Sohn, G. m. b. H., Braunschweig. Anwendung und Handhabung der Bremsschuhe im Eisenbahnrangierbetrieb. März 1907. — Die Büssingschen Hemmschuhe werden in Österreich von der Firma Stefan v. Götz & Söhne, Wien und Budapest, hergestellt.

schon, dazu einen Holzknüppel zu verwenden. Gut bewährt hat sich ferner der Rücklaufkeil von Rosenbaum in Gelsenkirchen. Er besteht aus einem kleinen eisernen Doppelkeil mit Handgriff. Das vom Hemmschuh herabrollende Rad läuft auf dem Keil auf, kommt zum Stillstand und läuft dann wieder zurück. Der Wagen läßt sich daher in seiner ursprünglichen Laufrichtung leicht weiterschieben. (Preis 2·5 M.)

Von wesentlichem Einfluß auf die Lebensdauer der Hemmschuhe ist die Güte des Stahles, der für die Sohle verwendet wird. Von Wichtigkeit ist ein geringes Gewicht, damit ein Arbeiter womöglich zwei Hemmschuhe bequem tragen kann. Die Büssingschen Hemmschuhe wiegen beispielsweise nur 6 bis $6\frac{1}{2}$ kg.[1])

ε) Bremsschlitten.

Die gewöhnlichen Hemmschuhe können Wagen, die mit mäßiger Geschwindigkeit laufen, zum Halten bringen, sie versagen aber, sobald ein Fahrzeug oder ein Zug mit sehr großer Geschwindigkeit auf sie auffährt.[2]) In solchen Fällen ist es zweckmäßig, zwei Hemmschuhe einander gegenüber zu legen und sie durch eine federnde Stange zu verbinden. Derartige Konstruktionen sind zuerst von Büssing, später auch von Rosenbaum

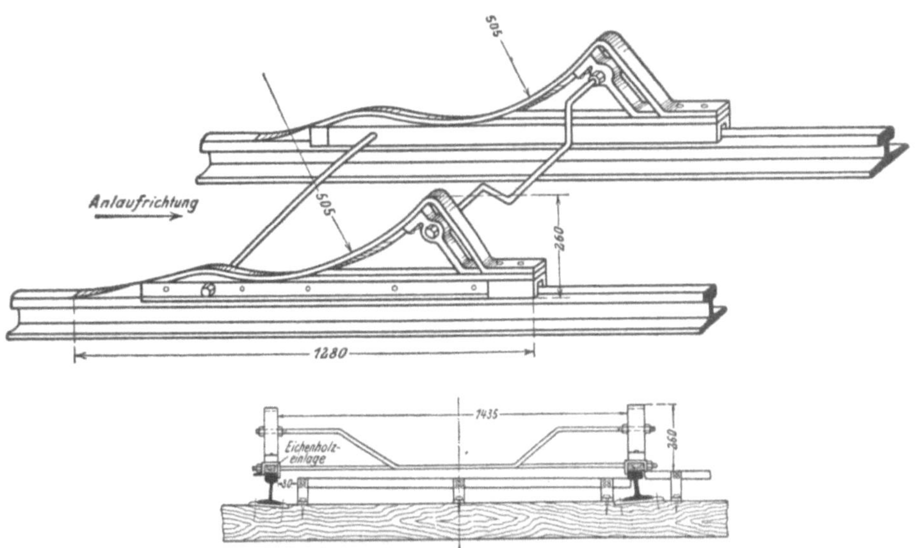

Abb. 51 und 52. Bremsschlitten von Schön.[3])

ausgeführt worden. Verbessert wurde diese Einrichtung wesentlich von Schön, der in seinem Bremsschlitten ein Mittel erfand, um Wagen, die mit großer Geschwindigkeit laufen, zum Stillstand zu bringen. Schön verwendet ebenfalls zwei Bremsschuhe (vgl. Abb. 51 und 52), die durch eine federnde Stange miteinander verbunden sind, um Spurerweiterungen folgen zu

---

[1]) vgl. auch Pallasmann, Über Anlage und Betrieb der Verschubbahnhöfe. Österreich. Wochenschr. f. d. öffentl. Baudienst, 1904, Heft 12.

[2]) Zum Aufhalten durchgegangener Wagen wurde bereits im Jahre 1872 auf Vorschlag von Seemann ein besonders geformter Hemmschuh verwandt. Vgl. I. Nachtrag zum beschreibenden Kataloge des K. K. historischen Museums der österreichischen Eisenbahnen S. 39.. Wien 1906.

[3]) Nach einer Ankündigung der Firma Stefan v. Götz & Söhne in Wien.

können. Jeder Schuh besteht aus einem Keilpaar, zwischen denen das Rad eingeklemmt wird, nachdem es vorher die vorliegende Nase übersprungen hat. Die Sohle der Hemmschuhe ist aus Hartholz hergestellt, die ihrerseits wiederum mit einem Schmirgelanstrich versehen ist. Der Schönsche Bremsschlitten ist freilich nicht in der Weise zu verwenden, wie die gewöhnlichen Hemmschuhe. Dazu ist er zu schwer und unhandlich; wohl aber ist er ein vorzügliches Mittel, um das unbeabsichtigte Abrollen von Wagengruppen auf Verschubbahnhöfen mit durchgehender Neigung zu verhüten. Er findet dann zweckmäßig hinter der Vereinigung einer größeren Anzahl von Gleisen seinen Platz. Um ihn gefahrlos einschieben zu können, wird er neben dem Gleise auf der sogenannten Einschiebebühne gelagert und im Gebrauchsfall (etwa bei Ertönen eines Signales, das das unbeabsichtigte Weglaufen von Wagen anzeigt) mittels einer Gabel auf das Gleis geschoben. Bedingung für eine gute Wirkung ist auch hier, daß die Auflaufzungen und die Bremsschuhe ihrer ganzen Länge nach am Schienenkopfe satt aufliegen und die inneren Führungslaschen der beiden Bremsschuhe seitlich am Schienenkopfe gut anschließen; bei Verwendung in Bahnkrümmungen müssen daher die Bremsschuhe der Spurerweiterung entsprechend eingestellt sein. Bei Versuchen der österreichischen Staatsbahnen in Salzburg gelang es, mittels eines Schönschen Bremsschlittens fünf Wagen von 79·4 t Gewicht, deren Fahrgeschwindigkeit 50 km betrug, innerhalb 41 Sekunden auf einer Strecke von 292 m zum Stillstande zu bringen, trotzdem die Schienen naß waren.[1] Auf der Schantungbahn wurden zwei zusammengekuppelte beladene Kohlenwagen, die auf einem Gefälle von 1:100 mit einer Geschwindigkeit von 60 km/St. dahinliefen, auf einer Strecke von 390 m zum Halten gebracht.

ζ) Gleisbremsen.

Im allgemeinen kann man einen Hemmschuh von der Schiene erst fortnehmen, wenn der gebremste Wagen vollständig still steht; ist dieser nun noch nicht am Ziel, so muß er von neuem in Bewegung gesetzt werden. Durch Erfindung der Gleisbremse wurde es möglich, den Hemmschuh noch während des Laufes zwischen Rad und Schiene zu beseitigen. Man kann daher die lebendige Kraft nach Belieben verringern, und braucht sie nicht mehr vollständig zu vernichten. Die Gleisbremsen können für ein- und zweilaschige Hemmschuhe eingerichtet werden. Eine bekannte Bauart für zweilaschige Schuhe (sogenannte Frintroper Bremse) ist in Abb. 53 bis 56 abgebildet. Die dargestellte Ausführungsform ist aus einer Reihe von Versuchsanordnungen hervorgegangen und vereinigt in sich die drei Systeme Andreovits, Müller-Klinkenberg und Kölking. Die eine Fahrschiene des Gleises ist seitwärts abgebogen, die Fortsetzung ist nach Art einer Weichenzunge zugeschärft. Damit das Fahrzeug nicht entgleist, ist an der gegenüberliegenden Stelle ein Radlenker (Zwangschiene) angebracht. Es entsteht infolgedessen eine Art halbes Herzstück. Die Gleisbremse ist nur verwendbar in einer Fahrrichtung, die in Abb. 56 von links nach rechts durch einen Pfeil bezeichnet ist. Soll ein Wagen gebremst werden, so wird ein zweilaschiger Hemmschuh links von dem halben Herzstück auf die Schiene aufgelegt, in der die Abbiegung liegt.

---

[1] vgl. Anton Froß, Technische Neuheiten auf dem Gebiete des Oberbaues und des Verkehrs; Österr. Eisenbahnzeitung 1906, Nr. 8 bis 10.

Er gleitet dann von dem rechten Vorderrade des Wagens getroffen unter diesem , bis zur Spitze. Hier trennen sich die Wege: das Rad läuft in gerader Richtung weiter, denn das mit ihm durch die Achse fest verbundene linke Vorderrad wird durch den Radlenker geradeaus geführt. Der Hemmschuh dagegen, dessen Laschen den Schienenkopf fest umfassen, wird auf der abgebogenen Schiene seitwärts fortgeleitet und fällt schließlich in einen offenen Kasten, den sogenannten Hemmschuhfänger. Die in Abb. 53 bis 56 dargestellte Frintroper-Bremse entspricht der Ausführung der Firma Rosenbaum in Gelsenkirchen und ist nach einer Mitteilung der Firma hinsichtlich gewisser Einzelheiten (Vollschienenspitze, geneigte Lage der Flügelschienen und Spitze) durch Patente geschützt. In Abb. 57

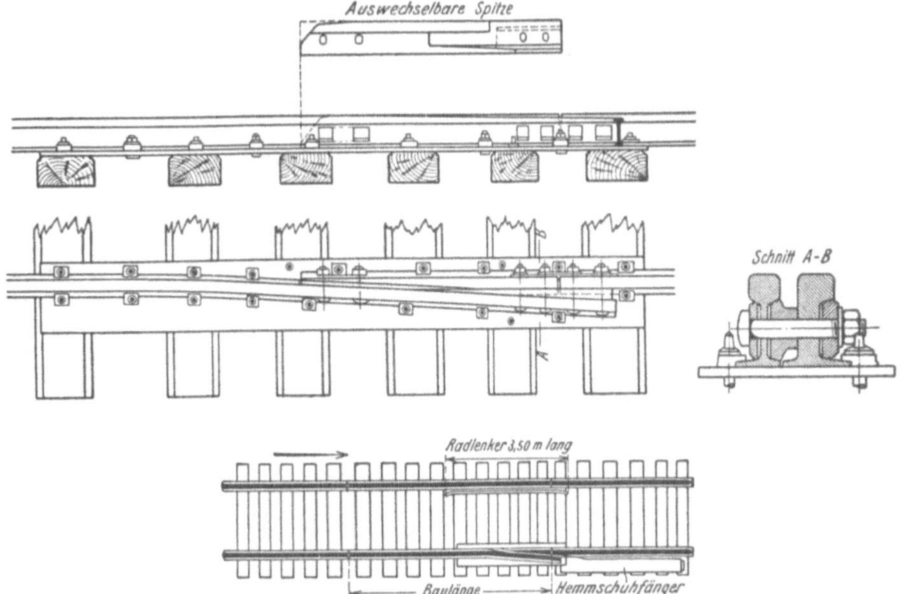

Abb. 53 bis 56. Gleisbremse nach der vereinigten Bauart von Andreovits, Müller-Klinkenberg und Kölking.[1]

ist eine Gleisbremse auf Bahnhof Gleiwitz dargestellt. Im Hintergrunde sieht man den Ablaufberg, ganz im Vordergrunde dagegen den Hemmschuhfänger; er hat zum sicheren Auffangen etwaiger unter heftigem Druck abgeschleuderter Hemmschuhe ein besonderes Schutzblech erhalten, das am linken Ende und nach oben aufgebogen ist. Auf der linken Seite befindet sich die Hemmschuhbank, auf der eine Anzahl von Hemmschuhen liegen. Sie werden vor dem Gebrauch mittels des im Eimer vorrätigen Öles leicht eingefettet. Im Winter werden die Hemmschuhe auf dem hinter der Hemmschuhbank sichtbaren Rost durch ein Koksfeuer angewärmt.

Außer der beschriebenen Bauart gibt es noch mehrere andere; von ihnen hat die von Büssing und Sigle angegebene eine große Verbreitung gefunden. Hier werden nur einlaschige Hemmschuhe verwandt, deshalb kann die Unterbrechung der Fahrschiene vollständig vermieden werden, dafür muß aber die Führung des Hemmschuhes in besonderer Weise er-

---

[1] Nach einer Ankündigung der Firma Joseph Rosenbaum in Gelsenkirchen.

folgen. An der Außenseite der Schiene, auf die der Hemmschuh aufgelegt wird, ist eine 15 bis 30 m lange Leitschiene gelagert. In den Zwischenraum zwischen Leitschiene und Fahrschiene greift die Lasche des Hemmschuhes ein. Zum Bremsen eines Wagens wird der Schuh an einer beliebigen Stelle der von der Leitschiene begleiteten Fahrschiene aufgelegt. Das aufprallende Wagenrad nimmt ihn mit bis zum Ende der Leitschiene; dort wird der Schuh durch einen Keil nach der Seite abgelenkt, während der Wagen in gerader Richtung weiterläuft. Werden die Büssing-Sigleschen Gleisbremsen an zwei parallel laufenden Gleisen angebracht und

Abb. 57. Gleisbremse mit Hemmschuhfänger auf Bahnhof Gleiwitz.

sollen sie von einem Manne bedient werden, ohne daß dieser die Gleise überschreitet, so müssen für die eine Bremse linkslaschige, für die andere rechtslaschige Hemmschuhe verwandt werden. Bei Anwendung der zuerst beschriebenen Gleisbremse (Frintroper Bauart) können dagegen für beide Gleise doppellaschige Hemmschuhe der gleichen Bauart angewandt werden; auch ist sie bequemer einzubauen, als die andere, deren Baulänge bedeutend größer ist. Aus diesen Gründen wird neuerdings fast ausschließlich die Frintroper Gleisbremse angewandt und auch von der Firma H. Büssing geliefert.[1])

    Damit die Gleisbremsen zuverlässig arbeiten, müssen sie sorgsam eingebaut und unterhalten werden. Man verlegt sie selbst und auf der ganzen Länge des Bremsweges (etwa 50 m) auch die Schienen zweckmäßig

---

[1]) Über Gleisbremsen vgl. Zentralbl. d. Bauverwaltung 1884, S. 128; 1898, S. 449 und 547, ferner die Aufsätze von A. Blum, Buchholtz und Sigle im Organ Fortschr. des Eisenbahnwesens 1896, S. 19; 1898, S. 185, 1899, S. 35, 104 und 187; endlich XIII. Ergänzungsband zum Organ Fortschr. des Eisenbahnwesens (1903), S. 299.

auf **Holzschwellen**, weil diese die unvermeidlichen Stöße besser mildern als Eisenschwellen. Werden die Gleise auf dem Ablaufberg und vor den Gleisbremsen nicht sorgfältig unterhalten, so können leere Wagen (die stets Neigung zum Springen zeigen) beim Auflaufen auf den Hemmschuh entgleisen. An manchen Orten wird die Gleisbremse durch Spurstangen mit der gegenüberliegenden Schiene verbunden, um Spurerweiterungen auf alle Fälle zu verhüten.

Bei Ablaufbergen mit starkem Gefälle und den dadurch bedingten größeren Bremswegen werden die Hemmschuhe nicht selten bis zur Rotglut erhitzt. Dann bleiben sie zuweilen „kleben" und die Wagen setzen über sie hinweg. Um Entgleisungen infolgedessen zu verhüten, empfiehlt sich in solchen Fällen wohl die Anbringung eines Radlenkers auf die ganze Länge des Bremsweges. Die Gleisbremsen können sowohl in geraden als auch in gekrümmten Gleisen verlegt werden, in diesem Falle sind sie stets in die äußere Schiene einzubauen. Sie werden in der Regel am Fuße des Ablaufberges angeordnet, und zwar meist vor der Verzweigung der Gleise. Man ordnet indes wohl auch zwei oder mehr Gleisbremsen hinter der Verzweigungsweiche an. Dadurch beschleunigt man einmal das Ablaufgeschäft, weil die erste Weiche mit größerer Geschwindigkeit durchfahren wird, und zweitens schont man die einzelnen Gleisbremsen, weil sie weniger oft beansprucht werden. Neuerdings hat man nicht nur unmittelbar vor der ersten Verzweigungsweiche, sondern auch gleichzeitig hinter den Weichen Gleisbremsen eingebaut. Dann brauchen die Hemmschuhe in den Richtungsgleisen, die zum endgültigen Festhalten der Wagen dienen, nicht so weit vorgeschoben zu werden; infolgedessen ist ein besseres Aneinanderreihen der abgelaufenen Wagen möglich.

Ordnet man mehr als zwei Bremsen an, so wird man bei starkem Verkehr mit einem Hemmschuhleger nicht mehr auskommen. Der Hauptzweck der Gleisbremsen besteht darin, die wirksame Ablaufhöhe des Ablaufberges je nach der vom Zustande der Schmiere, Form des Wagens, Art der Witterung usw. veränderlichen Lauffähigkeit der Wagen zu regeln. Nach neueren Erfahrungen sind die Kosten für die Hemmung eines Wagens mittels der Gleisbremse außerordentlich verschieden; sie schwanken, wenn man nur die Kosten für die Hemmschuhe — nicht auch für die eigentliche Gleisbremse — berücksichtigt, zwischen 0·15 und 2·0 Pf. für einen Wagen. Die Gründe für den großen Unterschied sind einmal in der verschiedenen Höhe der Ablaufberge und zweitens in der verschiedenen Art der Ausbesserung zu suchen. Am billigsten sind die Ausbesserungen, wenn sie von der Eisenbahnverwaltung selbst, und zwar in einer Werkstätte für einen größeren Bezirk vorgenommen werden unter Massenbezug der meist durch Patente geschützten Ersatzteile von den Lieferanten. Die geringen Kosten sind aber nur da möglich, wo Spitzen und Backe auswechselbar sind. Aus einem sehr starken Verschleiß kann man übrigens auf eine zu große Höhe des Ablaufberges schließen. Unterlagen zur Ermittelung der Kosten der Gleisbremsen liegen nur wenig vor. Nach den Ausführungen im Archiv für Eisenbahnwesen 1904, S. 1357, betrugen in einem untersuchten Falle die Kosten einer Gleisbremse 240 M., ihre Lebensdauer vier Jahre, die Unterhaltungskosten 20 M. jährlich, also die Jahreskosten $60 + 20 = 80$ M.; da im Jahre auf dieser Gleisbremse rund 375000 Wagen gebremst wurden, so betrugen die Kosten für Beschaffung und Unterhaltung der Gleisbremse rund $\dfrac{8000}{375\,000} = 0\cdot02$ Pfennig für den Wagen; sie sind also im Verhältnis zu den Kosten für Beschaffung und Unterhaltung der Hemmschuhe verschwindend gering.

Wagen mit Bremsklötzen, die tiefer als 14·5 cm herabhängen, dürfen in der Gleisbremse nicht gebremst werden, weil sie an die Hemmschuhe stoßen würden. Der Rangierer, der beim Abdrücken tätig ist, erhält auf manchen Bahnhöfen eine eiserne Lehre mit Stiel, um den Abstand der Bremsklötze messen und erforderlichen Falles den Gleisbremser benachrichtigen zu können.

η) Schleifketten.

Zu den sonstigen Mitteln zum Aufhalten der Wagen gehören die Schleifketten, die z. B. auf Bahnhof Edgehill bei Liverpool angewandt

Abb. 58. Schleifkette in Edgehill.
(Nach einer photographischen Aufnahme von W. Cauer.)

worden sind. Die Schleifketten sollen entlaufene Wagen aufhalten; sie sind an verschiedenen Stellen des in sehr starker Neigung (1 : 64 bis 1 : 93)

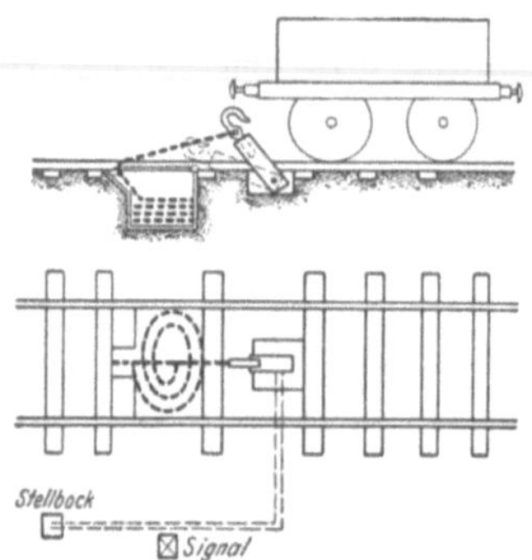

Abb. 59. Schleifkette in Edgehill.[1]

liegenden Bahnhofes angebracht, und zwar jedesmal da, wo zahlreiche Gleise zu einem sich vereinigt haben. Man braucht also für eine Gruppe von Gleisen immer nur eine Vorrichtung (vgl. Abb. 58 und 59). Mitten zwischen den beiden Schienen eines Gleises ist eine drehbare Hülse angeordnet, die im oberen Teil einen starken Haken trägt. Die Hülse ist entweder aufgerichtet, wie in der Abbildung dargestellt, oder umgelegt (punktiert). Bei aufgerichteter Hülse ist das Gleis gesperrt; der Haken steht in Höhe der Wagenachse. Ein von rechts anrollender Wagen fängt sich mit der Vorderachse im Haken und zieht diesen aus der Hülse heraus. Am Haken selbst ist eine lange, schwere Kette befestigt, die für gewöhnlich in einer Grube aufgerollt ist. Wird der Haken vom Wagen

[1] Nach Handb. d. Ing.-Wissensch. V, 4, 1, S. 71.

mitgenommen, so zieht er die Kette hinter sich her; dadurch tritt eine
allmähliche Geschwindigkeitsverminderung und schließlich ein vollständiges
Stillhalten der Wagen ein. Mit der Hülse ist ein Signal verbunden, das
bei gesperrtem Ablauf „Halt“ zeigt. Die Einrichtung arbeitet sicher und
ohne die Wagen zu schädigen. Die Verwendung auf deutschen Verschubbahnhöfen dürfte aber auf Schwierigkeiten stoßen, da die Güterwagen — im
Gegensatz zu den englischen — vielfach mit Bremsen ausgerüstet sind, deren
Gestänge das Ergreifen der Achse durch den Haken unmöglich machen würde.[1]

Bei Erbauung des ersten deutschen Verschubbahnhofes mit durchgehender Neigung (Dresden-Friedrichsstadt) wurde deshalb von Köpcke
ein anderes Mittel angewandt, das im folgenden beschrieben werden soll.

ϑ) Sandgleise.[2]

Die Sandgleisanlage (nach Abb. 60 und 61) besteht aus einem sogenannten Schleifengleis ohne Herzstück. Das „Fahrgleis“ geht in gleicher
Höhe und gerader Richtung durch. Das „Sandgleis“ ist dagegen mit
seiner Mittellinie um etwa 135 mm seitlich verschoben, und liegt in seinem
mittleren Teil 43 mm tiefer als das Fahrgleis; der Höhenunterschied wird

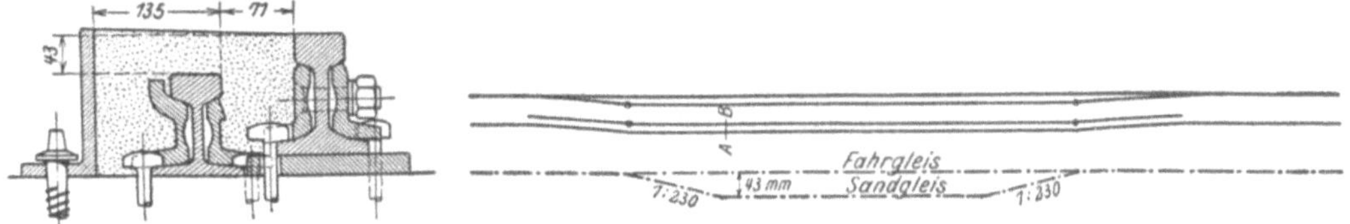

Abb. 60 und 61. Sandgleis nach Köpcke.

durch schwach geneigte Rampen an den Enden ausgeglichen. Die tief
liegenden Schienen sind mit Sand bedeckt (Abb. 60), der in der Regel
durch Schienen (Streichbalken) fest abgegrenzt ist. Im gewöhnlichen Betriebe laufen die Wagen auf den hohen Schienen des Fahrgleises. Sollen
dagegen Fahrzeuge zum Stillstand gebracht werden, so werden sie durch
die Weichenzungen in das tiefer liegende Gleis gelenkt und kommen infolge der starken Reibung im Sande bald zum Stillstande.

Die Sandgleise haben sich beim Aufhalten durchgegangener Wagen,
auch ganzer Züge, vorzüglich bewährt; nicht geeignet sind sie dagegen für
die regelmäßige Benutzung zum Bremsen der Wagen im Verschubdienst
an Stelle von Hemmschuhen oder Gleisbremsen; die Weiterbewegung der
aufgefangenen Wagen ist umständlich, die bloße Verminderung der Geschwindigkeit behufs langsamen Weiterlaufes kann nicht damit erzielt
werden; auch muß nach jedesmaliger Benutzung das Sandgleis wieder in-
stand gesetzt werden. Eine ausführliche Beschreibung findet sich im
„Zivilingenieur“ Jahrgang 1893 (der neuen Folge Band 39), S. 55. Dort
sind auch die Ergebnisse einer Reihe von Versuchen mitgeteilt, die im
November 1892 auf einem 1:100 geneigten Sandgleis angestellt worden

---

[1] vgl. G. Findlay, The working and management of an English railway,
London 1899, S. 235; ferner W. Cauer in Glasers Annalen 1905, Bd. 57, S. 43.

[2] Deutsche Patentschrift 65623 vom 24. November 1891. — Organ Fortschr. des
Eisenbahnwesens 1893, S. 115; 1896, S. 125; 1898, S. 118. — Deutsche Bauzeitg. 1902,
S. 10. — Zentralbl. der Bauverwaltung 1893, S. 12, 176; 1896, S. 111, 482; 1908, S. 258.
— Glasers Annalen 1896, Bd. 38, S. 164.

sind. Dabei ergab sich der Widerstandskoeffizient auf dem Sandgleise zu
0·0543 bis 0·0880, oder zu 54·3°/$_{00}$ bis 88°/$_{00}$, während er auf geradem,
wagerechtem Gleis zu 0·0025 oder 2·5°/$_{00}$ angenommen werden kann, falls
man den Einfluß der Geschwindigkeit vernachlässigt. Beispielsweise betrug bei einer Gruppe von zehn beladenen offenen Wagen, die mit einer
Geschwindigkeit von 27·7 km/St. in das Sandgleis einliefen (Abb. 62) der

mittlere Sandweg $\dfrac{a+b}{2} = 81·1$ m bei einer Entfernung der ersten und

letzten Achse von 72 m, woraus, unter Berücksichtigung der lebendigen

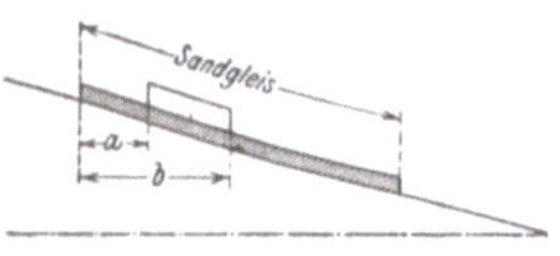

Abb. 62. Berechnung des
Bremsweges bei Sandgleisen.

Kraft der Radrotation, der Widerstandskoeffizient des Sandgleises zu 0·0543 berechnet wurde. Auf Grund dieses Ergebnisses
löst Köpcke a. a. O. die Aufgabe: „Wie lang
muß ein im Gefälle 1:100 liegendes Sandgleis sein, damit es zehn beladene Güterwagen, die zusammen auf einem ebenfalls im
Gefälle von 1:100 liegenden Ablaufgleise un-
gebremst von dem Zustande der Ruhe aus 350 m weit gelaufen sind, aufhalten kann?"

Beträgt der Radstand der zehn Wagen 72 m, der Widerstand im
Ablaufgleis 0·0025, im Sandgleis 0·0543 der bewegten Last, dann erreicht
der Zug in dem Augenblick, wo die erste Achse das Sandgleis trifft, bei
dem Gefälle von 1:100 oder 0·01 ein Arbeitsvermögen, das der Fallhöhe
von 350 (0·01 — 0·0025) = 2·625 m entspricht. Dazu kommt noch das
Gefälle auf der halben Zuglänge = 36·0·01, mithin beträgt die gesamte
Fallhöhe 2·985 m. Im Sandgleis wirkt der Widerstand 0·0543 hemmend,
das Gefälle (0·01) beschleunigend; mithin bleibt als Widerstand 0·0543
— 0·01 = 0·0443, daher ist der „mittlere Sandweg"

$$\frac{2·985}{0·0443} = 67·4 \text{ m}$$

(Entfernung zwischen Anfang des Sandgleises und Mitte des gebremsten
Zuges). Demnach ist die gesamte vom Zuge durchfahrene Länge des
Sandgleises 67·4 m + halbe Zuglänge, also 67·4 + 36 = 103·4 m.

Bei längeren Zügen ist der Widerstand kleiner als bei kürzeren, weil
die ersten Räder den größten Widerstand durch die Sandschicht erfahren.
Aus den Versuchen folgert Köpcke, daß der Widerstand der Sandbedeckung
entgegengesetzt der Bremswirkung mit der Geschwindigkeit wächst, und
daß die Stärke der Sandschicht, die bei den Versuchen zwischen 5 bis 8 cm
schwankte, von einigem Einfluß auf den Widerstandskoeffizienten ist.
Bemerkenswert ist ferner, daß auch bei Frostwetter das Sandgleis wirksam
blieb. Die ersten Räder preßten die Sandschicht bis auf 4 cm, die letzten
bis auf 2 cm zusammen und die seitwärts ausweichende Masse brach
die nicht berührten Teile der Sandschicht in Klumpen von etwa 15 cm
Stärke auf und verschob diese. Hieraus wird im Zentralbl, der Bauverwaltung 1893, S. 176 der Schluß gezogen, daß die Breitenausdehnung
der Sandschicht nicht zu knapp bemessen werden dürfe.

ι) Ansteigende Gleise.

Ein weiteres Mittel zum Aufhalten durchgegangener Wagen bieten
endlich ansteigende Gleise, die allerdings viel Länge und Platz erfordern.

Derartige Auffanggleise hat man früher in England oft angewandt (catch sidings); auch in Japan ist eine solche Anlage geschaffen worden,[1]) um entlaufene Wagen am Fuße einer Steilrampe abzufangen, hat sich aber dort nicht bewährt. Ansteigende Gleise haben gegenüber den Sandgleisen den Nachteil, daß sie vollständige Abzweigungsweichen erfordern (die leicht zu Entgleisungen führen) und auch viel Raum beanspruchen; sie dürften daher zweckmäßiger durch Sandgleise zu ersetzen sein.

ϰ) Gleissperren, Klemmkeile und Prellböcke.

Während die bisher besprochenen Einrichtungen einen längeren Weg der Fahrzeuge zur Vernichtung der lebendigen Kraft voraussetzen, also bereits in größerer Entfernung vor dem Punkte in Wirksamkeit treten müssen, wo der Wagen tatsächlich halten soll, gibt es eine Reihe von Einrichtungen, die unmittelbar an der Stelle, wo das Halten erfolgen soll, angebracht werden. Hierhin gehören z. B. die Gleissperren, die oft aus einer quer über das Gleis gelegten, mit eisernen Beschlägen versehenen Holzschwelle bestehen und deren Handhabung dann ziemlich unbequem ist.[2]) Viel handlicher sind Konstruktionen, wie der eiserne „Entgleisungsschuh" von Stefan von Götz & Söhne in Wien, der mit einer Verschlußvorrichtung geliefert wird. Bei starkem Anprall der Fahrzeuge tritt fast bei allen Sperren eine Entgleisung ein; die Gleissperren müssen deshalb so eingerichtet sein, daß ein entgleistes Fahrzeug nicht etwa auf ein Hauptgleis gelangen kann. Einzelne Gleissperren sind auch wohl mit einem Hemmschuh versehen, den das anstoßende Rad aus der Sperre herausdrückt und vor sich herschiebt.[3])

Gleissperren pflegen an der Stelle, wo sie gebraucht werden, fest mit dem Gleis verbunden zu sein. Nahezu den gleichen Erfolg erreicht man mit dem beweglichen Klemmkeil von Büssing, der in Abb. 63 und 64 dargestellt ist. Er besteht aus zwei Hälften A; sie werden durch die Schraube C beim Anziehen der mit Handgriffen D versehenen Mutter E zusammengezogen. Die Leisten B legen sich an den Schienenkopf. Der obere Teil schließt sich dem Umfange des Rades an. Im

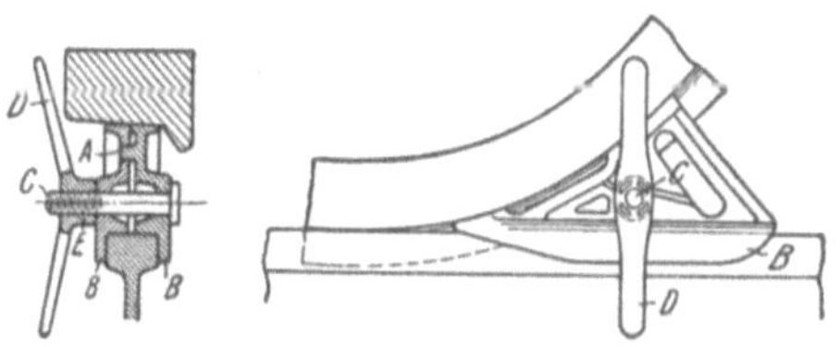

Abb. 63 u. 64. Klemmkeil
von H. Büssing & Sohn, Braunschweig.

Gegensatz zu den Hemmschuhen belastet hier selbst bei stark geneigtem Gleis nicht der gesamte Raddruck den Keil, sondern nur der aus der Neigung des Gleises sich ergebende Druck; es macht daher das Lösen des Klemmkeiles keine Schwierigkeiten. Derartige Keile haben u. a. Anwendung gefunden auf dem 1:80 bis 1:200 geneigten Bahnhof Nürnberg-R. Der Klemmkeil kann auch benutzt werden, um das Weglaufen stillstehender Wagen zu verhindern. Er muß dann unmittelbar vor einem Rade festgeschraubt werden. In der Regel genügen übrigens zum Feststellen haltender Wagen gewöhnliche Keile, sog. Vorlegekeile, die ähnlich wie Hemmschuhe aus-

---

[1]) vgl. F. Baltzer, Zentralbl. der Bauverwaltung 1899, S. 450.
[2]) vgl. Georg Rank, Die Sicherung der Bahnabzweigungen. Wien 1894.
[3]) vgl. S. Scheibner, Die mechanischen Sicherheitsstellwerke, I. Bd. S. 147, 1904.

gebildet sind, nur mit dem Unterschiede, daß die Räder nicht auf die
Spitze auflaufen. In Österreich benutzt man zu diesem Zweck auch Holzschwellen von dreieckigem Querschnitt mit Handgriffen an beiden Enden,
die quer vor die Räder über die Schienen gelegt werden.

Kräftigere Wirkungen erzielt man mit Prellböcken, die allerdings
nur an den Enden stumpfer Gleise aufgestellt werden können. Noch
besser freilich sind Erdschüttungen von 2 m Höhe und 3×3 m Grundfläche zwischen senkrecht eingegrabenen Schwellen. Für Einfahrgleise von
Personenzügen verwendet man sog. hydraulische Prellböcke, bei denen
der eigentliche Prellbalken einen längeren Weg von 2 bis 3 m unter hydraulischer Bremsung zurücklegt.[1])

Derartige Prellböcke sind in England zuerst von Langley, sodann
von Webb konstruiert worden; später hat C. Hoppe in Berlin die Vorzüge beider Bauarten vereinigt und außerdem einige Verbesserungen hinzu-
gefügt. Die Einrichtung besteht aus zwei wagerechten Zylindern, die am
Ende des Gleises in Pufferhöhe gelagert sind und eine Flüssigkeit enthalten. In ihnen bewegen sich Scheibenkolben, deren Stangen am vorderen Ende durch einen starke Querbaum, die Pufferbohle, verbunden
sind. Fährt ein Zug gegen diese Bohle heran, so werden die Kolben in
die Zylinder hineingeschoben; nun tragen die Kolben am Umfange je zwei
viereckige Ausschnitte, durch die die Flüssigkeit nach dem vorderen Teil
des Zylinders überströmen kann; in diese Ausschnitte greifen Leisten ein,
die an den Innenwänden der Zylinder angebracht sind. Ihre Breite nimmt
von vorn nach hinten zu, so daß die Ausschnitte am Kolbenumfange beim
Hineindrücken des Kolbens mehr und mehr ausgefüllt werden, wodurch eine zu
starke Abnahme des Widerstandes verhindert wird. Da durch das Eindringen
der Kolbenstangen in der vorderen Zylinderhälfte Raum verloren geht,
so wird ein Teil der Flüssigkeit einem Windkessel zugeführt. Der nutzbare Kolbenweg beträgt 2·5 m. Man kann mit einem derartigen Puffer,
ohne Gefahr für die Reisenden, einen Zug von 200 t Gewicht und einer
Geschwindigkeit von 13 km/St. zum Halten bringen. Bei einer größeren
Geschwindigkeit würde der Stoß beim ersten Anprall zu groß werden;
man hat daher an den Enden der Zylinder Ventile angeordnet, die sich
in solchen Fällen selbsttätig öffnen und die Flüssigkeit in den Windkessel
direkt entweichen lassen. Bei einer Geschwindigkeit von etwa 30 km/St.
würden die Kolben fast ganz in die Zylinder eingedrungen sein, ohne daß
die lebendige Kraft des Zuges völlig vernichtet wird. Nun würde ein
außerordentlich harter Stoß erfolgen, wenn die Puffer so stark verankert
wären, daß der Zug vollständig festgehalten würde. Man schaltet daher
in die Anker ein schwächeres Glied von genau bemessenem Querschnitt
ein, das in solchen Fällen zerreißt. Die Druckzylinder werden frei und
können von dem anrennenden Zuge fortgeschoben werden.

Wasserpuffer Hoppescher Bauart werden zurzeit von Fr. Gebauer
in Berlin zum Preise von 8000 bis 9000 M. für das Stück geliefert. Zur
Füllung eines Prellbockes sind 600 l kalk- und säurefreies Glyzerin erforderlich, welches etwa 450 bis 500 M. kostet. Endlich dürften sich die

---

[1]) vgl. Dreizehnter Ergänzungsband Organ Fortschr. des Eisenbahnwesens. Be-
schlüsse der am 10., 11. und 12. März 1903 in Triest abgehaltenen XVII. Techniker-
versammlung des Vereins deutscher Eisenbahnverwaltungen. S. 302 ff.

Kosten der Fundamente auf rund 900 bis 1000 M. stellen. Es sind bisher im ganzen 39 Stück Wasserpuffer von Fr. Gebauer geliefert worden.[1]

b) Mittel zum Entkuppeln der Wagen.

Das Entkuppeln von Fahrzeugen geschieht bei den Bahnen mit Zweipuffersystem und Schraubenkuppelungen in der Regel so, daß der Schirrmann in gebückter Stellung unter den Puffern her zwischen die verkuppelten Wagen ins Gleis tritt und nach Ausheben des Kuppelbügels mit der Hand ebenfalls in gebückter Stellung aus dem Gleise wieder zurücktritt. Diese Arbeit ist unbequem; sie ist aber auch gefährlich, wenn die zu entkuppelnden Wagen in Bewegung sind, was beim Verschieben über Ablaufberge und beim Ablaufenlassen von geneigten Zerlegungsgleisen

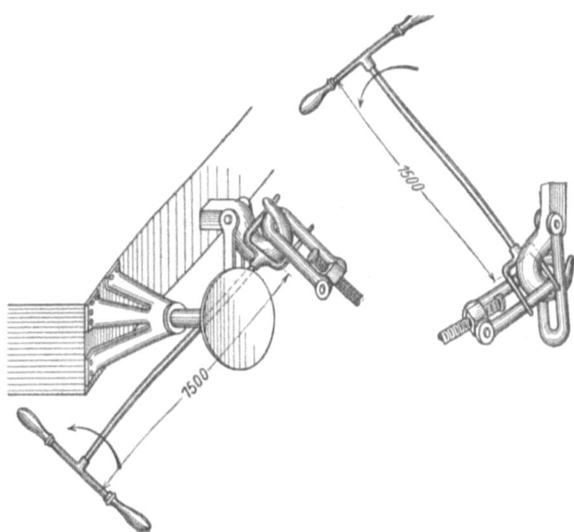

Abb. 65 und 66.   Entkupplungsgabel, System Gitt'l.[2]

aus nicht zu vermeiden ist.   Man hat daher seit längerer Zeit versucht, das Entkuppeln zu bewirken, ohne zwischen die Puffer treten zu müssen. Man benutzt zu diesem Zweck hölzerne Aushebestangen oder besser noch Entkupplungsgabeln, die von der Seite her betätigt werden können. In Abb. 65 und 66 ist eine Entkupplungsgabel „System Gitt'l" dargestellt, die von der Firma Josef Rosenbaum in Gelsenkirchen geliefert wird. Die Entkupplungsgabel besteht aus einer zweizinkigen Gabel mit einem 1·5 m langem Stiel aus Stahlrohr, der am oberen Ende zwei Handgriffe trägt.   Zum Lösen der Sicherheitskupplung steckt man die eine Zinke in den Zughaken der Sicherheitskupplung des einen Wagens, während die andere Zinke über dem Kuppelbügel des andern Wagens liegt.   Durch Drehen der Gabel in der Pfeilrichtung wird der Bügel nach unten hin

---

[1] vgl. A. Herr, Vortrag über Wasserpuffer in Glasers Annalen 1891, Bd. 28, S. 243; derselbe Zentralbl. der Bauverwaltung 1890, S. 394. — Wilhelm, Glasers Annalen 1891, Bd. 29, S. 1. — Sarre, Glasers Annalen 1894, Bd. 34, S. 189. — Eine rechnerische Untersuchung der Puffer mit Flüssigkeitswiderstand gibt Wittfeld im Zentralbl. der Bauverwaltung 1892, S. 185.

[2] Aus einer Ankündigung der Firma Joseph Rosenbaum in Gelsenkirchen.

ausgelöst. Entsprechend wird beim Lösen der Hauptkupplung verfahren.
Die Entkupplungsgabel wiegt 4 kg und kostet 15 M. Sie arbeitet äußerst
zuverlässig, sofern der Ablaufberg ein genügendes Gegengefälle besitzt und
die Kupplungen der Wagen nicht zu stark verschmutzt oder verbogen sind.

c) Hilfsmittel zur Verständigung.

Der Schirrmeister, der den Ablauf bzw. das Abdrücken oder Abstoßen der Züge leitet, hat Beginn und Unterbrechung der Verschiebungen
anzuordnen. Ferner bestimmt er die Gleise, in welche die einzelnen
Wagen laufen sollen; er tut dies entweder auf Grund der Bezettelungen
der Wagen, auch wohl von Kreideaufschriften, die von der Güterabfertigungs-
stelle an den Wagen angebracht werden, oder nach einem besonderen
Verzeichnis. Er muß sich also sowohl mit dem Lokomotivführer als auch
mit den Weichenstellern und den Schirrmännern jederzeit verständigen
können. Die Art der Verständigung zwischen Schirrmeister und Weichensteller hängt zum Teil von der Anordnung der Stellwerke ab. Manche
Verwaltungen ordnen auf Verschubbahnhöfen an jedem Ablaufberg ein
einziges großes Stellwerk an, das sämtliche Verzweigungsweichen bedient;
andere wiederum vereinigen immer nur wenige Weichen zu kleineren
Stellwerken, weil — nach ihrer Ansicht — hierbei das Ablaufgeschäft
flotter vonstatten geht, auch Wagenbeschädigungen und Fehlläufe seltener
sind als bei großen unübersichtlichen Bezirken. Das einfachste Mittel der
Verständigung ist der Zuruf. Er ist indes nur ausreichend, wenn das
Stellwerk und der Standort des Schirrmeisters unmittelbar benachbart
sind. Bei größerer Entfernung sucht man durch Sprachrohre (Megaphone),
besser durch lauttönende Fernsprecher Ersatz zu schaffen[1]), freilich nicht
immer mit Erfolg, da bei dem Lärm auf den Bahnhöfen Mißverständnisse
leicht unterlaufen können. Auch Hornsignale — die allerdings deutlich
vernehmbar sind — wendet man an. Allein bei einer großen Anzahl von
Gleisen wird die Anzahl dieser Signale sehr groß und gibt daher zu Verwechslungen Anlaß. Man benutzt deshalb vielfach sichtbare Zeichen. Das
einfachste Mittel ist das Anschreiben der Gleisnummer mit Kreide an die
Stirnwand des Wagens oder eine Pufferscheibe. Dann trägt der Wagen
sein Ziel für alle Beamten und Arbeiter deutlich sichtbar mit sich. Auf
manchen Bahnhöfen schreibt man außerdem auf den hinteren Puffer
die Nummer des Gleises, in das der folgende Wagen laufen soll. An
einzelnen Stellen hängt man statt dessen Korbscheiben mit Nummern an
den vorderen Puffer. Dies ist aber umständlich, da die Korbscheiben
immer wieder zurückgebracht werden müssen. Um die Kreideanschriften
auch bei Dunkelheit sichtbar zu machen, hat man auf einigen Bahnhöfen
mit Erfolg elektrische Scheinwerfer verwendet;[2]) anderwärts ist dies nicht
möglich gewesen, weil die Arbeiter durch das starke Licht zu sehr geblendet wurden.

Auf manchen Bahnhöfen sind bewegliche sichtbare Signale in Gebrauch,
die von dem Schirrmeister oder einem Arbeiter betätigt werden. Dahin
gehören z. B. der Gleisanzeiger von Totz,[3]) der in Karthaus bei Trier
gebraucht wird. Bei ihm werden die Gleisnummern durch eine Zusammen-

---

[1]) vgl. Kirsten, Zeitg. des Ver. deutsch. Eis.-Verw. 1900, S. 140.

[2]) vgl. Zeitg. des Ver. deutsch. Eis.-Verw. 1904, S. 179.

[3]) Organ Fortschr. des Eisenbahnwesens, Ergänzungsband, 1894, S. 415 bis 420.

stellung farbiger Lichter an einem Signalmast dargestellt. Den gleichen Zweck verfolgt die Verschubuhr von Hein, Lehmann & Co.[1]) Hier erscheinen auf der Stirnseite einer Trommel Zahlen, die durch milchglasverkleidete Blechausschnitte des Trommelumfanges hergestellt werden. Derartige Einrichtungen werden erfahrungsgemäß nicht gerade gern von den Beamten benutzt, da ihre Bedienung unbequem ist. Vielmehr bildet sich oft eine Zeichensprache aus, durch die die Schirrmänner den Lauf der Wagen dem Weichensteller anzeigen. Eine derartige Verständigung ist durchaus zweckmäßig, ja an manchen Orten (wohl nachträglich) amtlich eingeführt worden. Bei Nacht versagt sie freilich und wird dann in der Regel durch Zuruf von Posten zu Posten ersetzt.[2])

Alle sichtbaren Zeichen haben den Nachteil, daß sie bei Nacht und Nebel nicht zu gebrauchen sind. Man hat sie daher an einzelnen Stellen durch Fernzeiger ersetzt; diese haben einen Zeichengeber beim Verschubmeister und einen Empfänger im Stellwerk oder in mehreren Stellwerken, auch wohl an der Gleisbremse. Sie entsprechen in ihrer Form entweder den alten Zeigertelegraphen oder den Nummertafeln der Haustelegraphen. Die Übertragung erfolgt heutzutage meist durch Elektrizität. Derartige Einrichtungen sind u. a. von Schnabel & Henning, Hattemer[3]), Othegraven[4]), Schepp[5]), Siemens & Halske[6]), Stefan von Götz & Söhne[7]) erbaut worden.

Bei der letztgenannten Bauart besteht der Geber (beim Verschubmeister) aus einem Gehäuse, das mit einer Kurbel, einem Zeiger und einer Skala versehen ist. Durch Drehen der Kurbel wird der Zeiger am Geber auf die gewünschte Gleisnummer eingestellt. Durch elektrische

---

[1]) Organ Fortschr. des Eisenbahnwesens 1900, S. 271 und 272.

[2]) Als Beispiel einer derartigen Signalisierung geben wir im folgenden einen Auszug aus der Dienstanweisung eines großen Verschubbahnhofes:

Gleisbenennung:	Zurufe:	Handzeichen:
Hafen	Hafen	Linken Arm in Schulterhöhe ausstrecken
Loko	Loko	Linken Arm hochstrecken
Görlitz	Görlitz	Hochstrecken beider Arme
Berlin	Berlin	Stützen der Hände in die Hüften
Leipzig	Leipzig	Gleichmäßiges Auf- und Abwärtsbewegen beider Hände, Handteller nach unten gerichtet
1.	Eins	Tiefstrecken des rechten Armes
2.	Zweie	Tiefstrecken beider Arme
3.	Dreie	Entgegengesetztes Auf- und Abwärtsbewegen beider Hände, Handteller nach innen
4.	Viere	Wagerechtes Hin- und Herbewegen beider Hände, Handteller nach unten
5.	Fünfe	Beugen des rechten Armes und Spreizen der Finger in Schulterhöhe
6.	Sechse	Legen der linken Hand an die Kopfbedeckung
Verkehrsgleis	Einundzwanzig	Linker Arm in die Hüfte gestützt
Bodenbach	Bodenbach	Beschreibung mehrerer Kreise mit der rechten Hand.

[3]) Organ Fortschr. des Eisenbahnwesens 1899, S. 218; 1900, S. 272.

[4]) Glasers Annalen 1899, Bd. 44, S. 141; Organ Fortschr. des Eisenbahnwesens 1899, S. 218.

[5]) Organ Fortschr. des Eisenbahnwesens 1905, S. 8.

[6]) Zentralbl. der Bauverwaltung 1902, S. 97, 152.

[7]) Geschichte der Eisenbahnen der Österr.-Ung. Monarchie Bd. III, S. 92, Wien 1898.

Übertragung geht dann der Zeiger des Empfängers (beim Weichensteller) auf dieselbe Nummer, gleichzeitig ertönen an beiden Stellen Wecker.

Außer der Verständigung mit den Weichenstellern werden unter Umständen noch andere Mitteilungen erforderlich, z. B. zwischen dem Schirrmeister und dem Arbeiter an der Gleisbremse bzw. den anderen Hemmschuhlegern. Auch diese erfolgen in der verschiedensten Weise. So erhält auf dem Bahnhof Johannistal-Niederschöneweide (bei Berlin) der Schirrmann an der Gleisbremse beim Ablauf von zwei oder drei Wagen ein zwei- oder dreifaches Klingelsignal, damit er den Hemmschuh entsprechend weit vorlegt. Laufen Wagen mit besetzter Bremse ab, so wird die Gleisbremse nicht bedient; die Bremser zeigen dies durch Aufheben des Armes oder der brennenden Laterne an. Vorsichtig aufzufangende Wagen (Kesselwagen oder Wagen mit leicht verschieblicher Ladung), die einem Anprall nicht ausgesetzt werden dürfen und diejenigen Wagen, die dem eben genannten nach dem gleichen Gleis folgen, werden durch gelbe Signalscheiben bzw. gelb geblendete Laternen, die an der Pufferstange befestigt sind, den Hemmschuhlegern kenntlich gemacht (anderwärts wird in solchen Fällen ein elektrisches Läutewerk betätigt). Läuft eine größere Anzahl Wagen nacheinander in dasselbe Gleis, so wird eine kurze Pause gemacht und ein Hornsignal gegeben, das die Hemmschuhleger zum Zeichen des Verständnisses zurückgeben müssen. Die Hemmschuhleger haben sich dann gegenseitig beim Auffangen zu unterstützen, da der einzelne in diesem Falle nicht ausreichen würde. Die Mitteilung der Gleisnummer an die Weichensteller läßt sich übrigens gänzlich vermeiden, wenn man für jeden Zug Rangierzettel aufstellt, aus denen zu ersehen ist, wohin die einzelnen Wagen ablaufen sollen und diese Zettel den einzelnen Stellen übergibt. Dieses Verfahren ist neuerdings u. a. auf Bahnhof Gleiwitz weiter vervollkommnet worden und hat sich ausgezeichnet bewährt; es soll deshalb im Einzelnen beschrieben werden.[1])

Nach Einlauf eines Zuges wird sofort von einem Wagenschreiber mittels eines vierteiligen Formulars ein Rangierzettel in 12 Ausfertigungen unter Zuhilfenahme des Pausverfahrens hergestellt. Die einzelnen Zettel sind 32 cm lang und 3,5 cm breit; sie enthalten im Ganzen außer dem Kopf 38 Zeilen; der obere Teil ist in der Abb. 67 dargestellt.

Zug Nr. 8758	
Zahl der Wagen	Gleis
1	41
b 6	107
0	39
vb 1	52
100	60

Abb. 67. Rangierzettel.

In der linken Spalte werden außer der Anzahl der Wagen u. a. noch besondere Bemerkungen eingetragen So bedeutet:

b beladene Wagen mit Bremse

0 Verschubgang aus 1 bis 3 leeren Wagen

v vorsichtig zu behandelnde Wagen

vb vorsichtig zu behandelnde Wagen mit Bremse

100 Verschubgang aus 1 beladenen und 2 darauf folgenden leeren Wagen.

---

[1]) Vgl. Zeitg. des Ver. deutsch. Eis-Verw. 1906, S. 658.

Bei leeren Wagen ist die Gleisbremse nicht zu bedienen; bei vorsichtig zu behandelnden Wagen ist der Hemmschuh besonders weit vorzulegen oder es sind zwei Hemmschuhe einander gegenüber auf das Gleis zu legen. Die Herstellung der Zettel für einen Zug erfordert etwa fünf Minuten. Sie werden an den Fahrdienstleiter, die Weichensteller, den Schirrmeister und die Verschieber verteilt.

Bei diesem Verfahren sind alle Beteiligten auf den ganzen Verlauf des Verschubgeschäftes vollkommen vorbereitet, können also bedeutend ruhiger arbeiten, als es sonst möglich ist; es kann daher zur Anwendung warm empfohlen werden. Immerhin ist es zweckmäßig, nebenher noch lauttönende Fernsprecher aufzustellen, um bei plötzlich eintretenden Änderungen insbesondere die Weichensteller benachrichtigen zu können.

Zur Verständigung zwischen Schirrmeister und Lokomotivführer dienen bei kurzen Zügen einfache Zurufe oder Signale mit der Pfeife, dem Horn, dem Arm, der Laterne oder der Fahne.

Die Signalbegriffe und Signalmittel sind in den einzelnen Ländern verschieden. Das Signalbuch der deutschen Eisenbahnverwaltungen kennt z. B. vier Begriffe: Vorziehen, Zurückdrücken, Abstoßen, Halt. Sie werden durch hörbare Signale mit der Mundpfeife oder dem Horne, sowie gleichzeitig mit dem Arme, in der Dunkelheit mit der Laterne gegeben. Die österreichische Signalordnung (1904) hat ebenfalls vier Begriffe: Vorwärts, Rückwärts, Langsam, Halt. In der Schweiz dagegen kommen nur die Signale: Vorwärts, Rückwärts und Halt zur Anwendung. Nach dem deutschen Signalbuch bedeutet Vorziehen: die Lokomotive soll ziehen; Zurückdrücken: die Lokomotive soll schieben; dabei ist es gleichgültig, ob die Lokomotive mit dem Tender oder mit dem Schornstein an den zu bewegenden Wagen steht. Nach der österreichischen Signalordnung und in der Schweiz bedeutet dagegen Vorwärts: Schornstein der Lokomotive voraus, Rückwärts: Schornstein der Lokomotive nach rückwärts. Nach dem deutschen Signalbuch wird also im allgemeinen die Stellung des Schornsteines nicht berücksichtigt. Nur wenn es sich um einzeln fahrende Lokomotiven und um solche handelt, die Wagen vor und hinter sich haben ist die Bedeutung der Signale dieselbe wie in Österreich und der Schweiz.

Vielfach bedient man sich im Betriebe hand- oder fernbedienter Signale, die die Begriffe: „Verschiebung erlaubt" oder „Verschiebung verboten" darstellen. Die österreichische Signalordnung benutzt dazu quadratische übereck gestellte Scheiben mit blauweißer Fläche, bei Nacht weißes oder blaues Licht. Das deutsche Signalbuch führt besondere Verschubsignale nicht auf, indes kann man die Haltscheibe (rote weißgeränderte Scheibe) sowie das „Gleissperrsignal" (wagerechter schwarzer Strich auf weißem Grund) zu gleichem Zwecke benutzen. Auch das Signalbuch der schweizerischen Eisenbahnen kennt derartige Verschubsignale, und zwar in Form von rechteckigen Wendescheiben oder gekreuzten Flügeln. In England, Holland, Belgien sind Flügelsignale, in Frankreich Scheibensignale gebräuchlich.

Man benutzt derartige Signale vielfach zum Schutz der durchgehenden Hauptgleise; sie müssen dann auf „Verschiebung verboten" gestellt sein, ehe das Fahrsignal für eine Zugfahrt im Hauptgleis gegeben wird. Auch macht man zuweilen die Weichenstellung des Verschubweges von ihnen

abhängig. Dann können sie erst auf „Verschiebung erlaubt" gestellt
werden, wenn die Weichen für die Rangierfahrt richtig stehen. Die letztgenannten Einrichtungen werden für Verschubbewegungen von Lokomotiven, Zugteilen oder Zügen auf den Bahnhöfen, nicht aber für Ablaufberge angewandt; man findet sie in Frankreich, England, Holland, Belgien.
Sie werden von Stellwerken aus bedient. Dadurch wird in gewisser Weise
die Sicherheit des Verschubdienstes und Fahrdienstes vermehrt; auch ist
es unter Umständen möglich, ohne Weichensignale auszukommen. Es
treten aber dafür andererseits verschiedene Übelstände auf, so ergibt sich
vor allem eine bedenkliche Häufung der Mastsignale; hierdurch können
die Lokomotivführer der fahrplanmäßigen Züge leicht irregeführt werden.[1])

Beim Ablaufenlassen oder Abdrücken langer Züge bedient man sich,
um die Verständigung zwischen dem Schirrmeister und den andern Beamten, insbesondere dem Lokomotivführer, zu erleichtern, verschiedener
Hilfsmittel, die indes in die Signalordnungen der meisten Länder nicht
aufgenommen sind. So bedeutet ein wagerecht stehender Arm oder eine
volle Scheibe „Ablaufen verboten", ein schräg aufwärts gerichteter Arm,
eine umgelegte Scheibe usw. „Ablaufen erlaubt" usw. Zweckmäßig ist
es, die Signale so einzurichten, daß sie von verschiedenen Stellen aus auf
elektrischem Wege in die Haltlage gebracht werden können, falls Gefahr
auftritt; auch empfiehlt es sich, in diesem Falle elektrische Läutewerke
mit in Tätigkeit zu setzen, um die Aufmerksamkeit zu erregen. Auch
andere Befehle können durch sichtbare Signale gegeben werden. So sind
z. B. in Gleiwitz sog. „Schnellsignale" aufgestellt, die in einer bestimmten
Stellung den Lokomotivführer auffordern, die Geschwindigkeit beim Abdrücken zu erhöhen.

---

[1]) vgl. Dufour in der Zeitg. des Ver. deutsch. Eis.-Verw. 1907, S. 37, 1357, sowie
Cauer, ebenda 1907, S. 821, 1358.

Die Entwicklung der Eisenbahnen, denen bei der Bewältigung von Schnell-
und Massentransporten stets wachsende Aufgaben zugefallen sind, ist nur
durch eine gleichzeitige, bis ins Einzelnste gehende Ausbildung der maschinellen Einrichtungen möglich geworden. Die Notwendigkeit, den Personenverkehr durch schnellfahrende Züge zu erleichtern und den Gütertransport wirtschaftlich auszugestalten, hat zahlreiche neue Einrichtungen und Vervollkommnungen hervorgerufen, und besonders im letzten Jahrzehnt hat das
Eisenbahnmaschinenwesen an dem allgemeinen Fortschritt in den Einrichtungen
des Verkehrswesens einen außergewöhnlichen Anteil genommen. Es erschien
dem Herausgeber dieses Werkes an der Zeit, die vielgestaltigen Erscheinungen
dieser Entwicklung, die in der technischen Literatur nur vereinzelt beschrieben
sind, zusammenzufassen. Das Ergebnis dieser Arbeit, zu der hervorragende
Fachgenossen herangezogen wurden, liegt in dem Handbuch des Eisenbahnmaschinenwesens vor.

Das Werk zerfällt in drei unabhängige, einzeln käufliche Bände, von
denen der I. Band die Fahrbetriebsmittel, der II. Band die Zugförderung,
der III. Band die Werkstätten behandelt. Jedem Band ist ein übersicht-
liches Inhaltsverzeichnis sowie ein ausführliches Sach- und Personenverzeichnis
beigegeben. Besonderer Wert wurde auf die Ausführung der zahlreichen
Textfiguren und Tafeln gelegt, die die einzelnen Kapitel erläutern. Die
Mitarbeiter sind für den Inhalt ihrer Beiträge selbst verantwortlich; ihre
Eigenart sowie ihr Urteil ist vom Herausgeber in keiner Weise beeinträchtigt
worden.

Im übrigen verweisen wir auf die nachfolgend abgedruckte genaue
Inhaltsübersicht aller drei Bände des Handbuches und empfehlen seine An-
schaffung allen Interessenten angelegentlichst. Bestellungen nimmt jede
Buchhandlung entgegen.

Berlin, im November 1908.

Verlagsbuchhandlung von Julius Springer.

Inhaltsverzeichnis.

I. Band. Fahrbetriebsmittel.

834 Seiten. Mit 650 Textabbildungen.

II. Band. Zugförderung.

856 Seiten. Mit 591 Textabbildungen.

rohre — Rauchkammer — Schornstein — Ausführungsformen der Lokomotivfeuerungs-
anlagen. Bedienung des Rostes — Verschiedene Rostarten — Feuergewölbe — Selbsttätige Rostbeschicker — Ölfeuerung — Rauchverzehrungseinrichtungen. Feuertürschieber — Schüttklappe — Türe von Engelbrecht — Bauart Marek — Stehbolzenluftkanäle — Bauart Nepilly,
Palla, Thierry, der Illinois Central R. R., Staby, Langer, Marcotty, Trevithick, Schleyder —
Heizrohrausblaser von Henschel & Sohn — Funkenfänger. Bauart de Limon, Liepe, Meinecke, Holzapfel, Tacke, Nolle, Maffei, Eisenach-Gollmer, Adelsberger, Heidemann, Amerikanische Bauart
(Lenkplatten), Bauart Colburn, Born, der Sächsischen Staatsbahnen, der Österreichischen Staatsbahnen, Prinz, Dinter.

Zugförderung auf Steilrampen. Von Dr. R. Sanzin, Privatdozent, Ingenieur der k. k. priv.
Südbahn-Gesellschaft, Wien. S. 575—631.

Steile Reibungsbahnen (Nutzbare Reibung, Zugwiderstände, Reibungslokomotiven) — Lokomotiven
gemischter Bauart — Betrieb mit Lokomotiven gemischter Bauart — Kohlenverbrauch — Wasserverbrauch — Anwendung der Zahnstange auf Strecken mit verhältnismäßig geringen Steigungen.

Zugförderung auf gleisloser Straße. Von H. v. Littrow, Oberinspektor der k. k. Österr. Staatsbahnen, Triest, und C. Guillery, Kgl. Baurat, München. S. 632—712.

Verwendungsbereich und wirtschaftliche Grundlagen — Kraftmittel — Kraftbedarf — Kosten des
Betriebes — Bauart der Automobile — Einrichtungen des gleislosen elektrischen Betriebes —
Automobillinien für den öffentlichen Verkehr — Gleisloser Betrieb mit Güterzügen — Betriebs-
ergebnisse.

Stadtbahnbetrieb. Von Richard Petersen, Oberingenieur der Continentalen Gesellschaft für
elektrische Unternehmungen, Neubabelsberg bei Berlin. S. 713—776.

Übersicht über die bestehenden Stadtbahnen — Personenverkehr in Großstädten — Bedingungen
der Rentabilität von Stadtbahnen — Technische Besonderheiten eines wirtschaftlichen Stadtbahnbetriebes — Linienführung — Bauweise — Betriebseinrichtungen.

Verschubdienst. Von Dr.-Ing. M. Oder, Professor an der Kgl. Technischen Hochschule, Danzig.
S. 777—828.

Begriff und Zweck des Verschubdienstes — Die Durchführung des Verschubdienstes. Die Zerlegung und Zusammenstellung der Güterzüge (Beschreibung und Vergleichung
der Verfahren in bezug auf Leistungsfähigkeit und Wirtschaftlichkeit) — Das Verschieben einzelner
Wagen durch Menschen, durch Pferde, durch mechanische Kraft — Elektrische Lokomotiven —
Feuerlose Lokomotiven und Lokomotiven mit Verbrennungskraftmaschinen — Verschieben einzelner
Wagen durch Schwerkraft — Hilfsmittel für den Verschubdienst. Mittel zur Verlang-
samung des Wagenlaufes (Bremsen. Bremsknüppel. Vorlegebremsen. Hemmschuhe. Bremsschlitten. Gleisbremsen. Schleifketten. Sandgleise. Ansteigende Gleise. Gleissperren, Klemm-
keile und Prellböcke) — Mittel zum Entkuppeln der Wagen — Hilfsmittel zur Verständigung.

III. Band. Werkstätten.

441 Seiten. Mit 471 Textabbildungen.

Werkstättenanlagen. Von Emil Fränkel, Kgl. Regierungs- und Baurat, Dezernent im Kgl. Eisenbahnzentralamt, Berlin. S. 1—86.

Anlage der Werkstätten — Bauart der Werkstätten — Größenverhältnisse —
Kraftbetrieb — Neuere Anlagen von Hauptwerkstätten — Werkstätte Epernay, Collin-
wood, Opladen, Gleiwitz, Schneidemühl, der Louisville und Nashville-Bahn, Pittsburg, Istvántelek —
Maschinelle Hilfseinrichtungen. Schiebebühnen, Drehscheiben, Krane, Hebewerke usw. —
Unversenkte Wagenschiebebühne von 20 m Länge und 20 t Tragfähigkeit — Lokomotivhebekran
von 60 t Tragfähigkeit — Torkran für Achsendreherei — Hebewerk für Lokomotiven (System
Kuttruff), für Wagen mit elektrischem Antrieb — Wasserdruckachsensenke — Lokomotiv-Wäge-
vorrichtung (System Schenck) — Betriebswerkstätten — Werkstätten für elektrische
Bahnen — Wohlfahrtseinrichtungen.